Informationsmanagement

Helmut Krcmar

Informations-management

Vierte, überarbeitete und erweiterte Auflage

Mit 182 Abbildungen
und 41 Tabellen

Springer

Professor Dr. Helmut Krcmar
Technische Universität München
Fakultät für Informatik
Lehrstuhl für Wirtschaftsinformatik
Boltzmannstraße 3
85748 Garching bei München
krcmar@in.tum.de

Bibliografische Information Der Deutschen Bibliothek
Die Deutsche Bibliothek verzeichnet diese Publikation in der Deutschen Nationalbibliografie; detaillierte bibliografische Daten sind im Internet über <http://dnb.ddb.de> abrufbar.

ISBN 3-540-23015-7 Springer Berlin Heidelberg New York
ISBN 3-540-43886-6 3. Auflage Springer Berlin Heidelberg New York

Springer ist ein Unternehmen von Springer Science+Business Media

springer.de

Printed in Germany

Umschlaggestaltung: Erich Kirchner, Heidelberg

SPIN 11681373 42/3111/DK-5 4 3 2 1 – Gedruckt auf säurefreiem Papier für Carol und Annamarie

Vorwort zur 4. Auflage

Beflügelt durch die Internet-Euphorie der späten 90er Jahre des 20. Jahrhunderts und die eingetretene Ernüchterung in den letzten Jahren sind in der Forschung und Praxis des Informationsmanagements viele neue Beiträge entstanden. Überlegungen, die eine umfassende Digitalisierung der Wirtschaft prophezeien bis hin zu kritischen Stimmen, die der Informationsverarbeitung eine Rolle als Commodity zuweisen, verdeutlichen die Bandbreite der jüngeren Diskussion. Dies führt nach nur zwei Jahren dazu, dass ich mit diesem Buch nicht nur die 4. Auflage präsentiere, sondern auch ein vollständig überarbeitetes und aktualisiertes Werk.

Bemerkenswert ist auch die rasante Verbreitung von Referenzwerken im Bereich des Informationsmanagements. Exemplarisch seien CobiT, eTOM und ITIL genannt, auf die das Buch nun eingeht. Diese Popularität zeigt, dass nach Jahren des Wachstums und der damit zunehmenden Komplexität der Leistungserbringung ein erheblicher Bedarf nach Strukturierungshilfen entstanden ist. Allerdings wird auch deutlich, dass es hierfür kein Patentrezept gibt. Bei aller Standardisierung ist Informationsmanagement stets eine unternehmensspezifische Aufgabe und bedarf der situativen Synchronisation mit der Unternehmensstrategie, der Organisation, den Menschen und den Geschäftsprozessen. Mit den hier präsentierten „Zutaten" möchte ich Ihnen ein Verständnis für das Informationsmanagement vermitteln und Sie dazu befähigen, Ihr eigenes zu gestalten.

Mit einer sprachlichen Anpassung meines Informationsmanagement-Modells trage ich der praktischen Diskussion Rechnung, indem ich den „IT"-Begriff dem allgemeinen Sprachgebrauch folgend als übergreifenden Begriff anerkenne und Informationsmanagement auch als IT-Management bezeichne. Damit wird vor allem in der Querschnittsebene „Führungsaufgaben des IM" die Begriffsvielfalt bereinigt. Aus der „Strategie des IM" wird die „Strategie" und aus dem „IV-Controlling" das „IT-Controlling".

Für ein besseres Verständnis der Aufgabenbereiche des IM habe ich die Struktur der einzelnen Kapitel vollständig überarbeitet. So präsentiert sich zu Beginn der Kapitel Management der Informationswirtschaft, Management der Informationssysteme, Management der Informations- und Kommunikationstechnologien und Management der Führungsaufgaben des IM jeweils ein Abschnitt, der die wichtigsten Gestaltungsaufgaben und Herausforderungen beleuchtet. Er soll zeigen, welche Herausforderungen in der Praxis des IM zu meistern sind und eine problemorientierte Lektüre fördern. Eine Methodensammlung in den einzelnen Kapiteln zeigt konkrete Wege des Informationsmanagements für ausgewählte Fragestellungen auf.

Die grundsätzlichen Fragen des Informationsmanagements sind weiterhin dieselben: Wie können Unternehmen die Möglichkeiten der IKT bestmöglich nutzen? Welche Organisationsstrukturen, welche Aufgabenaufteilungen im Informationsmanagement haben sich bewährt?

Neben den bereits beschriebenen Änderungen wurden Themen wie Trends der Speichertechnik, Grid Computing, Techniktrends RFID und UMTS, Open Source Software, Location Based Services, Semantic Web, Lizenzmodelle, Service Level Agreements, SMART zur Auswahl von IT-Projekten, Bewertung von Managementflexibilitäten und Skill Management mit aufgenommen.

Die fiktive Firma Rockhaus AG dient weiterhin zur praktischen Veranschaulichung der Inhalte. Ergänzt werden diese durch Übungen der überarbeiteten Internetseite zum Buch. Diese und weitere Informationen wie bspw. ein Glossar mit Fachbegriffen des Informationsmanagements und weiterführende Links werden künftig unter www.informationsmanagement-online.de zur Verfügung stehen. Der Leser hat so die Gelegenheit, die in den einzelnen Kapiteln dargestellten Konzepte und Themen am praktischen Beispiel nochmals zu durchdenken und zu üben. Wie bisher biete ich an, die Abbildungen auf Anfrage zur Verfügung zu stellen.

Mein besonderer Dank gilt meinen Mitarbeitern am Lehrstuhl für Wirtschaftsinformatik der Technischen Universität München. Dies sind Dr. Tilo Böhmann, Miriam Daum, Winfried Ebner, Florian Fogl, Astrid Hoffmann, Oliver Häberle, Dr. Markus Junginger, Dr. Jan Marco Leimeister, Matthias Mohr, Alexander Mors, Valentin Nicolescu, Simone Rudolph, Uwe Sandner, Andreas Schweiger, Yuriy Taranovych, Sven Walter, Thomas Winkler und Petra Wolf. Sie haben die Änderungen erarbeitet. Besonderer Dank gilt Andreas Schweiger für die Organisationsarbeit am neuen Werk.

Last but not least: alle Fehler gehen zu Lasten des Autors. Beim Lesen des Buches wünsche ich Ihnen, dass Sie viele neue Aspekte des Informationsmanagements kennen lernen.

München, im Oktober 2004 Helmut Krcmar

Vorwort

Information Highway, Informationsgesellschaft, Information als Wettbewerbsfaktor: Diese Stichworte verdeutlichen die unternehmerische und gesellschaftliche Bedeutung von Information. Doch nicht nur Information allein, sondern auch die Systeme, die Informationen verarbeiten, speichern und übertragen und die Technologien, auf denen sie beruhen, verdienen Aufmerksamkeit. Informationsmanagement hat die Aufgabe, den im Hinblick auf das Unternehmensziel bestmöglichen Einsatz der Ressource Information zu gewährleisten. Es zählt daher sowohl aus managementorientierter wie technologieorientierter Sicht zu den wesentlichen Bestandteilen heutiger Unternehmensführung.

Die Idee zu diesem Buch entstand 1988 in der Diskussion um die Frage der strategischen Nutzung und der Produktivitätswirkungen des Einsatzes von Informations- und Kommunikationstechnologien. Schmerzlich wurde im Laufe der Jahre deutlich, wieviele Lücken zu schließen waren, bevor ein umfassendes Konzept des Informationsmanagements bereit steht. Diese sind zum Teil weniger Lücken in detaillierten Forschungsergebnissen, sondern es sind vielmehr konzeptionelle Lücken gewesen.

Zentral ist die Einsicht, dass Informations- und Kommunikationstechnologie die Rolle eines Enablers und nicht nur die eines Rationalisierers spielt. Die Aufgabe des Informationsmanagements, diese Chancen für das Unternehmen zu nutzen und dabei Risiken zu begrenzen, zieht sich durch das ganze Buch. Neben diesem Kernthema war die Beschäftigung u. a. mit den Begriffen Information und Wissen, der Dualität von Information, der Gestaltung eines Ebenenmodelles für das Informationsmanagement, der Integration der Informationswirtschaft in das Aufgabenspektrum des Informationsmanagements, der Verbindung der technologischen Aspekte des Informationsmanagements mit denen der Interpretation von Informationen, dem Konzept der Technologiebündel als Gegenstand des Technologiemanagements, der Entwicklung eines Informationsverarbeitungs-Controlling-Ansatzes bis hin zur strategischen Bedeutung der Nutzung von Informations- und Kommunikationstechnologie, der Rolle der Informations- und Kommunikationstechnologie als Implementor, Facilitator und Enabler bis zur Frage der Synchronisierung technischer und organisatorischer Entwicklungsgeschwindigkeiten Voraussetzung für das Entstehen des Buches. Alle diese Themen führen zu einer umfassenden Darlegung des Informationsmanagements, die über die reine Darstellung von Methoden weit hinausreicht.

Die Erstellung wäre ohne die Mithilfe vieler Menschen nicht möglich gewesen. Zunächst ist allen zu danken, die im Laufe der Jahre als Diskussionspartner gedient haben, auch wenn sie gar nicht wußten, dass sie dies gerade taten. Den Interviewpartnern, die uns zur Ausarbeitung für Interviews in den Firmen zu Verfügung standen, mein herzlicher Dank. Ohne ihre Bereitschaft, Informationen zur Verfügung zu stellen, hätten die Praxisaspekte weit geringeren Eingang gefunden. Dann ist den Mitarbeitern des Lehrstuhls für Wirtschaftsinformatik an der Universität Hohenheim zu danken, die mich bei der Erstellung der Texte unterstützt haben. Dies sind Volker Barent, Alexander Buresch, Helga Daum, Dr. Georg Dold, Dr. Torsten Eistert, Dr. Petra Elgass, Karin Gräslund, Andreas Johannsen, Dr. Henrik Lewe, Jakob Rehäuser, Stephan Schönwälder, Dr. Gerhard Schwabe, Dr. Bettina Schwarzer, Dietmar Weiß und Stefan Zerbe. Über die Jahre haben viele wissenschaftliche Hilfskräfte ihren Beitrag geleistet. Besonderer Dank gilt vier Personen, die mich im Laufe der Jahre mal getrieben, mal unterstützt haben. Mein Dank gilt zunächst Frau Dr. Bettina Schwarzer für ihr unermüdliches Engagement, das Thema „Buch Informationsmanagement" trotz vieler anderer Aktivitäten in der Bedeutung hochzuhalten. Herrn Dr. Torsten Eistert, der es verstanden hat, mit intensiven Diskussionen die Inhalte voranzutreiben. Und schließlich gilt dem Team von Andreas Johannsen und Jakob Rehäuser Dank, die in der Endphase der Buchproduktion unermüdlich daran gearbeitet haben, dass aus dem Manuskript ein einheitliches und auch aus ihrer Sicht gut lesbares Buch werden konnte.

Selbstverständlich gehen alle formalen und inhaltlichen Fehler zu meinen Lasten.

Ich wünsche mir, dass das Buch neben dem Verbreiten von Wissen dem Leser auch Freude bereitet.

Hohenheim, im Juli 1996 Helmut Krcmar

Inhaltsverzeichnis

1 Einleitung

1.1 Zur Bedeutung des Informationsmanagements

Informationsmanagement (IM) ist ein Teilbereich der Unternehmensführung, der die Aufgabe hat, den im Hinblick auf die Unternehmensziele bestmöglichen Einsatz der Ressource Information zu gewährleisten.

Die Bedeutung von IM als Planung, Steuerung und Kontrolle von **Information**, von **Informationssystemen (IS)** und von **Informations- und Kommunikationstechnik (IKT)** wird unterschiedlich begründet. Neben der Argumentation, die versucht, die Bedeutung der IKT auf den dadurch erzielbaren Produktivitätsgewinn zurückzuführen, gibt es weitere Ansätze. Zum einen wird IM als eine zentrale Aufgabe der Unternehmenskoordination gesehen, um über die Koordination der Informationsströme die Koordination der Leistungserstellung zu erreichen. Eine weitere Begründung beschäftigt sich mit der Frage, inwieweit IM das Bindeglied zwischen Unternehmensstrategie und der Nutzung von IKT ist. Darüber hinaus lässt sich untersuchen, inwieweit IM Geschäftsprozesse unterstützt und ermöglicht. Ebenso existieren Überlegungen, inwieweit eine effektive und effiziente Verwendung von IKT einer Interpretation durch die Nutzer bedarf, und das IM sozusagen als Interpretationsmanagement zu betrachten ist.

Die Diskussion um die **Produktivitätswirkung** der Informationsverarbeitung wurde in den 90er Jahren des 20. Jahrhunderts immer wieder durch verschiedene Untersuchungen neu aufgeworfen, die feststellten, dass die hohen Produktivitätsverbesserungserwartungen durch den Einsatz von IKT nicht eintreten (Brynjolfsson 1993; Brynjolfsson/Hitt 1996; Harris/Katz 1988; Panko 1991). Eine an der Universität Hohenheim zum IV-Controlling durchgeführte Umfrage zeigt, dass ein Unterschied in der Wahrnehmung besteht zwischen dem, was an Produktivität vermutet wird, und dem tatsächlich realisierten Beitrag (Krcmar 1990b, 1992c). Das Problem der Produktivitätswahrnehmung kann also auch durch eine zu hohe Produktivitätserwartung entstanden sein. Darüber hinaus zeigen die Ergebnisse, dass nicht der IKT-Einsatz per se Produktivitätsgewinne liefert, sondern die Nutzung. Andersherum ausgedrückt: eine angepasste Nutzung von IKT führt zu erheblichen Produktivitätsfortschritten und zwar nicht nur dadurch, dass Computer verwendet werden, sondern dass im Zuge der Verwendung von Computern Arbeitsabläufe und Arbeitsstrukturen effektiv, effizient und schnell gestaltet werden. Deshalb steht die Managementfunktion im Kern der Produktivitätsdebatte, denn nur durch sie kann die Nutzung sonst „neutraler“ IKT für das Unternehmen vorteilhaft gestaltet werden.

Darüber hinaus hat das IM eine wichtige Aufgabe bei der Koordination des Unternehmens. Nach einer Untersuchung von Information als Produktionsfaktor bestimmt *Schüler* (1989, S. 184) den Gegenstand des IM als „die verantwortliche Gestaltung der betrieblichen Informationswirtschaft im weitesten Sinn – von ihrer Konzeption im Sinn einer Unterstützung der strategischen Unternehmensziele bis zur Realisation unter den üblichen Effizienzgesichtspunkten, wie sie für alle betrieblichen Funktionen gelten". Obwohl Koordination als Untersuchungsgegenstand ein Streitobjekt zwischen Unternehmensführung, Controlling und IM sein kann, soll dieser Konflikt nicht weiter erörtert werden. Es lässt sich aber feststellen, dass die Gestaltung der IS eines Unternehmens zu den zentralen unternehmerischen Aufgaben gehört. Ob man sie mehr über die Frage der Inhalte, der Planung und Gestaltung oder mehr über die Frage der Informationsströme und -strukturen definiert, sei dahingestellt, unbestritten ist aber ihre Wichtigkeit.

Die Ableitung der Bedeutung des IM aus der Beeinflussung der Unternehmensstrategie hat seit Mitte der 80er Jahre des 20. Jahrhunderts durch die Diskussion über **strategische IS (SIS)** Bedeutung erlangt. Das Beispiel von American Airlines, in dem das Unternehmen durch die Umsetzung von IKT-Potenzialen in ein Reservierungssystem Wettbewerbsvorteile in seinem Kerngeschäft erlangte, war Beginn einer Fülle von Beiträgen, Wettbewerbsvorteile durch die Nutzung von IKT zu beschreiben. Derartige Wettbewerbsvorteile werden heute mit der vergleichsweise nüchternen Erwartung betrachtet, dass nicht nur das Sichern von Vorteilen, sondern vor allem auch das Vermeiden von Nachteilen wichtig ist. Wettbewerbsdynamisch zeigen sich neue Anwendungen von IKT regelmäßig nicht nur als Effizienzsteigerung, sondern auch als Paradigmenwechsel. Der Wechsel von der verbesserten Kundenführung durch Anwendungssysteme zum Electronic-Home-Banking zeigt eine derartige Paradigmenverschiebung. SIS waren demnach für Unternehmensleitungen deutlicher Anlass zur Kenntnis zu nehmen, dass durch die Nutzung von IKT nicht nur Effizienzvorteile, sondern tatsächlich auch über Kostendifferenzen zwischen Unternehmen hinausgehende Wettbewerbs- und Marktvorteile erreicht werden können.

In der danach erfolgten Diskussion um das **Business Process Reengineering (BPR)** wurde der Einsatz von IKT als selbstverständlich betrachtet. Es ist in allen Publikationen nachzulesen, dass BPR nur unter Nutzung von IKT durchgeführt werden kann. Diese „Enabling"-Funktion wird zunächst prozessorientiert motiviert. Dass auf gemeinschaftliches Material in Form von gemeinsamen Daten und Informationen durch Datenbankintegration zurückgegriffen wird, ist ein weiterer Beleg für die Bedeutung des IM. IKT hat zwar eine prägende Rolle, aber nun als ein vollständig integrierter Teil des Ganzen.

Diese ermöglichende Funktion der IKT spiegelt sich auch in den aktuellen Ansätzen zum **Wissensmanagement** wider. Viele davon bauen auf IKT auf, um die Speicherung von und den Zugriff auf größere Mengen „Wissens" zu ermöglichen und räumliche Distanzen bei der Wissensarbeit zu überwinden. Die damit verbundene systematische Gestaltung von Wissensflüssen verändert das Angebot von und die Nachfrage nach Information im Unternehmen. Doch erschöpft sich Wissensmanagement nicht im Management von Informationstechnik. Zum einen ist Wissen nicht immer durch IKT speicherbar und kommunizierbar, weil es „tazit", also verborgen ist. Zum anderen muss Wissensmanagement über die informationswirtschaftliche Sicht hinaus die Voraussetzungen für ein Gelingen von Wissensflüssen schaffen. Dies erfordert Veränderungen in der Organisation und der Kultur des Unternehmens. Wie beim BPR fügt sich auch in diesem Fall das Management und die Gestaltung von IKT als ein Baustein, wenn auch als ein wichtiger, in das Gesamtgebäude Wissensmanagement ein.

Der systematische Umgang mit Unternehmenswissen birgt große Herausforderungen für das IM. Große Mengen explizierten Wissens lassen die Datenflut noch bedrohlicher als bisher erscheinen. Um erfolgreiches Wissensmanagement zu ermöglichen, muss es gelingen, den Zugang und Umgang mit großen Beständen an schwach strukturierter Information zu erleichtern. Darüber hinaus macht die Diskussion um Unternehmenskulturen und Visionen deutlich, dass die Führung von Unternehmen durch die Vermittlung von Informationen und Wissen geschieht. Da das IM diese Vermittlungsprozesse gestalten will, kommt dem IM immer mehr die Aufgabe des **Interpretationsmanagement** zu. Eine Beschränkung auf die Unterstützung der Unternehmenskoordination durch die effiziente Abwicklung bestehender Geschäftsprozesse oder das Schaffen von Wettbewerbsvorteilen mittels SIS greift zu kurz.

Vor dem Hintergrund zahlreicher fehlgeschlagener Projekte, gewinnt IM auch dadurch an Bedeutung, dass sich die Gestaltungsmöglichkeiten der betrieblichen Informationswirtschaft im Spannungsfeld zwischen technologisch Machbarem, den arbeitsorganisatorischen Anforderungen der Mitarbeiter an Informationssysteme und der organisatorischen Konfiguration selbst, befinden. Im Management dieses Spannungsfeldes liegt eine zentrale Herausforderung an das IM.

Die Aktualität der Frage nach dem Wertbeitrag von IKT verdeutlicht ein Beitrag von *Carr* (2003). Unter dem Titel „*IT doesn't matter*" postuliert er die These, dass aufgrund des allgemeinen Verbreitungsgrades von IKT die Unternehmen durch deren Einsatz keine Wettbewerbsvorteile mehr erzielen können. Seiner Argumentation folgend sind IKT durch die Verbreitung und Standardisierung zu einer allgemein verfügbaren Infrastruktur („commodity"), vergleichbar der elektrischen Energie oder dem Eisenbahnnetz, geworden. Daraus leitet *Carr* die Empfehlung ab, das IM dem Primat der Kostenorientierung zu unterwerfen. Der Wertbeitrag des IM läge damit in der möglichst effizienten und kostengünstigen Bereitstellung dieser „Commodity". Allerdings vernachlässigt er in seinen Überlegungen Fragen nach dem Anwendungskontext und den unterschiedlichen Möglichkeiten der Verwendung von IKT stark. Diese Argumente werden in der darauf folgenden

Debatte von zahlreichen Autoren aufgegriffen (Brown/Hagel 2003; McFarlan/Nolan 2003). *Varian* (2004) fasst den Diskurs treffend zusammen. Er stimmt *Carr* zunächst zu, dass seine These richtig sei. Es ist nicht die IKT selbst, die einen Wert erzeugt, sondern die Fähigkeit sie richtig anzuwenden. In diesem Kontext wird die zentrale Bedeutung des IM als anwender- und unternehmensorientierte Koordinations- und Gestaltungsfunktion deutlich: ***„IT does not matter, IM does.“***

1.2 Ziel des Buches

Dieses Buch will dem Leser ein umfassendes Verständnis des IM nahe bringen. Es gehören alle Aufgaben, die sich mit der Planung, Organisation und Kontrolle der Nutzung der Ressource Information, der notwendigen IS und IKT befassen, zum Bereich IM, ebenso wie die dazu erforderlichen Führungs- und Gestaltungsaufgaben. IM ist sowohl Management- wie Technikdisziplin und gehört zu den elementaren Bestandteilen der Unternehmensführung.

Zunächst wird der Rahmen dargelegt, der die Struktur und die konzeptionelle Basis der Betrachtungen dieses Buchs liefert. Ich beginne mit der Analyse der Bedeutung von IM als Managementaufgabe. Um Klarheit in der umfangreichen Begriffswelt dieses Themas zu erreichen, werden im Lauf des zweiten Kapitels auch Grundbegriffe geklärt, die zum Verständnis einzelner Aspekte des IM notwendig sind. Der Informationsbegriff mit seinen unterschiedlichen Dimensionen vom Modell zum Wirtschaftsgut wird ebenso aufgearbeitet wie das zugrunde liegende Managementverständnis. Will man sich mit dem Management von Informationssystemen beschäftigen, muss zunächst geklärt werden, was unter Informationssystemen zu verstehen ist, und auch, wo die Abgrenzung zur Informations- und Kommunikationstechnik liegt. Ein wichtiger Punkt ist hier insbesondere die Begriffsklärung der häufig synonym verwendeten Ausdrücke Technik und Technologie.

Es gibt zahlreiche Modelle und Ansätze zum IM in der Literatur, von denen nur einige ausgewählte vorgestellt werden sollen. Zum einen sind die problemorientierten Ansätze zum IM zu nennen, die v.a. in den USA vorangetrieben werden und versuchen, Wechselwirkungen zwischen IM und Organisation herauszuarbeiten. Daneben werden im deutschen Sprachraum aufgabenorientierte Ansätze verfolgt, die sich auf eine möglichst umfassende Auflistung der Aufgaben und Ziele des IM konzentrieren. *Wollnik* (1988) liefert mit seinem Ebenenmodell und dem Gliederungsprinzip der Abstufung zur Techniknähe einen weiteren konzeptionellen Typus, IM zu strukturieren. Schließlich werden auch Architekturmodelle aus der Softwareentwicklung entlehnt. Diesen Konzepten stelle ich ein eigenes Modell des IM gegenüber, das die theoretische und strukturelle Basis dieses Buchs darstellt. Es vereint Elemente aus Ebenen- und Architekturmodellen, um so dem Ineinandergreifen der einzelnen Managementaufgaben des IM in den Bereichen Informationswirtschaft, Informationssysteme, Informations- und Kommunikationstechnik und Führungsaufgaben gerecht zu werden.

Die zentrale Fragestellung des IM im Bereich **Informationswirtschaft** ist die nach dem Gleichgewicht zwischen Informationsangebot und -bedarf. Wie kann dieses Gleichgewicht, wenn überhaupt möglich, hergestellt und aufrechterhalten werden? Um ein dem Informationsbedarf entsprechendes Angebot bereitstellen zu können, muss der Informationsbedarf zunächst ermittelt werden. Hier ist es wichtig, zwischen geäußerter Informationsnachfrage und dem zunächst impliziten Informationsbedarf zu unterscheiden und eine adäquate Methode zur Ermittlung des Informationsbedarfs zu wählen. Der nächste Schritt ist das Management des Informationsangebots. Hier stellt sich zum einen die Frage nach den zu integrierenden Informationsquellen und zum anderen nach der Informationslogistik, d.h. wie kommt die richtige Information in der richtigen Granularität zur richtigen Zeit an den richtigen Adressaten? Das Lebenszyklusmodell der Informationswirtschaft stellt den Zusammenhang zwischen den einzelnen Teilbereichen der Informationswirtschaft, Informationsquellen, -ressourcen, -angebot, -nachfrage, -verwendung und Kommunikation her.

Eine wichtige Aufgabe des **Managements der Informationssysteme** ist das Management der Daten, d.h. die Frage nach der Datenarchitektur: wie sehen die den IS des Unternehmens zugrunde liegenden Datenmodelle aus, gibt es Referenzmodelle, die herangezogen werden können? Im Rahmen der Datenhaltung setze ich mich daher mit Datenbanksystemen und der Datenbanktechnik auseinander. Der Erstellung und Implementierung von Informationssystemen liegt das Verständnis der zu unterstützenden Geschäftsprozesse zugrunde. Die Kenntnis von Instrumenten und Ansätzen der Prozessmodellierung, der Anwendung von Referenzmodellen und auch der Prozessbeurteilung sind wichtige Grundlagen. Die systematische Zusammenstellung der Aufgaben des Managements der Informationssysteme entlang des Anwendungslebenszyklus beginnt mit der Entscheidung für eine neue Anwendung: soll diese selbst erstellt werden oder soll ein Standardprodukt erworben werden? Welche Kriterien spielen eine Rolle, welche Vorgehensweisen sind denkbar? Im weiteren Verlauf muss die Anwendung eingeführt werden: welche Methoden existieren und welche Vor- und Nachteile bieten sie? Wie werden Anwendungsentwicklungsprojekte von z.T. beträchtlichem finanziellem und personellem Aufwand gemanagt, was sind kritische Faktoren für den Erfolg oder Misserfolg von Projekten? Auch der Überblick und das Management der Gesamtheit der in einem Unternehmen vorhandenen Anwendungen sowie Kosten- bzw. Risiko-Nutzen-Betrachtungen gehören zu den Aufgabenbereichen des Managements der Informationssysteme.

Die Ebene größter Techniknähe ist die Ebene des **Managements der Informations- und Kommunikationstechnik**. Sie beinhaltet das Management der Technik, der

Basisfunktionalitäten und -technik, von Technikbündeln und der Aneignung von IKT. In diesem Kapitel gehe ich der Frage nach, wie Technikmanagement gestaltet werden kann, wo bspw. die Unterschiede zwischen strategischem und operativem Technikmanagement liegen und welche Rolle Disruptive Technologies im Technikmanagement spielen. Außerdem geht es darum, wie die Verarbeitung der Daten, die Datenqualität oder die Verteilung der informationstechnischen Ressourcen organisiert werden kann, d.h. was unter dem Management der Basistechnik zu verstehen ist. Das Management von Technikbündeln wird am Beispiel der Client-Server-Architektur erläutert. Genau wie bei Anwendungen muss auch die Aneignung von neuen IKT geplant und gesteuert werden. Diese Managementaufgabe wird anhand verschiedener Theorien erörtert.

Als übergreifendes und integratives Element stehen den Ebenen Informationswirtschaft, Management der Informationssysteme und Management der IKT die **Führungsaufgaben des IM** gegenüber. Ausgehend von den Gestaltungs- und Planungsaufgaben wird die Fragestellung des Zusammenspiels von IM und der Unternehmensstrategie erörtert. Diskutiert werden zum einen die Ausrichtung der Informationssysteme an der Unternehmensstrategie und zum anderen aber auch die Ermöglichung von Unternehmensstrategien, Geschäftsmodelle oder Organisationsformen, die erst durch IKT ermöglicht werden. Zu den Führungsaufgaben des IM gehören neben strategischen und organisatorischen auch Personalfragestellungen bspw. welche Anforderungen werden an IM-Mitarbeiter gestellt oder auch an das Mitarbeitermanagement im Bereich IM und wie ist die Rolle eines CIO charakterisiert. Die IM-Strategiebildung ist eine Gestaltungsaufgabe des IM ebenso wie die Synchronisation der unterschiedlichen Entwicklungsgeschwindigkeiten von Technik und Organisation. Unter dem Schlagwort Management der Leistungserbringung wird ebenenübergreifend die Bedeutung von Referenzprozessen für das IM diskutiert und auf mögliche Sourcing-Strategien bei der Leistungserbringung eingegangen.

IT-Controlling stellt die Basis für Entscheidungen über den Technikeinsatz im Unternehmen dar. Ich setze mich mit Nutzenbewertung auseinander, d.h. welche Kriterien und Ansätze gibt es, um Kosten-Nutzenbetrachtungen anzustellen und was ist unter dem Stichwort Produktivitätsparadoxon zu verstehen, außerdem mit den Themen Portfolio- und Projektcontrolling im Bereich IM, dem Sicherheits- und IT-Risk Management sowie der Bedeutung des IT-Grundschutzhandbuches.

Cooperative Commerce, Wissensmanagement und Ubiquitous Computing sind aktuelle Herausforderungen an das IM. Sie können nicht isoliert betrachtet werden, sondern müssen in die Gesamtkonzeption des IM eines Unternehmens eingebettet werden. Um den Zusammenhang bzw. den Überschneidungsbereich zu dem bereits zu den Ebenen des IM Gesagten deutlich zu machen, werden diese Themen entlang des IM-Modells aufgearbeitet und Verbindungen aufgezeigt.

Der Komplexität des Themas IM will das Buch nicht durch Simplifizierung, sondern mit sensibilisierender Diskussion entgegentreten und dazu beitragen, die Diskussion um das IM differenziert zu führen. Auch weil es sich als hinreichend schwierig erweist, die Problematik des IM von der Informationswirtschaft bis zu den Hardware-Techniken überhaupt ganzheitlich zu betrachten, verzichte ich auf eine nahe liegende formale Modellierung des Gegenstandsbereiches. Zwar sehe ich IM auch als einen Prozess, derzeit ist aber nach wie vor der inhaltlichen, aufgabenorientierten Beschreibung gegenüber einem normativen Ablauf der Erfüllung der Aufgaben des IM Vorzug einzuräumen. Die Problemlage als auch die Aufgaben des IM sind transparent zu machen und sowohl Lösungsmöglichkeiten als auch Begrenzungen zu zeigen.

Das Buch versteht sich als Lehrbuch und weniger als umfassende, wissenschaftliche Monographie. Verständlichkeit und Verwendbarkeit stehen – soweit vom Autor zu beurteilen – im Vordergrund. Daher ist das Buch eher pragmatisch geschrieben und verzichtet weitgehend auf formale Ableitungen. Wenn vom Umfang vertretbar, werden empirische und theoriebasierte Ergebnisse der IM-Forschung eingearbeitet, anderenfalls wird auf die Literatur verwiesen.

1.3 Aufbau des Buches

Im zweiten Kapitel „Ein Rahmen für Informationsmanagement" wird zunächst IM als Managementaufgabe vorgestellt. Im Kapitel „Grundbegriffe" werden nicht nur die Definitionen für das Verständnis des IM dargelegt, sondern auch die Varietät und der Kontrastreichtum unterschiedlicher Verständnisse scheinbar einfacher Grundbegriffe deutlich gemacht. Darauf aufbauend werden die vorherrschenden Konzepte des IM einander gegenübergestellt und in ein Modell für das IM überführt.

Auf dieses Modell baut die Struktur des dritten Kapitels „Die Aufgaben des Informationsmanagements" auf. Das dritte Kapitel wird begleitet von einer fiktiven Fallstudie, die jeweils am Ende jedes Teilkapitels die zuvor erörterten Themen aufgreift und den Leser dazu auffordert, diese am konkreten Beispiel nochmals zu durchdenken. Das vierte Kapitel „Aktuelle Themen im Spannungsfeld des Informationsmanagements" arbeitet die Themenkomplexe Wissensmanagement, Cooperative Commerce und Ubiquitous Computing entsprechend dem Modell des IM auf.

Zur besseren Übersichtlichkeit des Buches wird ein Ordnungsrahmen angelegt, um die einzelnen Bestandteile des IM besser einordnen zu können. Diese Ordnungsaufgabe wird von den in der Kopfzeile verwendeten Symbolen erfüllt. Dem Leser wird dadurch immer signalisiert, in welchem Themenbereich des Buches er sich gerade befindet.

Im **zweiten Kapitel** werden die Grundlagen für das Verständnis des IM gelegt. Hierfür wird im *ersten Unterkapitel* das dem Buch zugrunde liegende Managementverständnis und der Stand der IM-Forschung vorgestellt. Das Symbol „IM“ weist den Weg.

Im *vierten Unterkapitel* des zweiten Kapitels, herausgehoben durch das Ebenenmodell als Symbol, wird das dem Buch zugrunde liegende Modell des IM vorgestellt.

Im **dritten Kapitel** werden die Aufgaben des IM strukturiert nach dem Ebenenmodell ausgeführt. Im *ersten Unterkapitel* werden die Aufgaben des Managements der Informationswirtschaft dargelegt. Als Symbol dient das Ebenenmodell des IM mit grau unterlegter oberster Ebene.

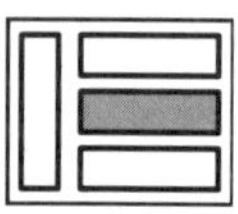

Im *zweiten Unterkapitel* wird das Management der IS erläutert. Als Symbol dient das auf mittlerer Ebene grau unterlegte Ebenenmodell des IM.

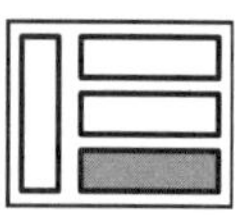

Das *dritte Unterkapitel* behandelt das Management der IKT. Die unterste Ebene des Ebenenmodells wurde als Wegweiser grau unterlegt.

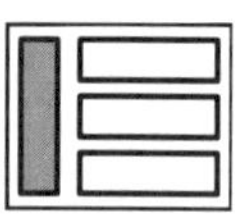

Im *vierten Unterkapitel* wird auf die Führungsaufgaben des IM, die den anderen Ebenen nicht direkt zuordenbar sind, eingegangen. Symbolisch wird das durch den grau hinterlegten ebenenübergreifenden Balken ausgedrückt.

Das **vierte Kapitel** beschäftigt sich mit den drei aus der Sicht des IM aktuellen Themengebieten Wissensmanagement, Cooperative Commerce und Ubiquitous Computing. Diese werden entlang der Ebenen des IM aufgearbeitet. Als Wegweiser dient der jeweils grau hinterlegte Titel des Themengebiets.

Die Kapitel und Teilkapitel können in unterschiedlicher Folge gelesen werden. Wer zunächst die einzelnen Aufgaben im Detail kennen lernen möchte, bevor er sich den den Rahmen für das IM setzenden Führungsaufgaben zuwendet, kann sich an die Reihenfolge im Buch halten. Wer aber zuerst einen Überblick über diese Rahmen setzenden Führungsaufgaben benötigt, kann mit Kapitel 3.4 beginnen und dann je nach Bedarf die anderen Teilkapitel lesen.

2 Ein Rahmen für Informationsmanagement

IM

In diesem Kapitel skizziere ich zunächst anhand der Beschreibung des IM als Managementaufgabe mein Grundverständnis von Management. Danach wird durch die Definition notwendiger Grundbegriffe die Grundlage gelegt, um die Konzepte des IM angehen zu können. Anschließend werden verschiedene Konzepte des IM aus der Literatur vorgestellt, die zur Erfassung der Realität, aber auch zu ihrer Gestaltung dienen können. Diese Konzepte werden vor dem Hintergrund der Kriterien, die aus der Diskussion um den Informationsbegriff hervorgegangen sind, verglichen und bewertet. Schließlich wird das IM-Modell vorgestellt, das den weiteren Ausführungen dieses Buches zugrunde liegt.

2.1 Informationsmanagement als Managementaufgabe

Kann man in einer von steten Preissenkungen geprägten und gleichzeitig turbulenten Entwicklung der IKT, die immer wieder neue Begriffe und Trends hervorbringt und der Begriffe wie „vaporware“[1] entstammen, etwas über **langfristig gleich bleibende Aufgaben** aussagen? Gibt es so etwas wie ein dauerhaftes Problem im IM, das es gestern, heute und morgen zu lösen gilt? Kann es sein, dass die von *Mertens* (1995) beschriebenen überhöhten Moden, weder schädlich noch verwerflich sind, sondern diese Moden für die langfristige Entwicklung im IM geradezu erforderlich sind? Dies wäre der Fall, wenn viel langsamere Fortschrittsprozesse zugrunde liegen würden, so dass sowohl einmal eine Abschwächung der Euphorie als zum anderen eine Verminderung der Skepsis anzustreben wären.

Einen Brückenschlag zwischen den Verhaltensmustern „Grundproblem lösen“ und „Moden und Trends nacheifern“ liefern *Eccles/Nohria* (1992). Sie sehen die Aufgaben des Managements in der Förderung des Wandels, der Anpassung und der Handlungen. Zu diesem Zweck skizzieren sie den Dreiklang **Rhetorik, Aktion** und **Identität**. Abbildung 2-1 zeigt im inneren Kreis diesen Dreiklang. Die Sprache (Rhetorik) des Managements dient dazu, Aktionen zu veranlassen, d.h. die Menschen in einer Organisation in Bewegung zu bringen. Aus den Folgen dieser Aktionen ergibt sich die Identität der Organisation und ihrer Menschen und damit die Organisationskultur. Erst wenn es dem Management gelingt, mit Hilfe phantasievoller und innovativer Rhetorik die Menschen in der Organisation zu kontinuierlicher oder „beharrlicher“ Aktion zu bewegen, kann sich die Organisationskultur

---

[1] Ins Deutsche wohl am treffendsten als „Scheinlösung“ übersetzbar.

IM

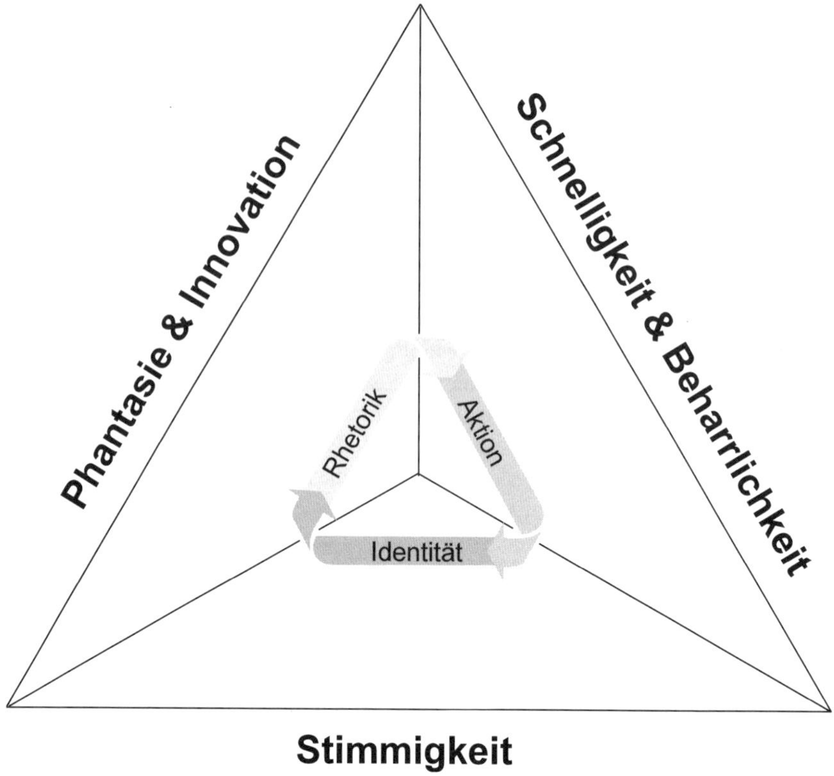

Abbildung 2-1. Dreiklang von Rhetorik, Aktion und Identität
Quelle: Eigene Darstellung

oder die Identität der Organisation evolutorisch an die Umweltbedingungen anpassen. Ohne Rhetorik gibt es keine Handlung und ohne Handlung keine Änderung der Identität und ohne Änderung der Identität keine evolutorische Anpassung an die Bedingungen der Umwelt.

Management wird hier nicht auf das Treffen von Entscheidungen reduziert. Wie *Pribilla/Reichwald/Goecke* (1996) aber zeigen konnten, ist das Treffen richtiger Entscheidungen ebenso Bestandteil von Management wie Kommunikation und Anleiten von Aktionen. Gerade aus organisatorischer Sicht dient die Rhetorik dazu, Handlung zu verlangen und zu ermöglichen. Die Folgen dieser Handlungen äußern sich dann in einer zerrissenen oder aber stimmigen Identität einer Organisation.

Angesichts der Nutzungsmöglichkeiten der technologischen Entwicklungen, besteht, wenn man *Eccles/Nohria* (1992) in Analogie folgt, eine Grundaufgabe des IM in der Förderung des Wandels, um den Fit zwischen IKT und ihrer Nutzung im Unternehmen sowie den wechselnden Nutzungsbedingungen **und** den sich ändernden Technologiebedingungen in der Unternehmensumwelt zu gewährleisten. Dieses letzte „und“ ist wichtig, da sich diese Änderungen gleichzeitig vollziehen, sowohl innerhalb als auch außerhalb des Unternehmens. Die Änderungen dieser Rahmenbedingungen führen zu veränderten Nutzungspotenzialen und veränderten Kostenstrukturen. Solche Änderungen haben oft paradigmatischen Charakter, nur wenige haben evolutorischen Charakter. Was vorher „richtig“ war, kann nachher „falsch“ sein. IM

Die Änderungen der Nutzungsbedingungen ihrerseits beeinflussen die Notwendigkeit und Vorteilhaftigkeit der Techniknutzung. Beide Änderungen, die der Technikbedingungen und der Nutzungsbedingungen, beeinflussen sich gegenseitig, daher das Gefühl der Undurchschaubarkeit. Welche Technik soll man vorantreiben, wenn man nicht weiß, was die externen und internen Kunden wollen, und wenn die Kunden nicht erahnen, was sie wollen könnten? Unter diesen Bedingungen ist Wandel unabdingbar. Wie ihn aber in Gang bringen? Darin liegt die Bedeutung der Moden und der Rhetorik, nämlich den unverzichtbaren Wandel unter jeweils neuem Namen in Gang zu bringen.

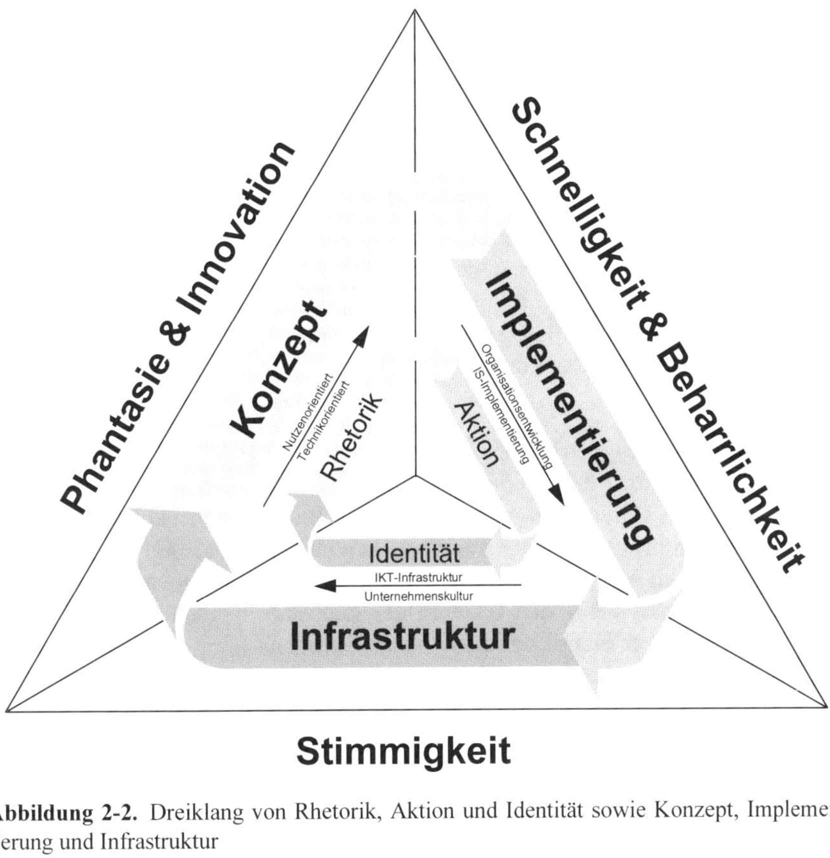

Abbildung 2-2. Dreiklang von Rhetorik, Aktion und Identität sowie Konzept, Implementierung und Infrastruktur

Quelle: Eigene Darstellung

Bei genauerer Betrachtung ergibt sich, dass die Kernaufgabe des IM „die in Bezug auf die Unternehmensziele effiziente Versorgung aller Mitarbeiter und anderer Stakeholder mit relevanten Informationen mit Hilfe der Gestaltung und des Einsatzes von IKT“ ist. Dieses Grundproblem ändert sich durch die Verwendung neuer Technologien nicht. Dennoch bestimmt allein die vorübergehende Vorteilhaftigkeit und Nachteiligkeit bestimmter Lösungen den im Einzelfall vorliegenden Erfolg des Unternehmens.

In Abbildung 2-2 wird daher der Managementregelkreis von *Eccles/Nohria* (1992) aus Rhetorik, Aktion und Identität um einen zweiten Kreis für das IM mit den Elementen **Konzept, Implementierung** und **Infrastruktur** ergänzt.

Die Rhetorik des Managementkreises wird für das IM durch Konzepte ergänzt, die Struktur in die Kommunikation bringen und gleichzeitig die Stoßrichtung der Rhetorik beinhalten. Hier wird zwischen nutzungs- und technikorientierten Konzepten unterschieden. Nutzungsorientierte Konzepte haben die Anwender und ihre Problemstellungen im Auge, die durch immer besseres Verständnis ihrer Situation immer besser unterstützt werden sollen. Technikorientierte Konzepte hingegen stellen die Anwendung neuer Techniken ins Zentrum.

Eine analoge Unterscheidung ist bei der Implementierung und auch bei der Infrastruktur zu treffen. Nutzungsorientierte Implementierung ist in diesem Fall gleichbedeutend mit Organisationsentwicklung, während technikorientierte Implementierung IS-Implementierung bedeutet. Nutzungsorientierte Infrastruktur hat viel mit Unternehmenskultur zu tun, technikorientierte Infrastruktur hingegen meint IKT-Infrastruktur. Beschreitet man den skizzierten Regelkreis ausgehend von den Konzepten, so folgt dem nutzungsorientierten Konzept die Organisationsentwicklung und im Bereich der Infrastruktur folgt ihr schließlich die Unternehmenskultur. Dem technikorientierten Konzept folgt die IS-Implementierung und die IKT-Infrastruktur.

Technik- oder werkzeuggetriebenes Vorgehen führt zu neuen IKT-Infrastrukturen, da neue Technik zum Einsatz kommt. Es folgt Mode auf Mode, die aber damit nur den ständigen Durst nach Alternativen und Innovationen befriedigen. Nutzungs- oder auch problemorientiertes Vorgehen dagegen führt auf jeden Fall zu einem verbesserten Verständnis des Problems, nicht unbedingt jedoch zur Lösung des Problems. Wenn sich dadurch das zugrunde liegende Problem zwar besser verstehen, aber nicht lösen lässt, so kann Enttäuschung folgen. Eine Fortschrittswahrnehmung durch Lösungen stellt sich nicht ein. Leider gibt es auf diese Art und Weise keine Befriedigung der Neugier, sondern höchstens Trost im besseren Wissen.

Sind Nutzungs- und Technikorientierung im Unternehmen stark voneinander getrennt, entstehen zwar neue IKT-Infrastrukturen, aber keine veränderten Unternehmenskulturen. IKT-Infrastruktur und Unternehmenskultur bestimmen aber gemeinsam, welche Konzepte als neue rhetorische Option nunmehr denkbar sind. Es ist zu überlegen, ob es besser ist, eine technikorientierte Rhetorik („Lasst uns das Internet nutzen") oder eine nutzungsorientierte Rhetorik („Mitarbeiter sollen bessere Informationen haben") zu verwenden, um Aktionen voranzutreiben. Die Dualität von Nutzungs- und Technikbedingungen wird es erfordern, dass Konzepte beide Inhalte aufweisen. Die ausschließliche Konzentration auf Nur-Nutzung wird bei Einführung neuer Techniken zum Ergebnis einer abwertenden Ablehnung von Neuem führen („das hatten wir doch schon"), während die ausschließliche Konzentration auf Technik zu dem Ergebnis eines Missverhältnisses zwischen Anspruch und Wirklichkeit führen wird („Welches Problem soll man damit lösen?").

Aus der Betrachtung von Rhetorik, Aktion und Identität folgt für das IM, dass die temporären Moden nicht abzuflachen, auch nicht zu überhöhen, sondern dass sie zu ertragen und auszunutzen sind. Sie dienen als Ansätze für neue Aktionen. Ihr Verschleiß ist schon deshalb notwendig, weil sie ja letztlich nur dazu „dienen", verschiedene neue Aktionen anzustoßen. Es ist dann auch nicht verwunderlich, dass Trends oder Moden in Wellen wiederkehren, so wie es auch in der Textilindustrie üblich ist.

Was sind nun die ausschlaggebenden Faktoren für den Erfolg von Konzept, Implementierung und Infrastruktur? Phantasie und Innovation bei der Konzeptfindung entsprechen in ihrer Bedeutung der Schnelligkeit und Beharrlichkeit bei der Implementierung und der Stimmigkeit bei der Infrastruktur. Vor allem das Thema Stimmigkeit kann dazu führen, die Bedeutung des IM zwar bestimmt, aber dennoch bescheiden vorzutragen. Für das IM folgt daraus, dass für alle Aktionen zu prüfen ist, ob sie auf einer eher getrennten, nutzungs- oder technikorientierten oder doch identitätsvereinenden Sicht beruhen. Informationsmanager müssen sich dieses Kreislaufs von Konzept, Implementierung und Infrastruktur bewusst sein. Für die Fortentwicklung einer Organisation in unserer zwischen Konzeptualisten, Implementierern und Infrastrukturbetreibern hochspezialisierten Gesellschaft muss das IM eine Integrationsfunktion übernehmen. Es sollte neben der Gestaltung und direkten Beherrschung der Technikbasis eine Personalbasis kultivieren, die den kompetenten Rhetoriker ebenso wie den qualifizierten Akteur, den mutigen Erneuerer genauso wie den eher konservativen IKT-Betreiber zum Zuge kommen lässt.

Demgegenüber darf die grundlegende Änderung in den Organisationen nicht übersehen werden, nämlich die tatsächliche Veränderung zur Informationsgesellschaft. Ob als Kondratieff-Zyklus beschrieben (Nefiodow 1990), mit Statistiken zum Bruttosozialprodukt und zur Arbeitsklassifikation charakterisiert oder soziologisch begründet: Die Veränderung von der Industriegesellschaft zur Informationsgesellschaft ist eine grundlegende Veränderung.

IM

Mit anderen Worten: Moden und Überhöhungen existieren. Die Tatsache, dass erst Rhetorik Aktion und individuelle Änderung bewirkt, darf nicht darüber hinwegtäuschen, dass – zwar langsamer als die informationstechnische Industrie uns glauben macht – sich die Grundlagen für Rhetorik, Aktion und persönliche Identität ändern. Die viel beschworene Revolution zur Informationsgesellschaft zeigt sich als Evolution, an der bedeutende Teile der Gesellschaft und der Welt jedoch nicht teilhaben (Krcmar/Wolf 2002). Auch hier ist der Einsatz gezielter Rhetorik gefordert, um aktiv gegen diese „Digitale Spaltung" der Gesellschaft an zu gehen und so einen gemeinsamen Wandel der Identität der Gesellschaft zu fördern.

2.2 Grundbegriffe

2.2.1 Information

Da die Nutzung von Informations- und Kommunikationstechniken (IKT) als Datenverarbeitung (DV), Informationsverarbeitung (IV) und oft auch als Wissensverarbeitung (WV) bezeichnet wird, legt dies nahe, *Daten, Information* und *Wissen* seien das gleiche. Dem ist jedoch sicherlich nicht so, obgleich der Inhalt des Begriffes Information nach wie vor kontrovers diskutiert wird.

Bevor ausführlich auf die Auffassungen von Information eingegangen wird, sollen an einem einfachen Beispiel Zusammenhänge zwischen Zeichen, Daten und Information dargestellt werden (Abbildung 2-3).

Auf der untersten Ebene befindet sich ein großer Vorrat verschiedener Zeichen als Basis aller weiter oben angesiedelten Begriffe. Werden die Zeichen einem Alpha-

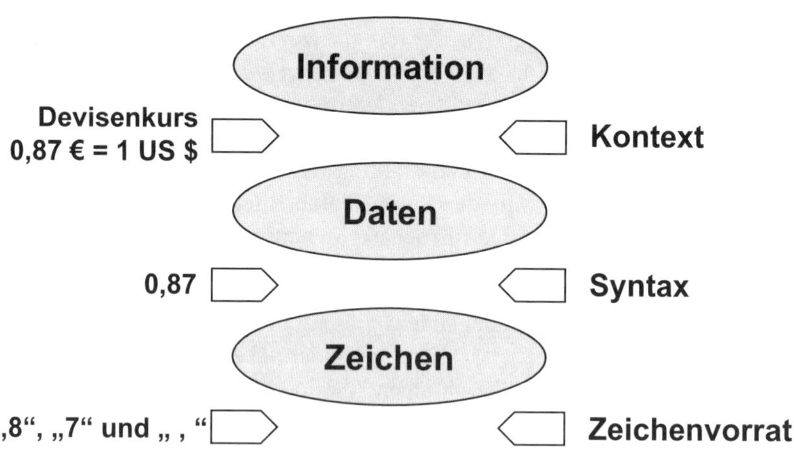

Abbildung 2-3. Die Beziehungen zwischen den Ebenen der Begriffshierarchie
Quelle: In Anlehnung an Rehäuser/Krcmar (1996, S. 6)

bet zugeordnet, kann man von Daten sprechen. Die Anreicherung mit zusätzlichem Kontext verschafft den Daten Bedeutung, so dass Information entsteht, bspw. darüber, dass mit 0,87 der Wert des Dollars in € gemeint ist[2].

Im Folgenden werden aus der Fülle dessen, was zu Information bereits geschrieben wurde, einige Aspekte herausgegriffen, die für ein besseres Verständnis der Aufgaben und Probleme des IM von Bedeutung sind. Neben der allgemeinsprachlichen Verwendung sind das die nachrichtenorientierte Perspektive, die Sichtweise nach DIN 44300, die Semiotik und das betriebswirtschaftliche Verständnis von Information. Schließlich wird auf den Modellcharakter der Information und die Implikationen daraus hingewiesen.

Die **allgemeinsprachliche Verwendung von Information** berücksichtigt, dass jeder täglich mit Informationen aller Art konfrontiert wird. Dies gilt für das Aufschlagen einer Zeitung ebenso wie für den Prozess des „sich Informierens", wenn man in einer fremden Stadt ankommt und sich bei der „Information" erkundigt. Diesen umgangssprachlichen Gebrauch definiert *Seiffert* (1971, S. 24) so: „Information ist eine [...] gegenwarts- und praxisbezogene Mitteilung über Dinge, die uns im Augenblick zu wissen wichtig sind." Etymologisch lässt sich Information aus dem lateinischen „informatio" ableiten, während „informare" mit den Bestandteilen „in" und „forma" „eine Gestalt geben" bedeutet.

Die **Nachrichtentheorie** reduziert den Informationsbegriff auf Mitteilung und Nachricht (Shannon/Weaver 1976). Information wird verstanden als „diejenige Unsicherheit, die durch das Erscheinen des betreffenden Zeichens beseitigt wird" (Gitt 1989, S. 4). Der nachrichtentechnische Informationsbegriff versucht, den Informationsgehalt eines Zeichens zu ermitteln, um daraus Hinweise zur Codierung abzuleiten. Der Informationsgehalt wird durch die Wahrscheinlichkeit des Auftretens eines Zeichens im Rahmen einer Nachricht gemessen. Mit abnehmender Auftretenswahrscheinlichkeit nimmt die Überraschung durch das Erscheinen eines Zeichens zu, also auch sein Informationsgehalt. Indem sich die Informationstheorie mit der Auftretenswahrscheinlichkeit von Zeichen befasst, wird der Informationsbegriff auf eine statistische Dimension reduziert. Dies erlaubt, und darin liegt der Vorteil dieser Begriffsbildung, quantitative Aussagen über den Informationsgehalt von Zeichen, so dass die Übertragung durch Nachrichtenübertragungskanäle besser untersucht werden kann. Diese Art der Analyse versteht Information als eine Auswahl und Aneinanderreihung von Zeichen. Die informationstheoretische Sicht zeigt nicht, inwieweit bspw. ein Satz oder Wort verständlich, richtig, falsch oder ohne Bedeutung ist.

Die **DIN Norm 44300** (Deutsches Institut für Normung (DIN) 1988; FNI 1972) geht in diesem Sinne nicht weiter, sondern vermeidet die Erklärung des Begrif-

[2] Wird Information mit anderen Informationen vernetzt, entsteht Wissen auf einer noch höheren Ebene der Begriffshierarchie (Rehäuser/Krcmar 1996).

IM

fes, indem sie ausschließlich die Begriffe „Zeichen", „Signal", „Nachricht" und „Daten" nutzt. Signale sind als physikalisch wahrnehmbare Tatbestände die Voraussetzung für die Übermittlung und Speicherung von Zeichen. Zwischen Nachricht und Daten wird anhand der Verwendung so differenziert, dass die Zeichenübertragung zu Nachrichten führt, während ihre Speicherung in Datenform geschieht.

Mehr Erklärungspotenzial weist die **Semiotik** auf, die als eine allgemeine Lehre von Zeichen und Zeichenreihen die Aspekte Syntaktik, Semantik, Sigmatik und Pragmatik untersucht (Abbildung 2-4):

- Die *Syntaktik* oder Syntax befasst sich mit der Beziehung zwischen den Zeichen eines Sprachsystems, also den durch Konvention festgelegten Regeln einer Sprache, nach denen einzelne Zeichen zu gültigen Ausdrücken und Sätzen kombiniert werden können.
- Die *Semantik* befasst sich mit der möglichen inhaltlichen Bedeutung von Zeichen. Sie untersucht sowohl die Beziehung zwischen dem Zeichen und seiner Bedeutung als auch die Beziehung zwischen dem Zeichen und dem bezeichneten Objekt (*Sigmatik*).

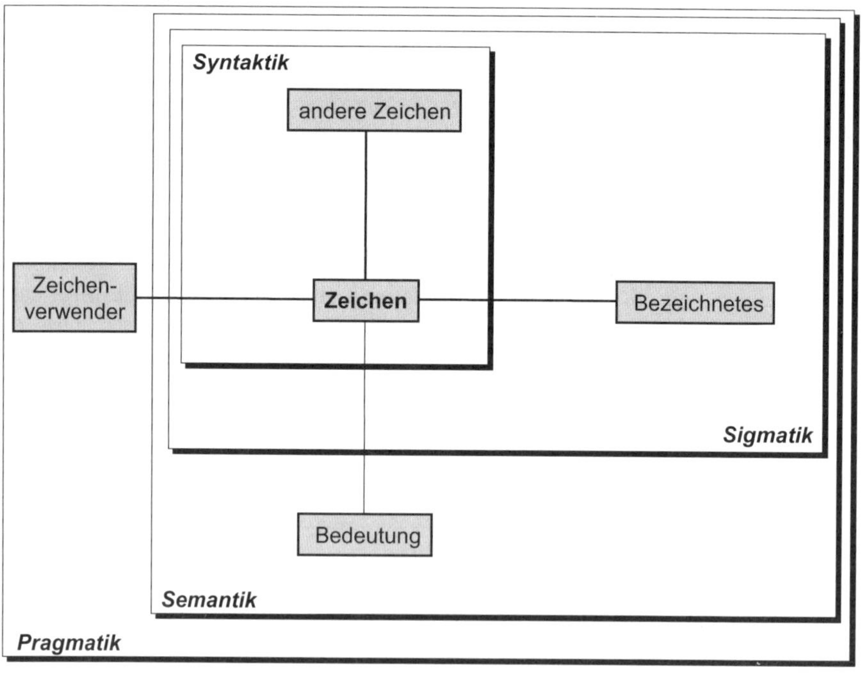

Abbildung 2-4. Syntaktik, Sigmatik, Semantik und Pragmatik
Quelle: Berthel (1975, S. 1869)

- Die *Pragmatik* schließlich bezieht sich auf die Relation zwischen dem Zeichen und seinem Verwender, d.h. auf die Absicht, die der Sender der Information verfolgt.

Die semiotische Analyse der Information vermag die Beziehungen zwischen dem Objekt und dem Begriff der Information genauer zu definieren. Im Sinne der Sigmatik handelt es sich hierbei um eine Abbildung eines bezeichneten Objekts. Regeln, nach denen diese Abbildung erfolgen kann, werden durch die Syntaktik gebildet. Semantik nimmt an, dass Inhalt (also Daten) und seine Bedeutung separat und voneinander trennbar sind. Der Verwendungszusammenhang wird als Pragmatik bezeichnet.

Die **Betriebswirtschaftslehre** hat dem Begriff „Information" im Lauf der Zeit zunehmende Beachtung geschenkt. Die vielzitierte Definition „**Information ist zweckbezogenes Wissen**" (Wittmann 1959, S. 14), setzt den Begriff der Information in den Verwendungszusammenhang, wirft jedoch zwei weitere Probleme auf: Zum einen „Was ist Wissen?" und zum anderen „Was bedeutet zweckbezogen?". Es ist zwar sprachlich möglich, aber nicht besonders zweckmäßig, den Begriff „Information" durch den erst zu definierenden Begriff „Wissen" zu umschreiben. Zweckorientierung bedeutet in diesem Zusammenhang, dass nur solches Wissen als Information bezeichnet wird, das dazu dient, Entscheidungen oder Handeln vorzubereiten.

Dies hat zur Aufwertung von Information zum **Produktionsfaktor** im betrieblichen Leistungserstellungsprozess geführt. In volkswirtschaftlichen Produktionsfaktorsystemen werden die Produktionsfaktoren Arbeit, Boden bzw. Natur- und Sachkapital unterschieden. Innerhalb der Betriebswirtschaftslehre greift man zunächst auf die Faktorsystematik nach *Gutenberg* (1979) zurück, der die Elementarfaktoren objektbezogene Arbeitsleistung, Betriebsmittel und Werkstoffe sowie dispositive Faktoren (Betriebs- und Geschäftsleitung, Organisation und Planung) unterscheidet. Diese Klassifikation verwendet er als Grundlage seiner produktions- und kostentheoretischen Überlegungen. Die Kombination der Ressourcen bestimmt dabei das Ergebnis unternehmerischen Handelns.

Die von *Gutenberg* vorgelegte Systematik wurde von anderen Autoren modifiziert und explizit um Information erweitert (Mag 1984; Pietsch et al. 1998; Zimmermann 1972). *Witte* (1972, S. 64) beschreibt Information als eine „immaterielle aber keineswegs kostenlose Ressource". Seitdem hat sich die Behandlung von Information als Ressource im deutschen wie im amerikanischen Sprachraum (dort als „Information Ressources Management" (Horton 1981)) immer stärker durchgesetzt.

Information zählt unter bestimmten Voraussetzungen zu den **Wirtschaftsgütern** (Bode 1993, S. 61f.). Vom technischen Mittelcharakter sind die Zweckneigung als Erfüllung oder bei deren Mitwirkung für Zwecke eines Subjektes, das Vorhandensein und die Verfügbarkeit im Wirkungsbereich eines Wirtschaftssubjekts und die

IM

Übertragbarkeit von einem Wirkungsbereich in einen anderen maßgebend. Wirtschaftlich muss eine relative Knappheit bestehen und die Information ökonomisch geeignet sein, d.h. auf eine wirksame Nachfrage stoßen. Diese Voraussetzungen werden bspw. vom *Informationsprodukt* „Konjunkturprognose“ eines Wirtschaftsforschungsinstituts erfüllt.

Obwohl Information zu den Produktionsfaktoren gezählt wird und Wirtschaftsgüter darstellen kann, weist sie dennoch wesentliche Unterschiede auf, wie aus Tabelle 2-1, die materielle Wirtschaftsgüter und Information gegenüberstellt, deutlich wird:

Tabelle 2-1. Vergleich von materiellen Wirtschaftsgütern und Information

Materielles Wirtschaftsgut	**Information**
Hohe Vervielfältigungskosten	Niedrige Vervielfältigungskosten
Angleichung der Grenzkosten an die Durchschnittskosten	Grenzkosten der (Re-)Produktion nahe Null
Wertverlust durch Gebrauch	Kein Wertverlust durch Gebrauch
Individueller Besitz	Vielfacher Besitz möglich
Wertverlust durch Teilung, begrenzte Teilbarkeit	Kein Wertverlust durch Teilung, fast beliebige Teilbarkeit
Identifikations- und Schutzmöglichkeit	Probleme des Datenschutzes und der Datensicherheit
Logistik oft aufwändig	Logistik einfach
Preis/Wert im Markt ermittelbar	Preis/Wert nur schwer bestimmbar
Begrenzte Kombinationsmöglichkeiten	Ansammlung schafft bereits neue Qualitäten, weitgehende Möglichkeiten der Erweiterung und Verdichtung

Quelle: In Anlehnung an Pietsch (1998, S. 23)

Darüber hinaus werden folgende Eigenschaften von Information erwähnt (Eschenröder 1985; Picot 1988b; Picot et al. 2003; Pietsch et al. 1998; Strassmann 1982):

- Informationen sind immaterielle Güter, die auch bei mehrfacher Nutzung nicht verbraucht werden.
- Informationen stiften dem Informationsbenutzer Nutzen, bspw. wenn sie in Handeln umgesetzt werden.
- Informationen sind keine freien Güter, sie können daher einen kostenadäquaten Wert haben.

- Der Wert der Information hängt von der kontextspezifischen und von der zeitlichen Verwendung ab.
- Der Wert der Information kann durch das Hinzufügen, Selektieren, Konkretisieren und Weglassen verändert werden. Information ist erweiterbar und verdichtbar.
- Es gibt unterschiedliche Qualitäten von Informationen, wie z. B. Genauigkeit, Vollständigkeit, Zeitgenauigkeit und Zuverlässigkeit.
- Informationen können mit Lichtgeschwindigkeit transportiert werden, auch wenn die der Information zugrunde liegenden Gegenstände (Bezeichnetes) nicht mit der gleichen Geschwindigkeit transportiert werden können.
- Käufer erhalten Kopien, so dass sich die Durchsetzung exklusiver Rechte insbesondere Eigentumsrechte als schwierig erweist.
- Informationen werden kodiert übertragen, daher sind für ihren Austausch gemeinsame Standards notwendig.

Aus diesen Unterschieden lässt sich ein von den Managementaufgaben der materiellen Produktionsfaktoren abweichendes IM begründen. Wesentlich ist dabei der bereits in der Semiotik angesprochene **Modellcharakter** von Information. *Steinmüller* (1981, S. 73) schlägt deshalb vor, den Begriff „Information" durch **„ein immaterielles Modell eines Originals für Zwecke eines Subjekts"** zu ersetzen.

Der Modellbegriff beinhaltet im Wesentlichen vier Elemente: die Abbildungsregeln, das Modellsubjekt, die abzubildende Realität und den Adressaten der Modellbetrachtung. Abbildungsregeln schreiben vor, wie die Realität abzubilden ist, um Objektivität und Intersubjektivität zu gewährleisten. Das Modellsubjekt ist der Erzeuger eines Modells der Realität auf der Basis der Abbildungsregeln. Die Realität stellt das Original oder die Vorlage für das zu erstellende Modell dar, und der Adressat sollte mit Kenntnis der Abbildungsregeln in der Lage sein, das Modell zu verstehen und richtig zu interpretieren.

Modelle sind

- subjektrelativ, da Auswahl des Originals und der Abbildungsregeln auf den Erzeuger zugeschnitten,
- zweckrelativ, da auf Belange des Erzeugers ausgerichtet, und
- perspektivisch, da der Blickwinkel des Erzeugers eingeht (Steinmüller 1993, S. 198ff.).

„'Modell' ist stets 'Modell-wovon-wozu-für wen'" (Steinmüller 1993, S. 178).

IM

Demnach sind Information, IS und Informationsprozess als Modell eines Objekts zu verstehen, das über die semiotischen Relationen abgebildet wird. Dies dient den Verwendungszwecken eines Subjekts, das wiederum eine Verhaltensbeziehung zum Original hat. Dann trifft der Satz „Wissen ist Macht" genaugenommen nicht zu, sondern „Information ist nicht Macht, sondern ermöglicht Machtausübung" (Steinmüller 1981, S. 73f.).

Die Modellierung der Objektrealität lässt sich auch als *Interpretation* durch das Subjekt verstehen; Information ist dann Ergebnis und Anlass einer solchen Interpretation, sie kann aber auch selbst wiederum Objekt und damit Interpretations- und Modellierungsgegenstand sein.

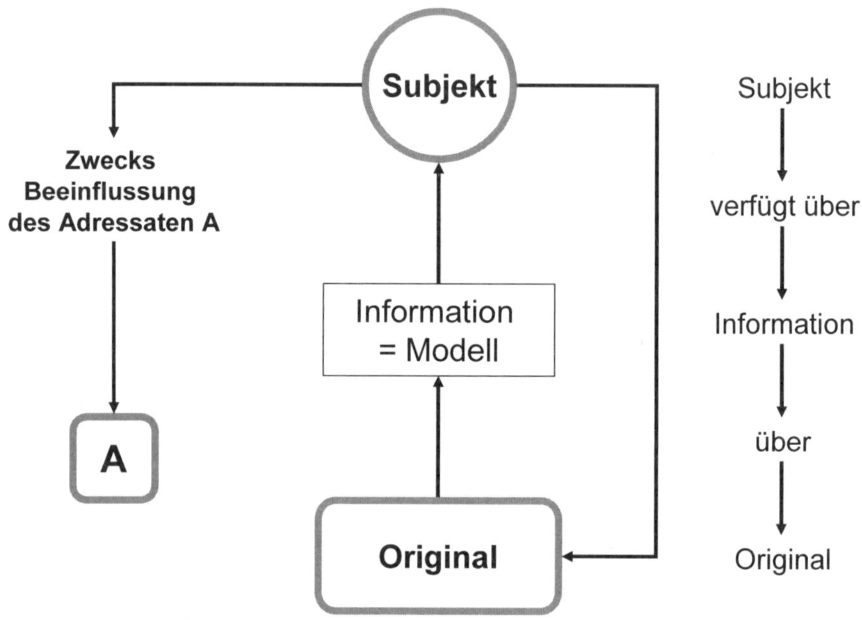

Abbildung 2-5. Information ist „Modell-wovon-wozu-für wen"
Quelle: Steinmüller (1993, S. 178)

Der Modellbegriff wird je nach wissenschaftstheoretischer Position unterschiedlich verwendet (Strobel 2000, S. 142ff.). Der positivistisch verwendete Modellbegriff unterstellt einen vom Modellierungsgegenstand unabhängigen Beobachter, welcher den Betrachtungsgegenstand in ein Modell abbildet. Eine derartige Verwendung des Modellbegriffs impliziert, dass der Modellersteller subjektive Interessen und Zielsetzungen vernachlässigt bzw. vernachlässigen kann. Somit führt die Abbildung eines Realitätsausschnitts durch unterschiedliche Modellierer zu annähernd gleichen Modellen.

IM

Dem gegenüber steht der systemische Modellbegriff. Die systemische Variante betrachtet ein erstelltes Modell als etwas Neues. Durch die Aktivitäten *Beobachtung* und *Gestaltung* wird das Modell durch den Modellierer, durch dessen subjektive Einstellungen und Interessen beeinflusst. Allein durch die Wahl der Modellierungsmethode und des Abstraktionsgrads trifft der Modellierer eine subjektive Entscheidung bezüglich der Darstellung und der dem Modell innewohnenden Komplexität. Er muss für die Erstellung eines Modells einen geeigneten Grad der Abbildungstreue der Realität finden. Hieraus resultiert eine Divergenz zwischen Realität und Modell. Für den Verwender eines Modells bedeutet dies, dass die Ergebnisse, die aus der Analyse eines Modells gezogen werden, nicht unmittelbar auf das Modellierte übertragbar sind.

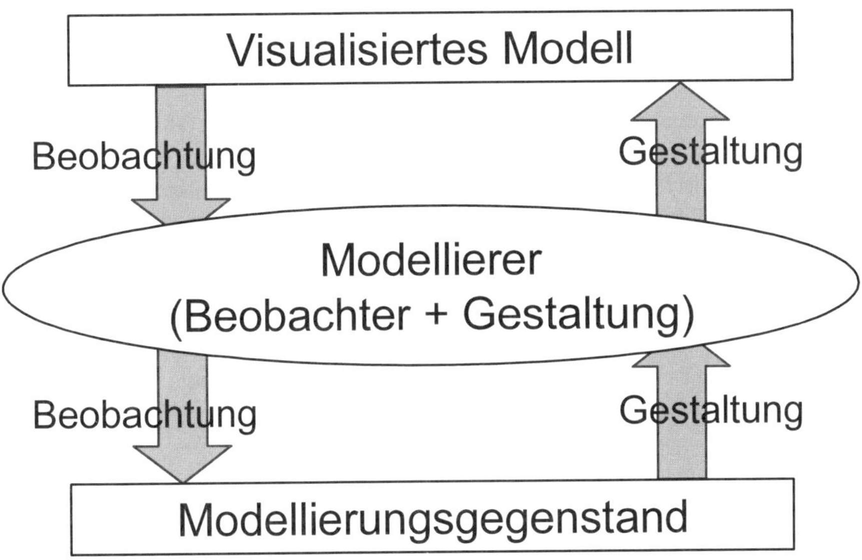

Abbildung 2-6. Systemischer Modellbegriff
Quelle: In Anlehnung an Strobel (2000, S. 144)

Weiterhin geht der systemische Modellbegriff davon aus, dass der Modellierungsgegenstand und das erstellte Modell in wechselseitigem Verhältnis zueinander stehen. Dies bedeutet, dass im sozialen Kontext durch das erstellte Modell Kommunikations- und Reflexionsprozesse ausgelöst werden, die Rückwirkungen auf den Modellierungsgegenstand haben. Daraus ergibt sich eine wechselseitige Beeinflussung von Realität und Modell.

Die Hauptfunktion der Modellierung ist aber auch bei systemischer Betrachtung die Darstellung eines relevanten Realitätsausschnitts. Ein solches Modell kann sowohl als Kommunikationsgrundlage für die Entscheider, insbesondere zur Identifikation von Systemschwächen, dienen, als auch eine Hilfe bei der Auswahl geeigneter Systemkomponenten sein. Des Weiteren dienen Modelle als Vorlage für die Entwicklung softwareintensiver Systeme. Die Identifikation von Systemschwächen ist z. B. im Bereich des Business Process Reengineering von wesentlicher Bedeutung.

Unabhängig von der Interpretation des Modellbegriffs führt die Modelleigenschaft der Ressource Information nicht zur vollständigen Abstraktion, denn jede Informationsübertragung hat sowohl einen physischen als auch einen informatorischen Aspekt. *Miller* (1978, S. 15) stellt in seiner **Living Systems Theory** fest: „Matter-Energy and Information always flow together, Information is always borne on a marker". Der physische Prozess wird dort Materie-Energie-Transmission genannt, während der Bezug des Empfängers zur Information in der Informationstransmission hergestellt wird. Folgendes Beispiel möge dieses Verhältnis von Information zu Materie und Energie erläutern:

> Die von einem Affen verspeiste Banane ist ein nicht zufälliges Arrangement spezifischer Moleküle und besitzt dadurch auch einen informatorischen Aspekt. Da der Affe die Banane aber hauptsächlich zur Ernährung benutzt, handelt es sich um eine Materie-Energie-Transmission. Wenn dagegen ein Licht einem Affen mitteilt, dass ein Knopf zu drücken ist, um die Banane zu erhalten, so steht bei diesem Licht der energetische Charakter nicht im Vordergrund. Obwohl auch dieses Licht ein nicht zufälliges, systematisches Arrangement von Molekülen darstellt, handelt es sich diesmal um eine Informationstransmission (Miller 1978, S. 15).

Mit diesem Beispiel kann man den Streifzug durch die Landschaft der Auffassungen von Information zusammenfassen. Die in der Betriebswirtschaftslehre „übliche" Definition von Information als zweckbezogenes Wissen geht – trotz ihres wesentlichen Beitrages der Zweckorientierung – an zwei wesentlichen Aspekten von Information vorbei, die gleichzeitig gelten: Information ist einerseits abstraktes Modell und andererseits bei Übertragung und Speicherung immer an physikalische Signale gebunden. Diese *Dualität* bedeutet, dass Informationen, obwohl sie Modelle einer physischen Realität darstellen, doch selbst physische Realität sind.

Jede klare sprachliche Regelung muss also zunächst festhalten, welches das Objekt ist, über das Informationen bearbeitet werden. Dabei wird sich das IM immer auf einer höheren Abstraktionsstufe bewegen als z. B. die Produktion. Dieser Grundgedanke wird sich durch dieses Buch ziehen und dazu führen, dass die Darstellung in separaten Gliederungspunkten auf einer höher gelegenen Modellebene vollzogen wird. Auch die Modellbildung als Interpretationsprozess spielt eine wichtige Rolle im Management der Ressource Information. Neben der Modelleigenschaft ist eine enge Bindung physischer und informatorischer Aspekte eine zentrale Herausforderung des IM.

2.2.2 Management

IM

Der Begriff „**Management**" bzw. „**Führung**" lässt sich aus unterschiedlichen Perspektiven interpretieren und wird in der praktischen und wissenschaftlichen Literatur in vielen Varianten verwendet. In der angloamerikanischen Literatur werden bspw. fast alle im Unternehmen anstehenden Probleme zu Management- bzw. Führungsproblemen erhoben. Beschränkt man die Perspektive auf den deutschsprachigen Raum, so existieren weitere Auffassungen. So werden Management, Führung und Leitung oft als Synonyme gebraucht. Exemplarisch werden einige Auffassungen vorgestellt:

- Management ist eine komplexe Aufgabe: Es müssen Analysen durchgeführt, Entscheidungen getroffen, Bewertungen vorgenommen und Kontrollen ausgeübt werden (Ansoff 1966).
- Management kann [...] definiert werden als die Verarbeitung von Informationen und ihre Verwendung zur zielorientierten Steuerung von Menschen und Prozessen (Wild 1971).
- The essence of management is the creation, adaption, and coping with change (Leontiades 1982).

Dem Management-Begriff kann ein funktionaler oder ein institutioneller Sinn unterlegt werden. Während funktionale Ansätze den Prozess und die Aufgaben des Managements beschreiben, stehen beim institutionellen Verständnis die Personen und Personengruppen, die Aufgaben des Managements wahrnehmen, im Vordergrund.

Management im *funktionalen* Sinne beschreibt spezielle Aufgaben und Prozesse, die in und zwischen den Unternehmungen ablaufen. Diese Aufgaben und Prozesse werden wiederum in Personalfunktionen und Fachfunktionen differenziert. Aufgaben der *Personalfunktion* sind die persönliche Betreuung sowie die soziale Integration der Mitarbeiter, die in der Gestaltung des Arbeitsplatzes und der Personalförderung (Schulung und Weiterbildung) ihre Konkretisierung finden. Aus den *Fachfunktionen*, die primär der Sachaufgabenerfüllung dienen, lässt sich die Partizipation an der Realisierung der Unternehmungsziele ableiten. *Planung* (Zielvorgabe, Problemanalyse, Alternativensuche), *Entscheidung* bzw. *Realisierung* und *Kontrolle* stehen im Mittelpunkt.

Dem Management als *Institution* gehören alle Personen an, die als Entscheidungsträger ständig personen- und sachbezogene Aufgaben wahrnehmen: Vorstand bzw. Geschäftsleitung, Führungskräfte und Stäbe. Eine Zuordnung zum Management ist jedoch eher von den Aufgaben und Kompetenzen als von der hierarchischen Einordnung in die Struktur abhängig. Für dieses Buch finden institutionelle Aspekte des Managementbegriffes ihren Niederschlag in den Kapiteln, welche die Organisation des Unternehmens betreffen. Insgesamt folgt die Konzeption des IM jedoch einem funktionalen Managementverständnis.

IM

Merkmale von Management- oder Unternehmensführungsentscheidungen lassen sich wie folgt charakterisieren (Macharzina 1999, S. 35ff.):

- Grundsatzcharakter, d.h. es werden weitere Entscheidungen ausgelöst,
- Hohe Bindungswirkung, bspw. bei einer grundlegenden Reorganisation des Unternehmens,
- Irreversibilität, d.h. Entscheidungen können nur unter Schwierigkeiten rückgängig gemacht werden,
- Hoher monetärer Wert des Entscheidungsinhalts,
- Wertebeladenheit (ethische, soziale und politische Normen),
- Geringer Strukturierungsgrad,
- Große Reichweite, d.h. Entscheidungen betreffen das gesamte Unternehmen.

Zu den Aufgaben des Managements gehört auch der Kontakt der Organisation nach außen, weshalb *Daft/Weick* (1984) im Sinne einer „Interpretationsaufgabe" dem Management die Rolle des „sense making" für die Organisation zuweisen. Darüber hinaus wird diskutiert, ob die Trennung von Planung und Ausführung und damit von Managen und Nicht-Managen aufrecht zu erhalten ist. Das Schlagwort „every employee a manager" *Myers* (1970) umschreibt einen Ansatz, in dem der Handlungszyklus Planung, Ausführung und Kontrolle ganzheitlich und nicht arbeitsteilig auf mehrere Personen verteilt angegangen wird.

Das Managementverständnis, das diesem Buch zugrunde liegt, fasst Folgendes zusammen (Malik 2000):

- das Setzen von Zielen und Visionen,
- organisieren,
- entscheiden,
- kontrollieren,
- Menschen entwickeln und fördern.

2.2.3 Informationssysteme

Die Wirtschaftsinformatik befasst sich mit „**Informations- und Kommunikationssystemen in Wirtschaft und Verwaltung**" (WKWI 1994, S. 80). Sie gilt als wissenschaftliche Disziplin an der Schnittstelle zwischen der Betriebswirtschaftslehre, die zu den Realwissenschaften gezählt wird, und einer ingenieurwissenschaftlich orientierten Informatik. Damit kombiniert die Wirtschaftsinformatik interdisziplinär das Erfahrungsobjekt der Wirtschaftswissenschaften, den Betrieb im Wirtschaftssystem und die Institutionen der öffentlichen Verwaltung mit der Ausrichtung auf Informationsprozesse und die informationsverarbeitenden Systeme. Der erweiterte Begriff der „**Informations- und Kommunikationssysteme**", der mit der kürzeren Form „**Informationssysteme (IS)**" gleichzusetzen ist, verdeutlicht den „siamesischen Zwillingscharakter" von Information und Kommunikation, die sich gegenseitig bedingen (Heinrich 2002, S. 7).

Bei **Informationssystemen (IS)** handelt es sich um soziotechnische („**Mensch-Maschine-**") Systeme, die menschliche und maschinelle Komponenten (Teilsysteme) umfassen und zum Ziel der optimalen Bereitstellung von Information und Kommunikation nach wirtschaftlichen Kriterien eingesetzt werden. (WKWI 1994, S. 80)

Da man Systeme allgemein als eine Menge von Elementen versteht, die in bestimmter Weise miteinander in Beziehung stehen, ist die *Kommunikation* in IS nichts anderes als der notwendige Austausch von *Informationen* zwischen den Elementen eines Systems und zwischen dem System und seiner Umwelt. *Maschinen* werden hierbei als Anwendungen begriffen, die auf einer wie auch immer gearteten Hardware arbeiten. Anwendungen wiederum nutzen Daten für interne Prozesse, die schließlich in Funktionen und Verbindungen zwischen den Funktionen aufgeteilt werden können.

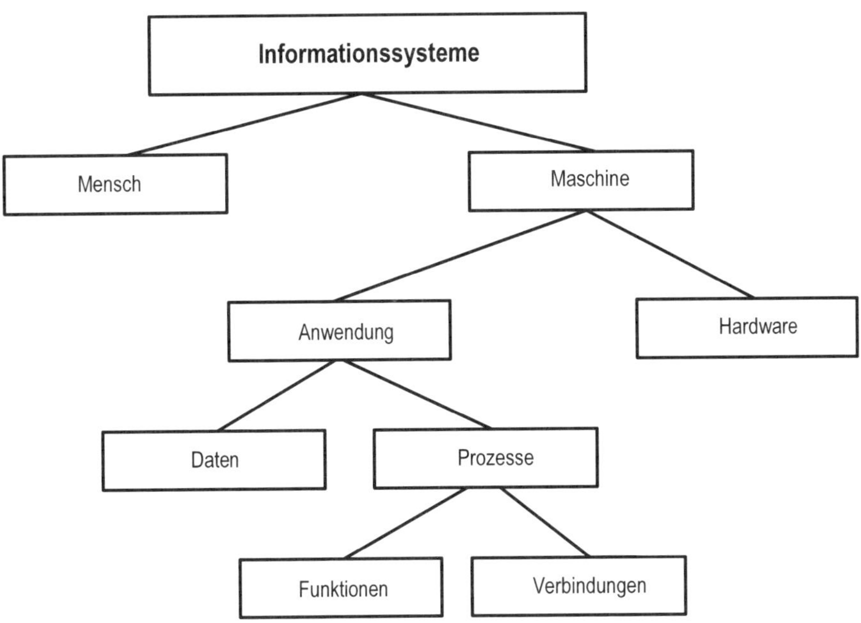

Abbildung 2-7. Informationssysteme als Mensch-Maschine-Systeme
Quelle: Eigene Darstellung

IM

Dabei gelten IS als offene, dynamische und komplexe Systeme: „*Offen*", weil ihre Elemente mit ihrer Umwelt interagieren, „*dynamisch*", da durch diese Interaktion die Elemente ihre Eigenschaften über die Zeit verändern können und „*komplex*" wegen der großen Anzahl von Elementen und den vielen Beziehungen zwischen diesen.

Die Auffassung von IS als soziotechnische Systeme führt zu der Frage, wie dieses Konstrukt weiter unterteilt werden kann. In der Organisationstheorie wird traditionell von „dem einen Informationssystem" des Unternehmens ausgegangen, welches die Gesamtheit aller betrieblichen Abläufe und Tätigkeiten bezeichnet, die sich mit Information befassen. Dieses eine IS mit seinen Planungs-, Steuerungs- und Kontrollaufgaben sei dem *Basissystem* der Unternehmung mit der Aufgabe der betrieblichen Leistungserstellung gegenüberzustellen (Grochla 1975).

In der Wirtschaftsinformatik dagegen wird der Begriff „Informationssysteme" üblicherweise im Plural gebraucht und eine Zerlegung des Gesamtsystems in Subsysteme vorgenommen. Bspw. lassen sich nach dem Verwendungszweck verschiedene Anwendungssysteme („application systems") für die Administration, die Disposition und die Entscheidungsunterstützung unterscheiden. *Administrationssysteme* werden für die Speicherung und Verarbeitung von Massendaten zum Beispiel in der Finanzbuchhaltung eines Unternehmens eingesetzt, während *Dispositionssysteme* Entscheidungen bspw. im Rahmen der Bestellabwicklung oder der Materialbeschaffung unterstützen. Der Begriff *Entscheidungsunterstützungssysteme* wird hingegen für die Vorbereitung von Entscheidungen der mittleren und oberen Managementebene angewendet (Mertens/Griese 1993, S. 4ff.).

Nach ihrem Anwendungsfokus lassen sich IS einerseits in *betriebliche* und *überbetriebliche* IS einteilen, während andererseits *branchenspezifische* und *branchenübergreifende* IS unterschieden werden können. Warenwirtschaftssysteme für den Handel oder Produktions-, Planungs- und Steuerungssysteme in der Industrie sind Beispiele für branchenspezifische Systeme, während Anwendungssysteme für die Buchführung in allen Branchen angewendet werden können.

Nach *Scheer* (1988, S. 94ff.) können IS eines Industriebetriebs in funktionsbezogene und unternehmensbezogene Systeme eingeteilt werden. Die *funktionsbezogenen* IS werden dabei in die Bereiche Produktion, Technik, Beschaffung, Absatz, Personal, Rechnungswesen und Verwaltung eingeteilt und schließlich durch Schaffung geeigneter Schnittstellen zu einem *unternehmensbezogenen* integrierten Gesamtsystem der betriebswirtschaftlichen **Informationsverarbeitung (IV)** weiterentwickelt.

Aus einer wertschöpfungskettenübergreifenden Perspektive beschreiben die **eBusiness**-Konzepte *Supply Chain Management* (SCM), *Customer Relationship Management* (CRM) und *Cooperative Commerce* die Integration und Vernetzung einzelner Wertschöpfungsstufen unabhängig von ihrer institutionellen Zugehörigkeit. Über das einzelbetriebliche Optimum hinaus stehen IS im Mittelpunkt, die auf Grundlage von standardisierten Internettechniken eine möglichst effektive

Gestaltung und Steuerung eines gesamten Wertschöpfungsprozesses bzw. Wertschöpfungsnetzwerkes zum Ziel haben.

Dieses Gesamtsystem fällt in den Aufgabenbereich des IM, weil diese IS die Werkzeuge darstellen, um die Informationsversorgung im Unternehmen sicherzustellen. Planung und Bereitstellung der IS des Unternehmens zur Erfüllung betrieblicher Aufgaben stellen damit einen Teilbereich der Aufgaben des IM dar.

2.2.4 Informations- und Kommunikationstechnik

Bezogen auf die Grundfunktionen Speicherung, Verarbeitung und Kommunikation, lässt sich folgende Definition treffen:

Informations- und Kommunikationstechnik (IKT) ist die Gesamtheit der zur Speicherung, Verarbeitung und Kommunikation zur Verfügung stehenden Ressourcen sowie die Art und Weise, wie diese Ressourcen organisiert sind.

Insgesamt stellen IKT die Basis für die erfolgreiche Speicherung, Verarbeitung und Übermittlung von Informationen und damit für ein erfolgreiches IM dar. Mit dem Fortschritt der Entwicklung der IKT selbst bestimmt das IM in zunehmendem Maße die Effizienz und Effektivität der Unternehmung.

Neben dem Begriff der Information ist auch der **Technologiebegriff** und sein Verhältnis sowie seine Abgrenzung zum **Technikbegriff** Gegenstand unterschiedlicher Definitionsversuche. In der Fachpresse und Literatur wird IKT oft auch mit Informations- und Kommunikationstechnologie oder in der Kurzform mit Informationstechnik bzw. Informationstechnologie gleich gesetzt.

Das Wort *Technik* leitet sich etymologisch vom griechischen Begriff *techne* ab, der in der Antike so viel wie Kunst bzw. Handwerk bedeutete (Hubig 1994, S. 3/6ff.). Einer der ersten Definitionsversuche stammt von *Aristoteles*, der zwischen natürlichen und durch *techne* hervorgebrachten Dingen unterschied. Seither wurden zahlreiche weitere und engere Fassungen dieses Begriffs propagiert. Für die Verwendung des Begriffes in der Wirtschaftsinformatik eignet sich eine Fassung mittlerer Reichweite:

„**Technik** umfasst

- die Menge der nutzenorientierten, künstlichen, gegenständlichen Gebilde (Artefakte oder Sachsysteme);
- die Menge der menschlichen Handlungen und Einrichtungen, in denen Sachsysteme entstehen;
- die Menge menschlicher Handlungen, in denen Sachsysteme verwendet werden." (Hubig 1994, S. 3/10)

IM

D.h. unter Technik wird sowohl das Ergebnis und Produkt der Anwendung bestimmter „technischer" Verfahren als auch der Anwendungsprozess als solcher verstanden. Streng genommen ist unter dem Begriff Technologie im Unterschied zu Technik die Wissenschaft von der Technik zu verstehen. Praktikabler erweist sich allerdings eine Abgrenzung dahin gehend, dass von Technologie im Zusammenhang mit Grundlagenforschung wie bspw. Gentechnologie gesprochen wird, während unter Technik Bereiche zu verstehen sind, in denen wissenschaftliche Ergebnisse anwendungsnah umgesetzt werden (bspw. in der Gentechnik) (Hubig 2002).

Im Unterschied zur deutschen Sprache kennt das Englische keinen analogen Begriff zu *Technik*, hier wird für alle genannten Bedeutungszusammenhänge der Term *technology* verwendet, was beim Vergleich deutscher und englischsprachiger Literatur (auch aus dem Englischen übersetzter Literatur) häufig für Begriffsverwirrung sorgt (Hubig 1994, S. 3/11).

Demzufolge wären in einem engen Begriffsverständnis Informationstechnologie bzw. Informationstechnik eine Teilmenge des englischen Begriffs *information technology* (IT). Allerdings hat sich im allgemeinsprachlichen Gebrauch ein sehr weites Begriffsverständnis von IT durchgesetzt. So wird der IT-Begriff heute mehrheitlich übergreifend im Verständnis von IV, bzw. früher DV, verstanden. Diesem Sprachgebrauch folge ich und verwende den Begriff IT in seinem weiten Verständnis. Somit werden bei etablierten Fachbegriffen wie bspw. *IT-Strategie* oder *IT-Controlling* im Folgenden stets IM-übergreifende Aspekte betrachtet.

2.3 Konzepte des Informationsmanagements

Konzepte des IM gibt es in Hülle und Fülle. Viele gehen im Wesentlichen auf das **Information Ressources Management** (Horton 1981) zurück, obwohl in der Folgezeit unterschiedliche Begriffe wie **Informationsmanagement** (Szyperski/Eschenröder 1983), **Informatikmanagement** (Österle 1987) bis zum **Management der Informationsversorgung** (Horváth 2002) entstanden. In der neueren praxisnahen Literatur hat sich zudem der Begriff **IT-Management** etabliert. Nach *Horton* (1981) ist ein Informationsmanager verantwortlich für die effiziente, effektive und ökonomische Behandlung aller *Informationen* und *Informationswerkzeuge* der Organisation. Eine der wesentlichen Aufgaben des IM ist es demnach, die erforderlichen Informationen zur richtigen Zeit und im richtigen Format zum Entscheider zu bringen. Wie der Werkzeugcharakter verdeutlicht, muss das IM dabei auch die nötige Informationsinfrastruktur bereitstellen.

Im Folgenden werden einige Konzepte zum IM vorgestellt, die unterschiedliche Sichten auf Information und IM herausarbeiten. Zunächst sind die an den Problembereichen des IM ausgerichteten *problemorientierten* Konzepte von *Applegate/McFarlan/McKenney* (2001), *Benson/Parker* (1985), und *Earl* (1996b) (Kapitel 2.3.1) zu nennen. Im deutschsprachigen Raum orientiert man sich viel stärker an den *Aufgaben* des IM, wie vor allem bei *Seibt* (1990a), *Griese* (1990), *Hildebrand* (2001) und *Heinrich* (2002) deutlich wird (Kapitel 2.3.2). Eine weitere Klasse von Ansätzen fokussiert die *Prozesse* des IM. Hierzu gehört die detaillierte Ablaufdarstellung des Ansatzes von *Österle/Brenner/Hilbers* (1992), die sich an ein Modell von *IBM® Deutschland* (1988) anlehnt. Ebenso konnten sich die aus dem Bereich der Revision stammenden *Control Objectives for Information and related Technology* (CobiT) (IT Governance Institute 2000) sowie die *Information Technology Infrastructure Library* (ITIL) (Office of Government Commerce 2000; 2001) für das IT Service Management als prozessorientierte Ansätze etablieren (vgl. Kapitel 2.3.3). Von der Informatik her wird eine Schichtung nach Techniknähe als *Ebenenmodell* vorgenommen. Das Modell von *Wollnik* (1988) schafft eine überzeugende Trennung der Ebenen Information, IS und technische Infrastruktur. *Voß/Gutenschwager* (2001) greifen diese Darstellung auf und vertiefen sie (Kapitel 2.3.4). Die in solchen Ebenenmodellen fehlende Zusammenhangsdarstellung wird vor allem von Architekturmodellen wie von *Zachman* (1987), ISA von *Krcmar* (1990a) und ARIS von *Scheer* (1991) angestrebt (Kapitel 2.3.5).

Sinn der Vorstellung derart verschiedener Konzepte des IM ist es, dem Leser die Vielschichtigkeit der Konzepte näher zu bringen, die das Management der Ressource Information angehen. Diese unterschiedlichen Konzepte werden verglichen und anhand der in Kapitel 2.2.1 entwickelten Sicht auf Information bewertet, bevor das Modell, das der Darstellung der Aufgaben des IM in diesem Buch zugrunde liegt, vorgestellt wird.

2.3.1 Problemorientierte Ansätze im amerikanischen Sprachraum

Einen Klassiker zum IM stellt das Buch „Corporate Information Systems Management" von *Applegate/McFarlan/McKenney* (2001) dar. Die Autoren identifizieren zuallererst die Themen, mit denen sich Informationsmanager auseinandersetzen müssen: die Wettbewerbsauswirkungen der IT (Strategic Impact), die Technikentwicklungen (Changing Technologies), Organisationsentwicklung (Organizational Learning), die Beschaffungsentscheidungen zwischen Make oder Buy (Sourcing Policy), den kompletten Anwendungslebenszyklus (Applications Life Cycle) und die organisatorische Balance zwischen der IT-Abteilung, den IT-Nutzern in den Fachabteilungen und der Unternehmensführung (Power Balance). Diese Themen ziehen sich durch alle Kapitel des Buches, ohne dass eine eindeutige Aufgaben-Systematik vorliegt, was von den Autoren damit begründet wird, dass sich Probleme nicht eindeutig speziellen Aufgaben zuordnen lassen.

Noch viel stärker als bei *Applegate/McFarlan/McKenney* (2001), wo die Balance zwischen IT-Abteilung und Fachabteilung bereits thematisiert wird, steht die Fra-

IM

ge nach dem Verhältnis von Geschäftsstrategie auf der einen Seite und IT auf der anderen Seite im Vordergrund des **EWIM**-Ansatzes. EWIM (Enterprise-wide Information Management) wurde zu Beginn der 80er Jahre in den USA von *Benson/Parker* (1985) veröffentlicht (vgl. *Krcmar* (1985)). Merkmale des Konzeptes sind einerseits die Trennung des Unternehmens in die zwei Bereiche „Nutzer" und „DV-Bereich" mit unterschiedlichen Planungsanforderungen und andererseits die Verbindung dieser Bereiche auf zwei Ebenen durch Planungsprozesse mit entgegengesetzter Richtung. Abbildung 2-8 zeigt, wie die Bereiche „Nutzer" und „DV-Bereich" auf zwei Ebenen miteinander verbunden sind, und dass diese Verbindungen in entgegengesetzte Richtungen laufen.

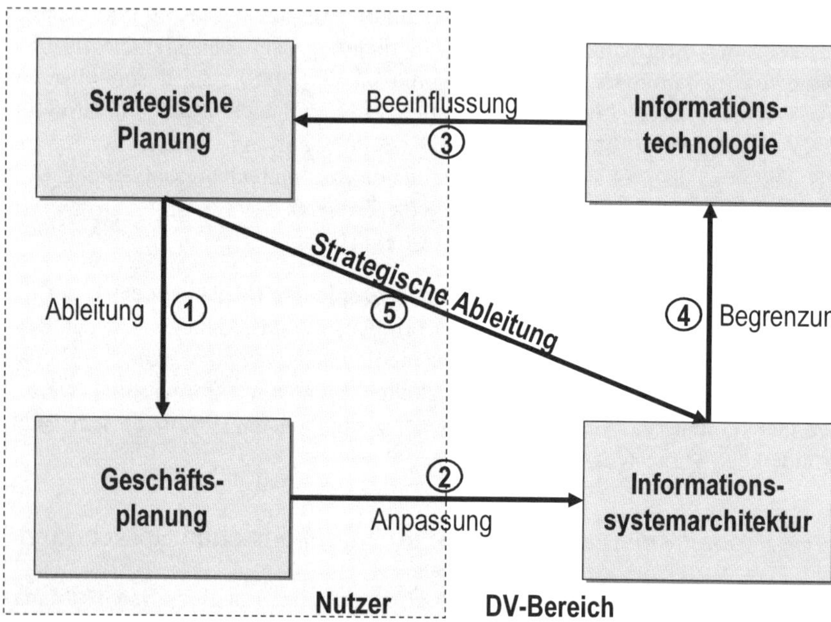

Abbildung 2-8. Die Beeinflussung von Technologie- und Geschäftssphäre
Quelle: In Anlehnung an Parker/Benson/Trainor (1988), Krcmar (1985)

Es werden fünf Prozesse unterschieden: Die **„Ableitung der Geschäftsplanung aus der strategischen Planung** ①" liefert die generelle Basis für die weiteren Prozesse, ohne dass das IM direkt betroffen ist. Der darauf aufbauende „klassische" Planungsprozess für das IM, die **„Anpassung der Informationssystemarchitektur an die Geschäftsziele** ②", versucht, die Unterstützung durch IT zu optimieren, indem die IS an die Unternehmensorganisation und die Bereichszielsetzungen angepasst werden. Damit entspricht der Anpassungsprozess dem klassischen Bild der DV als Dienstleister im Unternehmen (Earl 1989). Probleme können allerdings entstehen, wenn (a) der Bedarf an IT-Unterstützung sich schneller ändert als die Umsetzung dauert, (b) der Bedarf erst während der Nutzung entsteht, (c) der Bedarf während der Nutzung wegfällt, oder (d) der Bedarf sich nicht klar auf Jahre im Voraus bestimmen lässt. Tatsächlich sind jedoch diese vier Bedingungen gerade bei größeren Projekten oft gleichzeitig gegeben.

Deswegen wird der nächste Prozess der „**Beeinflussung der Unternehmensstrategie durch Informationstechnologie** ③" relevant, obwohl dieser Einfluss oft unterschätzt wurde und wird. Strategische Planung wandelt sich im Zuge der Veränderungen in der Umwelt und berücksichtigt diese Veränderungen. Diese Veränderungen werden auch und gerade durch IT geprägt, wie bspw. durch neue Distributionsformen, verbesserte Geschäftsabwicklung oder flexiblere Produktionstechniken. Dabei nimmt nicht die Technik an sich, sondern die Nutzung der Technik Einfluss auf die Strategie. Nutzungspotenziale durch IT sind z.B. bei elektronischen Märkten und der Integration von Prozessen entlang der Wertschöpfungskette gegeben. Dieser Beeinflussungsprozess erfordert das Einbringen von Nutzungswissen in den strategischen Planungsprozess und setzt damit Kommunikationsfähigkeit auf beiden Seiten voraus.

Beeinflussen der Strategie heißt jedoch nicht nur Möglichkeiten eröffnen, da im Sinne einer „**Begrenzung der Technikoptionen** ④" die Nutzung der IT auch ihre technischen Grenzen erfährt. Das in Unternehmen theoretisch vorhandene Nutzungspotenzial kann aufgrund der existierenden IS-Architektur, der Qualifikation der Mitarbeiter und nicht zuletzt wegen des knappen unternehmensspezifischen Wissens der Techniknutzung nicht ausgeschöpft werden.

Ist erst einmal die Rolle der existierenden IS-Architektur als Begrenzung für die Unternehmensstrategie erkannt, erscheint es sinnvoll, deren Entwicklung im Prozess „**Strategische Ableitung der Informationssystemarchitektur** ⑤" in direkter Verbindung mit der Geschäftsstrategie zu gestalten und den „Umweg" über die Entwicklung operativer Geschäftspläne zu verkürzen. Da dennoch konkrete Anwendungen und Geschäftsprozesse betroffen sind, erfordert auch dieser Prozess eine detaillierte Abstimmung der beteiligten Abteilungen.

Die Bedeutung des EWIM-Ansatzes besteht darin zu verdeutlichen, dass Nutzer und Bereitsteller von IT untrennbar miteinander verbunden sind: Technische Optionen beeinflussen die strategischen Pläne, während die Geschäftsorganisation eine Anpassung der IS-Architektur an ihre Ziele verlangt. Wenn für die Unternehmensstrategie Entscheidungen über die Ausnutzung der durch Technologie gelieferten Handlungsspielräume zu treffen sind, dann sind Beurteilungsmaßstäbe für diese Spielräume vonnöten, wodurch der EWIM-Ansatz die Know-how Anforderungen auf beiden Seiten herausstellt. Des Weiteren wird verdeutlicht, dass das IM sowohl Impulse aus der geschäftlichen Welt erhält („Alignment") als auch gibt („Impact"), wodurch der IT die Rolle eines „Enablers" zukommt.

IM

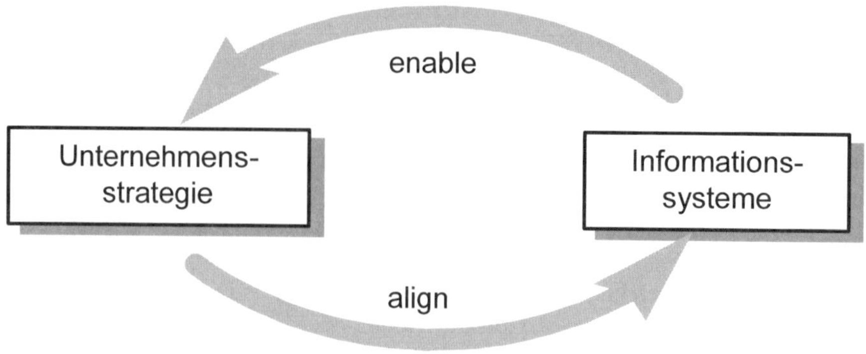

Abbildung 2-9. IM zwischen alignment und enabling
Quelle: Eigene Darstellung

Earl (1996b, S. 485ff.) sieht die Abstimmung zwischen Organisation und IT noch differenzierter. Effektive Unterstützung der Organisation durch IT ist nur möglich, wenn beide Bereiche optimal auf einander abgestimmt werden. Um diese Abstimmung oder auch den „Fit" zu erreichen, ist es erforderlich, die gegenseitigen Abhängigkeiten und Wechselwirkungen zu kennen. Er unterscheidet zwischen Organizational Strategy, IS-, IT- und IM-Strategy, die für das Erreichen eines „Fits" zwischen Organisation und IT ausbalanciert werden müssen. Der Ansatz des „Organizational Fit Frameworks" bildet die hierbei relevanten Faktoren und die Zusammenhänge zwischen ihnen ab.

Jedes der vier Elemente (Abbildung 2-10), Organizational Strategy, IS-Strategy, IT-Strategy und IM-Strategy wird untergliedert in Aspekte, die diesem Zusammenhang von großer Bedeutung sind, und Erfordernisse, die für das Erreichen des Organizational Fits zwar nicht hinreichend, aber doch notwendig sind. Die Verbindungslinien zwischen den einzelnen Feldern symbolisieren die wechselseitigen Input-Output-Beziehungen zwischen Organizational Strategy, IS-, IT- und IM-Strategy.

Der erste Bereich, *Organizational Strategy*, ist dafür verantwortlich, eine Struktur, Richtung und Vision vorzugeben, indem für unterschiedliche Unternehmensebenen, von der strategischen Geschäftseinheit (Strategic Business Unit (SBU)) bis hin zum Gesamtunternehmen, Strategie vor dem Hintergrund der gegebenen Rahmenbedingungen definiert wird. Indem die Ausrichtung der Organizational Strategy definiert und explizit gemacht wird, liefert dieser Bereich wichtige Grundsatzinformationen, die Entscheidungen in den anderen drei Bereichen beeinflussen.

Im Rahmen der IS-Strategy werden die beiden Komponenten Alignment und Opportunity wichtig. Zum einen also die Fragestellung, welche Anwendungen

IM

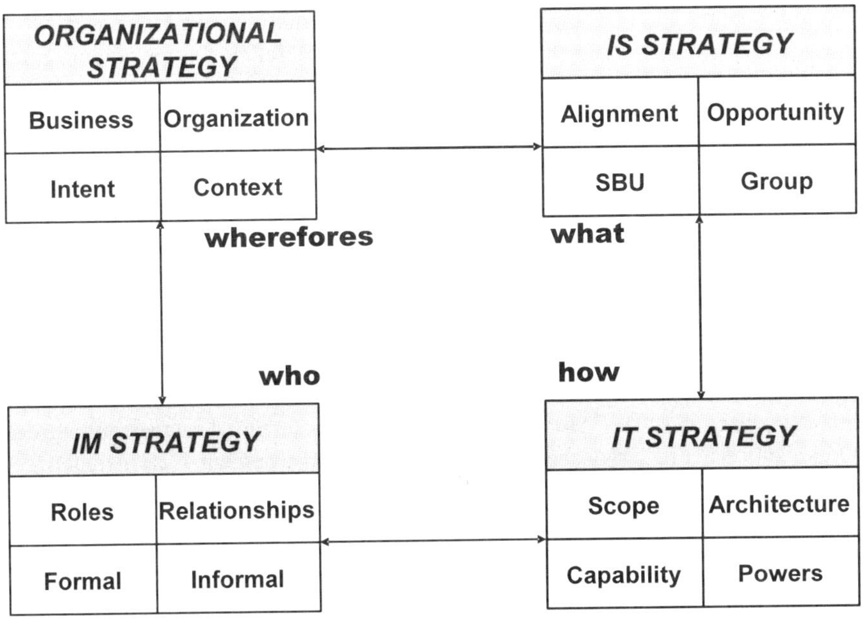

Abbildung 2-10. Organizational Fit Framework

Quelle: In Anlehnung an Earl (1996b, S. 489)

sind geeignet, die Unternehmensstrategie zu unterstützen, aber auch die Überlegung, wie kann Technik innovativ genutzt werden, um neue Produkte und/ oder neue Prozesse zu ermöglichen. Auch diese Fragestellungen müssen sowohl für Unternehmensteilbereiche als auch für das Gesamtunternehmen beantwortet werden. Die Innovationsprozesse, die durch Entscheidungen im Rahmen der IS-Strategy initiiert werden, legen den Grundstein für Weiterentwicklungen in den übrigen drei Strategiefeldern.

Aufgabe der IT-Strategy ist es zu entscheiden, welche aktuellen und zukünftigen Techniken mit in die IT-Strategy einbezogen werden sollen (scope) und eine Architektur zu gewährleisten, die die Integration bestehender und neuer IKT-Elemente ermöglicht. Hierzu sind sowohl das notwendige Fachwissen, Kenntnisse und Erfahrung vorzuhalten als auch der erforderliche Nachdruck, um langfristige Projekte erfolgreich durchzuführen. Im Rahmen der IT-Strategy werden Entscheidungen v.a. im Hinblick auf die IT-Architektur getroffen, die für alle übrigen Bereiche von nachhaltiger Bedeutung sind.

Der Bereich IM-Strategy beschäftigt sich mit der Verteilung von Rollen und Verantwortlichkeiten und mit dem formellen und informellen Geflecht von Beziehungen innerhalb des IS-Bereichs und darüber hinaus. Gute Beziehungen und Zusammenarbeit zwischen Spezialisten und Anwendern sind die Grundvoraussetzung für erfolgreiche IT-Projekte. Die Muster und Strukturen, die sich aus der IM-Strategy ergeben, haben wiederum Einfluss auf die Bereiche Organizational Strategy, IS- und IT-Strategy.

Das Organizational Fit Framework liefert einen Überblick über drei unterschiedliche Perspektiven des IM, und deren Wechselwirkungen mit der *Organizational Strategy*. Auch die beiden Konzepte Alignment und Enabling werden wieder aufgegriffen, allerdings stellen sie für *Earl* nur einen Gesichtspunkt innerhalb der IS-Strategy dar, während sie bspw. bei *Henderson/Venkatraman* (1993) im Zentrum ihrer Überlegungen stehen. Im Unterschied zu dem zuvor vorgestellten EWIM-Ansatz liegt hier jedoch eher der Schwerpunkt auf dem Checklisten-Charakter des Ansatzes. Es soll eine möglichst übergreifende Liste der Perspektiven, Themen und Fragestellungen gegeben werden, die im Zusammenhang mit IM relevant sind. Gleichzeitig ist der Ansatz auch als Analyseraster für die Überprüfung des „Organizational Fits" zwischen IT und Organisation in einem Unternehmen gedacht.

Der Gedanke, IM über Checklisten oder Aufgabenlisten zu charakterisieren, findet sich auch bei den folgenden dargestellten aufgabenorientierten Ansätzen des deutschen Sprachraums.

2.3.2 Aufgabenorientierte Ansätze im deutschen Sprachraum

Heinrich/Burgholzer (1987) greifen als erste in einer umfassenden deutschsprachigen Lehrbuchform das IM auf. Mit IM bezeichnen sie das Leitungshandeln in einer Organisation in Bezug auf Information und Kommunikation. „Generelles **Sachziel** des Informationsmanagements ist es, das Leistungspotential der Informationsfunktion für die Erreichung der strategischen Unternehmensziele durch die Schaffung und Aufrechterhaltung einer geeigneten Informationsinfrastruktur in Unternehmenserfolg umzusetzen" (Heinrich 2002, S. 21). Er ordnet den Aufgabenschwerpunkt des IM nicht dem Management, sondern der Informationsfunktion zu und ordnet das Gebiet als Teilgebiet der Wirtschaftsinformatik ein. *Heinrich* strukturiert Aufgaben des IM auf der strategischen, administrativen und operativen Ebene, wie in Tabelle 2-2 dargestellt.

Die strategischen Aufgaben dienen der langfristigen Ausrichtung der IT an den Unternehmenszielen. Die administrativen Aufgaben des IM setzen die strategische Planung um und sind die Führungsaufgaben der Realisierung und Aufrechterhaltung der Infrastruktur, insbesondere der gesamten Systemplanung und Systementwicklung. Die operativen Aufgaben des IM sind die Führungsaufgaben des Betriebes und der Nutzung einer vorhandenen IKT-Infrastruktur. Angelehnt an diese Struktur ist die Darstellung bei *Hildebrand* (2001). Er unterscheidet strategische, taktische und operative Aufgaben, berücksichtigt jedoch ebenso vertiefend die betriebswirtschaftliche Bedeutung des IM.

Tabelle 2-2. Aufgaben des IM

Strategische Aufgaben	Administrative Aufgaben	Operative Aufgaben
• Strategische Situationsanalyse • Strategische Zielplanung • Strategieentwicklung • Strategische Maßnahmen-planung • Qualitätsmanagement • Technologiemanagement • Controlling • Revision	• Projektmanagement • Personalmanagement • Datenmanagement • Lebenszyklusmanagement • Geschäftsprozess-management • Wissensmanagement • Sicherheitsmanagement • Katastrophenmanagement • Vertragsmanagement	• Produktionsmanagement • Problemmanagement • Benutzer-Service

Quelle: In Anlehnung an Heinrich (2002, S. 21)

Auch *Griese* (1990) unterscheidet ein strategisches und ein operatives IM. Er ordnet den betriebswirtschaftlichen **Produktionsfaktoren** Mitarbeiter, Informations- und Kommunikationstechnik und Kapital die originären Führungsaufgaben Planung, Kontrolle, Organisation, Risikohandhabung und Innovation zu. Auf der Basis dieser Aufteilung erhält *Griese* ein Raster von 18 unterschiedlichen Aufgaben des IM. Damit wird zwar die Handhabbarkeit der Einzelfragen, nicht aber eine Darstellung des Zusammenhangs unterschiedlicher Aufgaben im IM erreicht.

In diese Tradition langer Listen von Funktionen lässt sich auch der Beitrag von *Seibt* (1990b) einordnen. In einer Darstellung des Tätigkeitsspektrums des IM unterscheidet *Seibt* die drei Aufgabenbereiche Hardware- und Software-Systeme, Management System-Lebenszyklus und Informationsanalyse, -beschaffung, -verteilung, und -einsatz, denen verschiedene Gegenstandsbereiche zugewiesen werden. Manche Zuordnung ist allerdings nicht ersichtlich systematisch, so dass der Eindruck einer Aufgabenliste mit übergestülpter Gliederung bleibt.

2.3.3 Prozessorientierte Ansätze

Detaillierter als die bisherigen Aufgabenlisten sind die Konzepte des „**Information Systems Management (ISM)**" von *IBM* und deren Weiterentwicklung zum St. Galler ISM durch *Österle/Brenner/Hilbers* (1992). Das ISM-Konzept wurde von *IBM* in den 80er Jahren als genereller Rahmen für IM-Aktivitäten entwickelt. Abbildung 2-11 zeigt die Einteilung des IM in elf Aktivitätenblöcke mit 42 Teilaufgaben auf der strategischen, taktischen und operativen Ebene. Jede Aufgabe ist dabei im Sinne eines Prozesses zu verstehen, so dass der Managementprozess des IM in detaillierte Einzelprozesse aufgespalten wird. Im Mittelpunkt des Konzepts steht als Schnittstelle zwischen Planung und Umsetzung die Ressourcen-Planung.

IM

Strategische Ebene

- Strategische Planung und Steuerung
- Strategische Geschäftsplanung
- IS-Architekturen-Erstellung
- Strategische IS-Planung und Steuerung

Taktische Ebene

Entwicklungs-Planung
- Anwendungs-Planung
- Daten-Planung
- System-Planung
- Projekt-Planung

Management-Planung
- Management-System-Planung
- Management-System-Überwachung

Informations-Service-Planung
- Service-Marketing-Planung
- Servicegrad-Planung
- Wiederanlauf-Planung
- Datenschutz / Sicherheits-Planung
- Revisions-Planung

Ressourcen-Planung
- Kapazitäts-Planung
- Budget-Planung
- Personal-Planung
- Management des taktischen IS-Planes

Operationale Ebene

Informations-Service-Steuerung
- Projekt-Nominierung
- Projekt-Detailplanung
- Projekt-Steuerung
- Projekt-Anforderungen Steuerung
- Projekt-Abschlußbewertung

Entwicklungs und Wartungs-Steuerung
- Änderungssteuerung
- Ressourcen-Bestands-Steuerung

Ressourcen-Steuerung
- Produktions- und Verteilungs-Detailplanung
- Ressourcen-Produktivitätssteuerung
- Problem-Steuerung
- Service-Bewertung

Entwicklung und Wartung
- Anwendungs-/Software-Entwicklung und Erweiterung
- Anwendungs- /Software-Beschaffung und Anpassung
- Hardware-/Einrichtungen, Installation u. Erweiterung
- Wartung
- System-Optimierung (Tuning)
- Management-System-Entwicklung und Erweiterung

Administrative Dienste
- Finanzielle Administration
- Schulung / Training
- Mitarbeiter Produktivität

Informations-Services
- RZ-Produktion
- Verteilung
- Benutzerunterstützung
- Service-Marketing

Abbildung 2-11. IS-Management Prozesse

Quelle: IBM Deutschland (1988, S. 20)

IM

Ausgehend vom St. Galler Management-Modell entwickelte *Österle* (1987) ein Teilmodell für die Integration der Informatik in die Unternehmensführung. Beim Herausarbeiten der Bedeutung des IM, das neben der Berücksichtigung von Führungskonzept und Funktionen steht, ergibt sich die Forderung nach dem Management des Erfolgsfaktors Informationstechnik. *Österle* unterscheidet:

- die informatikorientierte Unternehmungsführung,
- das Management des Informationssystems und
- das Management der Informatik.

Aufbauend auf einer strikten Trennung von Management der Informatik und Management der IS schlagen *Österle/Brenner/Hilbers* (1992) die in Abbildung 2-12 gezeigte Konzeption des St. Galler ISM vor. Unterschieden werden fünf Ebenen des IS-Management: IS-Konzept, Architektur, IS-Projektportfolio, IS-Projekt und IS-Betreuung. Für jede der Ebenen ist ein Planungs-, Verabschiedungs-, Umsetzungs- und Kontrollzyklus vorgesehen.

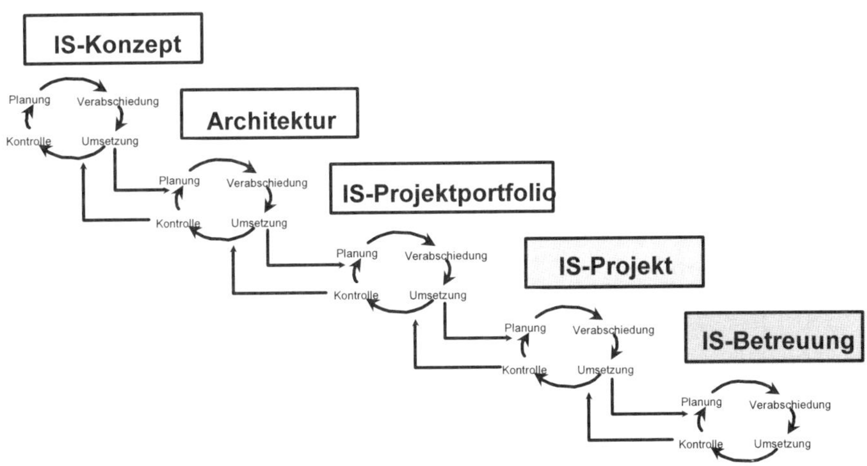

Abbildung 2-12. Das St. Galler Informationssystem-Management
Quelle: Österle/Brenner/Hilbers (1992, S. 44)

Am Ansatz des St. Galler ISM ist besonders hervorzuheben, dass Geschäftsbereiche und ihre Zielsetzungen explizit berücksichtigt werden. Kennzeichnend für das ISM-Konzept sowohl von *IBM* als auch von *Österle/Brenner/Hilbers* (1992) ist die genaue Beschreibung von Sollabläufen mit der Bezeichnung der für die einzelnen Teilaufgaben zuständigen Institutionen. Allerdings werden die Inhalte der durchzuführenden Aufgaben und die Methoden zu ihrer Durchführung nicht beschrieben.

IM

Die **Control Objectives for Information and Related Technology (CobiT)** sind ein Referenzmodellrahmen für die Planung und Steuerung des Einsatzes von Informationstechnik und der damit zusammenhängen IT-Aktivitäten im Unternehmen (IT Governance Institute 2000). CobiT basiert auf einem Prozessmodell. Die insgesamt 34 Prozesse sind in die vier Bereiche Planung & Organisation, Beschaffung & Implementierung, Betrieb & Support und Überwachung unterteilt. Für die IT-Prozesse werden detaillierte Anforderungen (Kontrollziele) hinsichtlich ihrer Umsetzung beschrieben und Reifegrade definiert. Durch CobiT sollen die IT-Systeme und IT-Aktivitäten auf die Geschäftsziele ausgerichtet und die dafür relevanten Anforderungen hinsichtlich Qualität, Sicherheit und des treuhändischeren Umgangs mit Informationen erfüllt werden. Die Reichweite und Ziele des Modells werden anhand des CobiT-Würfels deutlich, der IT-Prozesse, IT-Ressourcen und Informationskriterien beschreibt (Abbildung 2-13). CobiT ist vor allem für den Einsatz durch die interne oder externe Revision von IT-Aktivitäten entwickelt worden und erfährt eine zunehmende Verbreitung als Referenzmodell

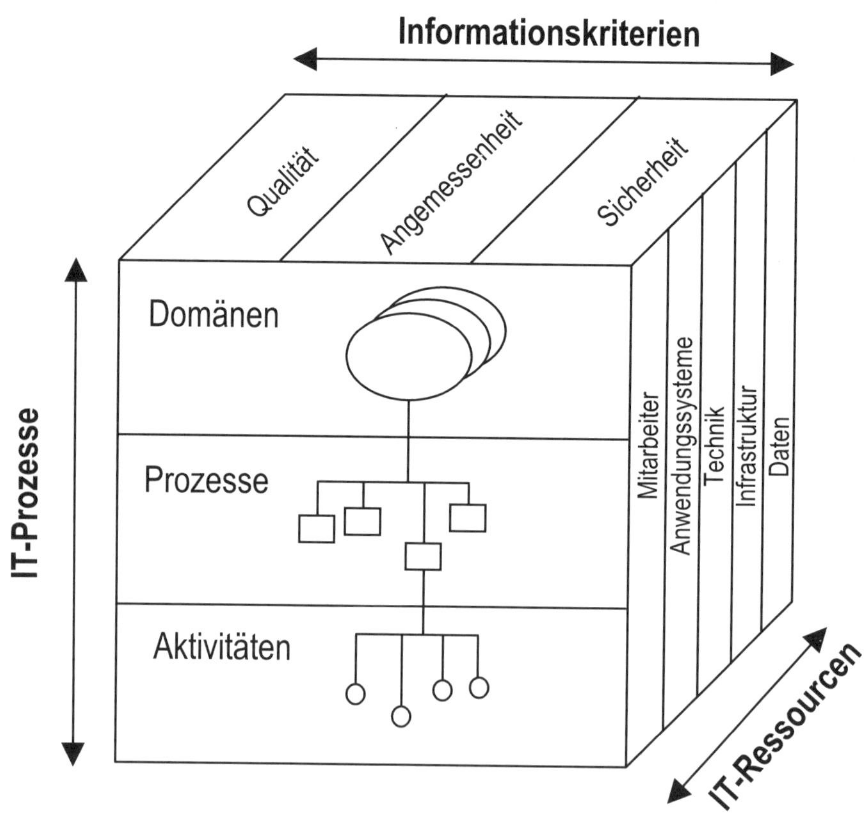

Abbildung 2-13. Der CobiT-Würfel

Quelle: IT Governance Institute (2000, S. 16)

für die Gestaltung der IT-Governance. Das Modell wird von der Information System Audit and Control Association (ISACA) und dem daraus hervorgegangenen IT-Governance Institute entwickelt und bereitgestellt.

ITIL (IT Infrastructure Library) ist ein Referenzmodell für das Management von (internen) IT-Dienstleistungen im Unternehmen. Es definiert und beschreibt best practices für zentrale Prozesse der Bereitstellung von IT-Diensten und -Systemen, z. B. Problemmangement, Change-Management und Konfigurationsmanagement. ITIL wurde von der Central Computing and Telecommunications Agency (CCTA) entwickelt, einer Regierungsbehörde in Großbritannien. Die Motivation für die Entwicklung von ITIL war die Definition eines Standards, den verschiedenste Behörden für die Gestaltung von Managementprozessen für ihre IT-Systemlandschaften heranziehen konnten. Da ITIL mittlerweile auch außerhalb von Behörden weit verbreitet ist, wurde mit dem IT Service Management Forum (itSMF) ein Gremium gebildet, über das auch Nichtregierungsorganisationen und andere Organisationen Einfluss auf die Entwicklung von ITIL nehmen können. Der Kern des Referenzmodells sind Prozesse für das Management der Leistungserstellung (service delivery) und der Leistungsunterstützung (service support). Die in diesen Teilen beschrieben Referenzprozesse werden gewöhnlich mit ITIL identifiziert. Ergänzungen zur Entwicklung und Wartung von Anwendungssystemen, zum Betrieb von Basissystemen sowie zu Sicherheits- und Managementaspekten von IT-Dienstleistungen sind im Vergleich erst später veröffentlicht worden und haben noch nicht die gleiche Verbreitung erfahren (Böhmann 2004).

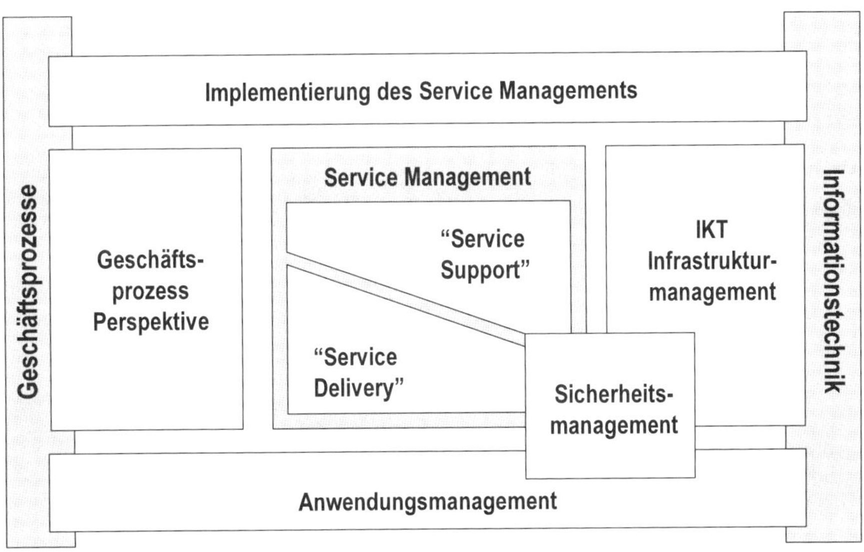

Abbildung 2-14. ITIL-Referenzprozesse

Quelle: In Anlehnung an Office of Government Commerce (2002a, S. 7)

IM

2.3.4 Ebenenmodell

Wollnik (1988) beschreibt die Aufgaben des IM auf der Grundlage eines aus drei Ebenen bestehenden **„Referenzmodells der technikgestützten Informationshandhabung“** (Ebenenmodell). Dieser Mehrebenenzusammenhang ist in Abbildung 2-15 dargestellt.

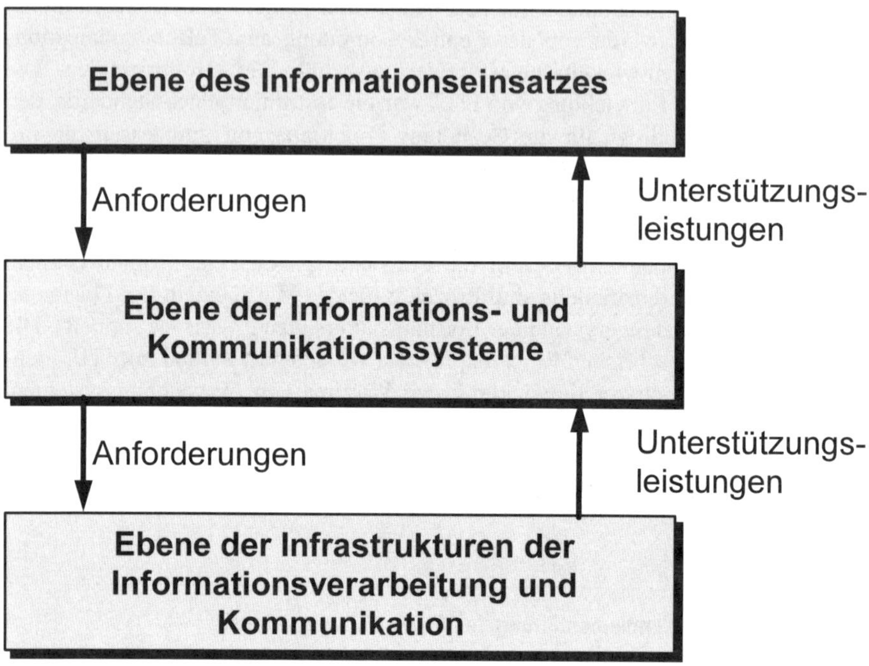

Abbildung 2-15. Ebenen des IM
Quelle: Wollnik (1988, S. 38)

Die einzelnen Ebenen unterteilt *Wollnik* nach der Art des Managementprozesses in Planung, Organisation und Kontrolle und unterscheidet darüber hinaus einzelne Aktionsgebiete. Seine Analyse führt zu den drei Orientierungsschwerpunkten:

- Management des Informationseinsatzes,
- Management der IS und
- Management der Infrastrukturen für Informationsverarbeitung und Kommunikation.

Diese Orientierungsschwerpunkte des IM unterteilt *Wollnik* jeweils in mehrere „Aktionsfelder“. Aktionsfelder des Informationseinsatzes betreffen den internen

IM

und externen Informationseinsatz. Auf der Ebene der Informations- und Kommunikationssysteme müssen IS strukturiert und gestaltet werden. Die Infrastruktur-Ebene befasst sich mit dem Management der Bereitstellung der notwendigen Technologien.

Das Modell von *Wollnik* leistet eine Aufgliederung und führt die in der Informatik und Wirtschaftsinformatik übliche Abschichtung anhand der Nähe zur Technik in die Diskussion des IM ein. Durch die Abschichtung nach der Nähe zur Technik wird die Abhängigkeit der Gestaltung des IT-Einsatzes von der fachlichen Aufgabenerfüllung hervorgehoben. Der Ansatz trägt durch die Trennung in Ebenen dazu bei, die Komplexität des IM zu reduzieren, unterlässt es jedoch, die zwischen den Ebenen bestehenden Beziehungen zu problematisieren und zu konkretisieren. Auch *Voß/Gutenschwager* (2001) haben diesen Ansatz aufgegriffen und lehnen sich bei ihrer Interpretation des IM an das Ebenenmodell von *Wollnik* an.

2.3.5 Architekturmodelle

Wenn – wie in den Ausführungen zu EWIM dargestellt – Wissen über die informationswirtschaftliche Nutzung und die technologischen Handlungsmöglichkeiten der eigenen IS-Architektur im Unternehmen vorhanden sein muss, ist nach Wegen zu suchen, einen *ganzheitlichen Überblick* zu erhalten, der nicht perspektivenverlierend in die Detailflut abgleitet. Der Ansatz der **Informationssystem-Architekturen** verbindet die Idee einer strukturellen Sichtweise mit der Idee des Überblicks durch Modellierung. Den IS-Architekturen wird seit Mitte der 80er Jahre des 20. Jahrhunderts große Bedeutung zugemessen.

Als einer der ersten derartigen Architekturansätze wurde Ende der 80er Jahre von *John Zachman* (1987) das Framework for Enterprise-Architecture entwickelt. Zachman definiert Architektur:

> „Architecture is that set of design artifacts, or descriptive representations, that are relevant for describing an object such that it can be produced to requirements (quality) as well as maintained over the period of its useful life (change).“

Im Hinblick auf die Unternehmensarchitektur heißt das: „that set of descriptive representations (i.e. ‘models’) that are relevant for describing an enterprise such that it can be produced to management's requirements (quality) and maintained over the period of its useful life (change).“ (Zachman 1997).

Aus diesem Konzept für die Unternehmensarchitektur ergeben sich für Zachman Konsequenzen für die Betrachtung der Architektur der Informationssysteme in einem Unternehmen. Es gibt nicht die eine Informationssystemarchitektur, sondern unterschiedliche Perspektiven und Fragestellungen dienen als Ausgangs-

IM

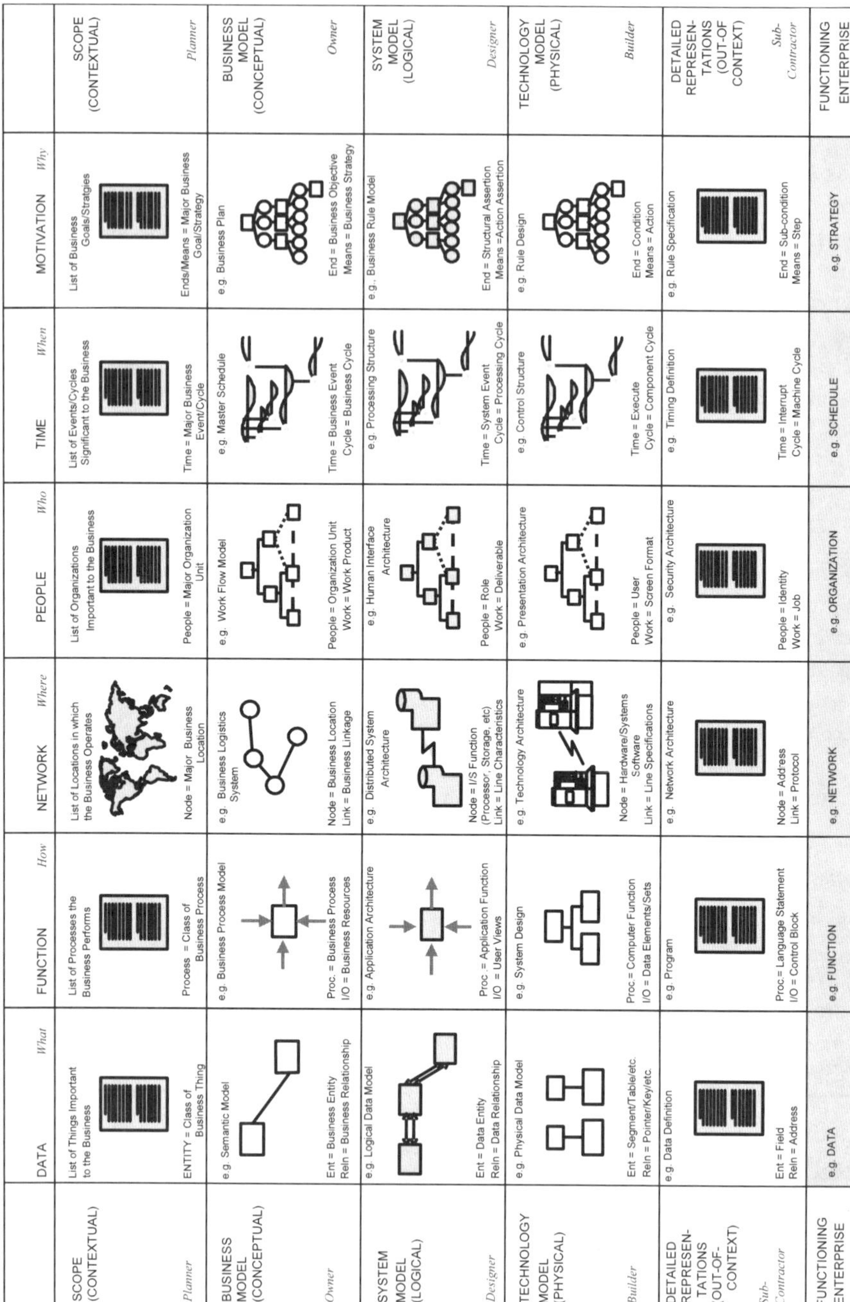

Abbildung 2-16. Framework for Information Systems Architecture

Quelle: Zachman (2002)

punkte für die Betrachtung der Informationssystemarchitektur. Sein Ansatz verbindet fünf Perspektiven und sechs Fragestellungen zu einer Matrix. Die Grundelemente sind zum einen die fünf Perspektiven Scope, Owner, Designer, Builder und Subcontrator, die im Hinblick auf ein Produkt relevant sind und die bei der Betrachtung der IS-Architektur eingenommen werden können. Diesen stehen sechs für ein Produkt charakteristische Abstraktionen oder Fragestellungen gegenüber:

1. What: Woraus wird das Produkt hergestellt?
2. How: Wie funktioniert das Produkt?
3. Where: Wo befinden sich die einzelnen Produktkomponenten relativ zu einander?
4. Who: Wer ist für welche Schritte verantwortlich?
5. When: Was passiert wann? und
6. Why: Wieso werden die verschiedenen Produktentscheidungen so und nicht anders getroffen?

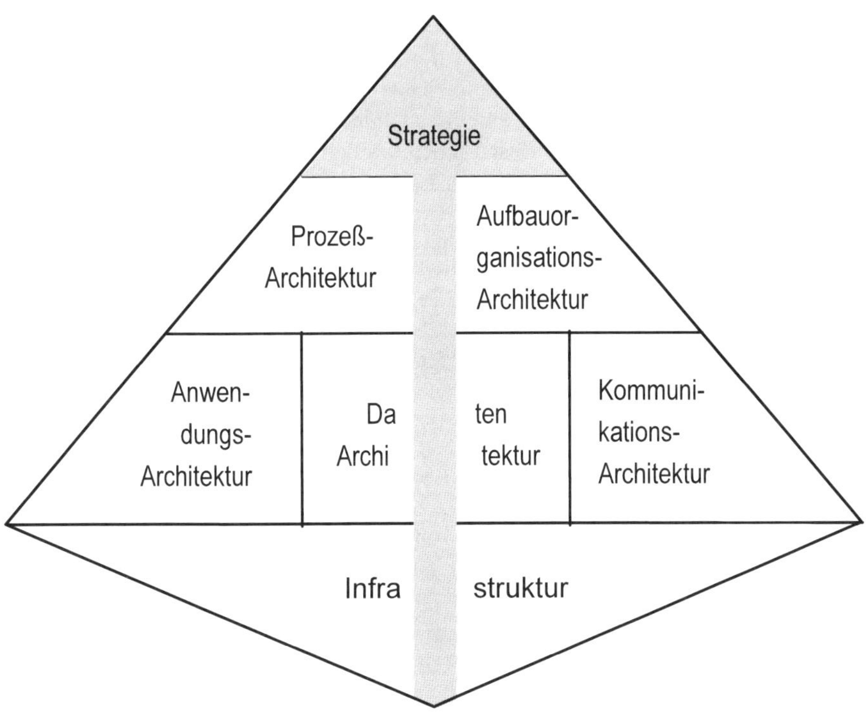

Abbildung 2-17. Das ISA-Konzept als Kreiselmodell

Quelle: Krcmar (1990a, S. 399)

IM

Das Modell der **ganzheitlichen Informationssystem-Architektur (ISA)** von *Krcmar* (1990a) stellt einen weiteren Beschreibungsversuch dar (Abbildung 2-17). Die oberste Schicht der ISA enthält Elemente der *Geschäftsstrategie*, deren Vision sich wie der Pfeil in der Abbildung durch das ganze Unternehmen und damit durch seine Systeme zieht. Auf der zweiten, organisatorischen Schicht findet man die Architektur der *Aufbauorganisation* und *Ablauforganisation* (Prozess-Architektur). Auf der dritten Schicht finden sich die drei Architekturen für Anwendungen, Daten und Kommunikation. *Anwendungsarchitekturen* beschreiben Funktionen (Geschäftsprozesse und deren Unterstützung), während *Daten-Architekturen* den statischen Zusammenhang zwischen den Daten beschreiben, die zu Datenmodellen führen. *Kommunikations-Architekturen* schließlich beschreiben die logische Dimension der Informationsflüsse zwischen Anwendungen und Daten. Auf der vierten Schicht beschreibt die *Infrastruktur*, welche IKT wo im Unternehmen benutzt wird.

Damit enthält ISA nicht nur die Technik-Infrastruktur als Grundlage von IS sowie die zusammenhängenden Elemente Daten, Anwendungen und Kommunikation, sondern auch die Geschäftsziele und die daraus abgeleiteten organisatorischen Strukturen. Entsprechend der obigen Argumentation im EWIM-Ansatz wird die Ableitung der Geschäftsstrategie im Sinne einer Rückkopplung auch von der ISA und dem allgemein technologisch Möglichen geprägt. Die Darstellung als **Kreisel** verdeutlicht die Notwendigkeit der Abstimmung aller Schichten: Wird auch nur eines der Teile entfernt, gerät das Ganze „aus dem Gleichgewicht". Die Schwierigkeit der ISA resultiert aus ihrer vereinfachenden und aufteilenden Art. Während jedes einzelne Teil vollständig beschrieben werden kann, ist die Frage, wie alle vier Schichten miteinander zusammenhängen, wesentlich schwieriger zu beantworten.

Auf der Suche nach einem stärker auf den Gesamtzusammenhang ausgerichteten Architekturmodell wählt *Scheer* (1991) in seiner **„Architektur integrierter Informationssysteme (ARIS)"** eine zweidimensionale Betrachtung nach Sichten und Entwicklungsstufen. Vier Sichten (Daten, Funktionen, Steuerung und Organisation) werden in Fachkonzept, DV-Konzept und Implementierung unterteilt, wobei diese Stufen einem Vorgehensmodell entsprechen (Abbildung 2-18).

Im Gegensatz zur unternehmensweiten Betrachtung der ISA ist die ARIS-Architektur zunächst auf die Gestaltung eines einzelnen IS gerichtet. Ausgangspunkt der Entwicklung der ARIS sind Vorgangskettenmodelle für betriebliche Bereiche. Der Ausgangspunkt Vorgangskette trägt dem Prozessgedanken Rechnung und berücksichtigt, dass der IT-Einsatz der Unterstützung von Informationsprozessen dient. Der Ausgangspunkt „bereichsorientierte Vorgangsmodelle" wirkt allerdings einem bereichsübergreifenden Prozessgedanken entgegen.

In der ARIS kommt die Abschichtung nach der Nähe zur Technik deutlich zum Ausdruck. Die Unterscheidung von Fachkonzept, DV-Konzept und Implementierung betont die Notwendigkeit einer Abstimmung zwischen IT und den fachlichen

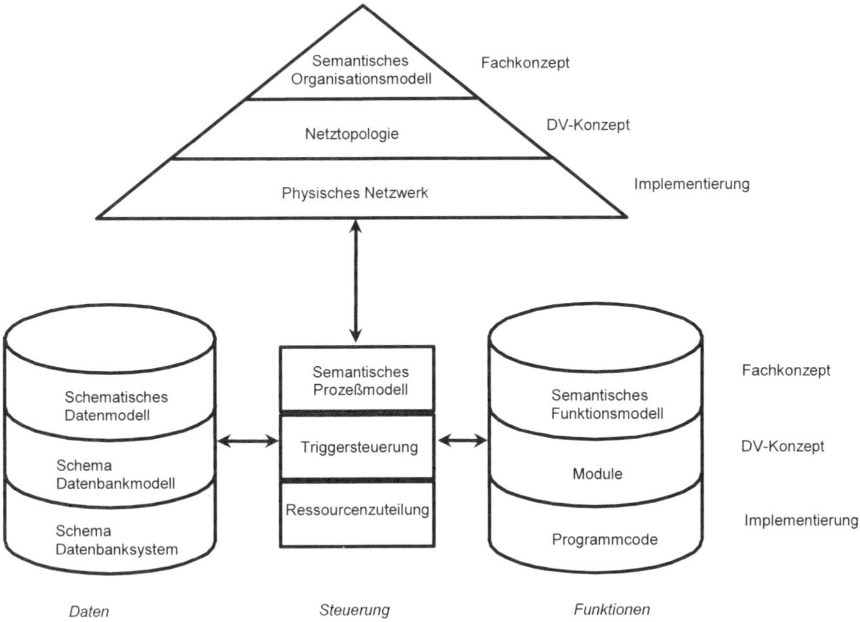

Abbildung 2-18. Architektur integrierter Informationssysteme (ARIS)
Quelle: Scheer (1993, S. 402)

Aufgabenerfüllungsprozessen. Die Interpretation als Stufen eines Vorgehensmodells stellt eine Beziehung zwischen den Ebenen her. Die Anforderungen aus der fachlichen Aufgabenerfüllung werden systematisch der Gestaltung des IS zugeführt und durch IT unterstützt. Im Gegensatz zur ganzheitlichen Betrachtung der ISA bleibt bei ARIS die Einbettung des entworfenen IS in den Gesamtzusammenhang des Unternehmens unklar, da der Bezug zur Unternehmensstrategie nur implizit über die Vorgangsketten hergestellt wird.

2.3.6 Zusammenfassung

Es wurden problemorientierte, aufgabenorientierte, prozessorientierte, ebenenorientierte und architekturorientierte Konzepte des IM vorgestellt. Hierdurch wurden die unterschiedlichen Ausgangspunkte, Perspektiven und Möglichkeiten, IM zu begreifen und anzugehen, deutlich gemacht.

Problem- und Aufgabenlisten erwiesen sich dabei für den Versuch der Definition eines IM-Konzeptes als untauglich, da sie Grundprobleme von Information und IM, bspw. die Integration von technikbezogener und betriebswirtschaftlicher Sicht, durch einen Verzicht auf Struktur und Konzept weitgehend umgehen. Die

IM

Stärke der aufgabenorientierten Konzepte liegt in der Fülle an Details, die im Hinblick auf das IM erfasst werden. Allerdings ist die vorhandene Strukturierung in operative, administrative und strategische Aufgaben nicht unbedingt sinnvoll, da dabei die aus der Planungslehre stammende Unterscheidung in kurz- und langfristige Planung übernommen wird. Die *typischen Zeitverhältnisse* der langen Bindungsfristen im IS-Bereich (Software fünf bis sieben Jahre, Daten entsprechend ihrer Verwendungsdauer, Datenstrukturen zehn Jahre und länger) und zugleich kurze Bindungsfristen im Technikbereich (z.B. Abschreibung von PCs in drei Jahren) werden nicht berücksichtigt.

Damit steht die Forderung nach einem ganzheitlichen Konzept im Raum. Ein vielversprechender Ansatz zur Ganzheitlichkeit fand sich in der Abschichtung des IM in Hinsicht auf die Techniknähe. Die Unterscheidung von Information, IS und Technik ist unmittelbar einsichtig, jedoch ist es im Weiteren fast unmöglich, diese Trennung durchzuhalten, da die Unabhängigkeit der drei Ebenen aufgrund technischer Bedingungen faktisch derzeit nicht gegeben ist. Dadurch führt das Ebenenkonzept nur zu vermeintlicher begrifflicher Klarheit, denn die Sprache wird differenzierter als es das Objekt erlaubt. Es wird nicht aufgeführt, welche Fragen bei der zu vermutenden Interdependenz dieser unterschiedlichen Ebenen zu beachten wären.

Die unzureichende Orientierung von Aufgabenmodellen an betrieblichen Prozessen und am Lebenszyklus der IT versuchen Prozessmodelle zu überwinden. Aufgrund ihrer Schwerpunkte bringen sie ganz unterschiedliche Erkenntnisse zu Inhalt sowie Struktur einer Prozessarchitektur ein. Allerdings liefern sie einen wichtigen Beitrag für das Verständnis des Zusammenhangs zwischen einzelnen Aufgaben. In vielen Fällen geht hierbei allerdings der Bezug zu übergreifenden Themen wie der Strategiebildung leicht verloren.

Stärker auf Interdependenzen ausgerichtet sind ebenfalls die *Architekturmodelle* von *Zachman* (1997), *Krcmar* (1990a) und *Scheer* (1991). Diese Konzepte wurden jedoch nicht für die Strukturierung des IM sondern für die Gestaltung von Informationssystemen entworfen. Ein Überblick über die Gesamtkonzeption steht im Vordergrund, was dazu führt, dass die für das IM relevanten Details zugunsten der Überschaubarkeit ausgeblendet wurden.

Abschließend ist zu fragen, ob die im Kapitel 2.2.1 herausgearbeitete *Dualität* der Ressource Information, in der Information als *Modell* und gleichzeitig als *physischer Fluss* verstanden wird, ausreichend berücksichtigt wird. Im Gegensatz zu einer einfachen Problemorientierung und der gängigen zeitlichen Staffelung der Aufgaben berücksichtigt die Orientierung am Objekt im Ebenenmodell diese informationsspezifische Eigenschaft, da auf der Ebene des Informationseinsatzes die inhaltliche Komponente der Information im Vordergrund steht, während auf der Ebene der Infrastrukturen die IT und damit die physischen Möglichkeiten des IM in den Vordergrund rücken.

Zusammenfassend lässt sich feststellen, dass die hier aufgeführten Konzepte des IM Stärken und Schwächen aufweisen. Für die Ziele dieses Buches scheitern jedoch alle an der als wichtig empfundenen Zusammenführung der *Dualität* von Information in einen ganzheitlichen, aber detaillierten Gesamtzusammenhang. Deshalb werden die Ansätze in einen eigenen überführt, der im folgenden Kapitel vorgestellt wird.

2.4 Ein Modell des Informationsmanagements

Unter Berücksichtigung der oben eingeführten Besonderheiten der Ressource Information stelle ich im Folgenden ein Modell des IM vor, das die Ebenendarstellung mit der Aufgabendarstellung verbindet und insbesondere die Eigenschaft von Information als Modell in differenzierter Weise für das Management berücksichtigt. Für diese Zielsetzung ist eine Gliederung nach Objekten sinnvoll. In Anlehnung an *Wollnik* (1988, S. 38), *Szyperski/Winand* (1989) und *Krcmar* (1991, S. 190) ergibt sich ein aus drei Ebenen bestehendes Referenzmodell des IM, wie es in Abbildung 2-19 dargestellt ist.

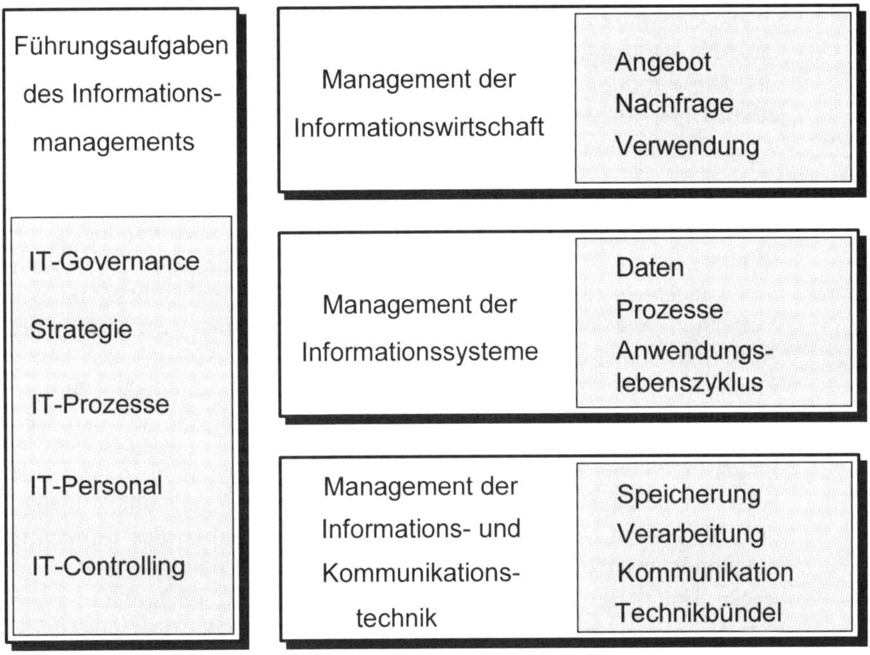

Abbildung 2-19. Modell des IM
Quelle: Eigene Darstellung

Auf der einen Seite stellt sich das IM als eine auf drei Ebenen verteilte **Managementaufgabe** dar, die sich auf die Information selbst auf der obersten Ebene, die Anwendungen in der Mitte und die Technik als Basis auf der untersten Ebene bezieht.

- Handlungsobjekt der Ebene **Informationswirtschaft** ist die *Ressource Information*. Es geht um Entscheidungen über den Informationsbedarf und das Informationsangebot, damit um den Informationseinsatz. Der Informationsbedarf und seine Deckung durch das Informationsangebot wird in einem informationswirtschaftlichen Planungszyklus geplant, organisiert und kontrolliert. Das Management erstreckt sich dabei auf alle in einem Unternehmen wesentlichen Verwendungszwecke innerhalb der Bereiche und Teilbereiche. Das Management des Informationseinsatzes obliegt in erster Linie dem Unternehmensmanagement und dem Einsatz betriebswirtschaftlicher Entscheidungsmodelle. Es spezifiziert die Anforderungen an die Ebene der IS, die erfüllt werden müssen, um die Ebene der Informationswirtschaft zu unterstützen und bezieht die Unterstützungsleistungen von dieser Ebene in ihre Planungen mit ein.

- **Informationssysteme** bezeichnen Systeme aufeinander abgestimmter Elemente personeller, organisatorischer und technischer Natur, die der Deckung des Informationsbedarfes dienen. Handlungsobjekt der IS-Ebene sind die *Anwendungen*. Damit sind Kernaufgaben auf dieser Ebene das Management der *Daten* der *Prozesse* und des Anwendungslebenszyklus. Diese mittlere Ebene wiederum spezifiziert Anforderungen an und erhält Unterstützungsleistungen von der IKT. Das Management der Anwendungsentwicklung hierfür erfolgt daher ebenfalls auf dieser Ebene.

- Auf der Ebene der **Informations- und Kommunikationstechnik** stehen die Speicherungstechnik, die Verarbeitungstechnik, die Kommunikationstechnik und die Technikbündel im Mittelpunkt des Interesses. Das Technikmanagement im generellen Sinne betrifft die Bereitstellung und die Verwaltung der Technikinfrastruktur sowie die Planung der technischen Anpassung eingesetzter Systeme im Unternehmen. Auf dieser untersten Ebene wird die physische Basis für die Anwendungslandschaft auf der mittleren Ebene und die Bereitstellung der Informationsressourcen gelegt.

- Es existieren aber auch Aufgaben, die auf jeder Ebene anfallen oder nicht ausschließlich auf eine Ebene zu beziehen sind. Als generelle Aufgaben des IM gehören sie zur Gruppe der **Führungsaufgaben des Informationsmanagements** und sind in Abbildung 2-19 ebenenübergreifend eingetragen. Handlungsobjekte der alle drei Ebenen betreffenden Führungsaufgaben sind die *Gestaltung der Governance* des IM, die Bestimmung der *Strategie,* der damit verbundenen Festlegung der Bedeutung des IM für das Unternehmen, das *Management der IT-Prozesse*, das *Management des IT-Personals* und das *IT-Controlling* im weiteren Sinne als Steuerung des IM.

Allerdings lässt sich die Gestaltung des IM nicht nur auf die eben beschriebenen Führungsaufgaben dieser Elemente reduzieren, so dass darüber hinaus **Gestaltungsaufgaben** in allen vier Gruppen betrachtet werden: Einmal auf jeder Ebene, wo die Informationswirtschaft, die IS und die IKT *als solche* zum Handlungsobjekt werden. Sie werden die Diskussion auf jeder Ebene beschließen.

Als Ergebnis dieser Modellierung lassen sich nun die vielen einzelnen Aufgaben identifizieren und zuordnen. Die Differenzierung in drei Schichten und einen vertikalen herausgehobenen Block macht deutlich, dass die vielen Aufgaben des IM notwendigerweise verteilt durchgeführt werden. Wie diese Verteilung aussieht und nach welchen Maßstäben sie erfolgt, gehört zur Führungsaufgabe „Governance".

Aufbauend auf diesem Modell ist IM wie folgt definiert:

IM ist das Management der Informationswirtschaft, der Informationssysteme, der Informations- und Kommunikationstechniken sowie der übergreifenden Führungsaufgaben.

Das Ziel des IM ist es, im Hinblick auf die Unternehmensziele den bestmöglichen Einsatz der Ressource Information zu gewährleisten. IM ist sowohl Management- wie Technikdisziplin und gehört zu den elementaren Bestandteilen der Unternehmensführung.

3 Die Aufgaben des Informationsmanagements

3.1 Management der Informationswirtschaft

Das Objekt der informationswirtschaftlichen Ebene des IM ist die Information selbst. Informationen bilden die Grundlage für Entscheidungen und sind damit ein wesentlicher „Produktionsfaktor" im betrieblichen Leistungserstellungsprozess.

In der deutschen betriebswirtschaftlichen Literatur finden sich demnach auch seit längerem Ansätze zur betrieblichen Informationswirtschaft (Wacker 1971; Wild 1971) und zum Informationssystem der Unternehmung im Gegensatz zum Basissystem der Leistungserstellung (Grochla 1975). Diese traditionellen Betrachtungen der Informationswirtschaft erfolgten aber ohne den steten Bezug zur IKT, die dem IM zu Grunde liegt und einen Rückkopplungseffekt zwischen technischen Möglichkeiten und einer ideal gestalteten Informationswirtschaft zur Folge hat.

Als Resultat der verschiedenen Herangehensweisen wird der Begriff „Informationswirtschaft" sehr uneinheitlich definiert und nur sehr wenig von anderen Begriffen abgegrenzt. Ausgehend von der betriebswirtschaftlichen Perspektive liegt diesem Buch folgendes Begriffsverständnis zu Grunde:

„Als übergeordnetes Ziel der Informationswirtschaft lässt sich die **Herstellung des informationswirtschaftlichen Gleichgewichts im Unternehmen** formulieren" (Link 1982, S. S. 285).

Aus diesem übergeordneten Ziel leiten sich die folgenden Aufgaben ab (Eschenröder 1985; Gemünden 1993, S. 1725f.):

- Ausgleich von Informationsnachfrage und Informationsangebot,
- Versorgung der Entscheidungsträger mit relevanten Informationen,
- Gewährleistung einer hohen Informationsqualität,
- Dokumentation von Willensbildungs- und Willensdurchsetzungsprozessen,
- Gestaltung der Informationswirtschaft als Querschnittsfunktion des Unternehmens,
- Einsatz von IKT zur Unterstützung der informationswirtschaftlichen Aufgabenerfüllung,
- Zeitliche Optimierung der Informationsflüsse,
- Beachtung des Wirtschaftlichkeitsprinzips.

Im nun folgenden Kapitel 3.1.1 wird ein Überblick über die Ebene der Informationswirtschaft gegeben und mit der Beschreibung der Informationsflut, der Informationslogistik und des Lebenszyklus der Informationswirtschaft die Grundlage für die weitere Diskussion geschaffen.

3.1.1 Informationswirtschaft im Überblick

3.1.1.1 Informationsflut

„Hältst Du mich für einen gelehrten, belesenen Mann?" „Gewiß", antwortet Zigong. „So ist es doch?" „Keineswegs", sagt Konfuzius. „Ich habe einfach einen Faden aufgegriffen, der mit dem Rest zusammenhängt." (zitiert nach Castells 2001).

Die Menge öffentlich verfügbarer Informationen nimmt ständig zu, so dass die Gefahr immer größer wird, dass der Faden des Konfuzius reißen könnte. Das gedruckte Wissen verdoppelt sich alle acht Jahre, täglich kommen weltweit etwa 1000 Bücher auf den Markt. Die Anzahl der wissenschaftlichen Zeitschriften ist bereits von 1991 bis 1995 um 26 Prozent auf 147.000 Titel angestiegen (Bauer 2001). Nach *Robert H. Zakons* „Internet Timeline" ist die Anzahl der Webserver im Januar 2004 auf rund 46 Millionen gestiegen (Zakon 2004). Mit der zunehmenden Verbreitung von Intranets ist auch ein starkes Wachstum von unternehmensintern verfügbaren Informationen zu erwarten.

Die Studie „How much information?" von *Lyman/Varian* unterstreicht diese Entwicklung eindrucksvoll anhand von weiteren Zahlen. Demnach wurden im Jahr 2002 auf Papier, Film, optischen und magnetischen Datenträgern etwa fünf Exabytes[3] an neuen Informationen gespeichert. 92 Prozent dieser neuen Informationen wurde auf magnetischen Datenträgern, vor allem Festplatten, gespeichert. Da die 17.000.000 Bücher der *Library of Congress* digitalisiert in etwa 136 Terabytes darstellbar sind, entspricht die 2002 neu produzierte Menge an Information demnach ca. 37.000 neuen Bibliotheken in der Größe dieser größten Bibliothek der Welt (vgl. Lyman/Varian 2003).

Je mehr Informationen, desto besser? Lange Zeit war Information ein knappes Gut und mehr Informationen, so war die Erwartung, würde in Unternehmen und Gesellschaft für bessere Entscheidungen sorgen. Doch was ein Segen sein sollte, scheint heute zum Fluch geworden zu sein. Durch die zunehmende Verbreitung von weltweit vernetzten Informationssystemen in Unternehmen und privaten Haushalten sind die Kosten für die Erstellung und Verbreitung von Informationen vernachlässigbar gering geworden. Immer mehr Menschen klagen darüber, dass

---

[3] Ein Exabyte (EB) sind 10^{18} Bytes. Zum Vergleich: 5 Exabytes entsprechen der Datenmenge aller Wörter, die je von Menschen gesprochen wurden (Lyman/Varian 2003).

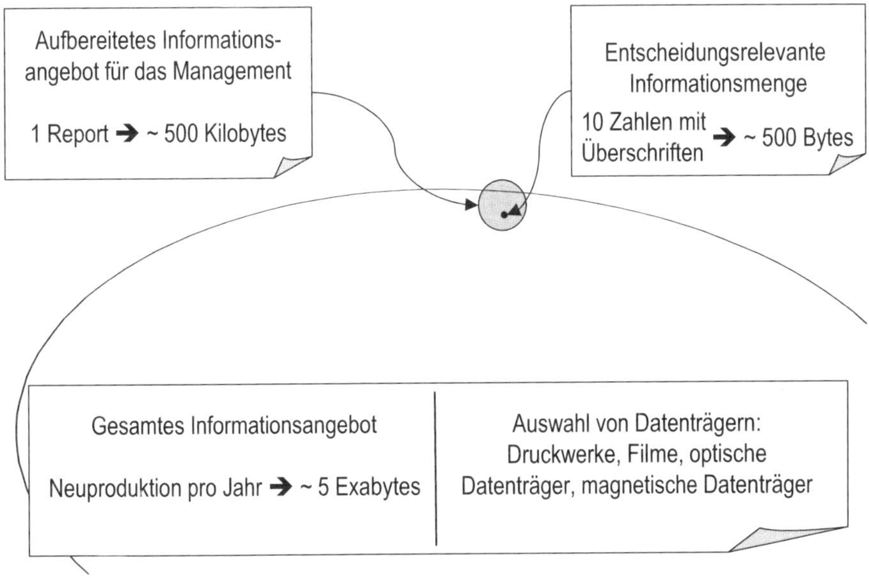

Abbildung 3-1. Informationsflut und Informationsangebot
Quelle: Eigene Darstellung

sie der täglichen Flut von Informationen nicht mehr Herr werden. Es ist von Informationsüberflutung, ja sogar von „information and stimulus overload" und „data addiction" die Rede (Schenk 1987). Ist Information zur Plage geworden?

Auf jeden Fall stehen wir einem riesigen Berg von Informationen gegenüber, wie Abbildung 3-1 beispielhaft verdeutlicht. Für die Entscheidung eines Managers ist eine Tabelle mit z.B. zehn 8-stelligen Zahlen mit Überschriften (je 42 Zeichen) relevant, also etwa 500 Bytes an Information, die er aus einem Report von etwa 500 Kilobytes extrahieren muss. Dieser Report wird aus unternehmensinternen und unternehmensexternen Informationen erstellt, welche zusammen das gesamte Informationsangebot darstellen. Diese Suche nach der Nadel „Entscheidungsrelevante Informationsmenge" im Heuhaufen des Informationsangebots stellt die größte Herausforderung der heutigen Zeit dar.

Eli Noam fasst diese Herausforderung treffend zusammen: „The real issue for future technology does not appear to be production of information, and certainly not transmission. Almost anybody can add information. The difficult question is how to reduce it" (Eli Noam, zitiert nach Schenk 1987, S. 29).

Je mehr Informationen angeboten werden, um so mehr meint der Mensch auch Informationen zu benötigen. Das gestiegene Informationsangebot induziert einen größeren subjektiven Informationsbedarf. Jedoch hat der Mensch eine große Schwäche: Das Kurzzeitgedächtnis. Da der Mensch nur etwa sieben Einheiten

(Buchstaben, Zahlen, Silben, nicht zusammenhängende Wörter, usw.) bei einer einmaligen Darbietung aufnehmen kann, macht der Engpass der menschlichen Informationsverarbeitungskapazität einen solchen Informationsberg nur schwer bezwingbar (Edelmann 2000).

Gravierender jedoch als der stetig wachsende Berg von Informationen ist die deutliche Zunahme der Menge von Informationen, die kommuniziert werden. Die neuen Informationstechnologien haben es sehr leicht gemacht, größere Informationsmengen anderen Menschen zu übersenden. Eine Studie der Marktforscher von Gartner bezeichnet den Umgang mit E-Mail sogar als Sucht, denn 53 Prozent der Befragten prüfen ihr Postfach wenigstens 6 mal am Tag und 34 Prozent beobachten ihren Mailaccount sogar ständig (Grey 2001). Jedes System für persönliche Kommunikation ist aber auch mit der Verpflichtung verbunden, dass man sich mit übermittelten Nachrichten und Informationen auch beschäftigt. Kein Wunder, dass *Michael Dertouzos* (1994), Direktor des MIT Laboratory for Computer Science, davon spricht, dass E-Mail ein offener Katheter in das zentrale Nervensystem ist. Die Leichtigkeit des Versendens von Informationen führt zu einer Zunahme der kommunizierten Informationen.

Um Menschen nicht dieser nicht mehr zu bewältigenden Flut von Informationen auszusetzen, ist es daher notwendig, systematischer als bisher

- technische und organisatorische Möglichkeiten der Informationsreduktion auszuschöpfen,
- die Bereitstellung und Verwendung von Information zu gestalten und
- eine „menschenfreundliche" Nutzungskultur von IKT zu entwickeln.

Denn wenn es nicht gelingt, intelligenter mit Informationen umzugehen, dann wird der Trend zu einer immer weiter gehenden Spezialisierung von Aufgaben- und Kompetenzbereichen gehen. Eine zunehmende Spezialisierung bringt aber fast zwangsläufig eine geringe Kommunikationsfähigkeit zwischen den Expertengruppen mit sich. Es bleibt zu hoffen, dass sich die Vision von *Manuel Castells* Welt von untereinander sprachlosen Netzwerken von Experten nicht realisiert (vgl. hierzu Castells 1996).

3.1.1.2 Informationslogistik

Die Informationslogistik beschäftigt sich mit den Problemen des Informationsflusses und der Informationskanäle.

Nach *Szyperski* (1990) lässt sich die Informationslogistik gleichwertig neben die Realgüterlogistik, die Materialbewegungen umfasst, und die Finanzlogistik mit ihren Geldwertströmen stellen.

Augustin (1990) formuliert für die Informationslogistik das folgende Grundprinzip:

Ziel des logistischen Prinzips ist die Bereitstellung	
der richtigen Information,	vom Empfänger verstanden und benötigt
zum richtigen Zeitpunkt,	für die Entscheidungsfällung ausreichend
in der richtigen Menge,	so viel wie nötig, so wenig wie möglich
am richtigen Ort,	beim Empfänger verfügbar
in der erforderlichen Qualität.	ausreichend detailliert und wahr, unmittelbar verwendbar

Bei der Informationslogistik werden die Optimierung der Informationsverfügbarkeit und der Informationsdurchlaufzeiten in den Vordergrund gestellt, die sich im Produktionsbereich und der Materiallogistik durch das Just-in-Time-Prinzip manifestieren. Damit für die Informationslogistik das für den Transport von Gütern entwickelte Instrumentarium übernommen werden kann, sollte sich das Logistikobjekt, die Ressource Information, wie andere materielle Güter verhalten. Im vorhergehenden Kapitel wurde auf die Dualität von Information, die physische und informatorische Komponenten miteinander verbindet, hingewiesen. Die physikalische Gebundenheit von Information verdeutlicht, dass der Transport von Informationen genauso von logistischen Überlegungen geleitet sein kann, wie der Transport realer Güter. Dies gilt jedoch nur für den Informationstransport und die Sicherstellung der Informationsverfügbarkeit, während die Sinnkomponente von Informationen nicht Gegenstand informationslogistischer Überlegungen sein kann (Krcmar 1992b).

Damit wird deutlich, dass die Informationslogistik überwiegend Strukturierungsaspekte für die Informationsflussgestaltung beinhaltet. Strukturierbare Entscheidungsprozesse betreffen jedoch nur einen Teilbereich der Informationswirtschaft. Sie muss auch das Angebot von schwer strukturierbaren Informationen, bspw. für Führungsentscheidungen, mitgestalten. Dennoch erleichtert die Informationslogistik insgesamt die Gestaltung eines Informationsflusskonzeptes innerhalb des Unternehmens unter Einbeziehung externer Informationen und Informationsquellen und liefert damit einen wesentlichen Beitrag für das Management des Informationsangebots.

3.1.1.3 Lebenszyklus der Informationswirtschaft

Die Aufgabe der Informationswirtschaft besteht darin, ein Gleichgewicht zwischen Informationsangebot und Informationsnachfrage herzustellen. Wie die meisten lebensweltlichen Gleichgewichte ist auch dieses Gleichgewicht dynamisch, d.h. Angebot und Nachfrage von Informationen müssen immer wieder neu aufeinander eingestellt werden. Der Managementprozess der Informationswirtschaft gehorcht daher zyklischen Gesetzmäßigkeiten; ändert sich einer der Ausgangsparameter, bspw. die Informationsnachfrage, so wird ein erneuter Durchlauf der Prozessschritte angestoßen.

Levitan (1982) hat bereits in den 80er Jahren einen Lebenszyklus der Informationsproduktion vorgestellt, der sich allerdings auf die Perspektive eines Informationsproduzenten, d.h. auf die Entwicklung eines Informationsangebots konzentriert. Im Unterschied hierzu beinhaltet die Perspektive der Informationswirtschaft auch die Frage nach dem Informationsbedarf, dem eigentlichen Auslöser für die Auseinandersetzung mit der Frage nach Informationsquellen und -ressourcen. Die Ergänzung der Perspektive der Informationsnutzer und -nachfrager ergibt den Lebenszyklus der Informationswirtschaft (vgl. Abbildung 3-2). Grundlegende Elemente sind (Krcmar 1996; Levitan 1982; Rehäuser/Krcmar 1996):

- Management von Informationsnachfrage und -bedarf,
- Management der Informationsquellen,
- Management der Informationsressourcen,
- Management des Informationsangebots,
- Management der Informationsverwendung und
- Management der Infrastrukturen der Informationsverarbeitung und Kommunikation.

Stehen die im Rahmen eines informationswirtschaftlichen Zyklus erschlossenen Informationen einem Informationsbenutzer zur Verfügung, kann Informationsbedarf gedeckt werden. Der Informationsbenutzer interpretiert die von ihm gewünschten Informationen und die ihm zugegangenen Informationsprodukte und -dienste entsprechend dem von ihm verfolgten Zweck und bringt sie zur Verwendung/Anwendung. Dabei entstehen neue Informationen, da der Informationsbenutzer die ihm vom Informationsangebot bereitgestellten Informationen interpretiert, bewertet und in seine bereits vorhandenen Informationsstrukturen einbindet. Ergebnis dieser Bewertung ist, dass der Informationsbedarf durch das Informationsangebot befriedigt wurde oder nicht. Dementsprechend muss das Informationsangebot ausgeweitet oder verändert werden.

Die einzelnen Elemente des Lebenszyklusmodells dienen als Gliederungsgrundlage für die folgenden Unterkapitel. Zunächst wird dabei auf das *Management der Informationsnachfrage* (Kapitel 3.1.2.1) eingegangen. In diesem Kapitel werden zwei Methoden zur Informationsbedarfserhebung vorgestellt:

Die Methode *Bestimmung der Kritischen Erfolgsfaktoren* ist ein Ansatz zur Ermittlung des Informationsbedarfs von Führungskräften. Über Interviews werden die für die Arbeit der Führungskräfte als besonders wichtig eingestuften Bereiche ermittelt und Indikatoren zu deren Überwachung identifiziert.

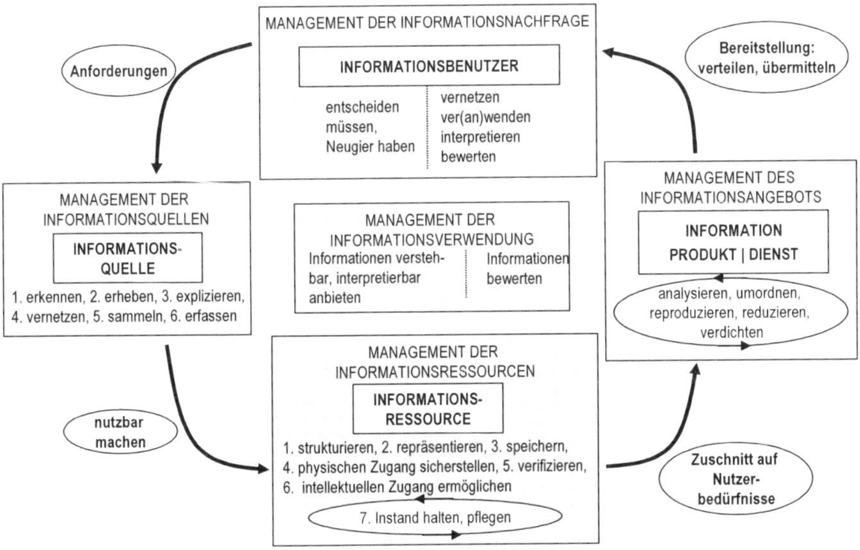

Abbildung 3-2. Lebenszyklusmodell der Informationswirtschaft[4]
Quelle: In Anlehnung an Rehäuser/Krcmar (1996, S. 20)

Diese Methode aus der Reihe der gemischten Verfahren zur Ermittlung des Informationsbedarfs wird um eine weitere Methode ergänzt:

Die Methode *Balanced Scorecard* ist ein Verfahren zur Ermittlung des Informationsbedarfs, das die Leistung eines Unternehmens als ausgewogenes Verhältnis (Balanced) zwischen Finanzwirtschaft, Kunden, Geschäftsprozessen und der Mitarbeiterentwicklung auf einer übersichtlichen Tafel (Scorecard) darstellt und diese Dimensionen mit der Vision und Strategie des Unternehmens verbindet.

Dem Lebenszyklus folgend gliedert sich das Kapitel weiter in das *Management der Informationsquellen* (Kapitel 3.1.2.2) und das *Management der Informationsressourcen* (Kapitel 3.1.2.3). In diesem Unterkapitel wird eine weitere Methode beschrieben:

Informationsmodellierung mit Semantic Web liefert eine Möglichkeit, Informations- und Wissensobjekten zusätzliche Informationen über ihre inhaltlichen Beziehungen untereinander mitzugeben, so dass die zielgerichtete Recherche zusammenhängender Themengebiete ermöglicht werden kann.

---

[4] Das Lebenszyklusmodell ist ein auf die Informationswirtschaft angepasstes Lebenszyklusmodell des Managements der Ressource Wissen (Rehäuser/Krcmar 1996). Es wurde aus didaktischen Gründen für dieses Lehrbuch überarbeitet.

Abbildung 3-3. Managementprozess der Informationswirtschaft[5]
Quelle: Eigene Darstellung

[5] Die Darstellung als Ereignisgesteuerte Prozesskette (EPK) wird in Kapitel 3.2.4.2 erklärt.

Danach folgen das *Management des Informationsangebots und der Bereitstellung* (Kapitel 3.1.2.4), das *Management der Verwendung* (Kapitel 3.1.2.5) sowie das *Management der Infrastrukturen der Informationsverarbeitung und Kommunikation* (Kapitel 3.1.2.6). Im Kapitel 3.1.2.7 wird anhand des hermeneutischen Zirkels die *Initiierung weiterer Durchläufe des Lebenszyklus* dargestellt. An einem Fallbeispiel werden zum Abschluss des Kapitels die vorgestellten Methoden angewandt.

Das Lebenszyklusmodell der Informationswirtschaft bietet einen umfassenden Blick auf alle Problemstellungen der Informationswirtschaft. Um jedoch den prozessualen Charakter des Managements der Informationswirtschaft hervorzuheben, kann der Lebenszyklus auch anhand eines Managementprozesses verdeutlicht werden. Vorteil an dieser Darstellung ist die Möglichkeit, durch die vorhandenen Ereignisse konkrete Messpunkte zu erhalten. Abbildung 3-3 zeigt den Managementprozess der Informationswirtschaft als Ereignisgesteuerte Prozesskette.

3.1.2 Managementaufgaben im Lebenszyklus der Informationswirtschaft

3.1.2.1 Management der Informationsnachfrage

Informationsnachfrage bzw. -bedarf ist der Auslöser für den Start des Lebenszyklus der Informationswirtschaft. Ziel der Entwicklung eines informationswirtschaftlichen Konzeptes ist die bedarfsgerechte Unterstützung der Informationsnachfrager mit einem entsprechenden Informationsangebot.

Im Rahmen des Managements von Informationsbedarf und Informationsnachfrage ist es zunächst erforderlich, die unterschiedlichen Facetten des Informationsbedarfs etwas differenzierter zu betrachten. Eine Voraussetzung für das Management der Informationsnachfrage ist eine möglichst genaue Kenntnis und Beschreibung des zu deckenden Informationsbedarfs. Hierzu sind aus der Vielzahl der Methoden zur Informationsbedarfsermittlung eine oder mehrere geeignete Methoden auszuwählen. Aus den Ergebnissen der Informationsbedarfserhebung kann nun der zu deckende Informationsbedarf abstrahiert und wenn erforderlich auch zu Informationsbedarfsprofilen für unterschiedliche Nutzergruppen aggregiert werden.

3.1.2.1.1 Informationsbedarf und Informationsnachfrage

Das informationswirtschaftliche Gleichgewicht zwischen Informationsbedarf und Informationsangebot ist der zentrale Bestandteil informationswirtschaftlicher Überlegungen. Abbildung 3-4 zeigt, wie sich die verschiedenen Begriffe zueinander verhalten. Die beiden oberen Kreise stellen den objektiven und subjektiven Informationsbedarf dar. Der objektive Informationsbedarf ist der für die Aufga-

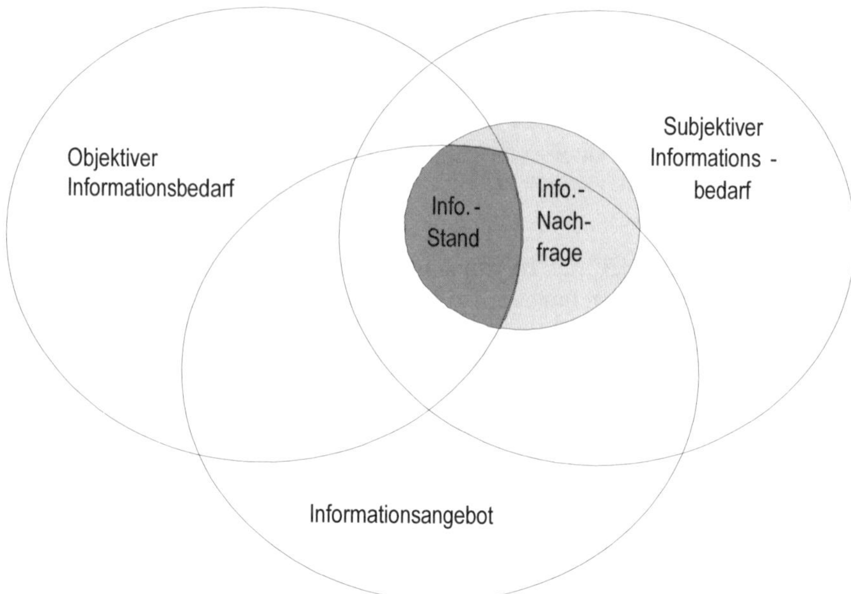

Abbildung 3-4. Die Ermittlung des Informationsstands aus Bedarf, Angebot und Nachfrage
Quelle: Picot (1988a, S. 246)

benerfüllung erforderliche Bedarf. Der subjektive Informationsbedarf hingegen definiert sich aus der Perspektive des handelnden Individuums, d.h. des Aufgabenträgers, und wird auch „Bedürfnis" genannt. Der tatsächlich geäußerte Informationsbedarf, die Informationsnachfrage des Aufgabenträgers, stellt eine Teilmenge des subjektiven Bedarfs dar.

Aus der Darstellung lässt sich erkennen, dass subjektiver und objektiver Informationsbedarf nicht identisch sind oder es zumindest nicht sein müssen. Die Informationsnachfrage ist wiederum eine Teilmenge des subjektiven Informationsbedarfes. Selten wird der Fall auftreten, dass das Informationsangebot den subjektiven oder objektiven Informationsbedarf komplett deckt, weshalb nur die Schnittmenge aus Angebot, Nachfrage und objektivem Informationsbedarf den Informationsstand bestimmt. Ziel der Informationswirtschaft ist es, die Mengen der Bedarfe zur Deckungsgleichheit zu bringen und dadurch das Angebot zu decken. Basis der Informationsnachfrage ist der Informationsbedarf.

„Unter **Informationsbedarf** wird im allgemeinen die Art, Menge und Beschaffenheit von Informationen verstanden, die ein Individuum oder eine Gruppe zur Erfüllung einer Aufgabe benötigt" (Picot 1988a, S. 236).

3.1.2.1.2 Erkennen und Erheben des Informationsbedarfs

Bereits weiter oben wurde auf den Unterschied zwischen objektivem Informationsbedarf, der sich aus Sicht der Aufgabe bestimmen lässt, und dem subjektiven Informationsbedarf aus der Perspektive des Aufgabenträgers hingewiesen. Obwohl subjektiver und objektiver Informationsbedarf identisch sein können, gibt es zahlreiche Fälle, in denen objektiver, aus der Aufgabenbeschreibung abgeleiteter Informationsbedarf nicht oder nur teilweise dem entspricht, was als subjektives Informationsbedürfnis empfunden wird.

> Die tatsächlich geäußerte **Informationsnachfrage** stellt eine Teilmenge des subjektiven Informationsbedarfs dar. Sie ist neben dem objektiven Bedarf Ausgangspunkt der Planung des Informationsangebots.

Wie kann man über die bisher geäußerte Informationsnachfrage hinaus der Informationsbedarf so bestimmt werden, dass nicht nur die aktiv geäußerte Informationsnachfrage gedeckt wird, sondern auch gewissermaßen passiv vorhandener Informationsbedarf für die Gestaltung eines Informationsangebots herangezogen werden kann?

Generell werden im Hinblick auf die Erhebung des Informationsbedarfs Benutzerklassen oder Gruppen von Entscheidungsträgern anhand von Merkmalen unterschieden. Diese Gruppen haben Einfluss auf die zu verwendenden Verfahren zur Ermittlung des Informationsbedarfs. Hierfür ist zu erheben, wer welche Informationen benötigen könnte. Diese Personen sollten dann in Gruppen zusammengefasst und als Untersuchungsobjekte für die Bedarfsanalyse herangezogen werden. Eine mögliche Unterteilung wäre zum Beispiel die Einteilung in Experten, Personen mit mittelmäßigen Erfahrungen, Novizen oder Shareholder/Investoren, die eine ganz andere Sichtweise haben könnten als unternehmensinterne Personen. Diese erhobenen Informationen dienen zum Beispiel als Grundlage für die Gestaltung eines benutzerzentrierten *Berichtswesens*, wie es in Kapitel 3.1.2.4 beschrieben wird.

Die Verfahren zur Ermittlung des Informationsbedarfs lassen sich in „subjektive", „objektive" und „gemischte" Verfahren einteilen. Tabelle 3-1 gibt einen Überblick, anschließend werden die genannten Verfahren kurz charakterisiert.

Subjektive Verfahren:

Offene Befragung: Der Befragte wird aufgefordert, seinen Informationsbedarf zu charakterisieren, u.U. unterstützt durch Beispielsituationen seines Arbeitsalltags, während der Interviewer ergänzende oder klärende Fragen stellt.

Wunschkataloge: Den zukünftigen Informationsnutzern wird ein „Katalog" von möglichen oder bereits entwickelten Informationsprodukten vorgelegt, aus dem Elemente ausgewählt werden sollen, die der Deckung des Informationsbedarfs dienen.

Tabelle 3-1. Verfahren zur Ermittlung des Informationsbedarfs

Verfahren zur Ermittlung des Informationsbedarfs		
Subjektive Verfahren	**Objektive Verfahren**	**Gemischte Verfahren**
Ableitung aus einer subjektiven Interpretation der Aufgabe	Ableitung aus einer intersubjektiv validierten Interpretation der Aufgabe	Vorgabe theoretischer Raster, die subjektiv interpretiert werden
• Offene Befragung • Wunschkataloge • Befragung der Mitarbeiter im Tätigkeitsumfeld	• Strategieanalyse • Prozessanalyse • Input-Prozess-Output-Analyse • Entscheidungsanalyse	• Strukturierte Befragung • Methode der kritischen Erfolgsfaktoren • Balanced Scorecard • Weiterentwicklung aus dem Kontext (Evolution) • Entwicklung aus dem Bestehenden (Ist-Situation bzw. Tätigkeitsanalysen)

Quelle: In Anlehnung an Schneider (1990, S. 237) und Voß (2001, S. 142ff.)

Befragung der Mitarbeiter im Tätigkeitsumfeld: Die Interviews zur Charakterisierung des Informationsbedarfs werden auf Mitarbeiter im Umfeld des eigentlichen Adressaten ausgeweitet, da hier u.U. noch weitere ergänzende Merkmale erhoben werden können (Schneider 1990, S. 234).

Objektive Verfahren:

Informationserfordernisse werden im Rahmen der **Strategieanalyse** aus den strategischen Zielsetzungen des Unternehmens oder der betreffenden Führungskraft abgeleitet.

Die **Prozessanalyse** als Erhebungsinstrument geht auf Unternehmensmodellebene von den Entscheidungsabläufen aus, die für die Ressourcensteuerung erforderlich sind. Die für die Entscheidungsabläufe erforderlichen Informationen lassen auf den Informationsbedarf der Prozessbeteiligten schließen.

Erweitert bzw. detaillierter wird dieser Ansatz im Rahmen der **Input-Prozess-Output-Analyse**. Informationsbedarf und -stand werden hier im Sinne von Input, Output und Informationsverarbeitung entlang von Prozessschritten ermittelt (Voß/Gutenschwager 2001, S. 146).

Die **Entscheidungs- oder Aufgabenanalyse** geht von gut strukturierten Entscheidungsprozessen aus, von denen sich gegliedert nach Entscheidungsschritten der Informationsbedarf in der jeweiligen Phase ableiten lässt (Voß/Gutenschwager 2001, S. 146; Schneider 1990, S. 236).

Gemischte Verfahren:

Für **strukturierte Befragungen** werden auf der Basis einer objektiven Methodik bspw. der Prozessanalyse oder der Strategieanalyse Vorgaben für die Interviewgestaltung (Fragestellungen, Themen etc.) gemacht, die dann aber im Laufe des Interviews vom Befragten ergänzt oder kommentiert werden können.

Die Methoden „Bestimmung der Kritischen Erfolgsfaktoren" und „Balanced Scorecard" werden im Folgenden ausführlicher dargestellt.

3.1.2.1.2.1 Methode: Bestimmung der Kritischen Erfolgsfaktoren

Die Methode der **Bestimmung Kritischer Erfolgsfaktoren (KEF)** basiert auf einem Verfahren, das von *Rockart* (1979) entwickelt wurde, um die Informationsbedürfnisse des Topmanagements zu ermitteln.

Kritische Erfolgsfaktoren beziehen sich auf eine begrenzte Anzahl von Arbeitsbereichen. Gute Resultate in diesen Bereichen sind ausschlaggebend für ein Individuum, eine Abteilung oder eine Organisation, um erfolgreich im Wettbewerb zu bestehen (Bullen/Rockart 1981, S. 7; Rockart 1979, S. 85).

Die Anwendung der Methode der kritischen Erfolgsfaktoren für die Ermittlung von Informationsbedarf beruht auf der Hypothese, dass Führungskräfte notwendigerweise Informationen zum Status bzw. der Entwicklung ihrer kritischen Erfolgsfaktoren für ihre Entscheidungen benötigen (Rockart 1979, S. 85).

Obwohl KEF für jeden Manager individuell ausgeprägt sind, gibt es fünf Quellen für kritische Erfolgsfaktoren, die bei der Erhebung generell berücksichtigt werden sollten (Bullen/Rockart 1981, S. 14ff.; Rockart 1979, S. 86):

- Die **Branche**, in der ein Unternehmen tätig ist, weist charakteristische Erfolgsfaktoren auf, die von allen Unternehmen der Branche beachtet werden.
- Durch die **Wettbewerbsstrategie** bspw. Marktführerschaft und die **Position eines Unternehmens innerhalb seiner Branche** werden weitere KEF wie bspw. die Wettbewerbsstrategie der Konkurrenz festgelegt.
- Auf die **Umweltfaktoren** wie Politik und Konjunktur hat ein Unternehmen naturgemäß wenig Einfluss, aber auch sie generieren kritische Erfolgsfaktoren.

- **Temporäre Faktoren** sind nur für einen bestimmten Zeitraum in einer Ausnahmesituation erfolgskritisch. Als Beispiel nennt *Rockart* (1979, S. 87) die Situation, dass viel zu viel oder viel zu wenig Lagerbestände vorhanden sind. In diesem Fall wird die Bestandskontrolle des Lagers zum kritischen Erfolgsfaktor, während diese ansonsten nicht von Interesse für einen Topmanager ist.
- Jede **Managementposition** bringt in Abhängigkeit ihrer inhaltlichen Ausrichtung bestimmte charakteristische KEF mit sich.
- Darüber hinaus können die ermittelten KEF noch nach zwei Dimensionen differenziert werden, zum einen nach der Unterscheidung in interne und externe KEF und in beobachtende und aufbauende bzw. anpassende KEF (Bullen/Rockart 1981, S. 17). Die Überwachung der Produktionskosten wäre in diesem Zusammenhang ein beobachtender KEF, während die Produktneuentwicklung einen aufbauenden KEF darstellt.Zur systematischen Visualisierung der KEF wird ein dreidimensionales Raster entlang der dargestellten Dimensionen vorgeschlagen (vgl. Abbildung 3-5).

Zur Erhebung der kritischen Erfolgsfaktoren werden zunächst die 10-20 Top-Manager eines Unternehmensbereichs gemäß dem KEF-Interviewprozess inter-

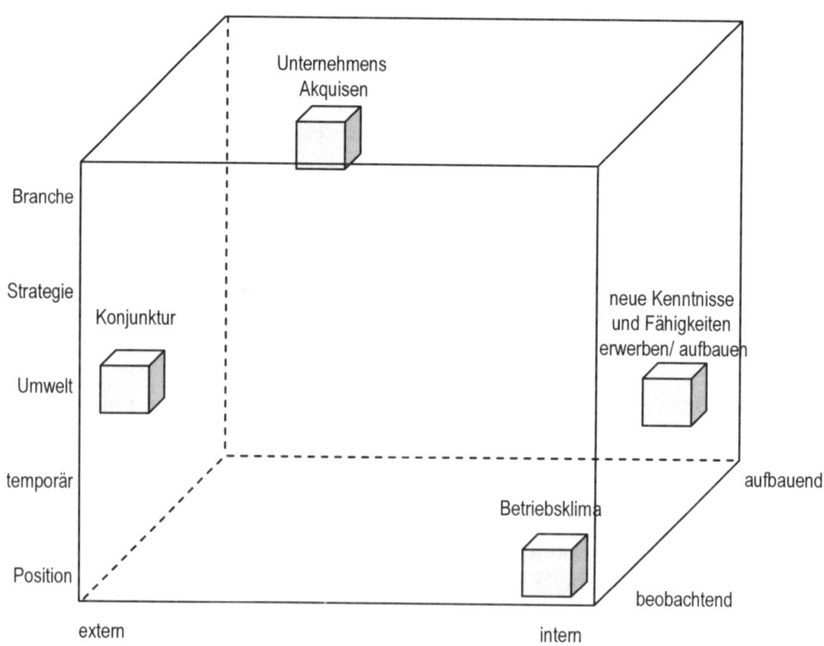

Abbildung 3-5. Dimensionen der Kritischen Erfolgsfaktoren
Quelle: In Anlehnung an Bullen/Rockart (1981, S. 18)

viewt (Bullen/Rockart 1981, S. 38f.). Neben der Ermittlung der kritischen Erfolgsfaktoren der Manager verfolgen die Interviews weitere wichtige Erkenntnisziele (Bullen/Rockart 1981, S. 45):

- Ein Verständnis für die Organisation der Interviewpartner entwickeln und deren Rolle und Mission innerhalb der Organisation aus dem Blickwinkel der Interviewten.
- Die Ziele und Motive der interviewten Manager für ihre Arbeit verstehen.
- KEF und zugehörige Indikatoren erheben.
- Den Managern dabei helfen, ihren eigenen Informationsbedarf besser zu verstehen.
- Die Vorbereitung der Interviews beinhaltet zunächst eine gründliche Auseinandersetzung mit Interviewtechniken im Allgemeinen sowie speziell mit der Methode der KEF (Bullen/Rockart 1981, S. 46ff.). Im nächsten Schritt macht sich der Interviewer vertraut mit der Branche des betreffenden Unternehmens sowie mit dem Unternehmen selbst. Vor Beginn der Interviewphase sollte ein Schreiben von der Unternehmensleitung an alle zu interviewenden Manager verschickt werden, um einerseits über Ziel und Vorgehensweise der Interviews zu informieren und andererseits die Unterstützung des Top-Managements für diese Maßnahme zu signalisieren. Die Interviewserie sollte mit den rangniedrigsten Managern beginnen. So kann der Interviewer mit dem Vorwissen aus früheren Gesprächen in die Interviews mit Top-Managern gehen. Die Begleitung des Interviewers durch einen wichtigen Manager des Unternehmens hat Vor- und Nachteile: Zum einen bringt er Insiderwissen mit, das die Analyse der Interviewergebnisse bereichern kann, zum anderen kann er aber auch die Offenheit der Interviewten im Gespräch durch seine Anwesenheit beeinträchtigen, so dass die Ergebnisse verfälscht werden. Vor- und Nachteile müssen jeweils im Einzelfall abgewägt werden. Vor einem Interview kann es hilfreich sein, sich in die Rolle des Interviewten zu versetzen und die vorbereiteten Fragen aus dessen Sicht zu beantworten, um später zu einem möglichst vollständigen Ergebnis zu kommen. Allerdings sollte der Interviewer vermeiden, den Interviewten im Gespräch in Richtung der von ihm vorgesehenen KEF zu drängen.
- Im Verlauf des Interviews werden die oben genannten Erkenntnisziele bzw. -bereiche erörtert. Die ermittelten KEF sollen vom Interviewten mit einer Priorisierung und wenn möglich auch mit Indikatoren zu ihrer Überwachung versehen werden.

Im nächsten Schritt werden die Ergebnisse der Interviews ausgewertet (Bullen/Rockart 1981, S. 61ff.). Die Auswertung der Interviews beinhaltet zunächst einen Vergleich der ermittelten KEF mit den dargestellten Klassen und

Dimensionen von KEF, um sicher zu gehen, dass alle wesentlichen Arbeitsbereiche des Interviewten abgedeckt wurden. Die Auswertungsergebnisse werden den Interviewten anschließend zur Abstimmung vorgelegt.

Aus den individuell ermittelten KEF werden nun diejenigen identifiziert, die von mehreren Managern genannt wurden (siehe Tabelle 3-2). Diese stellen eine gute Näherung der für eine Organisation relevanten KEF dar. Die ermittelten KEF werden anschließend mit dem Management der Organisation abgestimmt. Aus den Organisations-KEF können eine oder mehrere für den Informationsbedarf zentrale Informationsquellen abgeleitet werden, die bei der Entwicklung eines Managementinformationssystems mit Priorität berücksichtigt werden sollten. Die Erkenntnisse, die aus den Interview- und Analyseschritten gewonnen wurden, werden in den Softwareplanungs- und -entwicklungszyklus als Eingabe eingespielt.

Ein wesentlicher Vorteil der Methode der KEF ist nach *Rockart* (1979, S. 88), dass über die systematische Ermittlung von Informationsbedarf in Abhängigkeit von Erfolgsfaktoren die Tendenz vermieden wird, sich bei der Gestaltung von Informationssystemen in erster Linie an den leicht verfügbaren Informationsquellen

Tabelle 3-2. Auflistung der individuellen KEF[6]

KEF / Manager	Personal	Strategie	Arbeitsproduktivität	Servicequalität	Pricing Strategie
Division 1:					
Maier	1	2	3	4	5
Müller	5	1	2	-	-
Schulz	2	3	1	-	4
Division 2:					
Lutz	3	1	-	2	-
Peters	1	4	-	3	2
Schneider	2	-	5	1	-
Fritz	5	-	1	2	-
Division 3:					
Welker	3	1	2	1	4
Reiter	3	4	-	3	2
Heinrich	4	1	-	-	2
Ahrend	-	1	-	-	2

Quelle: In Anlehnung an Bullen (1981, S. 39)

[6] Die Zahlen geben die Priorität (1 = hoch, 5 = niedrig) des jeweiligen KEF an, keine Zahl heißt, der KEF wurde von dem betreffenden Manager nicht genannt. Die Kreise zeigen gemeinsame KEF innerhalb einer Organisationseinheit an.

zu orientieren. Zudem geben die Ergebnisse der Interviews auch Aufschluss über Managementbereiche, die besonderes Augenmerk verdienen und das Management ist gezwungen, sich darüber klar zu werden, welche Informationen in welcher Menge relevant sind.

3.1.2.1.2.2 Methode: Balanced Scorecard

Ein weitere Methode zur Ermittlung des Informationsbedarfs ist die **Balanced Scorecard**. Die Balanced Scorecard kann man wörtlich übersetzen als „ausgewogener bzw. multikriterieller Berichtsbogen", was jedoch nach *Kaufmann* (1997, S. 421) den Kern des Konzepts nur unzureichend trifft.

Der Ursprung der Balanced Scorecard liegt in der Unzufriedenheit mit den Steuerungskennzahlen eines Unternehmens, die rein auf monetären Daten basieren. Daraufhin entwickelten *Kaplan* und *Norton* (1992) die Balanced Scorecard, in der die Leistung eines Unternehmens als ausgewogenes Verhältnis (Balanced) zwischen Finanzwirtschaft, Kunden, Geschäftsprozessen und der Mitarbeiterentwicklung gesehen und auf einer übersichtlichen Tafel (Scorecard) dargestellt wird. Somit soll sichergestellt werden, dass der Stellenwert der weichen Faktoren gegenüber den harten Faktoren im Kennzahlensystem der Unternehmen verbessert wird.

Der Aufbau einer Balanced Scorecard wird in Abbildung 3-6 dargestellt:

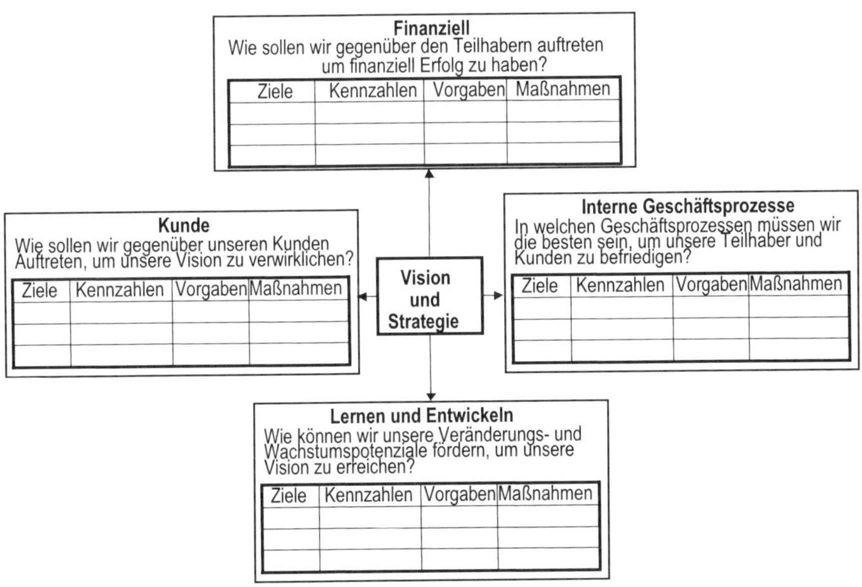

Abbildung 3-6. Aufbau einer Balanced Scorecard

Quelle: Nach Kaplan (1996, S. 76)

Die Balanced Scorecard verfolgt somit einen Ausgleich von unternehmensinternen und -externen, monetären und nicht monetären sowie von vorlaufenden und nachlaufenden Messgrößen. Damit gibt die Balanced Scorecard Antworten auf folgende Fragen (Kaplan/Norton 1992, S. 72):

- Wie sehen uns unsere Anteilseigner (Finanzielle Perspektive)? Die finanzielle Perspektive konzentriert sich auf den langfristig wirtschaftlichen Erfolg und beschäftigt sich mit der Frage, wie durch die Implementierung der Strategie das finanzielle Ergebnis verbessert werden soll.
- Wie sehen uns die Kunden (Kundenperspektive)? In dieser Perspektive werden Messgrößen bezogen auf den Produkterwerb bzw. auf die Inanspruchnahme einer Dienstleistung erhoben. Die zentrale Frage ist dabei, inwiefern die Strategie dazu beiträgt, die Konkurrenzfähigkeit der Unternehmung auf dem entsprechenden Markt zuerhöhen. Als Messgrößen können z. B. der Marktanteil, die Kundenabwanderungsrate, Prozent der Projekte in „on-time delivery" oder der Preis dienen.
- Worin müssen wir uns auszeichnen (interne Prozessperspektive)? In Bezug auf die Strategie werden die internen Prozesse und Abläufe eines Unternehmens untersucht. Dabei sollen sowohl die Kernkompetenzen als auch kritische Techniken identifiziert werden. Mögliche Messgrößen sind dabei z. B. die Prozesskosten, die Systemverfügbarkeit oder die Erreichbarkeit des Help Desk.
- Können wir uns weiter verbessern und Werte schaffen (Innovations- und Wissensperspektive)? Mit der *Lern- und Entwicklungsperspektive (auch: Innovationsperspektive)* soll langfristig die Entwicklung innerhalb des Unternehmens gesichert werden. Es werden Anforderungen aus dem Unternehmensumfeld oder aus den anderen Perspektiven an die Organisation, Management oder Mitarbeiter erhoben. Als Messgrößen bieten sich dabei der Mitarbeiter-Zufriedenheitsindex, der Fremdentwicklungsanteil, die Qualifikation der Mitarbeiter und die Leistungsfähigkeit des Informationssystems an.

Zur konkreten Umsetzung einer Balanced Scorecard bietet sich folgendes Vorgehen an: Den Ausgangspunkt bildet die Strategie der Unternehmung, die umgesetzt werden soll. Danach werden für jede der vier Perspektiven strategische Ziele abgeleitet. Daran anschließend sind Messgrößen zu definieren, mit denen der Grad der Zielerreichung gemessen werden kann. Abschließend sind geeignete Maßnahmen zu entwickeln und durchzuführen, die zu einer Verbesserung der Messgrößen führen.

Abbildung 3-7 verdeutlicht den mehrstufigen Prozess der Entwicklung einer Balanced Scorecard:

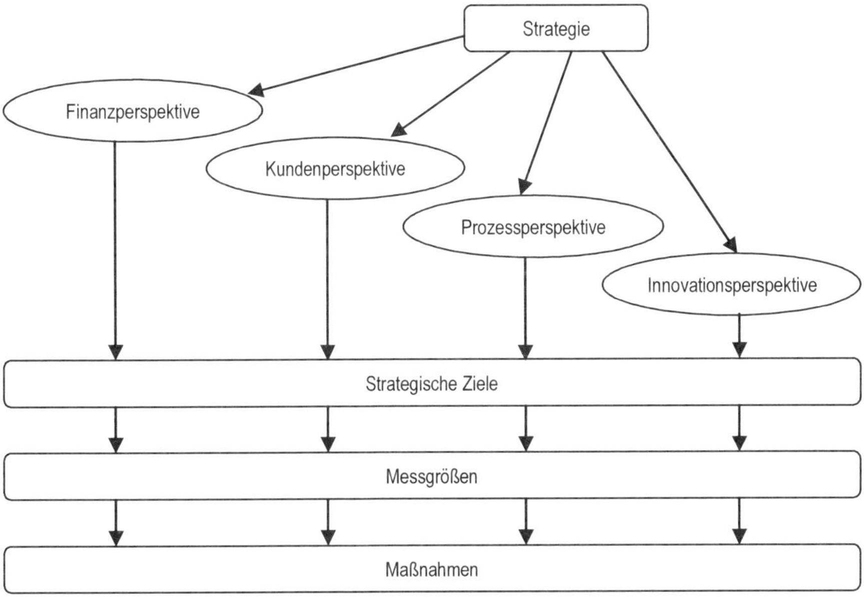

Abbildung 3-7. Entwicklung einer Balanced Scorecard
Quelle: Hensberg (2004, S. 248)

Bei der Entwicklung von Messgrößen muss nach *Hensberg* (2004, S. 250) auf den Einbezug der Mitarbeiter geachtet werden. In einem zweistufigen Prozess werden dabei zunächst Vorschläge und Ideen für Kennzahlen und deren Interpretationen durch eine Mitarbeiterbefragung gesammelt. Im zweiten Schritt werden, wiederum durch einen Fragebogen, aus der Liste der Kennzahlen diejenigen ausgewählt, die eine hohe Relevanz aufweisen. Nur so kann sichergestellt werden, dass die Mitarbeiter ein Verständnis für Kennzahlen und deren Interpretation erhalten. Dies vereinfacht die Kommunikation der Unternehmensstrategie mit Hilfe der Balanced Scorecard im Unternehmen (Hensberg 2004, S. 252). Der durch *Hensberg* vorgeschlagene Einbezug der Mitarbeiter durch eine Befragung macht deutlich, dass zur Erhebung des Informationsbedarfs durch eine Balanced Scorecard unterschiedlichste Verfahren verwendet werden können.

Die Methode der kritischen Erfolgsfaktoren oder auch die Balanced Scorecard-Methode eignen sich gut zum *Erkennen und Erheben des strategischen Informationsbedarfs* von Führungskräften. Strategische Komponenten, externe Faktoren oder andere subjektive Informationsbedarfskomponenten, die mit Hilfe von Interviewtechniken erhoben werden, haben allerdings auf den hierarchischen Managementebenen eines Unternehmens unterschiedliche Relevanz. Mit zunehmendem Anteil an operativen Aufgabenstellungen steigt die Bedeutung aufgabenorientierter objektiver Verfahren zur Informationsbedarfsermittlung, so z.B. die Erhebung des Informationsbedarfs anhand der Wertschöpfungsprozesse durch Input-Prozess-Output-Analyse (vgl. Tabelle 3-1). Damit wird vermieden, dass auf Grund rein aufgabenbasierter Erhebungen die Zusammenhänge verloren gehen.

3.1.2.2 Management der Informationsquellen

Auf dem Weg zur Informationsgesellschaft lässt sich eine bedarfsorientierte, d.h. nutzerorientierte Angebotsgestaltung mit den zwei Schlagworten „Information at your fingertips" und „Information Overload" charakterisieren. Dabei stellt der leichte und flexible Zugang zu Informationen durch den Mitarbeiter im Unternehmen einen wesentlichen Baustein einer effizienten Informationswirtschaft dar. Im Mittelpunkt dieser nachfrageorientierten Gestaltung des Informationsangebots steht die Frage, wie der Informationsnutzer die benötigte Information in qualitativer, quantitativer, zeitlicher und räumlicher Hinsicht erhält (Picot 1988a, S. 239).

Am Anfang der Entwicklung des Informationsangebots steht das *Management der Informationsquellen*. Zu den Aufgaben gehört das *Erkennen und Erheben* von Informationen, die noch keinen Eingang in die Informationsressourcen gefunden haben. Dieses kann mittels einer Neubewertung vorhandener Informationen oder der Schaffung neuer Informationen erfolgen.

Nach dem *Erkennen und Erheben* folgt das *Sammeln und Erfassen* der Informationen. Die Sammlung und Erfassung sollte entstehungsnah dezentral erfolgen, um Aktualität zu gewährleisten. Danach liegt eine Informationsquelle vor. Innerhalb der Planung der Quellen kommt der Spezifikation unternehmensinterner und unternehmensexterner Informationsquellen ein hoher Stellenwert zu.

Wie in Abbildung 3-8 dargestellt, kann sowohl für die Informationsnachfrager als auch für das Informationsangebot zwischen intern und extern differenziert werden, woraus sich unterschiedliche Konstellationen für die Zusammenführung von Nachfrage und Angebot ergeben.

	Internes Informationsangebot	**Externes Informationsangebot**
Interne Informationsnachfrager	Betriebliche Informationssysteme	Fachinformationen
Externe Informationsnachfrager	Publikationen Public Relations	nicht relevant

Abbildung 3-8. Informationsnachfrager und Informationsangebot
Quelle: Eigene Darstellung

Während das Angebot externer Quellen für externe Nachfrager für die unternehmerische Informationswirtschaft nicht relevant ist, trifft es in Form von *Fachinformationen* auf unternehmensinterne Nachfrage. Außerdem wird das Angebot interner Informationen von externen Institutionen wie Fachpresse, Informationsdiensten, Kapitalanlegern und Unternehmen aus der Branche nachgefragt. Ergebnisse dieser Nachfrage sind zum Beispiel *Publikationen* oder im Allgemein die Gestaltung der *Public Relations* des Unternehmens. Das Hauptaugenmerk einer unternehmerischen Informationswirtschaft liegt jedoch auf der Zusammenführung interner Nachfrager mit dem internen Informationsangebot über die *betrieblichen Informationssysteme*.

Neben dem Ort der Informationsquelle ist die Art des Zugangs relevant. Die Informationsquellen können das Wissen von Personen und das in technischen Systemen repräsentierte Wissen darstellen (Groffmann 1997). Während der Zugang zum Wissen einer Person mittels Kommunikation erfolgt, für die man in der Regel keine neuen Verhaltensregeln lernen muss, sind für den Zugang zu Informationssystemen (z.B. Dokumentenmanagementsysteme, Multimedia-Datenbanksysteme, Online-Dienste oder dedizierte Datenbanken zur Informationsabfrage) spezielle Anwendungskenntnisse der Zugriffs- und Präsentationswerkzeuge notwendig (Groffmann 1997).

Durch die Ausweitung zahlreicher Institutionen der Informationsvermittlung hat sich die Menge der zur Verfügung stehenden Informationen als Basis unternehmerischer Entscheidungen im letzten Jahrzehnt stark vergrößert. Einen Überblick über diese Institutionen gibt Abbildung 3-9:

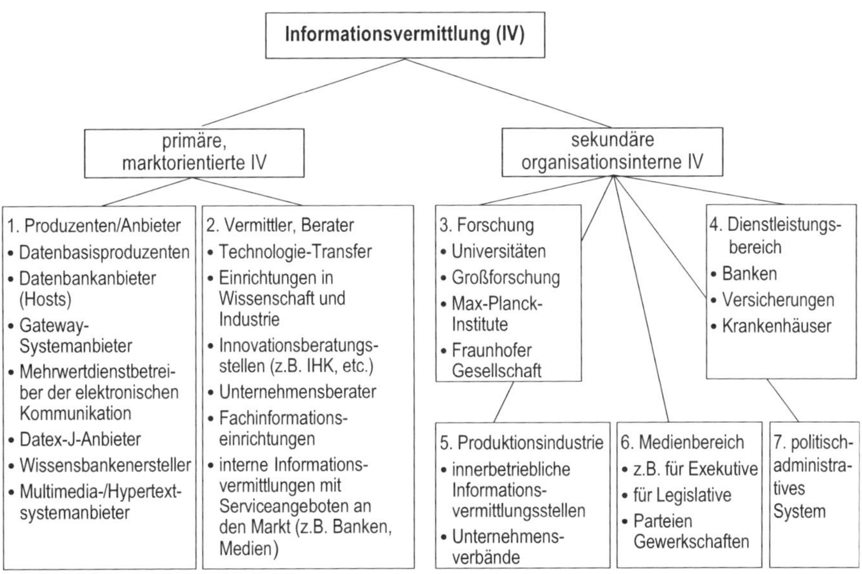

Abbildung 3-9. Institutionen der Informationsvermittlung

Quelle: Kuhlen (1995, S. 336-337)

„Im Informationsmarkt lassen sich primäre Informationsvermittler, die direkt am Markt agieren, von sekundären Informationsvermittlern, die organisationsintern Informationen verwalten, unterscheiden, wobei die Unterschiede zunehmend verwischen" (Kuhlen 1995, S. 336).

Zu den primären Informationsvermittlern gehören die Produzenten von Information, d.h. Datenbankanbieter und Mehrwertdienstebetreiber in unterschiedlichen Medien, sowie Informationsberater, die vor allem in der Form des „Information Broker" die Vermittlung spezieller, aus unterschiedlichen Quellen stammender, gesammelter, verifizierter und klassifizierter Information als Geschäftszweck definieren. Demgegenüber betreiben auch andere Institutionen Informationsvermittlung, wenn auch eher nach innen orientiert und nicht als Kernaufgabe. Die sekundären Informationsvermittler finden sich in den Forschungsbereichen von Universitäten und Forschungsinstituten, dem „klassischen" Dienstleistungsbereich mit Banken, Versicherungen und Krankenhäusern, den Unternehmen des produzierenden Sektors, den Medienunternehmen und der öffentlichen Verwaltung.

Als sekundärer Informationsvermittler stellt bspw. Microsoft Informationsquellen für die Geschäftspartner und Kunden bereit, die sich nach Zugänglichkeit, Erscheinungshäufigkeit, Kosten und Medium unterteilen lassen:

- Zugänglichkeit: Es gibt allgemeinzugängliche und exklusive Informationsquellen. Exklusiv sind solche, die nur für bestimmte Personen (z.B. Microsoft-Produktspezialisten) oder autorisierte Firmen (z.B. Solution Provider) bestimmt sind.
- Erscheinungshäufigkeit: Einige Informationsquellen werden einmalig bzw. unregelmäßig, andere dagegen regelmäßig aufgelegt.
- Kosten: Es ist zu unterscheiden zwischen kostenlosen und kostenpflichtigen Informationsquellen.
- Medien: Als Übertragungsmedium verwendet Microsoft bedrucktes Papier, CD-ROM, Online-Dienste, World Wide Web, aber auch Live-Präsentationen.

3.1.2.3 Management der Informationsressourcen

Mehrfach verwendbare Informationsquellen werden zu Informationsressourcen. Die Überführung geschieht, indem die Informationsquelle zunächst *verifiziert* wird und anschließend die Informationen auf (vorwiegend elektronischen) Informationsträgern *gespeichert* werden. Spätestens dann sind organisatorische, ökonomische, Datensicherheits- und Datenschutz-Gesichtspunkte zu berücksichtigen. Zusätzlich muss ein *physischer und intellektueller* Zugang zu den gespeicherten Informationen geschaffen werden. Der physische Zugang wird idealerweise durch eine Vernetzung der Informationsträger untereinander und durch eine Einbindung

Tabelle 3-3. Dublin Core – Metadaten für digitale Bibliotheken

Element	Beschreibung
Title	Titel der Quelle; der vom Verfasser, Urheber oder Verleger vergebene Name der Ressource
Creator	Die Person(en) oder Organisation(en), die den intellektuellen Inhalt verantworten, z. B. Autoren
Subject	Thema, Schlagwort, Stichwort
Description	Eine textliche Beschreibung des Ressourceninhalts inklusive eines Referats (Abstract) bei dokumentähnlichen Ressourcen oder Inhaltsbeschreibungen bei graphischen Ressourcen
Publisher	Die Einrichtung, die verantwortet, dass diese Ressource in dieser Form zur Verfügung steht, wie z. B. ein Verleger, ein Herausgeber, eine Universität oder ein Unternehmen
Contributor	Zusätzliche Person(en) und Organisation(en) zu jenen, die im Element CREATOR genannt wurden, die einen bedeutsamen intellektuellen Beitrag zur Ressource geleistet haben
Date	Das Datum, an dem die Ressource in der gegenwärtigen Form zugänglich gemacht wurde
Type	Die Art der Ressource, z. B. Homepage, Roman, Gedicht, Arbeitsbericht, technischer Bericht, Essay, Wörterbuch
Format	Das datentechnische Format der Ressource, z. B. Text/HTML, ASCII, Postscript-Datei, ausführbare Anwendung, JPEG-Bilddatei etc.
Identifier	Zeichenkette oder Zahl, die diese Ressource eindeutig identifiziert. Beispiele für vernetzte Ressourcen sind URLs und URNs (wo verwendet)
Source	In diesem Element wird – falls nötig – das gedruckte oder elektronische Werk, aus dem diese Ressource stammt, eingetragen
Language	Sprache(n) des intellektuellen Inhalts dieser Ressource
Relation	Die Angabe in diesem Feld ermöglicht es, Verbindungen unter verschiedenen Ressourcen darzustellen, die einen formalen Bezug zu anderen Ressourcen haben, aber als eigenständige Ressourcen existieren.
Coverage	Angaben zur räumlichen Bestimmung (z. B. geographische Koordinaten) und zeitlichen Gültigkeit, die die Ressource charakterisieren
Rights	Informationen über bestehende Rechte an einer Ressource, z. B. Copyright

Quelle: Gekürzte Fassung aus (o. V. 1996) und (o. V. 2003)

der Nutzer in das Netzwerk der Informationsträger realisiert. Eine Unterstützung für den intellektuellen Zugang kann im Sinne von Informationsorganisation und -modellierung durch Deskriptorensysteme, Erfassung und Verwaltung von Metainformationen sowie Auswahl- und Navigationshilfen geschaffen werden. Schließlich sind die Informationen im Rahmen eines Managements der Informationsqualität zu *pflegen (Verändern, Löschen)* und die Informationsträger sind *instand* zu halten. Das Management der Informationsressourcen muss für die Darstellung und Speicherung der Informationen, die Bereitstellung geeigneter Informationsträger und Zugriffsmöglichkeiten sowie deren Pflege und Instandhaltung sorgen.

3.1.2.3.1 Informationsorganisation und -modellierung

Informationen zu den unterschiedlichsten Themen und Sachverhalten sind heute in beinahe beliebigem Detaillierungsgrad vorhanden. Weniger Informationsnot als Informationsflut ist wie bereits oben beschrieben ein zentrales Problem. Die Strukturierung und Organisation von Informationen stellt somit für die Entwicklung von Informationsressourcen eine wesentliche Aufgabe dar. Metadaten ermöglichen die Beschreibung und Entdeckung von Informationsobjekten (z.B. durch Angaben zu Inhalten und Erstellern), ihre Nutzung (z.B. durch Angaben zum verwendeten Datenformat) sowie ihr Management (z.B. durch Angaben zu Zugriffs- und Nutzungsrechten). Wie Metadaten konkret aufgebaut sein können, ziegt das Beispiel des Dublin Core Standards. Der Standard wurde für digitale Bibliotheken entwickelt. Seine Elemente sind in Tabelle 3-3 angegeben. Generell wird zwischen formalen Metadaten und inhaltlichen Metadaten unterschieden (Schmaltz 2004, S. 2). Formale Metadaten beschreiben äußere Merkmale des betreffenden Informationsobjektes, ähnlich wie bibliographische Daten. Inhaltliche Metadaten beinhalten Themen und Inhalte der beschriebenen Ressourcen.

Zur Informationsstrukturierung auf der Basis von Metadaten kommen verschiedene Methoden zum Einsatz:

Tabelle 3-4. Methoden zur Informationsstrukturierung und -repräsentation

Beschreibung	Ausprägung
Hierarchische Klassifikation	Taxonomie
Indizierung nach Schlagwortverfahren	Thesaurus
Assoziative Repräsentation durch Graphen	Semantic Web Topic Map

Quelle: In Anlehnung an Schmaltz (2004, S. 4) und Wedekind (2001a, S. 236)

Taxonomien sind hierarchische Klasseneinteilungen eines Themenbereichs (Schmaltz 2004, S. 5; Spangler et al. 2003, S. 192). Sie bilden Über- und Unterordnungsbeziehungen ab und können so Vererbungen darstellen. Ein Beispiel für eine Taxonomie ist die biologische Einteilung von Pflanzen und Tieren in Familien, Gattungen und Arten.

Ein **Thesaurus** ist ein systematisch geordnetes Verzeichnis von Schlagwörtern, so genannte Deskriptoren, und deren terminologischen Beziehungen untereinander (bspw. Synonyme, Homonyme, Äquivalenzbeziehungen) innerhalb eines bestimmten Fachgebiets (Wedekind 2001b, S. 474).

Assoziative Repräsentationen wie **Semantic Webs** oder **Topic Maps** bestehen aus Knoten, die für reale Entitäten stehen und Kanten, die die inhaltlichen Beziehungen der Entitäten untereinander darstellen (Schmaltz 2004, S. 5).

3.1.2.3.1.1 Methode: Informationsmodellierung mit Semantic Web

Die *Semantic Web Technologie* liefert Werkzeuge zur Informationsmodellierung, die das Handling umfangreicher Informationsressourcen durch die Erfassung und Verwaltung von Metainformationen unterstützen. Die Grundidee ist, Informationsobjekten maschinenlesbare Informationen über ihren Inhalt und auch über ihre Beziehung zu anderen Informationsobjekten zu hinterlegen.

Tim Berners-Lee, der die Vision des Semantic Web mit geprägt hat, geht in seiner Vorstellung noch weiter und träumt bspw. von Agenten, die sich in unserem Auftrag durchs Netz bewegen und eigenständig Arzttermine vereinbaren und diesbezügliche Recherchen durchführen (Berners-Lee et al. 2001). Grundlage für die Anreicherung der Dokumente um maschinenlesbare Semantik ist eine Methode zur Modellierung und Kodierung von Semantik.

Zur Verdeutlichung des Semantic Web-Konzepts werden gerne Suchszenarien angeführt, um die Funktionsweise und die Vorteile des Konzepts darzustellen. Ein anschauliches Beispiel ist die Suche nach einem Experten zu Post-Impressionistischer Kunst. Hierfür müssen Informationen kombiniert werden, die über verschiedene Web-Sites verteilt sind und sich bspw. mit Kunstsammlungen, Künstlerbiographien und Kunstgeschichte beschäftigen (Goble 2003, S. 551). Um den Autor eines Buches über Van Gogh als Experten für Post-Impressionismus zu identifizieren, muss Van Gogh als Künstler dieser Ära bekannt sein, auch wenn dazu nichts auf der Seite des Autors erwähnt wird. Wenn der Buchautor ein Professor für Kunstgeschichte ist, müsste seiner Expertise mehr Gewicht beigemessen werden als dem Autor einer Diplomarbeit. Für eine derartige Recherche muss der Inhalt der gefundenen Stellen und Dokumente im Netz interpretiert werden, d.h. der Recherchierende muss zum einen in der Lage sein, den Inhalt der Fundstellen zu erfassen und zum anderen durch Kombination auch neues Wissen zu generieren. Heute wird die Arbeit der Interpretation und Kombination von Menschen übernommen. Die Vision des Semantic Web sieht vor, das Web dahingehend weiter zu entwickeln, dass Informationen und Dienste auch von Computern „verstanden" und genutzt werden können. Dafür müssen den Web-Inhalten maschinenlesbare Metainformationen zu ihrer Semantik hinterlegt werden.

Grundlage für die skizzierten Möglichkeiten der semantisch unterstützten Recherche sind gemeinsame Ontologien.

> Im Gegensatz zur Verwendung des Ontologiebegriffs im philosophischen Kontext werden in der Informatik formale Beschreibungen der Semantik von Informationsobjekten als **Ontologien** bezeichnet. In ihnen wird modelliert, wie Begriffe eines Gegenstands- oder Anwendungsbereichs zueinander in Beziehung stehen (Maedche 2002, S. 432).

Bspw. wird in einer Ontologie festgelegt, dass es einen Begriff „Betriebliche Anwendungssysteme" gibt. Diesem Begriff werden die Begriffe „Produktionsplanungs- und Steuerungssysteme" sowie „Finanzbuchführungssysteme" zugeordnet.

Typischerweise setzt sich eine Ontologie aus einer Taxonomie und einer Reihe von Ableitungsregeln zusammen (Berners-Lee et al. 2001). Die Taxonomien dienen dazu, Konventionen darüber herzustellen, was unter bestimmten Begriffen und Konzepten, die zur Annotation herangezogen werden, verstanden wird. In diesem Zusammenhang muss bspw. klargestellt werden, dass es sich bei dem Begriff „Post-Impressionismus" um eine historische Phase der Malerei handelt und welche zeitliche Periode unter dem Begriff „Post-Impressionismus" zusammengefasst werden soll. Hier würde auch geklärt, dass der Künstler Van Gogh mit dem Post-Impressionismus in Beziehung steht, da er als Maler dieser Epoche zuzurechnen ist. Eine Ableitungsregel würde bspw. nahe legen, dass eine Ausstellung zu Künstlern des Post-Impressionismus mit hoher Wahrscheinlichkeit auch Bilder von Van Gogh zeigt. Anders ausgedrückt stellt eine Ontologie somit eine Menge möglicher Begriffe und Begriffsdeutungen dar, die zur semantischen Annotation von Dokumenten herangezogen werden können. Zudem ist in einer Ontologie auch der inhaltliche Bezug der einzelnen Begriffe untereinander hinterlegt.

Um Metainformationen in einfacher Form zu modellieren, kann bspw. Das Resource Description Framework (rdf) herangezogen werden (Wolf 2004, S. 6).

Die Grundstruktur eines rdf-Ausdrucks bzw. des rdf-Datenmodells ist ein Tripel aus den drei Elementen Objekt (O), Attribut (A) und Attributwert (V für Value). Ein solches Tripel wird häufig als A (O,V) dargestellt, d.h. das Objekt O hat ein Attribut A mit dem Attributwert V (Beispiel: hatFarbe (Ball, rot). Jedes Objekt kann auch die Rolle eines Attributwertes übernehmen, so dass verschachtelte Ausdrücke möglich werden. Anschaulicher ist allerdings die Darstellung durch gerichtete Graphen: Kreise bzw. Ellipsen stehen für Objekte – d.h. alles, worauf mittels eines Unified Ressource Identifiers (URIs) verwiesen werden kann – gerichtete Kanten dagegen stehen für Attribute. Da Objekte auch die Rolle von Attributwerten annehmen können, werden diese ebenfalls als Kreise dargestellt (Davies et al. 2002, S. 14). Die Verwendung des URI als eindeutiger Verweis auf

Tripel:

hasName ('http://www.w3.org/employee/id1321','Jim Lerners')
authorOf ('http://www.w3.org/employee/id1321','http://www.books.org/ISBN062515861')
hasPrice ('http://www.books.org/ISBN062515861',"$62")

Graph:

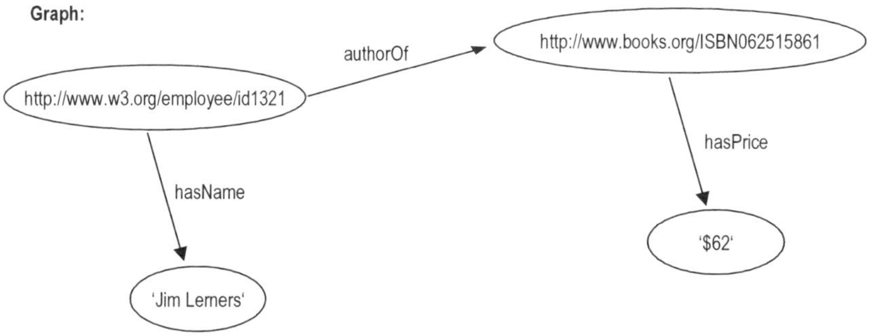

Abbildung 3-10. Grundstruktur eines rdf-Ausdrucks: Tripel und rdf-Graph
Quelle: In Anlehnung an Davies (2002, S. 13f.)

eine Ressource sorgt dafür, dass Objekte eindeutig angesprochen werden können und sprachliche Verwechselungen über Homonyme ausgeschlossen werden (Berners-Lee et al. 2001).

Abbildung 3-10 beschreibt Autor und Preis eines Buches einmal als Tripel und einmal als gerichteten Graphen.

3.1.2.3.2 Management der Informationsqualität

Ein wesentlicher Aspekt des Managements von Informationsressourcen ist die Gewährleistung einer hohen Informationsqualität. Allerdings gibt es für die Qualität von Informationen keine allgemein verbindlichen Standards oder Vorgaben. Qualität wird gemäß der ISO Norm zu Qualitätsmanagement (Normenausschuss Qualitätsmanagement Statistik und Zertifizierungsgrundlagen (NQSZ) im DIN Deutsches Institut für Normierung e.V. 2000, S. 11) aus der Sicht des Kunden eines Produktes oder durch gesetzliche Vorgaben definiert. In der IS-Literatur hat sich für die Qualität von Informationen der Begriff der „Fitness for use" (Wang/Strong 1996, S. 6) durchgesetzt, d.h. ausschlaggebend für die Beurteilung der Informationsqualität ist die Eignung der Informationen für den jeweiligen Einsatzzweck.

Dennoch muss der Qualitätsbegriff weiter konkretisiert und operationalisiert werden, um Informationsqualität managen zu können. Hierzu wurden zahlreiche Ansätze und Modelle entwickelt, die darauf beruhen, Informationsqualität über verschiedene Kriterien und Dimensionen zu beschreiben. Tabelle 3-5 gibt einen Überblick über die Verschiedenartigkeit der bisher vorgelegten Lösungsansätze.

Tabelle 3-5. Ansätze zum Management der Informationsqualität

Autor	**Dimensionen/ Kategorien**	**Kriterien**
Lesca/Lesca (1995)	Information as product Information as process	usefulness, comprehensibility, relevance, ... trustworthiness, accessibility, objectivity, ...
Redmann (1996)	Content Scope Level of Detail Composition View consistency Reaction to change	relevance, obtainablity, clarity of definition comprehensiveness, essentialness attribute granularity, precision of domains naturalness, identifiable, homogeneity, ... semantic and strucural consistency,... robustness, flexibility
		accuracy, completeness, concistency, ...
	Formats Physical instances	appropriateness, interpretability, ... representation consistency
Wang/Strong (1996)	intrinsic information quality (iq) accessibility iq contextual iq representational iq	accuracy, objectivity, believability, ... accessibility, security relevancy, value-added, timeliness, ... interpretability, ease of understanding, ...
Königer/ Reithmayer (1998)	Innere Qualität Zugangsqualität Kontextuelle Qualität Darstellungsqualität Qualität der Metainformationen Qualität der Strukturierung	Genauigkeit, Objektivität, ... Zugänglichkeit, Sicherheit Bedeutung, Mehrwert, Zeitgerechtigkeit, .. Interpretierbarkeit, Verständlichkeit, .. Existenz, Angemessenheit, Interpretierbarkeit Existenz, Angemessenheit, ...
Alexander/ Tate (1999)	Authority Accuracy Objectivity Currency Target group orientation Interaction and navigation design	Validated information, ... Reliable, free of errors Information is presented without biases Updated content Clearly signaled target audience Intuitive understanding of elements and their functions
English (1999)	Inherent information quality Pragmatic information quality	Definition comfortance, completeness, ... Timeliness, contextual clarity, ...
Nohr (2001)	Datenmanagement Informations-management Informationsdesign Wissens-management	Hardware, Software, Datengewinnung, .. Bedarfsanalyse, Interpretation, Versorgung Aufbereitung, Trans-formation, Präsentation Entwicklung, Verteilung, Bewahrung, ..
Eppler (2003)	Community Level (relevance) Product level (soundness) Process level Infrastructure level	Comprehensiveness, accuracy, clarity, .. Conciseness, consistency, correctness, .. Convenience, timeliness, traceability, .. Accessibility, security, maintainability, ..

Quelle: In Anlehnung an Eppler, Nohr, Nohr/Roos (2003, S. 287ff.; 2001, S. 68; 2000, S. 5)

Grundlegende Elemente der meisten Modelle sind Dimensionen oder Kategorien, unter denen Informationsqualität betrachtet wird und Kriterien, die zur Operationalisierung herangezogen werden.

Eppler (2003, S. 59ff.) fügt in seinem Modell zu Perspektiven und Kriterien noch Phasen und Prinzipien hinzu, um das Thema Management der Informationsqualität auch als Prozess möglichst vollständig abzubilden. Er unterscheidet vier verschiedene Perspektiven auf Informationsqualität, die das Gliederungsraster für die Kriterien für Informationsqualität darstellen:

Tabelle 3-6. Perspektiven auf Informationsqualität

Perspektive	Kriterien
Relevant information	Comprehensiveness, accuracy, clarity, ..
Sound information	Conciseness, consistency, correctness, ..
Optimized process	Convenience, timeliness, interactivity
Reliable infrastructure	Accessibility, security, maintainability, ..

Quelle: In Anlehnung an Eppler (2003, S. 60)

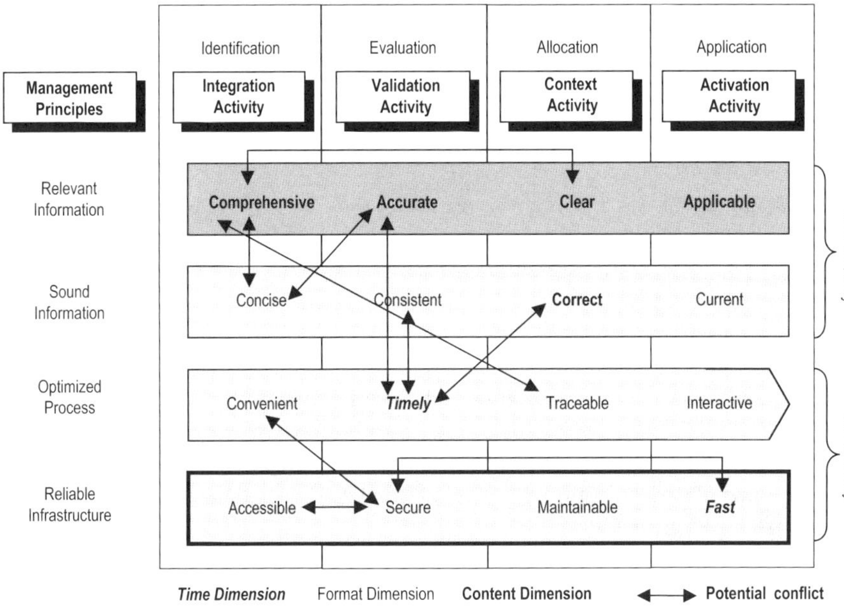

Abbildung 3-11. Modell des Managements der Informationsqualität
Quelle: Eppler (2003, S. 61)

Die Perspektiven und Kriterien werden überlagert von vier Phasen der Informationsverwendung. Diese Phasen sind 1. Identifizieren (der gesuchten Information), 2. Evaluieren (Bewertung und Vergleich von Quelle und Information), 3. Anpassen (von Format, Bezugsrahmen und Kontext der Information) und 4. Anwenden (der Information zur Problemlösung und Routinisierung der Informationsverwendung).

Schließlich werden noch vier Managementprinzipien entwickelt, die die Implementierung des Modells und die Umsetzung der Qualitätskriterien unterstützen sollen (Eppler 2003, S. 82f.). „Integration Activities" zielen darauf ab, Informationen zugänglich zu machen, indem diese grafisch und inhaltlich aufbereitet werden. „Validation Activities" haben die Kontrolle und Verbesserung der Informationsqualität zum Ziel. Das Prinzip der „Contextualizing Activities" subsumiert Maßnahmen zur Anreicherung mit Kontextinformationen, die über Entstehungsprozesse oder Autorenschaft von Informationen informieren. „Activating Activities" sollen dafür sorgen, dass Informationen auch genutzt werden, bspw. indem diese zum richtigen Zeitpunkt geliefert oder hervorgehoben werden oder auch Maßnahmen getroffen werden, um sicher zu stellen, dass der Inhalt der Informationen von Informationsnutzern verstanden wurde.

Ein Vorteil des Modells von *Eppler* ist die umfassende Betrachtung des Themas Management von Informationsqualität. Neben der konstruktiven Sicht auf Informationsqualität, d.h. der Sicht des Informationsproduzenten (Nohr 2001, S. 5f.) wird auch die Perspektive des Informationsverwenders, die rezeptive Sicht auf Informationsqualität, eingenommen. Auch das Aufgreifen der Zielkonflikte beim Management der Informationsqualität bspw. zwischen Exaktheit der Information und Schnelligkeit der Bereitstellung trägt zur Schärfung des Problembewusstseins bei.

3.1.2.4 Management des Informationsangebots und der Bereitstellung

Beim Management des Informationsangebots und der Bereitstellung geht es darum, die benötigten Informationen anforderungsgerecht bereitzustellen. Zum einen können solche Informationsressourcen eigens aufzubauen sein. Andererseits können Informationsressourcen als unternehmensweit zur Verfügung stehende Daten-, Methoden- und Modellbanken sowie Information (Data) Warehouses nicht auf bestimmte Bereiche und Teilbereiche zugeschnitten und deshalb universeller verwendbar sein. Umfangreiche, weitgehend unverdichtete Daten und Informationen führen zu einer Informationsüberflutung und überfordern die Analysefähigkeiten der Informationsbenutzer. Verfahren wie die Datenmustererkennung (Data Mining) können Daten und Informationen automatisch klassifizieren und analysieren (Bissantz/Hagedorn 1993).

Informationsressourcen sind entweder passiv oder aktiv. Passive Ressourcen werden nur auf Initiative und Betreiben eines Informationsbenutzers verwendet. Aktiv bedeutet, dass die Inhalte der Informationsressourcen in Informationsprodukte und -dienste überführt werden, die an die Informationsbenutzer distribuiert werden.

Die Informationen werden bei der Weitergabe aufbereitet und erfahren dadurch eine Wertsteigerung durch ein *Analysieren, Umordnen, Reproduzieren, Reduzieren und Verdichten.* Insbesondere ist auf die Einhaltung der informationslogistischen Prinzipien zu achten, da sich hier die unmittelbare Schnittstelle zu den Informationsbenutzern befindet.

Im Folgenden werden exemplarisch das *Berichtswesen*, *Data Warehouse* und *Portale* als Lösungen für das Management des Informationsangebots und der Bereitstellung vorgestellt.

Das *Berichtswesen* versorgt die betrieblichen Entscheidungsträger mit den notwendigen unternehmensinternen Informationen. Die Berichte sind entweder auf Papier, auf dem Bildschirm und teilweise auch auf Tafeln und als speziell eingerichtete Räume („Kontrollräume") darstellbar (Mertens/Griese 2000).

Für die spätere Verwendung der Information ist es wichtig, sich die Eigenschaften der Benutzer zu verdeutlichen. *Mertens/Höhl* (1999) unterscheiden mehrere Merkmale von Benutzermodellen, die den Umgang des Benutzers mit der Information beschreiben (vgl. Abbildung 3-12).

„Unter **Benutzermodellierung** sind Mechanismen zu verstehen, die es dem Computer erlauben, sich möglichst gut auf den Menschen einzustellen. Sie dienen Anwendungssystemen dazu, Problemlösungsstrategien und Dialogverhalten individuell an den Empfänger anzupassen" (Mertens/Griese 2000, S. 48).

Auf den Benutzermodellen aufbauend werden die Benutzerschnittstellen gestaltet, die sowohl die benutzerorientierte Integration der Subsysteme als auch die menschengerechte Aufbereitung der Bedieneroberfläche verantworten (Kemper 1999).

Zur besseren Informationsdarstellung sind die folgenden Gestaltungsregeln dienlich (Mertens/Griese 2000, S. 68f.):

- Ein Berichtssystem soll einen formal einheitlichen Aufbau besitzen.
- Informationen sollen nicht isoliert dargestellt, sondern durch Vergleichsgrößen relativiert werden.
- Berichtssysteme gewinnen dann an Aussagekraft, wenn die darin enthaltenen Informationen in Relation zu Planwerten, Vergangenheitsdaten, Trends usw. dargeboten werden.
- Überblick und Detail in der Darstellung sind deutlich voneinander zu trennen.
- Außergewöhnliche Datenkonstellationen sind hervorzuheben.

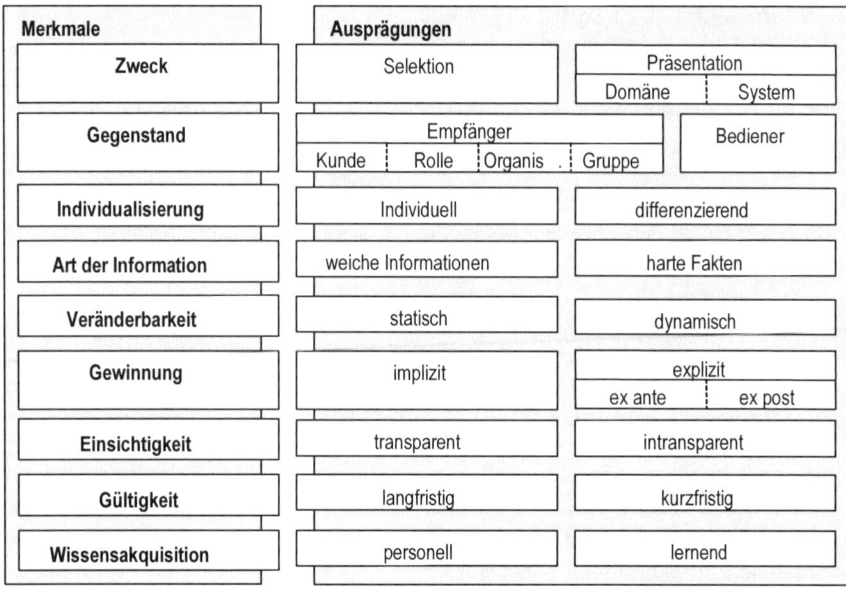

Abbildung 3-12. Merkmale von Benutzermodellen
Quelle: Mertens/Höhl (1999)

- Falls ein Bericht nicht routinemäßig erstellt wird, sollen die verwendeten Methoden der Datenerhebung, die Vorgehensweise beim Auswerten und exemplarische Rechenprozeduren erläutert werden.
- Grafische Darstellungen sollen tabellarischen vorgezogen werden.

Auf einzelne Berichte bezogen ist die Betrachtung der Wirtschaftlichkeit von großem Interesse. In der Praxis orientiert sich die Wirtschaftlichkeit eines auswirkungsorientierten Berichtswesens auf der Leistungsseite an dem tatsächlich beeinflussbaren Kostenvolumen bzw. an seiner Wirksamkeit für Verbesserungen der Kostenstruktur eines Bereiches.

Auf der Kostenseite fallen neben den einmaligen Kosten der Programmierung, wiederkehrende, variable Kosten der Berichtspflege und der Berichtsanalyse an. Insbesondere sind die durch die Analyse des Berichts durch den Berichtsadressaten entstehenden Zeitkosten zu berücksichtigen. Das pro Zeiteinheit durch einen Bericht zu beeinflussende Kostenpotenzial darf die variablen Kosten des Berichtes nicht überschreiten. Eine allzu starre Orientierung nur an quantifizierbaren Kostengrößen kann allerdings zu Fehlallokationen im Berichtswesen führen. So sind neben „harten" Kostengrößen, auch weniger leicht erfassbare „weiche" Verbesserungspotenziale als Orientierungsgrößen zu verwenden. Dies erschwert natürlich aufgrund der Schwierigkeiten bei der Quantifizierung die berichtsbezogene Wirtschaftlichkeitsbetrachtung erheblich. Im Sinne eines auswirkungsorientierten und nach wirtschaftlichen Gesichtspunkten gestalteten Berichtswesens ist bei der Einrichtung auf folgende Punkte zu achten:

- Nutzung des integrierten Funktionsvorrates der Standard-Software.
- Hierarchiegerechte Aufbereitung der Berichtsinformationen.
- Ausrichtung der Berichtsmerkmale und -arten an den funktionsspezifischen Managementregelkreisen.
- Überschneidungsfreiheit der Berichte.
- Ausrichtung an Verbesserungspotenzialen (Kostensenkung) im Unternehmen.

Als neuere Entwicklung im Bereich der Integrationsstrategien für Managementinformationen taucht der Begriff *Data Warehouse* auf, der von vielen Autoren mit „Daten-Warenhaus“ übersetzt wird und so das Bild eines Selbstbedienungsladens für das Gut „Information“ suggeriert. Die tatsächliche Übersetzung von Warehouse bedeutet jedoch „Lagerhaus“ oder „Speicher“. Dies kommt der analytischen Nur-Lese-Datenbank, die als Grundlage eines Entscheidungssystems genutzt wird, näher (Poe/Reeves 1997).

Grundsätzlich ist ein Data Warehouse kein Produkt, sondern ein Konzept, das sich der Datenproblematik von managementunterstützenden Systemen annimmt. *W. H. Inmon*, der geistige Vater des Data Warehousing, hat folgende Definition geprägt:

„A **data warehouse** is a subject-oriented, integrated, nonvolatile , time-variant collection of data in support of management's decision“ (Inmon 1996).

Die vier Hauptmerkmale lassen sich wie folgt beschreiben:

- *subject-oriented*: Die Themenausrichtung an **Sachverhalten des Unternehmens,** z.B. Kunden- oder Produktkriterien, wird im Data Warehouse durch das konsequente Einordnen aller Daten in Fachbereiche und durch die Bezugnahme auf Geschäftsprozesse realisiert (Seemann et al. 2001, S. 18). Im Gegensatz dazu sind operative Daten immer auf einzelne betriebliche Funktionen bezogen (Schinzer et al. 1999, S. 14).
- *integrated*: Mit dem Data Warehouse-Konzept wird eine unternehmensweite **Integration von Daten** in einem einheitlich gestalteten System angestrebt. Vereinheitlichung und Integration externer und interner Daten bedeutet weniger die physische Zentralisierung der Daten in einem einzigen Datenpool, sondern deren logische Verbindung. Integration bedeutet konsistente Datenhaltung im Sinne einer Struktur- und Formatvereinheitlichung durch Maßnahmen wie Vergabe eindeutiger Bezeichnungen, Anpassung der Datenformate und Herstellung einer semantischen Integrität. Ebenso tragen Elemente wie einheitliche Merkmale und standardisierte Kennzahlen zu einer Datenintegration bei (Mucksch/Behme 2000b, S. 11ff.).

- *nonvolatile*: Bei einem Data Warehouse handelt es sich um eine **dauerhafte** Sammlung von Informationen, auf die im Gegensatz zu OLTP-Systemen (On-Line Transaction Processing) nur in Form von Lese- und Einfügeoperationen zugegriffen werden darf, um die Nicht-Volatilität der Daten sicherzustellen. Dieser Forderung kann jedoch nur bedingt zugestimmt werden, da Korrekturen von aus Quellsystemen geladenen Daten auf jeden Fall möglich sein müssen (Behme 1996, S. 31).
- *time-variant*: Während bei operativen Systemen eine zeitpunktgenaue Betrachtung der Daten im Mittelpunkt steht, liegt das Interesse bei Auswertungen im Data Warehouse eher in einer Zeitraumbetrachtung, z. B. einer Trendanalyse. Der **Zeitraumbezug** ist daher impliziter oder expliziter Bestandteil der Daten in einem Data Warehouse. Ein Ansatz zur Herstellung dieses Zeitraumbezugs im Data Warehouse ist die obligatorische Verwendung einer Zeitdimension in jedem Informationsspeicher (Behme 1996, S. 31).

Diese eng eingegrenzte Data Warehouse-Definition wurde von vielen Autoren ergänzt. So sind einige der Meinung, dass ein Data Warehouse neben der eigentlichen Datensammlung und ihrer Verwaltung um Aspekte wie Anbindung, Extraktion und Transformation von Fremddaten ergänzt werden sollte. Andererseits erfolgt eine Ausdehnung in Richtung Analyse und Präsentation mit Hilfe entsprechender Werkzeuge (Schinzer et al. 1999, S. 15).

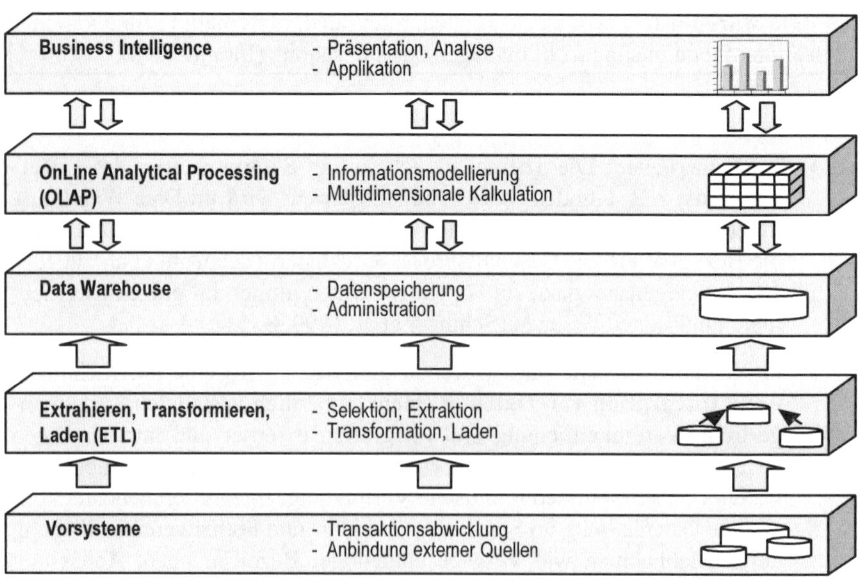

Abbildung 3-13. Data Warehouse-Konzept

Quelle: Peyer (1996)

Da im Data Warehouse eine umfangreiche Menge an Daten gespeichert wird (in Kreditinstituten sind 0,5 bis 2 Terabytes nicht ungewöhnlich (Bissantz et al. 2000, S. 379)), sind Methoden zur Filterung von nützlichem Wissen aus Datenbanken sinnvoll. *Data Mining* als Datenmustererkennung hat daher die Ziele, einerseits zuverlässige Prognosen unbekannter und zukünftiger Werte und Entwicklungen anzustreben sowie andererseits Datenmengen zum Zweck der Erkennung nützlicher und interessanter Datenmuster zu analysieren (Mucksch/Behme 2000a). Methoden des Data Mining sind unter anderen die Abweichungsanalyse, Wenn-Dann-Regelsuche, Entscheidungsbaumverfahren und clusternde Systeme (Bissantz et al. 2000).

Zusammenfassend wird das Data Warehouse-Konzept in der Abbildung 3-13 von der Ebene der Datenanbindung bis zur Unterstützung der Managements durch die Präsentation von Führungsinformationen dargestellt: Aus der Abbildung geht hervor, dass Data Warehousing alleine noch keine Wettbewerbsvorteile bringt, sondern erst die Verwendung der Informationen. Diese Form der Verwendung von unternehmensweit verfügbarem Wissen wird als *Business Intelligence* bezeichnet. Dieser kontrovers diskutierte Begriff wurde durch die Gartner Group geprägt:

„**Business Intelligence** is the process of transforming data into information and, through discovery, into knowledge“ (Behme 1996, S. 37).

Das in Abbildung 3-13 beschriebene *On-Line Analytical Processing* (OLAP) erlaubt Entscheidern im Unternehmen, Unternehmensdaten in Echtzeit auf höherer Ebene (z.B. Gesamtsumme der Umsätze in einer Produktgruppe in einer Region) zu analysieren:

- Mehrdimensionale Daten können entlang von bestimmten Dimensionen betrachtet und zusammengefasst werden,
- Analysefunktionen können durch den Entscheider selbst eingesetzt werden, ohne Fachpersonal mit speziellen Programmierkenntnissen,
- Anfragen und Ergebnisse laufen in Echtzeit ab.

Dabei kann technisch folgende Schichtung angenommen werden: Der Nutzer hat auf seinem Rechner einen *OLAP-Client*, der seine Anfragen entgegennimmt und ihm als Schnittstelle dient. Dieser Client kommuniziert mit einem *OLAP-Server*, der Rohdaten zur Verwendung vorbereitet. Das Data Warehouse enthält diese Rohdaten, die aus verschiedenen Datenbanken des Unternehmens stammen können (vgl. Kemper/Eickler 2004, S. 489ff.).

Während OLAP aggregierte Analysen auf hoher Ebene betrachtet, ist *On-Line Transaction Processing* (OLTP) durch viele Nutzer charakterisiert, die gleichzeitig Daten hinzufügen, ändern oder abfragen und daher auf einzelne Transaktionen

Tabelle 3-7. Vergleich zwischen OLTP und OLAP

	OLTP	OLAP
Zeit	Gegenwartsorientiert	Vergangenheitsorientiert
Umfang	Einzelner Datensatz	Viele Datensätze gleichzeitig
Ziel	Getrennte, atomare Transaktionen	Zusammengefasst für Analyse

Quelle: Eigene Darstellung

aufgeteilt werden. Dies sind z.B. Aufgaben aus dem „Tagesgeschäft" wie Bestellungen, Rechnungen oder Kundenaufträge. Tabelle 3-7 zeigt einen Vergleich zwischen OLTP und OLAP.

Neben dem Data Warehouse bietet das Internet eine Fülle an Informationen, jedoch muss sich der Anwender die Informationen selbst suchen. *Web-Portale* helfen, Informationen benutzerspezifisch zusammen zu stellen, und bieten Suchfunktionen.

„Der Begriff **Portal** bezeichnet einen zentralen Einstiegs- und Navigationspunkt, der dem Anwender Zugang zu einem virtuellen Angebotsraum bietet und ihn auf weiterführende Informationen – entsprechend seiner jeweiligen Interessen – lenkt." (Fricke 2001)

Portale kann man anhand des Themenfokus in horizontale und vertikale Portale unterscheiden (Hansen/Neumann 2001). Horizontale Portale bieten Informationen über verschiedene Themenbereiche an. Dies sind zum Beispiel Metaportale, die Anwendern Informationen und Services zu allen Themenbereichen bieten. Vertikale Portale hingegen konzentrieren sich auf ein Thema. Hierunter fallen Themen- oder Fachportale, in denen der Anwender nicht nur Inhalte über ein Thema, sondern zumeist auch Austauschmöglichkeiten mit Interessierten findet.

Um bestmöglich auf die Bedürfnisse der Anwender eingehen zu können, lassen sich Portale an die Bedürfnisse anpassen. Den Grad der Anpassbarkeit von Portalen unterteilt man in rollenbasierte und personalisierbare Portale. Rollenbasierte Portale passen sich anhand eines Benutzerprofils an die Bedürfnisse des Benutzers an. Neben Rollen wie Administratoren, Anwender oder Redakteure, sind auch Zielgruppen als Rollenunterteilung möglich. Allgemein sollte ein Portal auf eine Zielgruppe zugeschnitten sein. Unternehmensportale können sich, über Zugriffrechte gesteuert, auf die Öffentlichkeit, Konsumenten, Kunden, Geschäftspartner oder Mitarbeiter ausrichten. Bei personalisierbaren Portalen hingegen kann der Benutzer das Portal selber an seine Bedürfnisse anpassen.

Um unterschiedlichen Anwendungsszenarien von Portalen gerecht zu werden, gibt es eine Reihe von Funktionen, die Portale beinhalten (Bauer 2001; Ovum 2000):

- Personalisierung: Der Benutzer kann sowohl Inhalte als auch Layout seinen Bedürfnissen entsprechend anpassen.
- Suchfunktionen und Navigation: Informationen werden mit Hilfe von Suchmaschinen im Web oder Datenbanken gesucht und werden danach in ansprechender Form aufbereitet. Dazu gehört zum einen eine Kurzbeschreibung und zum anderen sollten Informationen auch strukturiert dargestellt werden, so dass die Navigation erleichtert wird.
- Push-Technologie: Mit ihrer Hilfe werden die Benutzer auf die neusten Informationen aufmerksam gemacht.
- Kollaborations- und Groupwarekomponenten: Sie ermöglichen den Beschäftigten, sich untereinander oder mit Lieferanten und Kunden abzustimmen und auszutauschen.
- Workflowkomponenten: Dadurch werden Abläufe zwischen Geschäftspartnern und dem Unternehmen bzw. innerhalb des Unternehmens automatisiert.
- Integration von Anwendungen: Unterschiedliche Anwendungen (externe Webanwendungen und Unternehmensanwendungen) werden in das Portal integriert, so dass der Benutzer direkt vom Portal aus darauf zugreifen kann.
- Integration von Informationsquellen: Die Einbindung unterschiedlichster Informationsquellen wird in einem Portal ermöglicht und die Informationsquellen werden dynamisch im Portal angezeigt.
- Benutzerverwaltung und Sicherheitsservice: Im Portal werden die Daten der Benutzer verwaltet und ihre Sicherheit gewährleistet.

Nach der Vorstellung von Lösungen für das Management des Informationsangebots und der Bereitstellung wird nun das Management der Verwendung behandelt.

3.1.2.5 Management der Verwendung

Im idealtypischen Verlauf des Informationskreislaufs entsteht aus der Nachfrage nach Informationen ein Angebot, welches dann verwendet wird. Die Nichtdeckung der Kreise in Abbildung 3-4 verdeutlicht, dass der zur optimalen Verwendung erforderliche Informationsstand nicht in allen Fällen erreicht wird. Dabei ist aber nicht klar, wie weit die Mengen auseinander klaffen bzw. wie die Divergenz zu messen ist, um empirische Untersuchungen zur Informationsverwendung zu ermöglichen.

Ausschlaggebend für die Verwendbarkeit und die Verwendung von Informationen ist einerseits die Darbietung der Informationen in einer Form, die der menschlichen Informationsverarbeitung entgegenkommt, d.h. von dem Informationsnutzer auch aufgenommen, verstanden, interpretiert und weiterverarbeitet werden kann. Andererseits ist aber auch die Bewertung der angebotenen Informationen durch den potenziellen Informationsnutzer entscheidend für die tatsächliche Nutzung.

3.1.2.5.1 Verwendbarkeit von Informationen

Die optimale Verwendung von Information zur Entscheidung ist nicht unbedingt an die totale Deckung der Informationsnachfrage gebunden. Es kann im Gegenteil sogar von Vorteil sein, einen geringeren Informationsstand anzustreben, wie das folgende Beispiel zeigt:

„Es gibt wohl in bestimmten Fällen eine 'positive Rückkopplung' zwischen dem Ausmaß an Information über eine Sache und der Unsicherheit. Wenn man über eine Sache überhaupt nichts weiß, kann man sich ein einfaches Bild [...] machen und damit operieren. Sobald man aber ein wenig Information gesammelt hat, gerät man in Gefahr. Man merkt, was man alles noch nicht weiß, bekommt das starke Bedürfnis nach noch mehr Wissen, sammelt weitere Informationen, merkt noch mehr, dass man eigentlich fast überhaupt nichts weiß. [...] je mehr man weiß, desto mehr weiß man auch, was man nicht weiß. Es ist wohl nicht von ungefähr, daß sich unter den Politikern so wenig Wissenschaftler befinden. Und es ist wohl auch nicht von ungefähr, dass in Organisationen [...] eine Tendenz besteht, die 'Informationssammlung' von der 'Entscheidung' institutionell zu trennen. Eine solche Trennung mag den Sinn haben, den eigentlichen 'Entscheider' mit einem nur groben Bild der Informationslage zu versehen" (Dörner 1989).

Die Fähigkeit, Entscheidungen zu treffen, hängt demnach nicht nur von der Höhe und Qualität des Informationsangebots ab. Führt die Informationsflut zu Unsicherheit und weiter wachsender Informationsnachfrage, kann ein Teufelskreis der Entscheidungshemmung durch ein umfassendes Informationsangebot initiiert werden und das Ziel der Informationswirtschaft in Frage stellen.

In dieser Hinsicht kann aufgrund des Entscheidungstyps dahingehend differenziert werden, dass administrative Aufgaben durch die Deckung der Informationsnachfrage in ihrer Qualität sicher steigen und sich die Einbeziehung von mehr Information positiv auswirkt. Führungsentscheidungen werden jedoch zumeist auf der Basis unsicherer und unscharfer Informationen getroffen, deren größeres Angebot die Entscheidungsfähigkeit von Managern nur bedingt erhöht. Die Planung der Ressource Information im Betrieb sollte diese Überlegungen zur Phase der Informationsverwendung mitbeachten.

Die Verwendung der Information setzt ihre kognitive Verarbeitung voraus. *Edelmann* (2000) unterscheidet in seinem **Grundmodell der Informationsverarbeitung** die Phasen *Aneignung, Speicherung und Abruf*. Am Anfang steht die Wahrnehmung der Reize. Dies ist kein passiver Prozess, sondern er wird durch Erfahrungen und die derzeitige Verfassung des Wahrnehmenden beeinflusst. Die Speicherung der Informationen erfolgt im Gedächtnis. Bevor die Information im Langzeitgedächtnis gespeichert wird, durchläuft sie einen mehrere Etappen umfassenden Speicherprozess. Im sensorischen Gedächtnis werden Sinneseindrücke nur weniger als eine Sekunde gespeichert. Im Kurzzeitgedächtnis, welches man auch als Arbeitsspeicher bezeichnet, werden die Informationen ca. 15 Sekunden gehalten, ehe sie vergessen werden oder durch eine ausreichende Verarbeitungstiefe in das Langzeitgedächtnis gelangen. Das Langzeitgedächtnis weist gegenüber dem Kurzeitgedächtnis eine sehr große Kapazität auf, womit Informationen sehr lange gespeichert werden können. Der Abruf der Informationen hängt von der Aneignung ab. Je mehr eine Information mit Vorwissen verknüpft wurde, umso besser kann sie in Alltagssituationen wieder gefunden werden.

> In der kognitiven Psychologie bezeichnet man **Informationsverarbeitung** als eine Zerlegung von kognitiven Prozessen in eine Reihe von Einzelschritten, in denen eine abstrakte Größe, die Information, verarbeitet wird (Anderson 2001).

Diese Definition erläutert *Anderson* (2001) anhand des bekannten „Sternberg-Paradigma"-Beispiel. 1966 zeigt *Saul Sternberg* in einem Experiment Personen eine kleine Anzahl von Ziffern, die sie sich merken sollten, bspw. „3, 9, 5". Dann wurden sie gefragt, ob eine bestimmte Ziffer, bspw. „2", sich unter den zu merkenden befand und ihre Reaktionszeit wurde gemessen. Anschließend wurde die zu behaltende Zahlenmenge erhöht und Sternberg fand eine lineare Beziehung zwischen dem Umfang der zu behaltenden Zahlen und der Reaktionszeit heraus.

Während man damals von einer seriellen Informationsverarbeitung ausging, haben neuere Experimente (Schiffrin/Schneider 1977, zitiert nach Banyard et al. 1995) ergeben, dass es auch eine parallele Informationsverarbeitung gibt, bei der mehrere Aufgaben gleichzeitig, parallel ausgeführt werden. Das klassische Beispiel hierfür ist das Autofahren, wo man das Auto durch den Straßenverkehr führt und sich gleichzeitig mit seinem Beifahrer unterhalten kann (Banyard et al. 1995).

Aus der Sicht des IM unterscheidet *Najda* (2001) beim Informationsverarbeitungsprozess die Informationsverarbeitung im engeren Sinne und Informationsverarbeitung im weiteren Sinne. Informationsverarbeitung i.e.S. umfasst die Translation der Information in eine andere Form, ohne dabei ihren Inhalt zu verändern, und die Transformation, wobei beschaffte Information mit vorhandenem Wissen verbunden wird. Den Informationsverarbeitungsprozess im Überblick stellt Abbildung 3-14 dar.

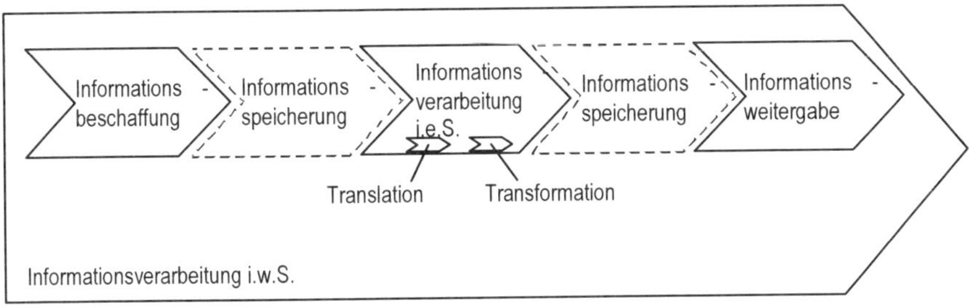

Abbildung 3-14. Informationsverarbeitungsprozess im Überblick
Quelle: Najda (2001, S. 46)

Um Informationen in einer verwendbaren, d.h. für den Menschen verständlichen und interpretierbaren Form anzubieten, ist es erforderlich die physiologischen Voraussetzungen für die menschliche Informationsverarbeitung bei der Gestaltung von Informationsangeboten zu berücksichtigen. Hierzu zählen nicht nur software-ergonomische Aspekte der Oberflächengestaltung, sondern auch die Strukturierung von Informationsangeboten, um bspw. die Bildung von Assoziationen mit bereits aufgenommenen Informationen zu fördern.

3.1.2.5.2 Bewertbarkeit von Informationen

Während die kognitive Informationsverarbeitung die Information wertneutral auffasst, ist aus betriebwirtschaftlicher Sicht der Wert von Informationen interessant. Wird Information erstellt, so gilt, dass die Erstproduktion von Information sehr teuer ist, während die erneute Produktion vergleichsweise günstig ist (Shapiro/Varian 1998). Deshalb hat der Wert der Information einen engen Bezug zur Verwendung und nicht zur Produktion.

> Durch die Verwendung von Informationen wird der **Wert der Information** festgelegt. Im Rahmen dieser kontextspezifischen und zeitlichen Verwendung kann durch das Hinzufügen, Weglassen, Konkretisieren, Selektieren und Aggregieren der Wert der Information verändert werden (Ahituv et al. 1994, S. 47; Krcmar 1996, S. 722).

Informationen haben also keinen absoluten Wert – er ist immer in Abhängigkeit vom Gebrauch zu sehen: Wer nutzt die Information, wann und in welcher Situation wird sie genutzt (Ahituv et al. 1994, S. 47)?

Ein Beispiel verdeutlicht diesen Sachverhalt: Ein Student bekommt die Lösung einer Klausur von einem vertrauenswürdigen Kommilitonen angeboten. In diesem Fall ist der Wert der Information (Lösungsskizze) von folgenden Determinanten abhängig:

- schreibt der Student diese Klausur oder kennt er jemand, der diese Klausur schreibt,
- bekommt er die Lösungsskizze vor oder nach der Klausur,
- hat der Student die Möglichkeit, die Lösungsskizze noch zu lesen oder in einem Buch weitere Informationen zu dem Thema nachzuschlagen.

Um den Wert dieser Information messen zu können, unterscheidet man drei Wertbegriffe (Ahituv et al. 1994, S. 47ff.):

- Normativer Wert der Information,
- Realistischer Wert der Information,
- Subjektiver Wert der Information.

Der *normative Informationswert* wird dadurch bestimmt, dass folgende Alternativen miteinander verglichen werden (Bamberg et al. 1976, S. 31ff.):

- Die Sachentscheidung ohne (zusätzliche) Informationsbeschaffung, d.h. das „Entscheidungsfeld vor Information" und
- die Sachentscheidung nach Beschaffung (zusätzlicher) Information, d.h. das „Entscheidungsfeld nach Information".

Diese Vorgehensweise wird auch als Informationswertkonzept bezeichnet (Buxmann 2001). Durch die Beschaffung von Informationen können zusätzliche Handlungsalternativen gefunden bzw. bisherige Alternativen ausgeschlossen werden. Nach dem Opportunitätskostenprinzip ergibt sich der Informationswert aus der Differenz zwischen dem Wert der optimalen Alternative nach Information und dem Wert der vor der Informationsbeschaffung optimalen Alternative. „Die Opportunitätskosten geben an, welche Nutzeneinbußen vermieden werden konnten, indem mit der Informationsbeschaffung eine bessere Alternative gewählt werden konnte als ohne Informationsbeschaffung (Schindel 1979, S. 47)". Z.B. wird eine Entscheidung für ein Informationssystem auf Grundlage von Produktinformationen getroffen. Wenn man wüsste, dass ein Produkt fehlerhaft ist, was zu Ausfällen im Unternehmen führen würde, ein anderes Produkt diesen Fehler jedoch nicht hat, so wäre der erwartete Gewinn des Unternehmens mit dem ersten Produkt geringer. Der normative Wert ist vorteilhaft, wenn vollständige Informationen vorliegen. Da dies in der Realität meist nicht der Fall ist, wird er auch selten angewandt. Außerdem beruht die Berechnung des Wertes meist auf einer ex post-Betrachtung, was bei Entscheidungen, die zumeist im Augenblick der Handlung getroffen werden müssen, nicht hilfreich ist.

Ein Empiriker würde den *realistischen Wert* der Information anwenden, der den empirisch messbaren Gewinn darstellt, der bei der Nutzung der Information durch Entscheider entsteht. Dabei wird der Wert der Information aus dem Wert von Handlungen berechnet, die dadurch veranlasst werden. Handlungen werden zum Beispiel durch den entstandenen Gewinn, Antwortzeiten oder Genauigkeit bewertet. Um den Wert jedoch zu berechnen, müssen alle anderen Variablen, die den Wert der Handlung beeinflussen, konstant gehalten werden. Dies ist in der Realität kaum möglich, weshalb sich der realistische Wert für Alltagsentscheidungen im Unternehmen nur schwer erheben lässt. In der Regel werden Entscheidungen für Informationssysteme in Unternehmen nicht dadurch getroffen, dass man zum Beispiel fünf verschiedene Systeme installiert und ihre Performance misst. Allerdings gibt es Anhaltspunkte, dass sich zum Beispiel mit Rapid Prototyping die Wahrscheinlichkeit, sich für ein ungeeigneteres System zu entscheiden, vermindert wird. Der realistische Wert sollte deshalb ermittelt werden, wenn sich die Kosten der Ermittlung in Grenzen halten und wenn die Simulationsumgebung möglichst realitätsnah ist.

Das Top- und Middle-Management trifft jedoch die meisten Entscheidungen in Umwelten, die durch ein hohes Maß an Unsicherheit und Dynamik gekennzeichnet sind. Dort müssen Entscheidungen häufig unter Zeitdruck „aus dem Bauch heraus" getroffen werden, die meist rein subjektiver Natur sind. Diese Entscheidungen schließen zumeist die Bewertung von Informationen mit ein. Den *subjektiven Wert* dieser Informationen kann man zum Beispiel ermitteln, indem man den Entscheider fragt, wie er den Wert einer Information auf einer Skala von 1 bis 7 einschätzt oder einen Preis schätzen lässt.

Allerdings ist der *subjektive Wert* der Information immer an ein Individuum gebunden. Auch lässt sich der Wert eines Informationssystems nur schwer aus der Summe der subjektiven Bewertungen der mit ihm arbeitenden Menschen ermitteln. Denn ein Wechsel der Mitarbeiter bedeutet auch eine Veränderung des Wertes. Außerdem lässt sich der Wert wieder nur ex post ermitteln, also wenn die Information als Entscheidungsgrundlage bereits vorhanden ist.

Die Quantifizierungsproblematik derartiger Rechnungen ist augenfällig, so dass auch ex post der Beitrag der neu beschafften Information zur Entscheidungsqualitätsverbesserung nur schwer zu bestimmen ist. Der Vergleich des Informationswertes mit dem zur Beschaffung eingesetzten Aufwand führt des Weiteren nicht zu einer korrekten Kosten-Nutzen-Rechnung, weil der durchlaufene Lebenszyklus einer zukünftigen Verwendung der beschafften Informationen in weiteren Entscheidungen zugute kommt. Die Unterstützung der Informationswirtschaft durch den Einsatz von IKT bringt außerdem die Komponente der Technologiedynamik ins Spiel, so dass der Lebenszyklus der Ressource Information immer kostengünstiger durchlaufen werden kann.

3.1.2.6 Management der Infrastrukturen der Informationsverarbeitung und Kommunikation

Auf Grund der Dualität der Information (siehe Kapitel 2.2.1) ist sie immer an einen physischen Träger gebunden. Daher hat die Infrastruktur der Informationsverarbeitung und Kommunikation eine wesentliche Bedeutung für die Informationsproduktion, denn es genügt nicht, sich allein mit dem informatorischen Aspekt zu befassen, vielmehr muss die personelle und technologische Infrastruktur beachtet werden.

Auf Ebene der Informationswirtschaft werden die Anforderungen an die Informationssysteme und Infrastrukturen der Informationsverarbeitung gestellt, die in den nachfolgenden Kapiteln bearbeitet werden. Die Infrastruktur beinhaltet Telekommunikationsanlagen, eine unternehmensweite Vernetzung der elektronischen Informationsträger und deren Nutzer sowie Übertragungskapazitäten, die Video, Sprache, Graphik, Text und Daten gleichzeitig übertragen, damit ein ungehinderter Zugang zu Informationsressourcen gewährleistet werden kann. Ziel ist es, die Infrastruktur bereitzustellen, auszubauen, instand zu halten und den aktuellen Entwicklungen anzupassen.

3.1.2.7 Initiierung weiterer Durchläufe des Lebenszyklus

Der Lebenszyklus der Informationswirtschaft ist nicht nach einem Durchlauf abgeschlossen. Zum einen ist es unwahrscheinlich, dass bereits mit dem ersten Versuch alle Unterstützungs- und Informationsbedürfnisse der Informationsnutzer gedeckt werden und zum anderen sind diese Bedürfnisse im Lauf der Zeit auch einem Wandel unterworfen, der Anpassungen am Angebot erfordert.

Das Prinzip des Hermeneutischen Zirkels oder der Hermeneutischen Spirale (vgl. Abbildung 3-15) dient als Grundlage für die immer neue Initiierung eines Zyklusdurchlaufs.

> „Unter **Hermeneutik** versteht man die Auslegung oder Interpretation der Lebenswirklichkeit in der Zeit (Vergangenheit – Gegenwart – Zukunft)." (Tschamler 1996, S. 38)

Der hermeneutische Zirkel bildet den engen Zusammenhang zwischen Interpretation und Verständnis der Lebenswelt in Teilen und als Ganzes ab. Das Verständnis eines Teils des Erkenntnisgegenstandes erlaubt eine Interpretation des Ganzen. Dies wiederum erlaubt ein vertieftes Verständnis einzelner Bereiche oder Strukturen usw. (Tschamler 1996, S. 38ff.).

Bezogen auf den Lebenszyklus der Informationswirtschaft heißt das, dass auf der Basis der verschiedenen Teilbereiche des Zyklus ein besseres Verständnis für die

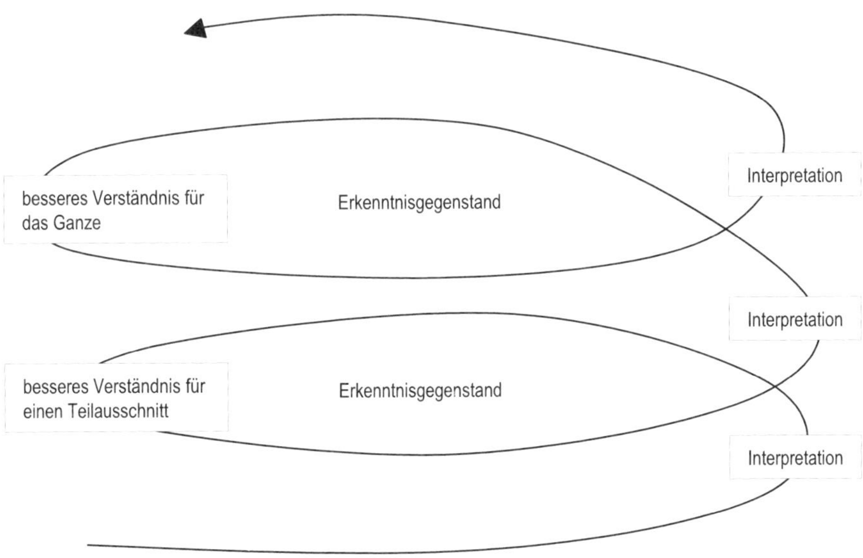

Abbildung 3-15. Hermeneutischer Zirkel
Quelle: In Anlehnung an Tschamler (1996, S. 38ff.)

Zusammenhänge der Informationswirtschaft entwickelt werden kann. Auf dieser Grundlage kann nun wiederum Informationsbedarf neu interpretiert, verstanden und ein neuer evolutionärer Zyklus angestoßen werden.

Führt bspw. die Erhebung der Informationsnachfrage zur Feststellung einer Lücke im Informationsangebot, wird ein neuer Zyklus initiiert, der qualitativ neue Informationen schafft und die Deckung des Informationsbedarfs zum Ziel hat.

Ein neuer Zyklus kann aber auch bei der Verwendung/Anwendung des Informationsangebots eingeleitet werden. Die dabei neu entstandenen Informationen werden dann als Informationsquelle erfasst. Jeder neu eingeleitete Zyklusprozess bewegt sich auf einer höheren Informationsebene, wenn die Informationsressourcen mit neuen Informationen angereichert werden und kein Vergessen vorliegt.

Hat die Prüfung der Informationsressourcen ergeben, dass die Informationsnachfrage mit den vorhandenen Ressourcen voraussichtlich gedeckt werden kann, sind die Informationen von den Informationsressourcen solange abzurufen und aufzubereiten, bis sich die Lücke zwischen Informationsangebot und Informationsnachfrage auf eine akzeptable Größenordnung reduziert hat, wobei vermutet werden kann, dass eine vollständige Deckung selten zustande kommt. Abbildung 3-16 stellt diesen Sachverhalt grafisch dar:

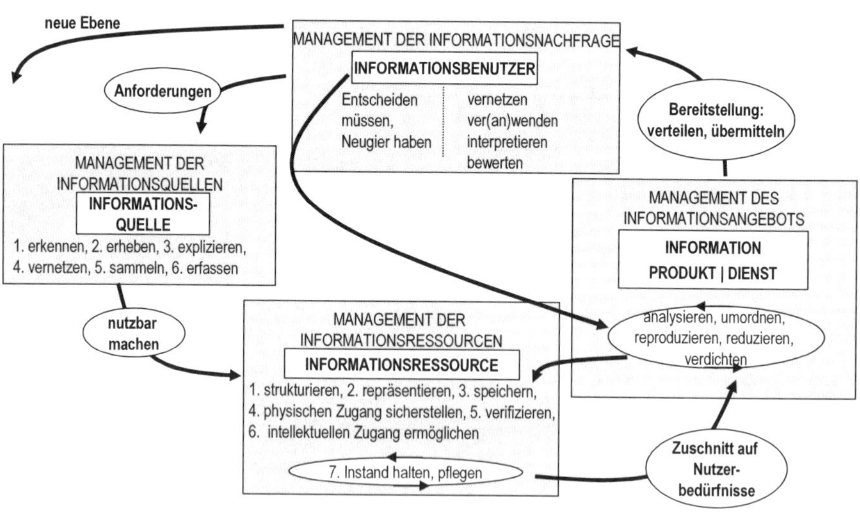

Abbildung 3-16. Lebenszyklus der Informationswirtschaft mit weiteren Zyklen
Quelle: In Anlehnung an Rehäuser/Krcmar (1996, S. 20)

3.1.3 Fallstudie: Das Unternehmen Rockhaus AG

3.1.3.1 Überblick

Zur Vertiefung und Anwendung des Buchinhaltes wird hier und am Ende der drei folgenden Teilkapitel Management der Informationssysteme, Management der Informations- und Kommunikationstechnik sowie Führungsaufgaben des IM eine inhaltlich durchgängige Fallstudie angeboten. Die Fallstudie beschreibt typische Problemstellungen des IM, die sich in einem Unternehmen mittlerer Größe ergeben können und stellt diese anschließend in ausgewählten Fragen zur Diskussion. Die vier Teile der Fallstudie sind entsprechend des Ebenenmodells des IM gegliedert. Um den Realitätsbezug der Fallstudie zu erhöhen, wurde auf eine vollständige Trennung der Ebenen verzichtet. Aus diesem Grund ist die sequentielle Abarbeitung der einzelnen Teile zu empfehlen. Den Rahmen der Fallstudie bildet die Vorstellung relevanter Eckdaten des exemplarischen Unternehmens Rockhaus AG im nächsten Teilkapitel. Am Ende jedes Teilkapitels zum Ebenenmodell werden themenabhängige Problemstellungen beschrieben, die mit Hilfe der jeweiligen Teilkapitel zu bearbeiten sind.

3.1.3.2 Das Unternehmen Rockhaus AG

Das Unternehmen Rockhaus Versandhandel KGaA wurde 1972 als kleines Spezialversandhandelsunternehmen für hochwertige Textilware gegründet. Durch internes Wachstum und mehrere Akquisitionen wuchs das Versandhandelshaus schnell zu einem der größten Versandhandelsunternehmen in Deutschland. Das rasante Wachstum machte aber schließlich eine größere organisatorische Umgestaltung im Jahre 1984 erforderlich, wobei das Unternehmen in eine Aktiengesellschaft mit Stammsitz in Düsseldorf umgewandelt wurde. Die Aktienmehrheit blieb aber in den Händen der Gründerfamilie Rockhaus.

Die Rockhaus AG ist mit 80 Prozent an dem Spezialversandhandelsunternehmen Hofmann KGaA beteiligt. Weitere wichtige Beteiligungen sind neben dem Inkassobüro InterInkasso GmbH in Hamburg und der Finanzierungsbank Rockhaus Finanz GmbH in Frankfurt vor allem die Auslandstöchter Rockhaus SA in Strasbourg (Frankreich), die Rockhaus N.V. in Leuven (Belgien) und die Rockhaus Nederland B.V. in Terneuzen (Niederlande), die mit insgesamt 30 Prozent am Konzernumsatz beteiligt sind.

Das ursprüngliche Geschäftsmodell des Versandhandels mit hochwertigen Textilwaren wurde zu Gunsten eines Katalogversandhandels mit einem umfangreichen Sortiment, das seit 1992 neben Hartwaren auch Bücher und elektronische Medien umfasst, aufgegeben. In dem halbjährlich herausgegebenen Hauptkatalog werden gegenwärtig mehr als 66.000 Artikel zum Verkauf angeboten. Zusätzlich werden zum Hauptkatalog mehr als 20 verschiedene Spezialkataloge aufgelegt. Seit 1998 werden die Artikel der Rockhaus AG auch über das Internet angeboten und verkauft. Der Betrieb der Internetplattform wurde auf die 100-prozentige Tochter der Rockhaus AG, die rockhaus.de AG, übertragen.

Der Vorstand der Rockhaus AG besteht aus dem Vorstandsvorsitzenden (VV) und fünf Ressort-Vorständen, die sich wie folgt zusammensetzen: der Vorstand für Finanzen gliedert sich in die Direktionsbereiche Geschäftsbuchhaltung/Bilanzen und Controlling. Der Vorstand für Personalwesen und Organisation besteht aus den beiden gleichnamigen Direktionsbereichen. Des Weiteren gibt es einen Vorstand für Marketing und Public Relations (PR), der sich aus den Direktionsbereichen Marktanalyse, PR und Katalogerstellung zusammensetzt. Letzterer ist für die graphische und textuelle Gestaltung der Kataloge zuständig. Der Vorstandsbereich Einkauf gliedert sich in die drei Direktionsbereiche Textil, Hartwaren und Medien, die wiederum aus selbstständig agierenden Einkaufsteams bestehen. Die Einkaufsteams sind verantwortlich für die Zusammenstellung, die Beschaffung und das Ergebnis eines bestimmten Teilsortiments. Außerdem sind sie mit der Erstellung von markt- und betriebswirtschaftlichen Analysen betraut, wobei sie vom Marketing-Ressort unterstützt werden. Jedem Einkaufsteam steht ein Einkaufsleiter vor. Das 5. Vorstands-Ressort Vertrieb, Logistik und IM gliedert sich in drei gleichnamige Direktionsbereiche. Das Vorstands-Ressort wurde vor ca. anderthalb Jahren umstrukturiert, indem dem Vorstand für Vertrieb und Logistik zusätzlich die konzernweite Leitung des IM unterstellt wurde. Dieser Bereich wurde zuvor in jedem Vorstands-Ressort eigenständig verwaltet. Der Leiter der IT-Abteilung (CIO, Chief Information Officer) steht dem Direktionsbereich IM vor. Der VV leitet einen weiteren eigenen Direktionsbereich – Produktpolitik –, der direkt an ihn berichtet und somit keinem der fünf Vorstands-Ressorts zugeordnet ist.

Seit 1999 stagniert der Umsatz der Rockhaus AG kontinuierlich. Er betrug im Geschäftsjahr 2003 1,83 Mrd. €, was in etwa einem Anteil von 8,6 Prozent am Gesamtumsatz des Versandhandels in Deutschland entspricht. Das Ergebnis vor Steuern (EBT) lag im Jahr 2002 bei 23,4 Mio. € und unterschritt im Jahr 2003 mit 7,1 Mio. € sogar den Wert von 1995. 11,2 Prozent der Umsätze werden im Geschäftsfeld Medien, 40,7 Prozent im Geschäftsfeld Textil und 48,1 Prozent im Geschäftsfeld Hartwaren erwirtschaftet.

Die Anzahl der Beschäftigten wuchs von 1995 bis 2003 von 6.231 auf 7.933. Ein Großteil des Anstieges der Beschäftigtenzahl ist auf die Errichtung eines neuen Versandzentrums in Halle/Saale, das 1997 in Betrieb genommen wurde, zurückzuführen.

Die Retourenquote im Bezug auf den Umsatz nimmt seit 1996 stetig zu. Während 1996 die Retourenquote noch bei 24,9 Prozent lag, betrug sie im Jahr 2003 bereits 30,2 Prozent. Ein weiteres Problem stellt der zunehmende Anteil an wertberichtigten Forderungen dar. 1995 mussten nur 5 Prozent der ausstehenden Forderungen wertberichtigt werden, wohingegen sich der Anteil im Jahr 2003 auf 7,1 Prozent erhöhte. Der Anteil des Umsatzes mit Erstbestellern am Gesamtumsatz lag in der ersten Hälfte der neunziger Jahre konstant bei etwa 17,4 Prozent. Dieser Anteil verringerte sich in der zweiten Hälfte des Jahrzehnts kontinuierlich und lag im Jahr 2003 auf 15,2 Prozent.

3.1.4 Fallstudie Teil 1: Informationswirtschaftliche Fragestellungen

3.1.4.1 Problemstellung

Aufgrund der unbefriedigenden wirtschaftlichen Lage der Rockhaus AG entschloss sich der Vorstand auf Drängen der Minderheitsaktionäre, zu Beginn des Jahres 2004 ein umfangreiches Restrukturierungsprogramm zur Stärkung der Ertragskraft einzuleiten. Als eines der vorrangigen Probleme wurde die Versorgung der Entscheider mit steuerungsrelevanten Informationen identifiziert. Über die Jahre hinweg hatte sich im Unternehmen ein papiergestütztes und unstrukturiertes Reportingsystem für die Vorstände und Direktoren entwickelt. Anstoß für die meisten Reports waren dabei frühere Ad-hoc-Anfragen der einzelnen Entscheider. Dem IM wurde deshalb die Aufgabe übertragen, den Informationsbedarf der Entscheidungsträger zu analysieren und die entscheidungsrelevanten Informationen in einem neu aufzubauenden Management Informationssystem (MIS) bereitzustellen.

Im Rahmen dieses Restrukturierungsprogramms wurden auch einige personelle Veränderungen vorgenommen. Unter anderem verließ der bisherige CIO, der seit anderthalb Jahren den neu geschaffenen zentralen Direktionsbereich IM leitete und zuvor der IT-Abteilung desselben Vorstands-Ressorts vorstand, das Unternehmen. Sie haben sich auf die Stelle beworben und haben auf Grund Ihrer Qualifikationen und Erfahrungen gegenüber den internen Bewerbern den Vorzug bekommen. Als neuer CIO des Direktionsbereichs IM haben Sie zunächst die Aufgabe, die von der Unternehmensleitung vorgegebene Problemstellung zu lösen. Als Ausgangspunkt Ihrer Analyse wählen Sie die aus Ihrer Sicht zwei wichtigsten Prozesse im Unternehmen aus, die für die Problemlösung relevant sind.

Eine zentrale Bedeutung für die Rockhaus AG kommt dem Prozess der Katalogerstellung zu. Die Katalogerstellung beginnt mit Kick-Off Meetings der einzelnen Einkaufteams. In diesen Teams wird die zurückliegende Katalogsaison analysiert und mit der Planung für die nächste Katalogsaison begonnen. Ergebnis dieser ersten Planungsrunde ist eine Grobplanung durch die jeweiligen Einkaufsteams. Um Ideen für die Kollektion zu sammeln, besuchen die Einkaufsleiter die wichtigsten Modemärkte in Europa und Übersee. Auf der Grundlage dieser Erkenntnisse sowie von verschiedenen Modetrendanalysen erstellen die Einkaufteams die ersten Entwürfe ihrer Katalogseiten. Im anschließenden Import Review Meeting präsentieren sämtliche Einkaufsteams eines Direktionsbereiches ihre Katalogentwürfe. Hierbei werden dann auch die wichtigsten Kennzahlen, wie der Preis oder die Umsatzplanung pro Warengruppe, festgelegt. Am Ende des Import Review Meetings steht die Entscheidung über die Feinplanung. Die Einkaufsleiter besuchen mit diesen Vorgaben ihre Lieferanten. Ein Großteil der Lieferanten befindet sich im ostasiatischen Raum. Die Verhandlungen mit den Lieferanten finden mit dem Abschluss von Produktions- und Lieferverträgen ihr Ende. Im Anschluss daran werden die konkreten Artikel im Wareneingangsmodul der hauseigenen ERP-Lösung PARIS (Produkt- und Artikel-Informationssystem) angelegt. Der Disponent des jeweiligen Einkaufsteams erstellt eine Absatzplanung und erfasst die daraus resultierenden Bestellmengen in ihrer zeitlichen Abfolge in dem Dispositions- und Lagerhaltungsmodul von PARIS. Der zentrale Einkauf jedes Direktionsbereichs ist im weiteren Verlauf für die operative Abwicklung der Beschaffung und für die Kontrolle zuständig. Die Katalogseiten werden entsprechend der konkreten Artikelstammdaten überarbeitet und in der Seitenvorstellung dem jeweiligen Direktionsleiter zur formellen Verabschiedung vorgelegt. Nach der Verabschiedung des Sortiments beginnen Werbetexter mit der Erstellung der entsprechenden Katalogtexte. Gleichzeitig werden auf Shooting-Reisen Bilder und Videosequenzen für die Präsentation der Artikel aufgenommen. Nach einer Abstimmung des Gesamtkataloges wird dieser Katalog dem Gesamtvorstand zur Abnahme präsentiert. Anschließend erfolgt der Druck von Testexemplaren, die an einen ausgewählten Stamm aus Testkäufern vor Erscheinen der Hauptauflage verschickt werden. Nach eventuell geringfügigen Änderungen aus der Rückmeldung der Testkäufer wird die Hauptauflage produziert und an sämtliche Haushalte, deren Stammdaten im hauseigenen Kundeninformationssystem KIS hinterlegt sind, verschickt.

Der zweite Prozess, den Sie sich anschauen, ist der Bestellprozess. Die Bestellungen gehen über Fax, per Post, per Telefon und über das Internet ein. Trifft eine Bestellung ein, wird ein neuer Bestellvorgang im Bestellabwicklungssystem (BAS) eröffnet, nachdem die Kundeninformationen mit den vorhandenen Daten im selbstentwickelten Kundeninformationssystem abgeglichen wurden. Der Bestellvorgang wird einem Sachbearbeiter zugeteilt. Dieser prüft die Verfügbarkeit der bestellten Artikel und löst gegebenenfalls einen Beschaffungsvorgang aus, falls Artikel der Bestellung nicht vorrätig sind. Anschließend wird die Bestellung, wenn die zeitliche oder räumliche Verfügbarkeit der bestellten Artikel voneinander abweicht, in mehrere Teillieferaufträge aufgeteilt. Die (Teil)Lieferaufträge werden an die verschiedenen Versandzentren weitergeleitet. Hier werden die Artikel der Lieferung physisch zusammengestellt und verpackt. Gleichzeitig wird der Warenausgang im Lagerhaltungsmodul von PARIS mengenmäßig und im Buchhaltungssystem monetär erfasst. Anschließend wird die Ware mit der Rechnung an eines der Paketzentren der Deutschen Post AG ausgeliefert. Der Sachbearbeiter erhält eine Versandmeldung und überwacht den Eingang der Zahlung anhand von Debitorenlisten. Nach Ausführung aller Teillieferungen einer Kundenbestellung, der Bearbeitung von eventuellen Retouren und dem vollständigen Eingang der Zahlung wird der Bestellvorgang geschlossen.

Auf Grundlage der Analyse der Informationsbedarfe für die einzelnen Entscheidungsträger soll schließlich das neue MIS entwickelt werden. Hierzu haben Sie vom Vorstand einige Vorgaben erhalten. Der Vorstand hat erst kürzlich die strategische Entscheidung getroffen, die Balanced Scorecard als unternehmensweites Kennzahlensystem für den Rockhaus-Konzern einzuführen. Da Sie durch Ihre vorherige Position Erfahrungen mit der Entwicklung und Einführung einer Balanced Scorecard besitzen, wurden Sie vom Vorstand gebeten, ein solches Kennzahlensystem in Ihrem Direktionsbereich zu pilotieren. Auf Basis Ihrer Ergebnisse soll anschließend ein konzernweiter Roll-out erfolgen.

Sie haben bei der Aufstellung der Balanced Scorecard in Ihrer letzten Position eine fünfstufige Vorgehensweise verwendet:

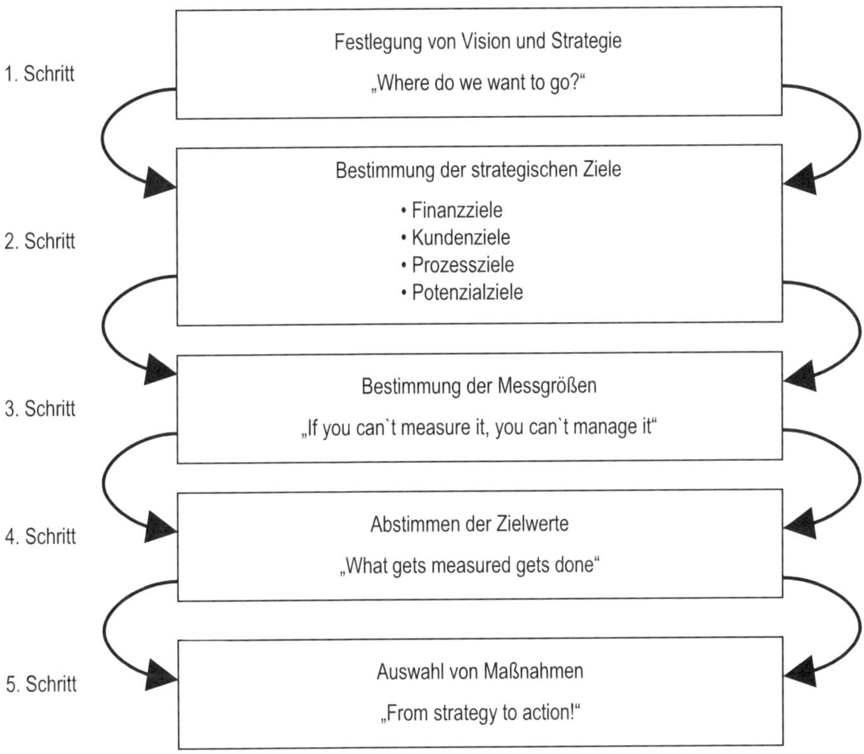

Abbildung 3-17. Vorgehensweise bei der Aufstellung einer Balanced Scorecard

Quelle: Eigene Darstellung

Sie wurden von Ihrem Vorstand gebeten, bereits auf der nächsten Vorstandssitzung Ihre Vorgehensweise bei der Entwicklung der Balanced Scorecard im Pilotprojekt vorzustellen. Sie haben deshalb beschlossen, an Ihrer praxiserprobten und erfolgreich angewandten Vorgehensweise festzuhalten.

3.1.4.2 Fragen

1. Diskutieren Sie anhand der dargestellten Prozesse, wo welche Informationen in der Rockhaus AG entstehen.
2. Nachdem Sie die wichtigsten Prozesse im Unternehmen analysiert haben, möchten Sie den Informationsbedarf der Entscheider (das sind sämtliche Vorstände, Direktoren und Einkaufsleiter) im Unternehmen ermitteln. Sie haben sich nach Klärung der Sachlage für die Methode der Kritischen Erfolgsfaktoren entschieden. Welche Kritischen Erfolgsfaktoren können Sie für die Rockhaus AG identifizieren?
3. Die abgeleiteten Kennzahlen können dann mit Hilfe einer Balanced Scorecard systematisiert werden. Wie kann in Anlehnung an Ihre bereits erfolgreich angewandte Vorgehensweise eine Balanced Scorecard für die Rockhaus AG und speziell für Ihren Direktionsbereich aussehen?

Im Rahmen eines kürzlich abgeschlossenen Entwicklungsprojekts, das von Ihrem Vorgänger initiiert wurde, wurden die PARIS-Module um neue Kernfunktionalitäten erweitert. Zudem wurde eine BMEcat-Schnittstelle integriert, die den Austausch von Katalogdaten unterstützt. Die Bedeutung der Notwendigkeit der Standardisierung dieser zentralen Schnittstelle wurde im Unternehmen rasch erkannt. Derzeit sind nach Expertenaussagen ca. 15-20 Standards zum Austausch von Katalogdaten auf dem Markt, wobei sich bisher keiner als der führende Standard etablieren konnte. Sie haben vom Ihrem Vorstand die Aufgabe erhalten, die künftige Marktentwicklung Ihres verwendeten Standards abzuschätzen. Denn im Schnitt werden noch immer 35 Prozent des IT-Jahresetats für die Programmierung und Pflege von Schnittstellen ausgegeben. Sollte sich Ihr Standard durchsetzen, wären die Folgeinvestitionen in diesen Standard geringer. Außerdem könnte die Rockhaus AG dadurch in verstärktem Maße ihre Marktmacht bei ihren Lieferanten ausspielen, den von ihr befürworteten Standard ebenfalls zu implementieren. Somit soll auch ein Signal für den Versandhandelsmarkt gesetzt werden. Basierend auf Ihren Erfahrungen schätzen Sie, dass sich der BMEcat-Standard mit 10-prozentiger Wahrscheinlichkeit als führender Standard durchsetzen wird. Die vom Unternehmen bereits getätigten Erstinvestitionen in diesen Standard betragen 0,5 Million €. Sollte sich der Standard tatsächlich durchsetzen, erhielte die Rockhaus AG einen Nettogewinn von 6,1 Millionen €, resultierend aus den Einsparungen der entfallenden Umstellung auf einen anderen Standard. Setzt sich der BMEcat-Standard aber nicht durch, muss in einen anderen Standard investiert werden und es entsteht ein Nettoverlust von 0,5 Mio. €.

4. Stellen Sie hierfür die entsprechende Entscheidungstabelle mit den Nettogewinnen je Umweltzustand und den Entscheidungen „investieren" bzw. „nicht investieren" auf. Würden Sie als risikoneutraler Entscheider in das Projekt investieren?

Sie können ein renommiertes Beratungshaus mit einem Gutachten beauftragen, das über die Entwicklung des Standards Auskunft und darauf aufbauend eine Investitionsempfehlung geben wird. Sie schätzen ab, dass bei einer positiven Entwicklung des Standards das Gutachten mit einer Wahrscheinlichkeit von 10 Prozent eine falsche Empfehlung und bei einer negativen Entwicklung von 20 Prozent geben wird. Damit ergibt sich folgende Tabelle.

Tabelle 3-8. Zutreffenswahrscheinlichkeiten des Gutachtens

Gutachten		
Entwicklung des Standards	**Empfehlung**	
	„Investieren"	„nicht Investieren"
Positive Entwicklung	0,9	0,1
Negative Entwicklung	0,2	0,8

Quelle: Eigene Darstellung

5. Berechnen Sie den Wert des Gutachtens. Beantworten Sie dazu folgende Fragen:

   - Berechnen Sie die Wahrscheinlichkeit, dass das Ergebnis des Gutachtens die Empfehlung „Investieren" bzw. „Nicht Investieren" ist.
   - Berechnen Sie die Wahrscheinlichkeiten, dass bei einem Gutachten mit der Empfehlung „Investieren" die Entwicklung des Standards positiv

     P(Positive Entwicklung Standard | Empfehlung „Investieren")

     bzw. negativ

     P(Negative Entwicklung Standard | Empfehlung „Investieren")

     ist.
   - Berechnen Sie den Erwartungswert, falls das Gutachten eine Empfehlung „Investieren" abgibt.
   - Berechnen Sie die Wahrscheinlichkeiten, dass bei einem Gutachten mit der Empfehlung „Nicht Investieren" die Entwicklung des Standards positiv

     P(Positive Entwicklung Standard | Empfehlung „Nicht Investieren")

     bzw. negativ

     P(Negative Entwicklung Standard | Empfehlung „Nicht Investieren")

     ist.

- Berechnen Sie den Erwartungswert, falls das Gutachten die Empfehlung „Nicht Investieren" abgibt.
- Wie groß ist der Erwartungswert des Gutachtens?
- Was würden Sie maximal für das Gutachten bezahlen?

3.2 Management der Informationssysteme

3.2.1 Managementprozess der Informationssysteme

Dieses Kapitel befasst sich mit dem Management von Informationssystemen, die sich in einer Ebenenbetrachtung zwischen der IKT und der Information, die im vorhergehenden Kapitel Management der Informationswirtschaft behandelt wurde, befinden. Zunächst soll eine Definition sowie eine Einordnung des Begriffes *Informationssystem* in den betrieblichen Zusammenhang vorgenommen werden.

> **Informationssysteme** sind soziotechnische („Mensch-Maschinen-") Systeme, die menschliche und maschinelle Komponenten (Teilsysteme) umfassen und zum Ziel der optimalen Bereitstellung von Information und Kommunikation nach wirtschaftlichen Kriterien eingesetzt werden (WKWI 1994, S. 80f.).

Ferstl/Sinz (1995, S. 209ff.) stellen in ihrem semantischen Objektmodell (SOM) Informationssysteme als Teil des betrieblichen Systems dar. Dabei wird ein betriebliches System sowohl unter dem Blickwinkel der Leistungserstellung als auch der Lenkung betrachtet. Im SOM dienen die Kriterien des Aufgabenobjekts, des Aufgabenträgers und der Phase der Aufgabe zur Differenzierung verschiedener Objekte bzw. Systeme. Das Aufgabenobjekt bestimmt den Gegenstand der Verrichtung innerhalb eines Systems, wobei zwischen dem Objekt Information und anderen materiellen Objekten unterschieden wird. SOM unterscheidet automatisierte (maschinelle) und nicht automatisierte (personelle) Aufgabenträger. Die Bearbeitung einer Aufgabe erfolgt in den Phasen Planung, Steuerung, Durchführung und Kontrolle. Die Durchführung wird dem Leistungssystem und die übrigen Phasen dem Lenkungssystem zugeordnet (vgl. Ferstl/Sinz 1995, S. 210ff.).

Innerhalb dieses Klassifizierungsrahmens lassen sich verschiedene Objekte identifizieren. Im Mittelpunkt steht die Diskurswelt, die aufgrund ihrer Offenheit mit ihrer Umwelt interagiert. Entsprechend der Phasen einer Aufgabe lassen sich Leistungs- und Lenkungssystem unterscheiden. Der automatisierte Teil des Objektsystems, der sich mit Informationen befasst, lässt sich als Anwendungssystem identifizieren. Erweitert man dieses Anwendungssystem um die nicht automatisierten Aufgabenträger bzw. die menschliche Komponente, so ist die Abgrenzung des Informationssystems erkennbar (vgl. Abbildung 3-18).

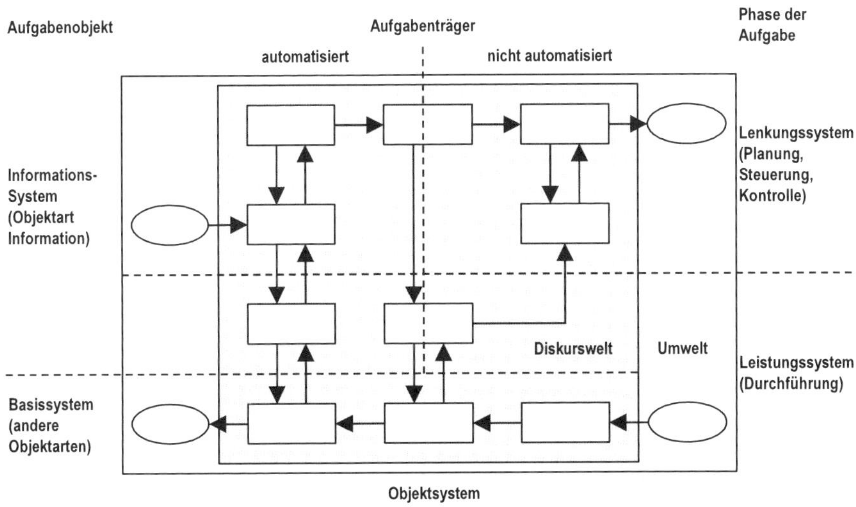

Abbildung 3-18. Das semantische Objektmodell
Quelle: Ferstl (1995, S. 211)

Auf der Ebene der Informationssysteme existieren viele **Herausforderungen**, mit denen sich die Verantwortlichen des IS-Managements auseinandersetzen müssen; z.B.:

- Wie soll das Management der grundlegenden Bausteine von Informationssystemen, der **Daten und Prozesse** gestaltet werden?
- Wie wird der **Lebenszyklus** einer einzelnen Anwendung von der ursprünglichen Idee über Entwicklung und Betrieb bis hin zur Abschaffung so begleitet, dass er die Unternehmensstrategie sowohl unterstützt als auch umsetzt?
- Wie kann die gesamte **Systemlandschaft** im Unternehmen harmonisch gestaltet werden, d.h. wie werden neue Informationssysteme aufeinander abgestimmt und Nutzen stiftend in das bestehende Portfolio eingefügt?

Hieraus leiten sich folgende Entscheidungssituationen und damit zusammenhängend **Aufgaben** für das IS-Management ab:

Zunächst müssen die Grundlagen des Managements der Daten erarbeitet werden, bevor die Sicht auf die Prozesse in den Mittelpunkt rückt. Hierbei sind Themen wie der Umgang mit Referenzmodellen, die Erstellung eines unternehmensweiten Datenmodells, die Auswahl einer geeigneten Datenbankarchitektur sowie die Sicherstellung der Datenkonsistenz wichtige Aufgaben. Insbesondere als Entscheidungshilfen konzipierte Anwendungen müssen geplant und auf die Bedürfnisse von Entscheidungsträgern im Unternehmen abgestimmt werden. Im Bereich des

Prozessmanagements müssen Geschäftsprozesse identifiziert, modelliert und gestaltet werden. Dabei werden Fragen der Standardisierung und Wiederverwendung von Prozessmodellen ebenso besprochen wie deren ökonomische Beurteilung.

Aufgrund der Bedeutung des Anwendungslebenszyklus muss neben Grundsatzentscheidungen der Bereitstellung von Software als Standardsoftware oder durch Eigenerstellung auch der Einsatz von Open-Source-Software beurteilt werden. Konkrete Entscheidungssituationen entlang des Anwendungslebenszyklus von der Idee über die Entwicklung bis zur Nutzung und Abschaffung oder Ersatz müssen betrachtet werden: bspw. die Entscheidung für oder gegen ein bestimmtes Lizenzmodell beim Bezug von Fremdanbieter-Software oder die Schätzung der Aufwände und die Auswahl eines Vorgehensmodells bei der Eigenentwicklung. Insbesondere beim Management der Softwareerstellung sind Grundlagen des Projektmanagements unabdingbar. Zur Vermeidung von Fehlern beim Management einer Eigenentwicklung ist zudem die Betrachtung von Gründen für einen schlechten Zielerreichungsgrad und des Scheiterns von IT-Projekten in der Praxis hilfreich. An die Erstellung schließt sich unmittelbar der Betrieb sowie zu einem späteren Zeitpunkt die Entscheidung über Abschaffung, Ersatz oder Überarbeitung einer Anwendung an.

Abschließend rückt die Gesamtheit der Anwendungen in den Mittelpunkt des Interesses des IS-Managements, wobei versucht wird, ihre Komplexität mit Techniken wie der *Konzeption einer IS-Architektur*, der *Anwendungsplanung*, dem *IS-Portfolio* und dem *Multi-Projekt-Management* zu beherrschen.

Zur Unterstützung der Entscheidungsfindung im Rahmen des Anwendungslebenszyklus und der Pflege der IT-Architektur sollen verschiedene Methoden an die Hand gegeben werden:

Methoden des Managements von Informationssystemen

Open-Source-Software im Rahmen der Softwareauswahl: Die Wahl der Softwarebereitstellung stellt eine grundlegende Entscheidung bei der Konzeption eines neuen Informationssystems dar. Das Angebot von Open-Source-Software spielt dabei eine wichtige Rolle, deren Einfluss auf die Softwareauswahl hier genauer betrachtet wird (Kapitel 3.2.5.2.2).

Bewertung von Lizenzmodellen: Ist die Entscheidung der Softwareauswahl zu Gunsten des Fremdbezugs gefallen, so können die verschiedenartigen Lizenzmodelle der Softwarehersteller die Festlegung auf eine bestimmte Anwendung erschweren. Diese Methode soll bei der Auswahl und Bewertung eines Systems anhand der Lizenzmodelle helfen (Kapitel 3.2.5.2.4).

Anwendung der Verfahren zur Kostenschätzung: Steht ein Unternehmen vor der Entscheidung, eine Software selbst zu entwickeln, so stellt sich die Frage nach den Kosten der Entwicklung. Diese Methode zeigt systematisch, in welcher Situation welches Kostenschätzverfahren zum Einsatz kommen kann (Kapitel 3.2.5.3.4).

Erstellung eines IS-Portfolio: Da die betrieblichen Systemlandschaften schnell unüberschaubar werden und die Entscheidung, Systeme zu überarbeiten oder neu zu erstellen, somit erschwert wird, soll das IS-Portfolio dabei helfen, zu bestimmen, welche Anwendung einer Überarbeitung würdig ist und welche Zusammenhänge zwischen den einzelnen Systemen bestehen (Kapitel 3.2.6.4).

Zur Durchführung der dargestellten Aufgaben eignet sich der folgende idealtypische **Managementprozess**:

Zum Prozess des IS-Managements ist eine Vielzahl von Ansätzen und Modellen zu finden. Die Mehrzahl der bekannteren Modelle zum IS-Management (z. B. das ISA-Modell von *Krcmar*, das ARIS-Modell von *Scheer* oder der St. Galler ISM-Ansatz von *Österle/Brenner/Hilbers*) sind seit den 80er Jahren als Informationssystem-Architekturen bekannt, da der Plan, der die Struktur der gesamten IS einer Unternehmung oder Organisation festlegt, als zentrale Steuerungs- und Managementfunktion für betriebliche IS angesehen wird. Der Prozessgedanke wird bei *Österle/Brenner/Hilbers* (1992) in Form einer Vorgabe von Ablaufplänen für IS-Aktivitäten im Unternehmen berücksichtigt, wobei der Analyse und Gestaltung der Unternehmensprozesse als Ausgangspunkt und Ziel der IS-Aktivitäten eine besondere Bedeutung zugemessen wird.

Der in Abbildung 3-19 gezeigte Prozess des IS-Managements hat sich in Kooperationsprojekten mit namhaften Unternehmen bewährt. Viele Probleme aus dem Anwendungslebenszyklus, die u. a. mit den Begriffen „Anwendungsstau", „Softwarekrise", „IT-Kostenlawine", „Anwendungswildwuchs", „fehlende Geschäfts- und Kundenorientierung", „Altlast IT" etc. belegt wurden, können gelöst werden, wenn schon im Vorfeld der IS-Konzipierung Ist- sowie Soll-Prozess- und Datenmodelle in verwendbarer Form vorliegen. Eine geschäftliche oder IT-bezogene Umfeldänderung stößt zunächst eine Analyse der relevanten Unternehmensprozesse und -daten an. Das Ergebnis muss nicht, wie in Abbildung 3-19 idealtypisch dargestellt, ein Unternehmensdaten- und Prozessmodell sein, sondern kann je nach Reichweite der geschäftlichen Umfeldänderungen auch ein Abteilungs- oder Bereichsmodell sein.

Aus den ermittelten geschäftlichen Handlungsbedarfen werden eventuell entsprechende IS-Vorprojekte durchgeführt, die jeweils den Projektantrag für ein Projekt konkretisieren. Aus den verfügbaren Projektanträgen werden im Rahmen des IS-Portfolio-Managements alle tatsächlich zu realisierenden Projekte ausgesucht und als konkrete Projekte freigegeben. Nach der Freigabe erfolgt die Projektrealisierung. Begleitet werden die Teilprozesse „IS-Portfolio-Management" und „IS-Projekt-Management" von einem nicht in Abbildung 3-19 dargestellten Portfolio- und Projekt-Controlling.

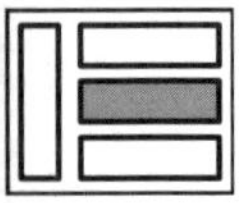

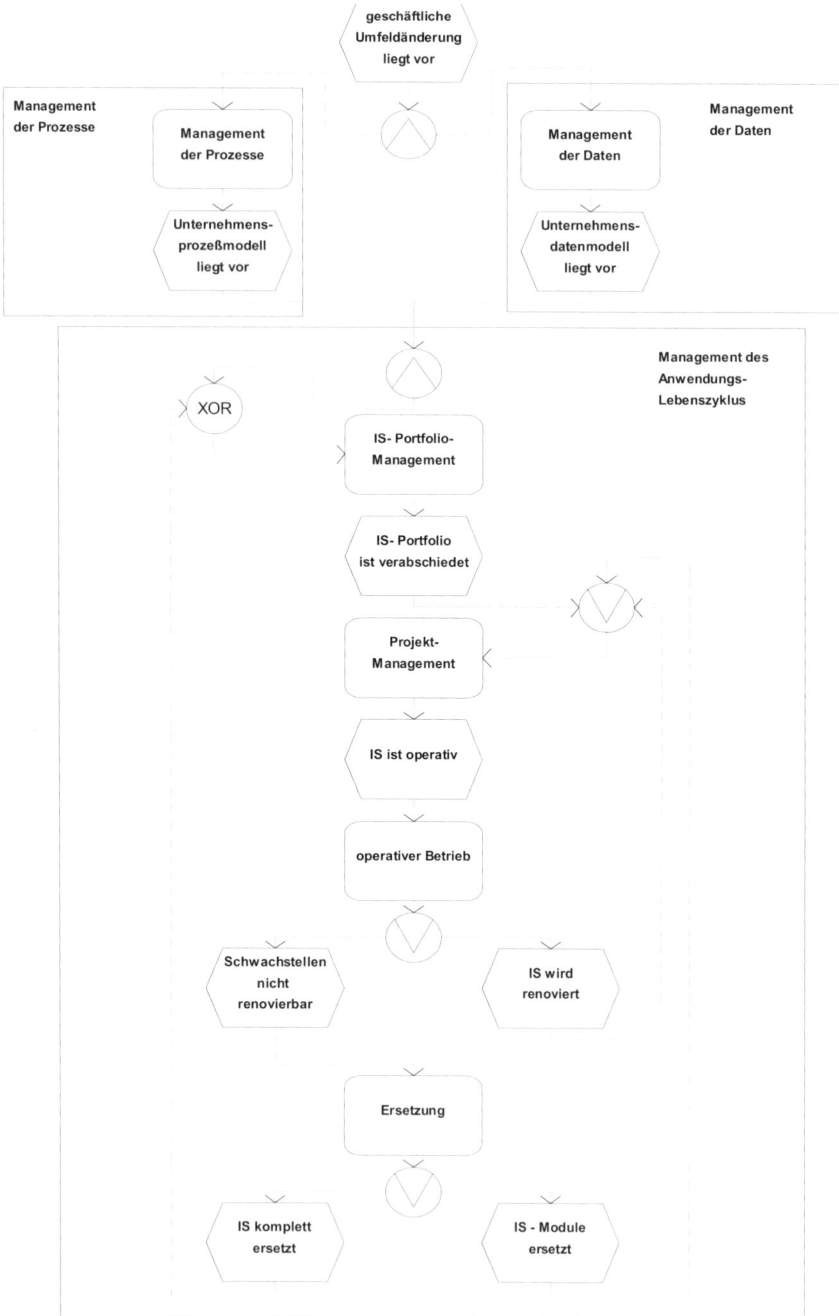

Abbildung 3-19. Prozess des Informationssystem-Managements
Quelle: Eigene Darstellung

Nach der Einführung des Projektes in der Form eines fertigen Anwendungssystems kommt es während des operativen Betriebs schließlich zu der Durchführung des Produkt-Controllings und im weiteren Lebenszyklus zur Wartung und Renovierung der einzelnen IT-Produkte. Weiterentwicklungen von IT-Produkten werden über die operativen Handlungsbedarfe wieder in den Teilprozess IS-Projekt-Management eingesteuert. Im Falle der Aufdeckung von nicht oder nur ineffizient renovierbaren Schwachstellen leitet das Produkt-Controlling eine Ersetzung der Anwendung ein, die wiederum zur Änderung des IS-Portfolios führt.

Durch die in diesem Kapitel dargestellte Betonung auf ein Management der Prozesse und die durchgängige Begleitung durch das IT-Controlling mit seinen Komponenten des IS-Portfolio-Controllings, des Projekt-Controllings und des Produkt-Controllings (vgl. Kapitel 3.4.6) treten bisher eingehender betrachtete Aspekte der IS-Architektur, der geeigneten IS-Infrastruktur und der IS-Planung als „Bebauungsplanung" in den Hintergrund.

3.2.2 Referenzmodelle

In Kapitel 2 wurde bereits auf den Modellcharakter und die Dualität der Information sowie unterschiedliche Modellbegriffe eingegangen. Information wurde als „Modell-wovon-wozu-für wen" (Steinmüller 1993, S. 178) präzisiert. Referenzmodelle sind dabei Informationsmodelle, welche nicht nur im Kontext, der ihrer Konstruktion zugrunde liegt, sondern auch in weiteren Anwendungskontexten verwendet werden (Becker et al. 2004). Bei der Planung von Informationssystemen sowie im Rahmen von Reorganisationsmaßnahmen bedienen sich Entwickler und Berater oftmals unterschiedlicher Referenzmodelle, z.B. Ebenen- und Architekturmodelle, als Ausgangsbasis für ihre Arbeit. Dabei muss unterschieden werden zwischen Metamodellen, Referenzmodellen und Tools zur Anwendung von Referenzmodellen.

> Ein **Referenzmodell** ist ein für eine Branche oder einen ganzen Wirtschaftszweig erstelltes *Modell, das allgemeingültigen Charakter* haben soll. Es dient als Ausgangslösung zur Entwicklung unternehmensspezifischer Modelle (Becker/Schütte 1996).

Eine besondere Rolle für das IM spielt die zunehmende Bereitstellung von Referenzmodellen durch Software-Hersteller (Rosemann/Rotthowe 1995). Sie sind vor dem Hintergrund des Einsatzes einer bestimmten (Standard-)Software zu sehen. Solche Referenzmodelle erfüllen zunächst eine Dokumentationsfunktion für den Interessenten oder Kunden. Vor dem Kauf kann er prüfen, ob die betrachtete Software seine Anforderungen hinsichtlich der Funktionalität und der Abläufe erfüllt. Nach dem Kauf dient das Referenzmodell zur Schulung der Mitarbeiter und der Dokumentation der betrieblichen Abläufe, die durch die Software unterstützt wird (vgl. Hansmann/Neumann 2001, S. 362ff.).

Referenzmodelle finden aber auch in weiteren Domänen Anwendung. Ein Beispiel hierfür ist das ISO/OSI-Referenzmodell, das die Kommunikation zwischen offenen Rechnernetzwerken beschreibt. Dies wird später im Rahmen der Diskussion der Kommunikationsnormen näher erläutert. Ein weiteres Referenzmodell definierte die Workflow Management Coalition (Hollingsworth 1995). Hierin werden die Terminologie der Workflow Management Coalition festgelegt sowie Konzepte, Bestandteile und Struktur von Workflowmanagement-Systemen beschrieben. Neben diesen Referenzmodellen sind die bereits im Kapitel zur Erklärung der Grundbegriffe angesprochenen Modelle von Bedeutung.

Aufgrund der Verschiedenartigkeit der Referenzmodelle fällt die Einordnung der Modelle in ein generisches Klassifikationsschema schwer. Einen Vorstoß in diese Richtung hat *Fettke* (2003a, S. 35ff.) mit dem Ansatz zur Beschreibung einer Klassifikationserstellung nach den Dimensionen Bereichsabhängigkeit (domain dependeny) und Spezifität (specificity) vorgenommen. Dabei wird anhand eines Phasenmodells gezeigt, wie ein entsprechendes Klassifikationssystem erstellt werden kann.

Ein Referenzmodell enthält häufig verschiedene Sichten auf einen Geschäftsprozess. Innerhalb dieser Sichten werden verschiedene Modellierungstechniken entwickelt. Ein objektorientiertes Metamodell stellt die *Unified Modelling Language (UML)* dar. Dabei können verschiedene Aspekte durch gesonderte Modelle dargestellt werden (Brügge/Dutoit 2000, S. 24). Das **Funktionsmodell** beschreibt die Funktionen des Systems aus Sicht des Anwenders, wofür Anwendungsfalldiagramme verwendet werden. Das **Objektmodell** stellt in Klassendiagrammen Objekte, deren Attribute, Assoziationen und Operationen dar. Das **dynamische Modell** beschreibt in Aktivitäts-, Sequenz- und Zustandsdiagrammen den internen Ablauf einer Anwendung. Die einzelnen Diagrammtypen sind jeweils Beschreibungsmittel für spezielle Aspekte.

Ein in der Praxis sehr weit verbreitetes Architekturmodell ist die Architektur Integrierter Informationssysteme (ARIS) und die in diesem Zusammenhang verfügbaren Referenzmodelle für industrielle Geschäftsprozesse (Scheer 1997). ARIS wurde in Kapitel 2.3.5 eingeführt und besteht aus den vier Sichten Daten-, Organisations-, Vorgangs- und Steuerungssicht. Dabei fokussiert ARIS wesentlich stärker Zusammenhänge in der Unternehmung als UML. Als Beschreibungsmittel verwendet ARIS u.a. Ereignisgesteuerte Prozessketten (EPK) und Entity-Relationship-Modelle (ERM). Ähnlich wie ARIS versucht auch der Ansatz der *Model Driven Architecture (MDA)* Informationssysteme unabhähgig von der technologischen Ebene zu breschreiben, wobei die Beschreibung der Umsetzung bei der MDA detaillierter vorliegt (Fettke/Loos 2003b, S. 558).

Abbildung 3-20 stellt die Modellierungstechniken des SAP® R/3® Referenzmodells dar. Das Interaktionsmodell zeigt die wichtigsten Organisationseinheiten, die am Informationsaustausch für geschäftliche Vorgänge beteiligt sind. Das Datenmodell zeigt, welche Informationen Unternehmen benötigen, und welche

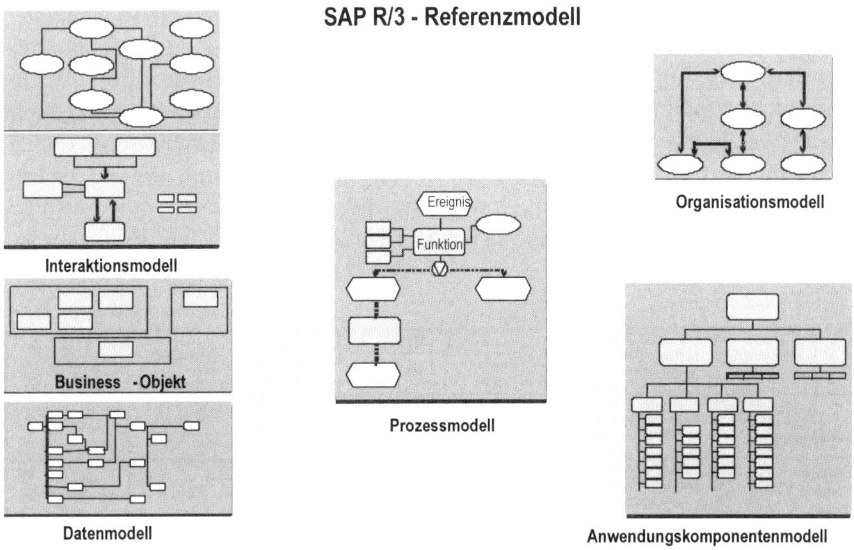

Abbildung 3-20. Die Bestandteile des R/3 Referenzmodells
Quelle: Curran (1999, S. 87)

Möglichkeiten der Informationsverarbeitung durch R/3 unterstützt werden. Das Organisationsmodell veranschaulicht den Aufbau des Unternehmens und die Wechselwirkungen zwischen den Unternehmenseinheiten. Schließlich gibt das Anwendungskomponentenmodell dem Anwender einen Überblick über die im R/3-System verfügbaren Hauptfunktionen. Das R/3-Referenzprozessmodell veranschaulicht, wie verschiedene Modelle zusammenhängen und zeigt die wichtigsten Informationen im Rahmen des Business Engineerings (Curran/Keller 1999).

Referenzmodelle liegen für unterschiedliche situative Kontexte vor: Unter Betrachtung der Fertigungstechnologie wurden Referenzmodelle für Einzelfertiger, Serienfertiger oder für die Prozessindustrie entwickelt, wobei sich die unterschiedlichen Merkmale der Fertigungstechnologie in den Prozessabläufen und den auszuführenden Funktionen widerspiegeln. Daneben sind Referenzmodelle für unterschiedliche Branchen erhältlich, die deren Eigenschaften besonders berücksichtigen. Bspw. enthalten Referenzmodelle für die Elektroindustrie Funktionen und Daten, um variable Edelmetallpreise zu berücksichtigen; die pharmazeutische Industrie verwendet Funktionen zur Verwaltung unterschiedlicher Chargen eigener Produkte und Rohstoffe. Zur Berücksichtigung unterschiedlicher Organisationsformen befinden sich Referenzmodelle in der Entwicklung, die Prozesse zur Steuerung von Vertriebs- oder Projektorganisationen sowie zur Koordination von Netzwerkorganisationen oder global verteilten Teams vorschlagen.

Referenzmodelle auf einem höheren Abstraktionsniveau stellen die so genannten Solution Maps von SAP dar. Abbildung 3-21 zeigt eine solche Karte am Beispiel der Automobilindustrie. Diese Sicht auf Abstraktionsebene I gibt ein Gesamtbild der zentralen Geschäftsprozesse einer Branche. Ebene II (hier nicht gezeigt) verschafft einen detaillierten Einblick in die spezifischen Funktionen, die für die einzelnen Prozesse der jeweiligen Branche benötigt werden. Solche Karten geben eine gute Orientierungshilfe, insbesondere in dynamischen Projektstrukturen, bei denen neues Personal in kürzester Zeit in ihre Projektaufgaben einzuweisen ist.

Enterprise Management	Strategic Enterprise Management	Management Accounting	Financial Accounting	Corporate Governance	Financial Supply Chain Management	Business Analytics	
Product Lifecycle Management	Define Strategy & Concept	Verification of Concept	Prototyping Phase	Preproduction Phase	Product Data Management	Lifecycle Support	
Supplier Collaboration (Procurement)	Supplier Relationship Management	Operational Procurement	Inbound Logistics	Billing	Vendor Performance	Event Management	
Manufacturing (Make to Order, Make to Stock)	Supply Planning	Manufacturing Execution	Supply to Line	Inventory Management	Quality Management		
CKD Assembly Operations	Planning	Inbound Logistics	Inventory Management (Kit Management)	Assembly	Event Management		
Marketing, Sales & Distribution	Customer & Vehicle Relationship Management	Marketing	Vehicle Planning & Forecast	New & Used Vehicle Sales	Vehicle Delivery	Event Management	Financing, Leasing & Insurance Services
Customer Service	Service & Workshop Management	Warranty	Customer Interaction & Care	Fleet & Rental Management	Dealer Channel Management		
Service Parts	Demand, Planning & Forecasting	Supply Network Planning	Sales & Delivery	Manufacturing	Procurement	Lifecycle Logistics	
Business Support	Employee Life-cycle & Transaction Management	Procurement	Travel Management	Incentive & Commission Management	Fixed Asset Management		

Abbildung 3-21. SAP Solution Map – Automotive OEM – Edition 2004
Quelle: In Anlehnung an SAP AG (http://www.sap.com, zugegriffen am: 22.06.2004)

Das IM eines Unternehmens muss entscheiden, wie solche softwarespezifischen Referenzmodelle bei der Einführung von Standardsoftware verwendet werden sollen. Unter der Annahme, dass die Einführung komplexer kaufmännischer Standardsoftware häufig von Reorganisationsmaßnahmen der betrieblichen Organisation begleitet wird, können zwei wesentliche Alternativen unterschieden werden:

Eine Möglichkeit besteht darin, für die Spezifikation des zukünftigen Systems nur auf Funktionalitäten des Referenzmodells zurückzugreifen. Dies setzt voraus, dass das Referenzmodell so umfangreich ist, dass es auch spezialisierte Funktionalitäten des Unternehmens abdeckt. Ist dies nicht der Fall, verzichtet das Unternehmen auf die Unterstützung individueller Abläufe (z.B. in der Vertriebsorganisation) und ersetzt sie durch meist einfachere Standardabläufe.

Die andere Möglichkeit besteht darin, dass das Unternehmen eigene Prozessmodelle entwickelt und diese mit dem Referenzmodell der Software vergleicht. Aus dem Modellvergleich ergibt sich der Anpassungsbedarf (Customizing) der Software, wenn das eigene Modell realisiert werden soll. Customizing selbst kann verschieden stark in das bestehende System eingreifen und dieses verändern. Während die Veränderung von Bildschirmmasken und das Anpassen von Reports relativ unkritisch zu bewerkstelligen sind, stellen Modifikationen von Tabellenstrukturen und Programmcode tief greifende Eingriffe in das System dar (Brehm et al. 2001, S. 4). Aufgrund hoher Kosten der Softwareänderung und einer i.d.R. geringen Bereitschaft von Softwareherstellern zur Änderung ihrer Standardabläufe wird ein Unternehmen auf die Änderung von nicht wettbewerbsrelevanten Prozessen verzichten und für wichtig erachtete Prozesse individuelle Anpassungen der Standardsoftware durchführen lassen. So läuft das Unternehmen nicht Gefahr, Wettbewerbsvorteile gegenüber Konkurrenten aufgeben zu müssen, weil eigene, vorteilhafte Prozesse durch vom System vorgegebene, evtl. schlechtere, ersetzt werden müssen (Pereira 1999). Auch wenn für das Customizing viele Tools und Leitfäden existieren, bleibt es eine der aufwändigsten Aktivitäten beim Einführungsprozess. Somit wird ein Trade-Off zu finden sein zwischen Anpassung der Software und Anpassung des einführenden Unternehmens.

3.2.3 Management der Daten

Das **Datenmanagement (DM)** betrifft alle betrieblichen und technischen Funktionen der *Datenmodellierung, Datenadministration, Datentechnik, Datensicherheit, Datenkonsistenz, Sicherung von Daten (z. B. Backup)* und des *datenbezogenen Benutzerservices*. Ziel des DM ist die optimale Nutzung der Daten im Unternehmen. Dazu gehört die Beachtung von *Richtigkeit, Konsistenz, Aktualität, Aufgabenbezogenheit* und *Zusammenhang der Daten*, also die Verbesserung der *Informationsqualität*, aber auch eine *produktive Anwendungssystementwicklung* durch den Einsatz von Datenbanken und geeigneten Modellierungstechniken (Biethan/Rohrig 1990, S. 740; Meier 1994, S. 456). Zentrale Aufgabenstellungen des DM sind die Definition einer DM-Strategie, d.h. die Festlegung, welche Daten für welche Systeme und Aufgaben zur Verfügung zu stellen sind, die Festlegung der organisatorischen Verantwortung für Pflege und Erfassung der Daten sowie die Bereitstellung der Daten in exakt definierter und untereinander abgestimmter Form.

Die Aufgaben der Formulierung und Pflege des *unternehmensweiten Datenmodells*, die Unterstützung der Anwendungsentwicklung durch *Datenmodellierung*, die *Datenadministration*, *Datenbanktechnologien*, die *Datensicherheit* und die *Datennutzung* werden im Folgenden weiter ausgeführt.

3.2.3.1 Datenarchitektur

Der Aufbau eines **unternehmensweiten Datenmodells**, das eine ganzheitliche Darstellung der Datenobjekte aller Bereiche des Unternehmens darstellt, erfordert ein systematisch-konstruktives Vorgehen. Die Entscheidungen, welche die IKT betreffen, sollten vorrangig aus dem Blickwinkel der Daten unter Berücksichtigung verschiedener Entscheidungsparameter betrachtet werden (Becker 1993, S. 30). Zwar hat sich mittlerweile in Bezug auf das *Datenbankmodell* das relationale Datenmodell in den Unternehmen durchsetzen können, jedoch zeigen insbesondere objektorientierte, objektrelationale und Non-Standard-Datenbanken Entwicklungsperspektiven auf. Die Auswahl des geeigneten Datenbankmanagementsystems hängt u. a. von dem zugrunde liegenden Datenbankmodell und weiteren Entscheidungsparametern, wie z. B. Marktpräsenz, Preis, Integrationsmöglichkeiten mit anderen Systemen, Performance und Einhaltung von Normen ab. Die Möglichkeiten der *Datenverteilung* ergeben sich aus der Kombination der ausgewählten Hardware-Architektur und dem Datenbankmanagementsystem.

Ziel der **Datenmodellierung** ist die Beschreibung von Unternehmensdaten in einem Datenmodell.

Bei der Auswahl des formalen Beschreibungsverfahrens für das Datenmodell sollte darauf geachtet werden, dass dieses Verfahren der Modellierungstechnik angemessen ist. So wird das *Entity-Relationship-Modell* (ERM) in erster Linie zur Darstellung des relationalen Datenmodells verwendet, während sich die *Unified Modelling Language* (UML) vornehmlich zur objektorientierten Modellierung eignet. Im Rahmen der Modellierung ist zu diskutieren, ob die Daten unter Berücksichtigung aller Normalisierungsregeln gespeichert werden sollen, wie unscharfe und aggregierte Daten zu modellieren sind und wie die Modellierung der Zeit durchgeführt werden soll.

Um Lücken und redundante Bausteine in der Informationsstruktur eines Unternehmens erkennen zu können, werden Integrationsmodelle angewendet. Abhängig davon, ob die Daten- oder Funktionsintegration Betrachtungsgegenstand ist, werden *Unternehmensdaten-* und *Unternehmensfunktionsmodelle* unterschieden. Oftmals wird von folgender vereinfachter Begriffsformel ausgegangen (Mertens et al. 1995, S. 165):

Unternehmensmodell =
Unternehmensdatenmodell + Unternehmensfunktionsmodell

Durch das Unternehmensdatenmodell sollen die Zusammenhänge zwischen den fachlichen Aufgaben in einem Unternehmen und den dafür erforderlichen Daten verdeutlicht werden. Gleichzeitig werden für verschiedene Aufgaben gemeinsam verwendete Daten identifiziert und die Voraussetzungen für eine datenorientierte Integration verschiedener Systemkomponenten geschaffen. Der Verwendungskon-

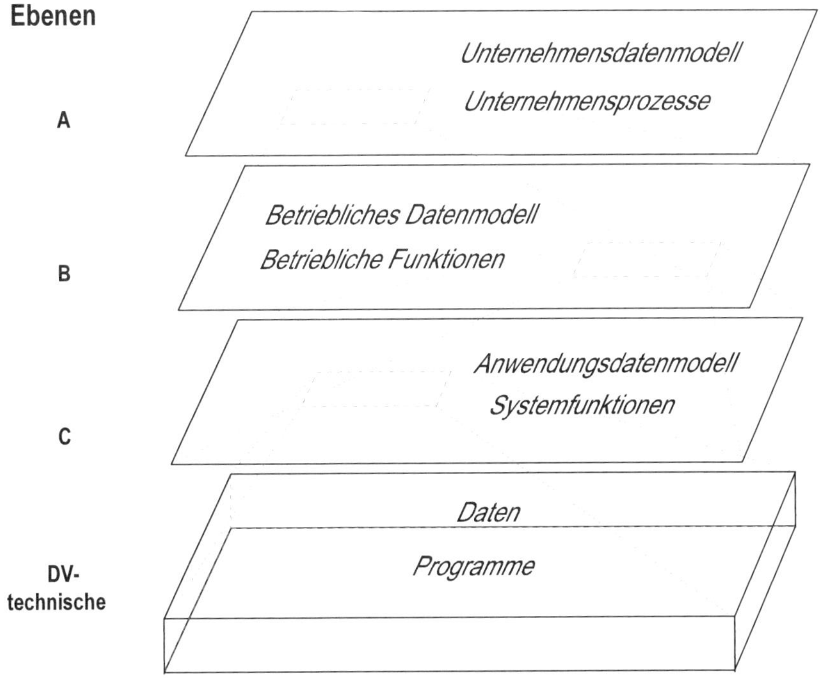

Abbildung 3-22. ABC-Klassifizierung der Daten und Funktionsmodelle
Quelle: Eigene Darstellung

text der im Unternehmensdatenmodell spezifizierten Daten wird im Unternehmensfunktionsmodell beschrieben (Mertens et al. 1995, S. 204).

Je nach Verwendungsebene und Aggregation werden Daten- und Funktionsmodelle der Ebenen A, B und C sowie der IT-Ebene unterschieden (Abbildung 3-22). Unternehmensdaten- und -funktionsmodell sind Modelle der Ebene A. Diese Ebene enthält weniger – dafür jedoch abstraktere – Entitäten als Ebene B, auf der konkrete, betriebsspezifische Entitäten definiert werden. Auf Ebene C werden den Entitäten von Ebene B noch Informationen für einzelne Anwendungen hinzugefügt.

Abbildung 3-23 zeigt einen Ausschnitt eines Unternehmensdatenreferenzmodells der Ebene C (siehe Abbildung 3-22) in Form eines Entity-Relationship-Modells (ERM). Die grundlegenden Bausteine eines ERMs sind *Entitäten* (Rechteck), *Relationen* (Raute) und *Attribute* (Rechteck mit abgerundeten Ecken).

> **Entität:** Repräsentation eines (konkreten oder abstrakten) Gegenstands, der für ein gegebenes Anwendungssystem von Bedeutung ist (Chen 1976, S. 9).

Entitäten stehen in Beziehungen zueinander, welche nach der Kardinalität in 1:1, 1:n und n:m Beziehungen unterschieden werden können (Scheer 1997, S. 34).

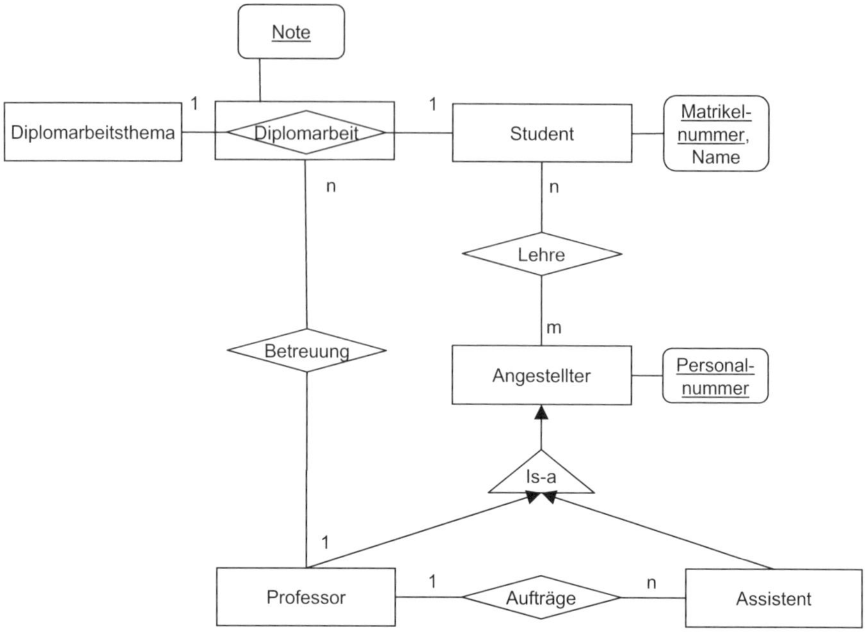

Abbildung 3-23. Beispiel eines Entity Relationship Modells
Quelle: In Anlehnung an Kemper (2004, S. 42)

Abbildung 3-23 beschreibt eine vereinfachte Datenstruktur aus dem universitären Umfeld. Jeder Student hat eine Matrikelnummer, die ihn eindeutig identifiziert. Mehrere Studenten können aber den gleichen Namen haben. Ein Angestellter kann mehrere Studenten betreuen und jeder Student von mehreren Angestellten betreut werden (n:m Beziehung). Ein Angestellter wird über seine Personalnummer identifiziert und kann ein Professor oder ein Assistent sein (is-a Generalisierung). Jeder Assistent arbeitet für höchstens einen Professor, der aber mehrere Assistenten haben kann (1:n Beziehung). Jeder Student schreibt genau eine Diplomarbeit (1:1 Beziehung).

3.2.3.2 Datenbanksystem

Ein **Datenbankmanagementsystem (DBMS)** besteht zum einen aus einer Menge von Daten (Datenbasis). Diese Datenbasis wird auch als permanenter oder materialisierter Speicher bezeichnet (Härder/Rahm 1999, S. 456). Zum anderen besteht es aus der Gesamtheit der Programme zum Zugriff, zur Kontrolle und Modifikation der Daten. Diese bezeichnet man auch als Datenbankverwaltungssysteme (Kemper/Eickler 2004, S. 17).

Ein Datenbankverwaltungssystem ist die Software eines Datenbanksystems, die alle Zugriffe auf eine Datenbank ausführt. Im Einzelnen hat das Datenbankverwaltungssystem für die Synchronisation der Benutzeraktivitäten, für die Datenspeicherung, das Anlegen von Zugriffspfaden, den Datenzugriff, die Datenauswertung, die Gewährleistung der Datenbankintegrität, das Prüfen von Zugangsberechtigungen und das Protokollieren ein- und ausgehender Daten Sorge zu tragen. Die Arbeitsweise des Datenbankverwaltungssystems kann sehr unterschiedlich sein, da viele Realisierungsmöglichkeiten denkbar sind (Schlageter/Stucky 1983, S. 37).

Zur Strukturierung des Gegenstandsbereiches wurde vom ANSI/SPARC (American National Standards Institute/Standards Planning and Requirements Committee) eine Drei-Ebenen-Architektur vorgeschlagen (Abbildung 3-24):

- Die **externe Ebene** beschreibt die Sicht auf die Datenstruktur des Datenbestandes anwendungsspezifisch. Dies bedeutet, dass eine Anwendung in der Regel nicht direkt mit dem gesamten Datenbestand arbeitet, sondern lediglich mit einen spezifischen Teilausschnitt interagiert. Die Beschreibung der Daten dieser Ebene erfolgt bspw. mit der Data Markup Language (DML).
- Auf der **konzeptuellen Ebene** werden alle Objekte und Entitäten sowie deren Beziehungen beschrieben. Diese zentrale Ebene enthält die Beschreibung aller notwendigen Daten, die im Zusammenhang mit dem Datenbankmanagementsystem und der Gesamtheit der darauf aufbauenden Anwendungen benötigt werden. Diese werden i.d.R. in Zusammenarbeit mit den Fachabteilungen identifiziert und mittels der Data Description Language (DDL) näher spezifiziert.
- In der **internen Ebene** wird beschrieben, wie die Daten physisch behandelt werden, d.h. wie diese abzuspeichern sind und wie auf diese zugegriffen wird. Zur Beschreibung dieses physischen Modells dient die Data Storage Definition Language (DSDL).

Zur optimalen Erfüllung dieser Aufgaben besteht das Datenbankverwaltungssystem aus verschiedenen Teilsystemen. Das Teilsystem *Steuerdatenbearbeitung* verwaltet die Strukturdefinition der Daten und ist für die Leistungssteuerung zuständig. Zu den *Datenbank-Administrationshilfen* zählen vor allem Werkzeuge für den Schemaentwurf sowie die Massendatenhaltung. Unter die *Endbenutzerbedienung* fallen die Sprachprozessoren, die Editoren und das Berichtswesen. Der *Kern-Datenbasisverwalter* führt den eigentlichen Zugriff auf die Datenbasis durch und ist für die meisten Aspekte der Datenmanipulation, der Organisation des Mehrbenutzerbetriebes, der Integrität der Datenbasis und der Leistungssteuerung verantwortlich.

Zu den **Hauptaufgaben eines Datenbankverwaltungssystems** gehören: Datenadministration, Datennutzung bzw. -manipulation, Datensicherheit bzw. Datenintegrität und die Anwendungsunterstützung (Date 2000, S. 43ff.).

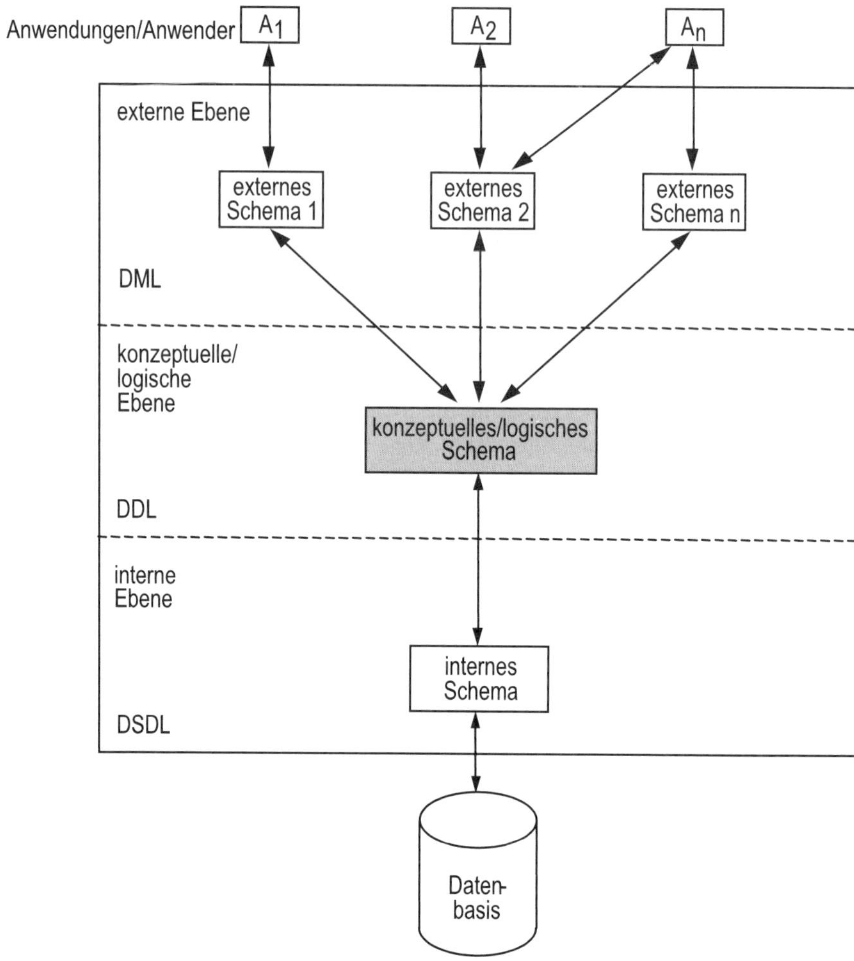

Abbildung 3-24. Drei-Ebenen-Architekturmodell nach ANSI/SPARC
Quelle: Eigene Darstellung

Ziel der **Datenadministration** ist die Verwaltung von Daten und Funktionen anhand von Standardisierungsrichtlinien und internationalen Normen. Zur unternehmensweit abgestimmten, einheitlichen und konsistenten Verwendung von Datenobjekten werden so genannte *Data-Dictionary-Systeme* eingesetzt, die aus einem Data Dictionary (Datenkatalog) und einem Software-System bestehen. Datenkataloge können als Referenzlisten verstanden werden, die Informationen (Metadaten) über die Struktur enthaltener Daten, die Anwendungsprogramme und Datenzugriffe, die Umgebung der Anwendungsprogramme und die Lokalisierung der Daten enthalten (Heinrich 1992, S. 394ff). Ein Metadaten-Referenzmodell, welches einen Austausch zwischen Data Warehouses verschiedener Hersteller ermöglichen soll, ist das Common Warehouse Metamodell (CWM) (vgl. Melchert et al. 2003), welches von der Object Management Group (OMG) als Standard verabschiedet wurde (OMG 2003).

Datenkatalog-Systeme können nach folgenden Merkmalen systematisiert werden (Heinrich 1992, S. 401):

- Ein Data-Dictionary-System wird als **passiv** bezeichnet, wenn es ausschließlich zur Benutzerinformation über Datenstrukturen und Verwendungsverweise dient. Es wird als **aktiv** bezeichnet, wenn darüber hinaus noch Dateien, Datenbanken, Reports- oder Anwendungsprogramme generiert werden.
- Ein Data-Dictionary-System wird als **abhängig** bezeichnet, wenn die Verwaltungsfunktionen von einem bestimmten DBMS übernommen werden. Es ist hingegen **unabhängig**, wenn es über eine eigene Management-Software und über Schnittstellen zu anderen DBMS verfügt.
- Ein Data-Dictionary-System wird als **primär** bezeichnet, wenn es explizit auf Datenkatalog-Systemfunktionen ausgerichtet ist. Sind diese Funktionen nur Teil eines anderen Software-Systems, nennt man das Data-Dictionary-System **sekundär**.

Ziel der **Datennutzung** ist das Bereitstellen von *Auswertungs-* und *Reportfunktionen* unter Berücksichtigung des Datenschutzes. Die Bereitstellung dieser Funktionen wird durch eine Datenbanksprache unterstützt. Datenbanksprachen lassen sich einteilen in *Datenbankbeschreibungssprachen* zur exakten Beschreibung aller Datenbankobjekte, in *Abfragesprachen* zur Extrahierung von Objekten und in *Manipulierungssprachen* zur Veränderung der Objekte.

Bei der Frage nach der **Sicherheit der Daten** sollten sowohl die entsprechende *Hardware* als auch *Software* einen stabilen, zuverlässigen und sicheren Betrieb ermöglichen. Dabei müssen technische (Redundanz, Backups, sichere Software) und organisatorische (Personal, Abläufe, räumliche Umgebung) Maßnahmen geplant werden. Bei Anbindung von IT in das Internet sind dabei besondere Gefahren, z. B. durch externe Angriffe, Eindringen in das System oder Viren und Würmer zu berücksichtigen.

Eine weitere Aufgabe eines DBMS ist die Unterstützung von Anwendungen. Zur **Anwendungsunterstützung** zählen u. a. Werkzeuge zum Tuning des DBMS und Statistikprogramme zur Auswertung von Datenbankaktivitäten.

3.2.3.3 Datenbanktechnik

In den 70er Jahren wurden DBMS eingeführt, die erstmals eine Unterscheidung zwischen der logischen Strukturierung und der physischen Speicherung von Informationen machten. Historisch waren dabei hierarchische (z.B. IMS/DB von IBM) und Netzwerkmodelle (z.B. CODASYL) im Einsatz (vgl. Dippold et al. 2001, S. 50)

Diese Modelle wurden durch die Theorie des Relationenmodells (Codd 1970) erweitert. Darauf aufbauend entstanden **relationale Datenbankmanagementsysteme** (RDBMS). Mit dem Relationenmodell wurde nicht nur ein anderes Datenbankschema entwickelt, sondern auch eine fundierte mathematische Basis für den Datenbankentwurf und die redundanzfreie Abbildung beliebiger Datenstrukturen geschaffen. Ergänzt wurde diese Theorie mit einer universellen Sprache zur Definition, Abfrage und Manipulation der Daten sowie zur Systemverwaltung. Die *Structured Query Language* (SQL) wurde international zum Standard für relationale Systeme erhoben und kontinuierlich weiterentwickelt (Date/Darwen 1998, S. 27ff.). SQL wird in verschiedenen Versionen vom American National Standards Institute beschrieben (ANSI 1989, ANSI 1992).

Objektorientierte Datenbankmanagementsysteme (OODBMS) tragen der Verbreitung von objektorientierten Programmiersprachen Rechnung. Sollen Objekte in relationalen Datenbanken gespeichert werden, so muss eine Umwandlung der Daten im Objekt in das relationale Schema erfolgen, bei der hoher Aufwand notwendig ist, um bestimmte Aspekte des objektorientierten Modells zu erhalten (z.B. Identität, Vererbung, Kombination von Verhalten und Eigenschaften). Durch OODBMS wird dieser Aufwand verringert. Die Bedeutung objektorientierter Datenbanken in der Praxis ist gering, was im Wesentlichen auf dem Paradigmenwechsel zwischen relationalen und objektorientierten Datenbankverwaltungssystemen, den geringeren Erfahrungen der Anwender im Vergleich zu RDBMS und dem generell hohen Aufwand für die Migration bestehender Systeme zurückzuführen ist (Heuer 1997).

Objektrelationale Datenbankmanagementsysteme (ORDBMS) versuchen, die Vorzüge der relationalen und der objektorientierten Datenbanksysteme miteinander zu vereinen. Der Schlüssel zur Verbindung der beiden Konzepte liegt in der Definition der Domänen im relationalen Datenmodell und der Erweiterung bestehender Technologien mit neuen Funktionen.

Für die von einem DBMS zu erbringende Funktionalität legt man mit Hilfe einer **Datenbankarchitektur** neben einem solchen Datenbankmodell heute eine logische *Funktionsarchitektur* zugrunde, welche die Bausteine eines Datenbanksystems bezüglich seiner nach außen sichtbaren Funktionen beschreibt und erklärt, wie diese Bausteine über verschiedene Schnittstellen zusammenspielen. Eine Kombination dieser Konzepte mit der vorhandenen Rechnerumgebung führt zum physischen Architekturkonzept (Vossen 1999).

Eine **verteilte Datenbank** besteht aus einer Menge an autonomen Stationen, die über ein Kommunikationsnetz verbunden sind. Jede Station kann dabei lokal Anwendungen durchführen, ist aber auch global in Aufgaben eingebunden. (Kemper/Eickler 2004, S. 443). Verteilte Datenbanken verteilen Datenbestände zwischen verschiedenen Servern, wobei es für den Benutzer unwesentlich bzw. nicht sichtbar ist, welcher dieser Server seine Anfragen beantwortet. Die verschiedenen Server kommunizieren über Datennetze. Die wesentlichen Prinzipien beim Aufbau und der Verwaltung von verteilten Datenbanksystemen sind in der Datenfragmentierung, der Datenverteilung und der Datenlokalisierung zu sehen. Die *Datenfragmentierung* behandelt die Frage, was Gegenstand der Verteilung ist. Die *Datenverteilung* behandelt Fragen der Verteilung der physischen Ausprägungen gebildeter Fragmente. Unter der Bezeichnung „*Datenlokalisierung*" werden die Vorgehensweisen diskutiert, nach denen die Informationen über den Abspeicherungsort von Daten verwaltet werden können. Dabei können Daten auf verschiedenen Servern redundant gehalten werden, um z.B. bei verteilten Standorten schneller von jedem Standort auf Daten zugreifen zu können (vgl. Kemper/Eickler 2004, S. 443). Die Vorteile verteilter Datenbanken sind in der lokalen Autonomie, der Zuverlässigkeit und Verfügbarkeit, einer höheren Leistungsfähigkeit, Flexibilität und Erweiterbarkeit zu sehen (Fischer 1992, S. 273).

3.2.4 Management der Prozesse

Die Diskussion um die planmäßige Gestaltung oder Reorganisation betrieblicher Abläufe (*Business Process Reengineering*) zeigt, dass viele Unternehmen in der Optimierung der Prozesse einen wichtigen Ansatzpunkt zur Effizienzsteigerung ihrer Organisation sehen. Häufig werden diese Prozesse durch Software unterstützt, weshalb das Management der Prozesse aus der Sicht des IM eine wichtige Rolle spielt. In diesem Kapitel werden Grundlagen gelegt, Methoden zur Prozessmodellierung vorgestellt, die Verwendung von Referenzmodellen diskutiert und Kriterien zur Prozessbeurteilung dargestellt.

3.2.4.1 Grundlagen der Prozessorientierung

Die Gestaltung betrieblicher IS beschäftigt sich mit den Daten, die von der Software einer Anwendung benötigt oder erstellt werden, und mit den Funktionen, welche die Software einer Anwendung zur Unterstützung des Anwenders bereitstellt. Eine Konzentration auf Einzelfunktionen birgt die Gefahr, dass sie nicht mehr in ihrem Kontext gesehen werden. Erst durch die geeignete Verknüpfung der Funktionen einer Anwendungssoftware werden komplexe betriebswirtschaftliche Aufgaben unterstützt.

> Eine *Folge von logischen Einzelfunktionen*, zwischen denen Verbindungen bestehen, wird als **Prozess** bezeichnet.

Unter **Prozessmanagement** wird deshalb in diesem Zusammenhang die Gestaltung, Ausführung und Beurteilung von Funktionsfolgen, nämlich Prozessen, verstanden.

Prozesse transformieren Inputfaktoren durch die Ausführung verschiedener Funktionen zu einem oder mehreren Outputfaktoren. Deshalb kann allgemein von einem Transformationsprozess gesprochen werden, der entweder Materie (*materielle Prozesse*) und/oder Informationen verarbeitet (*informatorische Prozesse*). Das Management der Prozesse in Anwendungssystemen beschäftigt sich mit **informatorischen Prozessen**, weshalb auf die weitere Betrachtung materieller Prozesse verzichtet wird. Abbildung 3-25 zeigt den schematischen Aufbau eines Prozesses. Zum Zeitpunkt t_0 wird der Prozess durch einen Trigger angestoßen und beginnt mit der Ausführung der Funktion F_1. Trigger sind Startereignisse, die durch Anwender des IS, durch Funktionen der Software oder durch externe Ereignisse angestoßen werden. Nach Ende der Ausführung einer Funktion wird die darauf folgende Funktion angestoßen, bis das Prozessende in t_1 erreicht ist.

Das Ergebnis des Prozesses ist ein Output, der in informatorischen Prozessen als **Informationsprodukt** bezeichnet werden kann: Der in Abbildung 3-25 dargestellte Prozessablauf zeigt eine sequentielle Folge von Funktionen, die um Verzweigungen erweitert werden kann, um komplexere Prozessabläufe darzustellen.

Die Durchlaufzeit eines Prozesses ist als Differenz zwischen einem Anfangszeitpunkt t_0 und dem Endzeitpunkt t_1 definiert. Durch die Ausführung der Funktionen werden Kosten verursacht, deren Summe zur **Bewertung eines Prozesses** heran-

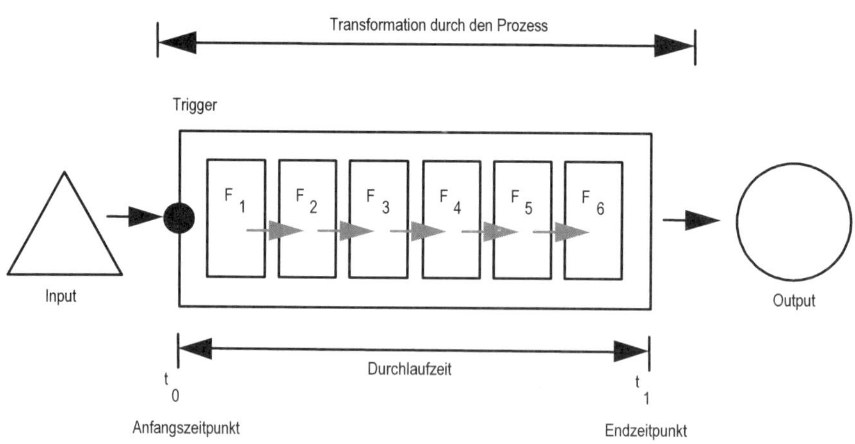

Abbildung 3-25. Darstellung eines Prozesses
Quelle: In Anlehnung an Schwarzer (1994b, S. 12)

gezogen werden kann. Neben den *Kosten* eines Prozesses eignen sich die *Durchlaufzeit* und die *Qualität* des Transformationsprozesses zur Bewertung.

Die Prozessauflösung (synonym Prozesszerlegung oder Prozessdekomposition) erlaubt die Gliederung eines Prozesses nach verschiedenen Kriterien. Die *vertikale Prozessauflösung* führt zur Identifikation übergeordneter und untergeordneter Prozesselemente (*Prozesshierarchisierung*). In Abbildung 3-26 wird der Prozess P_3 dem Prozess P_0 untergeordnet. P_3 selbst zerfällt in die atomaren Funktionen F_1 bis F_3. Mit Hilfe der vertikalen Prozessauflösung können Prozesse auf verschiedenen Aggregationsgraden untersucht werden. Auf einem hohen Aggregationsgrad wird der Untersuchungsgegenstand häufig als *Geschäftsprozess* bezeichnet. Die *horizontale Prozessauflösung* zielt auf die inhaltliche Trennung von Prozessen auf der gleichen Abstraktionsebene. Durch die Prozessausgrenzung werden Funktionen zu Funktionsfolgen bzw. Prozessen zusammengefasst.

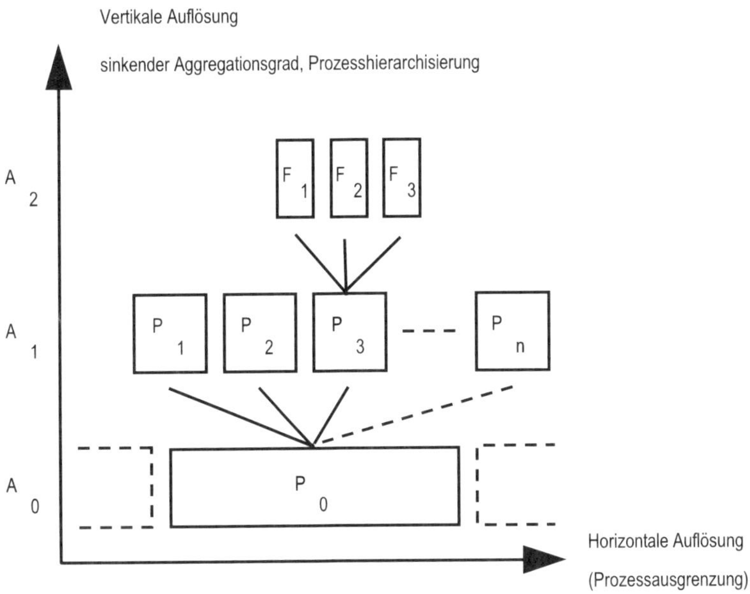

Abbildung 3-26. Prozessauflösung
Quelle: In Anlehnung an Milling (1981, S. 105)

Als Ergebnis der Prozessauflösung entsteht die Menge aller Prozesselemente, der Über-/Unterordnungsbeziehungen sowie der Vorgänger-/ Nachfolgerbeziehungen zwischen den Elementen. Zur Veranschaulichung der Prozessauflösung wie in Abbildung 3-26 dargestellt, dienen die Beispiele der Abbildung 3-28. Der Prozess der Wareneingangsbearbeitung sei z.B. P_n (Aggregationsgrad A_1) und ist dem übergeordneten Prozess P_0 (Aggregationsgrad A_0) der Beschaffungslogistik zugeordnet. Die Funktionen F_1 bis F_n (Aggregationsgrad A_2, z. B. Ware prüfen) des Prozesses Wareneingangsbearbeitung sind der ereignisgesteuerten Prozesskette zu entnehmen, deren Notation im nächsten Kapitel erläutert wird. Der Prozess der Wareneingangsbearbeitung hat eine Schnittstelle zum Prozess der Fertigungsdurchführung, der im übergeordneten Prozess P_0 der Produktionslogistik z. B. den Prozess P_1 repräsentiert. Auf einer noch weiter aggregierten Stufe als A_0 können die Prozesse der Beschaffungs- und Produktionslogistik zu den Logistikprozessen zusammengefasst werden.

3.2.4.2 Prozessmodellierung mit ereignisgesteuerten Prozessketten

Zur Abbildung von Prozessen oder Abläufen stehen viele Methoden bereit. Viele von ihnen haben ihren Ursprung in der Informatik (Petri-Netze, Datenflussdiagramme, Ablaufdiagramme, u. a.), weshalb sie nur bedingt zur umfassenden Abbildung betrieblicher Prozesse geeignet sind (Krcmar/Schwarzer 1994). Speziell zur Modellierung betrieblicher Abläufe haben sich „*Vorgangskettendiagramme*" und „*ereignisgesteuerte Prozessketten*" durchgesetzt; letztere werden an dieser Stelle beispielhaft dargestellt.

Ereignisgesteuerte Prozessketten (EPK) stellen die zeitlich-logischen Abhängigkeiten von Funktionen dar (Scheer 1997).

EPK sind eine geeignete Methode zur fachlichen Prozessmodellierung (Scheer 1997). Dabei wird wie folgt vorgegangen: betriebliche Funktionen werden in der Reihenfolge ihrer Ausführung modelliert. Der Mechanismus, der eine Funktion auslöst, wird als *Ereignis* bezeichnet. Ein Ereignis wird als das Eingetretensein eines Zustandes definiert, der eine bestimmte Folge bewirkt. Die Folge ist die Ausführung einer Funktion, die wiederum einen neuen Zustand erzeugt. Dies bedeutet, dass ein Startereignis eine Funktion auslöst, die den Ausgangszustand in einen Zielzustand transformiert. Nachdem der Zielzustand eingetreten ist, liegt wieder ein Ereignis vor, welches erneut eine Funktion auslösen kann.

Die Modellierung mit EPK verbindet, ausgehend von einem Startereignis und endend mit einem Endereignis, Funktionen mit Ereignissen, wobei sich diese Modellierungselemente abwechseln. In der grafischen Repräsentation werden Ereignisse als Sechseck und Funktionen als Rechteck mit abgerundeten Ecken dargestellt, die durch eine gestrichelte Linie (Kontrollfluss) miteinander verbunden sind. Der Kontrollfluss kann durch logische Operatoren wie „*und*", „*oder*" und „*exklusives oder*" aufgeteilt und wieder zusammengeführt werden, was die Modellierung von parallelen Abläufen und Verzweigungen erlaubt. Abbildung 3-27 erklärt die Modellierungselemente einer EPK und Abbildung 3-28 zeigt zwei Beispiele für so genannte erweiterte EPKs für die Wareneingangsbearbeitung und die Fertigungsdurchführung.

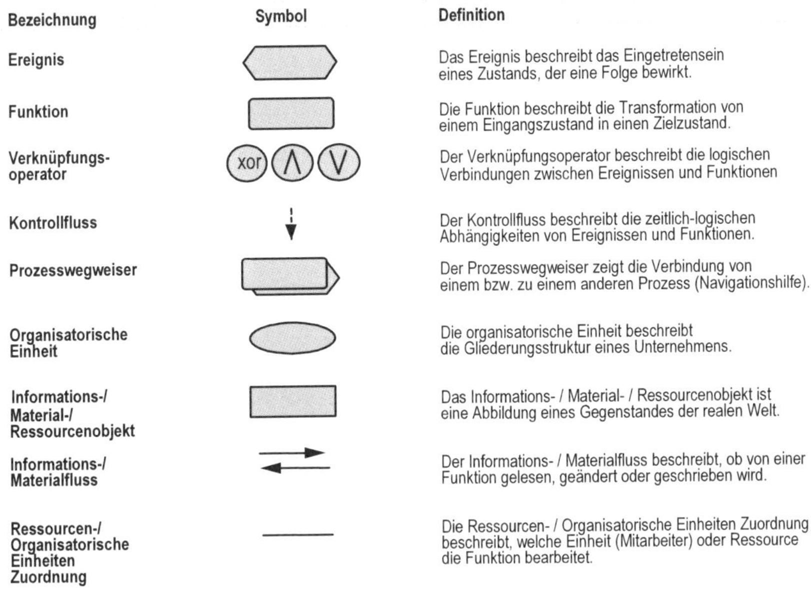

Abbildung 3-27. Modellierungselemente einer ereignisgesteuerten Prozesskette
Quelle: Keller (1994, S. 12)

Erweiterte EPK (eEPK) stellen zusätzliche Prozesselemente bereit, die für die Modellierung betrieblicher Abläufe wesentlich sind. Durch die Erweiterung der EPK werden die spezifischen Anforderungen an die Modellierung betrieblicher IS abgedeckt: Der Kontrollfluss erlaubt die Abbildung des zeitlich-logischen Zusammenhangs der Funktionen, die relevanten Daten schaffen eine Verbindung zum Unternehmensdatenmodell, die organisatorischen Einheiten integrieren den Kontext der Aufbauorganisation und schließlich erlauben die Prozesswegweiser die Beschränkung der Prozesssicht auf den relevanten Abschnitt eines komplexen und umfangreichen betrieblichen Prozesses. In Verbindung mit Software-Werkzeugen kann die Prozessbewertung unterstützt werden, indem Funktionen mit Bearbeitungszeiten und Kostensätzen sowie Kontrollflüsse mit Übertragungszeiten belegt werden. Dadurch ist eine rechnergestützte Analyse und Simulation des modellierten Prozesses möglich.

Die Wareneingangsbearbeitung im Beispiel (Abbildung 3-28) enthält die Funktion „Ware prüfen“, in die „Bestelldaten“ und „Lieferscheindaten“ eingehen. Bei der Funktionsausführung entsteht ein Prüfergebnis, das als Datum festgehalten wird. Die Modellierung von Daten-Input und -Output einer Funktion gehört ebenso zu den Erweiterungen der EPK wie die Zuordnung von organisatorischen Einheiten zu einer Funktion. Dazu ist die Funktion „Ware prüfen“ mit der Wareneingangsstelle über eine Kante verbunden, die folgende Bedeutungen haben kann: „führt aus“, „ist zuständig“, „überwacht“ u.ä. Organisatorische Einheiten werden als

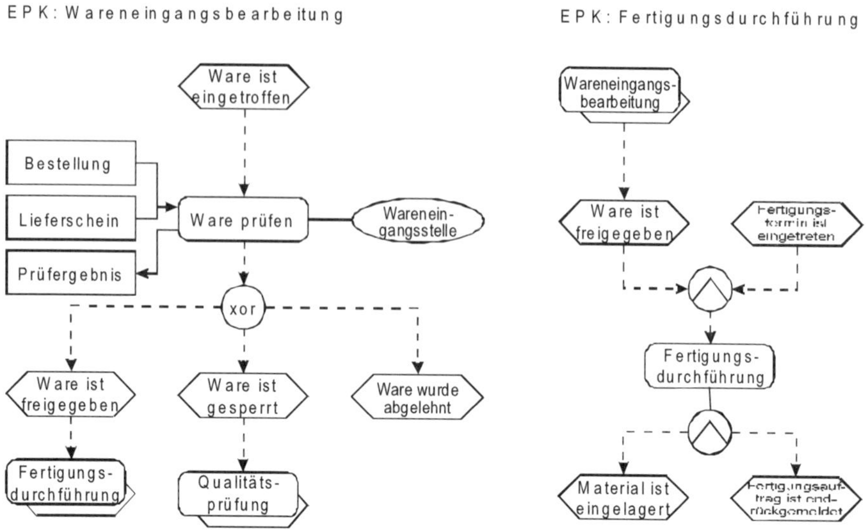

Abbildung 3-28. Beispiele ereignisgesteuerter Prozessketten
Quelle: Keller (1994, S. 11)

Oval dargestellt und schaffen eine Verbindung zur Organisation eines Unternehmens. Schließlich kann mit sog. Prozesswegweisern auf einen vor- oder nachgelagerten Prozess verwiesen werden. Im Beispiel schließt sich an das Ereignis „Ware ist freigegeben" der Prozess „Fertigungsdurchführung" an, der ebenfalls in Abbildung 3-28 gezeigt ist.

In das ARIS-Konzept sind EPK als Methode zur fachlichen Prozessmodellierung eingebettet. Durch eine entsprechende Modellierung eines Prozesses mit den Erweiterungen der EPK ist eine Verknüpfung von Daten-, Funktions-, Organisations- und Steuerungssicht möglich.

3.2.4.3 Gestaltungsalternativen bei der Prozessmodellierung

Gestaltungsalternativen bei der Modellierung von Prozessen beziehen sich in erster Linie auf die Gestaltung des Ablaufs einer Funktionsfolge (Gaitanides 1983). Grundsätzlich können vier Gestaltungsvarianten unterschieden werden:

- **Sequentielle Reihung:** Bei der Reihung von Funktionen wird zu einer Zeit stets nur eine Funktion ausgeführt. Eine Folgefunktion darf erst dann begonnen werden, wenn die Vorgängerfunktion beendet ist. Sequentielle Reihungen finden dann Anwendung, wenn in eine Funktion F_2 als Input eine Vorleistung eingeht, die erst durch eine zeitlich vorgelagerte Funktion F_1 entsteht. Der Start von F_2 ist somit abhängig von der erfolgreichen, d.h. korrekten Ausführung von F_1.

- **Parallelisierung:** Die Parallelisierung von Funktionen ist dann *möglich*, wenn Funktionen unabhängig voneinander ausgeführt werden können. Eine gleichzeitige Ausführung d.h. Parallelisierung ist dann *notwendig*, wenn zwei oder mehr Zustände, die von verschiedenen Funktionen erzeugt werden, gleichzeitig eintreten sollen. Im Rahmen der Prozessoptimierung wird die Parallelisierung eingesetzt, um die Durchlaufzeit eines Prozesses zu reduzieren.

- **Verzweigung**: Die Verzweigung eines Prozesses ist dann notwendig, wenn alternativ unterschiedliche Prozessabläufe beschritten werden sollen. Welcher Prozessablauf ausgeführt wird, ist abhängig vom Eintreten einer bestimmten Bedingung.

- **Wiederholungen:** Wiederholungen werden eingesetzt, wenn eine Funktion oder eine Funktionsfolge mehrfach auszuführen ist. Dazu muss der Start- und Endpunkt einer Wiederholstrecke markiert werden. Zusätzlich ist festzulegen, unter welcher Bedingung die Wiederholung erfolgen soll bzw. wann auf eine weitere Wiederholung der Funktionsfolge verzichtet werden kann.

Ein wesentliches Ziel bei der Neugestaltung von Prozessen ist die Verkürzung der Durchlaufzeit. In der Abbildung 3-29 werden dazu sechs Lösungsansätze dargestellt und anhand von Beispielen erläutert. Von den bereits vorgestellten Gestaltungselementen finden sich die *Sequenz*, *Parallelisierung* und *Verzweigung* in den Lösungsansätzen wieder. Die Wiederholung wird in der Darstellung nicht erwähnt, da in den Lösungsansätzen keine Zyklen enthalten sind.

Neben der Gestaltung des Prozessablaufs kann das Prozessmodell je nach Modellierungszweck um unterschiedliche Informationen ergänzt werden. Häufig werden Prozessmodellen Informationen über die Verantwortlichkeit der Prozessausführung (Process Owner), die verwendeten IS, die benötigten Ressourcen und zusätzliche Indikatoren zur quantitativen Beurteilung eines Prozesses (Durchlaufzeiten, Kostensätze) hinzugefügt.

3.2.4.4 Verwendung von Referenzprozessen zur Prozessmodellierung

Die initiale Erstellung von Prozessmodellen für ein Unternehmen oder Teilbereiche eines Unternehmens erfordert viel Zeit und Know-how. Besonders beim Start eines Modellierungsprojektes ist es aufwändig, die zu betrachtenden Prozesse zu definieren und voneinander abzugrenzen. Hier kann die Verwendung von Referenzmodellen helfen.

Eine kostenmäßige Bewertung des Ressourceneinsatzes macht schnell deutlich, dass die vollständige Eigenerstellung der Prozessmodelle gegenüber dem Kauf

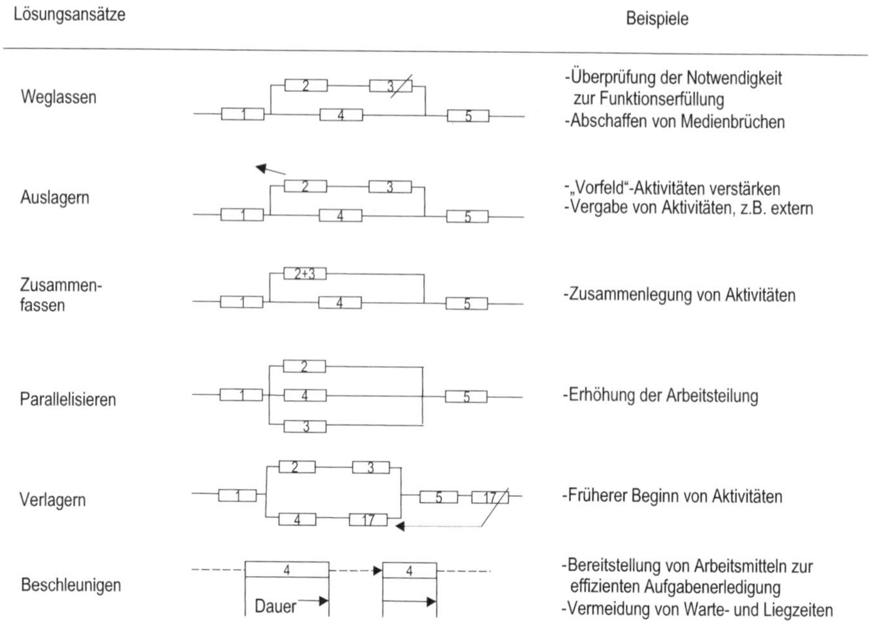

Abbildung 3-29. Prozessbezogene Lösungsansätze zur Durchlaufzeit-Verkürzung
Quelle: Bleicher (1991, S. 196)

und der Anpassung von Referenzmodellen unattraktiv erscheint. Argumente für die Verwendung von Referenzmodellen werden bei *Curran/Keller* (1999, S. 63) angegeben:

1. Die Modellierung von Prozessen ist nicht einfach.
2. Ein von Kennern des Geschäfts erstelltes Referenzmodell enthält ihre Erfahrung, ihr Wissen, ihre Kreativität und Gründlichkeit.
3. Nur wenige Betriebe können sich einen von Grund auf eigenständigen Ansatz leisten.
4. Die Optimierung von Geschäftsprozessen ist entscheidend für die Reaktionszeit.
5. Betriebe verringern damit das Risiko, ein für ihr Geschäftsprozessmodell nicht geeignetes Softwareprodukt zu finden.
6. Referenzmodelle dienen den am Prozessdesign beteiligten Teams als gemeinsamer Ausgangspunkt und gemeinsame Sprache.

3.2.4.5 Prozessbeurteilung

Maßnahmen des **Prozessmanagements** erfolgen nicht wahllos, sondern orientieren sich an unterschiedlichen Zielvorstellungen (Gaitanides et al. 1994). Ein häufig genanntes Oberziel ist die *Kundenzufriedenheit*, die durch das Ergebnis eines Prozesses ausgelöst wird. Je nach Organisationsform sind neben den internen Kunden (Profit-Center Organisationen) auch externe Kunden relevant. Wird die Kundenzufriedenheit als Erfüllungsgrad der Kundenwünsche, die sich auf ein fehlerfreies, kostengünstiges und rechtzeitig bereitgestelltes Prozessprodukt beziehen, aufgefasst, können drei wesentliche *Beurteilungskriterien* zur Bewertung von Prozessen identifiziert werden:

Qualität: Wird der Prozess hinsichtlich seiner Qualität beurteilt, dann ist zu messen, inwieweit das Prozessergebnis einer bestimmten Zielvorstellung entspricht. Zur Sicherung der Qualität des Prozessergebnisses können zusätzliche Funktionen der *Qualitätssicherung* in den Prozessablauf integriert werden.

Zeit: Die Beurteilung der Zeit eines Prozesses bezieht sich in der Regel auf die *Durchlaufzeit* des Prozesses vom Start- bis zum Endzeitpunkt. Sie entsteht als Summe aus den Einzelzeiten der Bearbeitungs-, Kontroll-, Transport-, Rüst- und Liegezeit, die für die unterschiedlichen Prozesselemente ermittelt werden müssen. Zur Beurteilung der Zeiten werden häufig nicht nur Durchschnittswerte, sondern auch Bandbreiten der zeitlichen Schwankungen durch die Erfassung von minimalen bzw. maximalen Zeiten berücksichtigt.

Kosten: Zur Beurteilung der Kosten ist es notwendig, die Einzelkosten für die Ausführung der einzelnen Prozesselemente zu ermitteln. Dazu zählen neben den Bearbeitungskosten (z.B. für Verbrauchsmaterialien oder die Bereitstellung von Rechnerleistung) auch Transport- und Kommunikationskosten. Einige Arbeiten beschäftigen sich mit der Integration von Prozesskostenrechnung und Workflow Management Systemen, die eine kostenrechnerische Beurteilung von Prozessen erleichtern könnte (Weiß/Zerbe 1995).

Je nach Zielsetzung des Prozesses sind diese Beurteilungskriterien unterschiedlich zu gewichten: Strebt ein Unternehmen eine möglichst schnelle Befriedigung von Kundenbedürfnissen an, ist eher mit einer **Prozessoptimierung** im Sinne einer *Durchlaufzeitminimierung* zu rechnen; für interne Prozesse, die keinen direkten Bezug zu externen Marktpartnern haben (Back-Office Prozesse), stellen *Effizienzgesichtspunkte* eine zentrale Herausforderung für das Prozessmanagement dar. Aus den Beurteilungskriterien Qualität, Zeit und Kosten lassen sich viele Prozesskennzahlen ableiten. Eine Systematik für **Prozesskennzahlen** schlägt *Rehäuser* (1999) vor.

Aufgrund der Unterschiedlichkeit der qualitativen und quantitativen Prozesskennzahlen in Bedeutung und Dimension ist eine rechentechnische Verknüpfung der Prozesskennzahlen zu einem integrierten Prozesskennzahlensystem nicht sinnvoll.

Die Interdependenzen können jedoch entsprechend eines **Balanced Scorecard** Prozesskennzahlensystems veranschaulicht werden (siehe dazu auch Kapitel 3.1.2.1.2.2). Die in Abbildung 3-30 dargestellte generische Balanced Scorecard bezieht sich auf allgemeine Kritische Erfolgsfaktoren (KEF) des Prozessmanagements und damit auf allgemeine Prozesskennzahlen.

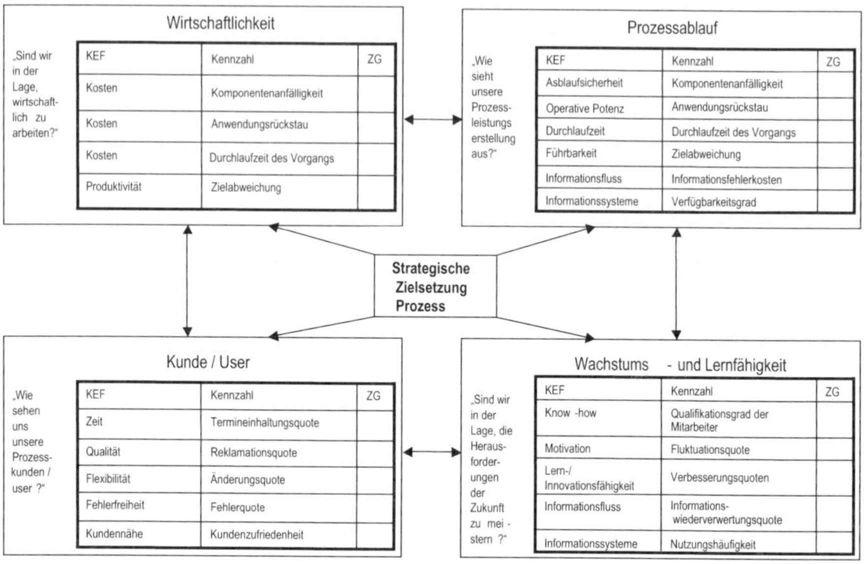

Abbildung 3-30. Generische Balanced Scorecard des Prozessmanagements
Quelle: Rehäuser (1999, S. 192)

Informationen zur Unterstützung des Prozessmanagements bezieht *Rehäuser* aus vier Perspektiven: „Wirtschaftlichkeit" beschreibt die Sicht der Anteilseigner auf das Unternehmen. Soll die Attraktivität des Unternehmens für Anteilseigner kurzfristig erhöht werden, so macht es Sinn, Kennzahlen wie „Kosten" (vgl. Abbildung 3-30) oder „Kundennähe" mit konkreten Zielgrößen des Prozessmanagements zu priorisieren. Eine weitere Perspektive ist die Sicht des Kunden auf das Unternehmen. Über Kennzahlen wie „Termineinhaltungsquote" und „Kundenzufriedenheit" kann die Sicht des Kunden auf die Prozesse des Unternehmens abgebildet werden. Der „Prozessablauf" beschreibt die interne Perspektive. Hier wird die unternehmenseigene Prozesserstellungskompetenz gemessen. Diese Kennzahlen beschreiben ablauf- und aufbauorganisatiorische Ziele. Die vierte Perspektive „Wachstums- und Lernfähigkeit" bezieht sich auf eine Neuausrichtung des Unternehmens, weshalb sie auch Innovations- und Wissensperspektive genannt wird. Ihre Kennzahlen messen die Anpassungsfähigkeit des Unternehmens an künftige Herausforderungen.

3.2.5 Management des Anwendungslebenszyklus

Der Lebenszyklus von IS-Anwendungen ist die zeitliche Entwicklung von der ursprünglichen *Idee* und der *Entscheidung*, eine Anwendung zu kreieren oder zu beziehen, über die *Entwicklung* und *Einführung* des neuen Systems bis hin zur *Wartung* und eincr etwaigen *Weiterentwicklung* der existierenden und genutzten Anwendung bis zur abschließenden *Abschaffung*.

Lehner (1989) hat in seiner empirischen Untersuchung festgestellt, dass die durchschnittliche Lebensdauer von Anwendungen bei ca. 8,8 Jahren liegt. Laut *Pigoski* (1996, S. 13) kann sie sogar über 15-20 Jahre in Betrieb sein. Hierbei ist nicht der exakte Wert ausschlaggebend, sondern die Feststellung, dass Anwendungssysteme relativ lange genutzt werden. Aufgaben der *Technikebene* kämpfen mit der schnellen Geschwindigkeit und den vorgegebenen Abschreibungsbedingungen. Die *Gestaltungsaufgaben* des IM haben wiederum unterschiedliche Zeithorizonte, die den Anlass zur Änderungshandlung bedingen. In Abhängigkeit von der Konstellation externer Rahmenbedingungen können sie sich sowohl sehr kurzfristig ändern, bspw. im Falle einer Reorganisation des IM nach Aufkauf des Unternehmens, oder lange konstant bleiben.

Nachdem im Folgenden die Phase der *Entscheidung* im besonderen Kontext der Bereitstellung der Software analysiert wird, werden alle Phasen des Lebenszyklus für eine einzelne Anwendung beschrieben. Da Anwendungsplanung und -entwicklung meist als *Projekt* organisiert werden, schließt sich eine Darstellung des Projektmanagements der Anwendungsentwicklung an.

In diesem Teilkapitel erfolgt in der Betrachtungsweise des Anwendungslebenszyklus ein Wechsel von der Einzelsicht zur Gesamtsicht, indem die Ebene der Einzelanwendung verlassen und die Gesamtheit aller Anwendungen im Unternehmen betrachtet wird. Für das Management auf dieser Ebene wurden verschiedene Methoden entwickelt, von denen die *BSP-Methode* (Business Systems Planning) und der *Portfolio-Ansatz* herausgegriffen werden. Diesen prinzipiell statisch ausgerichteten Verfahren wird abschließend die Forderung nach *Dynamisierung* im Sinne des Anwendungslebenszyklus gegenübergestellt.

3.2.5.1 Anforderungen an Software

Hinsichtlich der **Funktionalität von Software** ist es sinnvoll, über die allgemeine Anforderungsdiskussion hinaus genauer zwischen Bedarf und Angebot zu unterscheiden. Dabei kann sich der Vergleich auf einzelne Transaktionen oder Datenelemente, aber auch auf Datenstrukturen, Geschäftsprozesse und letztendlich betriebswirtschaftliche Konzepte beziehen. Abbildung 3-31 zeigt die Entwicklung von *Funktionalitätsbedarf* und *Funktionalitätsangebot* durch Software über die Zeit.

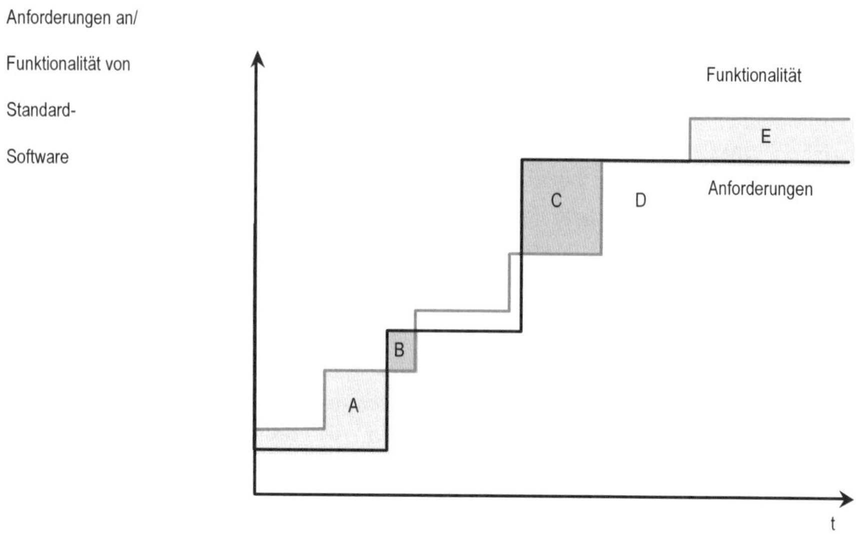

Abbildung 3-31. Funktionalitätsbedarf und -angebot bei Standardsoftware
Quelle: Eigene Darstellung

Die Idealsituation D, in der das Angebot exakt dem Bedarf entspricht, stellt sich selten ein. Standardsoftware leistet demzufolge immer entweder zu viel oder zu wenig. Die Situation A beschreibt den typischen Einstieg mit Software, die über einen – im Vorfeld reduzierten – Anforderungsbedarf hinaus etwas Puffer bietet. In den Situationen B und C hingegen wird die Situation des Wartens auf ein neues Release nach gewachsenen Anforderungen dargestellt, während die Weiterentwicklung der Software in E den Ansprüchen vorauseilt. Dadurch entsteht wiederum ein „Angebotsdruck", der zu weiter steigenden Anforderungen führt, die in manchen Fällen ohne die Weiterentwicklung gar nicht entstanden wären.

Die Frage ist daher, welche Funktionalität angebotener Software im Unternehmen gebraucht wird. Dies bedeutet, dass die Feststellung organisatorischer Prozesse, aber auch die Frage des Prozessdesigns im Unternehmen vor einem Funktionalitätslistenvergleich durchzuführen ist. Das Ausmaß der Anpassungsfähigkeit der Software durch *Parametrisierung*, bei der den Branchen- und Unternehmensspezifika durch die Veränderung von Variablen in der Grundeinstellung der Software Rechnung getragen wird, ist in der Vergangenheit gewachsen. Die Anpassungsfähigkeit bleibt jedoch naturgemäß begrenzt, wenn bspw. nur die in der Branche üblichen Prozesse durch Funktionen abgedeckt sind und das Unternehmen hiervon abweicht. Damit stellt sich die Aufgabe der Anpassung der Abläufe im Unternehmen an die **Referenzprozesse** der Software, wenn eine Analyse beider Gestaltungsarten ergibt, dass Abweichungen nicht in Kauf genommen werden müssen. Bei großen modularen betriebswirtschaftlichen Anwendungen ist diese Aufgabe der Anpassung durch Veränderung von Parametern so komplex, dass sich Unternehmensabteilungen und auch externe Unternehmensberater darauf spezialisiert haben.

Aufgrund dieser Situation kann eine Abwägung von **Anpassungsmöglichkeiten** erfolgen, die auf die in Tabelle 3-9 dargestellten Alternativen hinauslaufen.

Tabelle 3-9. Anpassung von Standardsoftware an betriebliche Erfordernisse

Situation	Anpassungsweg	Probleme
Zusammenfallen	–	Entweder-oder-Entscheidung
Ausnutzen	viele Funktionen viele Tabellen	Auswahlproblem Komplexität
Dauerhafte Anpassung	Anpassung innen (Modifikation) Anpassung außen (Ergänzung durch Satellitensysteme)	Übernahme neuer Versionen Schnittstellen Wartungsaufwand
Fallspezifische Anpassung	Workflow Management	Beherrschbarkeit Erlernbarkeit

Quelle: Eigene Darstellung

Fallen Funktionalitätsangebot und -bedarf zusammen, bleibt als Problem nur die Entscheidung des „Ja" oder „Nein" der Anschaffung von Standardsoftware. In vielen Fällen allerdings ergibt sich die Frage der richtigen *Ausnutzung*, denn außerordentlich viele verfügbare Funktionen erzeugen ein Auswahlproblem und sehr viele Tabellen zur Parametrisierung erhöhen die Komplexität. In beiden Fällen ist es notwendig, Know-how über die Nutzungsmöglichkeiten der Software zu besitzen, ohne daraus gleich den Zwang zur Umsetzung aller Möglichkeiten abzuleiten. Das Kernproblem bei der Einführung von ausgereiften, umfangreichen Software-Produkten ist es, übermäßig komplexe Prozesse zu vermeiden, obwohl die Software sie abdecken könnte, also dem „Angebotsdruck" zu begegnen.

Hinsichtlich der dauerhaften Anpassung ist zwischen der Anpassung nach innen (*Modifikation*) und der äußeren Anpassung durch *ergänzende Satellitensysteme* zu unterscheiden. Theoretisch besteht die Möglichkeit, ein Standardprodukt als Ausgangsbasis zu nehmen und dieses durch *modifizierende Programmierung* exakt auf die Bedürfnisse des Unternehmens anzupassen. Dieser Weg ist in der Vergangenheit vielfach beschritten worden, macht aber einen der Hauptvorteile von Standardsoftware zunichte. Dieser besteht in der Weiterentwicklung durch den Anbieter zum Vorteil aller Anwender. Denn bei unternehmensspezifischer Modifikation stellt die Übernahme neuer Versionen ein großes Problem dar, so dass generell davon abzuraten ist. Aus diesem Grund hat die Alternative der Parametri-

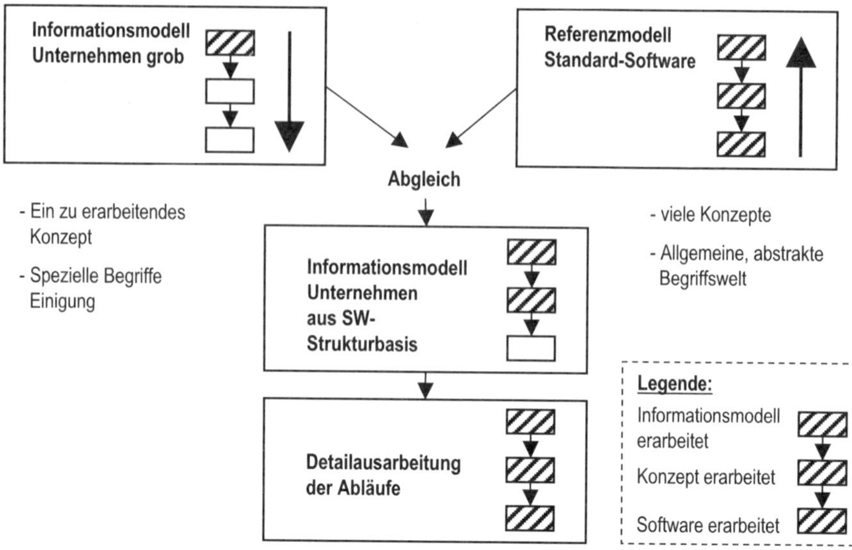

Abbildung 3-32. Modellorientierte Einführung von Standardsoftware
Quelle: Eigene Darstellung

sierung von Software kontinuierlich an Bedeutung gewonnen. Wird die Standardsoftware *ergänzt*, ergeben sich Fragen der Schnittstellengestaltung zum Standardprodukt und des Wartungsaufwandsmanagements. Im kleineren Rahmen wird bei der *fallspezifischen Anpassung* eine individuelle Interpretation der Prozesse innerhalb der Standardsoftware vorgenommen (Workflow Management), wobei ein höherer Aufwand bei Beherrschbarkeit und Erlernbarkeit zu konstatieren ist.

Unabhängig von Ausmaß und Aufwand der Parametrisierung bzw. der organisatorischen Anpassung ist bei der *Einführung von Standardsoftware* eine Implementierung auf der bestehenden IT-Infrastruktur und eine Integration mit anderen, bereits operativen Anwendungen durchzuführen. Abbildung 3-32 zeigt die Einführung bei einer modellorientierten Vorgehensweise.

Prinzipiell lassen sich die *alternativen Startpunkte „Unternehmen"* und *„Standardsoftware"* identifizieren. Während ein *Informationsmodell* der Unternehmung, in Abbildung 3-32 links oben dargestellt, auf ein mit spezifischen Begriffen unterlegtes, allerdings in den meisten Fällen noch zu erarbeitendes Konzept hinführt, sind in den sog. *Referenzprozessen* komplexer Standardsoftware zumeist zahlreiche Konzepte realisiert, die sich allerdings in einer abstrakten und allgemeinen Begriffswelt manifestieren. In jedem Fall sollte bei einer **modellorientierten Vorgehensweise** auf der obersten Ebene der Informationsmodelle ein *Abgleich* zwischen den Begriffswelten stattfinden, der zu einem Informationsmodell des Unternehmens mittleren Detaillierungsgrades in der benötigten Form führt. Erst auf dieser Basis kann die Detailausarbeitung der Prozesse im Unternehmen mit der Standardsoftware effizient und zielgerichtet erfolgen.

Die Einführung sollte in einer klaren *Projektteamorganisation* mit Fachbereichsbeteiligung durchgeführt werden. In Bezug auf Veränderungen nach der Einführung ist festzustellen, dass sich auf Fachebene regelmäßig organisatorische Weiterentwicklungen im Sinne einer *Evolution* ergeben, während auf Software-Ebene eine radikale *Ablösung* stattfindet. Die IT-Infrastruktur hingegen wird in manchen Fällen übernommen oder bedarf ebenfalls der Ablösung. Durch eine bedarfsgesteuerte Ist-Analyse sollte demnach die Betrachtung der Geschäftsprozesse vor den Erhebungen von IT-Details durchgeführt werden, da hier eher eine Evolution stattfindet als ein kompletter Neuaufwurf. Der Detaillierungsgrad einer solchen Analyse hängt ab von der Problematik der Situation, von Wettbewerbsrelevanz und zeitlichem Druck und der „Offensichtlichkeit" der Lösung. Bei gänzlich offensichtlichen Lösungen mag aus ökonomischen Gründen eine solche Analyse gar nicht durchzuführen sein.

Aus den bisherigen Ausführungen ergibt sich als **Anforderung an die Software-Hersteller**, ein vollständiges Referenzmodell auf Prozess- und Fachebene zur Verfügung zu stellen, ein offenes Data Dictionary vorzulegen und nach Möglichkeit die Modellierungsanstrengungen bereits für das nächstes Release zu kommunizieren, so dass die *Funktionalitätserwartungen* abgedeckt werden können. Bei der Einführung komplexer Standardsoftware-Pakete ist sowohl auf der IT-Seite wie auf Fachabteilungsseite mit Änderungen zu rechnen. Für Anpassungen der Fachabteilung an neue Software ist der Integrationsnutzen gegen die Komplexitätskosten abzuwägen, wenn der unter Umständen entstehende Angebotsausnutzungsdruck die Durchsetzung einfacher Prozesse trotz aller Möglichkeiten der Software schwierig gestaltet. In der IT-Abteilung ist von einer wesentlichen Änderung der Mitarbeiterqualifikation sowohl für die Anwendungen als auch für das Basissystem auszugehen.

Die Kompatibilität neuer Anwendungen zur installierten Basis ist im Allgemeinen in einer früheren Projektphase sichergestellt worden, während die konkrete **Einbindung der Standardsoftware** in bestehende Systeme sicherlich weiteren Aufwand erfordert, der oft unterschätzt wird. Diese Aufgaben entsprechen jedoch im Wesentlichen der Einführung eigenerstellter Anwendungen, so dass in dieser Hinsicht keine wesentlichen Unterschiede zwischen Eigenentwicklung und Standardsoftware bestehen.

Die **softwaretechnischen Eigenheiten** leiten sich ab aus den Anforderungen, die an Software gestellt werden. Damit Software Geschäftsprozesse unterstützen kann, müssen Daten mit hoher Verfügbarkeit bereitgehalten, der Zugriff auf Daten zeitlich und logisch koordiniert werden, die Software einen hohen Nutzungskomfort bieten sowie sehr flexibel bei der Nutzung sein. Die Software muss deshalb eine funktionsorientierte, kontextabhängige Bedienerführung ermöglichen. Aus diesen allgemeinen Anforderungen an Software lassen sich die software-technischen Eigenheiten von Standardsoftware ableiten, die sich unter *Benutzerfreundlichkeit*, *Effizienz* und *Sicherheit* subsumieren lassen (Österle 1990).

Die **Benutzerfreundlichkeit** stellt folgende Ansprüche an Standardsoftware: Die Oberflächengestaltung muss die *Benutzerführung* erleichtern, indem sie Menüs zur Verfügung stellt, eine ansprechende Fenstergestaltung bietet und verständliche Hilfe-Funktionen bereithält. Durch entsprechende Symboltechnik ist die graphische Oberflächengestaltung ansprechend und komfortabel einzurichten. Die Benutzerführung fordert ein hohes Maß an Verständlichkeit, Übersichtlichkeit und Steuerbarkeit. Dem Benutzer muss es zu jedem Zeitpunkt ersichtlich sein, in welcher Funktion er sich gerade befindet und welche Alternativen bestehen. Andererseits wird die Forderung nach möglichst kurzen *Antwortzeiten* gestellt. Es soll ein interaktives dialogorientiertes Reporting möglich sein, das Informationen nicht präventiv, sondern auf Abruf mit kurzer Antwortzeit bereitstellt und dabei einen Informationszugriff selektiv ermöglicht.

Die aufgeführten Ansprüche an die Benutzerfreundlichkeit sind auf jegliches Softwaresystem anwendbar. Das Deutsche Institut für Normung (DIN) stellte in der DIN-Norm 66234 (Teil 8) einige für die Benutzerfreundlichkeit notwendigen Kriterien auf (vgl. Deutsches Institut für Normung (DIN) 1988). Die darin aufgeführten Kriterien der Benutzerfreundlichkeit in Bezug auf die Dialoggestaltung von Software umfassen unter anderem die

- Aufgabenangemessenheit,
- Selbstbeschreibungsfähigkeit,
- Steuerbarkeit,
- Erwartungskonformität sowie
- Fehlerrobustheit.

Um die **Effizienz** von Standardsoftware sicherzustellen, ist es notwendig, dass diese in die in einem Unternehmen bereits bestehende Basisarchitektur der IT-Infrastruktur eingebettet wird.

Unter **Sicherheitsaspekten** bietet Standardsoftware im Vergleich zu Individual-Software einige Vorteile: Die Wahrscheinlichkeit von Software-Fehlern ist ebenso geringer wie die Gefahr von Datenverlusten durch unzureichende Sicherungsmaßnahmen. In einigen Fällen jedoch zeigt Standardsoftware dennoch inkorrektes und instabiles Verhalten.

Weitere Kriterien der Auswahl von Software beziehen sich auf die **Anschaffung**. Während die Kriterien Lieferzeit und Kaufpreis relativ einfach zu handhaben sind, ist bei der Wartung für die Software mehr abzuwägen. Die Wartung der Programme sollte in regelmäßigen Abständen vor Ort oder via Fernwartung erfolgen. Wichtig bei Vor-Ort-Wartung ist der Standort der zuständigen Technikerbereitschaft sowie der zuständigen Niederlassung des Anbieters für die Gesamtbetreuung. Dabei ist darauf zu achten, dass Modifikationen und Erweiterungen im Wartungsvertrag inbegriffen sind. Einen nicht unbeträchtlichen Kostenfaktor bei der Anschaffung bilden die Zusatzkosten wie Schulung und Benutzer-Dokumentationen. Im Vorfeld der Anschaffung sind die Schulungskosten abzuschätzen, da diese ohne Weiteres etwa ein Drittel der gesamten Lizenzkosten betragen können. Darüber hinaus ist die Personenungebundenheit der Standardsoftware gegenüber Individual-Software als Vorteil anzusehen (Österle 1990).

Als Auswahlkriterien für den **Anbieter** sind mehrere in Erwägung zu ziehen. Z.B. die geographische Nähe zu Service-Zentren kann den Ausschlag für einen bestimmten Anbieter geben. Das Ansehen sowie die Qualifikation des Anbieters sind daneben weitere wichtige Faktoren. Für die Auswahl von Software sind Referenzen bei derzeitigen Benutzern einzuholen. Hierbei ist u. a. nach der Anzahl und Schwere von Software-Fehlern sowie der Dauer der Mängelbeseitigung zu fragen. Interessant sind des Weiteren folgende Aspekte: Wurden Termine (zur Installation, Wartung usw.) eingehalten? Wie viele Programmänderungen gab es? Wie lange dauerte die Implementierung des Systems? Es sollten die grundlegenden Kriterien angesprochen werden, die einen potenziellen Benutzer zum Kauf einer Software bewegen oder davon abhalten könnten. Dadurch wird in den meisten Fällen nicht das Software-Paket selbst, sondern das Software-Haus ausgewählt. Der Marktanteil eines Software-Hauses ist auch entscheidend für die Überlebensfähigkeit der Software. Bezüglich der Weiterentwicklung der Software ist zu prüfen, welcher Prozentsatz des Umsatzes in die Entwicklung zurückfließt (Österle 1990).

3.2.5.2 Softwareauswahl

3.2.5.2.1 Faktoren der Softwareauswahl

Die **Eigenentwicklung** stellte in der Anfangszeit der betrieblichen IT die ausschließliche Methode der Softwarebeschaffung dar. *Individualsoftware* (custom software) wird heute dann eingesetzt, wenn keine adäquate Lösung auf dem Markt erhältlich ist oder technische Rahmenbedingungen den Einsatz erforderlich machen. Die Software wird nach den Spezifikationen eines Unternehmens entwickelt. Es handelt sich um eine „maßgeschneiderte" Software für spezielle, in der Regel einmalige Anwendungen. Dadurch können die Anforderungen eines Unternehmens besser und gezielter abgedeckt werden als bei der Verwendung von Standardsoftware. Nachteilig ist allerdings der in der Regel höhere finanzielle Aufwand der eigen erstellten Lösung. Des Öfteren werden die für ein einzelnes Unternehmen entwickelten Lösungen später als „*Standardsoftware*" angeboten.

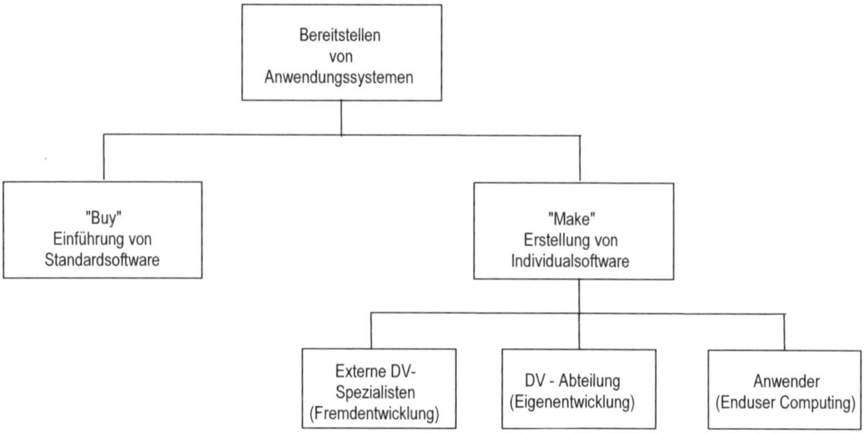

Abbildung 3-33. Alternativen der Softwarebereitstellung
Quelle: In Anlehnung an Schwarzer (2004, S. 224)

Die Käufer dieser vermeintlichen Standardsoftware haben zum Teil jedoch erhebliche Probleme bei der organisatorischen Implementierung, da sie nicht allgemein, sondern auf die spezifischen Belange des ersten Auftraggebers zugeschnitten wurde (Schwarzer/Krcmar 2004, S. 225f.).

Abbildung 3-33 beschreibt die grundlegenden Alternativen einer *Make-or-Buy-Entscheidungssituation*. Für die Eigenerstellung lassen sich drei Umsetzungskonzepte aufzeigen: Entweder übernehmen externe IT-Spezialisten die Entwicklung der Individualsoftware oder die IT-Abteilung des Unternehmens verfügt über genügend große Ressourcen, das Software-Projekt umzusetzen. Für den Fall der unternehmensinternen Entwicklung ist auch eine Aufstockung der eigenen Ressourcen denkbar, insbesondere dann, wenn es sich um sehr geheimhaltungswürdige Projektinhalte handelt, wie bspw. eine Software-Entwicklung für die Landesverteidigung.

Eine Sonderstellung nimmt das *Enduser Computing* ein. Diese Alternative (auch als Individuelle Datenverarbeitung (IDV) bezeichnet) beschreibt die Möglichkeit, die Entwicklung der (Arbeitsplatz-) Software den Endusern zu übertragen. Da die Komplexität der zu entwickelnden Software nicht die Fähigkeiten der Enduser übersteigen sollte, setzt man Entwicklungsplattformen ein. Auf der anderen Seite werden durch die **individuelle Datenverarbeitung** neue Problemfelder eröffnet. Problematisch sind der unkontrollierte Einsatz unterschiedlicher, zum Teil nicht kompatibler PC Hard- und Software (Wildwuchs, Insellösungen), die Gefahr von Doppelentwicklungen grundlegender Problemlösungen, wodurch Kapazitäten gebunden werden, sowie die Existenz mehrerer Datenbanken teilweise gleichen Inhalts, die kaum auf dem gleichen Stand gehalten werden können. Häufig werden die schnell entwickelten Problemlösungen von den Anwendern nicht umfassend dokumentiert, so dass eine Systempflege nach Weggang des Mitarbeiters nur schwer möglich ist.

Im Zusammenhang mit der allgemeinen technischen Entwicklung und der zunehmenden Bedeutung ist der Anteil der betrieblichen Standardsoftware ständig gestiegen. Besonders in den Bereichen der IDV mit Textverarbeitung, Tabellenkalkulation und Präsentationsgraphik, aber auch in den betriebswirtschaftlichen Kernfunktionen wie Finanzbuchhaltung, Auftragsbearbeitung oder Produktionssteuerung nimmt die Standardsoftware mit ihrer *unternehmensübergreifenden* oder sogar *branchenübergreifenden Ausrichtung* einen immer höheren Stellenwert ein.

Vorteile von Standardsoftware gegenüber Eigenentwicklung sind:

- Kosteneinsparung durch spezialisierte Anbieter und die größere Anzahl der Abnehmer,
- Eliminierung der Entwicklungszeiten durch sofortige bzw. rasche Produktverfügbarkeit,
- Reduzierung der Einführungs- und Übergangszeit im Vergleich zur oft modulweise entwickelten Individual-Software,
- hohe Programmqualität durch spezialisierte Anbieter und gegebenenfalls Wettbewerbsdruck zwischen mehreren Anbietern,
- Gewährleistung der Programmwartung und -weiterentwicklung durch den Anbieter und
- Unabhängigkeit der Programmentwicklung von der Größe und Verfügbarkeit der IT-Ressourcen im Unternehmen.

Der Einsatz von Standardsoftware birgt jedoch auch Probleme in sich, denn Unternehmen sind nie gleich, weshalb sich auch weiterhin Unternehmen für eine Maßanfertigung entscheiden werden. Die **Nachteile** von Standardsoftware sind dementsprechend die folgenden:

- Unvollständige Abdeckung unternehmensspezifischer Anforderungen,
- unvollständige Integration in die Gesamtheit bereits im Unternehmen implementierter Anwendungen, z. B. wegen Schnittstellenproblemen und
- durch Orientierung an allgemeiner Verwendbarkeit eventuell schlechtes Betriebsverhalten in unternehmensspezifischen Situationen.

Außerdem erspart sich das Unternehmen mit Standardsoftware nur einen Teil eines Anwendungsentwicklungsprojektes, da trotzdem Aufwand für Anpassung und Einführung anfällt.

Kriterien bei der Auswahl von Standardsoftware lassen sich unterschiedlich gruppieren (Stahlknecht/Hasenkamp 2002, S. 306ff.): An erster Stelle stehen die betriebswirtschaftlichen Kriterien, bei der die Funktionalität der Standardsoftware den Bedürfnissen des Unternehmens entsprechen und die Integration mit der bestehenden Anwendungslandschaft gewährleistet sein muss. In engem Zusammenhang mit der Funktionalität steht die Frage des Aufwands zur Software-Parametrisierung und Nutzerschulung bei der Einführung. Des Weiteren sind softwaretechnische Eigenheiten wie Zukunftsorientierung, Zuverlässigkeit und Benutzerfreundlichkeit zu berücksichtigen. In Hinsicht auf die Anschaffung der Software spielen neben dem Kaufpreis auch die Lieferzeit und vor allem die Vertragsgestaltung für die Zeit nach dem Kauf mit Wartung und Weiterentwicklung eine große Rolle. Abschließend sind auch Anbieterdaten wie Größe, Branchenerfahrung und geographische Nähe in die Auswahlentscheidung einzubeziehen.

3.2.5.2.2 Methode: Open-Source-Software im Rahmen der Softwareauswahl

Bei der Auswahl von Software müssen die in Kapitel 3.2.5.1 aufgelisteten Faktoren berücksichtigt werden (Funktionalität, Anpassungsmöglichkeiten, Benutzerfreundlichkeit, Charakteristika des Herstellers, softwaretechnische Eigenschaften, Sicherheit). Eine Sonderstellung nimmt dabei Open-Source-Software (OSS) ein. Definitionsmerkmal für OSS ist die Art der Lizenz der Software (Brügge et al. 2004, S. 19). Diese schließt unter anderem die freie Weitergabe, die Veröffentlichung des Quellcodes und das Wegfallen von Lizenzgebühren ein (vgl. Perens 1999).

Wann soll Open-Source-Software bei der Auswahl von Software in Erwägung gezogen werden? Bei der Auswahl neuer Software für den Einsatz im Unternehmen muss zwischen der *Eigenentwicklung* (Make) und dem *Zukauf* (Buy) entschieden werden. Dabei sollte zuerst die Frage nach Wettbewerbsvorteilen stehen, die durch eine Eigenentwicklung auftreten. Sind keine nachhaltigen Wettbewerbsvorteile gegeben, so muss die effizienteste Möglichkeit zur Beschaffung gefunden werden (vgl. Lammers 2004, S. 600). Weiterhin stellt sich die Frage der Nutzung existierender **Open-Source-Software** bzw. der Veröffentlichung der selbst entwickelten Software als Open-Source.

Ein nachhaltiger Wettbewerbsvorteil durch Eigenentwicklung liegt dann vor, wenn die Anwendung in ihrer Gesamtheit wertvoll im Sinne eines Wettbewerbsvorteils sowie selten, nicht vollständig imitierbar und nicht ersetzbar ist. Dies bedeutet, dass die Anwendung gegenüber Konkurrenten einen strategischen Vorteil bietet, den diese nicht leicht einholen können (vgl. Barney 1991, S. 595). Anwendungen, die einen solchen nachhaltigen Vorteil versprechen, sollten selbst entwickelt werden. Wird vor allem durch solch „differenzierende" (Brügge et al. 2004, S. 64) Software selbst und weniger durch die Form der Nutzung ein strategischer Wettbewerbsvorteil erzielt, so ist die Verwendung von OSS nicht sinnvoll, da die Lizenz meist eine Offenlegung und Weitergabe der Eigenentwicklung fordert. Dies macht laut Definition aber den Vorteil zunichte. Für ein Unternehmen kann weiterhin die Entwicklung von OSS, welche von diesem nicht selbst verwendet wird, strategische Vorteile haben, z.B. durch den Verkauf von komplementären Produkten zu OSS (vgl. Henkel 2002, S. 598). Diese Geschäftsmodelle um OSS sollen hier aber nicht betrachtet werden.

Verspricht die Anwendung keinen strategischen Wettbewerbsvorteil, so ist nach Effizienzkriterien über einen *externen Bezug* zu entscheiden. Dabei kann bei einem externen Anbieter, der auf die Erstellung von Anwendungen spezialisiert ist, davon ausgegangen werden, dass durch dessen Fokussierung Economies of Scope oder Economies of Scale auftreten. Dabei spielen die Kriterien *Spezifität der Anwendungen* und *Häufigkeit des Bedarfs* an dieser Anwendung eine Rolle. Insgesamt kann ein externer Anbieter Standardanwendungen im Allgemeinen effizienter herstellen, da die Spezifität hier gering ist und viele Kunden die Anwendung einsetzen. Bei einer externen Entwicklung treten *Transaktionskosten* auf, z.B. zur Koordination, Überwachung und Vertragsgestaltung. Bei OSS sind diese Transaktionskosten dadurch reduziert, dass z.B. keine individuell bilateralen Verträge benötigt werden. Die Transaktionskosten geben zusammen mit den Herstellungskosten dabei vor, welche Organisationsform zwischen Zukauf auf dem Markt und eigener Erstellung die günstigste ist (vgl. Coase 1937, S. 597). Bei der Entscheidung sollten also die Organisationsformen *Eigenerstellung*, *gemeinsame Erstellung* als Joint-Venture und *Zukauf auf dem Markt* hinsichtlich Produktionskosten und Transaktionskosten bewertet werden.

Verspricht die Anwendung keinen strategischen Vorteil, so kann aufgrund einer Betrachtung von Transaktionskosten und Produktionskosten zwischen Eigenentwicklung, Auftragsentwicklung und Mischformen entschieden werden. OSS hat gegenüber (geschlossener) Standardsoftware verschiedene Vorteile:

- Wird Software veröffentlicht und dadurch von anderen Unternehmen genutzt, so erhöht sich die Wahrscheinlichkeit, dass diese die Software erweitern, verbessern oder Fehler beseitigen. Das Unternehmen kann also erwarten, dadurch wiederum selbst bessere Software zu erhalten (Raymond 1999, S. 601). Dies kann Qualität und Stabilität erhöhen.
- Die Software ist an eigene Bedürfnisse besser anpassbar.
- Die Abhängigkeit von einem einzigen Hersteller verringert sich dadurch, dass die Software von jedem weiterentwickelt werden kann
- Die Einsehbarkeit der Quellcodes erhöht die Sicherheit.
- Es fallen keinerlei Kosten zur Lizenzierung an und Transaktionskosten verringern sich.

Der erste Punkt ist zutreffend, wenn das Unternehmen Eigenentwicklung als OSS veröffentlicht. Die letzten drei Punkte gelten, wenn das Unternehmen OSS einsetzt und nicht anpasst, wohingegen alle Punkte gelten, wenn das Unternehmen OSS einsetzt und selbst weiterentwickelt.

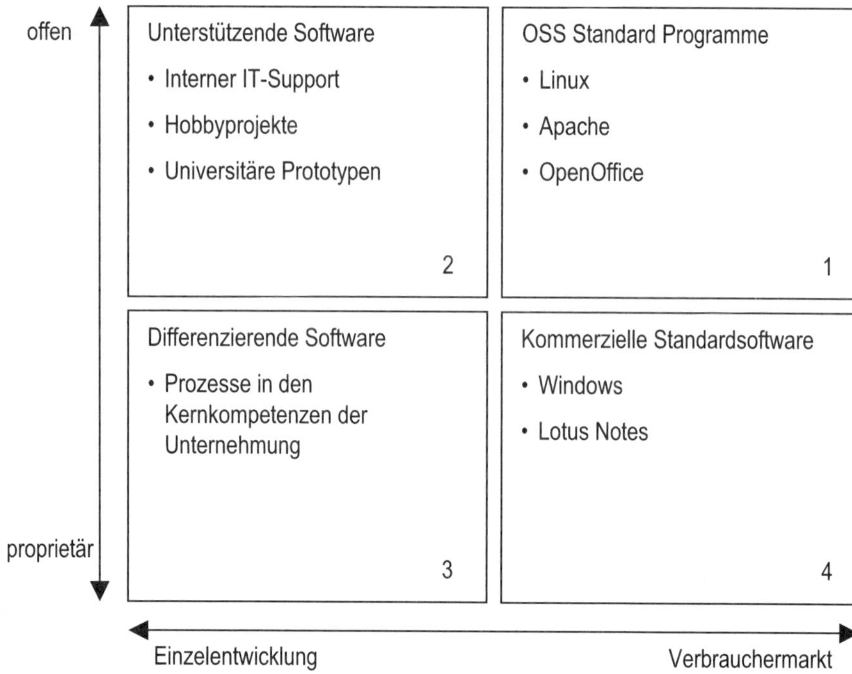

Abbildung 3-34. Kategorisierung der Software-Entwicklung
Quelle: In Anlehnung an Brügge (2004, S. 64)

In Abbildung 3-34 findet sich eine Kategorisierung der Softwareentwicklung. Differenzierende Software ist im 3. Quadranten als Eigenentwicklung mit dem Ziel der Differenzierung von Wettbewerbern zu finden. Klassische Standardsoftware (4. Quadrant) ist proprietär und für den Verbrauchermarkt. Im 2. Quadranten ist die Entwicklung durch eigene Bedürfnisse getrieben, aber ohne Differenzierungsmöglichkeiten. Hier findet sich auch OSS, die für und in Produkten der Unternehmung entwickelt wird. Im 1. Quadranten findet sich offene Standardsoftware. Diese entsteht häufig durch Migration von Projekten aus dem 2. in den 1. Quadranten oder als Komplement zu bereits vorhandenen Software-Produkten (vgl. Brügge et al. 2004, S. 66).

3.2.5.2.3 Beurteilung von Software-Lizenzmodellen

Um die Wirtschaftlichkeit einer einzusetzenden Anwendung bestimmen zu können, ist neben der IT-Nutzenbewertung (siehe Kapitel 3.4.6.1) auch die Ermittlung der entstehenden IT-Kosten notwendig. Abhängig von der Art der Beschaffung der Anwendung können diese auf unterschiedliche Arten ermittelt werden: Während bei einer Make-Entscheidung bspw. *Schätzverfahren* (siehe Kapitel 3.2.5.3.2) zum Einsatz kommen, kann es beim Fremdbezug (Buy-Entscheidung) notwendig sein, sich einen Überblick über die verschiedenen Lizenzmodelle zu verschaffen.

Tabelle 3-10. Software-Lizenzmodelle

Modelltyp und primäre Bezugsgröße	ausgewählte Beispiele für Lizenzmodelle in der Praxis
Primär nutzerbezogene Modelle: **Anzahl der Nutzer**	Definierte Nutzer vs. indirekter Zugriff Lizenzkosten pro Bürger Lizenzkosten während Evaluation
Primär wertbezogene Modelle: z. B. **Personalbestand** oder **Herstellungskosten der verkauften Produkte**	Lizenzen für Personaladministrations-SW Lizenzen für Planungs- und Dispositionssysteme
Primär zeitbezogene Modelle: **Dauer der Nutzung**	Subskription (Abonnement)
Primär infrastrukturbezogene Modelle: **Ausmaß der Nutzung der genutzten Infrastruktur**	Pro-Device-Lizenz Abrechnung nach Prozessor- oder Speichernutzung

Quelle: Eigene Darstellung

Die Vielfältigkeit an Softwarelizenzmodellen ist u. a. darauf zurückzuführen, dass Software ein Produkt mit hohen Fixkosten und niedrigen variablen Kosten ist. Dies erhöht den **Gestaltungsspielraum bei der Preisbildung**, denn bereits geringe Umsätze führen zu einem Deckungsbeitrag.

Die in der **Praxis** vorkommenden Lizenzmodelle für kommerzielle Anwendungen unterscheiden sich hauptsächlich in den Bezugsgrößen, die für die Ermittlung der Lizenzkosten herangezogen werden.

Im Folgenden werden die in Tabelle 3-10 aufgeführten Praxisbeispiele für Lizenzmodelle näher erläutert.

3.2.5.2.3.1 Primär nutzerbezogene Lizenzmodelle

Der Gesamtvertragswert für die Produkte der SAP AG setzt sich primär aus den Lizenzgebühren für die Anzahl der **„definierten" Nutzer (named users) unterschiedlicher Kategorien** zusammen. So wird zwischen *Development-Workbench-Nutzer* („Entwickler"), *Operational-Nutzer* („normaler" Nutzer), *Information-Nutzer* (nur lesend aktiver Nutzer), *Request-and-Confirm-Nutzer* (Nutzer zum Aufgeben von Bestellanforderungen und Auftragsrückmeldungen), *Basis-Nutzer* („Admin") und *Enterprise-Office/HR-Nutzer* (Nutzer für Anwendungen im Personalwesen) unterschieden (SAP AG 2003, S. 12-13).

Hinzu kommen weitere Kostenbestandteile, bspw. Kosten für Ergänzungsprodukte, Länderaufschläge für Nutzer in Staaten außerhalb der Europäischen Union sowie der Preis für die Datenbank. Dies ergibt den Gesamtlistenpreis, auf den das Unter-

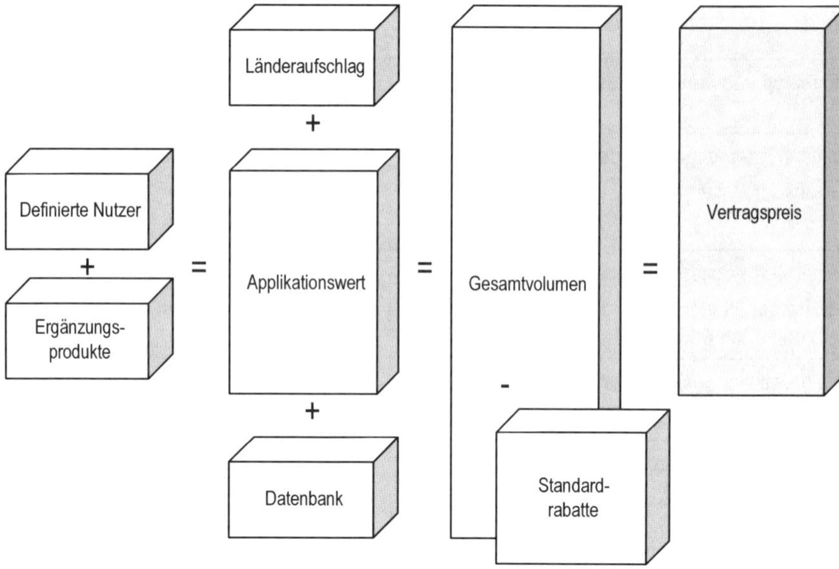

Abbildung 3-35. Grundlagen des SAP-Lizenzmodells
Quelle: Eigene Darstellung

nehmen je nach Auftragsvolumen Standardrabatte gewährt. Die Rabatte liegen zwischen 10 Prozent bei einem Volumen von 400.000€ bis 700.000€ und 50 Prozent bei einem Gesamtlistenpreis von über 17 Millionen€ (SAP AG 2003, S. 15).

Für den Einsatz in **Internetanwendungen und kooperativen Szenarien** (siehe Kapitel 4.1) muss das nutzerbasierte Lizenzmodell daraufhin überprüft werden, ob es überhaupt noch angemessen ist: Denn immer mehr Zugriffe auf Softwareanwendungen wie Enterprise Resource Planning (ERP) Systeme werden nicht direkt von bekannten (und definierten) Nutzern vorgenommen, sondern über Fremdsysteme wie bspw. einem Webshop, der an ein SAP R/3 System angebunden ist. Eine ähnliche Problematik ergibt sich durch Technologien wie Web Services, Portale und die Integration heterogener Systeme. Einen ersten Schritt, dieser Herausforderung an ihr Lizenzmodell zu begegnen, hat die SAP AG mit dem Nutzertyp *Externes Community-Mitglied* getan (SAP AG 2003, S. 13).

Ein weiteres Beispiel für ein primär nutzerbezogenes Lizenzmodell findet sich bei dem Unternehmen Sun Microsystems, das für seine Java Enterprise System und Java Desktop System Software ein Lizenzmodell entworfen hat, das sich an Regierungsbehörden und internationale Hilfsorganisationen richtet. Nach diesem Modell muss für die Softwarelizenzen einer von drei Tarifen entrichtet werden, wenn bspw. eine Regierungsbehörde ihren Bürgern E-Mail oder Webapplikationen verfügbar machen will. Die Tarife gelten **pro Einwohner** und richten sich nach der Einstufung eines Landes gemäß einer Klassifikation der Vereinten Nationen. So muss bspw. die Regierung eines „wenig entwickelten" Landes ca. 0,40 US-$ pro Einwohner für die Bereitstellung von E-Mail bezahlen. Derselbe Service kostet in einem „weiter entwickelten" Land 5 US-$ (McMillan 2004).

Das nutzerbezogene Lizenzierungsmodell ist auch dann für den Kunden interessant, wenn er, in einer frühen **Evaluationsphase** des Produkts, nicht sofort große Investitionen in komplette Produktlizenzen durchführen kann und will. So können einzelne Nutzer mit einer Einzellizenz das neue Produkt kennen lernen, ohne dass sofort ein aufwändiger Genehmigungsprozess für teure Lizenzen im Unternehmen notwendig wird (Bednarz 2004).

3.2.5.2.3.2 Primär wertbezogene Lizenzmodelle

Im Gegensatz zu den primär nutzerbezogenen Lizenzmodellen wird beim wertbasierten Ansatz die Lizenzgebühr an den Wert einer vorher definierten Kennzahl gekoppelt.

Im Bereich der Personalabrechnung bspw. ist der **Personalbestand** eine häufig verwendete Determinante für die Lizenzkosten der eingesetzten Software (Wilderman 2002). So ist beim Einsatz des HR-Moduls von SAP R/3 neben den Lizenzen für die Nutzer der HR-Funktionen eine weitere Lizenzgebühr je 1.000 Personalstammsätze fällig (SAP AG 2003, S. 16). Für Planungs- und Dispositionssysteme werden häufig die **Herstellungskosten** der verkauften Produkte als bestimmender Faktor für die Lizenzgebühren herangezogen (Wilderman 2002).

3.2.5.2.3.3 Subskription als primär zeitbezogenes Lizenzierungsmodell

Traditionell wird Software mit einer dauerhaften Nutzungslizenz verkauft, denn die Software wird eingeführt und dann lange Zeit behalten. Normalerweise fallen neben den laufenden Lizenzkosten einige Zusatzkosten für den Kunden an, z.B. für Updates und Upgrades.

Beim **Abonnement-(Subskriptions-)Modell** bezahlt der Kunde eine relativ geringere Summe für die Nutzungslizenz, jedoch sind Leistungen wie Updates und Produktverbesserungen nicht Bestandteil des Lizenzvertrages und werden daher bei jedem Erscheinen neu angeboten und neu berechnet. Ein Beispiel für ein derartiges Lizenzmodell sind die Statistiksoftwareprodukte der Firma SAS, die bereits seit 1976 diese Strategie verfolgt. Zu diesem Zeitpunkt entsprach das Lizenzmodell zudem noch dem Subskriptions-Modell der IBM Mainframes, auf denen die SAS-Anwendungen liefen. Auch Microsoft hat sein Betriebssystem Windows XP mit einem Lizenzmodell vertrieben, demzufolge die Kunden verpflichtet waren, alle zwei Jahre ein Update zu beziehen. Dieses Vorgehen führte zu Protest. Während erwartet wird, dass die Umsätze mit Subskriptions-Softwarelizenzen steigen und gleichzeitig die Umsätze mit traditionellen Lizenzen leicht zurückgehen werden, gilt dies nicht für alle Anbieter: Anbieter von Unternehmenssoftware werden das Subskriptionsmodell eher nicht adaptieren, falls die Lizenzen zu abschreibungsfähigen Bilanzpositionen bei den Kunden führen.

3.2.5.2.3.4 Primär infrastrukturbasierte Lizenzmodelle

Ein Beispiel für ein infrastrukturbasiertes Lizenzmodell, das sich primär am Ausmaß der Nutzung der Infrastruktur orientiert, ist die endgeräteabhängige Lizenzierung von Microsoft Exchange 2003. Microsoft bot zwei Modelle an: Pro-User- und Pro-Device-Lizenzen. Während die Pro-User-Lizenz es einem bestimmten User erlaubt, von beliebigen Endgeräten, z. B. Desktop, Laptop und Handheld, die Software zu nutzen, geht die Pro-Device-Lizenz vom umgekehrten Fall aus: Hier können mehrere User von einem ganz bestimmten **Endgerät** aus auf die Anwendung zugreifen. Dies ermöglicht den gemeinsamen E-Mail-Zugang für viele „schreibtischlose" Mitarbeiter, wie dies bspw. in Werkstätten üblich ist (Fontana 2003).

Besondere Anforderungen an dieses Lizenzmodell richten die Entwicklungen im Bereich der IT-Infrastruktur, die unter dem Begriff „Flexible Infrastruktur" bekannt sind. Die flexible, bedarfsabhängige Nutzung von IT-Infrastruktur („adaptive", „on demand", „utility computing" usw.) ist für Kunden eine Alternative zum Bezug einer für Bedarfsspitzen ausgelegten Infrastruktur. Kosten für die Hardwarenutzung fallen in Abhängigkeit von der tatsächlichen Nutzung der zugrunde liegenden Infrastruktur an, bspw. von Prozessor und Speicher. Dies bleibt nicht ohne Folgen für die auf der Infrastruktur laufende Software, denn einige Hersteller machen die Lizenzkosten ihrer Produkte z. B. von der Anzahl der Prozessoren abhängig: Kunden der Firma IBM haben auf einer Reihe von Rechnertypen die Möglichkeit, **Prozessoren** je nach Bedarf hinzu- und wegzuschalten. Hierbei können Sie zwischen temporärer und dauerhafter Kapazitätsanpassung wählen. Werden andere Server verwendet, haben die Kunden zusätzlich die Möglichkeit, benötigten **Hauptspeicher** in 4 GB Blöcken hinzuzuschalten und auch diesen flexibel nach Inanspruchnahme abzurechnen. Während dieses Modell vor allem für Outsourcing-Konstellationen angewendet wird, bietet HP Pay-per-use für einige Server an, die beim Kunden vor Ort stehen. Gemessen wird entweder die Anzahl der aktiven Prozessoren oder ihre Auslastung. Abgerechnet wird nach der Anzahl der Tage, an denen die Prozessoren genutzt wurden. Die Messergebnisse der beim Kunden installierten Messsoftware werden über eine unidirektionale E-Mail zum Hersteller gesendet und dort für eine monatliche Abrechnung herangezogen. Einen ähnlichen Ansatz gibt es von Sun Microsystems für **Speicherplatz**. Das Unternehmen will Speicherplatz für einen festen Preis pro Megabyte und Monat vermieten.

Auch die **Anzahl der CPUs** kann als Bezugsgröße in einem infrastrukturbasierten Lizenzmodell dienen. So werden einige Produkte des Datenbankherstellers Oracle und der Anbieter von Unternehmenssoftware Peoplesoft und SAP teilweise auf

Pro-Prozessor-Basis lizenziert. Laufen diese Anwendungen nun auf einer flexiblen Infrastruktur, z. B. mit einer variablen Anzahl von Prozessoren, bedeutet dies eine Herausforderung für die Lizenzierungsstrategien der Softwareanbieter. Wird in einem solchen Fall der höchstmögliche Software-Lizenzpreis berechnet, werden die für die flexible IT-Infrastruktur sprechenden Kostenargumente schnell zunichte gemacht. Einen ersten Lösungsansatz stellt Oracles Verfahren dar, die Lizenzkosten ihrer Software nach der Anzahl der *aktiven* Prozessoren zu richten (Friedmann 2003). Es ist jedoch nicht immer eindeutig, was in dieser Sichtweise als ein Prozessor anzusehen ist.

3.2.5.2.4 Methode: Bewertung von Lizenzmodellen

Die im Folgenden aufgeführten Determinanten dienen als Bewertungshilfe für Lizenzierungsmodelle dienen. Somit können Antworten auf folgende Entscheidungsprobleme gegeben werden:

- Kommt ein bestimmtes Lizenzmodell für den konkreten Anwendungsfall überhaupt in Frage?
- Wenn das Lizenzmodell in Frage kommt: Worauf muss geachtet werden, um den Lizenzvertrag möglichst vorteilhaft zu gestalten?

Sollen für den Nutzer der Lizenz relativ **geringe Initialkosten** anfallen, profitiert man beim Subskriptions-Lizenzmodell von den geringen Kosten zu Beginn der Vertragsbeziehung und der Möglichkeit, eine langfristige Beziehung zu dem Softwareanbieter aufzubauen, den sie fortlaufend bezahlen. Außerdem harmoniert das Modell mit dem Konzept einer flexiblen Infrastruktur: zunächst geringe IT-Investitionen, die mit steigenden Anforderungen wachsen. Wenn sich der Kunde in einer **Testphase** befindet, stellt die *userbezogene* Lizenzierung eine interessante Alternative dar: die Pro-Nutzer-Lizenzierung für einzelne Testuser verhindert aufwändige Genehmigungsprozesse für teure Lizenzen im Unternehmen.

Falls ein **gemeinsamer Zugriff mehrerer User** geplant ist, um bspw. in Werkstätten oder Krankenhäusern mehreren „schreibtischlosen" Mitarbeitern den Zugang zu einer Anwendung wie E-Mail zu ermöglichen, bieten sich sog. *Pro-Device-Lizenzen* an, bei denen die Lizenzkosten pro Endgerät anfallen. Wird auf das zu lizenzierende Produkt nicht von einem (Dialog-)User zugegriffen, sondern z. B. über Fremdsysteme, Web Services oder Portale, spricht man von einem **indirekten Zugriff**. Speziell für diesen Fall stellen manche Anbieter einen speziellen Nutzertyp bereit. Im Falle, dass auf IKT-Ebene eine **flexible Infrastruktur** eingesetzt wird, die für den Betrieb der zu lizenzierenden Software verwendet wird, sollte ein primär *infrastrukturbezogenes* Software-Lizenzmodell dynamische Anpassungen der Infrastruktur, z. B. das Deaktivieren einer CPU, berücksichtigen.

Liegt der Nutzung der Software ein *wertbasiertes Lizenzmodell* zugrunde, sollten sich Lizenzverhandlungen auf jeden Fall um die Bestimmung einer angemessenen und „fairen“ Bezugsgröße drehen. Dies ist vor allem dann entscheidend, wenn **regionale oder branchenspezifische Besonderheiten** vorliegen. So ist beispielsweise bei den Herstellungskosten der abgesetzten Produkte zu berücksichtigen, dass diese nach US-GAAP anders ermittelt werden als nach HGB. Zudem müssen bei Großhändlern, die ihren Gewinn weniger durch große Margen als vielmehr durch hohe Mengen erwirtschaften und daher tendenziell hohe Umsatzkosten aufweisen, angepasste, d.h. niedrigere Multiplikatoren für die Ermittlung der Lizenzgebühren angesetzt werden (Wilderman 2002). Tritt ein Unternehmen als **Application Service Provider** (ASP) auf, so sind speziell auf dieses Szenario ausgerichtete *Service-Provider-Lizenzmodelle* sinnvoll, um die gehostete Software kostengünstig anzubieten (Walsh 2003, S. 106). Microsoft bietet bspw. für Systemhäuser ein *Service Provider License Agreement* an, das sich selbst wiederum aus nutzerbezogenen oder infrastrukturbezogenen Lizenzmodellen zusammensetzt.

3.2.5.3 Softwareentwicklung

Nachdem verschiedene Alternativen der Softwarebereitstellung betrachtet wurden, wird nun der **Lebenszyklus einer Anwendung** beschrieben, dem Entwicklung, Einführung und operativer Betrieb unterliegen (Abbildung 3-36).

Die in Abbildung 3-36 dargestellten Kurvenverläufe repräsentieren keine kumulierten Werte, sondern nichtkumulierte Werte zu einem bestimmten Zeitpunkt. Die Phasen des Lebenszyklus im Einzelnen sind nach *Heinrich* (2002, S. 263ff.):

- **Entwicklung:** In der Phase der Entwicklung werden die Schritte der Ideenfindung und -verwirklichung der Software-Entwicklung durchlaufen. In der Entwicklung fallen während des Lebenszyklus die höchsten Kosten an.
- **Einführung:** Erfolgt eine schrittweise Einführung, ergibt sich eine wachsende Nutzung. Die Nutzungsintensität wird auch vom Auftreten und Beseitigen von Fehlern während der Installationstests und zu Beginn des produktiven Betriebes bestimmt.
- **Wachstum:** In dieser Phase sind alle Tests abgeschlossen, alle während der Einführung aufgetretenen Fehler beseitigt und alle Funktionen können produktiv genutzt werden. Die Nutzung nimmt durch weitere Nutzer zu, sofern es sich nicht um eine Basisanwendung mit beschränktem Benutzerkreis handelt.
- **Sättigung/Reife:** In dieser Phase erreicht die Nutzung ihren Höhepunkt. Bisherige Nutzer können keine weiteren Nutzungsmöglichkeiten entdecken und weitere Nutzer kommen nicht mehr hinzu. Der Rückgang kann daran liegen, dass das System nicht mehr dem Stand der Technik entspricht, mit anderen konkurriert oder die unterstützten Aufgaben nach Menge und Bedeutung zurückgehen.

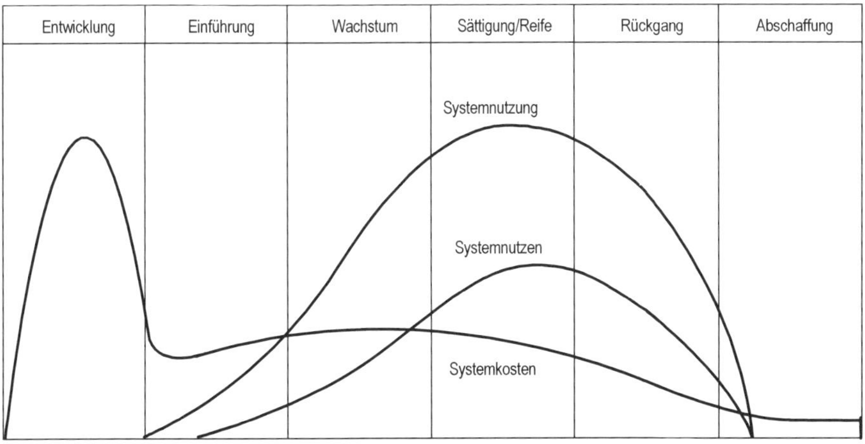

Abbildung 3-36. Lebenszyklus-Modell
Quelle: In Anlehnung an Heinrich (2002, S. 237)

- **Rückgang:** Der in der Phase Sättigung/Reife einsetzende Rückgang setzt sich fort.

- **Abschaffung:** Hier muss die Entscheidung getroffen werden, zu welchem Zeitpunkt ein System durch ein neues abgelöst wird. Über den Zeitpunkt der Nutzung hinaus kann das auslaufende System noch Umstellungskosten oder auch remanente Lizenzkosten verursachen.

Bei der Betrachtung einer Anwendung während des Lebenszyklus ist zu beachten, dass der dargestellte idealtypische Verlauf nicht zwangsläufig eintreten muss, d.h. dass sich sowohl Systemnutzung, -nutzen und -kosten im Zeitablauf dynamisch entwickeln und von externen Faktoren beeinflusst werden.

Um Aussagen über den gesamten Lebenszyklus einer Anwendung zu treffen, müssen die in Abbildung 3-36 dargestellten Größen über den Zeitablauf hinweg summiert werden, um z.B. die Total-Cost-of-Ownership einer Anwendung (TCO) zu ermitteln. Bei der Betrachtung dieser kumulierten Größen ist zu beachten, dass z.B. die anteiligen Kosten einer Phase am gesamten Lebenszyklus vom Alter einer Anwendung abhängig sind. Bei einer Anwendung, die erst vor kurzem eingeführt wurde, ist der Anteil der Erstentwicklungskosten an den Gesamtkosten sehr hoch – bei älteren Anwendungen dagegen fällt der relative Anteil der Betriebs- und Weiterentwicklungskosten höher aus (Zarnekow et al. 2004, S. 185). Daraus folgt, dass nur die vergleichende Betrachtung der gesamten (erwarteten) Lebenszykluskosten einzelner Anwendungen betriebswirtschaftlich richtige Entscheidungen ermöglicht.

3.2.5.3.1 Ideenfindung und Ideenverwirklichung: Die Software-Entwicklung

Nach der Konkretisierung von Anwendungsideen muss die Entscheidung pro oder kontra *Verwirklichung* vorbereitet und getroffen werden. In vielen Organisationen wird zu Beginn einer **Anwendungsentwicklung** ein *Antrag* für das Management (im eigenen Unternehmen oder bei Kunden) geschrieben, der dieses von der Notwendigkeit und dem Nutzen der Entwicklung überzeugen soll. In diesem Antrag wird das Projekt kurz skizziert sowie eine grobe Abschätzung des finanziellen und des zeitlichen Aufwandes gegeben.

Nach der Entscheidung zur Verwirklichung wird der weitere Verlauf der Realisierung *geplant*. Der Erfolg einer Anwendungsentwicklung hängt u. a. davon ab, wie gut die einzelnen Schritte des Projektes vorgeplant werden, wie gut Probleme vorausgesehen und mögliche Lösungen vorbereitet werden. Ein Anwendungsprojekt wird nicht nur einmal zu Beginn geplant, sondern seine Projektplanung ist ein laufender, die Entwicklung begleitender Prozess. Zu Beginn werden die Meilensteine und die Ergebnisse definiert und ein grober Zeitplan entworfen. Weitere Pläne betreffen das Testen, das Training des Personals und die Wartung. Mit zunehmendem Projektfortschritt werden diese verfeinert und bei Bedarf geändert oder erweitert.

Meilensteine haben zwei Aufgaben: Für den Anwendungsentwickler bedeutet das Erreichen eines Meilensteins den Abschluss einer Phase im Anwendungsentwicklungsprozess, z.B. der Analyse oder des Designs. Für das Management dient ein Meilenstein der Kontrolle des Projektfortschrittes, der Kostenkontrolle, der Überprüfung der Sinnhaftigkeit des Projektes und der Risikoabschätzung. Weiterhin sind zu Beginn des Projektes die **Ziele und Kriterien zur Zielerreichung** festzulegen. Mögliche Kriterien sind Zuverlässigkeit, Einhaltung des Zeitrahmens, Kosten, Effizienz, Portabilität und Wiederbenutzbarkeit. Verschiedene Optionen zur Durchführung des Projektes sind anhand dieser Kriterien zu bewerten und einander gegenüberzustellen, und zwar sowohl zu Projektbeginn als auch im Laufe des Projektes.

Im weiteren Verlauf der Anwendungsentwicklung durchläuft das Projekt einen so genannten **Software-Zyklus** mit mehreren Stadien, der überwiegend durch lineare *Phasenmodelle* dargestellt wird. Das Grundprinzip reiner **Phasenkonzepte** ist immer gleich: Nach der Definition der System-Anforderungen wird ein vorläufiges Konzept aufgestellt, das dann hinsichtlich der Anforderungen überprüft, entsprechend modifiziert und verfeinert wird. Nachdem der Entwurf erstellt bzw. das Design abgeschlossen ist, kann die Implementierung beginnen, die zuerst vorläufig ist und eine Phase des Testens zur Folge hat. Treten bei der gefundenen Lösung keine weiteren Fehler auf, so kann diese endgültig installiert werden. Die Inbetriebnahme und Wartung des Systems bildet in allen Konzepten die letzte Phase.

In der Praxis werden **Vorgehensmodelle** meistens auf der Basis von Phasenkonzepten definiert. Grundprinzip ist dabei die Abgrenzung der einzelnen Phasen voneinander durch anfangs definierte Meilensteine oder andere wohldefinierte Entscheidungs- und Genehmigungspunkte. Die Phasen folgen sequentiell aufeinander, wobei in jeder Phase eine bestimmte Menge von Aktivitäten durchzuführen ist, die innerhalb einer Phase auch parallel bearbeitet werden können. Rücksprünge in vorangegangene Phasen sind zulässig, wenn festgestellt wird, dass gesteckte Ziele sonst nicht erreicht werden können (Seibt 2001, S. 498).

Neben diesen sequentiellen (Phasen-)Konzepten gibt es jedoch auch Konzepte, die ein iteratives Vorgehen im Anwendungsentwicklungsprozess vorsehen. Grund dafür ist, dass die Anwendungsentwicklung meist ein *iterativer Prozess* ist, für dessen Ablauf fest definierte Phasen, die sequentiell durchlaufen werden, wenig geeignet erscheinen. Bei iterativem Vorgehen ist ein Zurückspringen zu vorangegangenen Arbeitsschritten möglich, bspw. wird nach einer Probeimplementierung wieder bei der Definition oder dem Entwurf angesetzt. Aus diesem Grunde haben sich für das Management von Anwendungsentwicklungsprojekten – neben den gängigen sequentiellen – iterative Modelle durchgesetzt. Neben der Differenzierung von Vorgehensmodellen nach deren Ablauf (sequentiell vs. iterativ) ist der Grad der Formalisierung eines Vorgehensmodells ein weiteres Kriterium, nach dem Vorgehensmodelle unterschieden werden können.

		Ablaufgestaltung	
		Sequenziell	**Iterativ**
Formalisierung	**Stark formalisiert**	Wasserfallmodell, V-Modell (200x), Inkrementell strukturierter Ansatz, W-Modell, (Neo-) Hermes …	Spiralmodell, RUP, Prototyping, OO Lifecycle-Modell, Feature Driven Development …
	Wenig formal		Extreme Programming, Object Engineering Process, Partizipative Softwareentwicklung, Scrum …

Abbildung 3-37. Überblick der Vorgehensmodelle zur Anwendungsentwicklung

Quelle: Eigene Darstellung

Abbildung 3-37 enthält eine Auflistung gängiger Vorgehensmodelle. Da eine vorgegebene sequentielle Ablaufgestaltung eine stärkere Strukturierung vorgibt als dies ein interaktives Vorgehen notwendigerweise impliziert, bleibt der linke untere Quadrant (sequentiell, wenig formal) in dieser Darstellung unbesetzt. Auch lassen sich einige Modelle unter bestimmten Gesichtspunkten in andere Quadranten einordnen: Bspw. kann der Rational Unified Process (RUP) auch sequentiell verwendet werden, jedoch sind die dargestellten Modelle nach ihrer ursprünglichen Konzeption eingeordnet. Nachfolgend soll nun exemplarisch für jeden Quadranten jeweils ein Vorgehensmodell näher betrachtet werden. Als Vertreter für die stark formalisierten, sequentiellen Modelle wird das V-Modell mit seiner Weiterentwicklung in Form des V-Modell 200x betrachtet; als iteratives, stark formalisiertes System dient das Spiralmodell. Extreme Programming wird als wenig formalisiertes, iteratives Modell erläutert. Außer den genannten Beispielen wird zusätzlich RUP aufgrund seiner oben beschriebenen Eigenheit erläutert.

Das Wasserfallmodell als Grundmuster aller Phasenmodelle wurde durch die Integration qualitätssichernder Maßnahmen 1992 zum **V-Modell** weiterentwickelt und 1997 überarbeitet (vgl. Abbildung 3-38). Verifikation und Validierung sind Teil des Modells. Die Verifikation überprüft dabei die Korrektheit des Systems (= Übereinstimmung mit der Spezifikation), während die Validierung die Angemessenheit des Systems an die Problemstellung sicherstellen soll. Hierzu spezifizieren die potenziellen Nutzer des Systems Anwendungsszenarien, anhand derer das Gesamtsystem validiert wird (Balzert 2002).

Die Strukturierung des V-Modells erfolgt anhand der drei Ebenen Vorgehensweise (Was ist zu tun?), Methode (Wie ist es zu tun?) und Werkzeuganforderungen (Womit ist etwas zu tun?). Diese Ebenen werden jeweils den vier *Submodellen*

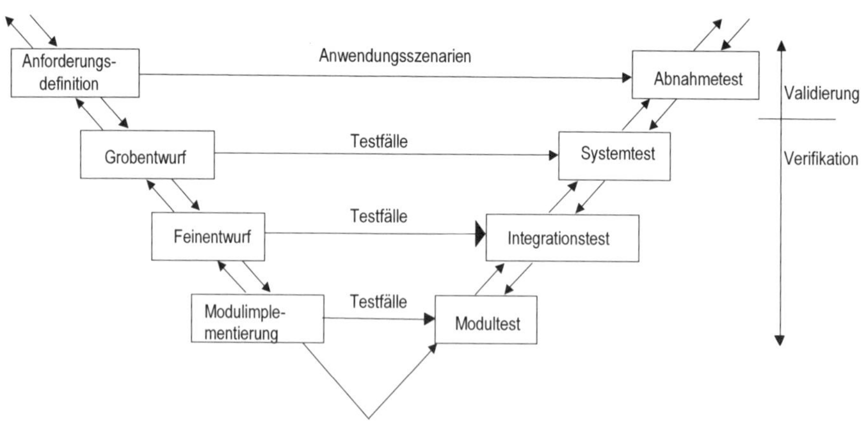

Abbildung 3-38. V-Modell

Quelle: Balzert (2002, S. 101)

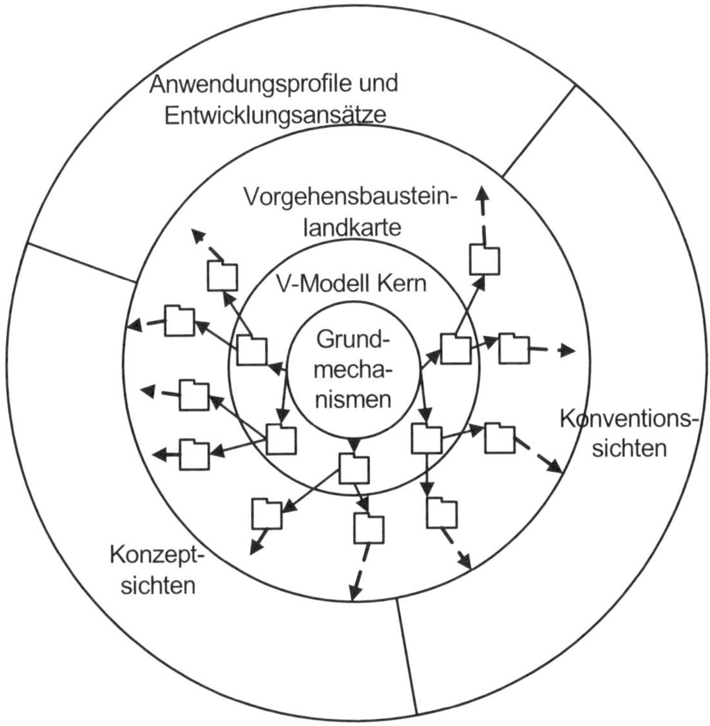

Abbildung 3-39. Grobstruktur des V-Modells 200x im Überblick
Quelle: Deubler (2003, S. 13)

Projektmanagement, Systemerstellung, Qualitätssicherung und Konfigurationsmanagement zugeordnet (Hummel/Midderhoft 1997, S. 42). In jedem der Submodelle existieren die drei grundsätzlichen Rollen des Managers, der Verantwortlichen und der Durchführenden, die abhängig vom Submodell zu verschiedenen Verantwortungsbereichen und entsprechenden Stellen führen.

Diese Struktur des V-Modells soll im Rahmen der Weiterentwicklung des Entwicklungsstandards für IT-Systeme des Bundes flexibilisiert werden (vgl. Abbildung 3-39). Grundlage dieser Überarbeitung sind **Vorgehensbausteine**, die *inhaltlich zusammengehörende Aktivitäten*, *Produkte* und *Rollen* kapseln und somit getrennt änderbar und erweiterbar sind. Eine Grundmenge obligatorischer Vorgehensbausteine wird durch den V-Modell-Kern festgelegt. Je nach Eigenschaften des Vorhabens wird diese Basis durch Bausteine erweitert, die in *Anwendungsprofilen* enthalten sind. Diese Profile enthalten neben Vorgehensbausteinen so genannte *Entwicklungsansätze*, welche die zeitliche Reihenfolge der Vorgänge enthalten. Der Abschluss eines Vorgehensbausteins wird durch die Fertigstellung eines bestimmten qualitätszusichernden Produktes erreicht. Aktivitätsgruppen gliedern einzelne Aktionen thematisch z. B. in der Gruppe Projektmanagement. Ein bestehender Katalog von Anwendungsprofilen beschleunigt die Konzeption eines Projektes. Zwei verschiedene Arten von Sichten erlauben die selektive Betrachtung von Inhalten des V-Modells. Die *Konventionssichten* erlauben den Blick auf ein Projekt anhand von (Quasi-) Standards wie bspw. CMM oder ISO 15288. Die *Konzeptsichten* erlauben z. B. in Form von Produkt- Aktivitäts- oder Rollensicht die Anordnung bestimmter Inhaltstypen (Deubler et al. 2003, S. 11ff.).

Ein Beispiel für ein risikoorientiertes Management von Anwendungsentwicklungsprojekten, das den iterativen Charakter der Softwareentwicklung berücksichtigt, ist das **Spiralmodell** von *Boehm* (1988), das in Abbildung 3-40 dargestellt ist. Es sieht in regelmäßigen Abständen eine Abschätzung des Risikos, der Kosten und des Nutzens anhand von Dokumenten und Software-Prototypen vor. Das oberste Ziel dieses Vorgehens stellt die Minimierung des Risikos dar, was durch die Einbindung einer risikogesteuerten Abbruchmöglichkeit realisiert wird.

Zu Beginn jeder Spiralenrunde werden in einem **ersten Schritt** das Ziel, die Vorgaben (z. B. Höhe der Kosten) und die Alternativen sowie deren Randbedingungen festgelegt. Die Alternativen werden in einem **zweiten Schritt** in Bezug auf Ziel

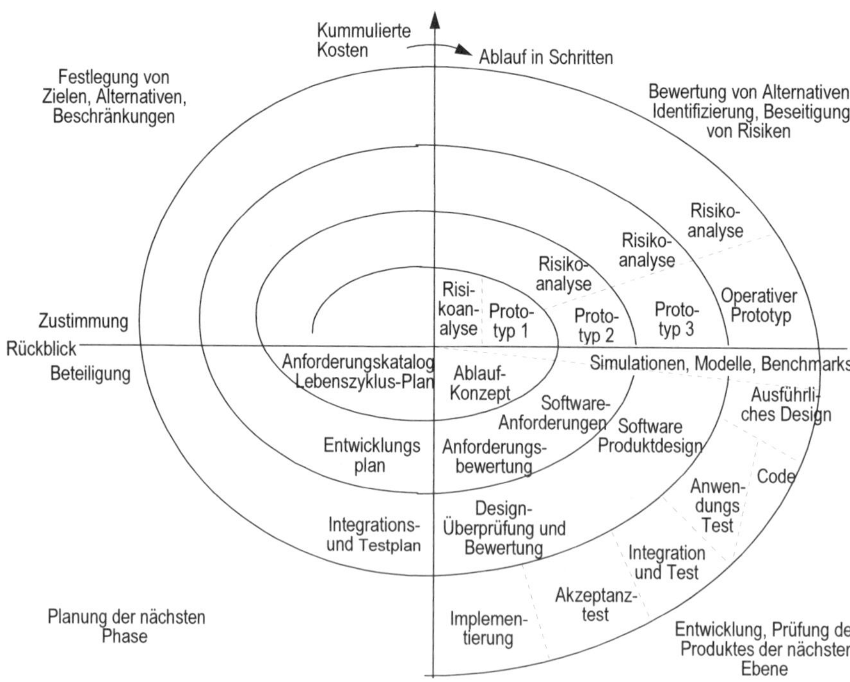

Abbildung 3-40. Spiralmodell der Softwareentwicklung

Quelle: nach Boehm (1988, S. 123)

und Vorgaben ausgewertet, um dann eine kosteneffektive Strategie zu formulieren, welche anschließend auf Risiken untersucht wird. In einem **dritten Schritt** wird abhängig von den verbleibenden Risiken ein Prozessmodell oder eine Kombination von Prozessmodellen festgelegt, woran sich die Entwicklung eines Prototyps anschließt, der wiederum genauer hinsichtlich der Anforderungen überprüft wird. Im **vierten Schritt** werden der nächste Zyklus sowie die dafür notwendigen Ressourcen geplant. Dabei erfolgt ein Rückblick auf die ersten drei Schritte, der ausschlaggebend ist, ob und wie das Projekt weiter fortgeführt werden soll. Fällt die Entscheidung für einen weiteren Zyklus, so werden nach der wiederholten Festlegung der Ziele, Vorgaben und Alternativen wiederum die Risiken abgewogen. Dabei wird die Phase der Entwicklung und Verifizierung des Prototyps immer konkreter, bis letztendlich ein vorläufiger Plan vorliegt. Dieser beinhaltet einen einsatzfähigen Prototyp, der ausgehend von einem detaillierten Design über die Programmierung, einem Integrations- und Akzeptanztest hin zur Implementierung führt. Dabei ist zu bemerken, dass der vierte Schritt des letzten Zyklus analog zum Wasserfallmodell gestaltet ist.

Die graphische Darstellung des Entwicklungsprozesses in Form einer Spirale erlaubt einerseits vereinfachte Aussagen über die akkumulierten Entwicklungskosten, die durch die Fläche der Spirale repräsentiert werden. Andererseits gibt der Winkel der Spirale Aufschluss über den Entwicklungsfortschritt innerhalb eines bestimmten Zyklus (Balzert 2002).

Ein Verfahren, das sowohl sequentiell als auch iterativ eingesetzt werden kann, ist der **Rational Unified Process (RUP).** Dabei handelt es sich um ein Prozessprodukt, das als Element der UML von dem Unternehmen Rational Software bzw. IBM durch verschiedene Entwicklungswerkzeuge in Form von Software, Handbüchern und Dokumentenvorlagen unterstützt wird (vgl. Kruchten 1999, S. 17ff.). Das Ziel von RUP ist ein Software-Entwicklungsprozess, der sich auf eine wiederholbare und nachvollziehbare Erstellung qualitativ hochwertiger Systeme konzentriert. Das Vorgehen beinhaltet die sechs *Best Practices* iterative Entwicklung, Anforderungsmanagement, komponentenbasierte Architektur, visuelle Modellierung, Prüfung der Software-Qualität und kontrolliertes Änderungsmanagement.

Aufbauend auf den Phasen des Spiralmodells unterscheidet RUP die Prozess-Workflows Anforderungsmanagement, Analyse & Design, Implementierung und Test. Diese werden durch den zu Beginn eines Projektes relevanten Workflow der Geschäftsprozessmodellierung sowie den abschließenden Schritt der Verteilung einer Software erweitert. Zudem werden die drei Unterstützungs-Workflows Konfigurations- und Änderungsmanagement, Projektmanagement und Entwicklungsumgebung unterschieden, welche sich durch alle Schritte der Software-Entwicklung hindurch ziehen. Die Höhe der Kurve in Abbildung 3-41 stellt für jeden Workflow dar, wie groß der Aufwand innerhalb eines bestimmten Abschnittes ist. Zeitlich erfolgt für das gesamte Entwicklungsprojekt eine Einteilung in die Abschnitte Vorbereitung (Inception), Ausarbeitung (Elaboration), Konstruktion

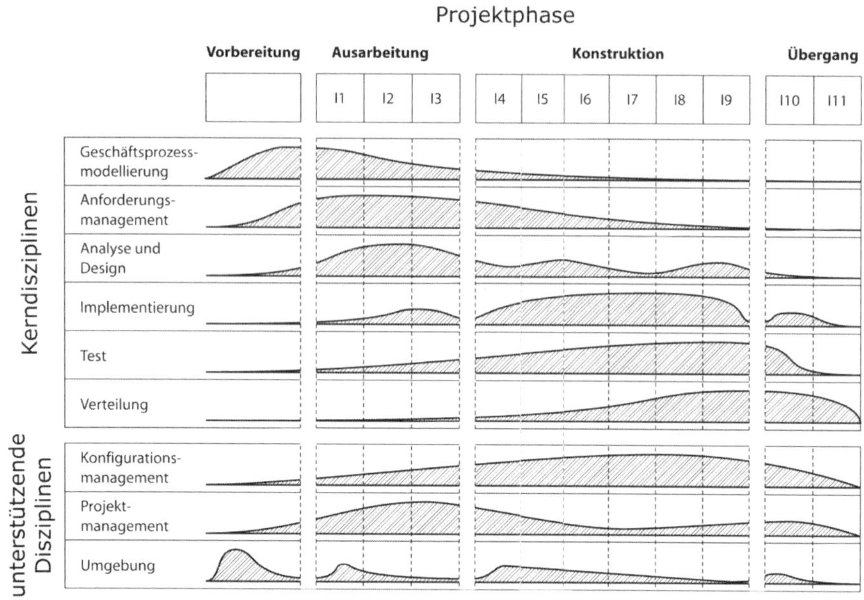

Abbildung 3-41. Die zwei Dimensionen der Prozessstruktur des Rational Unified Process
Quelle: In Anlehnung an Kruchten (1999, S. 23)

(Construction) und Übergang (Transition), welche jeweils mehrere Iterationen (in der Abbildung mit I1 bis I11 gekennzeichnet) durchlaufen können, bevor der Übergang in den nächsten Abschnitt erfolgt. Während der **Vorbereitung** erfolgt die Spezifizierung der Endproduktvision sowie der wesentlichen Geschäftsvorfälle. Zudem werden der Umfang des Projektes abgesteckt und Kosten und Risiken eruiert. Innerhalb der **Ausarbeitung** erfolgt das Design der Architektur wie auch die Planung der dafür notwendigen Aktivitäten und Ressourcen. Das Ziel der **Konstruktion** stellt das fertige Produkt dar, für dessen Erreichung i.d.R. mehrere Iterationen durchlaufen werden müssen. Der **Übergang** eines Systems an die Benutzer bildet zusammen mit der Qualitätsprüfung und dem sich daran anschließenden Training und Support den Abschluss eines RUP gesteuerten Projektes. Zur selektiven Betrachtung des Ganzen, stehen die logische Sicht, die Implementierungssicht, die Prozesssicht, die Verteilungssicht sowie die Anwendungsfallsicht zur Verfügung.

Ein als „leichtgewichtig“ bezeichnetes Vorgehensmodell stellt **Extreme Programming (XP)** dar. Im Rahmen der agilen Softwareentwicklung (The Agile Alliance 2001) beschränkt es sich dabei auf die Betrachtung des Prozesses der Softwareerstellung und blendet die Planungsvorgänge aus. In Situationen, in denen eine Entwicklung durch unklare Anforderungen und häufige Änderungen gekennzeichnet ist, gibt XP einen Kern von Werten und Prinzipien an die Hand, der insbesondere die *Kommunikation* innerhalb eines Projektes vereinfachen soll (Beck 1999, S. 29ff.). Insbesondere steht die Dialektik zwischen Kunde und Entwickler im Vordergrund, die bei XP durch einen wenig strukturierten Ablauf realisiert wird. Einen wichtigen Aspekt stellt die *strikte Arbeitsteilung* zwischen diesen beiden Parteien dar. Während dem Kunden die Planung und Beschreibung von Vorgängen obliegt, ist die Aufgabe des Entwicklers lediglich die Umsetzung der Prozesse in Code und die Rückmeldung über (Miss-)Erfolg und außergewöhnliches Verhalten eines Prozesses. Die Kommunikation erfolgt in Form von „*User Stories*“, die getrennt entwickelt und getestet werden können und auf verschiedenen Abstraktionsebenen beschreiben, wie sich die zu erstellende Software verhalten soll. Durch die Detaillierung einer übergeordneten User Story kann das Verhalten eines bestimmten Arbeitsschrittes in einer Software beschrieben werden. Zur Vermeidung von Missverständnissen sieht das Konzept vor, dass zumindest ein Vertreter der Kundenseite die Entwicklung der Software ständig begleitet und somit als Kunde vor Ort bzw. „*on-site customer*“ agiert. Idee des „*Pair Programming*“ beinhaltet sogar, dass Kunden teilweise während der Programmierung mit dem Entwickler zusammen an einem Computer den Prozess entwerfen bzw. korrigieren. Neben der Kommunikation über User Stories wird die Koordination durch die Rolle eines Managers unterstützt, der die Aufgabe hat, alle politischen und organisatorischen Hindernisse einer Entwicklung zu klären. Die Abgrenzung der Rollen aller Beteiligten wird für Manager und Kunden sowie für Entwickler jeweils durch fünf Rechte geklärt, die von den Inhabern der anderen Rollen respektiert werden müssen.

Die Anwendung von XP erscheint insbesondere für kleine Entwicklungsprojekte geeignet, zumal es eine intensive persönliche Kommunikation voraussetzt. Durch die Formulierung und formlose Überarbeitung der User Stories eignet es sich für die schnelle Erstellung von Teilprogrammen und kann bereits nach kurzer Zeit mit ersten Ergebnissen aufwarten. Im Gegensatz zu anderen Vorgehensmodellen kann somit eine *Ad-hoc-Entwicklung* realisiert werden (Jeffries et al. 2001, S. 1ff.).

Stellt man die beschriebenen Vorgehensmodelle hinsichtlich der Eignung für ein spezifisches Entwicklungsprojekt gegenüber, so spielen neben den bereits beschriebenen Kriterien des Formalismus und des zeitlichen Vorgehens auch die Größe eines Projektes, das Anwendungsgebiet und der Einsatz von Werkzeugen eine wichtige Rolle. Unabhängig von der Wahl eines Vorgehensmodells muss berücksichtigt werden, dass das Vorgehensmodell an die Belange eines konkreten Entwicklungsprojektes angepasst werden muss. Die Verwendung eines reinen Phasenmodells erfordert im Vorfeld eine genaue Planung, da während der Entwicklung keine explizite Wiederholung einer Phase vorgesehen ist. Die korrekte Konzeption einer Entwicklung bedarf somit einer ganzheitlichen Betrachtung, die alle Aspekte des Projektes behandeln kann. Der Planungsaufwand eines solchen Phasenmodells ist meist nur bei großen Projekten gerechtfertigt, da eine gewisse Software-Bürokratie damit einhergeht. Das V-Modell als Vertreter der stark formalisierten, sequentiellen Modelle kann kaum ohne die Unterstützung von entsprechenden *CASE-Tools* angewandt werden und ist für kleine bis mittlere Softwareprojekte durch den hohen Grad des Formalismus nicht immer sinnvoll. Für große Projekte bietet es hingegen als generisches Vorgehensmodell Möglichkeiten zum Maßschneidern nach projektspezifischen Anforderungen. Jedoch besteht dabei die Gefahr, dass bestimmte Software-Entwicklungsmethoden festgeschrieben werden, da das V-Modell nicht methodenneutral ist. Wesentlich flexibler kann das Spiralmodell eine Entwicklung unterstützen, da es neben der Möglichkeit der periodischen Überprüfung eines Projektes auch die Möglichkeit bietet, für einen neuen Zyklus ein anderes Vorgehensmodell zu wählen. Trotz dieser Flexibilität ist beachten, dass auch bei diesem Modell ein hoher Managementaufwand entsteht, der dieses Modell für kleine und mittlere Projekte weniger geeignet erscheinen lässt. Zur Unterstützung mittlerer und großer Projekte kann RUP herangezogen werden. Aufgrund seiner Verbindung zu UML ist es zwar nicht methodenneutral, jedoch enthält es alle notwendigen Methoden für große Projekte und kann durch seine Anpassungsfähigkeit auch für mittlere Projekte verwendet werden. Die starke Anlehnung an das Spiralmodell impliziert dessen Vorteile und bietet zudem noch Kontrollmöglichkeit in Form von Meilensteinen zum Ende jeder Projektphase. Bei der Auswahl dieses Modells muss jedoch berücksichtigt werden, dass es ursprünglich für die objektorientierte Entwicklung konzipiert wurde und somit für prozedurales Programmieren Anpassungen notwendig sind. Für das Management von kleinen bis mittleren Projekten eignet sich XP insbesondere aufgrund seiner wenigen Formalismen und des kontinuierlich schnellen Fortschritts. Zwar wird die ganzheitliche Betrachtung der Entwicklung in Form von *big stories* nur bedingt gewährleistet, jedoch kann sich die geringe Bürokratie als hilfreich bei der schnellen Entwicklung eines zeitkritischen Prototyps erweisen.

3.2.5.3.2 Kostenschätzung in der Softwareentwicklung

Aus betriebswirtschaftlicher Sicht stellen Informationssysteme **Investitionsobjekte** dar; daher ist deren Entwicklung, Erwerb und Nutzung wirtschaftlich zu rechtfertigen. Zur Bestimmung der *Wirtschaftlichkeit* liegen jedoch nicht immer alle notwendigen Kosten- und Leistungsdaten in vollständiger Form vor, so dass z.B. auf Kostenseite häufig auf Schätzverfahren zurückgegriffen werden muss. Bei allen Schätzverfahren wird immer von den Erfahrungen bereits abgeschlossener Systementwicklungen ausgegangen (Biethan et al. 2004a, S. 360-361). Da die Personalkosten meist die Summe der anderen Kosten übertreffen, wird die **Kostenschätzung** und **-kontrolle** häufig in einem Zug mit der Projektterminierung und Projektüberwachung durchgeführt.

Burkhardt (2002, S. 85) teilt die üblichen Aufwandsschätzverfahren in drei Kategorien ein: *Algorithmische Methoden, Vergleichsmethoden und Kennzahlenmethoden.* Zudem gibt es weitere Methoden, die in keine der drei Kategorien passen oder zusammen mit anderen Methoden zur Anwendung kommen. In Tabelle 3-11 werden einige ausgewählte Methoden vorgestellt:

Tabelle 3-11. Methoden zur Aufwandsschätzung

Kategorie	**ausgewählte Methoden**
Algorithmische Methoden	**COCOMO II** PRICE-Schätzmodelle IBM-Faktor-Methode Zeit-Kosten-Planung
Vergleichsmethoden	**Function Point Methode** **Schätzung über Analogie** Erfahrungsdatenbank
Kennzahlenmethoden	Wolvertonmethode Boeing-Methode Aron-Methode Phasenorientierte Verteilung von Zeit und Ressourcen
Vorgehensweisen und Querschnittsverfahren	**Expertenschätzung** **Tragfähigkeit (Price-to-win Methode)** **Verfügbarkeit (Parkinson-Methode)** **Bottom-Up-Schätzung** **Top-Down-Schätzung**

Quelle: Eigene Darstellung

Nachfolgend wird die Funktionsweise einiger Kostenschätzmethoden (in Tabelle 3-10 fett) beschrieben.

3.2.5.3.2.1 Algorithmische Kostenschätzmethode: Beispiel COCOMO II

Bei algorithmischen Verfahren wird auf der Basis vergangener Projekte ein mathematisches Modell zur Kostenschätzung zukünftiger Projekte entwickelt. Hierzu wird ein Anwendungsprojekt durch Parameter wie Lines of Code, Anwendungstyp, Art der Anforderungen, verwendete Software-Engineering-Methode, verfügbare Werkzeuge, Zeitbeschränkungen und verfügbare wiederverwendbare Software-Module beschrieben und ein mathematischer Zusammenhang zwischen diesen Größen hergestellt.

Neben der Function Point Methode ist COCOMO II in der Industrie weit verbreitet. COCOMO II wurde 1995 vorgestellt und baut auf den Erfahrungen des 1981 vorgestellten COCOMO-Verfahrens (**Co**nstructive **Co**st **Mo**del) auf (Boehm 1981, S. 57-73; Londeix 1987, S. 47). COCOMO II trägt einigen Rahmenbedingungen Rechnung, die sich seit der Konzeption von COCOMO verändert haben: so sind heute bspw. die Wiederverwendung von Softwarekomponenten, die objektorientierte Programmierung und die Nutzung von standardisierter Middleware gängig.

Die Methode besteht aus drei Submodellen:

1. Im Submodell *Application Composition* wird insbesondere der Einsatz von Entwicklungstools, z. B. Programmgeneratoren oder CASE-Werkzeugen, berücksichtigt, mit deren Hilfe einfache Softwarekomponenten generiert werden können.

2. Befindet sich ein Entwicklungsprojekt noch in einer sehr frühen Phase (z. B. Analyse oder Prototyping), kann das *Early Design* Modell angewendet werden.

3. Ist das Design der Softwarearchitektur abgeschlossen und befindet sich das Projekt bereits in der Implementierungsphase, stellt das *Post Architecture* Modell einen passenden Ansatz bereit (Boehm/Fairley 2000, S. 11). Es ist das genaueste, d.h. am besten kalibrierte der drei Submodelle und wird breit eingesetzt.

Das *Post Architecture* Modell (Balzert 2002, S. 91) schätzt den Entwicklungsaufwand nach folgender Formel, wobei die Cost Driver sowohl multiplikativ als auch exponentiell einfließen (Boehm/Fairley 2000, S. 29):

$$PM = A \times Size^{E} \times \left(\prod_{i} EM_{i} \right)$$

wobei

PM	Mannmonate (person months)
A	Konstante zur Berücksichtigung linearer Skaleneffekte
Size	Größe des Produkts
E	Exponent zur Berücksichtigung nichtlinearer Skaleneffekte
EM_i	Parameter für Aufwandsanpassungen (effort multiplier)

Die als *Effort Multiplier* bezeichneten Cost Driver des Post Architecture Modells sind produktbezogen (z. B. erforderliche Wiederverwendbarkeit, Anforderungen an die Dokumentation), plattformbezogen (z. B. Stabilität der Plattform), personalbezogen (z. B. Erfahrung, Programmiersprachen- und Toolkenntnisse) und projektbezogen (z. B. zulässige Entwicklungszeit, verteilte Teamarbeit, siehe Kapitel 3.2.5.4) (Balzert 2002, S. 91-92). Die *Größe* des zu entwickelnden Produktes wird bspw. mit Hilfe von *Function Points* ermittelt oder durch *Object Points*, also z. B. Masken, Reports usw. (Vigenschow/Weiss 2003, S. 40). Ein Exponent für die Berücksichtigung von *Skaleneffekten* $E < 1$ würde bedeuten, dass bei einer Verdoppelung der Produktgröße der Aufwand für dessen Erstellung weniger als verdoppelt wird, d.h. die Produktivität steigt. Dies kann z. B. durch die Verwendung von projektspezifischen Tools erreicht werden. Ein Exponent $E > 1$ bedeutet, dass negative Skaleneffekte vorliegen, z. B. aufgrund des steigenden Kommunikationsaufwands in größeren Projekten. $E=1$ gilt vor allem für kleinere Projekte (Boehm/Fairley 2000, S. 30).

3.2.5.3.2.2 Vergleichsmethode: Beispiel Function Point Methode

Die 1979 entwickelte *Function Point Methode* gilt als eine der Standardschätzmethode in der Industrie: Mehr als 500 große Unternehmen setzen weltweit diese Methode ein, von der es inzwischen ungefähr 14 Varianten gibt. Eigentlich handelt es sich um eine Metrik zur Quantifizierung der Größe eines Softwaresystems. Sie wird als die beste verfügbare Methode zur Schätzung von kommerziellen Anwendungssystemen angesehen (Balzert 2002, S. 86).

Bei der Function Point Methode wird der Aufwand zur Erstellung eines neuen Produkts aus den Produktanforderungen ermittelt: Man geht davon aus, dass der Aufwand primär vom Umfang und von der Komplexität der Funktionen abhängt (Heinrich 2002, S. 491). Die Function Point Methode gliedert sich in mehrere Schritte:

1. **Kategorisierung**: Jede Produktanforderung wird einer der fünf Kategorien *Eingabedaten, Abfragen, Ausgabedaten, Datenbestände, Referenzdateien* zugeordnet.
2. **Klassifizierung**: Die Produktanforderungen werden als *einfach, mittel, komplex* klassifiziert.
3. **Ermittlung der unbewerteten Function Points**: Die Gesamtsumme der unbewerteten Function Points ergibt sich als Summe der gemäß ihrer Klassifizierung nach 2 unterschiedlich gewichteten Produktanforderungen in den fünf Kategorien aus 1. Jeder Anforderungs-Schwierigkeitsgrad in den diversen Kategorien kann eine unterschiedliche Gewichtung bedeuten, z.B. 3fach bei einfachen, 4fach bei mittleren und 6fach bei komplexen Anforderungen bezüglich Eingabedaten.
4. **Bewertung der Einflussfaktoren**: Entsprechend ihres Ausmaßes werden sieben Einflussfaktoren mit Zahlen bewertet: Verflechtung mit anderen Anwendungssystemen, dezentrale Verwaltung oder Verarbeitung der Daten, Transaktionsrate / Antwortzeitverhalten, Verarbeitungslogik, Wiederverwendbarkeit, Datenbestandskonvertierungen und Anpassbarkeit.
5. **Berechnung der bewerteten Function Points**: Die Summe der unbewerteten Function Points aus 3. wird um maximal 30 Prozent vermindert oder erhöht, indem die Wirkung der Einflussfaktoren aus 4. berücksichtigt wird.
6. **Aufwandsermittlung**: In einer auf empirischen Projektkostendaten beruhenden Tabelle kann aus den bewerteten Function Points der zu erwartende Aufwand (z.B. in Mannmonaten) abgeleitet werden. Die Tabelle gibt den unternehmensspezifischen Zusammenhang zwischen Function Point und Aufwand wieder.
7. **Aktualisierung**: Die Tabelle wird auf den neusten Stand gebracht, indem nach Beendigung des Entwicklungsprojektes das neue Wertepaar von Function Points und tatsächlichem Aufwand mit aufgenommen wird.

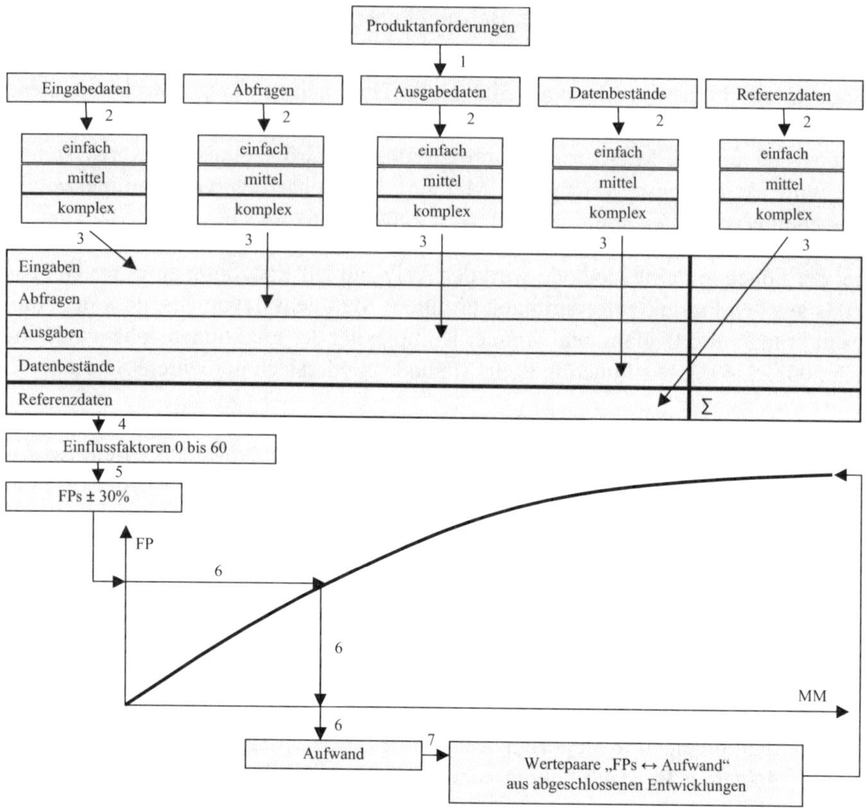

Abbildung 3-42. Vorgehensweise bei der Function Point Methode
Quelle: Balzert (2002, S. 86)

Die International Function Point Users Group (IFPUG) gibt ein Handbuch heraus, das detaillierte Zählregeln für die Ermittlung der FP enthält (Balzert 2002, S. 88). Hauptvorteile der Function Point Methode sind die leichte Verständlichkeit auch für Nicht-IT-Experten, die relativ frühe Kostenschätzung während der Anwendungsentwicklung und die Unabhängigkeit von der eigentlichen Implementierung der Anwendung (Kemerer 1987, S. 418).

3.2.5.3.2.3 Vergleichsmethode: Beispiel „Schätzung über Analogie“

Für das zu schätzende Projekt wird hinsichtlich Aufgabenstellung, Umfang und Schwierigkeitsgrad ein Profil erstellt, welches mit den Profilen möglichst **gleichartiger, bereits abgeschlossener Projekte** verglichen wird. Der Aufwand für das neue Projekt kann nun auf Basis der Werte der abgeschlossenen Projekte und den Unterschieden zum neuen Projekt ermittelt werden (Biethan et al. 2004a, S. 381).

Wurde bspw. in einem bereits abgeschlossenen Projekt A mit der Programmiersprache C eine neue Individualsoftware entwickelt, die mittleren innovativen Charakter aufweist, ein Schnittstelle zu Fremdsystemen bietet, zehn Funktionen (z. B. Rechnungsschreibung, Stornierung usw.) realisiert, fünf Dateitypen verarbeiten kann und in einem zweiköpfigen, hoch qualifizierten Projektteam erstellt wurde, kann daraus auf die Kosten für ein neues, ähnliches Projekt B geschlossen werden. Das Projekt B umfasst analog zu Projekt A ebenfalls die Entwicklung einer Individualsoftware mit der Sprache C, weist jedoch zwei Schnittstellen auf und kann 15 Funktionen und zehn verschiedene Dateitypen bieten. Projekt B wurde von einem dreiköpfigen Projektteam durchgeführt.

Trifft man gewisse Annahmen über den Einfluss der Projektgröße auf die -kosten und die Auswirkung einer größeren Anzahl von Funktionen und Schnittstellen auf die Gesamtkosten, so könnte bspw. folgendermaßen geschätzt werden:

Wenn	Projektkosten A	100.000 GE
dann	Projektkosten B	110.000 GE.

3.2.5.3.2.4 Kostenschätzung: Vorgehensweisen und Querschnittsverfahren

Expertenschätzung bedeutet, dass ein oder mehrere Experten (z. B. Manager, Entwickler und Berater) die Kosten aufgrund ihrer Erfahrungen schätzen. Sie ist die in der Praxis am weitesten verbreitete Methode der Aufwandschätzung für Softwareprojekte und konnte nicht von Verfahren wie Function Points oder COCOMO verdrängt werden. Expertenschätzungen sind oft nicht nur einfacher und schneller durchzuführen, sondern können, bei Anwendung durch erfahrene Schätzer, auch mit einer besseren Schätzgenauigkeit aufwarten (Passing 2004). Bei komplexen IT-Projekten ist die Expertenschätzung oftmals die einzige Möglichkeit einer aussagekräftigen Schätzung. Oft werden dabei Techniken wie Einzelbefragung, Mehrfachbefragung, die Delphi-Methode oder eine Schätzklausur dazu verwendet, um Inkonsistenzen in den Schätzungen verschiedener Experten aufzulösen (Burkhardt 2002, S. 85-112; Leung/Fan 2002, S. 5).

Im Gegensatz dazu wird bei einer **Schätzung nach Tragfähigkeit** (Price-to-win Methode) als Aufwand für eine Softwareentwicklung der höchste Preis angesetzt, mit dem das Projekt gerade noch akquiriert werden kann, d.h. anstelle der Softwarefunktionalität ist das Budget des Kunden der entscheidende Faktor. Wenn bspw. 100 Mannmonate realistisch sind, der Kunde jedoch nur bereit ist, 60 Mannmonate zu bezahlen, wird die Schätzung solange verändert, bis man sich den 60 Mannmonaten annähert, um den Zuschlag für das Projekt zu erhalten. Diese Methode ist zwar in der Praxis weit verbreitet, führt aber fast zwangsweise zu Verzögerungen oder Zeitüberschreitungen (Leung/Fan 2002, S. 6). Methoden des Target Costing können hier dazu beitragen, das geplante Kostenziel zu erreichen.

Gemäß *Parkinsons* Prinzip „work expands to fill the available volume“ (Parkinson 1957) geht die Methode der **Kostenschätzung nach Verfügbarkeit (Parkinson-**

Methode) davon aus, dass das Projekt so viel kostet, wie Ressourcen dafür verfügbar sind. Wenn eine Software bspw. in zwölf Monaten ausgeliefert werden muss und für die Entwicklung fünf Personen verfügbar sind, wird der Aufwand auf 60 Mannmonate geschätzt. Diese Methode liefert zwar eine grobe Abschätzung, kann jedoch zu unrealistischen Ergebnissen führen (Leung/Fan 2002, S. 6).

Wird eine **Bottom-Up-Schätzung** als Querschnittsverfahren angewendet, wird der Aufwand „von unten nach oben“ für einzelne Aktivitäten, Arbeitspakete oder Teilaufgaben geschätzt und dann zu den Gesamtkosten addiert. Demgegenüber wird bei einer **Top-Down-Schätzung** zuerst das Gesamtprojekt nach einem festgelegten Projektstrukturplan-Typ in Teilaufgaben und Arbeitspakete zerlegt. Hierbei erweist sich die Beachtung von Komplexität, Risiko, Dauer und Kosten der Projekte als notwendig. Dann werden die Gesamtkosten des Projektes anhand gewisser Eigenschaften geschätzt und auf seine Bestandteile verteilt.

3.2.5.3.3 Unterschätzung des Zeitaufwandes bei der Eigenentwicklung von Software

Es ist typisch für die Anwendungsentwicklung, dass die Zeitschätzungen zu Beginn des Projektes eher **zu optimistisch** sind. Deshalb sollten zumindest absehbare Schwierigkeiten berücksichtigt und – falls erforderlich – ein zusätzlicher Puffer eingebaut werden. In einer groben Abschätzung lässt sich für die klassische Anwendungsentwicklung sagen, dass die Phasen von der IST-Analyse bis zum Design ungefähr doppelt so lange brauchen wie die Programmierung. Testen und Validieren dauern noch einmal doppelt so lang (Abbildung 3-43).

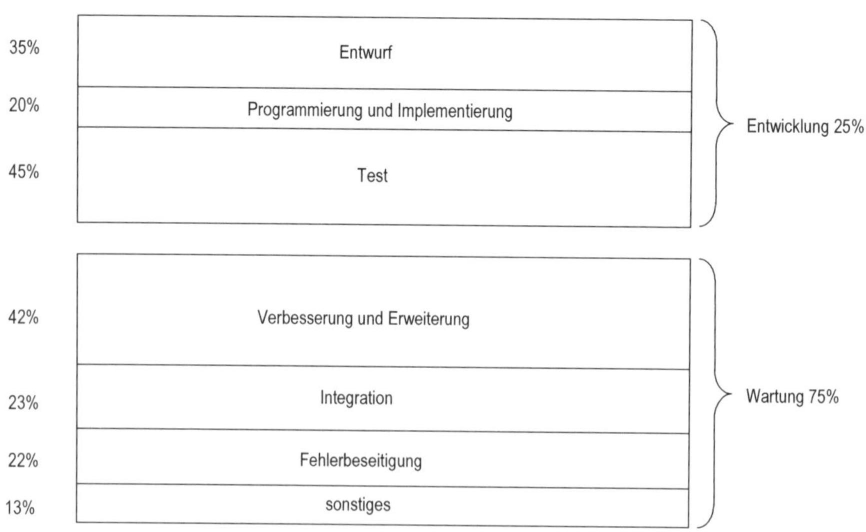

Abbildung 3-43. Software-Kosten-Relationen bei Eigenentwicklung
Quelle: Scheer (1998, S. 140)

3.2.5.3.4 Methode: Anwendung der Verfahren zur Kostenschätzung

Wenn man berücksichtigt, dass die Produktivität einzelner Anwendungsentwickler sich um bis zu Faktor zehn unterscheiden kann, wird deutlich, dass Kostenschätzung in der Praxis weniger eine Anwendung präziser Methoden, sondern auch eine Sache der Erfahrung und auch des politischen Gespürs ist. Dennoch wird im Folgenden eine Entscheidungshilfe zur Anwendung der Methode gegeben, abhängig von bestimmten Voraussetzungen. Die Empfehlungen sind aber nicht trennscharf, sondern in vielen Entscheidungssituationen sind mehrere Methoden anwendbar.

Besteht ein gewisser **Zwang zur Durchführung** des Projekts, d.h. muss bspw. aus firmenpolitischen Gründen das Entwicklungsprojekt auf jeden Fall durchgeführt werden, wird im Sinne der *Tragfähigkeitsmethode* der Aufwand so angesetzt, dass das Projekt gerade noch akquiriert werden kann.

In unterschiedlichen Projektstadien sind unterschiedliche Kostenschätzverfahren sinnvoll. Befindet sich das Softwareentwicklungsprojekt bspw. in einer **frühen Phase**, können in den meisten Fällen kaum abgesicherte Aussagen zu den Aufwänden gemacht werden, da weder Object Points und erst recht noch kein Code zur Verfügung stehen. Für diesen Fall stellen *Vigenschow/Weiss* (2003) ein Verfahren zur Aufwandsschätzung mittels einzelner konkreter Anwendungsfälle (*Use Cases*) vor. Auch die *Top-Down-Kostenschätzung* ist in einem sehr frühen Stadium gut geeignet, wenn keine allzu akkuraten Ergebnisse erforderlich sind. Ist dagegen die Software-Anwendung bereits **grob strukturiert**, d.h. existiert ein initiales Design für die zu entwickelnde Software, das die Zusammensetzung der Einzelkomponenten zu einem Gesamtsystem darstellt, kann eine Kostenschätzung *Bottom-Up* durchgeführt werden.

Manche Schätzverfahren sind erst dann einsetzbar, wenn gewisse Akteure oder Informationen vorhanden sind. Sind bspw. **Experten** mit tief greifender Erfahrung vorhanden, kann die Methode der *Expertenschätzung* mit ihren recht guten Ergebnissen durchgeführt werden. Allerdings nur, wenn vom Management das Risiko in Kauf genommen wird, dass unrealistische (Boehm/Fairley 2000, S. 23) oder voreingenommene Schätzergebnisse produziert werden. Das *Analogieverfahren* kann dann zur Anwendung kommen (Biethan et al. 2004a, S. 318-382), wenn eine **Projekt-Vergleichsbasis** zur Verfügung steht, d.h. wenn bereits genügend abgeschlossene Projekte mit signifikanten Vergleichsmerkmalen vorhanden sind. Eine Definition von „Projektähnlichkeit" findet sich in bei *Shepperd et al.* (1996). Falls die **Produktanforderungen (an eine kaufmännische Anwendung)** bereits bekannt sind, kann die *Function Point* Methode eingesetzt werden. Das bedeutet, dass zumindest bereits das Lastenheft existiert (Balzert 2002, S. 85). Haupteinsatzgebiet der Function Point Methode ist die Entwicklung kaufmännischer Anwendungen, nicht geeignet ist sie hingegen für technische und betriebssystemnahe Anwendungen (Biethan et al. 2004a, S. 388). Ein weiterer Grund, diese Methode einzusetzen, ist, dass objektive und reproduzierbare Ergebnisse gewonnen werden.

Dass die bei der Softwareentwicklung zum Einsatz kommende Technik auch die Möglichkeiten der Kostenschätzung beeinflusst, zeigen folgende Beispiele: Falls der Einsatz **wieder verwendbarer Softwarekomponenten** oder standardisierter **Middleware** geplant ist, bietet sich *COCOMO II* an, das durch seine unterschiedlichsten Cost Driver einigen Trends bei der Softwareentwicklung Rechnung trägt, wie z. B. Wiederverwendung von Softwarekomponenten, objektorientierte Programmierung und Nutzung standardisierter Middleware. Erfolgt die Entwicklung **objektorientiert**, eignen sich für die Aufwandschätzung Maße wie Codezeilen oder Function Points weniger (Sneed 1996, S. 133). Stattdessen schlägt *Sneed* eine Schätzung auf Basis von *Object Points* vor, die sich aus Class-Points (korrespondieren mit Klassen-Entwicklungsaufwand), Message-Points (korrespondieren mit Integrationsaufwand) und Process-Points (korrespondieren mit Systemtestaufwand) zusammensetzen (Sneed 1996, S. 138). Auch COCOMO II verwendet diesen Ansatz.

Können die zuvor genannten Methoden aus bestimmten Gründen nicht angewendet werden, kann – sozusagen als letzter Ausweg – nach Verfügbarkeit der Ressourcen (*Parkinson-Methode*) geschätzt werden.

Als Fazit lässt sich feststellen, dass die bekannten Aufwandsschätzmethoden zwar unzureichend sind, jede systematische Schätzung aber immer noch besser ist als gar keine Schätzung oder als Ad-hoc-Schätzungen (Balzert 2002, S. 92).

Bei allen Aufwandsschätzmethoden muss sichergestellt sein, dass Kosteneinflussfaktoren wie z. B. das Erstellen von Dokumentationen mit berücksichtigt werden. Das Schaffen und Verwalten einer guten Anwendungsdokumentation kann zwischen 20 und 30 Prozent des Projektgesamtbudgets kosten. Dieser Aufwand wird häufig unterschätzt und führt deshalb zu mangelhafter Dokumentation. Ein Beispiel dafür, wie wichtig eine gute Dokumentation sein kann, ist die objektorientierte Systementwicklung. Hier werden häufig Klassenbibliotheken, die zunächst mit großem Aufwand erstellt worden sind, unbrauchbar, da keine detaillierte Dokumentation der Objekte verfügbar ist und diese daher nicht oder nur begrenzt wiederverwendbar sind. Die Hauptaufgabe des Anwendungsmanagements ist es, dafür zu sorgen, dass eine Dokumentation überhaupt erstellt wird und sie immer aktuell ist. Weiterhin verwaltet das Anwendungsmanagement die Dokumentationen abgeschlossener Anwendungsprojekte. In der Kostenschätzmethode COCOMO II ist „Anforderungen an die Dokumentation" explizit als produktbezogener Cost Driver enthalten.

3.2.5.4 *Das Management von Anwendungsentwicklungsprojekten*

3.2.5.4.1 *Grundlagen des Projektmanagements*

Projekte werden von verschiedenen Autoren – mit oder ohne Bezug zur DIN-Norm 69901 (Deutsches Institut für Normung (DIN) 1987) – mehr oder weniger umfassend definiert. Meistens werden Projekte als Abgrenzung zu fortlaufenden Arbeitsabläufen definiert, d.h. Projekte sind (a) zeitlich begrenzt und dienen (b) der Entwicklung einmaliger Produkte oder Dienstleistungen (Gartner 2000, S. 6-18). *Dülfer* (1982) kennzeichnet ein Projekt durch *Zielvorgabe*, *zeitliche Befristung*, *Einmaligkeit*, *Neuartigkeit*, *Komplexität*, ein *aufgabenbezogenes Budget* und die *rechtlich-organisatorische Zuordnung*.

> Ein **Projekt** ist ein einmalig durchzuführendes Vorhaben, das durch seine zeitliche Befristung, besondere Komplexität und interdisziplinäre Aufgabenstellung beschrieben ist.

Prinzipiell kann jede operative Aufgabe des betrieblichen IM in einer Projektorganisation erledigt werden. Eine Projektmanagementmethodik muss deshalb so allgemein formuliert sein, dass sie für alle Arten von IT-Projekten einsetzbar ist.

Für innovative Aufgaben haben sich funktionale Organisationsformen als zu inflexibel und langsam erwiesen. Meist herrschen in ihnen Bedingungen, die

- den eher kurzfristigen Problemlösungen Vorrang einräumen,
- Wahrnehmungsverzerrungen und Filterwirkungen durch Hierarchie begünstigen,
- diffuse und zu Beginn schlecht strukturierte Konzepte und Ideen aufgrund rigider Prüfkriterien zwangsläufig zum Scheitern verurteilen.

Das Projektmanagement bietet sich zur Lösung dieser Probleme als eine leistungsfähige Alternative zur Aufgabenerfüllung in funktionalen Organisationsformen an. Denn die funktionale Organisation und die mit ihr verbundenen Belohnungsmechanismen fördern die Fachloyalität der Organisationsmitglieder. Bei der Aufgabenerfüllung stehen die Ziele der Fachabteilungen im Vordergrund und die individuellen Anreizmechanismen verhindern eine fachübergreifende und zielorientierte Arbeitsweise der Mitarbeiter. Die Projektorganisation ist hingegen weitgehend auf die konkreten Ziele eines Projektes ausgerichtet und damit auf gesamtunternehmerische Zielsetzungen. Die Aufgabenerfüllung erfolgt innerhalb eines Projektteams, das alle unternehmensweiten Interessen flexibel in sich vereinigen kann. Gleichzeitig erlaubt die Projektorganisation eine effektivere Steuerung und Kontrolle der Aufgabenerfüllung. Dies ist besonders bei innovativen Aufgaben mit vagen und instabilen Zielvorstellungen wichtig. Die Projektorganisation wurde zunächst in der Bauwirtschaft und im Forschungsbereich entwickelt und erfolgreich eingesetzt. Im betrieblichen IT-Bereich wurde die Methode für IT-Projekte übernommen, aber oftmals ohne eine genaue Analyse der wichtigsten Erfolgsfaktoren für das Projektmanagement vorzunehmen. Dies kann eine Ursache für das in der Vergangenheit häufige Scheitern vor allem großer IT-Projekte sein.

Kupper (1988) definiert vier Basisregeln einer Projektorganisation. Es muss ein *Auftraggeber* existieren, der den Auftrag zur Durchführung des Projektes gibt, sich über den Projektfortschritt permanent informiert, die Mitglieder des Projektteams zur Verfügung stellt bzw. finanziert, Prioritäten setzt und Entscheidungen fällt, die über die Kompetenzen des Projektleiters hinausgehen. Der Auftraggeber sollte eine Person sein, die den Unternehmensbereich, der vom Projekt betroffen ist, leitet. Des Weiteren ist ein klar formuliertes *Projektziel* von Bedeutung, das den übergeordneten Zielen der Organisation nicht zuwiderlaufen darf. Ändern sich die Rahmenbedingungen der Zielfestlegung, so sind auch die Projektziele entsprechend anzupassen. Für das Projekt wird eine *Projektgruppe* eingerichtet, deren Mitglieder Vertreter aus allen wichtigen Funktionsbereichen des Unternehmens sind. Insbesondere sind dies die potenziellen Nutzer des zu erstellenden Produktes aus den Fachabteilungen sowie IT-Spezialisten, Systemanalytiker, Programmierer etc. Die in der Projektgruppe benötigten und vertretenen Funktionen richten sich nach den Projektzielen. Die Projektgruppe wird ausschließlich zum Zweck der Aufgabenerfüllung im Projekt gebildet und hat temporären Charakter. Schließlich übernimmt ein Mitglied der Projektgruppe die Rolle des *Projektleiters*, der die Verantwortung für die Verfahren und Ergebnisse des Projektes trägt und Entscheidungen trifft. Er ist dazu mit den entsprechenden Befugnissen vom Auftraggeber auszustatten, aber von diesem auf jeden Fall zu unterscheiden.

3.2.5.4.2 Aufgaben des Projektmanagements im IT-Bereich

Grundlegende Aufgabe des Projektmanagements ist die Schaffung aller Rahmenbedingungen für die Planung und Durchführung von IT-Projekten innerhalb des betrieblichen IM, um die Erreichung der Projektziele zu gewährleisten (Heinrich 2002, S. 196). Aus der allgemeinen Aufgabenformulierung ergeben sich die Teilaufgaben der *Projektorganisation*, *Projektplanung* und der *Projektkontrolle* (Heinrich 2002, S. 197ff.).

Die **Projektorganisation** befasst sich mit der Eingliederung der Projektgruppe in die bestehende Aufbau- und Ablauforganisation des Unternehmens. Das zentrale Problem der Gestaltung der äußeren Form des Projektmanagements ist die Optimierung des Aufgaben- und Kompetenzausgleichs zwischen den traditionellen Fachabteilungen und der Projektleitung. Das Optimum ist jedoch nicht allgemeingültig zu definieren. Die wichtigsten Einflusskriterien sind die Größe des Projektes nach dem Aufgabenumfang, der Mitarbeiterzahl und der Dauer, der Zeitdruck und der Innovationsgrad der Projektaufgabe. Es gibt drei Grundformen des Projektmanagements: das *Einfluss-Projektmanagement*, das *reine Projektmanagement* und das *Matrix-Projektmanagement*. Darüber hinaus sind heute auch *Kooperationsprojekte* von Bedeutung.

Das **Einfluss-Projektmanagement** lässt die funktionale Organisation im Unternehmen unberührt. Der Projektleiter hat über die Mitglieder der Projektgruppe keine Entscheidungs- und Weisungskompetenzen, weshalb er auch oft lediglich als Projektkoordinator bezeichnet wird. Die Aufgaben des Projektleiters beschränken sich im Wesentlichen auf die Kontrolle des Projektfortschritts. Wenn nötig, macht er den Linieninstanzen Vorschläge zu Eingriffen in den Projektverlauf. Aufgrund seiner geringen Kompetenzen kann der Projektleiter nicht für die Erreichung oder Nichterreichung der Projektziele verantwortlich gemacht werden. Dem Vorteil eines geringen Organisationsaufwandes stehen sehr gewichtige Nachteile gegenüber:

- Keiner fühlt sich für das Projekt wirklich verantwortlich. Dies führt zu einer deutlichen Verlangsamung der Reaktionsgeschwindigkeit bei unvorhergesehenen Problemen.
- Die fachlichen Mitarbeiter des Projekts sind nur ihrem Fachvorgesetzten verantwortlich und werden daher ihre kurzfristigen Projektaufgaben, deren Erfüllungsqualität keinen Einfluss auf ihre Beurteilungen hat, vernachlässigen.

Insgesamt kann diese Projektorganisationsform nur bei kleinen (Mitarbeiteranzahl und Projektumfang) sowie bei strategisch minderbedeutenden Projekten mit einem geringen Innovationsgrad erfolgreich eingesetzt werden.

Das **reine Projektmanagement** bildet das Gegenstück zur Einfluss-Projektorganisation (Abbildung 3-44): Die Projektgruppe bildet eine eigenständige Organisationseinheit unter der fachlichen und disziplinarischen Leitung des Projektleiters. Die Projektmitarbeiter sind nur dem Projektleiter unterstellt und sind auch nur für das Projekt tätig. Der **Projektleiter (PL)** übernimmt die volle Verantwortung für das Gelingen des Projekts. Diese Organisationsform entspricht den oben definierten Basisregeln für das Projektmanagement am ehesten, worin auch die Vorteile begründet sind:

- Die Mitarbeiter unterliegen einem einheitlichen Willen des Projektleiters.
- Die Leistungen der Projektmitarbeiter werden nach denen in der Projektarbeit erbrachten beurteilt.
- Die eindeutige Zugehörigkeit zu einer Gruppe lässt ein „Wir"-Gefühl entstehen, das die Motivation der Projektmitarbeiter erhöht.

Die Nachteile liegen in der Einbindung der Projektmitarbeiter in die Gesamtorganisation des Unternehmens begründet. Da Projekte ex definitione einer zeitlichen Beschränkung unterliegen, stellt sich das Problem der Rekrutierung der Mitarbeiter. Will man auf unternehmensinterne Kräfte vertrauen bzw. soll die Fachkompetenz der Projektmitarbeiter an das Unternehmen gebunden bleiben, so müssen Wege gefunden werden, die Mitarbeiter längerfristig in die Organisation zu integrieren und Karrieremöglichkeiten außerhalb der üblichen Hierarchien zu ermöglichen.

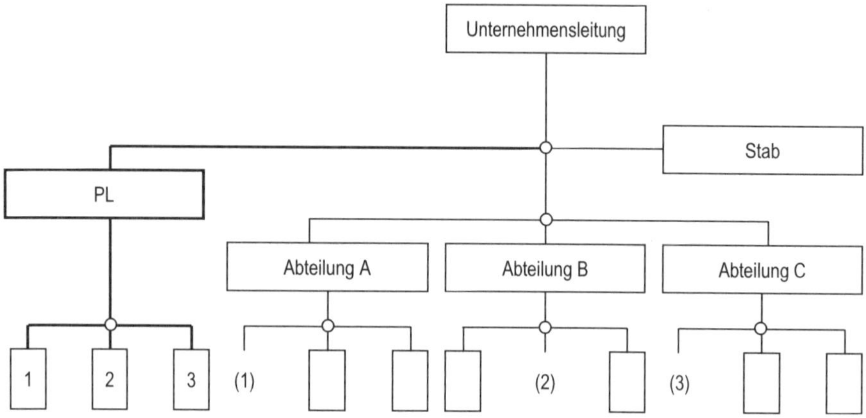

Abbildung 3-44. Reine Projektorganisation
Quelle: Heinrich (2002, S. 198)

Die reine Projektorganisation eignet sich für große (Mitarbeiterzahl, Dauer, Umfang) und für das Unternehmen wichtige Projekte, die unter Zeitdruck stehen und einen hohen Innovationsgrad besitzen.

Dem Streben nach einem möglichst optimalen Aufgaben- und Kompetenzausgleich zwischen Projektleitung und Fachbereichen kommt das **Matrix-Projektmanagement** am nächsten. Es bildet eine Kombination zwischen der Einflussorganisation und der reinen Projektorganisation. Der Fachbereich ist grundsätzlich für den Aufbau von Fachwissen im Unternehmen, das auch in der Projektarbeit eingesetzt werden muss, verantwortlich. Die Projektleitung betreibt ein Projektmanagement, das eine zielorientierte Anwendung des Fachwissens erlaubt. Bei der Matrix-Projektorganisation setzt sich diese grundlegende Aufgabenteilung fort: Die Projektleitung übernimmt die Verantwortung für die Planung, Überwachung und Steuerung eines konkreten Projektes (Vorgehensverantwortung), während die Fachabteilungen in der Linie die fachbezogenen Projektaufgaben erfüllen und verantworten. Die Projektmitarbeiter unterstehen während der Projektlaufzeit weiterhin disziplinarisch ihrem Fachvorgesetzten, fachlich jedoch der Projektleitung. Die Vorteile dieser Organisationsform lassen sich wie folgt zusammenfassen:

- Der Projektleiter fühlt sich für das Projekt voll verantwortlich.
- Spezialwissen der Mitarbeiter kann entwickelt werden, ist flexibel in der Projektarbeit einsetzbar und bleibt dem Unternehmen erhalten.

Der wesentliche Nachteil der Matrix-Projektorganisation liegt im Entstehen von Weisungskonflikten durch die Trennung der projektbezogenen und der funktionsbezogenen Weisungskompetenz. Dieses Konfliktpotenzial wird sich nie ganz ausräumen lassen und kann nur durch eine klare, eindeutige Abgrenzung von

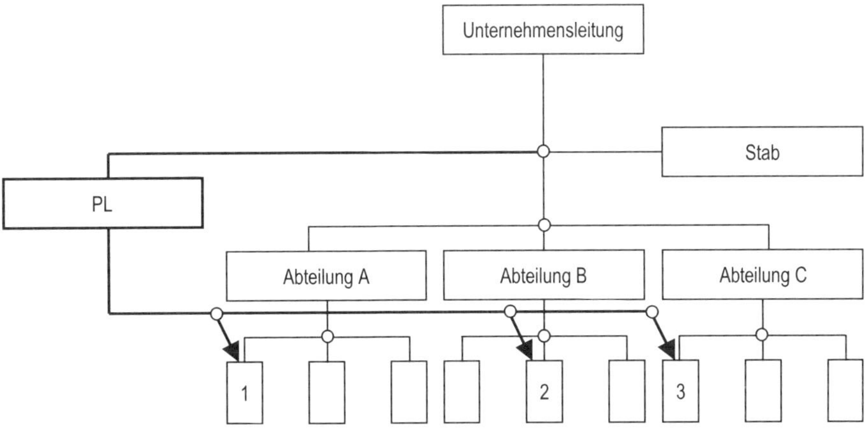

Abbildung 3-45. Matrix-Projektorganisation
Quelle: Heinrich (2002, S. 199)

Weisungskompetenzen oder die Zuteilung von Zeitbudgets abgemildert werden. Die Unternehmensleitung muss für eine entsprechende Ausbildung der Organisationskultur sorgen.

Immer mehr Projekte im IT-Bereich werden im Rahmen industrieller **Kooperationsprojekte** abgewickelt. Mögliche Gründe dafür sind die Projektgröße, die Projektkomplexität, die Projektfinanzierung, die Streuung des Projektrisikos und Auflagen des Auftraggebers.

Wichtigstes Merkmal von Kooperationsprojekten ist die gemeinsame Beteiligung mehrerer rechtlich selbstständiger Organisationen. Die teilnehmenden Institutionen befinden sich entweder in einem gleich berechtigten Verhältnis zueinander oder stehen in einem (mehrstufigen) Hierarchieverhältnis. Bei der Organisation solcher Projekte ist die äußere Projektorganisation von der inneren zu unterscheiden. Die firmeninterne Organisation obliegt den einzelnen Firmen selbst, während die äußere die Koordination zwischen den am Projekt beteiligten Unternehmen bestimmt. Die Strukturierung der äußeren Projektorganisation hängt zum großen Teil von der Aufgabenverteilung und der Gliederung der Projektstruktur ab. Ein bewährtes Konzept bei Kooperationsprojekten ist das der spiegelbildlich angelegten Projektorganisationsstrukturen. Sie sorgt auf allen Projektebenen für Ansprechpartner, die mit gleichen Funktionen und Kompetenzen ausgestattet sind. Damit wird die direkte Koordination zwischen gleich liegenden Projektebenen erleichtert, ohne die übergeordneten Projektebenen (Projektleitung) einschalten zu müssen.

Das Ziel der **Projektplanung** ist die möglichst genaue gedankliche Vorwegnahme des künftigen Ablaufes und der künftigen Ereignisse des Projektes. Zuvor ist eine

Rahmenplanung der IT-Projekte durchzuführen, mit der die einzelnen Projektpläne abzustimmen sind. Die Rahmenplanung stellt eine Zusammenfassung der geplanten Vorhaben und der zur Durchführung notwendigen Kapazitäten dar und basiert im Wesentlichen auf den Notwendigkeiten der Strategieimplementierung und den daraus abgeleiteten Bedarfe der Fachabteilungen. Inhalte der Rahmenplanung sind grobe Angaben über den Inhalt der Projekte, Aufwandsschätzungen für Personal und Sachmittel, Schätzung der Umsetzungskosten und Angaben über die zu erwartenden Vorteile der Projektergebnisse.

Eine Projektaufgabe kann in eine Reihe von *Planungsobjekten* zerlegt werden, für die jeweils Teilplanungen erstellt werden. Planungsobjekte und korrespondierende Teilplanungen werden über die Reihenfolge der Planungstätigkeit zu einer Systematik der Projektplanung zusammengefasst.

- **Planung der Ziele:** Die Basis einer Projektplanung ist die Formulierung der *Projektziele*, die erreicht werden sollen. Bezogen auf das gesamte Projekt ist das die Konkretisierung der Qualität der Endprodukte (Leistungen) des Projektes. Qualitätskriterien für IT-Leistungen sind bspw. die Benutzbarkeit, die Flexibilität, die Breite der Einsatzmöglichkeiten, die Produktivität und die Wirtschaftlichkeit. Neben der Leistungsplanung sind die Nebenziele Kosten und Termine in der Zielplanung zu berücksichtigen. In Organisationen ist im Regelfall nicht von einer Einheitlichkeit der Zielauffassungen auszugehen, so dass die Zielplanung auch die *Konsensfindung* beinhalten muss.

- **Planung der Tätigkeiten:** Nach der Zielplanung erfolgt die Planung der Tätigkeiten, die zur Zielerreichung notwendigerweise durchzuführen sind. Die *Tätigkeitsplanung* muss so detailliert durchgeführt werden, dass sie einem Mitarbeiter eindeutig zugeordnet werden kann. Dies zwingt den Projektleiter, die Problematik des Projektes so weit zu durchdringen, dass die Beschreibung der Tätigkeiten aus der Anonymität in eine konkrete Form übergeht. Die weitere Verfeinerung der Tätigkeitsplanung sollte dem jeweiligen Mitarbeiter oder einer Mitarbeitergruppe zur Selbstorganisation überlassen werden. Für jede Tätigkeit ist ein Teilziel zu formulieren. Erst wenn das Produkt vorliegt, gilt die Tätigkeit als abgeschlossen. Die Einzeltätigkeiten können zu Aufgabengruppen zusammengefasst werden, die dann Projektphasen definieren und sog. *Meilensteine* festlegen.

- **Planung der Bedingungen:** Bei der Planung der Bedingungen wird für die einzelnen Tätigkeiten die Frage nach dem „Wie?“ beantwortet. Das bedeutet die Festlegung der benötigten *Verfahren* und *Methoden* zur Aufgabenerfüllung und die Identifikation der Abhängigkeiten zwischen den Einzeltätigkeiten.

- **Planung der Ressourcen:** Die Planung der Ressourcen beinhaltet die *Personaleinsatzplanung* und die *Sachmittelplanung*. Für jede Tätigkeit wird ermittelt, welche Kenntnisse, Erfahrungen und Fähigkeiten erforderlich sind. Das so ermittelte Anforderungsprofil wird in der Personalplanung auf konkrete Personen bezogen. Zu klären sind folgende Fragen:

  - Findet sich ein geeigneter Mitarbeiter im Unternehmen?
  - Ist er für das Projekt abkömmlich?
  - Besteht ein Ausbildungsbedarf?
  - Ist der Mitarbeiter ersetzbar?

  Die Sachmittelplanung legt die zur Projektdurchführung erforderlichen Sachmittel fest. Art und Umfang der Sachmittel ergeben sich aus der Tätigkeitsplanung. Zur Sachmittelplanung gehört auch die Beschaffungsplanung der zu beschaffenden Sachmittel. Personal- und Sachmittelplanung sind eng mit den Rahmenplanungen abzustimmen um Engpässe zu vermeiden.

- **Planung der Kosten:** Die Planung der Kosten berücksichtigt den gesamten Ressourceneinsatz (Personal und Sachmittel). Weiterhin ist die Finanzierung des Projektes sicherzustellen. Die Kostenplanung führt zu einem *Projektbudget*, das mit übergeordneten Budgets abzustimmen ist. Bei der Ermittlung der Kosten und Preise sind die mit dem Zeitablauf verbundenen Preiserhöhungen zu berücksichtigen.

- **Planung der Termine:** In der Terminplanung werden zunächst für die Einzeltätigkeiten Zeiträume festgelegt. Zusammen mit den ermittelten Abhängigkeiten und den Zuordnungen zu Mitarbeitern und Sachmitteln wird ein *Terminplan* erstellt. Für die wichtigsten Teilaktivitäten werden Anfangs- und Endtermine festgelegt, sowie Pufferzeiten ermittelt. Die Terminplanung richtet sich i.d.R. nach dem geplanten Fertigstellungstermin des Endproduktes aus.

Zwischen den einzelnen Teilplanungen herrschen Interdependenzen, die zu berücksichtigen sind. Die Teilplanungen müssen untereinander und mit den Betroffenen abgestimmt und diese müssen informiert werden. Treten Unstimmigkeiten auf (z.B. mit der Terminplanung am Ende des Planungsvorganges), so muss auf der Planungstreppe soweit nach unten gegangen und Teilplanungen revidiert werden, bis die gegebenen Rahmenbedingungen eingehalten werden können. Für die meisten Planungsaufgaben existieren erprobte Planungsinstrumente, die zum großen Teil durch IT unterstützt sind. Die wichtigsten sind der *Projektstrukturplan* zur Unterstützung der Tätigkeitsplanung sowie *Balkendiagramme* und *Netzpläne* in unterschiedlichen Formen zur Terminplanung.

Die **Projektkontrolle** steht in engem Zusammenhang mit der Projektplanung, da es ihre Aufgabe ist, während der Projektdurchführung die Abweichungen vom Projektplan so früh wie möglich aufzudecken und entsprechende Gegenmaßnahmen zu initiieren. Wesentlich für die Projektkontrolle ist damit die *Informationsbeschaffung* über den Status des Projektes und über die möglichen Maßnahmen des Eingriffs. Um den benötigten Informationsfluss im Projekt zu gewährleisten, ist ein *Projektberichtswesen* einzurichten, das die Überwachung der Projektterminierung ermöglicht. Die Projektterminierung und deren Kontrolle sind bei der Software-Entwicklung schwierig, weil es häufig an vergleichbaren Erfahrungen mangelt. Die Projektterminierung ist deshalb ein iterativer Prozess. Zu Beginn basiert er auf der Erfahrung und Intuition des Projektmanagers; spätere Anpassungen basieren auf den gewonnenen Erfahrungen und der Überwachung des laufenden Projekts. Als Technik zur Projektterminierung hat sich die Netzplantechnik durchgesetzt. Sie erlaubt es, Abhängigkeiten zwischen Aktivitäten zu erfassen und auszuwerten. Auf einem so genannten „kritischen Pfad" befinden sich dann diejenigen Aktivitäten, deren Zeitverzögerungen zur Verzögerung des Gesamtprojektes führen und die deshalb mit besonderer Aufmerksamkeit zu überwachen sind. Da die Projektterminierung und -überwachung komplex sind, werden hierfür Projektplanungswerkzeuge eingesetzt, die eine Integration unterschiedlicher Daten, flexible Auswertungen und Visualisierungen der Projektdaten erlauben.

Derzeit gibt es zwei allgemeine Trends, die Einfluss auf das Management von Software-Projekten haben: Zum einen wird das Management vieler Projekte, die gleichzeitig koordiniert werden müssen, zunehmend als Problembereich erkannt (Multi-Projekt-Management), zum anderen lösen Sourcing-Entscheidungen auf globaler Ebene (IT-Offshore/-Nearshore) den Bedarf nach internationalem Projektmanagement aus. Weitere aktuelle Themen sind die Projektmanagementqualifizierung und die Zertifizerungen im Projektmanagement.

Zu den wesentlichen Aufgaben der Projektüberwachung gehört die **Qualitätssicherung** des Produktes Software. Die Produktqualität kann einerseits durch die *Beurteilung der Qualität des Endproduktes Software* und andererseits durch die *Sicherung des Prozesses*, mit dem die Software entwickelt wird, gewährleistet werden. Beide Wege erfordern ein Qualitätsmanagementsystem. Dabei angelegte Qualitätsnormen können ihren Ursprung haben in

- den aus dem Projektziel abgeleiteten Kriterien,
- allgemeinen Entwicklungsrichtlinien einer Organisation und
- internationalen Normen wie z. B. den allgemeinen Qualitätsnormen DIN-ISO 9000 – 9004.

Die *ISO/IEC 9126-Norm* bildet das Begriffssystem, innerhalb dessen die **Beurteilung der Software-Qualität** vollzogen wird. Diese Norm definiert die sechs Qualitätskriterien *Funktionalität*, *Zuverlässigkeit*, *Benutzbarkeit*, *Effizienz*, *Änderbarkeit*

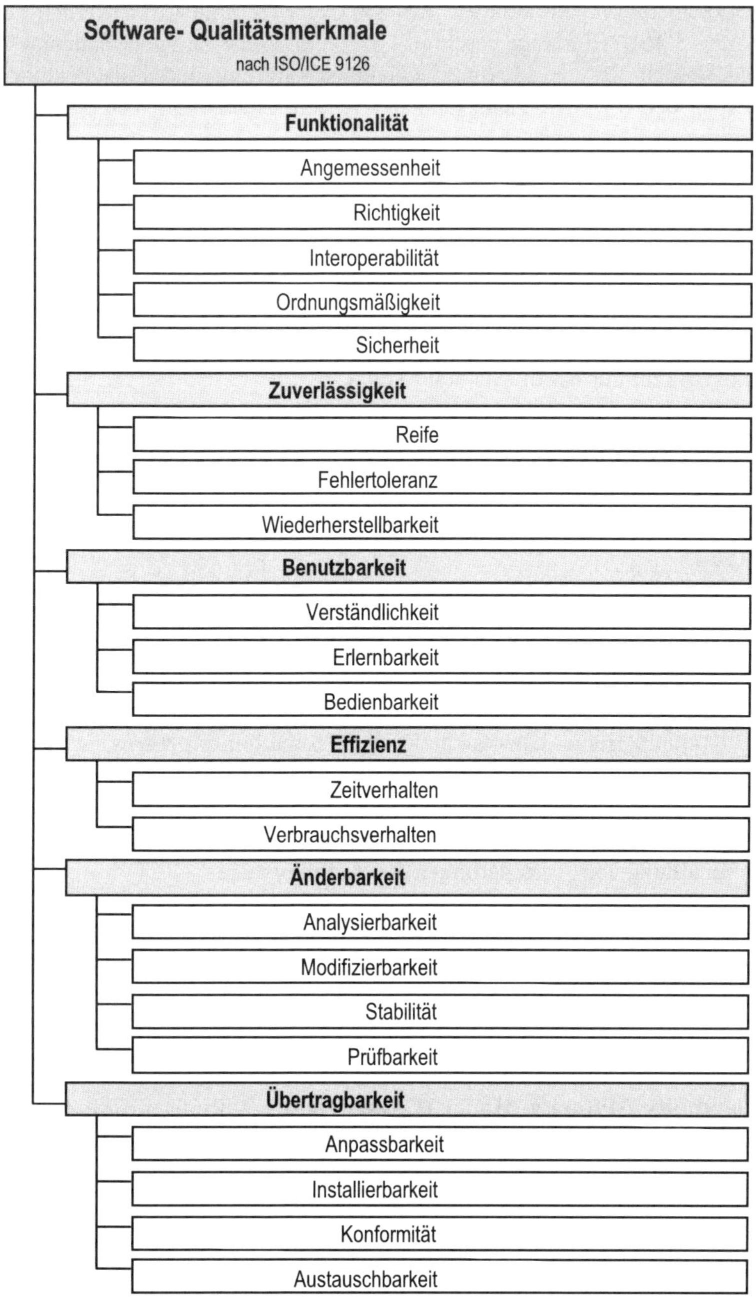

Abbildung 3-46. Qualitätsmerkmale von Software

Quelle: Hohler (1994, S. 24)

und *Übertragbarkeit*, die auf jede Art von Software angewandt werden können (Abbildung 3-46). Allerdings beschreibt die Norm keine Teilmerkmale und Maße, keine Methoden für die Messung, Qualitätseinstufung und Entscheidung. Die Gewichtung der verschiedenen Qualitätskriterien ist abhängig von der Software-Kategorie.

Wird der Software-Entwicklungsprozess unter dem Gesichtspunkt der Qualitätssicherung betrachtet, wird von der **Qualität des Herstellungsprozesses** auf die Qualität des Software-Produktes geschlossen. Für die Qualität des Software-Entwicklungsprozesses ist die internationale Qualitätssicherungsnorm ISO 9000 Teil 3 zur Anwendung von ISO 9001 auf die Entwicklung, Lieferung und Wartung von Software bedeutend. Abbildung 3-47 gibt einen Überblick über Gliederung und Struktur der Norm ISO 9000 Teil 3.

Aus verschiedenen Gründen kann ein Unternehmen bestrebt sein, das Software-Qualitätsmanagement-System des Software-Entwicklungsprozesses durch eine unabhängige Zertifizierungsstelle auf Einhaltung der ISO-Normen zertifizieren zu lassen. Gründe für eine Zertifizierung von Software-Qualitätsmanagement-Systemen können sein:

- Transparente Darstellung und Dokumentation der Firmenorganisation
- Reibungsloserer Ablauf aller Vorgänge durch die schriftliche Festlegung der wesentlichen internen Abläufe und Informationsschnittstellen
- Kontinuierliche Überwachung des Produktionsprozesses, wodurch das Produkt allgemein verbessert wird
- Verbesserung der Wettbewerbsfähigkeit
- Erfüllung von Anforderungen des Auftraggebers
- Leichtere Klärung von Haftungsfragen
- Erfüllung gesetzlicher Auflagen

Neben den ISO-Normen 900x und ITIL stellen *CMM* bzw. *CMMI* und *SPICE* mögliche Modelle dar, nach denen eine Zertifizierung erfolgen kann.

Das **Capability Maturity Model (CMM)** stellt ein Reifegrad-Modell für die Prozesse einer IT-Abteilung insbesondere für die Erstellung von Software dar. Eine IT-Einheit kann in eine von fünf Stufen (Maturity Level) zwischen den beiden Extrempunkten „reif“ und „unreif“ eingeordnet werden. Je nach Stufe müssen bestimmte Aufgabengebiete (Key Process Areas) bearbeitet werden, um die nächste Stufe zu erreichen. Zur Überwachung der Aktivitäten auf den einzelnen Key Process Areas werden fünf Common Features angewandt, d.h. Phasen, die zur erfolgreichen Bearbeitung jedes Gebietes durchlaufen werden müssen. Abbildung 3-48 zeigt die Stufen und die Zusammenhänge zwischen ihnen, den Key Process Areas und den Common Features.

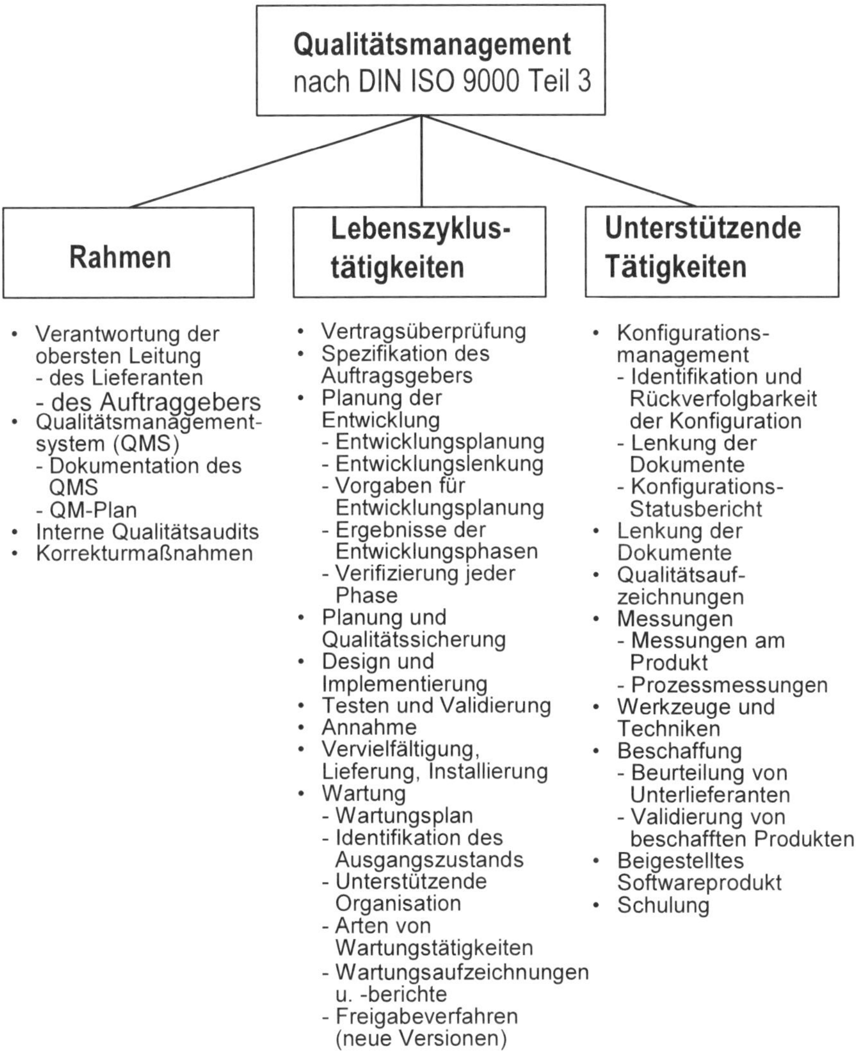

Abbildung 3-47. Gliederung von DIN ISO 9000 Teil 3

Quelle: Hohler (1994, S. 28)

Der erste Reifegrad (*Initial*) ist durch chaotisches ungeordnetes Vorgehen gekennzeichnet, bei denen der Erfolg ausschließlich durch individuelle Leistungen bestimmt wird. Durch die Strukturierung von Grundprozessen für die Entwicklung und das Projektmanagament kann die zweite Stufe (*Repeatable*) erreicht werden. Für die dritte Stufe (*Defined*) müssen alle Prozesse des Managements und der Erstellung sowohl dokumentiert und standardisiert sein als auch in beiden Bereichen entsprechend angewandt werden. Die nächste Stufe (*Managed*) beinhaltet

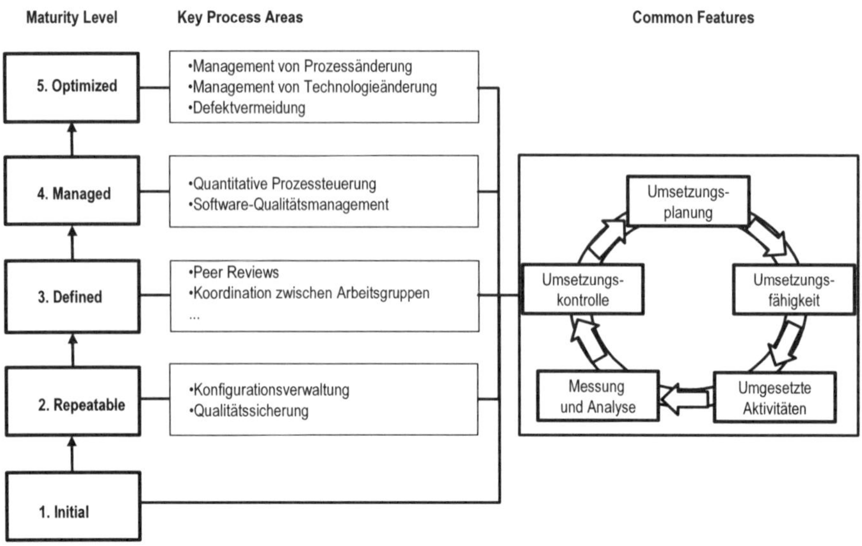

Abbildung 3-48. Zusammenhänge zwischen Maturity Level, Key Process Areas und Common Features

Quelle: Eigene Darstellung

über die Dokumentation hinaus die Kontrolle der Prozesse und die Messung des Erfolgs, anhand detaillierter Prozessbeschreibungen. Die höchste Stufe (*Optimized*) setzt voraus, dass eine fortlaufende proaktive Prozessverbesserung stattfindet und aus den Erfahrungen vergangener Projekte Schlüsse gezogen werden (Paulk et al. 1993, S. 8ff.). Die Einordnung erfolgt jeweils in Assessments durch Checklisten mit insgesamt 85 Ja/Nein-Fragen zu verschiedenen Bereichen.

Verschiedene Kritikpunkte am ursprünglichen Modell wurden 2002 bei der Erarbeitung von **Capability Maturity Model Integration (CMMI)** aufgegriffen. Das CMMI stellt sich als zweigeteiltes Modell dar. Einerseits wurde das CMM in seinem Grundgedanken als *staged CMMI* weitergeführt. Andererseits wurde das *continous CMMI* entwickelt, das auf jeder Stufe eine genauere Einordnung von Unternehmen erlaubt. Zudem wurde beim continous CMMI die Stufe 0 (*Incomplete*) eingeführt und Stufe 1 als „*Performed*" bezeichnet. Neben der expliziten Integration verschiedener CMM (SW-, SE-, IPD- und SS-CMM) wird in beiden Modellen die Differenzierung verschiedener Komponenten in generisch und spezifisch vorgenommen, sowie die neue Komponente der Ziele (*Goals*) eingeführt (vgl. Carnegie Mellon Software Engineering Institute 2002, S. 11ff.). In jedem der Modelle werden für eine Vielzahl von Anwendungsbereichen bereits konkrete Vorgaben für Key Process Areas und Key Practices gemacht, was eine getrennte Weiterentwicklung verschiedener CMM obsolet macht.

Eine Betrachtung, die sich auf den Aspekt der Softwareerstellung beschränkt, nimmt **SPICE (Software Process Improvement and Capability Determination)** vor. Der auch unter ISO/IEC 15504 bekannte Ansatz soll durch ein zweidimensionales Modell die Evaluierung der Softwareenwicklung unterstützten. Eine Dimension beinhaltet ein *Reifegrad-Modell mit sechs Stufen*, die denen von CMMI sehr ähnlich sind. Die zweite Dimension umfasst 35 Prozesse, die zu einer der fünf Prozesskategorien *Customer-Supplier*, *Engineering*, *Project*, *Support* und *Organization* gehören. Jeder Prozess kann für ein bestimmtes Projekt anhand eines Fragebogens mit 200 detaillierten Fragen eingeordnet werden. Das aus diesen Fragen gewonnene Ergebnis stellt das Process Adequacy Profile dar, das Ausgangsbasis für die Verbesserung der Prozesse ist. SPICE selbst enthält kein konkretes Vorgehen, wie ein Prozess zu verbessern ist, bindet jedoch einen *Process Improvement Guide* ein, der weitestgehend auf ISO 9004 aufbaut (Simon 1996, S. 633ff.).

Kritisch zu betrachten ist, dass bei allen Verfahren (ISO, CMM, SPICE), bei denen von der **Qualität des (Herstellungs-)Prozesses** auf die Qualität eines Software-Produktes geschlossen wird, keinerlei Aussage über die **Qualität des (Prozess-)Ergebnisses** möglich ist. Vielmehr werden Aussagen darüber getroffen, wie wahrscheinlich eine hohe Ergebnisqualität bei entsprechend hoher Prozessqualität ist. Der Nachteil dabei ist, dass es sich um eine *indirekte Methode* handelt, denn ausschlaggebend ist die Qualität des Produktes Software, die vielmehr *direkt* bewertet werden sollte.

3.2.5.4.3 Das Scheitern von IT-Projekten

Das Management der Anwendungsentwicklung ähnelt in vielerlei Hinsicht dem Management anderer Ingenieurleistungen, z.B. bei der Entwicklung neuer Produkte oder bei der Konstruktion von Bauwerken. Der Fehlschlag mancher großer IT-Projekte ist unter anderem darauf zurückzuführen, dass die Anwendungsentwicklung nicht wie andere Ingenieurprojekte professionell gemanagt wurde, sondern unreflektiert die Erfahrungen aus der Entwicklung kleiner Anwendungen auf die Durchführung von größeren Entwicklungsprojekten übertragen wurden. Das Management der Anwendungsentwicklung wird aber auch durch drei Unterschiede zu anderen Ingenieurprojekten erschwert:

1. **Das Produkt „Software“ ist immateriell:** Die Entwicklung eines Flugzeugs ist am konkreten Baufortschritt nachvollziehbar und greifbar; der Manager von Software kann sich lange Zeit nur auf Dokumentationen verlassen, um den Projektfortschritt zu beurteilen.

2. **Es existiert noch kein klares Verständnis des Anwendungsentwicklungsprozesses:** Andere Ingenieurdisziplinen haben eine längere Tradition, in der sich bewährte Verfahren der Entwicklung herausgebildet und stabilisiert haben. Die Entwicklung von Anwendungssystemen hingegen ist erst 40 Jahre alt und in dieser Zeit haben sich die Grundlagen des Fachs mehrfach geändert.

3. **Große Anwendungsprojekte sind häufig einmalig**: Sie unterscheiden sich stark von anderen Projekten auch aufgrund der verwendeten IKT. Historische Erfahrungen mit „alten" Techniken haben daher nur einen begrenzten Wert.

Deshalb werden gerade innovative und strategisch wichtige Anwendungen häufig zu spät fertig, werden zu teuer und erfüllen die in sie gesetzten Erwartungen kaum oder nicht.

> Ein **Projekt** kann dann als **gescheitert** betrachtet werden, wenn es den zu Beginn geplanten Kosten- und Zeitrahmen überschreitet und/oder die geplanten Funktionalitäten nicht erreicht bzw. abgebrochen wird.

Eine Übersicht der Erfolgs- und Misserfolgsfaktoren insbesondere für verteilte internationale Softwareentwicklungs-Projekte zeigt Tabelle 3-12. Die dort angezeigten Faktoren lassen sich den Bereichen Management, Technik und Soziales zuordnen, wobei einige Faktoren mehreren Bereichen gleichzeitig zugeschrieben werden können.

Keil et al. (1998, S. 78) weisen in einer Umfrage unter Projektmanagern in drei Ländern nach, dass die Scheiternsursachen mit der höchsten Risikoeinschätzung meist außerhalb der direkten Kontrolle der Befragten liegen (Walter et al. 2003, S. 18).

Eine qualitative Interviewserie bei Unternehmen verschiedener Größenordnungen identifizierte die drei Erfolgskriterien *interne Kostenkalkulation*, *Qualität/Funktionalität der Produkte/Dienstleistungen* sowie den *Zeitrahmen* als die drei wichtigsten Faktoren für den Erfolg von IT-Projekten (Rudolph et al. 2004, S. 37ff.). Diese entsprechen weitestgehend den drei Eckpunkten *Kosten*, *Qualität* und *Zeit* des magischen Dreiecks im Projektmanagement nach *Litke* (2002, S. 18).

Da ein Projekt ex ante mehrere unbekannte Variablen beinhaltet, gilt es, einer richtigen Planung und der darauf folgenden Kontrolle und Steuerung ein besonderes Augenmerk zu schenken.

Für die Projektplanung stehen je nach Art des Projekts eine Vielzahl an Phasenmodellen bzw. Vorgehensmodellen, wie z.B. das Wasserfallmodell, zur Verfügung. Diese Modelle teilen Projekte in bestimmte Phasen ein, die jeweils durch sog. Meilensteine abgeschlossen werden. Neben der Planung unterstützen Phasenmodelle aber auch die Steuerung und Kontrolle von Projekten, und sind daher klassischer Ansatzpunkt des Projektmanagements. Auf ihrer Basis wurden viele Projektmanagement-Instrumente entwickelt, die Projektmanager bei der Bewältigung ihrer Aufgaben unterstützen sollen. Doch auch die Verfügbarkeit eines breit gefächerten Angebots derartiger Instrumente konnte bislang nicht verhindern, dass IT-Projekte nach wie vor häufig scheitern (Geib 1998). Dies kann daran liegen, dass die phasenorientierten Vorgehensmodelle als Basis eines idealtypischen Ver-

Tabelle 3-12. Überblick der Erfolgs- und Misserfolgsfaktoren

Faktor	M	T	S	Erklärung
Kommunikation		X	X	Einerseits wird eine gute technische Infrastruktur benötigt, andererseits müssen auch alle Mitarbeiter leicht miteinander kommunizieren können.
Überschätzung	X			Falsche Einschätzung der eigenen Möglichkeiten oder Unterschätzung des tatsächlichen Arbeitsaufwandes.
Projektmanagement	X			Unzureichende Projektplanung.
Größe	X			Der Projektumfang übersteigt die eigenen Möglichkeiten.
Kulturelle Unterschiede			X	Kulturelle Unterschiede können zu Missverständnissen führen.
Zielvorstellung	X			Die Zielvorstellung muss bei allen involvierten Gruppen dieselbe sein.
Spezifikation		X		Bei Projektstart sollte zuerst eine detaillierte Spezifikation erstellt werden.
Software-Architektur		X		Die Softwarearchitektur muss für verteilte Entwicklung geeignet sein.
Unklare Anforderungen		X		Unklare Anforderungen sollten dokumentiert und so früh wie möglich klarifiziert werden.
Vertrauensmangel	X		X	Verteilte Teams können nur erfolgreich zusammen arbeiten, wenn zwischen allen Mitarbeitern ein Vertrauensverhältnis besteht.
Politik	X			Politische Faktoren sind oft unvorhersehbar, können jedoch einen Projektabbruch bewirken.
Technik		X		Technik beschreibt hier die Leistungsfähigkeit der Systeme, die ausreichend sein muss.
Prioritäten	X			Die Prioritäten aller an einer verteilten Entwicklung beteiligten Labors müssen bekannt sein und im Projektplan berücksichtigt werden.
Testen		X		Die Software muss in allen eingesetzten Märkten getestet werden, vor allem an den Schnittstellen nach außen.
Werkzeuge		X		Virtuelle Teams benötigen spezielle Werkzeuge zur Softwareentwicklung und zur Kommunikation.
Soft Skills			X	Mitarbeiter in verteilten Teams müssen bestimmten Anforderungen genügen.

Legende: M: Management; T: Technik; S: Soziales

Quelle: Kottula (2002, S. 177f.)

laufs von Projekten ohne jede Anpassung auf die tatsächliche Projektdurchführung verwendet werden. Bezogen auf den Steuerungs- und Kontrollaspekt wird erfolgreiches Projektmanagement in der Projektpraxis dementsprechend mit dem plangemäßen Abschluss der einzelnen Projektphasen gleichgesetzt. Im Kernpunkt erfolgreichen Projektmanagements steht also das Management von Meilensteinen. Dieses Verständnis jedoch bietet kaum Ansatzpunkte für die Entwicklung von Handlungsempfehlungen bezüglich unvorhersehbarer Ereignisse mit schwerwiegenden Auswirkungen, wie sie im Laufe eines Projektes auftreten können und dann meist hauptausschlaggebend für dessen Scheitern sind (Geib 1998).

Das „**Episodenkonzept**" ist ein Ansatz zur Untersuchung des Phänomens gescheiterter Projekte, der den Prozesscharakter von Projekten betont. Durch die Anwendung des Episodenkonzepts auf Projekte wird es möglich, Vorgänge und Geschehnisse in Projekten in ein zeitliches Verlaufsschema einzuordnen und dabei die Entstehung von Einflussfaktoren nachvollziehbar zu machen, die zu einem etwaigen Scheitern eines Projekts beitragen (Abbildung 3-49). Dies geht weit über eine bloße Identifizierung kritischer Faktoren hinaus. Zudem wird mit der Identifizierung von Projektepisoden und -schlüsselsituationen eine realitätsnahere Gliederung des Ist-Verlaufes eines Projektes möglich, der im Gegensatz zu dessen Soll-Verlauf steht, welcher sich durch herkömmliche Phasenkonzepte darstellen lässt (Geib 1998).

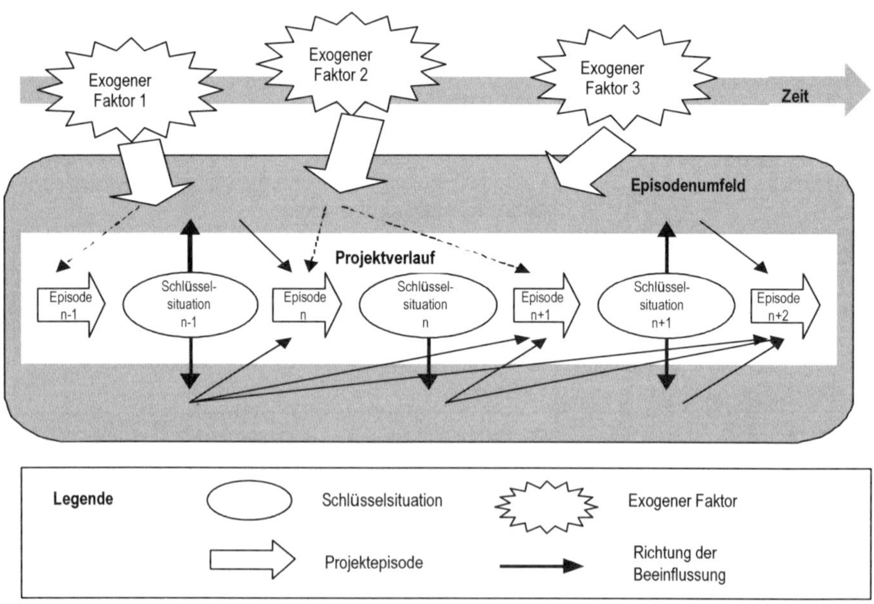

Abbildung 3-49. Das Episodenkonzept
Quelle: In Anlehnung an Geib (1998)

Tabelle 3-13. Divergenz zwischen Planung und individueller Wahrnehmung von Projektphasen – begrenzt durch Schlüsselsituationen in eskalierenden Softwareprojekten

„Offiziell" geplante Projektphase	Wahrgenommene Projektphase	Schlüsselsituationen (Nr.)	
Vertragsvorbereitung	Vertragsvorbereitung	Vertragsabschluss	S1
Erstellung d. Funktions- und Leistungsbeschreibung (FuL)	Kunde redefiniert das Projekt mit der FuL. PL schreitet nicht ein	Übergabe der Funktions- und Leistungsbeschreibung	S2
Ermittlung der Zusatzaufwände, Detaildesign	Von 40 ermittelten Personenmonaten werden nur 7 zugestanden	Unterzeichnung der Änderungsvereinbarung	S3
Physisches Design und Realisierung	Das Projekt dümpelt		
	Was nicht da ist, kann nicht getestet werden	Ungeprüfte und verfrühte Festsetzung des Systemtests	S4
	Ein Projekt ohne Kümmerer	Weggang des Projektmanagers M2	S5
Systemtest	Der große Knall – der letzte Mitarbeiter mit Branchen-Know-how muss die Leitung abgeben	Ablösung des Projektleiters L1	S6
Migration des Systems	„Prinzip Hoffnung"	Vierte Bitte um Aufschub des Projektes um weitere zwei Monate	S7
Projektabbruch	Schadensersatz-drohung, Projekt erhält die Aufmerksamkeit des Senior Management	Projektabbruch	S8
	Zum ersten Mal „Durchblick"	Ende des Projekt-Review	S9
		Projektweiterführung	

Quelle: Hertweck (2002, S. 95) in Anlehnung an Geib (1998)

Ein Beispiel für eine Schlüsselsituation, die eine Projektepisode terminiert, kann zwar die allgemein akzeptierte Erreichung eines Meilensteins sein, der im Projektplan festgelegt ist. Darüber hinaus eröffnet das Episodenkonzept jedoch die Möglichkeit, weitere Schlüsselsituationen zu identifizieren, die den Projektverlauf in eine unvorhergesehene Richtung beeinflussen und nicht durch Projektpläne festgehalten werden, wie z. B., wenn ein wichtiger Projektmitarbeiter das Team aufgrund projektinterner Probleme auf eigenen Wunsch verlässt, aber nicht ohne weiteres ersetzt werden kann (Geib 1998).

Abbildung 3-41 stellt dem idealtypischen Verlauf eines Projektes den tatsächlichen Verlauf gegenüber. Aus dieser Gegenüberstellung von geplanten und tatsächlich wahrgenommenen Projektphasen zeigt sich, dass die Episoden des tatsächlichen Projekthandelns deutlich von den geplanten Meilensteinen zeitlich und inhaltlich abweichen.

Ein weiterer Ansatz für die Erklärung des Scheiterns von IT-Projekten wird unter „**Escalation of Commitment**" zusammengefasst. Bezogen auf das Verhalten der Projektakteure, insbesondere der Projektleitung, bedeutet dies, dass Entscheidungen während des Projekts nicht mehr objektiv getroffen werden können, da die persönliche Bindung des Entscheiders zu seinen davor gefällten Entscheidungen zu sehr von Erfolgszwang geprägt ist. Das bedeutet, dass eine sich während des Projekts als negativ erweisende Lösungsalternative nicht abgebrochen wird. Währenddessen wird (fast zwanghaft) versucht, diesen Lösungsweg weiterzuverfolgen, in der Hoffnung, dass sich die gemachten und die darauf aufbauenden Investitionen noch auszahlen werden.

Staw benannte beispielhaft projektbezogene Variablen, die Escalating Commitment wesentlich beeinflussen (Staw 1997, S. 197):

- Größe des Projektziels
- Wirksamkeit weiterer Investitionen
- Höhe noch zu tätigender Ausgaben bis zum vermeintlichen Projektende
- Höhe der Kosten, die bei einem Projektabbruch entstehen
- Durchführbarkeit von Alternativen (Hertweck 2002, S. 14)

Festmachen lässt sich Commitment in Softwareentwicklungsprojekten im Wesentlichen an mehreren Determinanten (Hertweck 2002, S. 35) (Abbildung 3-50).

Empfehlungen für das Management von IT-Projekten in der Praxis, insbesondere zur Vermeidung eines Escalation of Commitment (Hertweck 2002, S. 228ff.) sind:

- Die Akteure sollten die Inhalte der Verträge kennen.
- Teamentwicklung zu Beginn eines neuen Projektes ist ein geldwerter Faktor.

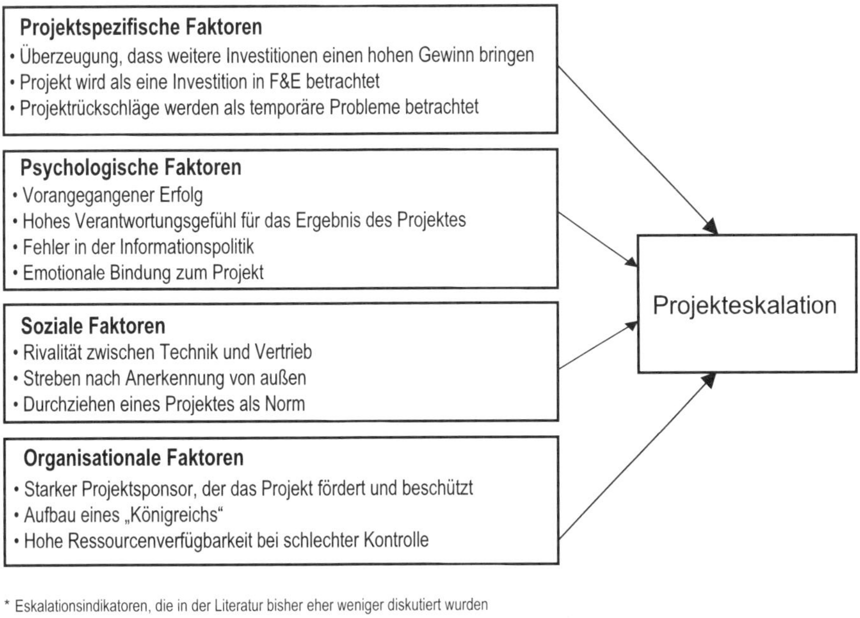

Abbildung 3-50. Projekteskalationsfaktoren
Quelle: Hertweck (2002, S. 35)

- Die Rollen und Prozesse, die der jeweilige Akteur in einer Projektorganisation wahrnehmen soll, sollten definiert und schriftlich dokumentiert sein.
- Unmittelbar nach Projektbeginn etablierte Meilensteine und eine breite Diskussion aller Beteiligten über die Ergebnisse, fördern die Wahrscheinlichkeit, dass Probleme früh erkannt werden.
- Sind zur Mitte des Projektes erkennbare Probleme aufgetreten, sollte allerspätestens jetzt ein detaillierter Risk-Management-Plan ausgearbeitet werden.
- Verweise auf frühere Erfolge, die Konstruktion von Sündenböcken oder auffallend starke Motivationen durch Vorgesetzte, sollten als Alarmsignal betrachtet werden.
- Auch wenn Teile der Organisation einen Abbruch des Projektes für unmöglich erklären, so sollte er als mögliche Alternative immer in Erwägung gezogen werden.
- In einer späten Projektphase ein intern schon lange bekanntes, zentrales Problem mit viel Einsatz beseitigen zu wollen, lohnt sich so gut wie nie.

3.2.5.5 *Einführung von Software*

Mit der Erstellung der Software ist der Lebenszyklus der Anwendung nicht abgeschlossen, sondern erreicht seinen angestrebten Höhepunkt mit der operativen Nutzung, wenn die Einführung erfolgreich verläuft. Die **Einführung** hängt neben der Größe, Komplexität und Reichweite der neuen Anwendung auch davon ab, ob vorher überhaupt Software in diesem Bereich eingesetzt wurde oder ein bereits existierendes System durch ein neues, umfassenderes oder moderneres ersetzt wird. Es lassen sich bei der Einführung folgende Konzeptionen unterscheiden:

- **Stichtagsumstellung:** Totale Umstellung von vorherigem Zustand (kein System oder altes System) auf die neue Anwendung zu einem Zeitpunkt.
- **Parallelisierung:** Übergangsweise gleichzeitige Nutzung der alten (keine/alte Anwendung) und neuen Methoden bis zur Sicherstellung der Funktionsfähigkeit.
- **Teilweise Einführung:** Durchführung einer Stichtagsumstellung für einzelne Teile der neuen Anwendung durch Parallelisierung und allmähliche Ausweitung nach Sicherstellung der Funktionalität.
- **Versionsumstellung:** Um zu einer wesentlich höheren Version einer Software zu gelangen, die einer gravierenden Änderung gleich kommt, kann der Umweg über niedrigere Versionen notwendig sein.

Für alle Konzeptionen bestehen die Aufgaben der Einführung in einer Vorbereitung des neuen Systems für den Echtbetrieb, der Installation, der Einspeisung der notwendigen Daten in die Anwendung und der Einweisung der Nutzer. Sind Daten bereits in größerem Umfang in der älteren Anwendung vorhanden, muss bereits vor der tatsächlichen Umstellung ein Konzept zur Datenübernahme entwickelt werden, so dass der operative Betrieb direkt nach der Installation beginnen kann. Vor der Einführung werden Nutzer-Schulungen veranstaltet, in denen wesentliche Handhabungsschritte und gegebenenfalls wichtige Unterschiede zur Vorgänger-Anwendung aufgezeigt werden, um die Umstellungsphase so kurz wie möglich zu halten. Ist die Einführung erfolgreich abgeschlossen, geht die neu entwickelte Anwendung in den operativen Betrieb über.

Beispielhaft sollen im Folgenden Probleme und Faktoren dargestellt werden, die bei der **Einführung von Standardsoftware im Falle von SAP R/3** eine Rolle spielen können.

Zur IT-Unterstützung unternehmensbezogener Aufgaben existiert oft eine Vielzahl verschiedener IS, die meist unzureichend integriert sind. Aus Sicht der IT ist vor allem die redundante Datenhaltung in unterschiedlichen Verantwortungsbereichen sowie die lose Koppelung der Einzelsysteme durch viele Schnittstellen zu kritisieren, was die Übersichtlichkeit und Transparenz der Systemlandschaft beeinträchtigt. Daneben wird oft in großen Unternehmen ein stark abteilungsbezogenes Denken kritisiert, das insbesondere an Abteilungsgrenzen durch Medienbrüche zu zeitlichen und kostenmäßigen Ineffizienzen führt. Zur Beseitigung dieser Mängel bietet es sich an, ein unternehmensweites und Unternehmensfunktionen integrierendes System zu implementieren.

Da die Einführung eines **Enterprise-Resource-Planning-Systems (ERP)** eine sehr komplexe Aufgabe darstellt, muss eine dazu geeignete Projektorganisation aufgebaut werden. Im Regelfall wird das Gesamtprojekt in einzelne Teilprojekte zerlegt, die sich primär mit den bereichsbezogenen Prozessen beschäftigen und für bereichsübergreifende Prozesse zusammen mit den betroffenen Nachbarbereichen die Prozessdefinition entwickeln. Der Projektablauf gliedert sich in vier Grobphasen:

1. **Projekt Kick-Off:** Der Kick-Off markiert den Start des Einführungsprojektes. In der ersten Sitzung wird den Mitarbeitern der Start des Projektes offiziell verkündet und eine Einteilung in die einzelnen Teilprojektgruppen vorgenommen. Zu den wesentlichen Punkten der Sitzungsarbeit gehören:

   - Die Problemsammlung, in der aus der Sicht der Mitarbeiter die akuten Probleme der Organisation festgestellt werden;
   - das Kennenlernen der prozessorientierten Vorgehensweise zur Einführung von SAP R/3, wodurch sichergestellt wird, dass die Mitarbeiter die richtigen Prozesse „sehen" und mit Hilfe von EPK beschreiben können;
   - die Zielbestimmung für das Projekt, bei der gemeinsam getragene Zielvorstellungen über das Projektergebnis und die zu realisierenden Nutzenpotenziale entwickelt werden;
   - die Identifikation der KEF, die im weiteren Projektablauf mit besonderer Aufmerksamkeit verfolgt werden und
   - der Abgleich von Problemen, Zielen und KEF, aus dem erste Maßnahmen für den weiteren Projektablauf abgeleitet werden.

   Als wesentlich für den Projekterfolg erscheint die frühe Vermittlung des prozessorientierten Denkens, was dazu führt, dass die Projektmitarbeiter in der Lage sind, das Geschehen in ihrer Organisation als eine Sammlung von Prozessen zu sehen. Dies ist notwendig, um bestehende Abläufe hinsichtlich ihrer Mängel zu untersuchen und Verbesserungspotenziale zu erkennen. Ferner kann die gemeinsame Definition der Projektziele durch CATeam-unterstützte Sitzungsarbeit (Krcmar 1992a, S. 2ff.) vorgenommen werden, was in der späteren Projektarbeit die Abstimmung zwischen den Mitarbeitern, aber auch ihr Engagement im Projekt positiv beeinflussen kann.

2. **Prozessausgrenzung:** Die Prozessausgrenzung beschäftigt sich mit der Identifikation der Hauptprozesse. Dazu wird i.d.R. in mehreren Gruppensitzungen ein Konsens innerhalb der Projektgruppe hergestellt. Eine spezielle Betrachtung der unterstützenden Prozesse kann zu Hauptprozessen, wie bspw.

- Finanzgeschäftsprozesse,
- Rechnungswesenprozesse,
- Materialwirtschaftsprozesse und
- Personalwirtschaftsprozesse führen.

Aber auch Prozesse des Unternehmensberichtswesens, diverser Dienstleistungen sowie der Forschung können als Hauptprozesse identifiziert werden. Ziel dieser Projektphase ist es, eine scharfe Abgrenzung zwischen den Prozessen zu finden und erste Anhaltspunkte über die notwendige Funktionalität zu sammeln. Zur Suche untergeordneter Prozesse können Formulare verwendet werden, die einen Prozesskandidaten durch das entstehende Informationsprodukt und durch eingehende und erzeugte Daten charakterisieren. Prozesse, die kein erkennbares Informationsprodukt (z.B. Bestellung, Zahlungsanweisung etc.) erzeugen, werden i.d.R. nicht in die Prozessübersichten aufgenommen und nicht weiter behandelt.

3. **Prozessmodellierung:** Die Phase der Prozessgestaltung richtet sich auf die Entwicklung eines detaillierten Soll-Prozessmodells, wobei insbesondere die organisatorische Dimension der Reorganisation von Geschäftsprozessen im Mittelpunkt steht. Hier werden z.B. neue Wege bei der Reisekostenabrechnung oder der Freigabe von Bestellanforderungen beschritten, indem bestehende organisatorische Regeln radikal vereinfacht werden. Zur Entwicklung der Soll-Prozessmodelle werden Modellierungswerkzeuge benötigt. Bei der Modellierung können Referenzmodelle der jeweils gewählten ERP als Vorlage dienen. Dennoch sollte man darauf achten, dass eine zu intensive Verwendung eines Referenzmodells nicht zu einer Verwässerung der individuellen Prozessvorstellungen führt. Ein KEF stellt die Schaffung eines gemeinsam getragenen Begriffsverständnisses dar: Nur wenn sichergestellt wird, dass alle Beteiligten das gleiche Vokabular verwenden, kann die reibungslose Zusammenarbeit zwischen den Teilprojektgruppen funktionieren.
4. **Software-Einstellung:** Die Prozessumsetzung in SAP R/3 erfolgt mit Hilfe des SAP R/3 Referenzmodells. Dazu werden zunächst die relevanten Prozesse des Referenzmodells identifiziert, die für die Implementierung der organisatorischen Soll-Prozesse notwendig erscheinen. Anschließend werden die SAP-Referenzprozesse um diejenigen Varianten und alternativen Prozesswege bereinigt, die für die Geschäftsprozesse des betrachteten Unternehmens nicht benötigt werden. Dadurch entsteht ein unternehmensspezifisches Prozessmodell auf der detaillierten Ebene einzelner SAP R/3-Funktionen, das bei der organisatorischen Einführung der neuen Geschäftsprozesse zur Dokumentation und Schulung verwendet werden kann. Gleichzeitig dient dieses Modell als Grundlage für die Einstellungen der SAP R/3-Software, die meist von einem externen Berater-Team durchgeführt werden.

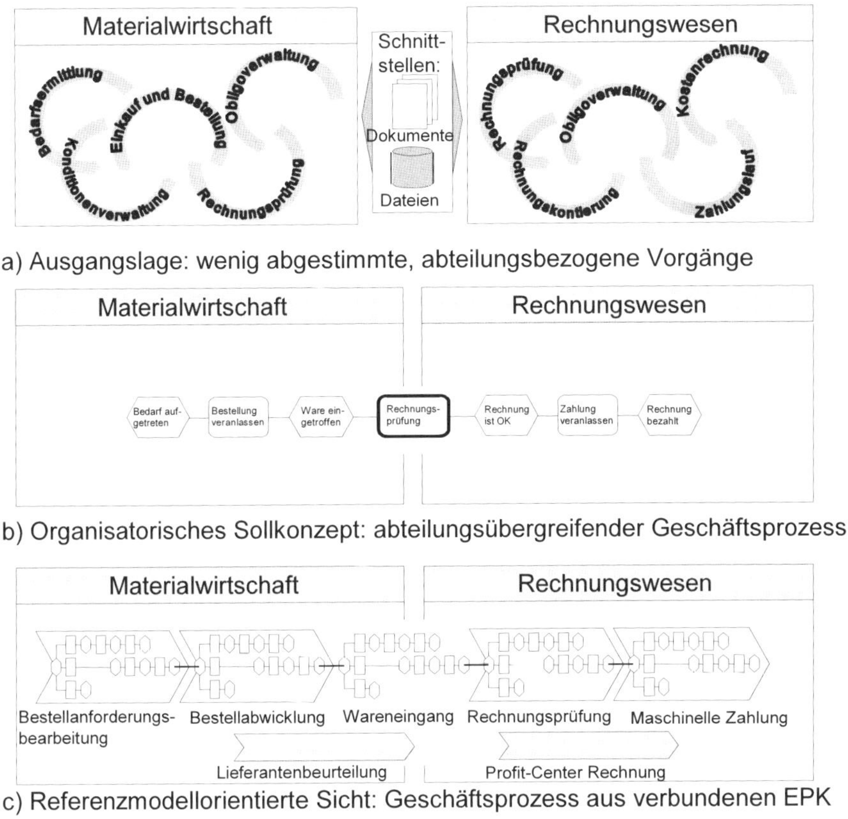

Abbildung 3-51. Geschäftsprozess der Materialwirtschaft

Quelle: Eigene Darstellung

An der Materialwirtschaft in einem Beispielunternehmen sei die Entwicklung der Prozessmodelle während eines Projektes aufgezeigt. Die Prozessausgrenzung identifiziert den Prozess der Materialbeschaffung als einen wichtigen Prozess, in dem ein großes Verbesserungspotenzial gesehen wird: Durch unzureichend aufeinander abgestimmte Einzelaktivitäten der Mitarbeiter und Schnittstellen zu den Fachbereichen, insbesondere zum Rechnungswesen, werden die bestehenden Abläufe als ineffizient und verbesserungswürdig eingestuft. Deshalb wird ein organisatorisches Soll-Prozessmodell entwickelt, das einen möglichst einfachen und transparenten Ablauf der Materialbeschaffung sicherstellen soll. Abbildung 3-51 zeigt, wie sich die Prozessgestaltung unseres Beispielunternehmens über mehrere Bereiche entwickelt.

Die Aufgabe der Rechnungsprüfung wird von Mitarbeitern beider Bereiche durchgeführt, wobei die Materialwirtschaft die inhaltliche Prüfung der Rechnung übernimmt und anschließend Mitarbeiter des Rechnungswesens die finanztechnische Prüfung übernehmen sollen. Die Soll-Prozesse können mit Hilfe eines Modellierungswerkzeugs, wie bspw. dem ARIS-Toolset und der Methode der erweiterten EPK erstellt werden. Anhand dieses organisatorischen Soll-Konzeptes können die notwendigen Prozesse aus dem SAP R/3 Referenzmodell identifiziert werden, die während der Prozessumsetzung genau aufeinander abgestimmt werden. Dabei stehen nur noch bedingt organisatorische Fragen im Mittelpunkt, vielmehr ist die genaue Funktionalität der einzelnen SAP R/3 Programme zu untersuchen und im so genannten „Customizing“ aufeinander abzustimmen. In dieser Projektphase werden die SAP R/3 Referenzmodelle mit Hilfe des ARIS-Toolsets so geändert, dass schließlich nur die für unser Beispielunternehmen relevanten Prozesse übrig bleiben.

Implementierung: Der Schritt der organisatorischen Implementierung ist nicht eine rein technische Integration in die bestehende Systemlandschaft, sondern betrifft auch die soziale Komponente eines Gesamtsystems (hier das gesamte Unternehmen). Implementierungsprozesse vollziehen sich nicht in leblosen und menschenleeren Organisationsstrukturen. Von den unterschiedlichsten Implementierungsaktivitäten sind immer Personen direkt oder indirekt betroffen, die sich nicht einfach – wie es die „Implementierung per Geschäftsleitungsbeschluss“ implizit unterstellt – umprogrammieren lassen. Erfahrungsgemäß werden die implementierungsinduzierten Veränderungen von den Betroffenen nicht problemlos adaptiert. Häufig kommt es zu den unterschiedlichsten Formen von Widerständen (Daniel 2001, S. 3).

Einige darauf spezialisierte Unternehmen und auch die Hersteller von ERP-Systemen selbst stellen die in einem Einführungsprozess relevanten Aktivitäten und Rollen usw. zu kompletten Vorgehensmodellen zusammen, ergänzen diese um Leitfäden, Checklisten und evtl. eine Software zur Abbildung und Verwaltung der Bestandteile und für das Projektmanagement und sprechen dann von **Einführungsmethodik**. Ein bekanntes Beispiel ist *ASAP* (Accelerated SAP) der SAP AG, das sowohl von SAP selbst als auch von Beratungshäusern verwendet wird und zum ValueSAP-Ansatz von SAP gehört. Eine bewährte Einführungsmethodik ist ein komplexes Werkzeug, das über Jahre verwendet wird und sich dabei durch ständiges Trial and Error weiterentwickeln sollte. Entscheidend für den Erfolg von Methodiken ist, dass diese dem jeweiligen System- und Organisationskontext angepasst sind. So war ASAP lange Zeit „die“ Methode der Wahl, heute bietet SAP diverse branchenspezifische Methodiken an, z.B. ASAP for Automotive u.ä. Aber selbst das Zuschneiden auf die Branche ist nicht ausreichend für den Einführungserfolg: Die Einführungsmethodik muss an den Einzelfall angepasst werden. Weitere Einführungsmethodiken von ERP-Herstellern und Beratungshäusern sind z.B. die *Compass*-Methode von PeopleSoft (2004) oder *The Total Solution* von Ernst & Young und *EXPRESS*™ von Deloitte & Touche (2004).

Abbildung 3-52 zeigt mögliche Implementierungsstrategie-Optionen bzw. -Dimensionen auf, deren konkrete Ausprägungen von der Projektleitung auf den jeweiligen situativen Implementierungskontext eingestellt werden müssen. Die

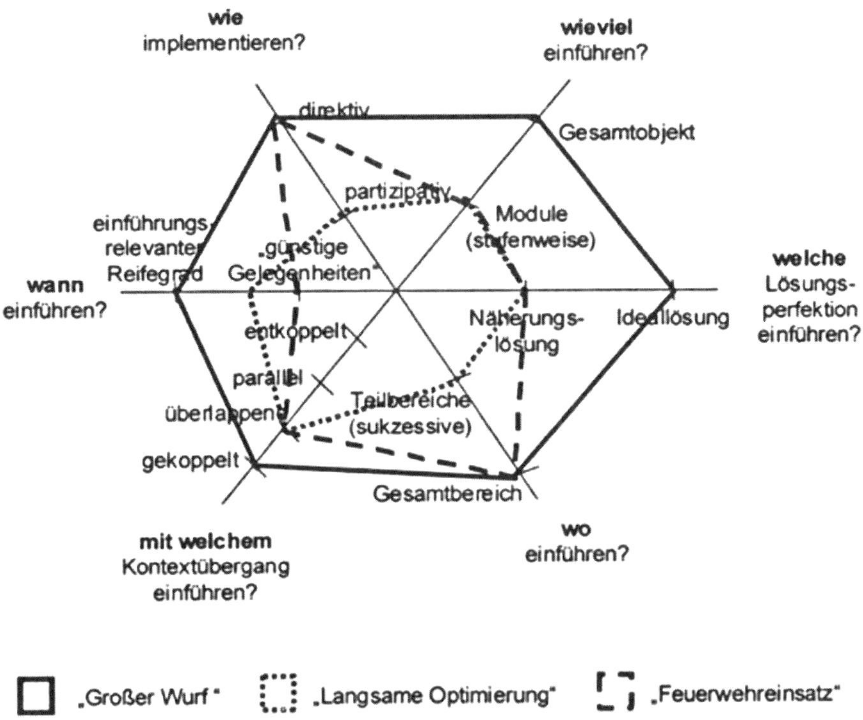

Abbildung 3-52. Spinnwebdiagramm ausgewählter Implementierungsstrategien
Quelle: Daniel (2001, S. 176)

Frage „wo man es einführt" (Gesamtunternehmen oder einzelne Bereiche) und die Optionen des Kontextübergangs stellen die Kontextdimension dar. Die jeweiligen Ausprägungen der Verhaltendimension (wie einführen), Objektdimension (wie viel einführen, mit welcher Perfektion) und Zeitdimension (wann einführen) sind weitere wichtige Stellschrauben.

An der Implementierungsstrategie „Großer Wurf" (Abbildung 3-52) ist die kurze Implementierungsdauer verlockend. Es darf jedoch nicht übersehen werden, dass diese Implementierungsstrategie mit einem sehr hohen Misserfolgsrisiko verbunden ist. Um das Qualitätsrisiko zu begrenzen, ist ein hoher Planungsaufwand notwendig, der seinerseits den Einführungsbeginn hinauszögert. Zur erfolgreichen Durchführung eines „Großen Wurfs" ist zudem hinreichende Implementierungserfahrung unerlässlich. Die „Langsame Optimierung" bietet sich dann an, wenn Qualitäts- und Akzeptanzziele im Vordergrund stehen. Notwendige Voraussetzung für diese Strategie ist, dass kein erhöhter Zeitdruck vorliegt. Die Option „Feuerwehreinsatz" ist zu nutzen, wenn Zeit- und Problemdruck zu „schnellen Erfolgen" auf möglichst breiter Front zwingt. Dieser Erzielung früher Ergebniswirkungen hat sich dann alles andere unterzuordnen (Daniel 2001, S. 177f.).

Insbesondere bei Eigenentwicklungen kann eine Abhängigkeit des Implementierungsvorgehens vom Vorgehensmodell der Entwicklung beobachtet werden. Dabei variiert das Verständnis des Implementierungsbegriffes stark. Während die Bedeutung beim V-Modell die Integration in die Systemlandschaft das Testen und die Inbetriebnahme beinhaltet, erfolgt beim Prototyping zusätzlich die Entscheidung, ob der aktuelle Prototyp weiterentwickelt werden muss oder zum endgültigen Einsatz kommen kann. Im Rahmen des Spiralmodells werden zudem die Auswirkungen des Softwareeinsatzes auf die betrieblichen Abläufe betrachtet. Das evolutionäre/inkrementelle Modell sieht ebenso wie RUP die Implementierung als einen iterativen Prozess. RUP schließt darüber hinaus die Erstellung der Benutzerdokumentation, Anwenderschulungen, Feedbackrunden und Perfomanceüberwachung in dieser Phase mit ein (vgl. dazu auch Kapitel 3.2.5.3.1).

3.2.5.6 Operativer Betrieb und Abschaffung

Nach einer erfolgreichen Einführung und der Behebung der sich daran anschließenden anfänglichen Probleme, geht ein Informationssystem für einen längeren Zeitraum in den **operativen Betrieb** über. In der Zeit des operativen Betriebs wird das System durch *Wartung* betreut und gegebenenfalls zu neuen Versionen weiterentwickelt. In der Anwendungsentwicklung umfasst der Begriff „Wartung" die Behebung von Programmierfehlern, die Optimierung des internen Programmablaufs und die funktionale Erweiterung der Software. Die wesentliche Aufgabe von Versionen und Releases ist es, den Entwicklungsprozess an einem bestimmten Zeitpunkt einzufrieren und ein lauffähiges Produkt an den Kunden auszuliefern. Wenn Programmierfehler in einer ausgelieferten Anwendung behoben werden oder der interne Programmablauf verbessert wird, spricht man von *Versionen*; weiterhin spricht man von Versionen, wenn gleiche Anwendungen auf verschiedenen Hardware-Plattformen portiert sind; wenn die Software wesentlich funktional erweitert wird, spricht man von *Releases*.

Um Versionen und Releases bei Kunden einspielen zu können, muss verwaltet werden, welche Version und welches Release bei verschiedenen Kunden auf welcher Hardware-Plattform implementiert sind. Das Anwendungsmanagement muss dafür sorgen, dass die Quellcodes und die Binärdateien sowie die Entwicklungsplattformen für ältere Releases archiviert sind, damit eine Wartung dieser Versionen beim Kunden überhaupt möglich ist. Hierzu werden Richtlinien und Rahmenwerke für die Archivierung benötigt. Weiterhin sind die Abhängigkeiten der Versionen untereinander zu erfassen und zu verwalten. Da mehrere Versionen von einer Ausgangsversion parallel geschaffen werden können (z.B. für verschiedene Hardware-Plattformen) und demnach eine vernetzte Abhängigkeitsstruktur besteht, ist dies keine triviale Aufgabe. Bei der Entwicklung einer neuen Fassung (= Version oder Release) der Anwendung ist insbesondere darauf zu achten, dass sie nicht das Vorhandensein einer bestimmten vorangegangenen Fassung voraussetzt, was sie für alle anderen Anwender unbrauchbar macht, und die mit einer alten Fassung erstellten Daten weiterverwendet werden können.

Ein weiterer Punkt betrifft die **Wiederverwendung** von Software-Teilen in anderen, zum Teil völlig anders ausgerichteten Systemen. Mit der Objektorientierung wird die Wiederverwendung von Programmmodulen erleichtert. Wenn in einem Anwendungsprojekt Programmmodule aus vorangegangenen Anwendungsprojekten wiederverwendet werden können, kann dies die Produktivität der Anwendungsentwicklung deutlich erhöhen. Es ist eine Aufgabe des Anwendungsmanagements, dafür zu sorgen, dass diese Möglichkeit auch genutzt wird. Anwendungsentwickler haben oft selbst wenig Interesse daran, wiederverwendbare Software zu entwickeln, weil nicht sie selbst, sondern andere den Nutzen davon haben, und weil sie sich lieber neuen Aufgaben widmen. Die Bereitstellung wiederverwendbarer Software bedeutet trotz Objektorientierung immer einen zusätzlichen Arbeitsschritt nach Abschluss der eigentlichen Programmierarbeit: Für die Wiederverwendung geeignete Module müssen isoliert und unter Umständen umgeschrieben, geeignete allgemeiner verwendbare Abstraktionen müssen gefunden und die Module in einer Bibliothek zusammengefasst werden. Das Anwendungsmanagement muss dafür sorgen, dass die Ressourcen für diesen Schritt und für die Verwaltung wiederverwendbarer Module bereitstehen und ein für das „Bereitstellen" förderlicher Rahmen unter den Anwendungsentwicklern besteht, z.B. indem Anreize für das Erzeugen wiederverwendbarer Module geschaffen werden. Best Practices für das Release- und Wartungsmanagement werden in der ITIL-Sammlung näher betrachtet (vgl. Kapitel 3.4.4.1.3).

Auch eine erfolgreiche und ständig genutzte Anwendung erreicht einmal das Ende ihres Lebenszyklus. Damit stellt sich die Frage, wann sich dieser Zustand einstellt und wie die **Abschaffung** eines Systems organisiert wird, d.h. man muss die Nutzungsdauer von Anwendungssystemen antizipieren, um festzulegen, welches der *optimale Ersatzzeitpunkt* ist und welcher Ersatz angestrebt wird. Auf eine Methode zur Bestimmung des optimalen Ersatzzeitpunktes wird in Kapitel 3.3.2.2.2 detailliert eingegangen.

3.2.6 Gesamtheit der Anwendungen

Es wurde bereits bei der Betrachtung des Lebenszyklus einer Anwendung auf die Anpassung und Integration der neuen Anwendung mit der bestehenden Infrastruktur und Anwendungslandschaft hingewiesen. Aus der Vogelperspektive erscheint die neue Anwendung nur als ein Stein in der **Gesamtarchitektur**. Eines der Ziele des IM stellt die harmonische Gestaltung der Systemlandschaft im Unternehmen dar. Dazu muss zum einen beurteilt werden, ob die existierenden Anwendungen des IS mit den Zielsetzungen der IT und des Unternehmens übereinstimmen. Zum anderen besteht die Aufgabe, aus einer bestimmten Menge von vorgeschlagenen Anwendungsprojekten und Ideen für neue Projekte diejenigen auszuwählen, die bei gegebenem Ressourceneinsatz den bestmöglichen Beitrag für das Gesamt-IS des Unternehmens erbringen. Im Gegensatz zum Management des Lebenszyklus einer einzelnen Anwendung ist hier die Entwicklung, Bewertung und Auswahl vieler Anwendungen auf unterschiedlichen Lebenszyklusstufen relevant (IS-Portfolio).

Erste Überlegungen zu einer IS-Gesamtkomposition wurden bereits in den 60er Jahren geäußert. Die Zielsetzung lag dabei hauptsächlich auf der Kostenreduktion und der Suche nach Anwendungen für die Automatisierung und Rationalisierung von Vorgängen, wobei auf die Effektivität existierender Anwendungen wenig oder kaum geachtet wurde. Anfang der 70er Jahre kam der Wunsch nach Verbesserung der Unternehmenskommunikation sowie der bedarfsgerechten Lösung von Standardanwendungsaufgaben auf. Dadurch mussten erstmals die Anforderungen von aus heutiger Sicht einfachen Anwenderaufträgen mit den technischen Realisierungsmöglichkeiten eines damals zumeist zentralen Rechenzentrums abgestimmt werden. Durch die in den darauf folgenden Jahren steigenden und auch beanspruchten Möglichkeiten der IT erhielt diese zunehmend Einzug in verschiedenste Bereiche des Unternehmens, wodurch aber die Kosten für die Dienstebereitstellung oftmals überproportional wuchsen. Damit wurden auch erste Rufe nach einer in den Unternehmensprozess integrierten Anwendungsplanung laut.

Die IT-Dienstleister der Unternehmen kommen jedoch zunehmend unter Druck, da sich auf der einen Seite die Anwender über eine unzureichende Abdeckung ihrer Anforderungen beschweren und auf der anderen Seite die Unternehmensleitungen gerne wissen möchten, was die Anwendungen zum Unternehmenserfolg beitragen. Demnach hat heute die Auswahl der „richtigen" Anwendungen im Zusammenspiel mit den bereits existierenden Anwendungen einen sehr hohen Stellenwert. In der Praxis gibt es im Wesentlichen vier **Planungsstufen**:

1. **Keine Planung:** Es liegen bestenfalls informelle Pläne für bestimmte Projekte vor.

2. **Alleinstehende Planung:** Ein IS-Projektauswahlplan existiert, der aber nicht auf den Unternehmensplan (sofern überhaupt vorhanden) abgestimmt ist.

3. **Reagierende Planung:** Ein Unternehmensplan wird erstellt und der IS-Projektauswahlplan hat auf diesen zu reagieren.

4. **Integrierte Planung:** Der Unternehmensplan und der IS-Projektauswahlplan sind aufeinander abgestimmt und werden rollierend geplant.

Außer für die Planungsstufe 1, bei der so gut wie gar keine Planung durchgeführt wird, bieten sich für die Stufen 2, 3 und 4 verschiedene Verfahren zur Beurteilung und Auswahl von IS-Anwendungen an, die im Folgenden vorgestellt werden.

Zunächst sollen Probleme und Faktoren der Planung und Administration einer IS-Architektur dargestellt werden, bevor mit dem „*Business Systems Planning*" von *IBM* ein klassisches Verfahren der Anwendungsplanung beschrieben wird, das auch für viele andere verwendete Planungsverfahren Pate stand. Ein weiterer Ansatz betrachtet das *Portfolio* aller Anwendungen und versucht, dieses mit neuen Anwendungen optimal auszugleichen. Eine Betrachtung der *Dynamisierung* dieser Planungsverfahren rundet das Teilkapitel ab.

3.2.6.1 IS-Architekturen

Ausgehend von den Fragen:

- „Wie lassen sich heterogene IT-Landschaften standardisieren?“,
- „Wie können unterschiedliche Applikationen optimiert werden?“,
- „Wie und nach welchen Kriterien werden IT-Projekte aus einer Auswahl verschiedener Anwendungen priorisiert?“,
- „Wie soll die IS-Architektur des Unternehmens in Zukunft aussehen?“,
- „Wie leitet sich die IS-Architektur aus der Unternehmensstrategie ab?“,
- „Wie lässt sich die Komplexität der IS-Systeme beherrschen?“ und
- „Kann z. B. Enterprise Application Integration diese Komplexität reduzieren?“

beschäftigt sich das Management von IS-Architekturen mit einem Problembereich, der zwischen den in Kapitel 2.3.5 dargestellten Architekturmodellen auf Unternehmensebene (Zachmann, ISA, etc.) und der Architektur der IKT-Infrastruktur liegt.

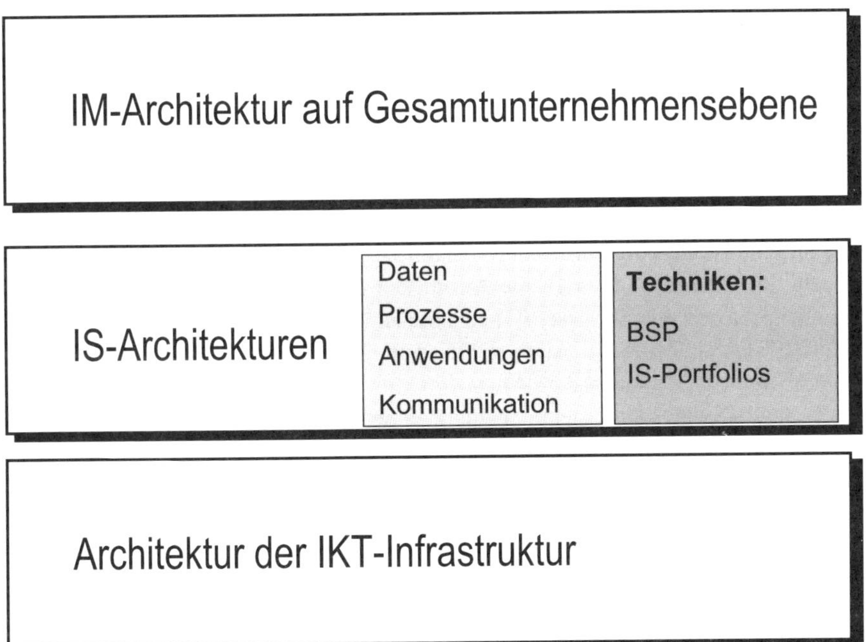

Abbildung 3-53. Einordnung von IS-Architekturen

Quelle: Eigene Darstellung

Krcmar (1990a, S. 395 f.) beschäftigt sich im Rahmen der Analyse von Bedeutung und Ziele der IS-Architekturen mit den Prinzipien der Architektur. Nach der klassischen Vorstellung von Architektur, die bereits 20 v. Chr. niedergelegt wurde, soll Architektur die Forderungen nach solider Bauweise, Zweckdienlichkeit und Anmut (Firmitas, Utilitas, Venustas) erfüllen (Vitruvius 1987). Zu Beginn der 20er Jahre des letzten Jahrhunderts wurde diese Forderung im Hinblick auf eine funktionale Sichtweise erweitert: „Solide Bauweise + Zweckdienlichkeit = Anmut" (Venturi et al. 1979, S. 13). Eine moderne Auffassung von Architektur beschreibt diese als „The science or art of designing and erecting structures" (o. V. 1984). Aus dieser Entwicklung des Begriffs lassen sich zwei wesentliche Sichten ableiten. Die eine Sicht betrachtet Architektur in ihrer Ästhetik, die zweite als eine Struktur von Elementen (Krcmar 1990a, S. 396). Die nachfolgenden Ausführungen beziehen sich vorrangig auf diese zweite Sicht, nach der IS-Architekturen als eine Beschreibung von Strukturen verstanden werden. Eine Architektur beschreibt also den Gesamtzusammenhang der erkenntnisrelevanten Objekte, ihre Funktionen, Schnittstellen und Beziehungen (Hildebrand 2001, S. 169) und auch dynamische Aspekte, wie die Kommunikation zwischen diesen Komponenten (Foegen 2003).

Eine **IS-Architektur** ist die strukturierende Abstraktion existierender oder geplanter Informationssysteme (Dern 2003, S. 18).

Diese Abstraktion dient dazu, eine gemeinsame Kommunikationsplattform aller an der Gestaltung von Informationssystemen Beteiligten zu schaffen. Damit wird die Planbarkeit und die Steuerbarkeit der Gestaltung der betrieblichen Anwendungslandschaft erhöht (Dern 2003, S. 18).

Es gibt eine Reihe von Veröffentlichungen zum Thema IS-Architekturen und die Anzahl der Unterschiede (z.B. die Anzahl der Ebenen) ist genauso hoch, wie die Zahl der Autoren, die zu diesem Thema veröffentlichen (für eine Auswahl (Hildebrand 2001, S. 171-185)). Allen gemeinsam ist, dass sie – ausgehend von den Unternehmenszielen oder der IM-Architektur auf Gesamtunternehmensebene – das Gesamt-IS eines Unternehmens in einzelne Informationssysteme, d.h. Anwendungen zerlegen. Ein häufig gebrauchter Rückgriff (Vasconcelos et al. 2004, S. 2) auf den Städtebau als Metapher verdeutlicht dies: Die Gesamtheit aller Anwendungen entspricht dem Bebauungsplan einer Stadt, die Architektur eines einzelnen IS dem eines Hauses (Gebäudeplan) und die (Software-)Architektur einer Komponente findet Ihre Entsprechung in der Stockwerksplanung.

Im Folgenden wird das in Kapitel 2.3.5 vorgestellte Architekturmodell von *Zachman* konkretisiert. Im Modell von *Zachman* sind unterschiedliche Sichten und Objekte dargestellt. Auf der Ebene der IS-Architekturen werden die Zusammenhänge zwischen den wesentlichen Objekten Daten, Prozesse und Netzwerke näher betrachtet. Die Architekturelemente Daten, Prozesse, Anwendungen und Kommunikation lassen sich direkt aus dem ISA-Modell von *Krcmar* ableiten.

Als Methode der IS-Architekturen auf Geschäftsprozessebene wird die Methode Business Systems Planning (BSP) im nachfolgenden Kapitel dargestellt. BSP stellt den Zusammenhang zwischen Daten (-Klassen) und Anwendungssystemen her. Beim BSP werden Anwendungssysteme den Prozessen eines Unternehmens gegenüber gestellt, um Redundanzen und Lücken bei der Abdeckung der fachlichen Anforderungen (d.h. Unterstützung von Geschäftsprozessen) festzustellen.

Um IS-Architekturen umzusetzen, müssen Projekte aus der IS-Architektur abgeleitet werden, die priorisiert, ausgewählt und durchgeführt werden (siehe Kapitel 3.2.6.3 zur IS-Portfolioauswahl).

Beim Management von IS-Architekturen spielt aber noch ein weiterer Faktor eine Rolle. Bei der Zerlegung des Gesamt-IS in einzelne Informationssysteme zeigt sich die Technikabhängigkeit von Architekturfragestellungen insbesondere bei den Themenfeldern Frameworks und Schnittstellen. *Vasconcelos et al.* (2004, S. 1) stellten fest, dass der Integration bei der Betrachtung von IS-Architekturen bislang zuwenig Beachtung beigemessen wurde. Diese Kopplung von Anwendungssystemen – auch als Enterprise Application Integration (EAI) bekannt – hat Auswirkungen auf die IS-Architektur eines Unternehmens, denn die zugrunde liegenden Technikbündel haben nicht nur Auswirkungen auf einzelne IS eines Unternehmens, sondern sie wirken ebenfalls auf die Architektur des Gesamt-IS eines Unternehmens. Ein Beispiel dafür ist der Datenaustausch zwischen einzelnen Anwendungen, wenn WebServices als Architekturansatz gewählt werden. Die Probleme, die beim Austausch von Daten (z.B. XML über SOAP) auftauchen können, wenn unterschiedliche Anwendungsarchitektur-Frameworks (z.B. Java/J2EE und Microsoft .NET) vorliegen (Vasconcelos et al. 2004, S. 4), zeigen, dass die Architektur von IS und insbesondere die des Gesamt-IS nicht unabhängig von der zugrunde liegenden Technikebene sind. Wenn zudem noch unterschiedliche Kommunikationsmöglichkeiten zwischen Anwendungskomponenten (z.B. WebServices über SOAP vs. RPC mit DCOM oder CORBA) mit berücksichtigt werden, wird die Notwendigkeit des Managements von IS-Architekturen noch deutlicher.

Das Management der IS-Architekturen zeigt Möglichkeiten zur Beherrschung dieser Systemkomplexität auf. Durch die gezielte Auswahl und den Einsatz geeigneter Architekturalternativen kann diese Komplexität beherrschbar gemacht werden.

Offene Architekturen, wie z.B. eine Komponentenarchitektur, ermöglichen eine flexible und wirtschaftliche Komposition von Informationssystemen aus einzelnen Komponenten. Ein Beispiel dafür ist SAP Netweaver™, ein Ansatz und Produkt, das offene Standards unterstützt und mit Microsoft .NET und IBM Websphere kompatibel ist. Das Gegenbeispiel dazu ist eine *integrierte* Architektur eines Herstellers, deren Vorzüge die Abgestimmtheit aller Komponenten ist.

Wenn die Zusammenstellung einzelner Komponenten unternehmensübergreifend stattfindet, handelt es sich um ein *verteiltes* Architekturmodell. Im Gegensatz dazu steht eine *geschlossene*, d.h. proprietäre Architektur, wie z. B. bei reinen Individualentwicklungen für einen speziellen Anwendungsfall/Kunden.

Ausgehend von der Geschäfts- und Informationssystemstrategie werden die Komponenten der IS-Architektur bestimmt, weiterentwickelt und implementiert. Sowohl im Hinblick auf die darüber liegende strategischere Ebene als auch im Hinblick auf die zugrunde liegende Technik besteht dauernder (Weiter-)Entwicklungs- und Veränderungsbedarf für die IS-Architektur (Hildebrand 2001, S. 169f.). Dies hat zur Folge, dass keine statische Betrachtung, sondern vielmehr eine dynamische Anpassung der IS-Architektur notwendig ist.

3.2.6.2 Anwendungsplanung durch Business Systems Planning

Business Systems Planning (BSP) ist eine von *IBM* (IBM Deutschland GmbH 1982) ursprünglich in den 60er Jahren entwickelte und seitdem immer weiter fortentwickelte Technik zum Ermitteln stabiler IS-Strukturen in Unternehmen. Eine der Grundannahmen der Methode ist die Vermutung, dass Prozesse innerhalb der Organisation relativ stabil sind. Kennzeichen des BSP sind die *Top-Down-Planung* mit *Bottom-Up-Implementierung*, die Behandlung von Daten als *Unternehmensressource*, die generelle Ausrichtung auf *Geschäftsprozesse* und die Aufteilung in *unternehmensweite* und *geschäftsbereichsweite* Analyse. Die Grundelemente einer BSP-Studie sind die folgenden:

- **Geschäftsressourcen:** Geschäftsressourcen sind z. B. Kunden, Lieferanten, Bedarf, Kapital, Produkte, Organisation, Technologie, Tarife und damit alle Teile einer Unternehmung, die des Managements bedürfen.
- **Geschäftsprozesse:** Geschäftsprozesse werden oftmals in zwei- bis dreistufige Hierarchien aufgeteilt. Der Prozess „Personal einstellen" kann z. B. die folgenden Subprozesse enthalten: Ausschreibungen erstellen, Zustimmung vom Vorstand einholen, Vorstellungstermine vereinbaren, Einstellungsverhandlungen führen, Einstellungsuntersuchung durchführen, Personalakte anlegen und Vergütungsgruppe festlegen.
- **Datenklassen:** Datenklassen sind logisch zusammengehörende Informationen, die in einem Geschäftsprozess erzeugt und in einem oder mehreren Prozessen verwendet werden, bspw. Kunden-Stammdaten, Kunden-Umsatzdaten, Kunden-Auftrag und Kunden-Liste. Datenklassen sind nie einzelne Datenelemente.

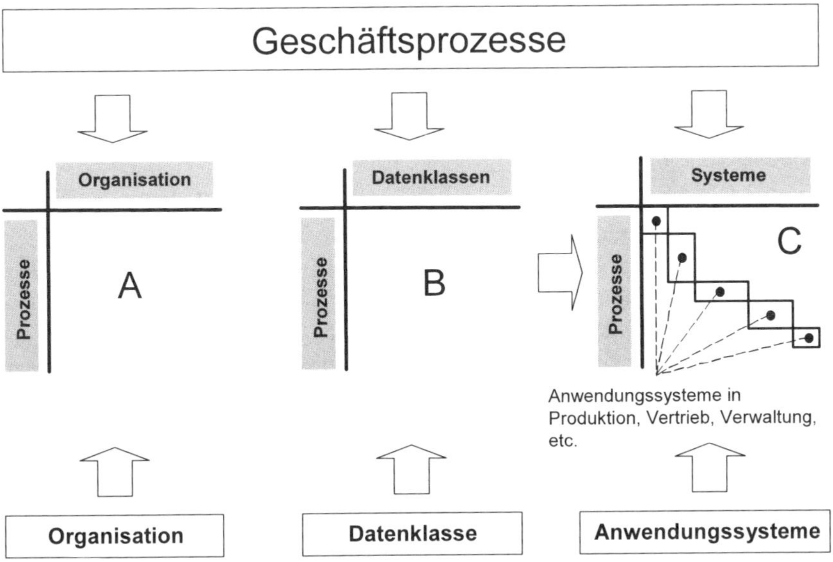

Abbildung 3-54. Matrizen einer BSP-Studie
Quelle: Eigene Darstellung

Zur Darstellung der Ergebnisse einer BSP-Studie wurde die **Matrixform** gewählt. Damit können die strukturellen Verhältnisse zwischen den Grundelementen dargestellt werden. Für die Sicht der Ablauforganisation ist diese Darstellungsart allerdings nicht geeignet, weil die Abläufe selbst nicht in der Matrix dargestellt werden können. Die Matrix erlaubt jedoch eine sehr straffe und zusammenfassende Darstellung und die Konzentration auf Daten. Die folgenden Grund-Tabellen werden erarbeitet (Abbildung 3-54):

- **Geschäftsprozess-Organisations-Matrix**: Dargestellt wird, inwieweit die Abteilungen oder einzelne Stellen für Geschäftsprozesse verantwortlich, entscheidend, an ihnen wesentlich beteiligt, beteiligt oder unberührt sind.
- **Geschäftsprozess-Datenklassen-Matrix:** Dargestellt wird, welche Datenklasse von welchem Prozess verwendet oder erzeugt wird. Diese Matrix ist wesentlich für die Architekturüberlegungen im BSP. Anhand der Ergebnisse können einzelne Prozesse zu Anwendungssystemen zusammengefasst werden, so dass minimaler Datenverkehr zwischen den Systemen entsteht. In einer Blockdarstellung wird diese Matrix zum groben Informationsflussdiagramm.
- **Anwendungssystem-Prozess-Matrix:** Dargestellt wird, welcher Geschäftsprozess durch welches IT-System unterstützt wird und welche Planungen vorliegen. Dies erlaubt, Redundanzen und Lücken in der Unterstützung zu erkennen.

Bei der Durchführung einer typischen BSP-Studie werden die Geschäftsressourcen, Geschäftsprozesse und Datenklassen für das Unternehmen erhoben. Ein Studienteam definiert aufgrund von Diskussionen die unternehmensspezifischen Ressourcen und Prozesse. Danach werden durch Befragung der Benutzer Angaben zur *Funktion* und *Identität*, zur *Beteiligung* an Prozessen, zum *Datenbedarf* und zur derzeitigen *Qualität* der Daten erhoben.

Zeitlich gestaltet sich der Ablauf einer BSP-Studie wie in Tabelle 3-14 dargestellt. Die angeführten Zeitangaben gehen von der Annahme aus, dass das *Studienteam* während der Durchführung der Studie voll zur Verfügung steht und sich ausschließlich der Durchführung widmet, wodurch der kurze Durchführungszeitraum von acht Wochen für eine Gesamtuntersuchung zustande kommt. Die Zeit für die Interviews bestimmt den Gesamtzeitbedarf wesentlich mit. Meilensteine einer BSP-Studie befinden sich am Ende der Architekturdefinition, der Ist-Analyse, der Architekturprioritäten, der Erarbeitung der Empfehlungen und der Untersuchung des Information Ressources Management (IRM).

Tabelle 3-14. Ablauf einer BSP-Studie

Aktivität	**Dauer**	**Woche**
Zustimmung der Geschäftsleitung		
Bestimmung von Umfang und Teammitgliedern		3-4 vorher
Vorbereitung der Studie	5-10 Tage	1-2 vorher
Start der Studie	1 Tag	1
Definition Geschäftsprozesse	4 Tage	1
Definition Daten	5 Tage	2
Definition Informationsarchitektur	2 Tage	3
Untersuchung bestehender Systeme	3-8 Tage	3 – 4
Interviews (Anzahl 20-30)	16-20 Tage	4 – 6
Ergebnisfindung	5-10 Tage	5 – 6
Architekturprioritäten	2 Tage	7
Untersuchung des IRM	4-10 Tage	6 – 7
Empfehlungen erarbeiten	3 Tage	8
Berichterstattung	Laufend	8

Quelle: IBM Deutschland GmbH (1982)

BSP selbst hat seit seiner Entstehung unterschiedliche Erweiterungen erfahren. Durch die große Verbreitung des BSP in den USA und die langjährige Nutzung ist eine große Anzahl von „BSP-basierten"-Planungsmethoden entstanden. Bspw. wurde ein Tool zur Automatisierung der Matrixoperationen mit umfangreichem Datenmaterial entwickelt, was weitgehende quantitative Analysemöglichkeiten schuf. Bei *Lee* (1999) wird ein Verfahren zum automatischen hierarchischen Clustering von Geschäftsprozessen dargestellt.

Das Konzept des BSP ist heute noch aktuell, denn auch neuere, dem BSP nachempfundene Planungsmethoden (z.B. die von *Biethan et al.* (2004a, S. 262f.)) zeichnen sich durch

- die Konzentration auf die Zusammenhänge zwischen Daten, Prozessen und Organisationseinheiten,
- die Konzentration auf die Ist-Analyse als Voraussetzung der Sollfindung und
- eine weitgehende Einbeziehung der Benutzer aus,

so dass sich keine wesentlichen Veränderungen in der Philosophie des Planungsansatzes ergaben. Um der Kritik der Fokussierung auf den Ist-Zustand zu begegnen, wurde BSP Anfang der 80er Jahre um den Ansatz der strategischen Planung erweitert.

Insgesamt ist BSP eine kreative Analyse, deren Ergebnisse auch – und vor allem – von den Fähigkeiten des Studienteams abhängen. Durch die Interviewmethode kann sich eine BSP-Studie aufwändig gestalten, aber detaillierte Einsichten lassen sich im Allgemeinen kaum durch globale Überblicke gewinnen. Als hauptsächliche Vorteile gelten die *Strukturiertheit* des Ansatzes und die *hohe Akzeptanz*, die durch die *weite Verbreitung* dokumentiert wird. Da die Studie auf das Unternehmen als Ganzes ausgerichtet ist, gerät der Brückenschlag von der Gesamt-Architektur zur Implementierung einzelner Anwendungen oftmals schwierig, da BSP keine Komponenten für Software-Entwicklungstechniken enthält. Kritisch ist ebenfalls anzumerken, dass sich das durch BSP erhobene Datenmaterial auf der B-Ebene des Datenmodells (vgl. Kapitel 3.2.2 Referenzmodelle) befindet. Eine Studie, in der der Gesamtunternehmensbezug auf jeden Fall gewahrt bleiben soll, ist durch den großen Aufwand zu detailliert, um nur für strategisches „Vordenken" verwendet zu werden, aber nicht detailliert genug, um direkt in die Anwendungsentwicklung überzuleiten.

3.2.6.3 Informationssystem-Portfolio

Neben der BSP-Methode zur Anwendungsplanung ist die Betrachtung des **IS-Portfolios** ein verbreiteter Ansatz zur Gesamtbetrachtung der IT im Unternehmen. Die Portfolio-Methode stammt ursprünglich aus dem Wertpapiergeschäft und leitet sich aus der Idee ab, bei gegebenem Risiko Wertpapieranlagen gewinnmaximierend zu kombinieren. In einer zweidimensionalen Darstellung mit Risiko und Ertrag kann so die optimale Wertpapiermischung ermittelt werden. Aus dem Wertpapiergeschäft wuchs der Ansatz in die Unternehmensplanung hinein, wo mit der *Marktanteils-Marktwachstums*-Matrix die Einteilung der Geschäftsfelder eines Unternehmens in „Cash Cows“, „Question Marks“, „Stars“ und „Poor Dogs“ weite Verbreitung fand. Grundlegender Gedanke der Portfolio-Methode ist die Herleitung eines ausgewogenen Gesamtbildes durch die richtige Auswahl und Platzierung der Komponenten des Portfolios (Macharzina 1999, S. 259ff.).

Von *Cash/McFarlan/McKenney* (1992) wurde der Ansatz auf das IM mit der Absicht übertragen, ein leicht verständliches Verfahren für die Auswahl von IS-Anwendungen zur Verfügung zu stellen. *Cash/McFarlan/McKenney* stellen dabei das Risiko eines Projektes seinem Nutzen gegenüber, indem verschiedene Risiko- und Nutzenkriterien gewichtet und anschließend bewertet werden. Als Risiko wird bezeichnet:

- Misserfolg beim Erzielen aller oder auch nur einiger Nutzengrößen
- Höhere Implementierungskosten als erwartet
- Längere Implementierungszeit als erwartet
- Erheblich geringere technische Performanz als erwartet
- Inkompatibilitäten des Systems mit bestimmter Hardware und Software

Prinzipiell gilt, dass ein höheres Risiko durch einen höheren erwarteten Nutzen ausgeglichen werden sollte. Durch die Darstellung der Projekte in einem *Risiko-Nutzen*-Portfolio werden die besten Projekte ausgewählt, um damit die Anzahl von Projektfehlschlägen zu verringern. Dieser Ansatz wurde von *Krcmar/Buresch* (1994a) erweitert, indem die Bewertung und Auswahl sowohl von geplanten als auch von laufenden Projekten unter bereichsübergreifenden Gesichtspunkten ermöglicht wird.

Schönwälder (1997, S. 90) stellt ein generisches Modell (*Metaprozessmodell*) für den Prozess des IS-Portfoliomanagments vor. Dieses Verfahren für die Gestaltung des IS-Portfoliomanagments zeichnet sich v.a. durch die *Dynamisierung des Planungsverfahrens* aus. Ziel dabei ist die Auswahl geeigneter Projekte zur Gestaltung der betrieblichen IS. Die Methode, deren Prozessablauf in Abbildung 3-55 dargestellt ist, kann in Entscheidungssituationen angewandt werden, in denen über die Ressourcenaufteilung zwischen bereits laufenden und neuen IT-Projekten entschieden werden soll.

Für eine praktische Anwendung des Vorgehens müssen dazu die einzelnen Prozesse Ziel-/Strategie-Definition, Erfassung der Ist-Situation, Sammlung von IS-Projektideen, etc. definiert (bzw. im Unternehmen identifiziert) werden. Weiterhin müssen die dargestellten Entscheidungsprozesse (z.B. Bestimmung Soll-

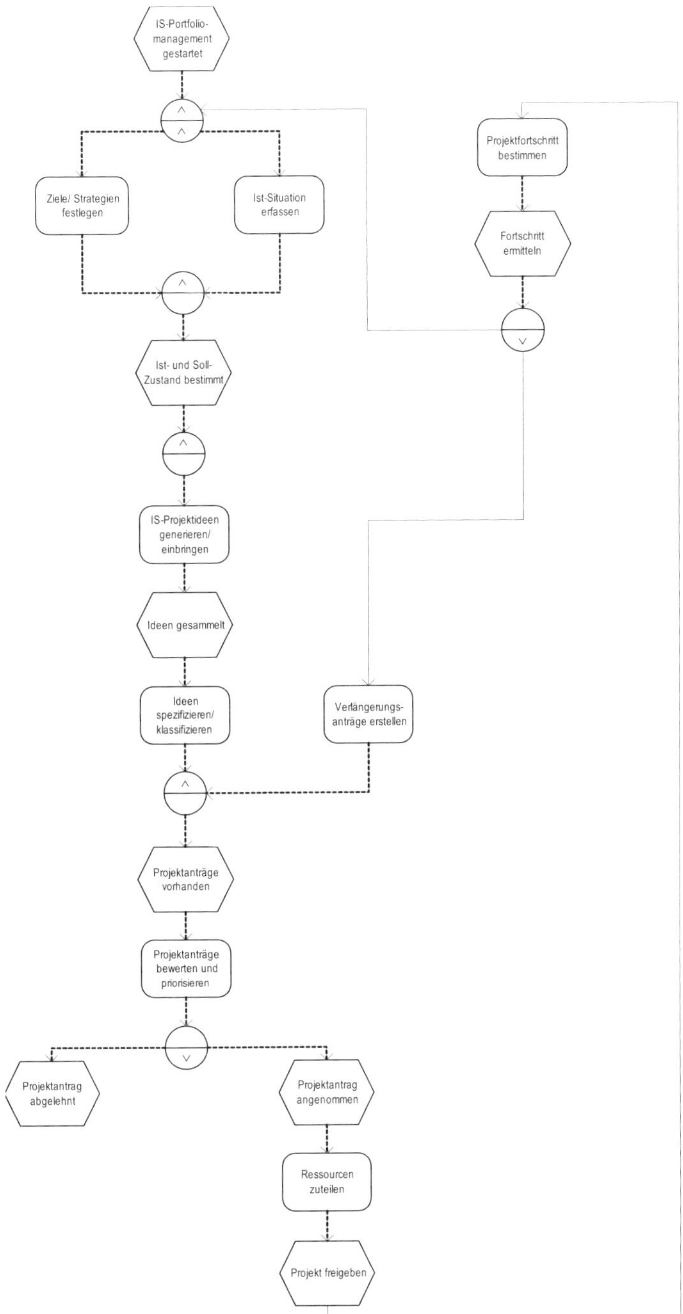

Abbildung 3-55. Metaprozessmodell für das IS-Portfoliomanagement

Quelle: Schönwälder (1997, S. 90)

Zustand, Priorisierung der Projektanfragen oder Ressourcenaufteilung) auf die konkreten Gegebenheiten im betrieblichen Umfeld angepasst und ausdefiniert werden.

Der Metaprozess zur Auswahl geeigneter Projekte (Abbildung 3-55) beginnt einerseits mit der Festlegung von *Zielen* und *Strategien* und andererseits mit der *Erhebung der Ist-Situation*. Die Ergebnisse dieser beiden Prozesse werden zu einer Soll-/Ist-Zustandsbeschreibung zusammengefasst. Anschließend werden daraus Anforderungen an die zukünftige Ausrichtung der IS abgeleitet. Auf der Basis der Beschreibung des Soll-/Ist-Zustands und des Fortschritts bisheriger IS-Projekte werden Ideen für neue Projekte gesammelt und klassifiziert. Diese Projektideen durchlaufen dann gemeinsam mit Verlängerungsanträgen bereits bestehender Projekte einen Bewertungs- und Priorisierungsprozess, aufgrund dessen ein Projekt daraufhin angenommen oder abgelehnt wird (Schönwälder 1997, S. 89ff.).

Insgesamt lässt sich durch die Portfolio-Methode die Anwendungsplanung zielgerichteter gestalten und mit der Gesamt-Unternehmensplanung effizienter abstimmen. Es ist jedoch anzumerken, dass der Erfolg des Anwendungs-Portfolios nicht allein von dem Einsatz einer geeigneten Auswahlmethode und deren algorithmischer Abarbeitung abhängt. Vielmehr ist zu berücksichtigen, dass Planung auch ein *kreativer* Vorgang ist, der durch ein konkretes Verfahren nur auf ein objektiveres Fundament gestellt wird und die Entscheidungsfindung nachvollziehbar macht. Insofern dienen diese Planungsmethoden auch der Dokumentation, um zukünftig Fehlentscheidungen zu vermeiden. Weiterhin kann die Anwendung der Portfolio-Methode die *Planung* und *Entscheidungsfindung* in der Gruppe durch Förderung von *Diskussion* und *Konsensfindung* verbessern (McKeen et al. 1994). Dem gegenüber steht der hohe Aufwand, der mit diesem Verfahren in Bezug auf Kriterienauswahl und Gewichtung, Informationsbeschaffung und Länge des Auswahlprozesses verbunden ist. Die Eignung des Verfahrens hängt neben dem methodischen Verständnis des konkreten Anwenders auch von der Anzahl und Vielfalt der Projekte und der Integrationsmöglichkeit mit der allgemeinen Unternehmensplanung ab. In Bezug auf die zur Anwendung der Portfolio-Methode notwendige Informationsbeschaffung ergeben sich neue Möglichkeiten durch die Darstellung von Anwendungslandschaften mit Hilfe von *SW-Kartographie* (Matthes/Wittenburg 2004).

3.2.6.4 Methode: Erstellung eines IS-Portfolios

Die Erstellung und Umsetzung eines **IS-Portfolios** erfolgt meist in vier Schritten (Dern 2003, S. 132ff., detailliertere Unterteilung bei *Biethan et al.* (2004b, S. 315ff.)). Es lassen sich Schritte der Definition der Analysebasis, der Analyse & Bewertung, der Zielbestimmung und der Handlungsbestimmung identifizieren.

Die **Definition der Analysebasis** stellt die Grundlage der folgenden Betrachtung dar. Es wird zunächst bestimmt, ob für alle Anwendungen eines Unternehmens oder nur für Teil-IS entsprechende Untersuchungen angestellt werden sollen. Fällt die Entscheidung auf Teil-IS, so ist darauf zu achten, dass die einzelnen Systeme im Sinne einer *internen Homogenität* vergleichbar sind, jedoch eindeutig voneinander abgrenzbar sein müssen und somit *extern heterogen* sind (Biethan et al. 2004b, S. 317). Neben bereits existierenden Anwendungen können auch geplante Anwendungen mit aufgenommen werden, um zu prüfen, ob die Realisierung sinnvoll ist.

Die Phase der **Analyse und Bewertung** umfasst neben der Erstellung eines Kriterienkatalogs, der für die Positionierung der einzelnen Anwendungen im Portfolio herangezogen wird, auch die Bewertung selbst. Die Ermittlung der Kriterien kann durch eine Expertenrunde mit Hilfe einer Kreativtechnik erfolgen. Die unstrukturiert gesammelten Kriterien können zu Kategorien bzw. zu übergeordneten Dimensionen zusammengefasst werden (Schönwälder 1997, S. 254f.). Mögliche Kriterien innerhalb geeigneter Dimensionen werden in Tabelle 3-15 aufgelistet (Krcmar/Buresch 1994a, S. 22ff.). Die genannten Kriterien zur Projektbeurteilung stellen allgemein verwendbare Anhaltspunkte dar und müssen im Zuge der Konkretisierung und Gewichtung an die spezifische Unternehmenssituation angepasst werden, wobei für kleinere Anwendungen weniger Kriterien als ausreichend angesehen werden als für große IS-Projekte. Die einzelnen Kriterien sind dann für jedes Projekt bzw. existierende Anwendung zu bewerten.

Nach der Identifizierung wichtiger Kriterien muss überlegt werden, wie die Kriterien zueinander stehen und somit wie sie gewichtet werden müssen. Nachdem das Verhältnis der Kriterien untereinander geklärt ist, erfolgt die Messung der Ausprägungen. Die Messung kann durch die Festlegung einer diskreten Skala mit der Beschreibung jeder möglichen Ausprägung vereinfacht werden (Schönwälder 1997, S. 254f.). Eine ausführliche Beschreibung verringert Interpretationsspielräume bei der Positionierung der einzelnen IS. *Schönwälder* (1997, S. 315ff.) zeigt für verschiedene Situationen mögliche Ausprägungen von Fragebögen mit detailliert beschriebenen Kriterien und diskreten Bewertungsmöglichkeiten auf. Die Anordnung der einzelnen Anwendungen erfolgt auf Basis der Summe der gewichteten Bewertungen innerhalb einer Dimension. Je nach Anzahl der Dimensionen bzw. ihrem Zusammenhang können die IS in einem oder zwei Portfolios visualisiert werden, die abschließend zu einem einzigen Portfolio verrechnet werden. Die Anzahl der Portfolios kann auch schon bei der Auswahl der Dimensionen berücksichtigt werden. Die in Tabelle 3-15 dargestellten Kriterien eignen sich besonders zur Darstellung in zwei Portfolios. Dabei stellt es sich vorteilhaft dar (Krcmar/Buresch 1994a), die Dimensionen „Nutzen“ und „Risiko“ zu einem Projekt-Portfolio und den „*Strategiefit*“ und den „*Bebauungsplanfit*“ zum Umfeld-Portfolio zusammenzufassen (vgl. Abbildung 3-56). Durch *Normierung* der Zahlen in den Einzel-Portfolios kann dann die Übernahme der Ergebnisse in das Gesamt-Portfolio erfolgen.

Tabelle 3-15. Kriterien der Anwendungs-Portfolio-Bewertung

Risiko	Nutzen	Strategiefit	Bebauungsplanfit
Projektdauer Projektgröße Ressourcen-verfügbarkeit Problem-dimension Abhängigkeit	Wirtschaftlichkeit Nutzungsdauer nicht quantifizierbarer Nutzen Mitarbeiterorientierung Potentialentwicklung	Kundenorientierung Konkurrenz-orientierung Prozessorientierung Effizienz der Abwicklung	Prozessorganisation Prozessverantwortung Prozessziele IS-Architektur-Daten IS-Architektur-Funktionen IT-Strategie-Technologiefit

Quelle: Krcmar/Buresch (1994a, S. 22)

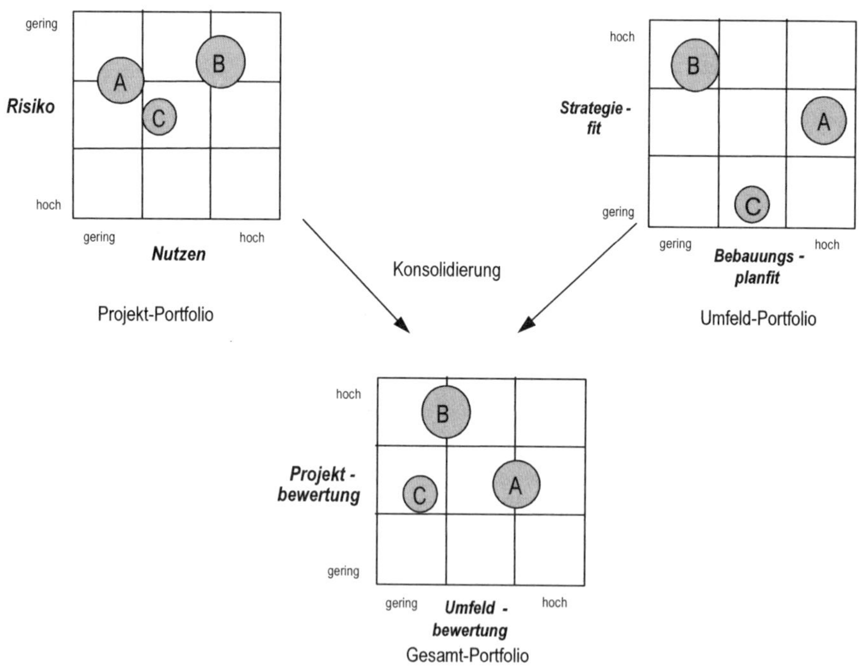

Abbildung 3-56. Dimensionen des IS-Projekt-Portfolios
Quelle: Eigene Darstellung

Im **Projekt-Portfolio** wird das „Risiko“ dabei durch Gefahren für das IS-Projekt charakterisiert und ist durch Kriterien wie Projektdauer, Projektgröße, Ressourcenverfügbarkeit, Problemdimension und Abhängigkeit gekennzeichnet. Der „Nutzen“ ergibt sich aus prognostiziertem Ertrag und Aufwand über den Lebenszyklus der einzelnen Anwendung und ergibt sich aus der Betrachtung der Wirtschaftlichkeit, der Nutzungsdauer, nicht quantifizierbarer Nutzenfaktoren, der Mitarbeiterorientierung und dem Beitrag der Anwendung zur Potenzialentwicklung.

Für das **Umfeld-Portfolio** ist die Einschätzung der Strategie und der Integration in den Bebauungsplan maßgebend. Die „Strategie“ eines Projektes beschreibt die Unterstützung der Unternehmens- bzw. IT-Strategie durch die Anwendung und wird in Hinblick auf Kundenorientierung, Konkurrenzorientierung, Prozessorientierung und Abwicklungseffizienz der Anwendung bewertet. Auf der x-Achse dieses Portfolios misst man den Annäherungsgrad an dem Soll-Bebauungsplan der Unternehmung, der in Anlehnung an die IS-Architektur den künftigen Zustand der IS-Architektur beschreibt. Dieser „Bebauungsplanfit“ wird mit Hilfe von Kriterien zur Prozessorganisation, zur Prozessverantwortung, zur Prozesszieldefinition, den Daten und Funktionen der IS-Architektur und der Anpassung an die Technologiestrategie des Unternehmens beurteilt. Der Fit legt somit fest, wie gut ein Projekt in den Bebauungsplan passt.

Nachdem durch die Erstellung des Portfolios der Ist-Zustand dokumentiert ist, wird mit dem Schritt der **Zielbestimmung** der Entwicklungsbedarf und das Potenzial jeder Anwendung geklärt. Dabei ist zunächst die grundlegende Überlegung anzustellen, ob neue Anwendungen aufgrund ihrer Positionierung realisiert werden sollen bzw. bestehende IS ganz abgeschafft werden sollen. Für Systeme, die als erhaltenswürdig oder zu realisierend angesehen werden, bedarf es insbesondere im Zusammenspiel mit anderen Teil-IS einer Zielvorstellung. Diese wird durch ein Portfolio für den Soll-Zustand der Anwendungen visualisiert. Die so erreichte *Abstimmung* des Ist-Zustandes der IS-Projekte mit dem Soll-Zustand erhöht die *Transparenz* für Entscheidungen zur Neuplanung bzw. Weiterführung von Projekten. Je nach Position des Teil-IS innerhalb des Portfolios kann eine strategische Stoßrichtung abgelesen werden (Biethan et al. 2004b, S. 324f.). Aus den Projektanträgen werden gut und sehr gut bewertete Projekte ausgewählt, sofern sie einen positiven Kapitalwert aufweisen und zu etwaigen Liquiditätsrestriktionen konform sind.

Die abschließende **Handlungsbestimmung** umfasst die Planung aller Schritte, die zur Erreichung des Soll-Zustandes durchgeführt werden müssen. Dabei gilt es, insbesondere die Interdependenzen zwischen den Anwendungen bei der zukünftigen Entwicklung zu berücksichtigen. Auch sog. Business-Treiber, die innerhalb des Unternehmens die Realisierung beschleunigen oder verlangsamen können, sind zu identifizieren und in die Planung einzubinden (Dern 2003, S. 134f.).

3.2.7 Fallstudie Teil 2: Ebene der Informationssysteme

3.2.7.1 Problemstellungen

Sie werden im Zuge des vom Vorstand initiierten Restrukturierungsprogramms mit der Aufgabe betraut, das vorhandene IS-Portfolio der Rockhaus AG zu überprüfen und neu auszurichten. Ein expliziter und systematischer IS-Planungsprozess existierte bisher nicht. Das IS-Projektportfolio ist vielmehr Folge der jährlichen rollierenden Investitionsplanung, die einen Fünf-Jahres-Zeitraum abdeckt. Ausgangspunkt der Planung bildet eine Bottom-up-Investitionsplanung. Hierbei werden die Investitionsanliegen der einzelnen Ressorts in den Direktionsbereichen gesammelt und in einer ersten Abstimmungsphase auf Direktionsbereichsebene konsolidiert. In einer zweiten Abstimmungsrunde werden dann die Planungen der Direktionsbereiche aufeinander abgestimmt und münden in einer Vorstandvorlage. Der Vorstand entscheidet anschließend mit eventuellen Top-down-Vorgaben über das Gesamtinvestitionsbudget und dessen Aufteilung auf die Direktionsbereiche. IS-Projekte machten im Jahr 2003 einen Anteil von 34 Prozent am Gesamtinvestitionsvolumen aus.

Schnelles internes Wachstum und mehrere Akquisitionen führten bei der Rockhaus AG zu einer heterogenen IS-Landschaft. Im Zentrum stehen die zwei auf Großrechnersystemen laufenden Anwendungen PARIS (Produkt- und Artikel Informationssystem) und KIS (Kundeninformationssystem), zwei Eigenentwicklungen der Rockhaus AG. PARIS ist für die Speicherung, Verarbeitung und Verwaltung der Artikel- und Lieferantenstammdaten zuständig. Ferner übernimmt die Anwendung die Verarbeitung mengenmäßiger Bewegungsdaten. KIS speichert, verarbeitet und verwaltet sämtliche Informationen über die Rockhaus-Kunden. Die Bestellabwicklung wird zusätzlich von dem ebenfalls selbst erstellten Bestellabwicklungssystem (BAS) unterstützt, das Teile der Artikel- und Kundenstammdaten aus den Systemen PARIS und KIS über Schnittstellen extrahiert.

Das nicht integrierte Finanzbuchhaltungssystem (FiBuS), das als Standardssoftwaresystem vor ca. fünf Jahren käuflich erworben und angepasst wurde, bildet die gesamten wertmäßigen Vorgänge im Unternehmen ab. Die für die Kreditoren- und Debitorenbuchhaltung benötigten Kundenstammdaten erhält FiBuS über dedizierte Schnittstellen aus KIS, während die Lieferantenstammdaten aus PARIS extrahiert werden. Jede Tochtergesellschaft sowie das Stammhaus erfassen monatlich ein operatives und ein gesellschaftsbezogenes finanzwirtschaftliches Reporting (Ergebnisrechnung und Bilanzkennzahlen) in einem veralteten Hostsystem, an das die Tochtergesellschaften über eine Einwählverbindung angeschlossen sind. Die Daten aus FiBuS werden hierfür überwiegend mit Hilfe von Tabellenkalkulationsprogrammen manuell aufbereitet.

Der Publishing-Prozess wird von käuflich erworbenen Desktop-Publishing-Anwendungen (DTP) unterstützt. Die Bild- und Textelemente der angebotenen Artikel werden lokal für verschiedene DTP-Anwendungen gespeichert. Eine gemeinsame Datenbank existiert bis dato nicht. Das Marketing-Ressort verwendet eine Oracle-Datenbank, auf der mehrere Analysetools aufsetzen. Die für die Analysen notwendigen Daten werden hierfür mittels selbst erstellter ETL-Tools (Extraction Transformation Loading) aus den operativen Systemen extrahiert.

Die Internetplattform wird von der rockhaus.de AG betrieben und ist über eine Standleitung direkt in das Netzwerk der Muttergesellschaft eingebunden. Die Daten für die Erstellung und Anpassung der Internetkatalogseiten werden derzeit vorwiegend über Datenträger ausgetauscht.

Verschiedene Analysen der von Ihnen eingesetzten Arbeitsgruppe sowie von externen Beratern führten zur Identifikation mehrerer Problemfelder. Als Hauptursache für die drastisch angestiegene Retourenquote gilt die gestiegene Erwartungshaltung vieler Kunden. Besonders die Internet-Besteller erwarten heutzutage eine schnellere und hochtransparente Bearbeitung ihrer Bestellung. Verzögerungen in der Bestellbearbeitung führen regelmäßig zu enttäuschten Kunden, die dann häufig sogar die Annahme der Ware verweigern. Eine weitere wichtige Ursache für die Rückgabe der Ware ist die Bestellung von Artikelkombinationen. Kann ein Teil davon nicht oder nur verspätet geliefert werden, verliert der bereits gelieferte Teil aus Sicht des Kunden nicht selten seinen Nutzen.

Die mangelnde Leistung der Einkaufsteams ist zum Teil auf Mängel in der Qualifikation der Mitarbeiter aber auch auf eine schlechte Versorgung der Teammitglieder mit aktuellen Marktinformationen zurückzuführen. Die Informationsversorgung unterliegt hierbei dem Marketing-Ressort. Die Rockhaus AG hat auf Grund des starren Katalogerstellungprozesses nur wenig Möglichkeiten, flexibel auf Umweltveränderungen zu reagieren. Unvorhergesehene Entwicklungen in der Modewelt oder Wechselkursschwankungen außerhalb der Eurozone können großen Einfluss auf die Nachfrage bzw. auf die jeweilige Preisentwicklung haben.

80 Prozent des Einkaufsvolumens im Textilbereich wird mit kleinen bis mittleren Unternehmen im ostasiatischen Raum, deren Technologiestand bisweilen sehr gering ist, abgewickelt. Der Beschaffungsprozess der Rockhaus AG gliedert sich in die strategische Beschaffung, die dezentral von den einzelnen Einkaufsteams durchgeführt wird und der operativen Abwicklung, die vom zentralen Einkauf übernommen wird. Die strategische Beschaffung umfasst die Lieferantenauswahl, die Aushandlung der Vertragsbedingungen und die Bedarfsplanung. Mit vielen Lieferanten besteht eine längerfristige Geschäftsbeziehung, die sich in diversen Rahmenverträgen manifestiert. Die operative Abwicklung der Bestellungen erfolgt zum großen Teil papiergestützt, wobei mit einigen Lieferanten aus Westeuropa bereits eine Sell-Side-Lösung über das Internet praktiziert wird.

Die Notwendigkeit einer Überprüfung und Neuausrichtung der IS zeigt, dass die vorhandenen Anwendungen, die überwiegend Eigenentwicklungen sind, zueinander kaum Schnittstellen aufweisen. Das betrifft insbesondere das Bestellabwicklungssystem BAS, das Einkaufssystem PARIS, das Kundeninformationssystem KIS und das Finanzbuchhaltungssystem FiBuS. Auf Grund fehlender Schnittstellen werden Eingaben, Abfragen oder Transaktionen oftmals redundant durchgeführt, was zu Inkonsistenzen in der Datenhaltung führt.

So werden grundlegende Kundendaten gegenwärtig immer noch in den drei Anwendungen BAS, KIS und FiBuS von mehreren Abteilungen separat angelegt und verwaltet.

Das Call Center hingegen sieht sich täglich mit dem Problem konfrontiert, für die telefonische Beratung und die Bestellaufnahme unterschiedliche Anwendungen zu benutzen. Das führt nicht nur zu einem hohen Schulungsaufwand für neue Mitarbeiter, sondern auch zu einem erheblichen Zeitbedarf für die Bearbeitung von Anfragen und Bestellungen. Aus BAS können die Telefonberater den Status der Bestellung im Unternehmen verfolgen. Hat eine Teillieferung aber bereits das Unternehmen verlassen, müssen die Mitarbeiter über den Internetservice Track & Trace der Deutschen Post AG recherchieren.

Das Finanzbuchhaltungssystem FiBuS ist eine Standardanwendung der KreDe GmbH, die mittlerweile von der Finanzsoft AG akquiriert worden ist und die Weiterentwicklung seiner Produktlinie FiBuS vor ca. anderthalb Jahren eingestellt hat. Die KreDe GmbH hat ihren Kunden jedoch die Sicherstellung eines technischen Supports bis zum Jahr 2008 garantiert. Die FiBuS-Anwendung der Rockhaus AG wurde im Laufe der Jahre stark an die jeweiligen betrieblichen Bedürfnisse angepasst, so dass vom ursprünglichen Standardsystem nur noch wenige Kernfunktionalitäten originär sind. Die Wartung und der Betrieb des kompletten Systems werden hauptsächlich von fünf festen IT-Fachkräften durchgeführt. Bei Bedarf kann flexibel auf bis zu acht weitere Kollegen zurückgegriffen werden, die wiederum hauptsächlich die Anwendungen KIS und PARIS administrieren. Trotz dieser Regelung zeigt die monatliche Analyse der User-Help-Desk-Anfragen, dass die Anzahl der gezogenen Problemtickets in den letzen 18 Monaten kontinuierlich gestiegen ist.

Sie beschließen als CIO, diesen Missstand zu beseitigen und stehen vor der Wahl, die bestehenden Anwendungen zu integrieren oder sie abzulösen. Bei einer Ablösung haben Sie wiederum die Wahl, die Anwendungen im eigenen Hause komplett neu zu entwickeln oder eine Standardlösung von einem renommierten ERP-Spezialisten zu erwerben. Ihr Entscheidungsprozess wird dabei von verschiedenen Überlegungen beeinflusst: Die Akzeptanz und die Identifikation mit den eigenentwickelten Anwendungen ist trotz der zahlreichen User-Help-Desk-Anfragen sehr hoch. Dies ist auf Ihren Vorgänger zurückzuführen, der an der Entwicklung von PARIS und KIS maßgeblich beteiligt war und es hervorragend verstanden hat, bei den strategisch wichtigen Power-Usern Schlüsselpersonen zu platzieren, um die jeweiligen Anwendungen zu promoten.

Die Einführung einer Standardlösung hat im Gegensatz zur Eigenentwicklung den Vorteil, dass für die benötigten Standard-Module bereits Schnittstellen vorhanden sind und eine Integration erleichtert wird. Die redundante und mitunter inkonsistente Datenhaltung kann somit auf ein Minimum reduziert werden. Ihr Vorstand hat Ihnen mitgeteilt, dass er zum Vertriebschef des ERP-Anbieters Banios gute geschäftliche und private Kontakte pflegt. Diese Kontakte ermöglichen Ihnen einen Rabatt auf die benötigten Module Materialmanagement, Bestellabwicklung und Kundenmanagement sowie Finanzbuchhaltung. Während Ihnen auf die Lizenzkosten für die definierten Nutzer ein Nachlass von 10 Prozent gewährt würde, erhielten Sie auf Grund des hohen Gesamtvolumens nochmals 30 Prozent auf die Gesamtbestellsumme. Trotz dieser Preisnachlässe bedeutet eine Kaufentscheidung eine nicht unerhebliche IT-Investition für die Rockhaus AG. Sie ziehen daher auch die Möglichkeit einer Open-Source-Lösung in Betracht.

3.2.7.2 Fragen

1. Welche Schwächen weist der bisherige IS-Planungsprozess in der Rockhaus AG auf? Wie kann ein geeigneter Planungsprozess für das IS-Gesamtportfolio aussehen?

2. Für eine Portfolioanalyse Ihrer Projektideen müssen Sie Projektideen nach den Dimensionen Nutzen und Risiko beurteilen. Versuchen Sie, die für das Unternehmen spezifischen Nutzen- und Risikomerkmale herauszuarbeiten und Ihre Projektideen in einer Nutzen/Risiken-Matrix anzuordnen. Suchen Sie ferner nach Alternativen, wie die Lösung der vorhandenen Probleme der Rockhaus AG durch IS unterstützt werden kann.

3. Ihr Entscheidungsprozess zur Auswahl geeigneter Unternehmenssoftware-Anwendungen umschließt im Wesentlichen die Alternativen der Integration bestehender Eigenentwicklungen, der kompletten Neuentwicklung im eigenen Haus oder dem Erwerb eines Standardsystems. Für eine bessere Entscheidungsvorbereitung setzen Sie sich mit Ihrem engsten Mitarbeiterstab zusammen und erörtern zunächst auf Grundlage der gegenwärtigen Unternehmenssituation die Vor- und Nachteile dieser Alternativen. Welche Entscheidungskriterien sind bei einer solchen Diskussion heranzuziehen?

4. Entwickeln Sie basierend auf den bisherigen Überlegungen eine geeignete Vorgehensstrategie für jede Alternative. Welche Aspekte sind hierbei besonders zu berücksichtigen?

5. Sie haben sich gemeinsam mit Ihrem engsten Mitarbeiterstab ausführlich mit den verschiedenen Alternativen auseinandergesetzt, wobei der Möglichkeit einer Open-Source-Lösung bisher keine Beachtung geschenkt wurde. Um dennoch eine möglichst breite Entscheidungsgrundlage zu schaffen, setzen Sie eine erneute Sitzung an. Diskutieren Sie mit Ihrem

Team v.a. solche Entscheidungskriterien, die bei der Auswahl einer ERP-Lösung auf Open-Source-Basis eine besondere Rolle spielen können. Begründen Sie Ihre Ausführungen.

6. Eine Entscheidung für ERP-Software wird maßgeblich durch das zu Grunde gelegte Lizenzmodell beeinflusst. Die konkrete Ausgestaltung der Lizenzmodelle hängt von verschiedenen Faktoren ab. Tragen Sie gemeinsam mit Ihrem Direktionsassistenten relevante Faktoren zusammen, die bei einer Lizenzmodellentscheidung von Bedeutung sein können. Entwickeln Sie daraufhin Empfehlungen, welche Lizenzmodelle für die Rockhaus AG bei einer Standardsoftwareentscheidung in den nächsten vier bis fünf Jahren in Frage kommen können.

3.3 Management der Informations- und Kommunikationstechnik

3.3.1 Überblick

Angesichts stetig sinkender Hardwarepreise scheint die Frage berechtigt, ob es überhaupt noch Sinn macht, Zeit und Aufmerksamkeit gut bezahlter Manager für das Management von Informations- und Kommunikationstechnik (IKT) aufzuwenden. Wäre es nicht ökonomisch, Hardware je nach aktuellem Bedarf zu beschaffen, ohne weitergehende Strategien zu entwickeln?

Zunächst bedeuten sinkende Stückkosten einzelner Hardware-Bestandteile nicht, dass keine Kosten entstehen. Auch wenn der Einkauf eines Stücks Hardware immer günstiger wird, so wird sie doch andererseits auch immer häufiger eingesetzt. Die entstehenden Kosten dürfen daher nicht vernachlässigt werden. So entfallen bspw. bei Banken durchschnittlich 15 Prozent der Gesamtausgaben auf Informations- und Kommunikationstechnik (Weill/Broadbent 1998).

Bei tieferer Prüfung ist auch zu untersuchen, ob die gestellte Frage für das Management von Informations- und Kommunikationstechnik überhaupt relevant ist. Diese Überlegungen implizieren, dass Informations- und Kommunikationstechnik ausschließlich aus Hardware besteht, und dass der Aspekt der Anschaffungskosten eine zentrale Rolle im IKT-Management spielt. Sinn und Aufgabe von Technikmanagement sind offenbar, wenn man fragt:

- „Besteht Informations- und Kommunikationstechnik ausschließlich aus Hardware?“ und
- „Ist der Aspekt der Anschaffungskosten wirklich zentral für das IKT-Management?“.

Die Antwort auf beide Fragen lautet „Nein". Management der IKT bedeutet weitaus mehr als die Anschaffung von Hardware, so dass sich vielmehr die folgenden Fragen stellen:

- Was versteht man unter Informations- und Kommunikationstechnik?
- Welche Ziele verfolgt das IKT-Management?
- Was sind die Aufgaben des IKT-Managements und welche Methoden stehen zur Bewältigung dieser Aufgaben zur Verfügung?
- Was sind die relevanten Aspekte bei der Bewältigung dieser Aufgaben?

Ziel dieses Kapitels ist es, diese Fragen zu klären. Bevor jedoch in Kapitel 3.3.2 Aufgaben und Methoden des IKT-Managements diskutiert und in den Kapiteln 3.3.3 bis 3.3.5 einige wichtige Aspekte des IKT-Managements erläutert werden, werden im Folgenden Begriffe geklärt und die Ziele des IKT-Managements umrissen.

Der Technologiebegriff und seine Abgrenzung zum Technikbegriff wurden bereits in Kapitel 2.2.4 besprochen. „Technik umfasst:

- die Menge der nutzenorientierten, künstlichen, gegenständlichen Gebilde (Artefakte oder Sachsysteme);
- die Menge der menschlichen Handlungen und Einrichtungen, in denen Sachsysteme entstehen;
- die Menge menschlicher Handlungen, in denen Sachsysteme verwendet werden" (Hubig/Ropohl 1994, S. 3/101).

Informations- und Kommunikationstechnik wurde definiert als Gesamtheit der zur Speicherung, Verarbeitung und Kommunikation zur Verfügung stehenden Ressourcen sowie die Art und Weise, wie diese Ressourcen organisiert sind. *Speicherung, Verarbeitung* und *Kommunikation* sind die von Informations- und Kommunikationstechnik bereitgestellten **Basisfunktionalitäten**.

Bevor Softwareanwendungen in einem Unternehmen installiert und genutzt werden können, müssen technische und organisatorische Voraussetzungen erfüllt, d.h. die benötigte Infrastruktur zur Verfügung gestellt werden.

Infrastruktur besteht aus Hard- und Software zur Verarbeitung, Speicherung und Kommunikation, die eine Softwareanwendung voraussetzt (technische Infrastruktur), als auch Humanressourcen und Dienstleistungen, die zur Installation und Nutzung benötigt werden (organisatorische Infrastruktur).

Betrachtet man die technische Infrastruktur genauer, wird deutlich, dass sie modular aufgebaut ist. Aus Sicht des Anwenders gibt es Basiseinheiten (z. B. Betriebssystem, CPU, Festplatten oder Netzwerkkabel), deren interner Aufbau für den Anwender von untergeordneter Bedeutung ist und die für die Bereitstellung der Basisfunktionalitäten – Verarbeitung, Speicherung und Kommunikation – benötigt werden.

Der Begriff **Basistechnik** bezeichnet die Basiseinheiten der IKT zur Bereitstellung der Basisfunktionalitäten Verarbeitung, Speicherung und Kommunikation.

Nur bestimmte Kombinationen von Basistechnik (Hard- und Software) sind jedoch als Infrastruktur für eine bestimmte Anwendung sinnvoll, nämlich diejenigen, die dem Konzept, das sich hinter einer solchen Anwendung verbirgt, entsprechen. Solche sinnvollen Kombinationen werden im Folgenden Technikbündel genannt.

Technikbündel sind applikationsunabhängige Kombinationen von Basistechnik zur Realisierung spezieller Konzepte.

Abbildung 3-57 fasst diese Zusammenhänge von Basisfunktionalitäten, Basistechnik, Technikbündeln und darauf aufbauenden Softwareanwendungen zusammen.

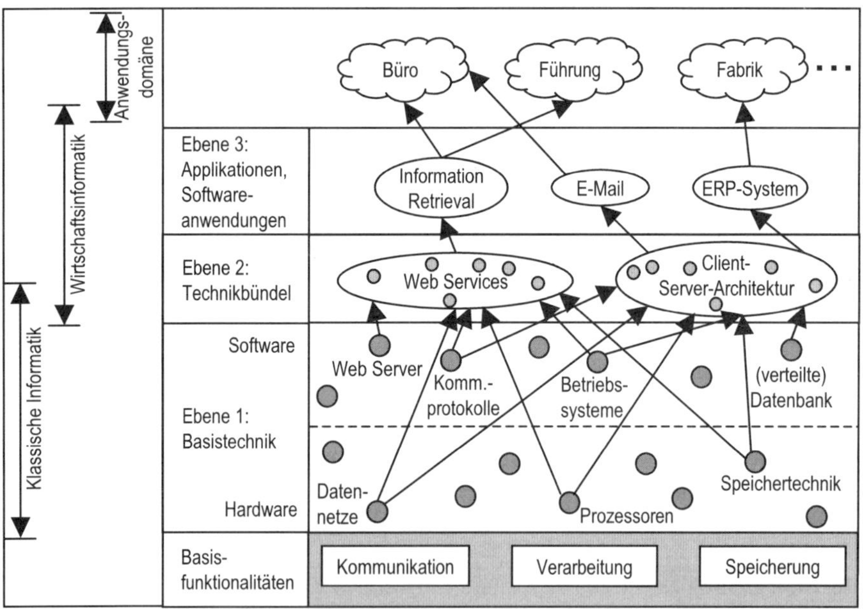

Abbildung 3-57. Informations- und Kommunikationstechnik am Beispiel der Technikbündel Client-Server-Architektur und Web Services

Quelle: Eigene Darstellung

Ein Beispiel soll diese Ebenen näher erläutern. Es soll ein Enterprise Resource Planing-System (ERP-System) installiert und genutzt werden, das eine Client-Server-Architektur implementiert. Als technische Infrastruktur werden neben passender Hardware und Verkabelung auch spezielle Kommunikationsprotokolle, ein Betriebssystem, Datenbanken etc. benötigt. Alle diese Komponenten müssen aufeinander und auf das ERP-System abgestimmt werden, bevor die Anwendung funktioniert. Die Kombinationen von Basistechnik zu Technikbündeln können nahezu beliebig komplex werden. Auf diese Weise können neue komplexere Funktionalitäten bereitgestellt werden, die über diejenigen der Basistechnik weit hinaus reichen.

Welche Komponenten als Basistechnik und welche als Anwendung zu betrachten sind, hängt wesentlich von der Perspektive ab, die man einnimmt. So ist bspw. eine Datenbank aus der Perspektive der Anwendungsdomäne eine Basistechnik, die der Betrieb eines ERP-Systems voraussetzt. Von der Perspektive der Informatik aus gesehen, ist eine Datenbank jedoch eine komplexe Anwendung, die ihrerseits Verarbeitungsressourcen, Dienste des Betriebssystems etc. benötigt, um bspw. das Relationenmodell relationaler Datenbanken umzusetzen.

Neben der technischen Infrastruktur muss das Wissen über die für eine spezielle Anwendung sinnvollen Kombinationen von Basistechniken sowie über den Betrieb und die Wartung der Technik vorhanden sein, bevor eine Anwendung installiert und in Betrieb genommen werden kann. Die Nutzung der Technik setzt die Schulung der Benutzer und unter Umständen die Anpassung der Anwendung auf unternehmensspezifische Bedürfnisse voraus.

Aus den Definitionen der vorangegangenen Kapitel ergeben sich für die Erklärung, was unter dem **Management der Informations- und Kommunikationstechnik** zu verstehen ist, folgende Möglichkeiten:

1. Das Management der Software-Anwendungen (Nutzung der IKT, Applikationsmanagement)
2. Das Management der bereits im Unternehmen im Einsatz befindlichen IKT
3. Das Management neuer Technik für den potenziellen Einsatz im Unternehmen

Es ist offensichtlich, dass 1. dem Management der IS (Kapitel 3.2) entspricht. Daher wird hier einem Verständnis des IKT-Managements gefolgt, das 2. und 3. einschließt. Die dritte Möglichkeit entspricht der Auffassung vom Management von Technik als einem Lernprozess in Unternehmen zur Aneignung der Technik, inklusive der Beobachtung von Märkten von (noch) unternehmensfremder Technik.

Das **Management der Informations- und Kommunikationstechnik** umfasst:

1. Das Management der bereits im Unternehmen im Einsatz befindlichen IKT.
2. Das Management neuer Technik für den potenziellen Einsatz im Unternehmen.

Die Bedeutung, die dem Management der Informations- und Kommunikationstechnik zukommt, lässt sich nicht nur aus der Tatsache ableiten, dass für viele Unternehmen die Investitionen in IKT die größte Einzelausgabe (in der Dienstleistungsbranche häufig 50 Prozent der Investitionen) darstellen. Die effiziente und effektive Nutzung von IKT spielt darüber hinaus für viele Unternehmen eine zentrale Rolle bei der Erreichung ihrer Geschäftsziele (Weill/Broadbent 1998).

Der Stellenwert des Managements der IKT ergibt sich daher aus dem Einfluss der verwendeten und verwendbaren d.h. verfügbaren, jedoch bislang nicht im Unternehmen verwendeten IKT auf die Kostenstruktur der Informationsverarbeitung, auf die Nutzbarkeit von Applikationen und auf Kosten- und Nutzenpotenziale.

Ziel des IKT-Managements ist es, durch den Einsatz von Informations- und Kommunikationstechnik einen Beitrag zur Verbesserung der Effizienz und der Profitabilität eines Unternehmens zu leisten.

Aus diesem Ziel lassen sich in der Operationalisierung Aufgaben ableiten. Wie sehen die Aufgaben des IKT-Managements, die zur Erreichung dieses Ziels führen sollen, genauer aus? Welche Ansätze zur Bewältigung dieser Aufgaben gibt es? Das **Technikmanagement** („Management of Technology“, MOT) kann hierzu Erkenntnisse für das IKT-Management liefern.

Fragt man Führungskräfte, wo sie Verbesserungspotenziale für ihr Unternehmen (operational improvements) sehen (siehe Abbildung 3-58), erhält man im Hinblick auf Technik Aussagen wie „90 Prozent der Probleme kann man mit bereits bekannter Technik lösen“. „Leading edge“-Technik braucht man nur für die restlichen 10 Prozent.“ Mit Blick auf das Potenzial zur Verbesserung der Profitabilität ihres Unternehmens heißt es, „80 Prozent des Verbesserungspotenzials liegen in der Effizienzsteigerung innerhalb des Unternehmens. Nur 20 Prozent Potenzial liegen in der Einführung wirklich neuer Tätigkeitsfelder (Phillips 2001, S. 8-12).“

Daraus lassen sich vier Arten von technologischen Produkten ableiten (Phillips 2001, S. 13):

- Quadrant I: Produkte, die bereits etablierte Technik nutzen, um die Effizienz der bereits im Unternehmen etablierten Tätigkeiten zu verbessern.
- Quadrant II: Produkte, die bereits etablierte Technik nutzen, um dem Unternehmen den Schritt zu neuen Tätigkeitsfeldern zu ermöglichen.

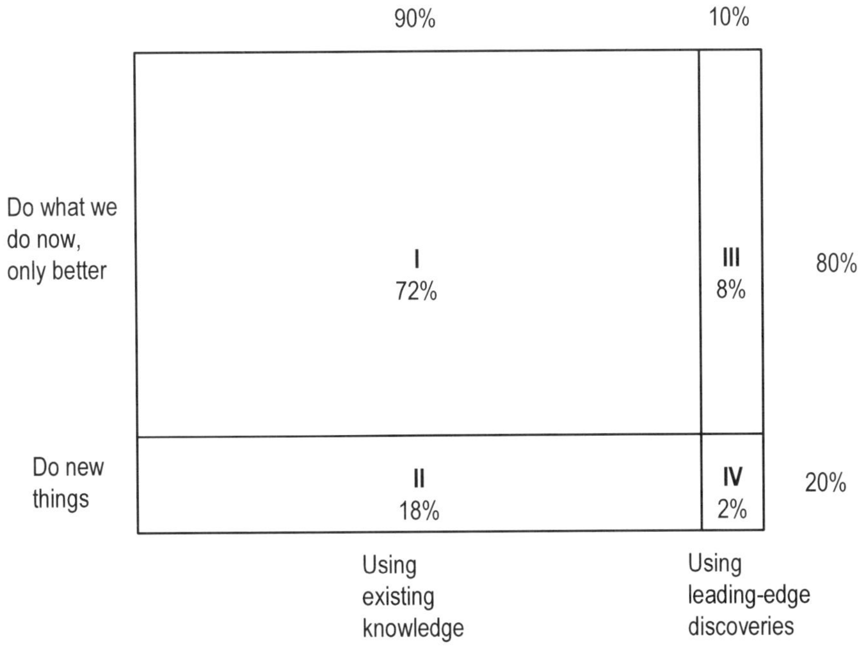

Abbildung 3-58. Verbesserungspotenziale für ein Unternehmen
Quelle: Phillips (2001, S. 12)

- Quadrant III: Produkte, die neue Technik nutzen, um die Effizienz der bereits im Unternehmen etablierten Tätigkeiten zu verbessern.
- Quadrant IV: Produkte, die neue Technik nutzen, um dem Unternehmen den Schritt zu neuen Tätigkeitsfeldern zu ermöglichen.

Betrachtet man nun I. und II., so kann man diese Produkte nochmals aufteilen in solche, die bereits im Unternehmen im Einsatz sind und solche, die (noch) nicht genutzt werden. Das Verbesserungspotenzial liegt in diesem Fall sowohl in der effizienteren (oder neuen) Nutzung bereits im Unternehmen befindlicher Produkte als auch in der Anschaffung von Produkten, die bereits etablierte Technik nutzen, aber noch nicht im Unternehmen eingesetzt werden. Aufgabe des Technikmanagements ist es, die effiziente Techniknutzung im Unternehmen zu ermöglichen sowie sich einen Marktüberblick zu verschaffen und das Potenzial von bereits auf dem Markt etablierten Produkten einzuschätzen. Ein Großteil des Verbesserungspotenzials (ca. 90 Prozent) für ein Unternehmen lässt sich hierdurch ausschöpfen.

Ein Unternehmen muss darüber hinaus in der Lage sein, die Bedeutung neuer Technik für eigene Unternehmensgeschehen zu erkennen (III. und IV.). Dabei spielen sowohl die Wahrnehmung der Nutzbarkeit der Technik als auch die Fähigkeiten zur Nutzung eine Rolle. Dabei sind Fragen der zeitlichen Abfolge der

Technikadaption und des organisatorischen Lernens von zentraler Bedeutung. Auch die Beeinflussung der in Entwicklung befindlichen Technik kann zum Aufgabenbereich des Technikmanagements gezählt werden.

Was lässt sich nun aus diesen Überlegungen zum Technikmanagement im Allgemeinen für das Management der Informations- und Kommunikationstechnik im Speziellen ableiten? Zunächst kann man festhalten, dass sich obige Produktkategorisierung auch auf IKT-Produkte anwenden lässt. Ebenso lässt sich die darauf aufbauende Identifizierung von Aufgaben übertragen. Im Folgenden werden Ansätze zur Bewältigung der Aufgaben des IKT-Managements vorgestellt und dabei die Aufgaben genauer spezifiziert.

Die **Aufgabe des IKT-Managements** ist es, die IKT als Infrastruktur zu planen, sowie deren effiziente und effektive Implementierung, Nutzung sowie Weiterentwicklung zu steuern und zu kontrollieren.

Vergleicht man verschiedene **Ansätze des IKT-Managements** (Heinrich 2002; König/Niedereichholz 1986; Steinbock 1994; Vetter 1994), fällt auf, dass diese sich entweder auf eine *technisch orientierte beschreibende* Abhandlung des IKT-Managements konzentrieren oder aber *strategische Konzepte* behandeln, die die Vorgänge der Technikassimilation im Unternehmen unterstützen sollen:

Erstere beschreiben dabei in der Regel die IKT-Grundfunktionen der Verarbeitungs- und Speicherungsformen sowie grundlegende Kommunikationstechnik und -dienste und geben organisatorische Gestaltungshinweise für die Herstellung von IT-basierten Dienstleistungen und Benutzerservice sowie für das Sicherheits- und Katastrophenmanagement.

Letztere setzen am Innovationsmanagement-Gedanken an. Sie stellen Modelle zur Findung einer IKT-Strategie zur Verfügung, beschreiben und berücksichtigen aber die einzelnen Charakteristika der heute für die Unternehmen wichtigsten relevanten einzelnen IKT oft nur in ungenügendem Maße.

Daher wird IKT-Management hier nicht nur in seiner Bedeutung als Teil des strategischen Managements behandelt, wie etwa bei *Heinrich* (2002), sondern sowohl auf strategischer als auch auf operativer Ebene.

Die **Herausforderungen des IKT-Managements** liegen darin,

- technische Entwicklungen und deren Bedeutung für das eigene Unternehmen,
- den komplexen IKT-Markt mit Produkten, die Technik implementieren, einerseits und Technikanbietern, die Marktpositionen inne haben, andererseits sowie
- die Möglichkeit und Fähigkeit des eigenen Unternehmens, Technik anzuwenden bzw. neue Technik zu integrieren,

korrekt einschätzen zu können und nachhaltige Entscheidungen zu treffen. So ist bspw. abzuwägen, ob eine überlegene Technik, die auch in die IKT-Landschaft des eigenen Unternehmens passen würde, eingeführt werden soll, wenn die Marktposition des Anbieters schwach ist und das Risiko besteht, dass u.U. Support und Weiterentwicklung des Produktes nicht gewährleistet werden können oder die Bereitschaft und Fähigkeit des eigenen Unternehmens, ein neues Produkt anzunehmen, gering ausgeprägt ist. Das IKT-Management bewegt sich daher in einem Spannungsfeld aus Technik, Markt und dem eigenen Unternehmen.

Methoden zur Bewältigung dieser Aufgaben sind u. a. die Bestimmung von optimalen Ersatzzeitpunkten, Standardauswahl und Technology Roadmapping:

Methoden des strategischen IKT-Management

Bestimmung des optimalen Ersatzzeitpunktes einer Anwendung: Diese Methode unterstützt mittels betriebswirtschaftlicher Berechnungsverfahren die Bestimmung des optimalen Zeitpunktes für den Austausch bestehender Anwendungen (Kapitel 3.3.2.2.1).

Standardauswahl: Die Methode unterstützt Entscheidungen bezüglich der Implementierung von Standards. Die beschriebenen Modelle bilden das Standardisierungsverhalten von mehreren Akteuren mit mathematischen Beschreibungsmitteln ab (Kapitel 3.3.2.2.2).

Technology Roadmapping: Dieser Prozess schätzt die Entwicklung von Technologien auf der Grundlage von Expertenwissen ab. Dabei wird untersucht, wie mit den vorhandenen Ressourcen eines Unternehmens die angestrebten Ziele realisiert werden können. Zusätzlich wird die Machbarkeit der gefundenen Realisierungsmöglichkeiten überprüft (Kapitel 3.3.2.2.3).

3.3.2 Aufgaben des IKT-Managements

Im Folgenden werden Aufgaben des operativen (Kapitel 3.3.2.1) und strategischen (Kapitel 3.3.2.2) IKT-Managements identifiziert und es wird auf die Aneignung von IKT (Kapitel 3.3.2.3) eingegangen. Weiterhin werden Methoden beschrieben, die zur Bewältigung dieser Aufgaben herangezogen werden können.

3.3.2.1 Wartung und Betrieb der IKT

Im **operativen** IKT-Management geht es darum, dem Unternehmen eine IKT-Infrastruktur (technisch und organisatorisch) zur Verfügung zu stellen und somit eine effiziente Nutzung vorhandener bzw. bereits im Unternehmen befindlicher Technik zu ermöglichen. Zu den **Teilaufgaben des operativen IKT-Managements** gehören die Wartung und auch die Reparatur von Hard- und Software, aber vor allem Helpdesk-Aktivitäten, Netzwerkdienste und die Durchführung von

Schulungen. Marktbeobachtung und Anschaffung bzw. Ablösung von Hard- und Software sind ebenso Aufgaben des operativen IKT-Managements wie das Lizenzmanagement und die Bestandsführung für zugekaufte Software. Darüber hinaus sind die operative Gewährleistung von Datenschutz und Datensicherheit inklusive Katastrophenmanagement zentrale Aufgaben des operativen IKT-Managements.

Das *Office of Government Commerce* (2001; 2002a; 2002b) beschreibt detaillierte Vorgehensmodelle zur Bewältigung der Aufgaben des operativen IKT-Managements.

3.3.2.2 Strategisches Management der IKT

Beim **strategischen IKT-Management** ist zu fragen, welche *Trends in der Technikentwicklung* für die nächsten Jahre bestimmend sein werden und zu bestimmen, wann welche Technik im Unternehmen eingesetzt werden soll.

Teilaufgaben des strategischen IKT-Managements sind (Heinrich 2002, S. 152ff.):

- Die Bestimmung des IKT-Bedarfs des Unternehmens
- Die Beeinflussung der IKT-Entwicklung im Unternehmen
- Das Beobachten der IKT-Entwicklung außerhalb des Unternehmens
- Das Treffen von IKT-Einsatzentscheidungen nach Technik- und Systemart, Umfang und Zeitpunkt
- Die Evaluierung des Technikeinsatzes
- Entwicklung neuer Informations- und Kommunikationstechnik (u.U. mit Entwicklungspartnern)

Setzt ein Unternehmen konsequent neue Technik ein und trägt aktiv zur Entwicklung dieser neuen Technik bei, verfolgt das Unternehmen eine „Leader"-**Strategie** im Bereich dieser Technik. Wird eine **„Follower"-Strategie** verfolgt, so verlässt sich das Unternehmen auf bewährte Technik, ohne eine aktive Rolle in deren Weiterentwicklung zu spielen. So kann ein Unternehmen bspw. bei der branchenspezifischen Weiterentwicklung von Software eine „Leader"-Strategie verfolgen, indem es auf die Softwareentwicklung aktiv Einfluss nimmt bzw. die Software hausintern weiterentwickelt, während es im Bereich Hardware eine „Follower"-Strategie verfolgt und ausschließlich etablierte, bewährte Technik nutzt.

Bei der Entwicklung von neuer Technik verfolgen die Hersteller zwei unterschiedliche Strategien. Man spricht vom **„Technology Push"**, wenn die Entwicklung neuer Technik vom Hersteller initiiert und ein Produkt aktiv in den Markt „gedrückt" wird. Werden jedoch Technik- und Produktentwicklung aufgrund von

Marktwünschen vorangetrieben, spricht man vom **„Market Pull“**. Häufig werden Produkte zunächst vom Hersteller aktiv in den Markt gedrückt, erreichen einen hinreichenden Reifegrad, falls sie sich bewähren, und werden dann von einer zunehmenden Zahl von Kunden nachgefragt.

Auf Kundenseite ist es eine strategische Entscheidung, als „Lead Customer“ aktiv an der Technikentwicklung teilzunehmen. Aufgabe des operativen Managements ist es, den Markt zu beobachten, wahrzunehmen, wann der „Market Pull“ für eine Technik einsetzt, und über den Einsatz der Technik im eigenen Unternehmen zu entscheiden, um ggf. eine Veraltung der eingesetzten Technik zu vermeiden.

Auch eine erfolgreiche und ständig genutzte Anwendung erreicht einmal das Ende ihres Lebenszyklus. Damit stellt sich die Frage, wann sich dieser Zustand einstellt und wie die Abschaffung eines Systems organisiert wird, d.h. man muss die Nutzungsdauer von Anwendungssystemen antizipieren, um festzulegen, welches der optimale Ersatzzeitpunkt ist und welcher Ersatz angestrebt wird.

3.3.2.2.1 Methode: Bestimmung des optimalen Ersatzzeitpunktes einer Anwendung

Die Bestimmung des Ersatzzeitpunktes vor der Inbetriebnahme einer Software erfolgt in drei Schritten (Heinrich 2002, S. 419ff.):

1. Durch die Analyse der Kostenstruktur werden die zu erwartenden Aufwendungen für den gesamten Lebenszyklus erhoben. Dabei spielen neben den Erstellungskosten insbesondere der Aufwand für die kontinuierliche Pflege und Wartung in der Phase der Reife eine bedeutende Rolle.
2. Methoden der Nutzenstrukturanalyse versuchen durch Erfassung wichtiger Auswirkungen auf den Prozessablauf im Unternehmen, den Nutzen abzuschätzen und monetär auszudrücken.
3. Zur Bestimmung des Abschaffungszeitpunktes müssen in einem letzten Schritt die Kosten- und Nutzenanalyse gegenübergestellt werden. Dadurch kann zumindest der ökonomisch sinnvollste Termin errechnet werden.

Die Betrachtung von Aufwendungen umfasst Kostenpositionen, die sich den Aufgaben Realisierung, Betrieb und Wartung zuordnen lassen. Innerhalb dieser Aufgaben lassen sich bspw. die Kostenarten Hardware, Software, Netzwerk, Personal und Material unterscheiden, die sich direkt einem Informationssystem zuordnen lassen. Darüber hinaus müssen Gemeinkosten berücksichtigt werden, die anteilige Nutzung an den Ressourcen von Querschnittseinrichtungen widerspiegeln. Obwohl sich ein Großteil der Aufwendungen recht genau auch über die angenommene Dauer des Lebenszyklus errechnen lässt, bedarf die Erfassung aller Kosten auch der Einbindung von Schätzverfahren wie sie in Kapitel 3.2.5.3.2 genauer beschrieben wurden. Einen ganzheitlichen Ansatz zur Kontrolle der Anwendungskosten bietet das Modell der Total Cost of Ownership (TCO, vgl. Kapitel 3.4.6.1.5).

Während die Kostenstruktur monetär erhoben werden kann, erfordert die Nutzenanalyse, sich zunächst über die Definition von Nutzen im Zusammenhang mit Software Gedanken zu machen. Die Nutzenstiftung eines Anwendungssystems lässt sich aufgrund der Immaterialität meist gar nicht oder nur indirekt messen. Aus diesem Grund unterscheidet Heinrich (2002, S. 421) direkt, indirekt und nicht monetär messbaren Nutzen (vgl. dazu auch Nagel 1990, S. 24ff.). Direkt monetär messbarer Nutzen wird erfasst durch Kostensenkungen, die durch die Einführung eines neuen Informationssystems entstehen können. Indirekter Nutzen ergibt sich aus zukünftigen Einsparungen bzw. der Vermeidung zukünftiger Kostensteigerungen, wobei dies durch eine gesteigerte Produktivität bewerkstelligt wird. Monetär nicht messbarer Nutzen tritt bspw. in Form von gesteigerter Qualität, verbesserter Entscheidungsfindung oder vereinfachter Kommunikation auf. Eine Nutzenmessung ist für diesen Fall kaum möglich; sie wird durch eine subjektive Nutzenschätzung ersetzt. Ein mögliches Vorgehen zur Ermittlung des Nutzens durch eine Nutzwertanalyse zeigen in vereinfachter Form *Biethan/Muksch/Ruf* (2004a, S. 368ff.).

Zum Vergleich von Kosten und Nutzen stehen zwei Arten von Verfahren zur Verfügung, die je nach Sicherheit und Datenmaterial der Planung angewandt werden (vgl. Troßmann 1998, S. 36ff.). Die statischen Verfahren betrachten primär die Zielgrößen Kosten, Gewinn, Rentabilität oder Amortisierungsdauer, wobei beliebig viele Perioden zu einer einzigen abstrahiert werden. Beispiele hierfür sind die Kostenvergleichs-, die Gewinnvergleichs- oder die Rentabilitätsvergleichsrechnung. Die einfache Handhabung und die geringe Datenmenge, die vorausgesetzt wird, führen zu einer häufigen Anwendung dieses Vorgehens. Dynamische Verfahren liefern genauere Ergebnisse, bedürfen jedoch einer hochwertigen und umfassenden Datenbasis. Sie ermöglichen die Betrachtung von Ein- und Auszahlungen über mehrere Perioden hinweg. Methoden dieser Gattung sind die Kapitalwert-, die Annuitäten- und die interne Zinssatzmethode (vgl. Hossenfelder/Schreyer 1996).

Die Anwendung der Kapitalwertmethode soll an einem Beispiel verdeutlicht werden (vgl. Troßmann 1998, S. 509ff.). Zunächst werden unabhängig von der Dauer der später errechneten Anwendungslebenszeit für eine Menge von Jahren (z.B. sieben Jahre) Kosten- und Nutzenstrukturanalysen durchgeführt. Die daraus gewonnen Ergebnisse werden für jedes Jahr gesondert verrechnet, so dass der Einnahmeüberschuss, die Differenz aus Ein- und Auszahlung, für jede Periode vorliegt. Im Jahr 0 sind hohe Investitionen für die Anschaffung des Informationssystems zu tätigen, was sich in einem negativen Wert widerspiegelt. In jedem Jahr steht zudem die Option offen, sich vom bestehenden System zu trennen und z.B. durch vergünstigte Lizenzkosten oder die Inzahlungnahme von Hardware bei Neukauf einen Liquidationserlös zu erzielen, der mit zunehmendem Alter der Anwendung abnimmt. Der optimale Ersatzzeitpunkt aus ökonomischer Sicht kann nun ermittelt werden, indem heuristisch für verschiedene Dauern der Kapitalwert ermittelt wird. Der Kapitalwert stellt die Summe der abgezinsten Einnahmeüberschüsse dar, wobei ein Zinssatz von neun Prozent angenommen wird. Im jeweils letzten Jahr muss zudem der Liquidationserlös berücksichtigt werden, der im Jahr 7 negativ ausfällt, da Kosten durch die Abschaffung entstehen. Dadurch ergeben sich bspw. für die Dauer von fünf bzw. sechs Jahren die in Tabelle 3-16 dargestellten Kapitalwerte. Die Dauer mit dem höchsten Kapitalwert stellt die optimale Laufzeit einer Anwendung dar.

Tabelle 3-16. Zahlungsstöme und Kapitalwertberechnung für ein Projekt mit alternativen Laufzeiten

Jahr t	Einnahme-Überschuß $E_t - A_t$	Möglicher Liquidatationserlös L_t	Barwert nach einer Laufzeit von 5 Jahren	Barwert nach einer Laufzeit von 6 Jahren
0	- 100.000,- €	95.000,- €	- 100.000,- €	- 100.000,- €
1	45.000,- €	75.000,- €	41.284,40 €	41.284,40 €
2	40.000,- €	55.000,- €	33.667,20 €	33.667,20 €
3	15.000,- €	40.000,- €	11.582,75 €	11.582,75 €
4	20.000,- €	25.000,- €	14.168,50 €	14.168,50 €
5	18.000,- €	15.000,- €	21.447,74 €	11.968,77 €
6	10.000,- €	5.000,- €		8.944,01 €
7	5.000,- €	- 2.000,- €		
Kapitalwert			**22.150.60 €**	**21.345.63 €**

Quelle: In Anlehnung an Troßmann (1998, S. 509ff.)

Trotz einer anfänglich detaillierten Planung eines Ersatzzeitpunktes kann es durch verschiedene Ereignisse vorkommen, dass der Einsatz eines Informationssystems vorzeitig überdacht werden muss. Mögliche Ursachen sind nach *Heinrich* (2002, S. 240f.):

- Überalterung eines Programms
- Die Schnittstelle für eine neue Komponente kann nicht implementiert werden.
- Die Personalqualifikation kann nur mit hohem Aufwand beibehalten werden.

Tritt der Bedarf nach einer ungeplanten Überarbeitung ein, so ist grundsätzlich zu entscheiden zwischen Zustand belassen versus Renovieren versus Ersetzen, wobei eine Kosten-/Nutzenrechnung die Entscheidungsgrundlage bildet. Durch die Ein-

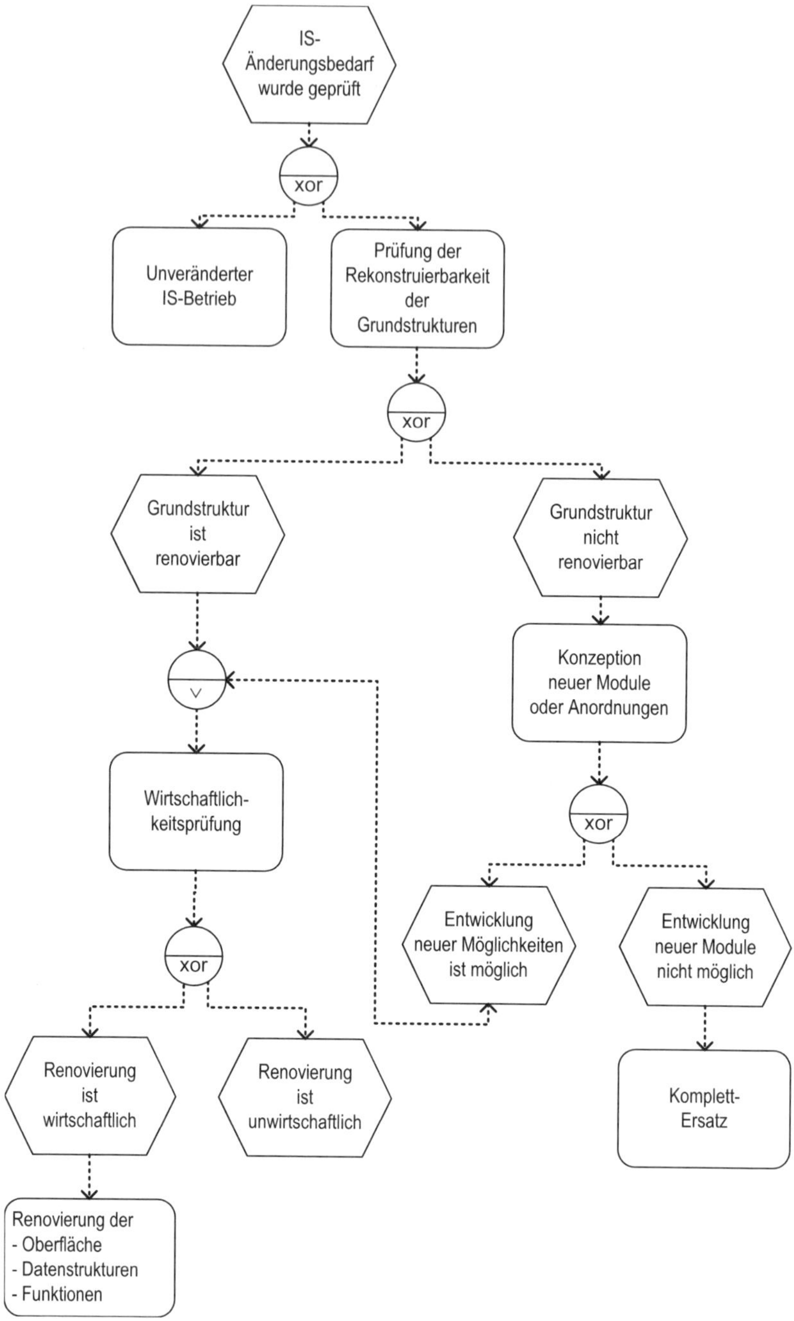

Abbildung 3-59. Bestimmung der Ersatzzeitpunkte und Ersatzumfang
Quelle: Eigene Darstellung

beziehung aller im Lebenszyklusmodell anfallenden Kosten sollte eine sachlich fundierte Entscheidung über die Abschaffung eines Systems nach dem Investitionskalkül möglich sein (Kargl 1999, S. 102). Die nachfolgenden Szenarien unterstellen, dass eine Kosten-/Nutzenrechnung zu keinem klaren Urteil kommt, d.h. ein wirtschaftlicher Vorteil durch einen Ersatz nicht offensichtlich ist.

Haben sich in der IT und im geschäftlichen Umfeld nur geringe Änderungen vollzogen, besteht kein Anlass, das bisherige System zu ersetzen. Bei stärkeren Änderungen ist zu überprüfen, ob die Grundstrukturen der Datenmodelle und des Software-Aufbaus renovierbar sind. Sind diese nicht renovierbar, ist zu versuchen, neue Module in die alte Struktur einzupassen oder neue Anordnungen im Software-Aufbau vorzunehmen. Die Durchführbarkeit hängt von der Qualität der Datenschnittstellen ab. Ist diese nicht akzeptabel, kommt nur ein Komplettersatz des Systems in Frage. Sind die Grundstrukturen renovierbar und die Datenschnittstellen akzeptabel, kann versucht werden, die Benutzeroberflächen anzupassen, die Datenstrukturen zu renovieren oder eher neu zu gestalten und die Software-Funktionen zu ergänzen, was allerdings nur bedingt möglich ist. Die Entscheidung zur Durchführung dieser Renovierungen setzt erneut eine Wirtschaftlichkeitsrechnung voraus, um sicherzustellen, dass eine Renovierung langfristig kostengünstiger ist als ein Komplettersatz. Abbildung 3-59 zeigt den Entscheidungsablauf im Überblick.

3.3.2.2.2 Methode: Standardauswahl

Um die durch Dezentralisierung der Datenverarbeitung entstandenen heterogenen „IKT-Inseln" in einem Unternehmen miteinander ungehindert kommunizieren zu lassen, sind zwei verschiedenartige Auswege möglich: Der erste besteht darin, jede IKT-Insel mit jeder anderen durch Schnittstellensysteme zu verbinden, wobei dieser Ausweg sehr ineffizient erscheint. Ein Unternehmen mit 100 Kommunikationspartnern heterogener IKT-Systeme, müsste 100 individuelle Absprachen bezüglich der jeweiligen Datenformate, Übertragungsprotokolle etc. treffen (Picot et al. 1991). Der sinnvollere Weg liegt daher in der Schaffung offener, herstellerunabhängiger Systeme. Voraussetzung für offene Systeme ist eine vorher multilateral getroffene Standardisierung. Herstellerunabhängige Standards werden durch Standardisierungsgremien verabschiedet. Dieser Standardisierungsprozess ist jedoch langwierig. Deshalb existieren neben offenen auch proprietäre Standards, welche durch Unternehmen eingeführt werden, um schnell auf Marktveränderungen reagieren zu können.

Die **Standardisierungsökonomie** befasst sich mit dieser Problematik aus verschiedenen Blickwinkeln wie bspw. der Entwicklung und Durchsetzung von Standards, deren Nutzen sowie der Auswahl von Standards (Buxmann 1996; Economides 1996; Hess 1993; Katz/Shapiro 1985; Kindleberger 1983; Thum 1995). Standards sind **Netzeffektgüter**, deren Nutzen stark vom Verbreitungsgrad abhängt (Katz/Shapiro 1985). Die Festlegung des TCP/IP-Ports 80 und des HTTP-Protokolls zur Kommunikation mit Webservern brachte für den ersten derartige

Server keinen Nutzen, da die entsprechenden Browser fehlten und damit keine Kommunikationspartner vorhanden waren. Anhand dieses Beispiels lassen sich auch die direkten und indirekten Netzeffekte verdeutlichen. Die Vorteilhaftigkeit eines Standards ist demnach auch von Entscheidungen anderer abhängig. **Direkte Netzeffekte** bezeichnen die Möglichkeit des Aufbaus eines Netzwerks zwischen den Beteiligten (Katz/Shapiro 1985), bspw. das World Wide Web. **Indirekte Netzeffekte** treten dann auf, wenn ein vorteilhaftes Angebot von Komplementärgütern wie bspw. HTML-Editoren bzw. Webdatenbanken, Java-Servlets oder ähnliches besteht. Dies bedeutet jedoch auch, dass viele Standards (wie TCP/IP und HTTP) interdependent sind und damit auch untereinander Netzeffekte aufweisen (Buxmann/König 1998).

Investiert ein Anwender in Produkte gemäß einem Standard, dann ist für ihn die Umstellung auf einen anderen Standard meist mit hohen **Umstellungskosten** verbunden (Zerdick et al. 2001). Bspw. lohnt sich aus einer mikroökonomischen Perspektive der Wechsel zu einem anderen Kommunikationsstandard nur dann, wenn die Vorteile des anderen Standards die Wechselkosten kompensieren. Aus gesamtwirtschaftlicher Sicht wäre die Auswahl eines neuen, technisch überlegenen Standards dann trivial, wenn zwischen den individuellen Entscheidungsträgern keine Informationsasymmetrien bestünden, demnach jeder von der sicheren Erwartung eines Wechsels seiner Kommunikationspartner ausgehen könnte. Da diese Sicherheit nicht besteht, etablieren sich auch häufig technisch unterlegene Standards.

Zur **Durchsetzung eines Standards** bedienen sich viele Hersteller einer Niedrigpreisstrategie, im Extremfall verschenken sie sogar ihre Produkte. Dadurch sind die Standardisierungskosten eines Nutzers gering und er wird durch diese und andere Maßnahmen zu einem Umstieg auf diesen Standard bereit sein. Diese Vorgehensweise ist bspw. im Mobilfunkmarkt zu beobachten. Die Betreiber des E-Netzes, das andere Standards als die schon im Markt befindlichen D-Netze nutzen, traten mit einer Niedrigpreisstrategie kombiniert mit Wechselprämien für D-Netz-Nutzer am Markt auf.

Weiter soll auf den **Nutzen von Standards** näher eingegangen werden. Folgende Nutzenarten können unterschieden werden:

- Standards senken generell die Kommunikationskosten. Bspw. beschrieb der *Cecchini-Report* (Cecchini 1988) die hohen Kosten, die in der Telekommunikation durch uneinheitliche Standards und technische Normen verursacht werden.
- Standards schützen Investitionen (Buxmann 1996) durch die auf der Offenheit basierenden vielseitige Verwendbarkeit der angeschafften Systeme.
- Standardprotokolle und Standard-Software sind vielseitiger und mit geringerem Einarbeitungsaufwand einsetzbar, was zu einer weiteren Kostenreduzierung führt.

- Bilaterale Vereinbarungskosten zwischen den Unternehmen oder Unternehmensteilen entfallen (Picot et al. 1991).
- Standardisierung schafft Zeitvorteile in der Kommunikation, es sind weniger Medienbrüche notwendig.
- Durch standardisierte, offene Kommunikationssysteme ergibt sich eine zusätzliche Markttransparenz, was positiv auf den Wettbewerb wirkt.

Ein **Totalmodell zur Standardisierung** der IKT-Anwendungen im Unternehmen stammt von *Dewan/Seidmann/Sundaresan* (1995), deren Arbeiten auf der nichtkooperativen Spieltheorie bei Informationssymmetrie basieren.

Es wendet sich der Frage zu, ob Unternehmensstandards für IKT-Systeme festgelegt werden sollten oder ob vielmehr jede Organisationseinheit jeweils ihre favorisierten „Best-of-Breed"-Systeme frei auswählen sollte. Entsprechend dem Gedankengang bei der Verteilung sind organisatorische und technische Determinanten für die Standardisierungsentscheidung zu unterscheiden. Nicht im Modell von *Dewan/Seidmann/Sundaresan* enthalten sind organisationale Determinanten. Einheitliche Standardisierungsgrundsätze sind bspw. eher ungeeignet für Organisationen mit

- heterogenen Geschäftsbedingungen der Abteilungen/Profit Center sowie
- Geschäftsumgebungen mit hoher Entwicklungsgeschwindigkeit und Unsicherheit, da hier die Varietät der Lösungen als Risikoausgleich fungiert.

Das Modell nimmt dagegen die folgenden technischen Bestimmungsfaktoren auf und beschränkt sich auf die Entscheidung zwischen zwei Systemen in zwei hypothetischen Organisationseinheiten (Abteilungen) eines Unternehmens:

- Anschaffungskosten der Abteilung a für das Produkt i (F_{ai})
- Verarbeitungskosten der Abteilung a pro Ausgabeeinheit (z.B. pro Dokument) unter Nutzung des Systems i (C_{ai})
- Anzahl der von Abteilung a verarbeiteten Dokumente (X_a)
- Anzahl der von Abteilung a von anderen Abteilungen erhaltenen Dokumente (Y_a)
- Übersetzungskosten der Abteilung a (T_{ai}), die durch Umformatieren eines Dokuments in ein vom abteilungsinternen Anwendungssystem i lesbares Format entstehen
- Umstellungskosten der Abteilung a (S_a) bei Systemwechsel, inklusive Daten- und Software-Umstellung sowie Schulung

Ausgehend von diesen Variablen besagt das Modell für eine Zeitperiode, dass die Organisationseinheiten sich bei der Einführung eines neuen Systems für dasjenige entscheiden, das die Anschaffungskosten (F_{ai}), die Verarbeitungskosten ($C_{ai}X_a$) und die Übersetzungskosten ($T_{ai}Y_a$) in der folgenden Periode minimiert. Bei zwei Abteilungen A und B sowie Systemen 1 und 2 zeigt dies Abbildung 3-60. Im Falle von hohen Dokumentenübertragungsvolumina von Abteilung A nach B, nicht aber umgekehrt, wird sich Abteilung A ceteris paribus also für ein Standardsystem entscheiden, vorausgesetzt, dass die Übersetzungskosten bei der empfangenden Abteilung entstehen.

Als weitere relevante, unabhängige Variablen sind zu nennen:

- Senkungen der Anschaffungskosten bei Kauf eines gemeinsamen Systems i, also Mengenrabatte oder ähnliches (W_i, $0 < W_i < 1$), und
- Einsparungen (R_{ai}, $0 < R_{ai} < 1$) durch spätere Lizenzerweiterung für das System i von einer Abteilung a auf beide Abteilungen (Schattenreiterpotenzial).

Die *Inkompatibilitätskosten* ($T_{A1}Y_A + W_2F_{A2}$) entstehen, wenn Abteilung A ein anderes System wählt als Abteilung B, im Beispiel ist dies das System 1 bzw. 2. Die Kosten bestehen insgesamt aus den Übersetzungskosten ($T_{A1}Y_A$) und dem Verlust an Skaleneffekten (Economies of Scale) durch den Verzicht auf einen gemeinsamen Kauf eines Systems, ausgedrückt durch W_2F_{A2}. Hohe Kompatibilitätskosten wirken also standardisierungsfördernd. Die *Präferenz* bspw.

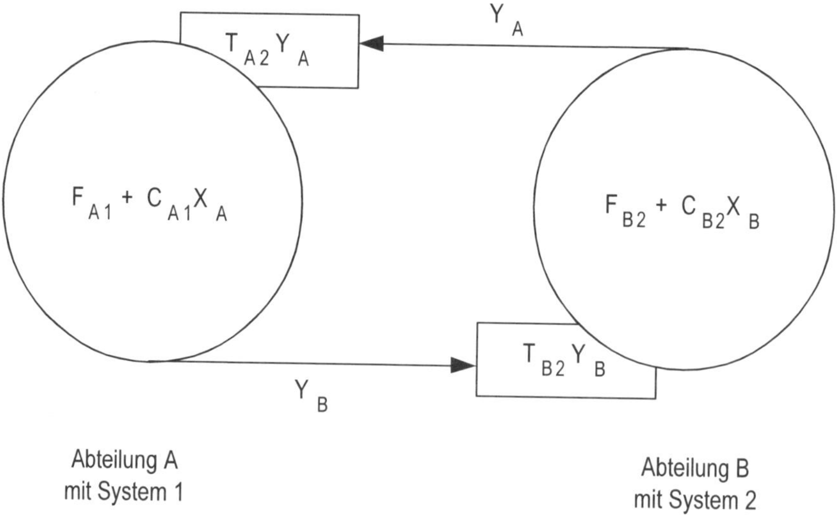

Abbildung 3-60. Kostenstruktur von Abteilungen bei Systemeinführungen
Quelle: Dewan et al. (1995, S. 103)

der Abteilung A für ein System 2 entspricht dem Preisunterschied der Anschaffungskosten für die Software-Systeme sowie den Verarbeitungskosten ausgehender Dokumente der Abteilungen:

$$(1)\quad \theta_{A1} = F_{A2} - F_{A1} + (C_{A2} - C_{A1})\, X_A$$

Wenn die Abteilungspräferenz θ_{ai} für das andere System bei einer der beiden Abteilungen höher ist als die mit dem System verbundenen Inkompatibilitätskosten, dann wird sich kein Standard innerhalb des Unternehmens durchsetzen:

$$(2)\quad T_{A1}Y_A + W_2F_{A2} \leq \theta_{A1}$$

Der Wert eines unternehmensübergreifenden Standards ist nun errechenbar: Φ_1 und Φ_2 werden als Kosteneinsparungen der aus zwei Abteilungen A und B bestehenden Unternehmung bei einer Standardlösung für System 1 (Φ_1) bzw. System 2 (Φ_2) und damit als **Wert dieses Standards** betrachtet (Dewan et al. 1995, S. 101):

$$(3)\quad \Phi_1 = T_{A1}Y_A + W_1F_{A1} - (\,\theta_{B2} - (T_{B2}Y_B + W_1F_{B1}))$$

$T_{A1}Y_A + W_1F_{A1}$ repräsentiert die Übersetzungskosten und die Mehrkosten durch den Verlust von Preisvorteilen, die durch B mit der Wahl eines anderen Systems als A verursacht werden. Diese Kosten werden um die Präferenz von B abzüglich der Inkompatibilitätskosten von B vermindert. Ein Standard setzt sich durch, wenn Φ_1 oder Φ_2 positiv sind (Dewan et al. 1995, S. 101).

Dewan/Seidmann/Sundaresan (1995) gehen besonders auf das Phänomen des bewussten späteren Übernehmens von Systemnutzungslizenzen durch nachziehende Abteilungen als Alternative zu einem gemeinsamen Erstkauf (*Schattenreiterverhalten*) ein. Dieses Verhalten kann auftreten, wenn die Summe aus Inkompatibilitätskosten und Umstellungskosten bei der Lizenzerweiterung auf die entsprechende Abteilung immer noch geringer ist als der gemeinsame Neukauf in einer früheren Periode für die betreffende Abteilung. Die Abteilung externalisiert die Kosten ihrer proprietären Lösung, was dem Gesamtunternehmen zusätzliche Kosten gegenüber dem gemeinsamen Erstkauf in Periode 1 verursacht. Die Verbreitung des Schattenreiterverhaltens ist empirisch belegt und kann durch zu verhandelnde Ausgleichszahlungen zwischen den betroffenen Abteilungen verhindert werden.

Als mögliche **Strategien für das IM** im Unternehmen lassen sich folgende Aussagen festhalten:

1. Das IM kann unternehmensweite Standards vorgeben.
2. Das IM kann auf Standards bestehen, die konkrete Wahl aber der Verhandlung zwischen den Abteilungen überlassen.
3. Das IM besteht nicht auf den Einsatz eines Standards.
4. Das IM lässt Insellösungen zu.

Wie das Modell zeigt, ist die Strategie 1 selten zu empfehlen, Strategie 2 ist fast immer effizienter. Bei Strategie 2 verhandeln die einzelnen Abteilungen selbstständig um einen geeigneten Standard. Bei dieser Strategie wird sich ein effizienter Standard nach einer bestimmten Zeitspanne von selbst ergeben. Da aber das Problem des Schattenreitens auftreten kann, wird die Aufstellung eines Transferzahlungsschemas vorgeschlagen, das andere Abteilungen zur Adoption eines Standards anreizen soll. Obwohl bei Strategie 3 keine Standards vorgesehen sind, wird sich dabei dennoch ein gemeinsamer Standard herausbilden. Dies ist der Fall, wenn ähnliche Benutzeranforderungen in den Organisationseinheiten bestehen, ein hohes internes Kommunikationsaufkommen zwischen den Abteilungen vorherrscht, hohe Inkompatibilitätskosten aufgrund stark ausgeprägter technischer Systemheterogenität bei Nichteinigung drohen oder die Economies of Scale insgesamt umfangreich sind. Ohne Eingreifen des Managements können sich auch Insellösungen etablieren (Strategie 4). Dies ist nach *Dewan et al.* (1995) der Fall, wenn die einzelnen Abteilungen stark dedizierte Aufgaben besitzen, wenig Datenaustausch zwischen den Abteilungen besteht, Daten einfach transformiert werden können und geringe Preisvorteile beim umfassenden Erwerb eines einheitlichen Softwaresystems existieren.

Nicht alle in der Realität wichtigen Determinanten wurden hier berücksichtigt. Weitere wichtige Determinanten liegen auch auf der Anbieterseite. Genannt seien die Anbieterstrategien bezüglich Abwärtskompatibilitäten und das Geheimhalten von Funktionalitätsausweitungen bei neuen Versionen, die beide hemmend auf eine Standardisierung im Unternehmen wirken.

Wichtige Entscheidungshilfen für die Standardisierung innerhalb eines Unternehmens sind nach *Dewan et al.* (1995):

- Die Entscheidungsfindung eines Standards durch die Verhandlung der beteiligten Abteilungen bringt ein adäquateres Ergebnis hervor als die zentrale Steuerung durch das Management. Ein solcher Standard bildet sich heraus, wenn keine der beteiligten Abteilungen eine starke Präferenz für ein bestimmtes Anwendungssystem besitzen.
- Besitzen die einzelnen Abteilungen jedoch stark unterschiedliche Präferenzen, werden Insellösungen beobachtet. Infrastrukturen mit vielen Insellösungen sind dann besonders geeignet, wenn schnelle Entwicklungsgeschwindigkeiten und Unsicherheiten bezüglich der eingesetzten Technologien und Marktveränderungen existieren.
- Schattenreitereffekte beeinflussen das Gesamtunternehmen negativ. Diese Effekte können durch abteilungsübergreifende Finanzierungshilfen vermieden werden.

Die Implikationen der beschriebenen Methoden werden im Folgenden an einigen Zahlen (Dewan et al. 1995, S. 102-103) veranschaulicht. Betrachtet werden zwei

Abteilungen, die zwischen zwei Systemen 1 und 2 wählen. Die Anschaffungskosten sind 1000 € bzw. 200 €. Zusätzliche Lizenzen für weitere Abteilungen können für jeweils 100 € erworben werden. Entscheiden sich beide Abteilungen für ein gemeinsames System, werden die entstehenden Anschaffungskosten auf beide Abteilungen gleichermaßen aufgeteilt. Die Verarbeitungskosten belaufen sich pro Dokument auf 0,01 € bzw. 0,1 €. Abteilung A verarbeitet durchschnittlich 20.000 Dokumente, während von der Abteilung B nur 2000 Dokumente verarbeitet werden. Die Abteilungen A und B tauschen 1.000 Dokumente aus. Die Übersetzungskosten für inkompatible Dateiformate umfassen pro Dokument 0,01 €. Der Kostenüberblick ist in Tabelle 3-17 zusammengefasst. Der erste Eintrag umfasst die Kosten für die Abteilung A, der zweite diejenigen für B. Die Berechnung für den Fall der Auswahl von System 1 durch A und System 2 durch B ergibt sich aus den folgenden Kosten: Für A betragen die Anschaffungskosten für das System 1 1.000 €. Die Verarbeitungskosten belaufen sich auf 200 €, die Übersetzungskosten auf 10 €. Somit entstehen für A Gesamtkosten im Umfang von 1.210 €. Wählt B System 2, betragen die Anschaffungskosten 200 €. Die Verarbeitungskosten belaufen sich auf 200 €, die Kosten für die Übersetzung betragen 10 €. Die Gesamtkosten für B ergeben sich somit zu 410 €.

Tabelle 3-17. Überblick über die Kosten bei der Auswahl eines Standards.

	B wählt System 1	**B wählt System 2**
A wählt System 1	750, 570	1210, 410
A wählt System 2	2210, 1030	2150, 50

Quelle: Dewan et al. (1995, S. 103)

Wählt A System 1, wird B System 2 wählen und umgekehrt. Aus der Sicht des Unternehmens ist die Wahl von System 1 durch beide Abteilungen optimal. Die entstehenden Kosten im Umfang von 1320 € sind geringer als die Kosten, wenn A und B bei der Auswahl der Systeme nicht kooperieren. Für Abteilung A ist diese Wahl auch die vorgezogene. Wenn Abteilung A Abteilung B einen Kostenbetrag von 160 € bezahlt, um den Differenzbetrag von 570 € und 410 € auszugleichen, wird sich B auch für das System 1 entscheiden. Bei diesem Ergebnis wird A 300 € einsparen. Erfolgt die Entscheidung zentral für das System 2, entstehen Gesamtkosten im Umfang von 2500 €. Dies übersteigt die Kosten von 1320 €, die durch die Verhandlung der beiden Abteilungen über das einzusetzende System entstehen.

Buxmann/König (1994) haben einen Prototyp zur Unterstützung betrieblicher Standardisierungsentscheidungen entwickelt, der auf Basis eines erwarteten positiven Netzeffektes versucht, die mit einem Standard in Verbindung zu bringenden

Investitionen zu bewerten. Der Prototyp ermöglicht eine simulative Untersuchung, strategische Auswertungen, die Verwendung von Sensibilitätsanalysen sowie eine explizite Berücksichtigung der Risikopräferenz des Entscheiders sind aber durch seine Bindung an einige Annahmen und einen hohen Komplexitätsgrad in der Praxis schwer einsetzbar. Trotzdem sollte eine entscheidungsorientierte Betriebswirtschaftslehre weitere Ansätze zu einer Werkzeugunterstützung verfolgen. Grundlage hierfür ist die weitere Erklärung der Faktoren, die die betriebswirtschaftliche Standardisierungspolitik bestimmen. Einzelne Faktoren wurden bereits verschiedentlich aufgegriffen, so das IS-Management (Bakos/Kemerer 1992) oder die Softwareentwicklung (Banker et al. 1993).

Klassische Modelle zur Bewertung von Netzeffekten fokussieren individuelle Kaufentscheidungen, Marketingstrategien von Konkurrenten, Angebots- und Nachfragegleichgewichte sowie Wohlfahrtsimplikationen. Diesen fehlen jedoch Elemente zur Abbildung von weiteren relevanten Phänomenen (Weitzel et al. 2000):

- Die Standarddiffusion in dynamischen IKT-Märkten wird nicht erfasst.
- Netzeffekte werden generisch beschrieben, weshalb ihnen heterogene Eigenschaften von Märkten und damit die Koexistenz von verschiedenen Produkten fehlen.
- Die Berücksichtigung von dezentraler Koordination wird vernachlässigt.

Ausgehend von der Beschreibung typischer Eigenschaften eines Netzwerkes, werden diese im Folgenden in dem von *Weitzel* (2004) beschriebenen Modell abgebildet. *Instabile Netzwerke* zeichnen sich durch eine nicht anhaltende Existenz von mehreren Standards aus, die sich zugunsten eines einzelnen Standards auflöst. Es ist dabei unwahrscheinlich, dass sich mehrere Standards durchsetzen (Shapiro/ Varian 1998, S. 176). Das *Start-up-Problem (excess inertia)* verhindert die Durchsetzung eines Standards wegen der überproportional hohen Risiken für denjenigen, der den ersten Schritt einer Standardadaption unternimmt (Farrell/Saloner 1985, 1986). Versucht ein Unternehmen, die Einführung seiner Standards durch niedrige Preise zu forcieren (*excess momentum*), kann damit ein Großteil der Marktteilnehmer für die Adaption der Technologie gewonnen werden, obwohl einzelne Teilnehmer den früheren Standard als adäquater beurteilen (Farrell/Saloner 1986). In vielen Fällen wird die Existenz von Netzeffekten zu *pareto-dominierten Marktergebnissen* führen (Weitzel 2004, S. 27). Standardisierungsprozesse führen letztendlich zu einer *Lock-in-Situation* des Marktes auf einen einzelnen Standard (David/Greenstein 1990).

Im Folgenden wird das Modell (Weitzel 2004, S. 80ff.) für die Darstellung eines dezentralen Standardisierungsverhaltens in direkten Netzwerken mit Informationsständen, die sich individuell entwickeln, beschrieben. Der individuelle Standardisierungsnutzen E_i eines Teilnehmers i lässt sich ex post als die Kosteneinsparungen c_{ij} durch die Standardisierung im Zusammenhang mit einem Partner j abzüglich der Kosten K_i für die Standardeinführung darstellen (Gleichung 4):

$$(4)\ E_i = \sum_{\substack{j=1 \\ j \neq i}}^{n} c_{ij} \cdot x_j - K_i$$

Wenn der Teilnehmer j den Standard implementiert, ist die Binärvariable $x_j = 1$, sonst ist der Standardisierungsnutzen $E_i = 0$. Die netzweite Gesamtersparnis GE lässt sich als die Summe aller individuellen Kosteneinsparungen darstellen (Gleichung 5):

$$(5)\ GE = \sum_{i=1}^{n} E_i$$

Um den Standardisierungsvorteil ex ante abschätzen zu können, müsste Teilnehmer i antizipieren, ob der Partner j am Standard teilnimmt. p_{ij} beschreibt die Wahrscheinlichkeit, die i der Standardisierung von j zuschreibt. Wird die Bedingung EXPECT $[E_i] > 0$ erfüllt, so beteiligt sich i am Standard (Gleichung 6).

$$(6)\ EXPECT[E_i] = \sum_{\substack{j=1 \\ j \neq i}}^{n} p_{ij} \cdot c_{ij} - K_i = \sum_{\substack{j=1 \\ j \neq i}}^{n} \frac{c_{ji}(n-1) - K_j}{c_{ji}(n-1)} \cdot c_{ij} - K_i$$

$$mit\ c_{jk} > 0\ \forall k \in \{1, \ldots, n\}$$

An dieser Gleichung wird deutlich, wie die Standardisierung von der Einschätzung der Teilnahme des Partners j abhängt. Dieser Abschätzung kommt eine zentrale Bedeutung zu (Arthur 1989, S. 123; Katz/Shapiro 1985, 1986). Die Erwartung über die Teilnahme an der Standardisierung ist nach *Besen/Farrell* (1994) als Ursache bedeutend für die bereits erwähnte Netzwerkinstabilität.

Das bisher beschriebene Modell bildet lediglich die Wahl zwischen zwei Standards ab. In Gleichung 7 ist die Berücksichtigung von Q verschiedenen Standards dargestellt. Die Berechung erfolgt gemäß dieser Gleichung für jeden zu betrachtenden Standard q. Gewählt wird derjenige Standard, der die höchste zu erwartende Kostenersparnis mit sich bringt.

$$(7)\ EXPECT[E_{i,q}] = \sum_{\substack{j=1 \\ j \neq i}}^{n} p_{ijq} \cdot c_{ij} - K_{iq} =$$

$$= \sum_{\substack{j=1 \\ j \neq i}}^{n} \left(\frac{c_{ji} \cdot (n_j - K_{jq})}{c_{ji} \cdot n_j} \right) \cdot c_{ij} - K_{iq}$$

Die durch die Standardisierung erreichte individuelle Kosteneinsparung ist nach Gleichung 8 ex post errechnet. Dabei drückt die Binärvariable x_{iq} aus, dass Teilnehmer i den Standard q implementiert. Wenn beide Teilnehmer den Standard q einsetzen, erhält die Binärvariable y_{ij} den Wert 0. Die Zusatzbedingung impliziert das Szenario in der Literatur, dass jeder Teilnehmer maximal einen Standard einsetzen kann (Arthur 1989; Katz/Shapiro 1985; Wiese 1990). Weiterhin berücksichtigt das Modell, dass Netzteilnehmer ihre Standardentscheidung zu einem späteren Zeitpunkt zugunsten eines anderen Standards revidieren können.

$$(8) \quad E_i = \sum_{\substack{j=1 \\ j \neq i}}^{n} y_{ij} \cdot c_{ij} - \sum_{q=1}^{Q} x_{iq} \cdot K_{iq} \; mit \; \sum_{q=1}^{Q} x_{iq} \leq 1$$

Die in dem Modell beschriebenen Aspekte werden in mehreren Simulationsläufen (Weitzel 2004) validiert. Auf der Grundlage von normalverteilten Kosten und Nutzen werden Entscheidungen von Netzteilnehmern getroffen.

Dabei sind die folgenden Ergebnisse zu beobachten. Im *einfachen Standardisierungsproblem*, d.h. bei der Entscheidung, ob ein einzelner Standard implementiert werden soll, zeichnet sich die Existenz des Pinguineffekts (Farrell/Saloner 1986, S. 943) ab. Dabei ist zu beobachten, dass jeder so lange abwartet, bis die Netzeffekte deutliche Kosteneinsparungen verursachen. Erst nach der Phase der Beobachtung der Kostenentwicklung bei den Vorreitern adaptieren übrige Unternehmen sukzessive den neuen Standard. Die Ursache dafür liegt im überproportional hohen Risiko der Einführung neuer Standards (Farrell/Saloner 1985, 1986).

Ist eine Auswahl zwischen mehreren Standards zu treffen (*Mehrstandardentscheidung*), ist bezüglich des Auftretens von Pinguineffekten nach der Art der zu treffenden Entscheidung zu differenzieren: revidierbare und nicht revidierbare Auswahlmöglichkeit. Bei nicht revidierbaren Entscheidungen ist der Pinguineffekt beobachtbar. Hier befindet sich das Netz in einem instabilen Zustand, in dem wenige Vorreiter die Durchsetzung von Standards beeinflussen können. Damit wird die Eigenschaft eines typischen instabilen Netzwerks beschrieben. Dieser zweite Pinguineffekt ist bei revidierbaren Standardisierungsentscheidungen nahezu nicht mehr vorhanden (Weitzel 2004, S. 125). Bei zu hohen Standardisierungskosten tritt hier jedoch das Start-up-Problem auf. Sind erstere zu gering, tritt ein Gleichgewicht aus mehreren Standards ein, welches sich aber durch hohe Gesamtkosten auszeichnet (Weitzel 2004, S. 132). Letztere setzen sich aus den Kosten für die Standardisierung und nicht eingesparte Kommunikationskosten zusammen (Weitzel 2004, S. 132).

Weitere Bedeutung bei Standardentscheidungen besitzt die unterschiedliche Ausprägung der Netzwerktopologie. Nach *Westarp/Wendt* (2000) lassen sich zwei unterschiedliche Strukturen definieren: Bei der Struktur *„Random Topology"* bilden sich mit einer Wahrscheinlichkeit V Wechselwirkungen und damit eine

Kante zwischen zwei Partnern heraus. Bei einer *„Close Topology"* werden die Akteure auf einem Einheitsquadranten gleichverteilt. Dabei entstehen n*(n-1) Kanten, von denen V*100% streng positive Werte c_{ij} erhalten. Dabei führt als Folge ein sinkendes V zu isolierten Inseln (Weitzel 2004), weil die längsten Kanten entfernt werden. Bei einer solchen Struktur und niedrigen Standardisierungskosten besitzen Standardentscheidungen von einzelnen Akteuren eine geringere Auswirkung als in einer Random Topology, weil die Standards das durch Inseln durchsetzte Netzwerk langsam durchdringen. Als Folge führen Inseln bei einer „Close Topology" zu Netzwerken, die nur teilweise standardisiert sind (Oligopol). Bei einem *dynamischen Gleichgewicht* tritt kein stabiler Zustand ein. Die einzelnen Netzwerkteilnehmer wechseln dynamisch die Adaption eines Standards. Dagegen werden mehrfach existierende Standards in einer „Random Topology" von einem Standardmonopol abgelöst. Bei hohen Standardisierungskosten unterscheiden sich die unterschiedlichen Topologien in der Adaption von Standards nicht (Weitzel 2004, S. 140). Wenn die Netzwerkteilnehmer verstärkt mir ihren benachbarten Partnern kommunizieren, entstehen Inseln mit deutlicher wechselseitiger Kommunikation. Dabei werden nur Teile des Netzwerks mit Standards durchsetzt. Die Zusammenhänge zwischen Topologieausprägung und Standardisierungskosten sind in Abbildung 3-61 dargestellt.

Mit dem vorgestellten Modell werden nur bestimmte Spezialfälle erfasst. Entscheidungsempfehlungen können daraus nicht abgeleitet werden, weil das komplexe menschliche Verhalten nicht modelliert werden kann (Weitzel 2004). Neben

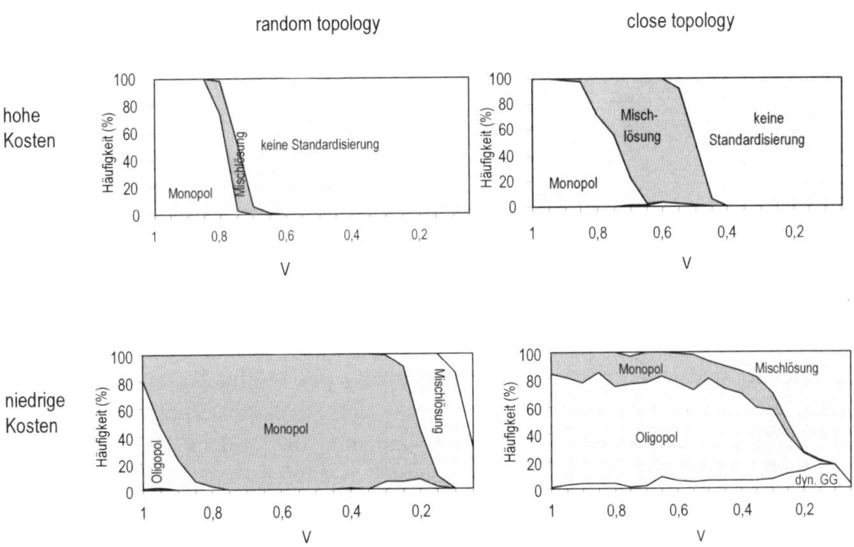

Abbildung 3-61. Einfluss der Netzwerktopologie

Quelle: In Anlehung an Weitzel (2004, S. 141)

direkten und indirekten Netzeffekten bestimmen weitere Faktoren wie Individualitätsverluste durch Standardisierung (Thum 1995) und dynamische Preisstrategien das Entscheidungsverhalten (Westarp 2003). Um das beschriebene Modell tatsächlich zur Lösung der Standardisierungsproblematik oder für die Festlegung einer Standardisierungsstrategie einsetzen zu können, ist eine zusätzliche Erweiterung erforderlich. Ineffizienzen im Standardisierungsprozess resultieren aus der fehlenden Information über das Standardisierungsverhalten eines Partners oder aus dem Umstand, dass eine Standardisierung zwar aus globaler, unternehmensweiter Sicht wünschenswert ist, jedoch nicht aus lokaler, abteilungsbezogener (Weitzel 2004). Um dieses Start-up-Problem zu lösen, wird das *Profit Sharing* eingesetzt. Dabei sind Querzahlungen A zu errechen (Gleichung 9), die eine gleichmäßige Aufteilung der Kostenersparnisse bei der Standardisierung gegenüber den Kosten und damit einen identischen ROI (Return on Investment) für alle Teilnehmer gewährleisten. Auch die Prinzipalkosten K_P, die zur Findung eines Standards erforderlich sind, werden dabei berücksichtigt.

$$(9)\quad ROI_{network} = \frac{\sum_{i=1}^{n}\sum_{\substack{j=1\\ i\neq j}}^{n} c_{ij}}{\sum_{i=1}^{n} K_i + K_P} - 1 \overset{!}{=} \frac{\sum_{\substack{j=1\\ i\neq j}}^{n} c_{ij} + \sum_{\substack{j=1\\ i\neq j}}^{n} A_{ij}}{K_i + \frac{1}{n} K_P} - 1 = ROI_i$$

$$\Rightarrow \sum_{\substack{j=1\\ i\neq j}}^{n} A_{ij} = \frac{\sum_{i=1}^{n}\sum_{\substack{j=1\\ i\neq j}}^{n} c_{ij}}{\sum_{i=1}^{n} K_i + K_P}\left(K_i + \frac{1}{n} K_P\right) - \sum_{\substack{j=1\\ i\neq j}}^{n} c_{ij}$$

Der wirtschaftliche Erfolg von Unternehmen wird zunehmend von der Strategie bezüglich der wichtigsten Standards und deren Einsatz abhängen. Für die Unternehmen gilt dabei das Oberziel der Minimierung der Kosten für Kommunikation, intern wie auch in ihrem Geschäftsumfeld, bei einer gewählten Standardisierungsstrategie. Die Folgen der technischen und organisatorischen Verteilung erfordern die Planung und Lenkung der **Standardisierung des IM im Unternehmen**. Das IM ist also gleichzeitig Subjekt und Objekt der Standardisierungsbemühungen. Ziel des IM ist zu entscheiden, welche Standards und welche Hierarchien von Standards wie detailliert in welchen Bereichen (unternehmensweit oder branchenweit) des IM selbst geschaffen werden sollen, um Effizienz und Wettbewerbsfähigkeit des IM zu erhalten. Anstatt isolierter Standardisierungsbemühungen in jedem einzelnen IM-Bereich des Unternehmens muss das zentrale IM Standardisierungsaufgaben je Unternehmensteil festlegen.

Das IM muss daher wichtige Zusammenhänge bezüglich der Standardisierungsbemühungen für das Unternehmen erkennen. Die Standardisierung rationalisiert nicht nur, sondern kann in besonderem Maße durch die Unterstützung elektronischen Datenaustausches eine Veränderung betrieblicher Prozesse ermöglichen, so dass die sich durch offene Systeme ergebenden Entwicklungen laufend mit der Prozessgestaltung abzustimmen sind. Der Zusammenhang zum Outsourcing muss beachtet werden, da vermehrte Systemkompatibilität und standardisierter Datenaustausch Outsourcing-Kosten verringern. Ebenso bedeuten steigende Integration und Vernetzung durch Standardisierung, dass nicht nur standardisierte Hard- und Software, sondern vermehrt Daten- und Prozessmodelle für ganze Branchen und Branchen übergreifende Geschäftsprozesse benötigt werden. Hierbei ist von Bedeutung, inwieweit es möglich wird, relevante funktionale Unternehmensobjekte modellhaft auszugestalten und zu standardisieren, so dass diese Funktionen für vernetzte Organisationen zur effizienten Kooperation verstärkt bei Bedarf zur Verfügung stehen.

Bei der Auswahl von Standards ist nicht nur das Verhalten der übrigen Netzteilnehmer entscheidend, sondern auch die Abschätzung von technischen Entwicklungen. Eine Methode, die letztere bei der Bestimmung einer Unternehmensstrategie berücksichtigt, ist das *Technology Roadmapping.*

3.3.2.2.3 Methode: Technology Roadmapping

Produktentwicklungen von Unternehmen werden u. a. von sich ständig und zunehmend stark ändernden externen Bedingungen getrieben, insbesondere aus dem Bereich der IT. Dabei ist für Unternehmen eine Strategie gefragt, um sich auf diese ändernden Entwicklungen anzupassen bzw. davon zu profitieren. Letztere sind möglichst früh, also bereits während der Entwicklungsphase von Produkten abzuschätzen, um Risiken zu minimieren.

Eine Methode, die äußeren Bedingungen abzuschätzen, ist das *Roadmapping*, welches den Prozess der Erstellung einer Roadmap bezeichnet. Eine Roadmap ist eine meist grafische Darstellung der dabei gefundenen Ergebnisse. Nach *Kostoff/Schaller* (2001) wird eine Roadmap wie folgt definiert:

> „A layout of paths or routes that exists (or could exist) in some particular geographical space … (that) serves as a traveller's tool that provides essential understanding, proximity, direction, and some degree of certainty in travel planning."

Eine Roadmap umfasst als Ergebnis eines Expertentreffens oder einer -befragung, vergleichbar einer Straßenkarte, den Ausgangspunkt, die Ziele sowie die verschiedenen Wege, um mit den gegebenen Ressourcen das gewünschte Ziel zu erreichen. Dabei werden auch mögliche Hindernisse und Schwierigkeiten berücksichtigt. Einzelne Entwicklungsschritte einer Roadmap identifizieren nach *Fiedeler et al.* (2004),

- was mit welcher Spezifikation noch entwickelt werden muss,
- mit welchen Schwierigkeiten zu rechnen ist und wie diese überwunden werden können,
- mit welchem Zeithorizont dies realisierbar erscheint und welche Aufwendungen dafür ggf. zu erwarten sind,
- ob es Problemstellungen gibt, für die mit dem bisherigen Wissensstand keine Lösung zu erzielen sind und
- ob Alternativen zu den anvisierten Lösungen oder Pfaden existieren.

Die Ziele von Roadmaps werden nach *Galvin* (1998) wie folgt charakterisiert:

> „Roadmaps communicate visions, attract resources from business and government, stimulate investigations, and monitor progress. They become the inventory of possibilities for a particular field, thus stimulating earlier, more targeted investigations."

Das Roadmapping ist damit ein Oberbegriff für eine Gruppe von Verfahren, die als Strukturierungs- und Entscheidungshilfen für den Strategieentwurf und die Strategieplanung in Organisationen dienen (Fiedeler et al. 2004). Unterschieden werden mehrere Formen von Roadmaps: Ursprünglich papierbasiert, werden sie zunehmend IT-unterstützt eingesetzt. Mit der Unterstützung von Software können Roadmaps inhaltlich miteinander verknüpft werden. Dabei können doppelte Arbeiten erkannt, eine bessere Koordination zwischen Organisationseinheiten mit ähnlichen Arbeiten unterstützt und ein gemeinsamer Wortschatz zur verbesserten Kommunikation aufgebaut werden. Ausgangspunkt der Entwicklung ist das *Technology Roadmapping*, welches ursprünglich als Methode der strategischen Technologieplanung innerhalb eines Unternehmens eingesetzt wurde (Groenveld 1997). Da die Investitionskosten für die Entwicklung neuer Produkte in steigendem Maße zu den Gesamtkosten der Produktion beitragen, müssen die Bedürfnisse der Nachfrage, also der Kunden und des Marktes, bereits während der Entwicklungsphase der Produkte berücksichtigt werden. Damit werden Risiken für Fehlentscheidungen und -entwicklungen minimiert. *Projekt-* oder *themenspezifische Roadmaps* betrachten diejenigen Bereiche, die für die Realisierung eines bestimmten Projekts von Bedeutung sind. Eine *Produkt-Roadmap* bewertet die Rahmenbedingungen und Voraussetzungen, die für die Entwicklung eines gesamten Produktes nötig sind. Eine *Industrie-Roadmap* betrachtet im Gegensatz zur unternehmensbezogenen Produkt-Roadmap branchenspezifische Entwicklungen. So ist es z.B. bei der ITRS (International Technology Roadmap for Semiconductors) das Ziel, die Entwicklungen innerhalb der Halbleiterbranche abzuschätzen. Roadmapping, das ein gesamtes Unternehmen betrifft, verbindet die Ergebnisse der beschriebenen Roadmapping-Ausprägungen. In Abbildung 3-62 sind die Beziehungen zwischen diesen Formen dargestellt. Demnach beeinflussen übergeordnete Trends bspw. die Abschätzungen innerhalb eines Unternehmens und umgekehrt.

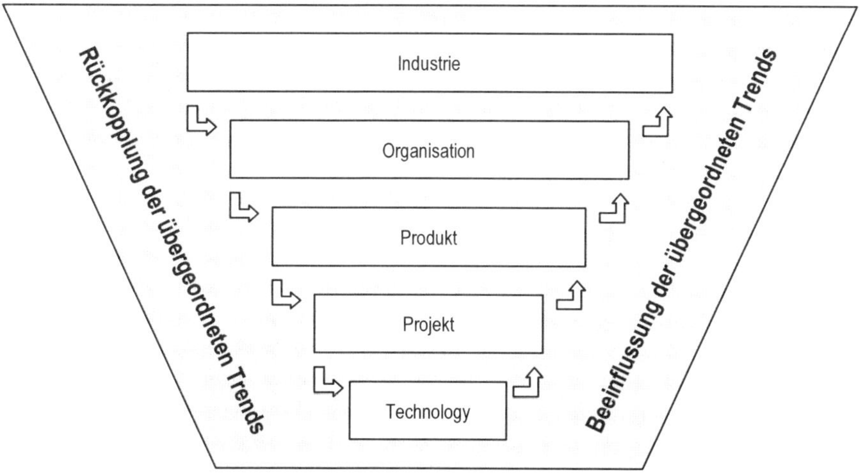

Abbildung 3-62. Zusammenhang zwischen Roadmap-Formen
Quelle: Eigene Darstellung

Bezüglich des IM versucht der Prozess des Technology Roadmapping, zunächst eine anzustrebende Vision zu definieren. Nach der Analyse der gegebenen Situation, der vorherrschenden Bedingungen und vorhandenen Ressourcen der IT werden Realisierungsmöglichkeiten der Ziele identifiziert und gleichzeitig auf ihre Machbarkeit überprüft. In diesen Prozess sind möglichst alle inhaltlich Beteiligten zu integrieren, um eine umfassende Abschätzung unter der Berücksichtigung von mehreren und differenzierten Aspekten zu ermöglichen. Roadmaps liefern also einen Beitrag, Entwicklungen auf fundierter Basis abzuschätzen.

Jedoch können sowohl bei der Ermittlung des optimalen Ersatzzeitpunktes als auch bei der Beobachtung der IKT-Entwicklung außerhalb des Unternehmens mittels Technology Roadmapping nicht alle Phänomene der Technikentwicklung erfasst werden. Technische Durchbrüche (Disruptive Technologies, Techniksprünge) stellen eine besondere Herausforderung dar. An technischen Durchbrüchen ist bemerkenswert, dass alles, was im Zusammenhang mit der Nutzung von IKT vorher erlernt wurde, sich danach als antiquiert und oftmals falsch erweisen kann. Die qualitativen Überlegungen, was generell besser und was schlechter sei, stimmen dann nicht mehr. Deswegen ist die Verheißung technischer Durchbrüche für den Planer problematisch, denn eine lineare Extrapolation ist unmöglich.

3.3.2.2.4 Disruptive Technologies

„Disruptive Technologies" bezeichnet eine neue Technik, die bereits etablierte Technik vom Markt verdrängt, ohne dass dies zunächst zu erwarten gewesen wäre. Dies führt dazu, dass gut geführte Unternehmen ihre Marktpositionen verlieren oder gar vollständig aus dem Markt gedrängt werden (Christensen 2000). „Disruptive Technologies“ erfüllen in der Regel zunächst nicht die Marktanforderungen, haben dafür aber andere Eigenschaften, die zwar zunächst nicht erkannt oder für unwesentlich gehalten werden, dann aber maßgeblich zum Erfolg der Technik beitragen. In den 70er Jahren bestanden bspw. die Marktanbieter für 14-inch Festplatten aus Herstellern von Großrechnern, deren Kunden ein jährliches 20-prozentiges Wachstum des Speicherplatzes und ein Minimum von 300 MB Plattenplatz verlangten. In dieser Zeit entwickelten einige Start-Ups 8-inch Festplatten, die zwar nur weniger als 50 MB Speicherkapazität hatten, dafür aber leichter herzustellen waren. Zunächst bestand der Markt für diese neue Technik nur aus einigen wenigen Herstellern von Mini-Computern und viele der neuen Firmen kämpften ums Überleben. Völlig unerwartet konnte die neue Festplattentechnik jedoch die Speicherkapazitäten um mehr als 40 Prozent jährlich steigern und entsprach bald den Anforderungen der Großrechner, während durch die geringe Größe Vorteile wie geringere Vibrationen und Platzeinsparung zusätzlich für die neuen Platten sprachen. Innerhalb von vier Jahren hatten die 8-inch Festplatten 14-inch Festplatten vollkommen vom Großrechner-Markt verdrängt.

Das S-Kurven-Konzept (Abbildung 3-63) als eines der zentralen Modelle des Technikmanagements beschreibt das Verhältnis zwischen der Leistungsfähigkeit

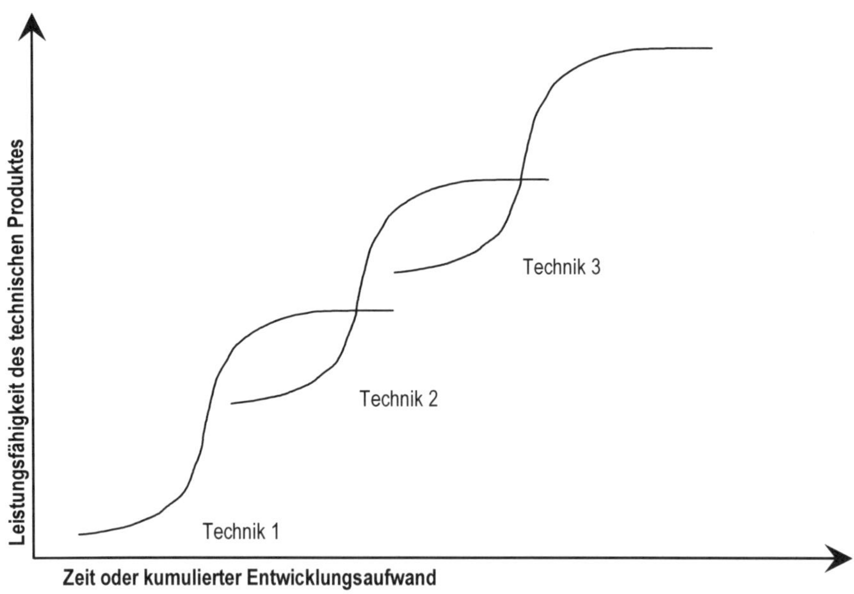

Abbildung 3-63. S-Kurven-Konzept
Quelle: In Anlehnung an Christensen (2000, S. 40)

eines technischen Produktes (welches eine Technik implementiert) und dem Aufwand an Zeit oder Ressourcen, der zur Entwicklung des Produktes benötigt wurde. In welchem Maß die Leistungsfähigkeit zunimmt, hängt in diesem Modell von den bereits investierten Ressourcen bzw. der investierten Zeit ab. Dem S-Kurven-Modell liegt die Annahme zu Grunde, dass die Leistungsfähigkeit zweier Produkte mit den gleichen Parametern gemessen und somit direkt vergleichbar wird. In den frühen Entwicklungsphasen steigt die Leistungsfähigkeit eines Produktes zunächst nur langsam an. Ist die dem Produkt zugrunde liegende Technik ausgereift, nimmt die Leistungsfähigkeit überproportional zu, bis die Implementierung der Technik an ihre Grenzen stößt und das Leistungswachstum wieder nachlässt (Abbildung 3-63).

Bezogen auf die IKT liegen die Herausforderungen für das IKT-Management nun darin, den Moment zu erkennen, in dem das Leistungswachstum eines IKT-Produktes nachlässt, die neuen, aufstrebenden Produkte zu identifizieren bzw. zu entwickeln und einen Produktwechsel zu vollziehen, wenn sich die Leistungsfähigkeit zweier Produkte in etwa entspricht (Schnittpunkt der beiden S-Kurven, Abbildung 3-63) (Christensen 2000, S. 39f.). Der Wechsel von der alten zur neuen Technik wird Techniksprung genannt.

„Disruptive Technologies" lassen sich mit dem traditionellen S-Kurven-Konzept kaum darstellen, da ihre besonderen Qualitäten und ihre Leistungsfähigkeit nicht mit den Leistungsparametern etablierter Produkte gemessen werden können. Sie etablieren sich in jungen Marktsegmenten (emerging markets), die diese besonderen Eigenschaften benötigen und mit den Unzulänglichkeiten einer nicht ausgereiften Technik umgehen können. Falls sie sich dort bis zu einem Punkt entwickeln, an dem sie auch den Leistungskriterien anderer Marktsegmente genügen, dringen sie in diese vor und drängen etablierte Produkte aus dem Markt (Abbildung 3-64).

Für die Beobachtung der Technikentwicklung als Aufgabe des strategischen IKT-Managements bedeutet dies, dass eine Konzentration auf die Entwicklung bereits etablierter Technik zu kurz greift. „Disruptive Technologies" werden dabei nicht wahrgenommen und Chancen, die sich aus der Nutzung der neuen Eigenschaften der „Disruptive Technologies" für das eigene Unternehmen ergeben, werden verpasst.

Von Peer-to-Peer-Netzen, die bislang meist zum Download von mp3-Dateien genutzt werden, wird heute vermutet, dass sie in Zukunft die Bereitstellung, Speicherung und Nutzung von Informationen revolutionieren könnten (Dingledine et al. 2001). Ob eine Technik letztendlich „disruptive" ist oder nicht, lässt sich jedoch erst ex post beurteilen.

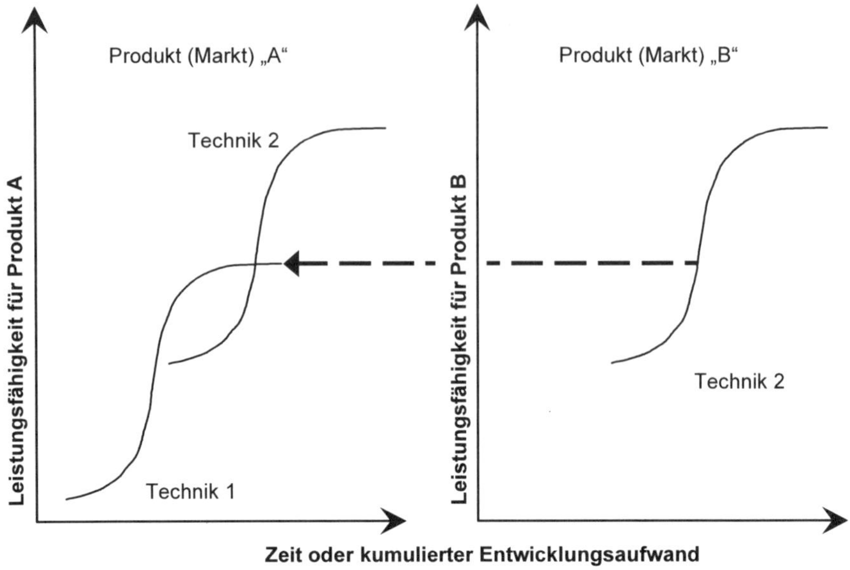

Abbildung 3-64. „Disruptive Techology" S-Kurve-Konzept
Quelle: In Anlehnung an Christensen (2000, S. 41)

3.3.2.3 Management der Aneignung von IKT

Änderungen der Technik bedingen stets die Frage nach einer adäquaten Aneignung von IKT. Deshalb ist vor der Beschäftigung mit Fragen der Technikaneignung zu beurteilen, wann sich Änderungen der Technik als wesentlich erweisen. Ausgehend von einem Modell zur IKT-Beobachtung und IKT-Strategiegestaltung werden IKT-Einsatzentscheidungen auf die jeweilige Transformationsphase des Unternehmens abgestimmt. Die Diffusions- und Strukturationstheorie erklären als Verbreitungsprozess von Innovationen bzw. als gestaltungsbezogenes Modell den Wirkungszusammenhang zwischen Technik und Organisation.

Das **Modell der Technikauswirkungen** verdeutlicht diese Problematik. Vor dem Hintergrund, dass Führungskräfte kaum über ausreichend Zeit verfügen, regelmäßig ihr Wissen bezüglich der IKT zu vertiefen sowie aktuelle Techniktrends zu studieren, besteht ein Bedarf für einfache Verfahren zur Unterstützung der IKT-Beobachtung und -Beurteilung. Zentrale Überlegung des Modells nach *Bakopoulos* (1985) ist, dass eine Unternehmensleitung nicht jeden Bereich der Technik im Detail und fortwährend zu beurteilen braucht. Aus dem Modell sollten jedoch die sich eröffnenden Potenziale der IKT ableitbar sein, die tatsächlich zu beachten sind.

Nach Bakopoulos lässt sich die IKT durch die Dimensionen *Leistung* und *Funktionen* charakterisieren. Die einzelnen Techniken der IKT im Bereich Hardware und Software als auch deren einzelne Nutzungsformen liefern ganz bestimmte Funk-

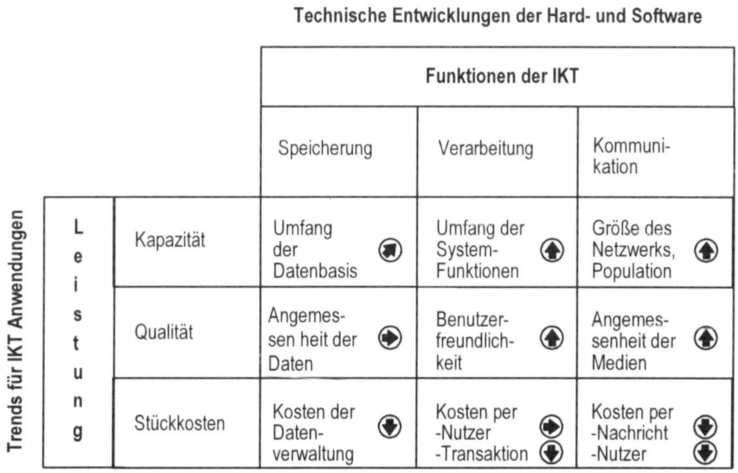

Abbildung 3-65. Modell der Technikauswirkungen nach Bakopoulos

Quelle: In Anlehnung an Krcmar (1987b, S. 104)

tionen, die nach den Eigenschaften Speicherung, Verarbeitung und Kommunikation unterschieden werden. Bezüglich der Leistung ist zu differenzieren, in welcher *Kapazität*, in welcher *Qualität* und zu welchen *Stückkosten* die IKT die Funktionen bereitstellt. Ein Modell, das diese Daten zu liefern vermag, wäre im Sinne einer Minimalkostenkombination nutzbar und würde aus den resultierenden Leistungsänderungen die relevanten Trends für IKT-Anwendungen aufzeigen. Von Interesse ist nicht jede der Veränderungen der einzelnen Technik, sondern wie die Trends zusammenhängen, welche Gesamtwirkungen sich auf den IKT-Märkten durch die Einzeländerungen (etwa durch extrem kleine Rechnerarchitekturen kombiniert mit anderen Software-Entwicklungsmethoden) entfalten (Abbildung 3-65).

Die Gegenüberstellung der Basisfunktionalitäten Speicherung, Verarbeitung und Kommunikation mit den Leistungsmerkmalen Kapazität, Qualität und Stückkosten in Abbildung 3-65 ergibt folgende Ausprägungen:

- **Speicherkapazität:** Die Speicherkapazität kann über den Umfang der Datenbasis gemessen werden, die kontinuierlich ansteigt. Als Ursache hierfür können die fallenden Kosten pro Speichereinheit angeführt werden.

- **Qualität der Speicherung**: Die Qualität der Daten, d.h. die Angemessenheit der Daten in Bezug auf eine Entscheidung, fällt mit der Zeit, die ein Suchmechanismus benötigt, um bestimmte Daten zu finden. Daneben fällt die Qualität mit abnehmendem Wissen der Nutzer über die Inhalte der gespeicherten Daten. Beide Faktoren hängen mit der Größe der Datenbasis zusammen: Je größer die Datenbasis ist, desto länger sind die Suchzeiten und desto geringer der Überblick über die Inhalte. Auf der anderen Seite kann sich eine große Datenbasis jedoch positiv auswirken, da die Wahrscheinlichkeit, dass die benötigten Daten in der benötigten Form zur Verfügung stehen, steigt. Insgesamt gleichen sich diese Effekte wahrscheinlich aus, so dass weder eine grundlegende Verbesserung noch eine Verschlechterung zu verzeichnen ist.

- **Stückkosten der Speicherung:** Für die Speicherung ist ein stark sinkender Pfeil eingezeichnet, da die Stückkosten je gespeicherter Einheit eines Datums in den letzten Jahren stark gefallen sind. Fasst man den Begriff der Speicherung jedoch weiter und bezieht andere Aktivitäten des Datenmanagements sowie die steigenden Kosten für die Datenmodellierung in die Betrachtung ein, so fallen die Stückkosten für die Datenverwaltung nur leicht oder bleiben sogar konstant.
- **Kapazität der Verarbeitung:** Die Kapazität der Verarbeitung kann anhand der gebotenen Systemfunktionen beurteilt werden. Schon seit Jahren hält der Trend an, dass Anwendungssysteme immer mehr Funktionalitäten bieten, d.h. immer mehr Aufgaben ausführen können. In den Unternehmen werden heute die in den Systemen vorhandenen Funktionalitäten in den meisten Fällen nur zu einem relativ geringen Teil genutzt.
- **Qualität der Verarbeitung:** Auch die Qualität der Verarbeitung verbessert sich laufend. Die Benutzerfreundlichkeit steigt z.B. durch die Ergonomie der Oberflächen oder durch verbesserte Hilfetexte immer weiter.
- **Stückkosten der Verarbeitung:** Die Stückkosten für die einzelne Transaktion sinken in der Regel, wohingegen die Hardware-Kosten je Nutzer unabhängig vom Betrieb ungefähr gleich bleiben, da die Ansprüche der Nutzer mit der technologischen Entwicklung Schritt halten, also wachsen. Die zunehmende Zahl von Funktionalitäten und Transaktionen führt bei vergleichsweise gleich bleibenden Hardware-Kosten zu sinkenden Kosten je Transaktion.
- **Kapazität der Kommunikation:** Die Größe des Netzwerkes und damit die Erreichbarkeit von Personen nimmt zu, je mehr Nutzer angebunden sind. Bspw. macht es keinen Sinn, einziger Besitzer eines Faxgerätes zu sein, denn man kann niemandem ein Fax zuschicken, da es keiner empfangen kann. Für die Kommunikation ist es daher wichtig, eine kritische Masse zu erreichen, die die gleiche Technik verwendet.
- **Qualität der Kommunikation:** Die Angemessenheit der Medien, d.h. ihre Eignung zur adäquaten Übermittlung einer Nachricht, kann als ein Maß für die Qualität der Kommunikation angesehen werden. Durch die zunehmend kostengünstige Verfügbarkeit multimedialer Kommunikationstechnik, können die Audio- und Videokommunikation verbessert werden. Heute ist es jedoch aufgrund mangelnder Nutzungserfahrungen oft noch der Fall, dass negative Produktivitätseffekte durch falsche Wahl oder Kombination der Medien auftreten.

- **Kosten der Kommunikation:** Die Kosten je Nachricht und je Nutzer sinken seit Jahren sehr stark. Dieses hängt mit dem Wachstum des Marktes, dem sich entwickelnden Preiskampf und damit, dass bei der künftig vorhandenen Breitband-Kommunikations-Infrastruktur die einzelne Nachricht wesentlich weniger Kapazität bindet, zusammen.

Bei der **Nutzung der Technikmatrix** ist zu überlegen, ob eine neue Technik – z.B. neuronale Netze, objektorientierte Datenbanken, Multimedia, Hypermedia, Client-Server-Architektur, Internet, Asynchronous Transfer Mode, Electronic Data Interchange, Objektorientierung, Künstliche Intelligenz-Techniken – etwas an den Trends, die in der Abbildung 3-65 durch Pfeile angedeutet wurden, verändert. Nur wenn sich etwas an den Trends innerhalb der Basisfunktionalitäten Speicherung, Verarbeitung und Kommunikation ändert, ist ein technischer Entwicklungssprung wahrscheinlich. Das Modell hilft so, aus der Vielzahl von technischen Veränderungen Kernelemente herauszufiltern. Dieses Modell verdeutlicht gleichzeitig ein wesentliches Problem des IM: Das *Gesamtbild* muss erschlossen werden, da nicht alle Elemente der informationsbezogenen Ressourcen des Unternehmens detailliert zu verstehen sind. Aus dem vorhandenen Bild lässt sich dann schneller ableiten, ob ein Trend bestehen wird oder ob andere Veränderungen Handlungsbedarf erzeugen.

Seinen Nutzen hat das Modell vorwiegend innerhalb der Ebenen Basistechnik und Technikbündel des IKT-Managements. Für eine Bewertung von Applikationen greift eine Grobeinteilung in die Beurteilungskriterien Kapazität, Qualität und Kosten zu kurz. Außerdem stehen auf der dritten Ebene vielfältigere Funktionalitäten als die Basisfunktionen Speicherung, Verarbeitung und Kommunikation im Vordergrund. Je nachdem, welche Ebene im IM-Ebenenmodell betrachtet wird, ergeben sich daher andere Managementaufgaben, für die andere Modelle und Vorgehensweisen in den entsprechenden Kapiteln vorgestellt werden.

Nach der Behandlung des Modells von *Bakopoulos*, das vorwiegend zu Zwecken der IKT-Beobachtung und der IKT-Strategiegestaltung einsetzbar ist, soll nun die IKT-Aneignung betrachtet werden. **Aneignung von Technik** vollzieht sich einerseits quantitativ als *„Durchdringung mit IKT“* und andererseits qualitativ in Form von *„Innovation durch IKT“*. Sie kann als Prozess des *organisatorischen Lernens* aufgefasst werden und wird durch eine Reihe von Theorien und Konzepten der *Technikassimilation* unterstützt. Die meisten dieser Theorien sind als Phasenmodelle bekannt, da sie das Durchlaufen der Organisation durch idealtypische Phasen der IT-Unterstützung unterstellen.

Eine Teilaufgabe des IKT-Managements ist es, die effiziente **Transformation** der Unternehmung durch die Phasen zu steuern und IKT-Einsatzentscheidungen auf die Phase abzustimmen, in der sich die Unternehmung befindet, da jede Phase ihre eigenen Prioritäten und Managementaufgaben aufweist. Die Schwerpunkte des IKT-Einsatzes verlagern sich mit fortgeschrittener Phase: Während vorrangig

Growth processes						
Applications Portfolio	Functional cost reduction applications	Proliferation	Upgrade documentation and restructuring of existing applications	Retrofitting existing applications using data base technology	Organization Integration of applications	Application integration "mirroring" information flows
DP Organization	Specialization for technological learning	Useroriented programmers	Middle management	Establish computer utility and user account teams	Data administration	Data resource Management
DP planning and control	Lax	More lax	Formalized planning and control	Tailored planning and control systems	Shared data and common systems	Data resource strategic planning
User awareness	"Hands off"	Superficially enthusiastic	Arbitrarily held accountable	Effectively accountable	Accountability learning	Acceptance of joint user and data processing accountability
Level of DP expenditures	**Stage I** Initiation	**Stage II** Contagion	**Stage III** Control	**Stage IV** Integration	**Stage V** Data administration	**Stage VI** Maturity

Abbildung 3-66. Phasenmodell nach Nolan (Stage Theory)
Quelle: Nolan (1979, S. 117)

Bereichskostensenkungen im Vordergrund der ersten Phasen standen, treten Nutzendenken sowie letztendlich Wettbewerbsvorteile der gesamten Organisation oder Wertschöpfungskette in den Vordergrund der fortgeschritteneren Phasen.

Die 1973 vorgestellte **Stage Theory** (Nolan 1973) hat sich zum Klassiker entwickelt. *Nolan* (1979) entwickelte aus den ursprünglich vier Phasen der Entwicklung schließlich sechs Phasen, da die Entwicklung anders verlaufen war, als innerhalb der ersten Studien angenommen. Entlang den Merkmalen *Anwendungsportfolio, Organisation der IT, Planung und Kontrolle der IT* und *Benutzerbewusstsein* durchläuft jede Organisation idealtypisch sechs *Stufen des Wachstums*, von der Einführung der Computerunterstützung bis zum ausgereiften Management der Datenressourcen (Abbildung 3-66). Heute wird die Theorie (zutreffender) als Theorie der **Technikassimilation** interpretiert. Organisationen können Wachstumsstufen nicht überspringen. Die Stufen 1 bis 3 werden als *Computerära* und die Stufen 4 bis 6 als *Datenära* bezeichnet. In ihrer Vorhersagekraft hat die Stage Theory begrenzte Möglichkeiten. Die Analyse des Unternehmens und seiner Geschäftsbereiche gemäß den einzelnen Merkmalen trägt allerdings zum Verständnis der Unternehmensverfassung und der Potenziale bei. Die Bewegung der Unternehmen durch die Phasen wird maßgeblich vom internen (Mitarbeiter) und externen (Berater, Informatikmarkt) IKT-Know-how beeinflusst.

Phasen der **Technikassimilation** wurden auch auf Projektebene bzw. für einzelne Bereiche der Technik untersucht, z. B. von *Cash/McFarlan/McKenney* (Cash et al.

1992, S. 116ff.). Als typische Phasen der Technikaneignung wurden die *Projektinitiierung*, die *Anpassung der Technik*, die *Rationalisierung* und *die breite Technik-Nutzung* und *-Übertragung* identifiziert. Vor allem bei den Phasenübergängen kann es zu Stockungen, Verzögerungen oder gar langfristiger Stagnation kommen. In den Phasen wechseln sich die Schwerpunkte in der Beschäftigung und dem Management der Technik ab; so stehen bspw. *Effektivitätsaspekte* im Vordergrund der Phasen der Projektinitiierung sowie Techniknutzung, während es in der Phase der Rationalisierung vor allem um *Effizienz* der Technik als Einsatzrechtfertigung geht.

Die Veränderung der Organisation, Kommunikationsstrukturen und letztlich des Führungsverhaltens wirft eine Fülle von Fragen zum geeigneten **Zusammenspiel von Organisation und IKT** auf. Einen Auslöser hatte diese Forschung durch *Chandlers* (Chandler 1962) These *„Structure Follows Strategy"* für den Bereich der strategischen Unternehmensführung in den 60er Jahren. *Organisatorisch-theoretische Wirkungsforschung* im Bereich des Managements von Technik in Organisationen steht allerdings noch am Anfang. Ein Antrieb der Wirkungsforschung in Bezug auf den Technik-Organisations-Zusammenhang war der Glaube an die Erreichbarkeit gerichteter und prognostizierbarer Wirkungen auf das Zusammenspiel von Technik und Organisation über eine gerichtete und prognostizierbare Wirkung auf Wissen, Einstellungen und Verhaltensweisen der beteiligten Menschen (Schenk 1987). Neben *Diffusionsansätzen* zur Technikaneignung existieren *Interaktionsansätze*, die auf das Verhältnis der Organisation zur IKT abzielen.

Zur Erklärung des **Wirkungszusammenhanges zwischen Technik und Organisation** wird in Anknüpfung an *Chandler* der Frage nachgegangen, ob die Technik die Organisation festlegt, oder ob die Organisation die Technik bedingt, ob sich beide gegenseitig beeinflussen und wie sich die Frage bei einer dynamischen Betrachtung beantworten lässt. Aufgrund des Fehlens eines adäquaten Analysekonzeptes zumindest bis in die späten 80er Jahre hinein vermitteln Forschungsergebnisse einen eher diffusen Eindruck. Eine allgemeine Theorie zu dem Phänomen existiert bisher nicht, allerdings besteht die Einsicht, dass ein interdisziplinärer Blickwinkel zur Erkenntnisgewinnung erforderlich ist.

Die **Diffusionstheorie** befasst sich mit der Erklärung des Verbreitungsprozesses von Neuerungen (Innovationen) in sozialen Systemen (Rogers 1995; Schmalen 1993). Der Diffusionsprozess wird als komplexes Marktphänomen erklärt, indem auf der Anbieterseite Neuerungen zur Verfügung stehen und auf Nachfragerseite adaptiert werden. Eine klare Beschreibung der Diffusionsprozesse und eine tragfähige Erklärung, bspw. mit Hilfe des Stimulus-Response-Kommunikationsmodells, sind aufgrund der Gefahr von zirkulären und trivialen Schlüssen jedoch nur schwer möglich. Gleichwohl sind Phänomene wie das der Imitation, der Moden und der Verbreitung prestigeträchtiger Technik aber gut nachvollziehbar.

Die **Strukturationstheorie** des britischen Soziologen *Giddens* (Giddens 1979) kann als *gestaltungsbezogenes Modell* gesehen werden. Als intervenierende Variable zwischen *Kontext* und *Struktur* werden die Entscheidungsprozesse betrachtet, die soziale Systeme verändern. Als Strukturen gelten bei *Giddens* Regeln und Ressourcen. Augenmerk wird auf die Interaktion der Beteiligten am Gestaltungsprozess als einem Innovationsprozess gelegt. Das Strukturationsmodell geht davon aus, dass Strukturen sozialer Systeme simultan Produkt und Medium menschlichen Handelns sind, da Strukturen kontinuierlich sozial konstruiert und in der Nutzung modifiziert werden.

Orlikowski (1990) übertrug dieses Modell auf den Themenbereich des **Technik-Organisation-Wirkungszusammenhangs**. Modelliert werden die Beziehungen zwischen den drei Hauptkomponenten *Technik, Handlungspersonen und institutionelle Eigenheiten*. Als soziale Entität betrachtet *Orlikowski* nicht mehr (wie *Giddens*) die Gesellschaft, sondern eine Organisation. Von *Giddens* übernimmt sie die Vorstellung von wissenden, fähigen Menschen, die bewusst handeln, deren Handlungen aber unbeabsichtigte Folgen haben können. Auch die *Dualität* von Struktur überträgt sie auf eine Dualität von Technik. *Orlikowskis* Verständnis der Dualität von Struktur besteht darin, dass Technik als Ergebnis und Medium menschlichen Handelns in gewissem Umfang zeitlich auseinander fallen, wohingegen eingeübte Techniknutzung (nicht die Technik selbst) eine Struktur ist, die gleichzeitig Medium und Ergebnis menschlichen Handelns beinhaltet.

Orlikowski (1988, S. 25ff.) grenzt sich mit der Vorstellung von Technik als Struktur im Sinne von *Giddens* ausdrücklich von *Kontingenzansätzen* der Organisationstheorie ab (z.B. Galbraith 1973; Kieser/Kubicek 1992): **Kontingenzansätze** nehmen Technik als für eine Organisation starr und unveränderbar an; nach *Orlikowski* ist Technik durch die Organisation veränderbar. Nach dem Kontingenzansatz ist Technik einer der Umweltfaktoren, der die Organisation eines Unternehmens determiniert. Nach *Giddens* und *Orlikowski* ist es eine unzulässige Verkürzung, den Aufbau eines Unternehmens als durch Umweltfaktoren vollständig determiniert anzusehen und von absichtsvollem Handeln zu abstrahieren.

Abbildung 3-67 zeigt die **Anwendung der Strukturationstheorie auf Informationstechnik** nach (Schwabe 1995): Aus der Menge von Ressourcen und Regeln, die dem Menschen Handeln ermöglichen, ihn bei der Handlung beschränken und die er gleichzeitig durch sein Handeln reproduziert, werden *Informationstechnik und institutionelle Ressourcen und Regeln* als Untersuchungsobjekte herausgegriffen. Man beachte, dass durch den handelnden Menschen sich auch IT und institutionelle Ressourcen und Regeln gegenseitig beeinflussen. Institutionelle Regeln können Menschen dazu zwingen, IT in einer vorgeschriebenen Weise zu nutzen, und IT verändert mittels handelnder (nutzender) Menschen institutionelle Regeln.

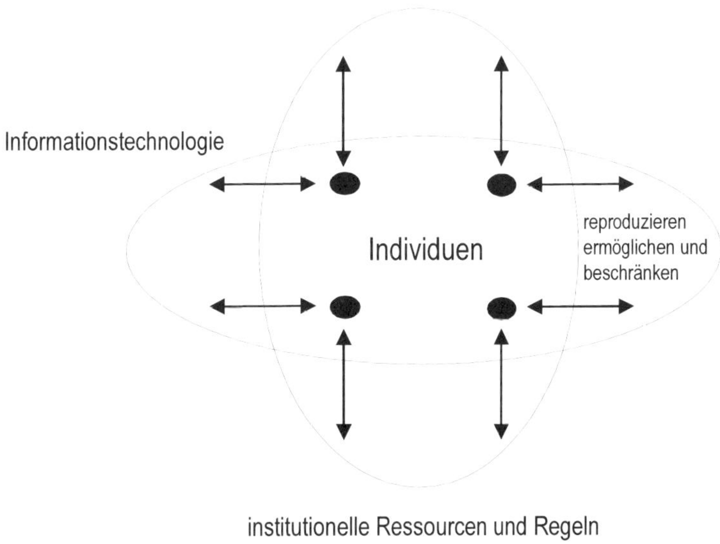

Abbildung 3-67. Individuen, Informationstechnik und institutionelle Strukturen
Quelle: Schwabe (1995, S. 109)

Man kann sich den **dualen Charakter von IT** anhand eines Beispiels der Geschichte der elektronischen Post (E-Mail) vor Augen führen (Hunter 1993). In den 50er Jahren wurden vom amerikanischen Verteidigungsministerium die Computer von Forschungsstellen miteinander verbunden, damit die forschenden Wissenschaftler Dateien mit Programmcode austauschen konnten. Die Wissenschaftler nahmen diese Möglichkeit dankbar auf; es stellte sich aber bald heraus, dass weniger Dateien mit Programmcode als vielmehr Dateien mit kurzen Nachrichten hin und her geschickt wurden. Die elektronische Post war durch die Nutzung von Technik geboren. Indem die Wissenschaftler E-Mail nutzten, wurden ihnen neue Möglichkeiten des Handelns eröffnet (sie konnten asynchron über Entfernung schnell kommunizieren) und sie wurden durch die Technik in ihrem Handeln beschränkt (sie mussten regelmäßig an den Computer gehen, um die Post dort zu lesen; geschriebene Nachrichten waren weniger reich an Information als direkte Unterhaltungen etc.). Indem sie die IT nutzten, schufen und entwickelten sie diese IT fort.

In der Diskussion um Technik wird der duale Charakter von Struktur deshalb häufig nicht so deutlich gesehen, weil in vielen Bereichen der Technik die Basisentwicklung in unterschiedlichen Organisationen durchgeführt wird und damit Entwicklung und Nutzung zeitlich relativ weit auseinander liegen (Orlikowski 1990). Übersehen wird dabei, dass Technik durch ihre Nutzung laufend fortentwickelt wird. In dem oben beschriebenen Beispiel der elektronischen Post erwies sich IT als sehr flexibel und damit fortentwicklungsfähig. Es gibt IT, die weniger flexibel ist; völlig unflexible Technik gibt es hingegen nicht, denn der Handelnde hat (nach *Giddens*) immer die Möglichkeit, eine Technik nicht zu benutzen. Welche Funktionen in eine Technik auch eingebaut werden, die Nutzer stehen immer *zwischen der Technik und ihren Effekten*, indem sie die Technik auf ihre Bedürfnisse anpassen, ihr widerstehen oder sich weigern, sie überhaupt zu benutzen (Orlikowski 1990). Dieser Prozess wird dabei als *Aneignung* bezeichnet.

Orlikowski kommt bezüglich Informationstechnologie zu einem analogen Schluss wie *Giddens*. Durch alleinige Untersuchung ausgewählter Beziehungen, z. B. wie Technik menschliche Akteure beeinflusst, ohne dabei zu berücksichtigen, wie die Nutzer sich die Technik aneignen, resultiert ein *partielles Verständnis des Zusammenspiels von Technik und Organisationen*. Selbst wenn sich bei diesen Untersuchungen kausale Zusammenhänge zu zeigen scheinen, sollte man nach dem *Strukturationsmodell* diese Zusammenhänge vorsichtig und nicht als einen Determinismus betrachten. Die Fähigkeit des Menschen, Technik anders zu entwickeln, sich anzueignen und zu reproduzieren – kurz, mit Technik umzugehen – kann jeden vorher erdachten kausalen Zusammenhang diskreditieren.

Schlussfolgerungen aus diesen Ergebnissen sind: Monodirektionale Ansätze tragen wenig zur Erklärung des Technik-Organisation-Wirkungszusammenhanges bei. Der strukturationstheoretische Ansatz ergänzt das Technikphänomen, indem die bisher vorherrschende, streng dualistische Sicht, bei der Technik entweder als Medium oder Produkt gesehen wird, überwunden wird und mögliche Interaktionsprozesse zwischen Technik, Handlungspersonen und institutionellen Eigenheiten aufgezeigt werden können. Insbesondere kann der Einfluss von Macht und Vertrauen mit einbezogen werden.

3.3.3 Management der Basisfunktionalitäten, Basistechnik und Technikbündel

Basistechnik dient der Bereitstellung von Basisfunktionalitäten, z. B. sind Netzwerke und Kommunikationsprotokolle Grundlage für digitale Kommunikation. Dieses Kapitel gliedert sich nach den *Basisfunktionalitäten Verarbeitung, Speicherung und Kommunikation*. In jedem Kapitel wird diejenige Basistechnik erklärt, die die entsprechende Basisfunktionalität unterstützt.

Für das IKT-Management ist darüber hinaus bedeutend, wie diese *Basisfunktionalitäten* innerhalb eines IKT-Systems zusammenwirken. Da die Sichtweise von IKT-Systemen als Speicherungskomponenten, Verarbeitungsformen oder Kommunikationssystemen zu allgemein, das Betrachten und Denken aus bestehenden Produkten und Anwendungen heraus jedoch zu spezifisch ist, ist ein zwischen diesen beiden stehendes Abstraktionsniveau notwendig. Die Verknüpfung von *Basistechnik*, die den Basisfunktionalitäten zuzuordnen ist, um eine bestimmte Konzeption zu realisieren, wird als *Technikbündel* (vgl. Kapitel 3.3.1, S. 212) bezeichnet. Kapitel 3.3.4 skizziert das Management von Technikbündeln anhand der Beispiele Client-Server und Web Services (vgl. Kapitel 3.3.4.1).

3.3.3.1 Management der Verarbeitung

Aufgabe des **Managements der Verarbeitung** ist es, Veränderungen von Daten bzw. Informationen zu ermöglichen und diese Veränderungen im Aufgabenzusammenhang zu steuern. Veränderungen sind bspw. die Transformation, Aggregation und Spezifizierung von Daten. Die Verarbeitung findet in Rechnern durch Software statt. Bezüglich des IM liegt der Schwerpunkt darin, einen geeigneten Abgleich zwischen den *nutzungsbedingten Verarbeitungsanforderungen* und *den Möglichkeiten der Durchführung des Verarbeitungsbetriebs* unter Verwendung der Anwendungssoftware vorzunehmen.

Als **nutzungsbedingte Verarbeitungsanforderungen** unterscheidet man u. a. Anforderungen

- der zeitlichen Abwicklung der Verarbeitung,
- aus der Anzahl der gleichzeitig am System arbeitenden Benutzer,
- aus der Art der Programmnutzung im Falle von Mehrbenutzersystemen,
- aus dem Ort des Starts und der Beendigung der Anwendungsprogrammausführung und
- aufgrund der Herkunft der Daten.

Bei der Durchführung des **Verarbeitungsbetriebs** ergeben sich als Alternativen u. a. (Stahlknecht/Hasenkamp 2002, S. 70ff.)

- der Single- und Multitasking Betrieb,
- Einprozessor- oder Mehrprozessor-Systeme,
- Online- oder Offline-Betrieb und
- lokale Verarbeitung und entfernte Verarbeitung.

Diese Alternativen werden in Einführungswerken zur Wirtschaftsinformatik (Schwarzer/Krcmar 1999; Stahlknecht/Hasenkamp 2002) näher beschrieben. Sie werden daher hier nicht aus einem technisch-deskriptiven Blickwinkel, sondern aus gestalterischer Sicht behandelt.

Für den Informationsmanager und für den Anwender ganz allgemein ist die Handhabung von Systemen in ihren verschiedenen Betriebsarten weitgehend unproblematisch. Interessante Fragestellungen werfen sich dort auf, wo eine Entscheidung über die einzusetzende *Betriebsart* getroffen werden muss, ohne dass die Handhabungsaspekte der Betriebsart das ausschlaggebende Entscheidungskriterium darstellen. Bspw. sind Entscheidungen darüber zu treffen, ob hohe Kosten für den Online-Betrieb zu rechtfertigen sind oder ob nicht ein Offline-Betrieb, der zu einer besseren Auslastung teurer Geräte führen kann, eine preisgünstigere Verarbeitung ermöglicht, solange die Kunden bzw. Nutzer auch dadurch zufrieden zu stellen sind. Allerdings hat (haben) die gewählte(n) und unterstützte(n) Betriebsart(en) Auswirkungen auf die Systemarchitektur und bspw. auf die Möglichkeiten des Workflow-Managements.

Wenn vernetzte Rechner genutzt werden, kann eine zentrale oder eine verteilte Verarbeitung durchgeführt werden. Die **Verarbeitungsbedingungen** gestalten sich dann je nach der Herkunft der Daten sowie je nach Ort des Anstoßes und des Abschlusses der Ausführung unterschiedlich.

Die Verarbeitung von Daten kann zeitlich und örtlich verteilt werden. Die zeitliche Verteilung der Verarbeitung orientiert sich an den Anforderungen der mit der IT zu bewältigenden Aufgabe und an der notwendigen Interaktion mit dem System. Bestehen hohe Anforderungen an die *Aktualität der Daten*, ist die tatsächliche Durchführung der Verarbeitung an Bedingungen geknüpft, die vom Nutzer oder von der Systemumgebung definiert werden. Sind *Plausibilitätskontrollen* der Eingaben und Zwischenergebnisse erforderlich oder sollen iterativ Abwandlungen der Verarbeitungsergebnisse erzeugt werden, dann ist eine Verarbeitung im Dialog sinnvoll. Die zeitliche Verteilung der Verarbeitung ist dann an die zeitliche Abfolge des Dialogs gekoppelt und kann bis hin zur Realzeitverarbeitung geführt werden, bei der innerhalb vorgegebener Zeitspannen Ergebnisse vorliegen müssen. Liegen diese Anforderungen nicht vor, kann es zur Realisierung von Economies of Scale-Vorteilen sinnvoll sein, die Verarbeitung an bestimmten Zeitpunkten zusammengefasst abzuwickeln, selbst wenn der Stapelbetrieb aus der Aufgabe heraus nicht zwingend erforderlich ist.

Die klassische Form der IT, die bis Ende der 60er Jahre üblich war, war die zentrale Verarbeitung auf einem Großrechner. Seit Anfang der 70er Jahre und mit dem Beginn der Verarbeitung auf Mikrorechnern hat sich die Möglichkeit der dezentralen bzw. lokalen Verarbeitung ergeben. Die Möglichkeit der dezentralen Verarbeitung wurde immer stärker genutzt, weil sich mit dieser Form der Verarbeitung bei geringeren Anfangskosten auch kleinere Aufgaben durch die IT unterstützen ließen. Die Nutzer erhielten eine größere Autonomie bzw. Unabhängigkeit vom zentralen System, sei es in der Systemverfügbarkeit oder in der Kontrolle der Verarbeitung. Individuelle Verarbeitungsverfahren sind dabei einsetzbar. Zudem gestaltet sich die Datenpflege bei der dezentralen Verarbeitung einfacher und es ist eine einfachere Zurechnung der anfallenden IT-Kosten auf die Bewältigung konkreter Aufgaben möglich. Die Auslagerung von IS von zentralen Großrechnern auf kostengünstigere dezentrale Rechner bezeichnet man als *„Downsizing"*.

Für eine zentrale Abwicklung der Verarbeitung spricht vor allem die größere Leistungsfähigkeit der Hardware, wodurch eine bessere Verteilung der Verarbeitungslast möglich wird. Außerdem lässt sich dann qualifiziertes Personal einsetzen, das weniger geschult werden muss.

Tabelle 3-18. Typische Argumente und Gegenargumente der verteilten Verarbeitung

Gründe für dezentrale Verarbeitung	Gründe für zentrale Verarbeitung
Geringere Anfangskosten	Größere Fähigkeiten der Hardware
Bessere Größenvariation	Bessere Lastverteilung (zeitlich und kapazitativ)
Innovativ	Weniger Datenredundanz
Autonome Nutzer (Motivation)	Höhere Datenintegrität
Einfachere Datenpflege	Anwendung einheitlicher Verarbeitungsverfahren
Individuelle Verarbeitungsverfahren (Programme) anwendbar	Besser qualifiziertes Personal
Zurechenbarkeit der Kosten	Weniger Aus- und Fortbildungsaufwand

Quelle: Helber (1981)

Tabelle 3-18 fasst die Überlegungen zusammen, die der Informationsmanager bei Entscheidungen über die örtliche Verteilung der Verarbeitung abwägen muss. Obwohl sie aus dem Jahr 1981 stammen, besitzen die gegenübergestellten Gründe noch immer Gültigkeit.

Die **Verarbeitungskapazität** bzw. Leistungsfähigkeit von Rechnern wird im Allgemeinen in MIPS (Millionen Instruktionen (Prozessorbefehle) pro Sekunde) oder Gigaflops (10^9 floating point operations per second) ausgewiesen. Betrachtet man das Leistungsvermögen von Prozessoren und Rechnern in den verschiedenen Größenklassen, so lässt sich ein klarer Trend hin zu einer Bereitstellung höherer Leistung erkennen, der sich auch in Zukunft fortsetzen wird (vgl. Moore's Law, S. 252). Diese Kenngrößen beziehen sich zwar im Wesentlichen auf die Leistung der Zentraleinheit und nicht auf das IT-System als Ganzes, doch die Entwicklung der Leistungsfähigkeit der Peripherie lässt ebenfalls erkennen, dass der Informationsmanager mit einer Zunahme der Leistungsfähigkeit der gesamten Hardware rechnen kann. Ähnlich dynamisch werden sich allerdings auch die Leistungsanforderungen der Software und der Nutzer entwickeln, da der Umfang der Systemfunktionen sowie die Verarbeitungsnachfrage deutlich ansteigen werden.

Veränderungen hinsichtlich der **Verarbeitungsqualität** werden sich hauptsächlich bei der Benutzerfreundlichkeit der Verarbeitung ergeben. Die Handhabung der Technik, die besonders von der Oberflächengestaltung der Software mitgeprägt wird, weist eine Entwicklung hin zu einer immer besseren Anpassung an die Nutzerbedürfnisse auf.

Die Preise für Hardware und Software sinken (vgl. Moore's Law, S. 252). Darum weisen auch die **Stückkosten der Verarbeitung** je Nutzer bzw. je Transaktion einen leicht sinkenden Trend auf. *Scott Morton* (1991) schätzt, dass die reine Rechnerleistung pro Jahr bei gleich bleibenden Preisen je Einheit um ca. 25 Prozent zunimmt. Das bedeutet, dass für die Verfahren der Investitionsrechnung von fallenden Preisen auszugehen ist. Dies kann zu Verzögerungen und abwartendem Verhalten bei Investitionen führen, da durch abwartendes Verhalten innerhalb kurzer Frist große Einsparungen erzielt werden können. Demgegenüber sind die entgangenen Nutzungspotenziale zu betrachten.

Für die Planung des zukünftigen Verarbeitungsbetriebs sind Trends im Bereich Rechnertechnik relevant. Das *Bundesamt für Sicherheit in der Informationstechnik* (2003b) stellt in einer Trendstudie Expertenmeinungen hierzu vor. Eine Befragung zur Steigerung der Integrationsdichte und der Leistungsfähigkeit von Prozessoren hat zu folgenden Ergebnissen geführt (Bundesamt für Sicherheit in der Informationstechnik 2003b, S. 121):

- „Mit der herkömmlichen Siliziumtechnologie sind auch ohne Ausnutzung von Quanteneffekten noch Verbesserungen der Integrationsdichte für mindestens 10 Jahre zu erzielen. Bis zum Jahr 2013 werden Größenordnungen von etwa zehn Milliarden Transistoren pro Chip erwartet.
- Vor allem die Integration kryptographischer und Signalverarbeitungsfunktionen werden zukünftig an Bedeutung gewinnen. [...]
- Mehrprozessor-Chips werden bis zum Jahr 2008 weit verbreitet sein.
- Prozessoren mit Taktfrequenzen von 50 GHz und mehr werden bis zum Jahr 2012 verbreitet eingesetzt."

Im Zusammenhang mit der Diskussion um die Leistungsfähigkeit von Prozessoren und die Integrationsdichte wird häufig „Moore's Law" erwähnt, das einerseits eine Prognose für die Entwicklung von Integrationsdichte und Prozessorleistung ist, andererseits aber auch Treiber dieser Industrie.

3.3.3.1.1 Moore's Law

1965 stellte *Gordon Moore*, einer der Gründer der Intel Corp., einen Zusammenhang zwischen der Zeit und der Anzahl der Transistoren fest, die sich auf einem Square Inch eines integrierten Schaltkreises befinden. Dieser, als Moore's Law bekannt gewordene Zusammenhang besagt, dass die technische Entwicklung von Mikrochips derart ist, dass sich die Leistungsfähigkeit der Chips etwa alle 12-18 Monate verdoppelt, während sich die Kosten pro Leistungseinheit für die neue Technik um ca. 30 bis 50 Prozent verringern (Moore 1965). Ein Ende dieser Entwicklung ist trotz vieler „Unkenrufe" mittelfristig noch nicht abzusehen (Bundesamt für Sicherheit in der Informationstechnik 2003b, S. 112).

In Zahlen bedeutet dies: Als Moore's Law entstand, hatte der komplexeste Mikrochip 64 Transistoren. Auf heutigen Rechnern befinden sich mehrere Millionen Transistoren. Im menschlichen Erfahrungsbereich gibt es wenig, das eine ähnliche Entwicklungsgeschwindigkeit aufweist.

Obwohl Moore's Law ursprünglich einen empirischen Zusammenhang postulierte, ist es mittlerweile die Messlatte der Industrie bezüglich ihrer Leistungsfähigkeit geworden. Durch die Wahrnehmung von Moore's Law als selbst erfüllende Prophezeiung müssen Chiphersteller, die auf dem Markt bestehen wollen, diese Entwicklung voran bringen, sonst sind sie nicht wettbewerbsfähig.

Die Auswirkungen von Moore's Law auf unseren Alltag sind offensichtlich: Der 2000,- € PC, den wir heute kaufen, wird im nächsten Jahr bei gleicher Funktionalität noch 1000,- € kosten und wäre dann aber technisch gesehen schon wieder veraltet. Textverarbeitungsprogramme, die vor 10 Jahren noch auf zwei 5¼-Zoll-Disketten gepasst haben, füllen heute eine CD-ROM. Sogar die Ablösung der Disketten durch CD-ROMs und CD-RWs lassen sich direkt auf Moore's Law zurückführen. Und die heute Erwachsenen, die früher Pacman auf einem Atari gespielt haben, haben Kinder, die Quake im Internet spielen.

Diese Beispiele sind zwar eingängig, werden der ökonomischen Bedeutung von Moore's Law jedoch nicht gerecht. Moore's Law ist Dank des ihm innewohnenden Charakters der selbst erfüllenden Prophezeiung einer der Treiber der Entwicklung der Chipindustrie: Ihr Wachstum (und damit indirekt auch Moore's Law) ist derzeit einer der wichtigsten Faktoren für Wirtschaftswachstum und Wohlstand (Mann 2000).

Neben der Leistungsfähigkeit einzelner Prozessoren ist für das strategische Management der Verarbeitung vor allem die Entwicklung der Parallel- und Hochleistungsrechner sowie die Verteilung von Ressourcen relevant. Zusammenfassend lassen sich Trends in diesem Bereich folgendermaßen zusammenfassen (Bundesamt für Sicherheit in der Informationstechnik 2003b, S. 137):

- „Parallele und Hochleistungssysteme auf der Basis von Standardprozessoren werden langfristig ebenso weit verbreitet sein wie massiv parallele Desktopsysteme, auch im kommerziellen Umfeld.
- NUMA[7]-Architekturen werden schon mittelfristig UMA- und NORMA-Architekturen in der Bedeutung abgelöst haben.
- 2013 wird Grid-Computing die bedeutendste Hochleistungsarchitektur darstellen, noch vor Cluster-Computing, das nur mittelfristig eine höhere Bedeutung besitzt. Die Bedeutung von Vektorrechnern wird erheblich abnehmen.
- 2008 werden Höchstleistungsrechner durch den Verbund vieler Einzelrechner mit einer aggregierten Rechenleistung von mehr als einem PetaFlop zur Verfügung stehen."

[7] Anmerkung des Verfassers: UMA (Uniform Memory Access), NUMA (Non Uniform Memory Access), NORMA (No Remote Memory Access)

Im Folgenden wird als Beispiel für einen aktuellen Trend das Thema „Grid Computing“ aufgegriffen.

3.3.3.1.2 Grid Computing

Unter verschiedenen Bezeichnungen, wie bspw. „on demand computing“ oder „adaptive computing“, werden Technologien für den kommerziellen Einsatz vermarktet, die in der wissenschaftlichen Literatur im Zusammenhang mit „Grid Computing“ diskutiert werden.

Der Begriff „Grid“ entstammt der Idee, Ressourcen ähnlich wie Strom, also beinahe überall, jederzeit, in nahezu beliebiger Menge, bei Bedarf und auf Abruf zur Verfügung zu stellen. Die Infrastruktur, die dies ermöglicht, heißt in der Energiewirtschaft im Englischen „Power Grid“. Die dem „Grid Computing“ zugrunde liegende Idee besteht darin, viele Rechner zu Netzen zusammenzuschließen und Ressourcen (Rechenleistung, Speicher, Spezialgeräte etc.) flexibel, nach Bedarf zur Verfügung zu stellen (Foster/Kesselman 1999, S. 17f.).

Es gibt verschiedene Arten Applikationen, die von einem Grid profitieren können. Unter anderem sind dies (Bote-Lorenzo et al. 2003, S. 293ff; Foster/Kesselman 1999, S. 21ff.):

Distributed Supercomputing könnte auf der Basis des Grid auf Ressourcen zurückgreifen, die die Zeit zur Berechnung von Problemen deutlich reduzieren oder u.U. auch erst möglich machen.

Im Bereich **High-Throughput Computing** könnte auf bislang ungenutzte CPU-Zyklen von einzelnen Rechnern zugegriffen werden, um viele lose zusammenhängende Berechnungen durchzuführen.

On-Demand Computing beschreibt die Nutzung von verteilten Ressourcen, um kurzfristige Ressourcenanforderung auf der Basis des Grid zu erfüllen, die lokal nicht (kosteneffizient) zur Verfügung gestellt werden können. Der treibende Faktor hinter diesen Anwendungen ist nicht die absolute Rechenleistung (s. Distributed Supercomputing) oder die große Anzahl der zu berechnenden Problemen (s. High-Throughput Computing), sondern Kosteneffizienz.

Data-Intensive Computing befasst sich mit Applikationen, die große Mengen an verteilten Daten verarbeiten und analysieren.

Für das **Cooperative Computing** könnten sich auf der Basis des Grid neue Möglichkeiten für Computer Supported Cooperative Work (CSCW) ergeben.

Häufig wird im Zusammenhang mit Grid Computing der Einsatz von Blade-Servern diskutiert. Diese kostengünstigen Torso-Rechner haben häufig keine große Rechenleistung und werden nach dem Prinzip „Masse statt Klasse“ eingesetzt.

Dieser Mangel an Leistung soll durch eine intelligente Grid-Middleware ausgeglichen werden (Killer 2004, S. 64).

Obwohl die grundlegende Idee des Grid Computing intuitiv ansprechend ist, spielen bei der Entscheidung, ob der Einsatz dieser Technologie sinnvoll ist, im Einzelfall eine Vielzahl von Überlegungen eine Rolle. Im Folgenden werden einige Fragen aufgezeigt, die hierbei eine Rolle spielen können.

Ist die vorhandene Infrastruktur (Hardware, Software, Vernetzung, organisatorische Einbettung) für Grid Computing geeignet? Selbst wenn bspw. Hardware und Vernetzung bereits „grid-tauglich" wären, bleibt die Frage, ob das Betriebssystem die flexible Bereitstellung von Ressourcen managen kann. Sind die eingesetzten Applikationen so entwickelt, dass sie wirklich auf eine flexible Zahl von Ressourcen zugreifen können? Je weiter ein Grid gespannt ist, desto mehr organisatorische Einheiten sind davon betroffen. Sind diese Einheiten bereits koordiniert und darauf vorbereitet? Wie werden bspw. die Authentifizierung von Benutzern oder Datensicherheit realisiert?

Können lizenzrechtliche Probleme auftreten? Manche Hersteller von Datenbanken und Applikationen berechnen Lizenzgebühren je nach der Anzahl von Prozessoren. Was passiert, wenn eine solche Datenbank oder Applikation in einer Infrastruktur in Betrieb genommen wird, in der die Zahl der eingesetzten Prozessoren nicht genau festgelegt werden kann?

Wenn man sich für den Einsatz von Blade-Servern in einem hoch vernetzten Cluster entscheidet, können durch die große Anzahl von Rechnern die Kosten für die Lizenzgebühren des Betriebssystems steigen. Lohnt sich dann diese Hardwareinfrastruktur noch oder ist der Einsatz einer Open-Source-Lösung erforderlich? Können Open-Source-Lösungen überhaupt in der Organisation ein- bzw. durchgesetzt werden? Durch die Vielzahl der Komponenten steigt im Blade-Cluster der Administrationsaufwand für die Hardware. Stehen der Mehraufwand in der Administration und der erwartete Nutzen in einem ökonomischen Verhältnis?

Je mehr Einzelsysteme in das Grid integriert werden, desto größer wird der Aufwand für die Verteilung der Prozesse auf diese Komponenten und deren Koordination. Dies geht mit einem Verlust an Performanz einher. Wann ist die Schwelle erreicht, ab der sich die Einbindung weiterer Komponenten in das Grid nicht mehr lohnt?

Die Entwicklungen im Bereich Hardware und Vernetzung lassen Grid Computing in erreichbare Nähe rücken. Betriebssysteme, Applikationen, organisatorische Einbettung und Lizenzpolitik hinken dieser Entwicklung bislang hinterher. Ob der Einsatz von Grid Computing in einer Organisation sinnvoll und ökonomisch ist, hängt wesentlich von der Zusammenstellung passender Technikbündel und deren organisatorischer Einbettung ab.

3.3.3.2 *Management der Speicherung*

Im Gegensatz zum Management der Verarbeitung, das sich mit dem Verändern von Daten befasst, dient das **Management der Speicherung** dem Ablegen und Wiederauffinden von Daten. Rechner speichern Eingabedaten, Zwischenergebnisse und Endresultate sowie die darauf anzuwendenden Programme. Die Speicherung der Daten erfolgt auf Datenträgern unterschiedlichster Art. Das Management der Speicherung ist vor allem ein Problem des adäquaten Einsatzes der Speichertechnik, ein logistisches Problem der örtlichen (und zeitlichen) Steuerung der Datenbereithaltung sowie ein Problem der Datensicherheit. In der Praxis kämpft man jedoch auch mit der Volumenbewältigung der aufzuzeichnenden Daten wegen der immer wieder schnell erreichten Kapazitätsgrenzen. Das Management der Speicherung ist aber nicht nur eine Frage der physischen Bereitstellung von ausreichendem Speicher für die materielle Verkörperung oder dauerhafte Aufnahme von Daten. Hinzu tritt die Frage der geeigneten Organisation und des Managements der gespeicherten Daten auf den physischen Speichermedien.

3.3.3.2.1 Speichertechnik

Verschiedene Anwendungen von **Speichertechnik** unterscheiden sich in der Verwendungsform, der Aufzeichnungsform, im Basismaterial des Speichermediums, in der Gestalt des Datenträgers, der Repräsentationsform der Daten, der visuellen Lesbarkeit durch den Menschen, in der Transportierbarkeit, Lagerfähigkeit, Aufzeichnungshäufigkeit, Speicherkapazität, Zugriffszeit, im Preis für den Datenträger sowie im Preis für das Aufzeichnungs- und Lesegerät. Im Detail werden die technischen Unterschiede unterschiedlichen Datenträgertypen von Speichertechnik hier nicht abgehandelt (siehe Hansen/Neumann 2001, S. 699-837).

Für Unternehmen zählen Informationen und Daten zu den wichtigsten, erfolgskritischen Faktoren. Einer der Hauptfokuspunkte für das Management der Informationstechnik ist hierbei die Sicherstellung der Verfügbarkeit von Daten und somit der wirtschaftlichen Handlungsfähigkeit des Unternehmens. Der Verlust dieser Daten oder aber die temporäre Nicht-Verfügbarkeit von Daten hat Auswirkungen auf den Arbeitsablauf in Unternehmen. Eine im Jahre 2003 wiederholt durchgeführte Studie zum Speichermarkt verdeutlicht, dass der Betriebsstillstand von Speichersystemen mit über 30 Prozent die größte Sorge von IT-Managern ist (Hitachi Data Systems 2003, S. 15). Es können Ausfallzeiten entstehen, die die Produktivität und die betrieblichen Prozesse derart stören, dass hierdurch Kosten entstehen. Neben Personalkosten können auch Maschinenausfallzeiten und darauf folgend Lieferverzögerungen auftreten. Kaum ein Logistikprozess ist noch ohne IT-Unterstützung durchführbar. Die Anzahl der denkbaren Szenarien ist unüberschaubar. Es gilt also, diese Daten mit entsprechender Vorsicht zu behandeln, deren Sicherheit zu garantieren und sie vor Verlust zu schützen. Aufgrund der Tatsache, dass eine Datensicherung in der Regel in bestimmten Zeitabständen durchgeführt wird und nicht ständig im Rahmen des laufenden Betriebs, sind weiterreichende Maßnahmen zur Sicherung der laufenden Daten notwendig. Eine Möglichkeit der Speicherung von Daten und gleichzeitiger Erhöhung der Ausfallsicherheit sind RAID-Verfahren (Redundant Array of Inexpensive Disks; Synonym: Redundant Array of Independent Disks). Der Ansatz wurde 1988 von *Patterson, Gibson und Katz* (1988) veröffentlicht.

RAID-Verfahren ermöglichen durch die Verwendung von mehreren Festplatten die Bereitstellung hoher Speichervolumina – bei günstigeren Kosten als beim Kauf einer einzigen großen Festplatte und ggf. unter Erhöhung der Datentransferrate sowie Ausfallsicherheit. Einige dieser RAID-Verfahren bieten Fehlertoleranz und ermöglichen damit, den Ausfall einer Festplatte kurzfristig zu überbrücken, ohne dass ein Datenverlust zu verzeichnen ist. Die Verfahren sind in unterschiedliche Level unterteilt. Die ursprünglich definierten RAID-Level wurden im Laufe der Jahre erweitert, so dass momentan die RAID-Level 0 bis 7 sowie Mischformen hieraus bekannt sind. RAID-Verfahren sind ausführlich beschrieben in (Hansen/Neumann 2001, S. 753-755).

Der Einsatz von RAID-Speichersystemen reicht heutzutage bei weitem nicht mehr aus, um den Bedarf an Speicherkapazität und Hochverfügbarkeit für Unternehmen sicherzustellen. Im Bereich des Storage Management sind vielmehr andere Speichertechniken bzw. Kombinationen unterschiedlicher Speichertechniken relevant, die neben Verfügbarkeit und Performanz eine ausreichende Skalierbarkeit ermöglichen, um zukünftigen Anforderungen gerecht zu werden und die Erweiterbarkeit sicherzustellen. Hierzu reichen herkömmliche dedizierte Festplattensysteme an einzelnen Servern häufig nicht mehr aus. Zudem besteht die Anforderung der Integration von Speichersystemen in heterogene Systemlandschaften zur Unterstützung unterschiedlicher Datei- und Betriebssysteme. Für diese Anforderungen etablieren sich Network Attached Storages (NAS) sowie Storage Area Networks (SAN), die nachfolgend näher behandelt werden (s. Seite 259).

3.3.3.2.2 Trends der Speicherung

Die **Speicherkapazität** der elektronischen Datenträger wird im Allgemeinen in Mega-, Giga-, Tera- bzw. Petabytes ausgewiesen. Betrachtet man die Entwicklung des Speichervermögens von Rechnern in ihren verschiedenen Größenklassen, so lässt sich ein klarer Trend hin zu steigenden Speicherkapazitäten erkennen (Hansen/Neumann 2001, S. 812-836). Der Informationsmanager kann mit einer deutlichen Zunahme der verfügbaren Speicherkapazitäten rechnen. Ähnlich dynamisch wird sich allerdings auch der Umfang der zu speichernden Datenmengen steigern.

Hinsichtlich der **Qualität** der gespeicherten Daten werden sich in Zukunft kaum entscheidende Veränderungen vollziehen. Lediglich bei Erarbeitung von Datenmodellen sind hier Verbesserungen zu erwarten. Die Kosten für die physische Speicherung eines Bytes sinken stetig (siehe Moore's Law, Kapitel 3.3.3.1.1).

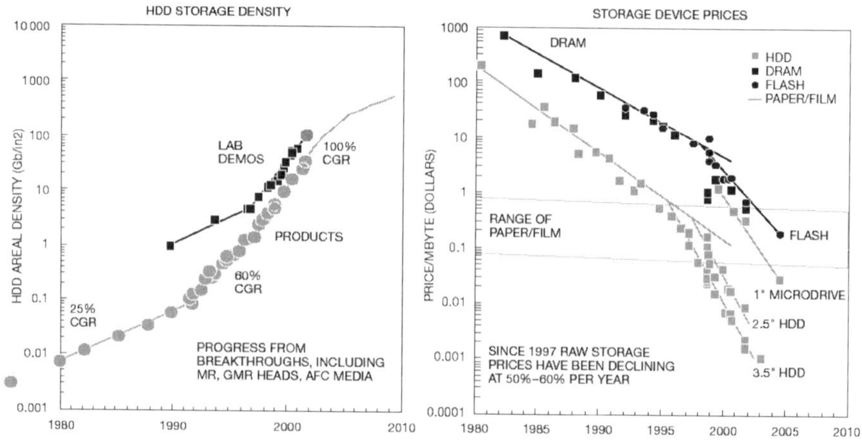

Abbildung 3-68. Entwicklung von Speicherdichte und Kosten
Quelle: Morris/Truskowski (2003, S. 206)

Dies bedeutet aber nicht unbedingt, dass auch die **Kosten der Speicherung und Datenverwaltung** insgesamt niedriger werden. Für die Entwicklung der Speicherdichte bei Festplatten (siehe Abbildung 3-68) ist die Steigerungsrate mit einer jährlichen Verdopplung sogar höher als in Moore's Law beschrieben (Morris/Truskowski 2003, S. 206).

Die Frage der Angemessenheit der Daten wird oftmals vernachlässigt. Durch die erhöhte Komplexität zunehmender Speichermengen sinkt der Aufwand für die Speicherung und deren Verwaltung kaum. Die sinkenden Speicherkosten machen nicht nur die Speicherung von Daten für die Verarbeitung wirtschaftlicher, sondern ermöglichen auch die dauerhafte Ablage von Daten in Archiven. Bei den Speichermedien ist ein Trend hin zum verstärkten Einsatz optischer Speichermedien zu beobachten.

Auch bei der Speicherung lässt sich ein Trend hin zu **verteilter Datenhaltung** beobachten. Dieser Trend wird durch eine anhaltende Miniaturisierung der Speichermedien und die immer wirtschaftlichere lokale Bereitstellung auch großer Speicherkapazitäten in kleinen Rechnern unterstützt. Im betrieblichen Alltag sind dabei Daten oft über verschiedene Speichermedien auf Rechnern an verschiedenen Orten verteilt. Außerdem lassen sie sich teilweise nur mit sehr unterschiedlicher Software verarbeiten. Dies erschwert den Zugriff und die Handhabung der Daten. Eine Möglichkeit, dieses Problem anzugehen, wäre die Überführung der verteilten Datenhaltung in eine zentrale Datenhaltung mit einheitlichen Verarbeitungsprogrammen. Analog zur Verarbeitung sprechen jedoch auch bei der Speicherung Gründe oftmals für eine dezentrale statt für eine zentrale Datenhaltung, insbesondere wenn die gespeicherten Informationen unausweichlich in dezentralen Datenbeständen vorliegen. Teilweise ist auch aufgrund des Umfangs des Gesamtdatenbestandes oder aus Sicherheitsüberlegungen (z. B. Störsicherheit) eine Zusammenfassung in einer zentralen Datenbank nicht sinnvoll. In diesem Fall bemüht man sich, mit **verteilten Datenbanken** die örtlich verteilte Speicherung für den Benutzer handhabbar zu machen. Dazu ist zu klären, wie eine Verteilungs-Transparenz für die Programme und die Nutzer geschaffen werden kann, wie die optimale Verteilung der Daten und Programme auf die Speicher-Ressourcen aussieht, wie die optimale Strategie der Zerlegung und Ausführung gleichzeitig eintreffender Anfragen auf mehreren Rechnern bewerkstelligt wird sowie wie die Handhabung konkurrierender Zugriffe erfolgen soll. Zu unterscheiden ist hier insbesondere zwischen einer rein logischen Verteilung der Daten und der *Replizierung*, bei der komplette Datenkopien an physisch verteilte Speichermedien verschickt werden.

Die logische Datenspeicherung befindet sich momentan in starker Entwicklung: Diese macht sich in Form eines Trends zur Speicherung **komplexer Datenstrukturen** bemerkbar, die über einfache alphanumerische Daten auch das Speichern von Bildern, räumlichen und multimedialen Daten berücksichtigen (Klas et al. 1990).

Im Bereich **Speichernetze** werden zwei Typen von Speichernetzen unterschieden: Network Attached Storage (NAS) und Storage Area Netzwork (SAN).

„**Network Attached Storage** (NAS) ist direkt an ein lokales Netz angeschlossener Speicher. Eine NAS-Einheit ist ein mit geringem Aufwand zu installierendes und einfach zu verwaltendes Gerät, das aus einem oder mehreren internen Servern, vorkonfigurierter Plattenkapazität und einem speziell auf die Dateiverwaltung und Datenübertragung ausgelegten Betriebssystem besteht (schlüsselfertiger Dateiserver)“ (Hansen/Neumann 2001, S. 755).

„Ein **Storage Area Network** (SAN) ist ein zentral verwaltetes, speziell auf den blockbasierten Datenaustausch zwischen Servern und Speichergeräten (Magnetplatten-, optische Speicherplatten- und Magnetbandeinheiten) zugeschnittenes Speichernetz für heterogene Umgebungen. Die Speichergeräte sind im Gegensatz zu NAS von den Servern getrennt, und über ein unabhängiges, vom lokalen Netz völlig getrenntes Netz zugänglich. Die meisten Anbieter von SAN-Lösungen haben sich hierfür auf den Fibre-Channel-Standard geeinigt“ (Hansen/Neumann 2001, S. 757).

Die zugrunde liegenden Konzepte sowie Vor- und Nachteile der beiden Speichernetze werden in der folgenden Tabelle 3-19 zusammengefasst:

Beide Arten von Speichernetzen bieten im Gegensatz zum klassischen Direct Attached Storage (DAS), bei dem eine Speichereinheit direkt einem Server zugeordnet wird, den Vorteil, dass Server unabhängig vom Betriebssystem auf beliebige Daten im Speichernetz zugreifen können.

Tabelle 3-19. Gegenüberstellung von NAS und SAN

	NAS	SAN
Grundkonzept	Klassisches Dateiserverkonzept im lokalen Netzwerk	Trennung von Server- und Speicherfunktionen; spezielle Switches verarbeiten Block-I/O-Protokolle im Auftrag anderer Systeme (z. B. Server)
Vorteile	Einfache Installation und Wartung Preisgünstiger Ausbau Erprobte Schnittstellen Sehr gut geeignet für kleinere und mittlere Dateiserver und Webserver Geringer Schulungsaufwand für Administratoren	Hohe Leistung beim Datenaustausch zwischen Server und Speichergerät Reduzierte Belastung des lokalen Netzes Offene Architektur und damit große Flexibilität Hohe Skalierbarkeit Einfaches zentrales Ressourcenmanagement Erleichterte Ausfallsicherung und Katastrophenvorsorge
Nachteile	Beschränkte Leistung – für große Netze unzureichend Zugriff auf gespeicherte Daten erfolgt über das lokale Netz, was zusätzliche Server- und Netzlast erzeugt. Geringe Entfernung zwischen Controller und Speichermedien Ausschließlicher Zugriff auf Dateien	Schwierige Planung, Installation und Wartung Relativ teuer Standardisierung noch nicht abgeschlossen

Quelle: In Anlehnung an Hansen (2001) und Karpf (2004)

Bei der Frage, welches Speichersystem für die eigene Organisation am besten geeignet ist, bietet *Sacks* (2001, S. 29) einige Faustregeln:

Wenn DAS, NAS oder SAN bereits in der Organisation existieren und diese Technologien die Anforderungen, die steigender Speicherbedarf stellt, erfüllen können (inkl. Kosten), dann könnte alles so bleiben, wie es ist. Wenn einige PCs gemeinsamen Speicherplatz benötigen und Dateien gemeinsam nutzen wollen, ist NAS am einfachsten zu installieren und administrieren. Wenn Applikationsserver gemeinsamen Speicherplatz benötigen und unabhängig voneinander auf Datenbanken zugreifen, erscheint SAN als die geeignete Lösung. Je größer die Anzahl der Server ist, die auf gemeinsamen Speicherplatz zugreifen und je höher die Anforderungen an Performanz werden, desto wahrscheinlicher ist SAN die geeignete Lösung.

Abschließend sei auf den hohen Stellenwert der Qualität der Datenbasis einer Unternehmung hingewiesen: Das IM sollte das Management der Datenbasis nicht vernachlässigen, da alle Anwendungen auf Daten als ihre Basis zurückgreifen. Wenn die Datenbasis unangemessen modelliert wurde, die Daten physisch am falschen Platz abgelegt sind oder inkompatibel in unpassender Struktur vorliegen, leidet die gesamte Informationsverarbeitung im Unternehmen.

Unternehmen und somit das IM stehen heute der Herausforderung riesiger Datenvolumina gegenüber. Allein durch gesetzliche Auflagen wie z. B. Aufbewahrungsfristen für Unterlagen und die lückenlose Rückverfolgbarkeit von Geschäftsprozessen müssen entsprechende Datenarchivierungssysteme zur Verfügung stehen. Aber auch durch die Unternehmensgröße wächst der Bedarf an Speicherkapazitäten ständig. In großen Umgebungen bieten sich neben den bereits beschriebenen NAS und SAN so genannte hierarchische Speichersysteme an, wobei auch diese z. B. in Form eines SAN implementiert werden. Diese hierarchischen Speichersysteme ermöglichen, die Gesamtkosten für den Speicherbedarf und die Archivierung durch Automatisierung sowie die Nutzung verschiedenartiger Medien reduzieren.

Das Charakteristikum des hierarchischen Speichermanagement (HSM) besteht darin, dass Daten regelbasiert auf immer kostengünstigere Medien verschoben oder gar archiviert werden. Typisch wäre hierbei, die Daten, die von Nutzern ständig im Zugriff sind, auf schnellen Festplatten vorzuhalten, während länger nicht mehr benötigte Dateien auf komprimierte, langsamere Festplatten ausgelagert und selten benötigte Daten auf Bandlaufwerke archiviert werden.

Die Anwendung von HSM-Systemen in Verbindung mit dedizierten Archivierungs- und Backupsystemen müssen im Rahmen der Hard-, Software- und Humanressourcenplanung umfassend berücksichtigt werden.

3.3.3.3 Management der Kommunikation

Kommunikation bezeichnet den Austausch von Informationen zwischen Menschen, zwischen Menschen und Maschinen und zwischen Maschinen zum Zwecke der Verständigung. Die Kommunikation findet über einen *Kommunikationskanal* zwischen mindestens einem *Sender* und einem *Empfänger* statt. Bezüglich der Form der auszutauschenden Informationen wird zwischen Sprach-, Daten-, Text- und Bildkommunikation unterschieden.

Kommunikation zwischen Menschen kann im Allgemeinen ohne Hilfsmittel stattfinden, wenn die Beteiligten sich zur gleichen Zeit am gleichen Ort befinden. *Kommunikationstechnik* wird jedoch notwendig, wenn die Beteiligten an unterschiedlichen Orten oder zu unterschiedlichen Zeitpunkten miteinander kommunizieren wollen. Der Rationalisierung der Kommunikation durch die Anwendung von Technik wird Wettbewerbsbedeutung nachgesagt (Keen 1991).

Ausgehend von der Betrachtung von etablierten Kommunikationsnormen werden im Folgenden die darauf aufsetzenden Kommunikationsnetze beschrieben. Die bestehende Technologie dient als Ausblick für die weitere Entwicklung der Kommunikationstechnik. Die Standards für die Benutzung von Kommunikationsprotokollen (siehe Kapitel 3.3.3.3.1) und Netzwerktopologien (siehe Kapitel 3.3.3.3.2) sind zum heutigen Stand quasi vorgegeben. Managemententescheidungen reduzieren sich in diesem Bereich im Wesentlichen darauf zu entscheiden, welche Bandbreiten innerhalb und in der Außenanbindung dem Unternehmen zur Verfügung stehen sollen (siehe Kapitel 3.3.3.3.3).

3.3.3.3.1 Kommunikationsnormen

Zur Kommunikation sind Regeln über den Kommunikationsaustausch, die Kommunikationsinfrastruktur, Überprüfungsmöglichkeiten etc. notwendig. Diese Regeln werden von verschiedenen Instituten normiert. DIN bezeichnet das Deutsche Institut für Normung in Berlin und ist ein Beispiel für eine derartige Institution. Neben dem DIN für Deutschland gibt es in den USA ANSI (American National Standards Institute), auf europäischer Ebene CEPT (Conférence Européenne des Administrations des Postes et des Télécommunications) und auf internationaler Ebene CCITT (Comité Consultatif International Télégraphique et Téléphonique), ITU (International Telecommunication Union) und ISO (International Standardization Organisation).

Wichtigstes Ergebnis der Standardisierungsbemühungen der ISO war das OSI-Referenzmodell (Open Systems Interconnection) für die Kommunikation in offenen Systemen. Es wurde Ende der 70er Jahre entwickelt, als es aufgrund heterogener Computersysteme zunehmend Kommunikationsprobleme gab, und 1983 zum internationalen Standard erklärt. Ziel war die Reduktion komplexer Kommunikationsvorgänge zwischen heterogenen Endgeräten durch die Zerlegung in weniger komplexe Teilaufgaben, die unterschiedlichen Schichten des Modells zugeordnet sind. Zusammengefasst ist das OSI-Modell ein international anerkannter Standard, der die Interaktion von Hard- und Software in mehrere Schichten zerlegt. Die Bedeutung des Standards liegt in der Möglichkeit, Netze aus Komponenten unterschiedlicher Hersteller zusammensetzen zu können, solange die Komponenten den Normierungsspezifikationen genügen.

Die durch das OSI-Modell spezifizierte Architektur unterteilt die Netzwerkkommunikation in sieben Schichten, wie in Abbildung 3-69 schematisch dargestellt. Diese Schichten haben jeweils unterschiedliche Aufgaben, die von verschiedenen Geräten und Netzwerkprotokollen verarbeitet werden. Hierbei kommuniziert eine Schicht mit der jeweils darüber und darunter liegenden Schicht. Sie kommunizieren über Schnittstellen, die bestimmen, welche Netzwerkdienste der darüber liegenden Schicht angeboten werden und wie auf diese zugegriffen wird. Jede Schicht baut dabei auf den Standard der darunter liegenden Schicht auf.

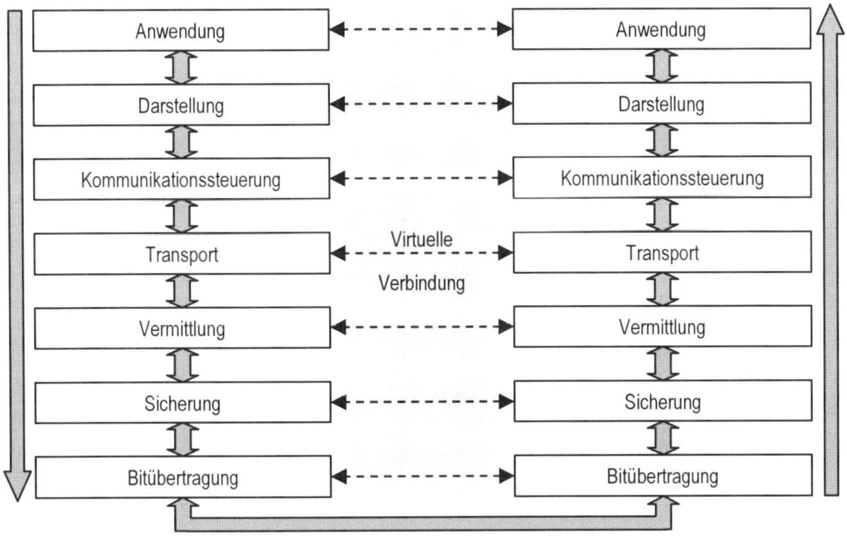

Abbildung 3-69. OSI-Modell
Quelle: Eigene Darstellung

Bei der Übertragung von Informationen zwischen Computern werden die Daten in Pakete zerlegt. Der sendende Computer 1 fügt dem zu übertragenden Paket von Schicht zu Schicht zusätzliche Informationen hinzu. Der empfangende Computer 2 verarbeitet die empfangenen Pakete in umgekehrter Reihenfolge. Jede Schicht des empfangenden Computers verarbeitet die Daten der gegenüber liegenden Schicht. Diese Schichten sind also logisch miteinander verknüpft. Eine Ausnahme hiervon ist die Bitübertragungsschicht, die über das Netzwerk direkt mit der gegenüberliegenden Schicht kommuniziert.

Die oberste Schicht 7 des OSI-Modells ist die **Anwendungsschicht**. Sie ermöglicht Anwendungen den Zugang zu Netzwerkdiensten und enthält Dienste, die Anwendungen direkt unterstützen, wie z. B. Dateitransfer.

Die **Darstellungsschicht** ist die Schicht 6 und hat die Aufgabe, die von der Anwendungsschicht empfangenen Daten in ein für alle Computer verständliches Zwischenformat zu übersetzen und umgekehrt. Zu den weiteren Aufgaben kann unter anderem auch die Datenverschlüsselung sowie die Datenkompression zur Reduktion der zu übertragenden Datenmenge zählen.

Schicht 5 ist die **Kommunikationssteuerungsschicht**, die für den Aufbau und die Verwendung einer Verbindung zwischen Rechnern zuständig ist. Diese Verbindung wird auch als Sitzung bezeichnet. Dieser Schicht kommt zudem die Aufgabe zu, die Benutzeraufgaben zu synchronisieren, die unterschiedlichen Ressourcen namentlich zu identifizieren sowie den Dialog zwischen Computern zu steuern.

Bei der Übertragung von Paketen ist es notwendig sicherzustellen, dass keine Duplikate existieren, die Pakete fehler- und verlustfrei übertragen und in der richtigen Reihenfolge verarbeitet werden. Dies ist die Aufgabe der **Transportschicht**. Beim Empfang einer Nachricht wird in der Regel eine Empfangsbestätigung an den Sender der Pakete zurückgesendet.

Die **Vermittlungsschicht**, auch als Netzwerkschicht bezeichnet, ist die Schicht 3 des OSI-Modells. Diese ist unter anderem verantwortlich für die Übersetzung von logischen Adressen und Namen in die physische Adresse. Zudem wird hier der Weg der Übermittlung vom Quell- zum Zielmedium, das Routing, festgelegt.

Die **Sicherungsschicht** (Schicht 2) gruppiert die Daten zu Rahmen. Hinzugefügt werden Steuer- und Prüfsummendaten, die vom Empfänger durch Sendung einer Empfangsbestätigung quittiert werden. Bei fehlerhafter Übertragung kann somit eine erneute Übertragung der entsprechenden Daten erfolgen. Letztendlich hat diese Schicht noch zur Aufgabe, die Sendegeschwindigkeit an die Geschwindigkeit des Empfangenden anzupassen. Diese Flusskontrolle verhindert somit die Überlastung eines Empfangsgerätes.

Zur Übertragung der Daten wird eine physische Verbindung zu einem Netzwerk benötigt. Da diese durchaus unterschiedlich gestaltet sein kann, z.B. durch den Einsatz von Ethernet, FDDI (Fiber Distributed Data Interface) oder Token Ring, muss eine entsprechende Schnittstelle existieren, die die Daten entsprechend des verwendeten Übertragungsmediums aufbereitet. Dies findet in der Schicht 1, der **Bitübertragungsschicht**, statt. Diese übersetzt die zu übertragenden Bits (Nullen und Einsen) in das der Datenleitung entsprechende analoge oder digitale Format.

Zum OSI-Modell sei angemerkt, dass die einzelnen Schichten in zwei Teilgruppen zergliedert werden. Hierbei werden die Schichten 1 bis 4 zum Transportsystem und die Schichten 5 – 7 zum Anwendungssystem zusammengefasst (Cisco Systems 2001, S. 43ff.; Stein 2001, S. 4ff). Das Anwendungssystem, auch Anwendungsschichten genannt, interagiert mit Software-Anwendungen, die eine Kommunikationskomponente enthalten. Das Transportsystem ist mit dem Datentransportsystem verbunden, das mit Software- und Hardwarekomponenten interagiert.

Das Internet hat in den letzten Jahren durch die weite Verfügbarkeit von Rechnernetzwerken und die kontinuierlich verbesserte Netzübertragungstechnik – mit hieraus resultierenden schnelleren Übertragungsraten – zu einer breiten Akzeptanz geführt. Für die Kommunikation im Internet ist das TCP/IP-Protokoll von besonderer Bedeutung. Wegen der Offenheit und Verbreitung von TCP/IP wird das Protokoll zunehmend auch für innerbetriebliche Netze verwendet (Intranet). Die einzelnen Protokolle der TCP/IP-Protokollfamilie lassen sich Schichten des OSI-Modells zuordnen, wobei TCP der OSI-Schicht 4 (Transport) und IP der OSI-Schicht 3 (Vermittlung) entspricht. Bei genauerer Betrachtung von TCP/IP handelt es sich nicht um ein einziges Protokoll, sondern vielmehr um eine Sammlung von

Protokollen. Der Standard TCP (Transmission Control Protocol) wurde durch die Internet Engineering Task Force (IETF) im RFC 791 (Request for Comments) bereits zu Beginn der 80er Jahre definiert (Postel 1981c). Die IETF ist eine Gemeinschaft, die durch die Teilnahme seitens der Computer-, Netzwerk- und Telekommunikationsindustrie die Fortentwicklung von Internetprotokollen antreibt und diese zu Standards entwickelt. Die IETF ist in Arbeitsgruppen mit unterschiedlichen Aufgaben unterteilt und ist seit der Gründung der Internet Society (ISOC, http://www.isoc.org) Anfang 1992 an diese angegliedert. Die Arbeiten der IETF werden in RFCs veröffentlicht und erreichen teilweise den Status von Standards (Harris 2001).

TCP ist ein verbindungsorientiertes Transportprotokoll. Dies bedeutet, dass Daten nicht einfach an einen Empfänger versendet, sondern zuvor eine Verbindung mit diesem hergestellt und dessen Empfangsbereitschaft sichergestellt werden. Der Datenaustausch erfolgt in den drei Phasen Verbindungsaufbau, Datentransfer und Verbindungsabbau, wobei Handshake-Mechanismen für den Verbindungsaufbau zur Anwendung kommen. Den verbindungsorientierten Protokollen stehen verbindungslose Protokolle wie z. B. UDP (User Datagram Protocol) gegenüber. Diese Protokolle senden Datenpakete, ohne zuvor eine Verbindung mit dem Empfänger aufzubauen. Es verzichtet demnach auf eine Flusskontrolle. Bei weniger wichtigen Diensten und kleinen Datentransfervolumina kann ein verbindungsloses Protokoll durchaus sinnvoll sein, da der Aufwand für den Verbindungsaufbau entfällt und somit die Daten das Ziel schneller erreichen können.

Das verbindungsorientierte Transportprotokoll TCP unterstützt die Funktionen der Transportschicht. Neben einigen anderen Aktivitäten werden im Wesentlichen die Daten der übergeordneten Schichten entgegengenommen und in einzelne Datenpakete segmentiert und mit einer Sequenznummer versehen, die die korrekte Rei-

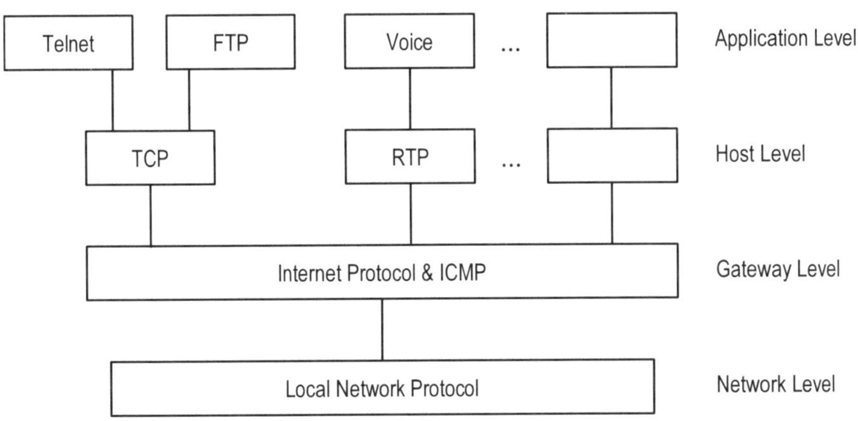

Abbildung 3-70. TCP-Protokoll in einer Protokoll-Hierarchie
Quelle: Postel (1981c)

henfolge auf der Empfangsseite garantiert. Das TCP-Protokoll steht in Zusammenhang mit Protokollen und Diensten, die sich in anderen Schichten befinden, mit denen TCP interagiert. Im RFC 793 aus dem Jahre 1981 ist dieser Zusammenhang bereits in einem Schichtenmodell (Abbildung 3-70) dokumentiert, das nicht dem OSI-Modell entspricht, das erst zwei Jahre später zum Standard wurde. Das TCP-Protokoll bedient sich der Dienste darunter liegender Protokolle. Es wird vor allem auf das Internet Protokoll (IP) zurückgegriffen.

Das Internet Protokoll wurde grundlegend in RFC 791 definiert (Postel 1981b). Das Internet Protokoll ist im Wesentlichen dafür verantwortlich, Pakete zwischen den Hosts und Netzwerken zu adressieren, zu lenken sowie bei Bedarf zu fragmentieren, falls dies für das verwendete Netzwerk notwendig ist. In engem Zusammenhang mit IP steht das Internet Control Message Protocol (ICMP). Dieses in RFC 792 (Postel 1981a) definierte Hilfsprotokoll dient der Steuerung des IP-Verkehrs, der Rückmeldung von Fehlern und kann zur Identifikation des Netzwerkstatus' und somit der Fehlerkontrolle eingesetzt werden. Bspw. wird mittels dieses Protokolls ein Absender darüber verständigt, dass ein Empfänger nicht mehr erreichbar ist, der Absender seine Senderate verringern soll, da die verwendete Netzroute überlastet ist oder dass gar ein gesendetes Paket verworfen wurde. Zwei weit verbreitete Programme, die ICMP nutzen, sind die Programme „Ping“ und „Traceroute“. Diese gehören zu den Standardanalysewerkzeugen bei Netzwerkproblemen.

Das Internet Protokoll existiert mittlerweile in unterschiedlichen Versionen, womit den wachsenden Anforderungen an das Internet Rechnung getragen wird. Die bisherige Version von IP, **IPv4**, ist bezüglich des Adressumfangs an Grenzen angelangt. Der stetig wachsende Bedarf an Internet-Adressen kann durch die Menge der verfügbaren und freien IP-Adressen nur noch kurzfristig abgedeckt werden. Ein Hauptgrund für die Beschränktheit von IPv4 liegt in der starren Adressstruktur, die durch die hierarchische Aufteilung des Adressraums in A, B, und C-Adressen dazu führt, dass die registrierten Adressen knapp werden. Zudem sind mit der Verbreitung des Internet auch Sicherheitsprobleme verbunden, die auf höheren Ebenen nur sehr aufwändig und zugleich unwirtschaftlich zu lösen sind. Neue Anwendungsformen erfordern außerdem Quality of Service-Steuerungsmöglichkeiten. Diesen Problemen soll durch eine Erweiterung des IP-Protokolls begegnet werden.

Die **Version IPv6** (IP Next Generation, IPnG) unterstützt einen erweiterten Adressraum mit 128 Bit statt 32 Bit pro Adresse, Authentifizierung und Verschlüsselung als Optionen auf IP-Ebene, die Möglichkeit der Kennzeichnung von Paketen zur Steuerung der Behandlung beim Transport (flow labeling) und einen vereinfachten Mindest-Header. Für die Planer und Betreiber von IP-Netzen bedeutet das, dass sie sich auf Neuerungen einstellen müssen. So werden die Adressen nicht mehr wie unter IPv4 dezimal kodiert, sondern hexadezimal. Das erschwert den Umgang mit den Adressen ebenso wie die Möglichkeit, Netzwerk-Adressen ohne Rückgriff auf die Dokumentation zu identifizieren.

3.3.3.3.2 Kommunikationsnetzwerke

Das **Internet** hat sich zur **allumfassenden Kommunikationsplattform** entwickelt. Kommunikation und Interaktion innerhalb und zwischen Unternehmen und Organisationen sowie von und mit Privatnutzern werden immer häufiger mit Unterstützung des Internet abgewickelt. Die Protokolle und Standards des Internet ermöglichen auf der logischen Ebene eine standardisierte Kommunikation zwischen beliebigen Rechnern auf der Welt. Voraussetzung ist, dass sie über einen Zugang zum Internet und eine Internet-Adresse (IP-Adresse) verfügen. Die heute gängigen Netzwerk-Betriebssysteme unterstützen alle das IP-Protokoll als Standard.

Das **Kommunikationsmanagement** in Netzen wird schwerpunktmäßig zum Netzmanagement mit den Aufgabenkomplexen Netzgestaltung, Netzverwaltung und Netzbetrieb und ist damit eine Teilaufgabe des operativen IKT-Managements:

- **Netzgestaltung:** Unter Netzgestaltung fällt die Auswahl von Hardware- und Software-Komponenten sowie die Verkabelungs- und Installationsplanung. Die Netzgestaltung kann bereits in der Planungsphase für Gebäude ansetzen, wenn es z. B. um die Festlegung von Kabelschächten geht.
- **Netzverwaltung:** Die Netzverwaltung dient der Aufrechterhaltung des Netzbetriebes. Aufgaben sind Beschaffung, Bestandsregistratur und Koordinierung der Instandhaltung.
- **Netzbetrieb:** Der Netzbetrieb subsumiert Netzbedienung, laufende Instandhaltung und Benutzerservice.

Bei der Netzgestaltung können verschiedene Strukturen (Topologien) implementiert werden.

> Die **Netz(werk)topologie** legt fest, in welcher *physischen* Form die Rechner bzw. Datenstationen (Knoten des Netzwerks) eines Datenübertragungsnetzes miteinander verknüpft werden. Die Kommunikationsverbindungen werden auch als Kanten des Netzwerks bezeichnet (in Anlehnung an Schwarze 2000, S. 101).

Hierbei wird zwischen Punkt-zu-Punkt-Netzwerken – auch Teilstreckennetzwerke genannt – und Mehrpunknetzwerken unterschieden:

Punkt-zu-Punkt-Netzwerke: Durch einen Übertragungsweg werden jeweils genau zwei Datenstationen miteinander verbunden. Die einzelnen Datenstationen empfangen Meldungen, untersuchen, ob eine Meldung für sie bestimmt ist, und leiten die Meldungen ggf. weiter.

Mehrpunktnetzwerke: Durch einen Übertragungsweg werden mehr als zwei Datenstationen durch ein gemeinsames Medium miteinander verbunden. Jeder Knoten kann prinzipiell auf jede Meldung zugreifen, die über das gemeinsame Medium ausgetauscht wird.

Netzwerktopologien von Punkt-zu-Punkt-Netzwerken sind u. a. Sternnetz, Schleifennetz und Maschennetz. Die bekannteste Netzwerktopologie für Mehrpunktnetzwerke ist das Busnetz. Eine detaillierte Beschreibung der verschiedenen Netzwerktopologien findet sich in (Hansen/Neumann 2001, S. 1143-1142).

Aufbau, Ausbau und die Pflege eines Netzwerkes bilden ein **Infrastrukturelement der Kommunikation**. Werden IS in Rechnernetzen miteinander verbunden, kann nach ihrer Reichweite zwischen Wide Area Networks (WAN) und Local Area Networks (LAN) unterschieden werden. Lokale Netze beschränken sich in der Regel auf ein Betriebsgelände und befinden sich unter privater Hoheit. WANs werden für größere Distanzen und die Überbrückung öffentlichen Geländes benutzt.

Hauptmerkmale eines effizienten Kommunikationsnetzes sind adäquater Datendurchsatz, zuverlässige und fehlerfreie Übertragung, flexible Verbindungsmöglichkeiten, Erfüllung der Standardisierungsvoraussetzungen sowie einfache Steuerung und Verwaltung. Das Zusammenwachsen von Telekommunikation und IT bietet neue Dienste für die Benutzer. Solche Dienste werden auch **als Mehrwertdienste** oder **Value Added Networks (VAN)** bezeichnet. Obwohl auch VANs die öffentlichen Übertragungswege nutzen, beschränken sich diese privaten Netzwerkbetreiber bei der Gestaltung ihres Serviceangebots für Firmenkunden nicht auf die reine Datenübertragung, sondern verbinden sie mit weiterreichenden Leistungen.

Der Aufbau und der Betrieb eines **IP-Netzwerkes** bringen eine Vielzahl an erforderlichen Entscheidungen des strategischen und operativen Managements mit sich. So müssen Entscheidungen getroffen werden über die Zuverlässigkeit und Verfügbarkeit des Netzes, über die Vergabe von IP-Adressen und das zugrunde liegende Netzadressen-Schema, über die Verwendung von Subnetz-Adressen und über das allgemeine Systemmanagement (Washburn/Evans 1997, S. 18). Diese Grundentscheidungen definieren den Aufbau eines IP-Netzes und zeigen zugleich, welche laufenden Aufgaben mit dem Betrieb und der Wartung eines IP-Netzes verbunden sind.

Nachfolgend sollen einige **Managementfragen** diskutiert werden, die mit dem Einsatz von IP-Netzwerken einhergehen. Es wird nach einer kurzen Darstellung von Intranets und Extranets auf die Browser als zentrale Schnittstelle zum Menschen mit den damit verbundenen Standardisierungsbemühungen und -notwendigkeiten eingegangen. Anschließend werden Sicherheitsfragen und der Einsatz von Virtual Private Networks erörtert. Nachfolgend wird der Einsatz von Quality of Service-Garantien im IP-Netz dargestellt.

Intranets und Extranets (s. Abbildung 3-71) spielen eine Rolle im Unternehmensalltag. In unternehmensinternen Netzen wird das Internet (WWW-Server, Browser, TCP/IP etc.) immer häufiger eingesetzt. In diesem Fall spricht man von Intranets.

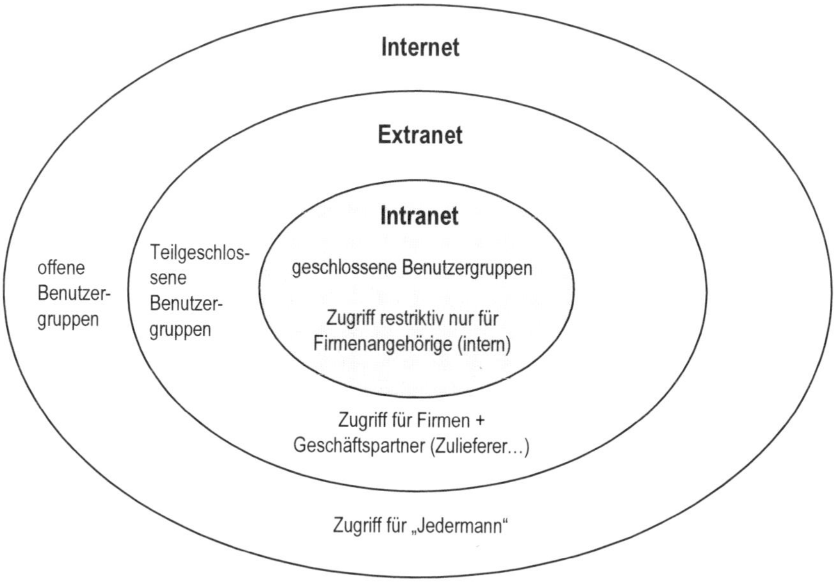

Abbildung 3-71. Intranet, Extranet und Internet
Quelle: In Anlehnung an Rensmann (1998, S. 10)

Wenn ein Intranet für die Integration der eigenen Wertschöpfungskette mit Zulieferern, Kunden etc. erweitert wird, so spricht man von einem Extranet. Der Zugriff auf bestimmte Inhalte des unternehmenseigenen Netzes kann auf klar definierte Gruppen außerhalb des Unternehmens erweitert werden. So kann das Bestellwesen mit Lieferanten über das Extranet als vertraulichem Kanal, der verhindert, dass unberechtigte Dritte die Inhalte der Kommunikation einsehen können, abgewickelt werden, oder das Extranet kann einen Informationsraum schaffen, in dem Kooperationspartner Informationen austauschen und kommunizieren können. Wichtig dabei ist, dass sich die Partner auf die Korrektheit und Unverfälschtheit der Daten verlassen können.

Auch auf **Anwenderseite** wird der Umgang mit der Informations- und Kommunikationstechnik vereinfacht. Für die Nutzer besteht kein großer Unterschied mehr zwischen dem Zugriff auf Informationen im Internet oder im Intranet. Für beide Fälle kann ein Internet-Browser eingesetzt werden. Der Internet-Browser wird zur zentralen Informationsschaltstelle des Anwenders. Für den Anwender reduziert sich damit auch der Schulungsaufwand, da er den Browser und das Mail-Programm sowohl für das Intranet als auch das Internet nutzen kann. Dies kann sich positiv auf die Nutzung und Akzeptanz der Technik auswirken.

Einhergehend mit dem Wachstum des **World Wide Web (WWW)** wuchs auch die Bedeutung der **Browser**. Alle verfügbaren Browser unterstützen die Hypertext

Markup Language (HTML). Darüber hinaus gibt es aber viele proprietäre Erweiterungen, die die Kompatibilität der Browser einschränken. Von den Browser-Anbietern werden Softwaremodule, „Plugins", auf den Markt gebracht, die sich in den Browser integrieren lassen. Der Browser kann so um gewünschte Funktionalitäten erweitert werden, wie z. B. zur Anzeige von PDF-Dateien sowie zur Integration von Java-Applets oder JavaScript. Browser bieten inzwischen Werkzeuge an, die deren Verwendung im Intranet erleichtern. Damit kann z. B. die Verwaltung und der Upgrade der Clients zentral gesteuert werden.

Das Internet bildet im Unternehmen **eine plattformunabhängige Basis**, mit der sich heterogene Systeme in ein einheitliches Netz integrieren lassen. Durch die Definition von Schnittstellen und Standards für die Kommunikation senkt das Internet den Aufwand für die Entwicklung, Pflege und den Einsatz eigener Software und Anwendungen.

Wichtig für die Entwickler von Web-Seiten und die Nutzer von Browsern ist, dass **Standards** unterstützt werden. Inzwischen unterstützen die Marktführer Standards wie die Extensible Markup Language (XML), Cascading Style Sheets (CSS) und das Document Object Model (DOM). XML stellt einen neuen Standard für die Beschreibung von Dokumenteninhalten dar und ermöglicht die Definition spezieller Regeln für bestimmte Einsatzgebiete (z. B. für Branchen). Damit können Inhalte von Dokumenten definiert, den Dokumenten hinterlegt und abgefragt werden (Goldfarb/Prescot 1999). Solche „Daten über Daten" werden auch **Metadaten** genannt. Auswertungen der Metadaten können direkt in Anwendungsprogrammen weiterverarbeitet werden. Als universelles Datenaustauschformat ermöglicht XML auch die Darstellung von EDI-Spezifikationen. Vorteil der Standardisierung für die Entwickler und Anwender ist, dass sie sich in ihren Anwendungen auf diese Standards fokussieren können und in vielen Fällen nicht mehr auf die Verwendung herstellerspezifischer Erweiterungen angewiesen sind. Dies schafft Investitionssicherheit und reduziert Abhängigkeiten.

Mit der zunehmenden Größe und Komplexität von Intranets wird deren **Administration** bedeutsamer. Verwaltet werden müssen Zugriffsrechte und Benutzerkennungen. Mit Verzeichnisdiensten können Benutzer in einer verteilten Systemlandschaft zentral administriert werden. Benutzerprofile können von zentraler Stelle aus auf den Arbeitsplatzrechnern eingerichtet werden.

Das Problem des Einsatzes des Internets auch in und zwischen Unternehmen liegt allerdings darin, dass im Internet als offenem Netz Informationen jedem zur Verfügung stehen, der die IP-Adressen von Rechnern im Unternehmensnetzwerk kennt und über entsprechende Rechte auf einem dieser Rechner verfügt. Um sicherzustellen, dass vertrauliche Unternehmensdaten nicht der Öffentlichkeit zugänglich werden, müssen Intranet und Extranet von der Außenwelt des Internet abgeschottet werden. Eine tiefer gehende Diskussion des Managements von IT-Sicherheit wird als Teil der Führungsaufgaben in Kapitel 3.4.6.4 unter dem Begriff IT-Risk-Management beschrieben.

Die Regeln des Internet werden von vielen verflochtenen Organisationen erarbeitet. Zu nennen sind u. a. ISOC (www.isoc.org), ICANN (www.icann.org), IETF (www.ietf.org) (Harris 2001). Abschließend ist zu bemerken, dass diese Organisationsstruktur einer ständigen Veränderung unterworfen ist.

3.3.3.3.3 Trends der Kommunikationstechnik

Das strategische IKT-Management befasst sich u. a. mit der Frage, welche Trends in der Technikentwicklung zu erwarten sind. Bezüglich der Kommunikationstechnik werden im Folgenden die Bereiche Kapazitäts- und Leistungssteigerung sowie die Konvergenz von Netzen und Endgeräten beleuchtet.

Die fortschreitende Entwicklung der Leistungsfähigkeit der Hardware ermöglicht einen **Ausbau der Netzwerkkapazität**. Andererseits erfordern die zunehmende Verteilung und Dezentralisierung von Arbeitsprozessen und Endgeräten höhere Übertragungsleistungen (Bundesamt für Sicherheit in der Informationstechnik 2003b, S. 154). Der Bandbreitenbedarf zeigt sich im Ausbau von Techniken mit hoher Übertragungsrate. Um den steigenden Anforderungen der Anwender bzw. der Übertragungsleistung begegnen zu können, ist der Einsatz von neuen Technologien wie die drahtlose Vernetzung bzw. der Ausbau von Übertragungssystemen mit höheren Kapazitäten erforderlich. Der bisherige Verlauf der Bandbreitenent-

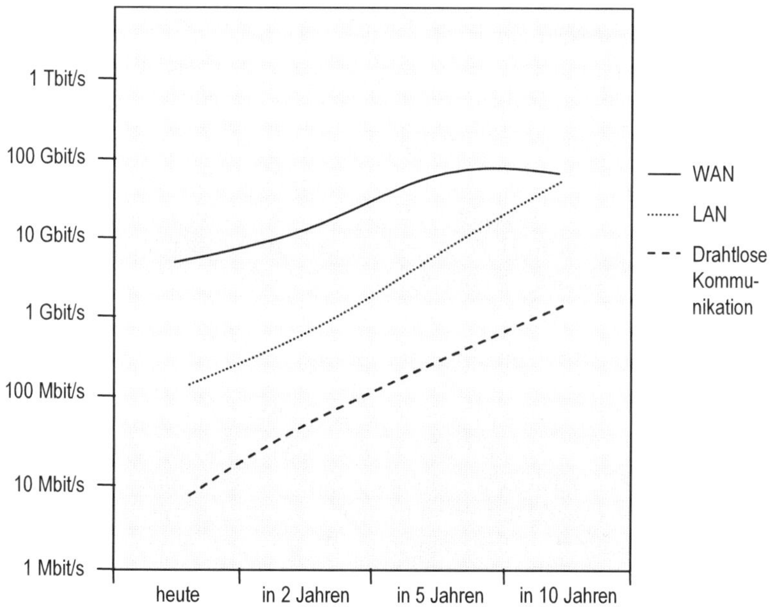

Abbildung 3-72. Entwicklung der Bandbreiten im geschäftlichen Bereich
Quelle: In Anlehnung an Bundesamt für Sicherheit in der Informationstechnik (2003b, S. 157)

wicklung lässt auf ein weiteres exponentielles Wachstum schließen. In Abbildung 3-72 ist die erwartete Entwicklung für die drahtlose Kommunikation, LAN und WAN im geschäftlichen Bereich beschrieben.

Weiterhin ist ein Trend zur **Konvergenz** von unterschiedlichsten Rechnersystemen und zur Vereinheitlichung der eingesetzten Technologien (Bundesamt für Sicherheit in der Informationstechnik 2003b, S. 157) beobachtbar. Auf der Ebene der Protokolle wird IP einheitlich eingesetzt, wobei der Trend zur Version IPv6 erkennbar ist. IP wird als ein Universalprotokoll betrachtet, auf das in Zukunft jegliche Art von Kommunikation aufsetzen wird (Bundesamt für Sicherheit in der Informationstechnik 2003b, S. 160). Insbesondere durchdringt IP mit der Ausprägung **MobileIP** auch den mobilen Anwendungsbereich. Der Trend zur Anwendung **Voice over IP (VoIP)**, die Telefonie über IP-basierte Netze realisiert, verdeutlicht die Konvergenz von Daten- und Sprachdiensten und den Charakter von IP als universelles Protokoll. Weiterhin werden Infrastrukturen für die Mobiltelefonie neben der Übertragung von Telefongesprächen zunehmend zur Datenübertragung eingesetzt. Dies zeigt den Trend zur Konvergenz von unterschiedlichen Dienstangeboten. Mit dem Ausbau und der Vereinheitlichung der Netztechnik werden zusätzliche Anwendungsfelder erschlossen. So werden auch elektrische Geräte im Haushalt und Automobile mit der Zugangsmöglichkeit zum Internet verstärkt auftreten. Die vereinheitlichte Protokolltechnik erlaubt letztendlich das Zusammenwachsen von Mobil- und Festnetzen (Bundesamt für Sicherheit in der Informationstechnik 2003b, S. 165). Bspw. können heute die aus dem Mobilfunknetz bekannten Kurznachrichten (SMS) auch über das Festnetz versendet werden. Mit dem Zusammenwachsen von Netzen werden zunehmend Endgeräte angeboten, die die Nutzung von Diensten aus unterschiedlichen Netzen ermöglichen.

Zusammenfassend sind die Trends des Ausbaus der Netzwerkkapazität sowie der Konvergenz von Diensten, Endgeräten und Netzen mit der einhergehenden Unterstützung der Mobilität erkennbar. Die Abschätzung dieser Trends erfolgt im Rahmen des strategischen IKT-Managements z. B. mit der in Kapitel 3.3.2.2.3 vorgestellten Methode des Technology Roadmapping.

3.3.4 Management von Technikbündeln

Die Aufgabe des Managements von Technikbündeln ist es, im Hinblick auf den Einsatz von Applikationen (und den dahinter stehenden Konzepten) nachhaltige Entscheidungen bezüglich der Kombination von Basistechnik zu treffen. Das Management von Technikbündeln hängt somit unmittelbar mit dem Applikationsmanagement zusammen. Allgemeingültige Regeln und Vorgehensweisen zum Management konkreter Technikbündel sind in der wissenschaftlichen Literatur kaum anzutreffen. Einscheidungen müssen im Einzelfall getroffen werden. In den folgenden Kapiteln werden beispielhaft Aspekte des Managements von Technikbündeln erläutert, die der Realisierung von Client-Server-Architekturen oder Web Services dienen.

3.3.4.1 Ausgewählte Beispiele für Technikbündel

Ein typisches Beispiel für Technikbündel sind **Client-Server-Architekturen (CSA)**. Sie entstehen durch eine Bündelung spezieller Formen der drei Basisfunktionalitäten (siehe Seite 212, Abbildung 3-57). Im Basisfunktionalitäts-Bereich *Kommunikation* bestehen CSA aus der Basistechnik Datennetze sowie Koordinationsverfahren, insbesondere Remote Procedure Calls (RPC) und Message Passing Systems (MPS). Im Basisfunktionalitäts-Bereich der *Verarbeitung* wird Rechenkapazität an den Netzknoten der CSA benötigt. Weiterhin sind für CSA grafische Benutzeroberflächen als Präsentationstechniken charakteristisch. Im Basisfunktionalitäts-Bereich der *Speicherung* werden verteilte Datenbankkonzepte als Basistechnik verwendet. Obwohl verschiedene Formen der Basistechnik schon vorher bestanden, macht erst die sinnvolle Kombination das Potenzial des Technikbündels CSA aus.

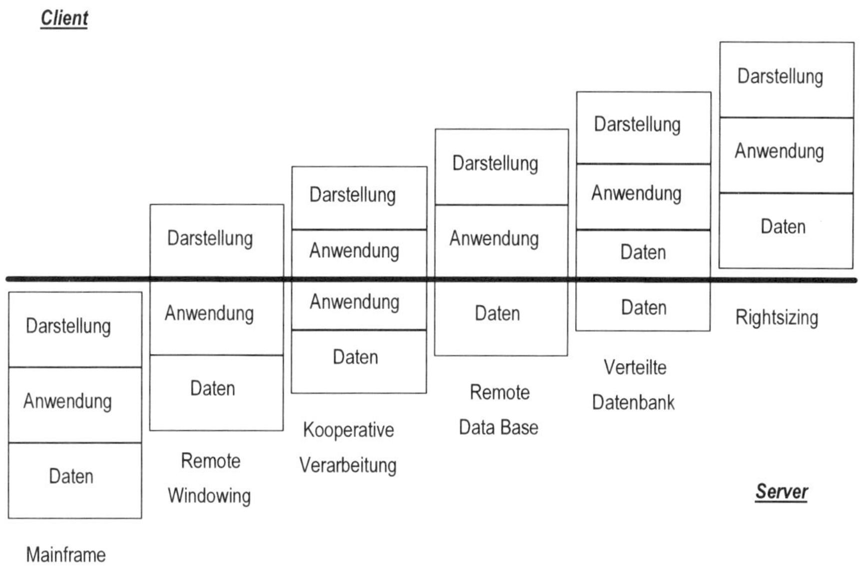

Abbildung 3-73. Verteilungsoptionen bei Client-Server-Architekturen
Quelle: Krcmar/Strasburger (1993, S. 26)

Durch die zunehmende Verbreitung von IT-Anlagen und deren Vernetzung hat sich diese hybride Form zwischen der zentralen sowie der verteilten und lokalen IT entwickelt. Bei Client-Server-Systemen übernehmen unter den über ein LAN oder WAN vernetzten Rechnern einige Rechner, die so genannten Server, bestimmte Dienstleistungen für andere Rechner, die Clients, die diese Dienstleistungen nutzen. Die Dienstleistung kann in der Datenhaltung, auf der Ebene der Anwendung oder auch nur in der Präsentation der Daten bestehen (Abbildung 3-73).

Die Kommunikation zwischen den Servern und Clients erfolgt über standardisierte Schnittstellen. Als besondere **Vorteile** der Verarbeitung nach dem **Client-Server-Prinzip** werden die

- LAN-/WAN-weite Nutzung aller vorhandenen (Verarbeitungs-) Ressourcen,
- bessere Zuordnung arbeitsplatzbezogener Aufgaben,
- verbesserte Verarbeitungsbereitschaft (Verfügbarkeit der Verarbeitungskapazitäten) und
- erhöhte Flexibilität in den Verarbeitungsmöglichkeiten angeführt.

Es entstehen niedrigere Hardware-Kosten, die jedoch mit gestiegenen Kosten für den Netzbetrieb und die gesamte Systembetreuung einhergehen.

Ein weiteres Beispiel für Technikbündel stellen **Web Services** dar. Web Services sind als eine konkrete Instanz der Service Oriented Architecture (SOA) zu verstehen, die bereits Anfang der 70er Jahre diskutiert wurde und heutzutage in Verbindung mit verteilten Anwendungen neu aufgegriffen wird (Burghardt/Hagenhoff 2003, S. 5). Die SOA kann dabei als Paradigma verstanden werden, das beschreibt, wie lose gekoppelte Softwarekomponenten in einer verteilten Anwendung über ein Netzwerk miteinander kommunizieren und Dienste anbieten. Innerhalb der SOA werden die Rollen **Service-Provider**, **Service-Requestor** und **Service-Broker** unterschieden, anhand welcher sich die einzelnen Aufgaben in einer

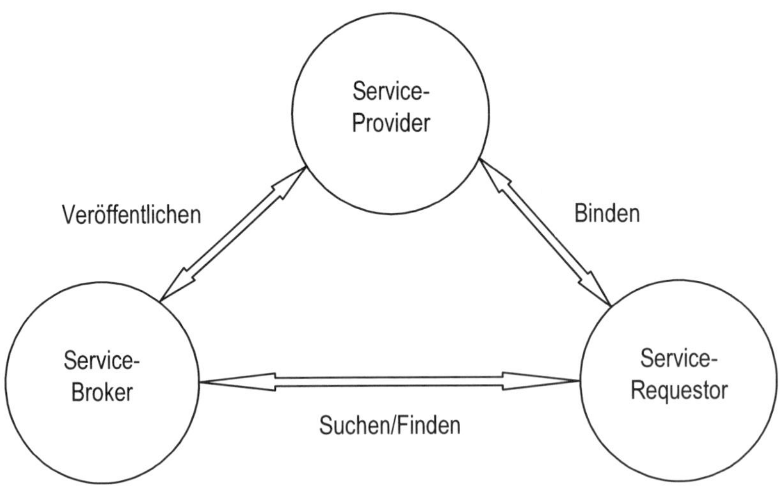

Abbildung 3-74. Service-orientierte Architektur
Quelle: Dustdar/Gall (2003, S. 114)

serviceorientierten Architektur festmachen lassen. Abbildung 3-74 stellt diese Rollen im Überblick dar.

Der Service-Provider stellt einen bestimmten Dienst zur Nutzung bereit, welcher wiederum durch den Service-Broker ausfindig gemacht werden kann. Der Service-Requestor fragt über den Service-Broker einen bestimmten Dienst nach, was den Service-Broker dazu veranlasst, einen passenden Service-Provider mit entsprechendem Dienstleistungsangebot zu finden. Nach erfolgreicher Suche bindet sich der Service-Requestor an den gefundenen Dienst zu dessen Nutzung. Die konkrete Umsetzung dieser konzeptionellen Sicht auf die Funktionsweise einer serviceorientierten Architektur findet sich im Aufbau von Web Services wieder. Dabei kommen zur Erfüllung der einzelnen Aufgaben unterschiedliche Technologien zum Einsatz, welche als Bündel Web Services repräsentieren und in den folgenden Absätzen kurz dargestellt werden.

Ein Web Service selbst ist eine Software-Komponente, die eine bestimmte Funktionalität zur Nutzung durch einen Client über ein Netzwerk bereitstellt. Dazu werden standardisierte Technologien verwendet, die sich im Internet-Umfeld in den letzten Jahren bewährt haben (Snell et al. 2002, S. 1). Dazu zählen vor allem das Hypertext Transfer Protocol (HTTP) und die Extensible Markup Language (XML).

Das am weitesten verbreitete Transportprotokoll von Web Services ist HTTP, wenngleich sich das File Transfer Protocol (FTP) oder das Simple Mail Transfer Protocol (SMTP) ebenso dafür eignen. Auf diese Protokolle wurde mit weiteren Protokollen höherer Ebenen aufgesetzt, um so Aufrufe entfernter Methoden – Remote Procedure Calls (RPC) – zu ermöglichen. Die am häufigsten verwendeten Protokolle dieser Art sind XML-RPC und das Simple Object Access Protocol (SOAP). XML-RPC ist ein einfaches, auf XML-Nachrichten basierendes Protokoll, das zum Aufruf entfernter Methoden oder Prozeduren über ein Netzwerk eingesetzt wird (Burghardt/Hagenhoff 2003, S. 33). Aufgrund mangelnder Flexibilität und schlechter struktureller Erweiterungsmöglichkeiten wurde XML-RPC zu SOAP weiterentwickelt. SOAP ist an kein bestimmtes Transportprotokoll gebunden, jedoch hat sich – wie bereits bei XML-RPC – HTTP als Quasi-Standard zu Übertragung von SOAP-Nachrichten durchgesetzt. Diese Entwicklung ist vor allem deshalb leicht nachzuvollziehen, da der Übertragungsweg über HTTP bei den meisten Unternehmen und Organisationen aufgrund vorhandener Web-Applikationen offen steht. SOAP eignet sich besonders gut zur Übertragung von RPC-Aufrufen und RPC-Antworten. Das SOAP-Protokoll übernimmt damit die lose Kopplung einzelner Software-Komponenten und den Transport über bekannte Internet-Protokolle (Dustdar/Gall 2003, S. 117). Durch SOAP wird somit die Nutzung von Diensten des Service-Providers durch den Service-Requestor ermöglicht.

Damit zwei Endpunkte im Umfeld von Web Services miteinander in Kontakt treten können, bedarf es einer weiteren Spezifikation, die die plattform-unabhängige

Kommunikation regelt. Zwischen den beiden Endpunkten wird eine Art Vertrag geschlossen, der über die entsprechenden Methodenschnittstellen und die technischen Daten eines Web Service Auskunft erteilt (Dustdar/Gall 2003, S. 121). Dieser Vertrag bzw. die Dienstbeschreibung eines Web Service wird als XML-Dokument gespeichert. Die Beschreibungssprache, die dabei zum Einsatz kommt, heißt Web Service Description Language (WSDL). WSDL baut auf SOAP auf und stellt dem entfernten Client so Nutzungsdetails für den angeforderten Web Service bereit. Durch WSDL ist der Service-Provider somit in der Lage, seine Dienste zu veröffentlichen.

Neben der Möglichkeit, einen Web Service über SOAP zu nutzen und mit WSDL Informationen über ihn zu bekommen, ist es außerdem noch erforderlich, einen bestimmten Web Service im Internet ausfindig machen zu können. Diese Aufgabe des Service-Brokers wird zumeist mit Hilfe der Universal Description, Discovery and Integration (UDDI) bewältigt. Vergleichbar mit den gelben Seiten eines Telefonbuchs, stellt UDDI ein Verzeichnis verfügbarer Web Services dar. UDDI besteht aus zwei wesentlichen Teilen. Zum einen ist es eine durchsuchbare Datenbank, die Informationen über verfügbare Web Services und Verweise auf die entsprechenden WSDL-Dokumente enthält. Zum anderen gibt UDDI Auskunft darüber, wie diese Datenbank zu durchsuchen und zu manipulieren ist, wenn sich ein Web Service ändert oder ein neuer Web Service im UDDI-Verzeichnis registriert bzw. veröffentlicht werden soll (Snell et al. 2002, S. 96). Abbildung 3-75 veranschaulicht das Architekturmodell von Web Services, anhand dessen sich die vorgestellten Spezifikationen systematisieren lassen.

Web Services ermöglichen die Realisierung verteilter Anwendungen, wobei die Meinungen im Hinblick auf Eignung und Einsetzbarkeit von Web Services auf

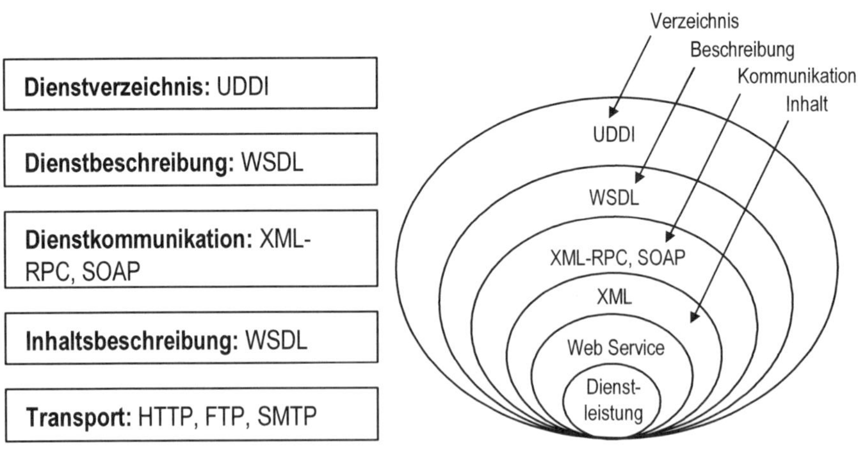

Abbildung 3-75. Protokollstapel und Zwiebelschalenmodell der Web Service Architektur
Quelle: Burghardt/Hagenhoff (2003)

diesem Gebiet divergieren (Burghardt/Hagenhoff 2003, S. 13). Web Services werden jedoch immer stärker in verteilte Anwendungen eingebunden und bieten so eine Alternative zu etablierten Anbietern von Middleware-Systemen. Middleware ist eine zusätzliche Software-Schicht, die zwischen Netzwerk und Applikation angesiedelt ist. Ihre Aufgabe besteht darin, Software-Komponenten, die auf verschiedenen Rechnern installiert sind, zu verbinden und die Interaktion von Prozessen über mehrere Rechner hinweg zu ermöglichen (Matyas/Maurer 2003, S. 94). Die bekanntesten Implementierungen von Middleware sind die Common Object Request Broker Architecture (CORBA), die Remote Method Invocation (RMI) von Sun Microsystems und das Distributed Component Object Model (DCOM) von Microsoft. Dadurch, dass Web Services weder an eine bestimmte Plattform oder Programmiersprache gebunden sind, lassen sich mit Web Services die Aufgaben einer Middleware auch in heterogenen Netz- und Anwendungsarchitekturen relativ einfach bewältigen. Die Standardisierung der Basistechnologien von Web Services ermöglicht zudem eine Harmonisierung der Anwendungslandschaften in Unternehmen und treibt so den Prozess der Enterprise Application Integration (EAI) voran. Der Einsatz von Web Services kann außerdem Schnittstellen zwischen verschiedenen, an einem Geschäftsprozess beteiligten Systemen reduzieren, wodurch deren Integration untereinander ebenso gelingt wie die Eingliederung neuer Anwendungssysteme in die bestehende IT-Infrastruktur des Unternehmens (Simon/Will 2003, S. 28).

3.3.4.2 Alternative Kategorisierungsmöglichkeiten zu Technikbündeln

Technikbündel sind *anwendungsunabhängig* einsetzbar. CSA wie auch Web-Services sind Technikbündel, die in den in Abbildung 3-57 im oberen Teil dargestellten Anwendungsbereichen wie bspw. „Büro“, „Führung“, „Fabrik“ und anderen gleichermaßen zum Einsatz kommen können. Andererseits sind sie keine generische Basistechnik, wie z.B. die Konzepte der Objektorientierung, der parallelen Rechnerarchitekturen, die Breitbandkommunikation oder das Hypertextkonzept, die bestimmte Ausprägungen der drei Basisfunktionalitäten darstellen. Breitbandkommunikation ist zunächst ein Konzept zur Kommunikation, parallele Architekturen sind Formen der Verarbeitung, die Objektorientierung und Hypertext sind Erscheinungsformen der Basisfunktionalität Speicherung.

Ein Beispiel für eine ähnliche Sichtweise bietet *Steinbock* (1994), der die drei Ebenen *Informationstechnik*, *Applikation* und *Geschäft* unterscheidet. Er kommt gleichfalls zu dem Schluss, dass sich die **Kategorisierung von IKT**-Systemen nach Managementfunktionen (etwa Rechnungswesen, Beschaffung etc.) zu Zwecken der IKT-Bewertung wenig eignet, obwohl sie bei IKT-Produkten (aus Marktsicht) am häufigsten anzutreffen ist. Stattdessen zieht er *Applikationstypen* als Bindeglied zwischen IKT und geschäftlicher Anwendung vor (Abbildung 3-76).

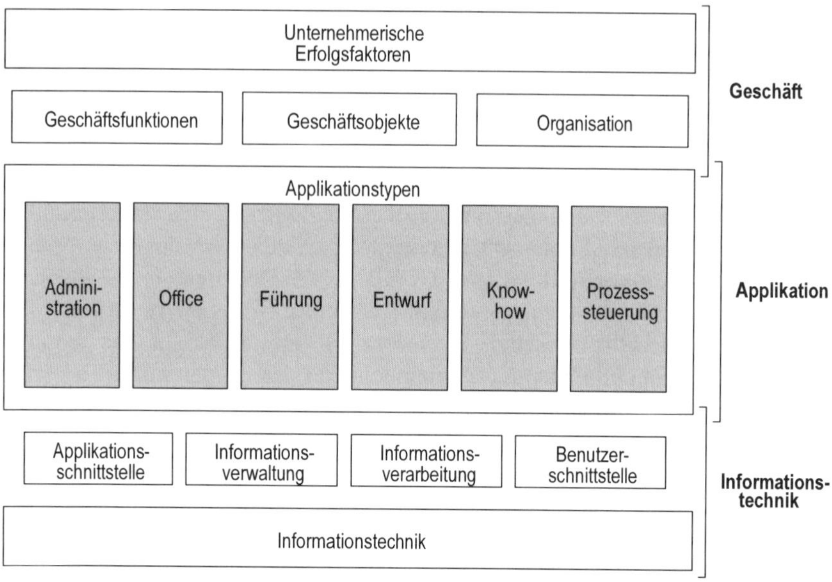

Abbildung 3-76. Applikationstypen
Quelle: Steinbock (1994, S. 27)

Wichtigstes Beschreibungsmittel und Abgrenzungskriterium bei der Definition der Applikationstypen sind dabei die durch den einzelnen Applikationstyp unterstützten Funktionen. Für den Applikationstyp „Führung" sind dies bspw. die Funktionen „Planen", „Entscheiden" und „Kontrollieren" oder für den Applikationstyp „Administration" die Funktionen „Abrechnen", „Aufzeichnen", „Steuern" und „Archivieren". Eine detaillierte Beschreibung der Applikationstypen findet sich bei *Steinbock* (1994, S. 76ff.).

Aus technischer Sicht bilden die Applikationstypen die anwendungsnaheste Ausprägung der Informations- und Kommunikationstechnik. Sie bündeln IKT im Hinblick auf ihre betriebliche Anwendung. Entwicklungen der Informationstechnik (Basistechnik), wie z.B. schnellere Kommunikationsnetze, leistungsfähigere Rechner oder neue Speichertechniken, bestimmen die technische Funktionalität eines Applikationstyps (Steinbock 1994, S. 27).

Neben der Betrachtungsweise der IKT nach der Nähe zur Basistechnik kann eine zweite Dimension betrachtet werden, die den Unterschied zwischen Nutzungskonzept und ausgewählten Produkten verdeutlicht. Der **Grad der Konkretisierung durch Produkte** ist in Abbildung 3-77 mit den Pfeilen zwischen Konzepten und Produkten, jeweils dargestellt durch Kreise, hervorgehoben. Es muss bspw. entschieden werden, welches Produkt zur Umsetzung der Idee „Groupware-Einsatz" verwendet werden kann. Dabei stehen in aller Regel unterschiedliche Produkte,

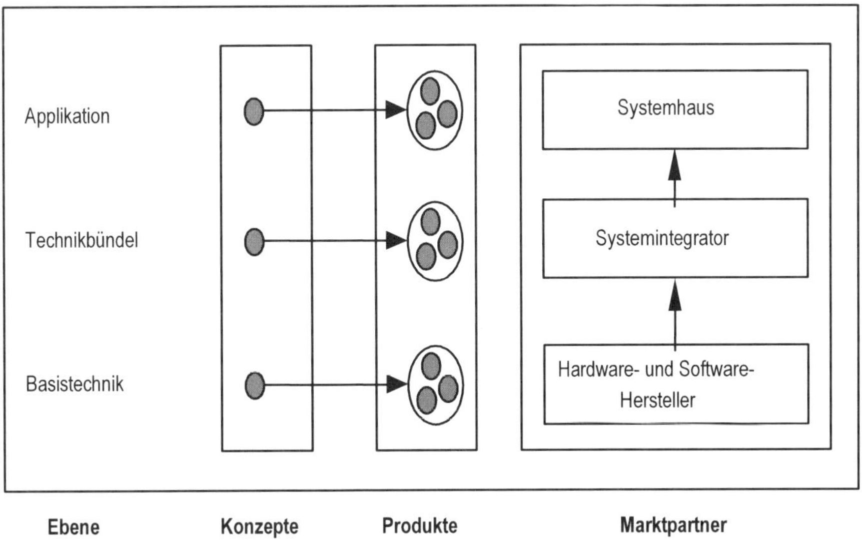

Abbildung 3-77. Dimension der Informations- und Kommunikationstechnik-Ebenen nach Produktnähe

Quelle: Eigene Darstellung

bspw. Notes, Exchange und andere zur Verfügung. Jede einzelne Produktentscheidung jedoch hat Auswirkungen auf die gesamte technische Infrastruktur. In vielen Fällen müssen die verschiedenen Marktpartner unterschiedliche Integrationsleistungen zwischen den verschiedensten Produkten realisieren, um die Konzepte umzusetzen. Für die Marktpartner haben sich auf den verschiedenen Stufen der Nähe zur Basistechnik und damit auf den verschiedenen Umsetzungsstufen der Konkretisierung durch Produkte die Begriffe Hardware- und Software-Hersteller, Systemintegrator sowie Systemhäuser durchgesetzt. Hardware- und Software-Hersteller, Systemintegratoren und Systemhäuser unterscheiden sich auch dadurch, inwiefern diese Marktpartner auf der Ebene der Produktauswahlentscheidung und Produktintegration Hilfestellung geben.

Bei der Betrachtung der Techniktrends ist insbesondere zu untersuchen, in welchem Verwirklichungsstadium sich die entsprechende Technik befindet (so auch Steinbock 1994). Durch die Unterscheidung der Konkretisierung durch Produkte, die am Markt erhältlich sind, ist es für viele Technologien möglich zu unterscheiden, auf welcher Stufe des Prozesses von der Forschungsidee zur marktreifen Produktumsetzung sie sich befinden. Dabei lässt sich auf jeden Fall der Bereich Forschungskonzept, implementierter isolierter Prototyp und umfassend dokumentiertes erhältliches Produkt unterscheiden. Für die tatsächliche Umsetzung ist es erforderlich, auf Produkte zurückgreifen zu können. Für die Frage langfristiger Technikentwicklungen sind jedoch auch Kenntnisse über bereits implementierte

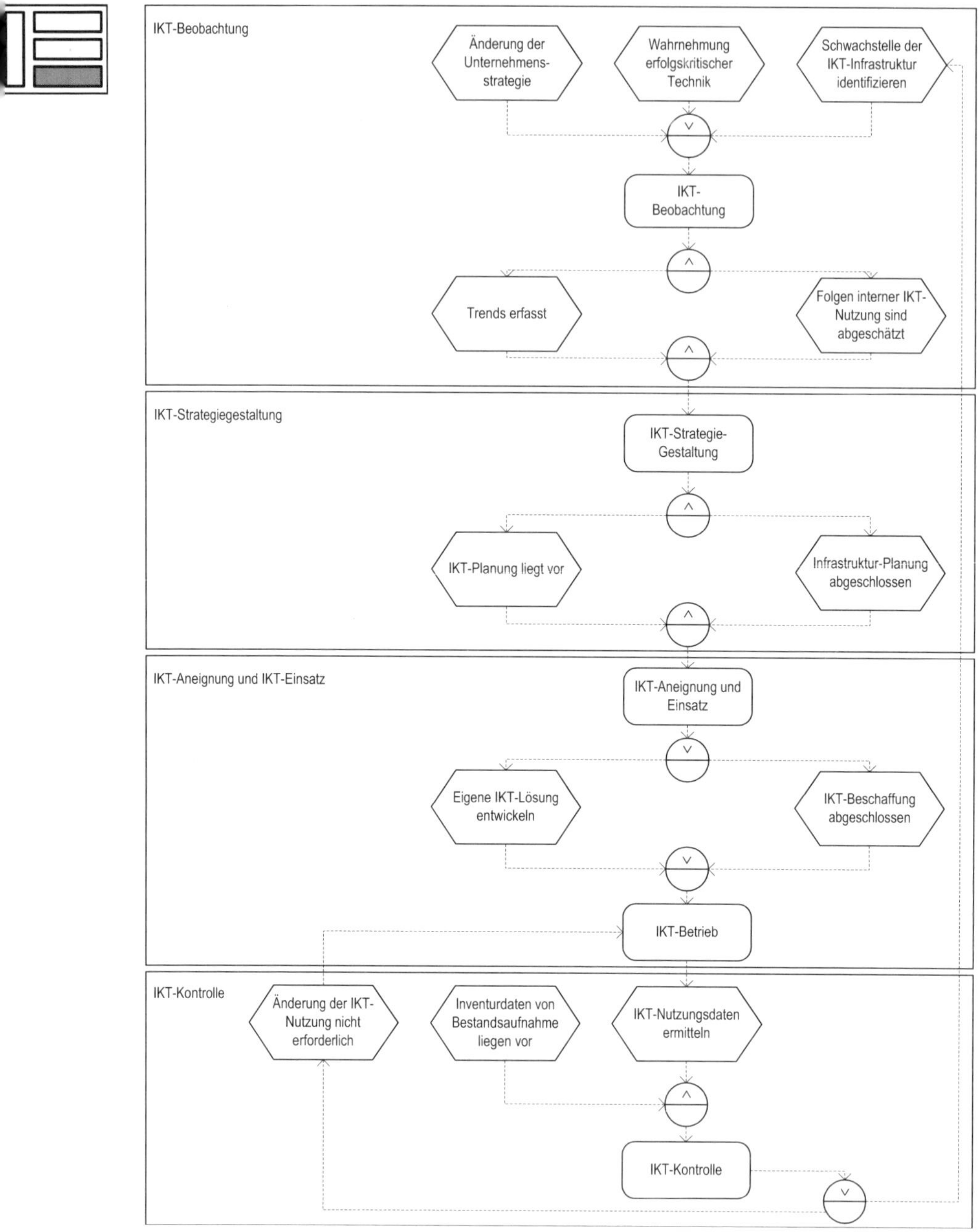

Abbildung 3-78. Prozess des Informations- und Kommunikationstechnik-Managements
Quelle: Eigene Darstellung

Prototypen nötig, bspw. zur Abschätzung der zeitlichen Verfügbarkeit tatsächlicher marktreifer Produkte oder zur Abschätzung von Forschungsthemen, wenn entsprechend lange Zeitplanungshorizonte vorliegen. Dies bedeutet, dass das Management von Technikbündeln von verschiedenen Problemen gekennzeichnet ist: Probleme der Auswahl geeigneter Einsatzkonzepte für die Technik, der erforderlichen Auswahlentscheidungen für die Umsetzungen der Nutzungskonzepte in Produkten und der Beobachtung der zeitlichen Entwicklung im Bereich der verfügbaren Technik auf dem Weg vom Forschungsstadium zum marktreifen Produkt.

3.3.5 Managementprozess der Informations- und Kommunikationstechnik

Das **IKT-Management** umfasst, wie in Abbildung 3-78 dargestellt, die vier Bereiche der *IKT-Beobachtung,* der *IKT-Strategie-Gestaltung,* der *IKT-Aneignung und -Einsatz* und der *IKT-Kontrolle* und damit das Management der *IKT-Infrastruktur*. Diese Teilaufgaben verlaufen idealtypisch sequentiell je Technikbereich. Da man es aber in Unternehmen mit einer Vielzahl von Technikbündeln zu tun hat, wird der *IKT-Management-Prozess* parallel oder zeitlich verschoben für jeden Teilbereich der eingesetzten Technik durchlaufen. Ein Unternehmen betreibt demgemäß zu jedem Zeitpunkt *IKT-Aneignung*. Die IKT-Beobachtung beinhaltet sowohl eine Erfassung und Bewertung (externer) Trends als auch eine Technikfolgen-Abschätzung im Unternehmen (intern). Die IKT-Aneignung schließt die Entwicklung, Beschaffung, den Betrieb, aber insbesondere die Ablösung und Migration zu neuer Technik mit ein. Für die Kontrolle und Steuerung des IKT-Einsatzes sind sowohl Nutzungsdaten auszuwerten als auch Inventurdaten eines (IKT-) Bestandsmanagements zu führen.

3.3.6 Fallstudie Teil 3: IKT-Management

3.3.6.1 Problemstellungen

Als CIO der Rockhaus AG befinden Sie sich im Spannungsfeld zwischen den Anforderungen, die sich aus dem neu eingeführten IS-Planungsprozess ergeben, den Problemen mit der existierenden IKT-Infrastruktur, der bestehenden Unternehmenskultur sowie dem „Technology Push“ und dem „Market Pull“ bei der Entwicklung neuer Techniken.

Die vorhandene IKT-Infrastruktur der Rockhaus AG ist, wie in vielen anderen Unternehmen, durch eine wenig geplante und heterogen gewachsene Client-Server-Architektur geprägt. Die Mehrzahl der Mitarbeiter ist mit einem Arbeitsplatzrechner oder einem Notebook ausgestattet. Die Beschaffung der Geräte erfolgt durch den zentralen Einkauf. Der Einkauf beschafft die Rechner meist in größeren Kontingenten von ca. 500 Stück unabhängig vom konkreten Bedarf im Unternehmen. Hauptkriterium für eine Kaufentscheidung ist das Preis-Leistungsverhältnis der Rechner. Über die Jahre hinweg hat sich somit ein „Sammelsurium“ von Geräten verschiedenster Hersteller, Produktlinien und Betriebssystemen ergeben.

Der Großteil der Abteilungen verwendet Arbeitsplatzrechner mit dem Windows NT- oder Windows 2000-Betriebssystem. Neben den bereits bekannten branchenspeziellen Applikationen werden Standard-Office-Anwendungen genutzt. Im Marketing-Ressort hingegen werden hauptsächlich iMacs und Sun Workstations mit dem Solaris-Betriebssystem eingesetzt. Die Anwendungslandschaft, zu der auch die Applikationen PARIS, KIS, BAS und FiBuS gehören, gestaltet sich sehr heterogen und weist kaum Schnittstellen zwischen den einzelnen Systemen auf. Die Anwendungen laufen vorrangig im Online-Betrieb.

Die große Vielfalt an Rechnern führt in der Rockhaus AG zu einem durchschnittlichen Support- und Wartungsaufwand von 62,50 € pro Monat und Mitarbeiter für das Jahr 2003. Das entspricht immerhin einem Anteil von 0,33 Prozent am Gesamtumsatz des Unternehmens in diesem Jahr. Nicht eingerechnet ist dabei der Anteil an Arbeitszeit, der durch Peer-Support aufgewendet wird.

Erhebliche Probleme verursacht auch der derzeit kaum noch zu steuernde Netzwerk-Traffic. Im Rockhaus-Konzern wird konzernweit das Transport-Protokoll TCP/IP verwendet. Das Versenden umfangreicher Multimediadateien führt besonders in Spitzenzeiten (wie bspw. bei der Katalogerstellung) regelmäßig zu Netzwerkproblemen.

Der ständig steigende Speicherbedarf stellt die Rockhaus AG vor ein weiteres Problem. Obwohl die Kosten pro gespeicherter Einheit stetig sinken, steigen die Kosten einer persistenten Speicherung des Datenbestands im Unternehmen. Ein Grund hierfür ist neben dem steigenden Internethandel vor allem die redundante Datenhaltung im Bereich der Multimediadateien und der fehlenden Integration betrieblicher Anwendungen.

Der gesamte Rockhaus-Konzern besitzt ein Rechenzentrum für den normalen Rechenbetrieb am Stammsitz Düsseldorf sowie ein Backup-Rechenzentrum, das gleichfalls in Düsseldorf steht. Zur Sicherung neuer und bestehender Datensätze wird täglich zwischen 22 Uhr abends und 5 Uhr morgens ein Backup durchgeführt. Die laufenden Daten, die während des normalen Geschäftsbetriebs zwischen 8 Uhr morgens und 7 Uhr abends neu eingegeben, geändert oder gelöscht werden, werden täglich gesichert.

Die ausländischen Tochtergesellschaften wurden zum großen Teil erst in den letzten zwei Jahren dem Unternehmensportfolio durch Akquisitionen hinzugefügt. Mit der Vernetzung dieser Unternehmen mit dem Stammhaus wurde im letzten halben Jahr begonnen. Trotzdem agieren die Töchter-Unternehmen weiterhin relativ selbstständig auf ihren Verkaufsmärkten. Obwohl die Unternehmen im Wesentlichen ähnlich gegliedert sind, fand eine Koordination auf der Ebene der Einkaufsteams noch nicht statt. Ein Ziel der angestrebten Restrukturierung ist deshalb die vollständige Integration der Tochtergesellschaften in das Stammhaus. Dazu sollen vor allem die Einkaufsteams verstärkt miteinander kooperieren.

Die Unternehmenskultur war und ist einer der bestimmenden Faktoren im Fortschrittsprozess der Technologie-Entwicklung des Unternehmens. Die Einstellung vieler Mitarbeiter der Rockhaus AG ist grundsätzlich als skeptisch-abwartend bis ablehnend zu charakterisieren. Diese Haltung zeigt sich auch beim Großteil der Führungskräfte des oberen und mittleren Managements. Bisher durchgeführte Veränderungen technischer und organisatorischer Art wurden daher nur sehr zögerlich akzeptiert und benötigten eine verhältnismäßig lange Adaptionsdauer.

Das kann an zwei Beispielen veranschaulicht werden: Im Jahr 1996 wurde konzernweit die Groupware Lotus Notes eingeführt. Der Diffusionsprozess dauerte jedoch sechs Jahre, bis auch die letzten Skeptiker die handgeschriebenen Hausmitteilungen durch elektronische Memos ersetzten.

Gleichermaßen hatte das Top-Management die Bedeutung und Entwicklung des Internets als Vertriebsplattform unterschätzt. Mit dem erstmaligen Erscheinen des Onlinekataloges im Jahr 1999 war die Rockhaus AG ein Nachzügler im Versandhandelsmarkt.

3.3.6.2 Fragen

1. Sie haben in Ihrer bisherigen Zeit als CIO der Rockhaus AG bereits verschiedene Missstände in der zentralen IT aufgedeckt. Sie haben begonnen, die Ursachen dafür systematisch zu analysieren und durch geeignete Maßnahmen zu verbessern. Führen Sie zusammen mit Ihrem engsten Mitarbeiterstab nun auch eine Analyse über mögliche Verbesserungspotenziale der bestehenden IKT-Infrastruktur durch.
2. Basierend auf der vorangegangenen Analyse hat Sie Ihr Vorstand nun mit der Aufgabe betraut, einen Entwicklungsplan für die IKT-Infrastruktur in der Rockhaus AG zu erstellen.
3. Wie kann eine effektive und effiziente Nutzung der IKT-Infrastruktur insbesondere im Hinblick auf die vorhandene Unternehmenskultur jetzt und in Zukunft gesteuert werden?
4. Das Management der Speicherung ist im Laufe der letzten Jahre für die Rockhaus AG zu einer Herausforderung geworden. Das betrifft vor allem das gegenwärtige Datenvolumen, das zunehmend hohe Anforderungen an das Rechenzentrum des Rockhaus-Konzerns stellt. Auf Grund des wachsenden Internethandels und der immer komplexer werdenden Anforderungen an die existierenden Unternehmensanwendungen wird das Datenvolumen voraussichtlich in den nächsten zwei bis drei Jahren um das Anderthalbfache steigen. Diskutieren Sie mit Ihrem Mitarbeiterstab mögliche Strategien einer zukünftigen Speicherung und Verwaltung des Datenvolumens der Rockhaus AG.

3.4 Führungsaufgaben des Informationsmanagements

3.4.1 Aufgaben und Entscheidungen

Auf der Ebene der Führungsaufgaben wird das Spannungsverhältnis zwischen kurzfristiger Kostenkontrolle und -reduktion, effizienter und effektiver Ressourcenverwendung und einem erwarteten strategischen Beitrag durch die IT, in dem sich das IM befindet, deutlich. Trotz der sich ständig ändernden Managementtrends können drei Grundsatzentscheidungen identifiziert werden:

1. Welche Leistung soll erbracht werden?
2. Von wem wird die Leistung erbracht?
3. Wird die Leistung „richtig" erbracht?

Anhand dieser Grundsatzentscheidungen lassen sich die Inhalte und Methoden dieses Kapitels wie folgt systematisieren.

Welche Leistung soll erbracht werden?

Am Anfang steht die betriebswirtschaftliche Entscheidung, welche (IT-) Leistung erbracht werden soll. Diese betriebswirtschaftliche Kernfrage muss auf allen Ebenen der Unternehmung beantwortet werden. Hieraus erwächst die Herausforderung an das IM, die Unternehmensstrategie mit der IT-Strategie abzustimmen. Während sich die Unternehmensstrategie normalerweise im Produktportfolio des Unternehmens widerspiegelt, manifestiert sich die IT-Strategie in der IS-Architektur, in der Infrastruktur und in den angebotenen IT-Services. Kapitel 3.4.3 widmet sich deshalb der Bestimmung der IT-Strategie. Prinzipiell lassen sich zwei Wirkungsrichtungen unterscheiden. Zum einen kann die IS-Architektur eine vorhandene Unternehmensstrategie unterstützen (Kapitel 3.4.3.1). Zum anderen können aber auch IKT-ermöglichte Strategien generiert und identifiziert werden (Kapitel 3.4.3.2). Im Zusammenhang mit der Bestimmung der IT-Strategie werden die Balanced Scorecard und die Methode der kritischen Erfolgsfaktoren als Methoden zur Unterstützung des Managements dargestellt.

Methoden zur Abstimmung der IT-Strategie mit der Unternehmensstrategie

Balanced Scorecard (BSC): Die BSC verbindet die Unternehmensstrategie mit operativen Geschäftsprozessen. Sie wurde Anfang der 90er Jahre von *Kaplan/Norton* (1992) entwickelt. Eine unternehmensweite BSC kann durch ein Top-Down Vorgehen auf unterschiedliche Ebenen im Unternehmen heruntergebrochen werden und damit das IM bei der Abstimmung der IT-Strategie unterstützen (Kapitel 3.4.3.1.1).

Methode der kritischen Erfolgsfaktoren (KEF): Die Methode der kritischen Erfolgsfaktoren basiert auf einem Verfahren, das von *Rockart* (1979) entwickelt wurde, um die Informationsbedürfnisse des Topmanagements zu ermitteln. Über die Unterstützung der kritischen Erfolgfaktoren durch die IS-Architektur kann auch die Unterstützung der Unternehmensstrategie durch diese ermittelt werden. (Kapitel 3.4.3.1.2)

IT-Referenzmodelle bieten eine systematische und transparente Zusammenstellung von IT-Managementprozessen und können damit als Basis für eine Reorganisation dienen (Becker et al. 2002, S. 10). Referenzmodelle unterstützen das Management bei der Gestaltung des Leistungsangebotes. In Kapitel 3.4.4.1 werden IT-Referenzmodelle im Überblick und die beiden Modelle Enhanced Telecom Operations Map (eTOM) und die Information Technology Infrastructure Library (ITIL) detailliert dargestellt.

Zur Gestaltung des optimalen Leistungsprogramms ist eine ökonomische Entscheidung über das Investitionsprogramm notwendig. Hierfür ist eine Bestimmung des Wertes einer IT-Investition oder eines Investitionsprogramms Voraussetzung. Im Kapitel 3.4.6.1 wird die Bestimmung des Wertes einer IT-Investition oder eines Investitionsportfolios diskutiert und Methoden zur Bewertung und Auswahl von IT-Investitionen vorgestellt. Aus der Vielzahl von vorhandenen Methoden werden die drei Methoden TCO, SMART und Realoptionen herausgegriffen und detailliert beschrieben.

Methoden zur Evaluation und Auswahl von IT-Investitionen

Total Cost of Ownership (TCO): TCO ist ein von der Gartner Group (Redman et al. 1998) entwickeltes Konzept zur Ermittlung der tatsächlich aus einer IT-Investition resultierenden Belastungen. (Kapitel 3.4.6.1.4)

Simple Multi-attribute Rating Technique (SMART): SMART (Edwards 1971) ist ein strukturiertes Vorgehen zur Verknüpfung und Bewertung von quantitativen und qualitativen Wirkungen und Attributen von Investitionen und kann damit zur Bewertung und Auswahl von IT-Investitionen herangezogen werden. (Kapitel 3.4.6.1.6)

Realoptionen: Klassische Investitionsrechenverfahren, wie der Net Present Value (NPV, Kapitalwertmethode), nehmen ein passives Management während der Investitionslaufzeit an. Managementflexibilitäten innerhalb und durch IT-Investitionen können dadurch nicht berücksichtigt werden. Mit Hilfe des Realoptionsansatzes können Managementflexibilitäten bewertetet werden. (Kapitel 3.4.6.1.7)

Von wem wird die Leistung erbracht?

Nach der Entscheidung über das Leistungsprogramm muss die zweite Grundsatzentscheidung, wer die Leistung erstellen soll, getroffen werden. Hierzu gehört neben der Gestaltung der internen Aufbauorganisation der IT-Abteilung (Kapitel 3.4.4.2) und des IT-Personalmanagements (Kapitel 3.4.5) vor allem auch die Entscheidung über die Leistungstiefengestaltung, also über das IT- Sourcing (Kapitel 3.4.4.3). Für die Leistungstiefengestaltung wird in der Literatur eine Vielzahl von Entscheidungsmodellen vorgeschlagen. Diese werden in Kapitel 3.4.4.3.3 im Überblick dargestellt.

Wird die Leistung „richtig" erbracht?

Ist das Leistungsprogramm und die Zuordnung der Aufgaben im Rahmen der Leistungserstellung festgelegt, muss in einem permanenten Steuerungsprozess die Frage beantwortet werden, ob die Leistung „richtig" erbracht wird. Hierzu ist zu klären, was mit „richtig" gemeint ist. Ob die Leistungserbringung „richtig" erfolgt, kann letztendlich, wie bei der Auswahlentscheidung, nur aus den Zielvorstellungen der Unternehmung oder der Verwaltung abgeleitet werden. Zwar lassen sich abstrakte Formalziele, wie z.B. Produktivität, Wirtschaftlichkeit, Effizienz oder Effektivität, oder abstrakte Sachziele, wie z.B. Qualität oder Termintreue, angeben, diese müssen aber für den jeweiligen Fall konkretisiert werden, weswegen auch hier die Bestimmung des Wertes von IT-Investitionen eine wesentliche Aufgabe ist. Die Steuerung und Kontrolle der richtigen Leistungserbringung obliegt dem IT-Controlling, dessen Ziele und Aufgaben in Kapitel 3.4.6.2 beschrieben werden. Ein Bestandteil des IT-Controllings ist das IT-Risk Management, dessen Aufgaben und Prozesse in Kapitel 3.4.6.4 dargestellt werden. Werkzeuge zur Steuerung der Leistungserbringung sind Service Level Agreements und Kennzahlensysteme.

Methoden zur Steuerung und Kontrolle der Leistungserbringung

Service-Level-Agreements (SLA): SLA sind ein Werkzeug zur Steuerung des Leistungserstellungsprozesses. Sie sind kennzahlenbasierte Vereinbarungen eines Dienstleistungsanbieters mit seinen Kunden bezüglich der zu gewährleistenden Servicequalität (Burr 2003, S. 43). Dabei wird der Grad der Leistungsqualität (Service-Level, SL) anhand der Definition der Leistung, der Darstellbarkeit der Leistung als Kennzahl, der Messmethode, dem Ersteller sowie dem Empfänger der Leistung, als auch anhand der Erstellungsfrequenz und des Leistungsniveaus beschrieben (Lewandowski/Mann 2000, S. 227) (Kapitel 3.4.4.4).

Kennzahlensysteme: Kennzahlen stellen quantitative Daten dar, die in verdichteter Form über zahlenmäßig erfassbare Ausschnitte komplexer Realitäten informieren (Haufs 1989, S. 115). Die Anordnung solcher Werte in Systemen ermöglicht über die Festlegung von Beziehungen zwischen ihnen die Betrachtung der Gesamtheit eines Sachverhaltes (vgl. Horváth 2002, S. 570) (Kapitel 3.4.6.2.6).

Eingebettet sind die drei Grundsatzentscheidungen in den Metaprozess der Gestaltung des IM als Teil der Unternehmensführung. Diese Meta-Gestaltungsaufgabe wird in Kapitel 3.4.2 dargelegt. Die Gestaltung des IM geht dabei auf den Ansatz von Control Objectives for Information and related Technology (CobiT) ein, der die Schritte und Phasen eines IT-Projektes abdeckt und Kontrollziele festlegt (Kapitel 3.4.2.1). Danach wird der Strategiebildung (Kapitel 3.4.2.2) und der Stellung der IM-Funktion im Unternehmen nachgegangen (Kapitel 3.4.2.3). Es folgt ein Kapitel über den CIO als Aufgabenträger des IM (Kapitel 3.4.2.4) sowie über die Synchronisierung der Entwicklungsgeschwindigkeiten im IM (Kapitel 3.4.2.5). Abbildung 3-79 fasst die Grundsatzentscheidungen und behandelten Themen dieses Kapitels zusammen.

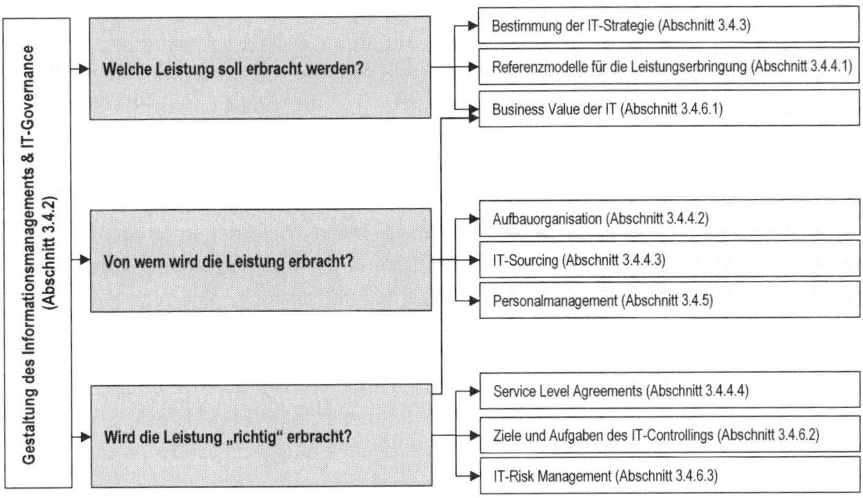

Abbildung 3-79. Grundsatzentscheidungen auf der Ebene Führungsaufgaben des IM
Quelle: Eigene Darstellung

Die Gliederung des Kapitels orientiert sich an den betrieblichen Kernfunktionen Strategiebildung, Produktion, Personal und Controlling und gliedert sich deshalb in die Teile

1. Bestimmung der IT-Strategie,
2. Management der Leistungserbringung,
3. Personalmanagement und
4. Controlling.

Die Einordnung der Themen weicht deshalb aus didaktischen Gründen an einigen Stellen von der dargestellten Systematik nach Grundsatzentscheidungen ab. So wird die Wertbestimmung als Aufgabe des Controllings betrachtet und Service Level Agreements im Kapitel Management der Leistungserbringung behandelt, da diese häufig im Zusammenhang mit IT-Sourcing stehen.

3.4.2 IT-Governance

Stellt man sich gedanklich außerhalb des IM, kommt man zu der Gestaltungsfrage, wie die Entscheidungsprozesse im IM aussehen sollten und wer die Verantwortung für die Entscheidungen und Ergebnisse im IM zu tragen hat. Diese Meta-Gestaltungsaufgabe wird in der Literatur und Praxis unter dem Begriff der IT-Governance diskutiert. *Weill/Woodham* (2002) definieren IT-Governance anhand ihres Hauptgegenstandes:

> IT-**Governance** bedeutet „specifying the decision rights and accountability framework to encourage desirable behaviour in the use of IT (Weill/Woodham 2002)".

Die Frage der Verantwortung kann dabei nicht allgemein gültig geklärt werden. Die Gestaltung hängt dabei unter anderem vom Unternehmenstyp, der ökonomischen Situation, der Unternehmenskultur, den Führungs- und Steuerungsprinzipien und dem Reifegrad des Einsatzes von Informationstechnologie ab (Grohmann 2003, S. 18).

Die Aufgaben der Gestaltung des IM sind Aufgaben, die der Rahmensetzung für alle IM-Aktivitäten dienen. Anders als in einem reinen Top-Down-Ansatz wird hier von einer Rückkopplung ausgegangen: Zum einen bilden die Aktivitäten in diesem Bereich die Voraussetzung für alles Handeln im IM, zum anderen hängt das, was vorgegeben wird, auch von den Fähigkeiten und Absichten im IM selbst ab. Die in diesem Kapitel angesprochene Aufgabe ist demnach als Rahmensetzung zu verstehen und wirkt sich deshalb mittelbar auf den im Unternehmen stattfindenden Prozess des IM als solchen aus.

Ziel des Managements des Gestaltungsprozesses ist es, die Stimmigkeit zwischen der Unternehmenskultur, den Organisationsprinzipien und der tatsächlichen Organisationsstruktur im Unternehmen und den spezifischen Chancen, die IKT für die Bewältigung der Marktanforderungen in der Branche bietet, herzustellen. Weiterhin ist es Ziel, die Stimmigkeit der Komponenten innerhalb des IM, also der Informationswirtschaft, den IS, der IKT und den Führungsaufgaben des IM selbst, sicherzustellen.

Die Gestaltung des IM muss als Teilaufgabe der Unternehmensplanung gesehen werden. Nach *Szyperski/Winand* (1980, S. 32) ist Planung „ein willensbildender, informationsverarbeitender und prinzipiell systematischer Entscheidungsprozess mit dem Ziel, zukünftige Entscheidungs- oder Handlungsspielräume problemorientiert einzugrenzen und zu strukturieren". Im Gegensatz zur operativen und strategischen (Basis-) Planung wird die Gestaltung des Planungssystems Metaplanung genannt (Gamer 1994, S. 25). Hier wird festgelegt, welche Pläne mit welchen Zielen auf Basis welcher Informationen in welchen Prozessen (Steuerung des Basisplanungsprozesses) unter Zuhilfenahme welcher Methoden zu erstellen sind. Mit anderen Worten:

Die Aufgabe der **Metaplanung** des IM ist es, ein Gestaltungs- und Führungssystem für das IM zu entwickeln, einzuführen und laufend weiterzuentwickeln. Ein solches IM-Planungssystem stellt einen Bezugsrahmen dar, der es ermöglicht, die Elemente, Strukturen und Prozesse der Planung des IM zu beschreiben.

Die allgemeinen Gestaltungselemente eines Planungssystems sind:

- Planungsträger,
- Planungs- und Kontrollfunktionen,
- Planungsprozesse,
- Pläne,
- eine Informationsbasis und Verteilungsstruktur der Informationen,
- Verfahren, Methoden, Modelle,
- Struktur, also Beziehungen zwischen Elementen des Planungssystems, und
- Regelungen.

In diesem Kapitel werden diese Elemente bezogen auf die Gestaltung und Führung des IM näher erörtert. Aus der Sicht der Planungstheorie sind bei der Gestaltung des IM-Prozesses die gleichen Entscheidungen zu treffen wie bei der Gestaltung eines Planungsverfahrens im Allgemeinen (Szyperski/Winand 1980). Diese beziehen sich auf die Ausrichtung des Planungsverfahrens, den Partizipationsgrad und den Formalisierungsgrad. Damit ist festzulegen, auf welche Art und mit welcher Schnelligkeit vorgegangen wird, wie groß das Ausmaß der Vorplanungen ist und welche internen und externen Stellen partizipieren. Grundlage für diese Entscheidungen ist die relative Gewichtung von Information und ihrer Genauigkeit und Aktualität für die einzelnen Bereiche im Unternehmen. Welche Vorgehensweise sich für ein Unternehmen am besten eignet, hängt von der Größe des Unternehmens, dem Führungsstil, dem (theoretischen) Sachverstand der Entscheider und der Einbeziehung anderer Verantwortungsträger ab.

Die Meta-Gestaltungsaufgaben gehen aber weit über die Festlegung von Kontroll- und Verantwortungsstrukturen hinaus. In den folgenden Kapiteln werden deshalb die Meta-Gestaltungsaufgaben des IM genauer beschrieben und diskutiert. Hierfür wird im nächsten Kapitel ein Überblick über das Referenzmodell CobiT gegeben, das IT-Governance Aspekte aufgreift. Anschließend wird die Gestaltung der Entscheidungs- und Strategiebildungsprozesse thematisiert. Danach wird die Stellung der IM-Funktion im Unternehmen anhand von Phasenmodellen beschrieben. Personell lässt sich das IM an Verantwortungsbezeichnungen wie z. B. IT-Leiter, IT-Direktor, Chief Information Officer (CIO) oder Chief Technology Officer (CTO) festmachen. Eine Schlüsselstellung wird hierbei dem CIO als eigentlichem Verantwortungsträger des IM zugeordnet. Deshalb wird im vorletzten Kapitel das CIO-Konzept vorgestellt.

3.4.2.1 Control Objectives for Information and related Technology (CobiT)

Einen Governance-Ansatz, der versucht, alle zu einem IT-Projekt gehörenden Schritte und Phasen abzudecken, stellen die „Control Objectives for Information and related Technology“ (CobiT) dar, welche eine Reihe von IT-Prozessen und Kontrollziele definieren. Sie wurden 1993 von der Information Systems Audit and Control Association (ISACA) und dem IT Governance Institute entwickelt und liegen seit 2000 in der dritten Version vor. In diesem Rahmenwerk wurden insgesamt 41 nationale und internationale Standards integriert. CobiT lässt sich grob in die drei Bereiche Management- und Audit-Richtlinien sowie die Kontrollziele selbst unterteilen. Zur Einführung gibt es zudem ein Toolset für die Implementierung (IT Governance Institute 2000, S. 19f.).

Die insgesamt 34 IT-Prozesse sind in den vier Domänen des IT-Governance angesiedelt. Es werden die Domänen Planung und Organisation, Akquisition und Implementierung, Auslieferung und Support sowie Monitoring unterschieden. Die detaillierten Handlungsanweisungen und zu berücksichtigenden Aspekte jedes Vorgangs werden als Aktivitäten bezeichnet, von denen im gesamten Modell insgesamt 318 vorliegen. Die IT-Prozesse benötigen zur Erfüllung zweierlei Inputs. Zum einen werden IT-Ressourcen benötigt, die in fünf verschiedenen Formen vorliegen. Sie gliedern sich in Personal, Anwendungen, Technologie, Anlagen und Daten. Zum anderen stellen Informationen einen wichtigen Bestandteil dar, so dass für jeden Vorgang die Eigenschaften der Informationen definiert sind. Die insgesamt sieben Informationskriterien sind den drei Bereichen Qualität, Rechnungslegung und Sicherheit zugeordnet. Die Bedeutung jedes Informationskriteriums wird für jeden IT-Prozess mit den Stufen „unwichtig“, „sekundär“ und „primär“ gewichtet (IT Governance Institute 2000, S. 13ff.). Eine grafische Veranschaulichung der Zusammenhänge zwischen Informationskriterien, IT-Ressourcen und der IT-Prozess-Hierarchie bietet Abbildung 3-80.

Zur Kontrolle der erfolgreichen Umsetzung einzelner Prozesse sind jeweils Kernziele angegeben, die jede Organisation erreichen sollte. Die Erreichung der Ziele wird ähnlich dem CMM in Reifegraden gemessen, wobei die Einteilung aus dem

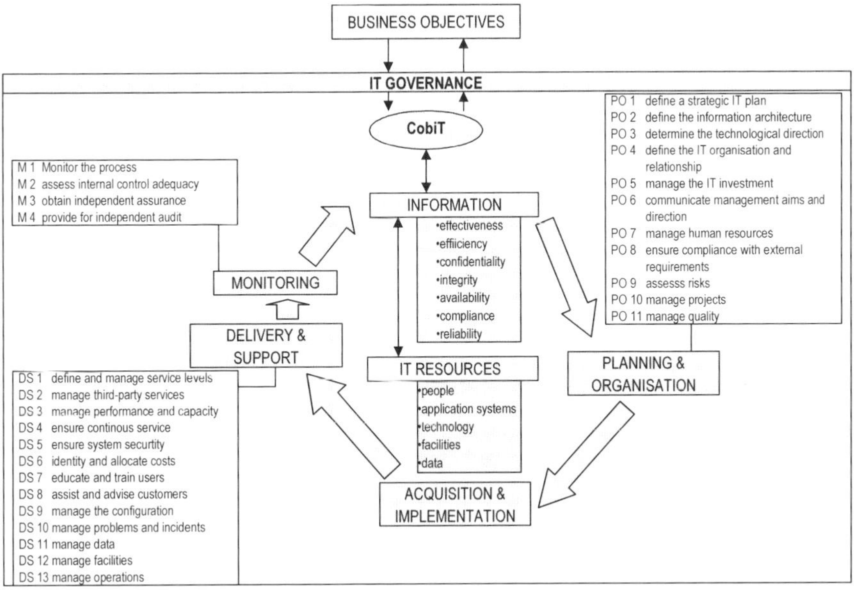

Abbildung 3-80. CobiT-Framework
Quelle: Hochstein/Hunziker (2003, S. 50)

continous CMMI übernommen wurde. Eine Soll-Ist-Analyse, kombiniert mit Benchmarkwerten der Branche, hilft dabei, auf anvisierte Ziele hin zu arbeiten. Unterstützt wird dieser Vorgang dabei von kritischen Erfolgsfaktoren, die für jeden Prozess individuell gesammelt wurden.

Das CobiT-Modell lässt sich als ganzheitliches, integratives Modell ansehen, das trotz seines hohen Detaillierungsgrades genügend Abstraktion beibehält, um auf eine Vielzahl von IT-Bereiche übertragen werden zu können. Insbesondere die Einbindung der Unternehmensleitung in Form der Kernziele, die aus der Strategie abgeleitet werden, lassen das Rahmenwerk auch betriebswirtschaftlich sinnvoll erscheinen. Kritisch zu beurteilen sind dabei jedoch die nicht aufgeführten Zusammenhänge der Prozesse und ihrer In- und Outputs, was aus Sicht des IM Probleme aufwerfen kann. Zudem werden durch die 34 IT-Prozesse nicht alle Vorgänge des IM abgedeckt. Des Weiteren kommt die Bedeutung und Einbindung verschiedener Rollen in die einzelnen Prozesse zu kurz (Meyer et al. 2003, S. 445f.).

3.4.2.2 Strategiebildung

Allgemein werden Strategieauswahlentscheidungen in Branchen mit hohem Einfluss der Technik als besonders problematisch angesehen, da einerseits Stand und Entwicklungsgeschwindigkeit der Technik die Strategie mit prägen, andererseits aber Annahmen über die IKT-Entwicklung und ihre Auswirkungen für das Unternehmen mit einem hohen Unsicherheitsfaktor behaftet sind. Wie in anderen

Branchen sind Grundsatzentscheidungen darüber hinaus mit einer Wirkungsverzögerung versehen, d.h. die Wirkungen in der Gegenwart gewählter Strategien zeigen sich erst in naher oder ferner Zukunft. Die Planungsgenauigkeit wird des Weiteren dadurch beeinträchtigt, dass eine Vielzahl verschiedener Einflussfaktoren zu berücksichtigen ist.

Diese Probleme fallen auch für Gestaltungsentscheidungen im IM an, jedoch kann in Bezug auf einige Komponenten des IM etwas konkreter vorgegangen werden. Das Management des IM-Gestaltungsprozesses setzt vor allem einen Rahmen für die Aufgaben des IM. Mit Bezug auf das Modell des IM lässt sich demnach feststellen, dass Rahmen zu setzen sind für die Bestimmung der strategischen Bedeutung des IM, die Behandlung der Ressource Personal, die Organisation des IM, die Gestaltung des IT-Controllings, die Informationswirtschaft, die IS und die IKT.

Der Begriff der Rahmenfestlegung steht in engem Zusammenhang mit der Diskussion von Leitbildern. Gegebenenfalls lassen sich Leitbild und Rahmenfestsetzung auch synonym verwenden, obwohl im Allgemeinen Rahmensetzung gern technisch im Sinne von Standardfestlegungen für Anwendungen verstanden wird, während Leitbilder die Aura des Visionären und Allgemeinen umgibt, wenn bspw. Unternehmensziele mit allgemeinen grundsätzlichen Absichtserklärungen geschmückt werden. Wenn man diese Abgrenzung weniger streng ausgestaltet, lässt sich das Management des IM-Prozesses auch als die Gestaltung und Adaptierung von Leitbildern auf der Unternehmensebene und in den einzelnen Bereichen des Unternehmens verstehen. Abbildung 3-81 verdeutlicht diesen Gedankengang: Die Rahmenaussagen für das IM (als Ergebnis des Prozesses der Gestaltung des IM) werden einerseits vom Unternehmensleitbild und den Bereichsleitbildern abgeleitet, andererseits aber werden diese auch wieder von der konkreten Gestaltung des IM beeinflusst. Diese gegenseitige Beeinflussung wird durch die Pfeile sowohl in Richtung der Rahmenaussagen zum IM als auch in Richtung der Leitbilder des Unternehmens und der Bereiche versinnbildlicht.

Im unteren Teil der Abbildung wird hingegen auf die Richtung des Einflusses in Bezug auf die unterschiedlichen Komponenten des IM abgehoben. Während die strategische Bedeutung und die organisatorische Gestaltung des IM tendenziell eher vom Leitbild des Unternehmens als Ganzem geprägt werden, wirken sich die bereichsspezifischen Leitbilder stärker auf das Personal und das IT-Controlling aus. Wie ganz unten in Abbildung 3-81 dargestellt wird, stehen auch die Ebenen der Informationswirtschaft, der IS und der IKT im gegenseitigen Einfluss mit den Leitbildern des Unternehmens und der Bereiche. Die Rahmensetzung findet zum Teil aber auch auf der Seite des IM statt, insbesondere hinsichtlich vergangener Entscheidungen auf der Ebene der IKT und der IS, die längerfristigen Bindungscharakter aufweisen. Zum anderen Teil werden für das IM im Allgemeinen und die Informationswirtschaft im Speziellen bereits vorhandene Aussagengefüge im Bereich des Unternehmensleitbildes und der Bereichsleitbilder zusammengefügt und für den Kontext des IM adaptiert. Im Folgenden werden die möglichen Rahmensetzungen je Bereich skizziert.

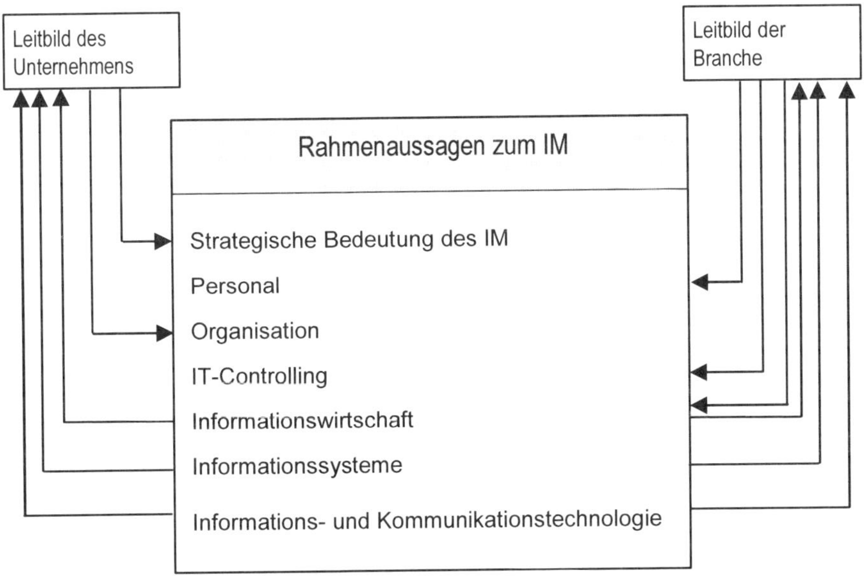

Abbildung 3-81. Gestaltung des Prozesses des IM durch Festlegung von Rahmenaussagen
Quelle: Eigene Darstellung

Prinzipiell eröffnen sich bei der Festlegung des Rahmens für die strategische Bedeutung des IM im Unternehmen die Möglichkeiten der isolierten Betrachtung der Unternehmensbereiche, d.h. keine Rückkopplung der vorhandenen oder geplanten IS auf die Strategie des Unternehmens oder der ständigen Rückkopplung zwischen den beiden Bereichen und der Einbeziehung des IM in die Unternehmensplanung.

Der Prozess der Strategiebestimmung kann in Anlehnung an *Szyperski* (1981) wie folgt ablaufen: Es wird zunächst die strategische Grundhaltung des Unternehmens zwischen Expansion, Erhaltung und Redimensionierung festgelegt. Nach der Konkretisierung der Entwicklungsziele je Geschäftsbereich und der Bestimmung der Vertrautheit mit IKT in jedem Geschäftsbereich erfolgt die Festlegung der informationstechnologischen Grundhaltung. Diese bewegt sich zwischen den Alternativen Momentumstrategie, aggressive und moderate Entwicklungsstrategie oder Defensivstrategie.

Die technologischen Strategien haben folgende Ausgestaltung:

- **Momentumstrategie**: Es wird davon ausgegangen, dass die im Einsatz befindlichen IS den zukünftigen strategischen Anforderungen genügen. Diese Strategie wird von einem Beibehalten der bisherigen Verhaltensweisen bei aufmerksamer Beobachtung der IKT-Entwicklung geprägt.

- **Aggressive Entwicklungsstrategie**: Diese Strategie wird angewandt, wenn die IKT-Entwicklung für die Sicherung der geschäftlichen Erfolgspotenziale von strategischer Wichtigkeit ist. Merkmal dieser Strategie ist das gezielte Streben, als Anwender an der vordersten technologischen Front zu operieren und Entwicklungen voranzutreiben.
- **Moderate Entwicklungsstrategie**: Die moderate Entwicklungsstrategie befindet sich zwischen der Momentumstrategie und der aggressiven Entwicklungsstrategie, indem sie die IKT-Entwicklungen als eine Komponente im Gesamtkontext einer Unternehmung betrachtet. Umgesetzt wird die Strategie mit Pilotprojekten und begleitenden strategischen Analysen sowie Wirkungs- und Implementierungsstudien.
- **Defensivstrategie**: Ergebnis dieser Strategie ist der Versuch, sich ganz oder teilweise den IKT-Entwicklungen zu entziehen oder den IKT-Einfluss zurückzudrängen.

Bei der Bestimmung des strategischen Gestaltungsrahmens auf dem Gebiet der IKT werden Technikattraktivität und Ressourcenstärke ebenso berücksichtigt wie die Möglichkeiten der Kooperation mit anderen Unternehmen. Technikattraktivität bezeichnet dabei das Potenzial der Kosten- und Leistungswirkungen des Einsatzes von IKT, die Höhe der Bedarfsrelevanz für das Unternehmen sowie die Akzeptanz bzw. das Widerstandsverhalten gegenüber der IKT. Unter Ressourcenstärke versteht man die Summe des Anwenderwissens über Anlagen und Systeme sowie über Nutzung der IKT einerseits und Finanzstärke in Bezug auf Höhe und Kontinuität des IKT-Budgets andererseits.

Für diesen Prozess können verschiedene Formen der Zusammenarbeit unterschieden werden. Wie bei jedem anderen Planungsprozess ist hier die Frage relevant, wer neben den Strategieplanern aus den verschiedenen Fachbereichen und der IM-Abteilung in welchem Ausmaß in den Planungsprozess einbezogen wird. Bei der Festlegung des Rahmens für die Behandlung der Ressource Personal im Bereich des IM und im restlichen Unternehmen kann neben der klassischen Betrachtung der Mitarbeiter auch eine stärkere Orientierung am Potenzialgedanken erfolgen, d.h. die Ausbildung der Ressource Personal in Bezug auf IS und IKT-Nutzung richtet sich stärker am gesamtunternehmerischen Leitbild aus und wirkt wie ein „Enabler" für das Unternehmen.

Der Rahmen für die Organisation des IM leitet sich von der allgemeinen Organisationsstruktur des Unternehmens ab, wobei vor allem die Frage des Zentralisierungsgrades eine wichtige Rolle für die Ausgestaltung von Funktionen des IM spielt. Die Behandlung des IM als eigenständigen Bereich mit eigenen Organisationsprinzipien lässt sich aus der Synergiesuche innerhalb des IM heraus begründen. Als Mischform wird oft angestrebt, eine zentrale Koordinationskomponente zu erhalten. Eine weitere wichtige Frage ist die Einordnung der IT in die Organisation wie die Stellung des CIO's und seine Kompetenzen (vgl. nächstes Kapitel, 3.4.2.2).

Im Licht der Diskussion um das Outsourcing z.B. von Rechenzentren wird durch das Unternehmensleitbild auch ein Rahmen gesetzt für die „Make or Buy“-Entscheidung für Leistungen des IM. Da derartige Entscheidungen jedoch differenziert zu betrachten und neben der generellen Organisationskultur des Unternehmens noch andere Einflussfaktoren zu berücksichtigen sind, wird diese Frage als Querschnittsthema im Kapitel 3.4.4 behandelt. Ähnlich wie die Frage des „Make or Buy“ ist auch das Ausmaß der Prozessorientierung im Kontext des Organisationsleitbildes zu sehen.

Versteht man das IT-Controlling als das Controlling des IM im Unternehmen, wird deutlich, dass die Grundsätze für das IT-Controlling aus Rahmenbedingungen der Controllingstruktur im Unternehmen abgeleitet werden. Darunter fallen die Konzeption als zentrales Controlling versus ein Controlling in jedem Bereich und die Frage des grundsätzlichen Selbstverständnisses des Controllings als Steuerung oder Kontrolle. Wird IT-Controlling jedoch als Teil des IM selbst gesehen, schwächt sich der Einfluss der generellen Controllingumgebung ab und eine gewisse Selbstständigkeit in der Gestaltung des IT-Controllings ist die Folge. In jedem Fall muss zunächst eine Hierarchisierung der IM-Prozesse vorgenommen werden und darauf aufbauend, anhand der definierten Informationsströme, die Beteiligten an den Entscheidungsprozessen, die Entscheidungspunkte und die auftretenden Informationsbedarfe festgelegt werden.

Abbildung 3-82 nimmt eine hierarchische Aufteilung des IM-Prozesses in Basisprozess, Teilprozess der Detailstufe 1 und der Detailstufe 2 vor. In die IM-Prozesse sind eine Reihe von Rollen (Personen und Gruppen mit bestimmten Funktionen und Aufgaben) involviert, aus deren Gesamtheit jene Rollen relevant sind, die sich mit der Koordination, Planung, Steuerung und Informationsversorgung innerhalb der IT befassen.

Als relevante Rollen lassen sich Hauptverantwortlicher, Fachbereich, Software-Kunde, Projektleiter, Projektteam und IT-Bereich festlegen.

- HV: Hauptverantwortlicher als Auftraggeber bzw. höchster Projektverantwortlicher,
- FB: Fachbereich als Auftraggeber und Anwender,
- SK: Software Kunde als externer Kunde der IT,
- PL: Projektleiter als Verantwortlicher für die Projektdurchführung,
- PT: Projektteam als ausführende Projektmitarbeit,
- IVB: IT-Bereiche als Org./IT-Bereiche (Zentrale/Dezentral Org./IT, Werks-Org./IT), Competence Center (Logistik, CAD), …).

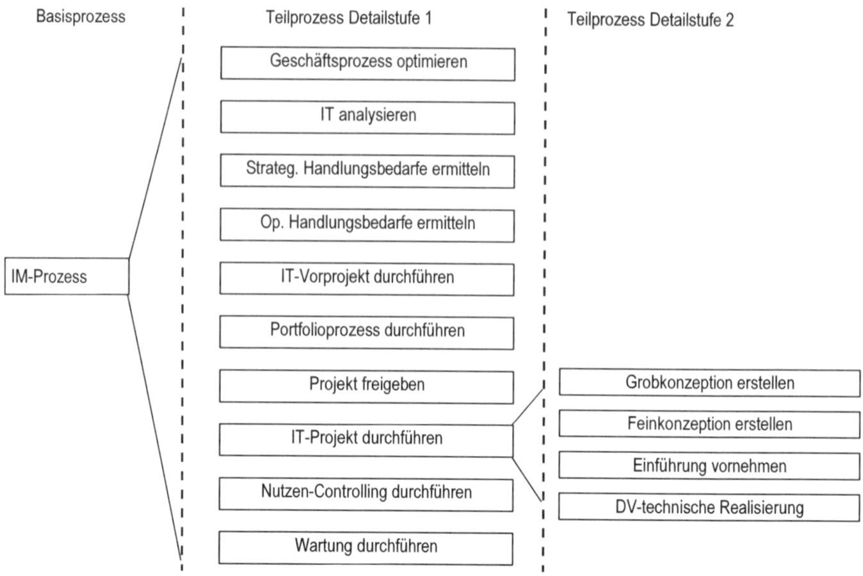

Abbildung 3-82. Hierarchie der IM-Prozesse
Quelle: Eigene Darstellung

Als nächstes sind die definierten Rollen an sog. Entscheidungspunkten mit dem IM-Prozess zu verbinden. Ein Entscheidungspunkt ist eine Funktion, bei der ein oder mehrere Entscheidungen getroffen werden und bei dem planend, kontrollierend oder steuernd in den IM-Prozess eingegriffen wird. Da für die Koordination der IM-Prozesse dem projektübergreifenden Koordinationsgedanken eine größere Bedeutung zukommt, werden rein projektinterne Entscheidungen, die durch den Projektleiter oder das Projektteam getroffen werden, nicht weiter berücksichtigt. Bspw. fallen im Teilprozess operative Handlungsbedarfe zwei Entscheidungspunkte an. Zum einen „Ziele definieren" und zum anderen nach Zusammenführung der Ergebnisse die „Geschäftsprozessoptimierung genehmigen" (Abbildung 3-83). Die Anzahl der Entscheidungspunkte ist von der Projektgröße abhängig und ist für kleinere Projekte gering zu halten. Weiterhin treffen der Projektleiter und das Projektteam im Wesentlichen nur projektinterne und keine projektübergreifenden Entscheidungen. Um dem Koordinationsgedanken gerecht zu werden, bedarf es einer intensiven Einbindung eines Entscheidungsbefugten aus dem IT-Bereich, was durch eine hohe Anzahl von Entscheidungspunkten deutlich wird. Abbildung 3-83 bildet den konkreten Entscheidungsgegenstand „Was wird entscheiden" ab.

Die für den Entscheidungsgegenstand notwendigen Informationsbedarfe („Welche Informationen braucht der jeweilige Entscheider") werden ebenfalls in den Entscheidungspunkten ermittelt (Abbildung 3-84). Für jeden Entscheidungspunkt

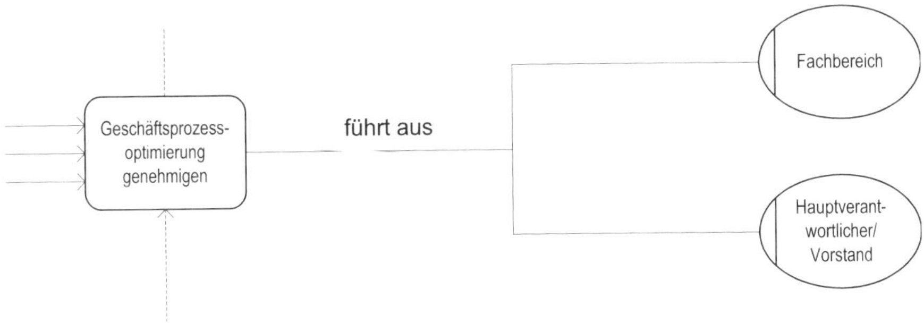

Abbildung 3-83. Entscheidungspunkte

Quelle: Eigene Darstellung

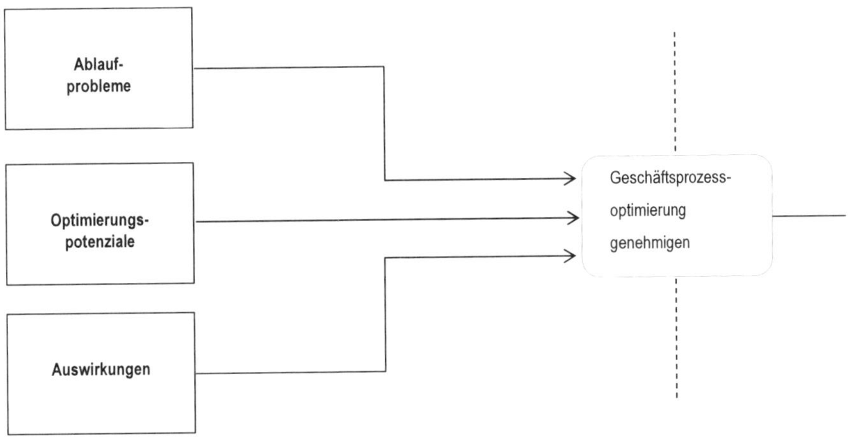

Abbildung 3-84. Informationsbedarfe der Entscheidungspunkte

Quelle: Eigene Darstellung

wird für jede Rolle das Entscheidungsergebnis (Output) und die dazu notwendigen Informationen (Input) bestimmt. Die Informationsbedarfe werden für die Kerndatenbestimmung und im Berichtswesen für die Datenmodelle und Prozessdefinitionen verwendet.

Entsprechend der Aufgabengebiete des IT-Controlling lassen sich damit die in Tabelle 3-20 aufgeführten Informationsbedarfe für das Ideen-, Projekt-, Produkt-, Infrastruktur- und Strategien-Controlling festhalten.

In Anlehnung an das Konzept der Schnittmenge von Informationsbedarf, Informationsangebot und effektive Informationsnachfrage kann man auf der Ebene der Informationswirtschaft thematisieren, ob für die einzelnen Unternehmensbereiche eine Holschuld existiert oder die IM-Funktion als Service mit Bringschuld zu verstehen ist. Dabei kristallisiert sich die Installation des permanenten Begründungszwangs für alle Berichte als zentrale Steuerungsgröße einer effektiven Informationswirtschaft heraus. Damit rückt die Dichotomie zwischen allgegenwärtiger Informationstransparenz in der gesamten Unternehmenslandschaft und einer sorgfältigen Abwägung der Informationsflussgestaltung nach dem strengen „need-to-know-Prinzip“ in den Vordergrund.

Tabelle 3-20. IT-Controlling-relevante Informationsbedarfe

IT-Controlling-Bereiche	Informationsbedarfe
Ideen-Controlling	• Projektantrag: Plandaten für Fachkonzept, Termine, Kosten, Kapazitäten • Projektziele • Funktionsabbildung • Implementierungsalternativen • Wirtschaftlichkeitsbetrachtungen • Interne Realisierungskompetenz, Umsetzungsalternativen • Abhängigkeiten von anderen Projekten und externen Lieferanten • Konzeption für Hardware, Software, Betrieb und Wartung, Releasewechsel • Einsetzbare Basissoftware • Schnittstellen • Referenzprojekte
Projekt-Controlling	• Vorprojektergebnisse • Zeitverhalten • Prototyp • Qualitätssicherungskonzept, Abnahmekonzept • Testprotokolle • Grobkonzeption • Feinkonzeption • Realisierungskonzeption • Pflichtenheft
Produkt-Controlling	• Zeitverhalten • Netzbelastung • Schnittstellen • Mängelliste • Verantwortlichkeiten • Wartungs- und Betriebsplan • Projekthistorie • Organisationskonzept • Verrechnungspreise • Projektkostengesamtaufstellung • Projektprüfbericht

Tabelle 3-21 (Fortsetzung).

Infrastruktur-Controlling	• Infrastrukturausbaupläne sowie erwartete Veränderungen • Auswirkungen von Infrastrukturveränderungen • Datenverteilungsstrategie • Ist-Kosten Systeme • Systemnutzung und -planung • Operative Ziele und operative Handlungsbedarfe • Operative und technische Lösungsmöglichkeiten • Aktuelle Hardware-, Software-Ausstattung sowie zukünftige Anforderungen • Mengengerüste • Systemschnittstellen • Systemnutzungszuständigkeiten • Verantwortlichkeiten
Strategie-Controlling	• Problemsituation, Optimierungspotenziale • Prozessänderungsvorschläge • Änderungsrisiken und -auswirkungen • IT-Analyseergebnisse • Schwachstellenanalyse und -lösungsvorschläge • Neustrukturierungsvorschläge • Unternehmens-, Fachbereichs-, IT-Bereichs-Strategien und -ziele • Nutzenpotenziale

Quelle: Eigene Darstellung

Eine generelle Gestaltung der IS im Unternehmen wird von der Grundsatzposition des Unternehmens, versinnbildlicht im Unternehmensleitbild, mittelbar beeinflusst, da die IT-Strategie immer ein Teil der Unternehmensstrategie ist. Neben der inhaltlichen Integration der Einzelanwendungen zu einem Gesamtkonzept stellt die Festlegung der Software-Entwicklungsumgebung den zentralen Knotenpunkt auf der Ebene der IS dar, der vergangene und zukünftige Entwicklungsentscheidungen miteinander verknüpft. Ist man in den Bereich inhaltlich zusammenhängender Einzel-IS vorgedrungen, ist grundsätzlich zu unterscheiden und zu entscheiden zwischen einem Gesamtintegrationsansatz eines Unternehmensdatenmodells auf der Basis eines Datenmodells der Unternehmung als Ganzes (Scheer 1990, S. 46ff.) und dem Ansatz der Teilintegration eigenständiger Lösungen für jeden Bereich durch die Spezifizierung eindeutiger und nachvollziehbarer Schnittstellen.

Grundsätzlich ist in Anlehnung an die Unternehmensstrategie und die Techniksensitivität der Geschäftsfelder festzulegen, ob auf der Ebene der IKT die Position der Technikführerschaft oder eher die Position eines Followers angestrebt wird. In engem Zusammenhang mit dieser Grundsatzentscheidung ist hier die Aktivitätenhäufigkeit zu sehen, die auf dem Kontinuum zwischen einem aktiven Scanning der technologischen Entwicklungen und daraus resultierender Möglichkeiten für das Unternehmen und einer eher abwartenden Haltung mit reaktivem Technikmanagement ihre Position finden muss.

Wenn sich in diesem Kapitel Elemente der vorherigen Kapitel wiederfinden, so ist das auf die allgemeine Ausrichtung des Managements der IM-Gestaltung auf die Balance zwischen den einzelnen Elementen des IM zurückzuführen. So stellt sich hier die Gesamtaufgabe als Gestaltung der IM-Prozesse und ihres Zusammenspiels und nicht der Inhalte der einzelnen Prozessschritte dar, wie in Abbildung 3-85 dargestellt ist.

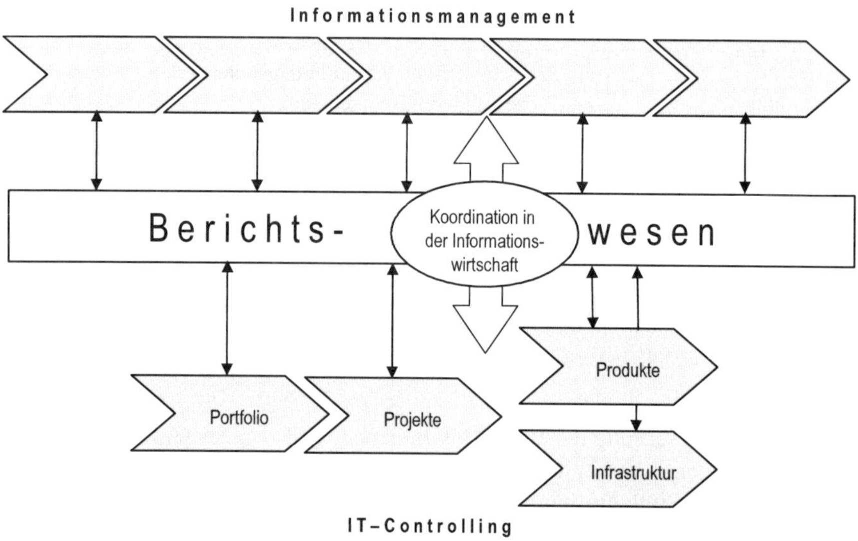

Abbildung 3-85. Koordination in der Informationswirtschaft
Quelle: Eigene Darstellung

Bewegt man sich abschließend auf die Frage hin, wie der Prozess der Gestaltung des IM selbst zu gestalten ist, rücken die Aspekte der Prozesshäufigkeit und des Prozessanstoßes in den Mittelpunkt der Betrachtung. Zuerst kann man sich eine episodische Einteilung vorstellen, bspw. einen neuen Gestaltungsprozess alle fünf Jahre. Naheliegender als diese starre Orientierung an der Zeitachse erscheint es aber, Diskontinuitäten in der Organisation, z. B. im Laufe einer generellen Geschäftsreorganisation, nach gescheiterten Großprojekten, bei Technologiebrüchen oder größeren Marktanteilsverschiebungen, zum Anlass für einen Neuaufwurf des IM-Gestaltungsprozesses zu nehmen. Wesentliches Kriterium für die Notwendigkeit der Umgestaltung ist hierbei die Gesamtstimmigkeit von Unternehmenskultur und organisatorischer Realität im generellen und den Führungsaufgaben des IM im speziellen Sinne.

Zusammenfassend lässt sich feststellen, dass das Management der Gestaltung des IM eine Gestaltungsaufgabe für die Führungsebene par excellence darstellt. Nicht nur die strukturellen und prozessualen Aspekte der Führungsprozesse des IM sind zu gestalten, sondern all dies hat vor dem Hintergrund des umfassenden Wissens über Möglichkeiten und Grenzen der Nutzung der IKT im Unternehmen zu erfolgen.

3.4.2.3 Stellung der Informationsmanagementfunktion im Unternehmen

Auch wenn die Ressource Information schon immer Gegenstand der Unternehmensaktivitäten war, ist die Herausbildung einer entsprechenden Unternehmensfunktion, ja sogar einer IM-Abteilung eine Erscheinung der neueren Zeit. Zur Darstellung der historischen Entwicklung mit wachsender Bedeutung des IM werden im Allgemeinen Phasenmodelle herangezogen wie bspw. das Modell von *Nolan* (1979, S. 115ff.), *Rockart* (1988, S. 57ff.) oder *Heinrich* (2002, S. 41ff.). So unterscheidet *Rockart* die Phasen Accounting Era, Operational Era, Information Era und Wired Society.

In der Accounting Era wurden kurz nach der Einführung der ersten Computer Aufgaben für die automatisierte IT vor allem im Finanz- und Rechnungswesen identifiziert. Dort fanden sich stark formalisierte betriebliche Aufgaben mit großen Datenvolumina und vielen sich wiederholenden Aufgaben. Die IT-Abteilung bestand in diesem Fall im Wesentlichen aus einer kleinen Gruppe von Spezialisten, die Anwendungen programmierten und existierende Anwendungen betreuten. Organisatorisch wurde diese IT-Abteilung dem Hauptkunden, dem Finanz- und Rechnungswesen, unterstellt. Diese historisch gewachsene Strukturalternative ist in Abbildung 3-86 als „IT 1“ dargestellt.

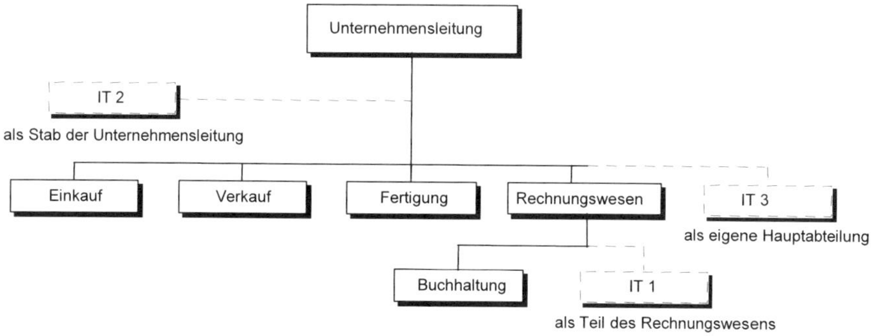

Abbildung 3-86. Das IM in der Organisationsstruktur des Unternehmens
Quelle: In Anlehnung an Heinrich (2002, S. 44f.)

Mit der Zeit wuchs die IT im Unternehmen über das Finanz- und Rechnungswesen hinaus und unterstützte immer mehr auch andere betriebliche Aufgaben mit hohem Formalisierungsgrad und vielen anfallenden Daten. Daraus erwuchs eine stark wachsende Bedeutung der IT-Abteilung für das Unternehmen insgesamt und die IT-Abteilung bewegte sich in eine Phase starken Wachstums. Dieses Wachstum war jedoch größtenteils unkoordiniert und unkontrolliert und führte zu einer Vielzahl von Anwendungssystemen, woraus sich ein stärker werdender Zwang zur allgemeinen Integration ergab. Integrative betriebliche Betrachtungen, die Durchdringung aller Bereiche des Unternehmens und immer stärkere Verflechtung mit der Organisationsplanung ließen eine Unterordnung der IT-Abteilung unter das Finanz- und Rechnungswesen nicht mehr zeitgemäß erscheinen. Damit ergaben sich die Möglichkeiten einer Zuordnung der IT-Abteilung als Stab direkt zur Unternehmensleitung oder der Einrichtung einer eigenen Hauptabteilung IT. Beide Strukturalternativen verdeutlichen die wachsende Bedeutung der Informationsfunktion für das gesamte Unternehmen, wobei die Alternative „IT 2" die Querschnittsfunktion des IM stärker betont als die Alternative „IT 3".

Mit dem Siegeszug der individuellen IT begann auch ein Übergang von der Operational Era zu der nächsten Phase der IM-Entwicklung, der Information Era. Die Kennzeichen dieser Phase sind die Ergänzung bisher dominierender Transaktionsaufgaben in der IT mit Planungs- und Steuerungsaufgaben, die zunehmende Bedeutung des PCs und damit ein steigender Einfluss des PC-Nutzers auf die Informationsnutzung sowie die Entstehung von Entscheidungsunterstützungssystemen und Management Information Systemen. Im Gegensatz zu früheren Phasen der IT wurden damit erstmals unstrukturierte oder nur schwach strukturierte Aufgaben informationstechnisch unterstützt.

Für die Aufgaben des IM bedeutete dies eine Zunahme von Koordinationsaktivitäten, die sich in der Institutionalisierung von Lenkungsausschüssen manifestierten. Diese Maßnahmen griffen jedoch zu kurz, so dass sich immer deutlicher die Notwendigkeit einer ganzheitlichen Betrachtung der IM-Funktion in verschiedenen Bereichen des Unternehmens herauskristallisierte.

Ein **Lenkungsausschuss**, auch **Steering Committee** genannt, ist ein Gremium außerhalb der IT-Abteilung zur Steuerung der IT-Aktivitäten aus Fachabteilungssicht, in dem alle Beteiligten wie bspw. Projektleiter vertreten sein sollten.

In Abbildung 3-87 ist dargestellt, wie sich in einer Abteilung, die im unteren Teil Informations- und Kommunikationssysteme genannt wird, die IM-bezogenen Aufgaben zusammenführen lassen, die in einer traditionellen Gliederung der IT-Abteilung, der Abteilung Organisation und Verwaltung und der technischen Abteilung zugeordnet wurden.

Durch die Vielfältigkeit der Aufgaben des IM wird klar, dass in der Information Era zentrale und dezentrale Elemente nebeneinander existieren, wodurch sich für

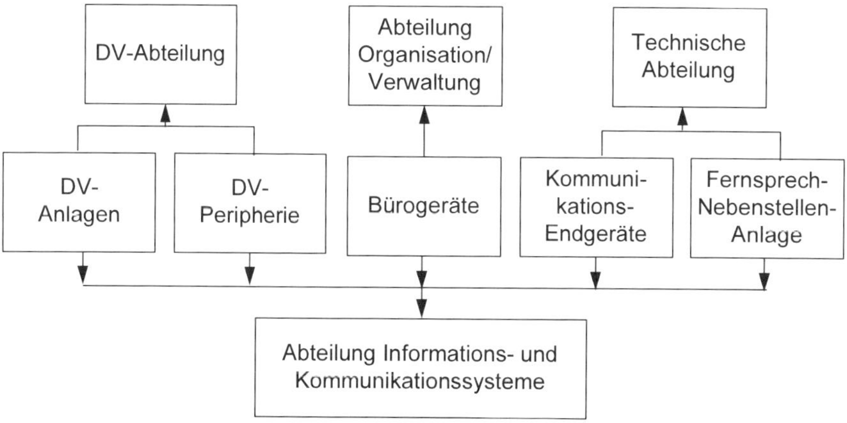

Abbildung 3-87. Traditionelle und ganzheitliche Zuordnung der Aufgaben des IM
Quelle: In Anlehnung an Groß (1985, S. 62)

das IM sowohl die Koordination dezentraler Elemente aus einer ganzheitlichen Perspektive heraus als auch die zentrale Gestaltung, Planung und Kontrolle übergreifender IM-Aspekte ergibt.

An der Schwelle zur vierten Phase der Entwicklung des IM zu einer Wired Society nach *Rockart* (1988) wird die Vernetzung dezentraler Elemente immer weiter zunehmen. In der Wired Society der Zukunft liegt die Verantwortung für die IT direkt beim Benutzer und die IT-Abteilung bietet nur technische Lösungen an, die den Bedarf der Endnutzer befriedigen. In dieser Phase wird die IT die traditionelle Unternehmensgrenze durchbrechen und zwischenbetriebliche IT wird zur Selbstverständlichkeit.

Die wachsende Bedeutung des IM ist nicht alleine an der organisatorischen Verankerung auf einer möglichst hohen Ebene des Unternehmensorganigramms abzulesen, sondern es erfolgt auch ein gewisses „Einflussmanagement". Wie in verschiedenen Untersuchungen empirisch bestätigt wurde, wird die Verantwortung für die IT- oder IM-Funktion zumeist auf der zweiten Ebene im Unternehmen angesiedelt, während sich die erste Ebene (Vorstand oder Geschäftsführer) und die vierte Ebene (Gruppenleiter) eher selten für das IM verantwortlich zeichneten. Untersuchungen hierzu finden sich z.B. in *Streicher* (1988), *Applegate* (1992), *CSC* (1997) und *Gottschalk* (1998; 2000).

3.4.2.4 Der CIO als Aufgabenträger des Informationsmanagements

Der Begriff des **Chief Information Officers** (CIO) kommt aus dem angloamerikanischen Sprachraum und steht für die Top-Position der IT im Vorstand (Sackarendt 2003, S. 175). Der Begriff ist jedoch nur sehr unscharf definiert und wird in unterschiedlichen Ländern auch mit unterschiedlichen Aufgabenschwerpunkten betraut. In den USA ist der CIO meist nur für das IM zuständig, in Deutschland hingegen erfolgt oft eine Vermischung mit anderen Bereichen wie Unternehmensentwicklung, Controlling und Finanzen. Dies liegt auch an den unterschiedlichen Führungssystemen. Bei dem in den USA vorherrschenden Direktorialprinzip liegt die Macht beim CEO, während das deutsche Kollegialprinzip, das für Aktiengesellschaften vorgeschrieben ist (vgl. §§ 76 II, 77 I AktG), die Mitglieder als gleichberechtigt versteht (vgl. Heinzl 2001, S. 411). In Deutschland wird der CIO teilweise als Leiter der IT-Abteilung, IS- oder IV-Leiter oder als Informationsmanager bezeichnet, *Schulz-Wolfgramm* nennt ihn Corporate Information Officer oder IT-Chef (Schulz-Wolfgramm 2003, S. 143f.). Nach *Heinzl* gibt es jedoch nur wenige oberste Leitungsinstanzen, die für IKT zuständig sind und CIO heißen. Die Übertragung des amerikanischern Konzepts auf deutsche Unternehmen ist wegen struktureller und kultureller Konstellationen nur teilweise möglich (2001, S. 410f.).

Der Begriff CIO tauchte erstmals in den 80er Jahren auf. Die Grundlagen für das Information Ressources Management (IRM) stammen von *Horton*, der diesen Begriff um 1980 geprägt hat (siehe auch Kapitel 2.3). Er war der Meinung, dass Information eine Ressource wie Arbeit und Kapital ist und deshalb auch so behandelt werden sollte. Dazu ist ein Management der Informationen und der IT nötig, was die Aufgabe des CIO ist (Horton 1979; 1981). Seither haben sich die Aufgaben und Anforderungen an den CIO und damit auch das Berufsbild verändert.

Die Entwicklung kann wie folgt beschrieben werden: vom „Abteilungsleiter Rechenzentrum zum Innovationsmanager im Vorstand". Die IT wurde noch vor wenigen Jahren als unterstützende Funktion für die Geschäftstätigkeit gesehen. Heutzutage gilt der CIO als wichtiges Mitglied des Unternehmensmanagements (vgl. Grohmann 2003, S. 20), das u. a. strategische und taktische Aufgaben zu erfüllen hat. Einige Unternehmen, meist junge, entwickelten durch IT neue Geschäftsmodelle und nutzten sie als Wettbewerbsvorteil. Dadurch stieg die Wichtigkeit der IT an und wurde zu einer Kernkompetenz vieler Unternehmen.

> **Chief Information Officer (CIO)** ist die Berufsbezeichnung für eine Person/Führungskraft, die verantwortlich ist für die Informationstechnik und Anwendungen, die die Unternehmensziele unterstützen.

In vielen Unternehmen ist der CIO direkt dem Chief Executive Officer (CEO) unterstellt, in anderen ist er Mitglied der Geschäftsleitung. Eine Übersicht über Studien, die untersuchen, an wen der CIO berichtet, liefern *Daum et al.* (2004). *Buhl/Kreyer/Wolfersberger* (2001, S. 408) sehen den CIO im Management mit der Planung, Steuerung und Kontrolle von Aktivitäten, Funktionen und Ressourcen im Zusammenhang mit den Objekten Information, Informationssysteme und Informations- und Kommunikationstechnik betraut, ähnlich den Aufgaben eines Chief Financial Officer (CFO) und Chief Human Ressources Officer (CHRO) für die Ressourcen Kapital und Personal. Ob der CIO Mitglied des Vorstands ist, hängt wesentlich von der Größe des Unternehmens, der Dynamik der Geschäftsfelder, der Geschäftsprozesse und der Organisationsform des Unternehmens ab (Reich/Nelson 2003, S. 29; Werner 2001).

Zu den vielfältigen **Aufgaben** eines CIO gehört u. a. die Ausrichtung der IT auf die Unternehmensstrategie und die Entwicklung einer IT-Infrastruktur. Nach *Penzel* (2001, S. 409) gibt es drei Kernaufgaben. Erstens das Setzen, Implementieren und Aktualisieren von Software- und Hardware-Architekturen und -standards, um die hohe Vernetzung der IKT im Unternehmen zu akzeptablen Kosten sicherstellen. Zweitens die regelmäßige Priorisierung neuer Anwendungen, Steuerungs- und Controllingprozesse sowie übergreifendes Wissen und Erfahrung. Und zuletzt die übergreifende Hilfe, wenn einzelne Divisionen auf Probleme stoßen, die sie nicht bewältigen können.

Die Aufgaben eines CIO können gemäß einer Aufgabenanalyse in strategische, administrative und operative Aufgaben unterteilt werden. Bei der empirischen Studie von *Lischka* stellte sich heraus, dass die strategischen Aufgaben mit mehr als der Hälfte deutlich überwiegen, gefolgt von den administrativen Aufgaben. Die operativen Aufgaben der CIOs hingegen spielen nur eine untergeordnete Rolle (Lischka 2002, S. 32ff.).

In Bezug auf die **Anforderungen** an den CIO und das Qualifikationsprofil sind folgende Fähigkeiten wichtig: Der CIO sollte ein Planer und Koordinator mit Mitarbeiter-Führungsqualitäten sein, um seine Mitarbeiter zu betreuen und zu motivieren und komplexe Abstimmungsprozesse innerhalb des Unternehmens zu führen. Wichtig dabei sind Sozial-, Management- und Strategiekompetenz. Der CIO erkennt die Potenziale der IT für bestehende und neue Geschäftsmodelle, kommuniziert sie und setzt sie auf der Vorstandsebene um. *Werner* (2001, S. 410) sieht den CIO im Gesamtunternehmen als Change Manager, Meinungsbildner und -führer, der Anstöße für neue Entwicklungen veranlasst, vorantreibt und verwirklicht. Der CIO begleitet, ermöglicht und unterstützt die Weiterentwicklung des Unternehmens als Einheit und ist Wissensvermittler. Er besitzt die Fähigkeit zu interdisziplinärem Denken in Systemen, in globalen, fachübergreifenden Zusammenhängen. Dazu ist ein ausgezeichnetes methodisches und technisches Wissen notwendig. Er ist eine integrierende Person mit einem hohen Maß an Realitätssinn und wirtschaftlichem Denken und Handeln. Er ist Gestalter, Unternehmensberater, interner Dienstleister und Wissensmanager und nutzt als Experte die Möglichkeiten und kennt die Chancen und Risiken der IS-Systeme. Des Weiteren besitzt er gute Kommunikationsfähigkeiten.

Earl (1996a, S. 464ff.) nennt zehn kritische Erfolgsfaktoren für das Überleben des CIO in seiner Position. Diese sind in Abbildung 3-88 dargestellt. Danach ist eine

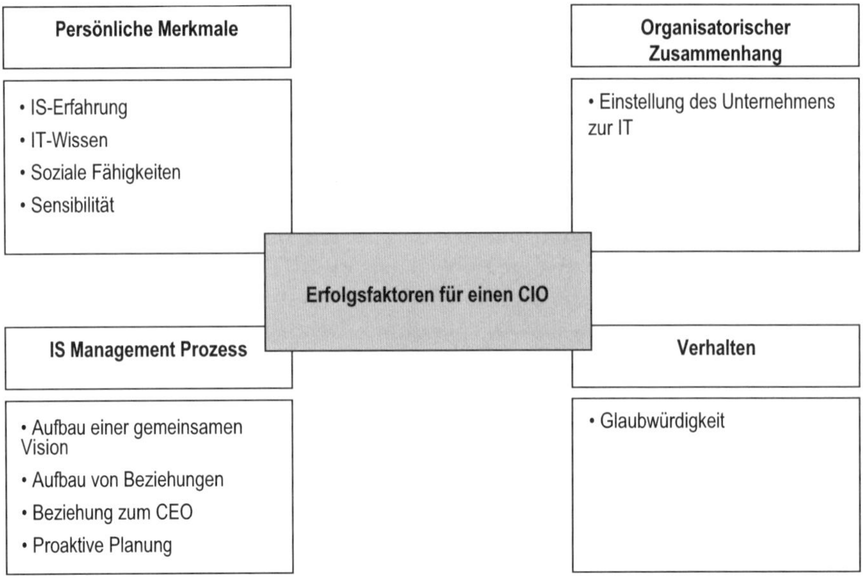

Abbildung 3-88. Erfolgsfaktoren für einen CIO
Quelle: In Anlehnung an Earl (1996a, S. 475)

Mischung von technischen und Managementfähigkeiten nötig. Insbesondere das Knüpfen von Beziehungen, das Verhältnis zum CEO, die Sensibilität, soziale Kompetenz, die proaktive IS-Planung, das Aufbauen einer gemeinsamen Vision und die Einstellung des Unternehmens zur IT erfordern vom CIO, ein guter Politiker zu sein. Andererseits erfordern die Glaubwürdigkeit, das IT-Wissen und die Erfahrung, dass der CIO fähig ist, die benötigten Informationen zu liefern.

Ein weiteres Ergebnis dieser Studie sind die vier **Rollen**, die ein CIO wahrnehmen muss. Danach sollte ein CIO ein Visionär, Taktiker, Lieferant und eine Person sein, der Beziehungen aufbaut (Für weitere Studien zum CIO vgl. bspw. Earl/Feeny 1994; oder Stephens/Ledbetter 1992).

Die Rolle des CIO innerhalb der Organisation des IM als koordinierte Dezentralisierung kann anhand folgendem Vergleich eines Orchesters und seines Dirigenten gut beschrieben werden: Der CIO ist der Dirigent und Koordinator und die einzelnen Einheiten des Unternehmens die Musiker. Beim Orchester gibt der Dirigent das Stück vor, das gespielt wird. Durch das Dirigieren, das Vorgeben des Taktes, hält er die einzelnen Spieler zusammen, korrigiert Fehler und sorgt so für ein perfektes Klangerlebnis, auf das sie selbst stolz und die Zuhörer davon begeistert sein können. Trotzdem spielt jedes Instrument/Pult seine eigene Stimme und damit eine Rolle, für die es verantwortlich ist. Einzelne Musiker wie bspw. die erste Geige haben eine Solostimme.

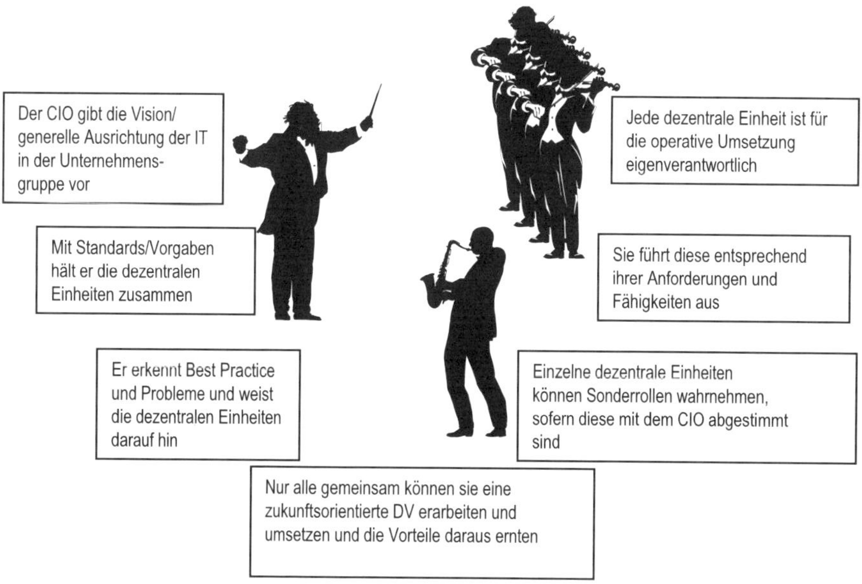

Abbildung 3-89. Rolle und Aufgaben des CIO
Quelle: Eigene Darstellung

Die Rolle des CIO ist dem Beispiel sehr ähnlich. Er gibt die generelle Ausrichtung der IT vor und passt sie an die Schnittstellen zu den Kunden und Lieferanten an so wie der Dirigent das Stück für den entsprechenden Anlass und die Zuhörerschaft auswählt. Durch seine Vorgaben und Standards hält er die dezentralen Einheiten zusammen und weißt sie auf Schwachstellen und Probleme hin. Die einzelnen Unernehmenseinheiten sind wie die Instrumentengruppen für die operative Umsetzung der Vorgaben eigenverantwortlich und führen diese entsprechend dem eigenen Können aus. Einzelne dezentrale Einheiten (Solisten) können Sonderrollen von dem CIO zugewiesen bekommen. Nur so können alle gemeinsam mit der Unternehmensleitung ein zukunftorientiertes IM erarbeiten, umsetzen und die sich ergebenden Vorteile nutzen. Dies ist in Abbildung 3-89 veranschaulicht.

Ross/Feeny weisen darauf hin, dass der CIO derzeit die beste Gelegenheit hat, das Unternehmen auf oberster Ebene zu beeinflussen. Seine Rolle hat sich im Laufe der Jahre entwickelt und sein Ansehen ist in den Jahren gestiegen (Reich/Nelson 2003, S. 28; Ross/Feeny 1999, S. 385ff). Zu der Frage, wie sich die Rolle des CIO entwickeln wird, schreiben *Ross/Feeny* (1999, S. 397), dass der CIO eine wachsende Verantwortlichkeit bekommt, die strategische Zukunft des Unternehmens zu beeinflussen, als Networker, als strategischer Denker und als Entrepreneur.

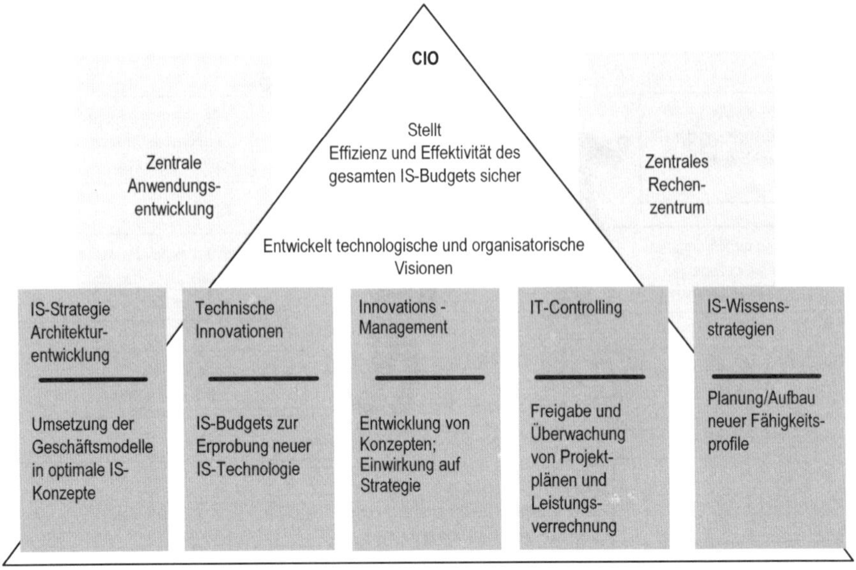

Abbildung 3-90. Selbstverständnis eines CIO
Quelle: Eigene Darstellung

Abbildung 3-90 veranschaulicht das Selbstverständnis des CIO. Danach stellt der CIO die Effizienz und Effektivität des gesamten IS-Budgets sicher und entwickelt technologische und organisatorische Visionen. Er beaufsichtigt die IS-Strategie, Technologie-Innovationen, das Innovationsmanagement, das IT-Controlling sowie IS-Wissensstrategien. Zur Seite stehen ihm dabei die zentrale Anwendungsentwicklung und das zentrale Rechenzentrum.

Die vorausgegangenen Absätze haben einen Überblick über die Rolle, Aufgaben und Fähigkeiten des CIO gegeben. Wie bereits erwähnt, gibt es nicht „den" CIO. Aufgaben sowie Berufsbezeichnung und organisatorische Einordnung variieren abhängig von den jeweiligen Unternehmen. Die erforderlichen Fähigkeiten und die Erfolgsfaktoren sind jedoch sehr ähnlich. In der Literatur herrscht Einigkeit darüber, dass ein CIO sowohl ein Verständnis für den IT- wie auch für den Unternehmensbereich braucht (Ross/Feeny 1999, S. 400).

3.4.2.5 Die Synchronisierung der Entwicklungsgeschwindigkeiten im IM

Die letzten Jahrzehnte waren durch eine in ihrem Ausmaß wohl überwältigende Dynamik in der Technikentwicklung gekennzeichnet, die in den 90er Jahren IT-Kapazitäten schuf, welche in den 70er Jahren kaum vorstellbar waren und deshalb damals oft in den Bereich der Utopie verwiesen wurden. Im Gegensatz dazu sind die Entwicklungsgeschwindigkeiten des individuellen, aber auch des organisatorischen Lernens alles andere als mit den Entwicklungsgeschwindigkeiten der IKT synchron: Als Beispiel möge man sich verdeutlichen, dass sich in der Spanne einer Menschengeneration von ca. 30 Jahren unzählige technische Innovationszyklen abspielen können, und dass die Diskussion um einen Wertewandel in der Gesellschaft ähnlich lange Zeiträume umfasst.

Auf ein Unternehmen bezogen, gilt die Unternehmensstrategie als langjähriges Fixum mit einem Planungszeitraum von durchaus bis zu 20 Jahren, auch wenn die dynamischen Marktentwicklungen in neuerer Zeit oft wesentlich kürzere Strategiezyklen notwendig machen. Die Organisationsstruktur eines Unternehmens ist meist ebenfalls längerfristig angelegt, so dass Restrukturierungsaktivitäten je nach Größe des Unternehmens oftmals frühestens nach fünf Jahren zu konstatieren sind. Länger ist der Zeitraum für IS-Anwendungen anzusetzen, wo Applikationen häufig bis zu 15 Jahre im Einsatz sind, bevor eine neue Generation nachfolgt. All diese Zeiträume stehen in scharfem Kontrast zu der Entwicklungsgeschwindigkeit von IKT.

Besonders deutlich wird für das IM die Aufgabe der Abstimmung der unterschiedlichen Veränderungsgeschwindigkeiten, wenn man die typischen Zeithorizonte für die IM-Aufgaben betrachtet: Informationswirtschaftliche Aufgaben, insbesondere zum Informationsbedarf, ändern sich aufgabenbezogen kaum, höchstens wenn eine turbulente Wettbewerbsumwelt für die Teilaufgaben dauernd andere Informationen erfordern. Die Frage der personenspezifischen Informationsnachfrage dagegen verändert sich mit den Mitarbeitergenerationen, denn die Informationsverwendung hängt bspw. von der Ausbildung der Mitarbeiter ab und nicht nur von der Verfügbarkeit von Informationen.

Insgesamt ergibt sich, dass sich die Entwicklungsgeschwindigkeiten einzelner Elemente des IM zum Teil drastisch unterscheiden und ein Konzept zur Bewältigung dieser Unterschiede gefordert ist. Dabei sind insbesondere die Folgen der hohen Entwicklungsgeschwindigkeit der IKT im Verhältnis zu der Adaptionsgeschwindigkeit der Mitarbeiter zu berücksichtigen. Als theoretische Alternativen ergeben sich die Entkoppelung dieser Elemente und oder die Anpassung der unterschiedlichen Geschwindigkeiten aneinander.

Sind die Entwicklungsgeschwindigkeiten von IKT, IS und Informationswirtschaft entkoppelbar, wodurch eine Anpassung der Geschwindigkeiten unnötig wäre? Die Antwort lautet aus verschiedenen Gründen „Nein“. So ergibt sich die untrennbare Zusammengehörigkeit von Information und Technik allein schon aus der Dualität der Information, der Tatsache, dass Information neben dem Modellcharakter auch physische Eigenheiten aufweist.

Am Beispiel der Geschwindigkeitsfalle im Modell der Informationsverarbeitung werden die Folgen einer Änderung der IKT und die Art der Informationen über IKT deutlich. Wie aus Abbildung 3-91 ersichtlich, werden Entscheidungen über Objekte (Handlungsrelation) auf Basis des Modells (Zweckrelation) getroffen.

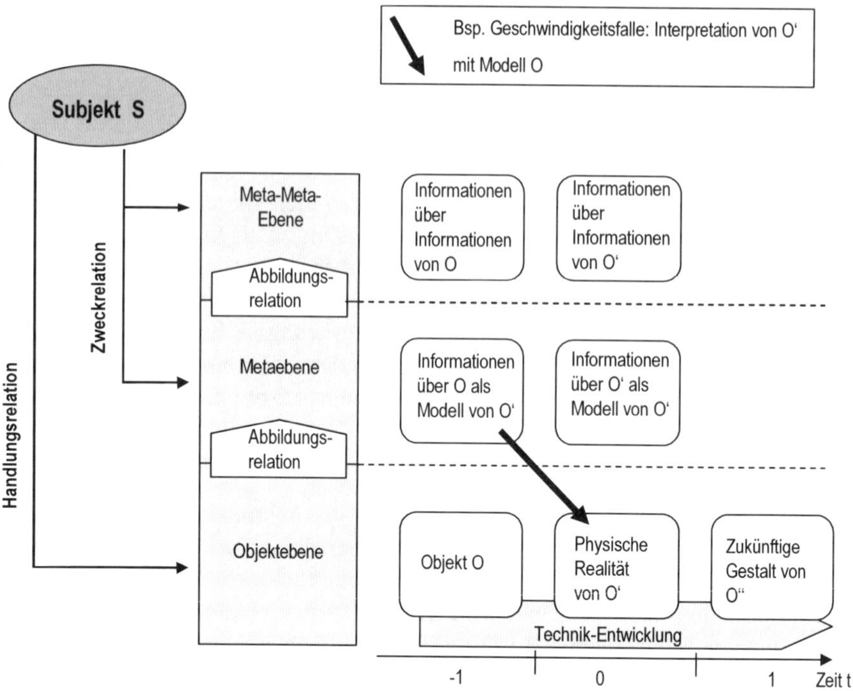

Abbildung 3-91. Information auf der Meta-Ebene und der Meta-Meta-Ebene
Quelle: Eigene Darstellung

Das Meta-Modell und Meta-Meta-Modell repräsentieren dabei die Merkmale und Implikationen der physischen Realität eines Zeitpunktes (Abbildungsrelation).

Eine adäquate Entscheidungsgrundlage ist nur dann gegeben, wenn auf der Modellebene eine Synchronisierung von Technikentwicklung und Modellentwicklung stattgefunden hat. So kann im Zeitpunkt t=0 bei der Synchronisierung von physischer Realität und Modellbildung eine angemessene Entscheidung auf Basis der Information über das Objekt getroffen werden. Eine Entkopplung der Entwicklungsgeschwindigkeit der Ebenen führt dagegen zu einer nicht zutreffenden Entscheidungsgrundlage. Anhand der Entwicklung der Festplatten kann diese Geschwindigkeitsfalle beispielhaft dargestellt werden. So wurde Mitte der 90er Jahre dem Konzept des Net-Computers, ein Rechner, der mit geringen Ressourcen und ohne eigene Festplatte zentrale Anwendungsdienste über das lokale Netz bezieht, ein sehr großes Entwicklungspotenzial vorhergesagt. Beurteilt man die Prognose auf Basis des Modells der Meta-Ebene zum Zeitpunkt -1, so ist sie als richtig einzuschätzen. Arbeitsplatzrechner, insbesondere mit großen Festplatten für neue Anwendungen waren zu diesem Zeitpunkt sehr teuer. Berücksichtigt man zum Zeitpunkt t=0 jedoch den bereits stattgefundenen Technologiesprung in der Festspeichertechnik, der immer größere Speichermengen zu günstigeren Preisen verfügbar macht, so werden die Vorteile des Net-Computers, nämlich der günstige Preis dieser Thin-Clients durch einen Preisverfall bei den klassischen PCs, den Fat-Clients, aufgezehrt und möglicherweise überkompensiert. Eine ungenügende Anpassung der Entwicklungsgeschwindigkeit zwischen Modell und Objekt kann so zu schwerwiegenden Fehlentscheidungen auf Basis eines nicht angemessenen Modells bspw. bei Investitionen oder strategischen Fragen führen. Diese Gefahr besteht besonders bei Technologiesprüngen.

Ein anderes Argument gegen die Entkoppelung findet sich in der zunehmenden Bedeutung der Modellierung in der IT, wie sie sich in der Verbreitung von Unternehmensmodellen und IS-Architekturen manifestiert. Modellierung löst jedoch das Synchronisierungsproblem nicht, da die Modellentwicklungsgeschwindigkeit langsamer ist als die Technikentwicklung, denn sie beruht auf der individuellen Lernfähigkeit der beteiligten Menschen. Beispielhaft wird die Technik der Objektorientierung zur Erläuterung herangezogen. Die Technikentwicklung hat die Objektorientierung mit objektorientierter Modellierung, objektorientierten Datenbanken usw. hervorgebracht. Während die Technik einen Reifegrad erreicht hat, hat sich die Objektorientierung in den Denkstrukturen vieler Menschen noch nicht durchgesetzt. Der Fortschritt auf der Ebene der Technikentwicklung, der Objektebene, ist dem Fortschritt auf der Modellebene weit voraus. Eine Entkoppelung der Entwicklungen voneinander ist nicht möglich.

Damit ergibt sich zwingend die Notwendigkeit einer Anpassung durch Veränderung der Geschwindigkeiten der einzelnen Elemente des IM, was die Förderung von Langsamkeit für die bisher schnellen Elemente oder von Schnelligkeit für die bisher langsamen Elemente beinhaltet. Da es eher unwahrscheinlich ist, die Lerngeschwindigkeit der IM-Mitarbeiter an die Änderungsgeschwindigkeit der IKT anzupassen, gilt es, die negativen Auswirkungen schneller Technikentwicklungen zu verhindern. In dieser Hinsicht ist der derzeitige Trend in der Unternehmensstrategie, das Unternehmen auf wenige Kernkompetenzen auszurichten und diese trotz technologischer Dynamik und Änderungen langfristig im Wettbewerb zu positionieren, als deutlicher Versuch der Verlangsamung und der Anpassung der Strategieentwicklung an die menschliche Lerngeschwindigkeit zu interpretieren.

Gleichzeitig ist eine Parallelität der Reaktion festzustellen, d.h. eine Annäherung der Geschwindigkeiten wird sowohl von Seiten der Technik (Verlangsamung) als auch der Mitarbeiter (Beschleunigung) angegangen. Komplementär lassen sich für diese Tendenz drei Erklärungsrichtungen ausmachen: Die Erhöhung der Flexibilität durch IKT im Sinne des Informationsverarbeitungsansatzes, die variable Gestaltung des IM in Abhängigkeit von der Umweltwahrnehmung auf der Basis des Interpretationsansatzes und die gegenseitige Beeinflussung von IKT und Mensch aus der Perspektive der Strukturationstheorie.

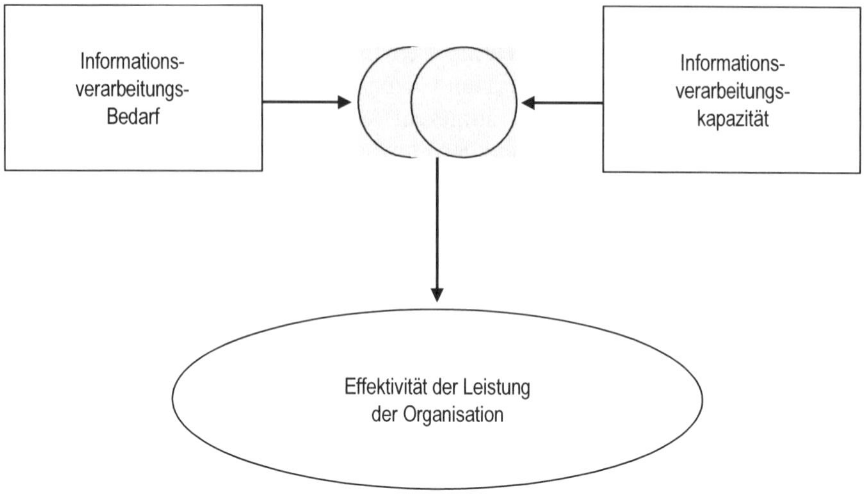

Abbildung 3-92. Informationsverarbeitungs-Fit zwischen Unternehmen und Umwelt
Quelle: Eigene Darstellung

Im Informationsverarbeitungsansatz nach *Galbraith* (1973) wird ein Unternehmen im Wesentlichen als Institution verstanden, in der Information gesammelt, transformiert, gespeichert und übertragen wird. Dieser „Fit" zwischen IT-Bedarf und -Kapazität, der in Abbildung 3-92 schematisch dargestellt ist, wurde bereits in den 70er und 80er Jahren angestrebt (Galbraith 1973) und bezieht sich allgemein auf die Individuen und Gruppen innerhalb von Organisationen.

Obwohl der IT-Ansatz damit nicht auf die IT im technischen Sinne ausgerichtet ist, betont *Egelhoff* (1991) die Erhöhung der IT-Kapazität zur Unterstützung von Individuen in Organisationen durch den Einsatz von IKT. In diesem Sinne wird also gefordert, die Entwicklungsgeschwindigkeit der Technik zu akzeptieren, um die Flexibilität und die Lernkapazität der Mitarbeiter zu erhöhen.Aus der Eigenschaft von Information, Modell zu sein, ergibt sich, dass Information der Interpretation durch den Menschen unterliegt. Im Interpretationsansatz fassen *Daft/Weick* (1984) Organisationen als Interpretationssysteme auf, innerhalb derer ein Prozess mit den Stufen Datensammlung, Interpretation und Handeln stattfindet. Durch die sich an die Datensammlung anschließende Interpretation, ist jede Information subjektiv zu verstehen, so dass in extremis auch die Grenzen zwischen intern und extern verschwimmen und die Organisation durch die Betrachtungsweise der Handelnden definiert wird. Wie in Tabelle 3-21 dargestellt, lassen sich mit Hilfe der Dimensionen „analysierbare versus nicht analysierbare Umwelt" und „aktives versus passives Eindringen in die Umwelt" vier Organisationstypen herauskristallisieren.

Tabelle 3-21. Typen von Organisationen im Interpretationsansatz

		Eindringen in die Umgebung	
		passiv	aktiv
Auffassung der Umgebung	analysierbar	conditioned viewing *„benevolent environment"*	discovering *„correct answer"*
	nicht analysierbar	undirected viewing *„soft information only"*	Enacting *„construct the environment"*

Quelle: In Anlehnung an Daft (1984, S. 291)

Wird eine analysierbare Umwelt passiv angegangen und die gegebene Datenbasis als ausreichend angesehen, spricht man von „conditioned viewing", bei dem die historisch gewachsenen Datenauswertungsverfahren das Handeln der Organisation prägen. Bei der „undirected viewing"-Organisation herrscht die Auffassung einer nicht analysierbaren Umwelt vor, was „weiche" Daten und Auswertungsverfahren wie persönliche Interaktionen und subjektive Meinungen in den Vordergrund stellt, aber zu einem ebenfalls passiven Umgang mit der Umwelt führt. Die „discovering"-Organisation hingegen analysiert die Umwelt aktiv, so dass alle bekannten oder noch nicht bekannten Faktoren der als analysierbar angesehenen Umwelt einem ständigen Scanning unterliegen. „Enacting" schließlich bezeichnet eine proaktiv interpretierende Organisationsform, die bestehende Regeln auch einmal außer Acht lässt oder bewusst bricht, um die nicht analysierbare Umwelt anzugehen, und sich damit ihre Umwelt selbst „inszeniert".

Aus diesem Ansatz heraus lässt sich gesteigerte Varietät und Gestaltungsorientierung im IM fordern, so dass die Aufgaben des IM nicht immer als gegeben angesehen werden müssen, sondern sich an die Auffassung der Umwelt anpassen. Deutlich wird in diesem Ansatz auch die Orientierung am Zeithorizont, denn Analysierbarkeit und Gestaltbarkeit der Umwelt sind auf längere Sicht eher gegeben. Damit bestimmt die IT-Kapazität der Individuen und deren Entwicklung die Geschwindigkeit der Techniknutzung (Krcmar 1991).

Der Gedanke, dass die Entkoppelung der Elemente des IM mit ihren unterschiedlichen Entwicklungsgeschwindigkeiten nicht möglich ist, wird von der Strukturationstheorie aufgegriffen und in einen ganzheitlichen Technik-Insti-

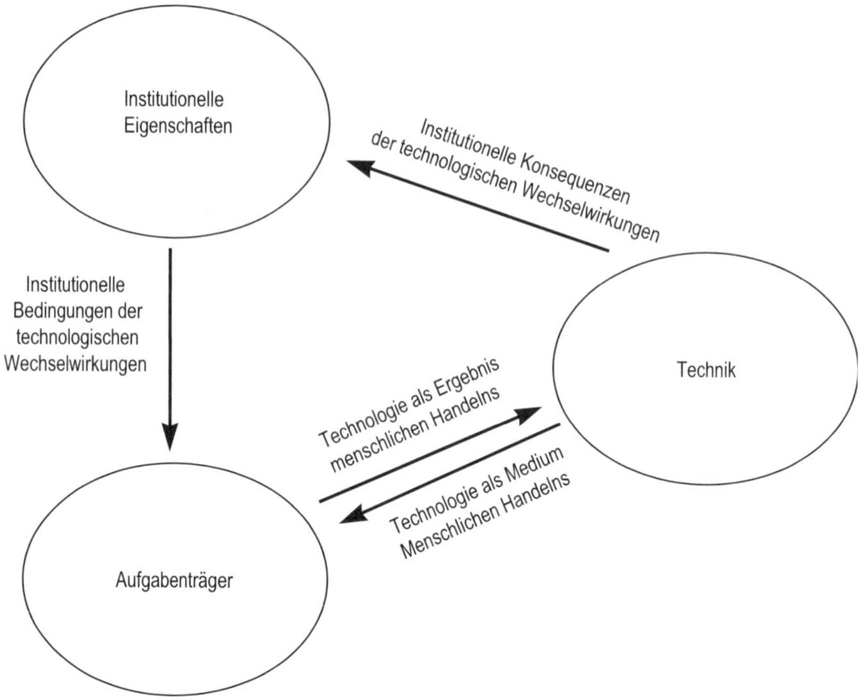

Abbildung 3-93. Strukturationsmodell der Technikentwicklung
Quelle: In Anlehnung an Orlikowski (1990, S. 41)

tutionen-Ansatz überführt, in dem Technik einerseits als Ergebnis menschlichen Handelns – im Gegensatz zu Naturphänomenen – begriffen wird, andererseits aber auch das Medium darstellt, mit dem das Ergebnis geschaffen wird (Orlikowski 1990, S. 41). Im Gegensatz zum die Diskussion lange Zeit beherrschenden „technologischen Imperativ" mit seinem unidirektionalen Einfluss auf bestehende Organisationsstrukturen und -prozesse, wird in der Strukturationstheorie das dynamische interaktive Zusammenspiel zwischen den Elementen Technik, institutionelle Struktur und menschliche Aufgabenträger in den Mittelpunkt gestellt. In Abbildung 3-93 (vgl. auch Kapitel 3.3) wird ersichtlich, dass Stand und Entwicklung technologischer Möglichkeiten Rahmenbedingungen setzen sowohl für organisatorische Institutionen als auch für menschliche Individuen als Träger von Aufgaben innerhalb dieser Institutionen. Der Mensch selbst aber ist ursächlich verantwortlich für die Weiterentwicklung von Technik und nimmt damit auf die ihm Rahmenbedingungen setzende Technikentwicklung Einfluss.

Zusammenfassend ergibt sich die Aneignung von Technik durch die in der Organisation tätigen Individuen als der zentrale Prozess in der längerfristigen Betrachtung des IM, der die Entwicklungsgeschwindigkeit und damit die zeitliche Struktur des IM steuert. Aus einer globalen Perspektive heraus kann dieser Prozess auf zweierlei Art interpretiert werden, wenn man den Einsatz neuer IKT entweder als „neutrale Ressource" oder als „Mittel zur Änderung etablierter Regeln" durch innovative Nutzung betrachtet. Bei einer reinen Ressourcenbetrachtung ergeben sich keine Probleme aufgrund der Geschwindigkeitsunterschiede zwischen Technikentwicklung und menschlicher Lernfähigkeit, denn die Nutzung von Innovationen in schneller Folge führt „nur" zu schnellerer, effizienterer und kostengünstigerer Informationshandhabung, bspw. durch neue Prozessoren mit höherer Verarbeitungsgeschwindigkeit. Anders sieht es jedoch bei sog. „Technologiebrüchen" aus, wenn ein neues Nutzungsparadigma eingeführt wird, wie z. B. bei dem Wechsel von textbasierter Bildschirmverarbeitung zu graphischen Nutzeroberflächen. In diesem Falle bestimmt die Aneignungsgeschwindigkeit der Nutzer die Weiterentwicklung und soziale Phänomene wie die Altersstruktur der Beschäftigten (der „Generationenwechsel") werden relevant. Andere Beispiele von neuen Nutzungsparadigmen waren die Einführung von Online-IT nach Jahren der Batch-Tradition oder die Nutzung multimedialer Datenbestände.

Damit wird klar, dass den aus den unterschiedlichen Entwicklungsgeschwindigkeiten resultierenden Problemen für das IM durch die Differenzierung in Nutzungs- und Ressourcenparadigma in geeigneter Weise begegnet werden kann. Das Nutzungsparadigma entspricht dem Technologiebruch-Ansatz mit einer radikalen Änderung etablierter Regeln für die Betroffenen. Hier lässt sich schlussfolgern, dass ein solcher Bruch nicht zu oft stattfinden sollte, um eine erfolgreiche Durchsetzung nicht zu gefährden. Als Faustregel heißt das für Unternehmen je Generation nur einmal, also etwa alle 15 Jahre, etwas zu ersetzen, was dann aufgrund der gesamten Aneignungskosten in dieser Form für die nächsten 15 Jahre nutzbar bleiben sollte. Bezogen auf eine konkrete Idee wie die Einführung von Client-Server-Architekturen ist damit die 15-jährige Bindung an ein solches Nutzungsparadigma Einflussfaktor bei der Einführungsentscheidung.

3.4.3 Strategie und Informationsmanagement

Die strategische Bedeutung der IS ist ein zentrales Thema in Akademiker- und Praktikerkreisen seit Mitte der 80er Jahre, nachdem *Wiseman* (1988) das erste Buch zu „Strategic Information Systems" veröffentlicht hatte. Die Strategie eines Unternehmens und die eingesetzten IS stehen dabei oft in einem engen Zusammenhang. So können IS bspw. zur Unterstützung einer Unternehmensstrategie erforderlich sein. Andererseits kann die Nutzung der Potenziale von IS neue strategische Optionen eröffnen. Der Zusammenhang zwischen Unternehmensstrategie und Informationssystemen wird daher wie folgt beschrieben:

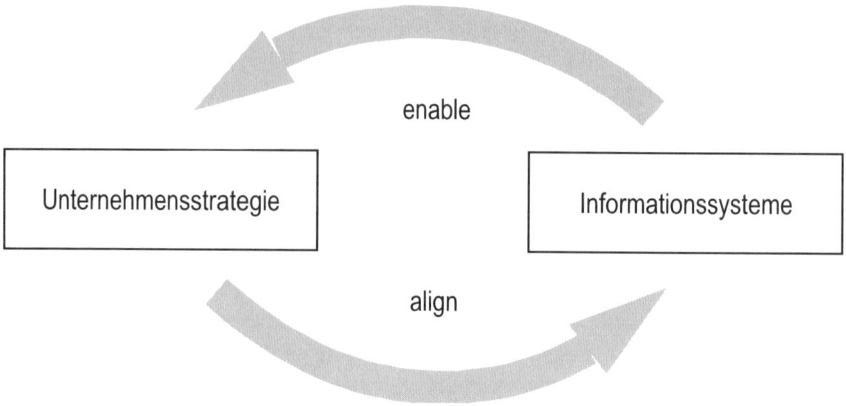

Abbildung 3-94. Zusammenhang Unternehmensstrategie und Informationssysteme
Quelle: Eigene Darstellung

Bei einer Ausrichtung von Informationssystemen an der Unternehmensstrategie spricht man von einer Unterstützungsfunktion von IS (align). Werden strategische Optionen hingegen erst durch die Verwendung von IS realisierbar, haben diese eine Rolle eines enablers.

Die Verbindung zwischen Unternehmensstrategie und Informationstechnik betrachten *Henderson/Venkatraman* (1993) in ihrem „strategic alignment model" näher. Hierbei wird auf zwei Ebenen der Zusammenhang zwischen Informationstechnik und Unternehmen betrachtet. Auf Ebene der strategischen Integration steht das Verhältnis zwischen Unternehmensstrategie und IT-Strategie im Vordergrund. Die darunter liegende Ebene beschreibt die operationale Integration zwischen Organisation und der IS-Infrastruktur. Die Beziehung der vier Felder stellt die Herausforderung der Abstimmung organisatorischer Anforderungen und Erwartungen an die Leistungsfähigkeit des IM dar. In dem in Abbildung 3-95 dargestellten Modell können insgesamt vier Perspektiven zwischen Unternehmensstrategie und Informationstechnik identifiziert werden. Während im Ansatz von *Earl* (1996b, S. 485ff.) die Abstimmung von Organisation und IM im Vordergrund stehen, betrachten *Henderson/Venkatraman* ausgehend von der Unternehmensstrategie und der IT-Strategie mögliche Wirkungen und Funktionen des IS-Einsatzes näher.

Betrachtet man aus Sicht des klassischen strategischen Managements das IM als eine Unterstützungsfunktion (align) so ist der Ausgangspunkt für das Handeln des IM die vom Management formulierte Unternehmensstrategie. Über die daraus abgeleiteten Anforderungen an die Organisation und deren Geschäftsprozesse werden die Leistungsforderungen an Informationssysteme formuliert. Diese Wirkungsrichtung wird als strategy execution bezeichnet. Zur Realisierung dieser Strategie ist der Einsatz analytischer Methoden wie bspw. das Business Systems Planning oder das Konzept der kritischen Erfolgsfaktoren denkbar. Bei der

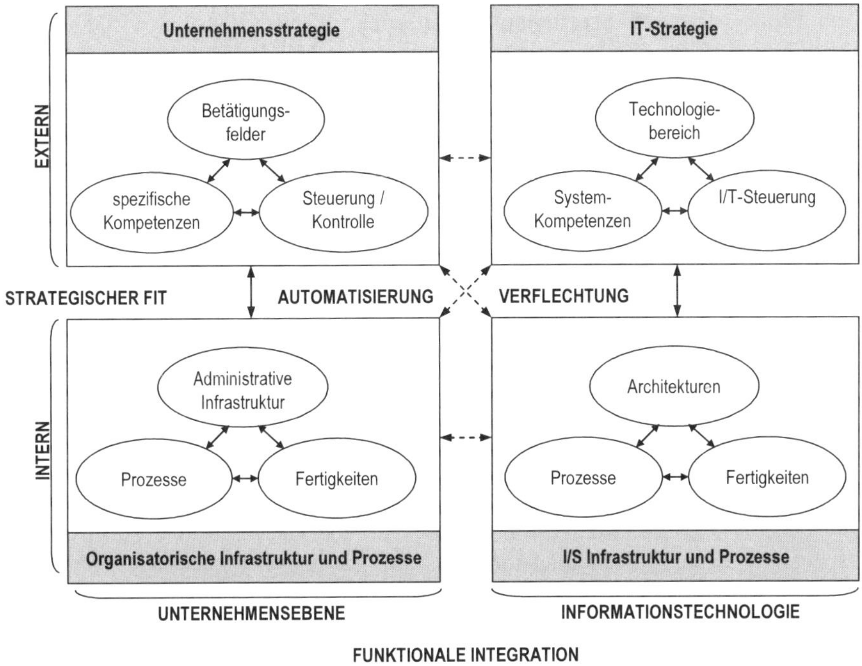

Abbildung 3-95. Strategic Alignment Model
Quelle: Henderson/Venkatraman (1993, S. 476)

„technology transformation" wird die IT-Strategie direkt von der Unternehmensstrategie abgeleitet. Hierauf basierend wird die IS-Infrastruktur gestaltet. Im Unterschied zur „strategy execution" findet hierbei keine primäre Ausrichtung auf die bestehende Organisation und Prozesse statt, vielmehr werden Informationstechniken gesucht, welche die Unternehmensstrategie optimal unterstützen. Bspw. könnte im Bankensektor das strategische Ziel einer Senkung der Transaktionskosten im Endkundengeschäft durch das Verfolgen einer Online-Banking Strategie unterstützt werden.

Bei der Realisierung neuer Unternehmensstrategien, die erst durch den Einsatz von IT-Strategien möglich werden (enable) unterscheidet man zwischen der Perspektive „competitive potential" und „service". Bei der erstgenannten Beziehung können durch den Einsatz von IKT neue Produkte oder Dienstleistungen am Markt angeboten und neue Wettbewerbsstrategien verfolgt werden. Die Geschäftsstrategie wird hier nicht als gegeben betrachtet, sondern direkt durch technologische Optionen und die daraus abgeleitete IT-Strategie gestaltet. Unter dem Aspekt „service" wird die Fähigkeit verstanden, aus der IT-Strategie heraus eine optimale IS-Infrastruktur abzuleiten, die die Arbeit der Organisation optimal unterstützt und zu einer hohen Anwenderzufriedenheit führt.

Den Prozess der **IT-Strategieplanung** nach *Ward* (2003, S. 153f.) zeigt Abbildung 3-96: Es gibt In- und Outputs sowie wesentliche Aktivitäten.

Zu dem Input *interne Unternehmensumwelt* gehören die aktuelle Unternehmensstrategie, Ressourcen und die Kultur des Unternehmens. Bei der *externen Unternehmensumwelt* handelt es sich um das ökonomische, industrielle und das Wettbewerbsklima, in dem sich das Unternehmen befindet. Die interne *IS/IT Umwelt* umfasst die aktuelle IS/IT Perspektive des Unternehmens, die Reichweite, das Fachkönnen, die Ressourcen und die technologische Infrastruktur. Das aktuelle Anwendungportfolio der Systeme ist auch ein Teil der internen IS/IT Umwelt. Die *externe IS/IT Umwelt* beinhaltet technologische Trends und Möglichkeiten und auch die Anwendung der IS/IT durch andere, insbesondere Kunden, Wettbewerber und Lieferanten.

Bei den Outputs gibt es die *IS/IT-Management-Strategie*, die die Bestandteile der Strategie enthält, die im gesamten Unternehmen angewendet werden, um eine beständige Policy sicherzustellen. Die *Unternehmens-IS-Strategie* beinhaltet, wie jede Einheit oder Funktion IS/IT einsetzt, um die Geschäftsziele zu erreichen. Daneben müssen Anwendungsportfolios für die Geschäftsbereiche entwickelt werden und Geschäftsmodelle. Die *IT-Strategie* schließt Policies und Strategien für das Technologiemanagement und Spezialisten mit ein.

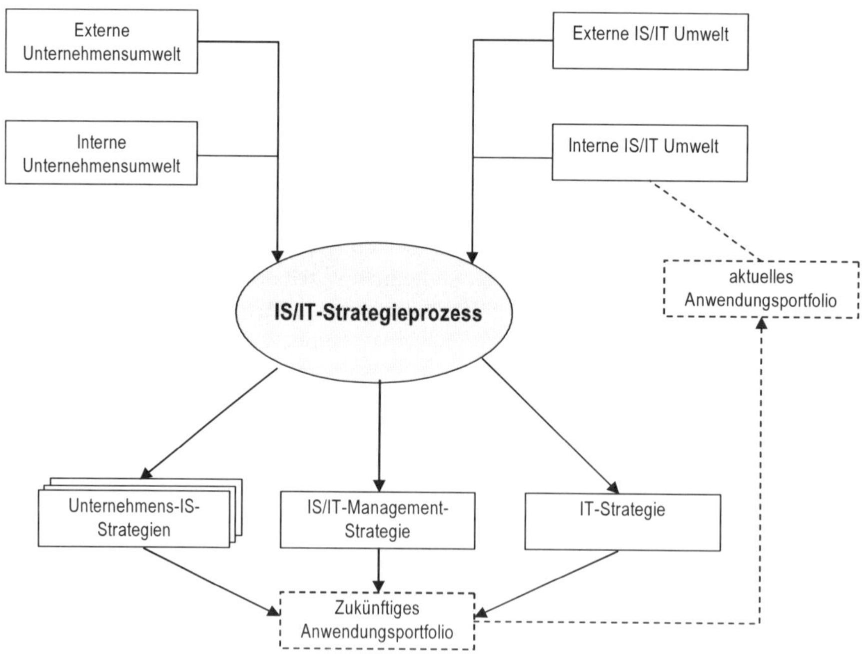

Abbildung 3-96. IS/IT-Strategieprozess
Quelle: In Anlehnung an Ward (2003, S. 154)

Nachfolgend wird auf die Ausrichtung der IS an die Unternehmensstrategie eingegangen, die Balanced-IT-Scorecard und kritische Erfolgsfaktoren werden näher beschrieben. Danach werden IKT-ermöglichte Strategien unter den Aspekten strategische Informationssysteme, Prozessorientierung, neue Geschäftsmodelle und neue Organisationsformen betrachtet.

3.4.3.1 Ausrichtung der IS an der Unternehmensstrategie

Die Bestimmung des Leistungspotenzials der IKT für ein Unternehmen gehört aus zwei wichtigen Gründen zu den Kernaufgaben des IM. Zunächst hängt die Bedeutung des IM innerhalb der Organisation, d.h. der organisatorische Einfluss des IM und die Stellung anderer Abteilungen zum IM, vom Ergebnis dieser Bestimmung ab. Überdies ist dieser Prozess der Bedeutungsbestimmung auch deshalb wichtig, da er sich an der Schnittstelle zwischen IM und den anderen Unternehmensbereichen abspielt und das Ergebnis nicht der IT-Leiter, sondern die Unternehmensleitung entscheidet.

Drei Ansätze der Bedeutungsbestimmung der IKT werden näher betrachtet: Das Informationsintensitäts-Portfolio, die Matrix zur Beurteilung der Anwendungen im Unternehmen und in Kapitel 3.4.3.1.2 die Beeinflussung der kritischen Erfolgsfaktoren des Unternehmens durch die IKT.

Porter/Millar (1985) schlagen vor, die Bedeutung der IKT für das Unternehmen generell anhand des Informationsintensitäts-Portfolio der Produkte und der Dienstleistungen einer Unternehmung abzuschätzen: Sie nehmen an, dass die IT um so wichtiger wird, je mehr Informationen in den Produkten oder Dienstleistungen des Unternehmens verarbeitet werden. Dabei unterscheiden sie die Informationsintensität des Produktes oder der Dienstleistung und die Informationsintensität des Leistungserstellungsprozesses, wie in der vertikalen und horizontalen Dimension der Abbildung 3-97 dargestellt.

Anhand der Beispiele Zeitung, Medikament und Dünger lässt sich die Verwendung der Informationsintensitätsüberlegungen zeigen. Unter den Annahmen, dass Zeitungen erstens nicht wegen des Altpapierwertes, sondern wegen der in ihnen enthaltenen Informationen gekauft werden, und dass zweitens zur Erstellung der Zeitung Informationen von Journalisten bearbeitet werden, kann das Produkt Zeitung rechts oben eingeordnet werden. Sie findet sich aber nicht ganz außen, da zu ihrer Herstellung u. a. Papier und Druckleistung erforderlich sind. Auch werden keine Aussagen über die Qualität der in der Zeitung enthaltenen Informationen gemacht. Medikamente werden ungefähr in der Mitte eingeordnet, je nachdem wie die Relation der chemischen Herstellkosten zu den Kosten für die Erstellung des Beipackzettels zueinander sind. Da für die „Herstellung" der auf dem Beipackzettel enthaltenen Information und deren Verbreitung die Zulassung des Medikamentes erforderlich waren, sind die Kosten der Herstellung des Medikamentes selbst gegenüber den Kosten der Informationsbereitstellung über das Medikament oftmals

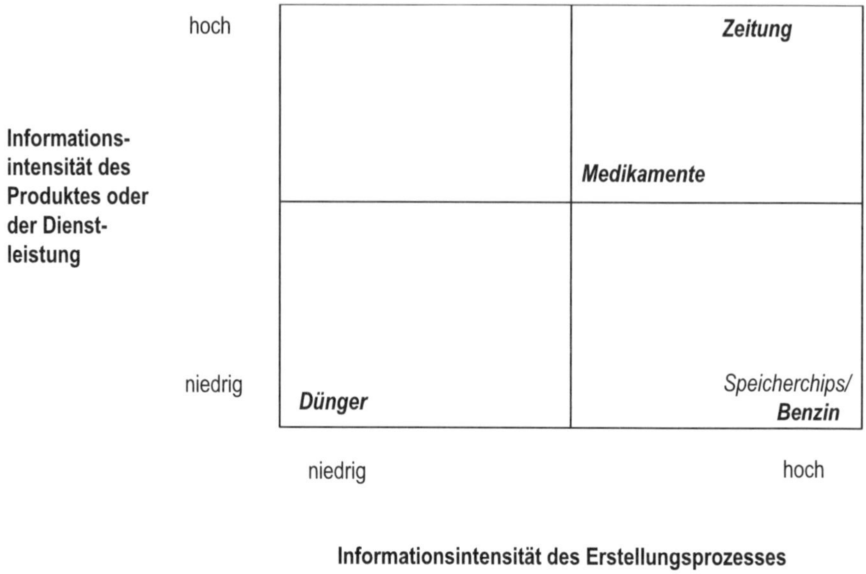

Abbildung 3-97. Informationsintensitäts-Portfolio
Quelle: Porter (1985, S. 153)

weitaus geringer. Dünger lässt sich schließlich in der unteren linken Ecke einordnen: er wird wegen des chemischen Gehaltes, weniger wegen des Informationsgehaltes des auf der Packung Gedruckten gekauft. Die Herstellungskosten für Dünger werden, neben den Aufwendungen für IT im Herstellungs- und Vermarktungsprozess, hauptsächlich der physischen Herstellung entstammen. Darüber hinaus ist Dünger eine typische „Commodity", die über die Preisgestaltung verkauft wird. Oftmals werden dagegen Benzin und Speicherchips rechts unten eingeordnet. Obwohl diese Produkte einen sehr informationsintensiven Herstellungsprozess haben, erhalten die Konsumenten im Allgemeinen keine weiteren Informationen. So ist für Raffinerien bekannt, dass sie relativ viel IT im Unternehmen nutzen, trotzdem erhält man an der Tankstelle keinen Beipackzettel zur Verwendungsbeschreibung von Benzin.

Die Einordnung der Produktbeispiele zeigt, welch breiter Spielraum für die Informationsintensität von Produkten und Dienstleistungen gegeben ist. *Porter/Millar* (1985) haben eine Liste von Anhaltspunkten verfasst, die auf Informationsintensität hinweisen (Tabelle 3-22).

Kritisch wird gegen die Überlegungen zur Informationsintensität eingewandt, dass die Informationsintensität selbst kaum messbar ist, sondern eher über die Kosten der Aktivitäten bestimmt wird. Darüber hinaus bildet sie ein nur grobes Maß für jede Dienstleistung oder Produkt. Außerdem wird auf die Qualität der Information bei der Intensitätsbestimmung nicht eingegangen. Als schwierig erweist sich der

Tabelle 3-22. Anhaltspunkte für Informationsintensität

Hinweise auf hohe Informationsintensität des Erstellungsprozesses	**Hinweise auf hohe Informationsintensität des Produktes oder der Dienstleistung**
Große Anzahl von Kunden und Lieferanten	Produkt ist Information
Große Anzahl von Teilen im Produkt	Produkt arbeitet durch Informationsverarbeitung
Vielstufiger Herstellungsprozess	Käufer benutzt Produkt, um Informationen zu verarbeiten
Lange Zyklen im Herstellungsprozess	Hohe Kosten des Käufertrainings
Viele Produktvariationen	Produkt hat Werkzeugcharakter
Produkt braucht Erklärung zu seiner Nutzung	

Quelle: In Anlehnung an Porter (1985, S. 158)

Sachverhalt, wenn wie bei „Benzin“ die umgebende Nutzungskultur die Informationsversorgung übernimmt. Nicht zuletzt werden die Eigenschaften von Dienstleistungen und Produkten statisch betrachtet.

Eine dynamische Analyse anhand der Informationsintensität von Produkten zeigt Entwicklungsrichtungen zu höherer Informationsintensität auf. Während der in Abbildung 3-98 horizontal dargestellte Pfeil „R“ den Weg der Rationalisierung durch den stärkeren Einsatz von IKT bei der Erstellung des Produktes kennzeichnet, beschreibt der diagonale Pfeil „D“ Möglichkeiten der Produktdifferenzierung durch innovativen Einsatz von IKT.

Der horizontale Pfad „R“ führt mit einer Orientierung nach innen zu einer Ausnutzung der Rationalisierungschancen bis zur Ausschöpfung der Informationsintensitäts-Möglichkeiten der Produkterstellung. Auf der Differenzierungsseite geht es darum, Veränderungen im bisherigen Produkt durch Erhöhung der vom Konsumenten wahrgenommenen Informationsintensität zu liefern. Dies soll am Beispiel Dünger erläutert werden. Wenn neben dem reinen Verkauf des Düngers eine Wirtschaftlichkeitsberatung mit speziell auf die einzelnen Landwirte sowie die Bodenverhältnisse zugeschnittenen Düngemittelpläne durchgeführt wird, kann auch mit einem wenig informationsintensiven Produkt wie Dünger die wahrgenommene Informationsintensität erhöht werden kann. Die gestrichelten Pfeile in Abbildung 3-98 zeigen, dass die Erhöhung der Informationsintensität des Produktes immer auch eine Erhöhung der Informationsintensität des Erstellungsprozesses zur Folge hat, was im Beispiel an der feineren Abstimmung der Düngemischung an die Bodenverhältnisse zur optimalen Wachstumsförderung klar wird. Damit steigt die Bedeutung der IKT durch Erhöhung der Produkt-Informationsintensität auch im Prozess der Produkterstellung.

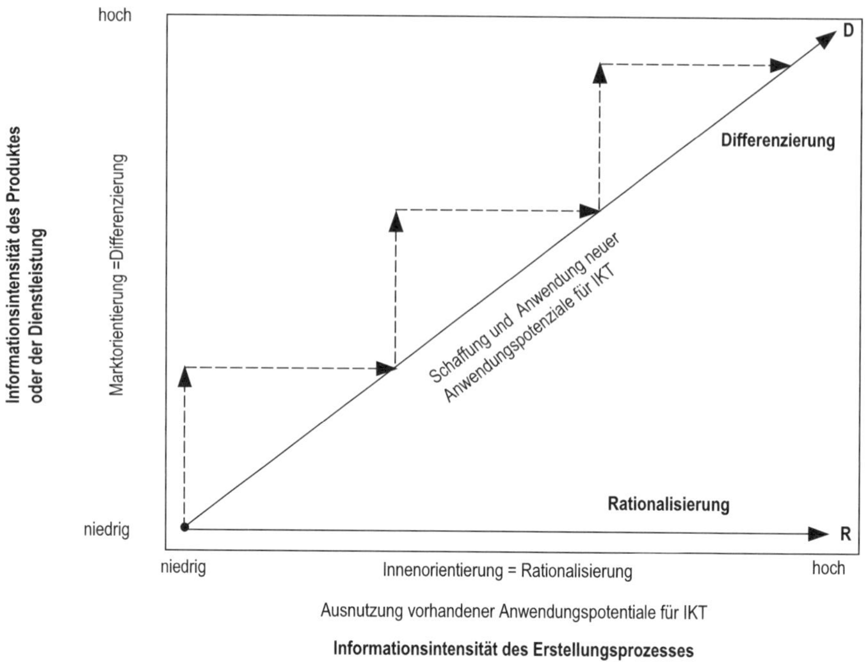

Abbildung 3-98. Dynamische Betrachtung der Informationsintensität
Quelle: Eigene Darstellung

Häufig wird die IT-Strategie aus der Unternehmensstrategie abgeleitet, sie kann aber auch gleichzeitig mit ihr entwickelt werden. Wenn dies der Fall ist, besteht die Möglichkeit, zunächst das strategische Potenzial der IT zu bestimmen und dann Geschäftsmodelle abzuleiten. Danach können Maßnahmen geplant werden, um die Geschäftsmodelle umzusetzen.

Der zweite Ansatz zur Bedeutungsbestimmung der IKT ist die **Bedeutungsmatrix der Anwendungen** nach *McFarlan/McKennney/Pyburn* (1983). In diesem Konzept wird die Bedeutung der IS im Unternehmen durch deren strategische Bedeutung in der Gegenwart und in der Zukunft bestimmt. Aufgrund der Einteilung aller Anwendungen im Unternehmen hinsichtlich der heutigen Bedeutung und der künftig zu erwartenden Bedeutung für die Unternehmensstrategie, ergibt sich die in Abbildung 3-99 dargestellte Matrix mit vier Feldern. Die vier Quadranten haben folgende Bedeutung:

Unterstützung: IS sind nicht kritisch für das Tagesgeschäft und werden auch keine Wettbewerbsvorteile bringen können.

Fabrik: Die IS sind kritisch für das Tagesgeschäft, allerdings werden die Anwendungen in der Entwicklung keine Wettbewerbsvorteile schaffen.

Abbildung 3-99. Bedeutungsmatrix der Anwendungen
Quelle: In Anlehnung an McFarlan (1983)

Durchbruch: IS im Durchbruchsstadium befinden sich auf einer Durchgangsstation zum strategischen Quadranten „Waffe".

Waffe: IS sind strategisch, wenn sie sowohl für das Tagesgeschäft kritisch sind als auch Wettbewerbsvorteile bringen können.

Neben der Klassifikation lässt sich die Beurteilungsmatrix auch anwenden, um aus der Bedeutung der IT als Unterstützung, Fabrik, Durchbruch, oder Waffe, abzuleiten, wie das IM in Bezug auf bestehende und zukünftige Investitionen, das Technologierisiko, die Planung der IT, die Bildung von Know-how Schwerpunkten und der Abwicklungsanforderungen ausgestaltet werden soll (vgl. Tabelle 3-23). Damit lässt sich das Konzept verwenden, um den adäquaten Managementansatz für die IT zu ermitteln und auszuwählen. Aus Abbildung 3-99 lässt sich implizit folgern, dass sich das IM je Geschäftsbereich konsequent auf eine der vier Bedeutungsmöglichkeiten ausrichten soll, um divergierende Konzepte zu vermeiden und eine in sich konsistente Ausrichtung zu erreichen. In der Praxis finden sich oft Mischformen, bei der die Einteilung der IT auf der einen Seite und die realisierten Verhaltensweisen in Bezug auf Investitionen, Risiko und Abwicklungsanforderungen auf der anderen Seite nicht konsistent sind.

Die Know-how-Schwerpunkte, die zu setzen sind, orientieren sich daran, ob die Bedeutung der IT die einer Waffe oder einer Unterstützung ist. Für die erstere sind Schwerpunkte in Schlüssel- und Schrittmachertechnologien zu bilden, für die letztere eigentlich keine Schwerpunkte, d.h. Betrachtung von Basis-Technologien. In Hinblick auf das Technologie-Risiko muss für die IT als Waffe eine bewusste Planung vorgenommen werden. Für die Unterstützung hingegen ist das Technologie-Risiko auf Null zu halten.

Tabelle 3-23. Konsequenzen der strategischen Bedeutung der Informationsverarbeitung

	Bedeutung der IT			
IT als / Wirkung auf	**Waffe**	**Durchbruch**	**Fabrik**	**Unterstützung**
Bestehende Investitionen	Kritisch	nicht ausreichend	Kritisch	unkritisch
Zukünftige Investitionen	Kritisch	Kritisch	Zurückhaltend	unkritisch
Technologie-Risiko	bewusst planen	Hoch	Niedrig	null
Planung der IT	mit Unternehmensplan	mit Unternehmensplan	Ressourcen/ Kapazität	untergeordnet
Know-how-Schwerpunkte	Schlüssel und Schrittmacher	neu aufzubauen, Schrittmacher	breites Know-how, Monitoring	keine
Abwicklungsanforderungen	Sicherheit und Effizienz	Sicherheit	Effizienz Kostenreduktion	Wirtschaftlichkeit
Besondere Faktoren	Konkurrenzvergleich, Überalterung vermeiden	Ausbildung und Innovation, Managementidentifikation	Reaktiv ausgerichtet	Reaktiv, keine Risikoprojekte

Quelle: Groß (1985, S. 61) und in Anlehnung an McFarlan et al. (1983)

Beim Einsatz der Beurteilungsmatrix für die Bedeutungsbestimmung der IKT und des IM ist das Unternehmen bzw. das Portfolio seiner Anwendungen der Gegenstand der Überlegungen, während einzelne Produkte oder Technologien nicht in die Entscheidung einbezogen werden. Da die Zuordnung zu einem Quadranten nicht statisch ist, kann der Ansatz benutzt werden, um den passenden Managementansatz für die IT über einen längeren Zeitraum hinweg zu ermitteln. Die Matrix ist ebenso nützlich, um das künftige Anwendungsportfolio zu bestimmen und zu bewerten. In gewisser Weise leitet der Ansatz aus der Zuordnung zu einem bestimmten Quadranten die Rahmenbedingungen für das IM kontingenztheoretisch ab. Die Beurteilungsmatrix hilft jedoch nicht zu bestimmen, in welchem Quadranten sich ein Unternehmen befinden sollte und bietet keine Hinweise darauf, wo mögliche strategische Anwendungen der IKT bestehen und genutzt werden könnten.

Wenn die heutige und zukünftige Bedeutung auf das klassische Produkt-Portfolio der Boston Consulting Group übertragen wird, entsteht Tabelle 3-24 (siehe auch Macharzina 1999, S. 268ff).

Tabelle 3-24. Die Unternehmens-/Systemportfolio-Matrix

Strategisch/Stars	**Hohes Potenzial/Wildcats**
• Kontinuierliche Innovation • Vertikale Integration • Hohe Wertschöpfung	• Prozessforschung und Design • Minimale Integration • Kostenkontrolle
• Defensive Innovation • Effektive Ressourcennutzung • Hohe Qualität	• Rückzug/Rationalisierung • Effizienz • Anhaltende Qualität
Operational/Cash Cows	**Unterstützung/Dogs**

Quelle: Ward (2003, S. 325)

Sowohl Produkte wie auch IT-Anwendungen müssen in Bezug auf ihren Beitrag zum Unternehmenserfolg gemanagt werden. Des Weiteren besitzen beide einen Lebenszyklus. Potenzielle Anwendungen haben ein hohes Risiko, das gut abgewogen werden muss, ob sie von strategischer Wichtigkeit sind und ob die Aussicht besteht, dass sie ein Star-Produkt werden.

Nachdem dieses Kapitel die Bestimmung der IT-Strategie, die häufig von der Unternehmensstrategie abgeleitet wird, zum Thema hatte, widmet sich das nächste der Balanced-IT-Scorecard, die die Unternehmensstrategie mit operativen Geschäftsprozessen verbindet.

3.4.3.1.1 Methode: Balanced IT-Scorecard

IT ist inzwischen häufig eine zentrale Organisationseinheit, die Markt- und Wachstumspotenziale für das ganze Unternehmen bietet. Deshalb ist es sinnvoll, eine **Balanced Scorecard** (BSC) auch für den IT Bereich einzuführen.

Wichtig bei der BSC ist die Abstimmung der Ziele mit den Zuständigen und die Zuweisung der Verantwortlichkeiten. Dazu werden die Unternehmensziele auf Ziele für einzelne Bereiche herunter gebrochen. Diese sind dann für die Umsetzung ihrer einzelnen Elemente und Strategien verantwortlich. Ein Feedbacksystem für alle Beteiligten ist nötig, um den aktuellen Status untereinander auszutauschen. Die BSC sollte leicht zu verstehen und zu kommunizieren sein. Ein wichtiger Aspekt ist die Umsetzung der Strategie, bei der es jedoch in vielen Unternehmen scheitert (Wefers 2000, S. 124). Damit die BSC nicht zu komplex wird, werden pro Perspektive nur wenige, bspw. fünf Ziele und Maßnahmen festgelegt.

Eine BSC ermöglicht die Umsetzung der Unternehmensstrategie in Ziele und Kennzahlen. Sie kann in unterschiedlichen Unternehmen angewendet werden, bspw. auch für die öffentliche Verwaltung wie auch für Non-Profit-Organisationen, sie kann aber auch in einzelnen Bereichen wie für die IT, das Personal, etc. eingesetzt werden (Bernhard 2002, S. 42). Einen Überblick über die BSC im IM gibt *Junginger* (2004, S. 82ff).

Bei der Ableitung der **Balanced-IT-Scorecard** kann wie folgt vorgegangen werden (Helmbrecht 2003, S. 93; vgl. auch Wefers 2000, S. 130):

- Ableitung der IT-Strategie, bspw. aus den Unternehmenszielen
- Ableitung von Zielen aus der IT-Strategie und Zuordnung zu den Perspektiven (vgl. Kapitel 3.1.2.1.2.2) und Erstellung der Ursache-Wirkungs-Kette
- Erarbeitung von Kritischen Erfolgsfaktoren und Kennzahlen, die dann mit Messgrößen hinterlegt werden
- Definition von Vorgaben
- Festlegung von Maßnahmen zur Erreichung der Messgrößen
- Aufbau eines Risikomanagements

Als praktische Einsatzmöglichkeiten für die Balanced-IT-Scorecard nennt *Bernhard* (2002, S. 42f.) folgende fünf Bereiche: 1.) BSC für die interne IT im Unternehmen, 2.) die ausgegründete IT eines Unternehmens 3.) BSC für ausgewählte IT-Dienstleistungsbereiche wie Call Center oder User Help Desks, 4.) BSC für strategisch bedeutsame IT-Projekte wie Einführung des CRM, SCM und 5.) BSC für E-Commerce Firmen.

Vorteile einer BSC können die zeitnahe Anpassung der Strategie an sich ändernde Bedingungen (Wettbewerb, Markt, Technologie, Umwelt) sein, die Messbarkeit und Kontrollierbarkeit der Ziele, das Aufzeigen der Ursachen-Wirkungsbeziehungen sowie der gezielte Einsatz knapper Ressourcen (Blomer 2002, S. 33f.).

Als Nutzen und Vorteile einer Balanced-IT-Scorecard nennen *Bernhard* (2002, S. 44ff; Graeser et al. 1998) u. a. folgende Themen: Übertragung des Kennzahlensystems in Management-Prozesse, Fokussierung auf die Kunden und den Service, Anbindung der IT an die Unternehmensstrategie, Motivation der Mitarbeiter, Verdeutlichung des Wertes der IT für das Unternehmen sowie Einbezug der IT-Prozesse in ein Kennzahlensystem.

Führungsaufgaben wie Motivation der Mitarbeiter und „Erhöhung der Leistungsbereitschaft" lassen sich (noch) nicht mit „harten" Messgrößen hinterlegen. [...] Die ureigenste Führungsaufgabe, das Führen von Menschen, kann auch eine Balanced Scorecard nicht abnehmen" (Helmbrecht 2003, S. 96).

Es gibt eine Vielzahl von Softwareanbietern für die Balanced Scorecard (siehe auch Marr/Neely 2003a; Marr/Neely 2003b, S. 237f.). *Kaplan* (in Marr/Neely 2003a) beschreibt die Softwareapplikationen als Möglichkeit für Unternehmen, sich an ihrer Strategie auszurichten, denn sie bieten visuelle Repräsentationen der Strategie-Landkarten an, ermöglichen die Implementierung der Strategie auf allen Hierarchieebenen, den Zugang für alle Mitarbeiter und durch Feedbackmöglichkeiten wird die Unternehmensstrategie zu einem kontinuierlichen Prozess entwickelt. Die Entscheidung, welche Software die passende ist, ist nicht einfach. Deshalb schlagen *Marr/Neely* (2003b, S. 237ff) zehn Bereiche vor, mit denen sich Unternehmen auseinandersetzten sollten, bevor sie sich für eine Lösung entscheiden. Hierzu zählen die Firma und das Produkt, die Skalierbarkeit, die Flexibilität, die Funktionalität, die Kommunikation, technische Spezifikationen, das Benutzerinterface, die Analysefähigkeit, der Service sowie die Zukunft des Produktes.

3.4.3.1.2 Methode: Kritische Erfolgsfaktoren

Die Methode der Bestimmung **Kritischer Erfolgsfaktoren** (KEF) basiert auf einem Verfahren, das von *Rockart* (1979) entwickelt wurde, um die Informationsbedürfnisse des Topmanagements zu ermitteln. Es wurde in Kapitel 3.1.2.1.2.1 zur Informationswirtschaft näher beschrieben.

Auch auf der Basis der KEF lässt sich das Verhältnis zwischen dem Unternehmen und der IKT näher beschreiben, indem die potenziellen Beiträge verschiedener Technologien und Anwendungsbereiche zum Unternehmenserfolg erhoben werden. Abbildung 3-100 zeigt den Aufbau der Unterstützungs-Matrix für die KEF eines Unternehmens. Anhand einer Liste von KEF im Unternehmen, der Branche und der allgemeinen Umwelt wird IKT durch die befragten Manager auf ihren strategischen Beitrag hin überprüft. Daraus können dann die zu entwickelnden IS abgeleitet werden. Die einzelnen Bestandteile der Unterstützungs-Matrix sind:

1. KEF: Für den Unternehmenserfolg ausschlaggebende KEF
2. Beurteilungsobjekte: IKT sowie Anwendungsbereiche, die einen Beitrag zur Unterstützung der KEF leisten können, z.B. Client-Server-Architektur, portable Computer, CRM, usw.
3. Einzelbeurteilung: Konkrete Beurteilung, ob ein Beurteilungsobjekt einen bestimmten KEF unterstützt. Anstatt der bloßen Feststellung der Unterstützung ist auch eine wertende Beurteilung des Grades der Unterstützung anhand einer Skala möglich.
4. Unterstützungspotenzial eines Beurteilungsobjektes: Durch kumulierte Werte wird offensichtlich, welches Beurteilungsobjekt den größten Unterstützungsbeitrag zum Unternehmenserfolg leistet.
5. Unterstützungspotenzial für einen KEF: Die kumulierten Werte drücken aus, welcher KEF durch die Beurteilungsobjekte am besten unterstützt wird. Damit lässt sich feststellen, ob die kritischen Erfolgsfaktoren ausreichend Unterstützung erfahren können.

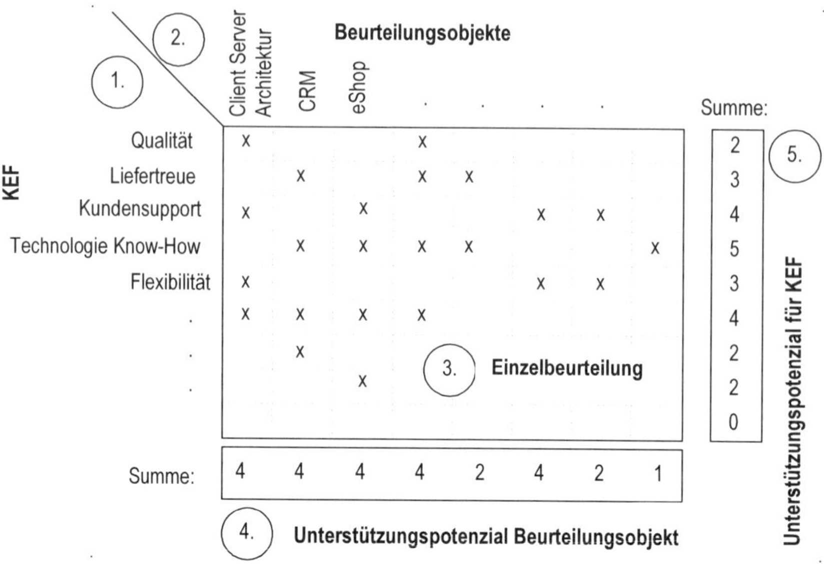

Abbildung 3-100. Unterstützungs-Matrix der kritischen Erfolgsfaktoren
Quelle: Eigene Darstellung

Damit lässt sich die Methode der KEF vielseitiger einsetzen als nur zur Ermittlung des Informationsbedürfnisses von Managern. Durch die Ausrichtung auf den Informationsbedarf der Führungsspitze eignet sich die Methode jedoch nicht unbedingt zur Ermittlung umfangreicher, operativ orientierter IS-Architekturen. Die hier angestrebte Verbesserung der strategischen IS-Planung kann durch die KEF-Methode aber wirkungsvoll unterstützt werden.

Hauptproblem der KEF-Methode ist die Bestimmung der KEF selbst. Durch die Erhebungstechnik sind die KEF erstens am gegenwärtigen Zustand ausgerichtet, zweitens allgemein und doch auf den speziellen Kontext des Unternehmens bezogen und drittens subjektiv und durch den Interviewer leicht beeinflussbar. Damit ist die Güte des Verfahrens abhängig von der Qualität der beteiligten (externen) Interviewer und der Fähigkeit der Interviewten, aus dem gegenwärtigen Zustand auf die Zukunft zu schließen und eine zielorientierte Verdichtung der KEF durchzuführen.

Ein anderes Problem bezieht sich auf die Beurteilung des Technologieeinflusses im Allgemeinen. Hierbei ist festzustellen, dass Technologien an sich nur beurteilt werden können, wenn von der Umsetzung in konkrete Anwendungen und entsprechenden Implementierungsprojekten ausgegangen wird.

Alle beschriebenen Verfahren sind recht allgemein gehalten, allerdings haben sie unterschiedliche Ausgangspunkte: Die Informationsintensität bezieht sich auf das

Produkt oder die Dienstleistung, während die Bedeutungsmatrix das bestehende und zukünftige Anwendungs-Portfolio betrachtet und die Bestimmung der KEF schließlich die Erfolgsfaktoren des Unternehmens im Allgemeinen heranzieht. Trotz dieser Allgemeinheit stellen alle drei Verfahren sinnvolle Möglichkeiten zur Bestimmung der Bedeutung von IKT für das Unternehmen dar. Im nächsten Kapitel werden Verfahren beschrieben, die bei konstatierter Bedeutung Möglichkeiten aufzeigen sollen, IKT für die Unternehmensstrategie zu nutzen.

3.4.3.2 IKT-ermöglichte Strategien

3.4.3.2.1 Strategische Informationssysteme

Dic Frage der erfolgreichen Positionierung von Produkten und Dienstleistungen auf Märkten ist eine zentrale Aufgabenstellung der Strategiebildung für ein Unternehmen (Macharzina 1999, S. 203). Mit der Identifikation des Wettbewerbs als Keimzelle des Erfolges oder Misserfolges eines Unternehmens und der Notwendigkeit der Formulierung von Wettbewerbsstrategien hat der Industrieökonom *Porter* (1980) einen wichtigen Impuls für die Strategieorientierung in der Unternehmensführung gegeben. Als relevantes Analysefeld für die Wettbewerbsorientierung rückten die Branche sowie die fünf Triebkräfte des Branchenwettbewerbs – Lieferantenmacht, Kundenmacht, Rivalität der konkurrierenden Unternehmen, Produktsubstitution und Markteintrittsbarrieren – in den Mittelpunkt der Diskussion. Um diesen Triebkräften des Branchenumfeldes adäquat zu begegnen, versuchen Unternehmen, die richtige Wettbewerbsstrategie zu bestimmen: Nach *Porter* (1980) durch eine Wahl zwischen den „generischen Strategien" Kostenführerschaft, Differenzierung oder Fokus, nach *Prahalad/Hamel* (1990) durch eine Konzentration auf die „Kernkompetenzen" des Unternehmens.

Von dieser Entwicklung blieb die Diskussion um Rolle und Bedeutung des IM nicht unbeeindruckt. Wie bereits im Kapitel 1 bei der Beschreibung des EWIM-Gedankens ausgeführt, ist eine gegenseitige Abhängigkeit zwischen Strategie und IM existent. Der dort „Enabling" genannte Prozess bezeichnet die Beeinflussung der Unternehmens- oder Geschäftsbereichsstrategie durch die dem IM gegebenen Möglichkeiten der IKT. **Strategische Informationssysteme (SIS)**, die einen Wettbewerbsvorteil für ein Unternehmen schaffen oder ein Zurückfallen in der Wettbewerbsfähigkeit verhindern (Krcmar 1987a), stellen eine Konkretisierung des Enabling-Prozesses dar. SIS können einem Unternehmen einen Wettbewerbsvorteil verschaffen, während die anderen Unternehmen in der Branche gezwungen werden, ähnliche „strategische" Systeme aufzubauen, um keine Wettbewerbsnachteile zu erleiden. Deswegen wird auch von der strategischen Notwendigkeit („strategic necessity") nach *Clemons/Kimbrough* (1986) gesprochen.

> Als **strategische Informationssysteme** werden Informationssysteme bezeichnet, die einen Wettbewerbsvorteil für ein Unternehmen schaffen oder ein Zurückfallen in der Wettbewerbsfähigkeit verhindern (Krcmar 1987a, S. 228).

Ein Ansatz der Klassifizierung von 164 Systemen mit strategischer Ausrichtung, davon 91 in den USA, 61 in Deutschland und zwölf in anderen europäischen Ländern, wurde 1989 von *Mertens/Schumann et al.* (1989) vorgelegt. Entsprechend der Position in der Wertschöpfungskette, dem Neuigkeitsgrad, der Absicht und dem Charakter des Systems lassen sich inter-organisatorische Systeme in der Wertschöpfungskette, Value-Added Services, neue Produkte und Dienstleistungen sowie elektronische Märkte unterscheiden.

Zu den inter-organisatorischen Systemen in der Wertschöpfungskette gehören Systeme, die je zwei Partner in der Wertschöpfungskette verbinden, z. B. Kunde und Lieferant. Solche Systeme können nach Systementwickler (Kunde, Lieferant, Dritter) oder Systembetreiber (Kunde, Lieferant, Dritter) unterschieden werden.

Die zahlreichen Wirkungen inter-organisatorischer Systeme werden anhand der Nutzeffektwirkungskette eines Bestellsystems aus Sicht des Betreibers in Abbildung 3-101 deutlich. So gehören bei Bestellsystemen mit Kunden die Verkürzung der Auftragsvorlaufzeiten, die Reduzierung der Lagerbestände und der Fehler bei der Auftragsdatenübermittlung zu den Nutzeffekten für den Kunden. Zu den Nutzeffekten des Systembetreibers, der meist der Lieferant in der Kundenbeziehung ist, zählen höhere Kundenbindung, eine Marktanteilserhöhung, die zusätzliche Deckungsbeiträge liefert, ein höheres Bestellvolumen bei Lieferanten, das zu günstigeren Konditionen genutzt werden kann sowie eine Kostensenkung bei der Auftragserfassung (Mertens et al. 1989, S. 120-123).

Value-Added Services lassen sich in akquisitionsunterstützende Anwendungen, After-Sales-Anwendungen und sonstige Anwendungen unterscheiden. Sie dienen der Unterstützung der Auftragsanbahnung, der Auftragsabwicklung und bei Wartungsvorgängen außerdem zur Verbesserung des Kundendienstes und zur Intensivierung der Kundenbeziehung. Akquisitionsunterstützende Anwendungen können bspw. mehrere Ziele verfolgen: Wecken der Aufmerksamkeit des Kunden, Customizing des Produktangebots, Qualitätsverbesserung der Kundenberatung und Differenzierung während der Akquisitionsphase. Typische Beispiele für akquisitionsunterstützende Systeme sind IT-Systeme als Marketinginstrumente, CAD-Anwendungen zur Unterstützung der Angebotsphase und elektronische Kataloge zur Produktauswahl. Die Investitionen sind oft vergleichsweise gering, so dass sich die Amortisation nach einigen zusätzlichen Aufträgen ergibt und damit eine relativ hohe Rentabilität entsteht. Diese Art von Anwendungen ist besonders geeignet für die Auftragsfertigung mit einer großen Variantenvielfalt im Angebot und für Unternehmen mit erklärungsbedürftigen Produkten oder erklärungsbedürftiger Produktauswahl.

Die Bearbeitung neuer Geschäftsfelder (aus der Sicht des anbietenden Unternehmens) oder das Anbieten neuer Produkte gilt als weitere Kategorie für SIS. Die Entwicklung neuer Produkte und Geschäftsfelder verläuft meist eher evolutionär, denn revolutionär.

Das wesentliche Potenzial elektronischer Märkte ist die Ermöglichung und Zusammenführung von Transaktionen über elektronische Plattformen. Angebote von

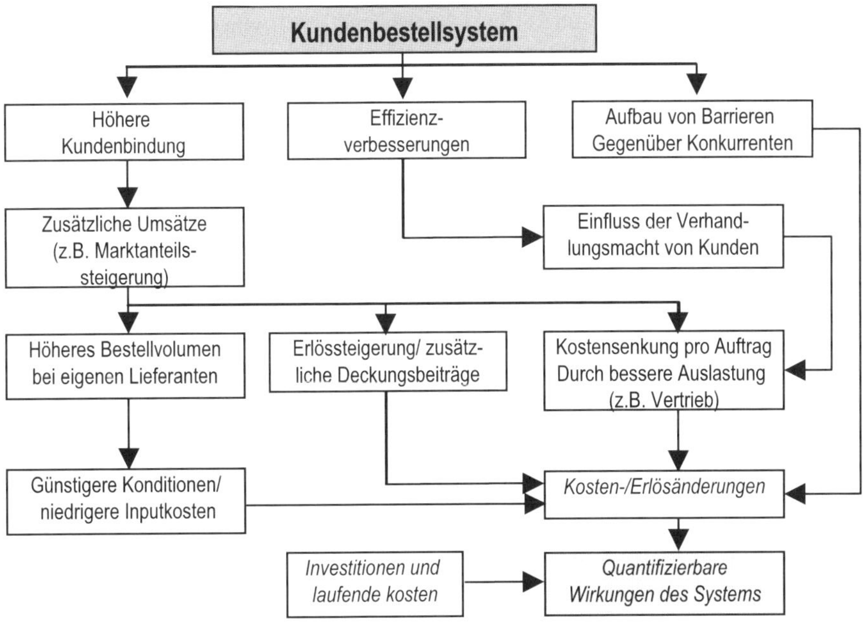

Abbildung 3-101. Nutzeffekte eines Bestellsystems aus Sicht des Betreibers
Quelle: Schumann (1990, S. 317)

Produkten oder Dienstleistungen sind in Datenbanken gespeichert, die häufig von neutralen Dienstleistungsunternehmen gepflegt und verwaltet werden. Im Gegensatz zu einem Bestellsystem für Kunden sind bei einem elektronischen Markt mehrere Anbieter für gleiche oder ähnliche Produkte der Datenbank zugeordnet.

Als Vorteile für die Kunden erweisen sich eine größere Auswahl an Alternativen, eine höhere Transparenz, die Verbesserung der Auswahlqualität sowie die Senkung der Kosten (Zeit) des Auswahlprozesses. Beispiele finden sich bei Finanzierungsangeboten und Flugreservierungssystemen. So kann das seit den 60er Jahren entwickelte Flugreservierungssystem SABRE von American Airlines genannt werden.

Aufgrund der zahlreichen Beispiele von SIS wird der Bedarf an operationalisierbaren Ansätzen für die Identifikation von SIS für das eigene Unternehmen verständlich. Für die Generierung von Ideen für SIS ist es notwendig, auf der Basis bspw. von Analogieschlüssen oder Kreativitätstechniken unter Beteiligung von IT-Abteilung und Fachabteilung(en) viele Anknüpfungspunkte für eventuelle strategische Anwendungen zu erzeugen. Als Techniken zur systematischen Förderung der Kreativität, so genannte Suchhilfen, lassen sich die Analyse der Wettbewerbskräfte, die kundenorientierte Analyse der erstellten Leistung und die After-Sales-Orientierung betrachten. Darüber hinaus kann für den Bereich des eBusiness das Konzept der E-Opportunity als Suchhilfe eingesetzt werden.

Bei der Benutzung von *Porters* (1985) **Ansatz der Wettbewerbskräfte** zur Ideengenerierung werden zunächst in einem Brainstorming die Merkmale der Kräftesituation erarbeitet. An ein erarbeitetes Marktstrukturmodell lassen sich folgende Fragestellungen knüpfen (Cash et al. 1992, S. 47ff):

1. Kann IKT Barrieren gegen Neueintritte aufbauen?
2. Kann IKT die Grundlagen des Wettbewerbs verändern?
3. Können durch IKT neue Produkte entstehen?
4. Kann IKT die Wechselkosten zu anderen Produkten erhöhen oder entstehen lassen?
5. Kann IKT das Machtgleichgewicht zu Lieferanten verändern?

Diese Fragen lassen erkennen, ob und in welchem Gebiet Möglichkeiten eines strategischen Einsatzes von IKT bestehen. Allerdings kann man daraus nicht ableiten, welche Anwendungen das genau sind. Außerdem besteht die Gefahr der unvollständigen Diagnose, vor allem wenn nur IT-Mitarbeiter anwesend sind, so dass bei dieser Methode die Notwendigkeit der Zusammenarbeit zwischen den Strategen des Unternehmens und der IT-Abteilung deutlich wird.

Das **Lebenszyklusmodell** der Ressource beim Kunden von *Ives/Learmonth* (1984) stellt die Sicht des Kunden auf die zu erwerbende Ressource (Produkt oder Dienstleistung) in den Vordergrund. Der Verkäufer kann versuchen, sich vom Mitbewerber durch bessere Kundenunterstützung zu differenzieren. Um Ressourcen zu erwerben, durchläuft der Käufer einen eigenen Ressourcenzyklus. Als Phasen des Lebenszyklus werden unterschieden (Ives/Learmonth 1984, S. 1198ff):

1. Bedarf festlegen: Die Anforderungen und Bedarfsmengen der zu erwerbenden Ressource werden festgelegt.
2. Spezifizieren: Die genauen Merkmale der Ressource werden festgelegt.
3. Quelle identifizieren: Lieferanten, die in der Lage sind, die spezifizierte Ressource bereitzustellen, müssen identifiziert werden.
4. Bestellen: Nach der Quellenidentifikation erfolgt die Bestellung.
5. Genehmigen und bezahlen: Vor Übergabe der Ressource muss die Genehmigung erfolgt sein und die Zahlung arrangiert werden.
6. Erhalten: Art und Weise, wie und wie schnell Kunden das Produkt erhalten. Beispiele sind Online-Zeitschriften oder Application Service Providing.
7. Testen und akzeptieren der Ressource
8. Übernahme ins Lager und Verwaltung der Bestände
9. Überwachung von Nutzung und Verbrauchsverhalten: Beispiele sind Zeitschriftenvertriebe, welche die täglichen Verkäufe für ihre Kunden durch das eigene Remittentensystem verwalten.

10. Aufstocken und verändern der Ressourcen, falls erforderlich
11. Wartung: Z.B. automatische Verlängerungen für die Wartungsverträge von Haushaltsgroßgeräten
12. Transferieren oder Entledigen der Ressource
13. Buchführung: Über die Ressourcen muss der Kunde Buch führen.

Dieses Modell ist geeignet, vorhandene Anwendungen zu klassifizieren und erscheint hinreichend detailliert, um neue Anwendungsideen zu generieren.

Viele Investitionsgüter sind durch einen hohen Wartungs- und Reparaturaufwand, die einen großen Einfluss auf die Kaufentscheide ausüben, gekennzeichnet. Daher lässt sich eine weitere Verfeinerung der Kundenbedürfnisse in der Phase „Wartung" des Kundenressourcenlebenszyklus nutzen, um Anhaltspunkte für SIS zu gewinnen. Dieser Ansatz wird After-Sales-Orientierung genannt. Die Trigger, die Aktivitäten der Wartung auslösen, und die Inputs und Outputs des Wartungsprozesses sind in Abbildung 3-102 dargestellt. Ansatzpunkte für SIS kristallisieren sich bei der Automatisierung des Wartungsprozesses mit sinkenden Wartungskosten und bei der Informationsgenerierung durch aktualisierte Datenbasen als Output des Wartungsprozesses heraus.

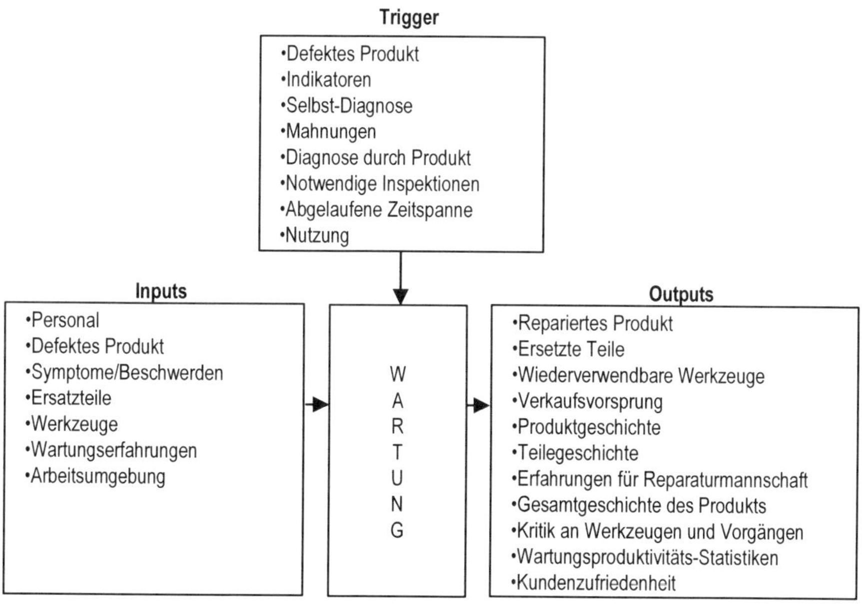

Abbildung 3-102. After-Sales-Kreislauf: Vom Trigger zum Output des Wartungsprozesses
Quelle: Ives (1984, S. 12)

Auf weitergehende Informationen ist auch der Versuch ausgerichtet zu erfahren, ob der Kunde Zusatzressourcen benötigt.

Eine Möglichkeit zur Identifikation der strategischen Potenziale des Informationssystemeinsatzes im E-Business (vgl. Kapitel 4.1) ist das **Konzept der E-Opportunity** von *Feeny* (2001, S. 41ff). Durch eine Betrachtung der drei Domänen E-Operations, E-Marketing und E-Services können strategische Einsatzpotenziale von IS und Internet-Techniken zur Generierung von Wettbewerbsvorteilen identifiziert werden. Die Chancen in der Domäne Leistungserstellung (E-Operations) liegen bei der strategischen Nutzung von Web-Techniken im Bereich der Lieferkette sowie bei der Erstellung des Produktes oder der Dienstleistung selbst. Der Fokus ist hierbei auf die Nutzung internetbasierter Technik zur Verbesserung und Entwicklung existierender Produkte gerichtet. In der Domäne Marketing (E-Marketing) können strategische Vorteile durch eine direkte Interaktion mit dem Kunden oder durch die Nutzung von neuen Vertriebskanälen für bestehende Produkte mit Hilfe von Internet-Techniken realisiert werden. Die Domäne Service (E-Service) bietet die Möglichkeit, neue kundenorientierte Dienstleistungen zu generieren und über das Internet zu vertreiben. Als Beispiel können hier individualisierte Informationsdienste angeführt werden. Einen Überblick über die drei Domänen und ihre Komponenten gibt Abbildung 3-103.

Abbildung 3-103. E-Opportunity Domänen und ihre Komponenten
Quelle: Feeny (2001, S. 42)

Zusammenfassend lassen sich die vier besprochenen Suchhilfen als Tätigkeiten interpretieren, welche die Ideengenerierung für SIS formalisieren und unterstützend wirken. Vor allem die detaillierten, an den Bedürfnissen des Kunden ansetzenden Vorschläge versprechen die Generierung von hinreichend vielen und gleichzeitig konkreten Ideen.

Allerdings ist offensichtlich, dass ein derartig formalisierter Prozess nicht automatisch zu SIS der Klasse eines SABRE-Systems führt. Wie *Ciborra* (1991) gezeigt hat, entstanden die erfolgreichsten SIS nicht als Ergebnis eines strikten formalisierten Planungsprozesses, sondern aufgrund des inkrementellen Ausbaus einer operativ angedachten Applikation zum strategischen System in einer eher zufällig strategisch relevant gewordenen Rahmenkonstellation.

Dennoch benötigen SIS als integraler Teil der Unternehmensstrategie einen anderen Begründungszusammenhang als Anwendungen, die allein über ihre direkte Wirtschaftlichkeit gerechtfertigt werden. Die Bewertung der in Ideengenerierungsprozessen entstandenen Vorschläge für SIS kann anhand der folgenden Kriterien erfolgen:

1. Ist das SIS erforderlich, um einen Wettbewerbsnachteil auszugleichen?
2. Erhöhte das SIS den Wert der gebotenen Leistungen für den Kunden?
3. Ist das SIS verteidigbar?
4. Nutzt das SIS die Eigenständigkeiten des Unternehmens oder baut sie sie aus?
5. Gibt es Ausstiegsbarrieren?
6. Führt das SIS zu nicht erfüllbaren Erwartungen?
7. Ist die Wirtschaftlichkeit des Vorhabens, von dem SIS ein Teil ist, gegeben?

Wie in der Liste deutlich wird, verbessert IKT die Wettbewerbsposition, wenn sie Differenzierung herbeiführen oder steigern und gleichzeitig Schutz vor Nachahmung bieten. Wenn jedoch Patentfähigkeit wie bei den meisten Software-Programmen nicht vorliegt, gilt dieser Vorsprung eher zeitweise, denn dauernd. Aus diesem Grunde konzentrierte sich die Forschung auf das Verlängern des Zeitraums, in dem ein Wettbewerbsvorsprung gegeben ist, um einen andauernden („sustainable") Wettbewerbsvorteil zu erreichen (Feeny/Ives 1990). Auf jeden Fall kann die institutionalisierte Suche nach strategischen Anwendungen für IKT auch ohne direkte Generierung von SIS als Lernprozess im Unternehmen verstanden werden, der die Wettbewerbskraft indirekt stärkt.

3.4.3.2.2 Prozessorientierung

In dem Bemühen, die heute vom Wettbewerb geforderte gleichzeitige Erschließung von Zeiteinsparungs- und Kostensenkungspotenzialen zu realisieren, treten nach einer allgemeinen Abkehr vom tayloristischen Gestaltungsparadigma die Geschäftsprozesse und ihre gezielte Gestaltung in den Vordergrund des Interesses. Hierbei konzentrierte man sich Anfang der 90er Jahre auf die interne Reorganisation. Heute wird der Fokus auf zwischenbetriebliche Prozesse und wertschöpfungskettenübergreifende oder branchenbezogene ausgedehnt (Krcmar/Leimeister 2001, S. 29).

Allerdings ist die Aussage vieler Autoren, vor allem in Veröffentlichungen zum Business Process Reengineering, es gehe hier um gänzlich neue Fragestellungen, zu relativieren. Der Gedanke der Prozessgestaltung hat seine Vorläufer in der frühen deutschen Organisationslehre. So hat bereits *Nordsieck* (1931) auf die Bedeutung der Gestaltung der Abläufe hingewiesen. Obwohl also schon in vorherigen Jahrzehnten die Ablauforganisation in etwa gleichbedeutender Bestandteil der Lehre und Forschung war, kann doch festgehalten werden, dass die Unternehmensprozesse seit Beginn der 90er Jahre in den Mittelpunkt des allgemeinen Forschungsinteresses gerückt sind.

Das **Business Process Reengineering** (BPR) kann als Gipfel einer Phase der Prozessorientierung als Gegenbewegung zur Tradition des Taylorismus angesehen werden. Während der Taylorismus zu einem hohen Ausmaß an funktionaler Zerlegung und arbeitsteiliger Abwicklung der betrieblichen Aufgaben geführt hat, bemüht sich prozessorientierte Gestaltung, diese Zerlegung aufzuheben. In unterschiedlicher Radikalität vorgebracht, wurden die Grundprinzipien des BPR (oft mit „Business Redesign" bezeichnet) von *Hammer* (1990), *Davenport/Short* (1990), *Hammer/Champy* (1993) sowie *Davenport* (1993) formuliert und weithin bekannt gemacht.

> Das Ziel des **Business Process Reengineering (BPR)** ist es, nachhaltige Produktivitätssteigerungen (im Gegensatz zu leichten, stetigen Produktivitätsverbesserungen) durch wesentliche Veränderungen der Prozesse zu erreichen, die typischerweise erst durch den Einsatz von IKT möglich werden.

Hierzu werden alle organisatorischen Grundannahmen hinterfragt, um unnötige organisatorische und kulturelle Restriktionen bei der Neugestaltung abzubauen: „Instead of embedding outdated processes in silicon and software, we should obliterate them and start over. We should „reengineer" our businesses: use the power of modern information technology to radically redesign our business processes in order to achieve dramatic improvements in their performance" (Hammer 1990, S. 104). Die folgenden, teilweise schon lange vor dem BPR bekannten Grundprinzipien sind für das BPR charakteristisch (Hammer 1990):

- Reengineering bezieht sich nicht nur auf die Verbesserung von Prozessen innerhalb einer Arbeitsgruppe, sondern auf fundamentale Produktivitätssprünge aufgrund von radikaler Neugestaltung inter-funktionaler Kernprozesse der Unternehmung.

- Reengineering verlangt induktives, diskontinuierliches Denken und einen „clean-sheet of paper"-Ansatz, d.h., dass neue Möglichkeiten der Organisationsgestaltung vom potenziell Denkbaren, nicht vom derzeit Möglichen ausgehen.

- Die atomare Organisationseinheit ist das Prozessergebnis, nicht die Prozesseinzelaufgaben. Daraus folgt, dass eine Stelle verantwortlich für einen Prozess zeichnet (Prozessverantwortlicher).

- Kundenorientierung auf der Ebene des Prozessergebnis-Lieferanten und -Kunden

- Parallelisierung der IT-Prozesse mit den physischen Arbeitsprozessen, d.h. Verarbeitung der Informationen dort, wo die Aktivitäten anfallen und die Informationen entstehen.

Die Begriffe „Prozess" und „Prozessmodellierung" wurden bereits im Kapitel 3.2 behandelt. An dieser Stelle soll darauf hingewiesen werden, dass die Praxis keine allgemeingültige, sondern eine stark unternehmensspezifische Definition für die Begriffe „Vorgang" und „Prozess" hat (Elgass 1996). Das für den Erfolg von Reorganisationen so wichtige „Prozessdenken" hat also oft unterschiedliche inhaltliche Bedeutungen.

Empirische Studien aus verschiedenen Branchen belegen z. B. die Verkürzung von Produktlebenszyklen und Marktausschöpfungsdauern sowie sinkende Restlaufzeiten von Patenten als drückende unternehmerische Probleme in der Pharmaindustrie (Schwarzer/Krcmar 1995). Dort wird die Verkürzung der Durchlaufzeit zur zentralen Zielgröße. Eine Verkürzung der Durchlaufzeiten setzt aber in der Regel eine gezielte Gestaltung der Prozesse voraus. Hierin liegt die große Bedeutung der Prozessbetrachtung. Ein fehlendes Prozessdenken, insbesondere eine fehlende Prozesswahrnehmung wirken sich negativ auf die betriebliche Aufgabenerfüllung aus. Eine Verankerung der Wahrnehmung und zwar nicht nur im Denken, sondern auch im Handeln, ist Grundvoraussetzung für die Verbesserung von Prozessen.

Prozessorientierung wird häufig unter organisatorischen oder technischen Gesichtspunkten betrachtet. In der Praxis zeigt sich aber deutlich, dass das Personal eine entscheidende Rolle spielt, insbesondere die Rolle und das Verständnis sowie das (Prozess-)Know-how der Mitarbeiter.

Aus diesen Gründen wird dem Begriff der „Prozesswahrnehmung" eine zentrale Rolle beigemessen. Eine Untersuchung, welche sich unter anderem mit der Prozesswahrnehmung befasste, zeigte, dass zwei verschiedene Bedeutungen für diesen Begriff in den Unternehmen existieren (Schwarzer/Krcmar 1995). Einerseits wird damit die detaillierte Kenntnis der Abfolge der Aktivitäten bezeichnet, andererseits wird der Begriff eher allgemein für ein Denken in Zusammenhängen verwendet. Das in Forschung und Praxis vorherrschende Bild vom Verständnis der Prozessbetrachtung ist eines der Detailkenntnisse der Aktivitäten und ihrer Anordnung. Für die an einem Prozess nicht direkt beteiligten Mitarbeiter ist dies aber gar nicht erforderlich. Vielmehr ist ein generelles Denken in Zusammenhängen für Reorganisationserfolge notwendig und ursächlich. Maßnahmen zur Prozesswahrnehmung sollten daher weniger darauf zielen, Detailkenntnisse der Abläufe zu vermitteln, als vielmehr ein grundsätzliches Beachten der Zusammenhänge bei betrieblichen Entscheidungen zu erleichtern. In dieser Bedeutung liegt die Prozesswahrnehmung in den Unternehmen noch in der Entwicklung. Ein entsprechender Wandel im Prozessdenken sollte von der Ebene des Gesamtunternehmens, also von der Unternehmensleitung, ausgehen, um dann in die einzelnen Gruppen auf Mitarbeiterebene getragen zu werden.

Die Prozesswahrnehmung kann in ein umfassenderes Rahmenkonzept des BPR eingebettet sein. Das in Abbildung 3-104 gezeigte Konzept basiert auf den Ergebnissen einer Literaturübersicht zu BPR sowie zweier empirischer Untersuchungen in der Pharma- und Elektronikindustrie (Schwarzer 1994b; Schwarzer/Krcmar 1995). Der äußere Rahmen gibt Voraussetzungen für BPR-Projekte an: Es liegen Veränderungen des Wettbewerbs vor, die eine Reorganisation dringend geboten erscheinen lassen. Zudem muss das Top-Management diese Notwendigkeiten erkennen und entsprechende Projekte initiieren und unterstützen, damit BPR-Projekte trotz aller Widerstände durchgeführt werden können. Das Konzept setzt seine Schwerpunkte auf die Kernkomponenten Wahrnehmung und Verständnis, Prozess-Design, Methoden und Werkzeuge sowie ein prozessorientiertes IM.

Die Komponente Wahrnehmung und Verständnis wurde schon angesprochen. Sie schließt neben dem Wahrnehmen der tatsächlichen Prozesse, das entgegen a priorischer Erwartungen nicht als gegeben angenommen werden kann, auch Aspekte wie „Rethinking the Company“, also das unvoreingenommene und von den gegebenen Strukturen völlig unabhängige Suchen nach Alternativen, mit ein. Meist sind personengruppenbezogene Unterschiede in der Prozesswahrnehmung zu beobachten: Während zum Beispiel das Top-Management und die IT-Abteilung operative Prozesse im F&E-Bereich als Prozesse wahrnehmen, sehen die Fachbereiche sich oftmals als Funktionsbereich und nehmen die Prozesse nicht als solche wahr (Schwarzer/Krcmar 1995, S. 92). Diese Unterschiede zu erkennen, ist von genereller Bedeutung für das bei der Durchführung von BPR-Projekten erforderliche Umdenken und speziell für die Rolle des IM in diesen Projekten.

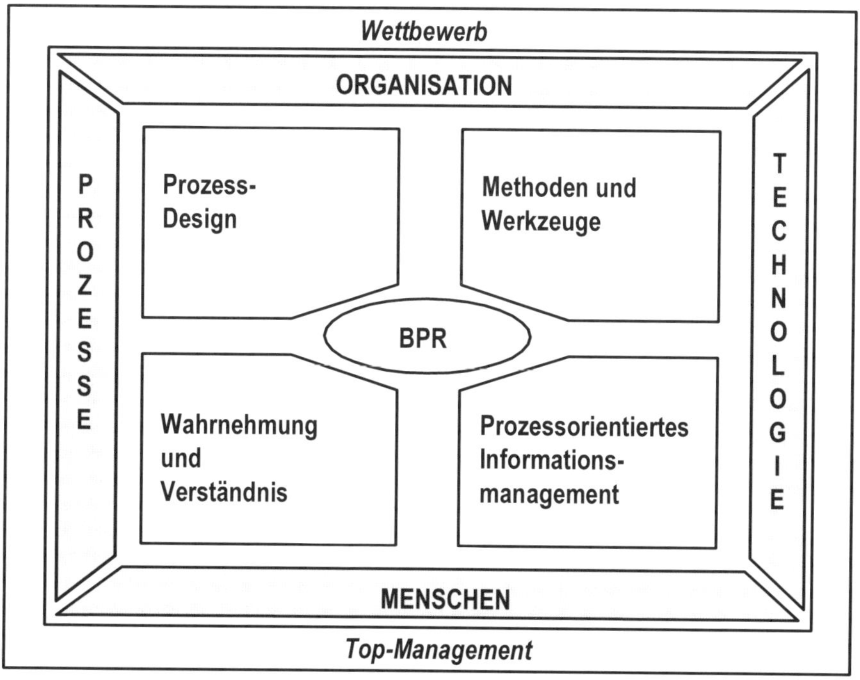

Abbildung 3-104. Gesamtkonzept für Business Process Reengineering
Quelle: Schwarzer (1995, S. 179)

Die Kernaktivität des BPR ist das Prozess-Design (Prozessgestaltung), bei der nicht nur die Aktivitäten selbst, sondern auch die Schnittstellen zwischen den Prozessen gestaltet werden müssen. Hierzu ist eine Analyse der Daten- und Informationsflüsse zwischen den Akteuren und Aktivitäten, aber auch zwischen den Prozessen notwendig. Die verschiedenen Möglichkeiten der Modellierung der Prozesse zwischen den Akteuren (organisatorische Einheiten) und den Aktivitäten wurde im Kapitel 3.2.4 beschrieben. Um die Interdependenzen zwischen den Prozessen darzustellen, eignen sich Prozess-Architekturen, die die Einordnung der Prozesse in das Unternehmensgefüge mit Über- und Unterordnungen sowie Abhängigkeiten aufzeigen. Abbildung 3-105 zeigt eine vereinfachte Prozess-Architektur, die zwischen Steuerungsprozessen, Leistungserstellungsprozessen und Unterstützungsprozessen unterscheidet.

Die Modellierung und Gestaltung komplexer Unternehmensstrukturen im Rahmen von BPR-Projekten ist kaum mehr mit Papier und Bleistift effizient durchführbar. Um die erforderlichen prozessorientierten IS zur Unterstützung der leistungsbezogenen Aufgaben des Unternehmens zu gestalten, sind geeignete Methoden und Werkzeuge erforderlich, die den gesamten Modellierungsprozess und die Handhabung sowie Pflege der Modelle unterstützen (Krcmar/Schwarzer 1994). Abzu-

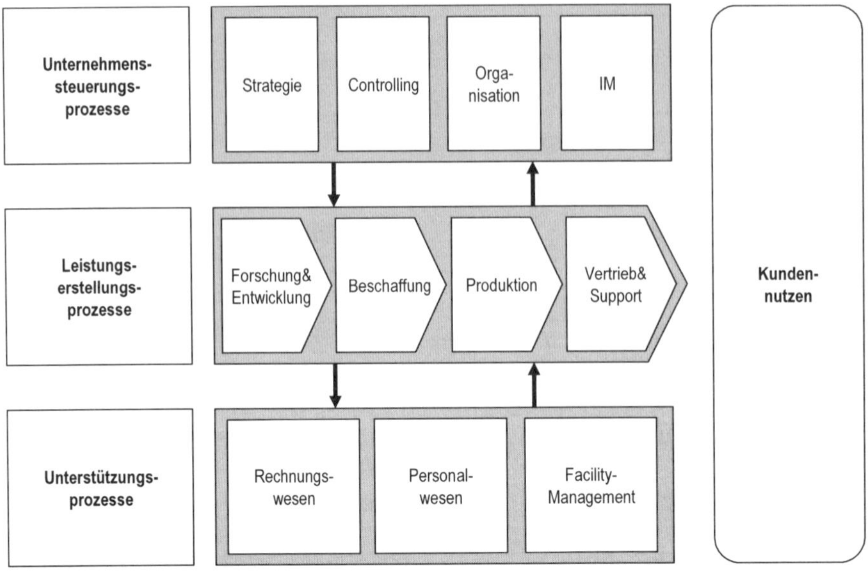

Abbildung 3-105. Prozess-Architektur
Quelle: Eigene Darstellung

bilden sind Trigger, Input, Output, Funktion, Daten, organisatorische Einheit, Anwendungssystem, Schnittstellenspezifikation und Kenngrößen (Kosten, Zeit, Qualität und Flexibilität) eines jeden Prozesses. Die Werkzeuge zur Prozessgestaltung entstammen meist einem der folgenden vier Herkunftsbereiche:

- Unternehmensgesamtmodelle
- originäre BPR-Methoden
- Computer Aided Software Engineering (CASE)
- Workflow Computing

Der Ansatz der Unternehmensgesamtmodelle stellt sich die Aufgabe, einen Gesamtüberblick über ein Unternehmen zu liefern und dabei von bestimmten, für den Verwendungszweck nicht erforderlichen Details zu abstrahieren.

Bei den Werkzeugen der originären BPR-Methoden steht die Unterstützung bei der Neugestaltung des Prozessablaufs im Vordergrund.

Die aus dem Software Engineering stammenden CASE-Werkzeuge, z.B. die Semantische Objektmodell-(SOM-)Methode nach *Ferstl/Sinz* (1993), setzen die Software-Entwurfsprinzipien Modularität und Abstraktion, insbesondere das hierarchische Funktionsmodellierungsprinzip um.

Die aus dem Bereich des Workflow Computing kommenden Werkzeuge sind aufgrund der Produktvielfalt schwer einheitlich zu bewerten. Oft bleiben deren Prozessmodellierungskomponenten allerdings einige der oben geforderten Eigenschaften schuldig. Wie bei CASE gilt auch hier, dass neben einer meist guten Visualisierung oder auch Animation, bspw. auf Struktogramme, gefärbte Graphen und Petrinetze zurückgegriffen wird, wohingegen meist aber nur wenige Prozesskenngrößen einbezogen sind und darüber hinaus eine (verhandlungsgesteuerte) Gestaltung von Schnittstellen nicht möglich ist.

Die heute existierenden Methoden unterscheiden sich zum Teil erheblich. Im Groben sind Methoden zum geeigneten Vorgehen bei BPR-Projekten zu unterscheiden von mehr technischen Methoden zur detaillierten Modellierung der einzelnen Prozesse. Zur Methodencharakterisierung eignen sich die Kriterien Abbildungsumfang (welche Eigenschaften des Unternehmens können abgebildet werden), Darstellungsqualität (Verständlichkeit der Darstellungen), Mächtigkeit (Vorhandensein von Rahmen-, Referenz-, Analyse- und Simulationsmodellen), Unterstützung des Modellierungsablaufs (Werkzeugumfang für die Prozessabbildung und Prozessgestaltungsaktivitäten der BPR-Projektteams) sowie die Modellierungsphilosophie (Zuordnung zu den aktivitätsorientierten oder kommunikationsorientierten Methoden). Der letzte Punkt soll im Folgenden genauer erläutert werden:

Aktivitätsorientierte Ansätze sind statische Ansätze, die sich auf die Modellierung der Input-Output Zusammenhänge eines Prozesses konzentrieren und vornehmlich die Daten- und Funktionsmodelle eines Prozesses gestalten. Die Ansätze basieren deshalb meist auf klassischen Methoden der Daten- und Funktionsmodellierung wie z.B. Strukturierte Analyse, Entity-Relationship-Modellierung und Modellierung von Funktionsbäumen.

Kommunikationsorientierte Ansätze konzentrieren sich nicht mehr auf die Modellierung von Einzelaktivitäten, sondern auf die Modellierung der Koordinationsbeziehungen zwischen den Prozessbeteiligten und damit auf die Schnittstellen zwischen den Einzelaktivitäten und deren Zusammenwirken. Prozesse werden im Gegensatz zu den aktivitätsorientierten Ansätzen nicht als Folge von Aktivitäten sondern als Folge von Koordinationsbeziehungen definiert (Elgass 1996, S. 46ff).

Nachdem die Modellierungsphilosophie als ein wesentliches methodisches Detail der Prozessmodellierung näher beschrieben wurde, gibt Abbildung 3-106 einen Überblick über die bekanntesten Methoden zur Modellierung von Prozessen. Dort wird gezeigt, ob die jeweilige Methode detaillierte Vorschläge zum Vorgehen in BPR-Projekten gibt (Spalte „Vorgehen"), ob verschiedene Eigenschaften und zu besetzende Rollen berücksichtigt wurden („Rollen"), ob Ergebnisse umfassend beschreibbar sind („Ergebnisse") und wie umfassend unterstützende Techniken vorliegen. Die Abbildung zeigt dann einen ausgefüllten Kreis, wenn die Methode

Methode \ Komponente	Vorgehen	Rollen	Ergebnisse	Techniken
Action	●	○	●	●
BCG	●	●	○	◒
CSC Ploenzke	●	●	●	◒
Davenport	●	◒	○	◒
Diebold	●	●	○	●
Eversheim	◒	○	●	●
Ferstl / Sinz	◕		●	●
Hammer	●	●	○	○
Harrington	●	●	●	●
IBM UBG	●	●	◕	◕
Johansson	●	◒	◕	●
Malone	◒	○	●	●
Manganelli / Klein	●	●	◒	●
McKinsey	◒	○	○	◒
OSSAD	◒	○	●	◒
Österle	◕	●	●	●
Scheer	◕		●	●

Abbildung 3-106. Methodenvergleich für das Business Process Reengineering
Quelle: Hess (1996, S. 119)

- ein konkretes Vorgehen zur Modellerstellung in Form eines Vorgehensmodells vorschlägt,
- anhand von Rollen zusammengehörige Aufgaben bündelt,
- klare Aussagen über die Ergebnisse trifft sowie
- Techniken mit einer detaillierten Anleitung zur Modellierung und Generierung von Ideen enthält.

Obwohl die Bedeutung der IKT im Zusammenhang mit BPR in den meisten Publikationen zum Thema BPR hervorgehoben wird, ist die Rolle des für den IKT-Einsatz zuständigen IM in Bezug auf BPR-Projekte bisher kaum behandelt. Mit einem prozessorientierten IM soll der Tatsache Rechnung getragen werden, dass das IM im Vergleich zur bisherigen Automatisierungsaufgabe bestehender Strukturen große Gestaltungspotenziale aufweist, und dass umgekehrt auch das BPR hohe Anforderungen an das IM stellt. Das IM sollte bspw. neben seiner Spezialistenfunktion für Analyse, Design und Implementierung oder als Technikexperte eine „Vorbildrolle" in Bezug auf die Wahrnehmung der Prozesse im Unternehmen ausfüllen.

Der zentrale Zusammenhang zwischen IM und BPR besteht in den Rollen des IM als Enabler, als Facilitator sowie als Implementor und Betreiber neuer Prozesse und Organisationsformen (Krcmar/Reb 2000; Schwarzer 1994a). Der BPR-Erfolg

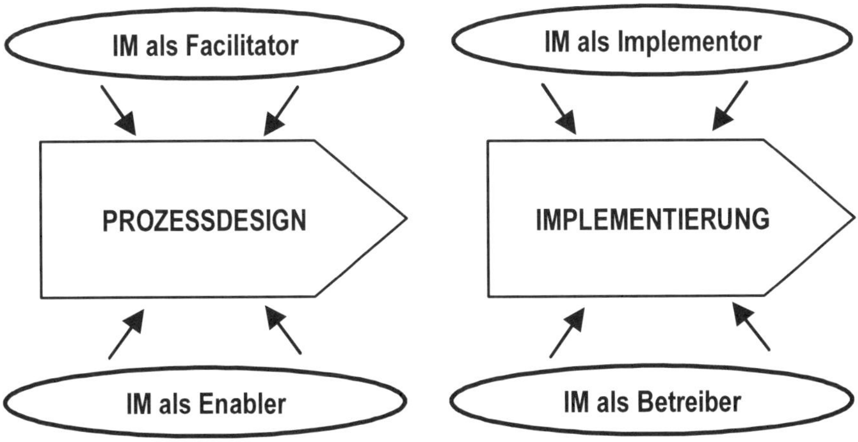

Abbildung 3-107. Informations- und Kommunikationstechnik im Business Process Reengineering

Quelle: In Anlehnung an Schwarzer (1994a, S. 32)

hängt in vielen Fällen in hohem Maße vom zielgerichteten IKT-Einsatz ab. IM als Enabler drückt aus, dass durch die Bereitstellung und den Einsatz der IKT durch das IM neuartige Prozesse oftmals erst möglich sind, d.h. diese ohne neuartige Technikunterstützung so nicht ablaufen könnten. IM als Facilitator stellt auf die methodische und operative Unterstützung (z.B. durch Modellierungstools) des Prozess-Designs ab und IM als Implementor ergibt sich dadurch, dass anhand von informationsorientierten Abbildungen Unterstützungssysteme für die neuen Prozesse sehr effizient und schnell entwickelt und eingeführt werden können. IM als Betreiber der Prozesse verdeutlicht die Bedeutung der Bereitstellung und Unterstützung eines funktionierenden und sicheren IT-Umfeldes beim BPR (Abbildung 3-107).

Betrachtet man die unterschiedlichen Vorgehensweisen für das BPR aus der Forschung und Praxis, so können trotz zahlreicher Unterschiede vier generische Projektphasen identifiziert werden: Festlegung der Projektziele und -inhalte mit der Einrichtung einer Projektorganisation, Analyse der Ist-Situation, Entwicklung eines Soll-Konzepts und Umsetzung des Konzepts (Perlitz et al. 1995, S. 18ff.). Einen Überblick über die vier Phasen von BPR-Projekten gibt Tabelle 3-25.

Ergebnisse aus dem Bereich der BPR-Forschung weisen darauf hin, dass die hochgesteckten Erwartungen und Ziele von BPR-Projekten oftmals nicht erreicht werden können. Die Gründe hierfür sind einerseits in einer unzureichenden Strategie- und Zielformulierung sowie der nicht konsequenten Umsetzung des Konzeptes durch die Unternehmensführung zu suchen. Andererseits führt die ungenügende Berücksichtigung des durch die Restrukturierung betroffenen Personals und mangelhaftes Change Management zu erheblichen Wiederständen in der Organisation. Gerade hinsichtlich der Berücksichtigung des „Faktors Mensch“

Tabelle 3-25. Phasen eines BPR-Projektes

Phase	Aufgaben und Ziele
Vorphase	Schaffung von Rahmenbedingungen für das BPR-Projekt • Etablierung der Projektorganisation • Abgrenzung des Untersuchungsumfanges • Festlegung der Ziele der Restrukturierung
Ist-Aufnahme	Detaillierte Beschreibung des Ist-Zustandes • Herstellen der Prozesstransparenz • Aufdecken der wesentlichen Schwachstellen und Verbesserungs-potenziale
Designphase	Entwicklung eines ganzheitlichen Soll-Konzepts • Beschreibung neuer Geschäftsprozesse und dazugehöriger Strukturen • Erarbeitung eines Maßnahmenplans
Implementierungs-phase	Schrittweise Umsetzung des Soll-Konzepts • Durchführung von Pilotprojekten • Flächendeckende Einführung der neuen Strukturen • Kontinuierliche Fortschrittskontrolle und Verankerung der neuen Strukturen

Quelle: Geier (1999, S. 32)

weist der „clean sheet of paper"-Ansatz erhebliche Schwächen auf. Eindeutig ist jedoch der Zusammenhang zwischen dem Erfolg von BPR-Projekten und der Ausnutzung von IT-Potenzialen. Je höher die Nutzung der Potenziale von IT, desto größer auch der Nutzen des Gesamtprojektes (Balachandran/Thiagarajan 1999; Geier 1999; Guimaraes 1997).

So ergab eine Studie bei 83 amerikanischen, aus unterschiedlichen Branchen stammenden Firmen, die Reengineering-Projekte durchgeführt haben, dass neben der Zentralisierung von Prozessen, d.h. vorwiegend die Beseitigung von Redundanzen, die IT-Unterstützung von Prozessen der wichtigste Faktor bei der Realisation des Reengineerings war (Balachandran/Thiagarajan 1999, S. 12).

Ebenso deutlich wird die Bedeutung des IKT- Einsatzes bei der Untersuchung von BPR-Projekten in deutschen Unternehmen. Hier wird anhand von Fallstudien der Erfolg der Projekte im Zusammenhang mit dem Ausschöpfungsgrad von IT-Potenzialen untersucht (Geier 1999). Der Zusammenhang zwischen dem Erfolg der BPR-Projekte und der Ausschöpfung der IT-Potenziale ist in Abbildung 3-108 deutlich zu erkennen, insbesondere bei einer hohen organisatorischen Reichweite der Maßnahmen.

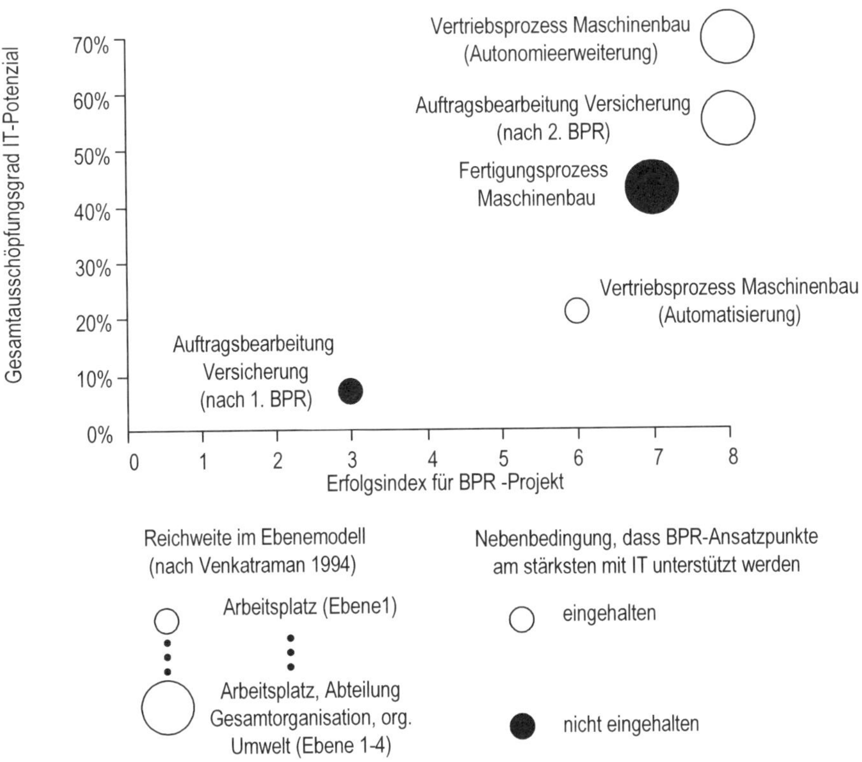

Abbildung 3-108. IT-Nutzen und BPR-Erfolg
Quelle: Geier (1999, S. 275)

Inzwischen geht der Trend hin zum **Business Process Management (BPM)**. Im Unterschied zum BPR, welches das radikale Redesign im Sinne des „clean-sheet of paper"-Ansatzes zum Ziel hat, werden beim BPM die Veränderungen in einem Lebenszyklus, d.h. kontinuierlich und nicht einmalig vollzogen, sowohl bei neuen wie auch bei schon existierenden Prozessen (Kim/Ramkaran 2004, S. 30). Im Unterschied zum BPR handelt es sich nicht um einen großen Veränderungsprozess, sondern um mehrere, die das gesamte Unternehmen betreffen und bei dem die Mitarbeiter mit einbezogen werden.

Beim **Business Process Management** handelt es sich um eine ganzheitliche Betrachtung und um eine strukturierte, analytische, funktionsübergreifende und kontinuierliche Verbesserung der Geschäftsprozesse (vgl. auch Lee/Dale 1998, S. 216). Diese werden mit Hilfe von Methoden, Techniken und Software in allen Phasen der Prozessanalyse (Design, Konzeption, Einführung und Kontrolle) unterstützt.

Van der Aalst/ter Hofstede/Weske beschreiben den Lebenszyklus des BPM in vier Phasen (2003, S. 4f.). In der Design-Phase werden die Prozesse (re-)designed. In der Konfigurationsphase wird das Design implementiert. Danach kommt die Prozess-Ingangsetzung, in der die Geschäftsprozesse ausgeführt werden. In der Diagnose-Phase werden die Prozesse analysiert, um Probleme und Dinge zu identifizieren, die verbessert werden können.

3.4.3.2.3 Neue Geschäftsmodelle durch Informations- und Kommunikationstechnik

Die Potenziale der Vernetzung von Wirtschaftsakteuren über das Internet ließen die Frage nach effizienten Formen der kommerziellen Nutzung aufkommen. Im Mittelpunkt der Beschreibung, wie über Netzmärkte betriebswirtschaftlich rentable Einnahmen generiert werden können, steht der Begriff des **Geschäftsmodells**. Auf Grund der besonderen Merkmale elektronischer Handelsbeziehungen in der sog. Internet-Ökonomie (Zerdick et al. 2001) ist die einfache Transformation herkömmlicher Geschäftskonzepte nur wenig erfolgsversprechend. Besondere Merkmale wie die sofortige Verfügbarkeit und Vergleichbarkeit von Informationen, die Möglichkeit der Digitalisierung und Disintermediation von Wertschöpfungsketten, die gegen null strebenden Grenzkosten bei der Reproduktion von Informationen und die Bildung und Nutzung neuartiger Kooperationsformen mittels IKT machen neue Geschäftsmodelle möglich und notwendig. Trotz der regen Diskussion um den Begriff Geschäftsmodell hat sich bisher noch kein einheitliches Verständnis herausbilden können. In diesem Kapitel wird daher untersucht, wie durch die Nutzung neuer technologischer Optionen betriebswirtschaftlich tragbare Konzepte entwickelt und beschrieben werden können. Hierbei werden die Systematisierungsansätze von *Timmers*, *Wirtz* und *Alt/Zimmermann* dargestellt und bezüglich ihrer Reichweite bewertet.

Den Ausgangspunkt der Diskussion um IKT-ermöglichte Geschäftsmodelle hat *Timmers* (1998) geschaffen. *Timmers* versucht unabhängig von gegenwärtigen Betätigungsfeldern und dem Unternehmenszweck, mögliche Architekturen im **Electronic Commerce** (eCommerce, vgl. hierzu auch vertiefend Kapitel 4.1) dem Handel von physischen und intangiblen Gütern mit elektronischen Medien, darzustellen und zu klassifizieren. *Timmers* (1998, S. 4) definiert den Begriff Geschäftsmodell wie folgt:

> Ein **Geschäftsmodell** ist eine Architektur für Produkt-, Service- und Informationsflüsse, einschließlich der Beschreibung der verschiedenen Akteure und ihrer Rollen sowie eine Beschreibung der potenziellen Gewinne/Leistungen für die verschiedenen Akteure und eine Beschreibung der Einnahmequellen.

Neben den deskriptiven Elementen des Architekturansatzes muss ergänzend zum hier dargestellten Geschäftsmodell ein Marketing-Modell entwickelt werden. Nur so kann vermittelt werden, wie die Geschäftstätigkeit am Markt aussieht und wie mit dem Geschäftsmodell tatsächlich ein Wettbewerbsvorteil erzielt werden kann. Die Potenziale einer elektronischen Unterstützung orientieren sich hierbei an der gesamten Wertschöpfungskette von der Produktinformation über die Bestellung und Bezahlung bis hin zur Lieferung.

Für die systematische Identifikation von Architekturen für Geschäftsmodelle schlägt Timmers die Zerlegung der Wertschöpfungskette in ihre Einzelteile und eine Analyse möglicher Interaktionsmuster, die die Ausprägungen 1-to-1, 1-to-many, und many-to-many annehmen können, vor. Neue Architekturen werden durch eine Kombination der Interaktionsmuster bei der Wertschöpfungskettenintegration entwickelt.

Im Verhältnis zwischen Unternehmensstrategie und IS nimmt eCommerce eine Doppelstellung ein. Einerseits kann durch eCommerce eine bestehende Strategie unterstützt werden, indem bspw. ein neuer Vertriebskanal eröffnet wird, andererseits bietet eCommerce die Möglichkeit grundsätzlich neuer Geschäftsmodelle. Mögliche Architekturen können hierbei anhand des Innovationsgrades und der Funktionsintegration klassifiziert werden (vgl. Abbildung 3-109). Die Dimension des Innovationsgrades beschreibt die Realisierung klassischer Konzepte auf einer elektronischen Plattform (bspw. E-Shop) bis hin zur Auslagerung interner Funktionen über das Internet oder dem Angebot von Leistungen, die bisher noch nicht existiert haben. Die Dimension der Funktionsintegration beschreibt den Grad der Unterstützung an Funktionen innerhalb der Wertschöpfungskette. Von dem breiten Spektrum denkbarer Geschäftsmodelle auf Basis von eCommerce werden beispielhaft drei dargestellt.

Im **E-Shop** werden das Unternehmen und seine Produkte bzw. Dienstleistungen im Internet präsentiert. Darüber hinaus sind Bestell- und Bezahlmöglichkeiten in den E-Shop integriert. Das Unternehmen kann auf diese Art mit vergleichsweise geringen Investitionen global tätig werden. Zudem besteht die Möglichkeit von Kostenvorteilen gegenüber traditionellen Anbietern. Die Vorteile der Kunden können in geringeren Preisen im Vergleich zu traditionellen Anbietern, breiterem Angebot im Internet, einer individuellen Betreuung sowie einer 24-Stunden-Verfügbarkeit des E-Shops liegen.

In **E-Auctions** werden Produkte elektronisch auktioniert. Hierzu wird der gesamte Auktionsprozess von der Eröffnung über die Gebotsabgabe bis hin zum Verkauf elektronisch abgebildet. Der Anbieter von E-Auctions erwirtschaftet seinen Gewinn hierbei durch die Bereitstellung der Auktionierungsplattform, durch Gebühren für die Auktionsteilnehmer sowie durch Werbung auf seinen Seiten. Die Anbieter der Auktionsware erreichen über E-Auctions einen größeren Bieterkreis. Zudem muss die Ware nicht zum Auktionsort transportiert werden, sondern wird nach Verkauf direkt an den Käufer geliefert. Die Auktionsteilnehmer erhalten auf

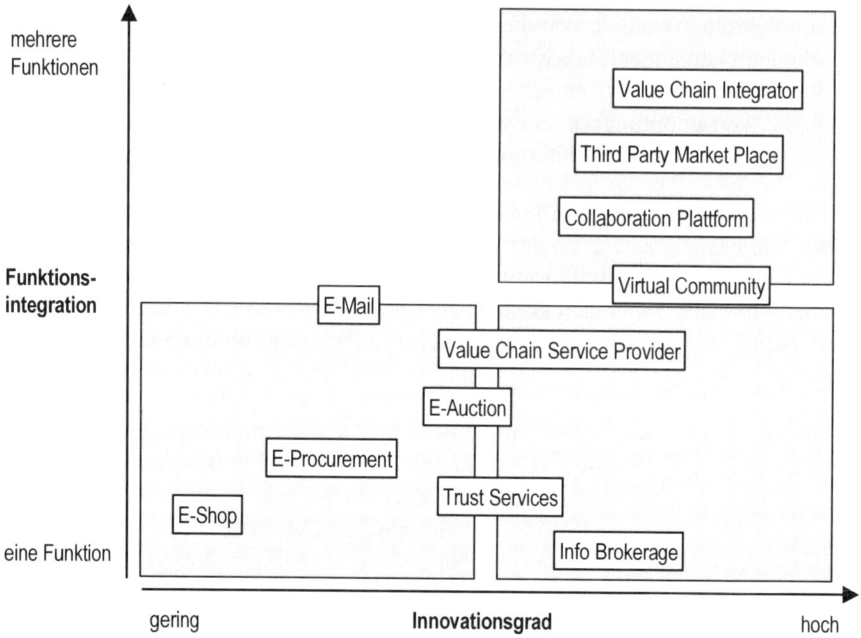

Abbildung 3-109. Klassifikation von Geschäftsmodellen im Internet
Quelle: Timmers (1998, S. 7)

einfache Art Zugang zu einem größeren Angebot an Auktionsware. Für sie wird zudem der Auktionsprozess infolge der elektronischen Abwicklung vereinfacht. So kann bspw. für eine Auktion ein Automatismus eingerichtet werden, der bis zu einem vom Interessenten festgelegten Betrag automatisch Gebote abgibt.

Virtual Communities, auch virtuelle Gemeinschaften genannt, bestehen aus einer Gruppe von Menschen, die sich der Gemeinschaft zugehörig fühlen aufgrund eines gemeinsamen Interesses oder Problems. Virtuell bedeutet, dass sich die Nutzer/Mitglieder der Community auf computervermitteltem Wege austauschen (Leimeister et al. 2002, S. 1). In einer Community werden Informationen entweder vom Betreiber bereitgestellt und/oder unter den Nutzern ausgetauscht, woraus sich Interaktionen der Mitglieder untereinander entwickeln und Kontakte entstehen. Der Mehrwert entsteht durch die Informationen, die von den Nutzern selbst bereitgestellt werden. Durch das Betreiben einer Community kann bspw. die Kundenloyalität für ein Unternehmen gestärkt sowie die grundsätzliche Attraktivität eines Online-Angebots erhöht werden. Beispiele hierfür finden sich u. a. im Internet-Buchhandel. Der Betreiber der Virtual Community erwirtschaftet dabei seine Einnahmen durch Nutzungsgebühren, durch Werbeeinnahmen oder Provisionen. Auch das Erstellen von Kundenprofilen aus der Virtual Community stellt einen

Anreiz für die Anbieter dar. Es gibt aber auch einige Websites von Non-Profit-Institutionen oder private Websites, die als Community bezeichnet werden können. Sie werden betrieben, um den Nutzern Informationen zu einem bestimmten Gebiet wie z.B. im Gesundheitsbereich zum Thema Krebs zur Verfügung zu stellen und so eine Interaktionsmöglichkeit für die Mitglieder zu schaffen, die sich aufgrund des gemeinsamen Problems (der lebensbedrohenden) Krankheit der Gemeinschaft zugehörig fühlen. Dort erhalten sie auch Rat und Unterstützung von anderen. Diese Non-Profit-Websites finanzieren sich meist über Spenden, Sponsoring oder öffentliche Fördermittel.

Auf Grundlage der Überlegungen von *Timmers* betrachtet *Wirtz* (2001, S. 210ff.) den Geschäftsmodellbegriff als aggregierte Darstellung des betrieblichen Produktions- und Leistungssystems (vgl. Abbildung 3-110) und erweitert den Geschäftsmodellbegriff (Wirtz 2001, S. 211):

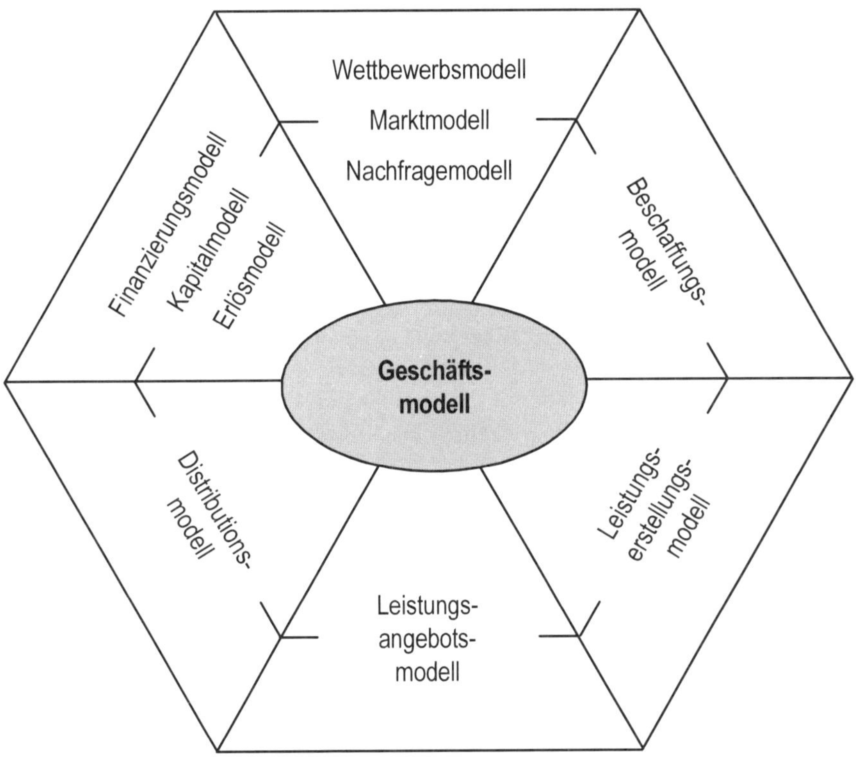

Abbildung 3-110. Partialmodelle eines integrierten Geschäftsmodells
Quelle: Wirtz (2001, S. 211)

> Mit dem Begriff **Geschäftsmodell** (Business Model) wird die Abbildung des betrieblichen Produktions- und Leistungssystems eines Unternehmens bezeichnet. Durch ein Geschäftsmodell wird in vereinfachter und aggregierter Form abgebildet, welche Ressourcen in die Unternehmung fließen und wie diese durch den betrieblichen Leistungserstellungsprozess in vermarktungsfähige Informationen, Produkte und/oder Dienstleistungen transformiert werden. Ein Geschäftsmodell enthält Aussagen darüber, durch welche Kombination von Produktionsfaktoren die Geschäftsstrategie eines Unternehmens umgesetzt werden soll und welche Funktionen den involvierten Akteuren dabei zukommen.

Das *Marktmodell* beschreibt, welchen Akteuren das Unternehmen gegenüber steht. Unterschieden werden hierbei die Teilmodelle Wettbewerbsmodell und Nachfragermodell. Beim Wettbewerbsmodell steht die Betrachtung der jeweils relevanten Wettbewerber und die Struktur eines Marktes im Vordergrund. Das Nachfragemodell beschreibt die relevanten Märkte und segmentiert gegenwärtige und potenzielle Kunden des Unternehmens.

Im *Beschaffungsmodell* findet ausgehend von der zu produzierenden Leistung eine Beschreibung statt, wie sich die Beschaffung der benötigten Produktionsfaktoren auf die Lieferanten aufteilt.

Das *Leistungserstellungsmodell* beschreibt aus ökonomischer Sicht die Beziehung zwischen den Eingangsmengen und der damit erzielbaren Ausbringungsmenge. Im Mittelpunkt steht die Betrachtung der Kombination von Gütern und Dienstleistungen und deren Transformation in Angebotsleistungen.

Gegenstand des *Leistungsangebotsmodells* ist die Festlegung des Angebotsspektrums, das den relevanten Kundengruppen angeboten wird. Aufbauend auf der Identifikation der Marktstruktur und Segmentierung der Nachfrager im Marktmodell wird das Leistungsangebot auf die spezifischen Präferenzen der Kunden hin ausgerichtet. Hierbei wird den einzelnen Nachfragergruppen ein segmentspezifisches Angebot unterbreitet.

Die Beschreibung des *Distributionsmodells* beschäftigt sich mit der Art und Weise sowie den Kosten, zu denen Dienstleistungen und Produkte zum Kunden transferiert werden. Grundsätzlich werden hierbei materielle Güter, die zwar elektronisch gehandelt werden können aber physisch vertrieben werden müssen, und immaterielle Güter wie bspw. Informationen oder Software, die sowohl auf physischen Trägern als auch Online vertrieben werden können, unterschieden.

Das Kapitalmodell erfährt durch die Unterteilung in *Finanzierungs- und Erlösmodell* eine weitere Spezifikation. Hierbei beschreibt das Erlösmodell, wie und in welcher Höhe Kapital für die Unternehmenstätigkeit bereit stehen muss und aus welchen Quellen es finanziert werden soll. Besondere Beachtung beim eBusiness gilt dem Erlösmodell. Das Internet bietet vor dem Hintergrund seiner Besonderheiten zahlreiche Möglichkeiten, Einnahmen zu generieren (Tabelle 3-26).

Tabelle 3-26. Erlösmodellsystematik im Internet

	direkte Erlösgenerierung	indirekte Erlösgenerierung
transaktions-abhängig	• Transaktionserlöse i.e.S. • Verbindungsgebühren • Nutzungsgebühren	• Provisionen
transaktions-unabhängig	• Einrichtungsgebühren • Grundgebühren	• Bannerwerbung • Data-Mining-Erlöse • Sponsorship

Quelle: Wirtz (2000, S. 629)

Ein wesentlicher Erfolgsfaktor für Geschäftsmodelle ist die optimale Kombination unterschiedlicher Erlösformen.

Bezüglich der Systematisierung von Geschäftsmodelltypologien schlägt *Wirtz* (2001, S. 217ff.; 2000, S. 628ff.) eine Orientierung anhand des Leistungsangebotes vor. Das 4C-Net-Business-Model unterscheidet hierbei folgende Typologien:

- **Content**: Das Geschäftsmodell besteht aus der Sammlung, Selektion, Systematisierung, Kompilierung (Packaging) und Bereitstellung von Inhalten auf einer eigenen Plattform. Ziel ist es, den Nutzern personalisierte Inhalte einfach, bequem und visuell ansprechend aufbereitet online zugänglich zu machen. Unterschieden werden hierbei die Domänen Information, Unterhaltung und Bildung. Beispiele dieses Geschäftsmodells sind Online-Zeitungen wie die Financial Times Deutschland oder der Musikanbieter mp3.com.
- **Commerce**: Das Geschäftsmodell unterstützt die Anbahnung, Verhandlung und/oder die Abwicklung von Transaktionen zwischen Marktpartnern. Ziel ist es, die klassischen Transaktionsphasen durch die Potenziale des Internets zu unterstützen, zu ergänzen oder gar zu substituieren. Aufgrund der geringen Transaktionskosten des Internets stehen bei diesem Geschäftsmodell vor allem Kostensenkungspotenziale im Mittelpunkt. Als Beispiele können die Aktivitäten des Computerherstellers Dell oder des Buchhändlers Amazon genannt werden.
- **Context**: Gegenstand des Geschäftsmodells ist die Klassifikation und Systematisierung der im Internet verfügbaren Informationen und die nutzerspezifische Aufbereitung und Präsentation der gefundenen Informationen. Ziel des Geschäftsmodells Context ist, die Transparenz und Navigation der Nutzer zu verbessern. Hierbei werden Katalogdienste wie

bspw. Yahoo! und Suchmaschinen wie bspw. Google unterschieden. Aufgrund der hohen Zugriffsraten überwiegen indirekte Erlösformen wie bspw. Bannerwerbung. Beispiele für dieses Geschäftsmodell sind die Suchdienste Yahoo! oder Lycos.

- **Connection**: Die Herstellung der Möglichkeit des Informationsaustausches unter den Marktakteuren ist Geschäftszweck des Modellstyps. Die Verbindungen können hierbei rein technologischer, kommerzieller und/oder kommunikativer Art sein. Beispiele für dieses Geschäftsmodell sind Zugangsanbieter wie bspw. der Internet Service Provider (ISP) T-Online oder das Verbraucherportal Dooyoo.

Einen weiteren Ansatz zur Systematisierung von Geschäftsmodellen stellen *Alt/ Zimmermann* (2001, S. 3ff.) vor. Anhand einer Meta-Analyse existierender Definitionsversuche des Begriffes Business Models werden generische Elemente von Geschäftsmodellen identifiziert. Neben der Strukturierung des Geschäftsmodells in vier Grundebenen werden Rahmenbedingungen identifiziert, die auf die Gestaltung aller Ebenen Einfluss haben. Der Ansatz ist in Abbildung 3-111 dargestellt.

Unter die Ebene der Mission subsumieren *Alt/Zimmermann* das Verständnis der Vision, der strategischen Ziele sowie das Wertversprechen und grundlegende Produkt- und Service-Eigenschaften. Die Struktur beschreibt die Rollen und das Verhalten der einzelnen Akteure untereinander sowie die Koordinationsform der Leistungserstellung. Ebenso werden die fokussierte Branche, Kunden und Regionen spezifiziert. Die Prozesse stellen die wertschöpfenden Aktivitäten dar und sind als Operationalisierung der Mission und Struktur zu verstehen. Die Grundlage des Geschäftsmodells und Ziel der Geschäftstätigkeit sind die Erlöse.

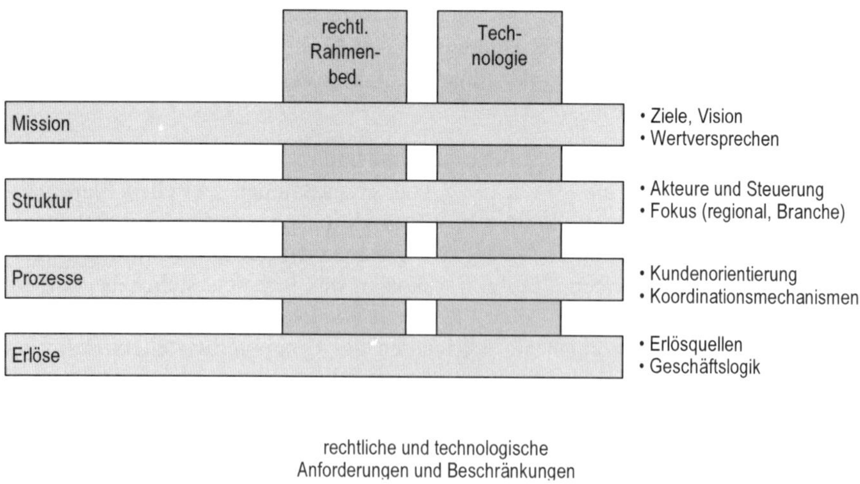

Abbildung 3-111. Generische Elemente von Geschäftsmodellen

Quelle: Alt (2001, S. 7)

Bei der Bildung von Geschäftsmodellen sind sowohl rechtliche als auch technische Rahmenbedingungen zu berücksichtigen. So sind bspw. im Bankensektor aufsichtsrechtliche Vorschriften zu beachten. Die Technik ist für Geschäftsmodelle sowohl Enabler für die Realisierung als auch begrenzende Größe, wie bspw. mangelnde Bandbreiten für mobile Dienste.

Bei einem Vergleich der Reichweite der vorgestellten Konzepte bezüglich relevanter Teilaspekte für die Entwicklung innovativer netzbasierter Geschäftsmodelle wird deutlich, dass von keinem Modell alle Faktoren aufgegriffen werden. So bleiben bei den Ansätzen von *Timmers* und *Alt/Zimmermann* Wettbewerbsaspekte ausgeblendet. Wenngleich sich *Wirtz* sehr detailliert mit der Beschreibung der unterschiedlichen Partialmodelle auseinandersetzt, findet die strategische Perspektive nur ungenügend Berücksichtung. Eine explizite Berücksichtung rechtlicher und technologischer Rahmenbedingungen findet einzig bei *Alt/Zimmermann* statt. Gerade vor dem Hintergrund eines globalen Leistungsangebots oder gegenwärtigen beschränkenden technischen Faktoren erscheinen diese aber erheblichen Einfluss zu haben.

Bezüglich der Gestaltungsempfehlungen für IKT-basierte Geschäftsmodelle ist der Ansatz von *Timmers* hinsichtlich der Darstellung möglicher Geschäftsmodelle zu würdigen. Mit der Beschreibung elf unterschiedlicher Modelle gibt er einen guten Einblick in die Möglichkeiten von eCommerce-Aktivitäten. Darüber hinaus macht er einen konkreten Vorschlag, wie die Potenziale für eCommerce anhand der Zerlegung der Wertschöpfungskette identifiziert werden können. Der Ansatz von *Wirtz* ist insbesondere im Hinblick der detaillierten Beschreibung der Partialmodelle herauszuheben. Hier wird deutlich, wie betriebswirtschaftliche Methoden bei der Beschreibung und Entwicklung neuer Geschäftsmodelle für den eCommerce sinnvoll eingesetzt werden können. Ebenso liefert die Darstellung von vier Typologien ein Orientierungsraster für die Entwicklung individueller Leistungsangebote. Der empirisch-vergleichende Ansatz von *Alt/Zimmermann* verzichtet völlig auf die Beschreibung möglicher Typologien oder Gestaltungsempfehlungen für Geschäftsmodelle.

Die Entwicklung neuer Geschäftsmodelle ist eine wesentliche Aufgabe des Top-Managements und des IM, damit eine erfolgreiche Positionierung eines Unternehmens bei der Nutzung der Potenziale von Netzmärkten sichergestellt werden kann. Eine besondere Herausforderung ist das Erkennen von Chancen für ein Unternehmen durch das Management. Der Chief Information Officer muss sicherstellen, dass diese Möglichkeiten dem Top-Management verständlich vermittelt werden und transparent sind. Hierbei kann auf die vorhergehenden Beschreibungselemente und Geschäftsmodelltypologien zurückgegriffen werden. Besondere Beachtung muss dem Erlösmodell geschenkt werden. Einer Studie von *Vickers* (2000, S. 58) über 238 sog. dot-com-Startups folgend, ist das wesentliche Problem von Geschäftsmodellen die zuverlässige Identifikation von Einnahmequellen und Finanzierung bei der kurz- und mittelfristigen Planung.

3.4.3.2.4 Neue Organisationsformen durch Informations- und Kommunikationstechnik

Nahezu alle Branchen sind durch einen schnellen Wandel, zunehmende Globalisierung und damit einhergehend steigende Wettbewerbsintensität geprägt. Gleichzeitig bieten sich durch den schnellen technologischen Fortschritt neue Möglichkeiten der Gestaltung von Organisationen sowie neuartige Produkte (Malone/Laubacher 1999).

Um konkurrenzfähig zu bleiben, führen daher immer mehr Unternehmen grundlegende Reorganisationen in Richtung einer stärkeren Eigenverantwortlichkeit der Mitarbeiter durch, um eine Organisationsform zu finden, die den heutigen und zukünftigen Anforderungen genügt. Als Erfolgsfaktoren stehen insbesondere folgende Aspekte im Vordergrund:

- Maximale Flexibilität, d.h. die Fähigkeit, auf sich kurzfristig ergebende Marktchancen in sich regional erweiternden Märkten zu reagieren
- Hohe Innovationskraft, das heißt die Fähigkeit, bei begrenztem Risiko und Kapitaleinsatz schnell neue Produkte bzw. Dienstleistungen zu entwickeln und auf den Markt zu bringen
- Schnelle Abwicklung von Prozessen (siehe auch *Schwarzer* (1994b))
- Unternehmensübergreifend optimierte Wertschöpfungsketten, vertikale Wertschöpfungspartnerschaften und horizontale Allianzen

Große Bedeutung bei der Umsetzung dieser Anforderungen kommt heute den IKT zu, die neue organisatorische Gestaltungsspielräume eröffnen. So können durch IKT bspw. innerbetriebliche Geschäftsprozesse nicht nur durch Automatisierung, sondern insbesondere auch durch eine grundlegende Neugestaltung erheblich beschleunigt werden. Auf zwischenbetrieblicher Ebene können durch Electronic Data Interchange (EDI) Just-in-time-Konzepte in der Produktion realisiert werden, die zu erheblichen Zeiteinsparungen führen. Aus diesen Gestaltungsspielräumen heraus entstanden die viel diskutierten **Neuen Organisationsformen**, die durch Charakteristika wie Vernetzung, Teamarbeit und flache Hierarchien geprägt sind. Der in diesem Zusammenhang angeführte Begriff der „IKT-ermöglichten Organisationsform" beschreibt inner- und zwischenbetriebliche organisatorische Konzepte, die durch eine quantitative und qualitative Verbesserung der Informationsverarbeitung und der Kommunikationswege die Problemlösungsfähigkeiten der Organisation gegenüber den traditionellen hierarchischen Strukturen substanziell verbessern. Die Verfügbarkeit von leistungsfähiger IKT stellt hierbei gleichermaßen Antrieb und Voraussetzung dieser Neuen Organisationsformen dar (vgl. z.B. Davidow/Malone 1993, S. 7ff; Venkatraman 1991, S. 122ff.).

Die vielfältigen Ausprägungen Neuer Organisationsformen können nach folgenden Entwicklungsrichtungen systematisiert werden (vgl. Abbildung 3-112):

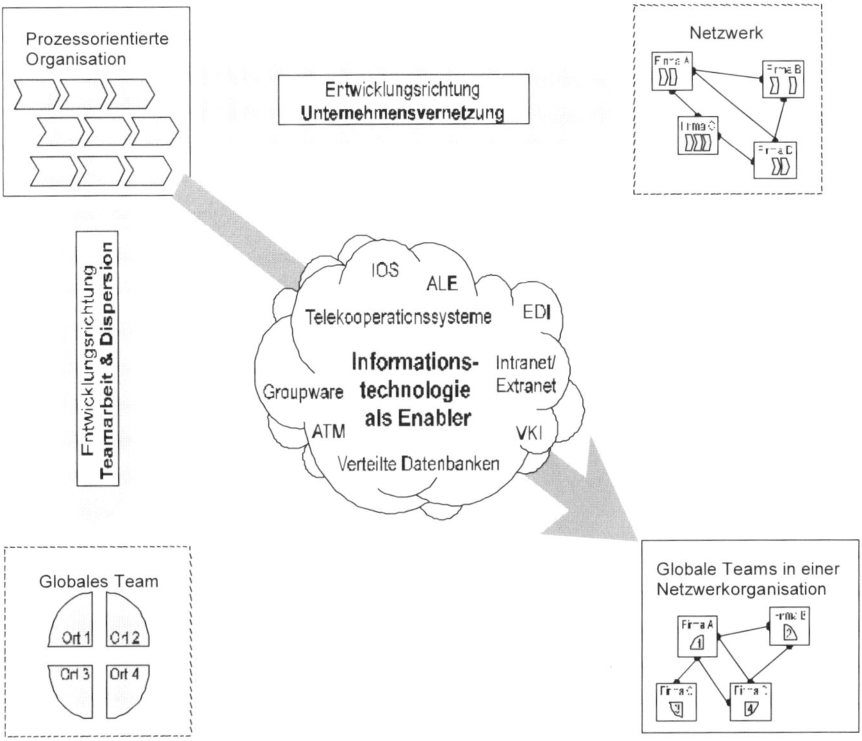

Abbildung 3-112. Neue Organisationsformen durch IT-Einsatz

(ATM = Asynchronous Transfer Mode; IOS = Interorganizational Systems; EDI = Electronic Data Interchange; VKI = Verteilte künstliche Intelligenz)

Quelle: In Anlehnung an Schwarzer/Zerbe et al. (1995, S. 11)

- Auf innerbetrieblicher Ebene führt eine stärkere Teamorientierung gekoppelt mit einer Dispersion der Aktivitäten über verschiedene Standorte zu **globalen Teams**.
- Auf zwischenbetrieblicher Ebene führt die Verteilung von Aktivitäten zwischen Unternehmen zu einer Vernetzung der Aktivitäten in **Netzwerkorganisationen**.

Einige Beispiele aus der Praxis belegen, dass eine eindeutige Trennung der Entwicklungsrichtungen „Teamarbeit & Dispersion" und „Unternehmensvernetzung" in der Realität vermutlich nur schwer aufrecht zu erhalten sein wird. Vielmehr ist es wahrscheinlich, dass in immer mehr Unternehmen langfristig die Mischformen zu finden sein werden.

Im Folgenden werden die Entwicklungsrichtungen Neuer Organisationsformen, globale Teams, Netzwerkorganisationen sowie virtualisierte Organisationen und

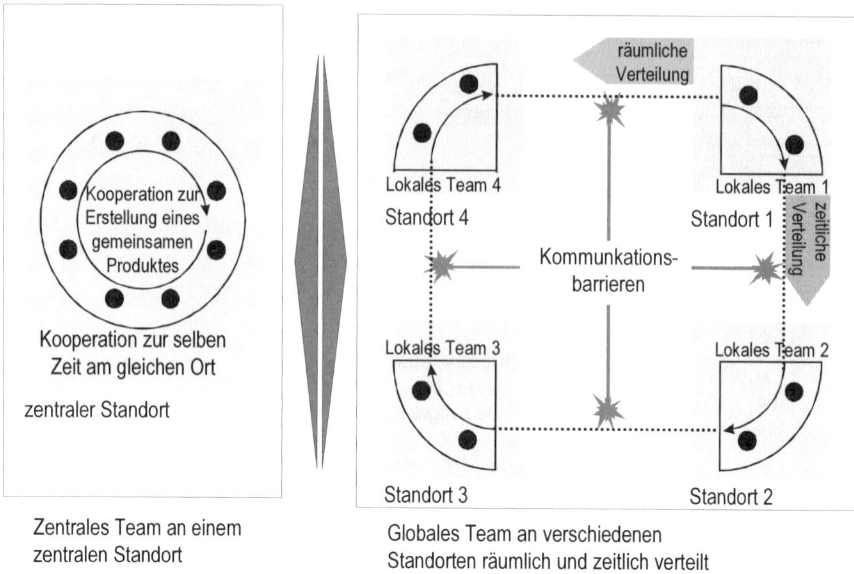

Abbildung 3-113. Kommunikationsbarrieren der verteilten Leistungserstellung globaler Teams

Quelle: Zerbe (2000, S. 24)

föderative Netzwerke als organisatorische Mischformen näher betrachtet und die jeweilige Rolle der IKT herausgestellt.

In betriebswirtschaftlichen Betrachtungen hat die Gruppenarbeit bereits eine lange Tradition. So kann *Staehle* (1991, S. 105f.) Gruppenfabrikation von Automobilen schon für das Jahr 1922 nachweisen. *Foster* (1978, S. 120ff.) diskutiert Möglichkeiten, Grenzen und Konsequenzen der Gruppenarbeit in Unternehmen. Aber auch neuere Beiträge, meist im Zusammenhang mit bestimmten Managementkonzeptionen oder organisatorischen Trends, ziehen den Gedanken der Gruppenarbeit zu ihren Überlegungen heran (vgl. z.B. Drucker, S. 51). Der Einsatz moderner IKT ermöglicht die Zusammenarbeit von Gruppen unabhängig von verschiedenen Standorten der einzelnen Mitglieder. Diese globalen Teams werden wie folgt definiert (*Zerbe* 2000, S. 13ff.):

> Unter **globalen Teams** wird die globale Zusammenarbeit zwischen Gruppen oder Projektteams an unterschiedlichen Standorten einer Organisation verstanden.

Abbildung 3-113 kontrastiert den Gruppenverband im Sinne eines globalen Teams als „Gruppe von Gruppen“ mit der Situation einer lokal und synchron arbeitenden Gruppe. Es wird deutlich, dass die Zusammenarbeit der Mitglieder des globalen Teams durch die Dispersion gehemmt wird, weil benötigte Ansprechpartner sich an einem anderen Ort befinden und vielleicht nicht erreichbar sind, notwendige Informationen nicht verfügbar oder Möglichkeiten der Einflussnahme eingeschränkt sind. Der Einsatz von IT kann die Kommunikationsbarrieren überwinden helfen, indem er den lokalen Teams gemeinsame Datenbestände verfügbar macht, und die Kommunikation zwischen den Kooperationspartnern über die Standorte hinweg unterstützt.

Die große Bedeutung globaler Teams wird in Untersuchungen bestätigt: So stellen *Kinney/Panko* (1996, S. 128) in einer Umfrage unter 165 Projektleitern fest, dass 50 Prozent der untersuchten Projekte Mitarbeiter an entfernten Standorten integrieren; in 30 Prozent der Projekte waren sogar mehr als die Hälfte der Mitarbeiter an entfernten Standorten für das Projekt tätig.

Netzwerkorganisationen werden als Spielart kooperativer Handlungsweisen angesehen. So erstaunt es nicht, dass die Begriffe „Netzwerk" und „Kooperation" – wie auch im vorliegenden Buch – häufig synonym verwendet werden. Eine Annäherung an die Definition des Begriffes Netzwerkorganisation ergibt sich daher auch in Anlehnung an die Definition zwischenbetrieblicher Kooperationen (Straube 1972, S. 65):

> „**Zwischenbetriebliche Kooperation** liegt vor, wenn zwei oder mehrere Unternehmen freiwillig nach schriftlicher oder mündlicher Vereinbarung innerhalb des von der Rechtsordnung gesetzten Rahmens unter der Voraussetzung zusammenwirken, dass keines von ihnen seine rechtliche und seine wirtschaftliche Selbstständigkeit – abgesehen von Beschränkungen der unternehmerischen Entscheidungsbefugnisse, wie sie für die zwischenbetriebliche Zusammenarbeit notwendig sind – aufgibt oder als Folge der Kooperation verliert und jedes dieses Verhältnis jederzeit sowie ohne ernstliche Gefahr für seine wirtschaftliche Selbständigkeit lösen kann, und wenn dieses Zusammenwirken für die Unternehmen den Zweck hat, ihre Wettbewerbsfähigkeit zu erhöhen, zu diesem Zweck eine oder mehrere Unternehmensfunktionen in mehr oder weniger loser Form gemeinsam auszuüben und auf diese Weise ihre Leistungen, Produktivität und Rentabilität zu steigern, damit jeder Teilnehmer für sich einen höheren Nutzen erzielt, als er ihn bei individuellem Vorgehen erreichen könnte."

Die Bildung und das Management von zwischenbetrieblichen Beziehungen wird allgemein als Antwort der Unternehmen auf Unsicherheiten interpretiert. Ausgangspunkt der Diskussion ist die Knappheit der Ressourcen, welche die Zielerreichung behindert. Die Motivation zur Zusammenarbeit ist insbesondere in Zeiten knapper oder abnehmender Ressourcen hoch. Die Knappheit der Ressourcen und das nur beschränkte Wissen über Veränderungen der Umwelt führen dazu, dass Unternehmen kooperative Beziehungen zu anderen Unternehmen aufbauen und managen, um auf diese Weise Stabilität, Vorhersagefähigkeit und Verlässlichkeit zu erzielen.

Heute wird als einer der Hauptgründe für Kooperationen (vgl. hierzu vertiefend Kronen 1994, S. 36ff.) auch die Globalisierung der Märkte genannt. Die Notwendigkeit, in vielen regional verteilten Märkten präsent zu sein, fordert vielen Unternehmen Ressourcen ab, die sie für sich alleine nicht aufbringen können. Unternehmen schließen sich zusammen, um gemeinsam die Entwicklung und Finanzierung für ein Produkt am Weltmarkt zu betreiben oder sich einen gemeinsamen Distributionskanal zu nutze zu machen. So bündeln bspw. Unternehmen aus der Halbleiterindustrie im Konsortium SEMATECH ihre Ressourcen für Forschungs-, Entwicklungs- und Testaktivitäten, um gemeinsam gegenüber Konkurrenten aus anderen Ländern Vorteile zu erzielen (Browning et al. 1995).

Da Prozesse in zwischenbetrieblichen Kooperationen einzelne Organisationsgrenzen durchbrechen, ergeben sich besondere Anforderungen an IKT. **Interorganisationale Systeme** (IOS) sind Systeme, die geteilte Ressourcen zwischen zwei oder mehreren Organisationen involvieren (Barrett/Konsynski 1982):

„**Interorganizational Information Systems** (...) are those data and communication / data processing systems linking independent organizations so that electronic information processing resources may be shared.“

Gemeinsam genutzte Ressourcen können einerseits Datenbestände, andererseits Infrastrukturen sein. In beiden Fällen können durch die gemeinsame Nutzung „economies of scale“ erzielt werden. Ein bekanntes Beispiel für die gemeinsame Nutzung von Datenbeständen ist das Konsortium Rosenbluth International, das Ende 2003 von American Express übernommen wurde. Die unabhängigen Reiseunternehmen, die potenzielle Konkurrenten sind, nutzen gemeinsam auf internationaler Ebene Kundendatenbanken und Help Desks sowie Software. Beispiele für die gemeinsame Nutzung von Infrastrukturen sind die Platzreservierungssysteme der Fluggesellschaften, oder aus dem Bankenbereich die Bankautomaten-Netzwerke, die von verschiedenen Banken gemeinsam aufgebaut und genutzt werden (Clemons/Kimbrough 1986).

Der Einführung eines IOS liegt in der Regel die Überlegung zugrunde, dass sich durch die technische Unterstützung die Kosten der zwischenbetrieblichen Kooperation verringern lassen. So argumentieren bspw. *Barrett/Konsynski* (1982), dass die Teilnahme an IOS in der Industrie zu Kostensenkungen durch niedrigere Lagerbestände, detailliertere Wissen über die Verfügbarkeit von Produkten, kürzere Bestellbearbeitungszyklen und niedrigere Transaktionskosten führt. Viele der derzeit eingesetzten IOS sind Bestell- und Abrechnungssysteme oder elektronische Märkte, die Unternehmen mit ihren Lieferanten, Distributionskanälen und Kunden vor Ort, auf nationaler oder internationaler Ebene verbinden. In dieser Verwendung eliminieren die IOS Papier und Versand, reduzieren die notwendigen Datenerfassungskapazitäten und verkürzen die Reaktionszeiten. Der Einsatz von IOS erlaubt den Partnern, Informationsverarbeitungskapazitäten in einer Organisation zu nutzen, um dadurch die Leistung einer anderen Organisation zu erhöhen, was insgesamt zu einer erhöhten Effizienz und Profitabilität führt.

Die Effizienzgewinne durch den Einsatz eines IOS sichern jedoch keine langfristigen Wettbewerbsvorteile, da (insbesondere auf EDIFACT-Standards basierende) IOS nachgebaut werden können. Auch hat sich inzwischen gezeigt, dass die bloße Automatisierung von bislang papiergestützten Vorgängen die Potenziale von IOS nicht ausschöpft, sondern oftmals erst eine begleitende Reorganisation der Geschäftsprozesse zu den angestrebten Effekten führt (Krcmar et al. 1995).

Der Einsatz von IOS kann jedoch nicht nur zu einer Veränderung der Beziehungen zwischen angrenzenden Stufen der Wertschöpfungskette führen, sondern auch zur Elimination von Stufen, indem diese durch den Einsatz von IOS überflüssig gemacht werden. Bspw. können Zwischenstufen des Handels umgangen werden (Disintermediation), indem die Systeme die Zwischenhandelsfunktionen übernehmen.

Die Reinformen Neuer Organisationsformen vermengen sich in der Praxis zunehmend. Hierbei entstehen organisatorische Mischformen, welche die räumlich verteilten Teams innerhalb einer Organisation mit zwischenbetrieblichen Kooperationen ergänzen. Eines der in diesem Zusammenhang am meisten thematisierten Organisationskonzepte ist das der Virtuellen Organisation (VO). Nach *Arnold et al.* (1995, S. 10) können diese wie folgt verstanden werden:

> **Virtuelle Organisationen** sind eine Kooperationsform rechtlich unabhängiger Unternehmen, Institutionen und / oder Einzelpersonen, die eine Leistung auf der Basis eines gemeinsamen Geschäftsverständnisses erbringen.

Die kooperierenden Einheiten beteiligen sich an der Zusammenarbeit vorrangig mit ihren Kernkompetenzen und wirken bei der Leistungserstellung gegenüber Dritten wie ein einheitliches Unternehmen. Dabei wird auf die Institutionalisierung zentraler Managementfunktionen zur Gestaltung, Lenkung und Entwicklung des virtuellen Unternehmens durch die Nutzung geeigneter Informations- und Kommunikationstechnik weitgehend verzichtet. Diese Definition lässt eine konzeptionelle Nähe zu Netzwerken, insbesondere zu Projektnetzwerken vermuten (vgl. hierzu auch Windeler 1999). VOs können daher auch als eine besonders flexible Netzwerkform betrachtet werden, die globale Teams beinhalten und durch ein besonderes Maß an medialer Inszenierung in der Kooperation geprägt sind.

3.4.4 Management der Leistungserbringung

Welche Strukturen sorgen für eine effektive und effiziente Erbringung von IT-Leistungen? Während man lange Zeit bei dieser Frage an die verschiedenen Formen der Aufbauorganisation und organisatorischen Verankerung des IM gedacht hat, so ist in neuerer Zeit eine viel grundsätzlichere Überlegung in das Zentrum des Interesses gerückt: Sollen die Aufgaben des IM unternehmensintern wahrgenommen oder an einen externen Partner ausgelagert werden? Nicht zuletzt getrieben von der Diskussion über die Beschränkung der betrieblichen Aktivitäten auf die Kernkompetenzen eines Unternehmens (Prahalad/Hamel 1990, S. 79ff.) lässt eine sehr große Zahl von Unternehmen zumindest Teile der IT-Leistungen durch Outsourcing von Marktpartnern erbringen.

Die Wahl der Koordinations- und Kontrollstrukturen der Leistungserbringung hat einen hohen Stellenwert. Wie in Abbildung 3-114 dargestellt, können verschiedene Formen der zwischenbetrieblichen Governance unterschieden werden, die sich im Kontinuum zwischen dem „Markt" als externe Bezugsquelle und dem eigenen Unternehmen, also innerhalb der „Hierarchie" der Unternehmung, bewegen. Dabei ist zu berücksichtigen, dass jede Koordinationsform, ob hierarchisch oder marktlich, bei der Leistungserstellung bestimmte Kosten mit sich bringt (Picot 1982; Williamson 1975, 1996).

Neben der Entscheidung über die richtigen zwischenbetrieblichen Governance-Strukturen lässt sich der Trend ausmachen, die Leistungserbringung auf Referenzmodelle zu stützen. Deshalb werden im folgenden Kapitel Referenzmodelle für die Leistungserbringung dargestellt. Anschließend wird die Frage nach der geeigneten Aufbauorganisation thematisiert und IKT-Sourcing in seinen Facetten besprochen. Egal ob die Leistungen fremdbezogen oder selbst hergestellt werden, sind Service Level Agreements von großer Bedeutung. Service Level Agreements werden deshalb im abschließenden Teilkapitel beschrieben.

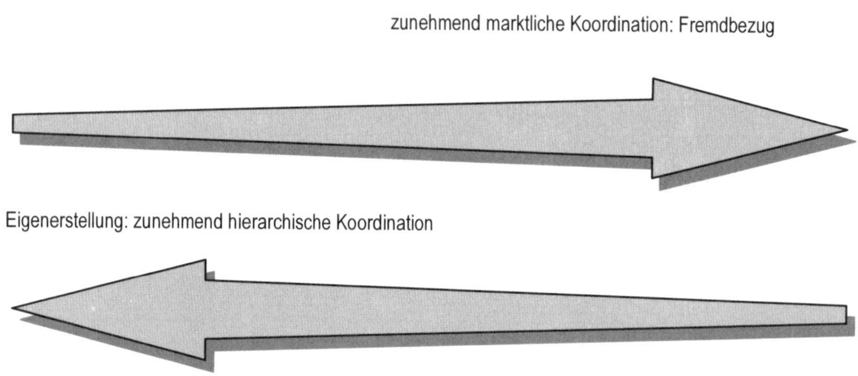

Eigen-erstellung	Gründung gemeinsamer Service-gesellschaften	Kapitalbe-teiligung am Dienstlei-stungsunter-nehmen	langfristige vertragliche Bindung	kurz- und mittelfristige vertragliche Regelungen	Fremdbezug auf der Basis spontaner Marktbe-ziehungen

Abbildung 3-114. Institutionelles Kontinuum beim Outsourcing
Quelle: Picot/Maier (1992, S. 16)

Tabelle 3-27. Referenzmodelle für serviceorientierte IT-Leistungserbringung

Modell	Entwickler	Kurzbeschreibung
Public-Domain		
ITIL	OGC	De-facto-Standard für service-orientiertes IT-Management
MNM Service Model	Universität München	Generisches Modell zur Definition von servicebezogenen Ausdrücken, Konzepten und Strukturierungs-regelungen
IT Service CMM	Vrije Universiteit	Maturity Modell für IT-Service-Management
Managerial Step-by-Step Plan (MSP)	Delft University of Technology	Schrittweiser Plan zur Gestaltung von IS-Management
eTOM	Telemanagement Forum	Prozessmodell für Service-Provider
Non-Public-Domain		
ASL	Pink Roccade	Referenzmodell für Applikationsmanagement
BIOlogic	HIT	Objektorientiertes Modell für IS-Management
HP IT Service Reference Model	HP	Auf ITIL basierendes Prozessmodell für IT-Management
IPW	Quint Wellington Redwood	ITIL-basiertes Prozessmodell für IT-Service-Management
Integrated Service Management (ISM)	KPN & BHVB	Ansatz zur Gestaltung des IT-Managements im Sinne eines Systemintegrators
IBM's IT Process Model	IBM	Auf ITIL basierendes Prozessmodell für IT-Management
Perform	Cap Gemini Ernst & Young	ITIl-basierter Management-Standard für die Lieferung von Geschäftsinformationen
Microsoft Operations Framework (MOF)	Microsoft	ITIl-basierendes und auf Microsoft-Umgebungen fokussierendes Prozessmodell für IT-Management
Standard Integrated Management Approach (SIMA)	Interprom	Ansatz zur Gestaltung von Management- und Sicherheitsaspekten für offene, multi-vendor IT-Infrastrukturen

Quelle: In Anlehnung an Hochstein/Hunziker (2003, S. 48)

3.4.4.1 Referenzmodelle für die Leistungserbringung

3.4.4.1.1 Überblick

Eine große Herausforderung für das IM ist die geeignete Organisation der eigentlichen Leistungserbringung. Hierbei stellt sich neben der Frage, wer die Leistung erbringen soll, vor allem die Frage, welche Leistungsprozesse notwendig sind und wie diese gestaltet werden müssen, um die Ziele des IM zu unterstützen. Zur Analyse und Verbesserung der bestehenden Situation können Referenzmodelle verwendet werden (Schütte 1998, S. 309). IT-Referenzmodelle bieten eine systematische und transparente Zusammenstellung von IT-Managementprozessen und können damit als Basis für eine Reorganisation dienen (Becker et al. 2002, S. 10). In der Praxis hat sich hierfür eine Reihe von Referenzmodellen etabliert, die einen gewissen normativen Charakter aufweisen und zum Teil durch ihre praktische Anwendung empirische Bestätigung erfahren haben. Tabelle 3-27 zeigt eine Zusammenfassung vorhandener Referenzmodelle.

Nachfolgend sollen zwei grundlegende Modelle vorgestellt werden, die Grundlage mancher Derivate sind. Sie beschreiben in Ausschnitten oder ganzheitlich Prozesse des Dienstleistungsmanagements im IT-Bereich. Allen gemeinsam ist, dass sie entweder bereits als internationales Konzept entwickelt wurden oder aufgrund ihrer Verbreitung inzwischen internationale Bedeutung erlangt haben. Die Modelle sind somit bereits etabliert und auf verschiedene Branchen angewandt worden.

3.4.4.1.2 Enhanced Telecom Operations Map (eTOM)

Das Prozessmodell **eTOM**, das seit 2001 im Release 3 vorliegt, wird vom Telemanagement Forum (TMF), einem Zusammenschluss von Service-Providern und Softwareherstellern, entwickelt und gepflegt. Das seit 1995 in Entwicklung befindliche Modell stellt den Nachfolger der Telecom Operations Map (TOM) dar und lässt sich aufgrund des Abstraktionsgrades und der ganzheitlichen Umsetzung auch auf andere Branchen übertragen. Obwohl noch nicht offiziell freigegeben, wurde es bereits mehrfach implementiert. Es lässt sich als Full Enterprise Framework bezeichnen, das nicht nur eine isolierte Prozessbetrachtung zulässt, sondern auch die Zusammenhänge zwischen den Vorgängen innerhalb des eigenen Unternehmens als auch die Verbindungen zu anderen Unternehmen verdeutlicht. Das Modell ist in die verschieden detaillierten Level von 0 bis 3 eingeteilt, wobei Level 0 einen sehr groben Überblick darstellt. Der Detailgrad nimmt mit zunehmendem Level zu und beschreibt auf Level 3 kurz Maßnahmen, die ergriffen werden müssen, um einen bestimmten IT-Prozess umzusetzen. Abbildung 3-115 zeigt Level 1 des eTOM-Modells, das eine Übersicht aller Prozessfelder zeigt und aus der sich die Potenziale des Konzepts erahnen lassen (TeleManagement Forum 2002, S. 4ff.).

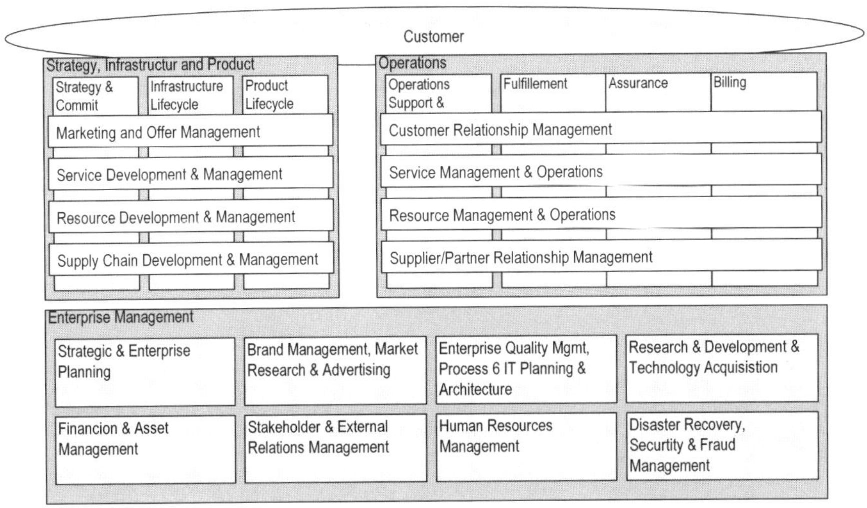

Abbildung 3-115. Level 1 des eTOM-Modells
Quelle: TeleManagement Forum (2002, S. 6)

Es werden drei Hauptgruppen (dunkelgrau unterlegte Kästen in Abbildung 3-115) von Prozessen unterschieden. Der Bereich „Operations" umfasst die betriebswirtschaftlichen Funktionen, die direkt mit der Leistungserbringung verbunden sind. Die Domäne „Strategy, Infractructure and Product" (SIP) beinhaltet die Vorgänge, die mit der Leistungskonzeption und der Überwachung verbunden sind. Das „Enterprise Management" beschreibt die allgemeinen Verwaltungstätigkeiten einer IT-Organisation. Diese Prozesse stehen in keinem direkten Zusammenhang zur Leistungserbringung, stellen jedoch die Basis dafür dar.

Die beiden Hauptgruppen SIP und Operations sind vertikal nach Prozessen und horizontal nach Funktionen unterteilt. Bei der horizontalen Aufteilung stehen sich in den beiden Gruppen analoge Funktionen gegenüber. Die vertikale Aufteilung ist nach der Länge der Zyklen der jeweiligen Prozesse von links nach rechts angeordnet, wobei links der Prozess mit dem längsten Zyklus steht. Die Aufteilung der beiden Gruppen in zwei Dimensionen erlaubt die Darstellung der einzelnen Tätigkeiten in einer Matrix. Jedes Feld dieser Matrix stellt dabei einen Prozessschritt dar, für den auf den Levels 2 bzw. 3 eine genauere Aufteilung in kleinere Arbeitsschritte vorgenommen wird. Dabei beschränkt sich das Modell jedoch auf eine sehr kurze, allgemeine Beschreibung der kleinen Arbeitsschritte (TeleManagement Forum 2002, S. 5ff.).

Trotz der fehlenden Detailbeschreibung der einzelnen Arbeitsschritte stellt das Rahmenwerk eine übersichtliche Betrachtung aller für einen IT-Dienstleister wichtigen Prozesse dar. Die vertikale und horizontale Gruppierung von Vorgängen lässt sowohl eine funktionale als auch eine prozessuale Sicht einer Organisation zu, was insbesondere bei der Implementierung des Modells sehr hilfreich sein kann. Wird das Rahmenwerk in mehreren Unternehmen eingesetzt, die miteinander interagieren, so können Schnittstellen zwischen einzelnen Arbeitsschritten der Unternehmen definiert werden (TeleManagement Forum 2002, S. 105ff.).

Kritisch zu bewerten ist, dass bei diesem Modell jegliche Handlungsempfehlungen ausgelassen wurden; es sind keine konkreten Ziele für die Umsetzung der einzelnen Arbeitsschritte und Prozesse vorhanden. Dadurch fehlt ein Anhaltspunkt für die Bewertung der Qualität der einzelnen Vorgänge. Es stellt somit keine Empfehlung für die Verbesserung von Prozessen dar.

eTOM beinhaltet trotz seines hohen Abstraktionsgrades eine ganzheitliche, integrative Sicht auf eine IT-Organisation. Das Auslassen detaillierter Prozessbeschreibungen wird von den Verfassern dadurch gerechtfertigt, dass eTOM als Rahmenwerk für den Einsatz von ITIL verwendet werden kann.

3.4.4.1.3 Information Technology Infrastructure Library (ITIL)

ITIL, die „**Information Technology Infrastructure Library**", ist ein „Best Practice Framework" für die Definition und den Betrieb von IT-Prozessen. Träger dieser öffentlich zugänglichen Bibliothek ist das OGC (Office of Government Commerce), eine britische Regierungsbehörde, die vormals als CCTA (Central Computer and Telecommunications Agency) bekannt war. Das Rahmenwerk wurde bereits Ende der 80er Jahre entwickelt und bestand aus ca. 40 Büchern, die jeweils einen IT-Prozess beschreiben. Die darin beschriebenen Vorgehensweisen sind auf einem solch abstrakten Level gehalten, dass sie unabhängig von Branche und Technologie angewandt werden können. In den vergangenen Jahren wurde die Anzahl der Bücher nach einer Überarbeitung auf derzeit acht konsolidiert. Abbildung 3-116 zeigt einen Überblick über das ITIL-Framework.

Die am häufigsten implementierten Prozesse gehören zu den Bereichen „Service Support" und „Service Delivery". Die elf Kernprozesse, die ITIL in diesen beiden Bereichen beschreibt, sind (Ellis/Kauferstein 2004, S. 19ff.):

1. *Service Desk*: Notwendige Voraussetzung für die Bearbeitung von Benutzeranfragen. Beschreibt unter anderem die Implementierung von Service Desk Infrastrukturen, Service Desk Technologien, Rollen und Funktionen und Mitarbeiterentwicklung.

2. *Incident Management*: Es wird sichergestellt, dass jede Störung des betrieblichen Ablaufs schnellstmöglich behoben wird.

3. *Problem Management*: Das Problem Management ist dem Incident Management nachgelagert. Während das Incident Management dafür zuständig ist, einzelne Vorfälle schnellst möglich zu beheben, geht es beim Problem Management darum, die Ursache zu beseitigen.

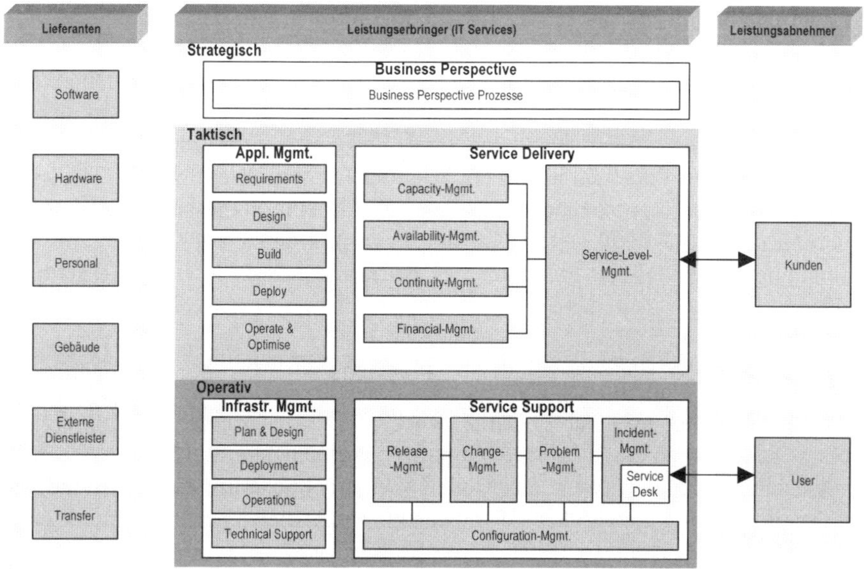

Abbildung 3-116. ITIL-Framework

Quelle: Hochstein/Hunziker (2003, S. 49)

4. *Configuration Management*: Hier werden alle Informationen über IT-Anlagegüter sowie die jeweilige Konfiguration bzw. jeweiligen Parameter gespeichert.

5. *Change Management*: Vorgehensweisen für Veränderungen in der IT-Infrastruktur. Die Veränderungen können über das Problem Management oder den Service Desk angestoßen werden.

6. *Release Management*: Verfahrensweisen für Releasewechsel bei Soft- und Hardware.

7. *Service Level Management*: Planung, Entwicklung und laufende Kontrolle von Service Level Agreements.

8. *Financial Management*: Budgetierung, Kostenrechnung und Verrechnung der Kosten.

9. *Capacity Management*: Planung, Entwicklung, Steuerung einer optimalen Ressourcenauslastung.

10. *Service Continuity Management*: Sicherstellung der IT-Unterstützung für unternehmenskritische Prozesse.

11. *Availability Management*: Ausgehend von den fachlichen Anforderungen muss sichergestellt werden, dass die IT im benötigten Umfang zur Verfügung steht.

ITIL hat sich aufgrund der praxiserprobten, konkreten und dennoch übertragbaren Prozesse als de-facto-Standard insbesondere in England und den Niederlanden etabliert. Die ständige Weiterentwicklung in einem Public Domain-Framework stellt den zeitnahen Bezug zu Veränderungen in Managementkonzepten sicher. Eine Vielzahl von softwaregestützten Tools vereinfachen die Zertifizierung von Unternehmen und Personen nach ITIL. Bei der Implementierung von ITIL können zudem Synergiepotenziale genutzt werden, da ITIL als Basis für eine Zertifizierung nach ISO 9000 genutzt werden kann und den Prozesskatalog für die Erreichung des BS 15000 Standards des British Standards Institutes (BSI) darstellt.

Als kritisch anzusehen ist, dass die Prozesse zwar sehr detailliert beschrieben und teilweise sogar Rollen und Prozessziele definiert sind, ein umfassendes Input/Output-Schema aber fehlt. Damit wird von Prozesszusammenhängen zum großen Teil abstrahiert. Wichtige Optimierungspotenziale werden somit nicht berücksichtigt. Zum Teil weist das Modell auch erhebliche Inkonsistenzen auf, da der Detaillierungsgrad zwischen den einzelnen Prozessbereichen sehr unterschiedlich ist (Hochstein/Hunziker 2003, S. 49). Zudem wird nicht auf die kontinuierliche Verbesserung bestehender Service-Prozesse eingegangen.

Trotz mancher Lücken beim Versuch, einen ganzheitlichen, integrierten Ansatz für IT-Services zu liefern, ist die ITIL-Sammlung aber ein gutes Referenzwerk mit best-practice-Lösungen für definierte IT-Prozesse. Die Praxisrelevanz zeigt sich auch in verschiedenen Adaptionen des ITIL-Modells für unternehmenseigene Modelle bei Microsoft, Hewlett-Packard und anderen. Ein weiterer nicht zu vernachlässigender Vorteil ist, dass ITIL die Basis eines gemeinsamen Begriffsverständnisses bilden kann und damit in Verhandlungen und Gesprächen Klarheit über Begriffe und Prozesse besteht, falls man sich im Vorfeld auf ITIL als gemeinsame Basis geeinigt hat.

3.4.4.2 Aufbauorganisation

Neben der organisatorischen Einordnung der IM-Funktion im Unternehmen stellt sich auch die Frage der Aufbauorganisation innerhalb der IT-Abteilung. Die Größe dieser Abteilung hängt vom Unternehmen selbst ab, so dass von dem einen Mitarbeiter, der IM nebenbei betreibt, bis zur 1.000 Personen umfassenden IT-Zentrale in großen Banken viele Möglichkeiten existieren. Die Möglichkeit einer kleinen IT-Abteilung ist in Abbildung 3-117 dargestellt, in der sich zwei Hauptaufgabenbereiche trennen lassen: einmal der Betrieb und zum anderen die Auswahl und Anpassung der in kleinen Unternehmen hauptsächlich verwendeten Standard-Software.

Die in Umfang und Komplexität mit der Unternehmensgröße wachsenden Aufgaben der IT-Funktion im Unternehmen führen zu einer Aufbauorganisation, wie sie in Abbildung 3-118 dargestellt ist.

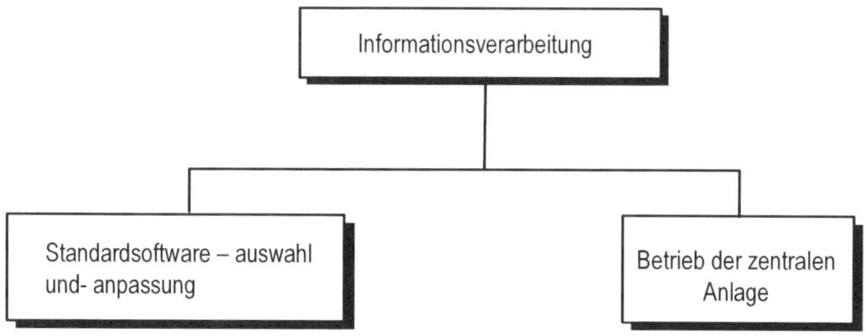

Abbildung 3-117. Beispielhafte Aufbauorganisation einer kleinen IT-Abteilung
Quelle: In Anlehnung an Heilmann (1990, S. 697)

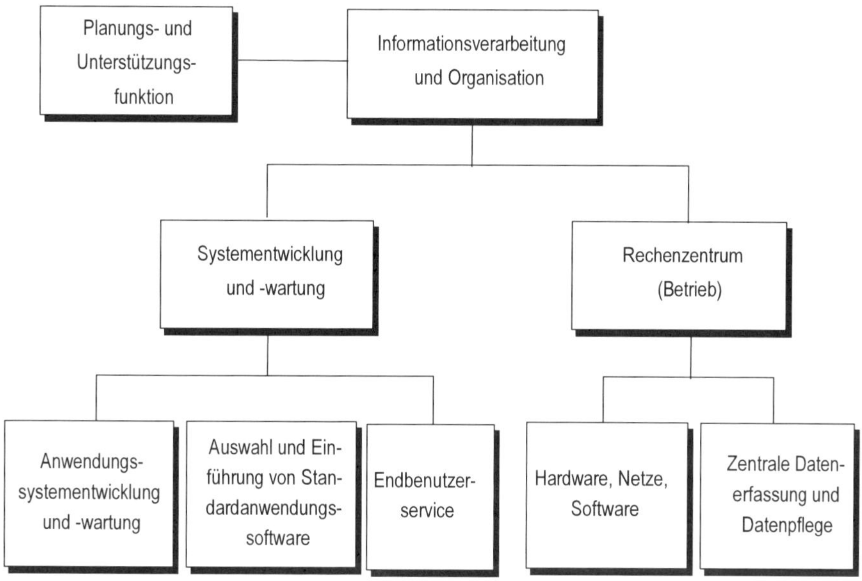

Abbildung 3-118. Beispielhafte Aufbauorganisation einer mittleren IT-Abteilung
Quelle: Heilmann (1990, S. 696)

Der Leiter der IT-Abteilung trägt die Verantwortung für seinen Bereich, vertritt das IM in oder gegenüber der Geschäftsleitung und wird von Planungs- und Controllingstäben unterstützt. Unterhalb der Leitungsfunktion des IM ist eine Zweiteilung vorzufinden, in der einerseits Systeme entwickelt und gewartet werden und andererseits das Rechenzentrum betrieben wird. In den Bereich der Anwendungssystembetreuung fallen sowohl Eigenentwicklungen als auch Standard-Software, die im Allgemeinen und auch im Speziellen für kleine Unternehmungen stark an

Bedeutung gewonnen hat. Im Gegensatz zu eigenen Entwicklungen liegt der Schwerpunkt bei Standard-Software auf der Auswahl, der Einführung und dem sog. Endbenutzerservice.

Auf der anderen Seite lässt sich der Betrieb des Rechenzentrums einordnen, der die gesamte informationstechnische Infrastruktur von der Hardware über die Netze bis zur System-Software umfasst. Je nach Größe des Unternehmens und des Rechenzentrums sind hier noch sehr viel komplexere aufbauorganisatorische Lösungen denkbar.

Seit den 80er Jahren ist auch ein Trend weg von großen zentralen Rechenzentren und hin zu endbenutzerorientierten dezentraleren Strukturen festzustellen. Damit rücken die Endbenutzerservicekonzepte, die als „Information Center" bezeichnet werden, in den Mittelpunkt des Interesses. Mit dem Schlagwort „Information Center" verbinden sich die Gedanken der „Hilfe zur Selbsthilfe der Benutzer" und der Wandel von einer „Bringschuld" des Rechenzentrums hin zur „Holschuld" der Fachabteilungen. Das Konzept des Information Centers hat in der zweiten Hälfte der 80er Jahre einen großen Popularitätsaufschwung erfahren und sich inzwischen durchgesetzt. Die Aufgaben des Information Centers sind im Überblick in Tabelle 3-28 dargestellt.

Heftig diskutiert und weiterhin in Veränderung befindlich ist die Frage, in welchem Ausmaß der Benutzer-Support eine Kernaufgabe des IT-Bereichs sein soll und wie diese im Umfang weiter wachsende Aufgabe gestaltet werden soll. Im Information Center Konzept stellt die geeignete Unterstützung der Endbenutzer (zusammengefasst in Tabelle 3-28 unter „Service für Endbenutzer") eine Kernaufgabe dar. Als eine Umsetzungsmöglichkeit haben sich so genannte Help-Desk-Systeme etabliert (Knolmayer 1996, S. 7ff.).

Ein **Help-Desk** oder **User-Help-Desk** (**UHD**) ist ein Anfragesystem, das Probleme von (IKT-) Nutzern entgegennimmt, sammelt und bei der Beantwortung entweder durch Angabe des Aufbewahrungsortes bzw. durch Bereitstellung der benötigten Information oder durch Weiterleitung an den zuständigen Experten hilft (Schubert/Back-Hock 1996, S. 55).

Daneben existieren Definitionen, die Help-Desk-Systeme auf die Schnittstelle Kunde-Unternehmen zur Bearbeitung von Kundenproblemen beziehen (Schröder 1993, S. 280).

Eine Möglichkeit der Arbeitsteilung innerhalb des Benutzer-Supports stellt das mehrstufige User-Help-Desk-Konzept dar (Abbildung 3-119). In Abhängigkeit von der Komplexität der zu unterstützenden Anfrage wird das Problem an fachlich kompetentere Organisationseinheiten und Personenkreise weitergereicht (Knolmayer 1996, S. 16).

Tabelle 3-28. Aufgaben des Information Centers

Steuerung der individuellen Datenverarbeitung (IDV)	• Standardisierung der eingesetzten Hardware und Software • Standardisierung von Vorgangsweisen bei der Anwendungsentwicklung • Steuerung und Kontrolle des Datenaustausches • Erteilung und Verwaltung von Zugriffsberechtigungen • Kostenverrechnung für erbrachte Leistungen • Beurteilung der Eignung bestimmter Projekte für IDV
Service für Endbenutzer	• Beratung bei der Auswahl geeigneter Hardware und Software • Unterstützung bei der Beschaffung, Installation und Wartung von Hardware, Software und Verbrauchsmaterial • Nutzerschulungen • Bereitstellung von Kopien aller zentralen Datenbestände • Beratung bei auftretenden Problemen, z. B. bei der Fehlersuche • Vertretung der Endbenutzerinteressen gegenüber der IT-Abteilung
Marketingaktivitäten für die individuelle Datenverarbeitung	• Werbung für das Konzept der IDV • Durchführung und Betreuung von Pilotprojekten • Publikation von erfolgreichen IT-Projekten • Organisation und Förderung des Erfahrungsaustausches zwischen Endbenutzern
Technisch-administrative Aufgaben	• Allgemeine Marktbeobachtungen, Test, Auswahl und zentrale Beschaffung von Hardware, Software und Software-Tools • Bereitstellung von Methoden zur Beschaffung von Daten aus internen und externen Quellen • Kostenermittlung und Verrechnung • Koordinationsaufgaben zwischen Information Center und traditioneller IT

Quelle: In Anlehnung an Knolmayer (1988, S. 140ff.), Heilmann (1990, S. 692) und Mertens/Knolmayer (1998, S. 69)

Dieses Konzept ist bei sehr heterogenen Benutzeranforderungen sinnvoll, da einfache Anfragen zunächst durch Datenbanken, die Antworten auf Frequently Asked Questions (FAQs) bereithalten, oder durch einen definierten Power User, d.h. einen besonders versierten Benutzer, beantwortet werden können, bevor sie zum „First-Level"-Personenkreis weitergeleitet werden, der nicht aus Nutzern innerhalb der Fachabteilungen besteht, sondern aus Personen, die explizit vollzeitlich oder teilweise dem Benutzer-Support zuzuordnen sind. Der „Second-Level"-Support besteht demgegenüber aus Personen, die voll dem Aufgabenbereich des Information Center angehören oder die für bestimmte Problembereiche einen Expertenstatus innerhalb der Unternehmung innehaben. Als letzte Stufe kann ein „Third-Level"-Support vorgesehen sein, der aus einem Expertenkreis außerhalb der Unternehmung

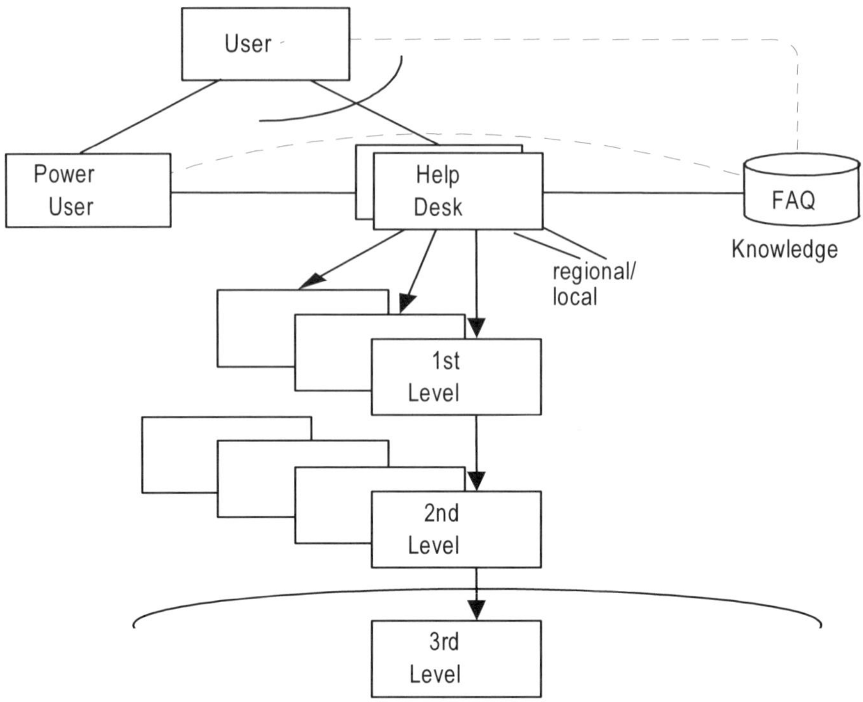

Abbildung 3-119. Mehrstufiges User-Help-Desk-Konzept
Quelle: Eigene Darstellung

(z. B. Lieferanten, System-Berater, Schulungsfirmen etc.) besteht. Da von höheren Opportunitätskosten oder bei Third-Level-Support von höheren Kostensätzen auszugehen ist, je komplexer sich eine Anfrage gestaltet, bietet sich das mehrstufige Konzept für eine effiziente Unterstützungsbedarfsdeckung an.

Die Aufbauorganisation des IM im Konzern ist weitaus komplizierter, da zu entscheiden ist, welche Fachleute bzw. Instanzen nur auf Konzernhauptverwaltungsebene, welche nur auf Tochtergesellschaftsebene und welche auf beiden Ebenen vorhanden sein sollen. Auf Konzernebene können IM-Instanzen führende, koordinierende und beratende Tätigkeiten ausüben. Geht es um IM-Aktivitäten, die die Konzernleitung als solche unterstützen, handelt es sich um Tätigkeiten, für die IM-Instanzen des Konzerns die Führung übernehmen. Koordinierende Tätigkeiten sind durchzuführen, wenn Aktivitäten, die nicht in allen Tochtergesellschaften durchgeführt werden müssen, anfallen, Doppelarbeit jedoch vermieden werden soll. Müssen neue Aufgaben in den Tochtergesellschaften, vor allem in ihrer Anfangsphase, durch hochqualifizierte Spezialisten unterstützt werden, bietet sich eine beratende Tätigkeit durch Spezialisten des Konzerns an (Mertens 1985, S. 13f.; Mertens/Knolmayer 1998, S. 54ff.).

3.4.4.3 IT-Sourcing

Auch wenn Schuhe ein elementarer Bestandteil unserer Mobilität sind, käme kaum jemand auf die Idee, sich seine Schuhe selbst zu fertigen, nur weil wir es einmal vor Urzeiten in Ermangelung von Bezugsquellen selbst taten. Dementsprechend könnte man auch Informationsdienstleistungen einkaufen und nicht selber herstellen. Outsourcing ist in vieler Munde, wird oft mit Analogien begründet – so wie mit der obigen – und wird leider meist ebenso emotionsbeladen wie plakativ diskutiert. Im Grunde ist Outsourcing nichts Neues: Seitdem die Gesellschaft sich arbeitsteilig organisiert, ist die Entscheidung über Eigenerstellung oder Fremdbezug tägliches Entscheidungsbrot. Warum soll, was für Schuhe gilt, nicht auch für Information, IS und IKT gelten? Die plakative Argumentation „Information ist eine unternehmerische Ressource" hat oft dazu geführt, Outsourcing für das IM kategorisch abzulehnen (Krcmar 1992d, S. 64).

Outsourcing ist eine Zusammensetzung der Wörter Outside und Resourcing. Es bedeutet, dass einzelne Aufgaben der IT oder die gesamten IT-Aufgaben an ein anderes Unternehmen abgegeben werden. Es umfasst sowohl die Auslagerung (externes Outsourcing), die Übertragung von Aufgaben an ein externes Unternehmen sowie die Ausgliederung (internes Outsourcing) an ein rechtlich verbundenes anderes Unternehmen.

Empirische Untersuchungen zum Outsourcing sind zumeist aus den USA (Lacity/Willcocks 1998; Willcocks et al. 1995) und Großbritannien (Willcocks 1994) bekannt. Erste Studien in Deutschland (Heinzl 1991, 1993) und der Schweiz (Griese 1993) zeigen zwar nicht gleich hohe Zuwachsraten wie in den USA, allgemein lässt sich aber heute sagen, dass Outsourcing-Aktivitäten überall ein deutliches Wachstum erfahren. In Deutschland gab es in den letzen zehn Jahren Zuwachsraten zwischen 10-20 Prozent pro Jahr, allerdings auf einem niedrigeren Ausgangsniveau im Vergleich zu den USA (Dibbern/Heinzl 2000, S. 3). Aus der bisherigen Forschung zum Outsourcing lassen sich folgende Zwischenergebnisse zusammenfassen (Lacity/Willcocks 1998; Lacity/Hirschheim 1993, S. 256ff.):

- Die Mehrzahl der öffentlichen Informationsquellen zeichnet angesichts der nur schwach bestätigenden Forschungsergebnisse ein allzu optimistisches Bild des Outsourcings.
- Outsourcing muss als ein Symptom der allgemeinen Debatte verstanden werden, den Wert der IT-Funktion im Unternehmen zu bemessen.
- Die organisatorischen Akteure initiieren Outsourcing offensichtlich oft aus anderen als effizienzgeleiteten Gründen.
- Outsourcing-Anbieter sind entgegen verbreiteten Annahmen nicht grundsätzlich effizienter als die eigene IT-Abteilung.

- Im Falle von Outsourcing hat sich der Vertrag als die einzig sinnvolle Form der Absicherung der Erwartungen gezeigt.
- IT-Leistungen haben nicht die Eigenschaften homogener Güter.

3.4.4.3.1 Gründe für Outsourcing

Erklärungen, warum Outsourcing vorteilhaft ist, sowohl aus der Sicht des Anbieters als auch aus der Sicht des Nutzers, sind vielfältig. Sie fallen im Wesentlichen in folgende Kategorien:

- Effizienzsteigerung und damit verbundene Kostensenkungen: Es wird angenommen, dass Outsourcing-Anbieter effizienter sind als ihre Kunden, indem sie Economies of Scale bei der Produktion und der Spezialisierung nutzen. *Willocks et al.* (1995, S. 247ff.) weisen allerdings darauf hin, dass diese Vorteile oft geringer seien als angenommen.
- Fixkostenreduktion: Neben der reinen Kostenreduktion wird vor allem eine Variabilisierung des hohen Fixkostenanteils angestrebt.
- Sonstige: Daneben kann es andere Gründe geben (politische Gründe, Durchsetzungsgründe, Finanzierungsgründe etc.), die für Outsourcing sprechen.

Bongard (1994, S. 152) fasst die Vorteile von Outsourcing in den Bereichen der Kosten, des Personals, der Risikoaspekte, Konzentrationsaspekte, Finanzen, sowie des Technologiemanagements zusammen (Tabelle 3-29).

Tabelle 3-29. Gründe für Outsourcing

Kosten • Kostenreduktion • Umwandlung von Fixkosten in variable Kosten • Verbesserung der Planbarkeit von Kosten der Informationsverarbeitung • Verbesserte Kostentransparenz • Verursachungsgerechte Leistungsverrechnung stärkt das Kostenbewusstsein in den Fachabteilungen
Personal • Problem der Beschaffung von qualifizierten IT-Kräften wird vermieden • Entlastung der internen IT von Routinearbeiten (Anwendungsstau-Vermeidung) • Risikovorsorge bezüglich einer zukünftigen Verknappung qualifizierter IT-Kräfte • Unabhängigkeit von temporären oder chronischen Personalknappheiten • Verringerung der Abhängigkeit von einzelnen IT-Mitarbeitern mit Spezial-Know-how (Abbau von „Kopf-Monopolen“) • Verringerung des Personalbestandes im IT-Bereich

Tabelle 3-29 (Fortsetzung).

Risiko • Verringerung/Verlagerung von Risiken der wachsenden technologischen Dynamik • Verringerung bzw. Verlagerung von Risiken aus der zunehmenden Komplexität des Einsatzes moderner Informations- und Kommunikationstechnik • Erhöhung der Datensicherheit (z. B. durch Ausweich-Rechenzentren) • Vertraglich geregelte Abwälzung von Risiken und mögl. Gefahren an Outsourcer
Konzentration • Konzentration von Finanzmitteln auf das Kerngeschäft eines Unternehmens • Verbesserung der Wettbewerbsfähigkeit durch eine Konzentration der eigenen IT-Ressourcen auf die wesentlichen Aufgaben • Freisetzung von Kapazitäten für wichtige Aufgaben • Durch Entlastung von Routine (Maintenance-)-Aufgaben kann die Anwendungsentwicklung auf strategische Informationssysteme konzentriert werden
Finanzen • Erhöhung der Zahlungsfähigkeit durch Zuführung liquider Mittel aus dem Verkauf von IT-Anlagen an den Outsourcing-Anbieter • Möglichkeiten zur positiven Beeinflussung des Jahresabschlusses • Vermeidung hoher Investitionsaufwendungen für neue Informationstechnologien oder kapazitiver Erweiterungen bestehender Anlagen
Technologie/Know-how • Zugang zu speziellem Know-how (z. B. CASE-Werkzeuge, Expertenwissen), das selbst nur schwer und teuer aufzubauen oder zu halten ist • Nutzung modernster Technologien ohne eigene Investitionen • Die Anwendung moderner Entwicklungsmethoden oder die Erstellung von Dokumentationen erfolgt bei Outsourcing-Anbietern meist disziplinierter als in der eigenen Entwicklungsabteilung

Quelle: Bongard (1994, S. 152)

Diesen Gründen, die Outsourcing vorteilhaft erscheinen lassen, sind allerdings die folgenden Risiken entgegenzustellen (Tabelle 3-30).

Willcocks et al. (1995, S. 247ff.) und *Willcocks* (1998) fassen in ihren Untersuchungen in den USA und GB vier Gründe für Outsourcing zusammen:

1. Ein imitierendes Verhalten von Führungskräften, angetrieben durch die Aufmerksamkeit und Publizität, die Outsourcing Kontrakte begleitet
2. Outsourcing als die Antwort auf die Notwendigkeit der Kostenreduktion, zumindest aber der Kostentransparenz

Tabelle 3-30. Risiken des Outsourcing

Kosten

- Einmalige Umstellungskosten (Switching Costs)
- Risiken der vertraglichen Preisfixierung
- Intransparenz und Unkontrollierbarkeit der vom Outsourcing-Anbieter verlangten Preise
- Erhöhter Kommunikations- und Koordinationsaufwand
- Nicht abschätzbarer zusätzlicher Aufwand für unvorhersehbare Änderungen
- Nichteintreffen erwarteter Kostensenkungen
- Schwierige Abschätzung der Preisentwicklung im Bereich der Informationstechnologie und im Telekommunikationsbereich

Personal

- Personalpolitische und arbeitsrechtliche Probleme
- Verlust von Schlüsselpersonen und deren Know-how
- Die im Unternehmen verbleibenden Restaufgaben der Informationsverarbeitung schaffen keine ausreichende Motivation mehr für das verbleibende IT-Personal
- Probleme bei der Übertragung von IT-Personal zum Outsourcing-Anbieter
- Personalprobleme in der Umstellungs- und Übergangsphase

Technologie

- Starre Bindung an die Technologie des Outsourcing-Anbieters
- Gefahr einer zu großen Standardisierung

Datenschutz

- Gewährleistung des Datenschutzes vertraulicher Daten

Know-how

- Transfer von Know-how und damit verbundenen Wettbewerbsvorteilen an Konkurrenten
- Zunehmende Auslagerungsaktivitäten ziehen unweigerlich einen Verlust von IT-Kompetenz und Know-how mit sich

Rückkehr zur eigenen Informationsverarbeitung

- Wiederaufbau von Know-how nach gescheiterten Outsourcing-Projekten
- Langfristige Bindung an Outsourcing-Verträge
- Aufwand für den Wiederaufbau einer IT-Abteilung (Rechenzentrum)
- Bei völliger Aufgabe der Informationsverarbeitungs-Know-how-Basis durch Outsourcing ist es fast unmöglich, nach mehreren Jahren den Auslagerungsschritt rückgängig zu machen

Quelle: Bongard (1994, S. 153)

3. Ein langfristiger Trend in der Organisationsformwahl von Organisationen (sei es durch die Konzentration auf Kernkompetenzen oder eine zunehmende Vermarktlichung von Dienstleistungsmärkten)

4. Das Bedürfnis von Führungskräften, die lästige IT loszuwerden, die darüber hinaus ihren Wert im Unternehmen nur schwierig darstellen kann

Zwei Überlegungen beschränken die Euphorie. Erstens, sobald der Fremdbezug über einfache oder ersetzbare Komponenten hinausgeht, ähnelt er strategischen Allianzen, nur mit dem Unterschied, dass Unternehmen oder Geschäftsbereiche selten mehrere solcher Allianzen eingehen. Es ist dann zu prüfen, ob der Partner mit der eigenen Entwicklung Schritt halten kann. Obwohl Allianzen länger Bestand haben (sollen), werden sie doch oft – wie bei vielen strategischen Allianzen zu beobachten – beendet. Was passiert dann? Dies führt zur zweiten Überlegung: Wie wird sichergestellt, dass die Führungskompetenz im IM (oder bei Outsourcing besser Führungs- und Einkaufskompetenz zur Beurteilung von informationslogistischen Angeboten und Leistungen) nicht dem Unternehmen verloren geht?

3.4.4.3.2 Formen der Koordination

Die verschiedenen Arten von Outsourcing-Anbietern und die sich damit ergebenden vier Konstellationsmöglichkeiten für den Bezug von IT-Dienstleistungen sind in Abbildung 3-120 dargestellt. Die Variante I ist die schwächste Form des Outsourcing (Inhouse-Outsourcing, Ausgliederung), bei der eine (konzerneigene) Firma für die IT-Leistungen gegründet wird. Variante II ergibt sich, wenn ein externes Unternehmen die Leistungen des ausgegliederten Systemhauses beansprucht. Gefahren birgt dies insbesondere dann, wenn das externe Unternehmen gleichzeitig ein Konkurrent des Unternehmens A oder B ist. Variante III stellt diejenige mit der höchsten Unabhängigkeit des Outsourcing-Anbieters dar. Variante IV zeigt eine weitere mögliche Funktion, die Unternehmensberatungen im Outsourcing-Markt wahrnehmen können, wobei in Variante III die Beratungsfirma selbst Outsourcing-Anbieter ist, in Variante IV beschränkt sich die Tätigkeit auf eine reine Beraterfunktion, z. B. begleitend bei Outsourcing-Projekten.

Eine differenzierte Unterteilung liefern *Willcocks/Lacity* (1998). Anhand der Dimensionen Kaufstil und Kaufschwerpunkt klassifizieren sie die verschiedenen Sourcing Optionen. Beim Kaufstil unterscheiden sie die Pole transaktions- und beziehungsorientiert und beim Kaufschwerpunkt die Pole ressourcen- und ergebnisorientiert. Als Outsourcing-Verträge werden nur die beiden ergebnisorientierten Strategien *Contract-Out* und *Bevorzugter Vertragspartner* bezeichnet. Während die erstere Alternative eher transaktionsorientiert ist, d.h. der Vertrag ist mehr auf die einzelne Transaktionen ausgerichtet und weniger auf eine langfristige Partnerschaft, stehen bei letzterer Option langfristige Verträge zur Vermeidung opportunistischen Verhaltens im Vordergrund. Die beiden ressourcenorientierten Strategien werden, wenn sie eher transaktionsorientiert sind, als *Buy-in* und, wenn sie

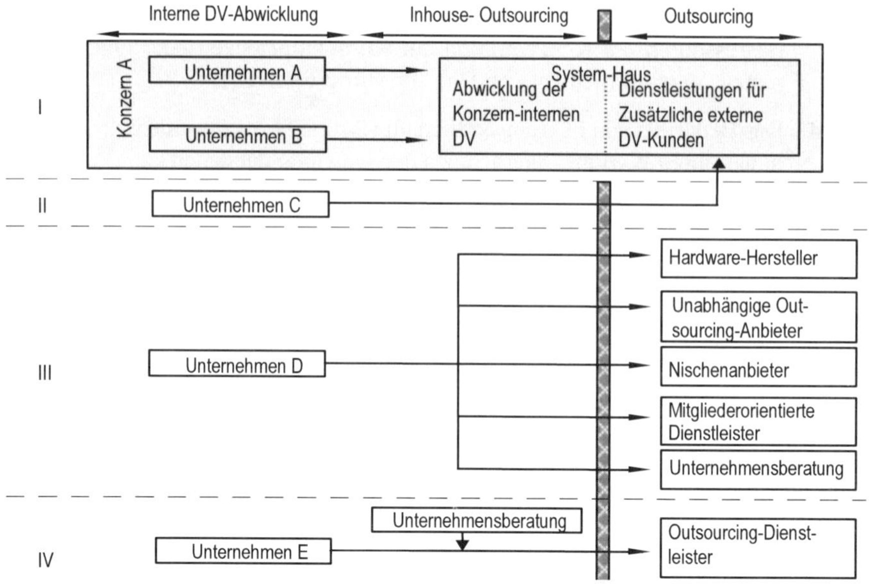

Abbildung 3-120. Kunde-Anbieter-Beziehungen beim Outsourcing
Quelle: In Anlehnung an Bongard (1994, S. 97)

eher beziehungsorientiert sind, als *Bevorzugter Lieferant* bezeichnet. Bei beiden ressourcenorientierten Strategien mietet das Unternehmen die Ressourcen, das Management, die Verantwortung und das Risiko, die Ergebnisse zu verfehlen, liegen aber vollständig beim Unternehmen.

Millar (1994) definiert vier verschiedene Arten von Outsourcing-Verträgen. Neben dem *General Outsourcing* und *Transitional Outsourcing* werden die beiden neueren Gestaltungsformen *Business Process Outsourcing* und *Business Benefit Contracting* unterschieden. Bei *General Outsourcing* werden eine oder mehrere IT-Funktionen an einen externen Anbieter vergeben, wobei diese auch gemeinsam ausgeführt werden können. *Transitional Outsourcing* bezieht sich auf die Migration von einer Technologie auf eine andere. Werden Teile oder auch ganze Geschäftsprozesse, wie z.B. das Rechnungswesen, von dem Anbieter durchgeführt und verantwortet, spricht *Millar* vom *Business Process Outsourcing. Business Benefit Contracting* bezeichnet Vertragsgestaltungen, bei denen der Outsourcing-Anbieter beim Kunden zu einem bestimmten Geschäftserfolg beitragen soll. In den Verträgen werden auch die Zahlungen an den Beiträgen zum Geschäftserfolg bemessen.

Nach dieser institutionellen Dimension des Outsourcings wird nun eine zweite Dimension entwickelt, die die verschiedenen Gegenstände des Outsourcings differenziert. Diese zweite Quelle der Differenzierung liegt im Ebenenmodell des IM.

Für das Outsourcing sind die Ebenen des Managements der IKT, der IS und der Informationswirtschaft näher zu betrachten. Die Verwendung und Nutzung von Information, also die Interpretation der erhaltenen Daten, ist eine originäre Managementaufgabe und unmittelbar mit den handelnden Mitarbeitern verknüpft. Es ist zu bezweifeln, dass Führungskräfte und Mitarbeiter diese Interpretationsaufgabe überhaupt abgeben können oder sollten. Anders dagegen auf der Ebene des Managements der IS. Wenn klar ist, was IS leisten sollen, kann diese Aufgabe Dritten übertragen werden. In vielen Fällen ist aber nicht vollständig und von vornherein klar, was IS leisten sollen und können. Diese Feststellung wird gerne an Unternehmensberater abgegeben. Schließlich könnte auch die Aufgabe des Managements der IKT abgegeben werden.

In turbulenten Wettbewerbsumwelten bedarf es mehr der Interpretation dessen, was IT leisten kann, als in stabilen Wettbewerbsumwelten. Die Fähigkeit, mit Informationen, die die Geschäftstätigkeit betreffen, etwas anfangen zu können, gehört zum Kern jedes Unternehmens. Die Fähigkeit, daraus abzuleiten, welche IS dazu benötigt werden, ließe sich zwar auslagern, sie ist aber über die strategische IS-Planung eng mit der Aufgabe verbunden, die Potenziale von IT nutzbar zu machen. Auch diese Aufgabe ist Interpretationsaufgabe. IS zu entwickeln, zu betreiben und IKT bereitzustellen sind Aufgaben, die auch Dritte gut erfüllen können.

1998/99 kam der Begriff Application Service Providing (ASP) in Mode. Trotz der Vielfalt an Definitionen des Begriffes, besteht doch weitgehend Einigkeit über folgende Merkmale:

> Beim **Application Service Providing (ASP)** handelt es sich um zentral bereitgestellte und vertraglich festgelegte Leistungen. Sie werden für eine Gruppe von Kunden erbracht und auf Mietbasis über das Internet oder andere Netze zur Verfügung gestellt. Das ASP umfasst das Implementieren, das Betreiben, Verwalten und Vermieten einer Anwendung (Liess 2000, S. 7; Riemer/Ahlemann 2001, S. 744). Die ASP Leistungen sind kostenpflichtig und es wird meist eine nutzungsabhängige monatliche Gebühr dafür erhoben.

ASP wird häufig als Spezialfall oder eine Form des Outsourcings bezeichnet (vgl. z.B. Knolmayer 2000, S. 443). Dabei wird aber nicht beachtet, dass die Art der Servicebereitstellung und die Frage nach dem Make-or-Buy der Leistung vermischt werden. Das Outsourcing bezeichnet die organisatorische Verlagerung eines Teils der Leistungserstellung auf externe Unternehmen und bezieht sich auf die Organisationsstruktur. Das Insourcing ist die Aufnahme eines bisher externen Teils der Wertschöpfung ins Unternehmen. Die Umsetzung ist dabei offen. Die Software kann beim Outsourcing auch unternehmensintern als Application Service zur Verfügung gestellt werden, ist also dann kein Teil des Outsourcings, hat aber eine große Schnittmenge damit. ASP bezieht sich auf die Technik, wie auf Daten und Programme zugegriffen wird (Picot/Jahn 2000, S. 72).

Beim Outsourcing handelt es sich um eine one-to-one Lösung, d.h. Individualleistungen bzw. Einzelfertigungen für einen bestimmten Kunden, hingegen bei ASP um one-to-many, d.h. ein Anbieter stellt mehren Kunden (fast) die gleichen Leistungen zur Verfügung, wobei die Applikationen meist nur gering angepasst werden (Serienfertigung). Der Zugriff des Kunden erfolgt über einen Standard-Browser, die Laufzeiten der Verträge sind meist kürzer als beim traditionellen Outsourcing und es wird nur für tatsächlich in Anspruch genommene Leistungen bezahlt.

3.4.4.3.3 Entscheidungsmodelle

Das IM hat zusammen mit der Unternehmensführung kontinuierlich zu prüfen und zu entscheiden, ob und in welchen Ausprägungen Outsourcing vorgenommen werden soll. Aus den Überlegungen der Governance-Struktur folgt, dass im Zusammenhang mit Outsourcing-Kontrakten mehrere Aspekte, wie in Abbildung 3-121 dargestellt, relevant sind.

Das Drei-Ebenen-Konzept der Kosten-/Nutzenbestimmung für die Führungs- und Organisationsgestaltung der IT-Dienstleistungen geht vom Festlegen der Dienstleistungen und der Sicherung der Dienstleistungserbringung (untere Ebene) aus. Darauf aufbauend sind implizite sowie vertragliche Anreizsysteme zur Dienstleistungsdurchdringung zu finden. Die dritte Ebene umfasst dann die Gestaltung des passenden organisatorischen Rahmens, also der Rollen, Verantwortlichkeiten, Entscheidungsstrukturen sowie der Koordinations- und Kommunikationsmechanismen.

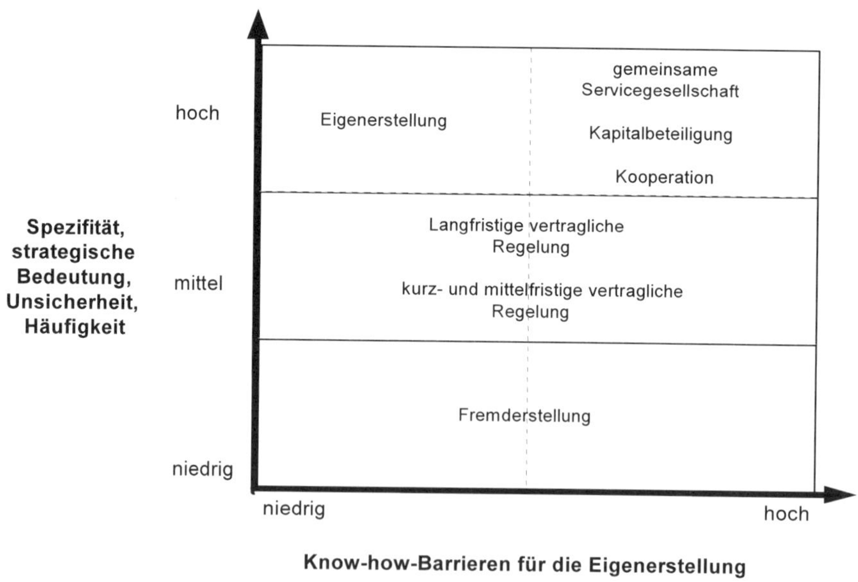

Abbildung 3-121. Outsourcing-relevante Bereiche des IT-Dienstleistungsmanagements
Quelle: In Anlehnung an Mylonopoulos/Ormerod (1995, S. 758f.)

Wichtige Entscheidungen im Rahmen des IT-Sourcings lassen sich anhand eines idealtypischen Prozesses ableiten. Die sequenzielle Aufteilung in verschiedene Prozessschritte erfolgt dabei aus systematischen Gründen. Normalerweise wird ein sequenzielles Durchlaufen der Prozessschritte selten erfolgen können, da die einzelnen Phasen oftmals interdependent sind. Der idealtypische Prozess ist in Abbildung 3-122 dargestellt.

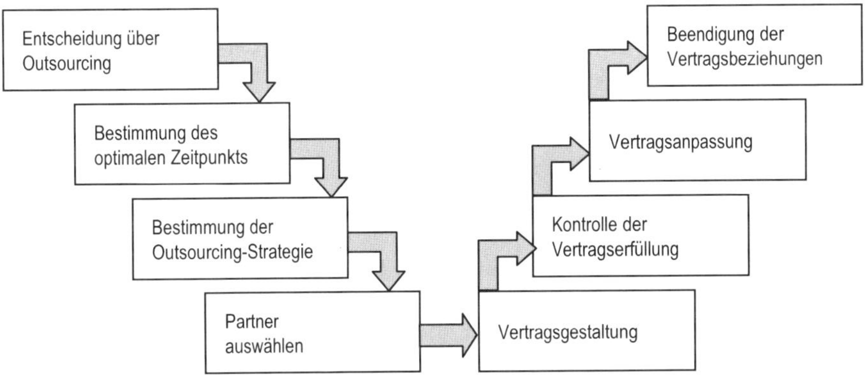

Abbildung 3-122. Idealtypischer Outsourcing-Prozess
Quelle: Eigene Darstellung

Der Prozess kann idealtypisch in die drei Phasen *Pre-Contract-Phase*, *Contract-Phase* und *Post-Contract-Phase* aufgeteilt werden. Der *Pre-Contract-Phase* lassen sich die Prozesselemente Entscheidung über Outsourcing, Bestimmung des optimalen Zeitpunkts, Bestimmung der Outsourcing Strategie und Partner auswählen zuordnen. Im ersten Schritt ist eine Make-Or-Buy Entscheidung zu treffen. Dabei muss das Portfolio der IT-Funktionen, IT-Leistungen und Geschäftsprozesse festgelegt werden, die fremdbezogen werden sollen. Daran schließt sich eine Entscheidung über das optimale Timing an. Es muss entschieden werden, welche Funktionen, Leistungen und Geschäftsprozesse wann ausgelagert werden sollen. Dieses Timing ist vor allem dann wichtig, wenn eine hohe Unsicherheit über die Preisentwicklung auf dem externen Markt besteht oder bestimmte Technologiesprünge oder Releasewechsel zu erwarten sind. Im vorigen Kapitel wurde kurz ein Überblick über die verschiedenen Optionen des Outsourcings gegeben. Aus der Menge der möglichen Outsourcing-Strategien muss im folgenden Prozessschritt eine geeignete Gestaltungsform ausgewählt werden. Die Pre-Contract-Phase endet mit der Entscheidung über geeignete externe Sourcing-Partner.

In der *Contract-Phase* finden die eigentlichen Vertragsverhandlungen statt. Hier müssen Entscheidungen über die konkrete Leistungsgestaltung, über Service Level Agreements (SLA) inklusive geeigneter Messgrößen, das Bezahlungsmodell inklusive geeigneter Anreizbedingungen und Anpassungs- und Beendigungsregelungen getroffen werden.

Die Datenbeschaffung der *Contract-Phase* kann im Rahmen einer Due-Diligence erfolgen. Due-Diligence-Prozesse finden häufig im Rahmen von Unternehmensübernahmen statt. Unter Due-Diligence versteht man das detaillierte Prüfen einer Sache durch denjenigen, der diese in seinem Geschäftsprozess aufnehmen möchte (Lassig et al. 2003, S. 152). Oftmals werden ausgewählten Bietern im Rahmen einer Due-Diligence die Informationen in sog. Data-Rooms unter vorher festgelegten Regeln zur Verfügung gestellt. Wird das Konzept auf Outsourcing-Entscheidungsprozesse übertragen, sollte nicht nur eine einseitige Prüfung des Lieferanten stattfinden, sondern eine gegenseitige Prüfung (Lassig et al. 2003, S. 152). Auf diese Weise soll der gemeinsame Aufbau einer langfristigen Geschäftsbeziehung ermöglicht werden.

In der *Post-Contract-Phase* erfolgen die Kontrolle der Vertragserfüllung, eine eventuelle Vertragsanpassung und die Beendigung der Vertragsbeziehungen. Bei der Kontrolle der Vertragserfüllung sind Entscheidungen darüber zu treffen, wann Maßnahmen zur Qualitätssicherung oder Leistungsanpassung notwendig sind. Außerdem sind Entscheidungen, wie die Entwicklungsgeschwindigkeiten der beiden Partner synchronisiert werden können, zu treffen. Bei einer eventuellen Vertragsanpassung müssen prinzipiell dieselben Entscheidungen wie bei den Vertragsverhandlungen getroffen werden. Letztendlich wird auch irgendwann die Entscheidung aufgeworfen, ob die Vertragsbeziehungen zu dem Sourcing-Partner beendet werden sollen.

Entscheidungen können auch in Anlehnung an das Ebenenmodell des IM als Determinante für die Objekte von Outsourcing-Entscheidungen identifiziert werden. Tabelle 3-31 zeigt die Vielfalt der zu entscheidenden Detailfragen in Abhängigkeit

Tabelle 3-31. Entscheidungsfelder des IT-Outsourcings

Institutionalisierung / Ebene	Gründung Service-gesellschaft	Kapitalbe-teiligungen	Langfristige vertragliche Bindung	Mittel- bis kurzfristige vertragliche Regelungen
Informationswirtschaft	Entscheidungen bezüglich der institutionalen Ausgestaltung des Angebotes an Informationsdiensten / des internen und externen Informationsmarktes			
IS-Management	Entscheidungen bezüglich der institutionalen Ausgestaltung der Erstellung sowie des Betriebs und der Wartung der Anwendungen			
IT-Management	Entscheidungen bezüglich der institutionalen Ausgestaltung der RZ Leistungen sowie der Netzwerkleistungen			

Quelle: Eigene Darstellung

von den unterschiedlichen Formen der Institutionalisierung. Dabei wird davon ausgegangen, dass unterschiedliche Informationsdienstleistungen durchaus spezifisch im Sinne der Transaktionskostentheorie sind, also nicht alle weltweit in der gleichen Art und Weise zu beziehen wären. Es ist daher notwendig, nicht nur für jeden Teilbereich eine Entscheidung zu treffen, sondern daneben auch alle Teilbereiche ganzheitlich abzustimmen.

Um derartige Fragestellungen zu untersuchen, sind Erklärungs- und Entscheidungsmodelle speziell für das Outsourcing zu entwickeln. Die umfassende betriebswirtschaftliche Theorie zur Entscheidung zwischen Eigenerstellung und Fremdbezug konzentrierte sich bisher auf die Betrachtung von Sachgütern (vgl. z.B. Männel 1981) und kann nicht direkt für das Outsourcing herangezogen werden.

Das Erklärungs- und Gestaltungskonzept von *Picot/Maier* (1992, S. 14ff.) lässt sich am Anfang der Pre-Contract-Phase einsetzen und basiert auf transaktionskostentheoretischen Überlegungen. Im Wesentlichen ist es

- die Unternehmensspezifität der IS-Aufgaben, deren Höhe ausdrückt, ob Leistungen nur für den besonderen Verwendungszweck des Unternehmens einsetzbar und nicht anderweitig am Markt verwertbar sind,
- die strategische Bedeutung der IS-Aufgaben, die das gegenwärtige oder zukünftige strategische Potenzial widerspiegelt,
- die Unsicherheit, die sich auf die Anzahl und Vorhersehbarkeit von Änderungen während der Leistungserstellung bezieht und
- die Häufigkeit, mit der die Leistung zu erbringen ist,
- die die Höhe der Transaktionskosten und die Entscheidung über Eigenerstellung oder Fremdbezug beeinflussen.

Bevor die Entscheidung endgültig getroffen wird, ist zu überprüfen, ob das notwendige Know-how intern verfügbar ist. Das Ergebnis der Überprüfung zusammen mit den Einflussfaktoren Unternehmensspezifität, strategische Bedeutung, Unsicherheit und Häufigkeit, ergibt die Empfehlungen der Normstrategiematrix in Abbildung 3-123.

Buhl/Wirth (1993) stellen Risikoaspekte in den Mittelpunkt des Outsourcing-Problems, wobei sie gleichzeitig darauf hinweisen, dass der Risikoaspekt nur einer von vielen beim Outsourcing ist und sie bewusst eine Partialanalyse vornehmen. Sie stellen den bekannten Gründen für das Outsourcing (Aufwandsminderung/Ertragssteigerung, Reduzierung der Kapitalbindung, Erhöhung der Elastizität der Unternehmung etc.) die verbundenen Risiken (z.B. Abhängigkeits- und Kompetenzprobleme) gegenüber. Ihre Annahme ist, dass Outsourcing generell einen geringeren Unsicherheitsgrad als Eigenerstellung hat und sich die Unternehmen risikoavers verhalten, indem sie die sicheren Zahlungen an den Anbieter unsiche-

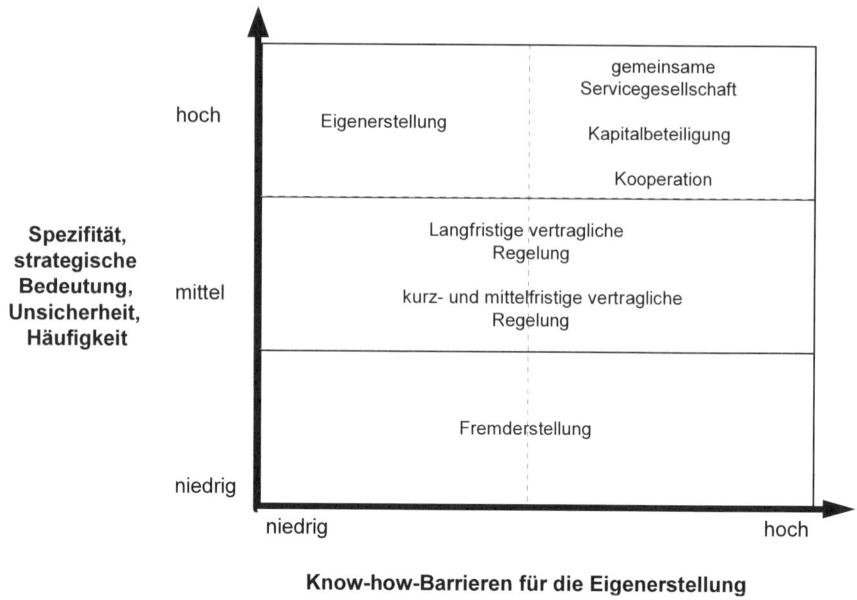

Abbildung 3-123. Outsourcing-Strategien unter Berücksichtigung der internen Know-how-Verfügbarkeit

Quelle: Picot/Maier (1992, S. 22)

ren (internen) Zahlungen vorziehen. Sie stellen dann die Netto-Zahlungsreihen der Eigenerstellungs-Alternative den Netto-Zahlungsreihen der Outsourcing-Alternativen gegenüber und bewerten anhand der als normalverteilt angenommenen Barwerte des Cash-Flows.

Die Vorteile solcher Modelle liegen darin, verschiedene Sichten modelliert zu haben und dabei eindeutige (pauschale) Vorteilhaftigkeitsaussagen zu ermöglichen. Als Nachteile stehen dem gegenüber: starke Vereinfachung der wirklichen Situation, Abhängigkeit der Aussagen von vielen Annahmen, insbesondere zur Informationstransparenz und -symmetrie, Beschränkung auf Ein- und Auszahlungen, Annahme homogener IT-Güter, modellhaftes Ausschließen aller Zwischenlösungen zwischen Make-or-Buy. Dennoch bleibt als Fazit, dass das Modell einleuchtend belegt, dass und in welcher Form auch Risikoaspekte eine zentrale Rolle beim Outsourcing spielen.

Ein erweiterter Ansatz von *Wirth/Buhl* (1995, S. 493ff.) versucht, auf der Grundlage von Diversifikationsstrategien eine Erklärung für Outsourcing zu liefern. Es handelt sich um die Modellierung einer risikoeffizienten Bereitstellungsplanung in ähnlicher Weise wie schon oben beschrieben. Der Ansatz zeigt, dass der risikoaverse Nachfrager sich in Abhängigkeit von seiner Risikoeinstellung für eine Kombination zwischen Eigenerstellung und Outsourcing entscheidet, die durch eine Risikoeffizienzgerade beschrieben werden kann. Dies kann soweit führen, dass nicht nur der unternehmensinterne Bedarf durch eine Eigenerstellungs-/Outsourcing-Kombination gedeckt wird, sondern IT-Leistungen am Markt angeboten werden. So erklärt sich, warum manche Unternehmen Outsourcing nachfragen, wohingegen andere dies zusätzlich anbieten.

Knolmayer (1993, S. 70ff.) führt neben anderen Entscheidungsmodellen (Portfolio-Modellen, Checklisten, Nutzwertanalysen, Cluster-Analysen und der Vollenumeration) zur Lösung der Outsourcing-Problematik vor allem Argumentebilanzen und lineare Programmierungsmodelle an. Argumentebilanzen systematisieren die in Verbindung mit Outsourcing relevanten Kriterien, die jeweils betriebsindividuell gewichtet werden. Im Gegensatz zur Nutzwertanalyse werden die Argumente jedoch gemäß einer Bilanz in zwei Spalten (Pro und Contra) gebracht. So ist zwar keine monetäre Bewertung des Problems möglich, dafür werden aber die strategisch bedeutsamen Aspekte einer solchen Entscheidung gut visualisiert und der gegenseitigen Abwägung zugänglich gemacht (Knolmayer 1994, S. 57; Mertens/Knolmayer 1998, S. 33 ff.). Ein Versuch der numerischen Konkretisierung des Entscheidungsproblems liegt in Form von linearen Programmierungsmodellen zum Outsourcing vor (Knolmayer 1993).

Ein Vorgehen zur Umsetzung von Outsourcing-Entscheidungen kann anhand eines einfachen Entscheidungsbaums skizziert werden (Abbildung 3-124). Es beginnt

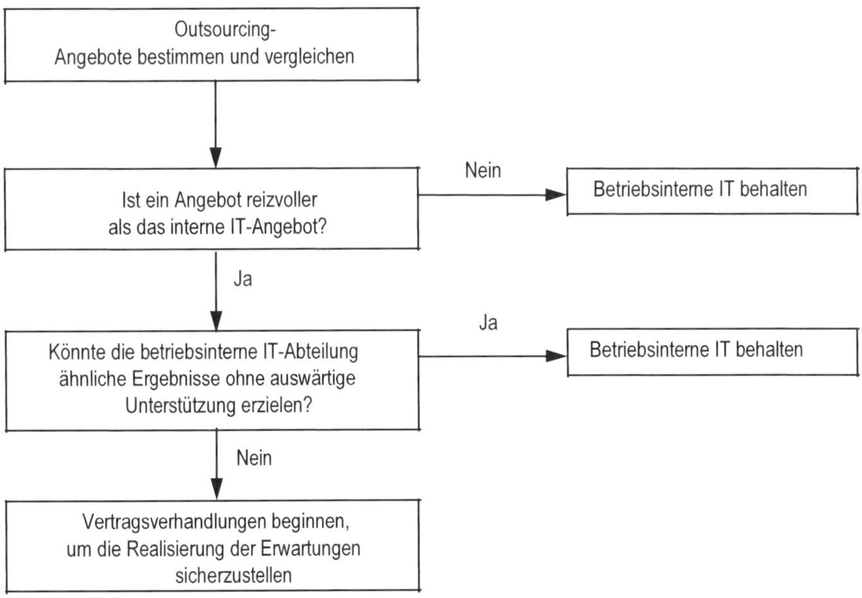

Abbildung 3-124. Vorgehen beim Outsourcing
Quelle: In Anlehnung an Lacity/Hirschheim (1993, S. 231)

Tabelle 3-32. Wichtige Erfolgsdeterminanten der Outsourcing-Vertragsphase

1.	Standardverträge der Anbieter zurückweisen
2.	Keine unfertigen Verträge unterzeichnen
3.	Auswärtige Outsourcingexperten einbeziehen
4.	Während der Anfangsphase *alles* messen und bewerten
5.	Servicegrad-Kennzahlen entwerfen
6.	Servicegrad-Berichte konzipieren
7.	Krisen-Plan spezifizieren
8.	Strafen für Nicht-Leistungen mitvereinbaren
9.	Wachstumsraten (teils kostenfrei) miteinbeziehen
10.	Preise an Geschäftsvolumen(-änderungen) knüpfen
11.	Kundenmanager des Outsourcers selektieren und bewerten
12.	Vertragsauflösungs-Bedingungen aufnehmen
13.	Klauseln zu Änderungen des Leistungscharakters und entsprechende Aufpreise meiden
14.	Persönliche Konsequenzen für eigenes IS-Personal? (Frühzeitige Information und gerechte Behandlung)

Quelle: In Anlehnung an Lacity/Hirschheim (1993, S. 244)

mit der Aufstellung eines Vergleichs zwischen Outsourcing-Angebot und dem internen Angebot. Als zweite Phase schließt sich die Prüfung an, welches Angebot vorteilhafter ist. Bevor aber eine Entscheidung getroffen wird, sollte diskutiert werden (bspw. mittels Argumentebilanzen etc.), aus welchen (Kosten-, Ressourcen-, Finanzierungs- und Wettbewerbs-) Gründen ein Angebot vorteilhafter als die anderen Angebote erscheint. Soweit nach diesen beiden Phasen die Ergebnisse immer noch zugunsten eines Outsourcers stehen, sollte in einer dritten Phase geprüft werden, ob die eigenen IKT-Aufgabenträger ähnlich effiziente und effektive Leistungen auch ohne einen externen Dienstanbieter erreichen könnten, und wenn ja, unter welchen Bedingungen. Erst wenn diese Frage verneint werden muss, erscheint in dieser Situation Outsourcing nach der Mehrheit der bisherigen Forschungsergebnisse vorteilhaft.

Muss aus einer Anzahl von möglichen IT-Lieferanten ausgewählt werden, kann die *Data Envelopment Analysis (DEA)* eingesetzt werden. Mit Hilfe der DEA kann die Effizienz einer DMU (Decision Making Unit) im Vergleich zu einer anderen DMU bestimmt werden. *Talluri/Narasimhan* (2004, S. 236ff.) verwenden diese Methode, um Lieferanten eines weltweit agierenden Telekommunikationsunternehmens im Rahmen eines strategischen Sourcing zu klassifizieren.

Für die Vertragsabschlüsse selbst haben Lacity/Hirschheim (Lacity/Hirschheim 1993) die in Tabelle 3-32 gegebenen Hinweise für eine Vertragsgestaltung aus den Interviews mit den beteiligten Unternehmen in den USA extrahiert.

3.4.4.4 Service Level Agreements

Unabhängig davon, ob eine IT-Leistung von einer internen Abteilung oder einem externen Outsourcing-Anbieter erbracht wird, müssen Erwartungen von den Nachfragern und der Ressourcenverbrauch zur Erstellung der Leistung in einem Prozess gesteuert werden (Bernhard et al. 2003, S. 23). Neben der ökonomischen Steuerung von Erwartungen kommt im Falle eines externen Bezuges der Leistung noch der rechtliche Aspekt hinzu. Während bei der Beschaffung von (Teil-) Produkten und traditionellen Dienstleistungen die Beschaffungsprozesse gut durch Leistungsbeschreibungen und Qualitätsprüfungsprozesse abgesichert sind (Lewandowski/Mann 2000, S. 221), fehlen bei IT-Dienstleistungen, bzw. vorwiegend IT-gestützten Dienstleistungen mittlere Qualitätsstandards, weshalb eine Anwendung des §243 BGB, wonach „bei Fehlen spezifischer Regelungen" im Vertragswerk stets Waren mittlerer Art und Güte zu liefern sind, nicht anwendbar ist (Schrey 2000, S. 155).

Aus diesen Gründen werden **Service Level Agreements** (SLA) in der Praxis eine große Bedeutung beigemessen, wenngleich eine hinreichende Analyse in der praxisorientierten und wissenschaftlichen Literatur noch nicht erfolgt ist (Burr 2003, S. 34).

> Unter **Service-Level-Agreements (SLA)** werden kennzahlenbasierte Vereinbarungen eines Dienstleistungsanbieters mit seinen Kunden bezüglich der zu gewährleistenden Servicequalität verstanden (Burr 2003, S. 43). Dabei wird der Grad der Leistungsqualität (Service-Level oder kurz SL) anhand der Definition der Leistung, der Darstellbarkeit der Leistung als Kennzahl, der Messmethode, dem Ersteller sowie dem Empfänger der Leistung, als auch anhand der Erstellungsfrequenz und des Leistungsniveaus beschrieben (Lewandowski/Mann 2000, S. 227).

Die primäre Aufgabe eines Service Level Agreements ist die Standardisierung und Messung der Dienstleistungsqualität, um eine Aussage über den Grad der erreichten Servicequalität treffen zu können (Burr 2003, S. 34). Dabei kann zwischen SLA im weiteren Sinne und SLA im engeren Sinne unterscheiden werden. Ein SLA im weiteren Sinne umfasst sowohl eine Definition des Inhaltes, als auch des Umfangs der Leistung, einschließlich der Definition des zwischen Servicenehmer und Servicegeber vereinbarten Service-Levels und der Sanktionen, die im Falle des Nichteinhaltens des Service-Levels drohen. Das SLA im engeren Sinne definiert ausschließlich den Service-Level und die daran anknüpfenden Sanktionen, während die Definition von Inhalt und Umfang an anderer Stelle stattfindet (Schrey 2000, S. 154).

Neben der allgemeinen Definition von Inhalt und Umfang der Leistung (bei SLA im weiteren Sinne) müssen die Messgrößen, Erhebungszeiträume, Messmethoden und Messverfahren sowie projektbezogenen Definitionen definiert werden (Schrey 2000, S. 156).

Messgrößen sind die Kennzahlen, die für die Bestimmung des Service-Levels maßgeblich sind. Verfügbarkeitsquoten und Antwortzeiten sind die in der Praxis am häufigsten vorkommenden Kennzahlen. Aber auch Reaktionszeiten, Bearbeitungszeiten, die Anzahl der Ausfälle pro Zeiteinheit oder die Menge an Personalaufwand zur Erbringung von Entwicklungs-, Test- und / oder Wartungsleistungen sind denkbare Messgrößen, mit denen sich die Qualität der Dienstleistung beschreiben lässt (Schrey 2000, S. 156f.). Zu definieren ist auch, in welchen *Erhebungszeiträumen* gemessen werden soll, d.h. zu welchen Zeiten oder in welchem Rhythmus die Daten der Messgrößen erhoben werden sollen. Aufgrund unterschiedlicher Beanspruchung eines Systems zu unterschiedlichen Zeiten können die erhobenen Daten, je nach Messzeitpunkt, stark variieren (Schrey 2000, S. 161). Da unterschiedliche *Messmethoden* und *Messverfahren* zu unterschiedlichen Ergebnissen führen können, ist es nötig, sich im SLA über die zu verwendenden Messmethoden und Messverfahren zu einigen.

Um den spezifischen Ansprüchen der Vertragspartner gerecht zu werden, gilt es, sich auf weitere, *projektbezogene Definitionen* zu einigen. So müssen Randbedingungen wie bspw. Mitwirkungs- und Beistellleistungen des Dienstleistungsnehmers oder nicht in die Messung einzubeziehende Ausnahmen festgelegt werden (Schrey 2000, S. 162). Des Weiteren sind Mechanismen zu definieren, mit deren Hilfe auf Veränderungen in den Umgebungsbedingungen (z.B. Änderungen im Mengengerüst, d.h. Änderungen am Umfang der bereitzustellenden Dienstleistung, mit der Folge von anpassungsbedürftigen Vergütungssätzen) reagiert werden kann. Auf diese Weise können größere Diskussionen oder ein Infragestellen des bisherigen Vertragstextes umgangen werden. Außerdem sind die Sanktionen festzulegen, die bei einer Unterschreitung eines Service-Levels in Kraft treten sollen (Schrey 2000, S. 163).

Grundsätzlich lassen sich drei Arten von SLA unterscheiden (Burr 2003, S. 34):

1. *Outputorientierte oder ergebnisbezogene Service-Levels*: Es werden Anforderungen an die Qualität der zu erbringenden Leistung festgelegt und über Kennzahlen abgebildet.

2. *Prozessbezogene Service-Levels*: Es werden Anforderungen an den Leistungserstellungsprozess definiert und durch Kennzahlen abgebildet.

3. *Inputorientierte oder potenzialbezogene Service-Levels*: Es werden Anforderungen an die im Leistungsprozess eingesetzten Inputfaktoren definiert.

Beispiele für die drei Service-Levels enthält Tabelle 3-33.

Tabelle 3-33. Beispiele für ergebnis-, prozess-, und potenzialbezogene Service-Levels

Service-Level	Erläuterung
1. Ergebnisbezogene Service-Levels	
Verfügbarkeit	Leistungsbereitschaft eines IT-Systems als Anteil eines Zeitraums, z. B. 98 Prozent/Monat
Antwortzeit	Ausführungszeit für Benutzertransaktionen, z. B. durchschnittlich 1 sec im Tagesmittel oder 98 Prozent der Transaktionen < 1,5 sec
Problemlösungszeit	Maximale Zeit bis zur Lösung eines Problemfalls (in der Regel werden Probleme nach Schwere klassifiziert und danach abgestufte Zeiten vereinbart), z. B. Behebung eines Störfalls der Stufe 1 (Totalausfall des Systems) innerhalb von vier Stunden
Zuverlässigkeit	Einhaltung von Zusagen und Arbeitsqualität, z. B. Anteil kritischer Wartungsmaßnahmen, die zum zugesagten Zeitpunkt bereitgestellt werden oder Anwendungen, die fehlerfrei in den Produktionsbetrieb übernommen werden
Kundenzufriedenheit	Zu erreichender Indexwert einer Kundenzufriedenheitsbefragung
2. Prozessbezogene Service-Levels	
Bereitschaftszeit	Zeit, zu der der Nachfrager die Leistung anfordern kann (z. B. 07:00-24:00 Uhr)
Erreichbarkeit	Zahl der Fälle, in der Nachfrager den Anbieter in einem definierten Zeitfenster erreichen können (z. B. x Sekunden durchschnittliche/maximale Wartezeit für Anrufe am Help-Desk)
Reaktionszeit	Zeit, in der eine Leistung nach Anforderung erbracht werden muss (z. B. Einspielen von Sicherheitsupdates x Tage nach Verfügbarkeit)
Wiederholhäufigkeit	Häufigkeit der Durchführung einer bestimmten Dienstleistung innerhalb eines festgelegten Zeitraums (z. B. Anzahl der Releasewechsel pro Jahr)
3. Potenzialbezogene Service-Levels	
Ressourcenanforderungen	Anforderungen an Mitarbeiter und technische Ressourcen, z. B. (mitarbeiterbezogen) Sprachkenntnisse beim Help-Desk, Schulungsstand der Mitarbeiter oder (IT-bezogen) Verwendung eines bestimmten Hardwareherstellers, Betriebssystems oder Datenbankssystems
Zertifizierung	Externe, dokumentierte Überprüfung des Leistungspotenzials des Anbieters nach festgelegten Standards, z. B. Zertifizierung als Microsoft-Gold-Partner oder nach ISO 9002, auditierte Einhaltung von Sicherheitsstandards bei der Ausstattung von Rechenzentren
Kapazität	Vorhalten einer bestimmten Kapazität, z. B. Reservekapazität an Mitarbeitern

Quelle: In Anlehnung an Böhmann (2004, S. 79 u. 81)

3.4.5 Personalmanagement

In diesem Kapitel wird auf das IT-Personalmanagement mit den Unterteilungen Anforderungen an die Mitarbeiter und die Aufgaben im Personalmanagement eingegangen.

Qualifizierte Mitarbeiter sind die Ressource im Unternehmen schlechthin. Die Mitarbeiter und das Personalmanagement werden damit zu entscheidenden Erfolgsfaktoren. Diese Ansicht behält auch für die Mitarbeiter des IM eines Unternehmens ihre Gültigkeit. Im Folgenden wird aber vorwiegend auf personelle Aspekte des Bereichs IM mit seiner „Querschnittsfunktion" im Unternehmen und seiner Beziehung zur Technologiedynamik eingegangen. Im Zusammenhang damit werden einzelne Aufgaben und wichtige Instrumente des Personalmanagements gesondert herausgestellt.

3.4.5.1 Anforderungen an Mitarbeiter

Die Abgrenzung der IT-Mitarbeiter von anderen Mitarbeitern des Unternehmens ist eine schwierige Aufgabe. Versteht man darunter nicht nur das Personal der IT-Abteilung, sondern auch das Personal der gesamten Informations-Infrastruktur im Unternehmen, fallen neben den „Bearbeitern" von IS auch Mitarbeiter aus Fachabteilungen und Projektgruppen darunter, die bei der Systemplanung beratend mitwirken. So arbeitete bereits 1989 etwa ein Drittel der Beschäftigten in Deutschland mit Computerunterstützung, während nur ein Prozent davon einen Computerberuf im engeren Sinn ausübte (Dostal 1990, S. 762). Der überwiegende Teil der Computerbenutzer verfügt damit nur über technologische Grundkenntnisse oder einzelne computerbezogene Detailkenntnisse. Die Anforderungen an Mitarbeiter hängen demnach davon ab, welche Gruppe, bspw. alle Mitarbeiter, Mitarbeiter oder der CIO (auch Informationsmanager), betrachtet wird.

Der Einsatz von IKT in Unternehmen ist in stetigem Wachstum begriffen und hat inzwischen alle wesentlichen Bereiche erfasst und deren organisatorische Ausgestaltung deutlich verändert. Die für die Zukunft zu erwartende rasante Weiterentwicklung verlangt von allen Beschäftigten im Unternehmen eine stetige Erhöhung ihrer computerbezogenen Qualifikationen, woraus sich ein hoher Weiterbildungsbedarf ableiten lässt. Für die IT-Mitarbeiter im engeren Sinne gilt dies in verschärftem Maße: Die zunehmende Integration der Systeme fordert von ihnen hohes Abstraktionsvermögen, überdurchschnittliche Lernbereitschaft und Belastbarkeit, um sich die neuen technischen Kenntnisse anzueignen, sowie Anpassungsfähigkeit (vgl. auch Arbogast/Keim 2001, S. 24). Gleichzeitig erfordert die zunehmende Bedeutung der Projektorganisation sowie der Wandel der IT-Abteilungen hin zu kundenorientierten Information Centers von den Mitarbeitern allgemeine Kommunikations-, Schulungs- und Teamfähigkeiten, um Systeme im Team zu entwickeln und Benutzer mit wachsendem IT-Know-how angemessen zu beraten und weiterzubilden.

Typische **Berufsbilder** innerhalb dieser „engen" Abgrenzung des IM sind neben dem Leiter des IM Systemanalytiker, Systementwickler, IT-Organisatoren und Informatik-Berater. Es bieten sich aber auch für Berufsanfänger einige Ausbildungsberufe im Bereich Computer, Kommunikation und Information. Beispiele hierfür sind Fachangestellte für Medien und Informationsdienste, Fachinformatiker, Informatikkaufmann, Informationselektroniker, IT-System-Elektroniker, IT-Systemkaufmann, Kommunikationselektroniker, Mediengestalter für Digital- und Printmedien sowie Mikrotechnologe.

Die Aufgaben und **Qualifikationsanforderungen** des IM wandeln und erweitern sich jedoch und führen zu vielen Variationen des „Typus" IT-Mitarbeiter. Für den Manager der Informationsfunktion, den „Informationsmanager" (auch CIO genannt, vgl. Kapitel 3.4.4.2) selbst, gilt, dass er über weitreichende soziale Kompetenz verfügen muss, Führungskraft und Schiedsrichter zugleich, d.h. eine integrierende Persönlichkeit ist, die die Selbstorganisation seiner Mitarbeiter fördern muss, und dass er seine Aufgabe als interdisziplinäre Herausforderung zwischen Technik und Betriebswirtschaft sieht. Dafür muss er nicht notwendigerweise ein Informatiker sein, er benötigt jedoch ausgeprägtes Organisationsgeschick, den Charakter eines „proaktiven Futuristen" (Macharzina 1999, S. 670), hohes analytisches Denkvermögen, Abstraktionsfähigkeit, ausgewogene Kenntnisse und Fähigkeiten der Betriebswirtschaft, der IKT, des IM und insbesondere der Führung von Mitarbeitern als Individuen und in Teams. Damit steht bei diesem eigentlichen „Supermann" die Kommunikationsfähigkeit im Mittelpunkt (Heinrich 2002, S. 57ff.).

3.4.5.2 Aufgaben im Personalmanagement

Die personalwirtschaftlichen Aufgaben werden hier am **Prozess des Personalmanagements** skizziert (Scholz 2000b, S. VI):

1. Die *Personalbestandsanalyse* schafft die informatorische Basis für die Personalarbeit. Ihr Ziel ist die quantitative und qualitative Erfassung des bestehenden Mitarbeiterpotenzials und die bereits absehbare Veränderungen berücksichtigende Projektion dieses Potenzials in die Zukunft.

2. Hierarchisch gleichrangig zur Bestandsanalyse steht die *Personalbedarfsbestimmung* als Ermittlung des jeweils erforderlichen Soll-Personalbestandes. Es wird dabei differenziert nach unterschiedlichen Perioden des Planungszeitraums, nach Qualifikationsgruppen bzw. nach Arbeitsplätzen.

3. Übersteigt der Bedarf in einem Teilbereich den Bestand und soll die Differenz über eine Bestandsänderung ausgeglichen werden, kommt es zur *Personalbeschaffung*. Ihr Ziel ist die Anpassung des Personalbestandes an den aktuellen Personalbedarf durch Neueinstellung oder interne Rekrutierung.

4. Übersteigt der Bedarf in qualitativer Hinsicht den Bestand, so wird je nach Sachlage entweder eine Verbindung aus Freisetzung und Beschaffung oder aber (im Normalfall) eine Anpassung der Qualifikation der Mitarbeiter über eine *Personalentwicklung* realisiert.

5. Liegt der Bedarf in qualitativer oder in quantitativer Hinsicht unter dem Bestand, so gibt es überqualifizierte bzw. zu viele Mitarbeiter im Betrieb. Speziell im letzten Fall kann es zur *Personalfreisetzung* kommen.

6. Zusammenfassen und integratives Abstimmen der Personalbeschaffungs-, Personalentwicklungs- und Personalfreisetzungsplanung erfolgt im *Personalveränderungsmanagement*. Hier stehen Koordination und das Setzen von Prioritäten im Vordergrund.

7. Im *Personaleinsatzmanagement* wird festgelegt, wie vorhandene Mitarbeiter existierenden Stellen zugeordnet werden. Berücksichtigt werden dabei Qualifikationen und Fähigkeiten der Mitarbeiter sowie die Anforderung der zu besetzenden Stelle.

8. Während sich das Personaleinsatzmanagement auf das formalisierte Zusammenspiel von Stellenanforderungen und Mitarbeiterfähigkeiten konzentriert, geht die *Personalführung* von bereits erfolgter Zuordnung aus und konkretisiert das Verhältnis zwischen Vorgesetzten und Untergebenen. Bei der unmittelbaren Interaktion zwischen ihnen handelt es sich um einen Prozess der zielgerichteten Beeinflussung von Personen durch Personen (Macharzina 1999, S. 399).

9. Das *Personalkostenmanagement* verbindet das Personalmanagement mit den übrigen Teilen der Unternehmensplanung, vor allem mit der Finanz- und Budgetplanung. Im Personalkostenmanagement schlagen sich neben den unmittelbaren Kosten des Personalmanagements auch die Kosten für die geplanten bzw. durchgeführten Veränderungsmaßnahmen nieder.

Alle erläuterten Personalmanagementaufgaben sind für die IT-Personalarbeit wichtig sind. Für die durch das IM wahrzunehmenden Aufgaben stellen sie die notwendigen Informationen und Instrumente zur Verfügung. Nachfolgend werden jedoch nur die Instrumente erläutert, die im IM selbst angewendet werden können.

Grundsätzlich verfolgt das Mitarbeitermanagement das Ziel, die Mitarbeiter effizient einzusetzen, d.h. ein optimales Verhältnis von Arbeits-Input und -Output zu minimalen Kosten zu erreichen. Des Weiteren verfolgt es soziale Ziele, die sich aus der personalen Gebundenheit des „Produktionsfaktors Arbeit" ergeben und die den Erwartungen, Bedürfnissen und Interessen der Mitarbeiter versuchen, entgegenzukommen (Domsch 1993, S. 524).

Bezogen auf die Anforderungen an IT-Mitarbeiter steht konkret das Ziel der zukunftsbezogenen, dem permanenten technologischen Wandel entsprechenden

Qualifikation der Mitarbeiter im Vordergrund. Hier muss geprüft werden, inwieweit der Personalbestand sowohl dem aktuellen als auch zukunftsbezogenen Qualifikationsbedarf entspricht und welche Maßnahmen der Weiterbildung oder der Personalveränderung eingeleitet werden müssen. In der Praxis wird der „Enabling-Funktion" der Qualifikation und Weiterbildung der Mitarbeiter für die Erfüllung der Informationsfunktion noch nicht ausreichend Rechnung getragen, da sie nicht als Investition in einen immateriellen Produktionsfaktor „Wissen" betrachtet wird.

In diesem Zusammenhang wird eine weitere zentrale Herausforderung an das Personalmanagement auch im Rahmen des IM relevant: Die Personalführung entsprechend der „Motivstruktur gegenwärtiger und zukünftiger Mitarbeiter" (Scholz 1993, S. 4). Die Erfüllung hoher Anforderungen, wie sie das IM stellt, setzt ein hohes Maß an Motivation der Mitarbeiter voraus. Wichtig ist hier, inwieweit die Anreizsysteme und das Führungsverhalten der Organisation auf die Bedürfnisstruktur der Mitarbeiter ausgerichtet sind; etwa, ob Mitarbeiter primär über materielle Anreize (Entgelt) oder über postmaterielle Anreize (Sinn der Arbeit) zu motivieren sind. Bei einer dem Mitarbeiteranspruch entsprechenden Werteorientierung kann das Unternehmen auch Spitzenkräfte und Mitarbeiter in Engpassbereichen anwerben und halten (Scholz 2000a, S. 16ff.).

Der Status Quo der Personalarbeit im IM entspricht diesen Herausforderungen der Mitarbeitermotivation und -weiterbildung selten: Im Rahmen der Qualifizierung können Kurse nur einen Teil der individuell und situativ unterschiedlichen Weiterbildungsbedarfe bedienen. Die Aneignung des zusätzlich erforderlichen Wissens bleibt – insbesondere in kleinen Unternehmen – den Mitarbeitern vielfach selbst überlassen. Arbeitsaufgaben werden dabei oft zu einer Art ungeplantem „Training on the Job", wobei die Qualität dieser Ausbildung vom zufälligen (meist literarischen) Dokumentationsangebot, dem Engagement und den Vorlieben des jeweiligen Mitarbeiters abhängen. Der Transfer von Gelerntem in die Arbeitspraxis bleibt dann unsystematisch und lückenhaft, Erfahrungswissen der Mitarbeiter bezieht sich immer nur auf die eigene Erfahrung, die Expertise erfahrener Anwender kann so nicht genutzt und weitergegeben werden. Das Management des Wissens der IM-Mitarbeiter muss daher verbessert und die Weiterbildung als fortwährender Bestandteil ihrer Arbeit etabliert werden, bspw. in einer Mischung aus Kursen und Selbststudium am Arbeitsplatz und „Computer Based Training"-Elementen.

Die bisher geschilderten Veränderungen haben nicht zuletzt auch unmittelbar Einfluss auf die Organisation der Unternehmen und führen zu einem weiteren wichtigen Aspekt des Mitarbeitermanagements: Der Trend zu flacheren Hierarchien, effizienteren Entscheidungswegen und flexibleren Organisationsformen verlangt nach neuen Kontrollsystemen, um trotz der Autonomie möglichst unabhängiger Einheiten die Kompatibilität zur Gesamtzielsetzung herzustellen. Eine Konsequenz für das Personalmanagement daraus kann sein, den Personalbedarf weder quantitativ noch qualitativ von einer zentralen Instanz zu bestimmen, noch die Personalentwicklung und den Personaleinsatz zentral zu organisieren, sondern durch die Fachbereiche initiieren zu lassen. Trotz dieser Dezentralisierung des Personalmanagements muss durch Schulung der personalverantwortlichen Mitarbeiter eine unternehmensweite Einheitlichkeit gewährleistet werden.

Im Folgenden werden Instrumente für die Bereiche **Personalentwicklung** und **Personalführung** innerhalb des IM näher erläutert.

Adäquate Weiterbildungsgestaltung: Unter adäquater Weiterbildungsgestaltung ist innovative, effektive und kundenorientierte Gestaltung der Mitarbeiterschulung zu verstehen. *Kundenorientierung* bedeutet die flexible und spezifische Ausrichtung auf den „Kunden" (Mitarbeiter, Arbeitsgruppe oder Betrieb als Einheit). Lerninhalte müssen integriert werden, d.h. fachliche, methodische und soziale Kenntnisse und Fähigkeiten müssen in Verbindung miteinander vermittelt werden. *Effektive Lernmethoden* qualifizieren die Mitarbeiter für die kooperative Arbeit unter Einsatz von Technik, anstatt wie bisher Technikbedienungswissen zu vermitteln. Gleichzeitig muss die Gleichwertigkeit von allgemeiner Bildung und beruflicher Weiterbildung für die betriebliche Laufbahn anerkannt werden, damit „lebenslanges Lernen" einen Sinn hat. Durch Zugangsmöglichkeiten zu den Schulungsmaterialien über multimediale Kommunikation und Datenübertragung kann der Lernort sowohl am Arbeitsplatz als auch zu Hause sein.

Verfolgung von Qualifizierungsstrategien: Für Qualifizierungsstrategien erforderliche Informationen über den Qualifikationsbestand und -bedarf können über Szenario-Analyse, Umfeld-Scanning, Anforderungsprofile und Fähigkeitsprofile ermittelt werden (Scholz 1992, S. 172-175):

- **Szenario-Analyse** für die Prognose zukünftiger Fähigkeitsprofile und Umfang der benötigten Qualifikationen (Anforderungsprofile) auf Basis einer hypothetischen Sequenz von Ereignissen
- **Umfeld-Scanning** für die systematische Suche nach für die IM-Mitarbeiterqualifikation relevanten Informationen in den Bereichen Wertewandel, neue Technologien und Arbeitsweisen
- **Anforderungsprofile**, die unabhängig von den aktuellen Stelleninhabern Aussagen über Art und Höhe mehrerer Anforderungsmerkmale einer Stelle machen und auch die für die Karriere des Mitarbeiters relevanten Aspekte beinhalten sollten. Wird das Anforderungsprofil einer Stelle durch den Mitarbeiter nicht erreicht, stellt es das Ziel der Qualifikationsmaßnahmen dar, die Lücke zwischen Anforderungs- und Fähigkeitsprofil zu schließen.
- **Fähigkeitsprofile** orientieren sich am aktuellen Leistungspotenzial der Mitarbeiter und bestehen aus einer Liste von Fähigkeiten, denen die individuellen Merkmalsausprägungen gegenübergestellt werden. Sie spielen bei der Bewerberauswahl eine wichtige Rolle.

Maßnahmen der Qualifikation versuchen potenzialorientiert, vernetztes Denken zu schaffen, denn das IM ist von der Mitarbeiterqualifikation hinsichtlich Effektivität und Effizienz abhängig. Der Vorgesetzte als Personalentwickler ist an der Bestimmung der Fähigkeitslücken, den Entwicklungspotenzialen des notwendigen Entwicklungsvolumens, der Festlegung einzelfallspezifischer Adressaten von Qualifikationsmaßnahmen, der Kontrolle dieser Maßnahmen und der Personalentwicklung insgesamt beteiligt. So versteht man die Personalentwicklungsstrategie als zielorientierte Weiterentwicklung der Fähigkeiten der eigenen Mitarbeiter (Potenzialkonzentration) mit langfristiger summarischer Entwicklung in Richtung zukunftsträchtiger Berufsbilder mit hoher Bandbreite der Bildungsinhalte und meist von den Mitarbeitern mitbeeinflusst.

Motivationsermittlung und -gestaltung: Informationen über die Motivation der Mitarbeiter können mit Hilfe der folgenden Techniken ermittelt werden (Scholz 1992, S. 164-167):

- **Mitarbeiterbefragungen** zur aktuellen Motivationslage und zu potenziellen Motivationsfaktoren. Wichtig für die Aussagenqualität sind der professionelle Ansatz (exakte Fragestellungen) und die Wahrung der Anonymität der Befragung. Ableitbar sind zusätzliche Informationen über die Mitarbeiterstruktur, Erwartungen an das IM, Arbeitsplatzgestaltungsideen, unerfüllte Informationswünsche und Führungsleistungen der Vorgesetzten.
- **Aufwärtsbeurteilungen**, d.h. die anonyme Beurteilung der Vorgesetzten durch die Mitarbeiter, als eine professionell durch Externe durchgeführte sehr individuelle Informationsermittlung. Verglichen wird das Perzeptionsprofil der Mitarbeiter mit der Selbsteinstufung der Führungskraft.
- **Imageanalysen** des Unternehmens, die indirekt auch Aussagen über Aufstiegsperspektiven, Führungsstil und Betriebsklima ermitteln
- **Mitarbeitergespräche** als die zentrale Informationsquelle, um die Motivstruktur der Mitarbeiter zu ermitteln. Vorgesetzte sollten entsprechend geschult werden, weil häufig unterschätzt wird, wie schwierig die tatsächliche Bedürfnisstruktur der Mitarbeiter zu ergründen ist. Die Gefahr dabei ist, dass sich Mitarbeiter und Vorgesetzte schnell auf eher vordergründige Argumente wie Bezahlung oder restriktive Unternehmenspolitik einigen.

Maßnahmen zur höheren Motivation sind:

- **Führungsseminare** für kleine Gruppen von Mitarbeitern, um das situative Führungsverhalten, das Kommunikationsverhalten, das Zeitmanagement, die Arbeitsorganisation und das Verhandlungsverhalten zu verbessern.
- **Unternehmenskulturermittlung** sowie **-erhalt** oder **-wandel** zu einer motivationsförderlichen Kultivierung der Verhaltensgrundlagen und -einflüsse auf Mitarbeiter und Vorgesetzte

- **Karriereplanungen**, die in vielen Untersuchungen als wichtige Impulsgeber für die Mitarbeitermotivation genannt werden. Im engeren Sinne wird ein Entwicklungspfad für den Mitarbeiter konkret ausformuliert. Soll daraus ein Motivationseffekt resultieren, dürfen Erwartungen und geweckte Hoffnungen später nicht enttäuscht werden.

- **Arbeits- und Arbeitsumfeldgestaltung** mit erhöhter Transparenz der Unternehmens- und IM-Strategie, angemessenen Kontrollausmaßen und motivierenden Anreizsystemen (Scholz 1992, S. 168-171)

Teambuilding, Moderation und Training: Aus der Sicht des Personals als Träger von neuen Formen der Arbeitsorganisation sind Teams und Verteilung von Managementautorität und Verantwortlichkeit wichtige Aspekte des Personalmanagements im IM:

- **Teambuilding:** In jedem Team sollten nach *Davis* (1992, S. 150ff.) die folgenden Rollen vertreten sein: *Driver*, der Ideen entwickelt, Richtungen aufzeigt und innovatives Handeln initiiert; *Planer*, der Bedarfe abschätzt, Strategien plant und Zeitmanagement übernimmt; *Enabler*, der Ressourcen managt, Ideen unterstützt und verhandelt; *Executer*, der produziert, koordiniert und das Team erhält und pflegt und der *Controller*, der aufzeichnet, beobachtet, zuhört und Programme evaluiert und Korrekturmöglichkeiten vorschlägt. Aus jeder Rolle heraus ist die Leitung des Teams möglich und in der Teambildung eher sekundär. Bei der Gestaltung von neuen Teams muss man auf die Besetzung der Rollen, bei existierenden auf die Ergänzung fehlender Rollen durch Mitarbeiter achten.

- **Moderierende Führung:** Bedeutet vor allem informale Kommunikation, soweit es die Organisationskultur erlaubt, d.h. die offene Diskussion von Interessenkonflikten zwischen Interessengruppen im Team sowie die Akzeptanz und Ausübung konstruktiver Kritik.

- **Teamtraining:** Eine wichtige Funktion im Team hat der *Coach*, der die Teammitglieder – während ihrer Arbeit und beim Lösen realer Probleme – als Trainer beim Erlernen individueller Fähigkeiten und Techniken unterstützt.

- **Managementautorität und Verantwortlichkeit**: In erfolgreichen Teams sind laut *Davis* (1992) Autorität und Verantwortlichkeit ein theoretischer Aspekt, keine wahrgenommene Zuständigkeit, denn Autorität im Team von Gleichberechtigten könne nur destruktiv wirken. Zudem gilt der Gruppendruck als ein stärkerer disziplinierender Faktor als Anweisungen formaler Autoritäten.

3.4.6 IT-Controlling

3.4.6.1 Business Value der IT

3.4.6.1.1 Der Wertbegriff der IT

Der Einsatz von IT stellt ein Entscheidungsproblem dar. Dabei stellt sich die Frage nach einer geeigneten Zielgröße. Versucht man, sich dem Wertbegriff der IT anzunähern, kann festgestellt werden, dass es zwar umfangreiche Forschungsarbeiten zu verschiedenen Bewertungsverfahren und -methoden von Informationssystemen gibt, der Wertebegriff an sich dagegen eher selten Gegenstand ist und meistens axiomatisch vorausgesetzt wird (Bannister/Remenyi 2000, S. 232). Das führt dazu, dass der Wertbegriff in Theorie und Praxis schillernd ist und bei Untersuchungen, Studien oder Forschungsarbeiten häufig nicht klar ist, was denn überhaupt Gegenstand der Betrachtung ist. Aus diesem Grund soll, ehe verschiedene Bewertungsverfahren im nächsten Kapitel beschrieben und systematisiert werden, der Wertbegriff der IT genauer diskutiert und betrachtet werden. Dies ist überdies auch deshalb erforderlich, weil eine rationale und nachvollziehbare IT-Investitionsentscheidung nur dann getroffen werden kann, wenn ein Verständnis über das, was optimiert werden soll, vorhanden ist.

Betrachtet man das Beispiel eines CAD-Systems, wird sofort deutlich, dass der Wertbegriff eng an die kontextabhängige Zielvorstellung eines Entscheidungsträgers gebunden ist. Während das CAD-System für ein Produktionsunternehmen unter Umständen einen hohen Wert aufweisen kann, hat dieses für ein Handelsunternehmen höchstwahrscheinlich keinen direkten Wert. Der Wert oder Nutzen einer IT-Investition lässt sich damit aus Sicht eines Wirtschaftssubjektes als die Zusammenfassung der positiven und negativen Zielbeiträge, die die Eigenschaften (Attribute) einer IT-Investition oder deren Effekte auf die Diskurswelt stiften, definieren. Streng genommen resultiert also der Nutzen einer IT-Investition erst aus einer subjektiven Bewertung der Attribute und deren Wirkungen im Hinblick auf die Zielvorstellung des Wirtschaftssubjektes. Häufig sind allerdings auch die nutzenstiftenden Attribute einer IT-Investition oder deren Wirkungen selbst gemeint, wenn vom Nutzen einer IT-Investition oder von Nutzenkategorien gesprochen wird. Im Folgenden wird deshalb in Anlehnung an den üblichen Sprachgebrauch auch von einer Nutzenkategorie oder dem Nutzen einer IT-Investition gesprochen, wenn ein nutzenstiftendes Attribut oder dessen Wirkung gemeint ist und klar ist, was gemeint ist. Attribute oder deren Wirkungen, die einen negativen Zielbeitrag liefern, werden häufig als Kosten bezeichnet, wobei diese dann nicht in einem kostenrechnerischen Sinn verstanden werden dürfen.

Der Nutzen ist ein komplexes Konstrukt, das in seinem eigentlichen Sinne nur dimensionslos messbar ist. Wird von quantitativ und qualitativ messbarem Nutzen gesprochen, so wird auf die Messbarkeit der nutzenstiftenden Attribute einer IT-Investition oder deren Wirkung abgestellt und nicht auf den Nutzen selbst.

Unter quantitativ messbaren Nutzen werden deshalb Attribute einer IT-Investition verstanden, die oder deren Wirkungen zumindest kardinal messbar sind, wie z. B. die Antwortzeit eines Systems oder die Reduzierung der Prozessdurchlaufzeit durch ein System. Ein monetär messbares Attribut ist selber oder durch seine Wirkungen in Geldeinheiten messbar, z. B. die Lizenzkosten von Software, die Kosten für Hardware oder die Umsatzsteigerungen durch gesteigerte Kundenzufriedenheit. Negative monetäre Wirkungen treten als Kosten (im kostenrechnerischen Sinne), Auszahlungen oder Aufwendungen und positive Wirkungen als Erlöse, Einzahlungen oder Einnahmen auf. Unter qualitativem Nutzen einer IT-Investition, werden Attribute verstanden, deren Ausprägungen oder Wirkungen direkt nicht messbar sind, wie z. B. die durch die IT-Investition bewirkte Kundenzufriedenheit oder die Farbe von Dialogelementen. Dabei sollte nicht übersehen werden, dass auch direkt nicht messbare Attribute oder deren Wirkungen eventuell durch andere Attribute operationalisiert werden können. Z. B. könnte die Kundenzufriedenheit über die Anzahl an Wiederholungskäufen operationalisiert werden.

Nimmt man einen neoklassischen Standpunkt ein und sieht die Vermögensmehrung der Unternehmenseigentümer als das einzige Ziel einer Unternehmung an, so muss jedes aus Unternehmenssicht nutzenstiftende Attribut einer IT-Investition prinzipiell durch seine monetären Wirkungen messbar sein. Denn letztendlich sorgt im neoklassischen Weltbild der Markt- und Preismechanismus dafür, dass sich aus Sicht der Eigentümer wertschaffende oder -vernichtende Attribute einer IT-Investition in monetären Größen widerspiegeln. Die rein finanzwirtschaftliche Perspektive weist den Vorteil auf, dass sich der Wert einer IT-Investition aus Sicht der Unternehmung bei geeigneten Annahmen unabhängig von den konkreten Zielvorstellungen einzelner Wirtschaftssubjekte bestimmen lässt. Eine Berücksichtigung nicht monetär messbarer Wirkungen oder Attribute einer IT-Investition ist bei dieser Sichtweise nur ein Hilfskonstrukt, um schwer abzuschätzende monetäre Wirkungen zu operationalisieren.

Diese rein finanzwirtschaftliche und neoklassische Ansicht muss aber in mehrfacher Hinsicht kritisiert werden. Zum einen lässt sich dieser Sichtweise entgegnen, dass es unmöglich ist, den monetären Effekt von jedem nutzenstiftenden Attribut einer IT-Investition zu bestimmen, da eine Reihe gleichzeitig interagierender und intervenierender Variablen wirken. Die Kritik ist keine prinzipielle Kritik, sondern bezieht sich auf die Mess- und Zuordnungsproblematik und ist deshalb nicht geeignet, die finanzwirtschaftliche Sichtweise zu widerlegen. Andererseits kann diese Ansicht auch theoretisch und empirisch kritisiert werden. Es ist nicht unumstritten, welche Ziele Unternehmen verfolgen oder verfolgen sollten, und auch nicht unbedingt als irrational anzusehen, wenn Unternehmen neben dem finanzwirtschaftlichen Ziel weitere Ziele verfolgen. Daraus kann ein komplexes Zielsystem resultieren. Unter dieser Prämisse treten auch nicht monetär messbare Nutzenkategorien auf.

Die finanzwirtschaftliche Sichtweise greift z.B. auch bei der Bewertung von IT-Investitionen in der öffentlichen Verwaltung zu kurz. Zum einen gibt es hier keinen Marktmechanismus, der garantiert, dass sich unternehmerische Handlungen über kurz oder lang in monetären Größen niederschlagen. Zum anderen muss hier die Konzentration auf die öffentliche Verwaltung verlassen werden, da die Bürger sich in einer Art Zwitterrolle befinden und sowohl als Steuerzahler als auch als „Kunde" betroffen sind. Sorgt z.B. ein neues Informationssystem in Verbindung mit einem neuen Prozess dafür, dass Arbeitslast auf den Bürger verlagert wird, so muss diese Arbeitslast als Kosten erfasst werden, da der Bürger häufig nicht einmal die Vermeidungsstrategie als Alternative hat.

Ein zusätzlicher Aspekt bei der Betrachtung des Wertes einer IT-Investition ist auch die zeitliche Dimension. Der Wert einer IT-Investition kann immer nur auf Basis der zum Zeitpunkt der Bewertung vorhandenen Informationen bestimmt werden. Bei einer Ex-ante-Bewertung wird deshalb der Wert einer IT-Investition im erheblichen Maße vom Risiko beeinflusst werden, während bei einer Ex-post-Bewertung das Risiko prinzipiell keinen Einfluss auf diesen hat.

Prinzipiell lässt sich die Wertbestimmung einer IT-Investition wie folgt beschreiben: Bestimme zuerst die relevanten Attribute einer IT-Investition. Messe diese Attribute oder deren Wirkung auf der Diskurswelt. Leite aus der Zielvorstellung eine Nutzenfunktion ab und weise dem Vektor der gemessenen Werte einen Nutzen zu.

Zusammenfassend lässt sich zum Wertbegriff folgendes konstatieren:

- Es ist wichtig, Klarheit über den Wertbegriff und damit über die Zielvorstellungen herzustellen, denn nur dann ist eine rationale und nachvollziehbare Entscheidung möglich.
- Der Wert oder Nutzen einer IT-Investition hängt von der Zielvorstellung ab.
- Der Wert setzt sich aus positiven und negativen Zielbeiträgen zusammen, die durch die Attribute einer IT-Investition oder deren Wirkung entstehen.
- Eine Wertzuweisung erfolgt immer basierend auf den vorhandenen Informationen und ist deshalb nicht zeitinvariant und kann im erheblichen Maße vom Risiko beeinflusst werden.

3.4.6.1.2 IT und Produktivität

Häufig wird der Wertbegriff auch mit den Begriffen Produktivität, Effizienz und Effektivität verbunden. Die Produktivität misst dabei einen mengenmäßigen Output im Verhältnis zu dem hierfür notwendigen mengenmäßigen Faktorverbrauch. Effizienz bedeutet dagegen, auf der Produktionsmöglichkeitenkurve zu produzieren, d.h. bei gegebener Faktorausstattung den maximalen Output zu produzieren. Produktivitätssteigerungen bedeuten aber per se noch keinen volkswirtschaftlichen Wertzuwachs, der letztendlich erst aus dem Zusammenspiel von Angebot und Nachfrage entsteht. Wird das Produktbündel auf der Produktionsmöglichkeitenkurve produziert, das für die Nachfrager den Nutzen maximiert, wird von Effektivität gesprochen. Erst auf dieser Ebene kann von einem Wertzuwachs gesprochen werden. Es zeigt sich also, dass Produktivitätssteigerungen nicht unbedingt immer ein sinnvoller Maßstab für den Wertzuwachs sind, der durch den Einsatz von IT entsteht.

Darüber hinaus besteht eine erhebliche Messproblematik, da für den Nachweis von Produktivitätssteigerungen sowohl der Input als auch der Output, wie z. B. die Produktqualität oder die Variantenvielfalt, auf einer Mengenebene gemessen werden müssen. Werden hierfür hilfsweise monetäre Größen, wie bspw. der Gewinn oder der Umsatz, verwendet, kommen Markt- und Umverteilungseffekte über den Preismechanismus hinzu, so dass letztendlich oftmals nicht die Produktivität gemessen wird. Hinzu kommt noch eine dynamische Messproblematik. Durch Anlaufschwierigkeiten bei der Einführung von Informationssystemen kann es zu Verzögerungen bei der Realisierung von Produktivitätssteigerungen kommen. So können sich Produktivitätseffekte, bedingt durch Lerneffekte bei allen Marktakteuren, erst nach einer bestimmten Anlaufzeit, die durch einen erhöhten Koordinationsaufwand gekennzeichnet ist, bemerkbar machen.

Neben der Messproblematik der Produktivität muss berücksichtigt werden, dass der Wirkungszusammenhang zwischen IT und Produktivität weitaus komplexer ist und die Reduktion auf einen Black-Box-Ansatz relevante Variablen unberücksichtigt lässt. So ist der Einsatz von IT neben der Strategiebildung, Innovationen sowie der Reorganisation von Prozessen meist nur ein Teil des notwendigen Maßnahmenbündels zur Steigerung der Produktivität eines Unternehmens. Zu diesem Ergebnis kommt auch eine McKinsey-Studie aus dem Jahr 2001 (McKinsey 2001). Hier wurde der Zusammenhang zwischen dem Produktivitätswachstum und dem Zuwachs der IKT-Kapitalintensität in unterschiedlichen Wirtschaftssektoren der USA von 1995-2000 untersucht. Bei der Betrachtung der sechs wachstumsstärksten Sektoren Einzelhandel, Großhandel, Wertpapierhandel, Telekommunikation, Halbleiterindustrie und Computerproduktion fällt auf, dass der reine IT-Einsatz nur in Ausnahmefällen zu außerordentlichen Produktivitätszuwächsen führt, wie bspw. beim Online-Handel von Wertpapieren, wo der kundenbezogene Arbeitsaufwand im Vergleich zur bisherigen Abwicklung nur noch ein Zehntel beträgt. In den meisten Fällen ist der IT-Einsatz nur ein Faktor bei der Reorganisation von Prozessen und Realisation von Geschäftsinnovationen (McKinsey 2001, S. 4). Folglich muss der bei der Untersuchung des Produktivitätsparadoxons bisher unterstellte unmittelbare Zusammenhang zwischen IT-Investitionen und der Produktivität um eine differenziertere Betrachtung erweitert werden. Die folgende Abbildung 3-125 stellt diesen Zusammenhang dar.

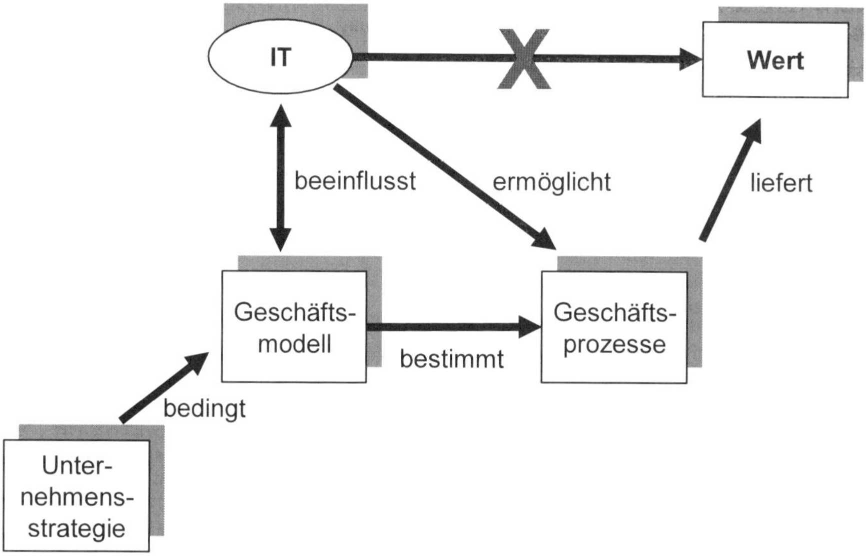

Abbildung 3-125. Wirkungszusammenhänge des Einsatzes von IT und Unternehmenserfolg
Quelle: In Anlehnung an Wiegand/Picot/Reichwald (1998, S. 159)

Entscheidend für den Einfluss des IT-Einsatzes auf die Produktivität sind nicht per se die Investitionen in IT. Erst die Abstimmung des IT-Einsatzes mit der Unternehmensstrategie und den Geschäftsprozessen sind ausschlaggebend für einen Erfolgsbeitrag von IT (Wigand et al. 1998). So ist der Nachweis des direkten Zusammenhangs zwischen IT und Produktivität in den meisten Fällen problematisch. Wirkungen von IT können nur über ihren strategischen Beitrag und die Nutzung ihrer Potenziale bei der Gestaltung von Geschäftsprozessen auf die Produktivität wirken. Die Fragestellung bei der Untersuchung des Wertbeitrags von IT ist daher neu zu formulieren: Welchen Beitrag leistet ein Geschäftsprozess zum Unternehmenserfolg und welchen Nutzenbeitrag kann der IT-Einsatz für den Geschäftsprozess liefern?

Deutlich wird die Diskussion um die Problematik der Produktivität als Wertgröße der IT in vielen Beiträgen und Untersuchungen zu einem Phänomen, das in der Literatur mit dem Begriff Produktivitätsparadoxon der IT belegt ist. So formulierte bspw. der Nobelpreisträger *Solow* (1987, S. 36) die Aussage: „Computer tauchen überall auf, nur nicht in Produktivitäts-Statistiken".

Das Produktivitätsparadoxon behauptet, dass kein positiver Zusammenhang zwischen IT-Investitionen in IKT und der Produktivität auf volkswirtschaftlicher oder Firmenebene besteht.

Ein Vergleich existierender Studien über die Produktivität der IT, vorwiegend aus dem Bereich der angloamerikanischen Management Information Systems- (MIS)-Forschung, ergibt insgesamt noch keine eindeutige Aussage bezüglich der Überwindung des Produktivitätsparadoxons (Für einen Überblick über vorhandene Untersuchungen vgl. z. B. Potthof 1998, S. 57ff.; Weitzendorf 2000, S. 19 ff.). Es ist jedoch grundsätzlich festzustellen, dass jüngere Studien einen positiven Zusammenhang bestätigen.

Potthof (1998) setzt sich in einer Meta-Studie mit dem Zusammenhang zwischen dem IT-Finanzmitteleinsatz als Input und den Wirkungen auf den Unternehmenserfolg als Output bei 49 Untersuchungen auseinander. Zusammenfassend identifiziert er fünf Ergebniskategorien (deutlich negativer, leicht negativer, kein, positiver und deutlich positiver Zusammenhang), in die sich die Entwicklungen der jeweiligen betrachteten Erfolgskennzahlen einordnen lassen. Wenngleich den Studien unterschiedliche Ansätze zu Grunde liegen und die Aussagefähigkeit einiger Untersuchungen aufgrund unzureichender Methodik, Datenbasis und Beachtung komplexer Wirkungszusammenhänge eingeschränkt werden muss, können auf einer aggregierten Ebene einige Aussagen getroffen werden. Signifikant ist die Tatsache, dass nur eine Studie für die IT einen deutlich negativen und drei einen leicht negativen Zusammenhang zum wirtschaftlichen Erfolg feststellen. In zwölf Studien konnte kein Zusammenhang zur abhängigen Variable nachgewiesen werden. Bei 26, also der Mehrzahl der Studien, wurden jedoch positive Ergebnisse ermittelt, in sieben Fällen sogar ein deutliches.

3.4.6.1.3 Ansätze zur Kategorisierung der IT-Kosten und -Nutzen

Um Bewertungen von IT-Investitionen durchführen zu können, müssen zunächst die Nutzenkategorien festgelegt werden. Je nach Anwendungsfall und Sichtweise lassen sich unterschiedliche Nutzenkategorisierungen finden. Eine umfassende Abhandlung enthält *Geier/Krcmar* (1999). Handelt es sich z. B. um arbeitsteilige Systeme auf Basis von Austauschbeziehungen, so eignet sich der Transaktionskostenansatz zur Untersuchung der Wirkungen einer IT-Investition. Effekte aus dieser Sicht sind unter anderem die Beseitigung von Informationsungleichgewichten oder die Senkung der Transaktionskosten. Er konzentriert sich ähnlich dem prozessorientierten Ansatz auf „Reibungsverluste" (Hanker 1990, S. 332).

Natürlich ist das *Wie* des IT-Einsatzes genauso eine technische Frage. Im Planungsregelkreis jedoch stehen die betriebswirtschaftlichen Regler über den technischen. Konkret würde ein durch technische Probleme verteuertes Informationssystemprojekt nicht allein dadurch zu Ende geführt, dass die technischen Schwierigkeiten gelöst wurden, sondern nur dann, wenn weiterhin die betriebswirtschaftlichen Ziele erreichbar sind – bspw. ein angemessener Deckungsbeitrag oder die Kundenakzeptanz.

Entscheidungen auf dem Gebiet der Informationsverarbeitung generieren ebenso wie andere betriebswirtschaftliche Entscheidungen positive und negative Zielbei-

Kriterien \ Nuztenkategorien	Strategische Wettbewerbsvorteile	Produktivitäts-verbesserung	Kostenersparnis
Zuordnung zu Unternehmensebenen	Strategische Ebene	Taktische Ebene	Operative Ebene
Anwendungen	Innovative Anwendungen	komplementäre Anwendungen	Substitutive Anwendungen
Bewertbarkeit	entscheidbar	kalkulierbar	rechenbar
Methodeneinsatz	neuere Verfahren	Mehrdimensionale neuere Verfahren	wenig-dimensionale Verfahren

Abbildung 3-126. Nutzenkategorien
Quelle: Nagel (1990, S. 31)

träge, die einander gegenüberzustellen sind. Während sich einige monetäre Wirkungen noch relativ einfach über die einzelnen Kostenarten oder Auszahlungen bestimmen lassen, ist ein Großteil der Effekte nur mit großer Unsicherheit zu ermitteln und kann abhängig von den Zielvorstellungen auch nicht monetärer Art sein. Im letzteren Fall kann eine IT-Investition nur über Kriteriensysteme und Punktebewertung angemessen eingestuft werden. Dies gilt umso mehr, je strategischer die zu bewertenden IT-Investitionen sind, wie die Analyse der Nutzenkategorien in Abbildung 3-126 zeigt, da dann die Nutzeffekte nicht mehr in vermeintlich leicht rechenbaren Kosteneinsparungen bestehen. Überdies sollte auch berücksichtigt werden, dass alle Nutzenkategorien, sowohl zu positiven als auch negativen Zielbeiträgen führen können. Es ist wohl denkbar, dass ein Informationssystem eine Reduzierung der Mitarbeiterzufriedenheit bewirkt, wie z.B. ein neues Zeiterfassungssystem, oder gar zu strategischen Nachteilen führt.

Aus Sicht der Wertschöpfungskette (Porter 1998, S. 33ff.) lassen sich die Nutzeffekte einer IT-Investition den einzelnen wertschaffenden primären und sekundären Aktivitäten zuordnen. Im Bereich des Kundendienstes kann der gezielte Einsatz des Wartungspersonals unterstützt werden, in der Entwicklung lässt sich das vorhandene interne und externe Wissen besser verfügbar machen. Während der Transaktionskostenansatz aufzeigt, was mit IT erreichbar ist, zeigt die Wertschöpfungskette an, wo die Vorteile entstehen. Als nachteilig ist anzusehen, dass die Betrachtung einer durchgängigen Unterstützung mittels integrierter Systeme un-

Tabelle 3-34. IKT-Potenziale und organisatorische Auswirkungen

IT-Potenzial	Organisatorischer Einfluss/Nutzen
Automatisch	Reduktion manueller Eingriffe und Standardisierung der Prozesse
Informativ	Verfügbarkeit großer Mengen detaillierter Informationen
Sequenziell	„natürliche" Reihenfolge der Aktivitäten bis zur Parallelisierung
Zielorientiert	Kontinuierliche Verfolgung des Prozessstatus
Analytisch	komplexe Auswertung vorhandener Informationen
Geographisch	Unabhängigkeit von räumlichen Gegebenheiten
Integrierend	Zusammenfassung auch heterogener Aufgaben
Wissen schaffend	flächendeckende Verfügbarkeit von Wissen und Expertise
Vereinfachend	Entfernung von Intermediären aus dem Prozess

Quelle: In Anlehnung an Davenport (1993, S. 51)

terbleibt. Gerade darin wird allerdings ein Großteil des Wirtschaftlichkeitspotenzials gesehen (Schumann 1992, S. 94f.).

Mit den IT-Potenzialen nach *Davenport* (1990, S. 16) besteht ein breit einsetzbarer Ansatz auf Basis von neun generischen IT-Potenzialen (vgl. Tabelle 3-34). Diese Potenziale können direkt mit organisatorischen Auswirkungen verbunden werden. Eine detaillierte Beschreibung der einzelnen Potenziale findet sich bei *Geier* (1999, S. 65ff.). Ein weiterer Vorzug erwächst aus dieser Sicht, dass die Potenziale in reale Systeme umsetzbar sind.

Negative monetäre Wirkungen in Form von Kosten lassen sich vermeintlich einfacher erfassen. Allerdings gibt es auch bei der Kostenermittlung einige Probleme. Oftmals ergeben sich im Rahmen von IT-Investitionen Zurechnungsprobleme. Laufen z.B. mehrere Anwendungen auf derselben Hardware, müssen Annahmen über die Zurechnung der Hardwarekosten getroffen werden. Falls im Rahmen eines Projektes z.B. auch Kosten für die Mitarbeiterschulung anfallen und die Schulung auch einen Nutzen für andere Projekte hat, müssten die Kosten auch diesen Projekten zugerechnet werden. Dasselbe gilt auch für Entwicklungstools, die auch in anderen Projekten genutzt werden können. Neben der Zurechnungsprobleme können sich auch Probleme im Rahmen einer Ist-Kosten-Rechnung ergeben, wenn es für selbst erstellte immaterielle Vermögensgegenstände, wie z.B. Software, keine Nebenbuchhaltung gibt, da nach deutschem Handelsrecht selbst erstellte Software in der Finanzbuchhaltung sofort als Aufwand zu verbuchen ist (§248 II HGB).

Tabelle 3-35. Auswahl IT-Kostenarten

Budgetierte Kosten	**Nicht budgetierte Kosten**
Software-Entwicklung • Entwicklung/Anpassung • Personal-/Sachkosten • Analyse/Design/Implementierung	*Negative Produktivitätseffekte durch:* • Antwortzeiten • Bearbeitungszeiten • Rüstzeiten • Motivation • Ergonomie
Kommunikation • LAN/WAN • Personal-/Sachkosten • Passive/aktive Komponenten	*Ausfall* • Geplante Unterbrechung während Arbeitszeit • Ungeplante Unterbrechung • Verzögerte Problembehandlung
Hard- und Software • Abschreibung/Leasing • Entsorgung • Client/Server • Administration/Entwicklung/Betrieb	*Endbenutzer* • Peer-Support (selbstständig/gegenseitig) • Unproduktives Konfigurieren • Dezentrale Entwicklung/Anpassung • Qualifizierung (selbstständig/gegenseitig)
Support • Help Desk (1st, 2nd, 3rd Level) • Personal-/Sach-/Gemeinkosten • Intern/extern • Administration/Einkauf • Schulung (intern/extern)	
Systembetrieb und -management • System-/Ressourcenverwaltung • Installation • Optimierung • Instandhaltung	

Quelle: Eigene Darstellung

Im Rahmen des weiter unten beschriebenen TCO-Ansatzes (Total Cost of Ownership) werden budgetierte Kosten und nicht-budgetierte Kosten unterschieden. Eine Auswahl verschiedener Kosten zeigt Tabelle 3-35. Ein Blick auf die rechte Spalte der Tabelle macht deutlich, dass es sich bei den nicht-budgetierten Kosten größtenteils um versteckte, dezentrale Kosten handelt, die im Rahmen einer Bewertung von IT-Investitionen berücksichtigt werden müssen.

3.4.6.1.4 Systematisierung verschiedener Bewertungsverfahren von IT-Investitionen

Nach der Festlegung, welche Nutzentypen herangezogen werden, gilt es, die identifizierten Attribute und Wirkungen hinsichtlich ihres Zielbeitrages zu bewerten. Auf die dabei bestehenden Schwierigkeiten wurde schon hingewiesen. Abbildung 3-127 zeigt eine Systematisierung verschiedener Bewertungsverfahren.

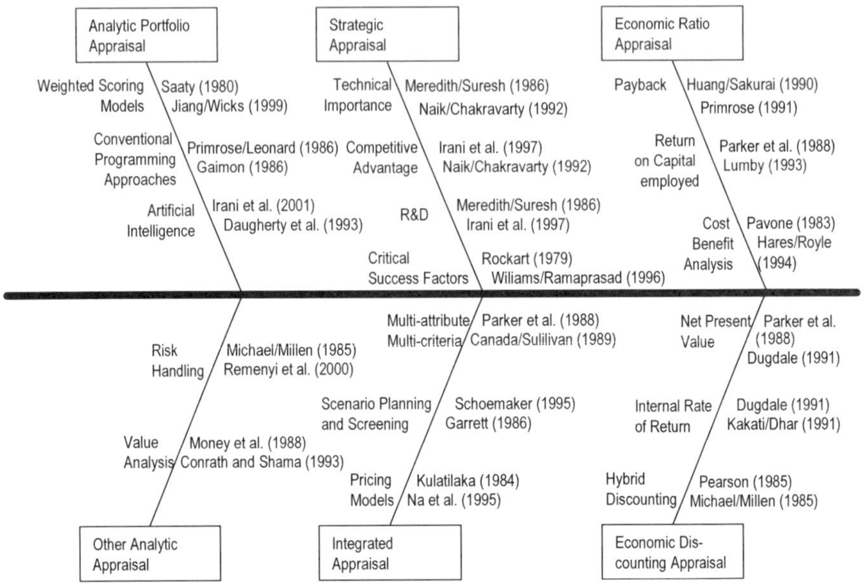

Abbildung 3-127. Übersicht Verfahren zur Nutzenbewertung
Quelle: In Anlehnung an Irani (1998; zitiert nach Irani/Love 2002, S. 79)

Irani/Love (2002, S. 79ff.) ordnen Verfahren zur Abschätzung (*Appraisal*) des Wertes einer IT-Investition nach den folgenden Klassen:

1. Verfahren, die finanzielle Kennzahlen ins Verhältnis setzen, (*Economic Ratio Appraisal*)
2. Diskontierende Verfahren (*Economic Discounting Appraisal*)
3. Verfahren zur Abschätzung des strategischen Wertes (*Strategic Appraisal*)
4. Integrierte Verfahren zur Kombination mehrere Dimensionen (*Integrated Appraisal*)
5. Analytische Verfahren zur Investitionsportfoliobewertung (*Analytical Portfolio Appraisal*)
6. Sonstige analytische Verfahren (*Other Analytic Appraisal*)

Bewertungstechniken, die auf monetären Größen, wie z. B. dem Cash Flow, beruhen, werden hierbei den ersten beiden Klassen zugeordnet. Klassische Investitionsrechenverfahren, wie z. B. Amortisationsverfahren, Kostenvergleichsrechnung oder der Kapitalwert, lassen sich diesen beiden Klassen zuordnen. Alle Verfahren, die diesen beiden Klassen zugeordnet werden, liefern prinzipiell Ergebnisse, die unabhängig von den individuellen Zielvorstellungen des Entscheiders sind. Das gilt allerdings nur, wenn z. B. Diskontierungsfaktoren aus Marktmodellen abgeleitet werden. Ansonsten gehen Zeit- und Risikopräferenzen des Entscheiders in die Bewertung mit ein. Empirische Untersuchungen zeigen, dass der Diskontierungsfaktor häufig wesentlich höher angesetzt wird, als das Kapitalmarktmodelle, wie bspw. das CAPM, vorschlagen. Neben den beiden ökonomischen Verfahren, lassen sich Verfahren identifizieren, die langfristige Wirkungen, sowohl quantitativer als auch qualitativer Art, berücksichtigen. Hierbei werden Unternehmensziele mit den Wirkungen von IT-Investitionen in Bezug gesetzt. Diese Bewertungsverfahren werden der dritten Klasse zugeordnet. Integrierte Verfahren kombinieren strukturiertes Vorgehen mit subjektiven Einschätzungen der Entscheider und berücksichtigen quantitative und qualitative Aspekte. Eine wichtige Technik dieser Klasse ist die Simple Multi-attribute Rating Technique (SMART). Die letzten beiden Klassen fassen strukturierte Techniken zusammen, die zwar analytisch quantitative und qualitative Faktoren verknüpfen, aber letztendlich dennoch Resultate liefern, die von den subjektiven Zielvorstellungen des Entscheiders abhängig sind.

Eine Klassifizierung der Verfahren nach dem Einsatzzweck findet sich bei *Walter/Spitta* (2004, S. 171ff.). Sie ordnen die Verfahren danach, ob sie überwiegend dazu dienen, Wirkungen von Investitionen zu bewerten (*Effect-Assessing Approaches*) oder zu identifizieren (*Effect-Locating Approach*). Erstere lassen sich danach weiter unterteilen, ob sie auf monetären Größen (*Financial Approaches*), Kennzahlen (*Indicator Approaches*) oder ganzen Kennzahlensystemen (*Multi-Criteria Approaches*) beruhen. Effekt-identifizierende Verfahren lassen sich anhand ihrer Suchrichtung unterteilen. Neben den Unternehmenszielen (*Business Objectives*), können hierfür auch die Unternehmens- und Geschäftsprozesse (*Corporate Processes*), die Kunden (*Customers*) oder auch das *Change Management* herangezogen werden. Abbildung 3-128 fasst die Systematisierung zusammen.

Weitere Systematisierungen finden sich z. B. auch bei *Nagel* (1990, S. 41), der die Verfahren nach der Anzahl der berücksichtigten Dimensionen einteilt und *Chan* (2000, S. 225ff.). Letztendlich lassen sich die meisten Verfahren für die Bewertung aber danach qualifizieren, ob sie den Wert der Attribute und Wirkungen einer IT-Investition in einer einzigen fundamentalen Kennzahl verdichten oder mehrere dieser fundamentalen Kennzahlen in einem System, das ein ausgewogenes Bild der IT-Investition vermitteln soll, verbinden (Bannister/Remenyi 2000, S. 235). Beispiele von Kennzahlensystemen sind die Balanced Scorecard bzw. Abwandlungen und Erweiterungen davon oder das Ebenenmodell der Wirtschaftlichkeitsanalyse.

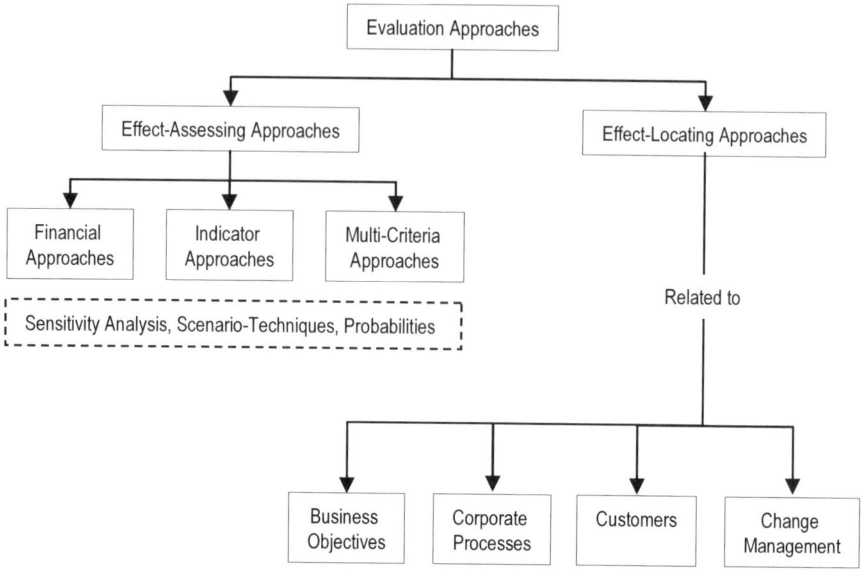

Abbildung 3-128. Klassifikation verschiedener Bewertungstechniken nach dem Einsatzzweck

Quelle: In Anlehnung an Walter/Spitta (2004, S. 174)

Picot/Reichwald (1985) wandten ein solches Ebenenmodell auf den Bürokommunikationsbereich an. Abbildung 3-129 zeigt ein Beispiel aus dem Bereich der Evaluation des IKT-Einsatzes für die Gemeinderatsarbeit im Rahmen des Projektes Cuparla (Schwabe 1999). Dort werden die Wirkungen auf Zeit, Qualität, Flexibilität und Humansituation auf den Ebenen Arbeitsplatz, Gruppe, Prozess und Organisation abgebildet und die Auswirkung farblich angezeigt. Im Beispiel zeigt sich eine tendenziell schlechtere Kostensituation, der eine Qualitätssteigerung auf allen Ebenen gegenübersteht. Ebenso ist erkennbar, dass auf Arbeitsplatzebene die meisten Nutzeffekte eintreten, während auf Organisationsebene kaum Veränderungen auszumachen sind.

Unabhängig von der konkreten Bewertungstechnik ist der Prozess der Entscheidungsfindung von Interesse. Prinzipiell lassen sich zwei Arten der Entscheidungsfindung unterscheiden: Ein positivistischer/reduktionistischer Ansatz und ein hermeneutischer Ansatz (Bannister/Remenyi 2000, S. 235). Während beim ersten Ansatz der Entscheider das Modell mit Daten füllt und letztendlich die daraus resultierende Kennzahl entscheiden lässt, erfolgt beim zweiten Ansatz die Entscheidung erst nach einer Interpretation der Ergebnisse. Der Interpretationsprozess lässt sich durch weitere Techniken, vor allem durch visuelle Hilfsmittel, wie z. B. Spinnennetzdiagramme oder Portfoliodarstellungen, unterstützen. Es stellt sich allerdings die Frage, ob ein positivistischer und reduktionistischer Ansatz tatsächlich überhaupt relevant ist, da jede Technik zumindest bei der Datensammlung

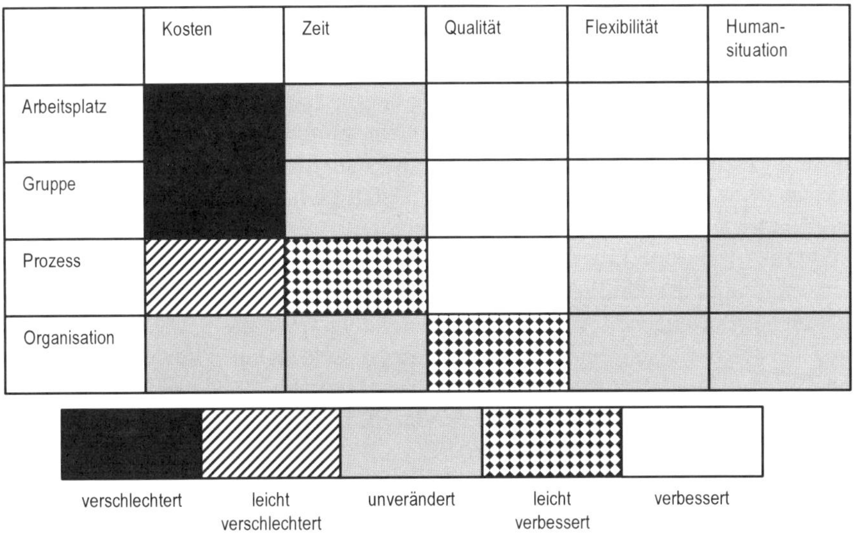

Abbildung 3-129. Beispiel Ebenenmodell
Quelle: Schwabe (1999, S. 629)

und -aufbereitung häufig umfangreiche Interpretationen erfordert. Bei Verfahren, die ein reduktionistisches Vorgehen vorschlagen, wird der Interpretationsvorgang damit auf die Ebene der Datensammlung und -generierung verlagert.

Auch wenn jede Technik letzten Endes subjektive Elemente beinhaltet und oftmals nur dazu verwendet wird, „Bauchentscheidungen" nachträglich zu rationalisieren, so ist deren Anwendung keinesfalls als wertlos anzusehen. Die Verwendung ein oder mehrerer Bewertungstechniken dient auch der systematischen Offenlegung und Kommunikation von Annahmen und Erwartungen des Entscheiders. Das erscheint vor allem bei Gruppenentscheidungen notwendig, da es hier an Hilfsmitteln bedarf, um eine gemeinsame Vorstellung über die Wirkungen der betrachteten IT-Investition zu entwickeln. Daneben ist die Offenlegung von Annahmen und Erwartungen auch ein wichtiges Controlling-Instrument. Ohne eine systematische Dokumentation können Entscheidungen zu späteren Zeitpunkten nicht mehr nachvollzogen oder überprüft und damit Lerneffekte über die Zeit hinweg dadurch erheblich erschwert werden. Entscheidungstechniken dienen auch dazu, Effekte von IT-Investitionen zu identifizieren und zuzuordnen. Sie sind damit auch als eine Art Such- und Kreativitätshilfe anzusehen. Lassen sich Wirkungen einer IT-Investition schwer abschätzen, können Entscheidungstechniken die Abschätzung der Wirkungen ermöglichen. In diesem Zusammenhang ist auch die Anwendung von Sensitivitätsanalysen sinnvoll, um die Belastbarkeit der ermittelten Ergebnisse zu überprüfen.

In den folgenden drei Kapiteln werden die drei Bewertungstechniken Total Cost of Ownership (TCO), Simple Multi-attribute Rating Technique (SMART) und Realoptionen detaillierter besprochen.

3.4.6.1.5 Methode: Total Cost of Ownership (TCO)

Total Cost of Ownership (TCO) ist ein von der Gartner Group (Redman et al. 1998) entwickeltes Konzept zur Ermittlung der tatsächlich aus einer IT-Investition resultierenden Belastungen. Anlass ist der Umstand, dass trotz ständig fallender Preise für Hard- und Software die Kosten insgesamt steigen. Als eine wesentliche Ursache wird die mit den neuen Möglichkeiten einhergehende Architekturänderung hin zu Client/Server-Systemen angesehen. Zwar macht diese Entwicklung den breiten Einsatz billiger Einzelkomponenten möglich, allerdings erhöhen sich versteckte Organisationskosten aufgrund der gestiegenen Heterogenität, Komplexität und Erwartungen. Typisch ist in vielen Fällen nicht das planvolle Einrichten von Client-Server-Architecture(CSA)-Strukturen, sondern ein Wildwuchs an Clients und Servern. Dies alles führt z.B. dazu, dass Mitarbeiter aus den Fachbereichen Zeit in Computertechnik investieren oder dass aufwändige User Help Desk Funktionen aufgebaut werden müssen.

Wie bereits erwähnt werden im Zusammenhang mit TCO budgetierte und nicht-budgetierte Kosten unterschieden. Dabei zeigen häufig weit auseinander fallende Kostenschätzungen, z.B. für einen SAP-Arbeitsplatz oder einen PC, dass Datenerhebung und die Anwendung eines angemessenen Berechnungsverfahrens Schwierigkeiten bereiten. Ein mögliches Design eines TCO-Assessments besteht aus:

- Analyse der Strukturen
- Modellbildung / Kostengliederung
- Datenerhebung
- Berechnung der Kosten
- Analyse, ggf. Benchmark
- Je nach Ergebnis punktuell vertiefte Analyse „weicher" Faktoren
- Evtl. Gegenüberstellung von positiven Zielbeiträgen

Richtig verstanden kann das Management der TCO allerdings nicht nur im periodischen Durchführen derartiger Assessments bestehen. Schon die Erkenntnis, dass TCO erst nach Einführung von CSA zum Thema wurde, zeigt, dass taktische oder sogar strategische Architekturentscheidungen den wirklichen Hebel für Kostensenkungen oder -steigerungen darstellen.

Über die technologischen Optionen hinaus eröffnen sich weitere Möglichkeiten, positiv auf die Kostensituation einzuwirken:

- Der Benutzersupport sollte ein anwendungsorientiertes Monitoring fahren, um Engpässe des Benutzers proaktiv zu identifizieren.
- Schaffung von Bewusstsein, Schulung von Support und Endbenutzern

- Single Vendor Strategie oder Best of Class Strategie, um entweder Homogenität und Service zu steigern oder Leistung und Qualität zu optimieren
- Ausschöpfen der Optionen eines proaktiven Systemmanagements

Insgesamt sollte die TCO-Methodik als Teil eines umfassenden Kostenmanagements betrachtet werden. Dazu hat es sich an den Geschäftsprozessen zu orientieren und hält Sanktionsmechanismen bzw. Handlungsempfehlungen bereit. Service Level Agreements dienen der zielgerechten Umsetzung und Kontrolle. Schließlich führt die Umsetzung des TCO-Ansatzes dazu, dass Planer, Supportpersonal und Endbenutzer sich der wirtschaftlichen Auswirkungen ihrer Entscheidungen und ihres Handelns bewusster werden und schon dadurch tendenziell effizientere oder effektivere Strategien verfolgen.

Das ursprüngliche TCO-Modell wurde im Laufe der Zeit um Einflussgrößen erweitert und differenziert, bspw. wird zwischen mehreren Rechnertypen und Anwendertypen unterschieden. Eine andere Erweiterung ist, dass geringe aktuelle Kosten durch die Inkaufnahme eines hohen Risikos, z. B. durch vernachlässigte Sicherheitsstandards, herbeigeführt werden können. Diese Überlegung führt zur Integration des Risikos als potenzielle Kosten. Zur Unterstützung der TCO-Analyse wird Software angeboten.

3.4.6.1.6 Methode: Simple Multi-attribute Rating Technique

Folgt man der Annahme, dass ein Unternehmen neben finanzwirtschaftlichen Zielen auch andere Ziele verfolgen kann und/oder dass die Wirkungen von Informationssystemen so komplex sind, dass eine Abschätzung der monetären Wirkungen allein nicht möglich ist, muss auf ein System an Variablen von quantitativ messbaren oder qualitativen Attributen und Wirkungen zurückgegriffen werden.

Damit existieren zwei prinzipielle Probleme: Zum einen müssen die Attribute oder deren Wirkungen identifiziert und gemessen werden. Zum anderen muss die Gesamtheit der Variablen im Bezug auf ihren Zielbeitrag bewertet und verknüpft werden. Mit der Simple Multi-attribute Rating Technique (SMART) nach *Edwards* (1971) (ähnlich auch die Nutzwertanalyse nach *Zangemeister* (1970)) wird hierfür ein strukturiertes Vorgehen empfohlen. Das Vorgehen lässt sich in acht Phasen aufteilen (Goodwin/Wright 2004, S. 30):

1. Identifikation des Entscheidungsträgers
2. Identifikation der Alternativen
3. Identifikation der relevanten Attribute und deren Wirkungen
4. Messung des Zielbeitrages (Nutzwert) jedes Attributes für jede Alternative
5. Festlegung der Gewichte jedes Attributes
6. Berechnung des gewichteten arithmetischen Mittels über alle Attribute für jede Alternative

7. Entscheidung treffen
8. Sensitivitätsanalyse durchführen

Während die erste Phase noch problemlos erscheint, können sich bereits bei der Alternativenauswahl Probleme ergeben. Da aber eine ökonomisch rationale Entscheidung immer eine Alternativenabwägung ist, ist es wichtig, dass in dieser Phase die richtigen Alternativen beschrieben werden. In diesem Zusammenhang muss auch festgelegt werden, was der Bezugspunkt ist, also die Nullalternative. Letzteres ist vor allem dann nicht trivial, wenn ein gesamtes IT-Investitionsprogramm festgelegt werden muss und Interdependenzen zwischen den IT-Investitionen bestehen.

Sind die Handlungsalternativen festgelegt, müssen Attribute und/oder deren Wirkungen festgelegt werden. Die Identifikation von Attributen kann durch den Einsatz von Kreativitätstechniken unterstützt werden. Für die Auswahl der relevanten Attribute sollten die Kriterien Vollständigkeit (alle relevanten Attribute sind berücksichtigt), Operationalisierbarkeit, Zerlegbarkeit (die Messung eines Attributs kann unabhängig von den anderen Attributen erfolgen), Redundanzfreiheit (keine Duplikate vorhanden) und minimale Anzahl an Attributen erfüllt sein (Goodwin/Wright 2004, S. 33).

Nach Auswahl der relevanten Attribute muss für jede Alternative der Zielbeitrag (Nutzen) gemessen werden. Dies kann über ein direktes Ranking der einzelnen Alternativen bezüglich eines Attributes erfolgen. Hierbei werden die Alternativen bezüglich eines Attributes geordnet und es wird ihnen ein Nutzwert auf einer Skala zugeordnet. Üblicherweise wird eine Skala von 0 bis 100 gewählt, wobei die beste Alternative bezüglich eines Attributes den Wert „100“ und die schlechteste den Wert „0“ erhält. Die übrigen werden entsprechend ihrer Rangordnung zwischen 0 und 100 eingeordnet. Eine andere Alternative, den Zielbeitrag zu messen, ist bei quantitativ messbaren Attributen die Konstruktion einer Nutzenfunktion. Bei einer Skala von 0 bis 100 wird der kleinsten und größten vorkommenden Ausprägung des Attributes der Nutzwert 0 bzw. 100 zugewiesen. Anschließend wird vom Entscheider die fiktive Ausprägung bestimmt, für den die Nutzenfunktion aus seiner Sicht den Wert 50 annehmen würde. Das gleiche Vorgehen kann dann für Funktionswerte von 25 und 75 usw. wiederholt werden. Damit lassen sich z. B. auch Funktionen mit abnehmendem Grenznutzen bestimmen. Abbildung 3-130 zeigt am Beispiel des Attributes der Systemverfügbarkeit die Konstruktion einer Nutzenfunktion. Der Nutzwert jeder Alternative bezüglich des Attributs resultiert aus dem Einsetzen des Attributswertes in die Nutzenfunktion.

Im fünften Schritt erfolgt die Festlegung der Gewichte für die einzelnen Attribute. Hier besteht das Problem, dass die Gewichte nicht nur die Bedeutung der einzelnen Attribute widerspiegeln dürfen, sondern auch die Bedeutung einer Veränderung um eine Nutzeneinheit. Dieser Zusammenhang wird deutlich, wenn man ein Attribut betrachtet, bei dem die Attributsausprägung der schlechtesten Alternative

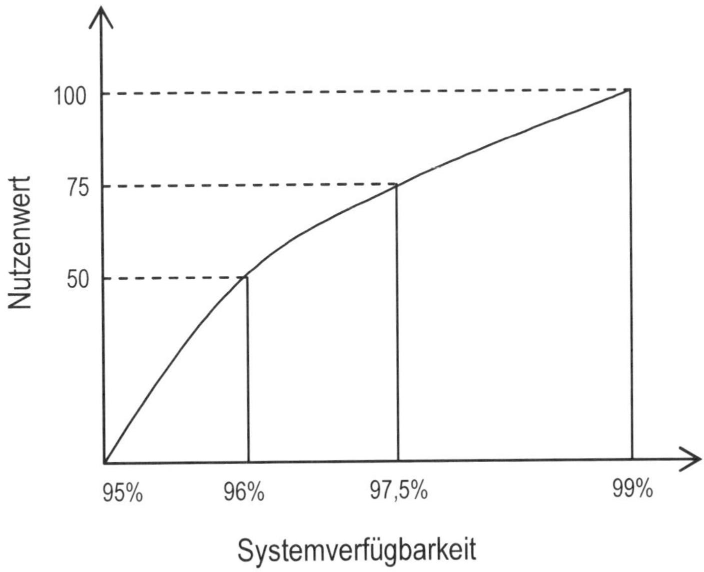

Abbildung 3-130. Konstruktion einer Nutzenfunktion
Quelle: Eigene Darstellung

nur marginal verschieden ist von der Attributsausprägung der besten Alternative. Die schlechteste Alternative erhält den Nutzwert „0“, während die beste Alternative den Nutzwert „100“ erhält. Dieselbe Nutzwertzuordnung gilt auch bei einem Attribut, bei dem die Spanne zwischen der schlechtesten Ausprägung und der besten Ausprägung sehr groß ist. Eine Veränderung um eine Nutzeneinheit ist bei beiden Attributen dann offensichtlich nicht gleichbedeutend. Eine Lösung besteht darin, die Attribute in einem ersten Schritt vom Entscheider ordnen zu lassen (Goodwin/Wright 2004, S. 41). Dazu wird ermittelt, welches Attribut bevorzugt gewählt würde, wenn die Möglichkeit bestünde, dieses von der schlechtesten Ausprägung hin zur Besten zu verändern. Mit den verbleibenden Attributen wird das Vorgehen wiederholt. Dies geschieht solange, bis die Attribute nach der Bedeutung einer Veränderung ihrer Nutzwerte geordnet sind. Dem hinsichtlich dieser Ordnung besten Attribut wird anschließend das Gewicht von „100“ zugeordnet. Die restlichen Attribute können vom Entscheider auf der Skala von 0 bis 100 entsprechend ihrer Reihenfolge wie folgt eingeordnet werden:

1. Bestimme das in der Reihenfolge nächste Attribut
2. Bestimme, wie wichtig eine Veränderung von der schlechtesten Ausprägung des Attributs bis hin zur besten Ausprägung im Vergleich zum besten Attribut ist. Dieser Wert wird in Prozenten von 0-100 angegeben.
3. Wiederhole 1 und 2, bis alle Attribute gewichtet sind.

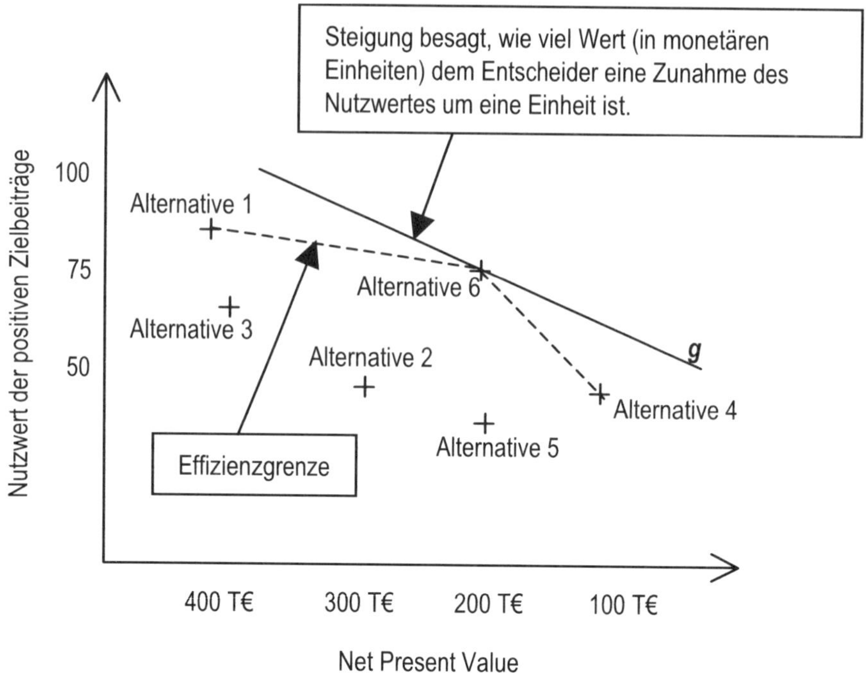

Abbildung 3-131. Vergleich monetärer Wirkungen mit den nicht monetären Wirkungen
Quelle: Eigene Darstellung

Abschließend sollten die Gewichte normiert werden. Dazu wird jedes Gewicht durch die Gesamtsumme aller Gewichte geteilt und mit 100 multipliziert.

Dann lässt sich für jedes Attribut der Gesamtnutzwert als gewichtetes arithmetisches Mittel berechnen. Dazu wird bei jeder Alternative der Nutzwert jedes Attributes mit dem zugeordneten Attributgewicht multipliziert und abschließend werden die Produkte aufsummiert. Üblicherweise wird das Ergebnis bei Verwendung einer Skala von 0 bis 100 durch 100 geteilt. Damit ergibt sich für jede Alternative ein Nutzwert, der zwischen 0 und 100 liegt, da sowohl die Gewichte als auch die enzelnen Nutzwerte zwischen 0 und 100 liegen.

Monetäre Wirkungen können entweder direkt als Attribute berücksichtigt werden oder in einer abschließenden Effizienzbetrachtung den Nutzwerten der Alternativen gegenübergestellt werden. Abbildung 3-131 zeigt, wie mit Hilfe der Effizienzgrenze dominierte Alternativen erkannt werden können. Zur Berücksichtigung der monetären Wirkungen wurde in der Abbildung der Net Present Value (NPV) verwendet. Alternativ können auch andere Kennzahlen, wie z. B. der interne Zinsfuß oder die Amortisationsdauer, verwendet werden. Es zeigt sich, dass die Alternativen 1, 4 und 6 die übrigen Alternativen dominieren. Diese Alternativen liegen auf der Effizienzgrenze. Zur Auswahl der aus Sicht des Entscheiders besten Alternative kann die Steigung der Geraden *g* ermittelt werden. Diese gibt an, wie viel Wert (in monetären Einheiten gemessen) dem Entscheider eine Erhöhung des Nutzwertes um eine Einheit ist. Die Ermittlung der Steigung kann über ein Attribut erfolgen, bei dem der Entscheider am ehesten in der Lage ist, eine Aussage darüber zu treffen, wie viel Wert (in monetären Einheiten) ihm eine Veränderung des Attributes von der schlechtesten Ausprägung hin zur besten Ausprägung ist. Bei normierten Gewichten der Attribute ergibt sich die Steigung der Geraden dann aus der Division des Attributsgewichtes durch den angegeben monetären Wert. Gerade *g* kann so lange nach rechts verschoben werden, bis sie die Effizienzgrenze gerade noch berührt. An diesem Punkt befindet sich die aus Sicht des Entscheiders meist präferierte Alternative.

Da die Anwendung von SMART viele subjektive Einschätzungen und Annahmen beinhaltet und Inkonsistenzen dadurch nicht ausgeschlossen sind, empfiehlt es sich, eine detaillierte Sensitivitätsanalyse anzuwenden, um die Belastbarkeit des Ergebnisses zu überprüfen und hierfür einen Stabilitätsbereich festzulegen. SMART basiert auf einer Reihe von Axiomen, die aus der Nutzentheorie abgeleitet sind (Goodwin/Wright 2004, S. 49). Z.B. führt die einfache Summation der einzelnen Nutzenwerte zu Fehlern, wenn die Nutzenwerte der einzelnen Attribute nicht unabhängig voneinander sind. Abschließend lässt sich aber festhalten, dass SMART dazu geeignet ist, Präferenzvorstellungen offen zu legen und zu kommunizierten.

3.4.6.1.7 Methode: Realoptionen zur Bewertung von Flexibilitäten

Unternehmen sind komplexe Systeme, die mit einer sich ständig ändernden Umwelt interagieren. Betrachtet man diesen Austausch als einen evolutionären, bisweilen auch revolutionären und disruptiven Prozess, so ist es eine wichtige Herausforderung eines Unternehmens, sich ständig ändernden Bedingungen schnell anpassen zu können, um neue Chancen zu nutzen und Bedrohungen abzuwehren. *Schumpeter* bezeichnet diesen evolutionären Prozess als kreative Zerstörung:

> „The essential point to grasp is that in dealing with capitalism we are dealing with an evolutionary process. ... [It is a process] that incessantly revolutionizes the economic structure from within, incessantly destroying the old one, incessantly creating a new one. This process of Creative Destruction is the essential fact about capitalism. It is what capitalism consists in and what every capitalist concern has got to live in“ (Schumpeter 1950, S. 82f.).

Eine wichtige Konsequenz dieses evolutionären Prozesses ist, dass das Planen und Handeln von und in Unternehmungen mit einer großen Unsicherheit über zukünftige Entwicklungen behaftet ist. Zusätzliche Informationen können Unsicherheit zwar reduzieren, gleichwohl wird aber immer ein hohes Maß an Unsicherheit übrig bleiben. Aus diesem Grund ist es eine wichtige Managementkompetenz,

Unsicherheit in den Managementprozess mit einzubeziehen und durch eine geplante und zielgerichtete Erweiterung des zukünftigen Handlungsspielraumes Unsicherheit in eine Erhöhung des Unternehmenswertes zu transferieren. Letztendlich kann durch flexible Strukturen und Technologien ein erheblicher Wettbewerbsvorteil für eine Unternehmung entstehen. Das IM als Teilfunktion der Unternehmensführung muss hierzu einen Beitrag leisten.

Der Wertbeitrag entsteht durch Managementflexibilitäten auf verschiedenen Ebenen, die in Abbildung 3-132 dargestellt sind. Unter Managementflexibilitäten wird hierbei eine Erweiterung des zukünftigen Handlungs- und Entscheidungsraumes durch gegenwärtige Handlungen und Entscheidungen verstanden (Häberle/Krcmar 2004). Erweiterungen des zukünftigen Handlungs- und Entscheidungsraumes können z.B. durch bestimmte gegenwärtige Investitionen oder aber auch durch deren Verschiebung auf einen zukünftigen Zeitpunkt entstehen.

Managementflexibilitäten im IM lassen sich auf drei Ebenen identifizieren. Zum einen kann die Gestaltung des IM selbst Betrachtungsgegenstand sein. Auf dieser Metaebene ist es denkbar, dass durch eine geeignete Gestaltung der Strukturen und der Planungs- und Entscheidungsprozesse innerhalb des IM Managementflexibilitäten entstehen. Die mittlere Ebene in Abbildung 3-132 fasst Managementflexibilitäten zusammen, die durch die Gestaltungsobjekte des IM entstehen. Diese Objekte wirken überwiegend indirekt über die Geschäfts- und Managementprozesse auf den Unternehmenserfolg. Managementflexibilitäten entstehen, indem die

Abbildung 3-132. Wertbeitrag des IM durch Managementflexibilitäten
Quelle: Häberle/Krcmar (2004)

Gestaltungsobjekte des IM eine flexible Anpassung und Gestaltung der Management- und Geschäftsprozesse ermöglichen. Ferner bestehen auch zwischen den Gestaltungselementen des IM Wirkungszusammenhänge. Damit kann die Gestaltung eines Objektes im IM den Handlungs- und Entscheidungsraum bei der Gestaltung anderer Objekte im IM erweitern. Schließlich können auch Managementflexibilitäten innerhalb der einzelnen Gestaltungsobjekte des IM bestehen. Werden die einzelnen Gestaltungselemente nicht als ein monolithischer Block verstanden, sondern z.B. über einen Lebenszyklus oder über Architekturen aus verschiedenen Perspektiven betrachtet und in logische Einheiten zerlegt, so können auch bei der Gestaltung innerhalb der einzelnen Objekte Managementflexibilitäten identifiziert werden.

Managementflexibilitäten transformieren Unsicherheiten über zukünftige Umweltzustände in einen Beitrag zum Unternehmenswert. Diese Transformation erfordert einen Managementprozess, der idealtypisch in Abbildung 3-132 abgebildet ist. Zuerst erfolgt die Identifikation erfolgskritischer Unsicherheiten auf Unternehmens- oder Geschäftsbereichsebene. Im nächsten Schritt werden die Auswirkungen dieser Unsicherheiten auf die Geschäftsprozesse und die Gestaltungsobjekte des IM untersucht. Über diesen Schritt lassen sich Unsicherheiten auf Unternehmensebene, wie z.B. Schwankungen der Nachfrage, auf detaillierte Faktoren, wie z.B. die Auslastung einer bestimmten Hardware, herunterbrechen. Im dritten Schritt erfolgt die Modellierung der identifizierten Faktoren und deren Auswirkungen auf Zielgrößen über geeignete stochastische Prozesse. Abbildung 3-133 zeigt, wie die Systemauslastung in Form eines stochastischen Prozesses modelliert werden kann.

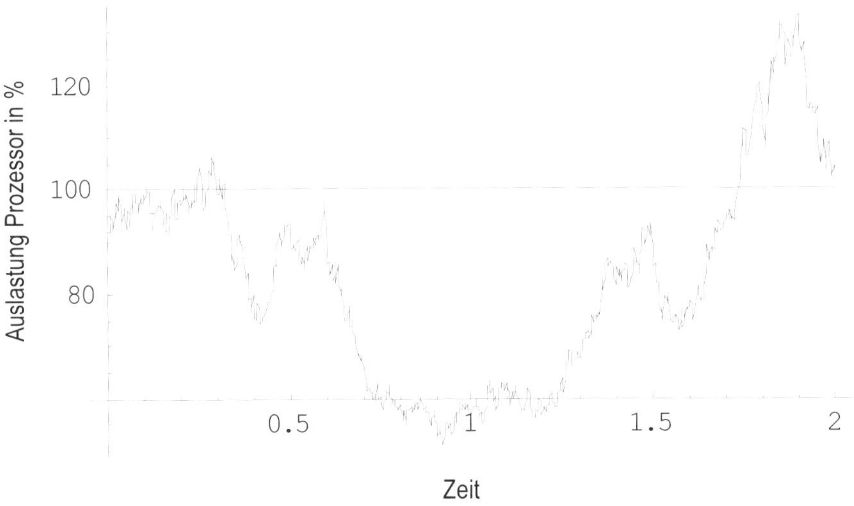

Abbildung 3-133. Darstellung der Systemauslastung als stochastischer Prozess in Form einer gemoetrischen Brownschen Bewegung

Quelle: Eigene Darstellung

Nach der Identifikation und der Modellierung von Unsicherheiten kann systematisch nach Möglichkeiten gesucht werden, wie diese Unsicherheiten durch Managementflexibilitäten auf den dargestellten Ebenen im IM bewältigt werden können. Ein systematisches Management der Managementflexibilitäten, in Form von Planung, Organisation, Steuerung und Kontrolle dieser Flexibilitäten, setzt ein Abschätzen des Wertbeitrages der identifizierten Managementflexibilitäten voraus, da nur so das gegenwärtige Handlungsprogramm optimal gestaltet werden kann. Managementflexibilitäten können in Form von Realoptionen modelliert werden (Dixit/Pindyck 1994; Trigeorgis/Mason 1987). Im Folgenden wird daher auf die Bewertung von Managementflexibilitäten über den Realoptionen Ansatz eingegangen.

Optionen stellen dabei ein Recht, aber keine Verpflichtung, dar, einen definierten Vermögensgegenstand (Finanztitel, Recht, Investition etc.) innerhalb einer Frist (amerikanische Option) oder zu einem bestimmten Zeitpunkt (europäische Option) gegen Zahlung eines Ausübungspreises zu kaufen (Call-Option oder Kaufoption) oder zu verkaufen (Put-Option oder Verkaufoption) (Hull 2000, S. 6).

Realoptionen wurden zuerst für die Bewertung von natürlichen Ressourcen, wie z. B. Lizenzen zur Erdölförderung, von Unternehmensstrategien und von Gebäudeinvestitionen erkannt (für einen Überblick über Veröffentlichungen siehe Lander/Pinches 1998, S. 539). Seit jüngerer Zeit werden Realoptionen auch für die Bewertung von IT-Investitionen in der Literatur diskutiert (Benaroch/Kauffman 1999; Dörner 2003; Panayi/Trigeorgis 1998; Santos 1991). Die Bewertung einer Managementflexibilität mit dem Realoptionsansatz wird anhand eines einfachen Beispiels erläutert.

Ein Unternehmen möchte ein neues Informationssystem einführen. Da aber zum derzeitigen Zeitpunkt noch Unklarheit über die genauen Implementierungs- und Betriebskosten besteht, wird beschlossen, die Entwicklung und Implementierung in zwei Module aufzuteilen. Während das erste Modul sofort implementiert wird, möchte man mit dem zweiten Modul solange warten, bis mehr Informationen aus der Umsetzung des ersten Moduls über die Implementierungskosten und -risiken vorliegen und auf Basis dieser Informationen entscheiden, ob eine Implementierung des zweiten Moduls sinnvoll ist. Basierend auf dem gegenwärtigen Informationsstand wird der Wert des zweiten Moduls ohne den Kostenanteil, der sicher bekannt ist, auf S_0=100 geschätzt. Der als sicher angenommene Kostenanteil betrage K=100, so dass der gegenwärtige Wert S_0-K=100-100=0 beträgt. Der Wert S folge einem stochastischen Prozess, wobei dieser mit einer Wahrscheinlichkeit von p_u=0,8 um 20 Prozent steigt und mit einer Wahrscheinlichkeit von p_d=0,2 um 20 Prozent fällt. Der stochastische Prozess bildet dabei implizit den erwarteten Informationsgewinn aus der Implementierung des ersten Moduls über die Zeit hinweg ab.

Der linke Kasten in Abbildung 3-134 zeigt den stochastischen Prozess als Binomialbaum. Da der Entscheider als risikoavers angenommen wird, ist der Wert des Moduls kleiner als der mit dem risikolosen Zinssatz abdiskontierte Erwartungwert des Zahlungsstroms, d.h. es gilt:

$$S_0 = 100 < \frac{p_u S_u + p_d S_d}{1+r} = \frac{0{,}8 \cdot 120 + 0{,}2 \cdot 80}{1{,}1} = 101{,}81$$

Eine wichtige Erkenntnis der Optionspreistheorie ist, dass die Vollständigkeit und Arbitragefreiheit des Kapitalmarktes äquivalent zur Existenz eines äquivalenten Martingalmaßes ist (für einen Beweis vgl. z. B. Irle 1998, S. 55ff.). Ein äquivalentes Martingalmaß ist dabei ein künstliches Wahrscheinlichkeitsmaß, unter dem die mit dem risikolosen Zinssatz abdiskontierten Erwartungswerte dem gegenwärtigen Wert entsprechen. In dem Beispiel gilt unter Verwendung des äquivalenten Martingalmaßes deshalb $S_0=(q_u*S_u+q_d*S_d)/(1+r)$, wobei q das neue künstliche Wahrscheinlichkeitsmaß ist. Das äquivalente Martingalmaß ist damit ein bequemes Hilfsmittel, um faire Preise für Optionen zu bestimmen, da die Risikopräferenz nicht mehr berücksichtigt werden muss, weswegen auch von einer risikoneutralen Bewertung gesprochen wird.

Voraussetzung ist allerdings die Annahme einer hypothetischen, auf dem Kapitalmarkt gehandelten Anlage, die dieselbe Risikostruktur hat, und das Fehlen von Arbitragemöglichkeiten. Arbitrage bedeutet in ihrer einfachsten Form, ein Portfolio von Anlagen zu halten und dabei einen risikolosen Ertrag zu erhalten, der den Ertrag einer risikolosen Anleihe übersteigt (Neftci 2000, S. 13). Bei Gültigkeit bestimmter Bedingungen (vgl. hierfür z. B. Kruschwitz 1999, S. 140f.), wie z. B. vollständige Information und ein friktionsloser Kapitalmarkt, sorgen Marktkräfte dafür, dass Arbitragemöglichkeiten nicht existieren können. Der rechte Kasten in Abbildung 3-134 zeigt den Binomialbaum des stochastischen Prozesses der Wertentwicklung unter dem äquivalenten Martingalmaß.

Wird angenommen, dass im Prozess S alle Unsicherheiten abgebildet werden und der sicher planbare Anteil an Kosten, wie z. B. Lizenzkosten, durch K berücksichtigt werden, besteht in jeder Periode die ökonomische Abwägung, K zu zahlen und dafür den Wert S zu erhalten oder eine weitere Periode abzuwarten. Dieses Kalkül lässt sich durch eine amerikanische Kaufoption modellieren. In jeder Periode besteht das Recht, gegen Zahlung des Ausübungspreises den Wert S zu erhalten. Unter Verwendung des äquivalenten Martingalmaßes kann der faire Preis der amerikanischen Kaufoption durch Rückwärtsinduktion berechnet werden. Das Vorgehen ist in Abbildung 3-135 dargestellt. In der letzten Periode wird das zweite Modul implementiert, falls der Wert S den Ausübungspreis K übersteigt. Ausgedrückt wird dieser Vergleich durch den Maximumsoperator. Für jeden möglichen Wert von S lässt sich damit der Wert der Kaufoption am Ende der zweiten Periode bestimmen. Anschließend wird im Baum eine Periode zurückgegangen. Hier erfolgt wiederum die Abwägung, ob eine Ausübung sinnvoll ist. Dazu wird

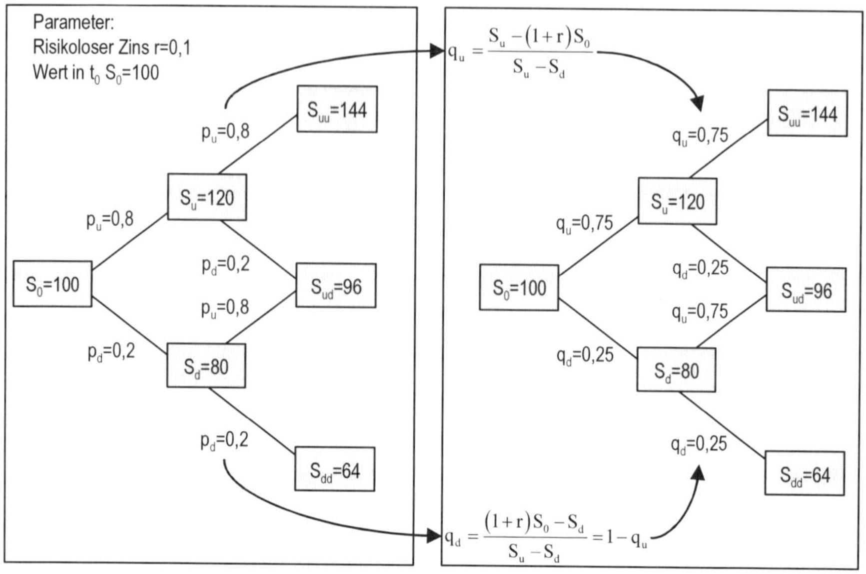

Abbildung 3-134. Darstellung eines stochastischen Prozesses als Binomialbaum
Quelle: Eigene Darstellung

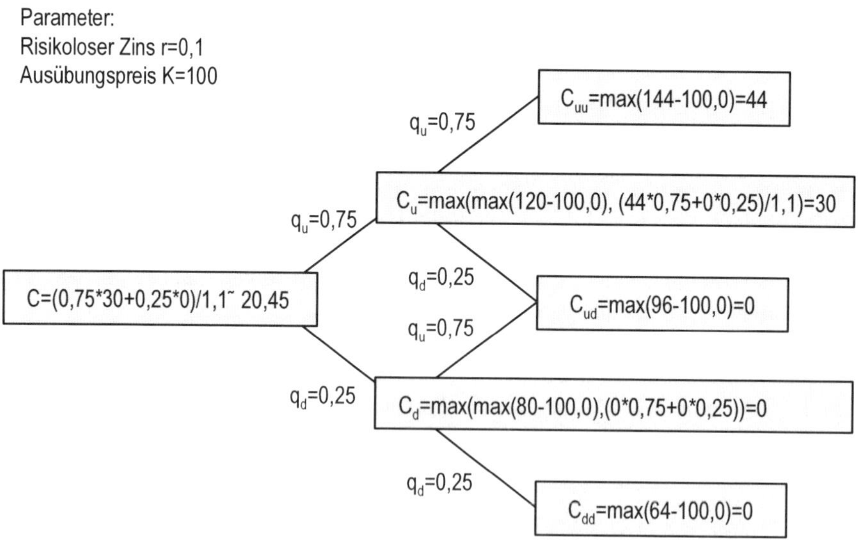

Abbildung 3-135. Berechnung eines Optionswertes mit einem Binomialbaum
Quelle: Eigene Darstellung

der Optionswert, berechnet über den Erwartungswert bezüglich des äquivalenten Martingalmaßes, mit einer möglichen Ausübung verglichen. Der Wert der Option zum gegenwärtigen Zeitpunkt ist schließlich der mit dem risikolosen Zinssatz abdiskontierte Erwartungswert der am Ende der ersten Periode ermittelten Optionswerte.

Da der Wert des zweiten Moduls zum gegenwärtigen Zeitpunkt S_0-K=100-100=0 ist, wurde mit der Zerlegung der Entwicklung des Informationssystems in zwei Module ein zusätzlicher Wert von „20,45“ geschaffen.

Interessant ist auch die Betrachtung, wie der Wert einer Option vom Ausmaß der Unsicherheit abhängt. Betrachtet man z.B. eine einfache europäische Kaufoption, zeigt sich, dass der Wert einer Option mit zunehmender Unsicherheit (abgebildet über die Volatilität oder Varianz des zu Grunde liegenden stochastischen Prozesses) überlinear ansteigt. Abbildung 3-136 zeigt die Ableitung des Optionspreises nach der Volatilität in Abhängigkeit von der Volatilität und des Kosten-Nutzen-Verhältnisses. Es wird deutlich, dass die Sensitivität des Kaufpreises mit zunehmender Volatilität und abnehmendem Kosten-Nutzen-Verhältnis ansteigt.

In dem Beispiel wurde allerdings nicht berücksichtigt, dass durch das Abwarten eventuell Opportunitätskosten, wie z.B. entgangene Gewinne oder Kostenreduktionen, entstehen können. Derartige Kosten müssen über Auszahlungen bei der Wertentwicklung des Moduls berücksichtigt werden.

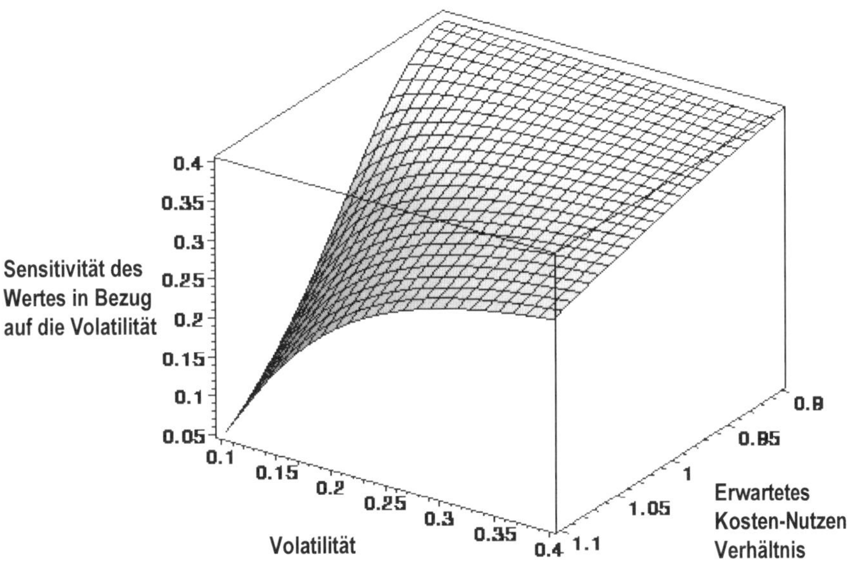

Abbildung 3-136. Sensitivität einer Kaufoption hinsichtlich Unsicherheit
Quelle: Eigene Darstellung

Der Realoptionsansatz lässt sich in mehrfacher Hinsicht kritisieren. Die wichtigste kritische Annahme dieses Ansatzes ist die risikoneutrale Bewertung. Die risikoneutrale Bewertung ohne Berücksichtigung der Risikoeinstellung des Entscheiders ist nur dann möglich, wenn das Basisobjekt, das der Option zu Grunde liegt, eine gehandelte Anlage ist oder eine hypothetische Anlage mit der gleichen Risikostruktur angenommen wird. Diese Annahme liegt allerdings allen diskontierenden Verfahren, wie z. B. dem NPV oder DCF, zu Grunde (Trigeorgis/Mason 1987, S. 127). Möchte man diese Annahme nicht treffen, muss die Risikopräferenz des Entscheiders berücksichtigt werden, was im Allgemeinen überaus problematisch sein wird. Hilfsweise kann auch die Risikoneutralität des Entscheiders angenommen werden. Allerdings wird dann der berechnete Optionswert aus Sicht des Entscheiders verzerrt sein. Neben der Annahme der risikoneutralen Bewertung werden oftmals die Problematik der Parameterschätzung und die Komplexität der Modelle kritisiert. Die Problematik der Parameterschätzung lässt sich durch Sensitivitätsanalysen ein wenig reduzieren, während die Komplexität durch intuitivere Bewertungsverfahren, wie z. B. Binomial-, Trinomialbäume oder Monte-Carlo-Simulationen, reduziert werden kann. Erste empirische Untersuchungen zeigen aber auch, dass nicht zuletzt der Komplexität wegen ein Transfer dieser Modelle und Konzepte in die Praxis bisher kaum stattgefunden hat (Taudes/Mild 2003; Vollrath 2003).

3.4.6.2 *Ziele und Aufgaben des IT-Controllings*

3.4.6.2.1 *Überblick*

Die steigende Komplexität der Unternehmensprozesse und die damit wachsende Informationsintensität unterschiedlicher Tätigkeiten haben in den vergangenen Jahren die Informationswirtschaft zu einem zentralen Erfolgsfaktor im Unternehmen gemacht. Dies hatte zu einer Reorganisation der IT weg von einer zentralen IT-Abteilung für die gesamte Informationswirtschaft hin zu dezentralen Organisationseinheiten geführt. Der so stark angestiegene Koordinationsbedarf innerhalb der unternehmensweiten Informationsversorgung erfordert neben einem effektiven IM auch ein integriertes Controlling. Deshalb lassen sich als Ziele für das Controlling die Wirtschaftlichkeit und Effektivität der Planung, Steuerung und Kontrolle aller IT-Prozesse, deren Ressourcen und der Infrastruktur im Unternehmen definieren (Krcmar 1990b, S. 9).

> IT-Controlling ist das Controlling der IT im Unternehmen. Das IT-Controlling soll die Formalziele Effizienz und Effektivität sowie die Sachziele Qualität, Funktionalität und Termineinhaltung der Informationsverarbeitung sicherstellen. Es wird hierbei nicht nur als reine Überwachungsfunktion verstanden, sondern hat eine Koordinationsfunktion für das gesamte IM.

Eine wichtige Bedeutung kommt dabei der Einbindung der strategischen Ziele der Informationswirtschaft in die strategische Planung der Unternehmung zu, da nur so die Effektivität des IM gesichert werden kann. Wesentlich für das IM ist die

Kontrolle der Wirtschaftlichkeit der IT sowie eine adäquate Bereitstellung relevanter Informationen, welche sich an der Struktur der Informationsprozesse im Unternehmen orientiert. Zu diesem Zielbereich gehören des Weiteren die Qualitätssicherung der sensiblen Ressource Information, die Erhaltung der Funktionalität verwendeter Anwendungen und die Termineinhaltung angesichts wachsender Bedeutung des Faktors Zeit. Sie orientieren sich damit an den Gesamtzielen der Unternehmung und stellen so die Unterstützung der Unternehmensstrategie sicher. Für diese Ziele, die als externe Ziele des Controllings zu betrachten sind, muss zur Erhaltung der Akzeptanz des Controllings die eigene Kontrolle von Aufwand und Nutzen als begleitende, interne Kenngröße an Gewicht gewinnen.

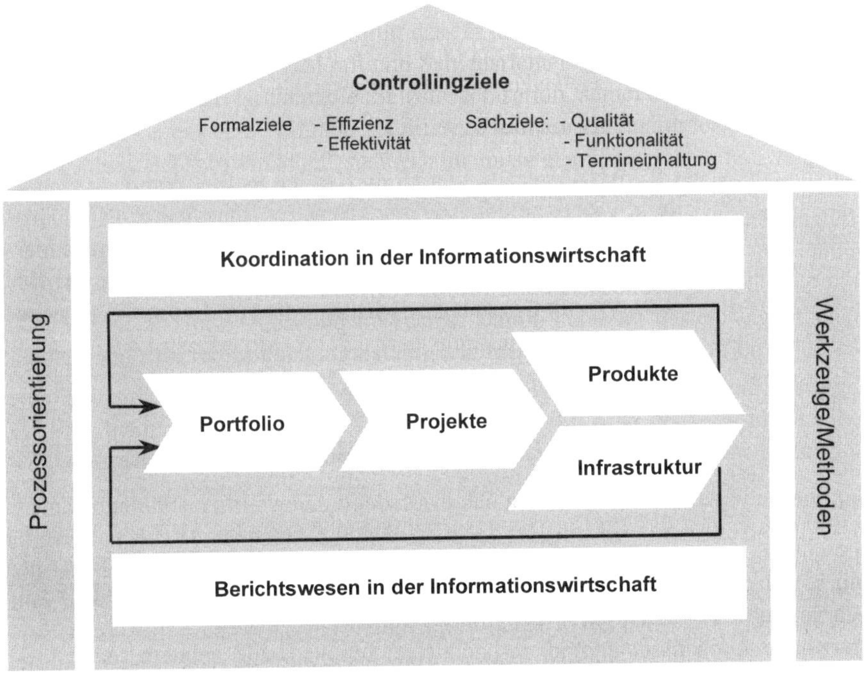

Abbildung 3-137. IT-Controlling im Unternehmen
Quelle: Krcmar et al. (2000, S. 6)

Die Aufgaben des Controllings ergeben sich aus der Zusammenführung von Aufgaben des IM und den Zielen allgemeiner Controlling-Konzeptionen sowie des Controllings. Das Controlling der Anwendungssysteme kann – angelehnt an den Lebenszyklus von IS – in die Aufgabengebiete Portfolio-Controlling, Projekt-Controlling und Produkt-Controlling unterteilt werden (Sokolovsky 1990, S. 309f.). Das Portfolio-Controlling stellt durch die Betrachtung aller im Unternehmen geplanten und vorhandenen Anwendungen deren strategische Relevanz und die Wirtschaftlichkeit sicher. Das Projekt-Controlling bezieht sich auf jede einzelne Maßnahme und überwacht Wirtschaftlichkeit, Qualität, Funktionalität und Termine. Das Produkt-Controlling begleitet die fertig gestellten Anwendungssysteme über den Rest des Lebenszyklus der Applikationen und gewährleistet für diese Zeit Qualität und Funktionalität. Im Infrastruktur-Controlling werden die Verfügbarkeit und Weiterentwicklung einer geeigneten Plattform für die Produkte gesteuert (Krcmar/Buresch 1994b, S. 294ff; Krcmar et al. 2000, S. 3ff.).

Die Koordinationsfunktion des Controllings stellt auch für das IT-Controlling die Hauptaufgabe dar (Abbildung 3-137). Diese „Koordination der Informationswirtschaft" bezieht sich im Licht der Gesamtziele der Unternehmung auf den Lebenszyklus der IS, die IT-Infrastruktur und den Einsatz der Ressource Information. Als Querschnittsfunktion innerhalb des IT-Controllings umfasst es im Sinne einer Prozessorientierung die Bereitstellung einheitlicher Methoden der Informationsbeschaffung und rechnergestützter Werkzeuge zur Gestaltung und Abstimmung von Geschäftsprozessen in den Geschäftsbereichen.

Ein Berichtswesen für das IM erfüllt zusätzlich die Servicefunktion des Controllings im Hinblick auf die Entscheidungsunterstützung des Managements. Es bildet den gesamten Controlling-Prozess anhand geeigneter Kenngrößen in komprimierter Form ab und ermöglicht damit die laufende Steuerung und Kontrolle der IM-Funktionen. Im Folgenden werden einzelne Elemente des IV-Controllings weiter vertieft.

Kennzahlen und Kennzahlensysteme spielen bei allen Prozesselementen eine große Rolle. Deshalb wird im Anschluss an die Darstellung der Elemente des IT-Controllings die Verwendung von Kennzahlensystemen als Methode dargestellt.

3.4.6.2.2 Portfolio-Controlling

Die wichtigste Funktion des Controllings bei der strategischen Planung von IS-Projekten ist die Unterstützung des IM mit geeigneten Planungsverfahren und Instrumenten. Die Portfolio-Analyse stellt hierzu ein geeignetes Instrument dar. Der Prozess der Bewertung und Auswahl von neuen, geplanten oder laufenden IS-Projekten soll durch ein Portfolio-Controlling transparenter gestaltet werden. Neben der Bereitstellung einer umfassenden Projektdatenbank ist damit auch die Bildung geeigneter Dimensionen und Messgrößen zur Kennzeichnung des Gesamtnutzens, des Gesamtrisikos und des Gesamtfits einzelner IS-Projekte gefragt. Der Teilbereich des Ideen-/ Portfolio-Controlling ist in Abbildung 3-138 skizziert.

Als Maßgrößen für eine Portfolio-Bewertung können über die in der traditionellen Portfolio-Analyse verwendeten Dimensionen „Risiko" und „Nutzen" hinaus weitere Daten eingebettet werden, die einen „Projekt-Strategie-Fit" und „Projekt-Technik-Fit" abbilden. In der Größe „Projekt-Strategie-Fit" wird die Unterstützung der Geschäftsstrategie und der IT-Strategie durch die Projekte gemessen,

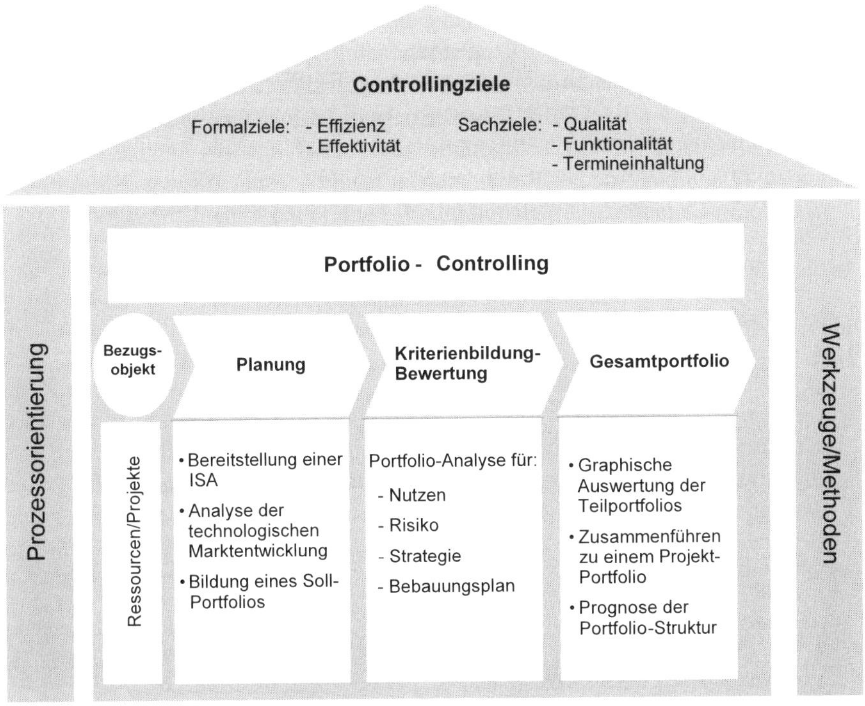

Abbildung 3-138. Portfolio-Controlling
Quelle: Krcmar et al. (2000, S. 7)

indem eine Einordnung bezüglich Kundenorientierung, Konkurrenzorientierung, Prozessorientierung und Effizienz der Abwicklung erfolgt. „Projekt-Technik-Fit“ hingegen beschreibt die Konvergenz mit innovativer und verfügbarer IT in Annäherung an den „Soll-Bebauungsplan“ der Unternehmung.

Durch eine Normierung der einzelnen relativen Zahlen kann dann in einem Gesamt-Portfolio die erreichte Abstimmung des IS-Projekt-Ist-Zustands mit dem Soll-Zustand dargestellt werden und zur Entscheidungsgrundlage für die Neuplanung und Weiterführung von Projekten genutzt werden.

3.4.6.2.3 Projekt-Controlling

Nachdem die Entscheidung für die Durchführung eines Projekts gefallen ist, ist es Aufgabe des Projekt-Controllings (Abbildung 3-139), das Management mit adäquaten Methoden, Instrumenten und Informationen zu versorgen, die für eine erfolgreiche Projektabwicklung notwendig sind. Die Besonderheit eines Projekts besteht in der Erledigung einer Aufgabe innerhalb eines vorgegebenen Zeit- und Ressourcenrahmens sowie eines bestimmten Organisationskonzepts. Projekt-Controlling versteht sich deshalb als integriertes System zur Planung, Steuerung und Kontrolle von Kosten, Terminen und Leistungen eines Projekts. Dabei kann man unterschiedliche Arten unterscheiden. Es kann sich um reine Software-Entwicklungsprojekte, ein Wartungsprojekt usw. handeln. Alle IS-Projekte unterliegen jedoch einem Lebenszyklus, welcher – den einzelnen Projekttypen entsprechend – durch unterschiedliche Instrumente unterstützt werden kann. Der Ablauf eines Projekt-Controllings kann anhand von Projektphasen beschrieben werden, die Anforderungsanalyse, Fachspezifikation, IT-Spezifikation, Realisierung, Systemintegration und Einführung umfassen (Sokolovsky 1987, S. 262), bevor ein Übergang in den operativen Zustand und damit in das Produkt-Controlling erfolgt.

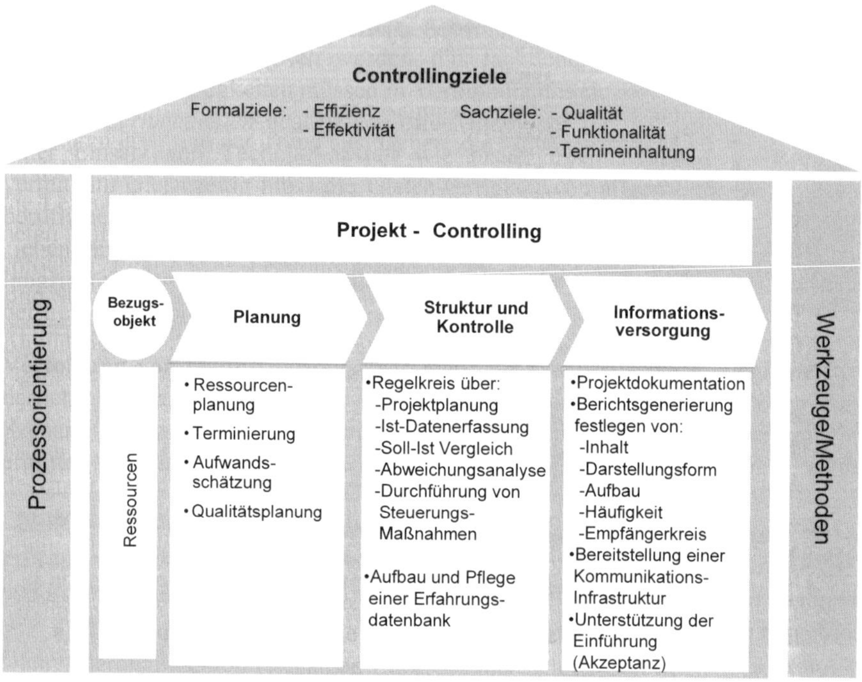

Abbildung 3-139. Projekt-Controlling
Quelle: Krcmar et al. (2000, S. 10)

Aufgaben des Projekt-Controllings sind die Projektplanung, Projektsteuerung und -kontrolle sowie der Aufbau einer Erfahrungsdatenbank und die Durchführung von Wirtschaftlichkeitsanalysen. Betrachtet man die in der Projektvorstudie und der bereits im Ideen-Controlling erarbeiteten Projektziele, so stellen diese die Zielgröße des Projekt-Controllings dar.

Projektplanung als erste Aufgabe innerhalb des Projekt-Controllings umfasst die gesamte planerische Tätigkeit im Projekt. In der Grobplanung wird der gesamte Phasenablauf des Software-Entwicklungsprozesses festgelegt, während die Detailplanung die aktuelle und jeweils nachfolgende Phase zum Inhalt hat. Bei der Projektplanung handelt es sich demnach um einen dynamischen projektbegleitenden Prozess. Dies ist deshalb erforderlich, da der Wissenszuwachs mit dem Ablauf des Projekts die laufende Aktualisierung der Pläne erforderlich macht.

Zur Durchführung der Projektplanungsaufgaben stehen viele Instrumente zur Verfügung. Die Netzplantechnik ist darunter die bekannteste und auch verbreitetste Methode, die nach DIN 69900 alle Verfahren zur Analyse, Beschreibung, Planung, Steuerung und Überwachung von Abläufen auf der Grundlage der Graphentheorie beinhaltet. Einflussgrößen wie Kosten, Betriebsmittel etc. können zusätzlich berücksichtigt werden. Im Rahmen des Projekt-Controllings unterstützt die Netzplantechnik neben der Projektplanung ebenso die Steuerung, Kontrolle und Disposition von Terminen, Kapazitäten und Kosten während der Projektabwicklung.

Auf die Projektplanung aufbauend, stehen die Projektsteuerung und die Projektkontrolle im Mittelpunkt des Projekt-Controllings, die sich auf die Beratung, Systemvorbereitung und Entscheidungsunterstützung im Projektmanagement erstrecken. Darüber hinaus muss das Projekt-Controlling von Software-Entwicklungen berücksichtigen, dass Benutzeranforderungen am Projektanfang oftmals noch nicht vollständig vorliegen und so Planaripassungen unumgänglich sind. Daher müssen Projektmanagement und Projekt-Controlling aufeinander abgestimmt sein und gemeinsame Ziele verfolgen. Ausgehend von der Projektplanung folgt die Projektsteuerung dem Regelkreis über Projektplanung, Ist-Datenerfassung, Soll-Ist-Vergleich, Abweichungsanalyse und Durchführung von Steuerungsmaßnahmen. Bezugsobjekte der Projektsteuerung sind dabei Projektfortschritt (Meilensteine), Termine, Kapazitäten, Projektkosten, Qualität und Wirtschaftlichkeit.

Die Steuerung und Kontrolle des Projektfortschritts ist mit Hilfe von Berichten der Projektmitarbeiter, z.B. durch Formblätter (rechnergestützt), zu regelmäßigen Terminen möglich. Der Controller legt durch Auswertung der Ist-Daten dann den jeweiligen Projektstatus fest und dokumentiert diesen. Die Feststellung der Terminsituation eines Arbeitspakets erfolgt ebenfalls, jedoch bedarf die Leistungsmessung, d.h. die Feststellung des Zielerreichungsgrades z.B. eines Software-Moduls, genauerer Untersuchung, da hier oftmals Anforderungen auch ohne Einhaltung der Qualitätsstandards als erreicht bezeichnet werden. Hier empfiehlt sich die Anwendung sog. Walk-Throughs oder Reviews zur objektiven Beurteilung der Ergebnisse. Zur Feststellung des Kapazitätenverbrauchs werden unterschiedliche Verfahren zur Messung von Personalkapazitäten und der Rechnerbenutzung verwendet. Dabei sind Berührungspunkte mit der Betriebsverfassungs- und der Arbeitsgesetzgebung zu berücksichtigen. Die Überwachung der Projektkosten kann mit Hilfe einer prozessorientierten Projektkalkulation vorgenommen werden. Sie unterstützt neben der internen Kostenrechnung auch die Preisbildung. Durch ihren Zielanspruch der Genauigkeit und hohen Kostentransparenz trägt sie zur Entscheidungsfindung und Effizienz des Projektmanagements bei (Riedl 1990, S. 99).

Für das Controlling ist in diesem Zusammenhang der Aufbau einer Erfahrungsdatenbank von wesentlicher Bedeutung. Sie dient als Unterbau für die verschiedenen Entscheidungsfelder des Controllings und ist insbesondere für die Planungsunterstützung des IM unabdingbar. Außerdem wird das Berichtswesen für das Führungssystem aus dieser Datenbank generiert. Im Rahmen der Qualitätssicherung bei IS-Projekten ergibt sich für das Controlling die Bereitstellung einheitlicher Qualitätsstandards, die projektbegleitend an den Arbeitsergebnissen einzelner Projektphasen angelegt werden sollen. Die Qualitätssicherung muss dabei unter Wirtschaftlichkeitsaspekten durchgeführt werden, d. h. der Grad an qualitativer Verbesserung eines Produkts muss den Qualitätskosten, wie z. B. Fehlerverhütungskosten, Prüfkosten oder Fehlerkosten, gegenübergestellt werden. Ein weiteres wesentliches Element der Projektsteuerung und -kontrolle ist die Überwachung der Wirtschaftlichkeit im laufenden Software-Entwicklungs- oder Wartungsprozess. Dabei wird eine rollierende, projektbegleitende Wirtschaftlichkeitsanalyse vorgeschlagen, die auf dem rechnerischen Ansatz zur Ermittlung des wirtschaftlichen Erfolgs eines IS-Projekts aufbaut (Sokolovsky 1987, S. 264). Solche Wirtschaftlichkeitsanalysen sind insbesondere im Rahmen einer Projektrückbetrachtung für die Ermittlung von Kennzahlen und zur Ergänzung der oben erwähnten Erfahrungs-/Projektdatenbank von Bedeutung.

Auf die Projektdatenbank aufbauend, gelten die Informationsversorgung, Berichtsgenerierung und Projektdokumentation ebenso als wichtige Elemente des Projekt-Controllings. Sie bildet einen wesentlichen Bestandteil des Berichtswesens für das Führungssystem im Rahmen der umfassenden Controlling-Konzeption. Dabei ist auf die bedarfsgerechte Versorgung des Managements, der Projektleitung und des Projektteams zu achten. Mit der Systemintegration und der Einführung des Produkts endet die Phase der Projektrealisierung. Die umfassende Darstellung eines begleitenden Projekt-Controllings für den Software-Erstellungsprozess muss je nach Art eines IS-Projekts, seien es Wartungsprojekte, der Kauf von Hardware bzw. Software oder Zwischenformen wie Kauf von Software mit notwendiger Anpassungsprogrammierung, entsprechend angepasst werden.

3.4.6.2.4 Produkt-Controlling

Nach Fertigstellung und Einführung des Produkts ist die effektive und effiziente Nutzung vorrangiges Koordinationsziel des Controllings. Daraus ergibt sich als Aufgabe für das Produkt-Controlling die laufende Begleitung der Produktverwendung über den gesamten restlichen Teil des Produktlebenszyklus'. Es ist darauf zu achten, dass im Hinblick auf die gegebenen Ziele und Aufgaben die Funktionen des IM bei Tätigkeiten der Betreuung, Wartung, Weiterentwicklung, Anpassung an neue Systemumfelder oder ähnliches berücksichtigt bleiben. Insbesondere vor dem Hintergrund hoher Projektfolgekosten, die häufig über den eigentlichen Projektkosten liegen, ist die Begleitung dieser Prozesse durch geeignete Koordinationsinstrumente des Controllings von besonderer Wichtigkeit. Auswirkungen auf die Ablauforganisation bzw. bestehende Geschäftsprozesse müssen ebenso durch das Controlling analysiert und aktualisiert werden (Abbildung 3-140).

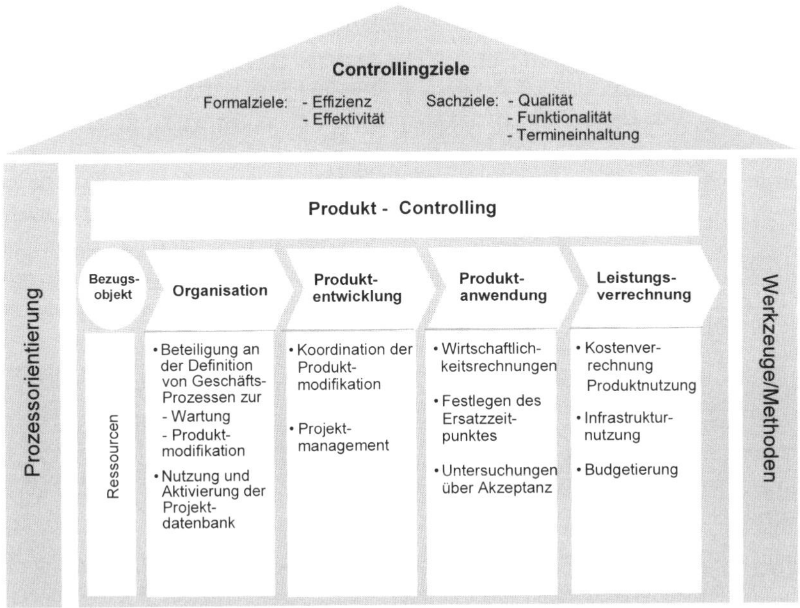

Abbildung 3-140. Produkt-Controlling
Quelle: Krcmar et al. (2000, S. 13)

Die Kosten der Produktmodifikation betragen teilweise über 50 Prozent der Lebenszykluskosten. Im Rahmen dieser Tätigkeiten, die sich in Korrekturen, Anpassungen und Weiterentwicklungen einteilen lassen, kommen dem Controlling Aufgaben im Bereich der einzusetzenden Methoden, Werkzeuge und Vorgehensweisen zu (Sokolovsky 1990, S. 316). Damit eine Überwachung der Folgekosten überhaupt möglich ist, sollte das Controlling an der Definition von Geschäftsprozessen beteiligt sein, die Tätigkeiten im Bereich der Wartung und der oben angesprochenen Produktmodifikation für eine Kostenkontrolle greifbar machen. Auf eine Miteinbeziehung der bereits im Projekt-Controlling eingeführten Erfahrungsdatenbank ist zu achten. Die Zugriffsmöglichkeit auf Problemstellungen vergangener IS-Projekte, Produktspezifikationen, Hardware-Eigenschaften oder Schnittstellenproblematiken hilft so, Wartungszeiten bzw. Modifikationsprojekte zu verringern. Eine fortlaufende Kontrolle der Kosten-Nutzen-Relationen bei Modifikationsprojekten, d.h. eine begleitende Kalkulation, dient der Entscheidungsunterstützung des Produktmanagements durch die Quantifizierung der Erträge bzw. Kostenminderungen, die durch die Produktnutzung entstehen. Projekte der Produktmodifikation unterliegen damit wieder dem Regelkreis des Controllings. Budgetierungsprobleme oder Verrechnungsprobleme beim bereichsübergreifenden Einsatz werden durch die Verrechnung von Kosten gelöst. Ein weiterer Aspekt ist die Überwachung der Wirtschaftlichkeit des Anwendungseinsatzes und einer begleitenden Untersuchung über die Akzeptanz eines neuen Systems. Die Akzeptanz stellt dabei ein wesentliches Kriterium für einen Projekterfolg bzw. den effektiven Einsatz eines Systems dar. Die Vorbereitung von Entscheidungen über den Ersatz eines Produkts und den Ersatzzeitpunkt ist ebenfalls eine Aufgabe des Produkt-Controllings und sollte auf der Basis der in der Projektdatenbank abgelegten Daten der Portfolio-Planung und der Wirtschaftlichkeitsrechnungen bei der Produktnutzung durchgeführt werden.

3.4.6.2.5 IT-Infrastruktur-Controlling

Das Controlling der IT-Infrastruktur beschäftigt sich mit der Gesamtheit aller Anwendungen im Unternehmen. Die Planung der langfristigen technologischen Versorgung des Unternehmens und die Unterstützung der Umsetzung stehen im Zentrum des Infrastruktur-Controllings. Konkret kennzeichnen die Verrechnung entstandener Kosten sowie die Erstellung des IT-Infrastruktur-Budgets die wesentlichen Eckpunkte der kalkulatorischen Begleitung der Aktivitäten im Bereich der Infrastruktur.

Die Unterstützung des IM bei der Planung der IT-Infrastruktur erfolgt im Wesentlichen durch die Bereitstellung geeigneter Planungsverfahren, die Abstimmung unterschiedlicher Zielvorstellungen und die Informationsbereitstellung hinsichtlich technologischer Entwicklungen und Benutzeranforderungen. Diese Informationen fließen in die Gesamtplanung der IT-Infrastruktur ein und werden mit den durch die Unternehmensführung festgelegten Unternehmensprozessen in den Rahmen einer strategischen Gesamtplanung eingebunden. Dabei spielen die geplanten Lebenszyklen der Infrastrukturressourcen eine zentrale Rolle. Neben der Einbeziehung strategischer Auswirkungen von Infrastrukturentscheidungen eignen sich hier investitionstheoretische Rechenverfahren zur Entscheidungsvorbereitung. Die Aufstellung eines Gesamtbudgets „IT-Infrastruktur“ mit ihrer Untergliederung in die einzelnen Unternehmenssektoren gehört ebenfalls zu den Aufgaben des Controllings, die in Abbildung 3-141 spezifiziert sind.

Im laufenden Betrieb der Rechneranlagen, Netze und des Rechenzentrums stehen begleitende Kontrollen der Wirtschaftlichkeit, d.h. die Kosten- und Nutzenentwicklung im Mittelpunkt des Controllings. Diese können durch die Definition von Arbeitsprozessen in den Tätigkeitsbereichen unterstützt werden. Als Beispiele seien hier nur Prozesse der Betriebsdatenerfassung, Installation/Instandhaltung, Pflege/Wartung, Systementwicklung und Beratung genannt.

Zur Messung der Leistungsfähigkeit werden unterschiedliche Methoden und Systeme eingesetzt. Benchmarkverfahren werden dabei vor allem bei der Auswahl und Bewertung alternativer Hardware- und Software-Konfigurationen herangezogen. Sie eignen sich weiterhin zur Simulation unterschiedlicher Szenarien zur Leistungsverbesserung und damit auch zur Schwachstellenanalyse. Mit Hilfe von Monitoringsystemen kann das zeitliche Ablaufgeschehen in Informationssystemen

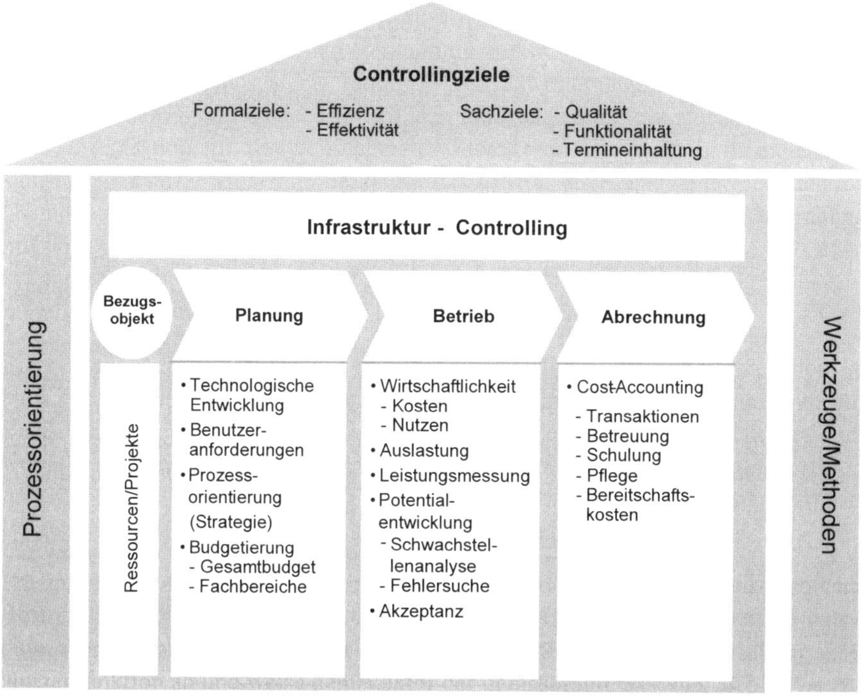

Abbildung 3-141. Controlling der IT-Infrastruktur
Quelle: Krcmar et al. (2000, S. 15)

beobachtet und damit die Geschwindigkeit der Verarbeitung definierter Tätigkeiten gemessen werden. Sie dient der Optimierung von Hardware und Software, der Fehlersuche sowie der Planung und Konfiguration von IS-Architekturen. Neben diesen begleitenden Aufgaben der Kostenrechnung ist die Auslastung der Infrastruktur ein weiterer Faktor bei der Abstimmung der Ziele, Budgets und Projektneuplanungen, so dass deren Messung ebenfalls zur laufenden Betreuung des Systembetriebs gehört. Damit eng verknüpft sind Fragen der Akzeptanz der eingesetzten Systeme bei den Anwendern für eine effiziente und effektive Nutzung der Systeme. Die Integration der Nutzer bedeutet einen wesentlichen KEF für die Arbeit des Controllings, da Koordination nur in einem Regelkreis zwischen Planung, Management und Feedback durch die Anwender zu einer den Gesamtzielen der Unternehmung kongruenten Führungsteilfunktion zusammenwachsen kann.

Die innerbetriebliche Leistungsverrechnung der IT-Infrastrukturkosten bildet den dritten Schwerpunkt eines Controllings der IT-Infrastruktur. Sie umfasst die den einzelnen Teilleistungen des Rechenzentrums bzw. des IT-Bereichs zurechenbaren Leistungen. Leistungsbereiche der Verrechnung sind:

- Transaktionen, hierfür stehen vielfältige Instrumente und Software-Tools, z. B. Accounting- und Job-Accounting-Systeme zur Verfügung
- Betreuung, beinhaltet Kosten aus dem Bereich Installation, laufende Unterstützung bei der Systemnutzung usw.
- Schulung
- Pflege (Systempflege, Updates, Wartung der Vernetzung usw.)
- Bereitschaftskosten, die als Gemeinkosten im IT-Bereich zu sehen sind und im Wesentlichen aus Personalkosten des täglichen Betriebs des Rechenzentrums bestehen

Die Art der Verrechnung, d.h. die Wahl zwischen Verrechnungspreisen bei der Bildung eines Profit-Center oder der herkömmlichen Kostenverrechnung bei einer Cost-Center-Struktur müssen der Unternehmensstruktur angepasst werden und betreffen so die Entscheidungskompetenz von Linienmanagement und zentralem Controlling.

3.4.6.2.6 Methode: Kennzahlensysteme

Ein wesentliches Instrument des Controllings bilden Kennzahlen und Kennzahlensysteme. Kennzahlen stellen quantitative Daten dar, die in verdichteter Form über zahlenmäßig erfassbare Ausschnitte komplexer Realitäten informieren (vgl. Haufs 1989, S. 115). Die Anordnung solcher Werte in Systemen ermöglicht über die Festlegung von Beziehungen zwischen ihnen die Betrachtung der Gesamtheit eines Sachverhaltes (vgl. Horváth 2002, S. 570). Kennzahlensysteme haben neben der Aufgabe, über Vergangenes zu berichten, einen zukunftweisenden Charakter, der es dem Management ermöglichen soll, Strategien zu implementieren und zeitnah zu kontrollieren (vgl. Abbildung 3-142).

Während einige Kennzahlensysteme nur für die Betrachtung bestimmter Unternehmensbereiche konzipiert sind, versuchen andere, das Unternehmen als Gesamtheit abzubilden. Einige Systeme mit Bezug auf das Management von Informationssystemen, die von besonderer Bedeutung sind, sollen kurz dargestellt werden. Weitere Kennzahlensysteme finden sich z. B. in *Kütz* (2003, S. 153ff.).

Das Modell von *Zilahi-Szabo* (1988, S. 185ff.) wurde speziell für den Rechenzentrumsbetrieb entwickelt und bezieht seine Daten aus der Betriebs- und Finanzbuchhaltung sowie der Personalverwaltung. Die Werte werden den Gruppen Kapazitäten, Einsatz (Nutzung der Kapazitäten) und Ergebnis (Bewirtschaftung und Wirtschaftlichkeit) zugeordnet.

Das *Ordnungssystem der Diebold Deutschland GmbH* ist ein streng hierarchisch angelegtes Modell, das als Spitzenkennzahl die Gesamtkosten im Verhältnis zum Umsatz betrachtet. Es werden eine Kennzahlengruppe, welche die Auswirkung der IT auf die Unternehmensleistungen widerspiegelt, und eine andere Gruppe, welche Aspekte der Wirtschaftlichkeit der Datenverarbeitung betrachtet, unterschieden (Nonhoff 1989, S. 47ff.).

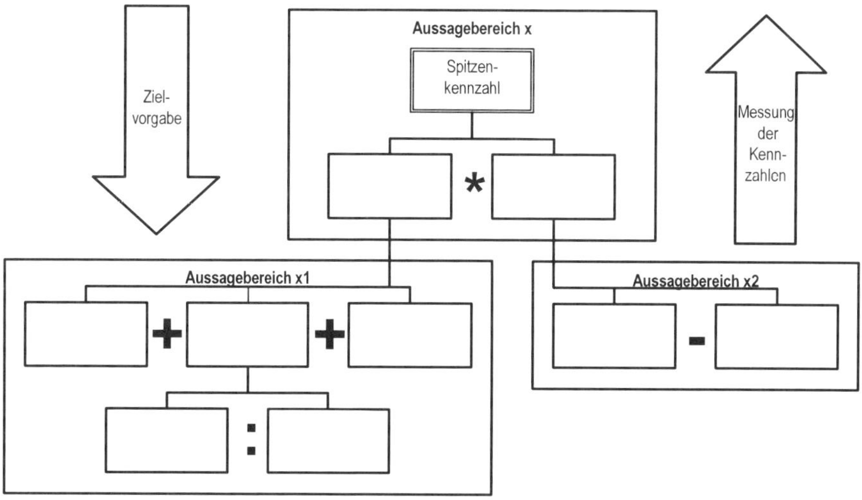

Abbildung 3-142. Verknüpfung von Untersuchungsbereichen eines Kennzahlensystems
Quelle: In Anlehnung an Heinrich (2002, S. 409)

Die Integration zusätzlicher Kennzahlen in ein bestehendes System bedarf einer genauen Untersuchung des IST-Zustands, sowie einer klaren Zielwertdefinition der einzelnen Kennzahlen. Ein mögliches Vorgehen bei der Entwicklung eigener Kennzahlen und von ganzen Systemen soll anhand des Vier-Ebenen-Modells beschrieben werden (vgl. Heinrich 2002, S. 406ff.). Die Objektebene beinhaltet einen Katalog möglicher Formalziele, Phänomene und Komponenten. Als Formalziel wird eine Zielsetzung wie z.B. Wirtschaftlichkeit, Wirksamkeit oder Sicherheit verstanden. Dieses Ziel kann auf ein bestimmtes Phänomen wie Planung, Nutzung oder Realisierung angewendet werden. Als Komponente werden bspw. Soft- oder Hardware und Personal betrachtet. Die Verkettung von konkreten Ausprägungen der Objektebene bestimmt auf der Definitionsebene einen Untersuchungsbereich (z.B. die Wirtschaftlichkeit der Nutzung der Software X). Zudem wird auf dieser Ebene bestimmt, durch welche Messgröße dieser Bereich am besten abgebildet werden kann und wie häufig diese Kennzahl aktualisiert werden muss. Dabei wird die Betrachtung ausgelassen, wie dieser Wert errechnet werden soll. Die Bestimmung eines anfänglichen Zielwertes für diesen Bereich wird meist durch eine Analyse des IST-Zustandes erreicht. Auf der Datenebene wird bestimmt, welche konkreten Messwerte bzw. Berichte bereits verfügbar sind und für die Berechung der Kennzahl verwendet werden können. An dieser Stelle ist abzuwägen, ob nur bestehende Datenquellen verwendet werden oder für das Kennzahlensystem ein neues Berichtssystem umgesetzt werden soll, was meist mit einem hohen Aufwand verbunden ist. Die unterste Ebene der Kennzahlen legt fest, wie aus welchen Werten die von der Definitionsebene vorgegebene Kennzahl errechnet werden soll.

Tabelle 3-36. Bestandteile eines Kennzahlensteckbriefes

Beschreibung • Bezeichnung • Beschreibung • Adressat • Zielwert • Sollwert • Toleranzwerte • Eskalationsregeln • Gültigkeit • Verantwortlicher		
Datenermittlung • Datenquellen • Messverfahren • Messpunkte • Verantwortlicher	**Datenaufbereitung** • Berechnungsweg • Verantwortlicher	**Präsentation** • Darstellung • Aggregationsstufen • Archivierung • Verantwortlicher
Verschiedenes		

Quelle: Kütz (2003, S. 47)

Zur Dokumentation von Kennzahlen haben sich in der Praxis Kennzahlensteckbriefe bewährt. (Kütz 2003, S. 47). Tabelle 3-36 zeigt wichtige Informationen eines Kennzahlensteckbriefes.

3.4.6.2.7 IT-Controlling: Organisation, Erfolgsfaktoren, Entwicklungstrends

Das hier vorgestellte Konzept für ein IT-Controlling versteht sich als Querschnittsfunktion, welche unternehmensweit das ebenfalls als Querschnittsfunktion zu bezeichnende IM unterstützt. In diesem Fall sind Schnittstellen bzw. Überschneidungen mit zentralem Controlling und Linienmanagement zu bilden. Diese Position im Unternehmen entspricht jedoch der anderer Controlling-Bereiche bzw. der eines zentralen Controllings, so dass hier traditionelle Ansätze der organisatorischen Einbindung von Controllingstellen verwendet werden können. D.h., die Einrichtung einer Stabstelle, Parallelorganisationen zu vorhandenen Organisationsstrukturen wie auch Kombinationsformen (z.B. Stab-Linienorganisation) sind praktikabel.

Es bietet sich eine Kombination einer Anbindung an das zentrale Controlling und an dezentrale Controllingeinheiten an. So beinhaltet nach *Doranth* (1990, S. 283ff.) ein zentrales Controlling die Koordination der gesamten strategischen Planung mit den Strategien des IT-Bereichs, dessen Planung und Entscheidungen.

Das dezentrale Controlling beschäftigt sich demgegenüber mit der Umsetzung der im Unternehmen angewandten Controlling-Konzeption innerhalb des IT-Bereichs. Es hat darauf zu achten, dass die Unterstützungsfunktion des Controllings als wesentliche Zwecksetzung des Controllings erhalten bleibt. Die Entscheidung hinsichtlich der vertikalen Einordnung des Teilbereiches hängt dabei davon ab, inwieweit die Controllingaufgabe delegierbar ist. Da bei der IT immer öfter bereichsübergreifende IS entstehen, ist auch nach einer bereichsübergreifenden Lösung für das Controlling zu suchen. In der Praxis wird das Problem der Eingliederung des Controllings oftmals durch das Zusammenfallen von Controlling- und IM-Aufgaben auf eine Stelle bzw. eine Person erleichtert.

Für die Einführung des IT-Controllings lassen sich mehrere Erfolgsfaktoren über die organisatorische Eingliederung hinaus ausmachen: Von besonderer Bedeutung ist die klare Aufgabenabgrenzung zwischen dem IT-Controlling, dem generellen Controlling und dem IM. Darüber hinaus ist das richtige Verständnis des Controllings der Informationswirtschaft des Unternehmens von Bedeutung. Dies bedeutet, dass ein Teil der Aufgaben des IT-Controllings in der Fachabteilung angesiedelt werden kann. Ein weiterer Erfolgsfaktor für ein erfolgreiches Controlling der Informationswirtschaft ist die Nutzenorientierung. Für den IT-Controller bedeutet das, dass besonders wegen der Innovationskraft der IT nicht nur die Kostenreduktion, sondern die Nutzenerhöhung im Vordergrund stehen sollte. In diesem Zusammenhang ist es auch Aufgabe des IT-Controllers, wirtschaftliche Potenziale der IT zu identifizieren. Gleiches gilt für die Produktorientierung des IT-Controllings. Es ist die Betrachtung des gesamten Lebenszyklus eines Informationssystems zu fordern. Darüber hinaus hat das IT-Controlling dafür zu sorgen, dass im Sinne der Verantwortung für die Planungsprozesse die formalen Kriterien für die IS-Planung erfüllt sind. Beispiele sind schriftliche Standardanträge, rollierende Planungsweise oder die Existenz von Ansprechpartnern.

Neben der Aufgabe, die Einführung eines IT-Controllings selbst zu bewerkstelligen, muss das IT-Controlling demnach folgende Entwicklungen bewältigen: Die Dezentralisierung der IT und der Rechner selbst stellt hohe Anforderungen sowohl an die Methodik des IT-Controllings, insbesondere was den Bereich der Infrastrukturinvestitionen betrifft, als auch an die Erfassung der Kosten- und Leistungsgrößen (Aurenz 1997). Der Hinwendung zu prozessorientierten Organisationsformen muss durch die Kostenrechnung entsprochen werden. Auch die Debatte um die IT-spezifischen Sizing- und Sourcing-Entscheidungen fordert eine verbesserte Informationsbasis ein. Leistungs- und Kostendaten müssen so bereitgestellt werden, dass sie mit marktgängigen Preisen verglichen werden können.

Um diesen Herausforderungen zu begegnen, zeigt sich das Benchmarking des IM als ein potentes Werkzeug (Rehäuser 1999; Rehäuser/Krcmar 1995b). Im folgenden Kapitel wird daher ein kurzer Überblick über das IM-Benchmarking gegeben.

3.4.6.3 IM Benchmarking

Für Leistungsmessungen und Leistungsvergleiche empfiehlt sich der Vergleich mit anderen Unternehmen. Da solche Vergleiche häufig unter Wettbewerbern einer Branche durchgeführt werden, hat sich die Bezeichnung der Wettbewerbs- oder Konkurrenzanalyse etabliert. Unternehmensvergleiche finden in der Praxis eine breite Verwendung, sie besitzen dennoch lediglich Informationscharakter. Eine Ableitung von Verfahren, Praktiken oder Prozessen besserer Vergleichsunternehmen für die eigenen organisatorischen Abläufe wird dadurch nicht unterstützt. Diese Aspekte sind aber schließlich ausschlaggebend für eine kontinuierliche Leistungsverbesserung. Mit Benchmarking steht den Unternehmen ein Managementinstrument zur Verfügung, das diese Aspekte umschließt.

IM-Benchmarking versteht sich als Anwendung für Leistungsvergleiche im gesamten IM-Bereich. IM-Benchmarking kann als Bestandteil des IT-Controllings aufgefasst werden. Es leistet einen wertvollen Beitrag zur Unterstützung des IT-Controllings, das als Ziele die Verbesserung der Effektivität und Effizienz der Planung, Steuerung und Kontrolle aller IT-Prozesse, deren Ressourcen und der Infrastruktur im Unternehmen hat. Benchmarking ist ein Instrument zur Erfüllung dieser Ziele (Rehäuser 1999, S. 191f.; Rehäuser/Krcmar 1995a, S. 20). Während das IT-Controlling Schwachstellen innerhalb der IT-Abteilungen aufdeckt, können durch Benchmarking Erfahrungen, Praktiken und Wissen anderer Unternehmen systematisch beobachtet und nutzbar gemacht werden (Kütz 1999, S. 25).

Benchmarking kann grundsätzlich aus zwei Perspektiven betrachtet werden (Rudolph 2004, S. 4): Einerseits wird es als systematisch und branchen(un)abhängig durchgeführter Vergleich von Unternehmen mit den jeweils „Besten" verstanden. Im Mittelpunkt steht die Übernahme sog. „Best Practices" in einen organisationalen Lernprozess, mit dem Ziel, Schwachstellen im eigenen Unternehmen aufzudecken und zu beseitigen, um somit eine bessere Positionierung im Wettbewerbsumfeld zu erlangen (Bogan/English 1994, S. 1; Camp 1994, S. 298). Diese Sichtweise setzt jedoch eine erhebliche Erfahrung mit der Methodik voraus, womit Benchmarking-„Neulinge" im Allgemeinen überfordert sind (Kütz 1999, S. 26). Um „Neulingen" dennoch eine praktische Hilfestellung zu geben, wird Benchmarking andererseits nicht nur als die Suche und Übernahme von Best Practices verstanden, sondern vielmehr als ein Leistungsvergleich, der sich an einem definierten Leistungsstandard, dem Benchmark, orientiert und ausrichtet (APQC 1993, S. 4; Leibfried/McNair 1996, S. 13f.). Dies kann darauf zurückgeführt werden, dass oftmals nicht allgemein festgelegt oder gemessen werden kann, was tatsächlich die beste Praktik darstellt.

Zur Kategorisierung des komplexen Konstrukts Benchmarking kann die Übersicht nach *Legner* (1999, S. 10) herangezogen werden (vgl. *Abbildung 3-143*). Hier werden Benchmarking-Formen nach Vergleichshorizont, Vergleichsobjektgruppen und Zielsetzung unterschieden.

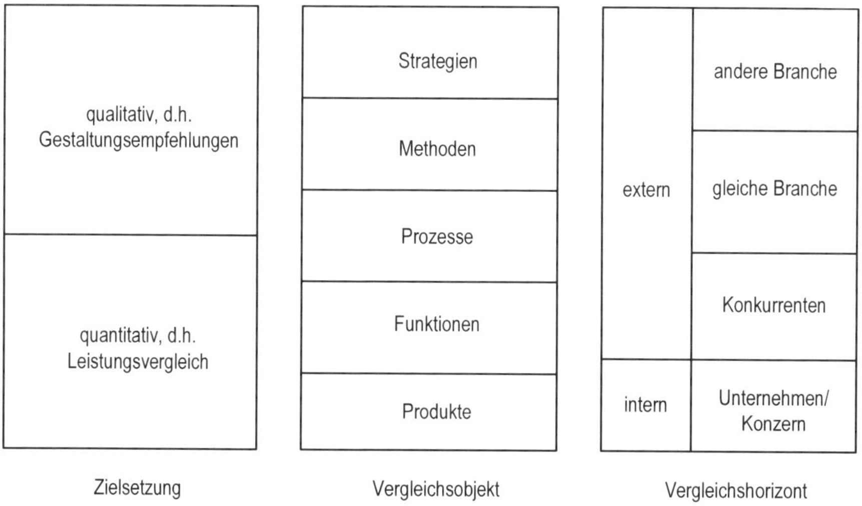

Abbildung 3-143. Benchmarking-Formen
Quelle: Legner (1999, S. 10)

Der Vergleichshorizont beschreibt die Auswahl der Vergleichspartner, die entweder dem eigenen (unternehmensinternes Benchmarking) oder einem externen Unternehmen zugehörig sind. Ein externes Benchmarking kann zudem innerhalb einer Branche (konkurrenzbezogenes Benchmarking) oder branchenunabhängig (funktionales Benchmarking) durchgeführt werden.

Die Vergleichsobjektgruppen sind mit dem Untersuchungsgegenstand von Benchmarking-Vorhaben gleichzusetzen. Untersuchungsobjekte sind bspw. Prozesse, Strategien, Produkte oder Dienstleistungen.

Die Zielsetzung des Benchmarking lässt sich u. a. nach quantitativem und qualitativem Benchmarking differenzieren, wobei ersteres die Leistungsmessung skalierbarer Zahlenwerte beschreibt und letzteres das Lernen von erfolgreichen Praktiken (Legner 1999, S. 9f.).

Kritischer Erfolgsfaktor im Benchmarking ist die Sicherstellung der Vergleichbarkeit der Messgrößen (Benchmarks) sämtlicher untersuchter Objekte. Die Messgrößen werden in einem Kennzahlensystem erfasst, definiert und operationalisiert. Die einheitliche Abstimmung des Vorgehens zwischen den Benchmarking-Partnern ist hierbei notwendige Voraussetzung für aussagekräftige und vergleichbare Messgrößen. Zudem wird die Vergleichbarkeit durch die Aktualität, die Korrektheit, die Genauigkeit und die Vollständigkeit sämtlicher Messgrößen beeinflusst. Die Definition und Operationalisierung von Vergleichsgrößen im IM stellt eine besondere Herausforderung auf Grund der starken Querschnittsorientierung des

IM dar. Die individuelle Ausgestaltung dieser Querschnittsfunktionen in den einzelnen Unternehmen führt mitunter zu einer eingeschränkten Vergleichbarkeit von Messgrößen. Vergleiche i.S.e. Benchmarking werden daher oftmals nur auf der Ebene der Informations- und Kommunikationstechnik durchgeführt. Hierunter sind bspw. Benchmarks im Hardware-Bereich sowie der Organisation und Infrastrukturgestaltung von Rechenzentrum zu subsumieren. Sind IM-Prozesse Gegenstand der Benchmarking-Untersuchung, werden oftmals die Leistungserstellungs- und Unterstützungsprozesse im IM verglichen.

Neben der Vergleichbarkeit der Messgrößen ist die kontinuierliche Verbesserung im Benchmarking von großer Bedeutung. Damit soll der Umsetzungsfortschritt der aus dem Benchmarking resultierenden besten Praktiken in die eigenen betrieblichen Abläufe nachgehalten werden.

Eine adäquate Hilfestellung bei der Durchführung von Benchmarking-Vorhaben leisten die verschiedenen existierenden Ablauf- und Vorgehensmodelle. Diese basieren im Wesentlichen auf den gleichen Grundformen. Die wohl bekannteste Grundform eines Benchmarking-Prozessablaufs stammt von *Camp* (1989), der erstmalig ein solches Vorgehensmodell darstellte und in der Praxis erfolgreich anwendete. Er gilt als wichtiger Initiator für das weltweit publizierte Benchmarking-Vorhaben der Rank Xerox Corporation mit dem Sportartikelversandhaus L.L. Bean Mitte der 80er Jahre. Die Beschreibung des von *Camp* entwickelten Benchmarking-Modells erfolgt exemplarisch für eine nachvollziehbare und insbesondere anwendbare Durchführung von Benchmarking-Vorhaben (*Abbildung 3-144*).

Camp unterscheidet fünf Phasen (1994, S. 21):

1. Planung
2. Analyse
3. Integration
4. Aktion
5. Reife

Ziel der **Planungsphase** ist die Erstellung einer Planung für das Benchmarking-Vorhaben. Dazu gehört die Identifikation, was, wer und wie zu untersuchen ist (Camp 1994, S. 22f.).

Die Festlegung des Benchmarking-Gegenstands (Was?) bestimmt die grundlegende Zielsetzung des Benchmarking-Vorhabens und ist Voraussetzung für die Erhebung der Vergleichsdaten.

Im nächsten Schritt gilt es, geeignete Benchmarking-Partner auszuwählen (Wer?) und für ein Benchmarking-Vorhaben zu verpflichten. Die Vergleichspartner können

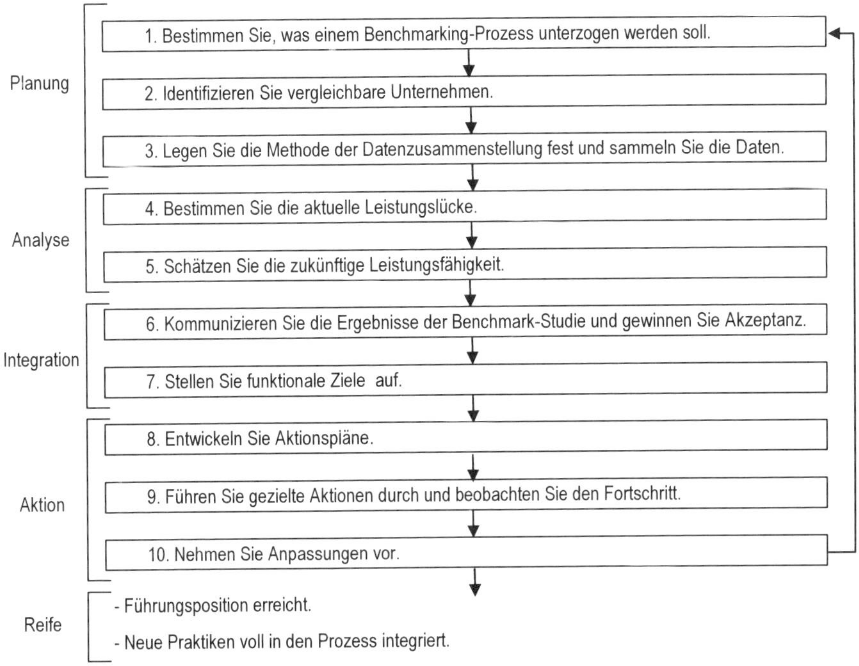

Abbildung 3-144. Benchmarking-Prozessschritte
Quelle: Camp (1994, S. 21)

dabei dem eigenen oder einem fremden Unternehmen angehören. Der Auswahlprozess unternehmensexterner Partner kann zudem in der gleichen Branche oder aber in einer gänzlich anderen erfolgen. Die Anzahl der Benchmarking-Partner variiert mit dem Ziel der Untersuchung. Nehmen mehr als zwei Unternehmen an einer Benchmarking-Untersuchung teil, wird dies als Konsortium bezeichnet. Voraussetzung bei jeder Auswahl ist jedoch die Sicherstellung eines allzeit offenen Austausches zwischen den beteiligten Partnern sowie der Vereinbarung, dass sämtliche Ergebnisse einer Geheimhaltungsverpflichtung unterliegen.

Unter Verwendung einer zuvor festgelegten Methodik (Wie?) wird das zu vergleichende Datenmaterial bei jedem Benchmarking-Partner separat für die Analyse zusammengestellt.

Die **Analysephase** beschreibt den Prozess des Datenvergleichs und die Durchführung der Benchmarking-Untersuchung. Im ersten Schritt erfolgen die Benchmarking-Besuche bei allen Partnern. Voraussetzung ist die Bestimmung der eigenen Leistungslücke, die als Ausgangpunkt für die erste Positionierung im Vergleichsumfeld dient. Anschließend werden die Ursachen für die Leistungslücken identifiziert und Prognosen über die zukünftige Entwicklung der

Leistungslücken erstellt. Zielsetzung ist die kritische Auseinandersetzung mit der gegenwärtigen und der zukünftigen Leistungsfähigkeit jedes teilnehmenden Partners (Camp 1994, S. 23).

In der **Integrationsphase** sind aus den resultierenden Benchmarking-Ergebnissen innerbetriebliche Leistungsvorgaben mit definierten Zielen abzuleiten, um somit langfristig Veränderungen der gegenwärtigen Leistungsfähigkeit herbeizuführen. Die sorgfältige Planung der Integration der besseren Praktiken in die eigenen Geschäftsabläufe ist hier von besonderer Bedeutung. Zuvor muss jedoch sichergestellt werden, dass die Erkenntnisse aus dem Benchmarking-Vorhaben an die jeweiligen Organisationsebenen in geeigneter Form kommuniziert werden. Damit soll die Akzeptanz der Resultate und folglich auch die Umsetzungsqualität der abgeleiteten Maßnahmen gefördert werden (Camp 1994, S. 23f.).

In der **Aktionsphase** müssen für die aus den Benchmarking-Ergebnissen abgeleiteten Maßnahmen konkrete Aktionen geplant werden. Die Ausgestaltung der Aktionen erfolgt unter der Angabe definierter Meilensteine und Verantwortlichkeiten für eine zielgerechte Erfüllung. Die Überwachung der Aktionen dient der Kontrolle des Umsetzungsfortschritts. Hierzu empfiehlt sich die Einrichtung eines Benchmarking-Berichtswesens, um einerseits Feedback zur Umsetzung der einzelnen Aktionen zu erhalten und andererseits um Änderungen der übernommenen externen Praktiken verfolgen zu können. Beim Auftreten solcher Änderungen sind notwendige Anpassungen vorzunehmen (Camp 1994, S. 24f.).

Die **Reifephase** wird erst nach vollständiger Integration der besten Praktiken in die eigenen Geschäftsabläufe erreicht, nachdem sichergestellt wurde, dass hierdurch Spitzenleistungen erzielt werden. Zudem muss der Benchmarking-Prozess im Unternehmen institutionalisiert sein und einen festen Bestandteil im Managementprozess darstellen (Camp 1994, S. 25).

Die Institutionalisierung des Benchmarking-Prozesses im Unternehmen stellt einen wichtigen Schritt bei der Etablierung des kontinuierlichen Verbesserungsprozesses dar. Durch die fortwährende Auseinandersetzung mit besten Praktiken erlangen die Benchmarking-Partner Kenntnisse über ihre Veränderungsprozesse und -potenziale und lernen somit, die eigene Leistungsfähigkeit objektiver zu beurteilen. Das voneinander und miteinander Lernen stellt hierbei die Grundlage für das Verständnis des Benchmarking-Gedankens dar.

Neben den Chancen, die aus der Durchführung von Benchmarking-Vorhaben entstehen, gilt es, auch die Grenzen des Benchmarking zu erkennen, um überhöhte und unrealistische Erwartungen im Vorhinein zu vermeiden. Die größte Herausforderung im Benchmarking und insbesondere im IM-Benchmarking liegt aber in der Entwicklung eines adäquaten Kennzahlensystems, das anhand der Operationalisierung der Messgrößen ein tatsächlich vergleichbares Niveau zwischen den Benchmarking-Partnern herstellt.

3.4.6.4 IT-Risk Management

3.4.6.4.1 IT-Risk Management – eine Aufgabe des IT-Controllings

Jede Entscheidung für den Einsatz eines Informationssystems oder einer Informationstechnik bietet die Chance zur Eröffnung neuer organisatorischer Spielräume. Damit nimmt jedoch auch die Abhängigkeit der Prozesse von der Angemessenheit, Sicherheit und Qualität der eingesetzten Systeme und Techniken in erheblichem Maße zu und stellt für ein funktionsfähiges IM ein Risiko dar.

Mit der zunehmenden strategischen Bedeutung unternehmensinterner und in jüngster Zeit zwischenbetrieblicher Informationssysteme gewinnt das effektive und effiziente Management der mit dem Einsatz von IKT und Informationssystemen verbundenen Risiken an Bedeutung. Ein weiterer Aspekt, der das Augenmerk des Managements auf Sicherheit, Zuverlässigkeit und Integrität der betrieblichen Datenverarbeitung lenkt, ist die internationale Corporate Governance Debatte (Feddersen et al. 1996), die in der Bundesrepublik Deutschland 1998 mit der Verabschiedung des Gesetzes zur Kontrolle und Transparenz im Unternehmensbereich (KonTraG) ihren vorläufigen Höhepunkt erreicht hat. Als wesentliche Neuerung wird hier die Einrichtung eines Risikofrüherkennungs- und Überwachungssystems gefordert, um den Fortbestand der Gesellschaft gefährdende Entwicklungen frühzeitig zu erkennen (Hommelhoff/Mattheus 1998, S. 249f.). Unter die Teilaufgaben dieses Risikomanagements muss auch der Einsatz von Informationssystemen subsumiert werden, der als Unterstützungsprozess für die Kernprozesse des Unternehmens einen wesentlichen Risikofaktor für die effiziente Abwicklung der Geschäftsprozesse darstellt.

IT-Risk Management (ITRM) ist eine Aufgabe des IT-Controllings und beinhaltet die Gesamtheit aller Aktivitäten und Maßnahmen zur zielgerichteten Identifikation, Analyse, Steuerung sowie Überwachung der Risiken des IM.

Bei einer Systematisierung des Risikobegriffs wird oftmals zwischen Einzel- und Gesamtrisiko sowie zwischen reinen und spekulativen Risiken unterschieden (Farny 1979, S. 19ff.). Die Risikoverteilung einer einzelnen Entscheidung kann aus betriebswirtschaftlicher Sicht als Einzelrisiko bezeichnet werden. Berücksichtigt man alle Ergebnisse der Einzelentscheidungen, so kann das Aggregat dieser Einzelrisiken als Gesamtrisiko identifiziert werden. Darüber hinaus besteht die Möglichkeit einer korrelativen Wirkung von Einzelrisiken, die nachhaltige Wirkungen auf das Gesamtrisiko haben. Von reinen Risiken spricht man, wenn das Ergebnis einer Handlung nur zur negativen Seite eines vorab definierten Zielerreichungsgrad abweichen kann. Spekulative Risiken können hingegen sowohl zur negativen als auch positiven Seite hin wirken. Alle Risikoarten sind im IM anzufinden. So ist bspw. die Ausfallsicherheit eines Servers ein reines Einzelrisiko, jedoch mit korrelativen Wirkungen, während die strategische Entscheidung für die Einführung eines Customer-Relationship Management-Systems spekulativ ist.

In Anlehnung an das Ebenenmodell des IM können anhand der Aufgaben des IM grundsätzliche Risikopotenziale abgeleitet werden. Hierbei gehen von jeder Ebene des IM spezifische Risiken aus. Die Wirkung zeigt sich in Informationspathologien, Prozessdisfunktionalitäten, einer unzureichenden Verfügbarkeit der IKT oder einer mangelnden Strategieorientierung der Entscheidungen des IM. Das Ergebnis ist eine unzureichende Erfüllung der Unterstützungs- oder Enablerfunktion des IM und daraus resultierend eine mangelnde Wettbewerbsfähigkeit des Unternehmens. Hierbei können einzelne Risiken nicht isoliert betrachtet werden, sondern haben interdependenten Charakter. So können Prozessdisfunktionalitäten, die primär auf Ebene der Informationssysteme ihre Ursachen haben, auch durch mangelnde Verfügbarkeit, bspw. von Rechenkapazitäten, auf Ebene der Informationssysteme induziert werden. Der Zusammenhang zwischen Aufgaben des IM und deren Interdependenzen ist in Abbildung 3-145 dargestellt.

Allgemein wird die Aufgabe des Risk Managements im Sinne der Unterstützung und Koordination der Risikobewältigung als spezifische Controllingaufgabe bezeichnet (Horváth 2002, S. 779ff.). Als Grundlage für eine prozessorientierte Sicht auf das Management von IT-Risiken wird darauf aufbauend das Konzept des IT-Controllings herangezogen. Der Lebenszyklus für die Ressourcen des IM, Personal, Software, Hardware und Information, besteht aus den Phasen Portfolio-, Projekt-, sowie Produkt- und Infrastrukturmanagement. Hierbei wird die Sicht des Infrastrukturmanagements erweitert und als Management der Integration sowohl in intra- als auch interorganisationale Infrastrukturen und Prozesse verstanden. Die

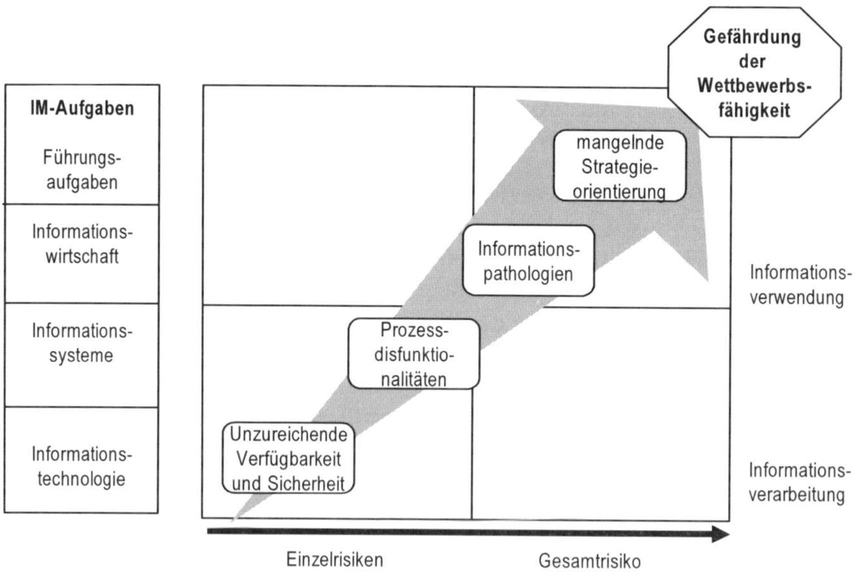

Abbildung 3-145. IT-Risiken und Wirkungen
Quelle: Eigene Darstellung

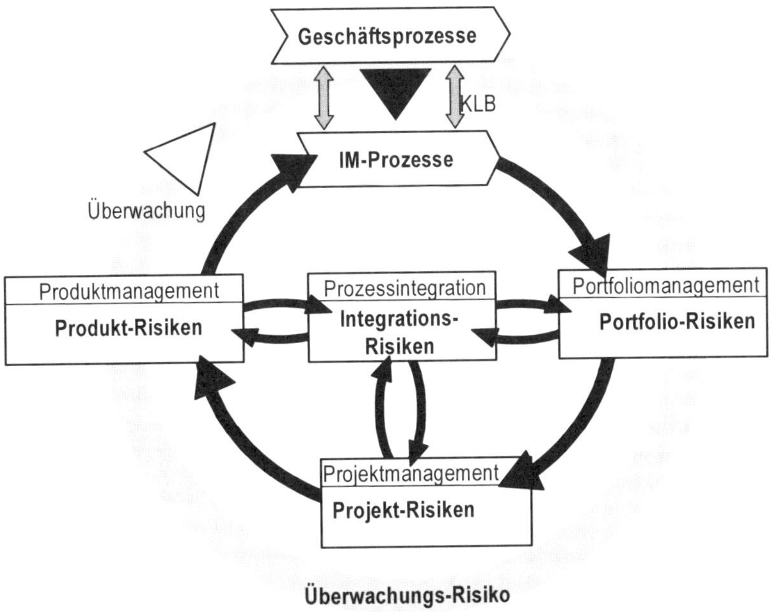

Abbildung 3-146. Modell des IT-Risk Managements
Quelle: Junginger (2001, S. 400)

prozessorientierte Sichtweise wird darüber hinaus, basierend auf dem idealtypischen Managementzyklus, um die Phase der Kontrolle erweitert (Heinen 1991, S. 63f.), die zur Überprüfung der Wirksamkeit aller Maßnahmen des IT-Risk Managements notwendig ist. Die Aufnahme der Kontrolle stellt vor dem Hintergrund der Forderung des KonTraG nach der Errichtung eines Überwachungssystems für das Risikomanagement die Konsistenz des Modells mit gesetzlichen Rahmenbedingungen sicher (Lück 1998, S. 182). In Anlehnung an die Phasen des oben dargestellten Zyklus werden die Risikofelder des ITRM identifiziert. Es ergibt sich das in Abbildung 3-146 dargestellte Modell. Es besteht aus dem generischen Risikozyklus, den mit allen Risikofeldern korrespondierenden Infrastruktur- und Integrations-Risiken im Zentrum, und dem äußeren Zyklus des Überwachungs-Risikos.

Während die Risikoobjekte, also die prozessspezifischen Aufgaben des IM, den Zyklus aus den Phasen Portfolio-, Projekt- und Produktmanagement durchlaufen, ist das Integrationsrisiko als Querschnittsrisiko bei allen Phasen des Zyklus präsent. Das Risikoobjekt steht zwar den spezifischen Risiken der Risikofelder gegenüber, gleichzeitig korrespondiert es auch im Umweltkontext mit der Infrastruktur anderer IM-Prozesse, der gesamten Unternehmensumwelt sowie zwischenbetrieblichen Kooperationen. So wird insbesondere auch der aus Sicht des eBusiness relevante interorganisationale Umweltkontext gewahrt.

Der Ansatz erlaubt die Berücksichtigung der Anforderungen kritischer Geschäftsprozesse und ermöglicht dem Risikomanagement, durch gezielte Fokussierungen Schwerpunkte zu bilden. Im Sinne einer Kunden-Lieferanten Beziehung (KLB) zwischen Geschäftsprozessen und IM-Prozessen wird das IT-spezifische Risiko im Rahmen des ITRM identifiziert, analysiert und gesteuert. Hier liegt auch die Schnittstelle zu einem integrierten unternehmensweiten Risk Management, in welches das ITRM eingebettet werden muss. Der Zyklus erlaubt es zudem, die sich gegenwärtig stark ändernden Aufgaben des IM angemessen zu berücksichtigen.

3.4.6.4.2 Ursachen für Risiken im Informationsmanagement

Portfolio-Risiken sind gekennzeichnet von Risiken, die im Management der Ideen und Planung des IM begründet sind. Besondere Risikopotenziale liegen in der Bewertung von Nutzen und Risiko sowie bei der Strategieorientierung und Infrastrukturorientierung einer Handlungsalternative. Fehlanalysen bei der Bewertung der Chancen von Informationssystemen und Technik sowie der Auswahl von Plattformen in dieser Phase können langfristige Folgen haben. In späteren Phasen des Zyklus schlägt sich dies in mangelnder Effizienz und Effektivität nieder.

Projekt-Risiken entstehen durch Probleme und Gefahren bei der Projektabwicklung. Im Rahmen des Projektmanagements stehen das Management der Termine, Kosten, Ressourcen, die Abschätzung des Aufwands und die Koordination der Vorgänge im Vordergrund. So werden bspw. viele eBusiness-Projekte unter hohem Zeitdruck realisiert, wovon sich viele Marktteilnehmer die Mitnahme von „first mover advantages" versprechen. Die Aufgabe des ITRM ist es hier, die Berücksichtigung der Zielgrößen Funktionalität, Qualität und Kosten sicherzustellen, um eine langfristige Wirtschaftlichkeit nicht zu gefährden.

Die effiziente und effektive Nutzung eines Handlungsobjekts in der Phase des Produktmanagements ist durch Produkt-Risiken gefährdet. Das generelle Ziel während des Einsatzes bzw. der Verwendung von IS ist die Sicherstellung der Wirtschaftlichkeit des Handelns. Die Gefahren sind in einer inadäquaten Erfüllung der Aufgaben der Betreuung, der Wartung von Systemen, der Weiterentwicklung und einer mangelnden Verfügbarkeit oder IT-Sicherheit begründet.

Integrations-Risiken erwachsen aus der Gesamtarchitektur der Informationssysteme und -techniken sowie aus der Gesamtheit aller Maßnahmen des IM. Jedes Risikoobjekt muss nicht nur auf sein spezifisches Optimum ausgerichtet sein, sondern auch im Hinblick auf seine Eingliederung und Übereinstimmung mit der bestehenden und zukünftigen IM-Strategie sowie der Unternehmensarchitektur und dem Umweltkontext beurteilt werden. Kennzeichnend ist der Querschnittscharakter dieses Risikofeldes. Jedes einzelne Risikofeld steht diesem Risiko gegenüber. Das einzelne Objekt muss bei allen Maßnahmen auch auf die Übereinstimmung mit der Infrastruktur des Handlungsumfeldes geprüft werden. Mangelnde Prozess- und Strategieorientierung, ungenügende Kontrolle der Leistungsfähigkeit und Wirtschaftlichkeit eines Bausteins gefährden den Erfolg der Gesamtumwelt.

Tabelle 3-37. Risikofelder und Risikoursachen

Risikofeld	Risikoursache
Portfolio-Risiken	**Aufgabe: Planung** • Unzureichende Nutzenanalyse • Vernachlässigung der Risikoanalyse • Mangelnde Strategieorientierung • Mangelnde Infrastrukturorientierung • Keine reliable und valide Bewertung • Fehlentscheidung bei der Auswahl
Projekt-Risiken	**Aufgabe: Projektabwicklung** • Nichteinhaltung von Terminen • Überschreitung der Kosten(-Planung) • Ungenügende Ressourcen • Unterschätzter Aufwand • Mangelnde Koordination • Unzureichende Qualität • Vernachlässigung der Dokumentation
Produkt-Risiken	**Einsatz/Verwendung** • Ungenügende Benutzer-/Systembetreuung • Mangelnde Wartung • Vernachlässigung der Weiterentwicklung • Mangelnde Sicherheit • Unerwartete Entwicklung im Lebenszyklus • Keine Wirtschaftlichkeit
Integrations-Risiken	**Gesamtarchitektur** • Keine Prozessorientierung • Mangelnde Strategieorientierung • Kein Monitoring/Benchmarking • Keine Wirtschaftlichkeit der Infrastruktur • Ungenügende Leistungsverrechnung • Rasche technologische Entwicklung • Mangelnde Standardisierung • Mangelnde Sicherheit
Überwachungs-Risiken	**Überwachung des IT-Risk Managements** • Fehler bei der Risikoidentifikation • Fehler bei der Risikoanalyse • Falsches Instrument der Risikosteuerung • Ungenügende Risikoüberwachung • Keine Berücksichtigung des Risikoportfolios • Keine integrierte Risikostrategie

Quelle: Eigene Darstellung

Das Überwachungs-Risiko ist in den Überwachungstätigkeiten über das ITRM begründet. Die reine Existenz eines Risk Managements darf ein Unternehmen nicht in vermeintliche Sicherheit wiegen, sondern muss selbst einer ständigen Kontrolle und Prüfung auf Angemessenheit und Funktionsfähigkeit unterworfen werden. Daher ist das Ziel der Überwachung eine ständige Kontrolle und Prüfung des ITRM auf die Angemessenheit und Effizienz des Systems. Die Risiken sind bei der Kontrolle des Prozesses durch die ausführenden Institutionen selbst und in einem mangelhaften Funktionieren der internen Revision zu suchen. Mit dem Überwachungs-Risiko ist auch eine Verletzung der Sorgfaltspflicht der Geschäftsführer der GmbH bzw. der Vorstandsmitglieder der AG verbunden. Die Geschäftsführer haben nach § 43 Abs. 1 GmbHG die Sorgfalt eines ordentlichen Geschäftsmannes anzuwenden. Die Vorstandsmitglieder sind nach § 93 Abs. 1 Satz 1 AktG dazu verpflichtet, die Sorgfalt eines ordentlichen und gewissenhaften Geschäftsleiters anzuwenden. Die geforderte Sorgfalt schließt die Überwachung aller Geschäftsabläufe, also auch das (IT-) Risk Management, in Bezug auf die Zielerreichung unternehmerischen Handelns ein (Lück 1998, S. 183).

Nach der Abschaffung eines Handlungsobjektes als letzte Phase des Produktmanagements wird durch den Ersatz des Handlungsobjektes ein neuer Risikozyklus initiiert. Ausgehend vom Geschäftsprozess werden neue IM-Prozesse definiert und die Handlungsobjekte erneut dem Risikozyklus unterworfen. Zusammenfassend sind die Risikofelder und mögliche Ursachen in Tabelle 3-37 dargestellt.

Die Betrachtung verdeutlicht, dass die Risiken im Bereich des IM sehr vielschichtig sind. Es ist offensichtlich, dass der oftmals im Zusammenhang mit dem ITRM betrachtete Aspekt der IT-Sicherheit nur eine wichtige Teilaufgabe beim Management der Risiken im Aufgabenfeld des IM ist. Ebenso bedrohlich für die erfolgreiche Einführung und den Einsatz von Informationssystemen sind Gefährdungen, die aus Managementfehlern bei den Führungsaufgaben oder einem inadäquaten Management der Informationswirtschaft resultieren.

3.4.6.4.3 Der Risk Management-Prozess

Der Risk Management-Prozess beinhaltet alle Aktivitäten für einen systematischen Umgang mit den Risiken des IM. Er basiert auf dem Prozess des allgemeinen Risk Managements, der für den Umgang mit sämtlichen unternehmerischen Risiken Gültigkeit hat (Farny 1979, S. 59). Neben den vier Phasen des Risikozyklus, der Identifikation, Analyse Steuerung und Überwachung, kommt der allgemeingültigen Risikopolitik einen besondere Bedeutung zu.

Ausgangspunkt der Maßnahmen des ITRM ist die Festlegung einer Risikostrategie für den Bereich des IM. Diese muss unmittelbar an die unternehmensweite Risikostrategie angelehnt werden. Nur so kann eine langfristige Erfüllung der Unternehmensziele und die Erreichung einer angestrebten Sicherheitslage sichergestellt werden. Darüber hinaus werden unkoordinierte und nicht abgestimmte Einzelmaßnahmen vermieden. Die Inhalte dieser Strategie betreffen das Verhältnis von

Chancen und Risiken sowie die Festlegung maximaler Schadenshöhen. Ziel muss eine Sicherung der dauerhaften Existenz des Unternehmens sein (Zellmer 1990, S. 18ff.). Darüber hinaus werden grundlegende Maßnahmen zur Risikobewältigung und die Zuordnung von identifizierten Risikobereichen zu verantwortlichen Aufgabenträgern getroffen. Ebenso gehört zu den Aufgaben die Schaffung einer gemeinsamen Risikokultur, die Grundlage für den Erfolg eines funktionsfähigen Risk-Management-Systems ist. Wenig förderlich sind hier völlig risikoaverse Rollen, da sie zwar die Gefährdungen zu minimieren versuchen, dies jedoch auch unter dem Verzicht jeglicher Chancen. Andererseits kann ein allzu risikofreudiges Verhalten Einzelner zu einer unbeabsichtigten Gefährdung des ganzen Unternehmens führen.

Die systematische und strukturierte Erfassung von wesentlichen Risiken, beziehungsweise Risikobereichen des IM ist das Ziel der Risikoidentifikation. Ihre Qualität ist entscheidend für die Effizienz der darauf folgenden Schritte und eine optimale Beherrschung der Risiken. Unter dem Postulat der Systematik müssen neben den gegenwärtigen Risiken auch zukünftige Risiken berücksichtigt werden, um eine Entscheidungsunterstützung gewährleisten zu können. In Anbetracht der Forderungen des KonTraG, bestandsgefährdende Risiken und solche mit wesentlichem Einfluss auf die Vermögens-, Finanz-, und Ertragslage im Lagebericht darzustellen, scheint ein topdown-Vorgehen, ergänzt um bottom-up-Analysen am sinnvollsten (Gleich/Kögler 1999, S. 12).

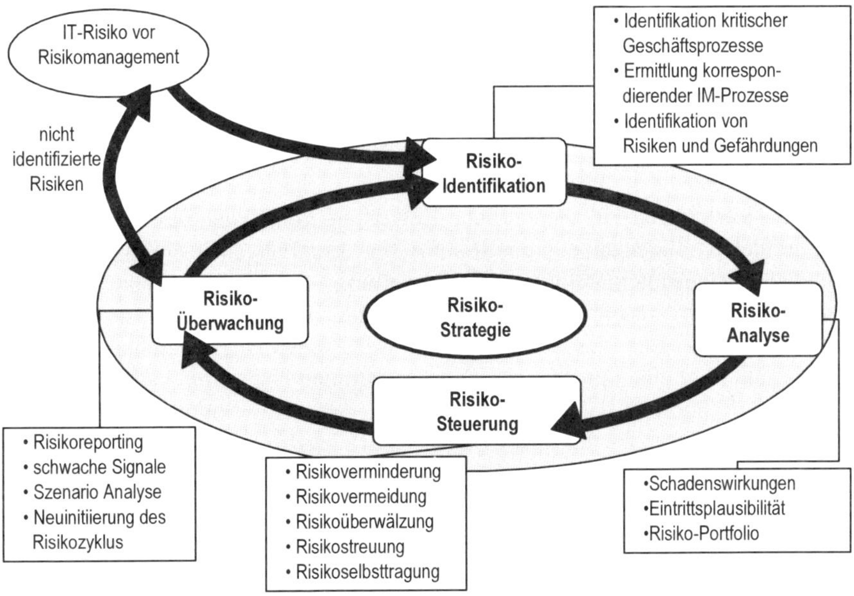

Abbildung 3-147. Risk Management Prozess im IM

Quelle: Eigene Darstellung

Dieser Systematik folgend ist der Ausgangspunkt für das ITRM die Identifikation kritischer Geschäftsprozesse, was auf Grundlage der Ermittlung der kritischen Erfolgsfaktoren erfolgen kann. Für die kritischen Geschäftsprozesse gilt es, die korrespondierenden IM-Prozesse zu identifizieren. Als IM-Prozess werden alle für die Unterstützung des Geschäftsprozesses notwendigen IKT und IS sowie die Maßnahmen auf Ebene der Informationswirtschaft und Führungsaufgaben verstanden. Jede Aufgabe und Funktion, die in diesem IM-Prozess auf den unterschiedlichen Ebenen des IM-Modells ausgeführt wird, wird als Risikoobjekt verstanden.

Im Rahmen der Risikoidentifikation kommt Kreativitätstechniken besondere Bedeutung zu. Der Einsatz von Delphi-Studien, Szenario-Technik, Sensitivitätsanalysen oder Portfolio-Analysen können den Identifikationsprozess unterstützen (Heinen 1991, S. 949f.; Macharzina 1999, S. 259,621f.). Ebenso können ergänzend Checklisten einen Beitrag für die Risikoidentifikation liefern. Jedoch sollte hierbei bedacht werden, dass diese zwar Best-Practice Erfahrungen widerspiegeln, organisationsindividuelle Risikofaktoren aber nur durch individualisierte Risikoidentifikation erfassbar sind. Die Dokumentation der Ergebnisse der Risikoidentifikation können in einer IT-Risk-Card erfasst und dokumentiert werden.

Ziel der Risikoanalyse ist die qualitative Bewertung bzw. quantitative Messung von Risiken. Hierbei werden konkrete Ursache-Wirkungsbeziehungen in Form von Kausalanalysen durchgeführt. Der Einsatz einfacher Schätzungen ist genau so denkbar wie komplexe Modelle der Fuzzy-Logik. Eine besonders weit verbreitete Methode der Risikobewertung ist die (operational) Value-at-Risk(VAR)-Methode, die aussagt, mit welcher Wahrscheinlichkeit eine bestimmte Verlustgrenze nicht überschritten wird (Beeck/Kaiser 2000, S. 633ff; Studer 1998, S. 54).

Kritische Verlustgrenzen, die zeitliche Bewertung von Risikowirkungen und ein angestrebtes Konfidenzniveau des Risikos sind Ergebnis einer organisationsindividuellen Risikostrategiebildung. Die Bewertung operationaler Risikowirkungen erfolgt in der Praxis oftmals anwenderfreundlich mit verbalen Ausdrücken der Umgangssprache. Der Einsatz numerischer Werte spielt eine scheinbare Genauigkeit vor und birgt eine immanente Ungenauigkeit und Unbestimmtheit in sich. Der qualitative Risikowert dagegen ist von einem Menschen intuitiv einfacher und schneller zu erfassen als der quantitative Wert (Klett 1993, S. 31f.). Besonders im Rahmen des ITRM ist dieser Ansatz praktikabel, da sich die quantitative Ermittlung von Schadenswirkungen, bspw. im Vergleich zu den Auswirkungen eines misslungenen Anlagegeschäftes, als besonders schwierig erweist. Die Wahrscheinlichkeit des Auftretens einer Bedrohung wird mit ihrer Eintrittsplausibilität bewertet. Die Schadenshöhe wird qualitativ mit linguistischen Termen beschrieben und sollte sich an primären Steuerungsgrößen des Unternehmens, bspw. dem Cash Flow oder EBIT, orientieren. Zusätzliche Informationen können darüber hinaus durch worst-case und best-case Analysen gewonnen werden.

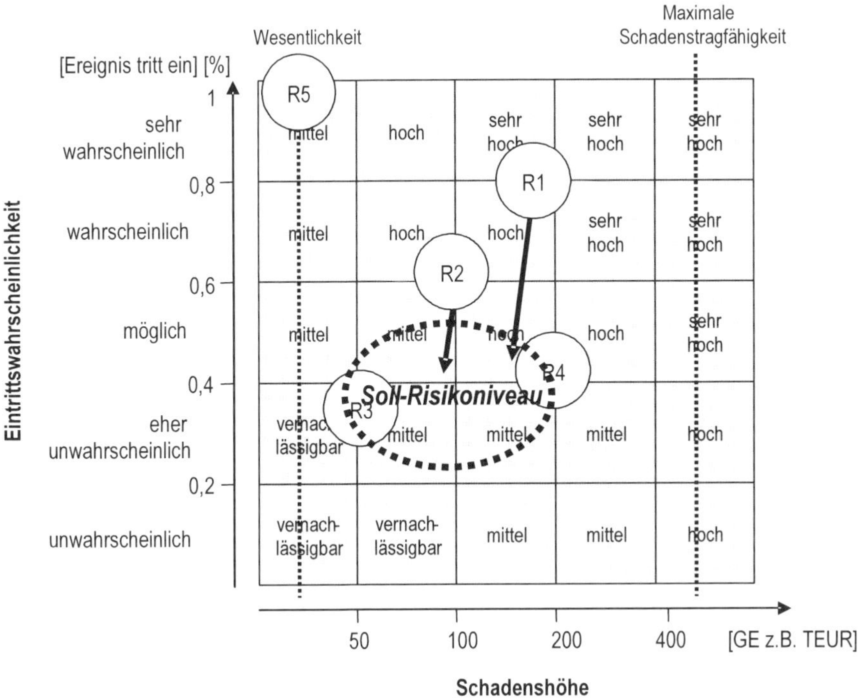

Abbildung 3-148. Risiko-Portfolio und Soll-Risikoniveau

Quelle: In Anlehnung an Junginger (2004, S. 281)

Die Ergebnisse dieser Bewertung der Risikoobjekte ermöglichen den Übertrag in ein Risikoportfolio, dessen Felder Auskunft über den Risikowert geben. Durch die Zusammenfassung einzelner Risikoobjekte ist eine Abbildung des Prozessrisikos sowie auf höherer Aggregationsebene auch des Geschäftsmodellrisikos möglich. Diese Darstellung bietet zugleich Anhaltspunkte für die Risikosteuerung. Wie in Abbildung 3-148 dargestellt, muss das Ziel der Maßnahmenbündel eine Clusterung der Einzelrisiken eines Prozesses auf dem angestrebten Risikoniveau sein.

Die aktive Beeinflussung der im Rahmen der Risikoanalyse ermittelten Risikopositionen ist Gegenstand der Risikosteuerung. Diese muss in Einklang mit den Unternehmenszielen, der festgelegten Risikopolitik und dem angestrebten Sicherheitsziel stehen. Die Steuerungsmaßnahmen setzen sowohl bei den Ursachen als auch den Wirkungen der Risiken an. Beim Einsatz des in Abbildung 3-148 dargestellten Risikoportfolios kann einerseits Einfluss auf die Eintrittsplausibilität genommen werden, d.h. es findet eine horizontale Verschiebung der Risikoposition eines Objektes statt. Andererseits kann auf eine Verringerung des Schadens abgezielt werden, d.h. es findet eine vertikale Verschiebung des Risikoobjektes statt. Hierzu steht das Instrumentarium des Risk Managements zur Verfügung. Einen

Tabelle 3-38. Risikopolitisches Instrumentarium

Risiko-politisches Instrument	Maßnahmen	Anwendungsbereiche
Risiko-vermeidung	Extremfall der Risikoreduktion auf ein Restrisiko von null, bspw. Abschaffung eines Systems, Abbruch des Projekts	Vorwiegend bei Risikoeinstufung „sehr hoch" oder „hoch"
Risiko-verminderung	Reduktion der Eintrittsplausibilität und Verringerung der Schadenswirkungen, aktive Beeinflussung der Ursachen sowie antizipatives Handeln des IM	Vorwiegend bei Risikoeinstufung „hoch" oder „mittel"
Risiko-überwälzung	Übertragung möglicher Störungen vor ihrem Eintritt auf andere Wirtschaftssubjekte, bspw. Outsourcing oder Versicherung	Anwendung bei allen Risikoeinstufungen möglich. Beschränkung meist auf reine Risiken (bspw. Betriebsrisiken im Rechenzentrum)
Risiko-selbsttragung	Bewusste Akzeptanz des (Rest-) Risikos, im Rahmen unternehmerischen Handelns nicht eliminierbar, ggf. Bildung von finanziellen oder materiellen Reserven	Management des akzeptierten Restrisikoniveaus („niedrig", „vernachlässigbar") nach erfolgter Risikosteuerung
Risikostreuung	Obenstehende Instrumente werden im Rahmen eines Instrumenten-Mixes eingesetzt	Unterstützendes Instrument beim Einsatz aller anderen Risk Management Instrumente

Quelle: Eigene Darstellung

Überblick gibt Tabelle 3-38. Die Wirkung der Steuerung wird im Risikoportfolio durch die Veränderung der Lage eines Risikoobjektes deutlich. Aus ökonomischer Sicht ist dasjenige Maßnahmenbündel zu ergreifen, bei dem die Grenzkosten gleich dem Grenznutzen der Sicherheit sind. Hier spiegelt sich der Nutzen in der Erreichung eines bestimmten Sicherheitsniveaus wider, während die Risikobewältigungsmaßnahmen zu gewinnmindernden Kosten führen (Farny 1979, S. 30). Daraus ergibt sich für das ITRM ein Dilemma: Während die Kosten sofort messbar sind, ist der Zuwachs an Sicherheit nur sehr schwer quantifizierbar.

Das durch die Risikosteuerung erreichte Restrisikoniveau darf bei den folgenden Aktivitäten des ITRM nicht vernachlässigt werden. Im Rahmen einer ständigen Überwachung müssen die Wirksamkeit aller getroffenen Maßnahmen sowie etwaige Veränderungen der Risikolage ständig kontrolliert und beobachtet werden. Dieser Aspekt ist für ein effizientes ITRM vor dem Hintergrund von Technologiesprüngen und unvorhergesehenen Entwicklungen im Systemlebenszyklus von

Bedeutung. Neben der Beobachtung möglicher Veränderungen der Risikosituation bereits identifizierter Risiken müssen auch Maßnahmen ergriffen werden, die bisher nicht identifizierte Risiken aufdecken und bei Bedarf einen neuen Risikozyklus initiieren. Besondere Bedeutung kommen in diesem Zusammenhang Szenario-Analysen oder dem Konzept der Schwachen Signale nach *Ansoff* (1981, S. 233ff.) zu. Diese Methoden erlauben es, mögliche zukünftige Entwicklungen dem Grunde nach antizipativ aufzuspüren und abgestufte Reaktionsstrategien zu entwickeln.

3.4.6.4.4 Organisatorische Gestaltung des IT-Risk Managements

Um die Funktionsfähigkeit eines integrierten ITRM sicherzustellen, ist eine geeignete organisatorische Implementierung erforderlich. Die Definition des ITRM als spezifische Aufgabe des IT-Controllings weist die Verantwortung hierfür bereits dem Aufgabenbereich des IT-Controllings zu. Jedoch ist ein autonomes agieren des IT-Controllings aufgrund des hohen Grades der Wertschöpfungskettenintegration von Informationssystemen und IKT nicht ausreichend. Zur Identifikation und Bewertung sämtlicher Risiken ist eine Gesamtbetrachtung unter Einbeziehung aller Prozessbeteiligten unerlässlich. Hierbei ist die Mitwirkung der verantwortlichen Stellen sowohl im IM als auch der operativen Geschäftseinheiten und Stabsstellen notwendig.

Grundlage für einen erfolgreichen Risk Management Prozess ist daher die mehrperspektivische Erfassung relevanter Risiken sowie deren Wirkungen. Diese Mehrperspektivität kann bspw. durch regelmäßige Risiko-Workshops unterstützt werden. Hier werden in gemeinsamen Sitzungen, an denen Teilnehmer sowohl aus dem IM als auch aus den betroffenen Funktionsbereichen beteiligt sind, relevante Risiken und deren mögliche Wirkungen erarbeitet. Der Vorteil dieser Vorgehensweise besteht darin, dass durch den bottom-up-Ansatz eine bessere Vollständigkeit der Risikoinformationen erreicht werden kann. Ebenso trägt die gemeinsame Diskussion zu einer Erhöhung des Risikobewusstseins sowie zur Bildung einer gemeinsamen Risikokultur bei (Pfennig 2000, S. 1316). Je nach Dynamik des Umfeldes, der das IM ausgesetzt ist, sollten diese Workshops bspw. viertel-, halb- oder mindestens aber jährlich durchgeführt werden.

Eine weitere Möglichkeit, die relevanten Risiken im Bereich des IM zu erfassen, ist die Durchführung von Delphi-Studien, bei denen in mehreren Interviewrunden die wesentlichen Risiken im Gespräch mit Experten aus den unterschiedlichen Bereichen des IM und der Fachabteilungen systematisch identifiziert werden. Eine einheitliche Risikoidentifikation und -analyse kann zudem durch den Einsatz von Risiko-Fragebögen unterstützt werden. Der Vorteil dieser Methode ist die Einfachheit der Erfassung und die Einheitlichkeit in der Darstellung, so dass vergleichende Betrachtungen möglich sind. Insbesondere bei Fragen der technischen Sicherheit von IS und Gefährdungen im Bereich des eBusiness ist die Hinzuziehung externer Experten empfehlenswert. Spezialisten können durch die Erstellung von Risikoanalysen und Tests des Sicherheitsstatus gezielte Handlungsempfehlungen geben, die aufgrund der Komplexität und Spezifität bspw. einzelner Systeme nur schwer durch eigene Ressourcen erbracht werden können. Entsprechende Angebote gibt es von selbstständigen IT-Sicherheitsspezialisten, Unternehmensberatungs- und Wirtschaftsprüfungsgesellschaften.

Eine wichtige Unterstützung bei der Risikobewältigung im IM kann durch den Einsatz etablierter Methoden und Techniken im Bereich des ITRM erfolgen (vgl. hierzu auch Junginger/Krcmar 2002, S. 360ff.). Hierbei werden anerkannte Standards und best-practice-Prozesse eingesetzt, um Risiken identifizieren und bewältigen zu können. Sie können jedoch nicht als alleiniges Instrument für das Management der Risiken im IM herangezogen werden, da sich ihre Reichweite keineswegs auf alle Aufgabenfelder des IM bezieht. So ist bspw. der Einsatz des BSI Grundschutzhandbuches auf Ebene der IKT ein probates Mittel, Risikomanagement zu betreiben. Wie der Name schon aussagt, handelt es sich jedoch ausschließlich um unerlässliche Maßnahmen für einen Grundschutz. Die Anforderungen kritischer, unternehmensspezifischer Prozesse sowie Fragestellungen des Risikomanagements im Bereich der IS, der Informationswirtschaft und der Führungsaufgaben bleiben unberücksichtigt. So attestieren auch *Junginger/Krcmar* (2002, S. 406) beim Vergleich existierender Methoden im Umfeld des ITRM eine Managementlücke, die sich vor allem bei der Bewältigung von Gefährdungen im Bereich der Führungsaufgaben des IM und der Informationswirtschaft auftut. Hier ist bei der Nutzung unten aufgeführter Methoden ein Schwerpunkt bei der Ausgestaltung des unternehmensspezifischen Risk Management Systems zu legen. Eine weitere Herausforderung ist die Integration der Risikomaße der verwendeten Subsysteme in das Gesamtkonzept des ITRM, so dass im Gesamtkontext bspw. auch der im Rahmen eines IS-Portfolio ermittelte Risikowert mit der Gesamtrisikosituation erfassbar ist.

Erfährt ein umfassendes Risk Management auf der Modellebene der Informationstechnik durch existierende Konzepte noch eine hinreichende Unterstützung, so wird bereits beim Management der IS eine unzureichende Leistungsfähigkeit deutlich. Hier ist das Risikopotenzial besonders durch Prozessdisfunktionalitäten gekennzeichnet. Eine ebenso ungenügende Unterstützung erfahren die inhärenten Risiken auf der Beschreibungsebene des Managements der Informationswirtschaft. In Bezug auf spezifische Risiken des eBusiness ist zu kritisieren, dass meist der Fokus der Einzelorganisation im Vordergrund steht. eBusiness spezifische Risiken, die sich aus der zwischenbetrieblichen Vernetzung ergeben, werden einzig aus technologischer Sicht betrachtet. Hervorzuheben sind die Common Criteria, die bei einer Zertifizierung zwischen Partnern Vertrauen und Vergleichbarkeit schaffen, jedoch ebenfalls schwerpunktmäßig auf technologischer Ebene.

Die systematische Risikoüberwachung muss durch ein regelmäßiges Risikoreporting sichergestellt werden. Berichtsempfänger sind hierbei primär diejenigen Führungsstellen, welche die Risiken zu verantworten haben. Zunächst erfolgt die

	Methode	Führungs-aufgaben	Informations-wirtschaft	Informations-systeme	Informations-technik	Bemerkung
		Unterstützung im Informationsmanagement				
Portfolio	Informationssystem - Portfolio	○	○	●	○	Nur für die Planung von IS relevant
Projekt	Spiralmodell	○	○	●	○	Nur in der Anwendungs - entwicklung relevant
Projekt	V-Modell	○	○	●	○	Nur in der Anwendungs - entwicklung relevant, komplex
Infra-struktur	IT-Grundschutz - handbuch	◐	○	◐	●	Technikorientiert, komplex, Fokus Einzelorganisation
Infra-struktur	Code of Practice (BS7799/ISO 17799)	●	○	◐	●	Fokus Management von Informationssicherheit, Zertifizierung
Produkt	Common Criteria (ISO 15408)	○	○	●	●	Zertifizierung von IT-Produkten , fördern Vertrauen und Vergleichbarkeit
Lebens-zyklus	Cobit	●	○	●	●	Ganzheitlich, Schwerpunkt Revision, Soll- Prozesse, abstrakt

Legende: ● Unterstützung ◐ teilweise Unterstützung ○ keine Unterstützung

Abbildung 3-149. Vergleich von Ansätzen für das Risikomanagement im IM

Quelle: In Anlehnung an Junginger/Krcmar (2003, S. 22)

Risikoberichterstattung für den Verantwortungsbereich, also bspw. an den Chief Information Officer CIO. Darüber hinaus muss das ITRM die im KonTraG geforderte Darstellung bestandsgefährdender Risiken und Gefahren für die Vermögens-, Finanz- und Ertragslage im Lagebericht für seinen Verantwortungsbereich liefern. Insbesondere bei der Existenz mehrerer Subsysteme im Bereich des Risikomanagements im Gesamtunternehmen ist die Festlegung von Schnittstellen zu einem integrierten und standardisierten Gesamt-Risikoreporting unerlässlich. Erst so kann eine treffende Risikoaussage für das Gesamtunternehmen getroffen werden.

3.4.6.4.5 IT-Risk Management und Management der IT-Sicherheit

Ein Bestandteil des hier vorgestellten umfassenden ITRM-Konzeptes ist das Management der IT-Sicherheit. Es umfasst Aufgaben und Aktivitäten, die darauf gerichtet sind, Beeinträchtigungen bestimmter Prozesse zu vermeiden oder in ihrer Schadenswirkung zu begrenzen. Dies umfasst die Organisation dafür zuständiger Struktureinheiten sowie die erforderlichen Mittel bzw. Methoden.

Zur Strukturierung der Managementaufgaben der IT-Sicherheit wurden in den letzten Jahren verschiedene Rahmenarchitekturen geschaffen. Zu nennen sind vor allem:

- Das vom Bundesamt für Sicherheit in der Informationstechnik (BSI) herausgegebene IT-Grundschutzhandbuch (Bundesamt für Sicherheit in der Informationstechnik 2003a)
- Der Code of Practice for Information Security der British Standard Institution (BS 7799), der auch von der International Organisation for Standardization (ISO) als Norm übernommen wurde (ISO 17799, International Organisation for Standardization (ISO) 2001)
- Das Security Handbook des National Institute of Standards and Technology (National Institute of Standards and Technology (NIST) 1999), Washington D.C.
- Die Common Criteria (ISO 15408) der International Organisation for Standardisation zur Evaluation der IT-Sicherheit von Informationstechnik (International Organisation for Standardization (ISO) 1999)

Diese Rahmenarchitekturen variieren stark in ihrer Anwendungsbreite und -tiefe. Im Folgenden wird exemplarisch das Management der Sicherheit gemäß dem IT-Grundschutzhandbuch, das Empfehlungen zur Herstellung einer Grundsicherheit für Organisationen umfasst, und der Common Criteria, deren Evaluierungsgegenstand IT-Produkte oder Systeme sind, dargestellt (vgl. Abbildung 3-149).

Das IT-Grundschutzhandbuch findet in vielen Unternehmen und Behörden der BRD Anwendung. Nicht geeignet ist diese Rahmenarchitektur für hochgradig sicherheitsrelevante Informations- und Kommunikationssysteme wie z. B. die zentrale Verkehrssünderdatei des Kraftfahrtbundesamtes.

Im Zentrum der Betrachtung steht die Information – nicht die IS –, insbesondere unter den Gesichtspunkten Vertraulichkeit, Integrität und Verfügbarkeit (Bundesamt für Sicherheit in der Informationstechnik 2003a). Im ersten Schritt erfolgt die Definition der IT-Sicherheitsziele und der Einrichtung eines IT-Sicherheitsmanagements (Abbildung 3-150).

Die Initiierung des IT-Sicherheitsprozesses erfolgt in der Regel durch die Geschäfts- bzw. Behördenleitung, die dabei das Bewusstsein für die Belange der IT-Sicherheit und deren Bedeutung für die Organisation herausstellt, das Sicherheitsmanagement einrichtet und ständig kontrolliert. IT-Sicherheitsleitlinie und

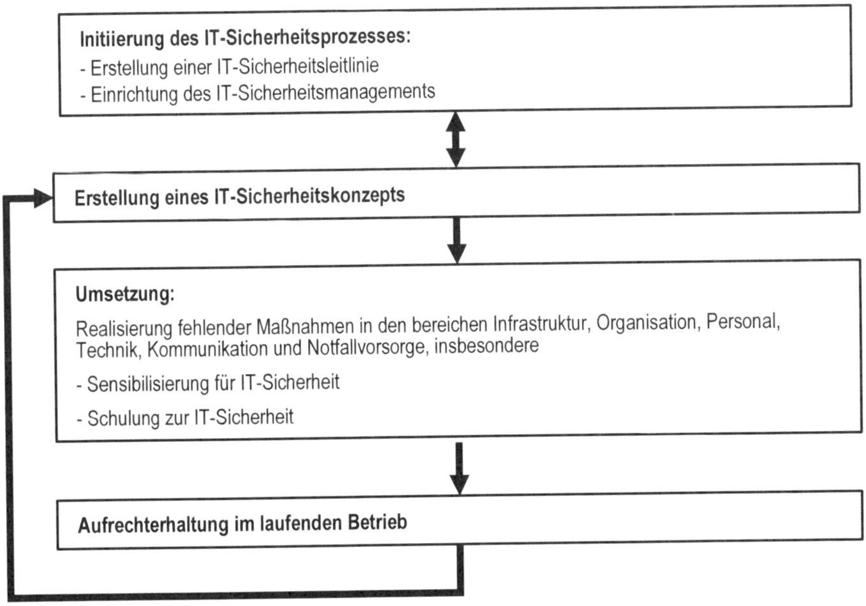

Abbildung 3-150. IT-Sicherheitsprozess
Quelle: Bundesamt für Sicherheit in der Informationstechnik (2003a, S. 35)

IT-Sicherheitsmanagement bilden die Grundlage für die Erstellung eines Sicherheitskonzepts, in dem zunächst Risikoerkennungs- und -bewertungsmaßnahmen festgelegt werden. Dadurch können erst Schadensfolgen und deren Kosten bestimmt werden, die in einem zweiten Schritt den zur Risikominderung erforderlichen Maßnahmen wie Sicherung der Systeme, Katastrophenpläne, organisatorische Regelungen über das Festlegen des Sicherheitsniveaus von Informationen oder Abschließen von Versicherungspolicen gegenübergestellt werden können.

Das IT-Grundschutzhandbuch gibt neben detaillierten Maßnahmeempfehlungen eine grundlegende Organisationsstruktur vor. Dabei wird die Sicherheitsverantwortung an den die Information benötigenden Aufgabenträger delegiert, unabhängig vom physischen Träger der Information. Die Aufgabenträger werden jedoch, insbesondere bei der Erkennung von Sicherheitsrisiken und auf technischer Ebene, von einem zentralen IT-Sicherheitsmanagement-Team unterstützt. In der Realisierungsphase werden die konzipierten Sicherheitsmaßnahmen wie Backups, Installation von Firewalls oder Schulungsmaßnahmen für die Mitarbeiter umgesetzt. Dem letzten Punkt kommt besondere Bedeutung zu. Die Mitarbeiter sind die Nutzer und häufig auch die Träger von Informationen. Sie gilt es für die Sicherheitsbelange zu sensibilisieren. Die Mitarbeiter, insbesondere auch das IT-Sicherheitsmanagement-Team, entwickeln das IT-Sicherheitsmanagement-Konzept im laufenden Betrieb unter Berücksichtigung geänderter Sicherheitserfordernisse weiter.

Die technische und organisatorische Betrachtung des Sicherheitsbegriffes zeigt, dass Sicherheit nur durch den Bezug auf andere Kenngrößen messbar und zudem ein ökonomisch knappes Gut ist. D.h. aber auch, dass absolute Sicherheit, abgesehen von der technischen Unmöglichkeit, vor dem Hintergrund knapper Ressourcen wirtschaftlich nicht sinnvoll ist. Außerdem ist Sicherheit immer stark subjektiv geprägt. Die Akzeptanz von IS hängt also entscheidend vom wahrgenommenen Sicherheitsniveau ab.

Auf internationaler Ebene werden Bestrebungen für „Gemeinsame Kriterien für die Prüfung und Bewertung der Sicherheit in der Informationstechnik" unter dem Begriff „Common Criteria for Information Technology Security Evaluation" (Common Criteria; CC) genormt. Sie sind von der International Standards Organization (ISO) im Dezember 1999 unter der Nummer ISO 15408 zu einem internationalen Standard geworden.

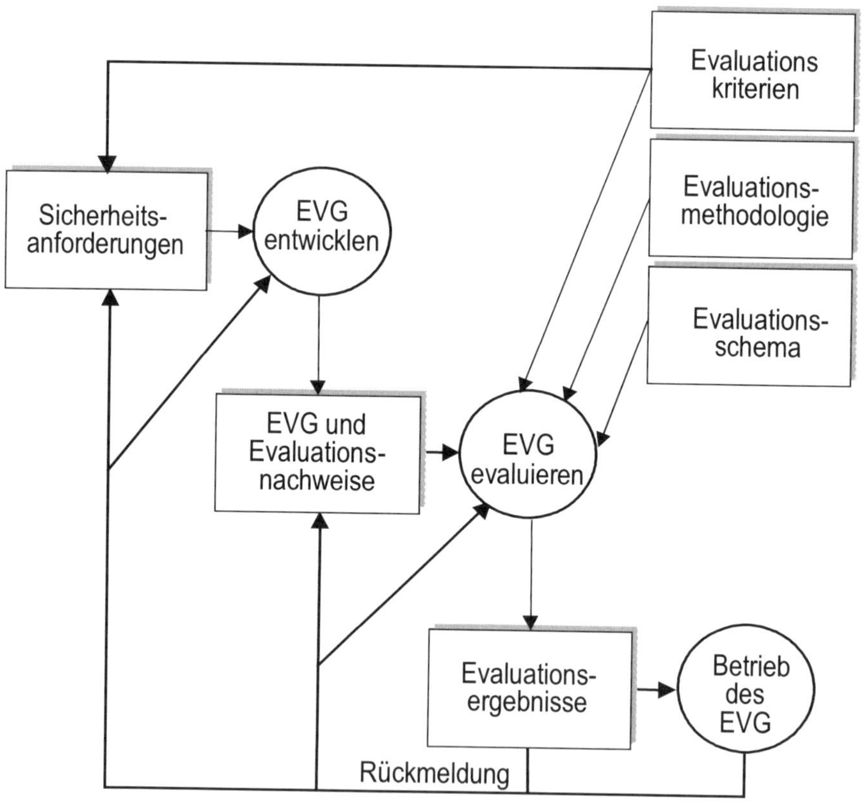

Abbildung 3-151. EVG-Evaluationsverfahren
Quelle: Junginger/Krcmar (2002, S. 360)

Die Norm gilt als Richtlinie für die Entwicklung von Produkten und Systemen mit IT-Sicherheitsfunktionen sowie für die Beschaffung von Produkten und Systemen mit solchen Funktionen wie bspw. Betriebssysteme, Rechnernetze, verteilte Systeme und Anwendungen. IT-Produkte oder Systeme werden dabei als Evaluationsgegenstand (EVG) bezeichnet. Im Vordergrund steht die Schaffung einer einheitlichen Evaluationsmethodologie, die eine Wiederholbarkeit und Objektivität der Ergebnisse sicherstellt. Es werden hierbei keine konkreten Anforderungen an die einzelnen Regelwerke der Zertifizierungsstellen gestellt. Allerdings ist eine Konsistenz der unterschiedlichen Regelungen notwendig, um die gegenseitige Anerkennung der Ergebnisse solcher Prüfungen und Bewertungen erreichen zu können. Das grundlegende Vorgehen bei der Bewertung von EVG nach den CC wird aus Abbildung 3-151 ersichtlich (Junginger/Krcmar 2002, S. 360ff.).

Systeme und Produkte, die nach ISO 15408 genormt sind, garantieren dem Kunden einen hohen internationalen Sicherheitsstandard, erhöhen das Vertrauen und tragen somit zur Risikoreduktion auf Käuferseite bei. Außerdem eröffnet die Zertifizierung eigener Systeme die Möglichkeit, Schwachstellen in bestehenden Systemen offen zu legen und zu bewältigen (Junginger/Krcmar 2002, S. 360ff.).

3.4.7 Fallstudie Teil 4: Führungsfunktionen des Informationsmanagements

3.4.7.1 Problemstellungen

Ihr Aufgabenspektrum als neuer CIO umfasst u. a. neben der Entwicklung von IT-Strategien, das IT-Controlling, dem Verfolgen von Technologieinnovationen und dem Innovationsmanagement auch das Management des IT-Personalstamms der Rockhaus AG. Bei Ihrer Einstellung wurde Ihnen die disziplinarische und fachliche Verantwortung über 425 Mitarbeiter im Stammsitz Düsseldorf übertragen.

In Analogie zum Anstieg der Gesamtbeschäftigtenzahl des Unternehmens in den Jahren 1999 bis 2003 konnte auch der IT-Bereich einen Mitarbeiterzuwachs von 15,8 Prozent verzeichnen. Dies ist im Wesentlichen auf ein von Ihrem Vorgänger durchgeführtes Reorganisationsprogramm zurückzuführen. Vor der Reorganisation wurden die IT-Fachkräfte den einzelnen Vorstands-Ressorts in Abhängigkeit ihrer Aufgaben zugeordnet. Dies wurde geändert, indem die IT-Fachkräfte aus ihrem bisherigen organisatorischen Rahmen herausgelöst und einer zentralen IT-Abteilung, Ihrem Direktionsbereich, zugeordnet wurden.

Die Nachwirkungen dieses Reorganisationsprogramms sind vielfach spürbar. So führte bspw. die Vernachlässigung der sozialen Integration der neuen Mitarbeiter dazu, dass sich ein Vertrauensverhältnis zwischen neuem und altem Mitarbeiterstamm nur schwerlich entwickelte. Von Teamgefühl und gegenseitiger Akzeptanz spüren Sie daher recht wenig. Zudem haben Sie von einigen Kollegen erfahren, dass Ihr Vorgänger im Bereich der Mitarbeiterentwicklung und -ausbildung wenig Engagement zeigte und vielfach nur dringend notwendige Schulungen ermöglichte. Der Großteil der Aus- und Weiterbildung erfolgte auf Eigeninitiative oder durch Training-on-the-Job.

Der Rockhaus-Konzern besitzt zwei Rechenzentren. Ein Rechenzentrum dient dem normalen Rechenbetrieb, während das zweite als Backup-Rechenzentrum fungiert. Beide befinden sich am Standort Düsseldorf. Eine von Ihrem Direktionsassistenten durchgeführte Untersuchung zur gegenwärtigen Auslastung der beiden Rechenzentren hat desolate Ergebnisse gebracht. Das Backup-Rechenzentrum wird voraussichtlich in ein bis zwei Jahren die aufkommende Datenlast nicht mehr bewältigen können. Somit sind auch die gesetzlichen Anforderungen an die Aufrechterhaltung des laufenden Geschäftsbetriebs mittelfristig nicht mehr zu gewährleisten. Sie stehen vor der Alternative, das Backup-Rechenzentrum entweder zu erweitern oder aufzulösen und komplett neu zu errichten.

Sie wissen aus Erfahrung, dass solche Entscheidungen meist mit einem langwierigen Entscheidungsprozess verbunden sind. Sie möchten daher das Problem auf der nächsten Sitzung mit Ihrem Vorstand ansprechen und erste Lösungsvorschläge präsentieren. Ihr Direktionsassistent hat dafür wichtige entscheidungsrelevante Informationen für Sie zusammengetragen:

Eine Erweiterung des existierenden Backup-Rechenzentrums ist durch dessen begrenzte Baufläche definitiv nicht möglich. Sie müssen daher auf die Alternative des Neubaus zurückgreifen. Durch eine frühere Entscheidung des Vorstands, neue Gebäude des Rockhaus-Konzerns ausschließlich an bereits bestehenden Konzernstandorten zu errichten, konzentriert sich Ihre Standortwahl auf sieben Alternativen im In- und Ausland. Das Ausland kommt aus Gründen der Wahrung eines einheitlichen Rechtsraums (wie z.B. der Speicherung personenbezogener Daten) für Sie jedoch nicht in Frage. Außerdem möchten Sie die räumliche Nähe zu den Leistungsnehmern im Konzern erhalten. Sie lehnen es ferner aus Sicherheitsgründen ab, das Backup-Rechenzentrum am gleichen Standort wie das Rechenzentrum zu errichten.

Der neue Standort muss, um Ihre Qualifizierungsinitiative zu unterstreichen, über ausreichend hochqualifizierte IT-Fachkräfte für den Rechenzentrum-Betrieb verfügen. Eine weitere Voraussetzung sind Anschlussmöglichkeiten für mindestens zwei physisch voneinander getrennte Netzzugänge mit 155 Mbit-Bandbreite sowie die Gewährleistung einer unterbrechungsfreien und günstigen Energieversorgung. Die Höhe der Grundstückspreise sollten 20 Prozent des gegenwärtigen Grundstückswerts des Rechenzentrums in Düsseldorf – wenn möglich – nicht übersteigen. Ihre Standortalternativen sind Frankfurt/Main, Hamburg und Halle/Saale. Ihr Entscheidungsprozess wird durch verschiedene Rahmenbedingungen dieser Standorte beeinflusst.

Sie wissen, dass die Energiekosten in großen Ballungszentren geringer sind als in strukturschwachen oder ländlichen Gebieten. Das resultiert zum einen aus der hohen Anzahl an Umspannwerken in den Ballungsgebieten. Zum anderen können große Energieversorgungsunternehmen economies of scope und economies of scale realisieren, was zu günstigen Energiepreisen führt. Die geringen Netzwerkkosten in Ballungszentren sind ein weiterer Effekt. Außerdem besitzen solche Energielieferanten den unschätzbaren Vorteil, auf die speziellen Anforderungen von Rechenzentren eingerichtet zu sein.

Qualifizierte IT-Fachkräfte finden sich in erster Linie ebenfalls meist in Ballungsgebieten. Der Raum Frankfurt/Main etwa weist durch die Banken und deren Rechenzentren eine hohe Dichte an IT-Fachkräften auf. Für einen Bau am Standort Halle/Saale stehen staatliche Fördermittel zur Verfügung. Ein Förderprogramm zur Schaffung von Arbeitsplätzen ermöglicht weitere Zuschüsse. Außerdem sind die attraktiven Grundstückspreise für zentral gelegenes Bauland mit ausgezeichneter Verkehrsanbindung von großem Vorteil.

Die Rockhaus AG weist auf Grund ihrer zahlreichen Akquisitionen eine sehr heterogene IT-Landschaft auf. Dies beruht v.a. auf den nur mangelhaften Integrationsbemühungen Ihres Vorgängers, die akquirierten Auslandstöchter technisch und organisatorisch in die Konzernstruktur einzugliedern. Entscheidungen über bspw. IT-Strategien und IT-Investitionen sowie über Verantwortlichkeiten für diese Entscheidungen werden überwiegend dezentral, d.h. auf Länderebene getroffen. Sie haben es sich zur Aufgabe gesetzt, die heterogenen Strukturen konzernweit in einer übergreifenden IT-Governance-Struktur zu vereinheitlichen. In diesem Zuge streben Sie an, sämtliche disziplinarischen und fachlichen Verantwortlichkeiten, die Ihrer Position als CIO immanent sind, stärker zu bündeln. Dem IM käme dann – aus Ihrer Sicht – die notwendige zentrale Stellung in der Organisationsstruktur zu. Ihre Pläne stoßen jedoch bei einigen Direktionsleitern und Vorständen auf starken Widerstand. Sie werden daraufhin in der nächsten Vorstandssitzung u. a. mit dem Einwand konfrontiert, die bestehenden dezentralen IT-Strukturen beizubehalten. Hierbei sollen auf Länderebene CIO-ähnliche Positionen geschaffen werden, die einem zentralen CIO auf Konzernebene, nämlich Ihnen, disziplinarisch unterstellt wären. Eine definitive Entscheidung hierüber ist in nächster Zeit eher unwahrscheinlich.

Im Zuge der Standortentscheidung für das neue Backup-Rechenzentrum hat der Vorstandssprecher den Vorschlag geäußert, Teile der Rechenzentren des Rockhaus-Konzerns auszulagern. Dieser Vorschlag hat auch beim Vorstand große Zustimmung hervorgerufen. Sie als CIO gehören zu den wenigen kritischen Stimmen. Dennoch wurden Sie als Mitglied in die gebildete Outsourcing-Arbeitsgruppe berufen.

3.4.7.2 *Fragen*

1. In Ihrer vorherigen Anstellung hatten Sie bereits eine mittlere Führungsposition inne und waren insgesamt für 178 Mitarbeiter verantwortlich. Eine Ihrer ersten Handlungen ist es nun, eine Auflistung sämtlicher Aufgaben zu erstellen, die ein effektives und effizientes Management des IT-Personals erfordert.

2. Angetrieben von den unzureichenden Fähigkeiten vieler Ihrer Mitarbeiter möchten Sie ein Qualifizierungsprogramm ins Leben rufen und verschaffen sich zuvor einen Überblick über den bestehenden Qualifizierungsstand. Welche Techniken stehen Ihnen hierzu zur Verfügung und für welche entscheiden Sie sich? Ein weiterer Bestandteil des geplanten Qualifizierungsprogramms ist die Förderung der Motivation Ihrer Mitarbeiter bezogen auf ihr Aufgabenfeld und ihr Arbeitsumfeld. Erarbeiten Sie, welche motivatorischen Maßnahmen Sie ergreifen können und welche dieser Maßnahmen Sie für das untere, mittlere und obere Management Ihres Direktionsbereichs als am geeignesten betrachten.

3. Diskutieren Sie, anhand welches Entscheidungsverfahrens Sie eine Standortwahl treffen können.

4. Sie haben sich nach längerem Überlegen für die SMART-Methode entschieden. Für die Berechnung unterscheiden Sie nach Standortfaktoren, Standortbedingungen und Anforderungskriterien an die Standortwahl. Die Spanne der Bewertungskriterien setzen Sie von 0 (unzureichend) bis 5 (hervorragend).

   Für die Gewichtung der Standortfaktoren gehen Sie von folgenden Werten aus:

   Tabelle 3-39. Gewichtung der Standortfaktoren

Standortfaktor	Gewichtung des Standortfaktors
Energiepreise	0,2
Netzzugang	0,35
Grundstückspreise	0,15
Existenz von IT-Fachpersonal für den Rechenbetrieb	0,2
Höhe der Personalkosten	0,05
Staatliche Fördermittel	0,05

   Quelle: Eigene Darstellung

   Für welchen Standort entscheiden Sie sich auf Basis der vorhandenen Informationen?

5. Sie vermuten, dass Sie in der besagten Sitzung mit dem Einwurf konfrontiert werden, Sie hätten den Standortfaktor der Grundstückspreise zu gering und den der IT-Fachkräfte zu hoch gewichtet. Für eine bessere Vorbereitung rechnen Sie die Alternativen erneut durch. Dabei gehen Sie von der Gewichtung 0,3 für den Faktor Gründstückspreise und der Gewichtung 0,1 für IT-Fachkräfte aus.

   (Wie) ändert sich Ihre Entscheidung? Begründen Sie.

6. Sie haben obgleich der Diskussionen um die zukünftige Rolle des CIO den Vorstand von der Bedeutung einer einheitlichen IT-Governance-Struktur überzeugt. Wie kann nun ein mögliches Vorgehen zur Gestaltung einer solchen Struktur aussehen? Welche Kernpunkte sind hierbei zu beachten? Überlegen Sie auch, welche Schwierigkeiten bei der Gestaltung einer IT-Governance-Struktur auftreten können.

7. Die Diskussionen um die Ausgestaltung Ihrer Position als CIO sind noch nicht beendet und die endgültige Entscheidung steht noch aus. Mit welchen Konsequenzen rechnen Sie bei einer Ihrer Zielvorstellung widerläufigen Entscheidung?

8. Als Mitglied der gebildeten Outsourcing-Arbeitsgruppe besteht einer Ihrer ersten Aufgaben darin, eine Argumentebilanz als Entscheidungsgrundlage zu erstellen, die Aufschluss darüber gibt, welche Bereiche oder Aufgaben der Rechenzentren ausgelagert werden können. Im nächsten Schritt diskutieren Sie mögliche Kunden-Lieferanten-Formen, die für das geplante Outsourcing in Frage kommen. Wie kann schließlich ein Outsourcing-Vertrag unter Berücksichtigung der zuvor getroffenen Entscheidungen aussehen?

9. Einer Ihrer Aufgaben als CIO besteht in der Sicherstellung der Qualität der unternehmensintern angebotenen IT-Leistungen sowie deren aufwandsgerechte Verrechnung. Dies kann durch die Festlegung von Service Level Vereinbarungen (SLA = Service Level Agreements) unterstützt werden. Beispiele für SLA sind vertragliche Vereinbarungen über zeitliche Verfügbarkeiten, bereitgestellte Nutzlastkapazitäten, Antwortzeiten oder Wiederherstellzeiten bei Störungen oder Ausfall von betrieblichen Informationssystemen. Diskutieren Sie mit Ihrem Direktionsassistenten zunächst die Bedeutung solcher SLA für das Rechenzentrum des Rockhaus-Konzerns. Erarbeiten Sie im Anschluss, welche SLA für das Rechenzentrum vereinbart werden sollten und versuchen Sie, diese zu kategorisieren. Berücksichtigen Sie dabei die Auswirkungen der zuvor getroffenen Outsourcing-Entscheidungen.

10. Sie werden von einem Ihrer Mitbewerber angesprochen, an einem brancheninternen IKT-Infrastruktur-Benchmarking teilzunehmen. Diskutieren Sie die Vor- und Nachteile, die ein solches Benchmarking mit sich bringen kann. Wie kann eine geeignete Vorgehensweise für dieses Benchmarking-Vorhaben aussehen?

4 Einsatzfelder des Informationsmanagements

4.1 Cooperative Commerce

4.1.1 Einführung

Unter dem Begriff „cCommerce“ (Cooperative Commerce) versteht man Anwendungen und organisatorische Arrangements, die die Zusammenarbeit von Partnern entlang der Wertschöpfungskette unterstützen. Die Gartner Group definiert cCommerce als

> **Cooperative Commerce** ist “… the set of electronically-enabled collaborative interactions between an enterprise, its suppliers, trading partners, customers and employees. Otherwise known as collaborative commerce, c-commerce leverages the Web to create and maintain an interactive business community of employees, trading partners, suppliers and customers. This real-time Internet connectivity enables data, intellectual capital, human resources and processes that were once considered internal to be shared – and used – by the collaborative community at large” (Gartner 2001, S. 1).

Es handelt es sich bei Cooperative Commerce um eine Facette des electronic Business, die den kooperativen Aspekt der Leistungserstellung entlang der Wertschöpfungskette bzw. in einem Wertschöpfungsnetzwerk (value web) besonders hervorhebt. Ziel von cCommerce ist es, Produkte und Dienstleistungen kundenorientierter und effizienter herzustellen und zu vertreiben. Im Vergleich zu klassischen Transaktionsanwendungen, die sich innerhalb gut strukturierbarer Geschäftsprozesse bewegen, kommen mit cCommerce Anwendungen in schlecht strukturierbaren Kooperationsprozessen hinzu. Diese Kooperationsprozesse lagern sich um die Kerntransaktion. Sie umfassen Themenfelder wie z. B. die gemeinsame Produktentwicklung zwischen Kunde und Anbieter oder Problemlösungen zwischen Kunde und Lieferanten. Abbildung 4-1 verdeutlicht den Sachverhalt.

Die Sphäre der Kooperation um die Transaktion bestand schon vor dem Begriff Cooperative Commerce. Es gab Beschaffungsabteilungen, die sich um die Lieferkette gekümmert haben, und Kundendienstmitarbeiter, die sich um Kundenbeziehungen oder Problemlösungen bemüht haben. Neu ist die vom Markt geforderte Geschwindigkeit der Problemlösung und der Grad der organisatorischen Verknüpfung mit Lieferanten und Kunden, der durch die Nutzung von IT möglich wird (Reichwald et al. 2001, S. 465-475).

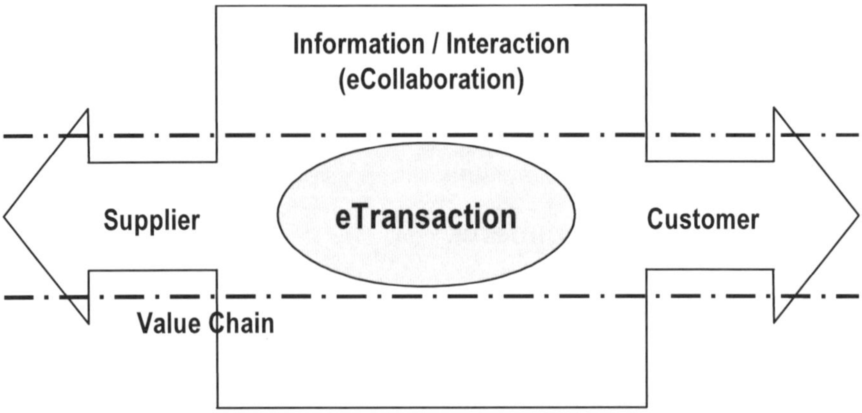

Abbildung 4-1. Cooperative Commerce und Value Chain
Quelle: Eigene Darstellung

Für Unternehmen, insbesondere für einen Informationsmanager, resultiert aus dieser Entwicklung die Frage, wie Cooperative Commerce als soziotechnisches Konzept gestaltet werden kann und welche Faktoren bei der Umsetzung und Einführung zu beachten sind. Neben den Herausforderungen der technischen Integration unterschiedlicher Anwendungen, Systemarchitekturen und Funktionsbündel über Organisationsgrenzen hinweg stehen hier insbesondere Fragen des organisatorischen Designs im Vordergrund.

Das folgende Kapitel stellt die Grundlagen von eBusiness und eCommerce als inhaltlichen Hintergrund dar, um dann mit Supply Chain Management und Customer Relationship Management auf zwei für cCommerce bedeutsame Teilgebiete des eCommerce einzugehen.

4.1.2 Grundlagen des Electronic Business

Es existiert eine beinahe unüberschaubare Fülle von mehr oder weniger unscharfen Definitionsansätzen von eBusiness. Insoweit alle in der Literatur angebotenen Kategorisierungen unter einer gewissen begrifflichen Unschärfe leiden, wird hier der Begriff eBusiness in Anlehnung an *Wirtz* verstanden:

Electronic Business ist „die elektronische Anbahnung sowie die teilweise, respektive vollständige Unterstützung, Abwicklung und Aufrechterhaltung von Leistungsaustauschprozessen mittels elektronischer Netze" (Wirtz 2001, S. 34).[8]

[8] Für eine Diskussion der unterschiedlichen Begriffswelten und eine Einführung in Electronic Business siehe Wirtz (2001) bzw. Kapitel 3.4.4.

Während eBusiness das Spektrum elektronischer Geschäftstätigkeit definitorisch sehr breit abdeckt, fokussiert der Begriff eCommerce die transaktionsbezogene Seite der Wertschöpfungskette und stellt eine Untermenge von eBusiness dar (Strauss/Schoder 2002).

Klein/Szyperski (1997) entwickeln einen Bezugsrahmen zum eCommerce, der im Kern die Dimensionen des Geschäftsverkehrs als Beschreibungselemente identifiziert und Einflussfaktoren, Auswirkungen und Handlungsoptionen herausarbeitet. Dieses Modell ist für den Informationsmanager deshalb sinnvoll, weil es sich nicht auf die Beschreibung der Dimensionen des Geschäftsverkehrs beschränkt, sondern unterschiedliche Perspektiven auf eCommerce vereint.

Es werden fünf Dimensionen des Geschäftsverkehrs unterschieden, die im Kern der Abbildung 4-2 dargestellt sind. *Markttypen* beschreiben unterschiedliche marktliche Koordinationstypen wie bspw. Börsen oder Auktionen (Bichler 2001), die im eCommerce ihre elektronische Entsprechung finden können. Die Frage an das IM ist, welche Koordinationsformen für die Wertschöpfungsprozesse einer Organisation besonders effizient sind – und welche Veränderungen sich durch ihre Nutzung auf Branchenebene ergeben.

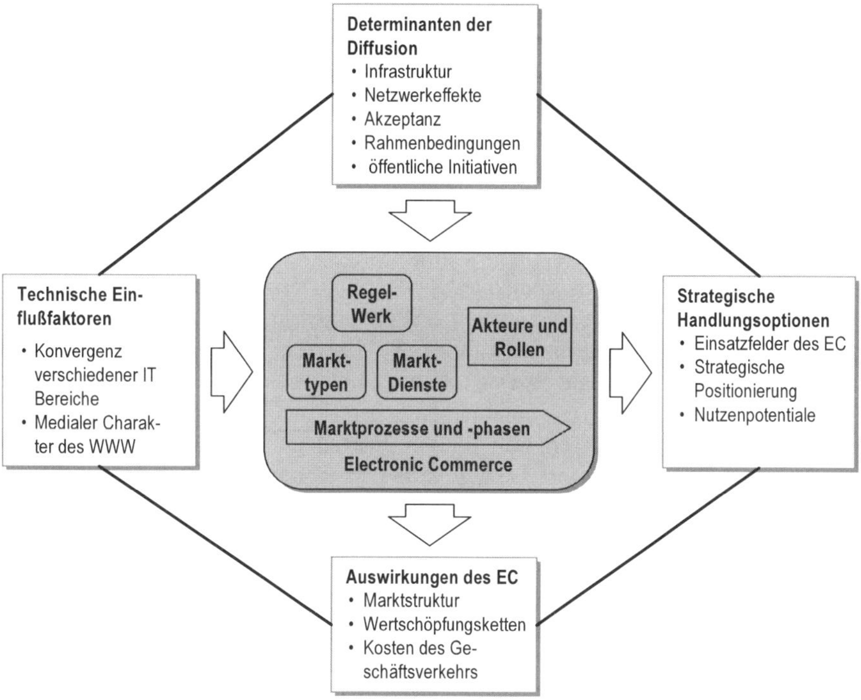

Abbildung 4-2. Bezugsrahmen zum eCommerce
Quelle: Klein/Szyperski (1997)

Marktprozesse lehnen sich an die aus der Transaktionskostentheorie bekannten Teilprozesse des Geschäftsverkehrs (vereinfacht: Information – Vereinbarung – Abwicklung – Kontrolle) an. Die Frage ist, an welchen Stellen Informationstechnik Prozesse unterstützen kann oder ihr Redesign mit bspw. verteilter Bearbeitung in Zusammenarbeit mit Kunden und Lieferanten ermöglicht. Unter *Marktdiensten* fassen *Klein/Szyperski* (1997) Infrastrukturdienste, vor allem Kommunikationsdienste und die Bereitstellung von Commerce Servern, generische Dienste wie EDI, Sicherheit, Zahlungsverkehr, Logistik, und Commercedienste im engeren Sinn wie z. B. Katalogdienste zusammen. Marktteilnehmer können unterschiedliche *Rollen* als Anbieter oder Nachfrager von Marktdiensten wahrnehmen. Für das IM stellt sich die Frage, welche Dienste von welchem Anbieter gekauft werden sollen, inwieweit eigene Leistungen am Markt platziert oder welche Stellen des Wertschöpfungsprozesses durch Branchenallianzen verbessert werden können.

Bspw. haben die weltgrößten Chemieunternehmen den elektronischen Marktplatz Elemica (www.elemica.com) gegründet, um kontraktbasierte Einkaufs- und Verkaufsvorgänge von Grundchemikalien, Zwischenprodukten, Spezial- und Feinchemikalien unter den Mitgliedern des Firmennetzwerks zu koordinieren sowie unternehmensübergreifende Geschäftsprozesse zu standardisieren und optimieren.

Weiterhin gelten im Geschäftsverkehr gesetzliche oder vertragliche *Regeln* bzw. Gepflogenheiten, die je nach Domäne und Markttyp unterschiedlich sein können und die für den elektronischen Geschäftsverkehr der klaren Gestaltung und Beachtung bedürfen. Innerhalb der Akteursdimension werden Unternehmen und Verwaltungsorganisationen unterschieden. *Applegate et al.* (1996, S. 1-10) führen eine institutionelle Gliederung entlang der Akteursbeziehungen ein und differenzieren zwischen business to customer (B2C) und business to business (B2B) e-Commerce.

Diese Kernelemente des eCommerce werden von technischen Einflussfaktoren wie bspw. technischen Standards und der Konvergenz unterschiedlicher, vormals getrennter Applikationstypen beeinflusst. So lässt sich feststellen, dass bspw. Groupwareapplikationen gleichzeitig Kommunikations- als auch Informations- und Kollaborationsaspekte multimedial via Browser und Internetverbindung integrieren. Darüber hinaus lassen sich für das Internet mit dem WWW bestimmte Anwendungsgebiete durch ihre Eigenschaften als Kommunikationsnetze differenzieren. So lässt sich das WWW als Kommunikationsmedium, als Gemeinschaftsmedium (Communities), als Transaktionsmedium (WebEDI) und auch als Informationsmedium nutzen. Die Frage für das IM ist, welche Auswirkungen diese Anwendungsmöglichkeiten auf die eigenen Wertschöpfungsketten und diejenigen der gesamten Branche haben – und wie mit diesen Auswirkungen proaktiv umgegangen werden soll. Um dies zu leisten, ist es notwendig, die Nutzenpotenziale einzelner Anwendungsalternativen für das Management in messbare Größen zu operationalisieren und entsprechend enge Verbindungslinien zu Kernprozessen des Geschäfts zu ziehen.

eBusiness ist daher die elektronische Anbahnung sowie die teilweise, respektive vollständige Unterstützung, Abwicklung und Aufrechterhaltung von Leistungsaustauschprozessen mittels elektronischer Netze. Electronic Commerce ist eine Teilmenge des eBusiness und beschäftigt sich mit der elektronischen Abwicklung des transaktionsbezogenen Geschäftsverkehrs. Geschäftsverkehr lässt sich anhand der Dimensionen Regeln, Markttypen, Marktdienste, Marktprozesse sowie Akteure und Rollen beschreiben. Die Aufgabe des IM ist es, diese Dimensionen mit der Unternehmensstrategie abzustimmen und zu gestalten. Im Hinblick auf das Design kooperativer Prozesse zwischen Marktpartnern im Sinne von *cooperative* Commerce sind insbesondere zwei Themenstellungen von besonderer Bedeutung: die Gestaltung der Lieferkette (Supply Chain Management) und das Management der Kundenschnittstelle (Customer Relationship Management).

4.1.3 Supply Chain Management (SCM)

Der Begriff **Supply Chain Management (SCM)** ist mit einer Vielzahl unterschiedlicher Definitionen unterlegt, was auf die Herausbildung unterschiedlicher Denkschulen innerhalb des SCM zurückzuführen ist (Stölzle 1999, S. 162-178). Frühe Definitionen von SCM haben sich auf die Beschaffungsvorgänge eines Unternehmens beschränkt, also auf die Versorgung des Unternehmens mit benötigten, aber nicht selbst erzeugten Gütern (Wingert 1997). Neuere Definitionsversuche verlassen den Beschaffungsfokus und beziehen die komplette Logistikkette vom Rohmaterial bis zum Endkunden des Produkts ein. Angelehnt an *Porters* Value Chain, kann Supply Chain Management demnach aufgefasst werden als:

Supply Chain Management (SCM): Planung, Steuerung und Kontrolle aller Material-, Güter-, Geld-, Dienstleistungs- und Informationsflüsse. SCM reicht dabei von der Rohmaterialbeschaffung bis zum Endkonsumenten (Corsten 2000, S. 37; Hahn 2000, S. 12-13).

Die integrierte Betrachtung der Logistikkette eröffnet die Chance, durch die Schaffung von Transparenz im Hinblick auf Güter- und Informationsströme über Organisationsgrenzen hinweg die Logistikkette zu verkürzen und zu beschleunigen, mithin die Produktion von Kundenbedarfen abhängig zu machen und damit die cash-to-cash Zykluszeit zu verkürzen. Aus systemtechnischer Sicht wird damit der Fokus der rein unternehmensbezogenen ERP-Systeme verlassen und um Funktionalitäten für die gesamte Logistikkette erweitert. Die wichtigsten Prozesse des SCM wurden vom Supply Chain Council im SCOR-Modell als Referenzmodell dokumentiert (Supply-Chain Council 2004).

Mit dem SCOR-Modell (Supply Chain Operations Reference-Model) soll eine einheitliche Beschreibung, Bewertung und Analyse von Logistikketten sowohl firmen- als auch branchenübergreifend ermöglicht werden (Abbildung 4-3). Mit dem SCOR-Modell werden drei Ziele verfolgt: Erstens soll die Performanz von

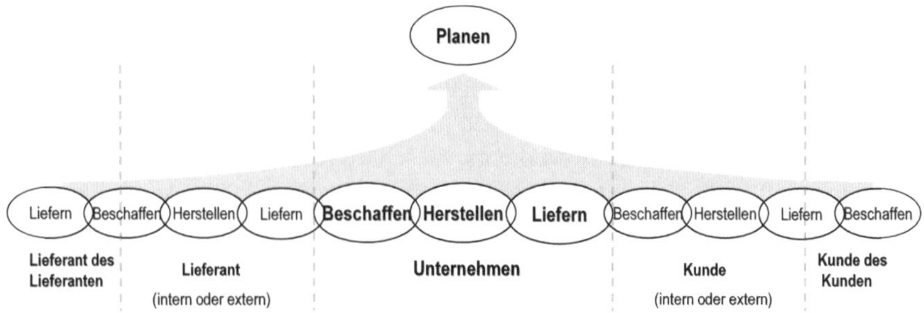

Abbildung 4-3. Das SCOR Modell des SCC

Quelle: In Anlehnung an Supply-Chain Council (2004, S. 3)

Supply Chains bewertbar und vergleichbar werden. Zweitens sollen integrierte Supply Chains über Organisationsgrenzen hinweg gestaltet und optimiert werden. Drittens sollen geeignete Stellen für den Einsatz von IT sowie deren Funktionalität bestimmt werden. „Grundidee des SCOR-Modells ist, dass jedes Produktions- und Logistiknetz durch vier grundlegende Basisprozesse beschrieben werden kann. Mit jedem der drei ausführenden Prozesse (Beschaffen, Herstellen und Liefern) werden Materialien und Produkte bearbeitet oder transportiert. Durch die Verbindung dieser Prozesse zu einer Kette werden Kunden-Lieferanten-Beziehungen definiert, für die durch den vierten Basisprozess, die Planung, Angebot und Nachfrage ausbalanciert werden. Fasst man alle Ketten zusammen, so erhält man ein Gesamtmodell des Produktions- und Logistiknetzes" (Supply-Chain Council 2004, S. 21).

Neben den ausführenden Prozessen ist insbesondere der Planungsprozess für die Betrachtung von Cooperative Commerce interessant: die Planung in SCOR beschreibt unter den Kategorien „Demand/Supply" und „Planungsinfrastruktur" u. a. die Anforderungen an Vertrieb, Produktion, Material und geschätzte Kapazität aller Produkte und Kanäle sowie die Unterstützung von Entscheidungen zum Make or Buy, Planung zu Produktan- und auslauf, der Produkteinführung sowie die Konfiguration der Supply Chain selbst.

Je nach Produktkomplexität bzw. Informationsintensität innerhalb des Produkts oder im Produkterstellungsprozess werden Kooperationsprozesse innerhalb der Supply Chain wichtiger. Während die Supply Chain bspw. eines Schraubenherstellers wenig von Mehrdeutigkeit im Hinblick auf die Spezifikation des Rohmaterials, des Herstellungsprozesses oder der Transportkette gekennzeichnet ist, ist der Hersteller einer Einspritzpumpe für Dieselmotoren stärker darauf angewiesen, Spezifikationen für das Produkt in Kooperation mit Kunden und Lieferanten zu entwickeln und die ggf. unterschiedlichen semantischen Standards und Interessenlagen innerhalb der Supply Chain zu übersetzen, zu moderieren und kommunikativ miteinander zu verweben. Die Entwicklung eines gemeinsamen Verständnisses

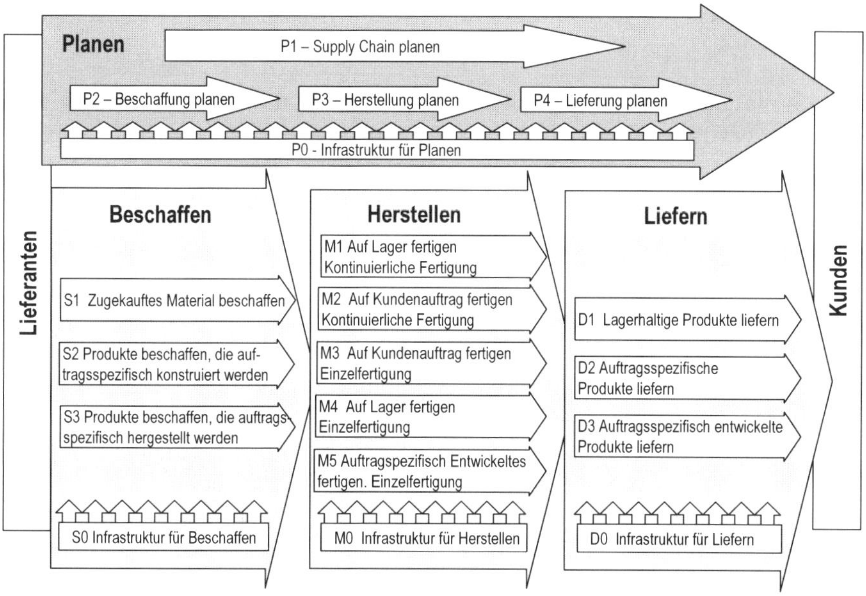

Abbildung 4-4. SCM Prozesse im Detail
Quelle: In Anlehnung an Supply-Chain Counsil (2004, S. 9)

von der zu erbringenden Leistung (und der um die Leistung gruppierten Services) gehört zu den zentralen Herausforderungen, die zur Realisierung des Erfolgspotenzials von cCommerce bewältigt werden müssen.

Zusammenfassend lässt sich festhalten, dass das SCOR Modell die Sicht auf die Lieferkette um den Planungsaspekt ergänzt: Während die Aufgaben Beschaffen, Herstellen und Liefern in der Konkretisierung auch in SCOR gleich bleiben, kommt die Ebene der unternehmensübergreifenden Planung und Steuerung der Lieferkette zur konventionellen Unternehmensplanung hinzu (Abbildung 4-4). Damit bleibt das SCOR Modell zwar einer stark materialflussbezogenen Sichtweise verbunden, stellt aber über die Planungskomponente die Verbindung zu kooperativen Prozessen her.

Die unternehmensübergreifende Intergration der Geschäftsprozesse und u.a. der SCM-Prozesse ist ohne einheitliche Standards nur schwer realisierbar. Aus diesem Grund streben die kooperierenden Unternehmen verschiedener Branchen an, offene Standards für die unternehmensübergreifende Integration und Abwicklung dieser Prozesse zu entwickeln. So liefert bspw. RosettaNet einen offenen Standard für die Modellierung der SCM-Prozesse (Holten 2003, S. 48). RosettaNet ist ein unabhängiges Non-Profit-Konsortium von über 500 führenden Elektronikkomponenten-, IT-, Logistik-, Halbleitertechnik-, Solution Provider- und Telekommunikations-Unternehmen (u.a. Microsoft, CISCO Systems, IBM, Intel, Motorola, NEC, American Express) (RosettaNet 2004).

Das Konsortium verfolgt das Ziel, SCM-Prozesse im High-Tech-Produktionsbereich zu unterstützen und offene, für die gesamte Industrie einheitliche E-Business-Standards zu schaffen. Diese Prozessstandards bilden die Basis für den Abgleich der SCM-Prozesse zwischen den Kollaborationspartnern entlang der gesamten Wertschöpfungskette. Darüber hinaus sorgt RosettaNet für die Entwicklung und Verbreitung von standardisierten Schnittstellen im elektronischen Geschäftsverkehr (RosettaNet 2004).

Das Vorgehen zur Entwicklung der Standards basiert auf einer Analyse der operativen Prozesse und deren Überführung in Sollprozesse, für die im Konsortium ein Konsens besteht. Für jeden definierten Sollprozess wird ein Partner Interface Prozess (PIP) erstellt, der Partnerrollen wie Käufer, Verkäufer, Fertigung usw. und die Interaktionen zwischen diesen Rollen umfasst. RosettaNet definiert die Sollprozesse in Form von sog. PIP Business-Process-Flow Diagrammen, einer UML-ähnlichen Notation (Holten 2003, S. 49). Abbildung 4-5 stellt einen Beispielprozess dar. Die PIP-Spezifikation dient den Softwareentwicklern der beteiligten Unternehmen als Implementierungsvorschrift. Der gesamte Entwurfsprozess dient somit dem Ziel, die Kollaboration in Supply Chains systematisch von der Analyse über die Spezifikation bis zur Implementierung zu unterstützen. RosettaNet basiert im Wesentlichen auf UML zur Modellierung und XML zum Datenaustausch (Holten 2003, S. 48).

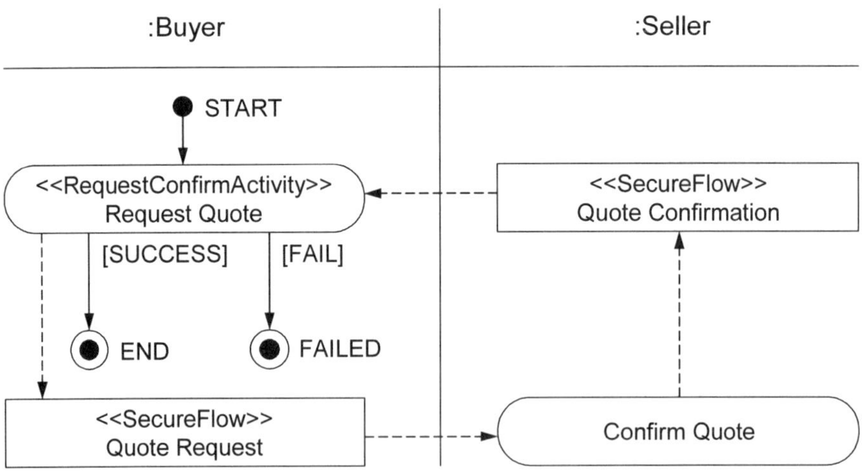

Abbildung 4-5. Partner Interface Process Business-Process-Flow-Diagramm für den Prozess „Quote Request" (Angebotsnachfrage)

Quelle: In Anlehnung an RosettaNet (2004, S. 8)

4.1.4 Customer Relationship Management (CRM)

Orientiert man sich in der betriebswirtschaftlichen Literatur, so wird unter CRM „Kundenbeziehungsmanagement" verstanden. *Kunz* definiert CRM wie folgt:

> **Customer Relationship Management**: „Kundenbeziehungsmanagement ist die Summe aller unternehmerischen Entscheidungen und Handlungen, die auf den Aufbau und die Erhaltung von längerdauernden Beziehungen zwischen dem Unternehmen und seinen Kunden abzielen." (Kunz 1996).

Schmid/Bach (2000, S. 11) konkretisieren diese Definition und arbeiten insbesondere die „Integration der Aktivitäten in Marketing, Verkauf und Service zur Erreichung gemeinsamer Ziele" heraus.

Muther (2001, S. 14-22) strukturiert Instrumente des „electronic customer care" anhand des Customer Buying Cycle aus einer eher systemtechnischen Sicht und übersetzt damit Aktivitäten des CRM in die Welt des eCommerce. Betrachtet man die Kernaufgabe von CRM im Beziehungsmanagement zur Kundenschnittstelle und daraufhin die Frage, welchen Beitrag Informationstechnik zur besseren Gestaltung dieser Schnittstelle leisten kann, ist es notwendig, einige Kernaktivitäten

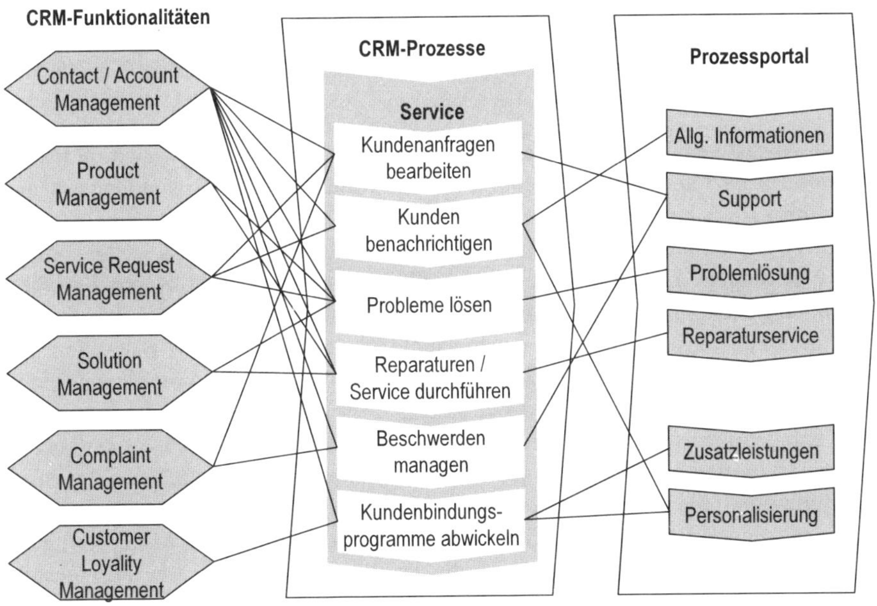

Abbildung 4-6. CRM Prozess Service
Quelle: Schmid/Bach (2000, S. 37)

von CRM herauszuarbeiten. Folgt man dem Ansatz von *Schmid/Bach*, lassen sich CRM Prozesse in den Unternehmensprozessen Marketing, Verkauf und Service lokalisieren. Abbildung 4-6 zeigt exemplarisch CRM-Prozesse im Bereich des Service und schlägt gleichzeitig einige Funktionalitäten für CRM-Systeme vor. Unter dem Stichwort Electronic Customer Care (ECC) fasst *Muther* (2001, S. 30) verschiedene Klassen von Konzepten und elektronischen Werkzeugen zusammen, die innerhalb des CRM[9] als Diensteauswahl gelten können. So werden bspw. virtuelle Communities, Videokonferenzen oder virtuelle Welten in der Kategorie „Kommunikation" genannt. Interessant ist die Betrachtung deshalb, weil CRM nicht Materialflüsse, sondern Humaninteraktionen in sozialen Situationen an der Kundenschnittstelle in den Mittelpunkt stellt. Der Kunde wird nicht als „Produktsenke" betrachtet, sondern als aktiver zunächst nichtstandardisierter Interaktionspartner.

Diese Interaktivität äußert sich darin, dass die Kunden in den Wertschöpfungsprozessen nicht nur passive Zuschauer sind, sondern an der Gestaltung der Prozesse aktiv teilnehmen. Die Kunden werden von Konsumenten der Wertschöpfungsergebnisse zu Mitakteuren der Wertschöpfungsaktivitäten, die bisher üblicherweise die Aufgaben der Unternehmen waren. Man spricht dabei von Kunden als Wertschöpfungspartnern und Co-Produzenten sowie von Kundenintegration in die Wertschöpfungskette (Reichwald/Piller 2003, S. 515). Kundenintegration in die Wertschöpfungskette ist eine wichtige Aufgabe des CRM. Je enger die Kundenintegration ist, desto mehr profitieren beide Parteien davon. Die Kunden bekommen einen besseren Service und bessere Produkte, die Hersteller oder Dienstleister zufriedene Kunden.

Diese Ansätze finden bspw. in der kundenindividuellen Massenproduktion (Mass Customization) und Entwicklung von neuen Produkten ihre Verwendung. „**Mass Customization** bezeichnet die Produktion von Gütern und Leistungen für einen (relativ) großen Absatzmarkt, die die unterschiedlichen Bedürfnisse jedes einzelnen Nachfragers dieser Produkte treffen" (Reichwald et al. 2003, S. 90). Die Produkte und Leistungen werden durch Kundenintegration in die Wertschöpfungskette individuell für jeden Kunden entsprechend seinen individuellen Wünschen wie im Fall der Einzelfertigung geschnitten. Dabei bleiben aber die Vorteile der „Economies-of-Scale" bestehen, da es sich immer noch um Massenproduktion handelt. Die Kundenintegration wird durch den Einsatz von Internet-Technologien besonders effektiv und kostengünstig ermöglicht. Dazu müssen entsprechende Produktkonfiguratoren die Anwender in einem intuitiven, benutzerfreundlichen Prozess zu einer passenden Produkt- oder Servicespezifikation bringen. Die heute verfügbaren Interaktionssysteme unterstützen die Produktkonfiguration wie Formgestal-

---

[9] *Muther* verwendet mit ECC einen sehr weitgefassten Begriff, den er als „umfassende elektronische Betreuung des Kunden während aller Phasen der Kundenbeziehung" versteht.

tung, Farb-, Komponenten- und Materialauswahl sowie die aus Anbietersicht erforderlichen Beziehungen dazwischen. Dadurch können Kunden spezifische Wünsche bezüglich eines Produkts dem Hersteller individuell mitteilen. Erst wenn ein Kundenauftrag vorliegt, werden weite Teile der Wertschöpfungskette angestoßen. Die Kunden werden dadurch in die Planungsprozesse des Herstellers einbezogen.

Hersteller wie Procter&Gamble (individuelle Kosmetikserie „Reflect"), Adidas (Sportartikel mit kundenspezifischer Funktionalität) und Lego (individuelle Baukästen und Modelle ab Fabrik) sowie eine Vielzahl von Start-up-Unternehmen zeigen, dass neue Formen der Kundenintegration bereits Realität sind. Procter&Gamble integriert bspw. die Kunden, die sich für individuell gestaltete Kosmetikartikel interessieren, in die Durchführung von Panel-Befragungen im Rahmen einer Marktforschung, um die Marktattraktivität neuer Produktideen zu testen (Reichwald et al. 2003, S. 97).

Mit SCM und CRM werden Konzepte beschrieben, die Aufschluss darüber geben, wie insbesondere *Marktprozesse* mit elektronischen Werkzeugen unterstützt werden können. Mit SCM wurde ein Konzept vorgestellt, das Material-, Güter- und Finanzflüsse vom Rohstoff bis zum Endprodukt in einer Logistikkette zu optimieren sucht. CRM schliesslich wurde als Instrumentenkasten des Kundenbeziehungsmanagements vorgestellt. Cooperative Commerce sucht diese Konzepte zu verbinden und weiterzuentwickeln.

4.1.5 Cooperative Commerce: Herausforderungen an das IM

Für den Informationsmanager stellt sich die Frage, welche Werkzeuge für cooperative Commerce erfolgversprechend sind und welche Erfolgsfaktoren für ihren Einsatz zu beachten sind.

1. Klassische eCommerce Anwendungen (wie bspw. EDI oder EFT) unterstützen den *Austausch strukturierter Daten*. Die erfolgreiche Gestaltung solcher Systeme war insbesondere abhängig vom Funktionieren technischer Standards der Datenübertragung sowie der Kompatibilität der Unternehmensprozesse (Eistert 1995; Krcmar et al. 1995).

2. Dazu haben sich in der zweiten Hälfte der 90er Jahre Informations- und Koordinationsdienste um die Kerntransaktion gruppiert. So wurde das Ende der klassischen Intermediäre proklamiert, die in der Welt des eBusiness durch elektronische Informations- und Marktdienste ersetzt werden würden. Nach dem Abflauen der Marktplatzeuphorie hat sich herausgestellt, dass Mediäre weiterhin existieren, nur in veränderter Form (Zimmermann 2000, S. 729-732), und es nicht sinnvoll ist, für jedes Produkt oder jede Region einen eigenen Marktplatz zu schaffen. Vielmehr haben sich globale, branchenbezogene Marktplätze im B2B Bereich

durchgesetzt. Die erfolgreiche Einführung solcher Systeme hängt also v.a. von der *Kenntnis der Branchenstrukturen- und -prozesse* ab. Nur solche Marktplätze, die genügend Anbieter und Nachfrager mit den richtigen Dienstleistungen unterstützen können, haben Überlebenschancen. Ein Beispiel hierfür ist der schon angesprochene Marktplatz Elemica der Chemieindustrie.

3. Die dritte Welle der eCommerce Applikationen – cCommerce – umfasst die Aspekte der zwischenbetrieblichen Zusammenarbeit oder Kooperation. So sind kooperative elektronische Marktplätze entstanden, die eine unternehmensübergreifende Integration von IT-Systemen und Supply Chain Kollaboration ermöglichen (Markus/Christiaanse 2003, S. 139-155). Bspw. bietet Elemica neben Marktdiensten eine Supply Chain Lösung zur Unterstützung der kooperativen Bedarfs- und Produktionsplanung, Bestandsprognose und -management sowie Nachschubdisposition zwischen den im Elemica-Netzwerk beteiligten Firmen an. Ziel ist es, die Supply Chain sowie die SCM-Prozesse gemeinsam zu optimieren und für jeden Beteiligten transparent darzustellen. Dies kann durch die Standardisierung der SCM-Prozesse, den Zugang zu einem einheitlichen SCM-Datenbestand und die Koordination der Aktivitäten der in der Supply Chain beteiligten Unternehmen erreicht werden. Die kooperative Gestaltung der Supply Chain bringt positive wirtschaftliche Auswirkungen und die sog. Win-Win Situation für jedes im Netzwerk beteiligte Unternehmen, da wegen der Abhängigkeit von der Supply Chain die Beschaffungs-, Produktions- und Logistikprozesse einzelner Unternehmen optimiert werden können. Die Beispiele dafür sind die Eliminierung von redundanten Beständen zwecks besserer Prognosen, bessere Produktionsplanung durch einen engen Informationsaustausch mit den Lieferanten und Kunden, bessere Transportplanung durch Vermeidung zusätzlicher Sonderlieferungen und daraus resultierende schnellere Abwicklung der Transaktionen (Elemica 2004).

Folgendes Beispiel illustriert die Nutzung der Elemica Supply Chain Lösung bei der Optimierung der Supply Chain:

Die amerikanische Rohm and Haas Company (R&H) mit Sitz in Philadelphia/USA zählt zu den weltweit größten Herstellern der Chemiebranche. Das Unternehmen ist in 26 Ländern präsent, beschäftigt ca. 17.000 Mitarbeiter weltweit und erzielte im Jahre 2003 einen Umsatz in Höhe von 6,4 Mrd. USD (Rohm&Haas 2004).

Da R&H ein international agierendes Unternehmen mit zahlreichen Beziehungen zu den Lieferanten und Kunden ist, spielt das Supply Chain Management für den Erfolg des Unternehmens eine wichtige Rolle. R&H legt einen besonderen Wert auf das Bestandsmanagement durch den Lieferanten (Vendor Managed Inventory – VMI). Beim VMI übernimmt der Lieferant die Verantwortung für die Bestände seiner Produkte beim Hersteller, bekommt aber dafür mehr Freiheit beim Disponieren der Lieferungen und erreicht einen höheren Servicegrad.

Mit VMI verfolgt R&H das Ziel, den eigenen vierwöchigen Sicherheitsbestand und dementsprechend das gebundene Kapital zu reduzieren, die Dauer und die Anzahl der Lieferungen zu kürzen und dadurch sowie durch engere Zusammenarbeit mit den Lieferanten die Effizienz der Supply Chain zu verbessern und Gesamtkosten zu senken. Die Herausforderung für R&H ist dabei, den Informationsaustausch, gemeinsame Bestands- und Produktionsplanung, Koordination der Aktivitäten und Kooperation mit den Lieferanten effizient zu organisieren und durchzuführen.

Für die Realisierung dieser Herausforderung hat R&H die Elemica Supply Chain Lösung gewählt. Für die Verwaltung von Planungs-, Beschaffungs-, Produktions- und Lieferungsprozessen setzt R&H ein SAP-System ein. Da Elemica die Konnektivität zwischen ERP-Systemen (Enterprise Resource Planning) gewährleistet und sicherstellt, dass die Benutzer auf beiden Seiten die benötigten Informationen in einem für das jeweilige System verständlichen Format erhalten, ist R&H in der Lage, die Lieferanten mit den aktuellen Informationen z. B. zum Lagerbestand, zur Bestands- und Produktionsplanung zu versorgen. Die Lieferanten können diese Informationen in ihre hauseigenen ERP-Systeme über Elemica-Konnektivität integrieren oder über ein webbasiertes Front-End abrufen. In einem kooperativen Prozess können die Lieferpläne sowohl von der Seite des R&H als auch von der Lieferantenseite angepasst werden. Die Elemica Supply Chain Lösung besitzt eine Reihe von Überprüfungsmechanismen, mit denen der Bestellungseingang, die Richtigkeit der Lieferung und der Lieferungseingang überprüft werden können. Darüber hinaus kann die Lieferung auf dem gesamten Weg vom Lieferanten zu R&H verfolgt werden, was beiden Seiten eine flexiblere Produktions- und Bestandsplanung erlaubt. Auf der Basis von aktuellen Lagerbestandsdaten, der Bestands- und Produktionsplanung oder von Prognosen können die SCM-Prozesse teilweise automatisiert werden. Dadurch können automatische Bestellungen generiert und an die Lieferanten übertragen werden. Das Lieferanten-System bestätigt den Bestellungseingang durch den automatischen Versand einer Bestätigungsmitteilung und gibt die Lieferung von Produkten frei. Der Lieferungseingang wird ebenfalls mit dem Versand einer Empfangsmittelung bestätigt. Der Vorteil des Elemica-Netzwerks besteht für R&H zusätzlich darin, dass es als eine zentrale Anlaufstelle (Single Point Of Contact) für alle Lieferanten von Chemikalien dient.

Durch Benutzung der Elemica Supply Chain Lösung und die engere Zusammenarbeit mit den Lieferanten konnte R&H den Lagerbestand fast um die Hälfte im Vergleich zu 2002 reduzieren und das Bestandsmanagement sowie die Produktionsplanung wesentlich verbessern. Die Anzahl der Lieferungen, die Lieferungs- und Transportplanung sowie die Richtigkeit der Prognosen konnten optimiert werden, wodurch zusätzliche Sonderlieferungen vermieden wurden. Durch den gleichen Datenbestand bei R&H und bei den Lieferanten sowie den Informationsaustausch in Echtzeit wurde die Datenqualität erhöht, die Kommunikation verbes-

sert und die Fehlerwahrscheinlichkeit reduziert. Das Visualisierungstool der Elemica Supply Chain Lösung konnte zum besseren Verständnis sowie zur Transparenz der SCM-Prozesse bei R&H beitragen (In Anlehnung an Morris (2003)).

Die Realisierung dieses Szenarios hängt von einer ganzen Reihe von Faktoren ab, die vom IM zu gestalten sind. Zur Systematisierung dieser Faktoren verwenden wir das Ebenenmodell des IM.

4.1.5.1 Informationswirtschaft

Aus der Perspektive der Informationswirtschaft tritt bei der Gestaltung von cCommerce Beziehungen insbesondere die Informationslogistik hervor. Informationslogistik stellt die Optimierung der Informationsverfügbarkeit und der Informationsdurchlaufzeit in den Vordergrund (Krcmar 1992b). Analog zur Realgüterlogistik fragt die Informationslogistik nach Informationsflüssen und -kanälen. Im Kontext von cCommerce impliziert dies, entsprechend den Anforderungen der beteiligten Akteure, diese Flüsse und Kanäle nach formalen Prinzipien der Informationslogistik (die richtige Information zum richtigen Zeitpunkt in der richtigen Menge am richtigen Ort in der erforderlichen Qualität bereitzustellen), zu gestalten (Szyperski 1990). Für den Informationsmanager im oben beschriebenen Beispiel bedeutet dies, den beteiligten Akteuren einen ihren Anforderungen entsprechenden *Ausschnitt* aus der Gesamtheit aller Informationen zur Bestandsplanung zu geben. Gelingt dies nicht, entstehen nicht mehr handhabbare Informationsozeane. Es geht also erstens um die *kontextbezogene Auswahl und Aufbereitung* von Informationen in Abhängigkeit von der Domäne, in der sich die betreffenden Kooperationspartner jeweils befinden. Die Aufbereitung der Information muss sich dabei zweitens an den semantischen Standards der Domäne orientieren. Semantische Standards beziehen sich auf die Bedeutung, die Akteure bestimmten Begriffen oder Prozessen zuordnen.

Bspw. lassen sich für den Produktentwicklungsprozess bzgl. der Informationsspeicherung bzw. der Informationsverwertung der beteiligten Akteure verschiedene Kontexte identifizieren. Informationen gewinnen dann in einem bestimmten Kontext eine höhere Relevanz oder verlieren an Bedeutung. Bspw. nimmt die Relevanz der Rezeptur für das Material des Gehäuses des Handschuhfachs vom Lieferanten des Gehäuses hin zum Hersteller des Automobils ab, gleichwohl ist die Materialinformation für Montage und Befestigungstechnik beim Einbau des Teils beim Hersteller oder für den Tester von Bedeutung. Wichtiger beim Prozessschritt (oder Kontext) „Einbau" ist aber die Information über die genaue Lage der Befestigungslaschen. Innerhalb des zu untersuchenden Realitätsausschnittes, in der sich die Kooperationspartner einer Supply Chain bewegen, lassen sich, abhängig von zu spezifizierenden Dimensionen und deren konkreten Ausprägungen, eine Vielzahl domänen-typischer Kontexte identifizieren.

Die informationswirtschaftliche Aufgabe hierbei ist es, erstens im Rahmen einer Informationsbedarfsanalyse festzustellen, welche Informationen in Abhängigkeit vom Verwendungskontext tatsächlich für die Aufgabenerledigung notwendig sind, zweitens Unterschiede in den semantischen Standards zu erkennen und eine entsprechende Übersetzung und Aufbereitung der Information zu bewirken.

4.1.5.2 Informationssysteme

Prozesse – Informationssysteme dienen dazu, bestehende Prozesse zu verbessern, oder neue zu ermöglichen. Deshalb ist aus Sicht des Managements der Informationssysteme die Kenntnis der Prozesse in formalisierter Form entscheidend. Eine Istanalyse der Prozesse erlaubt die Identifikation von Unterstützungspotenzialen bei bestehenden Prozessen und die systematische Entwicklung von IT gestützten Prozessalternativen (Gestaltungsalternativen), die im Hinblick auf Durchlaufzeit, Qualität und Kosten geprüft werden. Wichtig ist es, den Fokus nicht nur auf die unternehmensinternen Prozesse zu legen, sondern die Prozesse bei den Partnern, die in die Lösung mit einbezogen werden sollen, zu berücksichtigen. Weiterhin sind Kollaborationsprozesse der beteiligten Partner in übergeordnete Arbeitsprozesse einzubetten. Eine Unterstützung durch Informationssysteme ist dann erfolgreich, wenn diese ebenfalls in die bestehenden Systeme eingebettet werden und nicht als isolierte Kooperationssysteme implementiert und eingeführt werden.

Daten – Das Datenmanagement hat die Aufgabe, gemeinsames Material in konsistenter, richtiger und aktueller Form für die Kooperationspartner bereitzustellen. cCommerce-Anwendungen sind aufgrund der Verteilung der Verantwortlichkeiten bspw. für das Erfassen und Pflegen von Daten über Unternehmensgrenzen hinweg eine besondere Herausforderung für die organisatorische Umsetzung dieser Ziele. Dazu kommt die Frage, ob die Daten verteilt (bei den Partnern bzw. deren Clients) gehalten werden können und sollen, zentral bei einem Partner und ob gänzlich eigene Datenräume für Projekte geschaffen werden. Diese Fragen sind im Hinblick auf strategische Ziele, die Vertrauenskultur unter den Partnern und die Anforderungen aus der Informationssystemebene (bspw. sind bestimmte technische Parameter mit der Auswahl eines Softwareprodukts nicht mehr veränderbar) zu klären. Aus Sicht der Datenadministration gilt es, die Richtlinien im Hinblick auf die Beschreibung der auszutauschenden Datenobjekte zu erarbeiten und durchzusetzen. Schließlich ist die Datensicherheit mit Backupmechanismen sicherzustellen.

Portfolio – Aus Sicht der Anwendungsplanung ist zu prüfen, welche aus informationswirtschaftlicher Sicht notwendigen Informationsbedarfe durch bestehende Systeme gedeckt werden können und an welcher Stelle neue Anwendungssysteme hinzukommen sollten. Neben dem Strategiefit ist für den Informationsmanager hier insbesondere der Bebauungsplanfit von Bedeutung, d.h. einzelne Komponenten geplanter Systeme müssen in die IT Strategie (bspw. Linux vs. Windows) passen oder durch geeignete Schnittstellen verbunden werden. Dazu treten Risiken auf, die mit der Verfügbarkeit von Ressourcen für Aufbau und Betrieb der Infrastrukur oder der Abhängigkeit von Drittanbietern zusammenhängen (Junginger/Krcmar 2001, S. 395-408).

4.1.5.3 *Informationstechnik*

Die Nutzung multimedialer Kollaborationsanwendungen im cCommerce ist aus Sicht des IKT Managements eine Herausforderung an die im Unternehmen bestehende technische Infrastruktur. Die Beispiele dafür sind Management der Clients und der Datennetze, Überbrückung von großen räumlichen Distanzen und unterschiedlichen Zeitzonen, Austausch der Informationen unterschiedlicher Formate sowie Gewährleistung der technischen Sicherheit. Hierbei variieren die Anforderungen allerdings stark mit der Art der Applikation. Synchrone Kooperation an gemeinsamem Material mit Audio- und Videoverbindung stellt eine Belastung für die Datennetze dar. Innerhalb eines Unternehmens ist diese Belastung des Netzes in der Regel handhabbar und ggf. für die Ausbauplanung zu berücksichtigen. Sollen hingegen für die Integration externer Partner öffentliche Netze genutzt werden, verursachen Bandbreiten, die für gute Übertragungsqualität im Audio-Video Bereich notwendig sind, trotz deutlicher Verbesserungen in den letzten Jahren erhebliche Verbindungskosten. Neben der Netzwerkinfrastruktur spielt die Ausstattung der Clients eine zweite wichtige Rolle. Dies betrifft weniger das klassische Kriterium der Prozessorleistung, sondern v.a. die Ausstattung mit qualitativ hochwertigen Kameras und Mikrofonen. Versuche mit einer Telekooperationsumgebung haben gezeigt, dass insbesondere Faktoren wie Audioqualität, Zuverlässigkeit der Verbindung und Usability der Benutzerschnittstelle für eine erfolgreiche mediierte Zusammenarbeit notwendig sind (Johannsen 2001). Verschiedene Aufgaben wie z.B. im Bereich Supply Chain Management basieren auf der Übertragung von Dokumenten und hohen Datenmengen über weite Entfernungen. Ein intensiver Austausch von Daten und Dokumenten fördert das Risiko eines Kapazitätsengpasses in öffentlichen und auch privaten Übertragungsnetzen. Sicherheitsaspekte stellen bei der Übertragung von Daten eine wichtige Anforderung an unternehmensübergreifende Kooperation und die sie unterstützende Infrastruktur dar. Die Aufgabe des IKT Managements besteht in der Ausarbeitung des Sicherheitskonzepts, um die Gefahr bewusster Datenmanipulation auf dem Übertragungsweg vom Sender zum Empfänger zu vermeiden (Picot et al. 2003, S. 319).

Neben der operativen Umsetzung von Anforderungen aus der Informationssystemebene spielt die Beobachtung des Marktes für IKT Lösungen eine wichtige Rolle. Bspw. hat sich der Bereich der Funknetzwerke in den letzten Jahren so entwickelt, dass sich in Verbindung mit entsprechend ausgerüsteten tragbaren Computern ein ubiquitäres Nutzungsszenario für cCommerce entwickeln kann und damit neue Prozessanordnungen ermöglicht werden können (vgl. dazu Ubiquitous Computing in Kapitel 4.3). Disruptive Technologien, wie bspw. intelligente Peer-to-Peer Netzwerke, können neue Formen der verteilten Datenhaltung ermöglichen – mit ebenfalls neuen Anforderungen an Informationstechnik.

4.1.5.4 Führungsaufgaben des IM

Die Einführung von cCommerce ist im Wesentlichen eine Führungsaufgabe. Die erfolgreiche Nutzung von cCommerce hängt dabei aus Führungsperspektive insbesondere von folgenden Faktoren ab:

Einführungsprozessmanagement – Das Management des Einführungsprozesses dient der Gestaltung und Koordination von Aktivitäten, die mit der Aneignung neuer Prozesse und Informationssysteme durch die Nutzergruppe zusammenhängen. Der Erfolg dieser Systeme, gemessen an Effizienzverbesserungen oder stärkerer Kundenorientierung, hängt v.a. an Veränderungen des Kooperationsverhaltens der Mitarbeiter. Technik kann nicht als Determinismus im Sinne eines kausalen Zusammenhangs zwischen Reiz (Technik) und Reaktion (Nutzung durch Menschen) begriffen werden (vgl. hierzu die Ausführungen zur Strukturationstheorie in Kapitel 3.3).

1. *Problemfokus statt Toolfokus* – Erfolgreiche Einführungsprojekte zur elektronischen Zusammenarbeit gehen vom (Arbeits-)Problem der Nutzer aus, nicht vom technisch Machbaren. Dieser scheinbar offensichtliche Hinweis wird durch den Zeitdruck, in der Praxis „Quick Wins“ zu erzielen, oftmals überlagert.

2. *Unterstützung von Kerngeschäftsprozessen* – Gelingt es den Gestaltern von cCommerce-Systemen nicht, die Zusammenarbeit in sich wiederholenden Kerngeschäftsprozessen wirksam zu unterstützen, ist die Nutzung durch die Zielgruppe nicht wahrscheinlich. Erstens erfordert der erfolgreiche Umgang mit Kollaborationssystemen Übung, die nicht in sporadischem Systemkontakt gewonnen werden kann. Zweitens ist die Implementierung entsprechender Systeme mit erheblichen Kosten verbunden, d.h. sie müssen Kernbereiche der Organisation sichtbar effektiver und / oder effizienter machen.

3. *Adaption von cCommerce-Werkzeugen erfordert Zeit* – Sie zielen auf die Verbesserung und damit Veränderung von Gruppenarbeitsprozessen ab. Die Modifikation von Interaktionsprozessen erfordert Geduld, insoweit inter- und intraorganisatorische Arbeitsgruppen mit der Aufgabe und der Technikunterstützung erst Erfahrung sammeln müssen.

   Transparenz vs. Macht – In einer Kooperationsbeziehung treffen sich unterschiedliche Interessen, die auf unterschiedliche Art und Weise verfolgt werden. cCommerce Systeme sind zunächst auf die Schaffung von Transparenz zur Aufgabenerfüllung angelegt. Die Dosierungsmöglichkeit dieser Transparenz ist von entscheidender Bedeutung für den Erfolg eines Kooperationssystems. Verletzt die Nutzung von Technik die Interessen mächtiger Akteure durch die Nivellierung der Informationsverfügbarkeit, werden diese das System bekämpfen. Darüber hinaus stellt sich Entscheidern die Frage, welche Informationen tatsächlich mit organisationsexternen Teammitgliedern geteilt werden dürfen und welche nicht. Der Aufbau entsprechender Vertrauensbeziehungen ist ebenso wie der geübte Umgang mit den Systemen eine Frage der Zeit.

4. *Disparität der Verteilung von Aufwand und Ertrag* – Der Aufwand der Nutzung und der Ertrag der Nutzung von cCommerce Applikationen ist oftmals sehr unterschiedlich verteilt. So wird bspw. bei einem elektronischen Gruppenterminkalender der Aufwand des Pflegens eines Terminkalenders die Arbeit des Sekretariats, das für die Sitzungsplanung zuständig ist, erleichtern. Führen die Gruppenmitglieder nicht ohnehin schon einen elektronischen Kalender, müssen für den Erfolg der Applikation entsprechende Nutzungsanreize geschaffen werden (Grudin 1994).
5. *Störung des sozialen Interaktionsprozesses* – Durch den Einsatz von cCommerce Systemen verändern sich die Möglichkeiten für die Teilnehmer, zu kommunizieren und zu kooperieren. So können die Teilnehmer an einer computerunterstützten Sitzung bspw. parallel und anonym zu einem Thema Ideen beitragen, oder verteilte Projektteams können über Videokonferenzen miteinander synchron kommunizieren. Teilnehmer können sich durch diese Intervention überfordert oder durch die Bedrohung ihrer Rolle / ihrer bevorzugten Arbeitsweise veranlasst sehen, Systeme zu sabotieren oder zu boykottieren (Grudin 1994).

Outsourcing – Eine Frage, die im Rahmen der Führungsaufgaben des IM zu lösen ist, bezieht sich auf die Entscheidung, ob eine Kollaborationsanwendung selbst implementiert werden soll, ob eine Lösung vom Markt bezogen werden soll, oder ob, wie im Fall von Elemica, gemeinsam mit Lieferanten und Wettbewerbern eine rechtlich selbstständige Plattform institutionalisiert werden soll. Es hat sich gezeigt, dass cCommerce Anwendungen dann erfolgversprechend sind, wenn sie auf einem branchenweit akzeptierten Standard aufsetzen und die Interessen der wichtigsten Spieler im Markt berücksichtigen. Die Frage der Institutionalisierung ist vor dem Hintergrund der strategischen Bedeutung der unterstützten Geschäftsprozesse und bestehender Kooperationen in der Branche sowie der Gesamtbranchenstruktur zu untersuchen.

Mitarbeitermanagement – Die Notwendigkeit, Mitarbeiter im Hinblick auf ihre Kooperationsfähigkeiten zu trainieren, wurde schon angesprochen. Darüber hinaus sind Qualifizierungsmaßnahmen im Hinblick auf die Nutzung der Technik selbst durchzuführen. Solche Trainingsmaßnahmen sind dann erfolgreich, wenn sie realistische Nutzungssprozesse und -szenarien mit und ohne Technikunterstützung gemeinsam mit den Nutzern entwickeln und umsetzen.

Controlling – Investitionen in Informationstechnik werden heute kritischer betrachtet als dies in der Frühzeit der IT Entwicklung der Fall war. Deshalb muss das IM den Nachweis der Effizienzsteigerung durch die Nutzung von IT im Rahmen geeigneter (d.h. an den Vorstand kommunizierbarer) Kriterien führen.

4.1.6 Ausblick: Beyond the Hype

Cooperative Commerce als aktuelle Herausforderung an das IM vereinigt bekannte Aspekte computerunterstützter Zusammenarbeit und klassischer Transaktionsanwendungen entlang der Wertschöpfungskette. Die Frage an das IM ist nun auch, welche Entwicklung cCommerce nehmen wird. Dazu verwende ich den von *Eccles/Nohria* (1992) beschriebenen Dreiklang von Rhetorik, Aktion und Identität (vgl. dazu Kapitel 2).

Ziel ist es, mit cooperative Commerce *ökonomisch messbare* Veränderungen in Unternehmen zu bewirken. Hierzu fokussiert die Rhetorik des Managements die Notwendigkeit der unternehmensübergreifenden Zusammenarbeit von Mitarbeitern und der prozess- und kundenorientierten Ausrichtung der IM Funktion.

Ich gehe davon aus, dass die Bedeutung von cCommerce in der Managementrhetorik in den nächsten ein bis zwei Jahren nachlassen wird. Im Hinblick auf die Aktion (also die Implementierung von Technik und die Nutzung durch Menschen) wird sich durch die technologische Entwicklung und die weitere Diffusion der Prozessorientierung in Organisationen der privaten Wirtschaft als auch der öffentlichen Verwaltung eine Konsolidierung einstellen. D.h. kooperative Prozesse entlang der Wertschöpfungskette werden aus technischer und organisatorischer Sicht zu einem Standard sedimentieren – man wird sie allerdings nicht mehr als cooperative Commerce bezeichnen, sondern möglicherweise nur noch als eBusiness oder gar als geschäftsüblich.

Bis sich Konzepte und Techniken, die mit cooperative Commerce verbunden sind, im Sinne einer technischen Infrastruktur *und* einer organisatorischen Identität (oder Kultur) zu Strukturen gefügt haben werden, dürfte jedoch ein deutlich längerer Zeithorizont anzusetzen sein.

4.2 Wissensmanagement

4.2.1 Einführung

4.2.1.1 Warum Wissensmanagement?

Wissen als wichtige Ressource der Unternehmen ist in den letzten Jahren in das Zentrum der Aufmerksamkeit von Unternehmen und Wissenschaft getreten. Natürlich hat Wissen schon immer eine große Bedeutung für die Wettbewerbskraft von Unternehmen gehabt, doch werden unter der Überschrift „Wissensmanagement" jetzt verstärkt Theorien, Methoden und Werkzeuge entwickelt, diskutiert und erprobt, die einen systematischeren Umgang mit der Ressource Wissen ermöglichen (Bellmann et al. 2002).

Warum sind aber Unternehmen gefordert, sich genauer mit ihrem Umgang mit Wissen auseinander zu setzen? Wissen ist als wichtiger Wettbewerbsfaktor erkannt worden (Rehäuser/Krcmar 1996, S. 13). Vier Gründe lassen sich dafür anführen: Der erste Grund ist die wachsende Wissensintensität der Leistungen, die Unternehmen am Markt anbieten und absetzen. Schon 1991 hat *Robert Reich* diesen Trend erkannt: „Core corporations no longer focus on products as such; their business strategies increasingly center upon specialised knowledge" (Reich 1991, S. 84). Für viele Unternehmen heißt dies, dass sie statt eines einfachen Produkts mittlerweile umfangreiche Beratungsleistungen und Zusatzdienstleistungen offerieren, um auf der Grundlage ihrer Produktpalette speziell auf ein Kundenproblem zugeschnittene Lösungen anbieten zu können. Diese individuell zugeschnittenen Lösungen setzen Wissen über Kundenprozesse und eigene Produkte voraus.

Der zweite Grund sind sinkende Zykluszeiten. Lösungs- und Produktanbieter stehen in einem intensiven Wettbewerb, der eine hohe Innovationsrate und damit schnelle Neuentwicklung von Produkten und Dienstleistungen erforderlich macht. Das kann sich zum einen auf die Produkt- und Dienstleistungsentwicklung beziehen, zum anderen aber auch auf organisatorische Veränderungsprogramme, wie sie z. B. mit der Umsetzung von eBusiness-Strategien einhergehen.

Der dritte Grund ist die zunehmende geografische Verteilung von wissensintensiven Prozessen im Unternehmen. Globale Unternehmen arbeiten in allen Regionen der Erde mit ihren Kunden an spezifisch zugeschnittenen Lösungen. Die Entstehung und Nutzung von Wissen des Unternehmens ist damit nicht mehr auf einen Standort beschränkt.

Der vierte und letzte Grund sind schnellere Veränderungen der Humanressourcen. In Wachstumsmärkten können Mitarbeiter leicht zur Engpassressource werden. Personalressourcen werden in kurzer Zeit aufgebaut, doch wechseln Mitarbeiter bei einer guten Marktlage auch schneller ihren Arbeitgeber. Schnelle Veränderungen von Mitarbeitern bedeuten aber auch Veränderungen in der Wissensbasis der Organisation. Diese vier Gründe stellen jeweils einzeln und auch zusammen genommen bisherige Mechanismen der Entstehung, des Transfers und der Nutzung von Wissen im Unternehmen in Frage. Wissensmanagement bietet Ansätze, diese Prozesse zu erneuern und einem systematischen Management zu unterwerfen, damit den genannten Herausforderungen begegnet werden kann.

Ein Beispiel soll veranschaulichen, wie durch Wissensmanagement der Umgang mit der Ressource Wissen verbessert werden kann. Die nationale Niederlassung in einem südamerikanischen Land eines globalen Anbieters von Telekommunikationssystemen steht vor einer besonderen Herausforderung. Kurzfristig ist sie zur Abgabe eines Angebots für ein System für eine große Telefongesellschaft aufgefordert worden. Das System muss aber auf sehr spezielle Anforderungen des Kunden angepasst werden. Bisher hat sich aber noch kein Mitarbeiter in der Nieder-

lassung mit einer solchen Problemstellung beschäftigt. Wegen des engen Zeitrahmens ist eine Neuentwicklung der Lösung undenkbar. Als letzte Möglichkeit entschließt sich der für das Angebot verantwortliche Projektleiter, über das Wissensmanagementsystem des Unternehmens eine dringliche Anfrage an alle Mitarbeiter des Vertriebsbereichs dieser Sparte weltweit zu versenden. Nach kurzer Zeit stellt sich heraus, dass bereits ein Mitarbeiter in einem europäischen Land eine sehr ähnliche Lösung für einen Kunden dort entwickelt hatte. Durch Einbindung des Experten und die Wiederverwendung der Angebotsdokumente aus Europa ist der Projektleiter in Südamerika nun in der Lage, in der geforderten Zeit das Angebot zu erstellen.

4.2.1.2 Was ist Wissensmanagement?

Das Beispiel macht deutlich, dass Wissen eine wertvolle Ressource im Unternehmen ist. Wie können nun Wege zu einem systematischeren Umgang damit aussehen? Wissensmanagement ist „[...] ein integriertes Interventionskonzept, das sich mit den Möglichkeiten zur Gestaltung der organisationalen Wissensbasis befasst" (Probst et al. 1999, S. 47). Wissensmanagement will die Prozesse gestalten und steuern, die in systematischer Weise die Wissensbasis einer Organisation verändern. Bevor die Gestaltungsmöglichkeiten näher beschrieben werden, ist es aber zunächst notwendig, den Begriff des Wissens im Unternehmen zu konkretisieren.

> „**Knowledge** is a fluid mix of framed experience, values, contextual information, and expert insight that provides a framework for evaluating and incorporating new experiences and information. It originates and is applied in the mind of knowers. In organizations, it often becomes embedded not only in documents or repositories but also in organizational routines, processes, practices, and norms (Davenport/Prusak 1998, S. 5)".

Die von *Davenport/Prusak* vorgeschlagene Definition von Wissen erhebt dabei nicht den Anspruch, die „richtige" zu sein. Vielmehr ist auch sie an einen Zweck gebunden. Sie soll deutlich machen, warum Wissen nur schwer einem Managementprozess unterworfen werden kann und warum es gleichzeitig so wertvoll für Unternehmen ist (Davenport/Prusak 1998, S. 5). Wertvoll wird Wissen, weil es die Voraussetzung für die Bewertung und Vernetzung von neuen Erfahrungen und Information ist. Durch seine Personen- und Kontextabhängigkeit, den Bezug zu Überzeugungen, Erfahrungen und Werten ist es natürlich nur schwer greifbar als Gegenstand des Managements. Gleichzeitig wird aus der Definition deutlich, dass Wissen als Gegenstand des Managements weiter gefasst ist als der Begriff der Information. Informationsressourcen sind ein Teil der Prozesse der Schaffung und des Transfers von Wissen in Organisationen. Dies machen *Nonaka/Takeuchi* in ihrer Theorie der Wissensenstehung und des Lernens in Organisationen deutlich. Dazu führen *Nonaka/Takeuchi* die Unterscheidung von tazitem und explizitem Wissen ein (Nonaka/Takeuchi 1995).

Tazites Wissen ist personengebundenes und kontextspezifisches Wissen und somit schwer formalisierbar und kommunizierbar. Ein wesentlicher Teil dieses taziten Wissens sind mentale Modelle, durch die Individuen ihre Welt subjektiv wahrnehmen und definieren. Diese Weltsicht bezieht sich sowohl auf den gegenwärtigen Stand dieser Welt als auch auf eine Vorstellung von ihrer Zukunft. Neben diesen kognitiven Elementen gehören auch technische Elemente zum taziten Wissen. Damit sind Know-how sowie Fertigkeiten und Fähigkeiten eines Individuums gemeint, die sich durch Erfahrungen im praktischen Handeln herausgebildet haben (Nonaka/Takeuchi 1995, S. 59). Tazites Wissen wird oft als selbstverständlich vorausgesetzt, weil es nur implizit in Handlungen sichtbar wird. Die Schwierigkeit, tazites Wissen „sichtbar" zu machen, verdeutlicht *Polanyi*, der als erster die Bedeutung taziten Wissens herausgearbeitet hat, wie folgt: „Wir können mehr wissen als wir sagen können (Polanyi 1966, S. 4)".

Explizites Wissen dagegen ist kodifiziert, d.h. es kann in formalisierter, systematischer Sprache übertragen werden. Ein gutes Beispiel für explizites Wissen sind wissenschaftliche Erkenntnisse, die in einer systematischen und oft auch formalen Sprache verfasst und über Veröffentlichungen kommuniziert werden. Weil es in eine kodifizierte Form überführt worden ist, kann explizites Wissen durch unterschiedliche Medien gespeichert, verarbeitet und übertragen werden – die Voraussetzungen mithin für die Anwendung von IKT zur Unterstützung von Wissensmanagement.

Jedoch sind tazites und explizites Wissen keine Alternativen im Wissensmanagement. Vielmehr bedingen sie sich gegenseitig für Wissensentstehung und -anwendung in Organisationen. *Nonaka/Takeuchi* verdeutlichen diesen Gedanken in ihrem Modell der vier Arten der Umwandlung von Wissen, die einem Prozess der Wissensschaffung und des Wissenstransfers in Organisationen zu Grunde liegen (Abbildung 4-7).

Tazites Wissen kann direkt durch Sozialisation erworben werden. Sozialisation bedeutet dabei, dass Wissen nicht durch sprachliche Vermittlung (z.B. ein Handbuch) vermittelt wird, sondern durch gemeinsame Erfahrungen und Beobachtungen der Handlungen anderer. Wissensvermittlung durch Sozialisation geschieht zumeist dort, wo Mitarbeiter aus der praktischen Tätigkeit und dem Vorbild von Mentoren und Kollegen lernen können. Durch die geteilte Arbeitserfahrung können sich geteilte mentale Modelle sowie Fähigkeiten und Fertigkeiten entwickeln. Ein Beispiel soll das verdeutlichen: In einem Call Center arbeiten ein erfahrener und ein weniger erfahrener Mitarbeiter eng zusammen. Der weniger erfahrene Mitarbeiter kann sich durch Beobachtung und gemeinsames Problemlösen über die Zeit für unterschiedliche Probleme effektive Vorgehensweisen aneignen. Diese Aneignung findet ohne formale Vermittlung statt. Oft wird weder der erfahrene noch der unerfahrene Mitarbeiter beschreiben können, wie das Vorgehen im Detail aussieht und warum dies ein Lösungsweg für das Problem ist.

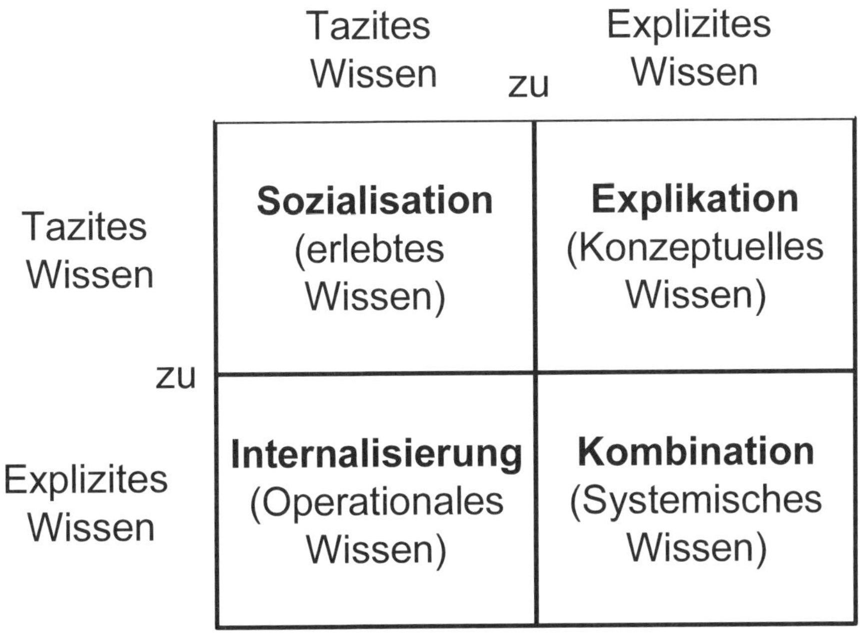

Abbildung 4-7. Die vier Arten der Wissensumwandlung in Organisationen
Quelle: in Anlehnung an (Rehäuser/Krcmar 1996, S. 34)

Tazites Wissen kann jedoch auch in Grenzen artikuliert werden. Bei der Externalisation wird es in Metaphern, Analogien, Konzepten und Begriffen, Hypothesen und Modellen explizit gemacht. Explizites Wissen, die verwendeten Bilder und Ausdrücke, können von unterschiedlichen Individuen verschieden verstanden werden. Diese Verständnislücken oder -widersprüche reizen zur Reflexion des Wissens und befördern so die Interaktion zwischen Menschen. Wissen wird z. B. externalisiert, wenn der erfahrene Mitarbeiter aus unserem Beispiel eine Darstellung des Problemlösungsprozesses für ein häufig auftretendes Problem entwickelt. In der Diskussion des Modells mit unterschiedlichen Kollegen wird deutlich, dass die Darstellung bestimmte Teile der Problemlösung ausblendet, die anderen Kollegen wichtig sind. Durch die kritische Reflexion kann die Darstellung dann schrittweise verbessert werden.

Explizites Wissen kann nun weiter systematisiert werden, indem explizites Wissen aus unterschiedlichen Wissensgebieten verknüpft wird. Bei der Kombination tauschen Mitarbeiter explizites Wissen in Dokumenten, Sitzungen und natürlich auch über Informationssysteme aus. Ein Beispiel ist, wenn der externalisierte Problemlösungsprozess nun mit der technischen Dokumentation des problembehafteten Systems verknüpft wird. Dabei stellt sich heraus, dass durch bestimmte, vorbeugende Wartungsmaßnahmen das Problem vermieden werden kann. Damit wird das verknüpfte explizite Wissen zur Grundlage für die Neuentwicklung einer Wartungsdienstleistung.

Die Überführung des neuen expliziten Wissens in tazites Wissen eines Individuums bezeichnen *Nonaka/Takeuchi* mit Internalisierung. Durch die Anwendung wird das explizite Wissen Teil der mentalen Modelle sowie der Fertigkeiten und Fähigkeiten. Erst durch diese Befähigung zum Handeln wird explizites Wissen für die Organisation zu einer wertvollen Ressource. In unserem Beispiel bedeutet das, dass die Servicetechniker nun für die neue Dienstleistung qualifiziert werden müssen. Durch Ausführung der neuen Wartungsschritte gewinnen sie Erfahrungen und haben ihre Handlungsmöglichkeiten erweitert. Erst durch die Internalisierung ist aus der Konzeption der neuen Dienstleistung die Dienstleistung selbst entstanden.

Der Prozess der Wissensschaffung und -vermittlung in Organisationen nimmt immer im taziten Wissen von Individuen seinen Anfang. Ziel des Wissensmanagements ist es deshalb, dieses tazite Wissen zu mobilisieren und durch geeignete Methoden, Strukturen und Werkzeuge eine Verstärkung des Prozesses zu erreichen, so dass nicht nur das Wissen Einzelner, sondern die organisatorische Wissensbasis insgesamt erweitert werden kann (Rehäuser/Krcmar 1996).

Welche Möglichkeiten bestehen nun, diese organisatorischen Lernprozesse zu verbessern? *Bullinger et al.* (1997) identifizieren drei zusammenhängende Gestaltungsfelder: die Informations- und Kommunikationstechnik, die Organisation und die Humanressourcen. Im ersten Gestaltungsfeld steht die informationstechnische Unterstützung der Lernprozesse im Mittelpunkt, im zweiten die Verankerung von Strukturen und Prozessen, die Wissensentstehung, Wissenstransfer und Wissensverwendung ermöglichen und in der Organisation verankern, und im dritten die Schaffung der richtigen Anreize, um Mitarbeiter zum Entwickeln und Teilen von neuem Wissen anzuhalten. Ein Schwerpunkt der Veränderungen in den Gestaltungsfeldern ist die Verringerung der Barrieren für den Lernprozess. In vielen Unternehmen erwerben sich die einzelnen Mitarbeiter oft nur geringe Vorteile durch das Teilen von Wissen. Obwohl nicht selten Wissensnachfrager mögliche Wissensquellen zur Deckung ihres Bedarfs kennen, sind diese Quellen nicht zugänglich. Organisatorische Barrieren (z.B. Abteilungsegoismen) oder direkte individuelle Konkurrenzverhältnisse stehen dann dem Zugang zu Wissen im Weg. Gemeinsame Wissenssammlungen weisen zudem die Merkmale öffentlicher Güter auf und sind somit bedroht, durch individuell rationales Verhalten aus der Perspektive des Gesamtunternehmens an Wert zu verlieren (tragedy of the commons). Daher setzt die erfolgreiche Umsetzung von Wissensmanagement im Unternehmen die Schaffung der geeigneten Rahmenbedingungen voraus.

Daraus wird deutlich, dass IKT nur ein Gestaltungsfeld des Wissensmanagements ist (Böhmann/Krcmar 2002). Sind die Rahmenbedingungen nicht förderlich für die Schaffung, Weitergabe und Anwendung neuen Wissens, so können natürlich auch Informationssysteme keine nachhaltigen Veränderungen der Lernprozesse im Unternehmen bewirken. Im richtigen Umfeld jedoch erlauben sie eine Unterstützung oder sogar Teilautomation der Wissensprozesse. Wissensmanagement ist also ein Thema, bei dem in vielen Fällen IKT die Rolle des Enablers für die Schaffung oder das Reengineering von Lernprozessen im Unternehmen spielen kann (Böhmann/Krcmar 2002). Daher muss sich auch das IM im Unternehmen mit Wissensmanagement auseinandersetzen.

Im Folgenden werden Anforderungen und Gestaltungsmöglichkeiten des Informationsmanagement im Unternehmen im Betätigungsfeld Wissensmanagement mit Hilfe des IM-Modells untersucht. Dadurch wird deutlich, welche Rolle das IM bei der Gestaltung und Umsetzung von Wissensmanagement spielen kann. Gleichzeitig zeigt die Anwendung des Modells, wie aktuelle Fragestellungen aus Sicht des IM mit dem Modell untersucht werden können, um daraus Handlungsempfehlungen für das IM ableiten zu können.

4.2.2 Informationswirtschaft

Die Perspektive der Informationswirtschaft fragt vor allem, welche Veränderungen für Informationsangebot und -nachfrage durch Wissensmanagement ausgelöst werden können und welche Anforderungen sich daraus für das IM ergeben. Zunächst ist es aber notwendig, auf die Einflussfaktoren für das Angebot, die Nachfrage und die Verwendung von Wissen näher einzugehen. Daraus ergeben sich die Rahmenbedingungen, die die erfolgreiche Einführung der Informationssysteme erst möglich machen. Wissen ist, weil es eine wichtige Ressource ist, für den einzelnen Mitarbeiter wertvoll. Daher sind Organisationsmitglieder nicht immer bereit, Wissen ohne Gegenleistung zu teilen. *Davenport/Prusak* (1998) weisen darauf hin, dass der Wissensaustausch im Unternehmen gewissen Marktprinzipien unterliegt. Die Motivation der Organisationsmitglieder, Wissen anzubieten, wird aus ihrer Sicht dann gegeben sein, wenn sie entweder dadurch Reputation im Unternehmen erwerben, konkrete Gegenleistung jetzt oder in der Zukunft vom Nachfrager erwarten können oder sie damit ihre altruistische Einstellung zum Ausdruck bringen können.

Nicht alles Wissen, das über diesen Markt des Wissens zugänglich ist, muss jedoch auf eine entsprechende Nachfrage treffen. Zunächst kann die Beurteilung der Qualität der Kompetenzen oder der Wisseneinheiten schwierig sein, ohne ihre Anwendung beobachten zu können. Weiterhin gibt es auch intuitive Abwehrreaktion gegen Wissen von außen. *O'Dell/Grayson* (1998) bezeichnen das mit dem „Not-invented-here"-Syndrom. Schließlich können zur Verwendung von Wissen die Ressourcen fehlen. Handlungsmöglichkeiten theoretisch zu kennen, ist etwas anderes, als in der Umsetzung dieses Wissens die konkreten Handlungen von einer großen Zahl von Organisationsmitgliedern zu verändern.

Welche Informationsressourcen können Wissensmanagement im Unternehmen unterstützen? Der Ausgangspunkt dieser Überlegungen ist der oben beschriebene Prozess der organisatorischen Wissensentstehung. Wenn die Schaffung und Verbreitung von Wissen in Organisationen auf den vier Formen der Wissensumwandlung (vgl. Abbildung 4-7) aufbauen, dann lassen sich daraus Informationsbedarfe ableiten, die die Grundlage für die Gestaltung oder Anpassung von Informationssystemen und der dafür notwendigen IKT sind.

Bei der Sozialisation wird tazites Wissen durch Interaktion und gemeinsame Erfahrungen von Menschen geteilt. Aus dieser Definition ergibt sich, dass Informationsressourcen hier nicht die Wissensumwandlung ersetzen können, weil es gerade um den Erwerb des nicht direkt in Sprache vermittelten oder vermittelbaren Wissens geht. Jedoch kann die Menge möglicher Interaktionspartner über den Kreis des direkten Umfelds hinaus erweitert werden. Ziel des Wissensmanagements ist die Vereinfachung der Wege, mit denen die Kompetenzen von Organisationsmitgliedern in einen Problemlösungsprozess eingebunden werden können. Um über das direkte Umfeld hinaus Organisationsmitglieder mit bestimmtem Wissen suchen zu können, ist es sinnvoll, die Informationsressource „gelbe Seiten“ aufzubauen. „Gelbe Seiten“ sind ein Verzeichnis, in denen die Mitglieder einer Organisation mit ihrem Kompetenzprofil aufgeführt sind. Gelingt es, die über die gelben Seiten identifizierten Organisationsmitglieder in einen Problemlösungsprozess zu integrieren, so entsteht eine gemeinsame Erfahrungssituation, in der tazites Wissen durch Sozialisation geteilt wird.

Die Externalisation, also die Umwandlung von tazitem in explizites Wissen durch Dialog, lässt sich mit der gleichen Informationsressource unterstützen, denn auch die Explikation lässt sich durch den Dialog mit kompetenten Dialogpartnern unterstützen. Die Verzeichnisse erlauben es, die richtigen Dialogpartner zu finden. Aber auch ohne direkten Dialog entsteht durch Externalisation explizites Wissen, das die Grundlage für Informationsressourcen und Informationsdienste ist. Eine wichtige Aufgabe des IM kann es hier sein, die Form der Externalisation zu vereinbaren. Diese Aufgabe soll an einem Beispiel veranschaulicht werden: Wichtiges tazites Wissen über die Abläufe im Unternehmen wird bei der Modellierung von Geschäftsprozessen in explizites Wissen umgewandelt. Für die Darstellung von Geschäftsprozessen gibt es viele verschiedene Modellierungssprachen. Wenn nun bei jedem Modellentwurf eine andere Modellierungssprache verwendet wird, so lassen sich die Modelle später nicht kombinieren. Mithin wird der Aufbau einer Informationsressource über die Geschäftsprozesse unmöglich gemacht. Wenn also geplant ist, explizites Wissen später in Wissenssammlungen einzustellen und somit als Informationsressource anzubieten, dann kann aus der informationswirtschaftlichen Perspektive die Notwendigkeit einer gemeinsam verwendeten Sprache abgeleitet werden.

Sowohl bei der Sozialisation als auch bei der Externalisation sind Informationsdienste denkbar, die durch IKT ermöglicht werden, bei denen Wissen aber durch direkte Kommunikation und Kooperation von Anbietern und Nachfragern vermittelt wird. Ein Beispiel aus dem Wissensmanagement sind Wissensgemeinschaften (engl. communities of practice, Brown/Duguid 1991; Wenger/Snyder 2000), in denen Organisationsmitglieder mit ähnlichen Interessensprofilen zum Austausch von Erfahrungen und zur Schaffung neuen Wissens auf informeller Basis zusammenarbeiten. IKT ist hier Medium für Kommunikation und Kooperation, um eine Zusammenarbeit auch über geografische und zeitliche Grenzen hinweg zu ermöglichen.

Die Kombination von explizitem Wissen ist eine Phase der Wissensumwandlung, in der das Angebot, die Nachfrage und die Verwendung von Informationsressourcen besonders wichtig ist, denn explizites Wissen über Informationsressourcen und -dienste zugänglich zu machen, ist eine Kernaufgabe des IM. Im Wissensmanagement werden zudem aber auch Wissenssammlungen aufgebaut, durch die in Wisseneinheiten artikuliertes Wissen erfasst, verwaltet und verteilt wird. Wissenseinheiten können z.B. Dokumente und Multimedia-Objekte sein. Daher kommt dem Management von Wissenssammlungen als wichtigen Informationsressourcen im Wissensmanagement eine besondere Bedeutung zu.

Bei der Internalisierung wird explizites Wissen wieder in tazites Wissen verwandelt, wodurch die Handlungsmöglichkeiten eines Individuums erweitert werden. Für die Umsetzung von explizitem Wissen in praktisches Handeln können vor allem auf Lernprozesse ausgerichtete Informationsdienste und -ressourcen Unterstützung bieten. Ähnlich wie bei der Sozialisation ist der erste Ansatzpunkt die Erweiterung der Möglichkeiten des Lernens durch Verzeichnisse, z.B. von Schulungs- und Trainingsmöglichkeiten im Unternehmen. Eine weitere Möglichkeit ist es, durch Informationsdienste eine simulierte Umgebung zu schaffen, in dem Wissen angewandt und in seinen Wirkungen beobachtet werden kann, ohne reale Strukturen zu verändern (z.B. durch Virtual Reality in der Produktentwicklung).

Für die Unterstützung der verschiedenen Arten der Wissensumwandlung sind drei Typen von Informationsdiensten und -ressourcen benannt worden, die häufig für die Umsetzung von Wissensmanagement verwendet werden: Wissensverzeichnisse, Wissenssammlungen und Wissensgemeinschaften. Aus diesen Typen lassen sich spezifische Typen von Informationssystemen ableiten, die die Daten und Prozesse abbilden, die diesen Informationsdiensten und -ressourcen zu Grunde liegen.

Auf welchen Informationssystemen der Schwerpunkt liegt, hängt dabei von der gewählten Wissensmanagementstrategie ab. *Hansen et al.* (1999) stellten fest, dass Unternehmen, die erfolgreiches Wissensmanagement betreiben, zumeist eine von zwei Strategien für den Wissenstransfer verfolgen: Kommunikation oder Kodifikation (Abbildung 4-8). Bei der Kommunikationsstrategie versucht man, den Austausch und die Entwicklung von Wissen weitgehend über die direkte Kommunikation zwischen Mitarbeitern zu verwirklichen. Die Vorteile liegen in der meist

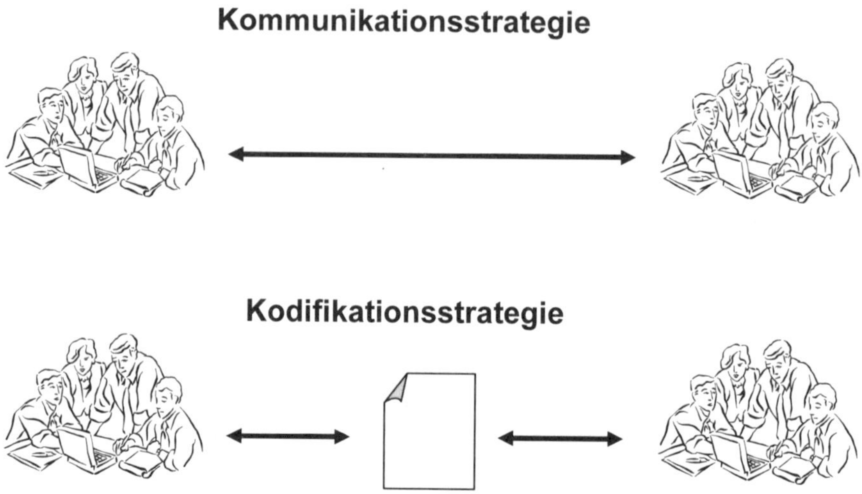

Abbildung 4-8. Strategien für das Wissensmanagement – Kommunikation oder Kodifikation
Quelle: Eigene Darstellung

problemorientierten Vermittlung von Wissen aufgrund von persönlichen Erfahrungen, die Nachteile in der Gebundenheit an bestimmte Personen und ihrer Fähigkeit der Wissensvermittlung und damit eingeschränkten Skalierbarkeit. Diesen Nachteilen versucht die Kodifikationsstrategie zu begegnen, indem Wissen dort im großen Umfang dokumentiert wird. Die Kodifikation ermöglicht in der Regel zum einen eine einfachere Verteilung des explizierten Wissens als auch eine bessere Qualitätskontrolle. Sie erlaubt die Nutzung von Wissen auch dann, wenn ein im gesuchten Wissensgebiet erfahrener Mitarbeiter gerade nicht verfügbar ist. Die Nachteile sind in der allgemeinen Schwierigkeit begründet, Wissen zu explizieren, da immer ein großer Teil des Erfahrungsschatzes als tazites (stilles) Wissen verbleibt. Ferner muss sichergestellt sein, dass veraltete Informationen entweder aktualisiert oder entfernt werden. Außerdem kann die Kodifikation mit einem größeren Aufwand verbunden sein als die bedarfsorientierte Kommunikation. In der Kommunikationsstrategie sind Informationssysteme für Expertenverzeichnisse und Wissensgemeinschaften wichtiger als Wissenssammlungen. Bei der Kodifikationsstrategie dagegen sind Informationssysteme für Wissenssammlungen bedeutsamer.

4.2.3 Informationssysteme

Um Wissensmanagement zu unterstützen, werden in vielen Fällen Informationssysteme gestaltet und genutzt, die häufige Prozesse des Wissensmanagements unterstützen und die im Rahmen des Wissensmanagement notwendigen Daten verwalten (Böhmann/Krcmar 2002).

4.2.3.1 Prozesse

Um Informationssysteme für das Wissensmanagement gestalten zu können, ist ein Verständnis der Prozesse notwendig, durch die Wissen im Unternehmen gewonnen, vermittelt und genutzt wird. Zum einen ist Wissensmanagement eng mit den Geschäftsprozessen verbunden, weil in ihnen Wissen entsteht und angewendet wird. Zum anderen gibt es aber auch allgemeine Prozesse des Wissensmanagements, die in unterschiedlicher Ausprägung und Kombination in den meisten Lösungen für das Wissensmanagement zu finden sind. Dazu zählen das Management der Wissensgemeinschaften, das Management der Expertenverzeichnisse und das Management der Wissenssammlungen.

4.2.3.1.1 Management von Wissenssammlungen

Wissenssammlungen (engl. knowledge repositories) sind Aufbewahrungsorte für explizites Wissen. In ihnen werden Wisseneinheiten erfasst, verwaltet und zugänglich gemacht (Zack 1999). Der Begriff Wisseneinheit ist dabei bewusst weit gefasst. Einige konkrete Beispiele veranschaulichen den Begriff. Wisseneinheiten in diesem Sinn sind z. B. Dokumente, Intranet-Seiten oder Geschäftsdaten in Datenbanken. Wissenssammlungen sollen die Wiederverwendung besonders wertvoller Wisseneinheiten ermöglichen, um so z. B. die Verbreitung von *best practices* zu fördern. Dazu ist es erforderlich, dass die Wisseneinheiten einem systematischen Managementprozess unterworfen werden, um ihren Nutzen für das Wissensmanagement zu erhöhen. Dieser Prozess soll sicherstellen, dass die Wisseneinheiten aktuell, nützlich und verständlich sowie am richtigen Ort und zur richtigen Zeit verfügbar sind.

Das Lebenszyklusmodell der Informationsressourcen erlaubt es, die Teilprozesse für das Management von Wissenssammlungen abzuleiten, die dann durch Informationssysteme automatisiert oder unterstützt werden können (Rehäuser/Krcmar 1996). Am Anfang steht die Erfassung einer Wisseneinheit. Daran schließt sich der Prozess des Ressourcenmanagements an, der ihre Prüfung und Pflege umfasst. Wird die Wisseneinheit für die Aufnahme in eine Wissenssammlung ausgewählt und in diese integriert, kann sie dort mit anderen Einheiten verknüpft bzw. in eine übergreifende Struktur der Sammlung eingeordnet werden. Diese Aktivitäten sind Teil des Prozesses des Dienstangebotsmanagements. Daran schließt sich der Dienstnachfrageprozess an, im dem die Nutzer der Wissenssammlung Wisseneinheiten auswählen, verteilen und nutzen (vgl. auch Zack 1999).

Zu den Kernfunktionalitäten eines Informationssystems für das Management von Wissenssammlungen zählen oft

- die Speicherung von Wisseneinheiten,
- die Ergänzung der Einheiten um Metadaten, die Bezüge zu Personen (z. B. Autoren) und anderen Einheiten (z. B. Schlagworte) dokumentieren,

- das Versionsmanagement der Wisseneinheiten, durch das Veränderungen dokumentiert werden,
- die Unterstützung von Redaktionsprozessen, z. B. durch Festlegung und Automatisierung verbindlicher Prüf- und Arbeitsschritte,
- die Indexierung und Klassifizierung der Wisseneinheiten, um eine Suche nach den Inhalten der Einheiten zu ermöglichen,
- die Suchfunktion, über die relevante Wisseneinheiten identifiziert werden können.

Ein Beispiel soll veranschaulichen, wie ein konkretes Informationssystem für das Management von Wissenssammlungen aussehen könnte. Ein Projektteam des Unternehmens U erstellt auf Basis der Produktlinie P des Unternehmens eine spezielle Lösung für einen Kunden K. Weil im Rahmen der Anforderungsdefinition für diese Lösung Wissen sowohl über den Kunden wie auch über ein bisher nicht gelöstes technisches Problem erarbeitet wurde, stellt der Wissensmanager des Projektteams das Spezifikationsdokument der Lösung in die Wissenssammlung für Kundenlösungen ein. Bevor das Dokument allen anderen Mitarbeitern in der Kundenberatung zur Verfügung gestellt wird, leitet es das Informationssystem an eine Gruppe von Experten weiter, die erst einmal eine fachliche Prüfung des Dokuments durchführen. Ferner bestimmen sie ein Revisionsintervall, nachdem das Dokument erneut zur Prüfung vorgelegt werden soll. Nachdem die Prüfer das Dokument bearbeitet und für die Veröffentlichung frei gegeben haben, wird es automatisch durch das Informationssystem an den Manager der Wissenssammlung weiter geleitet. Dieser vergibt für das Dokument einige Schlagworte. Zum einen wird der Bezug zu dem konkreten Kunden B festgehalten, wie auch die Verbindung zur Produktlinie P. Weiterhin wählt der Manager aus einer Liste von Schlagwörtern für die technischen Lösungen einige aus, die das gelöste Problem beschreiben. Dadurch lässt sich das Dokument mit anderen Dokumenten in Beziehung setzen. Im Anschluss werden durch einen automatischen Benachrichtigungsdienst ausgewählte Benutzer der Wissenssammlung über den Neuzugang benachrichtigt. Die Auswahl der Benutzer geschieht über das Interessenprofil, das Benutzer des Informationsdienstes „Lösungswissenssammlung" für diesen Benachrichtigungsdienst angeben können.

4.2.3.1.2 Management von Expertenverzeichnissen

Da oft nur ein geringer Teil des Wissens im Unternehmen in expliziter Form vorliegt und ein umfangreiches Explizieren „auf Vorrat" oft auch ökonomisch wenig sinnvoll ist, kommt Expertenverzeichnissen im Wissensmanagement eine besondere Bedeutung zu. Ihre Aufgabe ist die Hilfe bei der Identifikation von Personen, die über bestimmte gesuchte Kompetenzen verfügen. Diese Informationen können zu verschiedenen Zwecken verwendet werden. Zunächst lassen sich damit ad hoc Experten identifizieren, die die Lösung einer konkreten Problemstellung unterstüt zen können. Durch das Expertenverzeichnis kann der Kontakt aufgebaut werden und ein Wissenstransfer über persönliche Kommunikation eingeleitet werden. Zunehmend werden die Verzeichnisse aber auch im Rahmen des Personalwesens verwendet. Durch *skill management* wird die Entwicklung der Qualifikationen von Mitarbeitern unterstützt, überwacht und gesteuert (Gronau/Uslar 2004). Das Ziel ist einerseits die effiziente Zuordnung von Mitarbeitern zu Aufgaben (insbesondere für Projekte) und andererseits die Ableitung und Umsetzung von Qualifikationsmaßnahmen zur Weiterentwicklung der Humanressourcen. Expertenverzeichnisse werden in diesem Fall eng mit Personalinformationen und Weiterbildungssystemen verzahnt.

Sowohl für die Unterstützung der problemorientierten Identifikation von Experten als auch für das *skill management* ist es notwendig, die Kompetenzen von relevanten, mit dem Unternehmen verbundenen Personen zu erfassen. Der erfasste Personenkreis kann organisatorisch bestimmt werden (z.B. die Kompetenzen aller Mitarbeiter eines Fachbereichs) oder thematisch (z.B. alle Mitarbeiter, die sich mit einem bestimmten Thema beschäftigen). Auch ist es denkbar, unternehmensexterne Personen mit einzubeziehen (z.B. bei Kunden und Lieferanten). In der Literatur und der Praxis finden diese Expertenverzeichnisse auch die Bezeichnung „Gelbe Seiten"/„Yellow Pages" (Probst et al. 1999, S. 401).

Der Nutzen von Expertenverzeichnissen ist wie bei Wissenssammlungen davon abhängig, dass die Informationen des Verzeichnisses aufgebaut und ausreichend oft aktualisiert werden. Basisdaten wie z.B. die Namen der Personen, ihre Kontaktdaten und ihre Organisationseinheit können teilweise aus Verzeichnisdiensten (s.u.) übernommen.

Formale Qualifikationen werden oftmals in Personalinformationssystemen erfasst. Abhängig vom Einsatzzweck des Expertenverzeichnisses lassen sich diese dann übernehmen. Schwieriger zu erwerben und zu pflegen sind jedoch Daten über Kompetenzen im weiteren Sinn. Hier werden Mitarbeiter oft zur Selbsteinschätzung und eigenständiger Pflege aufgefordert. Will man die Personen bei dieser Aufgabe unterstützen, so kann man z.B. durch die Auswertung von Wissenssammlungen Vorschläge für Kompetenzgebiete erzeugen.

An einem Beispiel werden diese Prozesse anschaulich. In der Geschäftseinheit eines Großunternehmens soll ein Expertenverzeichnis aufgebaut werden, in dem Mitarbeiter über eine Intranetabfrage andere Mitarbeiter identifizieren können, die bestimmte Fertig- und Fähigkeiten besitzen. Diese Kompetenzen sollen die Mitarbeiter selbst dokumentieren. Um ihnen die Arbeit zu erleichtern, werden Daten zu Namen und Kontaktinformation (z.B. Adresse und Telefon) aus einem unternehmensweiten Verzeichnisdienst übernommen. Für die Einschätzung der Expertise wird den Mitarbeitern eine Übersicht von Kompetenzen an die Hand gegeben, mit der sie ihre Expertise auf den dort angegebenen Wissensgebieten bewerten können. Neben diesen strukturierten Kompetenzinformationen können die Mitarbeiter auch noch weitere Daten in das Personenverzeichnis einstellen, z. B. häufig gestellte Fragen zu einem ihrer Expertisegebiete. Die Einbindung des Instant-Messaging-Systems des Unternehmens erlaubt es den Mitarbeitern, auf einfache Art ihre Verfügbarkeit für Anfragen zu dokumentieren (z. B. durch Setzen eines „Bitte nicht stören"-Kennzeichens). Auch können die Mitarbeiter angeben, wie und wann sie für Anfragen zur Verfügung stehen. Auf dieses Verzeichnis können andere Mitarbeiter des Geschäftsbereichs zugreifen, wenn sie in einer konkreten Problemsituation die Unterstützung eines Mitarbeiters mit einem bestimmten Kompetenzprofil benötigen. Die Angaben des Verzeichnisses ermöglichen es, den ersten Kontakt und damit die Grundlage für einen Wissenstransfer zwischen den beteiligten Personen herzustellen.

4.2.3.1.3 Management von Wissensgemeinschaften

Wissensgemeinschaften sind informelle Gruppen, die durch Identifikation mit der Expertise der Gemeinschaft sowie hoher Bindung und Interesse an einem gemeinsamen Interessengebiet gekennzeichnet sind. Sie dienen vor allem als Forum für die Entwicklung der Kompetenzen ihrer Mitglieder und für den Austausch von Wissen. Im Unterschied zu Arbeitsgruppen, Projektteams oder einfachen Beziehungsnetzwerken sind Wissensgemeinschaften auf die gemeinsamen Interessengebiete der Mitglieder ausgerichtet und sind in ihrem Bestehen an diese gemeinsamen Interessen gebunden (Wenger/Snyder 2000). Ferner setzen Wissensgemeinschaften auch nicht voraus, dass sich alle Mitglieder gegenseitig kennen (Koch 2001a). Das kann dadurch bedingt sein, dass sich die Mitglieder dieser Gemeinschaften an unterschiedlichen Orten, manchmal sogar in erheblichen geografischen Entfernungen voneinander befinden. Zudem ist an Wissensgemeinschaften zumeist eine größere Zahl von Personen beteiligt.

Um den Wissensaustausch zwischen den Mitgliedern der Gemeinschaft zu unterstützen, können Informationssysteme für Wissensgemeinschaften eine Reihe von Funktionen umfassen (Leimeister/Krcmar 2002). Dazu zählen

- das Verwalten der Mitgliedschaft in der Gemeinschaft, einschließlich der dazu gehörenden Arbeitsabläufe bei einem Neuantrag oder einer Löschung der Mitgliedschaft,
- das Bereitstellen von Werkzeugen zur Kommunikation und Kooperation der Mitglieder untereinander, z. B. durch Diskussionsforen oder Konferenzmöglichkeiten.
- die Analyse der Nutzungsdaten und Profile der Mitglieder, um Empfehlungen für relevante Mitgliederkontakte oder Wissenseinheiten zu erzeugen.

Auch die Prozesse des Managements von Wissensgemeinschaften können an einem Beispiel verdeutlicht werden. Das Beratungsunternehmen B betreut eine Wissensgemeinschaft zum Thema IM. Der Mitarbeiter M des Unternehmens befasst sich in einem neuen Projekt ebenfalls mit diesem Themengebiet und beantragt daher die Aufnahme in die Wissensgemeinschaft. Seine elektronische Registrierung wird automatisch an die Leiter der Wissensgemeinschaft für eine Genehmigung weitergeleitet. Haben sie ihre Freigabe erteilt, wird M im Informationssystem der Zugang zu den Diskussionsforen und Wissenssammlungen der Gemeinschaft erteilt. In dem Projekt des M stellt sich durch kurzfristige Veränderungen beim Klienten die Frage nach einer neuen Anwendungssoftware. M nutzt das Diskussionforum für dringende Anfragen an die Wissensgemeinschaft, um Experten für das aktuell diskutierte Anwendungssystem zu mobilisieren. Ein Experte E aus einem Beratungsbüro in einem anderen europäischen Land verweist ihn auf ein Dokument in der Wissenssammlung der Gemeinschaft, das einen Marktüberblick für Anwendungssoftware enthält. Als er das Dokument aufruft, benachrichtigt ihn das Informationssystem, dass viele Nutzer dieses Dokuments auch noch das Dokument der häufig gestellten Fragen zu der Anwendungssoftware aufgerufen haben.

4.2.3.1.4 Verbindungen der Prozesse

In der betrieblichen Praxis sind häufig Mischformen der hier vorgestellten, allgemeinen Prozesstypen anzutreffen. So sind nicht selten die Prozesse des Managements von Wissenssammlungen und von Wissensgemeinschaften miteinander verknüpft. Das Prüfen und Strukturieren von Wissenseinheiten erfordert zumeist Expertise in dem Wissensgebiet, das von ihnen berührt wird. Wissensgemeinschaften bieten einen Pool thematisch interessierter Personen, aus dem sich diese Experten oft rekrutieren lassen. Genauso lassen sich Wissenssammlungen und Personenverzeichnisse verbinden. Auf der ersten Ebene finden sich in Informationssystemen für Wissensgemeinschaften auch Funktionen von Personenverzeichnissen, denn die Mitglieder und ihre thematischen Interessen sollen transparent gemacht werden.

Aber auch eine weitergehende Verbindung ist möglich, denn die Grunddaten beider Prozesse erlauben es in Kombination, sowohl das Management der Verzeichnisse als auch der Sammlung besser zu unterstützen. So analysieren einzelne Informationssysteme die Zusammenhänge zwischen Personen und Wissenseinheiten, um automatisiert Vorschläge für Kompetenzgebiete einer Person im Verzeichnis zu machen. Trotzdem lassen sich für jeden dieser Prozesse Funktionen und Abläufe bestimmen, die dann durch Informationssysteme unterstützt oder automatisiert werden können. Eine Definition der Anforderungen in jedem dieser Prozesse hilft bei der bedarfsgerechten Zusammenstellung der notwendigen IKT-Infrastruktur.

Gleichzeitig nennen unterschiedliche Autoren auch immer wieder die direkte Integration der Wissensmanagementprozesse in die Geschäftsprozesse als einen wichtigen Erfolgsfaktor für die Akzeptanz von Wissensmanagement im Allgemeinen und Informationssystemen für das Wissensmanagement im Besonderen (Scheer/Jost 2002). Um eine solche Integration von Informationssystemen zu erreichen, wird daher gerade im Wissensmanagement auf Portale zurückgegriffen, die den Zugang zu unterschiedlichen Wissenssammlungen, Personenverzeichnissen und Wissensgemeinschaften, aber auch anderen Informationssystemen über einen zentralen Einstiegspunkt ermöglichen. Gleichzeitig sind die konkreten räumlichen und zeitlichen Bedarfszeitpunkte für eine Wissensmanagementunterstützung zu berücksichtigen. So bringt eine im Büro der Mitarbeiter zugängliche Wissenssammlung wenig Nutzen, wenn die Mitarbeiter vor allem bei Kunden vor Ort arbeiten. Um eine bedarfsorientierte Entwicklung der Informationssysteme zu gewährleisten, empfiehlt es sich daher, im Zusammenhang mit der Anforderungserhebung auch genaue Studien des Arbeitsumfelds der Wissensarbeiter durchzuführen. Die Anpassung auf das Arbeitsumfeld ist vor allem beim Entwurf und der Einführung von Telekooperationssystemen konzeptionell beschrieben und berücksichtigt worden. Eine Methode für die Analyse der Arbeitsumgebungen ist der Needs-Driven Approach (NDA), in der Arbeitsvorgaben, Arbeitsprozesse, Kooperations- und Kommunikationsbeziehungen als auch verwendete Arbeitsmittel, Arbeitsräume und Informationsspeicher sowie ausgewählte Episoden der Technikaneignung untersucht werden. Eine detaillierte Darstellung findet sich bei *Schwabe/Krcmar* (1996).

4.2.3.1.5 Weitere Prozesse

Informationssysteme für das Wissensmanagement werden hauptsächlich für die Unterstützung von Wissenssammlungen, Expertenverzeichnissen und Wissensgemeinschaften eingesetzt (Alavi/Leidner 2001). Darüber hinaus gibt es aber Schnittmengen mit angrenzenden Bereichen. Dazu gehören zum einen die Unterstützung der Qualifikation von Mitarbeitern sowie die Unterstützung der Wissensentwicklung.

Bei allen vorliegenden Anknüpfungspunkten für die Unterstützung des Wissensmanagements ist der Prozess des Erwerbs neuen Wissens bisher nicht direkt berücksichtigt worden. Vielmehr werden explizites Wissen oder Dialogmöglichkeiten mit Experten bereitgestellt, durch die neues Wissen auf individuelle Weise erworben wird. Dazu erwerben Mitarbeiter neues Wissen durch strukturierte Qualifizierungsangebote, z.B. durch Schulung und Training. Die Qualifizierung wird durch Informationssysteme unterstützt, die Lernmöglichkeiten verwalten, Lernfortschritte kontrollieren und Lernergebnisse dokumentieren. Darüber hinaus bieten Multimediatechnologien auch neue Formen der Wissensvermittlung (Köhne et al. 2002), z.B. durch webbasierte Lernplattformen.

Steht bei der Qualifikation die Vermittlung bestehenden Wissens im Mittelpunkt, so geht es bei der Wissensentwicklung um die Erweiterung dieses Wissens. Wissensgemeinschaften dienen natürlich auch dem Zweck der Wissensentwicklung, doch wird durch Informationssysteme in diesem Zusammenhang vor allem der Interaktionsprozess der Mitglieder unterstützt. Die Unterstützung der Wissensentwicklung nutzt Informationssysteme, um neue Zusammenhänge über ein Unternehmen und seine Umwelt zu erkennen. Die zunehmende Automatisierung von Geschäftsprozessen hat zu einem Anwachsen der Daten über Geschäftsvorfälle und Geschäftspartner geführt. Diese Daten können eine wichtige Quelle für neues Wissen über Produkte und Dienstleistungen, Kunden und Lieferanten sowie die interne Leistungserstellung sein, wenn sie in geeigneter Weise analysiert werden. In den letzten Jahren ist daher die analytische Datenverarbeitung verstärkt in das Interesse der Unternehmen gerückt. Die Daten aus den Transaktionsprozessen werden dabei genutzt, um explizites Wissen in Form von Modellen zu entwickeln, die es z. B. erlauben, Verhalten von Transaktionspartnern zu prognostizieren. Dieses Wissen nutzen Unternehmen, um ihre Leistungen zu verändern oder ihre Prozesse zu optimieren (Strauch/Winter 2002).

4.2.3.2 Daten

Durch Wissensmanagement erweitert sich in vielen Fällen das Spektrum der Daten, die im Unternehmen gespeichert, verwaltet, genutzt und gesichert werden müssen. Betriebliche Transaktionsdaten liegen oft in semantisch und syntaktisch definierten Strukturen und Beziehungen vor. Wissensmanagement, insbesondere das Management von Wissenssammlungen, erfordert es jedoch, auch „unstrukturierte" Daten zu verarbeiten. Der Begriff „unstrukturiert", der häufig in diesem Zusammenhang fällt, ist jedoch missverständlich. Gemeint sind damit zumeist Dokumente, Inhalte im Inter- oder Intranet, oder Video- und Audiosequenzen. Gemeinsam ist diesen Wisseneinheiten, dass sie zwar eine semantische Struktur aufweisen, dass diese Struktur jedoch nicht der maschinellen Verarbeitung in Informationssystemen zugänglich ist. Daraus folgt, dass ein Informationssystem nur sehr eingeschränkt die Inhalte der Ressourcen und ihre Zusammenhänge identifizieren kann.

Bspw. kann ein Informationssystem im einfachsten Fall ermitteln, ob in einem Textdokument das Wort „Bank" enthalten ist. Es ist jedoch nicht möglich, zu sagen, ob es sich um einen Finanzintermediär oder eine Sitzgelegenheit handelt. Die unbekannte semantische Struktur der Wisseneinheiten erschwert die Nutzung sowie die Verwaltung und die Sicherung dieser Daten. Die Nutzung ist schwer, weil ein Informationssystem nur sehr eingeschränkt Abfragen der Inhalte machen kann und so das Wiederfinden von Wisseneinheiten schwieriger ist als bei Daten mit bekannter semantischer Struktur.

Die Verwaltung und Sicherung der Wisseneinheiten ist aus den gleichen Gründen eingeschränkt. Gerade bei der Sicherheit ist es nicht oder nur erschwert möglich, Zugriffsberechtigte und Verwendungsbestimmungen zu identifizieren. Daher müssen Metadaten über die Wisseneinheiten vorhanden sein, um ihr Wiederauffinden, ihre Verwaltung und Sicherung zu gewährleisten. Metadaten ermöglichen die Beschreibung und Entdeckung von Wisseneinheiten (z. B. durch Angaben zu Inhalten und Erstellern), ihre Nutzung (z. B. durch Angaben zum verwendeten Datenformat) sowie ihr Management (z. B. durch Angaben zu Zugriffs- und Nutzungsrechten).

Allgemein kann die Arbeit mit Wissenseinheiten durch eine Beschreibung der semantischen Zusammenhänge in und zwischen Dokumenten unterstützt werden (z. B. durch Ontologien). Zum einen können einem solchen Begriffssystem Wissenseinheiten zugeordnet werden. Dies gibt Benutzern die Möglichkeit, entlang dieser Struktur durch eine Sammlung von Wissenseinheiten zu navigieren.

Zum anderen können Ontologien aber auch direkt von Informationssystemen verarbeitet werden, da es sich um formale Wissensmodelle handelt. Eine Suchmaschine kann z. B. mittels der Ontologie semantisch mit dem Suchbegriff verwandte Begriffe ermitteln und so die Suche erweitern. Ferner lassen sich mittels der Ontologien auch strukturierte Daten aus Wissenseinheiten extrahieren. Damit lassen sich Abfragen sowohl auf strukturierte als auch auf „unstrukturierte" Daten durchführen. Voraussetzung dafür ist der Aufbau und die bedarfsgerechte Aktualisierung der verwendeten Ontologien sowie deren Verwendung zur Beschreibung von Wissenseinheiten in den Metadaten. Je größer der abgebildete Teil der Welt ist, desto höher ist die notwendige Investition für eine aktuelle Ontologie.

4.2.3.3 Anwendungslebenszyklus

Viele Anwendungssysteme für das Wissensmanagement sind Unterstützungssysteme. Sie hängen in besonderem Maße von einer positiven Entwicklung des Angebots und der Nachfrage von Informationen ab, die auf dem Anwendungssystem

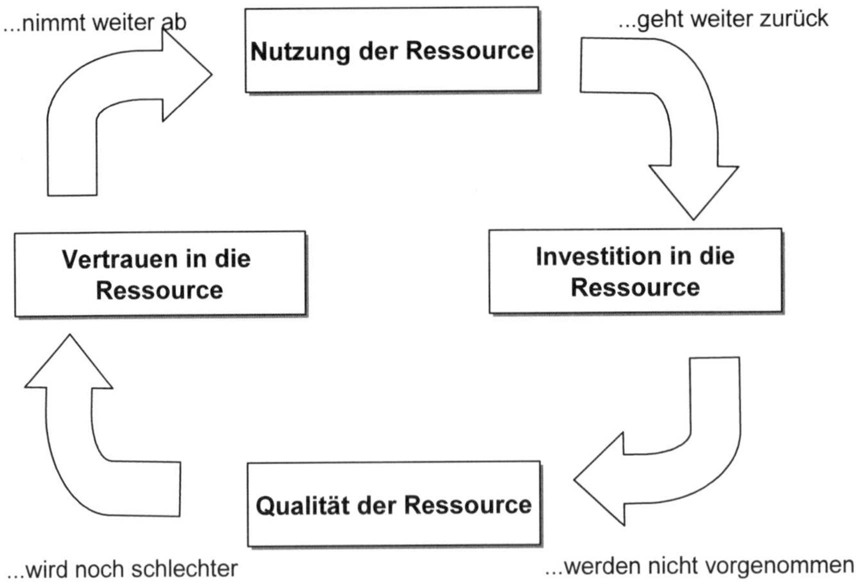

Abbildung 4-9. Problemspirale einer Informationsressource
Quelle: in Anlehnung an (Probst et al. 1999)

zusammentreffen. *Probst et al.* (1999) machen deutlich, dass sich dieser Zusammenhang positiv oder negativ beeinflussen kann (Abbildung 4-9). Ähnlich wie bei Märkten muss eine gewisse Liquidität gegeben sein, damit sich Angebot und Nachfrage ausgleichen können.

Als Schlussfolgerung ergibt sich für das Management des Anwendungslebenszyklus, dass gerade bei der Einführung des Systems eine kritische Masse an Informationen und an Nutzern gewonnen werden muss, damit der Kreislauf selbstverstärkend wirkt. Das Interesse, eine Informationsressource zu nutzen oder zu ihr beizutragen, hängt auch mit den Anreizstrukturen der Nutzergruppe zusammen. Schon weiter oben ist deutlich geworden, dass Wissensschaffung und –transfer durch geeignete Anreiz- oder Marktstrukturen gefördert werden kann. Nutzt man Informationssysteme, um Wissensmanagement für eine große Zahl von Mitarbeitern effizient durchführen zu können, werden diese Maßnahmen in der mitarbeiterorientierten Gestaltungsdimension von Wissensmanagement besonders wichtig.

4.2.4 Informations- und Kommunikationstechnik

Auf der Ebene der Informations- und Kommunikationstechnik steht die Frage im Mittelpunkt, welche besondere Anforderung Wissensmanagement an die Verarbeitung, Speicherung und Kommunikation von Informationen stellt. Bei der Informationsverarbeitung geht es darum, wie Wissensmanagementprozesse durch Funktionen von Anwendungssystemen automatisiert oder unterstützt werden können. Aus Sicht der Speicherung von Informationen geht es um die Speicherung von Wissenseinheiten (z.B. Dokumente). Durch Kommunikationstechnik ist schließlich die bedarfsgerechte Vernetzung von Wissensträgern (Mitarbeiter) untereinander und deren Zugriff auf Wissenseinheiten sicherzustellen. Diese Anforderungen werden durch unterschiedliche Technikbündel abgedeckt, die einzeln oder in Kombination die informationstechnische Grundlage für die weiter oben vorgestellten funktionsorientierten Technikbündel des Wissensmanagement sind (Böhmann/Krcmar 2002).

4.2.4.1 Technikbündel

4.2.4.1.1 Dokumenten- und Inhaltsmanagementsysteme

Dokumentenmanagementsysteme unterstützen die Arbeit mit großen Dokumentensammlungen. Dabei geht es um Erzeugung, Erfassung, Ablage, Verwaltung sowie das Wiederauffinden und Weiterverarbeiten von Dokumenten (Götzer et al. 2001, S. 11). Die Systeme bieten neben der Möglichkeit, Dokumentensammlungen nach einer inhaltlichen Struktur zu organisieren, auch eine Unterstützung der geordneten Arbeit an einzelnen Dokumenten. Dazu gehört bspw. die Möglichkeit, Dokumente zur Bearbeitung aus dem System auszubuchen. Diese Ausbuchung verhindert, dass andere Benutzer zur gleichen Zeit das Dokument verändern. Eine Versionierung von Dokumenten macht Veränderungen an Dokumenten kenntlich und durch Sicherung von älteren Versionen des Dokuments auch später noch nachvollziehbar. Gleichzeitig können bei vielen Systemen auch einfache Arbeitsabläufe zur Prüfung von Dokumenten hinterlegt werden, wenn diese in einer Dokumentensammlung veröffentlicht werden. Beim Einbuchen des Dokuments, also dem Einstellen in die Dokumentensammlung, werden dann andere Mitarbeiter aufgefordert, das Dokument zu prüfen und für die Veröffentlichung freizugeben. Über solche Mechanismen können Teile der Qualitätssicherung von Wissenseinheiten umgesetzt oder zumindest unterstützt werden.

Content Management Systeme (CMS) folgen ähnlichen Prinzipien wie Dokumentenmanagementsysteme. Ihr Schwerpunkt liegt aber vor allem auf dem redaktionellen Management von Inhalten im Intra- oder Internet. CMS unterstützen die Erzeugung und Verwaltung von Inhalten, wobei Inhalte und Darstellung der Inhalte getrennt werden (Darstellungsunabhängigkeit). Damit ermöglichen sie die Präsentation der Inhalte in unterschiedlichen Kontexten, Kombinationen, Medien und Formaten (Gersdorf 2002; Hartmann 2001, S. 121). Gleichzeitig werden redaktionelle Abläufe wie die Prüfung und Freigabe der Inhalte unterstützt.

4.2.4.1.2 Recherchesysteme

Aufgabe von Recherchesystemen ist es, Benutzern das Auffinden von Wissenseinheiten (z.B. Dokumente) in unterschiedlichen Datenquellen zu ermöglichen. Dazu müssen zunächst die für solche Suchanfragen zu berücksichtigenden Wisseneinheiten identifiziert werden. Diese Wissenseinheiten sind zu deskribieren, d.h. ihnen müssen Beschreibungswörter als Deskriptoren der Inhalte zugeordnet werden (Wedekind 2001a).

Diese Zuordnung kann entweder manuell, halb- oder vollautomatisch erfolgen, wobei die unterschiedlichen Vorgehensweisen verschiedene Qualitäts- und Kostenanforderungen befriedigen. Bei der Deskribierung können die Wissenseinheiten zum einen klassifiziert und zum anderen indiziert werden. Bei der Klassifikation werden die Wissenseinheiten Klassen einer Klassifikation zugeordnet, also z.B. bestimmten Themengebieten. Allerdings ist hier beim automatisierten Vorgehen auch eine Umkehrung möglich. Dazu werden auf Grundlage von aus den Wissenseinheiten ermittelten Inhalten Cluster gebildet, die dann manuell benannt werden. Bei der Indizierung werden den Wissenseinheiten Schlagwörter oder Stichwörter zugeordnet. Die Stichwörter werden dabei meistens Textinhalten der Wissenseinheiten entnommen. Schlagworte müssen dazu im Unterschied nicht im Text vorkommen. Werden als Schlagworte Begriffe aus einer Ontologie zugeordnet, so lassen sich bei der Recherche auch die in der Ontologie abgebildeten Beziehungen berücksichtigen (z.B. dass ein „PPS-System" ein Spezialfall des Begriffs „Betriebliches Anwendungssystem" ist).

Das bekannteste Beispiel für Recherchesysteme sind Suchmaschinen im Internet. Sie identifizieren über das Verfolgen von Hyperlinks Dokumente im Internet, die in einem automatischen Prozess deskribiert werden. Hinterher können diese Dokumente meistens über Stichwörter gesucht werden. Bei einigen Suchmaschinen werden die Dokumente entweder manuell oder automatisiert auch Kategorien zugeordnet. Dabei handelt es sich dann um eine Klassifikation.

Um die Recherchemöglichkeiten zu verbessern, unterstützen einige Recherchesysteme auch die Erstellung von verbesserten Suchanfragen. Dadurch soll es gelingen, die Suchanfrage präziser zu formulieren, um so einer zu großen Zahl von gefundenen Objekten vorzubeugen. Wie Ontologien bereits bei der Deskribierung von Wisseneinheiten Verwendung finden können, so können sie auch für die Präzisierung von Anfragen an das Recherchesystem genutzt werden. Durch die darin abgebildeten Begriffsbeziehungen können Benutzer bei der genaueren Definition ihrer Anfrage unterstützt werden.

4.2.4.1.3 Expertise Location Systems

Expertise Location Systems unterstützen das Auffinden von Personen, die über Wissen in einem bestimmten Aufgabengebiet oder einer Problemstellung verfügen (Marwick 2001). Sie sind eng mit dem Management von Expertenverzeichnissen verbunden. Damit handelt es sich um einen speziellen Fall eines Recherchesystems, das Informationen über die Qualifikation und Kompetenzen von Personen auswertet, um Nutzern Vorschläge für Ansprechpartner für eine bestimmte Frage zu machen. Da diese Empfehlungen nur so gut sein können wie die Informationen in den Kompetenzprofilen der Mitarbeiter, besitzen diese Systeme Funktionen, die das Anlegen und die Aktualisierung von Kompetenzprofilen für Mitarbeiter so einfach wie möglich gestalten.

Diese Funktionen werten in der Regel entweder Wissenssammlungen oder die E-Mail-Kommunikation der Mitarbeiter aus, um automatisch Vorschläge für Eintragungen in das Kompetenzprofil zu generieren (Marwick 2001). Dabei wird angenommen, dass Autoren von Dokumenten oder E-Mail-Nachrichten Wissen über die darin enthaltenen Themen besitzen. Für die Generierung von Vorschlägen werden die Dokumente und Nachrichten indiziert und klassifiziert. Die so gewonnenen Klassifikationsmerkmale bzw. Stich- und Schlagwörter stellen dann mögliche Einträge in das Kompetenzprofil der Mitarbeiter dar, die die Dokumente und Nachrichten verfasst haben. Die Mitarbeiter können entscheiden, ob die vorgeschlagenen Einträge auch tatsächlich hinzugeführt werden sollen. So können sie Umfang und Inhalt der Profile kontrollieren und müssen gleichzeitig wenig Aufwand in die Erstellung und Aktualisierung investieren.

4.2.4.1.4 Groupware- und Communitysysteme

Groupware und Communitysysteme sind Oberbegriffe für IKT-Systeme, die unterschiedliche Formen der Kommunikation, Koordination und Kooperation zwischen Menschen unterstützen und ermöglichen. Einige Groupwaresysteme erlauben die Zusammenarbeit über Distanz. Dazu zählen z. B. E-Mail oder Videokonferenzsysteme. Auch das gemeinsame Bearbeiten von Dokumenten mit mehreren Benutzern ist eine häufige Funktion dieser Systeme. Durch gemeinsame elektronische Arbeitsumgebungen können Arbeitsgruppen Dokumente austauschen und über gemeinsame Kalender ihre Tätigkeiten koordinieren.

Community-Support-Systeme ergänzen Funktionen, die bei größeren Gemeinschaften die Zusammenarbeit erleichtern. Dazu zählt das Aufdecken und die Visualisierung von Beziehungen (Matchmaking) und das Nutzen dieser Beziehungsdaten für das (halb-)automatische Filtern von Informationen (Koch 2001a). Dabei kann das Aufdecken der Beziehungen über die Auswertung der Handlungen erfolgen, die Mitglieder einer Community über das Community-Support-System ausführen. Benutzen z. B. zwei Mitglieder eine Wissenseinheit, so kann dies auf ein gemeinsames Interesse hinweisen. Ab einer bestimmte Schwelle dieser Beobachtung können die betreffenden Mitglieder auf diese vermutete Gemeinsamkeit durch das Community-Support-System hingewiesen werden. Diese Beziehungen können auch Informationen für ein Expertenverzeichnis bereitstellen. Weiterhin unterstützen einige Community-Support-Systeme das Filtern von Informationen auf Grundlage dieser Beobachtungen (kollaboratives Filtern) (Koch 2001b). Hat ein Mitglied ein ähnliches Profil wie ein anderes, so können dem einen auch die Wissenseinheiten zur Nutzung vorgeschlagen werden, die der andere verwendet hat. In vereinfachter Form bieten einige Versandhändler diese Funktionalität im Internet an.

4.2.4.1.5 Portalsysteme

Die Idee eines Portals ist es, Mitarbeitern einen zentralen Zugang zu den Informationen und Informationssystemen im Unternehmen bereitzustellen, die sie für ihre Arbeit benötigen (Fricke 2001; Riempp 2002). Portale waren zunächst vor allem im Internet zu finden, um Nutzern dort die Navigation zu verschiedensten Informationsquellen und den Zugriff auf unterschiedliche Funktionen von Informationssystemen zu erleichtern. Das wohl bekannteste Beispiel ist das Portal Yahoo.com. Neben einem differenzierten Kategoriensystem können dort Benutzer verschiedene Informationssysteme nutzen. Im Rahmen von Wissensmanagement sollen Wissensportale alle die Informationen und Funktionen gesammelt bereitstellen, die zur Unterstützung wissensintensiver Tätigkeiten im Unternehmen notwendig sind. Portale können dabei unterschiedliche Funktionen bereitstellen. Durch einmaliges Anmelden (Single Sign-On) authentifizieren sie den Benutzer gegenüber den im Portal integrierten Informationssystemen. Rollenbasierte Portale bieten auf spezifische Personengruppen zugeschnittene Angebote (z. B. einen Vertriebsmitarbeiter). Personalisierbare Portale können durch den Benutzer an die individuellen Bedürfnisse angepasst werden (Riempp 2002).

4.2.4.1.6 *Verzeichnisdienste*

Verzeichnisdienste verwalten Angaben über Subjekte und Objekte in verteilten IT-Umgebungen. Ein Verzeichnis kann z. B. alle für eine solche Umgebung zugelassenen Benutzer und ihre spezifischen Zugriffsrechte beschreiben sowie die Ressourcen in diesem Netzwerk wie bspw. Server, Datenbanken und Dateien. Ein gemeinsames Verzeichnis ermöglicht es, dass nicht für jeden einzelnen Server Benutzer und Ressourcen verwaltet werden müssen, sondern dass sie einmal für alle an das Verzeichnis angeschlossenen Systeme gepflegt werden. Das erlaubt es einem Benutzer, ohne sich immer wieder zu identifizieren (z. B. über Benutzername und Passwort), auf alle Ressourcen einer IT Umgebung zuzugreifen, zu deren Nutzung er berechtigt ist.

Oftmals erlauben es Verzeichnisdienste, diese technischen Angaben zu einer Person oder Ressource noch um beliebige weitere Daten zu ergänzen. Damit können Verzeichnisdienste zum technischen Baustein zur Umsetzung von Wissensträgerverzeichnissen werden, z. B. für die „Gelben Seiten" eines Unternehmens. Der Verzeichnisdienst verwaltet dann zusätzlich bspw. die Kontaktinformationen der Mitarbeiter (E-Mail-Adresse, Telefonnummer, Arbeitsplatz). Auch können bestimmte Fähigkeiten und Aufgabengebiete des Mitarbeiters angegeben werden.

Immer mehr Unternehmen versuchen, für gesamte Unternehmensbereiche oder für das Unternehmen zentrale Verzeichnisdienste aufzubauen. Weil in diesen Verzeichnissen dann eine große Zahl der Mitarbeiter des Unternehmens bereits erfasst sind, bieten sich diese Dienste als Grundlage für Wissensträgerverzeichnisse an, weil zum einen Informationen zu der Person nicht an mehreren Stellen gepflegt werden muss und zum anderen Informationen zu Personen an einem Ort zentral gesucht werden können. Technisch können viele Verzeichnisdienste über das Lightweight Directory Access Protocol (LDAP) angesprochen werden.

4.2.4.1.7 *Weitere Technikbündel*

Konkrete Wissensmanagement-Initativen können sich auch auf Prozesse der Wissensentwicklung und der Qualifizierung von Mitarbeitern erstrecken. In diesem Fall werden weitere Technikbündel dafür relevant. Für die Wissensentwicklung sind dies Systeme der analytischen Datenverarbeitung, durch die große Bestände operativer Daten (z. B. Verkaufsvorgänge) interaktiv ausgewertet oder auf statistische Zusammenhänge (Muster) überprüft werden können (vgl. Strauch/Winter 2002). Bei der Qualifizierung von Mitarbeitern können Lernplattformen zum Einsatz kommen, die Funktionen für die Definition, Belegung, Abrechung und Durchführung von Qualifizierungsmaßnahmen enthalten (Köhne et al. 2002). Insbesondere wird bei e-Learning eine Automatisierung der Managementprozesse sowie eine internet-basierte Durchführung der Maßnahmen selbst angestrebt.

4.2.4.2 Infrastruktur

Die hier vorgestellten Technikbündel können mit unterschiedlicher funktionaler und organisatorischer Reichweite eingesetzt werden. Dabei entsteht auch hier die Frage, ob die IKT für das Wissensmanagement eher auf lokale Bedürfnisse einzelner Organisationseinheiten zugeschnitten oder als unternehmensweit einheitliche Infrastruktur eingerichtet wird. Je nach Ausrichtung entstehen unterschiedliche Anforderungen an die Architektur der IKT für das Wissensmanagement. Die IKT-Systeme bilden die Infrastruktur für die Wissensmanagementlösung. Daher sollte sich die Reichweite der Infrastruktur an der geplanten Struktur der konkret zu unterstützenden Wissensmanagementprojekte ausrichten.

Für viele Wissensmanagementprojekte ist die Verfügbarkeit eines firmeneignen Netzwerks oder eines Intranets eine wichtige Voraussetzung, ohne die der Zugriff auf die Wissenseinheiten nicht möglich ist. Auch Kommunikationsdienste wie E-Mail oder Konferenzsysteme können unternehmensweit bereit gestellt werden.

4.2.5 Führungsaufgaben

Aus Sicht des CIOs werfen Wissensmanagementinitiativen besondere Fragen und Herausforderungen auf: Welche Rolle soll das IM in diesen Initiativen übernehmen? Ist Wissensmanagement eine Aufgabe für die Informationsverarbeitungsorganisation, sollte sie sogar eine solche Initiative begründen und sie durchsetzen und definieren? Oder sollte sie nur eine unterstützende Rolle wahrnehmen? Wie verändert sich die Beziehung zwischen Geschäfts- und IT-Strategie durch Wissensmanagement? Brauchen Infrastrukturen und Informationssysteme für das Wissensmanagement besondere Formen der Governance? Welche neuen Anforderungen stellt Wissensmanagement an die Mitarbeiter in der IT? Wie verändert sich das Controlling der IT durch das Wissensmanagement?

Die zentrale Frage ist zunächst die nach der Rolle der IT-Organisation (Abbildung 4-10). Auf der einen Seite ermöglichen neue IKT einen anderen Umgang mit explizitem Wissen im Unternehmen und erleichtern durch erweiterte Möglichkeiten der Kommunikation und Kooperation den direkten Austausch von Wissen zwischen Mitarbeiten. Auf der anderen Seite ist aber deutlich geworden, dass Wissensmanagement sich nicht in IS und IKT erschöpft. Vielmehr bedarf es für seine Einführung, ähnlich wie das Business Process Reengineering, einer gleichzeitigen Veränderung der Organisation. Diese organisatorischen Veränderungen können bis zu einer Anpassung der Organisationskultur, also z.B. der Normen, Standards und unbewussten Grundannahmen der Mitglieder einer Organisation gehen. Damit hängt es im Wesentlichen von den Kompetenzen der Mitarbeiter im IM ab, ob diese Veränderungsprozesse angestoßen, gestaltet und begleitet werden können. Dort, wo auch bisher Kompetenzen im Management der Informationsnachfrage und des -angebots im IM aufgebaut wurden, ist eine weitgehendere

Beteiligung am Wissensmanagement eher denkbar. Wo die Schwerpunkte vor allem bei der Gestaltung, Umsetzung und dem Betrieb von Informationssystemen oder IKT gelegen haben, kann das IM eine mehr unterstützende Rolle spielen. In diesem Fall werden sich die Aufgaben möglicherweise auf die Bereitstellung der erforderlichen Informationssysteme und dem Betrieb der dafür notwendigen Technikbündel beschränken. In diesem Sinn ist Wissensmanagement ein deutliches Beispiel dafür, wie eng die drei Ebenen des IM zusammenhängen und wie die erfolgreiche Nutzung von IKT im Unternehmen Aktivitäten auf allen Ebenen voraussetzt.

Neben der kompetenzorientierten Sicht stellt sich auch die Frage nach der Bedeutung von IKT und IS des Wissensmanagements für die Geschäftsstrategie (Abbildung 4-10). Auch aus dieser Perspektive kann sich die Rolle des IM definieren. Wenn die IS für Wissensentstehung, -transfer und -verwendung eine hohe Bedeutung haben, dann kommt sicherlich auch der Führung des IM eine entsprechende Bedeutung zu. Wie diese Führungsrolle ausgerichtet sein sollte, ergibt sich aus der Zielrichtung für das Wissensmanagement. Im einen Fall wird Wissensmanagement aus der Geschäftsstrategie heraus definiert und an diese gekoppelt, z.B. wenn bestimmtes Wissen für den Erfolg eines Geschäftsfeldes von herausragender Bedeutung ist. Wenn IS geeignet sind, die Prozesse der Entstehung, des Transfers und der Verwendung dieses Wissens neu zu schaffen oder bedeutend zu verändern, dann sollte das IM an der Gestaltung der strategischen Ziele des Wissensmanagements direkt beteiligt sein. Im anderen Fall ergeben sich die Ziele nicht aus der Geschäftsstrategie: Der Ansatzpunkt ist vielmehr die Optimierung der Wissens-

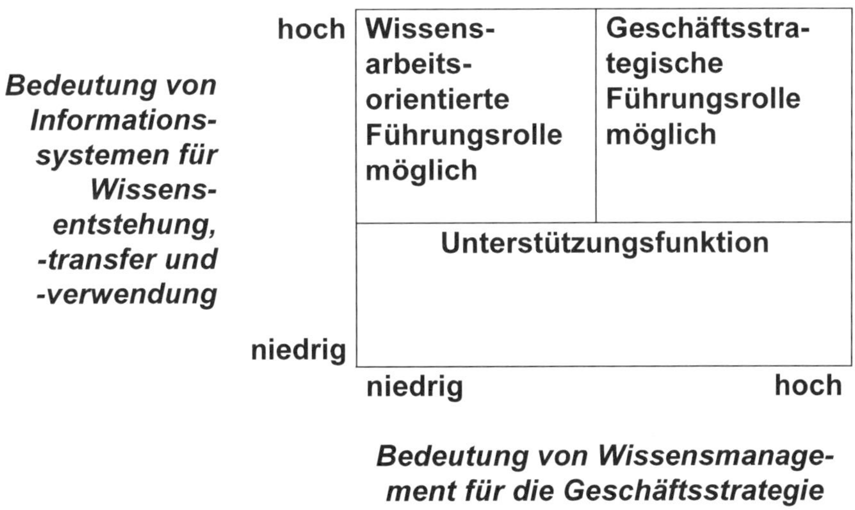

Abbildung 4-10. Rolle des IM in Wissensmanagementinitiativen
Quelle: Eigene Darstellung

arbeit und der Arbeitsplätze der Wissensarbeiter. Dieser Ansatzpunkt für Wissensmanagement wird schnell übersehen. Doch können Mitarbeiter durch diese Optimierung Zeit sparen beim Zugriff auf IS und der Organisation der Wissenarbeit. Dafür ist es notwendig, Wissensaustausch aufgaben- und mitarbeitergerecht neu zu gestalten. Wenn IS für diese Optimierung die Funktion des Enablers besitzen, dann sollte auch hier das IM seine Kompetenz in die Planung und Umsetzung von Wissensmanagement an zentraler Stelle einbringen.

Ist die strategische Entscheidung über die Rolle des IM bei der Konzeption und Umsetzung von Wissensmanagementinitiativen gefallen, so können Antworten auf die weiteren Fragenkomplexe der Führungsaufgaben gesucht werden. Die Form der Governance muss für die individuellen Aufgaben und Angebote des IM für das Wissensmanagement entschieden werden. Für die jeweiligen Leistungen des IM können dann Abwägungen in Bezug auf Produktions- und Transaktionskosten sowie Kompetenzen gemacht werden, wobei gerade im Wissensmanagement der Schutz des Wissens unberechtigten Dritten eine besondere Rolle spielen kann. Aus der Entscheidung über die Form der Eigenerstellung und Fremdvergabe ergeben sich dann Anforderungen an die eigene IT-Organisation. Für die Anforderungen gilt es, die notwendigen Kompetenzen bei den Mitarbeitern aufzubauen und zu halten. Schließlich können die Leistungen, die das IM im Rahmen von Wissensmanagementinitiativen erbringt, Veränderungen und Ergänzungen im IT-Controlling erfordern. Unterstellt man dabei eine Controllingkonzeption, wie sie unter IT-Controlling in diesem Buch dargestellt ist, so lassen sich in dieser Systematik auch die Leistungen, Infrastrukturen und Projekte für das Wissensmanagement abbilden.

4.3 Ubiquitous Computing

4.3.1 Einführung

4.3.1.1 Warum Ubiquitous Computing?

Wie wird sich der Computereinsatz und die Rolle der Mensch-Maschine-Interaktionen in den nächsten Jahren entwickeln? Ein weit verbreitetes Szenario über die Zukunft der Computernutzung besagt, dass Computer bzw. ihre Funktionalitäten allgegenwärtig (ubiquitär) sein werden (Weiser 1991). Dies wird als Ergebnis einer Entwicklung gesehen, an deren Anfang die Mainframe-Nutzung mit einem Großrechner und vielen Anwendern stand, die über Zeit über die PC-Ära mit einem Rechner und einem Anwender reicht und hin zur Ubiquitous Computing Ära mit vielen Computern pro Anwender führen wird. Diese dritte Ära der Computernutzung, auch als „beyond desktop computing" bezeichnet (Schwabe et al. 2000, S. 504), hat weitreichende Konsequenzen für zwischenmenschliche Interaktionen und betriebliche Leistungserstellungen.

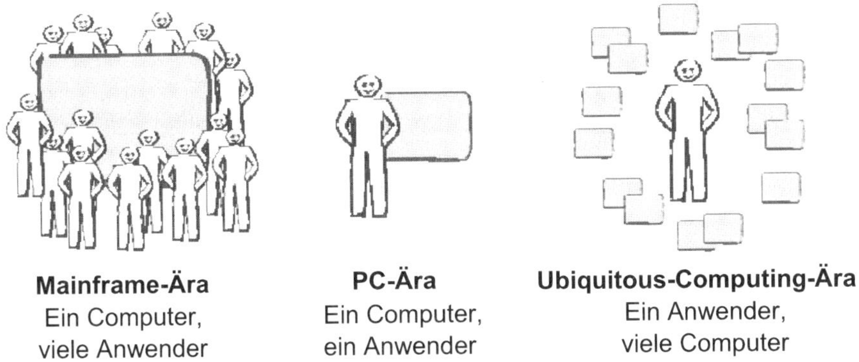

Abbildung 4-11. Entwicklungsstufen der Computernutzung
Quelle: In Anlehnung an Gellersen (2000)

Warum sind aber Unternehmen gefordert, sich mit der Vision des Ubiquitous Computing auseinander zu setzen? Gründe hierfür lassen sich in der wachsenden Komplexität und der zunehmenden Wettbewerbsintensität auf allen Märkten finden – und zwar im Bereich der möglichen Schaffung neuer Märkte für Produkte und Dienstleistungen. Hierbei sind sowohl neue, durch neue Techniken erst ermöglichte Dienste und Leistungen vorstellbar, als auch Effizienz- und Effektivitätsvorteile bei der Herstellung und Bereitstellung bereits bekannter Produkte und Dienstleitungen. Aktuelle Beispiele lassen sich hierfür bereits im Bereich der Mobilkommunikation und darauf aufbauend im Bereich des Mobile Business (als Teil des Electronic Business, das auf die Nutzung und Einbindung mobiler Endgeräte abzielt) identifizieren.

Dieses Kapitel beleuchtet nach einer Einführung in den Themenbereich die Herausforderungen und Chancen des **Ubiquitous Computing** aus Sicht des IM und zeigt auf, welche Rolle dem IM bei der Bewertung neuer Technologien, Techniken und Konzepten in der betrieblichen Praxis zukommt, und gibt einen Ausblick auf mögliche Entwicklungen.

Ein erstes Beispiel soll veranschaulichen, wie durch Ubiquitous Computing neue Produkte und Dienstleistungen möglich sein können.

Agnes M. ist 74 Jahre alt und leidet an einer Herz-Kreislauf-Schwäche. Am Dienstag morgen nach dem Frühstück steht sie in der Küche. Ihr wird plötzlich schwarz vor Augen. Sie bricht zusammen und liegt hilflos auf dem Küchenboden. Ihre Uhr, die gleichzeitig Sensoren für die Überwachung ihrer Lebensfunktionen hat, misst einen unregelmäßigen und niedrigen Puls sowie einen sehr geringen Blutdruck. Per drahtloser Netzanbindung meldet die intelligente Uhr dies an den Rettungsdienst, der sofort einen Arzt zu Agnes M. schickt. Innerhalb kurzer Zeit trifft dieser ein und findet aufgrund der Positionsangaben des Uhrensignals sofort Agnes M. auf dem Boden Ihrer Küche. Mittels eines mobilen Endgerätes, einem digitalen Assistenten, kann der Arzt auf Agnes M.s Patientenakte zugreifen und sie optimal versorgen. Nach der Verabreichung von Medikamenten kommt Agnes M. rasch wieder zu Bewusstsein. Zur weiteren Überwachung ordnet der Arzt eine Einlieferung in ein Krankenhaus an, das automatisch über den digitalen Assistenten hierüber informiert wird und automatisch nach Überprüfung der Verfügbarkeit freier Betten die Aufnahme von Agnes M. bestätigt.

4.3.1.2 Was ist Ubiquitous Computing?

Der Begriff Ubiquitous Computing geht auf *Mark Weiser* zurück und in Anlehnung an seine Arbeiten (Weiser 1991) verstehen wir ihn wie folgt:

> **Ubiquitous Computing** zielt ab auf eine verbesserte Computernutzung durch die allgegenwärtige Bereitstellung von Rechnern in der physischen Umgebung. Die Computer verschwinden weitestgehend aus dem Sichtfeld der Anwender.

Die Vision besagt, dass Computer so alltäglich werden, dass sie nicht mehr wahrgenommen werden. Ein verwandter Terminus ist der von IBM geprägte Begriff *Pervasive Computing*, der die alles durchdringende Verarbeitung von Informationen durch neue Technologien/Techniken thematisiert (Ark/Selker 1999). IBM spricht von „Convenient access, through a new class of appliances, to relevant information with the ability to easily take action on it when and where you need it" (IBM Corporation 2002), wobei eine starke Fokussierung auf betrieswirtschaftliche Anwendungsszenarien vorherrscht. Andere Arbeiten zu diesem Schlagwort sprechen von der Integration mobiler Kommunikationstechniken, verteilten Systemen und der Internettechnik (Burkhardt et al. 2001). Ein weiterer häufig verwandter Begriff ist der des *Ambient Computings*, der von der Europäischen Union geprägt wurde und ebenfalls auf die Durchdringung der Welt mit Computern und der Ausstattung alltäglicher Gegenstände mit Intelligenz sowie der Vernetzung aller Dinge abzielt.

In der Literatur werden die Begriffe uneinheitlich verwendet, für die Belange dieses Buches betrachten wir Ambient und Pervasive Computing als Facetten des Ubiquitous Computing.

Grundlegend für das Verständnis des Ubiquitous Computing ist die Rolle der Technik für den Menschen, „the place of technology in our lives [...] what matters is not the technology itself but its relationship to us" (Weiser 1991), oder in anderen Worten ausgedrückt: Die zentrale Bedeutung von Informationen soll unterstrichen, die Rolle der Informationstechnik hingegen soll für den Menschen in den Hintergrund gerückt werden, damit er sich voll und ganz auf die Bewältigung seiner Aufgaben und seines Lebens konzentrieren kann.

Den meisten Ansätzen des Ubiquitous Computing sind folgende Entwicklungsrichtungen bzw. Forderungen an die zukünftige Entwicklung gemein (Fleisch 2001; Gellersen 2000; Koch/Schlichter 2001):

- *Verschmelzung:* Computer werden zum integrativen Bestandteil der physischen Realität. Sie verschwinden als einzelner, identifizierbarer Gegenstand, dem der Mensch gesonderte Aufmerksamkeit schenkt. So werden Objekte des täglichen Lebens durch die Kombination mit informationstechnischen Teilen zu hybriden Objekten, zu „Things that think" (Gershenfeld 2000). Die Computer sollen sich in die reale Welt der Nutzer einfügen und nicht den Anwender in eine eigene Computerwelt zwingen.

- *Vermehrung und Spezialisierung:* Computer entwickeln sich von Universalmaschinen hin zu Spezialmaschinen. Sie werden mitsamt Peripherie für eine bestimmte Aufgabe entwickelt, bspw. in Form von hybriden Objekten oder in Form von intelligenten Geräten (auch Information Appliances genannt (Norman 1999)). Intelligente Geräte dienen primär der Verarbeitung von Kommunikation von Informationen (z. B. ein Smart Phone) und haben im Gegensatz zu hybriden Objekten (z. B. ein „intelligenter" Kühlschrank) keinen rein physischen Nutzen. Die Anzahl der Computer pro Anwender steigt mit der Anzahl hybrider Objekte und intelligenter Geräte.

- *Vernetzung:* Am Anfang vernetzte man Computer, danach vernetzte man Geräte und in Zukunft sollen alle Objekte miteinander vernetzt werden (Weiser/Brown 1995). Außerdem soll es nicht mehr notwendig sein, dass sich Objekte a priori kennen, um sich gegenseitig nutzen zu können. Das Ziel ist eine offene, verteilte und dynamische Welt, in der sich Objekte spontan zur vorübergehenden Zusammenarbeit finden, um Verbundvorteile zu nutzen. Hybride Objekte und intelligente Geräte können untereinander, mit klassischen IS und mit Menschen Informationen austauschen. Diese Vernetzung der unterschiedlichen Objekte miteinander ist also ein konstituierendes Element des Ubiquitous Computing.

- *Allgegenwart:* „Anytime-Anyplace Computing"/ortsunabhängige Verfügbarkeit: Dieser Aspekt beinhaltet drei Dimensionen, die unterstützt werden sollen: Mobilität der Nutzer, der Hardware und der Software, d.h. dass sowohl die Nutzer, die Endgeräte als auch die Daten und sogar die Software im Ubiquitous Computing nomadisieren können. Hierbei spielt insbesondere die Integration unterschiedlicher Netze und Dienste eine zentrale Rolle.

- *Kontext:* Es wird einen starker Bezug zur Realität angestrebt bzw. die Schnittstelle zwischen realer und digitaler Welt thematisiert. Dies umfasst den Bereich der Mensch-Maschine-Schnittstelle ebenso wie die Verarbeitung sonstiger realweltlicher Zusammenhänge wie bspw. die Lokalisierung von Gegenständen. Die Mensch-Computer-Interaktion soll sich vom expliziten Dialog hin zur situativen Interaktion entwickeln.

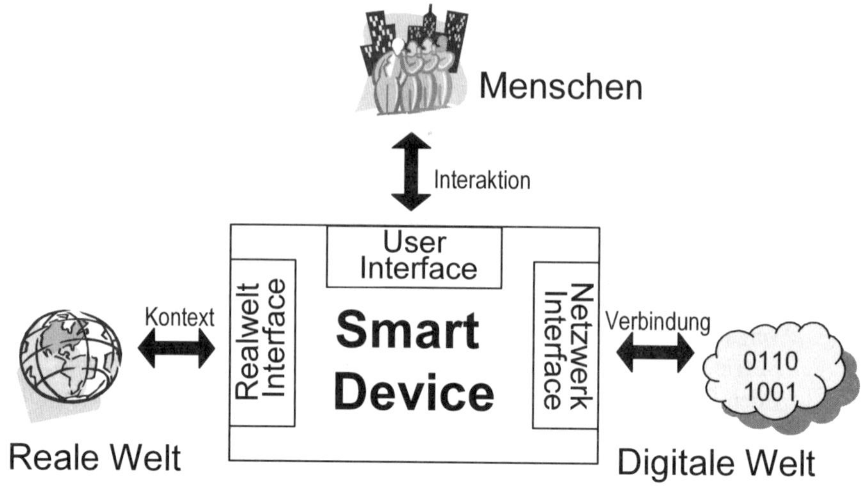

Abbildung 4-12. Architektur von Smart Devices im Ubiquitous Computing und ihre Schnittstellen

Quelle: In Anlehnung an Gellersen (2000)

- *Hybride Objekte und intelligente Geräte/Smart Devices:* Die Hauptforderung ist Diversifikation. Es sollen unterschiedliche Geräte für unterschiedliche Anwendungen („Information Appliances" (IBM Corporation 2002)) entwickelt werden. Dies impliziert Diversifikation bzgl. Rechnerleistung, User Interface, Kommunikation, Formgebung, Schnittstellen zur realen Welt, etc. Abbildung 4-12 zeigt eine mögliche Architektur derartiger Smart Devices auf.

Die Herausforderungen bei der Entwicklung von Smart Devices lassen sich vor allen Dingen an den Schnittstellen der Geräte verdeutlichen. So stellen bspw. Sensoren einen Bezug zur realen Welt dar, diverse Netzwerkverbindungen stellen mögliche Verbindungen in die digitale Welt dar und an der Mensch-Maschine-Schnittstelle gilt es neue und intuitiv nutzbare Displays, Menüs, etc. zu entwickeln. Bei allen Schnittstellen ist die Frage nach sinnvollen und v.a. möglichst aufwärts und abwärts kompatiblen Standards zu beachten, da dies für die Vernetzung und Integration aller Objekte von zentraler Bedeutung sein wird.

Aus diesen Ausführungen wird deutlich, dass auch mobile IS als Teilbereich des Ubiquitous Computing verstanden werden können. Schlagwörter, die mit mobilen IS in Verbindung gebracht werden, sind u. a. Mobile Anwendung, Mobile Computing Mobile Business, Mobile Commerce oder auch Mobilkommunikation (für einen Vorschlag zur Abgrenzung dieser Begrifflichkeiten s. bspw. (Lehner 2003)). Aufgrund des Neuigkeitsgrades und der Vielzahl an unterschiedlichsten Veröffentlichungen zu diesen Schlagwörtern kann von einem einheitlichen Begriffsverständnis oder einer trennscharfen Abgrenzung der Begrifflichkeiten zueinander nicht gesprochen werden. Oftmals ist auch die Auffassung anzutreffen, dass Ubiquitous Computing und die damit verbundenen technischen Ansätze Grundlagen für das Mobile Commerce oder Mobile Business wären (Turowski/Pousttchi 2004, S. 60). Für den weiteren Fortgang wird jedoch dem generalistischen, alle Lebensbereiche betreffenden Charakter Rechnung getragen und Ubiquitous Computing als übergeordnete Begriffskategorie verstanden.

4.3.1.3 Wodurch wird Ubiquitous Computing ermöglicht?

Die Entwicklung hin zum Zeitalter des Ubiquitous Computing wird nachhaltig durch folgende Technik-/Technologietrends ermöglicht (Fleisch 2001), auf die im Rahmen des Managements der IKT in Kapitel 3.3 bereits eingegangen wurde bzw. auf die im Folgenden noch eingegangen wird:

- Rechenleistung: Dem Moore'schen Gesetz folgend, verdoppelt sich die Leistung von Mikroprozessoren alle achtzehn Monate; damit werden immer leistungsfähigere Smart Devices möglich.
- Miniaturisierung: Es werden immer kleinere und leistungsfähigere Rechner möglich; so sind bspw. *Embedded Network Processors* einfache, sehr kleine IKT-Elemente, die in Massen produziert werden können und deren Stückkosten dann sehr gering sein können (Kelly 1999). Andere Beispiele sind die *Embedded Web Server* wie bspw. der an der Stanford University in Palo Alto entwickelte Matchbox Webserver (o. V. 1999).
- Energieverbrauch: Zwar sinken die Energiebedarfe insbesondere der Chips bezogen auf den Energieverbrauch pro Recheneinheit, da aber die Leistungsfähigkeit der Rechner (s.o.) sich alle 18 Monate verdoppelt, steigt der Gesamtenergiebedarf neuer Geräte meist an. Schwer abschätzbar sind mögliche Entwicklungssprünge im Bereich der Speicherung und Gewinnung von Energie; es handelt sich um eine der größten noch zu meisternden Herausforderungen.
- Vernetzung/Kommunikation: Die Bandbreiten existierender Netzwerke werden immer besser genutzt und stark ausgebaut; die Kosten pro übertragenes Datenpaket gehen gegen Null. Damit werden immer mehr Anwendungen mit hohem Datentransfer sowie generell mehr vernetzte Systeme möglich und ökonomisch umsetzbar.
- Displays: Es werden neue, immer kleinere und leistungsfähigere Displays, immer größere und multifunktionalere Displays möglich genauso wie gänzlich neue Formen der visuellen Darstellung von Benutzerschnittstellen (z.B. Entwicklungen im Bereich „Wearable Computing“ zur Projektion von Bildern direkt auf die Netzhaut des Anwenders, (o. V. 2002)).

- Materialien: Neue Materialien ermöglichen gänzlich neue Anwendungsszenarien. Beispiele hierfür sind Light Emitting Polymere, leitfähige Tinte und Fasern, textile Sensoren oder elektronisches Papier.
- Sensoren: Sensoren ermöglichen intelligenten Geräten und hybriden Dingen die Aufnahme ihrer Umgebung/ihres Kontextes und sind damit oftmals Bestandteil von Systemen, die verteilte Informationsverarbeitung umsetzen. Sie ermöglichen gänzlich neue Anwendungsszenarien wie bspw. die geographische Lokalisierung von Objekten (z. B. beim GPS-Global Positioning System), die Identifikation von Objekten (z. B. mittels RFID-Radio Frequency Identification, auch „Smart Labels" genannt).

Hemmnisse auf dem Weg zum Ubiquitous Computing bestehen bei der Energieversorgung, in den noch teilweise hohen Kosten der (mobilen) Vernetzung, im Bereich der Computerakzeptanz durch die Menschen, d.h. sowohl ihrer kaum steigerbaren Bereitschaft, sich mit technischen Belangen auseinander zu setzen als auch in teilweise noch fehlenden kompatiblen Standards im Bereich des Datenaustauschs/der Kommunikation.

4.3.2 Ubiquitous Computing: Herausforderungen an das IM

Aufgrund der vielschichtigen Möglichkeiten, die sich mit Ubiquitous Computing verbinden, wird folgend auf einzelne, ausgewählte Aspekte dieses breiten und heterogenen Bereichs eingegangen. Für den Informationsmanager stellt sich – wie bei den zuvor dargelegten Anwendungsfällen des IM – die Frage nach neuen Anwendungsmöglichkeiten, die ökonomisch sinnvoll (schneller, besser, billiger), technisch stabil und sozial akzeptabel sind.

4.3.2.1 Informationswirtschaft und Ubiquitous Computing

Die informationswirtschaftliche Ebene beschäftigt sich mit Angebot und Nachfrage von Informationen in und zwischen Organisationen. Informationslogistik fragt in Analogie zur Realgüterlogistik nach Informationsflüssen und -kanälen und hat deren Optimierung zum Ziel (Krcmar 1992b). Daher stellt sich die Frage, welche Veränderungen für das Informationsangebot und die Informationsnachfrage durch Ubiquitous Computing ausgelöst werden. Ubiquitous Computing kann zur Verbesserung der Informationslogistik beitragen (Fleisch 2001). Zu nennen ist z. B. die Fähigkeit hybrider Objekte und intelligenter Geräte, Dateneingabe und Datensammlung zu automatisieren und damit zur Verringerung von Medienbrüchen beizutragen. Medienbrüche treten häufig insbesondere bei der Verbindung zwischen realweltlichen Prozessen und IS auf (Fleisch/Dierkes 2003, S. 612). So ist bspw. der Kauf eines Joghurts ein realweltlicher Prozess, der erst durch die Aktivität einer Verkäuferin /Kassiererin in einem Supermarkt mit dem dort eingesetzten Warenflusssystem verbunden wird, ebenso wie beim Bezahlvorgang eines

Kunden mit Bargeld erst durch die Aktivität der Kassiererin Prozess und Informationssystem verbunden werden.

Ubiquitous Computing-Techniken haben das Potenzial, Medienbrüche zwischen physischen Prozessen und deren Informationsverarbeitung zu vermeiden. Sie helfen, die Kosten der Abbildung realer Ressourcen und Vorgänge in IS zu reduzieren (Fleisch/Dierkes 2003, S. 612). Physische Ressourcen können ohne menschliche Intervention mit den unternehmensinternen und -externen Rechnernetzwerken kommunizieren und erlauben damit in letzter Konsequenz auch eine laufende Prozesskontrolle auf Basis von aus der Realität gewonnener, Echtzeitinformationen (Fleisch/Dierkes 2003)

Die Aufgabe der Informationswirtschaft ist hierbei, im Rahmen einer Informationsbedarfsanalyse festzustellen, welche Informationen für die betriebliche Aufgabenerfüllung notwendig und wünschenswert wären und wie diese durch Ubiquitous Computing gedeckt werden können. Ebenso sinnvoll ist es, ausgehend von neuen technischen Möglichkeiten der Informationsgewinnung zu prüfen, ob und wie sich mit diesen neuen Informationsangeboten die betriebliche Aufgabenerfüllung besser bewerkstelligen lässt. Weiterhin sind Unterschiede in den semantischen Standards in den einzelnen Informationsflüssen und -kanälen zu erkennen und eine Aufbereitung und Synchronisierung der Informationen zu erwirken.

4.3.2.2 Informationssysteme und Ubiquitous Computing

Inwieweit durch Ubiquitous Computing neue Prozesse entstehen können, die wiederum durch IS unterstützt werden können oder wie mit den neuen Daten, die durch die automatisierte Datensammlung und wie mit der Menge neuer Daten umgegangen werden soll, ist Gegenstand des Managements der IS.

4.3.2.2.1 Prozesse

IS dienen der Unterstützung bestehender oder der Schaffung neuer Geschäftsprozesse. Ausgehend von einer Ist-Analyse existierender Prozesse in und zwischen Unternehmen sowie zwischen Unternehmen und seinen (End-) Kunden, werden diese auf Unterstützungsmöglichkeiten durch IKT hin überprüft. Hierbei fallen im Zusammenhang mit Ubiquitous Computing folgende Möglichkeiten auf, die das Potenzial zur nachhaltigen Veränderung von Geschäftsprozessen haben: So sollen Anwendungen der neuen Techniken den Nutzern eine stärkere Konzentration auf ihre Aufgabenerfüllung ermöglichen, da die Mensch-Maschine-Interaktion nicht mehr „offensichtlich" und damit „spürbar" für den Nutzer abläuft, sondern unmerklich im Hintergrund. Somit wird der Mensch nicht mehr mit der Bedienung technischer Artefakte von seiner Aufgabenerfüllung abgehalten, sondern kann seine Konzentration der eigentlichen Problemlösung widmen. So kann er nun Abläufe und Prozesse auf seine eigenen Ansprüche und Vorstellungen hin optimieren und somit seine Effektivitäts- und Effizienzvorteile erzielen (Weiser/Brown 1995).

Durch die Möglichkeit der automatisierten Dateneingabe/Datensammlung intelligenter Dinge und Smart Devices ist eine Reduktion der Medienbrüche erzielbar und somit eine Integration von Prozessen in und zwischen Unternehmen erreichbar. Analog zur Integration von Geschäftsprozessen durch die Entwicklung und Einführung von ERP-Systemen ist durch eine Erhöhung der Integrationstiefe durch Ubiquitous Computing eine neue Welle des Business Process Redesigns wahrscheinlich. Außerdem können Ubiquitous Computing Lösungen zu einer Integration unterschiedlicher, heterogener, bisher nicht sinnvoll miteinander verbindbarer Systemelemente führen, da die Integrationsplanung zentraler Bestandteil der Entwicklung von Ubiquitous Computing Lösungen sind (Fleisch 2001).

4.3.2.2.2 Daten

Durch Ubiquitous Computing können Daten in einer Art und Qualität erhoben werden, wie sie bisher nicht zur Verfügung standen. Dies führt einerseits zu Problemen bei der sinnvollen formalen Strukturierung der Daten, der Synchronisierung unterschiedlicher Datenbestände aus verschiedenen Datenquellen und andererseits zur Frage nach der „richtigen" Verteilung und Verarbeitung von Daten. So haben neue Ubiquitous Computing Szenarien (bspw. mit Smart Devices) zwar theoretisch das Potenzial, Datensammlung und Datenverarbeitung am Ort der Datenentstehung bzw. der Entscheidung umzusetzen und damit komplexe Problemstellungen effizient zu lösen, wie dies jedoch konkret in der Realität umgesetzt werden kann, ist noch Gegenstand der Forschung und Entwicklung.

4.3.2.3 Informations- und Kommunikationstechnik und Ubiquitous Computing

Die Basisfunktionalitäten und -techniken Kommunikation, Speicherung und Verarbeitung unterliegen in Ubiquitous Computing Anwendungen neuen Herausforderungen und ermöglichen erst neue Anwendungen. Nutzungsbedingte Verarbeitungsanforderungen neuer Anwendungen einerseits und Möglichkeiten der Durchführung des Verarbeitungsbetriebs andererseits gilt es gegeneinander abzugleichen. Ablegen und Wiederfinden von Daten ist ebenso ein zentrales Thema, wie der Austausch von Informationen zwischen Objekten, zwischen Menschen und zwischen Objekten und Menschen.

Zentral für die Realisierung von Ubiquitous Computing Szenarien ist die Schaffung einer Infrastruktur, die ein Vernetzen vieler Objekte miteinander ermöglicht, die anfallenden Datenmengen effizient speichert und wiederfindet und deren Architektur eine angemessene Verarbeitung der anfallenden Rechnerlasten ermöglicht. Ein größerer Themenbereich der Vernetzung und des Datenaustauschs zwischen Objekten ist unter dem Oberbegriff Mobilfunk subsumierbar.

> **Mobilfunk** ist eine Form der elektronischen Kommunikation, bei der ein Diensteanbieter die Übertragung von Sprache und Daten von und zu mobilen Endgeräten durch ein drahtloses Zugangsnetz auf Basis elektromagnetischer Wellen ermöglicht.

Hierzu seien einige Techniktrends dargestellt:

- *Bluetooth:* Bluetooth ist ein Kommunikationsstandard, der spontane Kommunikationsverbindungen zwischen verschiedenen Devices ermöglicht, ohne dass sich die Geräte/Objekte vorher „kannten" (Ad-hoc-Netzwerk). Es ist ein Funksystem, das zur Übertragung von Sprache und Daten geeignet ist, und wurde als Ersatz von Kabel und Infrarot konzipiert. Bluetooth bietet Datenraten von 57 kbit/s bis 721 kbit/s und hat eine Reichweite von 10 m (bei 1 mW) oder 100 m (bei 100 mW). Bluetooth nutzt das lizenzfreie 2,4 GHz ISM-Band und das „frequency hopping spread spectrum" (FHSS), um gegenseitige Beeinträchtigungen zu vermeiden. Der Energieverbrauch ist bei dieser Technologie sehr gering. Durch die weltweite Verfügbarkeit und sehr geringe Kosten stehen die Chancen gut, dass sich Bluetooth als weltweiter Standard etablieren kann. Um die Einsatzmöglichkeiten von Bluetooth und den praktischen Nutzen für Ubiquitous Computing zu erforschen, wurden an der ETH Zürich drahtlose Sensor-Module auf Bluetooth-Basis entwickelt – sog. Smart-Ist.

- *UMTS (Universal Mobile Telecommunication System)* ist ein Mobilfunksystem, das paketorientierte, breitbandige Datenübertragung und echtzeitfähige Dienste ermöglicht. UMTS wird als 3G (3rd Generation) Mobilfunksystem bezeichnet, da es eine evolutionäre Weiterentwicklung der vorwiegend auf schmalbandigen Sprach- und Datenverkehr ausgerichteten 2G Systeme (wie bspw. die GSM-Mobilfunksysteme, GSM (Global System for Mobile Communication), das weltweit meistverbreitete digitale Mobilfunknetz). UMTS erlaubt eine Verbindungsübergabe nicht nur zwischen Zellen eines UMTS-Netzes sondern darüber hinaus auch zu vorhandenen GSM-Netzen. Hierdurch wird eine flächendeckende Versorgung der Nutzer auch in Gebieten ohne UMTS-Netz ermöglicht und eine schrittweise Einführung von UMTS unterstützt.

- *Radio Frequency Identification (RFID)*: Ein wichtiger Bestandteil des Ubiquitous Computing ist das Assoziieren von Objekten der realen Welt mit einer virtuellen Repräsentation. Um auf diesen „Datenschatten" eines Objekts zuzugreifen, muss man das reale Objekt automatisch identifizieren können. Bei RFID befinden sich die Daten, die einem Objekt zugeordnet werden, auf einem elektronischen Datenspeicher. Dieser sog. Transponder besteht aus einem Chip und einer Antennenspule. Der Datenaustausch findet über ein Lesegerät statt – in diesem Fall kontaktlos mit Hilfe magnetischer oder elektromagnetischer Felder. Wie bei Chipkarten ist es bei RFID-Systemen möglich, die Daten gegen unerwünschten Zugriff zu schützen. Außerdem kann ohne Kontakt gelesen und geschrieben werden, und zwar bei Entfernungen bis zu mehreren Metern. RFID-Systeme sind des Weiteren relativ stabil gegen äußere Einflüsse wie Verschmutzung und Erschütterung. Ein mögliches Anwendungsszenario der Technik ist der Supermarkt der Zukunft. An jedem Einkaufswagen sei ein kleines Display befestigt. Wann immer man einen Artikel in seinen Einkaufswagen legt, erscheint auf dem Bildschirm der Preis und der aufsummierte Wert der Besorgungen. Außerdem entfällt im Supermarkt der Zukunft das gewohnte Rollband an der Kasse. Ohne die Einkäufe auszuladen, kann automatisch abgerechnet und bezahlt werden.

4.3.2.4 Führungsaufgaben und Ubiquitous Computing

Der Erfolg von Ubiquitous Computing hängt von diversen Faktoren ab, die als Führungsaufgaben anzusehen sind. Dies sind die Einbettung von Ubiquitous Computing in die Unternehmensstrategie, der Einführungsprozess von Ubiquitous Computing Systemen, die Auswirkung der Reorganisation bestehender Geschäftsprozesse durch Ubiquitous Computing und darauf aufbauend neue Entscheidungssituationen hinsichtlich des Outsourcing von Leistungsbündeln. Insbesondere im strategischen Bereich gilt es, die durch Ubiquitous Computing eröffnenden Chancen und Risiken zu erkennen, sei es durch sich verändernde Kundenbedarfe und sich wandelnde Märkte, neue Produkte und Wettbewerber (Kalakota/Robinson 2002), auf die eine Unternehmensleitung sowohl bei der IT-Strategie als auch bei der Unternehmensstrategie insgesamt eine Antwort haben muss.

Durch Ubiquitous Computing ermöglicht erhöhte Datensammlungen (bspw. in Form von Bewegungsdatensammlungen oder Nutzungsintensitätsinformationen) über Kunden, Produkte und Nutzungssituationen. Hierdurch eröffnen sich neue Möglichkeiten im Customer Relationship Management, bei der (individuellen) Produktanfertigung und der Produktentwicklung. Der Hersteller einer Leistung lernt seinen Kunden, den Kaufprozess bzw. die Kaufsituation und Verwendungskontexte der erworbenen Leistungen besser als je zuvor kennen und kann daher entsprechend zeitnah und individuell auf Kundenwünsche eingehen (Fano/Gershman 2002). Bei der möglichen Flut an Daten sind allerdings auch Aspekte wie Datenschutz und die Wahrung der Privatsphäre der Kunden zu beachten.

Darüber hinaus ist das Mitarbeitermanagement auf möglicherweise veränderte Anforderungen an die Mitarbeiter hin anzupassen und das Controlling der Investitionen in IKT besonders auf den durch Ubiquitous Computing erzielbaren Mehrwert hin auszurichten. Hierzu sind bspw. die Effizienzsteigerungen mittels geeigneter Kriterien zu ermitteln und zu bewerten.

4.3.3 Ausblick

Wie ist Ubiquitous Computing aus Sicht eines Informationsmanagers zu bewerten? Es handelt sich bei den unterschiedlichen Entwicklungen meist um neue Technikbündel, die zu sehr unterschiedlicher Nutzungsverfügbarkeit führen werden. Versteht man unter Nutzungsverfügbarkeit die Kombination aus technisch Machbarem (insbesondere durch Energieversorgung bzw. neue Möglichkeiten derselben) und Miniaturisierung (und insbesondere der Fortschritte in dem Bereich) und der sozialen Akzeptanz der nun möglichen Applikationen und Anwendungsszenarien, so fallen Unterschiede zwischen den unterschiedlichen Entwicklungsansätzen in Wissenschaft und Praxis auf. Für den Informationsmanager gilt es, im gesamten Themenbereich Ubiquitous Computing besonders diejenigen Technikbündel zu identifizieren, die ein Maximum an Nutzungsverfügbarkeit versprechen und einen nachhaltigen Mehrwert stiften können, der auch ökonomisch sinnvoll ist. Hierbei ist insbesondere der Bereich des Business-to-Business-Commerce von hoher Relevanz, da hier die soziale Akzeptanz neuer Technikbündel/Applikationen wesentlich einfacher zu erreichen sein wird als im Konsumentenbereich. So ist bspw. die Akzeptanz des Computereinsatzes allgemein im betrieblichen Umfeld höher einzuschätzen als im privaten Bereich.

Ungeachtet dessen sind auch im wirtschaftlichen Umfeld eine Vielzahl offener Fragen im Zusammenhang mit der Nutzung von Ubiquitous Computing festzustellen, die auf den ökonomischen und sozialen Erfolg entscheidenden Einfluss haben können (vgl. hierzu auch (Jessup/Robey 2002)). Auf Individuumsebene stellen sich bspw. Fragen, ob und wie Ubiquitous Computing das Verhalten der Mitarbeiter eines Unternehmens verändert oder wie in hochtechnischen und mobilen Arbeitskontexten Mitarbeiter kontrolliert werden können. Auf Team- bzw. Gruppen-Ebene stellen sich die Fragen nach Adaption und/oder Modifikation von Ubiquitous Computing und Arbeitsabläufen in Teams und wie dies zu Effektivitätsvorteilen geführt werden kann. Auf organisationaler Ebene ist der Einfluss von Ubiquitous Computing auf Organisationsformen und Geschäftsmodelle eine zentrale Herausforderung.

Der Informationsmanager hat bei der Identifikation möglicherweise wichtiger Technikbündel insbesondere auf solche zu achten, die das Potenzial zur Minimierung von Koordinationskosten im betrieblichen Leistungserstellungsprozess haben. Erste, sehr vielversprechende Ansätze hierzu lassen sich in der Produktionslogistik und der sonstigen unternehmensbezogenen Logistik identifizieren. Weitere Herausforderungen liegen in der Entwicklung von Anwendungsszenarien, die in andere Bereiche des betrieblichen Leistungserstellungs- und Leistungsaustauschsprozesses gehen und insbesondere in der Übertragung in die Dienstleistungslogistik, da sich durch Ubiquitous Computing Anwendungsszenarien ebenfalls die Art und Weise der Dienstleistungserstellung und -entwicklung in vielen Bereichen verändern wird, und so neue Chancen für innovative und erfolgreiche Produkte und Dienstleistungen entstehen werden.

Literaturverzeichnis

Ahituv, N.; Neumann, S.; Riley, H.N. (1994). *Principles of Information Systems for Management*. (4. Auflage). Dubuque, IA: Wm. C. Brown Communications.

Alavi, M.; Leidner, D. (2001). Review: Knowledge Management and Knowledge Management Systems: Conceptual Foudations and Research Issues. *MIS Quarterly*, *25*(1), 107-136.

Alexander, J.E.; Tate, M.A. (1999). *Web wisdom: how to evaluate and create information quality on the web*. Mahwah, NJ: Erlbaum.

Alt, R.; Zimmermann, H.-D. (2001). Preface: Introduction to Special Section – Business Models. *Electronic Markets*, *11*(1), 3-9.

Anderson, J.R. (2001). *Kognitive Psychologie*. (3. Auflage). Heidelberg, Berlin: Spektrum.

ANSI (1989). *Database Language – SQL with Integrity Inhancements. American National Standard X3.135-1989*: American National Standards Institute.

ANSI (1992). *Database Language SQL. American National Standard X3.135-1992*: American National Standards Insitute.

Ansoff, H.I. (1966). *Management-Strategie*. München: Moderne Industrie.

Ansoff, H.I. (1981). Die Bewältigung von Überraschungen und Diskontinuitäten durch die Unternehmensführung -Strategische Reaktionen auf schwache Signale. In Steinmann, H. (Hrsg.), *Unternehmensführung I: Planung und Kontrolle* (S. 233-264). München: Vahlen.

Applegate, L.M.; Elam, J.J. (1992). New Information Systems Leaders: A Changing Role in a Changing World. *MIS Quarterly*, *16*(4), 469-490.

Applegate, L.M.; Holsapple, C.W.; Kalakota, R.; Radermacher, F.J.; Whinston, A.B. (1996). Electronic Commerce: building blocks of new business opportunitiy. *Journal of Organizational Computing and Electronic Commerce*, *6*(1), 1-10.

Applegate, L.M.; McFarlan, F.W.; McKenney, J.L. (2001). *Corporate Information Systems Management*. (5. Auflage): McGraw Hill.

APQC (1993). *The Benchmarking Management Guide*. York: Maple-Vail.

Arbogast, C.; Keim, G. (2001). Neue IT-Berufsfelder – Entstehung und Perspektiven. *HMD – Praxis der Wirtschaftsinformatik*, *218*, 23-33.

Ark, W.S.; Selker, T. (1999). A Look at Human Interaction with Pervasive Computers. *IBM Systems Journal*, *38*(4/1999), 504-508.

Arnold, O.; Faisst, W.; Härtling, M.; Sieber, P. (1995). Virtuelle Unternehmen als Unternehmenstyp der Zukunft? *Theorie und Praxis der Wirtschaftsinformatik*, *32*(185), 8-23.

Arthur, B. (1989). Competing technologies, increasing returns, and lock-in by historical events. *The Economic Journal 99*(March 1989), 116-131.

Augustin, S. (1990). *Information als Wettbewerbsfaktor: Informationslogistik – Herausforderung an das Management*. Köln: Industrielle Organisation.

Aurenz, H. (1997). *Controlling verteilter Informationssysteme: Client/Server-Architekturen*. Frankfurt am Main: Lang.

Bakopoulos, J.Y. (1985). *Toward a More Precise Concept of Information Technology*. Konferenzbeitrag: Sixth International Conference on Information Systems, Indianapolis, Indiana, S. 17-23.

Bakos, Y.J.; Kemerer, C.F. (1992). Recent Applications of Economic Theory in Information Technology Research. *Decision Support Systems*, *8*(5), 365-386.

Balachandran, B.V.; Thiagarajan, S.R. (1999). *Reengineeing Revisited*. Morristown: Financial Executives Research Foundation, Inc.

Balzert, H. (2002). *Lehrbuch der Softwaretechnik*. Heidelberg, Berlin: Spektrum Akademischer Verlag.

Bamberg, G.; Coenenberg, A.; Kleine-Doepke, R. (1976). Zur entscheidungsorientierten Bewertung von Informationen. *Zeitschrift für betriebswirtschaftliche Forschung*, *28*, 30-42.

Banker, R.D.; Datar, S.M.; Kemerer, C.F.; Zweig, D. (1993). Software Complexity and Maintenance Costs. *Communications of the ACM*, *36*(11), 81-94.

Bannister, F.; Remenyi, D. (2000). Acts of Faith: Instinct, Value and IT Investment Decisions. *Journal of Information Technology*, *15*(3), 231-241.

Banyard, P.; Cassells, A.; Green, P.; Hartland, J.; Hayes, N.; Reddy, P. (1995). *Einführung in die Kognitionspsychologie*. München, Basel: UTB.

Barney, J. (1991). Firm Resources and Sustained Competitive Advantage. *Journal of Management*, *17*(1), 99-120.

Barrett, S.; Konsynski, B. (1982). Inter Organization Information Sharing Systems. *MIS Quarterly*, *6* (Special Issue), 93-105.

Bauer, H. (2001). *Unternehmensportale: Geschäftsmodelle, Design, Technologien*. Bonn: Galileo.

Beck, K. (1999). *Exteme Programming Explained. Embrace Change*. Boston: Addison-Wesley.

Becker, J. (1993). Entscheidungsparameter beim Aufbau eines unternehmensweiten Datenmodells. *Information Management*, *8*(4), 30-38.

Becker, J.; Kugeler, M.; Rosemann, M. (2002). *Prozessmanagement*. (3. Auflage). Berlin, Heidelberg: Springer.

Becker, J.; Niehaves, B.; Knackstedt, R. (2004). *Bezugsrahmen zur epistomologischen Positionierung der Referenzmodellierung*. Konferenzbeitrag: Proceedings of the 8th GI Workshop „Referenzmodellierung 2004“ at MKWI 2004, Münster, S. 1-13.

Becker, J.; Schütte, R. (1996). *Handelsinformationssysteme*. Landsberg/Lech: Moderne Industrie.

Bednarz, A. (2004). Healthcare IT Execs Share Their Wish List. *Network world*, *21*(14), 17.

Beeck, H.; Kaiser, T. (2000). Quantifizierung von Operational Risk mit Value-at-Risk. In Johanning, L.; Rudolph, B. (Hrsg.), *Handbuch Risikomanagement* (Band 2). Bad Soden: Uhlenbruch.

Behme, W. (1996). Das Data Warehouse-Konzept als Basis einer unternehmensweiten Informationslogistik. In Mucksch, H.; Behme, W. (Hrsg.), *Das Data Warehouse-Konzept – Architektur-Datenmodelle-Anwendungen* (Band 1, S. 27-46). Wiesbaden: Gabler.

Bellmann, M.; Krcmar, H.; Sommerlatte, T. (Hrsg.). (2002). *Praxishandbuch Wissensmanagement*. Düsseldorf: Symposion.

Benaroch, M.; Kauffman, R. (1999). A Case for Using Real Options Pricing Analysis to Evaluate Information Technology Project. *Information Systems Research*, *10*(1), 70-86.

Benson, R.J.; Parker, M.M. (1985). *Enterprise-wide Information Management – An Introduction to the Concepts* (IBM Los Angeles Scientific Center Reports G320-2768). Los Angeles.

Berners-Lee, T.; Hendler, J.; Lassila, O. (2001). The Semantic Web: A New Form of Web Content that is Meaningful to Computers will Unleash a Revolution of New Possibilities. *Scientific American* (05).

Bernhard, M.G. (2002). Wie lässt sich die Balanced Scorecard in der IT einsetzen? In Blomer, R.; Bernhard, M.G. (Hrsg.), *Report Balanced Scorecard in der IT: Praxisbeispiele – Methoden – Umsetzung* (S. 37-48). Düsseldorf: Symposion.

Bernhard, M.G.; Mann, H.; Lewandowski, W.; Schrey, J. (2003). Einführung: Ein Dienstleistungstraum – oder was IT-Kunden erwarten. In Bernhard, M.G.; Mann, H.; Lewandowski, W.; Schrey, J. (Hrsg.), *Praxishandbuch Service-Level-Management: die IT als Dienstleistung organisieren* (S. 21-30). Düsseldorf: Symposion.

Berthel, J. (1975). Information. In Grochla, E.; Wittmann, W. (Hrsg.), *Handwörterbuch der Betriebswirtschaft* (S. 1860-1880). Stuttgart: Schäffer-Poeschel.

Besen, S.M.; Farrell, J. (1994). Choosing How to Compete: Strategies and Tactics in Standardization. *Journal of Economic Perspectives*, *8*(2), 117-131.

Bichler, M. (2001). *The Future of eMarkets: Multi-Dimensional Market Mechanisms*. Cambridge: Cambridge University Press.

Biethan, J.; Mucksch, H.; Ruf, W. (2004a). *Ganzheitliches Informationsmanagement*. (6. Auflage). München, Wien: R. Oldenbourg.

Biethan, J.; Mucksch, H.; Ruf, W. (2004b). *Ganzheitliches Informationsmanagement – Band 1: Grundlagen*. (6. vollständig überarbeitete und neu gefasste Auflage). München: R. Oldenbourg Verlag.

Biethan, J.; Rohrig, N. (1990). Datenmanagement. In Kurbel, K.; Strunz, H. (Hrsg.), *Handbuch Wirtschaftsinformatik* (S. 737-755). Stuttgart: Poeschel.

Bissantz, N.; Hagedorn, J. (1993). Data Mining (Datenmustererkennung). *Wirtschaftsinformatik*, *35*(5), 481-487.

Bissantz, N.; Hagedorn, J.; Mertens, P. (2000). Data Mining. In Mucksch, H.; Behme, W. (Hrsg.), *Das Data Warehouse-Konzept* (S. 377-407). Wiesbaden: Gabler.

Bleicher, K. (1991). *Organisation*. Wiesbaden: Gabler.

Blomer, R. (2002). Der ganzheitliche IT-Management-Prozess. In Blomer, R.; Bernhard, M.G. (Hrsg.), *Report Balanced Scorecard in der IT: Praxisbeispiele – Methoden – Umsetzung* (S. 21-35). Düsseldorf: Symposion.

Bode, J. (1993). *Betriebliche Produktion von Information.* Wiesbaden: Deutscher Universitäts-Verlag.

Boehm, B.W. (1981). *Software Engineering Economics.* Englewood Cliffs: Prentice Hall.

Boehm, B.W. (1988). A spiral model of software development and enhancement. *Computer, 21*(5), 61-72.

Boehm, B.W.; Fairley, R.E. (2000). Software Estimation Perspectives. *IEEE Software.*

Bogan, C.; English, M. (1994). *Benchmarking for best practices: winning through innovative adaption.* Chicago: Donnelley & Sons.

Böhmann, T. (2004). *Modularisierung von IT-Dienstleistungen: Eine Methode für das Service Engineering.* Wiesbaden: DUV.

Böhmann, T.; Krcmar, H. (2002). Werkzeuge für das Wissensmanagement. In Bellmann, M.; Krcmar, H.; Sommerlatte, T. (Hrsg.), *Praxishandbuch Wissensmanagement.* Düsseldorf: Symposion.

Bongard, S. (1994). *Outsourcing-Entscheidungen in der Informationsverarbeitung – Entwicklung eines computergestützten Portfolio-Instrumentariums.* Wiesbaden: Deutscher Universitäts-Verlag.

Bote-Lorenzo, M.L.; Dimitriadis, Y.A.; Gómez-Sánchez, E. (2003). *Grid Characteristics and Uses: A Grid Definition.* Konferenzbeitrag: First European Across Grids Conference, Santiago des Compostela, S. 291-298.

Brehm, L.; Heinzl, A.; Markus, M.L. (2001). *Tailoring ERP Systems: A Spectrum of Choices and their Implications.* Konferenzbeitrag: 34th Hawaii International Conference on System Sciences, Hawaii.

Brown, J.S.; Duguid, P. (1991). Organizational Learning and Communities of Practice: Towards a Unified View of Working, Learning, and Innovation. *Organization Science, 2*(1), 40-57.

Brown, J.S.; Hagel, J. (2003). Letter from John Seely Brown and John Hagel III. In: www.hbr.org, zugegriffen am 14.07.2003.

Browning, L.D.; Beyer, J.M.; Shetler, J.C. (1995). Building Cooperation in a Competitive Industry: Sematech and the Semiconductor Industry. *Academy of Management Journal, 38*(1), 113-151.

Brügge, B.; Dutoit, A.H. (2000). *Object-Orientied Software Engineering: Conquering Complex and Changing Systems.* Munich, Pittsburgh: Prentice Hall.

Brügge, B.; Harhoff, D.; Picot, A.; Creighton, O.; Fiedler, M.; Henkel, J. (2004). *Open-Source-Software: Eine ökonomische und technische Analyse.* Berlin, Heidelberg: Springer.

Brynjolfsson, E. (1993). The Productivity Paradox of Information Technology. *Communications of the ACM, 36*(12), 67-77.

Brynjolfsson, E.; Hitt, L. (1996). Paradox Lost? Firm-level Evidence on the Returns to Information Systems Spending. *Management Science, 42*(4), 541-558.

Buhl, H.; Wirth, A. (1993). Outsourcing von Informationsverarbeitungsleistungen unter Risikoaspekten. In Frisch, W.; Taudes, A. (Hrsg.), *Informationswirtschaft.* Heidelberg: Physica.

Buhl, H.U.; Kreyer, N.; Wolfersberger, P. (2001). Die Rolle des Chief Information Officer (CIO) im Management. *Wirtschaftsinformatik, 43*(4), 408.

Bullen, C.; Rockart, J.F. (1981). *A Primer on Critical Success Factors* (WP No.1220-81): Center for Information Systems Research Sloan School of Management MIT.

Bullinger, H.-J.; Wörner, K.; Prieto, J. (1997). *Wissensmanagement heute: Daten, Fakten, Trends*. Stuttgart: Fraunhofer Institut für Arbeitswirtschaft und Organisation.

Bundesamt für Sicherheit in der Informationstechnik (2003a). IT-Grundschutzhandbuch. In: http://www.bsi.de/gshb/deutsch/menue.htm, zugegriffen am 08.07.2004.

Bundesamt für Sicherheit in der Informationstechnik (2003b). *Kommunikations- und Informationstechnik 2010 + 3: Neue Trends und Entwicklungen in Technologie, Anwendungen und Sicherheit*. Ingelheim: SecuMedia.

Burghardt, M.; Hagenhoff, S. (2003). *Web Services – Grundlagen und Kerntechnologien* (22). Göttingen: Georg-August-Universität Göttingen, Institut für Wirtschaftsinformatik, Abteilung Wirtschaftsinformatik II.

Burkhardt, J.; Henn, H.; Heppner, S.; Rindtorff, K.; Schäck, T. (2001). *Pervasive Computing*. München: Addison-Wesley.

Burkhardt, M. (2002). *Einführung in Projektmanagement: Definition, Planung, Kontrolle und Abschluss*. (4. Auflage). Erlangen: Publicis Corporate Publishing.

Burr, W. (2003). Service-Level-Agreements: Arten, Funktionen und strategische Bedeutung. In Bernhard, M.G.; Mann, H.; Lewandowski, W.; Schrey, J. (Hrsg.), *Praxishandbuch Service-Level-Management: Die IT als Dienstleistung organisieren* (S. 33-44). Düsseldorf: Symposion.

Buxmann, P. (1996). *Standardisierung betrieblicher Informationssysteme*. Wiesbaden: Deutscher Universtitäts-Verlag.

Buxmann, P. (2001). *Informationsmanagement in vernetzten Unternehmen: Wirtschaftlichkeit, Organisationsänderungen und der Erfolgsfaktor Zeit*. Wiesbaden: Gabler.

Buxmann, P.; König, W. (1994). Ein Entscheidungsmodell zur Bewertung von Investitionen in Standards – dargestellt am Beispiel von ISO-Standards und CCITT-Empfehlungen für eine offene Datenkommunikation. *Wirtschaftsinformatik, 36*(3), 252-267.

Buxmann, P.; König, W. (1998). Das Standardisierungsproblem: Zur ökonomischen Auswahl von Standards in Informationssystemen. *Wirtschaftsinformatik, 40*(2), 122-129.

Camp, R. (1989). *Benchmarking: The search for industry best practices that lead to superior performance*. Milwaukee, Wis.: Quality Press.

Camp, R. (1994). *Benchmarking*. München, Wien: Hanser.

Carnegie Mellon Software Engineering Institute (2002). *Capability Maturity Model Integration (CMMI) – Continous Representation* (CMU/SEI-2002-TR-011). Pittsburgh: Carnegie Mellon Software Engineering Institute.

Carr, N.G. (2003). IT Doesn't Matter. *Harvard Business Review, 81*, 41-49.

Cash, J.I.; McFarlan, F.W.; McKenney, J.L. (1992). *Corporate Information Systems Management: The Issues Facing Senior Executives*. (3. Auflage). Homewood, Boston: Irwin Professional.

Castells, M. (1996). The Net and the Self. *Critique of Anthropology, 16*(1), 9-38.

Castells, M. (2001). *Der Aufstieg der Netzwerkgesellschaft: Teil I der Triologie, Das Informationszeitalter* (Kößler, R., Übersetzer). Opladen: Leske + Budrich.

Cecchini, P. (1988). *Europa '92: Der Vorteil des Binnenmarktes*. Baden-Baden: Nomos-Verlags-Gesellschaft.

Chan, Y. (2000). IT Value: The Great Divide between Qualitative and Quantitative and Individual and Organizational Measures. *Journal of Management Information Systems, 16*(4), 225-261.

Chandler, A.D., Jr. (1962). *Strategy and Structure: Chapters in the History of the Industrial Enterprise*. (1. Auflage). Cambridge: MIT Press.

Chen (1976). The Entity-Relationship Model-Toward a Unified View of Data. *ACM Transactions on Database Systems (TODS), 1*, 9-36.

Christensen, C.M. (2000). *The Innovator's Dilemma: When New Technologies Cause Great Firms to Fail*. New York: HarperCollins.

Ciborra, C.U. (1991). *From Thinking to Tinkering: The Grassroots of Strategic Information Systems*. Konferenzbeitrag: Twelfth International Conference on Information Systems, New York, S. 283-291.

Cisco Systems (2001). *Handbuch Netzwerktechnologien*. München: Markt und Technik.

Clemons, E.K.; Kimbrough, S.O. (1986). *Information Systems, Telecommunications and their Effects on Industrial Organisation*. Konferenzbeitrag: Seventh International Conference on Information Systems, S. 99-108.

Coase, R.H. (1937). The Nature of the Firm. *Economica* (4), 386-405.

Codd, E.F. (1970). A relational model of data for large shared data banks. *Communications of the ACM, 13*(6), 377-387.

Corsten, D. (2000). Gestaltungsprinzipien des Supply Chain Managements. *IO Management*(Heft 4), 36-41.

CSC (1997). *Critical Issues of Information Systems Management – 10th Annual Survey*. El Segundo, California: Computer Science Corporation.

Curran, T.; Keller, G. (1999). *SAP R/3 Business Blueprint*: Addison-Wesley-Longman.

Daft, R.L.; Weick, K.E. (1984). Toward a Model of Organizations as Interpretations Systems. *Academy of Management Review, 9*(2), 284-295.

Daniel, A. (2001). *Implementierungsmanagement: ein anwendungsorientierter Gestaltungsansatz*. Wiesbaden: Gabler.

Date, C.J. (2000). *An Introduction to Database Systems*. (7. Auflage). Reading: Addison-Wesley.

Date, C.J.; Darwen, H. (1998). *SQL – Der Standard* (Wegmann, F., Übersetzer). Bonn

Reading, Mass. et al.: Addison-Wesley-Longman.

Daum, M.; Häberle, O.; Lischka, I.; Krcmar, H. (2004). *The Chief Information Officer in Germany – some empirical findings*. Konferenzbeitrag: European Conference on Information Systems: The European IS Profession in the Global Networking Environment, Turku, Finland.

Davenport, T. (1993). *Process Innovation: Reengineering Work Through Information Technology*. Boston: Harvard Business School Press.

Davenport, T.; Prusàk, L. (1998). *Working Knowledge: How organization manage what they know*. Boston: Harvard Business School Press.

Davenport, T.H.; Short, J.E. (1990). The New Industrial Engineering: Information Technology and Business Process Redesign. *Sloan Management Review*, *31*(1), 11-27.

David, P.A.; Greenstein, R. (1990). The economics of compatibility standards: An introduction to recent research. *Economics of innovation and new technology*, *1990*(1), 3-41.

Davidow, W.H.; Malone, M.S. (1993). *The Virtual Corporation*. New York: Harper Business.

Davies, J.; Fensel, D.; van Harmelen, F. (Hrsg.). (2002). *Towards the Semantic Web*. New York: JohnWiley & Sons.

Davis, J.; Millburn, P.; Murphy, T.; Woodhouse, M. (1992). *Successful Team Building: How to Create Teams That Really Work*. London: Kogan Page.

Deloitte & Touche (2004). ExpressTM – Unsere Methode zur Einführung von J.D. Edwards. In: http://www.deloitte.com/dtt/cda/doc/content/D&T-Express.pdf, zugegriffen am 01.07.2004.

Dern, G. (2003). *Management von IT-Architekturen : Informationssysteme im Fokus von Architekturplanung und -entwicklung*. Wiesbaden: Vieweg.

Dertouzos, M. (1994). Seven Thinkers in Search of an Information Highway. *Technology Review*, *97*(6), 42 ff.

Deubler, M.; Gnatz, M.; Meisinger, M.; Rausch, A. (2003). Grobstruktur des neuen V-Modells. In: http://www4.in.tum.de/~hwp/web.hosting/weit/ergebnisse/AP2-Grobstruktur/AP2-Grobstruktur-Final-2003-05-12.pdf, zugegriffen am 19.06.2004.

Deutsches Institut für Normung (DIN) (1987). *DIN 69901* (Band Projektmanagement, Begriffe). Berlin.

Deutsches Institut für Normung (DIN) (1988). *Bildschirmarbeitsplätze. Grundsätze ergonomischer Dialoggestaltung*. Berlin: Beuth Verlag.

Dewan, R.; Seidmann, A.; Sundaresan, S. (1995). *Strategic Choices in IS Infrastructure: Corporate Standards versus „Best of Breed" Systems*. Konferenzbeitrag: International Conference on Information Systems (ICIS '95), Amsterdam, S. 97-107.

Dibbern, J.; Heinzl, A. (2000). Outsourcing der Informationsverarbeitung im Mittelstand: Test eines multitheoretischen Kausalmodells. Bayreuth.

Dingledine, R.; Freedman, J.; Molnar, D. (2001). Peer-to-Peer: Harnessing the Power of Disruptive Technologies. In: http://www.oreilly.com/catalog/peertopeer/chapter/, zugegriffen am 19.03.2002.

Dippold, R.; Meier, A.; Ringgenberg, A.; Schnider, W.; Schwinn, K. (2001). *Unternehmensweites Datenmanagement: Von der Datenbankadministration zum modernen Informationsmanagement*. (3. überarbeitete und erweiterte Auflage). Braunschweig, Wiesbaden: Vieweg.

Dixit, A.K.; Pindyck, R.S. (1994). *Investment Under Uncertainty*. Princeton, NJ: Princeton Univ. Press.

Domsch, M. (1993). Personal. In Bitz, M.; Dellmann, K.; Domsch, M.; Egner, H. (Hrsg.), *Vahlens Kompendium der BWL* (Band 1, S. 521-580). München: Vahlen.

Doranth, M. (1990). Das Dilemma im strategischen Dreieck: Informationstechnik/Nutzer/ Zentrales Controlling. In CW-IDG-CSE (Hrsg.), *Informationssysteme Controlling: Methoden und Verfahren in der Anwendung* (S. 261-302). München: CW Publikationen.

Dörner, D. (1989). *Die Logik des Mißlingens*. Reinbek: Rowohlt.

Dörner, W. (2003). *IT-Investitionen: investitionstheoretische Behandlung von Unsicherheit*. Hamburg: Kovaéc.

Dostal, W. (1990). Berufe in der Wirtschaftsinformatik. In Kurbel, K.; Strunz, H. (Hrsg.), *Handbuch Wirtschaftsinformatik* (S. 759-776). Stuttgart: Poeschel.

Drucker, P. (1988). The Coming of the new Organization. *Harvard Business Review*, *66*(1), 45-53.

Dülfer, E. (1982). Projekte und Projektmanagement im internationalen Kontext: Eine Einführung. In Dülfer, E. (Hrsg.), *Projektmanagement international*. Stuttgart: Poeschel.

Dustdar, S.; Gall, H. (2003). *Software-Architekturen für Verteilte Systeme*. Berlin, Heidelberg: Springer.

Earl, M.J. (1989). *Management Strategies for Information Technology*. Hemel Hempstead: Prentice Hall.

Earl, M.J. (1996a). The Chief Information Officer: Past, Present, and Future. In Earl, M.J. (Hrsg.), *Information management: The organizational dimension* (S. 456-484). Oxford et al.: Oxford Univerdity Press.

Earl, M.J. (1996b). Integrating IS and the Organization. In Earl, M.J. (Hrsg.), *Information Management* (S. 485-502). Oxford et al.: Oxford University Press.

Earl, M.J.; Feeny, D.F. (1994). Is Your CIO Adding Value? *Sloan Managment Review*, *35*(3), 11-20.

Eccles, R.; Nohria, N. (1992). *Beyond the Hype: Rediscovering the Essence of Management*: Harvard Business School Press.

Economides, N. (1996). The Economics of Networks. *International Journal of Industrial Organization*, *16*(4), 673-699.

Edelmann, W. (2000). *Lernpsychologie*. (6. Auflage). Kempten: Beltz.

Edwards, W. (1971). Social Utilities. *Engineering Economist, Summer Symposium Series*(6), 119-129.

Egelhoff, W.G. (1991). Information-Processing Theory and the Multinational Enterprise. *Journal of International Business Strategy*, *22*(3), 341-368.

Eistert, T. (1995). *EDI Adoption and Diffusion in the Political Economies of the Automotive and Retail Industries – An International Comparative Analysis*. Dissertation, Universität Hohenheim.

Elemica (2004). Elemica Supply Chain Solution Overview. In: www.elemica.com, zugegriffen am 28.05.2004.

Elgass, P. (1996). *Teambasierte Geschäftsprozeßplanung: Konzeption und prototypische Umsetzung eines computergestützten Planungsmodells*. Wiesbaden: Deutscher Universitäts-Verlag.

Ellis, A.; Kauferstein, M. (2004). *Dienstleistungsmanagement: erfolgreicher Einsatz von prozessorientiertem Service Level Management*. Berlin, Heidelberg: Springer.

English, L. (1999). *Improving Data Warehouse and Business Information Quality*. New York: Wiley & Sons.

Eppler, M.J. (2003). *Managing Information Quality*. Berlin: Springer.

Eschenröder, G. (1985). *Planungsaspekte einer ressourcenorientierten Informationswirtschaft*. Bergisch Gladbach: Josef Eul Verlag.

Fano, A.; Gershman, A. (2002). The Future of Business Services in the Age of Ubiquitous Computing. *Communications of the ACM, 45*(12), 83-87.

Farny, D. (1979). Grundfagen des Risk Management. In Goetzke, W.; Sieben, G. (Hrsg.), *Risk Management – Strategien zur Risikobeherrschung*. Köln: Gebera.

Farrell, J.; Saloner, G. (1985). Standardization, Compatibility, and Innovation. *Rand Journal of Economics* (16), 70-83.

Farrell, J.; Saloner, G. (1986). Installed Base and Compatibility: Innovation, Product Preannouncements, and Predation. *The American Economic Review, 76*(5), 940-955.

Feddersen, D.; Hommelhoff, P.; Schneider, U.H. (1996). *Corporate Governance – Optimierung der Unternehmensführung und der Unternehmenskontrolle im deutschen und amerikanischen Aktienrecht*. Köln: Schmidt.

Feeny, D.F. (2001). Making Sense of the E-Opportunity. *MIT Sloan Management Review, 42*(2), 41-51.

Feeny, D.F.; Ives, F. (1990). In Search of Sustainability: Reaping Long-term Advantage from Investments in Information Technology. *Journal of Global Information Management, 7*(1), 27-46.

Ferstl, O.K.; Sinz, E.J. (1993). *Grundlagen der Wirtschaftsinformatik* (Band 1). München: Oldenbourg.

Ferstl, O.K.; Sinz, E.J. (1995). Der Ansatz des Semantischen Objektmodells (SOM) zur Modellierung von Geschäftsprozessen. *Wirtschaftsinformatik, 37*(3), 209-220.

Fettke, P.; Loos, P. (2003a). Classification of reference models: a methodology and it application. *Information Systems and e-Business Management, 1*(1), 35-53.

Fettke, P.; Loos, P. (2003b). Model Driven Architecture (MDA). *Wirtschaftsinformatik, 45*(5), 555-559.

Fiedeler, U.; Fleischer, T.; Decker, M. (2004). Roadmapping als eine Erweiterung des „Methoden-Werkzeugkastens" der Technikfolgenabschätzung. *Technikfolgenabschätzung: Theorie und Praxis, 13*(2), 65-70.

Fischer, J. (1992). *Datenmanagement*. München, Wien: Oldenbourg.

Fleisch, E. (2001). *Betriebswirtschaftliche Perspektiven des Ubiquitous Computings*. Konferenzbeitrag: Information Age Economy – 5. Internationale Tagung Wirtschaftsinformatik 2001, Augsburg, S. 177-192.

Fleisch, E.; Dierkes, M. (2003). Ubiquitous Computing aus betriebswirtschaftlicher Sicht. *Wirtschaftsinformatik, 45*(6), 611-620.

FNI (Hrsg.). (1972). *DIN 44300 Informationsverarbeitung: Begriffe*.

Foegen, M. (2003). Architektur und Achitekturmanagement. *HMD – Praxis der Wirtschaftsinformatik, 232*, 57-65.

Fontana, J. (2003). Exchange Set for RTM, Pricing/Licensing Announced. *Network world, 20*(26), 58.

Foster, I.; Kesselman, C. (1999). Computational Grids. In Foster, I.; Kesselman, C. (Hrsg.), *The Grid: Bluepint for a New Computing Infrastructure* (S. 15-51). San Francisco: Morgan Kaufmann Publishers.

Foster, J. (1978). *Teams und Teamarbeit in der Unternehmung*. Stuttgart.

Fricke, M. (2001). Portal. In Back, A.; Becker, J.; König, W.; Krallmann, H.; Rieger, B.; Scheer, A.-W.; Seibt, D.; Stahlknecht, P.; Strunz, H.; Thome, R.; Wedekind, H. (Hrsg.), *Lexikon der Wirtschaftsinformatik* (S. 371-372). Berlin, Heidelberg et al.: Springer.

Friedmann, K. (2003, 13.02.2003). Wie gut sind Capacity-on-Demand-Angebote? *Computerwoche*.

Gaitanides, M. (1983). *Prozeßorganisation: Entwicklung, Ansätze und Programme prozeßorientierter Organisationsgestaltung*. München: Vahlen.

Gaitanides, M.; Scholz, R.; Vrohlings, A.; Raster, M. (1994). *Prozeßmanagement: Konzepte, Umsetzungen und Erfahrungen des Reengineering*. München, Wien: Hanser.

Galbraith, J. (1973). *Designing complex organizations*. Reading: Addison-Wesley.

Galvin, R. (1998). Science Roadmaps. *Science, 280*, 803.

Gamer, A. (1994). *Datenstrukturen strategischer Planung*. Frankfurt am Main et al.: Lang.

Gartner (2001). *Collaborative Commerce – An Overview of the New C-Commerce Equation*. Stamford: Gartner, Inc.

Gartner, P. (2000). *Projektmanagement : a guide to the project management body of knowledge (dt. Ausgabe, exklusive Sonderausg. für ESI)*. Berlin: Rhombos.

Geib, T. (1998). *Management von Krisensituationen in DV-Projekten*. Diplomarbeit, Universität Hohenheim.

Geier, C. (1999). *Optimierung der Informationstechnologie bei BPR-Projekten*. Wiesbaden: Gabler.

Geier, C.; Krcmar, H. (1999). *Ein prozeßorientierter Ansatz zur IT-Nutzenbeurteilung* (Arbeitspapier): Lehrstuhl für Wirtschaftsinformatik, Universität Hohenheim.

Gellersen, H.-W. (2000). *Ubiquitäre Informationstechnologien*. Karlsruhe: Universität Karlsruhe, Institut für Telematik.

Gemünden, H.-G. (1993). Information: Bedarf, Analyse und Verhalten. In Wittmann, W.e.a. (Hrsg.), *Handwörterbuch der Betriebswirtschaft* (Band 2, S. 1725-1735). Stuttgart: Schäffer-Poeschel.

Gersdorf, R. (2002). Potenziale des Content-Management. *Wirtschaftsinformatik*.

Gershenfeld, N. (2000). *Wenn die Dinge denken lernen*. (2. Auflage). München: Econ.

Giddens, A. (1979). *Central Problems in Social Theory*. (1. Auflage). London: Macmillan.

Gitt, W. (1989). Information: Die dritte Grundgröße neben Materie und Energie. *Siemens-Zeitschrift* (4), 4-9.

Gleich, R.; Kögler, S. (1999). Hat Ihr Controlling die Risiken im Griff? – Überlegungen für ein Risikomanagement-System. *IS-Report*, *9*(3), 182-188.

Goble, C. (2003). The Semantic Web: An Evolution for a Revolution. *Computer Networks* (42), 551-556.

Goldfarb, C.F.; Prescot, P. (1999). *XML Handbuch*. München et al.: Prentice Hall.

Goodwin, P.; Wright, G. (2004). *Decision Analysis for Management Judgment*. (3. Auflage). West Sussex: John Wiley & sons Ltd.

Gottschalk, P. (1998). *Content Characteristics of Formal Information Technology Strategy as Implementation Predictors*. Oslo: Tano Aschehoug Publishing.

Gottschalk, P. (2000). Information Systems Executives: The Changing Role of New IS/IT Leaders. *Informing Science*, *3*(2), 31-39.

Götzer, K.; Schneiderath, U.; Maier, B.; Boehmelt, W.; Komke, T. (2001). *Dokumentenmanagement*. (2. Auflage). Heidelberg: dpunkt.

Graeser, V.; Willcocks, L.; Pisanias, N. (1998). *Business Intelligence: Developing the IT Scorecard – A Detailed Route Map to IT Evaluation and Performance Measurement through the Investment Life-Cycle*.

Grey, M. (2001). *Business E-Mail Steals Personal Time* (Survey): Gartner Research.

Griese, J. (1990). Ziele und Aufgaben des Informationsmanagements. In Kurbel, K.; Strunz, H. (Hrsg.), *Handbuch Wirtschaftsinformatik* (S. 641-657). Stuttgart: Poeschel.

Griese, J. (1993). *Outsourcing of Information Systems Services in Switzerland: A Status Report*. Konferenzbeitrag: Outsourcing of Information Systems Services Conference, University of Twente, The Netherlands.

Grochla, E. (1975). *Betriebliche Planungs- und Informationssysteme*. Reinbek: Rowohlt.

Groenveld, P. (1997). Roadmapping Integrates Business and Technology. *Research Technlolgy Management*, *40*(5), 48-55.

Groffmann, H.-D. (1997). *Nachfrageorientierte Informationssysteme: Konzept und prototypische Realisierung*. Tübingen: Habilitationsschrift an der Universität Tübingen.

Grohmann, H.H. (2003). Prinzipien der IT-Governance. *HMD – Praxis der Wirtschaftsinformatik*, *232*, 17-23.

Gronau, N.; Uslar, M. (2004). *Integrating Knowledge Management and Human Resources Via Skill Management*. Konferenzbeitrag: I-KNOW '04 – 4th International Conference on Knowledge Management, Graz.

Groß, J. (1985). Entwicklung des strategischen Informations-Managements in der Praxis. In Strunz, H. (Hrsg.), *Planung in der Datenverarbeitung* (S. 38-66). Berlin et al.: Springer.

Grudin, J. (1994). Groupware and Social Dynamics: Eight Challenges for Developers. *Communications of the ACM*, *37*(1), 93-105.

Guimaraes, T. (1997). Empirically testing the antecendents of BPR success. *International Journal of Production Economics*, *48*(2/3), 199-210.

Gutenberg, E. (1979). *Die Produktion* (Band 1). (24. Auflage). Berlin et al.: Springer.

Häberle, O.; Krcmar, H. (2004). *Managementflexibilitäten im Informationsmanagement* (Arbeitspapier). München: Lehrstuhl für Wirtschaftsinformatik TU München.

Hahn, D. (2000). Problemfelder des Supply Chain Management. In Wildemann, H. (Hrsg.), *Supply Chain Management* (S. 9-19). München: TCW.

Hammer, M. (1990). Reengineering Work: Don't Automate, Obliterate. *Harvard Business Review, 68*(4), 104-112.

Hammer, M.; Champy, J. (1993). *Reengineering the Corporation.* New York: Harper-Collins.

Hanker, J. (1990). *Die strategische Bedeutung der Informatik für Organisationen: Industrieökonomische Grundlagen des strategischen Informationsmanagement.* Stuttgart: Teubner.

Hansen, H.R.; Neumann, G. (2001). *Wirtschaftsinformatik: Grundlagen der Betrieblichen Informationsverarbeitung.* (8. Auflage). Stuttgart: Lucius & Lucius.

Hansen, M.T.; Nohria, N.; Thomas, T. (1999). What's your strategy for managing knowledge? *Harvard Business Review, 77*(2), 106-116.

Hansmann, H.; Neumann, S. (2001). Prozessorientierte Einführung von ERP-Systemen. In Becker, J.; Kugeler, M.; Rosemann, M. (Hrsg.), *Prozessmanagement* (S. 327-372). Berlin: Springer Verlag.

Härder, T.; Rahm, E. (1999). *Datenbanksysteme: Konzepte und Techniken der Implementierung.* Berlin et al.: Springer.

Harris, S. (2001). The Tao of IETF: A Novice's Guide to the Internet Engineering Task Force. In: http://www.ietf.org, zugegriffen am 04.05.2001.

Harris, S.E.; Katz, J.L. (1988). *Profitability and Information Technology Capital Intensity in the Insurance Industry.* Konferenzbeitrag: 21st Annual Hawaii International Conference on Systems Sciences, Hawaii, S. 124-130.

Hartmann, P. (2001). Content Management (CM). In Back, A.; Becker, J.; König, W.; Krallmann, H.; Rieger, B.; Scheer, A.-W.; Seibt, D.; Stahlknecht, P.; Strunz, H.; Thome, R.; Wedekind, H. (Hrsg.), *Lexikon der Wirtschaftsinformatik* (S. 121). Berlin, Heidelberg et al.: Springer.

Haufs, P. (1989). *DV-Controlling.* Heidelberg: Physica Verlag.

Heilmann, H. (1990). Organisation und Management der Informationsverarbeitung im Unternehmen. In Kurbel, K.; Strunz, H. (Hrsg.), *Handbuch der Wirtschaftsinformatik* (S. 683-702). Stuttgart: Poeschel.

Heinen, E. (1991). *Industriebetriebslehre – Entscheidungen im Industriebetrieb.* Wiesbaden: Gabler.

Heinrich, L.J. (1992). *Informationsmanagement: Planung, Überwachung und Steuerung der Informationsinfrastruktur.* (4. vollständig überarbeitete und ergänzte Auflage). München, Wien: Oldenbourg.

Heinrich, L.J. (2002). *Informationsmanagement: Planung, Überwachung und Steuerung der Informationsinfrastruktur.* (7. vollständig überarbeitete und ergänzte Auflage). München, Wien: Oldenbourg.

Heinrich, L.J.; Burgholzer, P. (1987). *Informationsmanagement.* München, Wien: Oldenbourg.

Heinzl, A. (1991). *Die Ausgliederung der betrieblichen Datenverarbeitung.* Stuttgart: Poeschel.

Heinzl, A. (1993). *Outsourcing the Information Systems Function Within the Company – An Empirical Survey*. Konferenzbeitrag: Outsourcing of Information Systems Services Conference, University of Twente, The Nederlands.

Heinzl, A. (2001). Die Rolle des CIO in der Unternehmnung. *Wirtschaftsinformatik*, *43*(4), 410-412.

Helber, C. (1981). *Entscheidungen bei der Gestaltung optimaler EDV-Systeme*. München: Minerva.

Helmbrecht, U. (2003). Einführung einer Balanced Scorecard für den Bereich Informationsverarbeitung der Bayerischen Versorgungskammer. *Controlling & Management*, *47*(2), 93-97.

Henderson, J.C.; Venkatraman, N. (1993). Strategic Alignment: Leveraging Information technology for transforming organizations. *IBM Systems Journal*, *38*(2&3), 472-484.

Henkel, J. (2002). *Open Source Software from Commercial Firms – Tools, Complements, and Collective Invention*, Massachusetts Institute of Technology.

Hensberg, C. (2004). Entwicklung der Kennzahlen einer Balanced Scorecard. *Controlling – Strategische Erfolgsfaktoren und Risikomanagement*, *16*(4/5), 247-252.

Hertweck, D. (2002). *Escalating Commitment als Ursache gescheiterter DV-Projekte*. Dissertation, Universität Hohenheim.

Hess, G. (1993). *Kampf um den Standard: Erfolgreiche und gescheiterte Standardisierungsprozesse – Fallstudien aus der Praxis*. Stuttgart: Schäffer-Poeschel.

Hess, T.; Brecht, L. (1996). *State of the Art des Business Process Redesign: Darstellung und Vergleich bestehender Methoden*. (2. überarbeitete und erweiterte Auflage). Wiesbaden: Gabler.

Heuer, A. (1997). *Objektorientierte Datenbanken: Konzepte, Modelle, Standards und Systeme*. Bonn: Addison-Wesley.

Hildebrand, K. (2001). *Informationsmanagement: Wettbewerbsorientierte Informationsverarbeitung mit Standard-Software und Internet*. (2. erweiterte Auflage). München, Wien: Oldenbourg.

Hitachi Data Systems (2003). *Hitachi Data Systems Storage Index, Autumn / Winter 2003*.

Hochstein, A.; Hunziker, A. (2003). Serviceorintierte Referenzmodelle des IT-Managements. *HMD Praxis der Wirtschaftsinformatik* (232), 45-56.

Hohler, B. (1994). Zertifizierung und Prüfung von Softwareprodukten. *Handwörterbuch der modernen Datenverarbeitung*, *31*(175), 20-37.

Hollingsworth, D. (1995). The Workflow Reference Model. In: http://www.wfmc.org, zugegriffen am 15.12.1995.

Holten, R. (2003). Integration von Informationssystemen. *Wirtschaftsinformatik* (1), 41-54.

Hommelhoff, P.; Mattheus, D. (1998). Corporate Governance nach dem KonTraG. *Die Aktiengesellschaft*, *43*(6), 249-259.

Horton, F.W. (1979). *Information Ressources Management: concept and cases*. Cleveland, OH: Association for systems management.

Horton, F.W. (1981). *The Information Management Workbook: IRM made simple*. Washington DC: Information Management Press.

Horváth, P. (2002). *Controlling.* (8. vollständig überarbeitete Auflage). München: Vahlen Verlag.

Hossenfelder, W.; Schreyer, F. (1996). *DV Controlling bei Finanzdienstleistern – Planung, Kontrolle und Steuerung.* Wiesbaden: Gabler.

Hubig, C. (1994). Technikbewertung in Unternehmen. *Funkkolleg Technik, Studienbrief 5 (STE 19)*, 45-60.

Hubig, C. (2002). Definition Technik vs. Technologie. Stuttgart: Persönliche Mitteilung.

Hubig, C.; Ropohl, G. (1994). *Funkkolleg Technik: einschätzen – beurteilen – bewerten.* Tübingen: Beltz.

Hull, J. (2000). *Options, Futures & Other Derivatives.* (4. Auflage). Upper Saddle River: Prentice-Hall.

Hummel, H.; Midderhoft, R. (1997). V-Modell '97: Das fortgeschriebene Vorgehensmodell der Bundesverwaltungen. *Gesellschaft für Informatik, 1997*(1), 38-45.

Hunter, B. (1993). Internetworking: Coordinating technology for systemic reform. *Communications of the ACM, 36*(5), 42-46.

IBM Corporation (2002). What is Pervasive Computing? In: zugegriffen am 04.04.2002.

IBM Deutschland GmbH (1982). *Business Systems Planning: Handbuch zur Planung von Informationssystemen* (IBM Form GE 12-1400-2). Stuttgart.

IBM Deutschland GmbH (1988). *Information Systems Management, Management der Informationsverarbeitung, Architektur und Überblick* (Band 1). o.O.

Informationsstrategieorgan Bund ISB (2003). Hermes – Führen und Abwickeln von Projekten der Informations- und Kommunikationstechnologie (IKT). In: http://www.isb.admin.ch/imperia/md/content/methodenundterminologie/hermes/produkte/h-2003_handbuch_se_d_2004-07-23.pdf, zugegriffen am 21.09.2004.

Inmon, W.H. (1996). *Building the data warehouse.* (2. Auflage). New York, NY et al.: Wiley.

International Organisation for Standardization (ISO) (1999). *Information technology: Security techniques – Evaluation criteria for IT security Part 1: Introduction and general model (ISO 15408).* Genf: International Organisation for Standardization.

International Organisation for Standardization (ISO) (2001). *Information technology: Code of practice for information security management (ISO/IEC 17799).* Genf: International Organisation for Standardization.

Irani, Z. (1998). *Investment Justification of Information Systems.* PhD, Brunel University, UK.

Irani, Z.; Love, P. (2002). Developing a Frame of Reference for ex-ante IT/IS Investment Evaluation. *European Journal of Information Systems, 11*(1), 74-82.

Irle, A. (1998). *Finanzmathematik: die Bewertung von Derivaten.* Stuttgart: Teubner.

IT Governance Institute (2000). *CobiT – Framework.* (3. Auflage): Rolling Meadows.

Ives, B.; Learmonth, G.P. (1984). The Information System as a Competitive Weapon. *Communications of the ACM, 27*(12), 1193-1201.

Jeffries, R.; Anderson, A.; Hendrickson, C. (2001). *Extreme Programming Installed*. Boston: Addison-Wesley.

Jessup, L.; Robey, D. (2002). The relevance of social issues in Ubiquitous Computing Environments. *Communications of the ACM, 45*(12), 88-91.

Johannsen, A. (2001). *Telepräsenz und Telelearning: Wirkungen der Telepräsenz auf das Telelearning*. Dissertation, Universität Hohenheim.

Junginger, M. (2004). *Wertorientierte Steuerung von Risiken im Informationsmanagement*. Dissertation, Universität Hohenheim.

Junginger, M.; Krcmar, H. (2001). IT-Risk Management – Fit für E-Business? In Buhl, H.U.; Huther, A.; Reitwieser, B. (Hrsg.), *Information Age Economy. 5. Internationale Tagung Wirtschaftsinformatik 2001* (S. 395-408). Heidelberg: Physica-Verlag.

Junginger, M.; Krcmar, H. (2002). IT-Risk Management. *Wisu – Das Wirtschaftsstudium* (3), 360-369.

Junginger, M.; Krcmar, H. (2003). Risikomanagement im Informationsmanagement – Eine spezifische Aufgabe des IV-Controllings. *Information Management & Consulting, 18*(2), 16-23.

Kalakota, R.; Robinson, M. (2002). *M-business: the race to mobility*. New York: McGraw-Hill.

Kaplan, R.S.; Norton, D.P. (1992). The Balanced Scorecard: Measures That Drive Performance. *Harvard Business Review, 70*(1), 71-79.

Kaplan, R.S.; Norton, D.P. (1996). Using the Balanced Scorecard as a Strategic Management System. *Harvard Business Review, 74*(1), 75-85.

Kargl, H. (1999). *DV-Controlling*. (4. unwesentlich veränderte Auflage). München, Wien: Oldenburg.

Karpf, A.B.C. (2004). Speicher mit Strategie. *PCBusiness – Produkte und Lösungen für Ihr Unternehmen*, S. 96-100.

Katz, M.; Shapiro, C. (1985). Network Externalities, Competition and Compatibility. *American Economic Review, 75*(3), 424-464.

Katz, M.; Shapiro, C. (1986). Technology adoption in the presence of network externalities. *Journal of Political Economy, 94*(4), 822-841.

Kaufmann, L. (1997). Balanced Scorecard. *Zeitschrift für Planung, 1997*(4), 421-428.

Keen, P.G.W. (1991). *Shaping the future: business design through information technology*. Boston: Harvard Business School Press.

Keil, M.; Cule, P.E.; Lyytinen, K.; Schmidt, R.C. (1998). A framework for identifying software project risks. *Communications of the ACM, 41*(11), 76-83.

Keller, G.; Meinhardt, S. (1994). SAP R/3-Analyzer: Optimierung von Geschäftsprozessen auf Basis des R/3-Referenzmodells. In SAP AG (Hrsg.), *SAP R/3-Analyzer*. Walldorf: SAP PRESS.

Kelly, K. (1999). *NetEconomy : Zehn radikale Strategien für die Wirtschaft der Zukunft*. München: Econ.

Kemerer, C.F. (1987). An Empirical Validation of Software Cost Estimation Models. *Communications of the ACM, 30*(5), 416-429.

Kemper, A.; Eickler, A. (2004). *Datenbanksysteme: Eine Einführung*. (5. Auflage). München: Oldenbourg.

Kemper, H.-G. (1999). *Architektur und Gestaltung von Management-Unterstützungs-Systemen*. Stuttgart, Leipzig: Teubner.

Kieser, A.; Kubicek, H. (1992). *Organisation*. (3., völlig neubearbeitete Auflage). Berlin, New York: de Gruyter.

Killer, A. (2004). Ein Grid wird kommen. *project 57*, *2*(01-02/04), 62-66.

Kim, H.M.; Ramkaran, R. (2004). Best Practices in E-process Management: Extending a Re-engineering Framework. *Business Process Management Journal*, *10*(1), 27-43.

Kindleberger, C.P. (1983). Standards as public, collective and private goods. *KYKLOS*, *36*, 377-394.

Kinney, S.T.; Panko, R.T. (1996). *Project Teams: Profiles and member Perceptions – Implications for Group Support Systems Research and Products*. Konferenzbeitrag: 29th Annual Hawaii International Conference on System Sciences, Hawaii, S. 128-137.

Klas, W.; Neuhold, E.; Schrefl, M. (1990). Using an Object-Oriented Approach to Model Multimedia Data. *Computer Communications*, *13* (Special Issue on Multimedia Systems), 204-216.

Klein, S.; Szyperski, N. (1997). Referenzmodell zum Electronic Commerce. In: http://www.uni-koeln.de/wiso-fak/szyperski/veroeffentlichungen/electronic-commerce.htm, zugegriffen am 12.07.2004.

Klett, G. (1993). Risiko-Analyse mit Fuzzy-Logik. *KES Zeitschrift für Kommunikations- und EDV-Sicherheit*, *9*(6), 28-32.

Knolmayer, G. (1988). Aufgaben und Aufgabenwandel im Information Center. In Janko, W.H. (Hrsg.), *Statistik, Informatik und Ökonomie* (S. 136-163). Berlin, Heidelberg: Springer.

Knolmayer, G. (1993). Modelle zur Unterstützung von Outsourcing-Entscheidungen. In Kurbel, K. (Hrsg.), *Wirtschaftsinformatik '93* (S. 70-83). Heidelberg: Physica-Verlag.

Knolmayer, G. (1994). Der Fremdbezug von Information-Center-Leistungen. *Information Management*, *9*(1), 54-61.

Knolmayer, G. (1996). Benutzersupport: Eine Kernkompetenz des IV-Bereiches? *Handwörterbuch der modernen Datenverarbeitung*, *33*(189), 7-24.

Knolmayer, G.F. (2000). Application Service Providing (ASP). *Wirtschaftsinformatik*, *42*(5), 443-446.

Koch, M. (2001a). Community-Support-Systeme. In Schwabe, G.; Streitz, N.A.; Unland, R. (Hrsg.), *CSCW Kompendium – Lehr- und Handbuch für das computerunterstützte kooperative Arbeiten* (S. 286-296). Heidelberg: Springer.

Koch, M. (2001b). Kollaboratives Filtern. In Schwabe, G.; Streitz, N.A.; Unland, R. (Hrsg.), *CSCW Kompendium – Lehr- und Handbuch für das computerunterstützte kooperative Arbeiten* (S. 351-356). Heidelberg: Springer.

Koch, M.; Schlichter, J. (2001). Ubiquitous Computing. In Schwabe, G.; Streitz, N.; Unland, R. (Hrsg.), *CSCW-Kompendium – Lehr-und Handbuch zum computerunterstützten kooperativen Arbeiten* (S. 507-517). Berlin: Springer.

Köhne, S.; Ruisz, R.; Krcmar, H. (2002). Werkzeuge für das E-Learning. In Bellmann, M.; Krcmar, H.; Sommerlatte, T. (Hrsg.), *Handbuch Wissensmanagement* (S. 463-472). Düsseldorf: Symposion.

König, W.; Niedereichholz, J. (1986). *Informationstechnologie der Zukunft: Basis strategischer DV-Planung*. Heidelberg, Wien: Physica-Verlag.

Königer, P.; Reithmayer, W. (1998). *Management unstrukturierter Informationen*. Frankfurt: Campus.

Kostoff, R.N.; Schaller, R.R. (2001). Science and Technology Roadmaps. *IEEE Transactions on Engineering Mgmt.*, *48*(2), 132-143.

Kottula, A. (2002). *Management von Softwareprojekten: Erfols- und Misserfolgsfaktoren bei international verteilter Entwicklung*. (1. Auflage). Wiesbaden: Gabler.

Krcmar, H. (1985). *Enterprise-Wide Information Management: Expert Systems for Information Management* (G320-2767). Los Angeles: IBM Los Angeles Scientific Center.

Krcmar, H. (1987a). Innovationen durch Strategische Informationssysteme. In Dichtl, E.; Gerke, W.; Kieser, A. (Hrsg.), *Innovation und Wettbewerbsfähigkeit* (S. 227-246). Wiesbaden: Gabler.

Krcmar, H. (1987b). Thesen zur Entwicklung der Informatik in der Unternehmung. *Thexis*, *6*(3), 103-104.

Krcmar, H. (1990a). Bedeutung und Ziele von Informationssystem-Architekturen. *Wirtschaftsinformatik*, *32*(5), 395-402.

Krcmar, H. (1990b). Informationsverarbeitungs-Controlling: Zielsetzung und Erfolgsfaktoren. *Information Management*, *5*(3), 6-15.

Krcmar, H. (1991). Annäherungen an Informationsmanagement: Managementdisziplin und/oder Technologiedisziplin? In Staehle, W.H.; Sydow, J. (Hrsg.), *Managementforschung 1* (Band 1, S. 163-203). Berlin, New York: de Gruyter.

Krcmar, H. (1992a). Computer Aided Team – Ein Überblick. *information management*, *1*, 2-5.

Krcmar, H. (1992b). Informationslogistik der Unternehmung: Konzept und Perspektiven. In Stroetman, K.A. (Hrsg.), *Informationslogistik* (S. 67-90). Frankfurt am Main: Deutsche Gesellschaft für Dokumentation.

Krcmar, H. (1992c). Informationsverarbeitungs-Controlling in der Praxis. *Information Management*, *7*(2), 16-18.

Krcmar, H. (1992d). Outsourcing: Mode ohne Grenzen? *Information Management*, *7*(4), 64.

Krcmar, H. (1996). Informationsproduktion. In Kern, W.; Schröder, H.-H.; Weber, J. (Hrsg.), *Handwörterbuch der Produktionswirtschaft* (S. 717-728). Stuttgart: Schäffer-Poeschel.

Krcmar, H.; Björn-Andersen, N.; O'Callaghan, R. (1995). *EDI in Europe: How it works in Practice*. Chichester et al.: Wiley.

Krcmar, H.; Buresch, A. (1994a). *IV-Controlling: Ein Rahmenkonzept für die Praxis* (Arbeitspapier 50): Lehrstuhl für Wirtschaftsinformatik, Universität Hohenheim.

Krcmar, H.; Buresch, A. (1994b). IV-Controlling: Ein Rahmenkonzept für die Praxis. *Controlling*, *6*(5), 294-304.

Krcmar, H.; Buresch, A.; Reb, M. (2000). *IV-Controlling auf dem Prüfstand: Konzept – Benchmarking – Erfahrungsberichte*. Wiesbaden: Gabler.

Krcmar, H.; Leimeister, J.M. (2001). Wie Informationen sinnvoll eingesetzt werden. *Frankfurter Allgemeine Zeitung* (257), 29.

Krcmar, H.; Reb, M. (2000). Informationstechnologie und strategisches Management. In Welge, M.K.; Al-Laham, A.; Kajüter, P. (Hrsg.), *Praxis des strategischen Managements Konzepte – Erfahrungen – Perspektiven*. Wiesbaden: Gabler.

Krcmar, H.; Schwarzer, B. (1994). Prozeßorientierte Unternehmensmodellierung: Gründe, Anforderungen an Werkzeuge und Folgen für die Organisation. In Scheer, A.-W. (Hrsg.), *Prozeßorientierte Unternehmensmodellierung, Grundlagen – Werkzeuge – Anwendungen* (Band 53, S. 13-35). Wiesbaden: Gabler.

Krcmar, H.; Strasburger, H. (1993). Informationsmanagement und Informationssystemarchitekturen: Vorteile und Risiken von Client-Server-Architekturen aus der Sicht des Informationsmanagements. In Krcmar, H.; Strasburger, H. (Hrsg.), *Client-Server-Architekturen: Herausforderungen an das Informationsmanagement* (S. 9-29). Hallbergmoos: AIT.

Krcmar, H.; Wolf, P. (2002). Ansätze zur Überwindung der Digitalen Spaltung. In Welker, M.; Winchenbach, U. (Hrsg.), *Herausforderung „Internet für alle" Nutzung, Praxis, Perspektiven* (Band 4, S. 29-42). Stuttgart: MFG Medienentwicklung Baden-Württemberg.

Kronen, J. (1994). *Computergestützte Unternehmenskooperation*. Wiesbaden: Deutscher Universtitäts-Verlag.

Kruchten, P. (1999). *Der Rational Unified Process – Eine Einführung*. München: Addison Wesley Longman.

Kruschwitz, L. (1999). *Finanzierung und Investition*. (2. Auflage). München et al.: Oldenbourg.

Kuhlen, R. (1995). *Informationswissenschaft*. Konstanz: Universitätsverlag.

Kunz, H. (1996). *Beziehungsmanagement: Kunden binden, nicht nur finden*. Zürich: Orell Füssli.

Kupper, H. (1988). *Zur Kunst der Projektsteuerung: Qualifikation und Aufgaben eines Projektleiters bei DV-Anwendungen*. München, Wien: Oldenbourg.

Kütz, M. (1999). Ein Konzept für IV-Benchmarking. In Dobschütz, L.v.; Baumöl, U.; Jung, R. (Hrsg.), *IV-Controlling aktuell* (S. 25-52). Wiesbaden: Gabler.

Kütz, M. (2003). *Kennzahlen in der IT*. (1. Auflage). Heidelberg: dpunkt.verlag.

Lacity, M.; Willcocks, L. (1998). An Empirical Investigation Of Information Technology Sourcing Practices: Lessons From Experience. *MIS Quarterly*, *22*(3), 363-408.

Lacity, M.C.; Hirschheim, R. (1993). *Information Systems Outsourcing: Myths, Metaphors and Realities*. Chichester et al.: Wiley.

Lammers, M. (2004). Make, Buy or Share. *Wirtschaftsinformatik*, *46*(3), 204-212.

Lander, D.M.; Pinches, G.E. (1998). Challenges to the Practical Implementation of Modeling and Valuing Real Options. *Quarterly Review of Economics & Finance*, *38* (Special Issue), 537-567.

Lassig, P.; Lamberti, H.-J.; Jochum, C. (2003). Scoring- und beidseitige Due-Diligence-Prozesse im Rahmen der Lieferantenauswahl beim Infrastrukturoutsourcing. *Wirtschaftsinformatik*, *45*(2), 147-156.

Lee, H.-S. (1999). Automatic Clustering of Business Processes in Business Systems Planning. *European Journal of Operational Research*, *114*(2), 354-362.

Lee, R.G.; Dale, B.G. (1998). Business process management: a review and evaluation. *Business Process Management Journal*, *4*(3), 214-225.

Legner, C. (1999). *Benchmarking informationssytemgestützter Geschäftsprozesse*. Wiesbaden: Gabler.

Lehner, F. (1989). *Wartung und Nutzung von Anwendungssystemen: Ergebnisse einer empirischen Untersuchung* (Arbeitspapier 89.01). Linz: Institut für Wirtschaftsinformatik und Organisation der Johannes-Kepler-Universität Linz.

Lehner, F. (2003). *Mobile und drahtlose Informationssysteme*. Berlin: Springer.

Leibfried, K.; McNair, C. (1996). *Benchmarking: von der Konkurrenz lernen, die Konkurrenz überholen*. (2. Auflage). Freiburg i. Br.: Haufe.

Leimeister, J.M.; Daum, M.; Krcmar, H. (2002). *Mobile Virtual Healthcare Communities: An Approach to Community Engineering for Cancer Patients*. Konferenzbeitrag: Xth European Conference on Information Systems (ECIS), Danzig, S. 1626-1637.

Leimeister, J.M.; Krcmar, H. (2002). Community-Technologien für das Wissensmanagement. In Bellmann, M.; Krcmar, H.; Sommerlatte, T. (Hrsg.), *Praxishandbuch Wissensmanagement*. Düsseldorf: Symposion.

Leontiades, M. (1982). *Management Policy, Strategy and Plans*. Boston, Toronto: Little, Brown and Co.

Lesca, H.; Lesca, E. (1995). *Gestion de l'information, qualité de l'information et performance de l'entreprise*. Paris: Litec.

Leung, H.; Fan, Z. (2002). Software Cost Estimation. In: http://paginaspersonales.deusto.es/cortazar/doctorado/articulos/leung-handbook.pdf, zugegriffen am 12.07.2004.

Levitan, K.B. (1982). Information Resources as „Goods“ in the Life Cycle of Information Production. *Journal of the American Society for Information Science*, *33*(1), 44-54.

Lewandowski, W.; Mann, H. (2000). Erfolgreiches Outsourcing – Eine gute Prozesssteuerung ist die halbe Miete. In Bernhard, M.G.; Lewandowski, W.; Mann, H. (Hrsg.), *Service-Level-Management in der IT* (S. 215-234). Düsseldorf: Symposion.

Liess, A. (2000). ASP: Service Realität in Deutschland 2000. *Information Management & Consulting*, *15* (Sonderausgabe), 7-13.

Link, J. (1982). Die methodologischen, informationswirtschaftlichen und führungspolitischen Aspekte des Controlling. *Zeitschrift für Betriebswirtschaft*, *52*(3), 261-280.

Lischka, I. (2002). *Empirische Studie über das Aufgabenfeld der CIOs und dessen organisatorische Verankerung*. Diplomarbeit, Universität Hohenheim.

Litke, H.-D. (2002). *Projektmanagement*. (1. Auflage). München: Gräfe und Unzer.

Londeix, B. (1987). *Cost Estimation for Software Development*: TJ Press Ltd.

Lück, W. (1998). Internes Überwachungssystem (IÜS) – Die Pflicht zur Errichtung eines Internen Überwachungssystems durch das Gesetz zur Kontrolle und Transparenz im Unternehmensbereich (KonTraG). *WPK-Mitteilungen*, *37*(3), 182-188.

Lyman, P.; Varian, H.R. (2003). How much information? In: http://www.sims.berkeley.edu/how-much-info-2003, zugegriffen am 20.07.2004.

Macharzina, K. (1999). *Unternehmensführung: Das internationale Managementwissen. Konzepte – Methoden – Praxis*. (3. aktualisierte und erweiterte Auflage). Wiesbaden: Gabler.

Maedche, A. (2002). Semantikbasiertes Wissensmanagement: Neue Wege für das Management von Wissenssammlungen. In Bellmann, M.; Krcmar, H.; Sommerlatte, T. (Hrsg.), *Praxishandbuch Wissensmanagement*. Düsseldorf: Symposion.

Mag, W. (1984). Informationsbeschaffung. In Grochla, E.; Wittmann, W. (Hrsg.), *Handwörterbuch der Betriebswirtschaft* (Band 1, S. 1882-1894). Stuttgart: Schäffer-Poeschel.

Malik, F. (2000). *Führen Leisten Leben: Wirksames Management für eine neue Zeit*. (3 Auflage). Stuttgart, München: Deutsche Verlagsanstalt.

Malone, T.W.; Laubacher, R.J. (1999). *The Dawn of the E-Lance Economy*. Konferenzbeitrag: 4. Internationale Tagung Wirtschaftsinformatik, Saarbrücken.

Mann, C.C. (2000). The End of Moore's Law? *Technology Review*, *2000*(May/June), 42-48.

Männel, W. (1981). *Die Wahl zwischen Eigenfertigung und Fremdfertigung*. (2. Auflage). Stuttgart: Poeschel.

Markus, L.; Christiaanse, E. (2003). Adoption and impact of collaboration electronic marketplaces. *Information Systems and e-Business Management*, S. 139-155.

Marr, B.; Neely, A. (2003a). *Automating Your Scorecard: The Balanced Scorecard Software Report*. (3. Auflage). Stamford, CT: InfoEdge.

Marr, B.; Neely, A. (2003b). Balanced Scorecard: Die richtige Softwareanwendung für strategieorientierte Unternehmen auswählen. *Controlling & Management*, *47*(4), 237-240.

Marwick, A.D. (2001). Knowledge Management Technology. *IBM Systems Journal*, *40*(4), 814-830.

Matthes, F.; Wittenburg, A. (2004). *Softwarekarten zur Visualisierung von Anwendungslandschaften und ihrer Aspekte*. München: Lehrstuhl für Informatik 19, TU München.

Matyas, P.; Maurer, U. (2003). Distributed Systems – A History of Middleware. In Dornbusch, P.; Huber, M.; Möller, M.; Landgrebe, J.; Zündt, M. (Hrsg.), *Trend Report 2003 – Leveraging Business with Web Services* (S. 94-101). München: Center for Digital Technology and Management.

McFarlan, F.W.; McKenney, J.L.; Pyburn, P. (1983). Information archipelago: Plotting a course. *Harvard Business Review*, *61*(1), 145-155.

McFarlan, F.W.; Nolan, R.L. (2003). Letter from F. Warren McFarlan and Richard L. Nolan. In: www.hbr.org, zugegriffen am 14.07.2003.

McKeen, J.D.; Guimaraes, T.; Wetherbe, J.C. (1994). A Comparative Analysis of MIS Project Selection Mechanisms. *Data Base*, *25*(3), 19-39.

McKinsey (2001). *MGI High Tech Practice New Economy Study – Executive Summary*: McKinsey & Company.

McMillan, R. (2004). Sun Plans Per-Citizen Pricing for Governments. *Computerworld*, *38*(10), 14.

Meier, A. (1994). Ziele und Aufgaben im Datenmanagement aus der Sicht des Praktikers. *Wirtschaftsinformatik*, *36*(5), 455-464.

Melchert, F.; Schwinn, A.; Herrmann, C. (2003). *Das Common Warehouse Metamodel – ein Referenzmodell für Data-Warehouse-Metadaten.* Konferenzbeitrag: Informatik 2003. Innovative Informatikanwendungen. Band 1, Bonn, S. 254-258.

Mertens, P. (1985). *Aufbauorganisation der Datenverarbeitung – Zentralisierung – Dezentralisierung – Informationszentrum*. Wiesbaden: Gabler.

Mertens, P.; Bodendorf, F.; König, W.; Picot, A.; Schumann, M. (1995). *Grundzüge der Wirtschaftsinformatik*. (3. verbesserte Auflage). Berlin et al.: Springer.

Mertens, P.; Griese, J. (1993). *Integrierte Informationsverarbeitung 2: Planungs- und Kontrollsysteme in der Industrie*. (7. aktualisierte und überarbeitete Auflage). Wiesbaden.

Mertens, P.; Griese, J. (2000). *Integrierte Informationsverarbeitung 2: Planung- und Kontrollsysteme in der Industrie*. (8. Auflage). Wiesbaden: Gabler.

Mertens, P.; Höhl, M. (1999). Wie lernt der Computer den Menschen kennen? Bestandsaufnahme und Experimente zur Benutzermodellierung in der Wirtschaftsinformatik. In Scheer, A.-W.; Nüttgens, M. (Hrsg.), *Electronic Business Engineering* (S. 25-49). Heidelberg: Physica.

Mertens, P.; Knolmayer, G. (1998). *Organisation der Informationsverarbeitung: Grundlagen – Aufbau – Arbeitsteilung*. (3. überarbeitete Auflage). Wiesbaden: Gabler.

Mertens, P.; Schumann, M.; Hohe, U. (1989). Informationstechnik als Mittel zur Verbesserung der Wettbewerbsposition: Erkenntnisse aus einer Beispielsammlung. In Zur, E.; Spremann, K. (Hrsg.), *Informationstechnologie und strategische Führung* (S. 109-135). Wiesbaden: Gabler.

Meyer, M.; Zarnekow, R.; Kolbe, L.M. (2003). IT-Governance: Begriff, Status quo und Bedeutung. *Wirtschaftinformatik*, *45*(4), 445-448.

Millar, V. (1994). *Outsourcing Trends*. Konferenzbeitrag: Outsourcing, Cosourcing and Insourcing Conference, University of California – Berkeley.

Miller, J.G. (1978). *Living Systems*. New York et al.: McGraw Hill.

Milling, P. (1981). *Systemtheoretische Grundlagen zur Planung der Unternehmenspolitik*. Berlin: Duncker und Humblot.

Moore, G.E. (1965). *Cramming more components onto integrated circuits*.

Morris, B. (2003). *Driving supply chain improvement using the Elemica Supply Chain Solution*. Philadelphia: Rohm and Haas Company.

Morris, R.J.T.; Truskowski, B.J. (2003). The Evolution of Storage Systems. *IBM Systems Journal*, *42*(2), 205-217.

Morton, M.S.S. (1991). *The Corporation of the 1990s: Information Technology and Organizational Transformation*. New York, Oxford: Oxford Univ. Press.

Mucksch, H.; Behme, W. (2000a). Das Data Warehouse-Konzept als Basis einer unternehmensweiten Informationslogistik. In Mucksch, H.; Behme, W. (Hrsg.), *Das Data Warehouse-Konzept: Architektur – Datenmodelle – Anwendungen* (S. 3-80). Wiesbaden: Gabler.

Mucksch, H.; Behme, W. (2000b). Das Data Warehouse-Konzept als Basis einer unternehmensweiten Informationslogistik. In Mucksch, H.; Behme, W. (Hrsg.), *Das Data Warehouse-Konzept – Architektur-Datenmodelle-Anwendungen* (Band 4., S. 3-82). Wiesbaden: Gabler.

Muther, A. (2001). *Electronic Customer Care – Die Anbieter-Kunden Beziehung im Informationszeitalter.* (3. überarbeitete Auflage). Berlin et al: Springer.

Myers, M.S. (1970). *Every Employee a Manager: More Meaningful Job Through Job Enrichment.* New York et al.: McGraw Hill.

Mylonopoulos, N.; Ormerod, J. (1995). *A Microanalytic Approach to the Efficient Governance of IT Service Provision.* Konferenzbeitrag: 3rd European Conference on Information Systems, Athens, Greece, S. 749-765.

Nagel, K. (1990). *Nutzen der Informationsverarbeitung.* (2. Auflage). München: R. Oldenbourg Verlag.

Najda, L. (2001). *Informations- und Kommunikationstechnologie in der Unternehmensberatung.* Wiesbaden: Gabler.

National Institute of Standards and Technology (NIST) (1999). An Introduction to Computer Security: The NIST Handbook. In: http://csrc.nist.gov/nistpubs/800-12, zugegriffen am 02.08.1999.

Nefiodow, L.A. (1990). Der fünfte Kondratieff: Strategien zum Strukturwandel in Wirtschaft und Gesellschaft. *Frankfurter Allgemeine, Zeitung für Deutschland.*

Neftci, S.N. (2000). *An Introduction to the Mathematics of Financial Derivatives.* (2. Auflage). San Diego, CA: Acad. Press.

Nohr, H. (2001). Management der Informationsqualität. In Riekert, W.-F.; Michelson, M. (Hrsg.), *Informationswirtschaft* (S. 57-78). Wiesbaden: Gabler.

Nohr, H.; Roos, A.W. (2000). *Informationsqualität als Instrument des Wissensmanagements.* Stuttgart: Fachhochschule Stuttgart.

Nolan, R.L. (1973). Managing the Computer Ressource: A Stage Hypothesis. *Communications of the ACM, 16*(7), 7-18.

Nolan, R.L. (1979). Managing the crisis in data processing. *Harvard Business Review, 57*(2), 115-126.

Nonaka, I.; Takeuchi, H. (1995). *The knowledge-creating company: How Japanese companies create the dynamics of innovation.* Oxford etc.: Oxford University Press.

Nonhoff, J. (1989). *Entwicklung eines Expertensystems für das DV-Controlling.* Heidelberg: Springer Verlag.

Nordsieck, F. (1931). *Grundlagen der Organisationslehre.* Stuttgart.

Norman, D.A. (1999). *The invisible computer : why good products can fail, the personal computer is so complex and information appliances are the solution.* (2. Auflage). Cambridge, Mass.: The MIT Press.

Normenausschuss Qualitätsmanagement Statistik und Zertifizierungsgrundlagen (NQSZ) im DIN Deutsches Institut für Normierung e.V. (Hrsg.). (2000). *Qualitätsmanagementsysteme Grundlagen und Begriffe, DIN EN ISO 9000.*

o. V. (1984). *Webster's II New Riverside University Dictionary.* Berkeley, New York.

o. V. (1996). Metadata-Tags zur Erschließung von Internetquellen. In: http://www.mpib-berlin.mpg.de/DOK/metatagd.htm, zugegriffen am 20.03.2002.

o. V. (1999). Matchbox Webserver. In: http://wearables.stanford.edu/, zugegriffen am 15.04.2002.

o. V. (2002). Wearable Computing. In: http://www.media.mit.edu/wearables/, zugegriffen am 15.4.2002.

o. V. (2003). Dublin Core Metadata Element Set. In: http://dublincore.org/documents/2003/06/02/dces/, zugegriffen am 23.06.2004.

O'Dell, C.; Grayson, C.J., Jr. (1998). *If we only knew what we know: The transfer of internal knowledge and best practice.* New York: Free Press.

Oestereich, B. (2000). Die Macht des Rhythmus: das OEP-Timepacing-Verfahren. *Objektspektrum* (2).

Office of Government Commerce, G.B. (2000). *Service Support* (IT Infrastructure Library). London: TSO.

Office of Government Commerce, G.B. (2001). *Service Delivery : ITIL Managing IT Services.* (6. Auflage). London: TSO (The Stationery Office).

Office of Government Commerce, G.B. (2002a). *ICT Infrastructure Management* (IT Infrastructure Library). London: TSO.

Office of Government Commerce, G.B. (2002b). *Service support : ITIL Managing IT services.* (6. Auflage). London: TSO (The Stationery Office).

OMG (2003). *Common Warehouse Metamodel (CWM) Specification, Volume 1, Version 1.1, formal-03-03-02*: Object Management Group.

Orlikowski, W.J. (1988). *Information Technology in Post-Industrial Organizations*, New York University.

Orlikowski, W.J. (1990). *The Duality of Technology – Rethinking the Concept of Technology in Organizations* (CCSTR#105): MIT, Alfred P. Sloan School of Management.

Österle, H. (1987). Erfolgsfaktor Informatik: Umsetzung der Informationstechnik in der Unternehmensführung. *Information Management*, *2*(3), 24-31.

Österle, H. (1990). Integrierte Standardsoftware: Entscheidungshilfen für den Einsatz von Softwarepaketen. In Österle, H. (Hrsg.), *Band 2: Auswahl, Einführung und Betrieb von Standardsoftware.* Halbergmoos.

Österle, H.; Brenner, W.; Hilbers, K. (1992). *Unternehmensführung und Informationssystem: Der Ansatz des St. Galler Informationssystem-Managements.* Stuttgart: Teubner.

Ovum, L. (2000). *Enterprise Portals: New Strategies for Information Delivery, Extract* (Report). London: Ovum Ltd.

Palmer, S.R.; Felsing, J.M. (2002). *A Practical Guide to Feature-Driven Development.* Upper Saddle River: Prentice Hall.

Panayi, S.; Trigeorgis, L. (1998). Multi-stage Real Options: The Cases of Information Technology Infrastructure and International Bank Expansion. *Quarterly Review of Economics & Finance, 38* (Special Issue), 675-692.

Panko, R.R. (1991). Is Office Productivity Stagnant? *MIS Quarterly, 15*(2), 191-203.

Parker, M.M.; Benson, R.J.; Trainor, H.E. (1988). *Information Economics: Linking Business Performance to Information Technology*. Englewood, Cliffs: Prentice-Hall.

Parkinson, C.N. (1957). *Parkinson's Law, and Other Studies in Administration*. Boston.

Passing, U. (2004). Expertenschätzungen. Hintergrund. In: http://www.expertenschaetzungen.de/hintergrund/index.html, zugegriffen am 18.06.2004.

Patterson, D.A.; Gibson, G.; Katz, R.H. (1988). *A Case for Redundant Arrays of Inexpensive Disks (RAID)*. Konferenzbeitrag: Proceedings of the Conference on Management of Data, S. 109-116.

Paulk, M.C.; Curtis, B.; Chrissis, M.B.; Weber, C.V. (1993). *Capability Maturity Model for Software, Version 1.1.*

Penzel, H.-G. (2001). Hat der CIO im Vorstand ein Zukunft? *Wirtschaftsinformatik, 43*(4), 409.

PeopleSoft (2004). Compass Methodology. In: http://www.peoplesoft.com/corp/en/consulting/peoplesoft/overview/compass_method.jsp, zugegriffen am 02.07.2004.

Pereira, R.E. (1999). Resource View Theory Analysis of SAP as a Source of Competitive Advantage for Firms. *The Database for Advances in Information Systems, 30*(1), 38-46.

Perens, B. (1999). „The open source definition." In Dibona, C.; Ockman, S.; Stone, M. (Hrsg.), *Opensources: Voices from the open source revolution* (S. 171-188). Sebastopol u. a.: O'Reilly.

Perlitz, M.; Offinger, A.; Reinhardt, M.; Schug, K.; Bufka, J. (1995). *Business Process Reengineering – Ergebnisse einer empirischen Untersuchung*. Mannheim: Lehrstuhl für Allgemeine Betriebswirtsachaftslehre und internationales Management, Universität Mannheim.

Peyer, M. (1996). Neue Möglichkeiten des Datenmanagements. Wien: Vortrag am Österreichischen Controller-Institut.

Pfennig, M. (2000). Shareholder Value durch unternehmensweites Risikomanagement. In Johanning, L.; Rudolph, B. (Hrsg.), *Handbuch Risikomanagement*. Bad Soden: Uhlenbruch Verlag.

Phillips, F.Y. (2001). *Market-Oriented Technology Management – Innovating for Profit in Entrepreneurial Times*. Heidelberg: Springer.

Picot, A. (1982). Transaktionskostenansatz in der Organisationstheorie: Stand der Diskussion und Aussagewert. *Die Betriebswirtschaft, 42*(2), 267-284.

Picot, A. (1988a). *Die Planung der Unternehmensressource „Information"*. Konferenzbeitrag: 2. Internationales Management-Symposium „Erfolgsfaktor Information", Frankfurt, S. 223-250.

Picot, A. (1988b). Strategisches Informationsmanagement. *Siemens Magazin COM*(3), 11-15.

Picot, A.; Jahn, A. (2000). ASP als innerbetriebliches Alheilmittel? *Information Management & Consulting, 15*(Sonderausgabe), 72-77.

Picot, A.; Maier, M. (1992). Analyse- und Gestaltungskonzepte für das Outsourcing. *Information Management*, *7*(4), 14-27.

Picot, A.; Neuburger, R.; Niggl, J. (1991). Ökonomische Perspektiven eines „Electronic Data Interchange". *Information Management*, *6*(2), 22-29.

Picot, A.; Reichwald, R. (1985). *Menschengerechte Arbeitsplätze sind wirtschaftlich: Vier-Ebenen-Modell der Wirtschaftlichkeitsbeurteilung*. Eschborn: RKW.

Picot, A.; Reichwald, R.; Wigand, R.T. (2003). *Die grenzenlose Unternehmung – Information, Organisation und Management*. (5. aktualisierte Auflage). Wiesbaden: Gabler.

Pietsch, T.; Martiny, L.; Klotz, M. (1998). *Strategisches Informationsmanagement. Bedeutung und organisatorische Umsetzung*. (3. vollständig überarbeitete Auflage). Berlin: Schmidt.

Pigoski, T.M. (1996). *Practical Software Maintenance. Best Practices for Managing Your Software Investment*: Wiley Computer Publishing.

Poe, V.; Reeves, L. (1997). *Aufbau eines Data Warehouse*. München et al.: Prentice Hall.

Polanyi, M. (1966). *The Tacit Dimension*. London: Routledge & Kegan Paul.

Porter, M.E. (1980). *Competitive Strategy: Techniques for Analyzing Industries and Competitors*. New York: Free Press.

Porter, M.E. (1985). *Competitive Advantage: Creating and Sustaining Superior Performance*. New York: Free Press.

Porter, M.E. (1998). *Competitive Advantage: Creating and Sustaining Superior Performance*. New York: Free Press.

Porter, M.E.; Millar, V.E. (1985). How information gives you competitive advantage. *Harvard Business Review*, *63*(4), 149-160.

Postel, J. (1981a). Internet Control Message Protocol – DARPA Internet Program Protocol Specification. In: http://www.ietf.org, zugegriffen am 05.07.2004.

Postel, J. (1981b). Internet Protocol – DARPA Internet Protocol Program Secification. In: http://www.ietf.org, zugegriffen am 05.07.2004.

Postel, J. (1981c). Transmission Control Protocol – DARPA Internet Protocol Program Specification. In: http://www.ietf.org, zugegriffen am 06.07.2004.

Potthof, I. (1998). Empirische Studien zum wirtschaftlichen Erfolg der Informationsverarbeitung. *Wirtschaftsinformatik*, *40*(1), 54-65.

Prahalad, C.K.; Hamel, G. (1990). The Core Competence of the Corporation. *Harvard Business Review*, *68*(3), 79-91.

Pribilla, P.; Reichwald, R.; Goecke, R. (1996). *Telekommunikation im Management: Strategien für den globalen Wettbewerb*. Stuttgart: Schäffer-Poeschel.

Probst, G.; Raub, S.; Romhardt, K. (1999). *Wissen managen: Wie Unternehmen ihre wertvollste Ressource optimal nutzen*. (3. Auflage). Wiesbaden: Gabler.

Raymond, E.S. (1999). *The Cathedral and the Bazaar: Musings on Linux and Open Source by an Accidental Revolutionary*. Sebastopol: O'Reilly.

Redman, B.; Kirwin, B.; Berg, T. (1998). *TCO: A Critical Tool for Managing IT*: Gartner Group.

Redman, T.C. (1996). *Data quality for the information age*. Boston, MA: Artech House.

Rehäuser, J. (1999). *Prozeßorientiertes Benchmarking im Informationsmanagement*. Wiesbaden: Deutscher Universitäts-Verlag.

Rehäuser, J.; Krcmar, H. (1995a). *Benchmarking im Informationsmanagement* (Band 79). Stuttgart.

Rehäuser, J.; Krcmar, H. (1995b). Benchmarking im Informationsmanagement als Instrument eines umfassenden IV-Controlling. *DV-Management*, *5*(3), 107-112.

Rehäuser, J.; Krcmar, H. (1996). Wissensmanagement im Unternehmen. In Schreyögg, G.; Conrad, P. (Hrsg.), *Wissensmanagement* (Band 6, S. 1-40). Berlin, New York: de Gruyter.

Reich, B.H.; Nelson, K.M. (2003). In Their Own Words: CIO Visions About the Future of In-House IT Organizations. *The Data Base*, *34*(4), 28-43.

Reich, R. (1991). *The work of nations*. London: Simon & Schuster.

Reichwald, R.; Möslein, K.; Englberger, H. (2001). Neue Organisationsformen. In Schwabe, G.; Streitz, N.; Unland, R. (Hrsg.), *CSCW Kompendium – Lehr- und Handbuch für das computerunterstützte kooperative Arbeiten* (S. 465-475). Berlin, Heidelberg: Springer.

Reichwald, R.; Piller, F. (2003). Von Massenproduktion zu Co-Produktion. Kunden als Wertschöpfungspartner. *Wirtschaftsinformatik*, S. 515-519.

Reichwald, R.; Piller, F.; Stotko, C. (2003). Prozessoptimierung durch Mass Customization im Electronic Business. In Kersten, W. (Hrsg.), *E-Collaboration. Prozessoptimierung in der Wertschöpfungskette* (S. 85-109). Wiesbaden: Deutscher Universitäts-Verlag.

Rensmann, J. (1998). Unternehmensnetz nach Maß. *Office Management* (3), 8-10.

Riedl, J.E. (1990). *Projekt-Controlling in Forschung und Entwicklung: Grundsätze, Methoden, Verfahren, Anwendungsbeispiele aus der Nachrichtentechnik*. Berlin et al.: Springer.

Riemer, K.; Ahlemann, F. (2001). Application Service Providing – Erfahrungsbericht aus Sicht eines Providers. In Buhl, H.U.; Huber, A.; Reitwiesner, B. (Hrsg.), *Information Age Economy/5. Internationale Tagung Wirtschaftsinformatik 2001* (S. 743-756). Heidelberg: Physica-Verlag.

Riempp, G. (2002). Wissensorientierte Portale – integrierte Werkplätze für Wissensmanagement. In Bellmann, M.; Krcmar, H.; Sommerlatte, T. (Hrsg.), *Praxishandbuch Wissensmanagement*. Düsseldorf: Symposion.

Rockart, J.F. (1979). Chief Executives define their own data needs. *Harvard Business Review*, *14*(2), 81-93.

Rockart, J.F. (1988). The line takes the leadership: IS Management for the wired society. *Sloan Management Review*, *29*(1), 57-64.

Rogers, E.M. (1995). *Diffusion of Innovations*. (4. Auflage). New York: The Free Press.

Rohm&Haas (2004). Rohm and Haas Company Overview. In: http://www.rohmhaas.com/company/company_overview.html, zugegriffen am 28.05.2003.2004.

Rosemann, M.; Rotthowe, T. (1995). Der Lösungsbeitrag von Prozeßmodellen bei der Einführung von SAP/R3 im Finanz- und Rechnungswesen. *Handbuch der modernen Datenverarbeitung: Theorie und Praxis der Wirtschaftsinformatik*, *32*(182), 8-25.

RosettaNet (2004). RosettaNet Overview. In: http://www.rosettanet.org/, zugegriffen am 12.07.2004.

Ross, J.W.; Feeny, D.F. (1999). The Evolving Role of the CIO. In Zmud, R.W.; Price, M.F. (Hrsg.), *Framing the domains of IT management: projecting the future through the past* (S. 385-402). Cincinnati: Pinnaflex Educational Ressources.

Rudolph, S. (2004). *Benchmarking im Informationsmanagement.* München: Lehrstuhl für Wirtschaftsinformatik, TU München.

Rudolph, S.; Pracht, B.; Taranovych, Y.; Walter, S.; Krcmar, H. (2004). *Erfolgskriterien in Projekten: eine empirische Studie zur Situation des Projektmanagements in digitalen Produktionen.* Konferenzbeitrag: Konferenz zur Zukunft im Projektmanagement – InterPM 2004, Glashütten, S. 27-54.

Sackarendt, M. (2003). Der CIO aus dem Blickwinkel des Business. In Gora, W.; Schulz-Wolfgramm, C. (Hrsg.), *InformationsManagement: Handbuch für die Praxis* (S. 157-170). Berlin et al.: Springer.

Sacks, D. (2001). *Demystifying Storage Networking – DAS, SAN, NAS, NAS Gateways, Fibre Channel, and iSCSI.* San Jose: IBM Corporation.

Santos, D. (1991). Justifying Investments in New Information Technologies. *Journal of Management Information Systems*, *7*(4), 71-89.

SAP AG (2003). SAP R/3 Software und Services. Preis- und Konditionenliste. Version 1.0A (gültig ab 01.05.2003).

Scheer, A.-W. (1988). *Wirtschaftsinformatik: Informationssysteme im Industriebetrieb.* (2., verbesserte Auflage). Berlin et al.: Springer.

Scheer, A.-W. (1990). *EDV-orientierte Betriebswirtschaftslehre: Grundlagen für ein effizientes Informationsmanagement.* (4. völlig neu bearbeitete Auflage). Berlin et al.: Springer.

Scheer, A.-W. (1991). *Architektur integrierter Informationssysteme: Grundlagen der Unternehmensmodellierung.* Berlin et al.: Springer.

Scheer, A.-W. (1993). Betriebs- und Wirtschaftsinformatik. In Wittmann, W.e.a. (Hrsg.), *Handwörterbuch der Betriebswirtschaft* (Band 2, S. 390-408). Stuttgart: Poeschel.

Scheer, A.-W. (1997). *Wirtschaftsinformatik: Referenzmodelle für industrielle Geschäftsprozesse.* (7., durchgesehene Auflage). Berlin et al.: Springer.

Scheer, A.-W. (1998). *Wirtschaftsinformatik: Referenzmodelle für industrielle Geschäftsprozesse.* (Studienausgabe, 4. vollständig überarbeitete und erweiterte Auflage). Berlin et al.: Springer.

Scheer, A.-W.; Jost, W. (2002). Geschäftsprozessmanagement und Wissensmanagement: Ein integrierter Lösungsansatz. In Bellmann, M.; Krcmar, H.; Sommerlatte, T. (Hrsg.), *Praxishandbuch Wissensmanagement.* Düsseldorf: Symposion.

Schenk, M. (1987). *Medienwirkungsforschung.* Tübingen: Mohr.

Schindel, V. (1979). Entscheidungsorientierte Interpretationen des Informationswertes und ihre jeweilige Eignung zur Beurteilung von Informationsbeschaffungsmaßnahmen. *Zeitschrift für Betriebswirtschaft*, *49*(1), 39-56.

Schinzer, H.D.; Bange, C.; Mertens, H. (1999). *Data warehouse und Data mining: marktführende Produkte im Vergleich.* (2. völlig überarb. und erw. Aufl Auflage). München: Vahlen.

Schlageter, G.; Stucky, W. (1983). *Datenbanksysteme: Konzepte und Modelle*. Stuttgart: Teubner.

Schmalen, H. (1993). Diffusionsprozesse und Diffusionstheorie. In Wittmann, W. (Hrsg.), *Handwörterbuch der Betriebswirtschaft* (S. 76-788). Stuttgart: Poeschel.

Schmaltz, R. (2004). *Semantic Web Technologien für das Wissensmanagement* (Arbeitsbericht Nr. 1/2004). Göttingen: Georg-August-Universität Göttingen, Institut für Wirtschaftsinformatik.

Schmid, R.E.; Bach, V. (2000). *Customer Relationship Management bei Banken*. St. Gallen: Institut für Wirtschaftsinformatik.

Schneider, U. (1990). *Kulturbewußtes Informationsmanagement: ein organisationstheoretischer Gestaltungsrahmen für die Infrastruktur betrieblicher Informationsprozesse*. München, Wien: Oldenbourg.

Scholz, C. (1992). Globaler Wettbewerb, technologische Dynamik und die Konsequenzen für Mitarbeitermotivation und -qualifikation. In Scholz, C.; Staudt, E.; Steger, U. (Hrsg.), *Die Zukunft der Arbeitsgesellschaft: Technologie und Qualifikation* (S. 155-188). Frankfurt am Main: Campus.

Scholz, C. (1993). *Personalmanagement: informationsorientierte und verhaltenstheoretische Grundlagen*. (3. Auflage). München: Vahlen.

Scholz, C. (2000a). Personalarbeit im IT-Bereich: Erfolgskritische Aktionsfelder. *Wirtschaftsinformatik, 42* (Sonderheft), 14-23.

Scholz, C. (2000b). *Personalmanagement*. (5. Auflage). München: Vahlen.

Schönwälder, S. (1997). *Portfoliomanagement für betriebliche Informationssysteme: Ein computergestützter Ansatz zur partizipativen Einführung und Gestaltung*. Wiesbaden: Deutscher Universitäts-Verlag.

Schrey, J. (2000). Ein Wegweiser für effektive vertragsliche Regelungen – Fehlende gesetzliche Regelungen erfordern Absprachen. In Bernhard, M.G.; Lewandowski, W.; Mann, H. (Hrsg.), *Service-Level-Management in der IT: Die IT als Dienstleistung organisieren* (S. 153-172). Düsseldorf: Symposion.

Schröder, M. (1993). Help-Desk-System. *Wirtschaftsinformatik, 35*(3), 280-283.

Schubert, P.; Back-Hock, A. (1996). Groupwarebasierter Help-Desk für Informatikprobleme: eine Applikation unter Lotus Notes an der Universität St. Gallen. *Handbuch der modernen Datenverarbeitung, 33*(189), 54-63.

Schüler, W. (1989). Informationsmanagement: Gegenstand und organisatorische Konsequenzen. In Spremann, K.; Zur, E. (Hrsg.), *Informationstechnologie und strategische Führung* (S. 181-187). Wiesbaden: Gabler.

Schulz-Wolfgramm, C. (2003). Corporate Information Officer – Warum und wofür? In Gora, W.; Schulz-Wolfgramm, C. (Hrsg.), *InformationsManagement : Handbuch für die Praxis* (S. 143-156). Berlin et al.: Springer.

Schumann, M. (1990). Abschätzung von Nutzeffekten zwischenbetrieblicher Informationsverarbeitung. *Wirtschaftsinformatik, 32*(4), 307-319.

Schumann, M. (1992). *Betriebliche Nutzeffekte und Strategiebeiträge der großintegrierten Informationsverarbeitung*. Berlin et al.: Springer.

Schumpeter, J.A. (1950). *Capitalism, Socialism and Democracy.* (3. Auflage). New York: Harper.

Schütte, R. (1998). *Grundsätze ordnungsmäßiger Referenzmodellierung.* Wiesbaden: Gabler.

Schwabe, G. (1995). *Objekte der Gruppenarbeit.* Wiesbaden: Deutscher Universitäts-Verlag.

Schwabe, G. (1999). *Telekooperation für den Gemeinderat.* Habilitation, Universität Hohenheim.

Schwabe, G.; Krcmar, H. (1996). Der Needs Driven Approach: Eine Methode zur bedarfsgerechten Gestaltung von Telekooperation. In Krcmar, H.; Lewe, H.; Schwabe, G. (Hrsg.), *Herausforderung Telekooperation: Einsatzerfahrungen und Lösungsansätze für ökonomische und ökologische, technische und soziale Fragen unserer Gesellschaft* (S. 69-88). Heidelberg: Springer.

Schwabe, G.; Streitz, N.; Unland, R. (2000). Perspektiven. In Schwabe, G.; Streitz, N.; Unland, R. (Hrsg.), *CSCW Kompendium – Lehr- und Handbuch für das computerunterstützte kooperative Arbeiten.* Berlin et al.: Springer.

Schwarze, J. (2000). *Einführung in die Wirtschaftsinformatik.* (5. Auflage).

Schwarzer, B. (1994a). Die Rolle der Information und des Informationsmanagements in Business Process Re-Engineering Projekten. *Information Management, 9*(1/1994b), 30-35.

Schwarzer, B. (1994b). *Prozessorientiertes Informationsmanagement in multinationalen Unternehmen: eine empirische Untersuchung in der Pharmaindustrie.* Dissertation, Universität Hohenheim.

Schwarzer, B.; Krcmar, H. (1995). *Grundlagen der Prozeßorientierung: Eine vergleichende Untersuchung in der Elektronik- und Pharmaindustrie.* Wiesbaden: Deutscher Universitäts-Verlag.

Schwarzer, B.; Krcmar, H. (1999). *Einführung in die Wirtschaftsinformatik.* Stuttgart.

Schwarzer, B.; Krcmar, H. (2004). *Wirtschaftsinformatik: Grundzüge der betrieblichen Datenverarbeitung.* (3. Auflage). Stuttgart: Schäffer-Poeschel.

Schwarzer, B.; Zerbe, S.; Krcmar, H. (1995). *Neue Organisationsformen als Untersuchungsgegenstand – Das NOF-Projekt* (Arbeitspapier 78): Lehrstuhl für Wirtschaftsinformatik Universität Hohenheim.

Seemann, A.; Schmalzridt, B.; Lehmann, P. (2001). *SAP business information warehouse.* (1. Auflage). Bonn: Galileo Press.

Seibt, D. (1990a). Ausgewählte Probleme und Aufgaben der Wirtschaftsinformatik. *Wirtschaftsinformatik, 32*(1), 7-12.

Seibt, D. (1990b). Phasenkonzept. In Mertens, P. (Hrsg.), *Lexikon der Wirtschaftsinformatik* (S. 326-328). Berlin et al.: Springer.

Seibt, D. (2001). Vorgehensmodell. In Mertens, P. (Hrsg.), *Lexikon der Wirtschaftsinformatik* (S. 498-500). Berlin et al.: Springer.

Seiffert, H. (1971). *Information über die Information: Verständigung im Alltag, Nachrichtentechnik, wissenschaftliches Verstehen, Informationssoziologie, das Wissen der Gelehrten.* (3. Auflage). München: Beck.

Shannon, C.E.; Weaver, W. (1976). *Mathematische Grundlagen der Informationstheorie.* München: Oldenburg.

Shapiro, C.; Varian, H.R. (1998). *Information rules: A strategic guide to the network economy.* Boston, Massachusetts: Harvard Business School Press.

Shepperd, M.; Schofield, C.; Kitchenham, B. (1996). *Effort Estimation Using Analogy.* Konferenzbeitrag: ICSE, S. 170-178.

Simon, D.; Will, M. (2003). How Do Web Services affect the internal organization and the boundaries of firms. In Dornbusch, P.; Huber, M.; Möller, M.; Landgrebe, J.; Zündt, M. (Hrsg.), *Trend Report 2003 – Leveraging Business with Web Services* (S. 24-34). München: Center for Digital Technology and Management.

Simon, J.M. (1996). SPICE: Overview for Software Process Improvement. *Journal of Systems Architecture, 42* (No. 8, Dec. 1996), 633-641.

Sneed, H.M. (1996). Schätzung der Entwicklungskosten von objektorientierter Software. *Informatik-Spektrum, 19*, 133-140.

Snell, J.; Tidwell, D.; Kulchenko, P. (2002). *Programming Web Services with SOAP.* Beijing et al.: O'Reilly.

Sokolovsky, Z. (1987). Projektcontrolling: Projektbegleitende Wirtschaftlichkeitskontrollen bei großen DV-Projekten. *Zeitschrift für Organisation, 56*(4), 261-268.

Sokolovsky, Z. (1990). Produkt-Controlling in der Informationsverarbeitung. In CW-IDG-CSE (Hrsg.), *Informationssysteme Controlling: Methoden und Verfahren in der Anwendung* (S. 303-325). München: CW-Publikationen.

Solow, R.M. (1987). We'd Better Watch Out. *New York Times Book Review.*

Spangler, S.; Kreulen, J.T.; Lessler, J. (2003). Generating and Browsing Multiple Taxonomies over a Document Collection. *Journal of Management Information Systems, 19*(4), 191-212.

Spillner, A. (2000). *From V-Model to W-Model – Establishing the Whole Process.* Konferenzbeitrag: 4th Conference on Quality engineering in Software Technology, Nürnberg, S. 222-231.

Staehle, W.H. (1991). *Management: Eine verhaltenswissenschaftliche Perpektive.* (6. Auflage). München: Vahlen.

Stahlknecht, P.; Hasenkamp, U. (2002). *Einführung in die Wirtschaftsinformatik.* (10. überarbeitete und aktuallisierte Auflage). Berlin, et al.: Springer.

Staw, B.M. (1997). The Escalation of Commitment: An Update and Appraisal. In Shapira, Z. (Hrsg.), *Organizational and Decision Making* (S. 191-215). Cambridge: Cambridge University Press.

Stein, E. (2001). *Taschenbuch Rechnernetze und Internet.* München Wien: Fachbuchverlag Leipzig im Carl Hanser Verlag.

Steinbock, H.-J. (1994). *Potentiale der Informationstechnik: State-of-the-Art und Trends aus Anwendersicht.* Stuttgart: Teubner.

Steinmüller, W. (1981). Eine sozialwissenschaftliche Konzeption der Informationswissenschaft. *Nachrichten für Dokumentation, 23*(2), 69-80.

Steinmüller, W. (1993). *Informationstechnologie und Gesellschaft: Einführung in die Angewandte Informatik*. Darmstadt: Wissenschaftliche Buchgesellschaft.

Stephens, C.S.; Ledbetter, W.N. (1992). Executive or functional manager? The nature of the CIO's job. *MIS Quaterly*, *16*(4), 449--467.

Stölzle, W. (1999). *Industrial Relationships*. München, Wien: Oldenbourg.

Strassmann, P. (1982). Overview of Strategic Aspects of Information Management. *Technology and People* (1), 71-89.

Straube, M. (1972). *Zwischenbetriebliche Kooperation*. Wiesbaden: Betriebswirtschaftlicher Verlag Gabler.

Strauch, B.; Winter, R. (2002). Business Intelligence. In Bellmann, M.; Krcmar, H.; Sommerlatte, T. (Hrsg.), *Handbuch Wissensmanagement*. Düsseldorf: Symposion.

Strauss, R.; Schoder, D. (2002). *eReality. Das e-business Bausteinkonzept*. Frankfurt am Main: F.A.Z. Institut für Management-, Markt-, und Medieninformationen.

Streicher, A. (1988). Herr der Rechner: ein Gruppenbild ohne Dame. *Online*(5).

Strobel, M. (2000). *Systemisches Flußmanagement: Flußorientierte Kommunikation als Perspektive für eine ökologische und ökonomische Unternehmensentwicklung*. Augsburg: Ziel GmbH.

Studer, G. (1998). Risikomanagement – VAR als Risiko. *Schweizer Bank*, *13*(9), 54-59.

Supply-Chain Council (2004). *Supply Chain Operations Reference-model* (6.1). Pittsburgh: Supply-Chain Council.

Szyperski, N. (1981). Geplante Antwort der Unternehmung auf den informations- und kommunikationstechnischen Wandel. In Frese, E.; Schmitz, P.; Szyperski, N. (Hrsg.), *Organisation, Planung, Informationssysteme*. Stuttgart: Poeschel.

Szyperski, N. (1990). Die Informationstechnik und unternehmensübergreifende Logistik. In Adam, D.; Backhaus, H.; Meffert, H.; Wagner, H. (Hrsg.), *Integration und Flexibilität* (S. 79-95). Wiesbaden: Gabler.

Szyperski, N.; Eschenröder, G. (1983). Information-Ressource-Management. In Kay, R. (Hrsg.), *Management betrieblicher Informationsverarbeitung*. München et al.: Oldenbourg.

Szyperski, N.; Winand, U. (1980). *Grundbegriffe der Unternehmensplanung*. Stuttgart: Poeschel.

Szyperski, N.; Winand, U. (1989). Informationsmanagement und informationstechnische Perspektiven. In Seibt, D.; Wagner, H. (Hrsg.), *Organisation: evolutionäre Interdependenzen von Kultur und Struktur der Unternehmung* (S. 133-150). Wiesbaden.

Talluri, S.; Narasimhan, R. (2004). A methodology for strategic sourcing. *European Journal of Operational Research*, *154*(1), 236-250.

Taudes, A.; Mild, A. (2003). Wie geht es weiter mit der IT-Industrie? Internet-Hype, Softwareplattformen und Realoptionen. In Hommel, U. (Hrsg.), *Reale Optionen : Konzepte, Praxis und Perspektiven strategischer Unternehmensfinanzierung* (S. 495-514). Berlin et al.: Springer.

TeleManagement Forum (2002). *Enhanced Telecom Operations Map (eTOM) – The Business Process Framework* (GB921v3.0): TeleManagement Forum.

The Agile Alliance (2001). Manifesto for Agile Software Development. In: http://agilemanifesto.org, zugegriffen am 18.06.2004.

Thum, M. (1995). *Netzwerkeffekte, Standardisierung und staatlicher Regulierungsbedarf.* Tübingen: Mohr.

Timmers, P. (1998). Business Models for Electronic Markets. *Electronic Markets*, *8*(2).

Trigeorgis, L.; Mason, S.P. (1987). Valuing Managerial Flexibility. *Midland Corporate Finance Journal* (Spring), 14-21.

Troßmann, E. (1998). *Investition.* Stuttgart: Lucius & Lucius.

Tschamler, H. (1996). *Wissenschaftstheorie: eine Einführung für Pädagogen.* Bad Heilbrunn: Klinkhardt.

Turowski, K.; Pousttchi, K. (2004). *Mobile Commerce.* Berlin: Springer.

van der Aalst, W.M.P.; ter Hofstede, A.H.M.; Weske, M. (2003). *Business Process Management: A Survey.* Konferenzbeitrag: Business Process Management: International Conference, BPM 2003, Eindhoven, The Netherlands, S. 1-12.

Varian, H.R. (2004, May 6). How Much Does Information Technology Matter? *The New York Times.*

Vasconcelos, A.; da Silva, M.M.; Fernandes, A.; Tribolet, J. (2004). *An Information System Architectural Framework for Enterprise Application Integration.* Konferenzbeitrag: 37th Hawaii International Conference on System Sciences, Hawaii.

Venkatraman, N. (1991). IT-Induced Business Reconfiguration. In Scott Morton, M.S. (Hrsg.), *The Corporation of the 1990s* (S. 122-158). New York, Oxford: Oxford Univ. Press.

Venturi, R.; Scott Brown, D.; Inzeriour, S. (1979). *Lernen von Las Vegas.* Braunschweig, Wiesbaden: Vieweg.

Vetter, M. (1994). *Global denken, lokal handeln in der Informatik: 10 Gebote eines ganzheitlichen, objektorientierten Informatik-Einsatzes.* Stuttgart: Teubner.

Vickers, M. (2000). Models from Mars. *Business Week.*

Vigenschow, U.; Weiss, C. (2003). Das Essenzschritt-Verfahren: Aufwandsschätzungen auf der Basis von Use-Cases. *Objektspektrum*, *2*, 40-45.

Vitruvius Pollio, M. (1987). *Zehn Bücher über Architektur, übersetzt und erläutert von Prestel, J.* Baden-Baden: Koerner.

Vollrath, R. (2003). Die Berücksichtigung von Handlungsflexibilitäten bei Investitionsentscheidungen: Eine empirische Untersuchung. In Hommel, U. (Hrsg.), *Reale Optionen : Konzepte, Praxis und Perspektiven strategischer Unternehmensfinanzierung* (S. 342-373). Berlin et al.: Springer.

Voß, S.; Gutenschwager, K. (2001). *Informationsmanagement.* Berlin et al.: Springer.

Vossen, G. (1999). *Datenbankmodelle, Datenbanksprachen und Datenbankmanagementsysteme.* (3. vollständig überarbeitete Auflage). München, Wien: Oldenbourg.

Wacker, W.H. (1971). *Betriebswirtschaftliche Informationstheorie: Grundlagen des Informationssystems.* Opladen: Westdeutscher.

Walsh, K.R. (2003). Analyzing the application ASP concept: technologies, economies, and strategies. *Communications of the ACM*, *46*(8), 103-107.

Walter, S.; Spitta, T. (2004). Approaches to the Ex-ante Evaluation of Investments into Information Systems. *Wirtschaftinformatik*, *46*(3), 171-180.

Walter, S.; Stephan, J.; Junginger, M.; Krcmar, H. (2003). Potenziale des Coaching beim Management von IT-Projekten. *Information Management & Consulting*, *18*(4), 17-24.

Wang, R.Y.; Strong, D.M. (1996). Beyond Accuracy: What Data Quality Means to Data Consumers. *Journal of Information Systems Management*, *12*(4), 5-34.

Ward, J.; Peppard, J. (2003). *Strategic Planning for Information Systems*. (3. Auflage). Chichester: John Wiley & Sons Ltd.

Washburn, K.; Evans, J. (1997). *TPC/IP: Aufbau und Betrieb eines TPC/IP-Netzes*. (2. aktualisierte und erweiterte Auflage). Bonn: Addison-Wesley.

Wedekind, H. (2001a). Information Retrieval. In Back, A.; Becker, J.; König, W.; Krallmann, H.; Rieger, B.; Scheer, A.-W.; Seibt, D.; Stahlknecht, P.; Strunz, H.; Thome, R.; Wedekind, H. (Hrsg.), *Lexikon der Wirtschaftsinformatik* (S. 371-372). Berlin, Heidelberg et al.: Springer.

Wedekind, H. (2001b). Thesaurus. In Back, A.; Becker, J.; König, W.; Krallmann, H.; Rieger, B.; Scheer, A.-W.; Seibt, D.; Stahlknecht, P.; Strunz, H.; Thome, R.; Wedekind, H. (Hrsg.), *Lexikon der Wirtschaftsinformatik* (S. 474). Berlin, Heidelberg et al.: Springer.

Wefers, M. (2000). Strategische Unternehmensführung mit der IV-gestützten Balanced Scorecard. *Wirtschaftsinformatik*, *42*(2), 123-130.

Weill, P.; Broadbent, M. (1998). *Leveraging the new Infrastructure*. Boston.

Weill, P.; Woodham, R. (2002). *Don't just Lead, Govern: Implementing Effective Governance* (Working Paper 236). Cambridge: Sloan School of Management.

Weiser, M. (1991). The Computer for the 21st Century. *Scientific American*(Sept. 1991), 94-110.

Weiser, M.; Brown, J.S. (1995). Desining Calm Technology. *PowerGrid Journal*, *1*(1).

Weiß, D.; Zerbe, S. (1995). Verbindung von Prozeßkostenrechnung und Vorgangssteuerung: Überlegungen und Denkanstöße. *Controlling*, *7*(1), 42-46.

Weitzel, T. (2004). *Economics of Standards in Information Networks*. Heidelberg: Physica.

Weitzel, T.; Wendt, O.; Westarp, F.v. (2000). *Reconsidering Network Effect Theory*. Konferenzbeitrag: 8th European Conference on Information Systems (ECIS), Wien, S. 484-491.

Weitzendorf, T. (2000). *Der Mehrwert von Informationstechnologie: eine empirische Studie der wesentlichen Einflussfaktoren auf den Unternehmenserfolg*. Wiesbaden: Gabler.

Wenger, E.C.; Snyder, W.M. (2000). Communities of Practice: The Organizational Frontier. *Harvard Business Review*, *78*(1), 139-147.

Werner, T. (2001). Hat der CIO im Vorstand eine Zukunft? *Wirtschaftsinformatik*, *43*(4), 409-410.

Westarp, F.v. (2003). *Modeling Software Markets – Empirical Analysis, Network Simulations, and Marketing Implications*. New York, Heidelberg: Physica.

Westarp, F.v.; Wendt, O. (2000). *Diffusion Follows Structure – A Network Model of the Software Market*. Konferenzbeitrag: 33rd Hawaii International Conference on System Sciences (HICSS-33), Maui, Hawaii.

Wiese, H. (1990). *Netzeffekte und Kompatibilität*. Stuttgart: Poeschel.

Wigand, R.; Picot, A.; Reichwald, R. (1998). *Information, Organization and Management: Expanding Corporate Boundaries*. Chichester.

Wild, J. (1971). Management-Konzeption und Unternehmensverfassung. In Schmidt, R.B. (Hrsg.), *Probleme der Unternehmensverfassung* (S. 57-95). Tübingen: Mohr.

Wilderman, B. (2002). Being Precise About ERP Pricing. In: http://www.metagroup.com/us/displayArticle.do?oid=31535&fmt=lpt, zugegriffen am 21.06.2004.

Willcocks, L. (1994). *Information Management – Evaluation of Information Systems Investments*. London: Chapman & Hall.

Willcocks, L.; Lacity, M.; Fitzgerald, G. (1995). *IT Outsourcing in Europe and the USA: Assessment Issues*. Konferenzbeitrag: 3rd European Conference on Information Systems, Athens, Greece, S. 247-260.

Willcocks, L.; Lacity, M.; Fitzgerald, G. (1998). *Strategic Sourcing of Information Systems*. Chichester: Wiley.

Williamson, O.E. (1975). *Markets and Hierarchies: Analysis and Antitrus Implications*. New York: Free Press.

Williamson, O.E. (1996). *The Mechanisms of Governance*. New York: Oxford Univ. Press.

Windeler, A. (1999). *Unternehmungsnetzwerke: Konstitution und Strukturation*. Wiesbaden: Westdeutscher.

Wingert, G.M. (1997). *Wettbewerbsvorteile durch Lieferantenintegration – Strategische und operative Gestaltung des Wertschöpfungssystems in der Elektronikindustrie*. Wiesbaden: Deutscher Universitäts-Verlag.

Wirth, A.; Buhl, H. (1995). *Diversifikationseffekte als Erklärung für Downsizing und Outsourcing*. Konferenzbeitrag: Wirtschaftsinformatik '95: Wettbewerbsfähigkeit, Innovation, Wirtschaftlichkeit, Heidelberg, S. 493-507.

Wirtz, B.W. (2001). *Electronic Business*. (2. vollständig überarbeitete und erweiterte Auflage). Wiesbaden: Gabler.

Wirtz, B.W.; Kleineicken, A. (2000). Geschäftsmodelltypologien im Internet. *WiSt*, *29*(11), 628-635.

Wiseman, C. (1988). *Strategic Information Systems*. (2. Auflage). Homewood: Irwin.

Witte, E. (1972). Das Informationsverhalten in Entscheidungsprozessen. In Witte, E. (Hrsg.), *Das Informationsverhalten in Entscheidungsprozessen* (S. 1-88). Tübingen: Mohr.

Wittmann, W. (1959). *Unternehmung und unvollkommene Information*. Köln, Opladen: Westdeutscher.

WKWI (1994). Profil der Wirtschaftsinformatik, Ausführungen der Wissenschaftlichen Komission der Wirtschaftsinformatik. *Wirtschaftsinformatik*, *36*(1), 80-81.

Wolf, P. (2004). *Wissensmodellierung und Semantic Web*: Lehrstuhl für Wirtschaftsinformatik, TU München.

Wollnik, M. (1988). Ein Referenzmodell des Informationsmanagements. *Information Management*, *3*(3), 34-43.

Zachman, J.A. (1987). A Framework for Information Systems Architecture. *IBM Systems Journal*, *26*(3).

Zachman, J.A. (1997). Enterprise Architecture – The Issue of the Century. In: www.zifa.com/articles.htm, zugegriffen am 12.02.2002.

Zachman, J.A. (2002). Framework for Information Systems Architecture. Persönliche Mitteilung.

Zack, M.H. (1999). Managing Codified Knowledge. *Sloan Management Review*, *40*(4), 45-58.

Zakon, R.H. (2004). Hobbes' Internet Timeline v7.0. In: http://www.zakon.org/robert/ internet/timeline/, zugegriffen am 23.06.2004.

Zangemeister, Ch. (1970). *Nutzwertanalyse in der Systemtechnik*. Wittemann.

Zarnekow, R.; Scheeg, J.; Brenner, W. (2004). Untersuchung der Lebenszykluskosten von IT-Anwendungen. *Wirtschaftsinformatik*, *46*(3), 181-187.

Zellmer, G. (1990). *Risiko-Management*. Berlin: Die Wirtschaft.

Zerbe, S. (2000). *Globale Teams – Organisatorische und technische Gestaltung kooperativer Arrangements*. Wiesbaden: Gabler.

Zerdick, A.; Picot, A.; Schrape, K.; Artopé, A.; Goldhammer, K.; Lange, U.; Vierkant, E.; López-Escobar, E.; Silverstone, R. (2001). *Die Internet-Ökonomie: Strategien für die digitale Wirtschaft (European Communication Council Report)*. (3. überarbeitete u. erweiterte Auflage). Berlin et al.: Springer.

Zilahi-Szabo, M.G. (1988). Leistungs- und Kostenrechnung für Rechenzentren. In Heilmann, W. (Hrsg.), *Schriftenreihe Integrierte Datenverarbeitung in der Praxis*. Wiesbaden.

Zimmermann, D. (1972). *Produktionsfaktor Information*. Neuwied, Berlin: Luchterhand.

Zimmermann, H.-D. (2000). *Understanding the digital economy: Challenges for new business models*. Konferenzbeitrag: Proceedings of the 2000 Americas Conference on Information Systems (AMCIS 2000), Long Beach, USA, S. 729-732.

Abbildungsverzeichnis

Tabellenverzeichnis

Stichwortverzeichnis

N

O

T

U

V

Druck: Krips bv, Meppel
Verarbeitung: Stürtz, Würzburg